乙級銑床—CNC 銑床學術科題庫解析

楊振治、陳肇權、陳世斌　編著

增修試題

全華圖書股份有限公司

序 言

本書「乙級銑床-CNC 銑床項技能檢定學術科題庫解析」依據勞動部勞動力發展署技能檢定中心公告之規範與題庫編輯而成，為的是讓有意考取銑床-CNC 銑床項的考生有一準備方向，故本書將分成學科與術科二部分。

學科內容包含共同學科與專業學科：而 CNC 銑床專業學科分為 6 個工作項目，各工作項目中，每題試題皆有重點解析，旨要讓同學對試題有完整概念，期能使學生自行閱讀理解，增進學科的通過率，期能在閱讀的同時也能提升專業學能。

術科測驗依據勞動部技能檢定中心公佈之最新試題，共有 6 道試題，每題皆有兩小題，一題採手寫程式，另一題則採電腦輔助加工，手寫部分以 SoftMill V5 模擬器進行程式模擬，電腦輔助加工以 Mastercam2018 進行加工操作，並採一文一圖說明工作程序與操作步驟，並以乙級試題示範「高速加工」之應用技巧，提升加工效率。

因考生須在測驗時間 6 小時內完成 2 件試題，考生務必多加複習專業學科與術科操作練習，以順利通過銑床-CNC 銑床乙級證照。

本書於編寫時秉持著力求嚴謹之精神，雖經過嚴謹校正，然疏漏之處亦在所難免。若對本書之內容有疑慮之處，敬祈教師、先進隨時提供改進意見，謹致萬分謝意。

楊振治 陳肇權 陳世斌　謹識

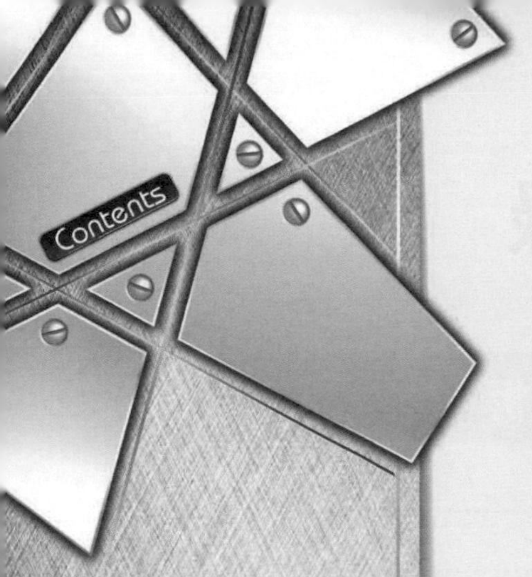

目錄

1 SoftMill V6 程式模擬

2 術科 手寫程式範例

3 術科 CAM 題庫範例

目 錄

4 專業學科　題庫解析

5 共同學科　題庫

6 不分級共同學科　題庫

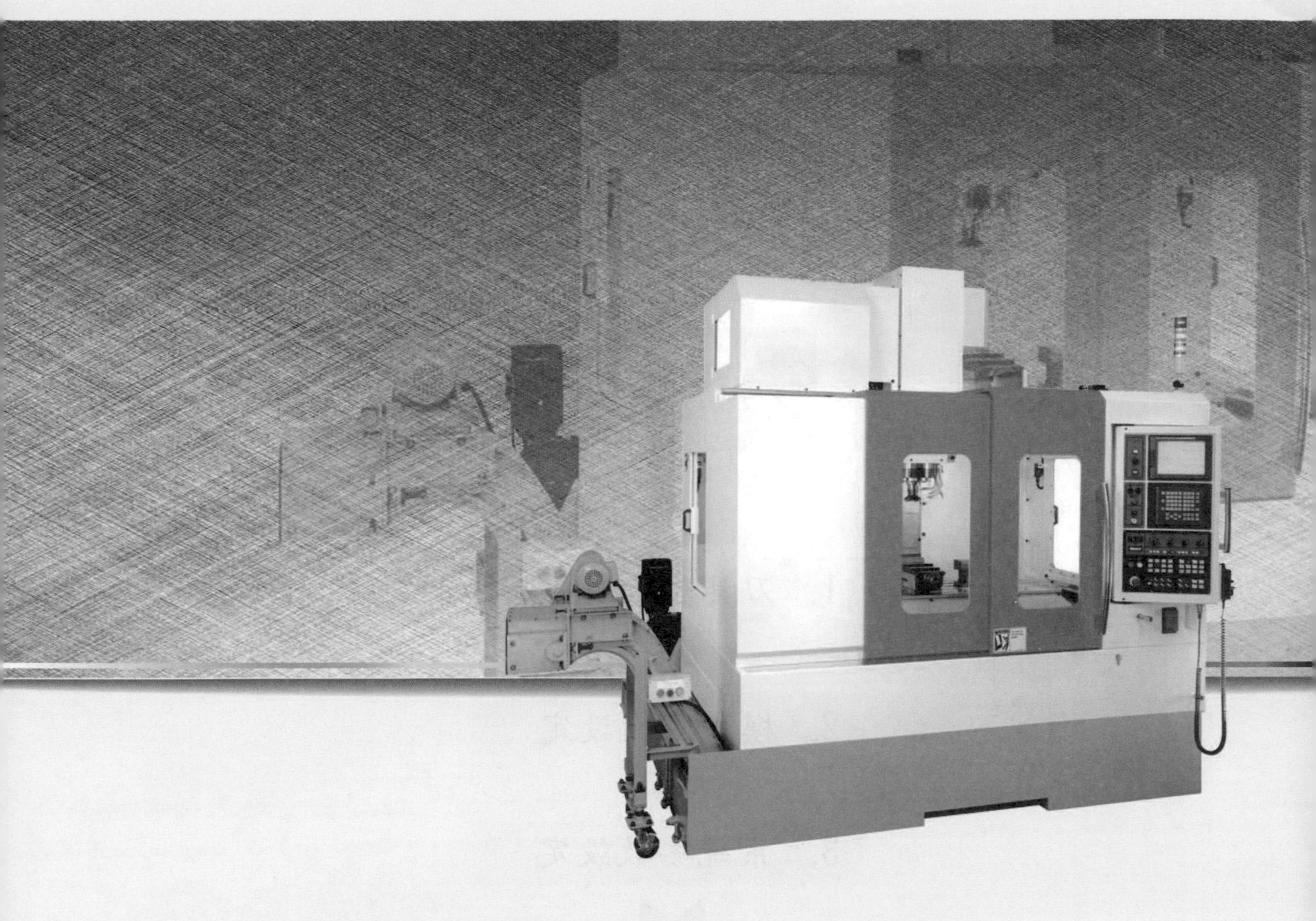

第一章

SoftMill V6 程式模擬

1-1 模擬介面使用範例

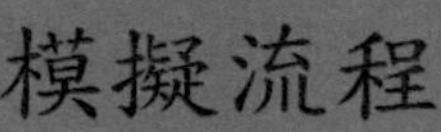

1. 刀具與素材設定
2. 模擬參數設定
3. 系統參數設定
4. NC 程式編輯
5. 切削模擬
6. 執行NC程式模擬

刀具與素材設定

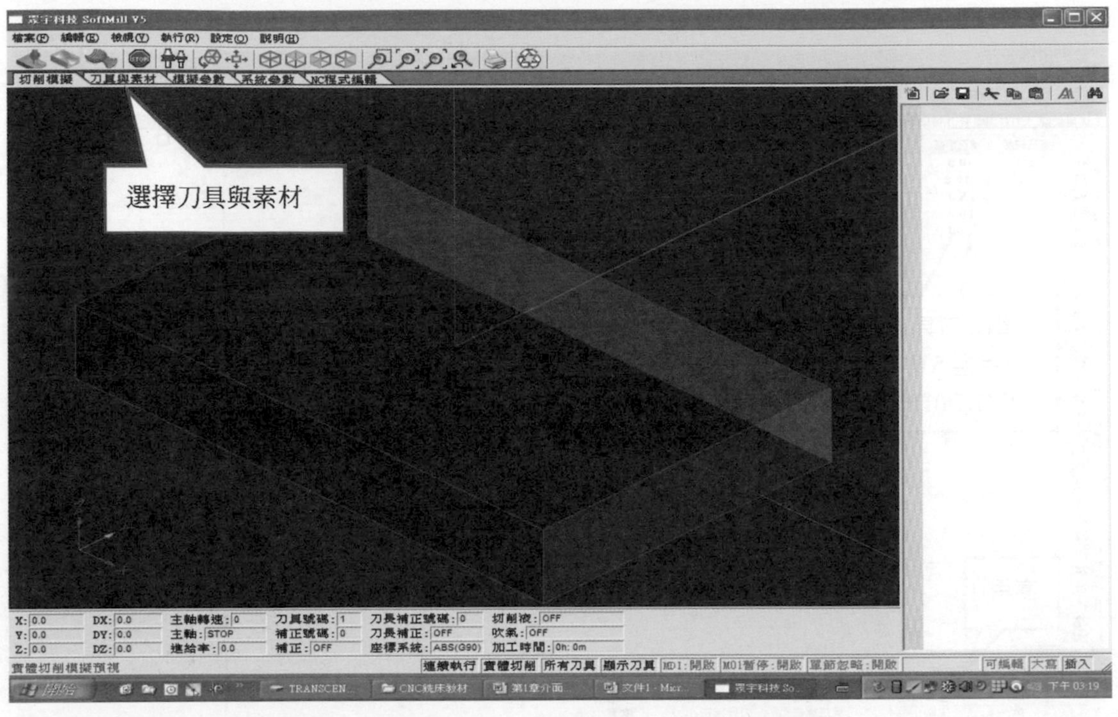

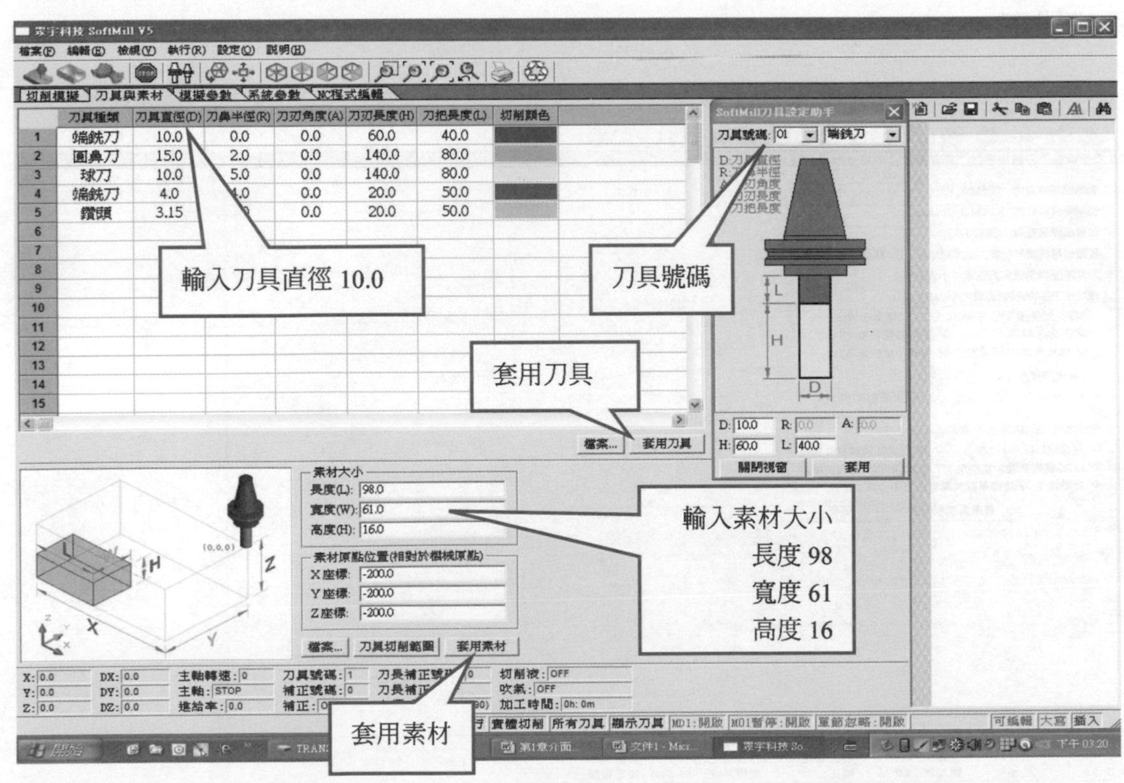

模擬參數設定

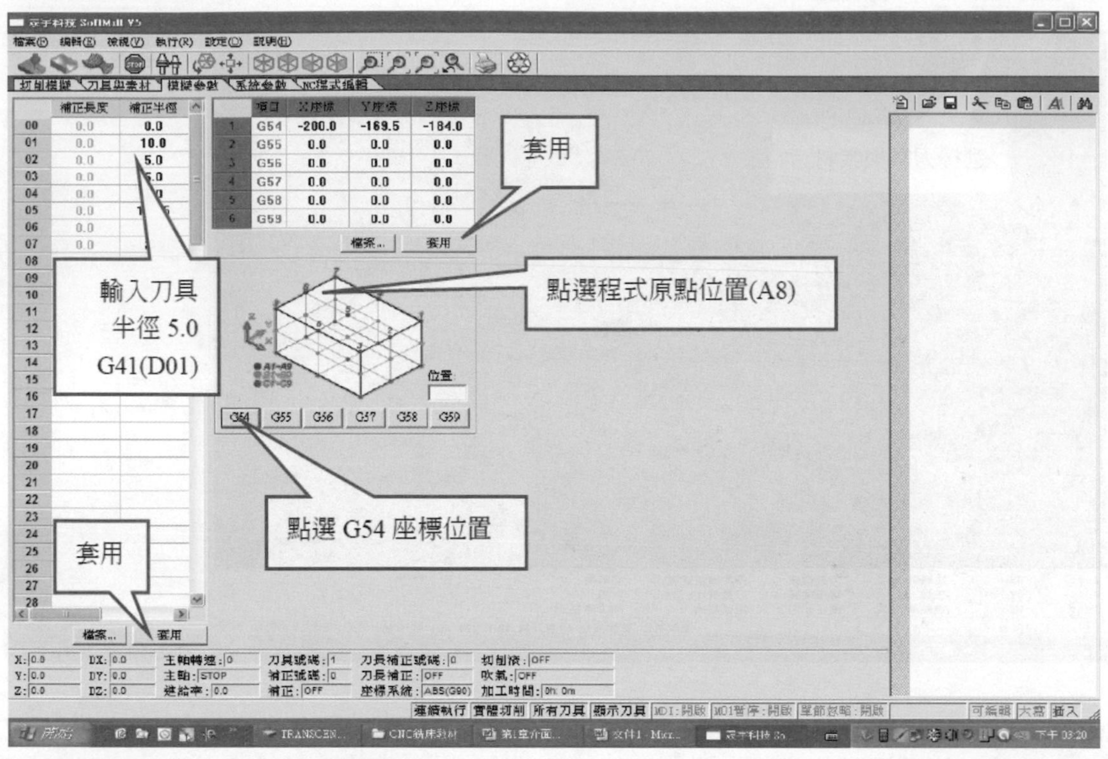

系統設定

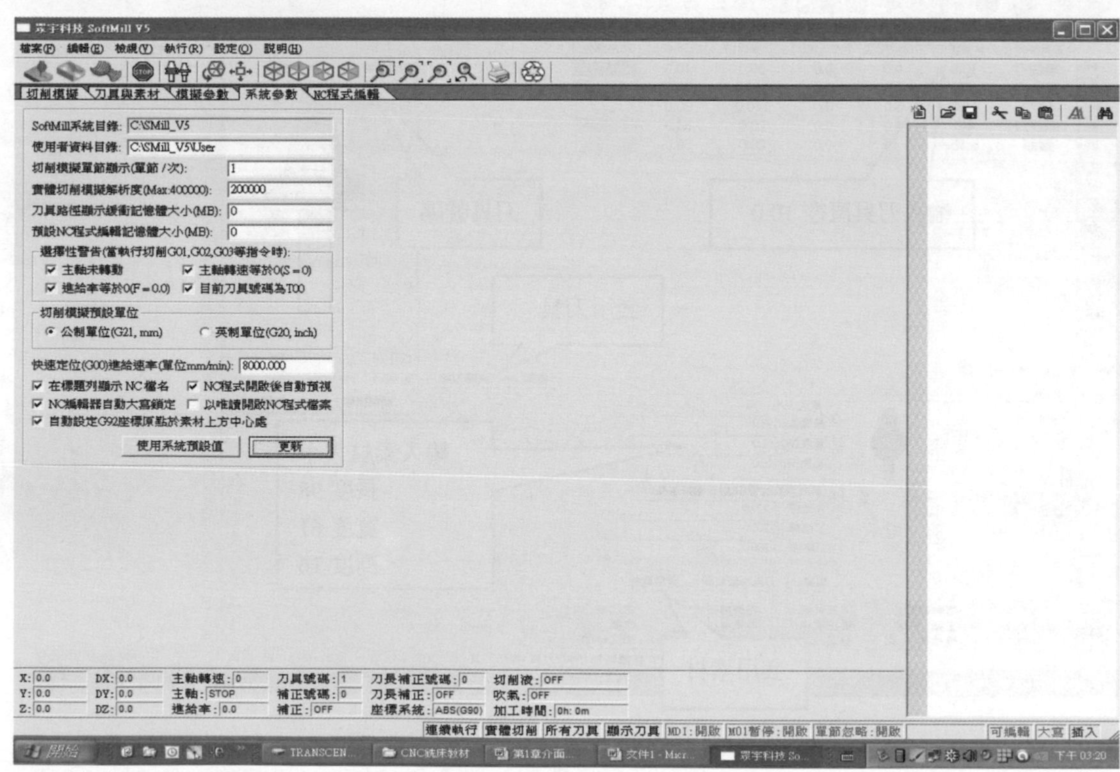

NC 程式編輯設定

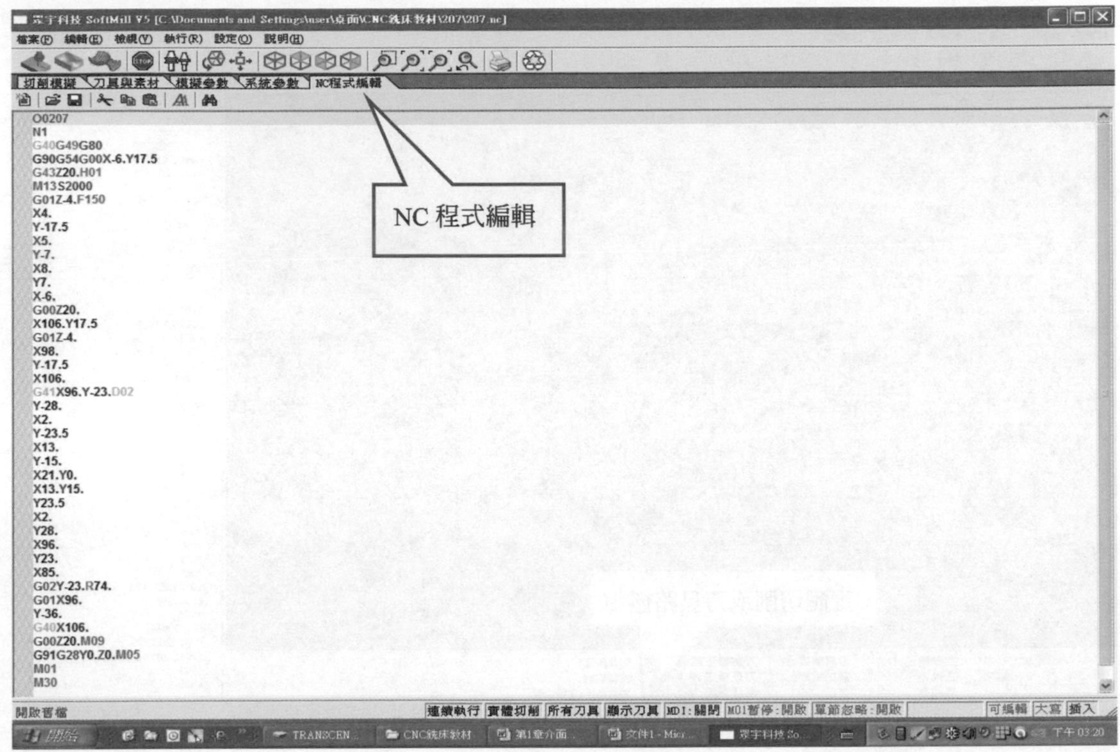

切削模擬設定

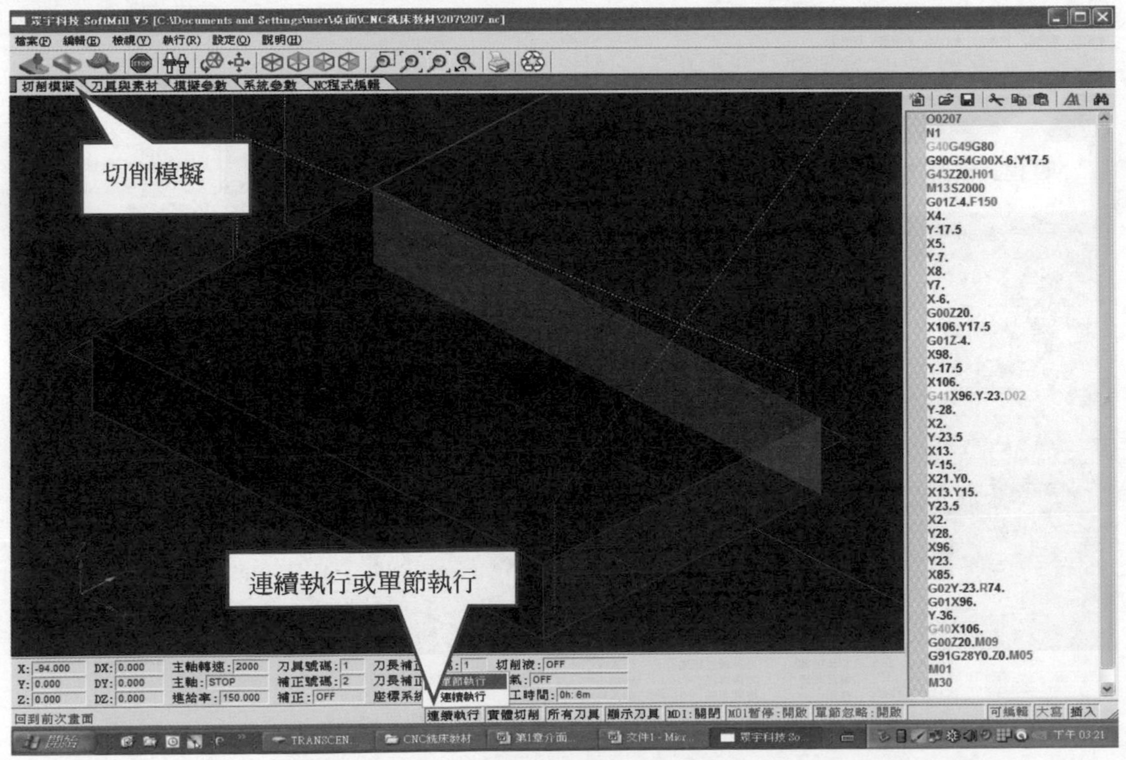

實體切削或刀具路徑設定

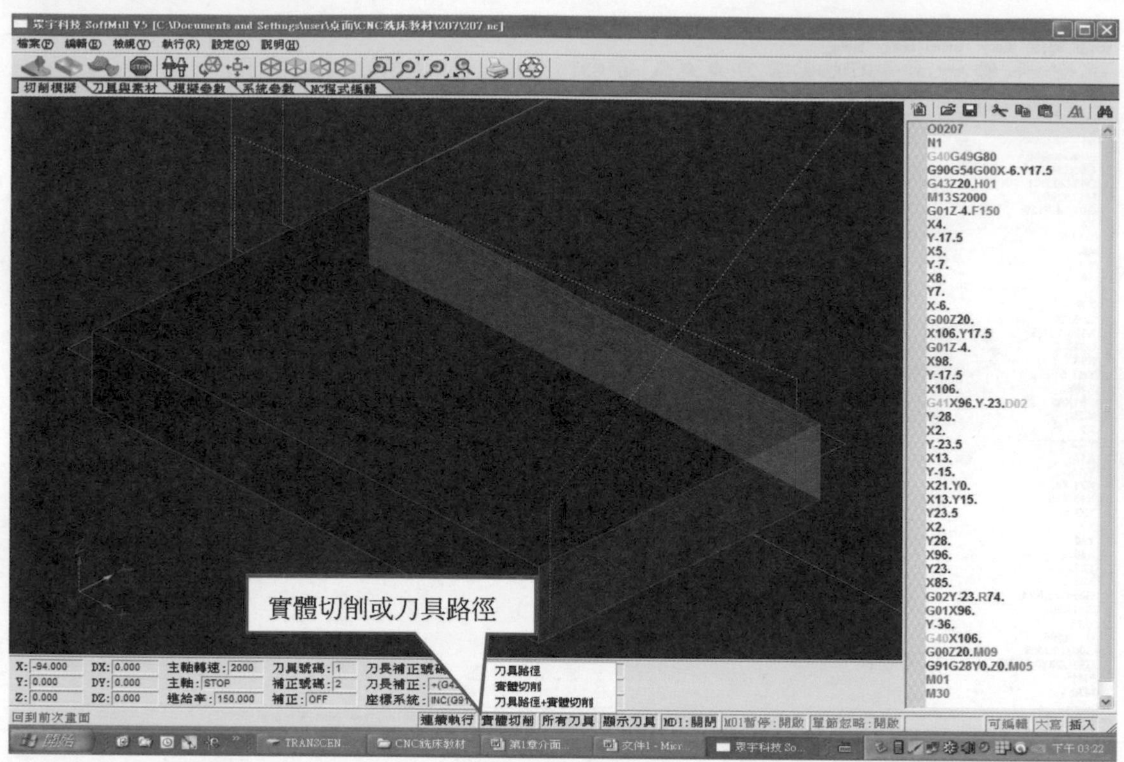

NC 程式模擬設定

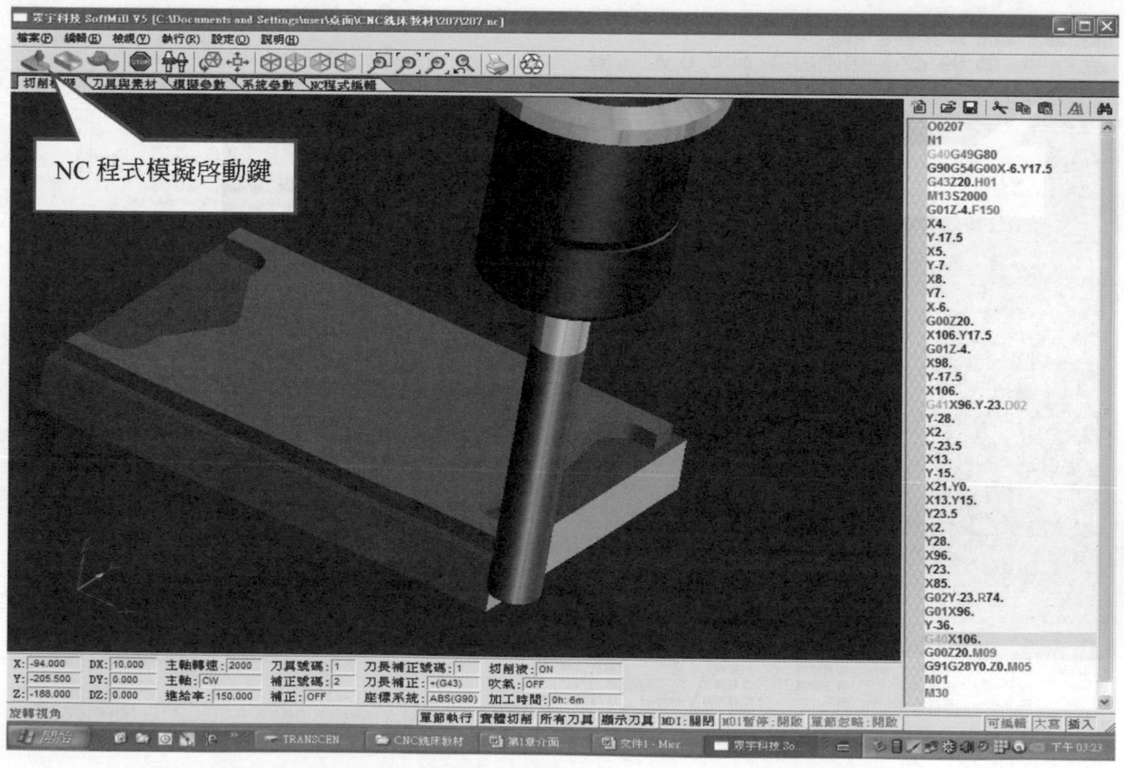

俯視圖模擬設定

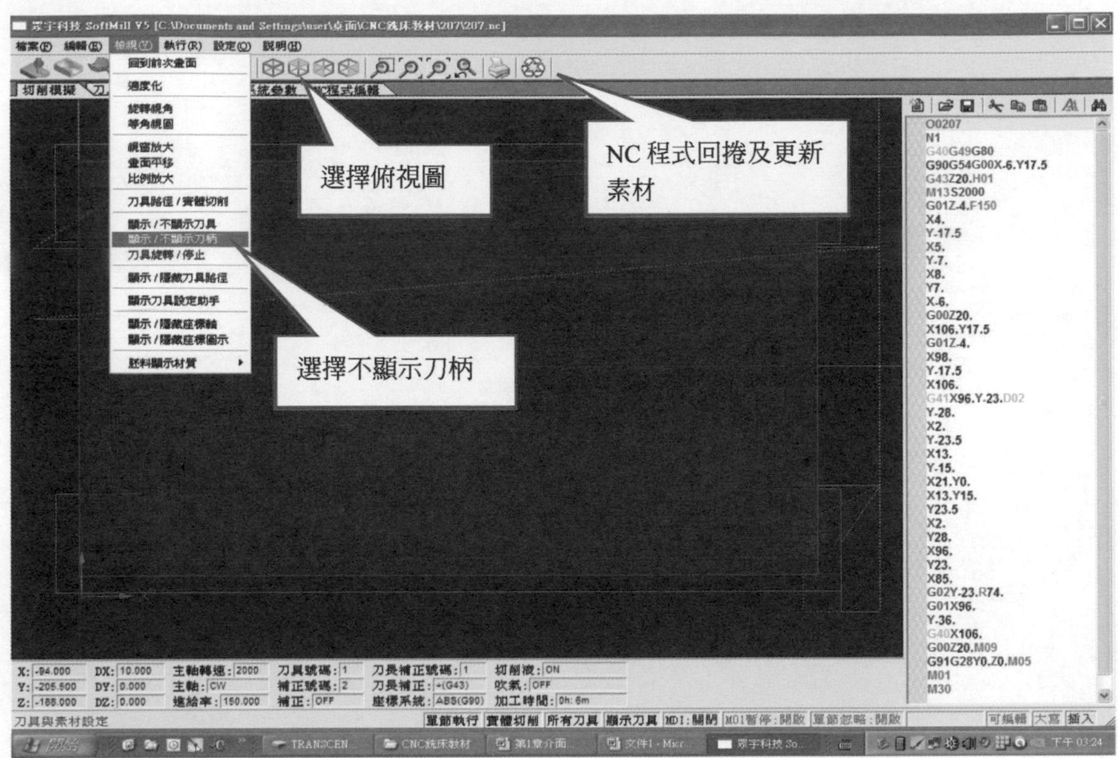

NC 程式模擬設定

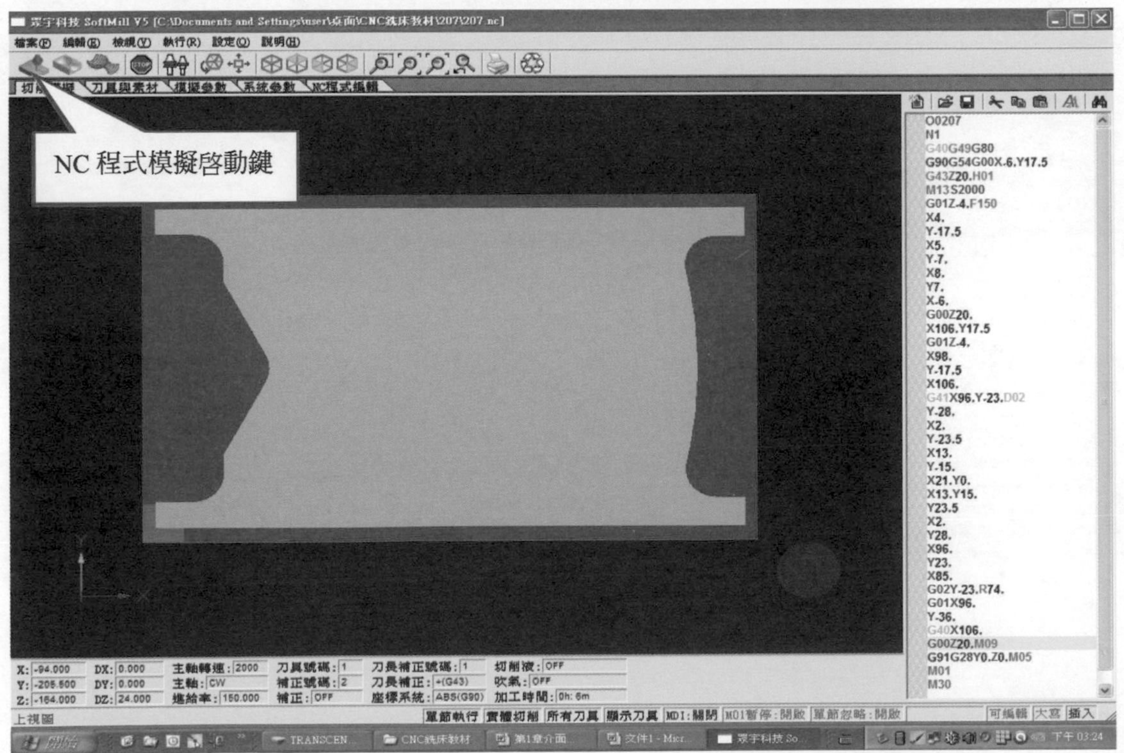

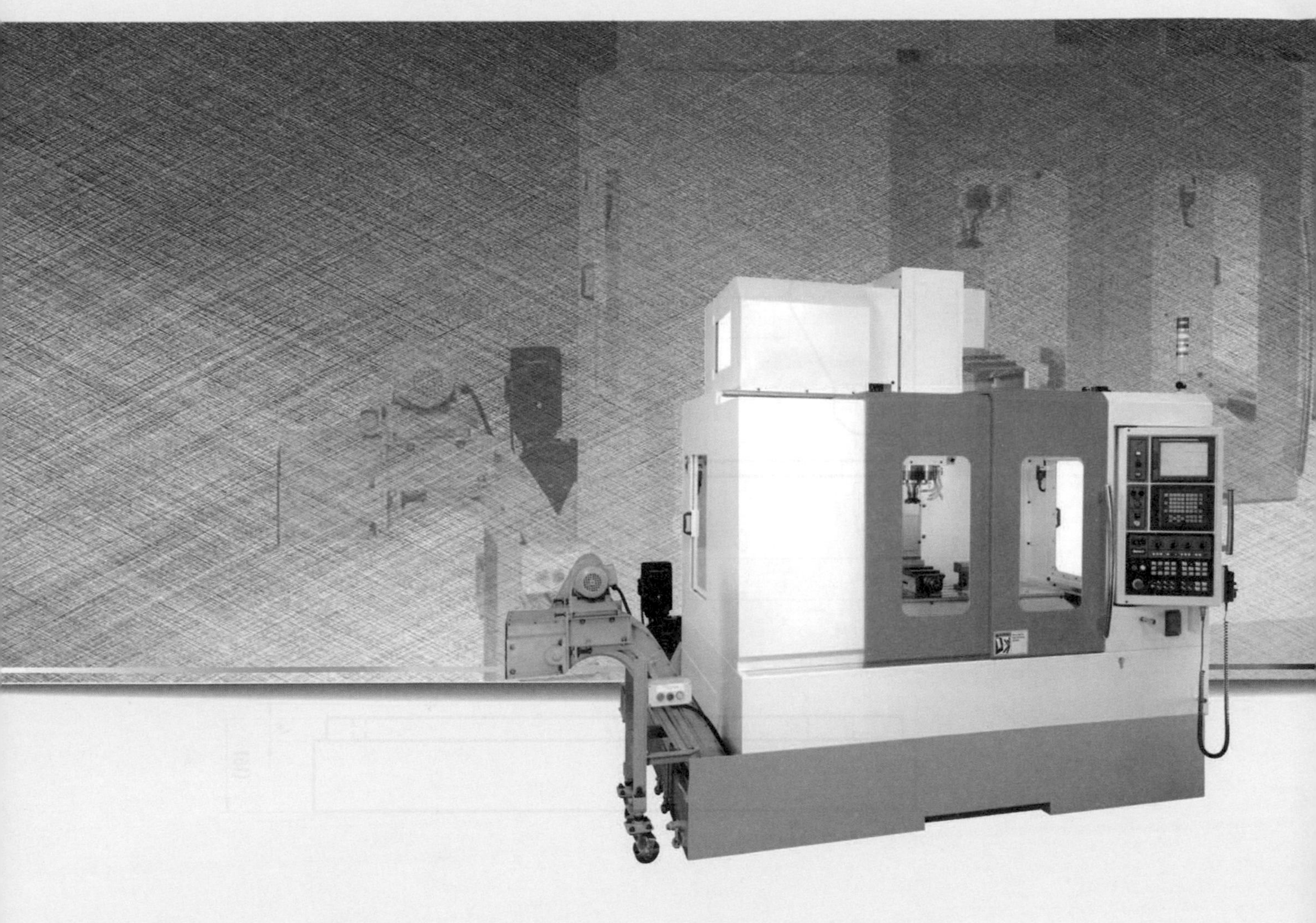

第二章
術科手寫程式範例

CNC 銑床乙級 201 手寫程式範例

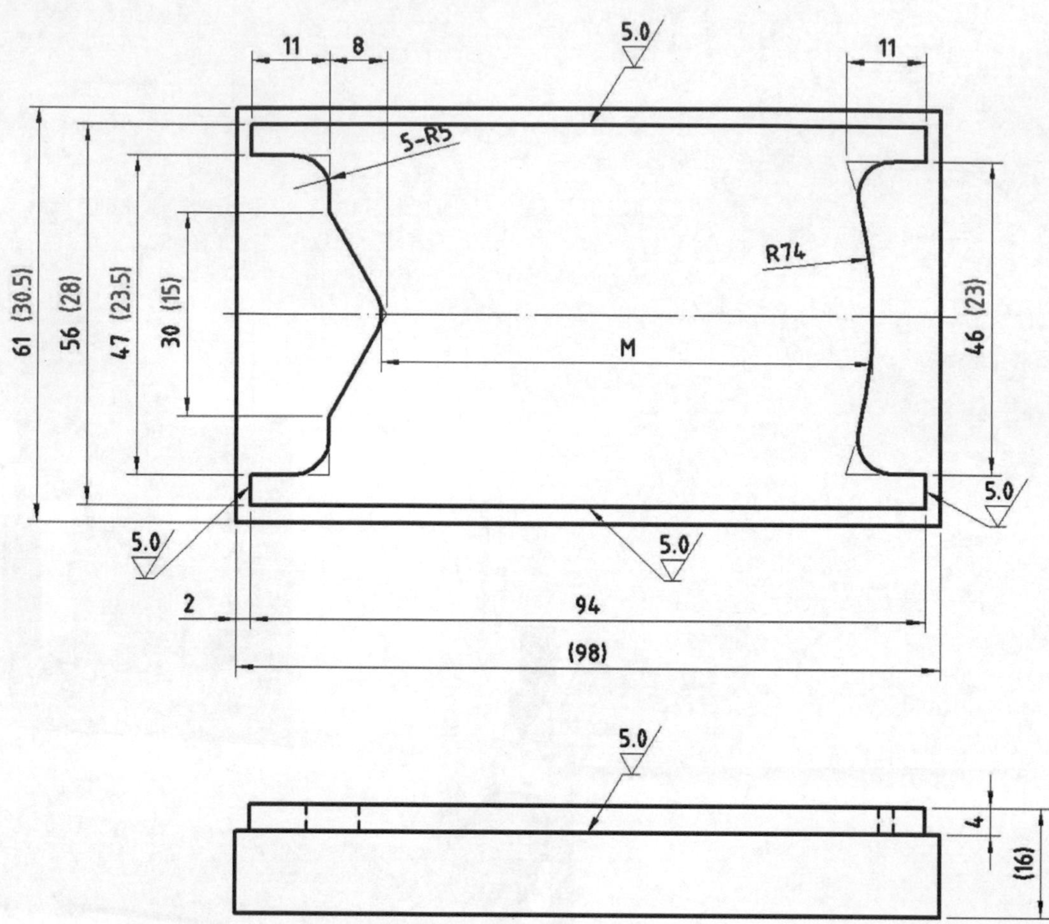

尺寸	指定值	建議範圍
A	47	44-48
B	11	8-11
C	11	8-11

1. 件 1 限用人工書寫及人工輸入加工程式。
   件 1 繳交後方可使用電腦輔助加工件 2。
   件 1 得兩面加工擇優繳交。
2. 圖上未標註尺寸部份依測驗當場宣佈指定值加工。
3. 未標註公差之加工部份按一般公差要求。
4. M= 90.33 - B - C

一般許可差				
標示尺度				許可差
0.5	以上至		3	±0.1
超過	3	至	6	±0.1
超過	6	至	30	±0.2
超過	30	至	120	±0.3

```
O0201
N1
G40 G49 G80
G90 G54 X-6. Y17.5 -------- 1
G43 Z20. H01
M03 S2000
G01 Z-4. M08 F150  -------- 2
    X4.   -------------------- 3
    Y-17.5  ------------------ 4
    X5.   -------------------- 5
    Y-7.  -------------------- 6
    X8.   -------------------- 7
    Y7.   -------------------- 8
    X-6. --------------------- 9
    G00 Z20.
    X106.Y17.5------------10
    G01 Z-4.
    X98.  -----------------11
    Y-17.5 ----------------12
    X106.  ----------------13
G41 X96.Y-23. D01 -------14
    Y-28.  ----------------15
    X2.   -----------------16
    Y-23.5 ----------------17
    X13.  -----------------18
    Y-15.  ----------------19
    X21.Y0. --------------20
    X13.Y15.  ------------21
    Y23.5  ---------------22
    X2.   -----------------23
    Y28.  -----------------24
    X96.  -----------------25
    Y23.  -----------------26
    X85.  -----------------27
G02 Y-23. R74. ----------28
G01 X96.  ----------------29
    Y-36.  ---------------30
G40 X106. ----------------31
G00 Z20. M09
G91 G28 Y0. Z0. M05
    M30
    %
```

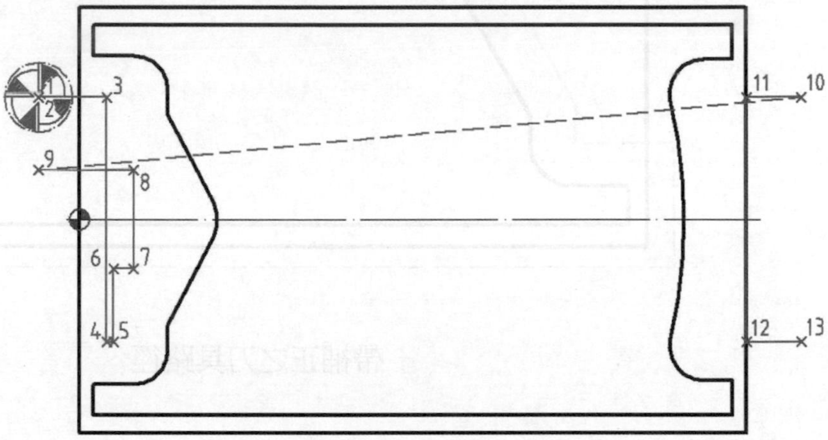

未帶補正之座標

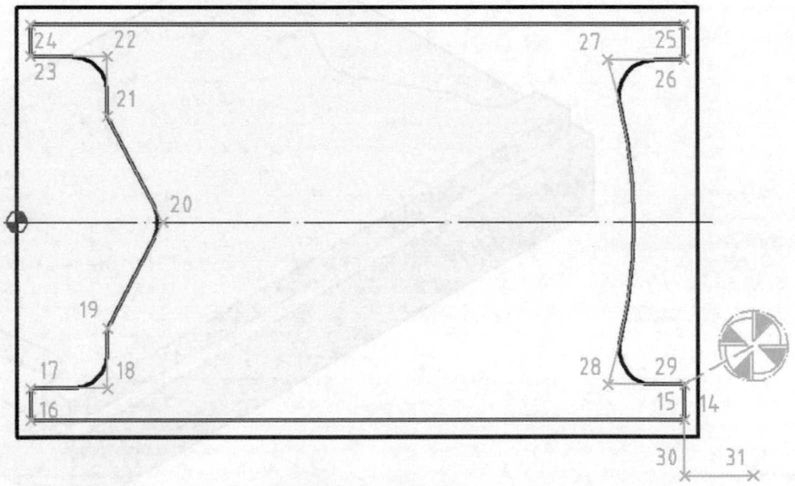

帶補正之座標

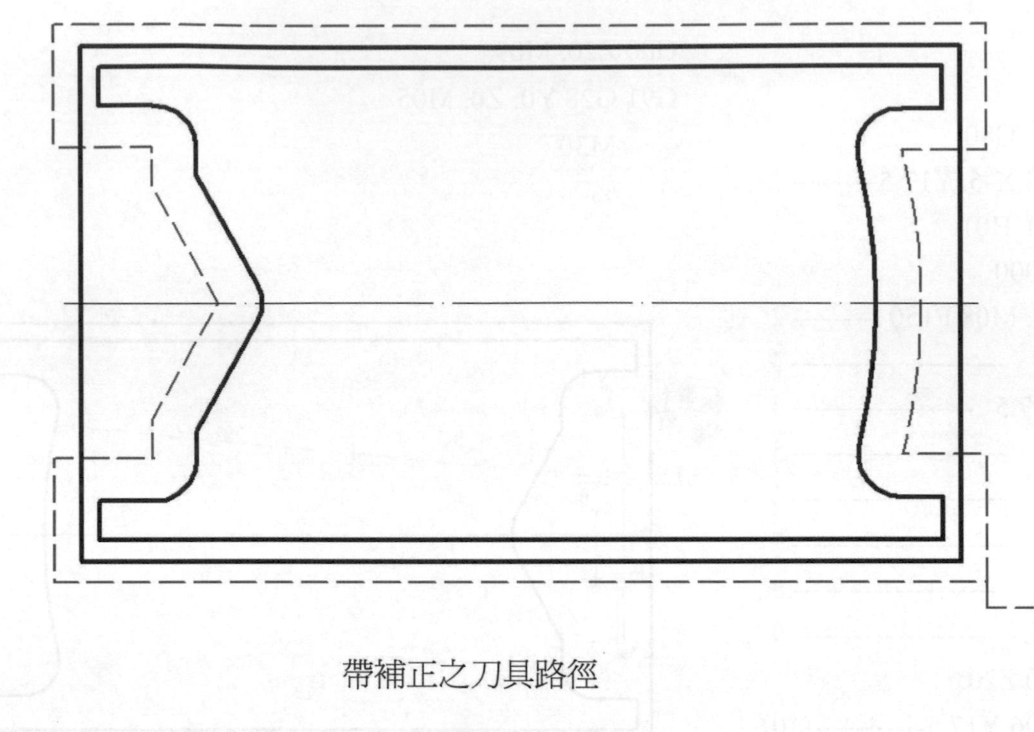

帶補正之刀具路徑

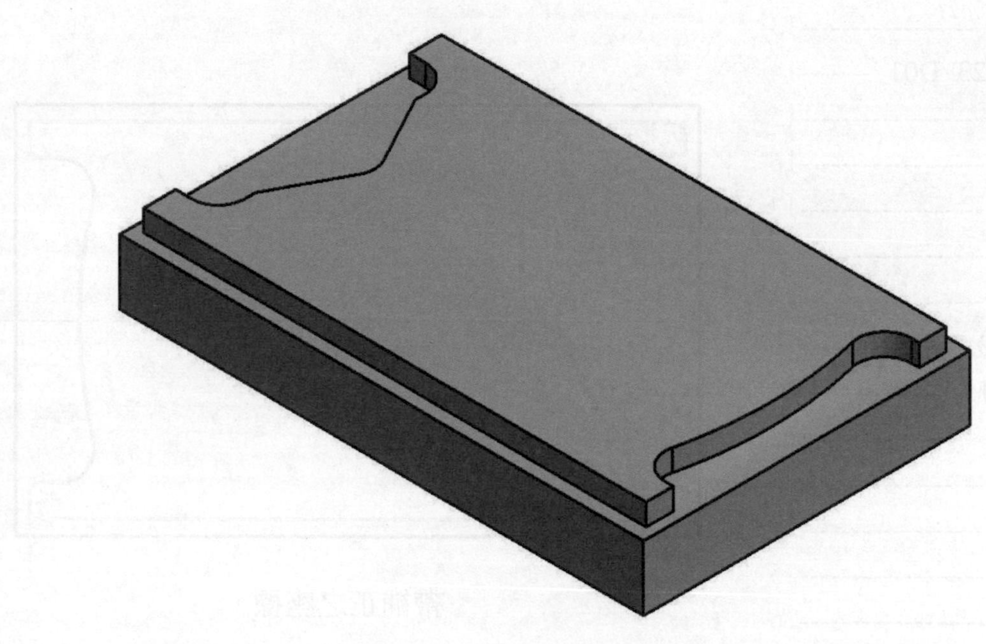

銑削完成之成品

CNC 銑床乙級　202 手寫程式範例

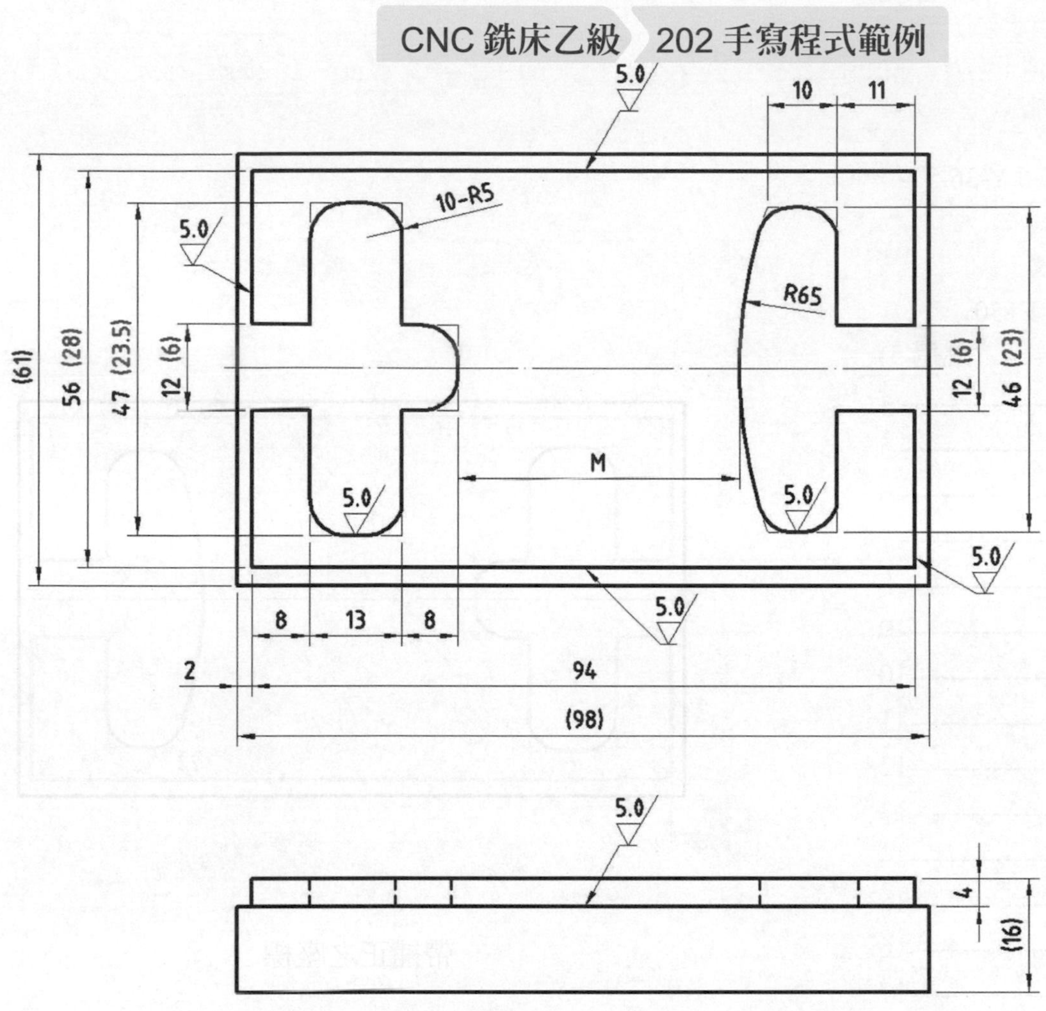

尺寸	指　定　值	建議範圍
A	47	44-48
B	13	12-14
C	11	8-11

1. 件 1 限用人工書寫及人工輸入加工程式。
   件 1 繳交後方可使用電腦輔助加工件 2。
   件 1 得兩面加工擇優繳交。
2. 圖上未標註尺寸部份依測驗當場宣佈指定值加工。
3. 未標註公差之加工部份按一般公差要求。
4. M=63.79-B-C

一般許可差				
標示尺度				許可差
0.5	以上至		3	±0.1
超過	3	至	6	±0.1
超過	6	至	30	±0.2
超過	30	至	120	±0.3

```
O0202
N1
G40 G49 G80
G90 G54 G00 X-6.Y-36.5 -- 1
G43 Z20.H01
M03 S2000
G01 Z-4. M08    F150
G41 X2. D01  ------2(跳過 3)
Y-6.  --------------------------4
X10.  --------------------------5
Y-23.5  ------------------------6
X23.  --------------------------7
Y-6.  --------------------------8
X31.  --------------------------9
Y6.  --------------------------10
X23.  -------------------------11
Y23.5  ------------------------12
X10.  -------------------------13
Y6.  --------------------------14
X2.  --------------------------15
Y28.  -------------------------16
X96.  -------------------------17
Y6.  --------------------------18
X85.  -------------------------19
Y23.  -------------------------20
X75.  -------------------------21
G03 Y-23. R65.  ---------------22
G01 X85.  ---------------------23
Y-6.  -------------------------24
X96.  -------------------------25
Y-28.  ------------------------26
X-6.  -------------------------27
G40 Y-36. ---------------------28
G00 Z20. M09
G91 G28 Y0. Z0. M05
M30
   %
```

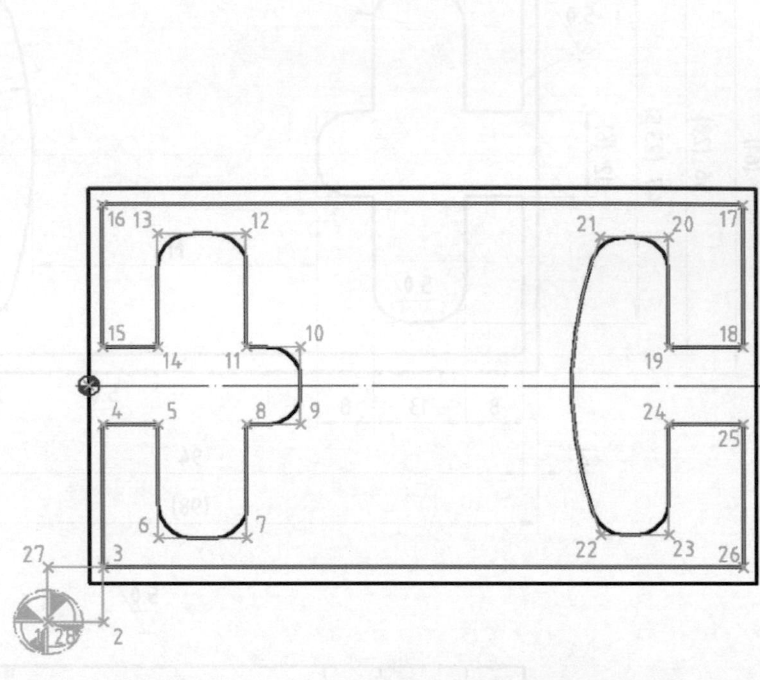

帶補正之座標

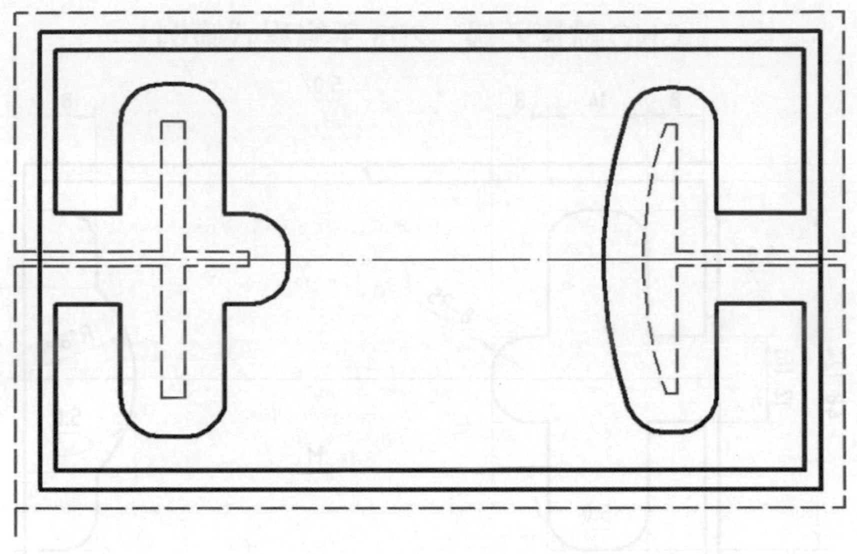
帶補正之刀具路徑

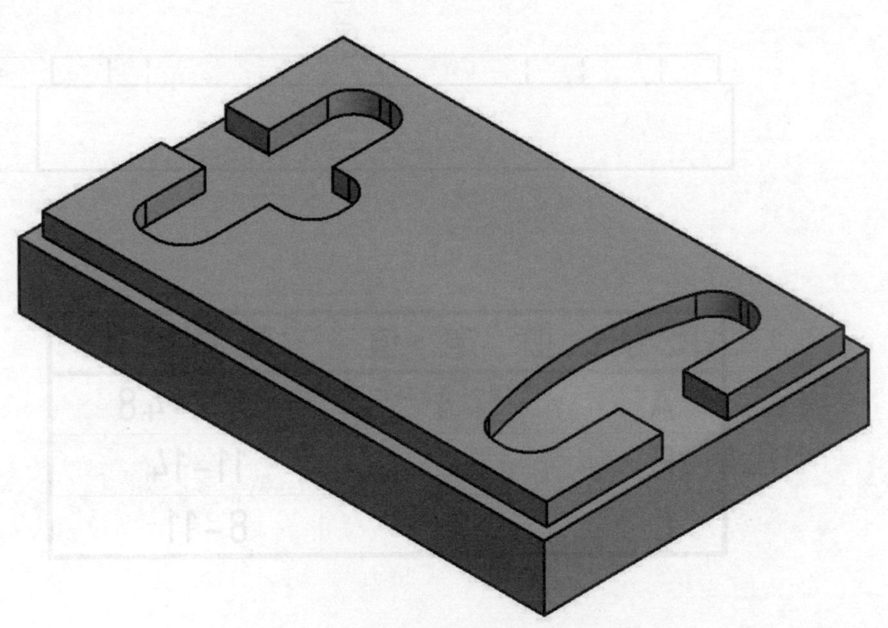
銑削完成之成品

CNC 銑床乙級 203 手寫程式範例

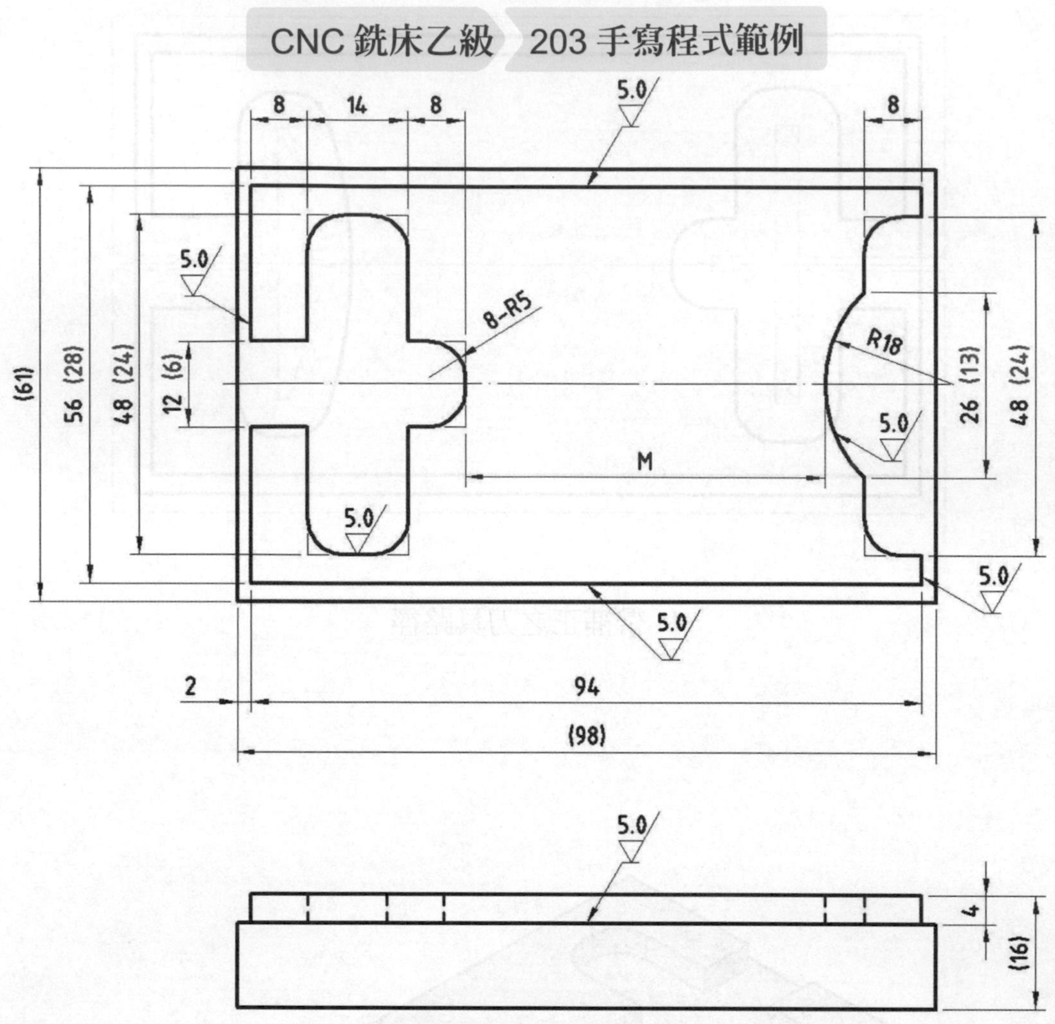

尺寸	指定值	建議範圍
A	48	44-48
B	14	11-14
C	8	8-11

1. 件 1 限用人工書寫及人工輸入加工程式。
   件 1 繳交後方可使用電腦輔助加工件 2。
2. 圖上未標註尺寸部份依測驗當場宣佈指定值加工。
3. 未標註公差之加工部份按一般公差要求。
4. M= 72.45 – B – C

一般許可差	
標示尺度	許可差
0.5 以上至 3	±0.1
超過 3 至 6	±0.1
超過 6 至 30	±0.2
超過 30 至 120	±0.3

```
O0203
N1
G40 G49 G80
G90 G54 G00 X106.Y18. -- 1
G43 Z20.H01
M03 S2000
G01 Z-4. M08 F150
X94. -------------------------- 2
Y-18. ------------------------- 3
X106. ------------------------- 4
G41 X96. Y-24. D01 -------- 5
Y-28. ------------------------- 6
X2. ---------------------------- 7
Y-6. --------------------------- 8
X10. --------------------------- 9
Y-24. -------------------------10
X24. --------------------------11
Y-6. ---------------------------12
X32. --------------------------13
Y6. ----------------------------14
X24. --------------------------15
Y24. --------------------------16
X10. --------------------------17
Y6. ----------------------------18
X2. ----------------------------19
Y28. --------------------------20
X96. --------------------------21
Y24. --------------------------22
X88. --------------------------23
Y13. --------------------------24
G03 Y-13. R18. --------------25
G01 Y-24. --------------------26
X96. --------------------------27
Y-36. -------------------------28
G40 X106. --------------------29
G00 Z20. M09
G91 G28 Y0. Z0. M05
M30
%
```

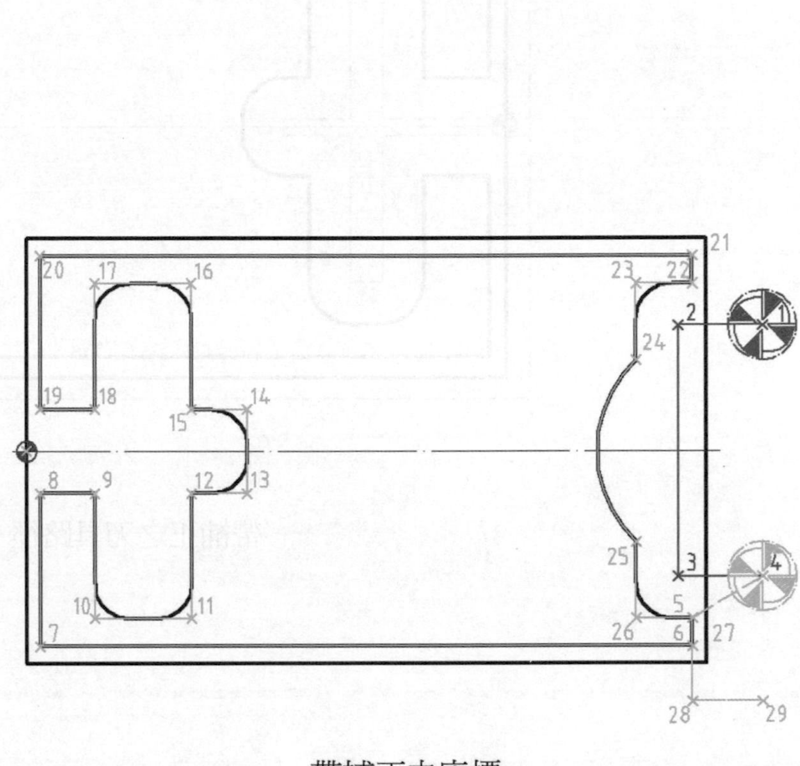

帶補正之座標

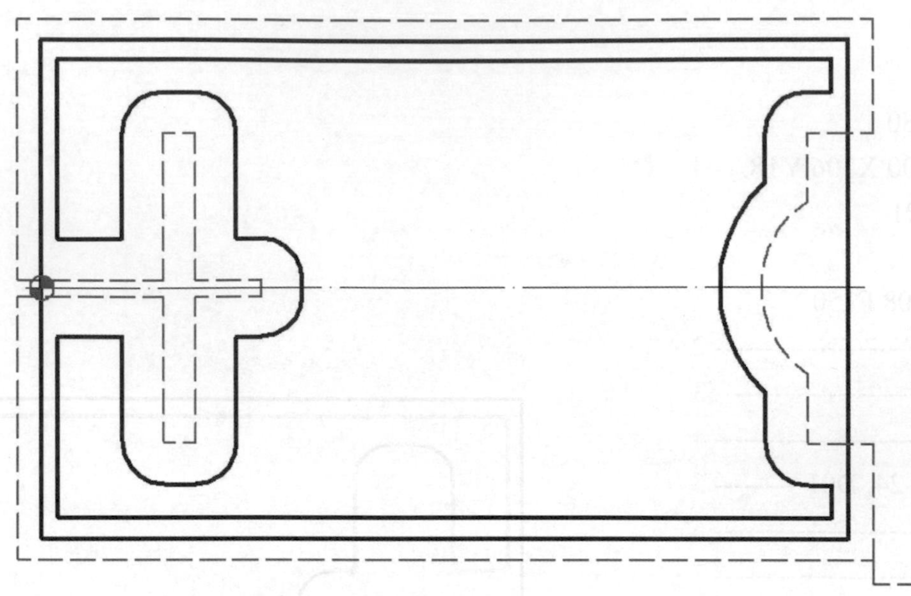

帶補正之刀具路徑

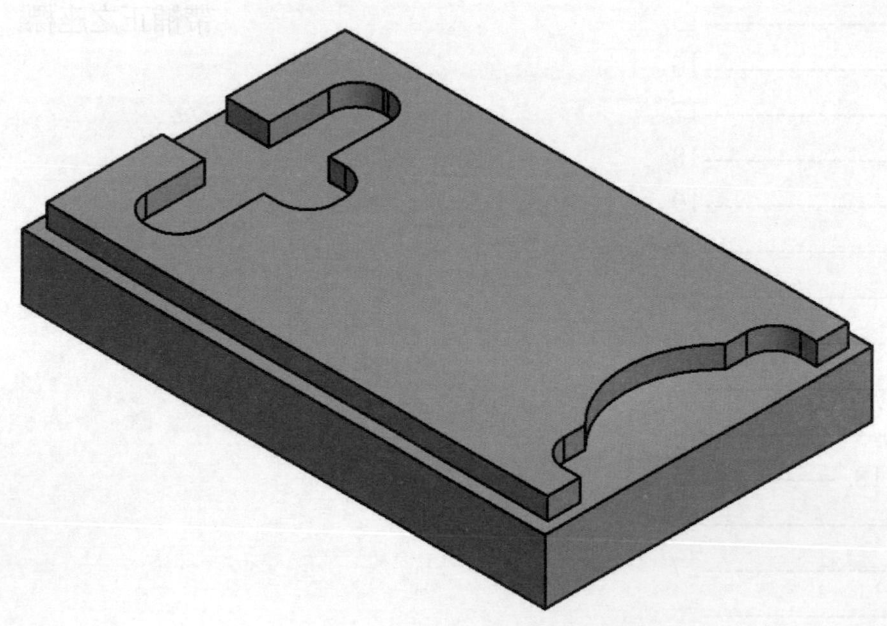

銑削完成之成品

CNC 銑床乙級 204 手寫程式範例

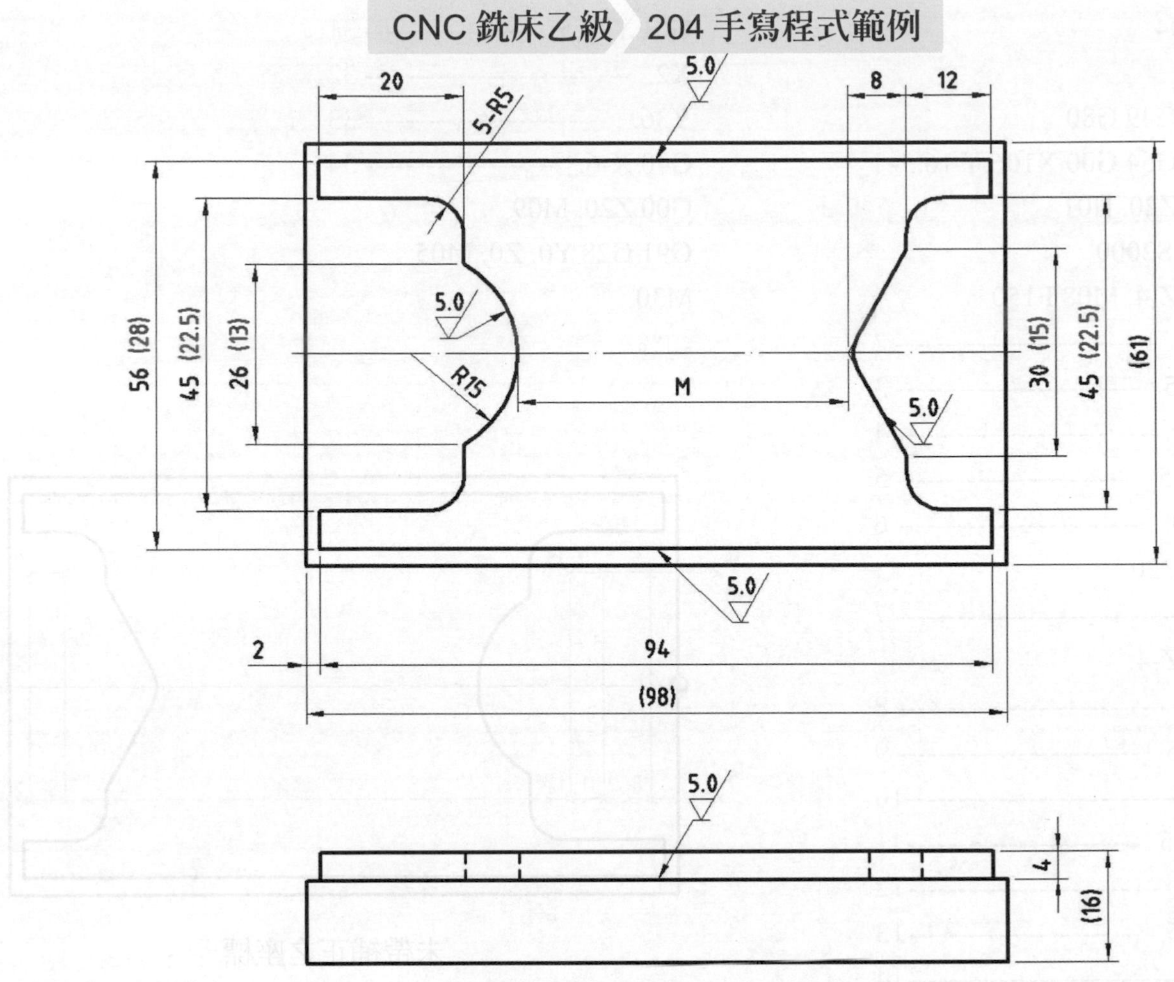

尺寸	指 定 值	建議範圍
A	45	44-46
B	20	20-22
C	12	10-14

1. 件 1 限用人工書寫及人工輸入加工程式。
   件 1 繳交後方可使用電腦輔助加工件 2。
2. 圖上未標註尺寸部份依測驗當場宣佈指定值加工。
3. 未標註公差之加工部份按一般公差要求。
4. M = 79.15 – B – C

一般許可差		
標示尺度		許可差
0.5	以上至 3	±0.1
超過	3 至 6	±0.1
超過	6 至 30	±0.2
超過	30 至 120	±0.3

```
O0204
N1
G40 G49 G80
G90 G54 G00 X106.Y-16.5- 1
G43 Z20. H01
M03 S2000
G01 Z-4. M08 F150
X95.  -------------------------- 2
Y16.5    ----------------------- 3
X90.  -------------------------- 4
Y-16.5   ----------------------- 5
X106.    ----------------------- 6
G00 Z20.
X-8. --------------------------- 7
G01 Z-4.
X4. ---------------------------- 8
Y16.5    ----------------------- 9
X11.---------------------------10
Y-16.5   ----------------------11
X16. --------------------------12
Y16.5    ----------------------13
X-6. --------------------------14
G41 X2. Y22.5 D02  -------15
Y28. --------------------------16
X96. --------------------------17
Y22.5    ----------------------18
X84. --------------------------19
Y15. --------------------------20
X76. Y0. ----------------------21
X84. Y-15. --------------------22
Y-22.5   ----------------------23
X96.  -------------------------24
Y-28. -------------------------25
X2.  --------------------------26
Y-22.5    ---------------------27
X22.  -------------------------28
Y-13.  ------------------------29
G03 Y13. R15.  -------------30
G01 Y22.5  ---------------- 31
X2.  --------------------------- 32
Y36.  -------------------------- 33
G40 X-6.  ------------------- 34
G00 Z20. M09
G91 G28 Y0. Z0. M05
M30
%
```

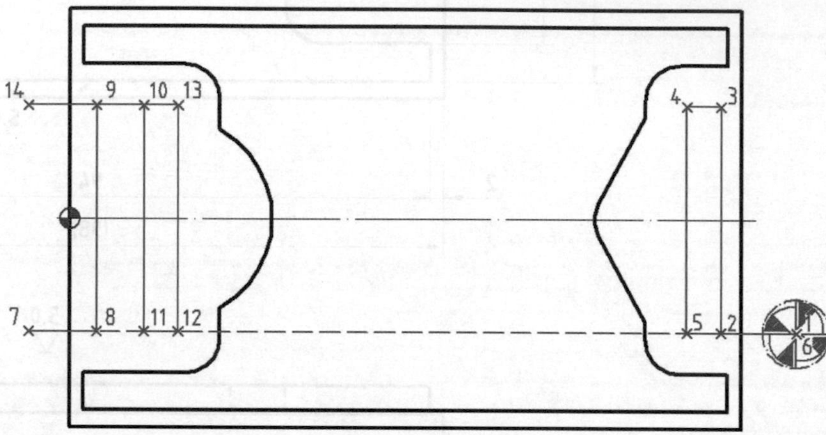

未帶補正之座標

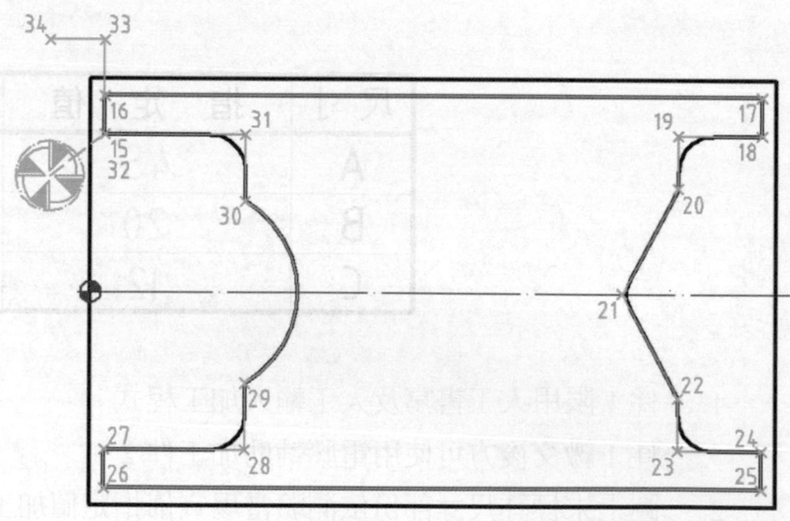

帶補正之座標

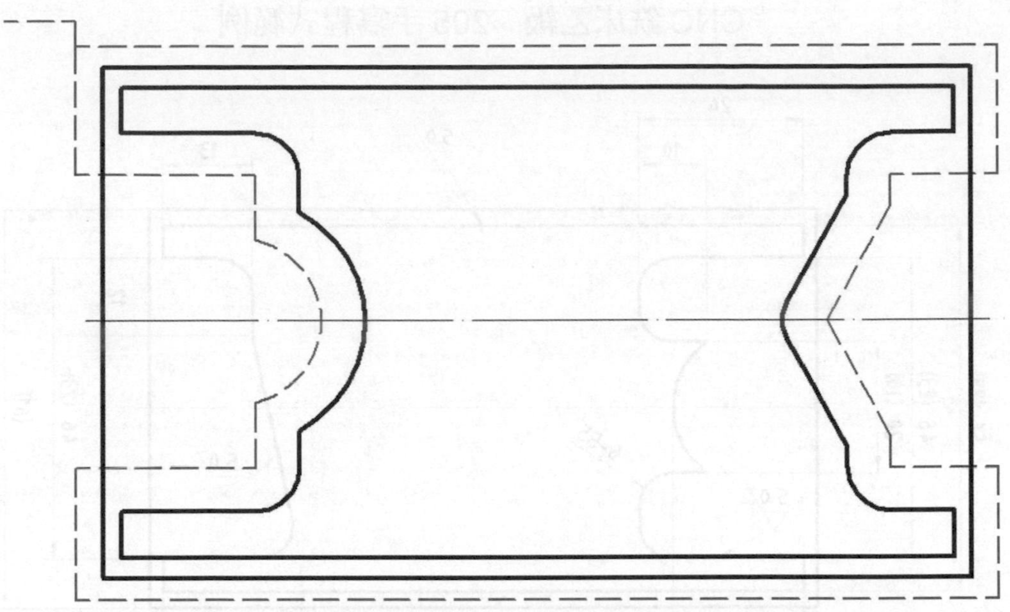

帶補正之刀具路徑

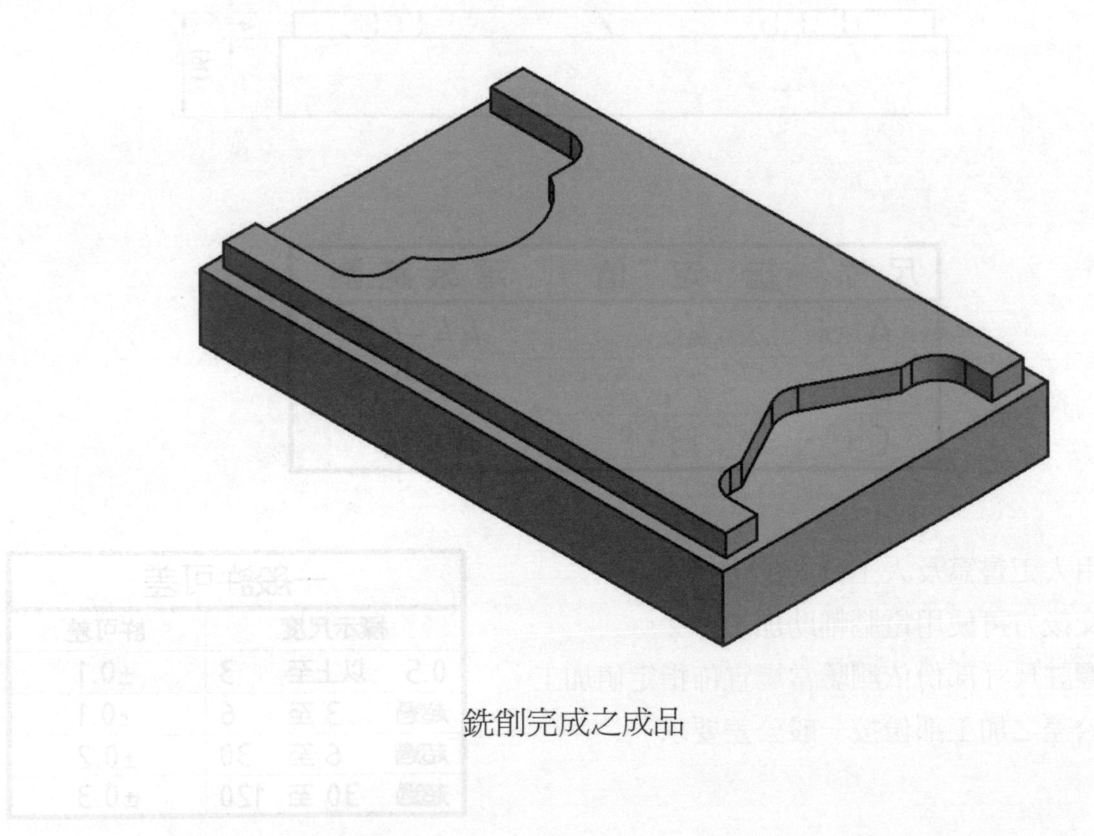

銑削完成之成品

CNC 銑床乙級 205 手寫程式範例

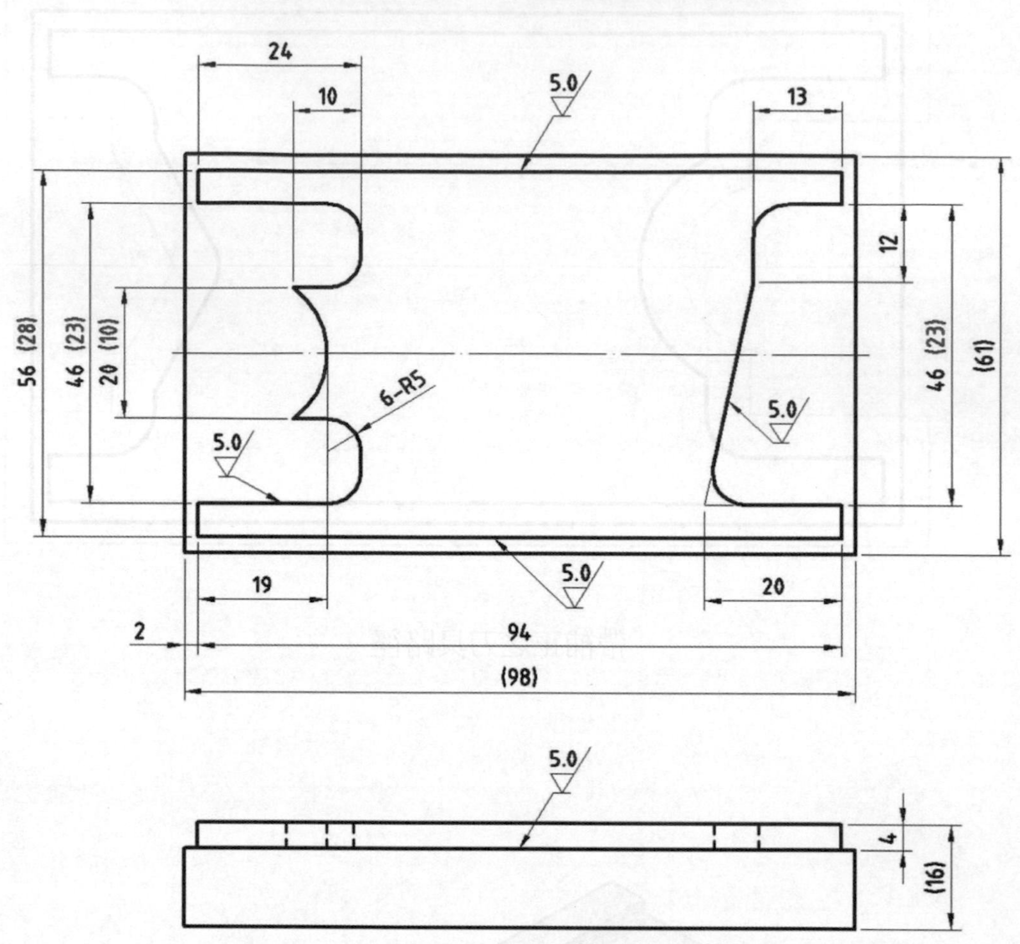

尺寸	指定值	建議範圍
A	46	44-48
B	24	23-27
C	13	12-14

1. 件 1 限用人工書寫及人工輸入加工程式。
   件 1 繳交後方可使用電腦輔助加工件 2。
2. 圖上未標註尺寸部份依測驗當場宣佈指定值加工。
3. 未標註公差之加工部份按一般公差要求。

一般許可差		
標示尺度		許可差
0.5 以上至	3	±0.1
超過 3 至	6	±0.1
超過 6 至	30	±0.2
超過 30 至	120	±0.3

```
O0205
N1
G40 G49 G80
G90 G54 G00 X-6.Y17. -----1
G43 Z20. H01
M03 S2000
G01 Z-4. M08    F150
X4.  -------------------------- 2
Y-17.  ------------------------- 3
X9.  -------------------------- 4
Y17. -------------------------- 5
X-6.  ------------------------- 6
G00 Z20.
X106.  ----------------------- 7
G01 Z-4.
X96.  ------------------------- 8
Y-17.  ------------------------ 9
X90.  -------------------------10
Y0.  --------------------------11
X106.  -----------------------12
G41 X96. Y-23. D01 -------13
Y-28.  ------------------------14
X2.  --------------------------15
Y-23---------------------------16
X26.  -------------------------17
Y-10.  ------------------------18
X16.  -------------------------19
G03 Y10. R12.5-------------20
G01 X26.  -------------------21
Y23.  -------------------------22
X2.  --------------------------23
Y28.  -------------------------24
X96.  -------------------------25
Y23.  -------------------------26
X83.  -------------------------27
Y11.  -------------------------28
X76. Y-23.  -----------------29
X96.  -------------------------30
Y-36.  ----------------------- 31
G40 X106.  ---------------- 32
G00 Z20. M09
G91 G28 Y0. Z0. M05
M30
%
```

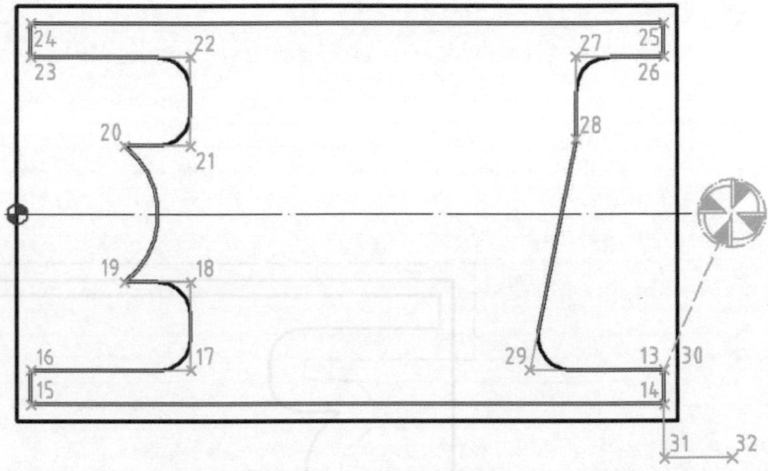

帶補正之座標

未帶補正之座標

$$(A-B)^2 = A^2 - 2AB + B^2$$
$$R = x + a$$
$$X^2 + Y^2 = R^2$$
$$(R-5)^2 + 10^2 = R^2$$
$$R^2 - 10R + 25 + 100 = R^2$$
$$25 + 100 = 10R$$
$$R = 12.5$$

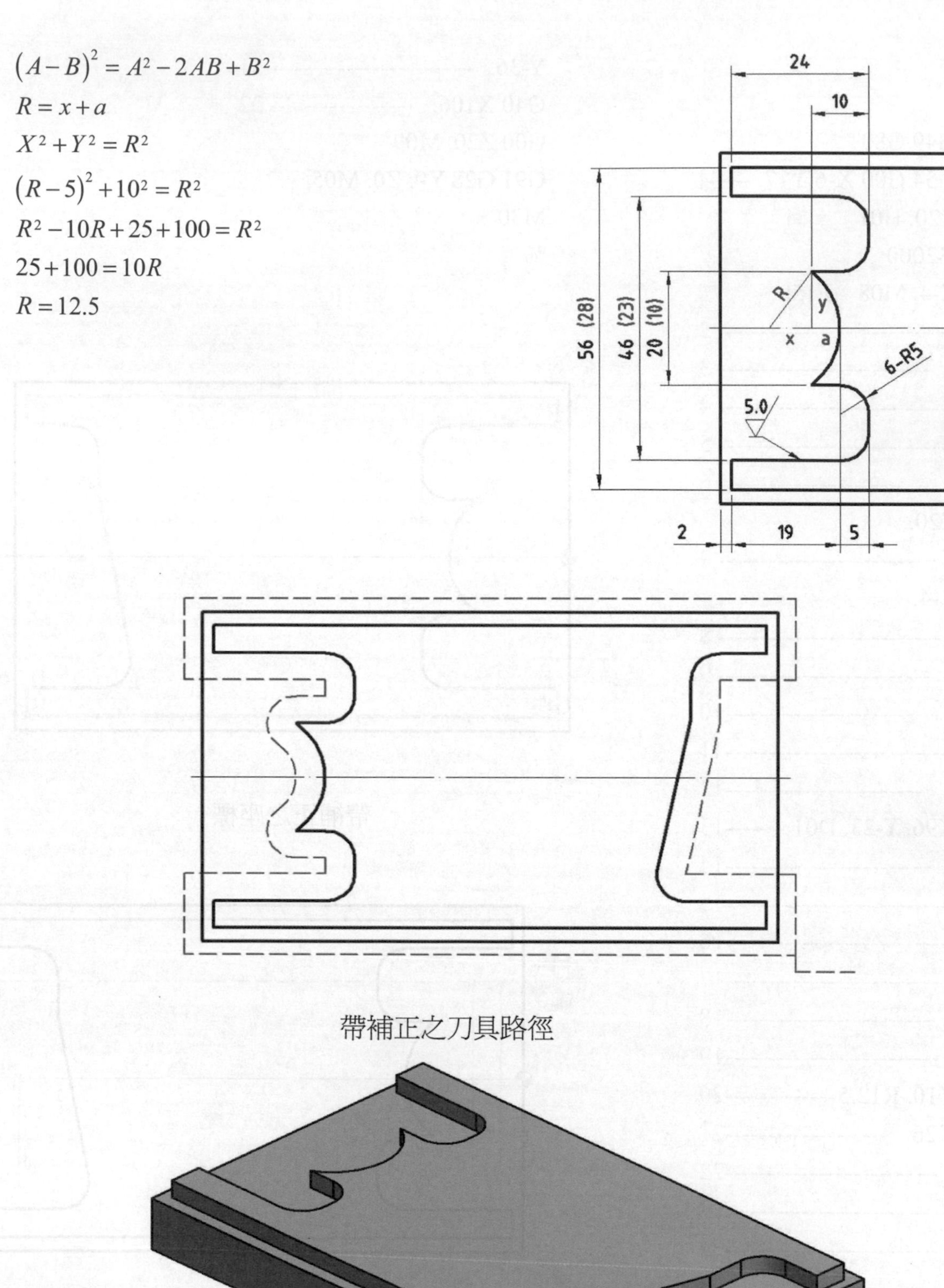

帶補正之刀具路徑

銑削完成之成品

CNC 銑床乙級　206 手寫程式範例

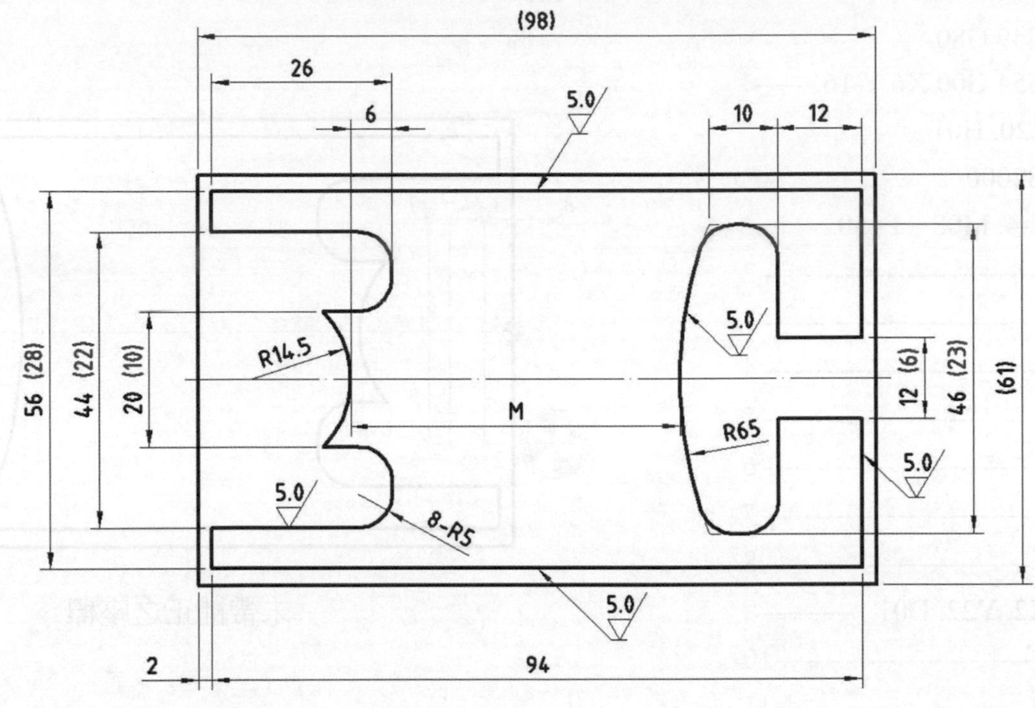

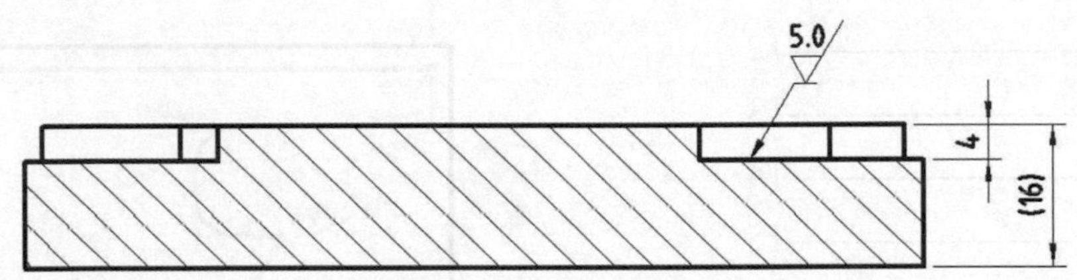

尺寸	指定值	建議範圍
A	44	44-48
B	26	25-30
C	12	8-12

1. 件 1 限用人工書寫及人工輸入加工程式。
   件 1 繳交後方可使用電腦輔助加工件 2。
2. 圖上未標註尺寸部份依測驗當場宣佈指定值加工。
3. 未標註公差之加工部份按一般公差要求。
4. M = 85.79 – B – C

一般許可差			
標示尺度			許可差
0.5	以上至	3	±0.1
超過	3 至	6	±0.1
超過	6 至	30	±0.2
超過	30 至	120	±0.3

```
O0206
N1
G40 G49 G80
G90 G54 G00 X6.Y-16.------1
G43 Z20. H01
M03 S2000
G01 Z-4. M08    F150
X4.  --------------------------2
Y16.  -------------------------3
X9.  --------------------------4
Y-16.  ------------------------5
X12.  -------------------------6
Y16.  -------------------------7
X-6.  -------------------------8
G41 X2. Y22. D01  ---------9
Y28.  -------------------------10
X96.  -------------------------11
Y6.  --------------------------12
X84.  -------------------------13
Y23.  -------------------------14
X74.  -------------------------15
G03 Y-23. R65.  ------------16
G01 X84.  --------------------17
Y-6.  --------------------------18
X96.  -------------------------19
Y-28.  ------------------------20
X2.  --------------------------21
Y-22.  ------------------------22
X28.  -------------------------23
Y-10.  ------------------------24
X18.  -------------------------25
G03 Y10. R14.5-------------26
G01 X28.  --------------------27
Y22.  -------------------------28
X2.  --------------------------29
Y36.  -------------------------30
G40 X-6.  --------------------31
G91 G28 Y0. Z0. M05
M30
%
```

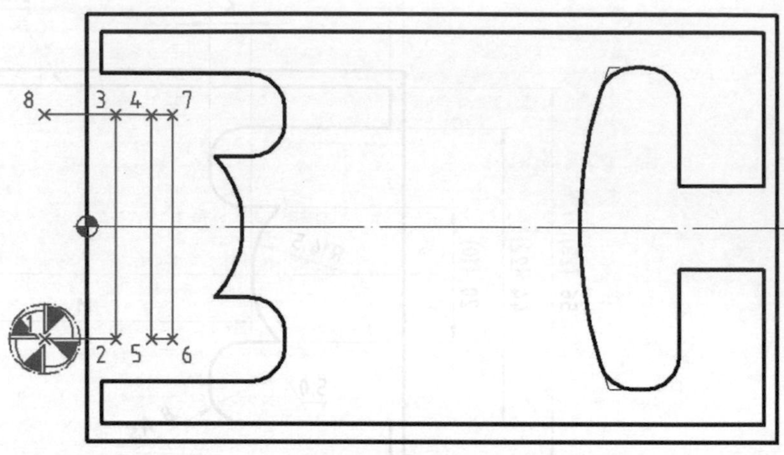

未帶補正之座標

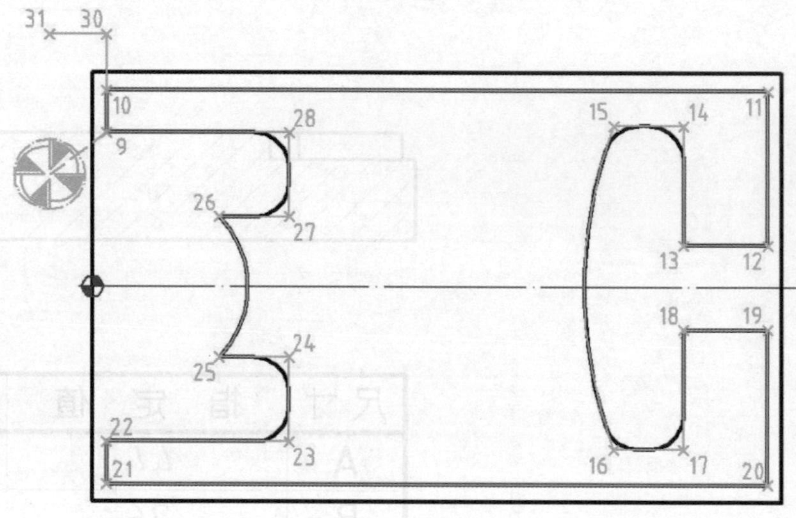

帶補正之座標

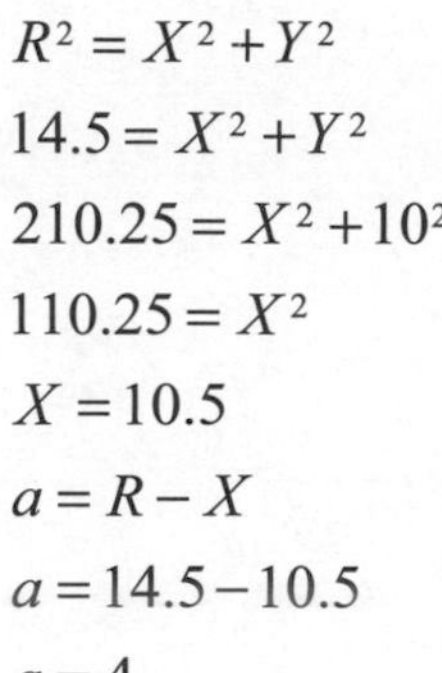

$$R^2 = X^2 + Y^2$$
$$14.5 = X^2 + Y^2$$
$$210.25 = X^2 + 10^2$$
$$110.25 = X^2$$
$$X = 10.5$$
$$a = R - X$$
$$a = 14.5 - 10.5$$
$$a = 4$$

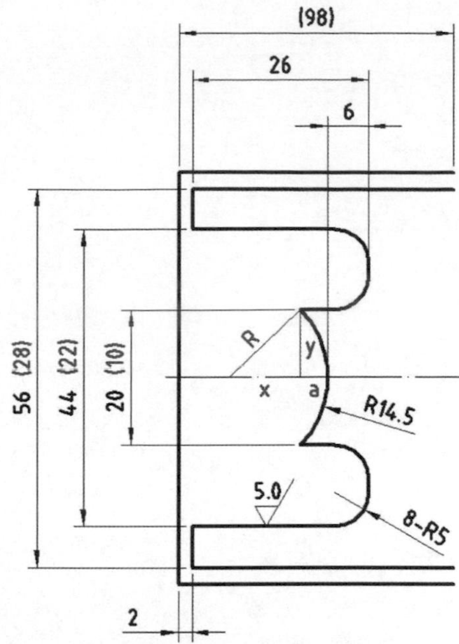

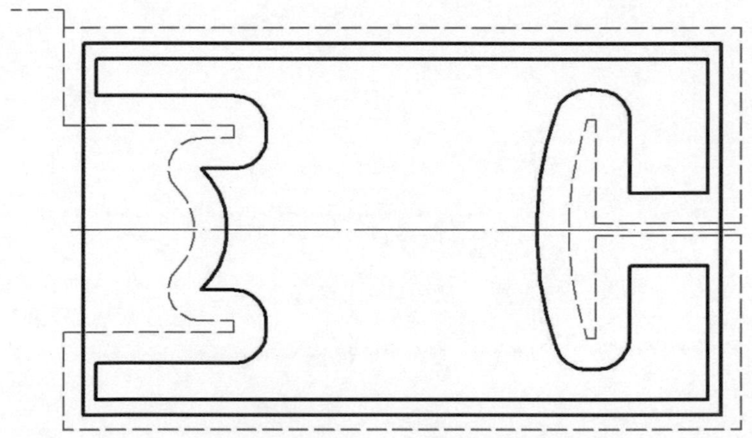

帶補正之刀具路徑

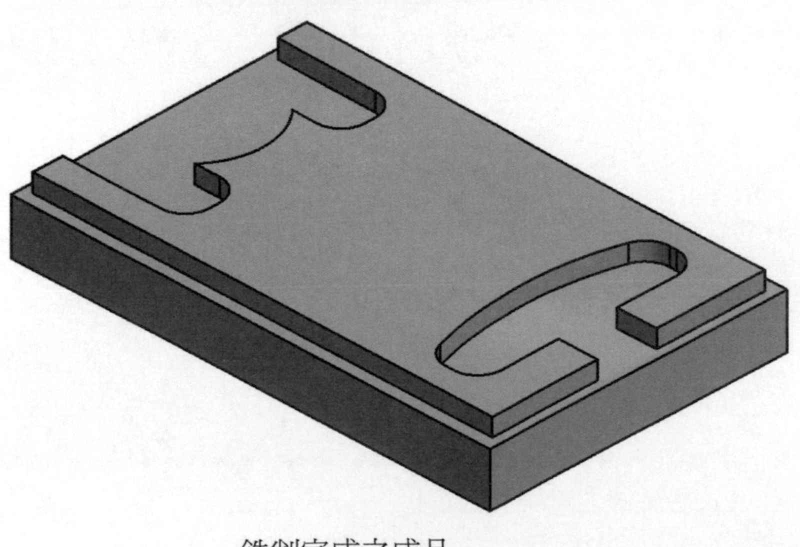

銑削完成之成品

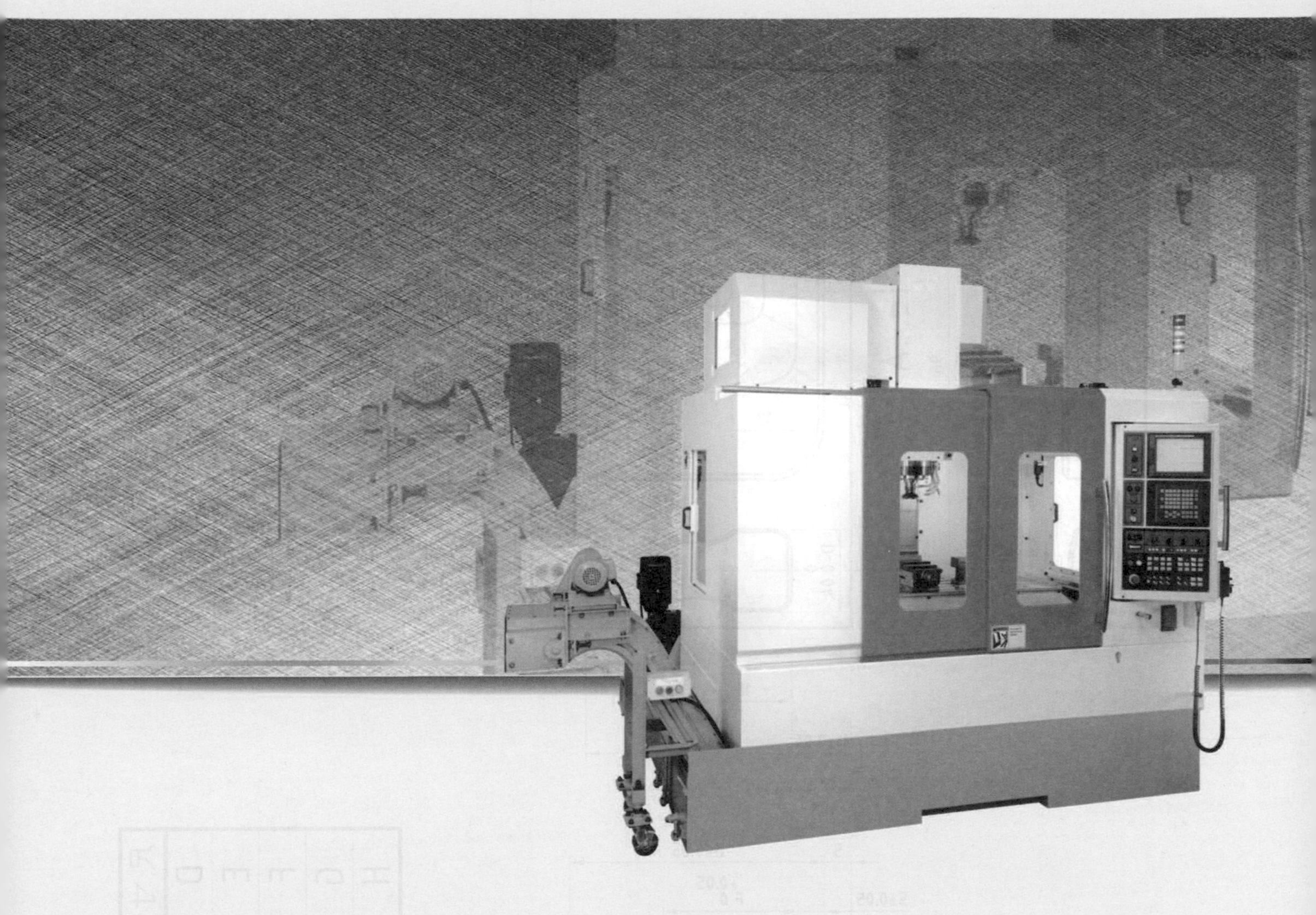

第三章

術科　CAM 題庫範例

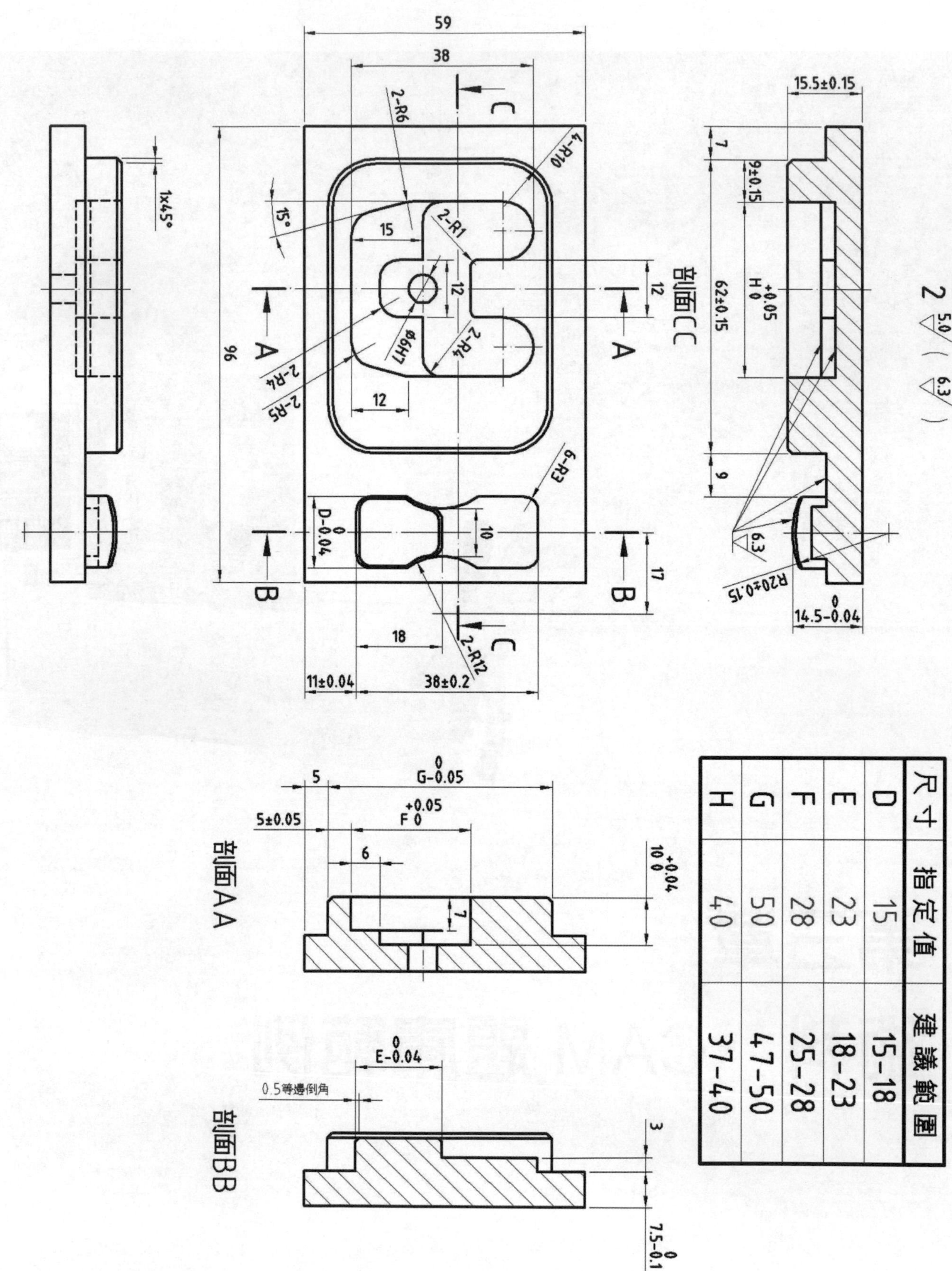

尺寸	指定值	建議範圍
D	15	15-18
E	23	18-23
F	28	25-28
G	50	47-50
H	40	37-40

CNC 銑床乙級範例步驟　201 繪圖

➔ 繪圖→建立矩形的外型→輸入尺寸長 96 寬 59→原點設置左下角。

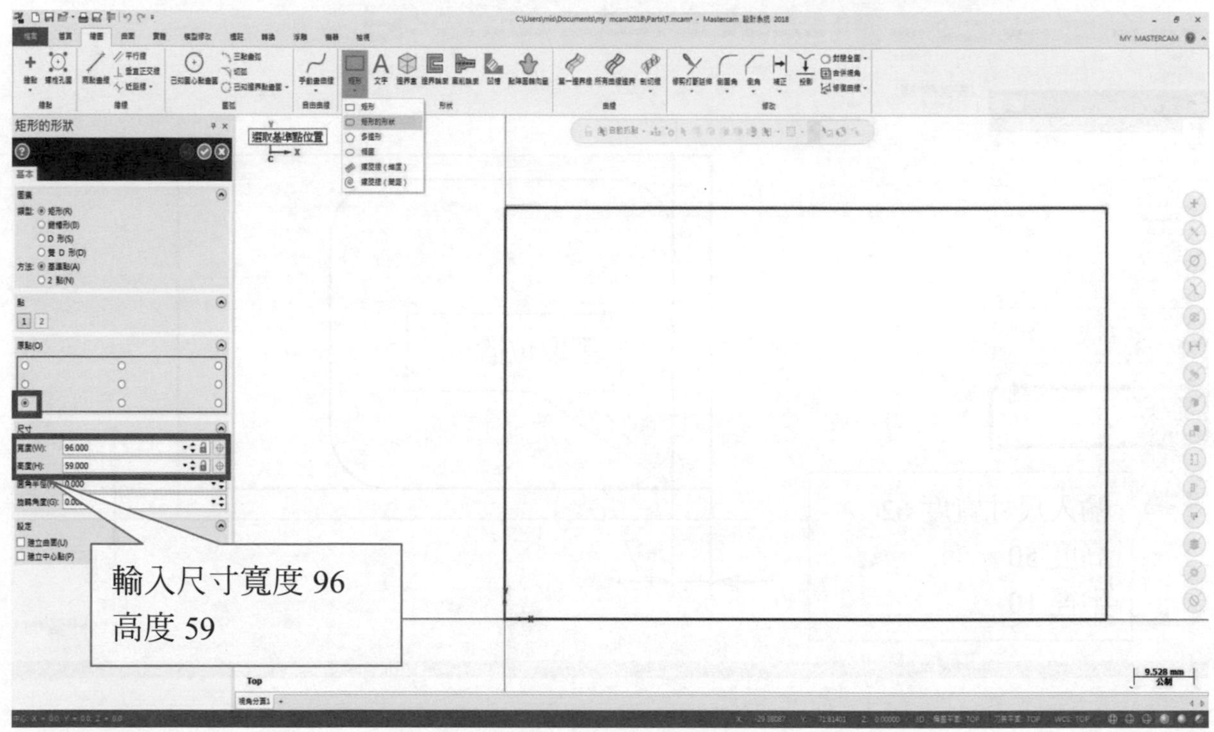

➔ 建立平行線→左邊界線偏移 7 →下邊界線偏移 5。

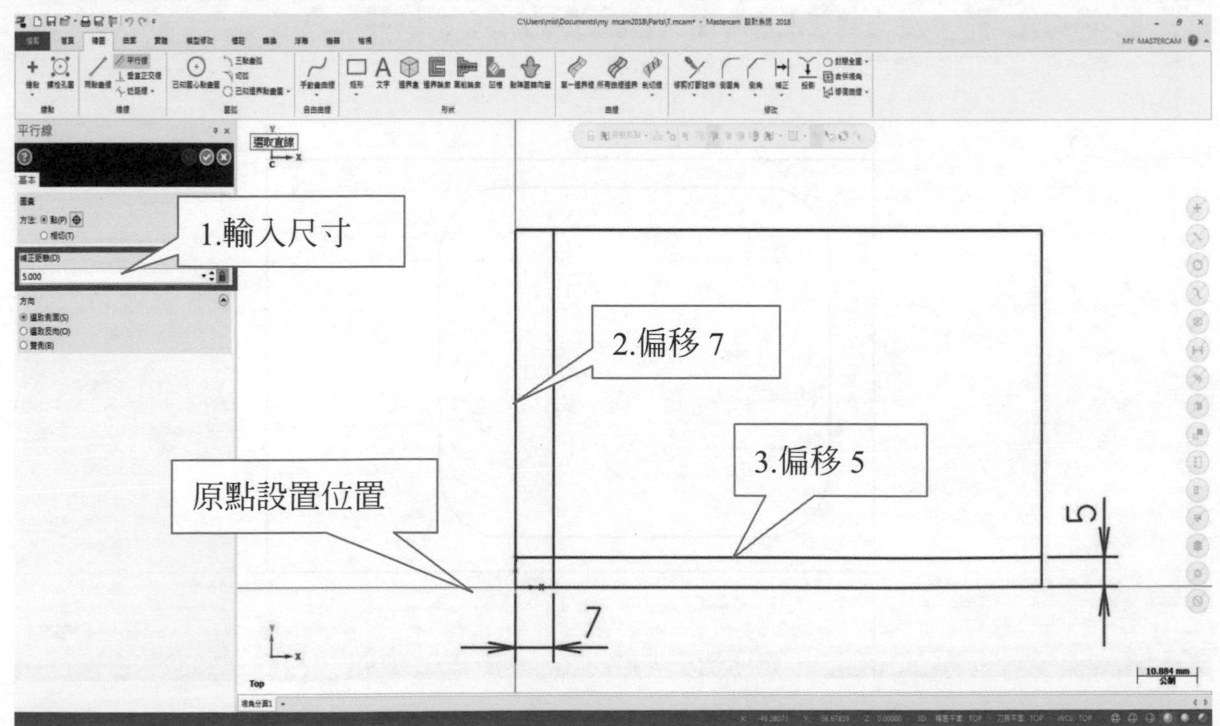

➜ 繪圖→建立矩形的外型→輸入尺寸長 62 寬(G)50 半徑 10→原點設置左下角。

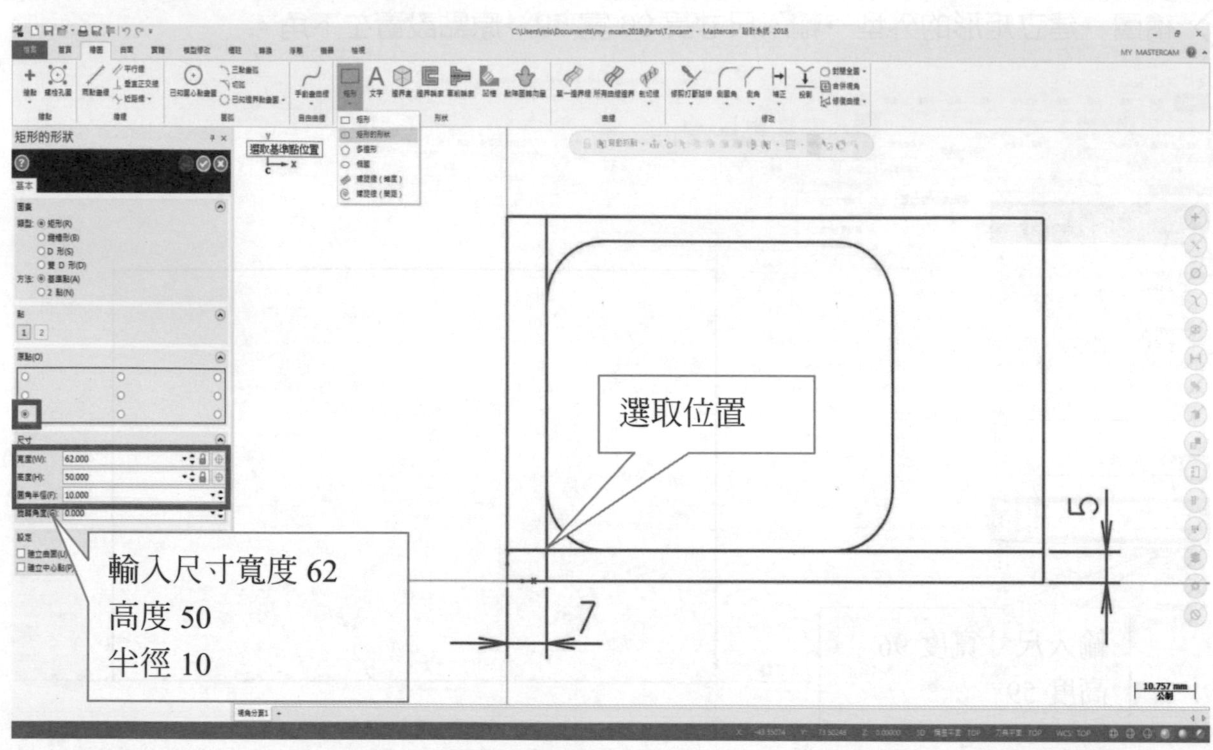

➜ 把兩條平行線 DELETE 掉完成後為下圖。

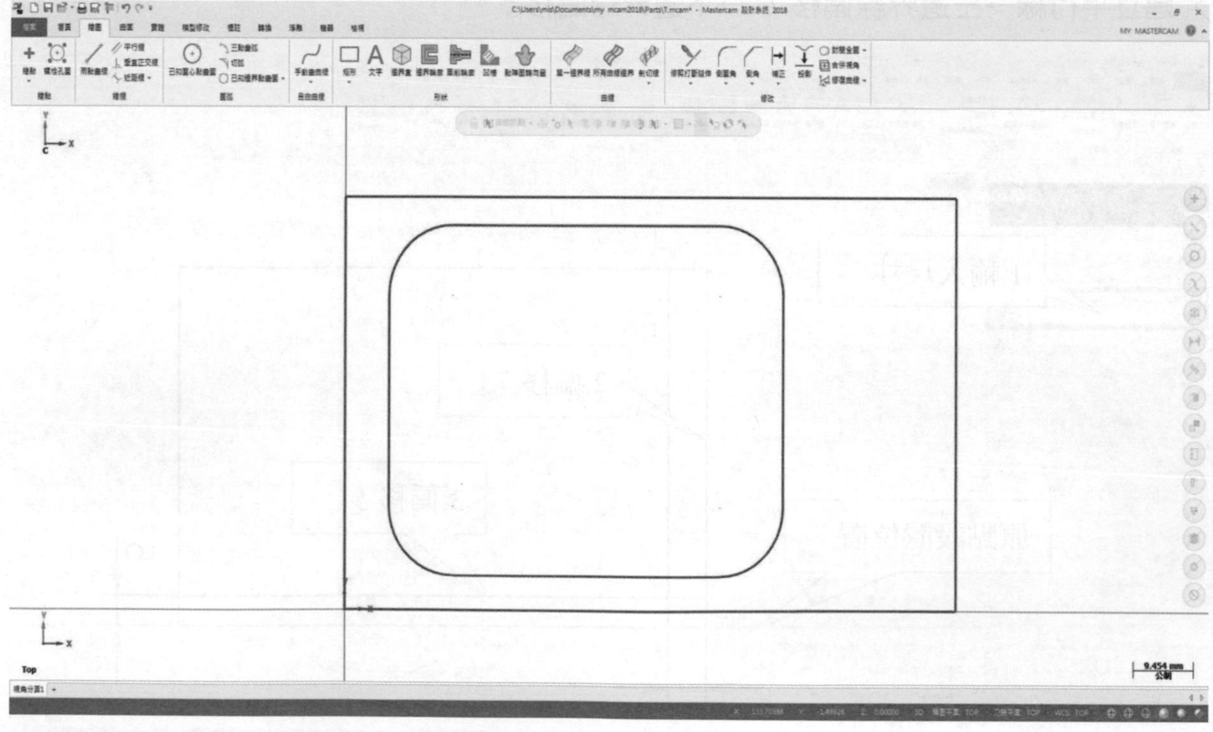

建立平行線→從紅色那條線偏移一條垂直線尺寸 9→再從 9 偏移(H)40→再一條中心線 20(H 40 的一半)→接下來在中心線兩邊各偏移 6。

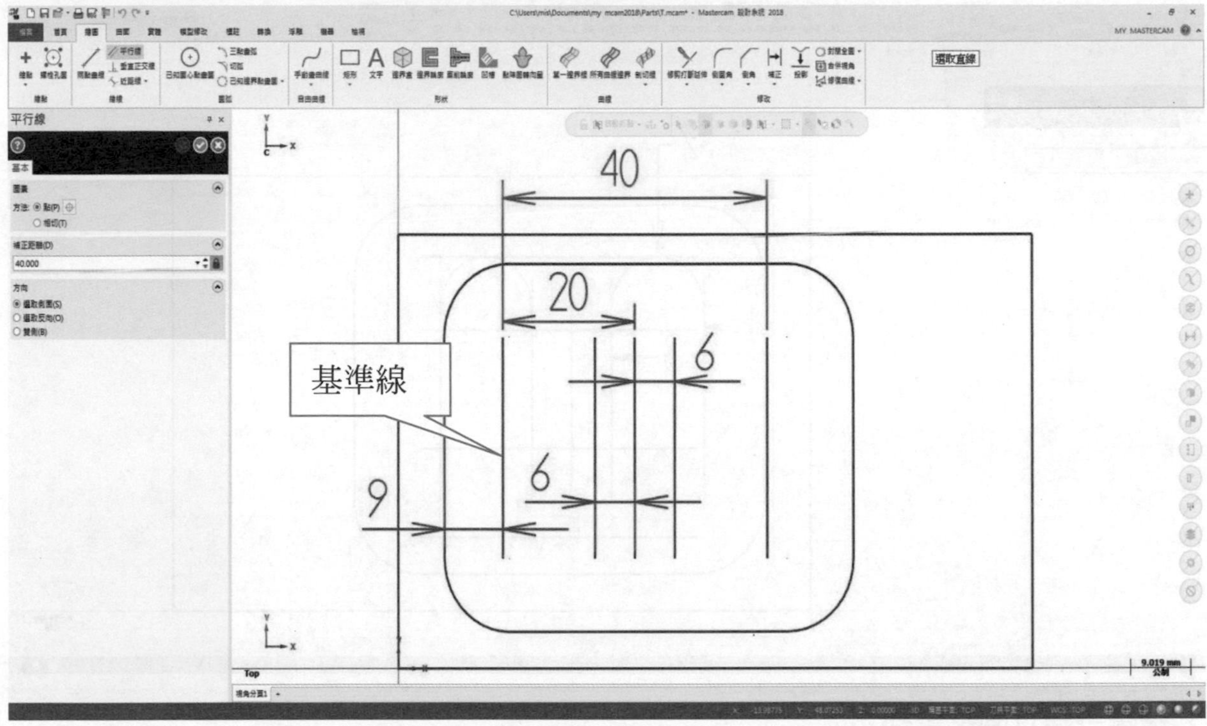

建立平行線→從紅色那條線偏移一條水平線尺寸 5→再從 5 偏移 12、(F)28、38。

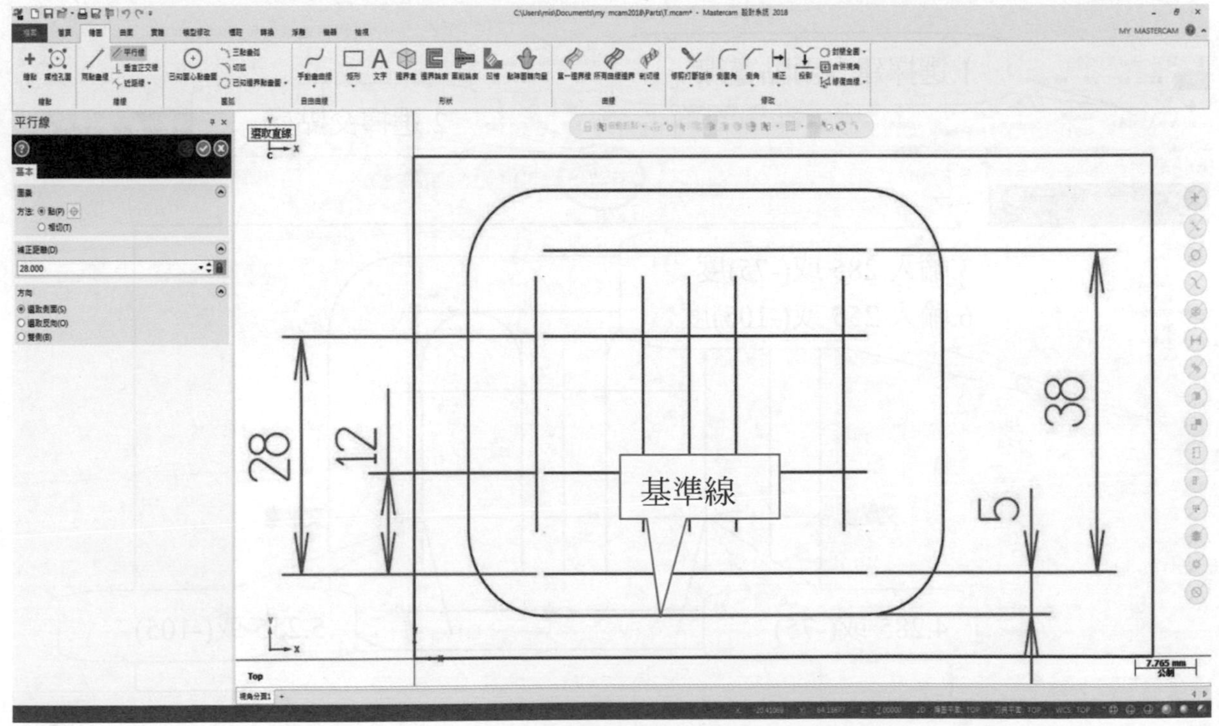

建立切弧→方法三圖素切弧→點取線 1 線 2 線 3 即可畫出切弧。

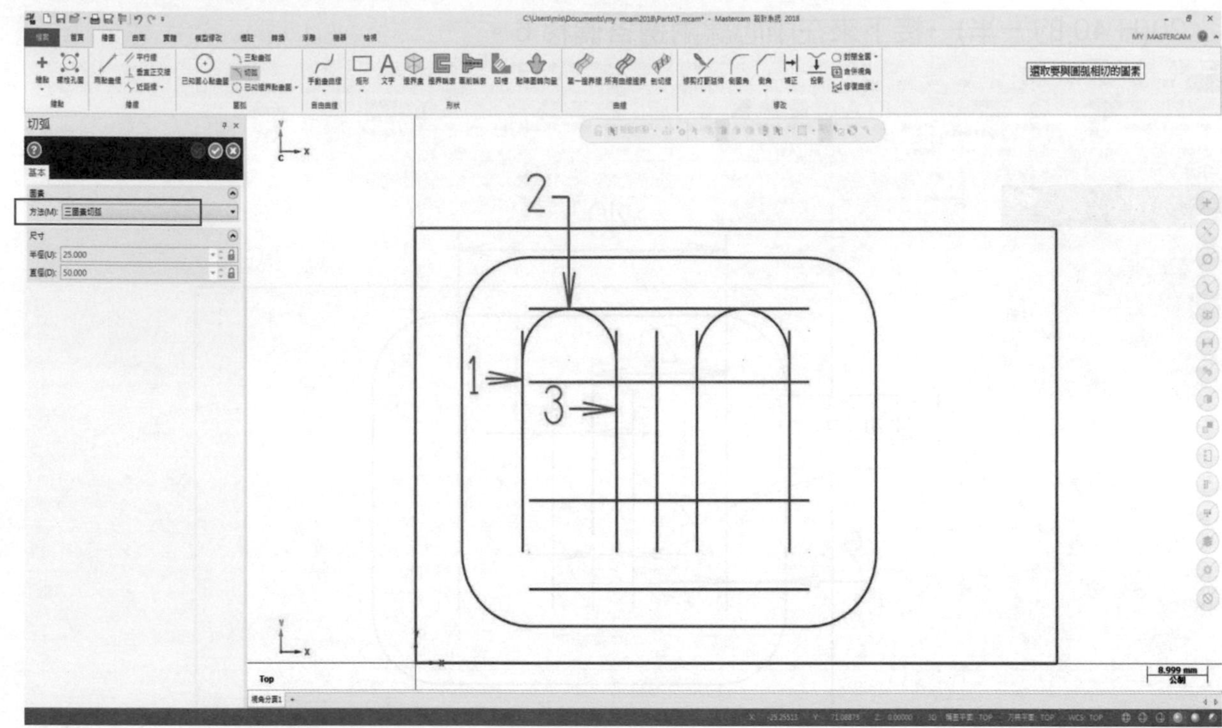

繪圖→建立兩點畫線。

在交點處分別畫出 285(-75)度跟 255(-105)度的線。

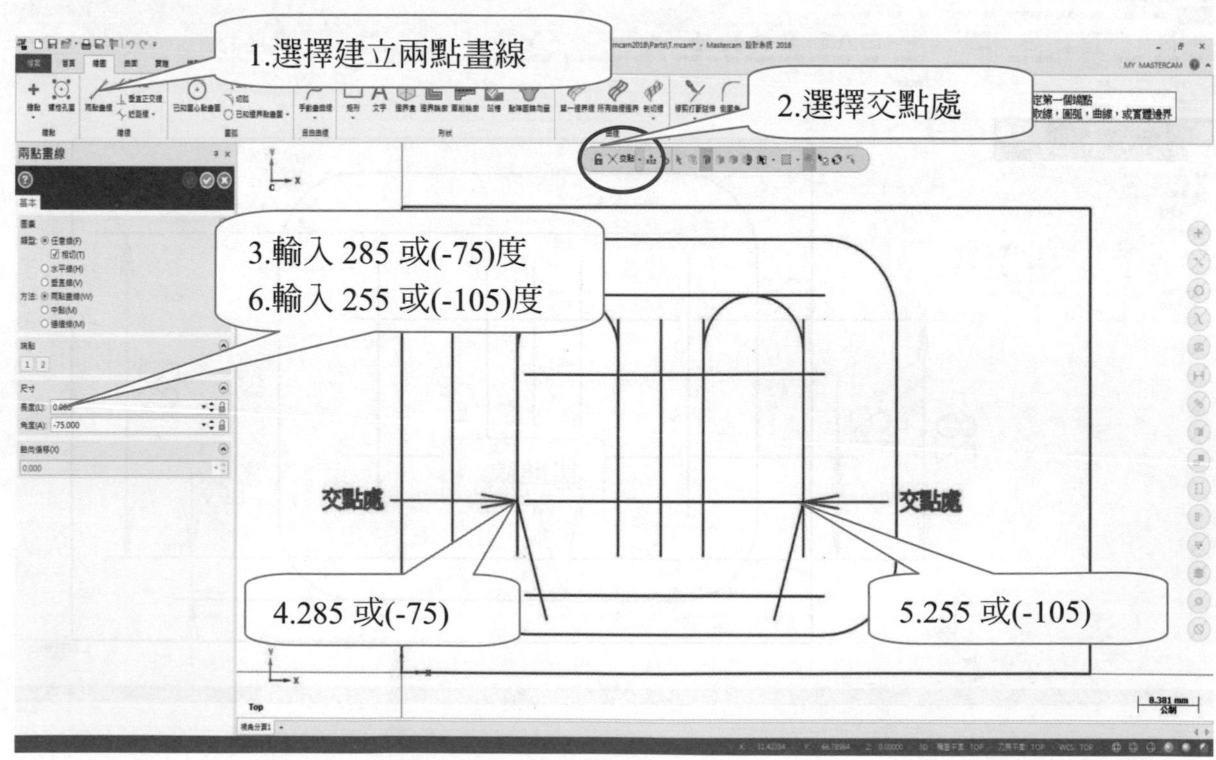

→ 點選倒圓角在紅色處分別倒圓角 R1、R6、R5。

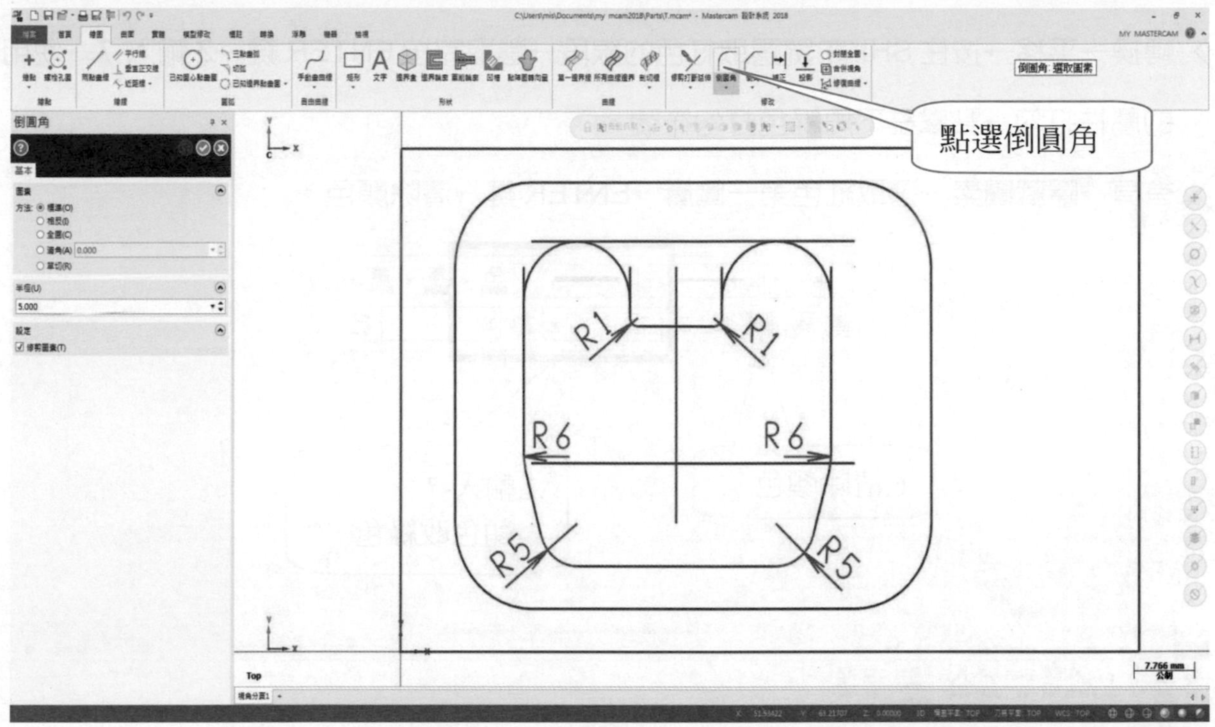

→ 先把紅色兩條線 DELETE 掉→修整三物體→保留 1 保留 2 保留 3(修剪為下圖)。

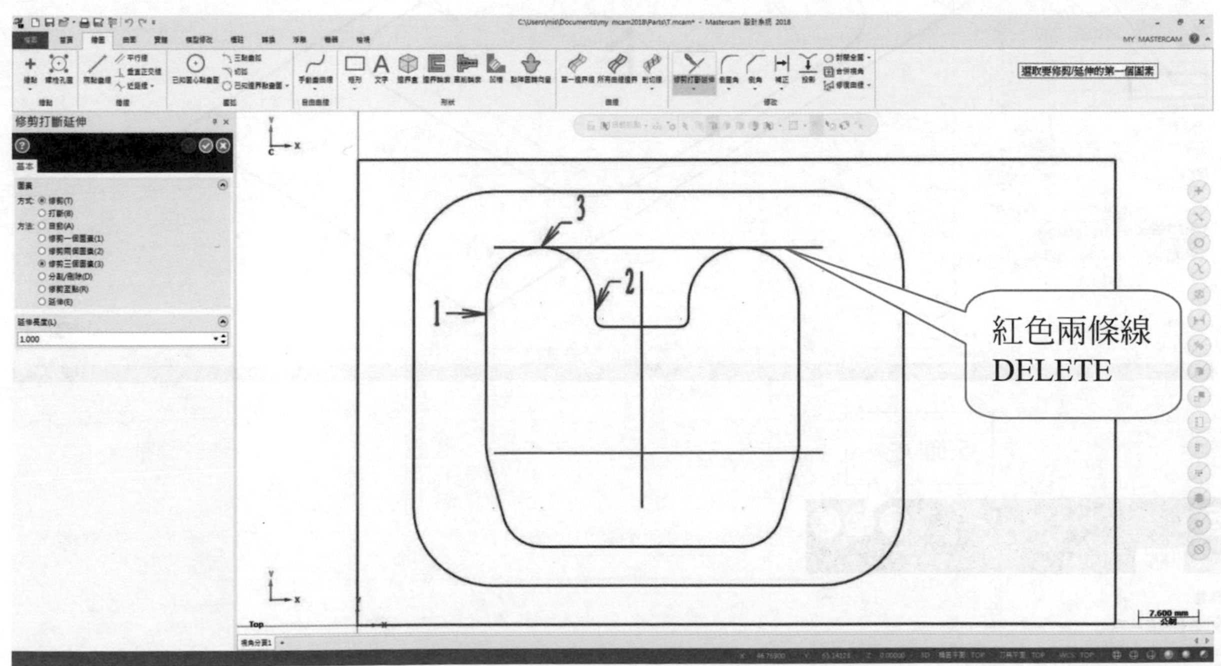

➜ 繪圖區點選滑鼠右鍵，出現功能表，在紅色圈起來的 Z 值輸入-7 顏色改成綠色。

➜ 轉換→平移→按住 SHIFT 鍵選取紅色的線段→選取完按 ENTER 鍵→Z 輸入-7→使用新的屬性打勾→點擊左下角綠色打勾符號。

➜ 首頁→隱藏圖素→選取紅色第一圖層→ENTER 鍵→清除顏色。

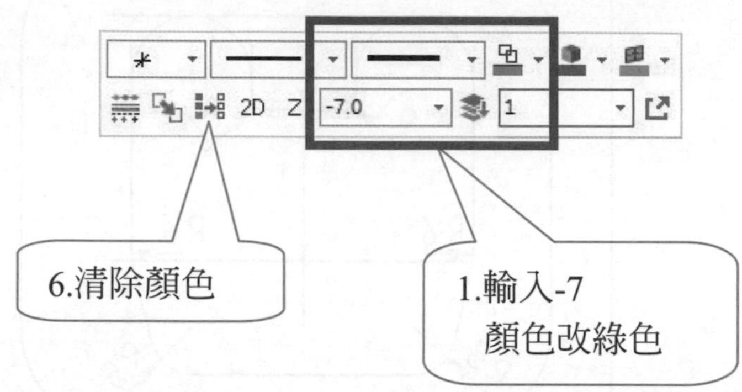

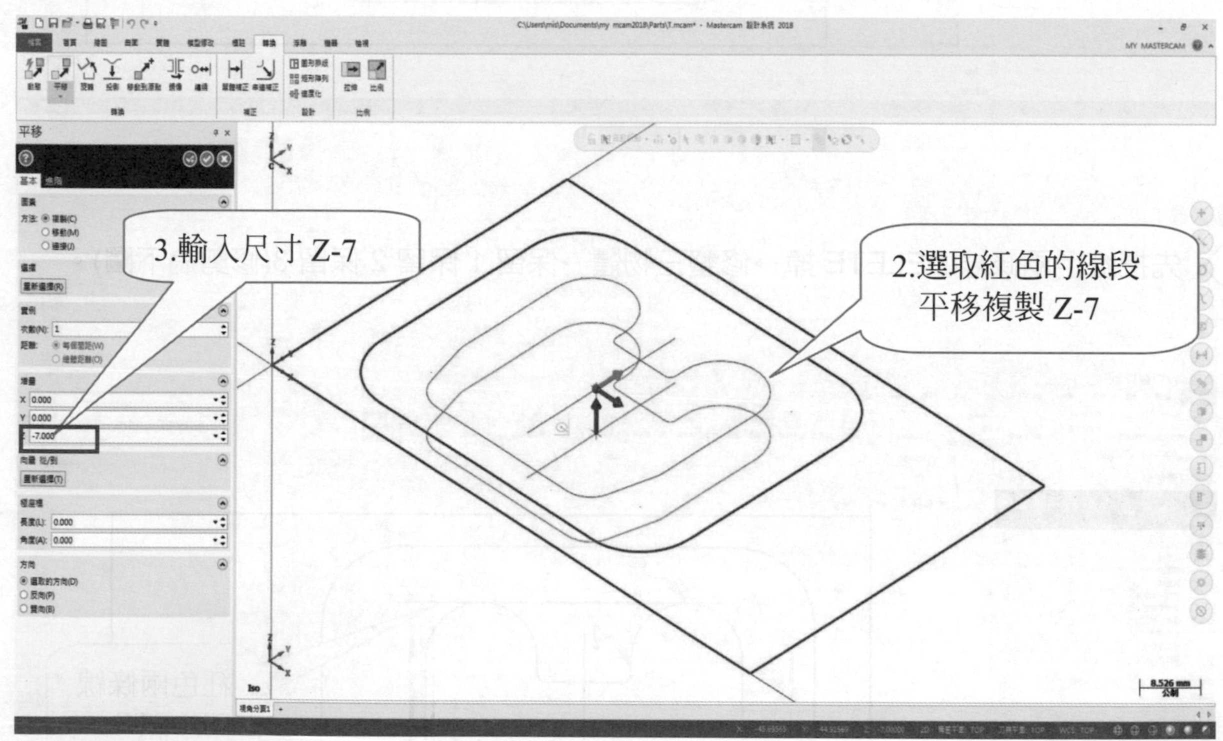

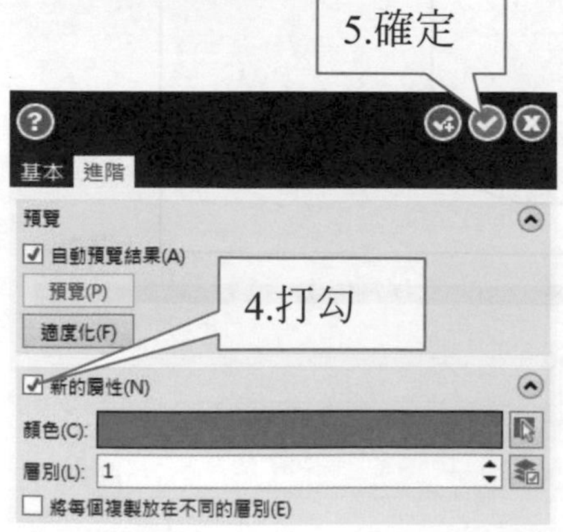

- 點選平行線以紅色水平線為起點，偏移兩條水平線尺寸分別為 6、15。
- 點選平行線以紅色垂直線為起點，兩邊各偏移垂直線尺寸為 6。

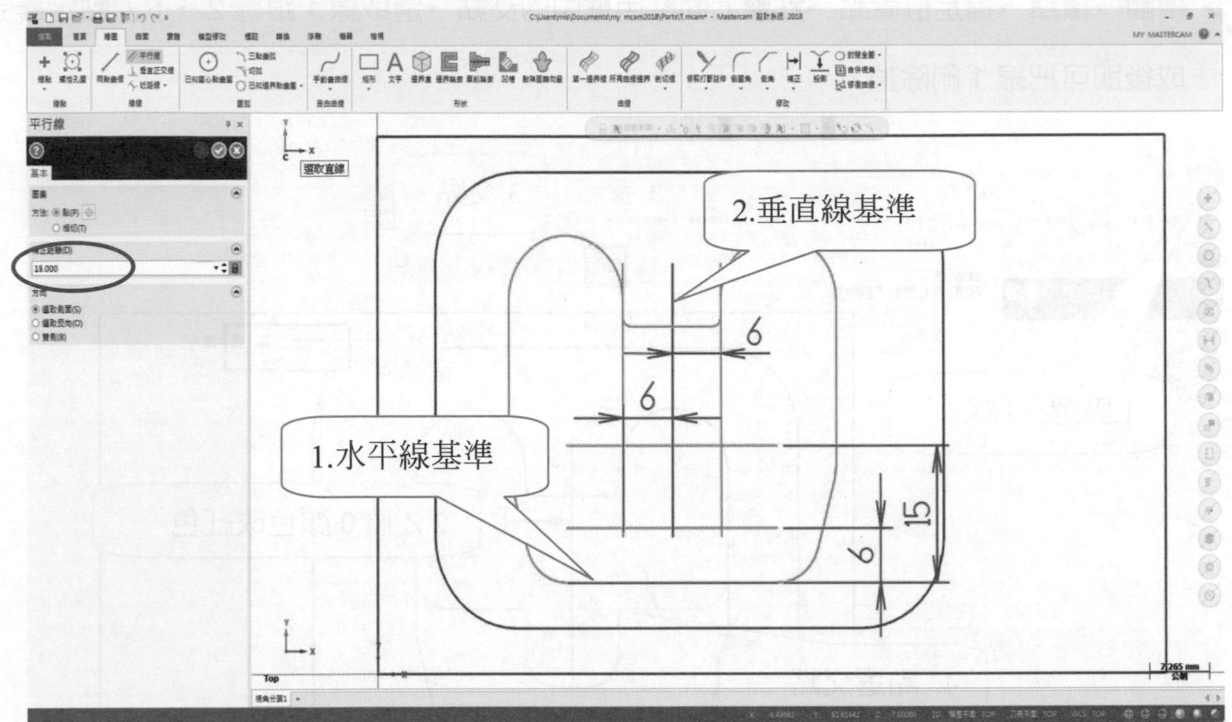

- 點選倒圓角在紅色處倒圓角均為 R4→再修剪用不到的線段，修剪完如下圖。
- 螢幕→恢復隱藏圖素→把第一個圖層呼叫回來。

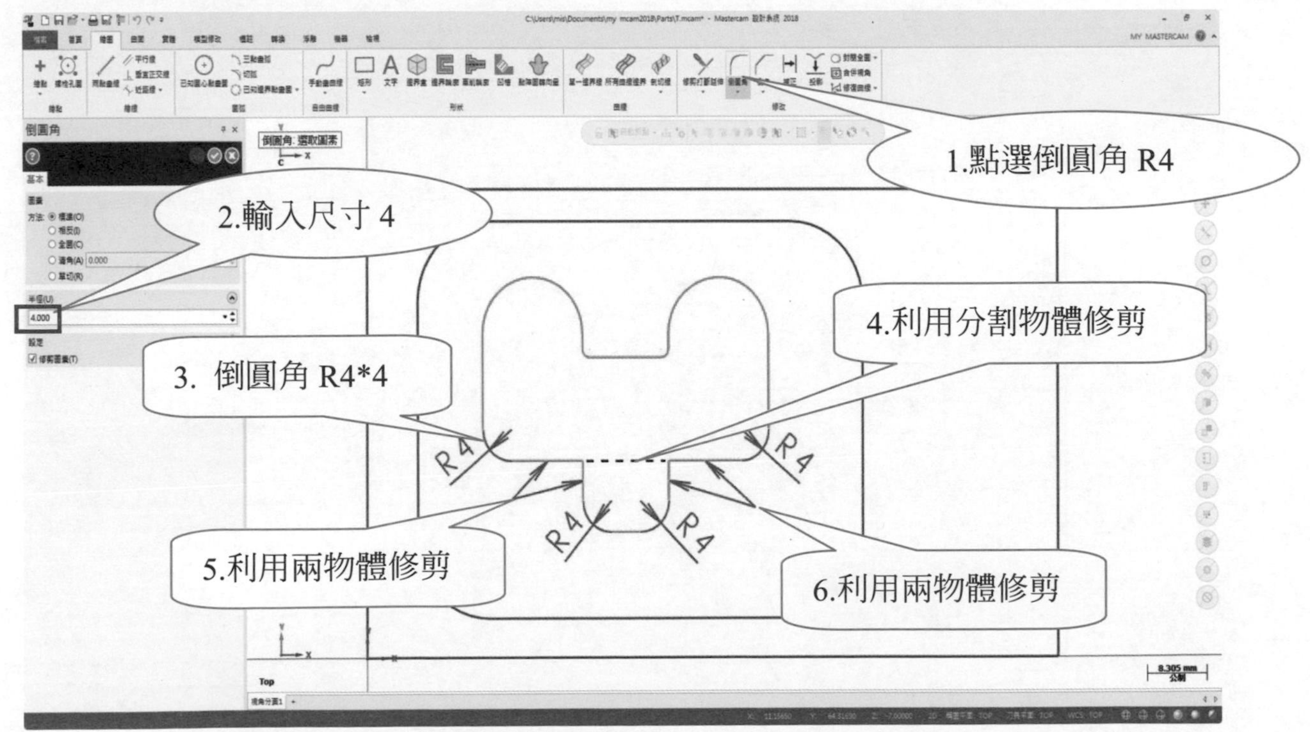

→ 在繪圖區點右鍵，於右鍵功能表上紅色框處的 Z 值輸入 0→顏色改為紅色。

→ 繪圖→繪點→指定位置點→點擊上面紅色框中的交點→選取線 1 跟線 2→下刀點定義完成後即可把線 1 刪除掉。

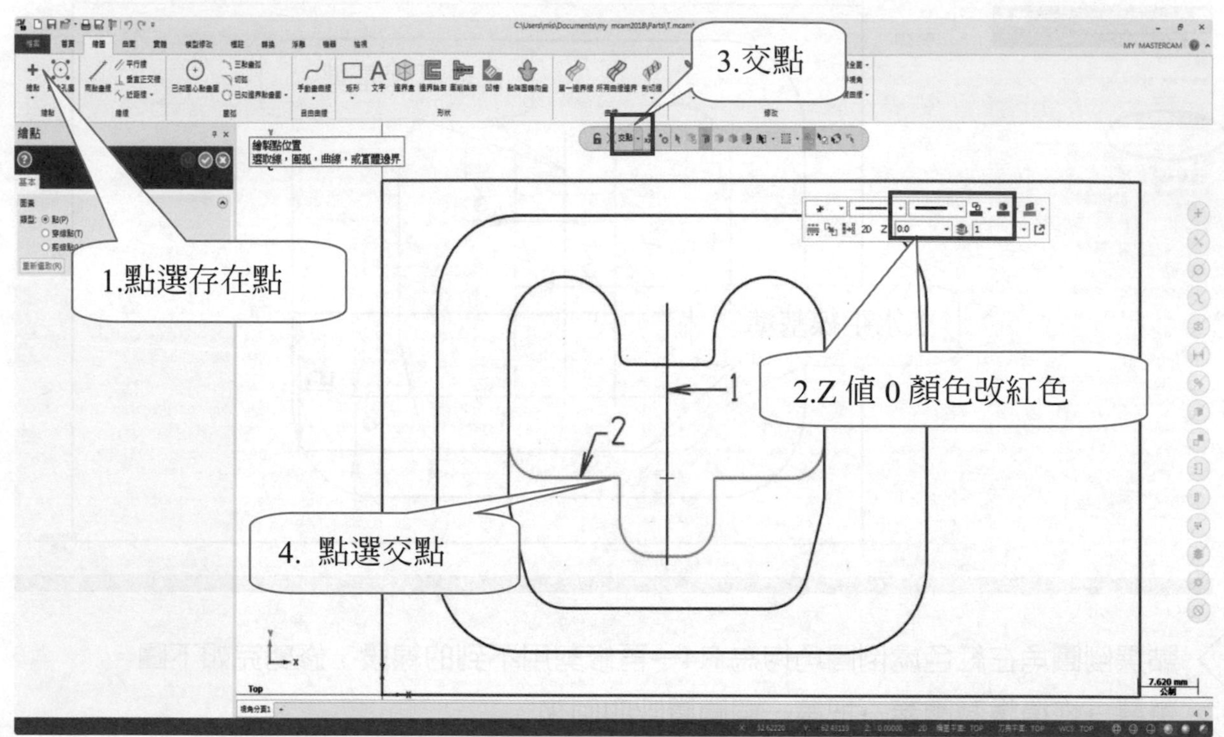

- 在繪圖區點右鍵，於右鍵功能表上把線條顏色改為藍色。
- 點選平行線從紅色的線偏移一條 9 的線→再從 9 偏移(D)15、7.5(15 的一半)→最後再從 7.5 偏移一條 17。

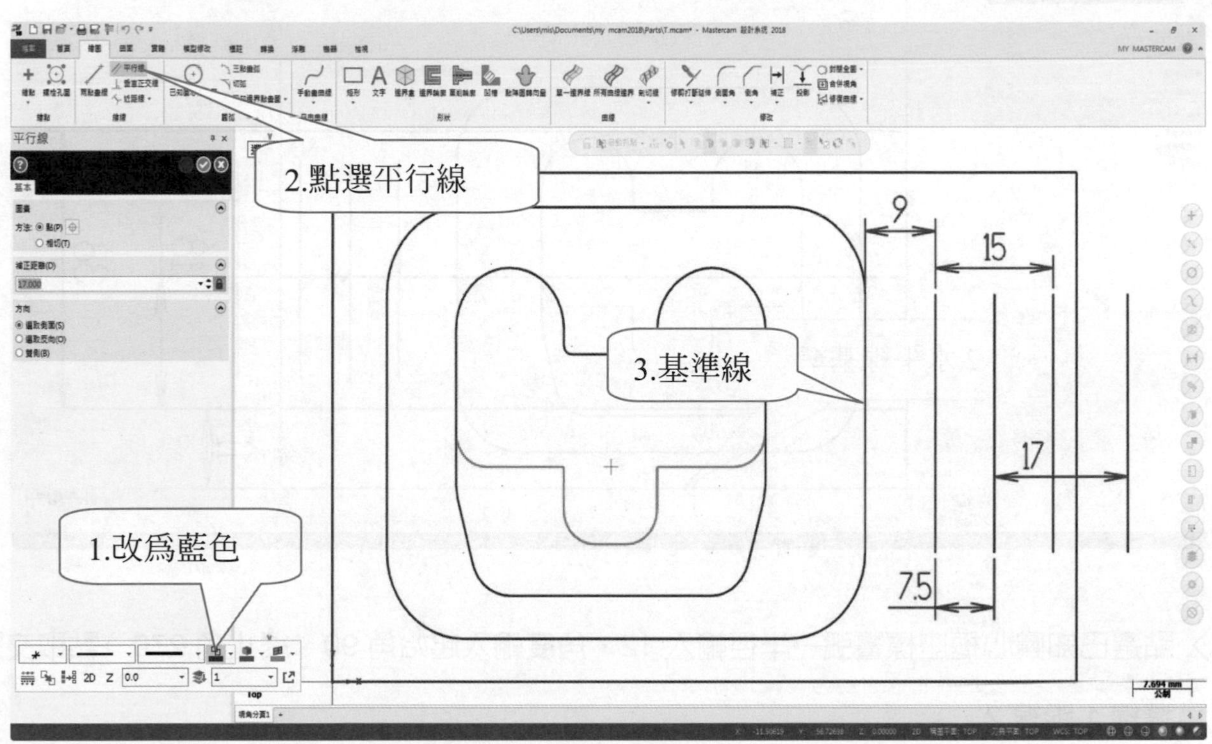

→ 點選平行線從紅色的線偏移一條 11→再從 11 偏移 18、38。

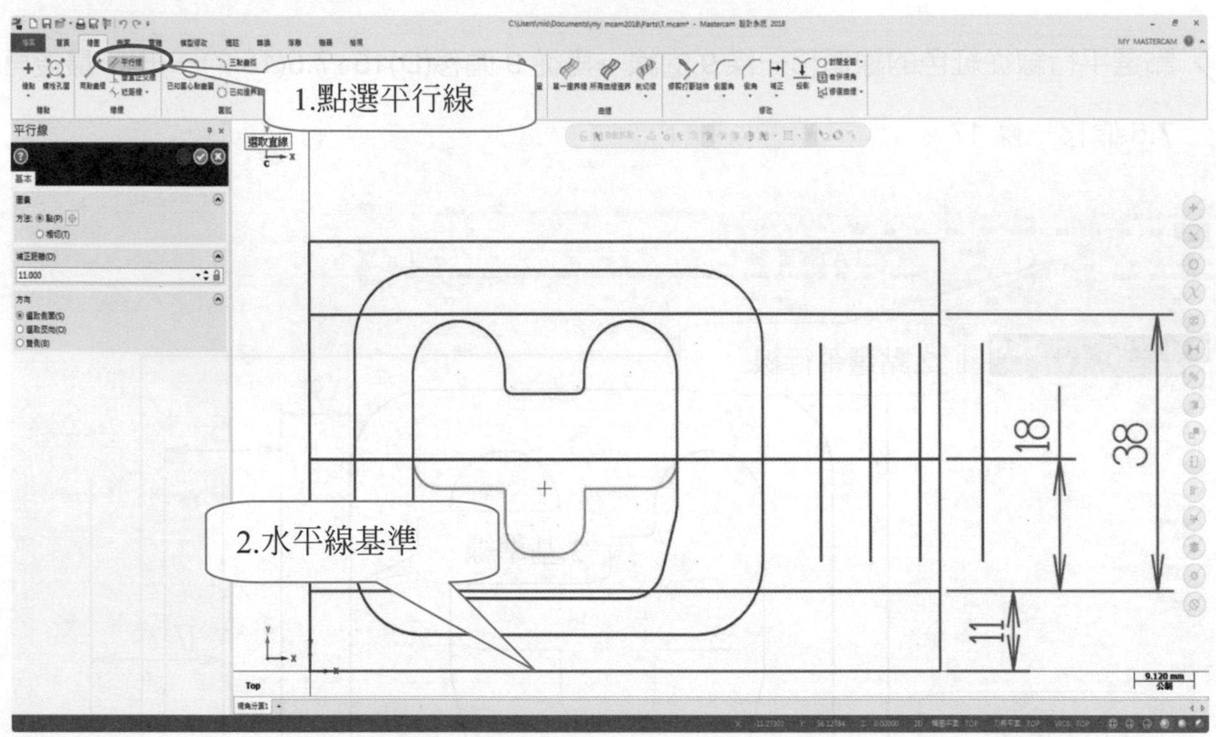

→ 點選已知圓心極座標畫弧→半徑輸入 12，角度輸入起始角 90、終止角 270→點取交點選線 1 跟線 2。

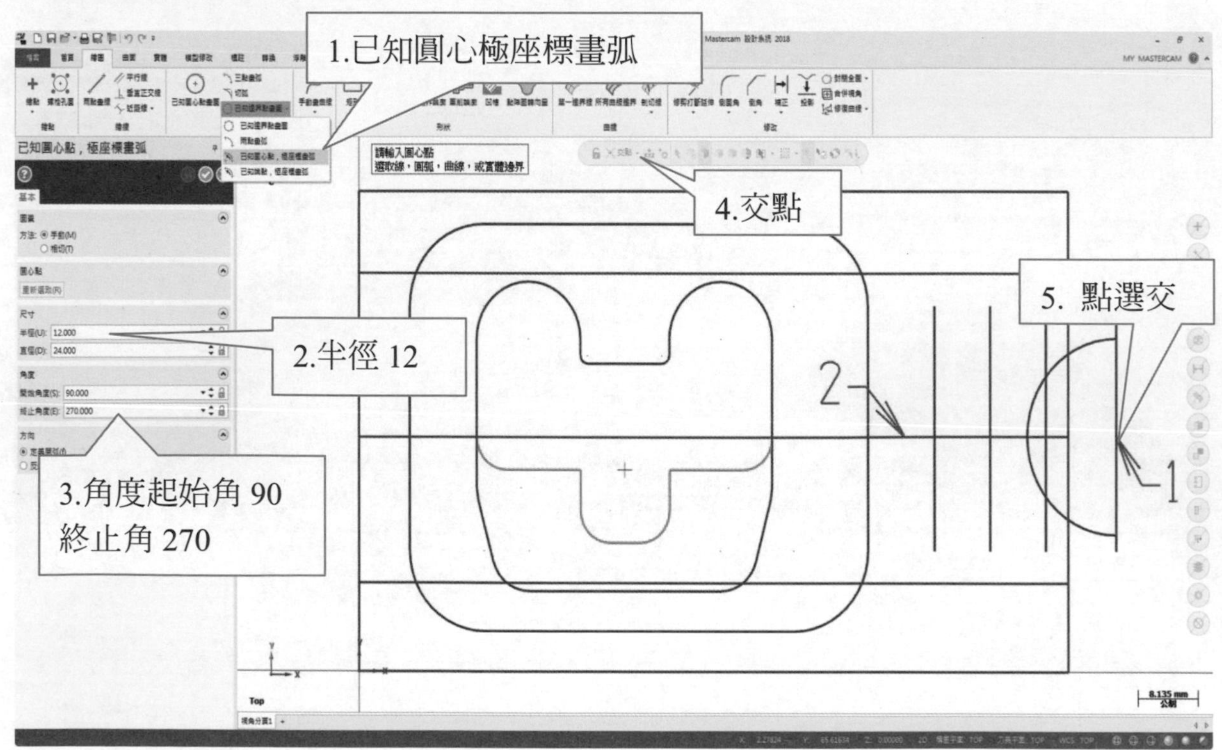

➔ 點選鏡射→選取鏡射的圖素→ENTER→選擇向量→再選取中心線→打勾完成把偏移 17 的線段刪除。

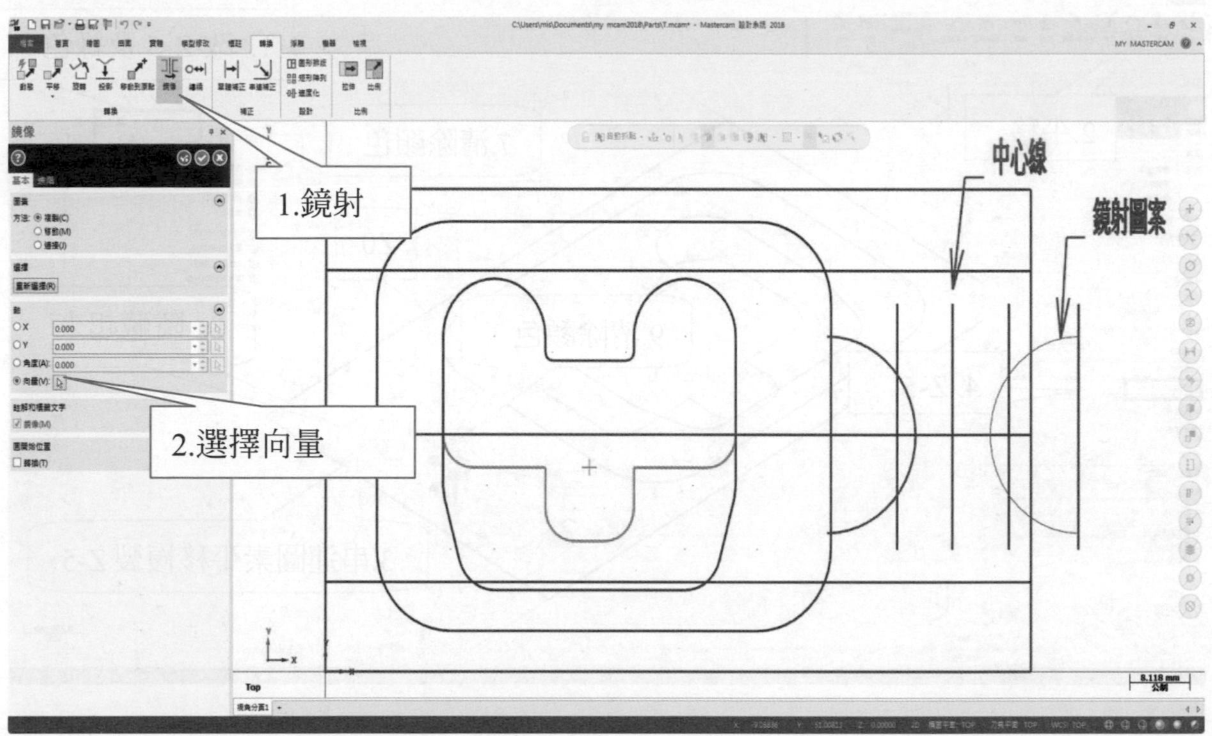

➔ 先把四個邊倒圓角 R3→在把其他多餘的線段修剪至下圖。

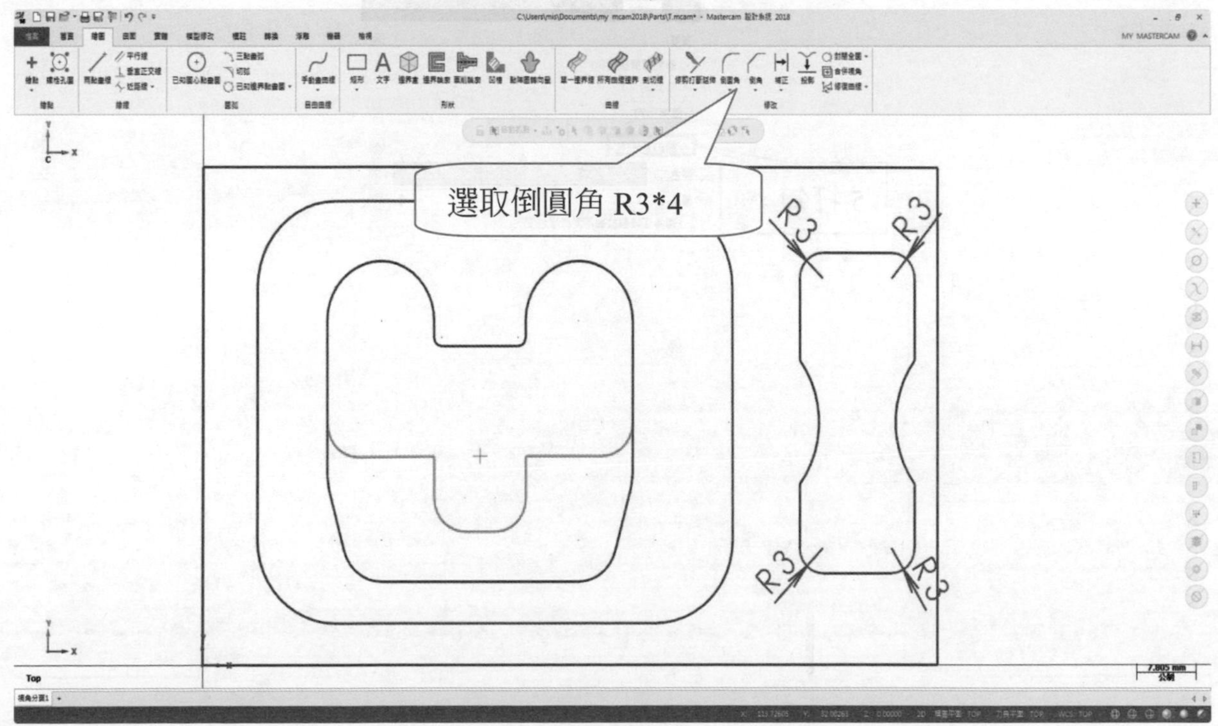

平移把 Z0 的圖層平移複製到 Z-5→完成後再把 Z0 的圖層隱藏起來。

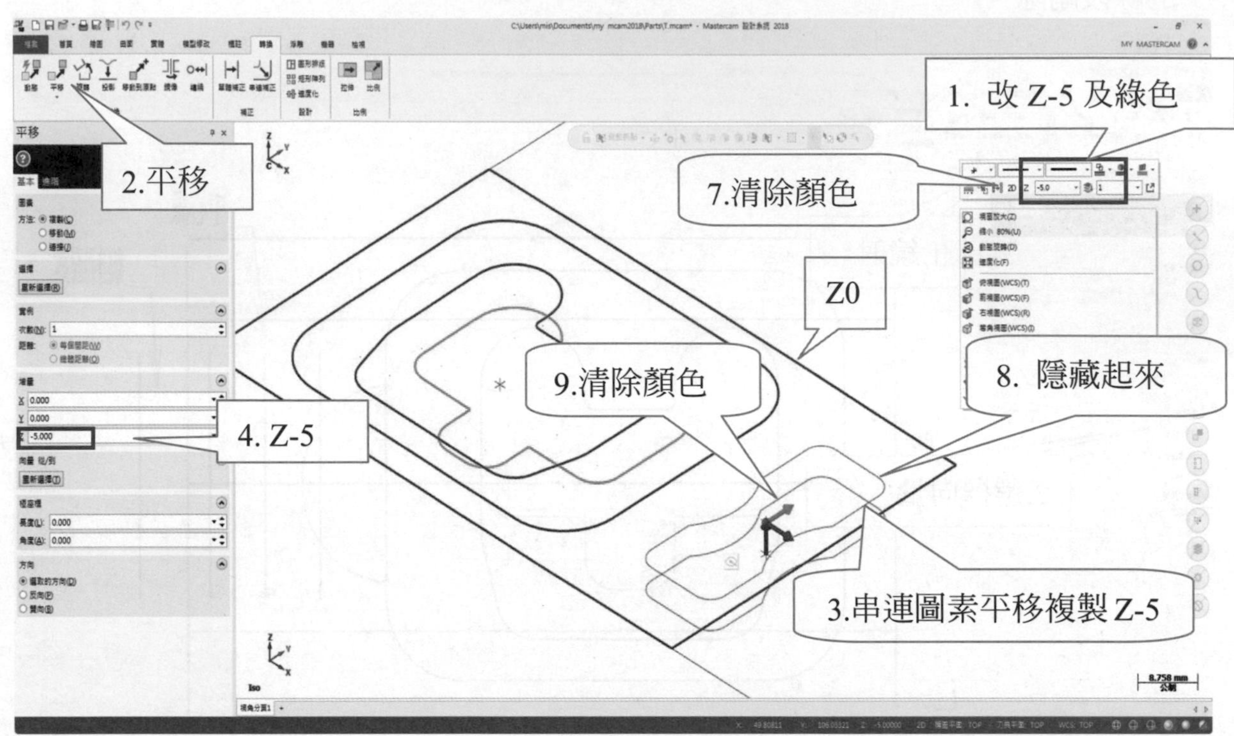

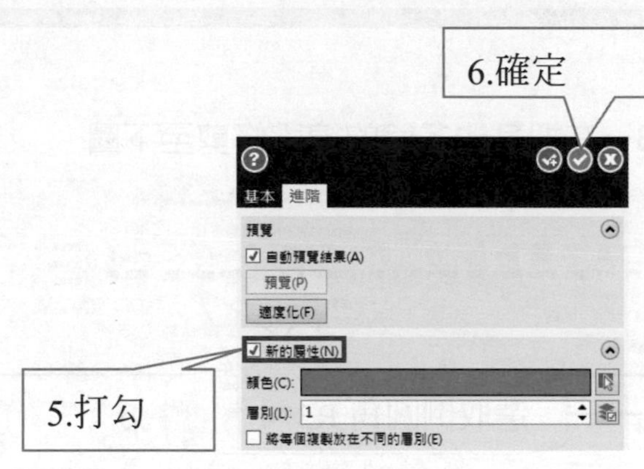

平行線偏移一條(E)23 的線段→再倒兩個圓角 R3→在把多餘的線段修剪至下圖完成後在把 Z0 的圖層呼叫回來。

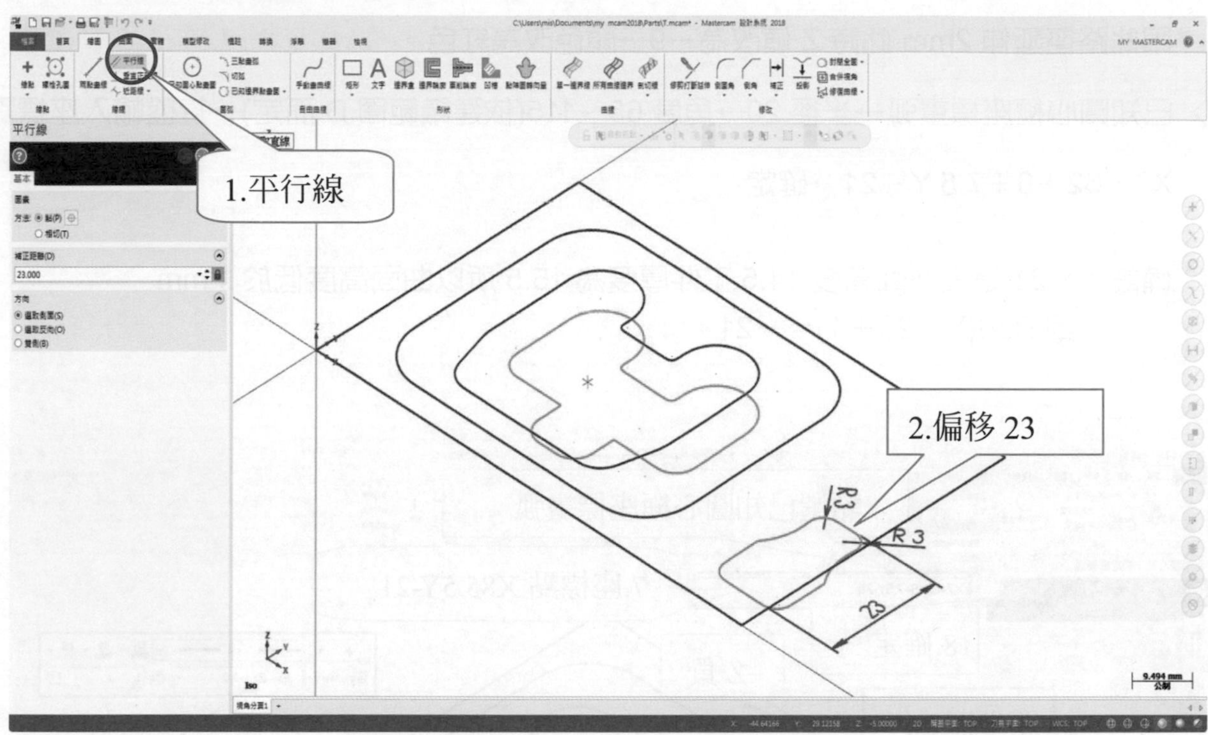

- 構圖平面方向改為前視圖。
- 滑鼠左鍵先點取 Z 然後再點選線段這時候 Z 值為－11，刀具下刀點為了要在曲面外，因此路徑延伸 2mm 此時 Z 值改為－9→顏色改為紅色。
- 已知圓心極座標畫弧→半徑 20→角度 65～115(依建議範圍 D 而定)→鍵盤輸入座標點 X7＋62＋9＋7.5 Y－21→確定。

備註：Y-21 是由曲面高度 14.5 工件厚度為 15.5 所以曲面高度低於 1 mm
因 R20(Y－20＋1)＝－21。

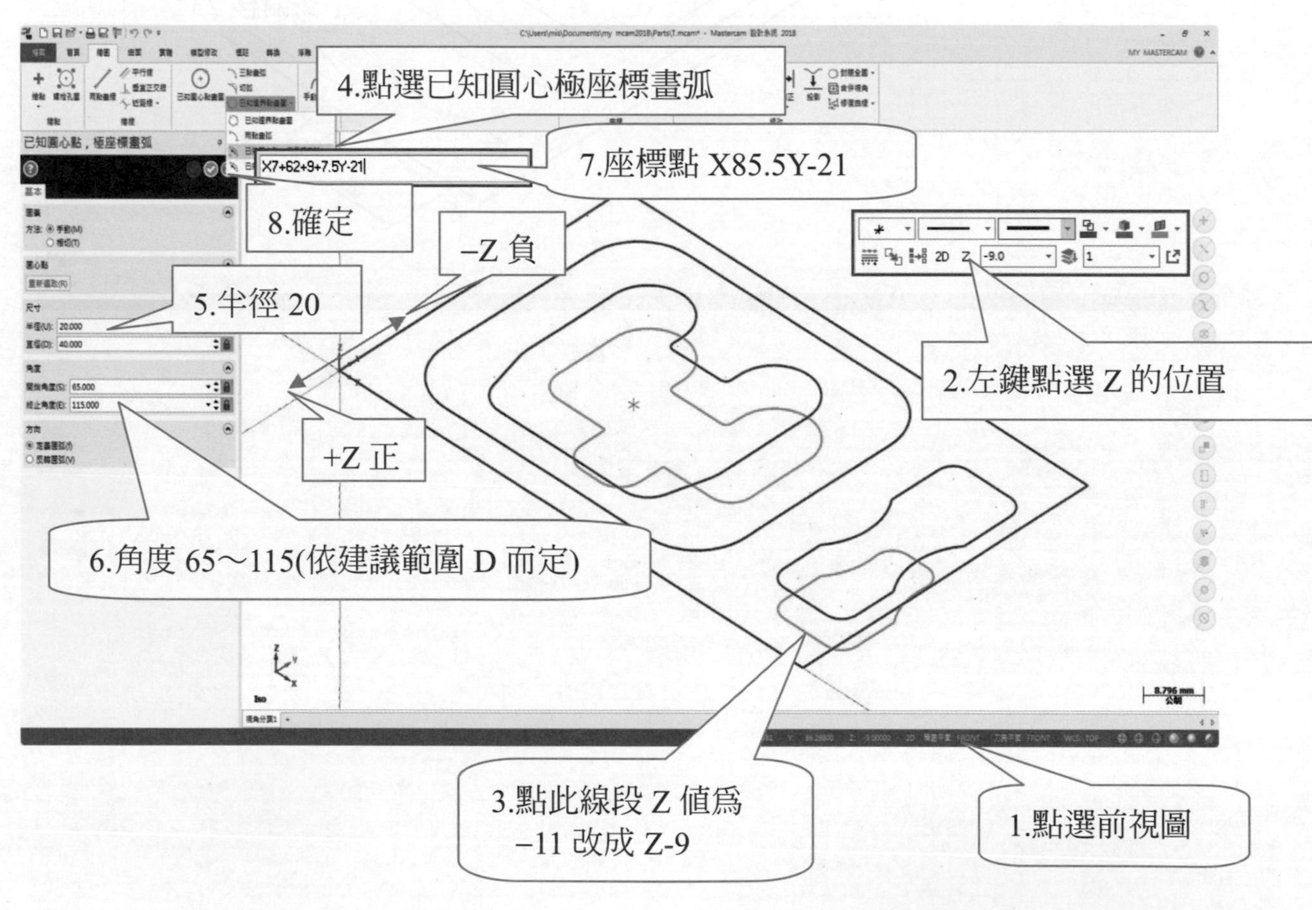

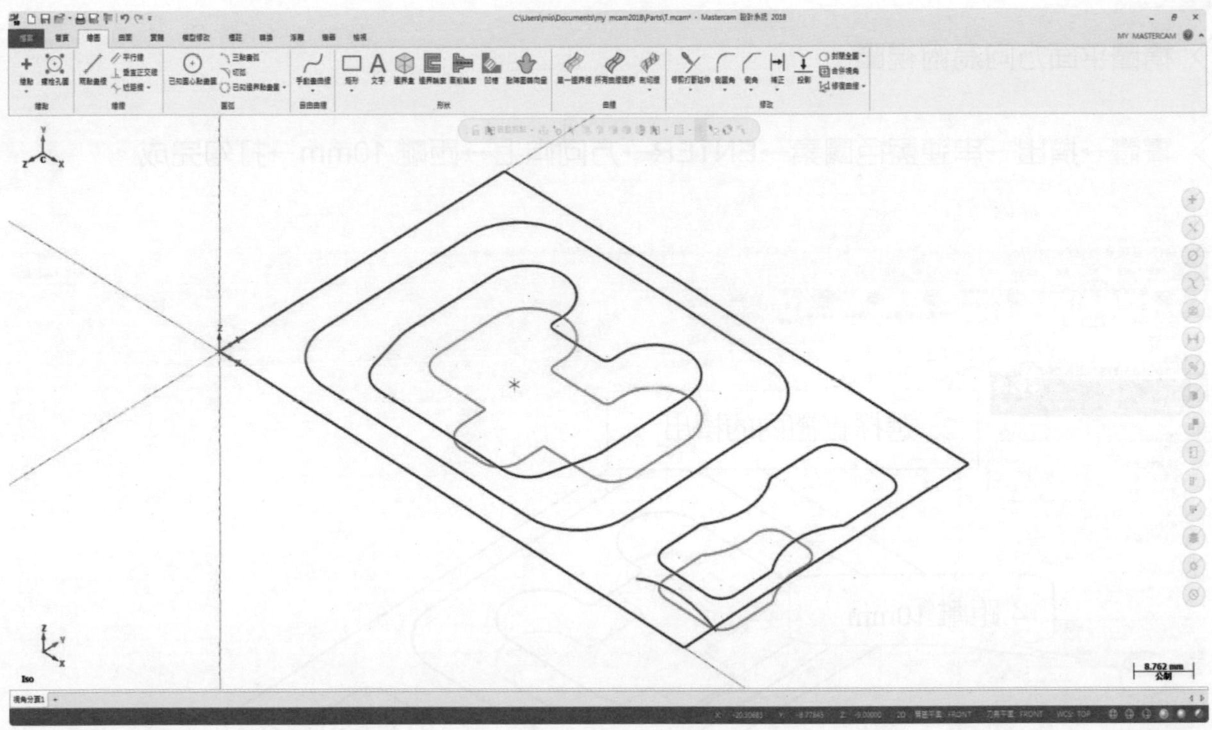

→ 構圖平面方向為前視圖。

→ 曲面→拔模→長 27。

備註：E 尺寸+4

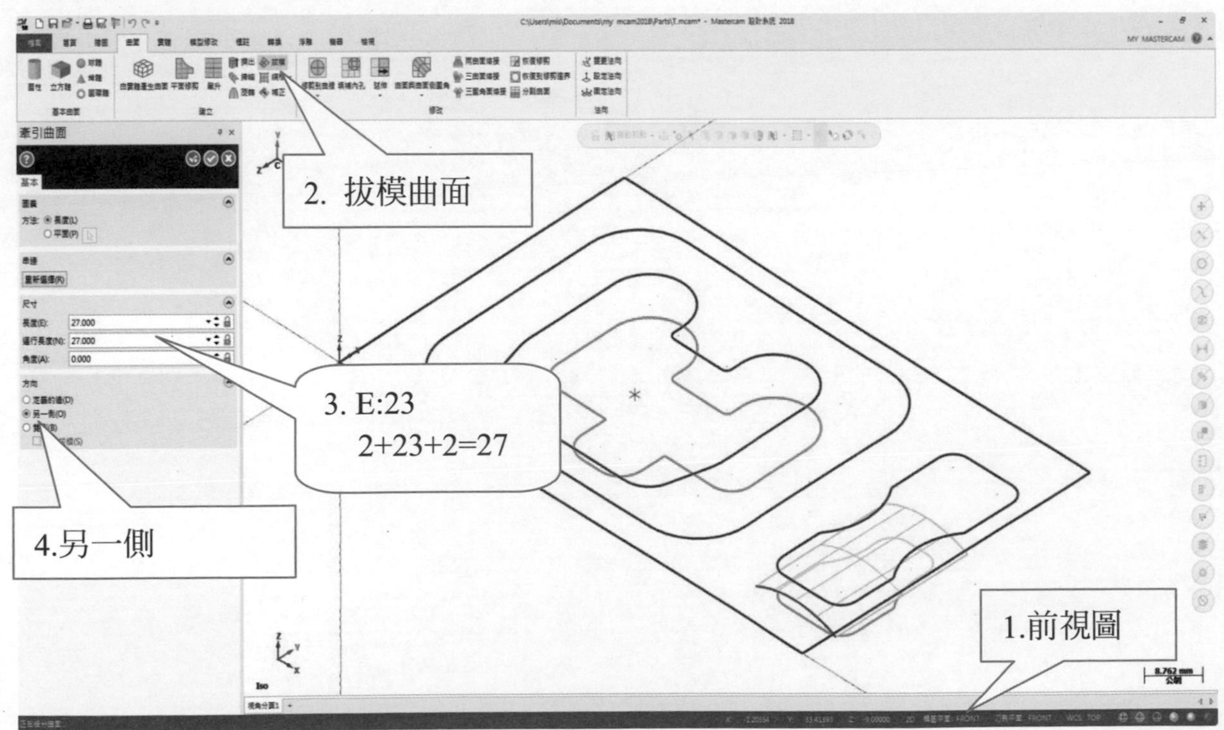

構圖平面方向為俯視圖。

實體→擠出→串連藍色圖素→ENTER→方向向上→距離 10mm→打勾完成。

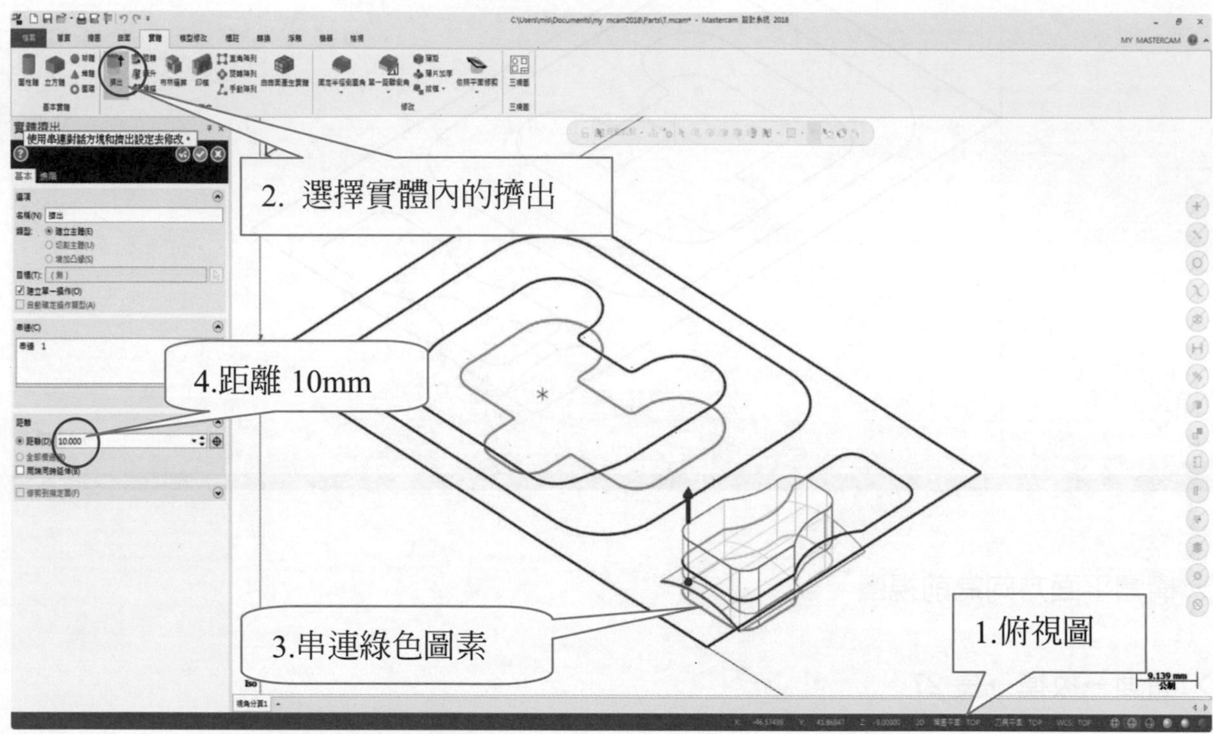

- 按下著色鈕接下來把實體及曲面著色。
- 實體→修剪到曲面/薄片→選取實體→選取曲面→點選曲面→改變保留部分→打勾完成。

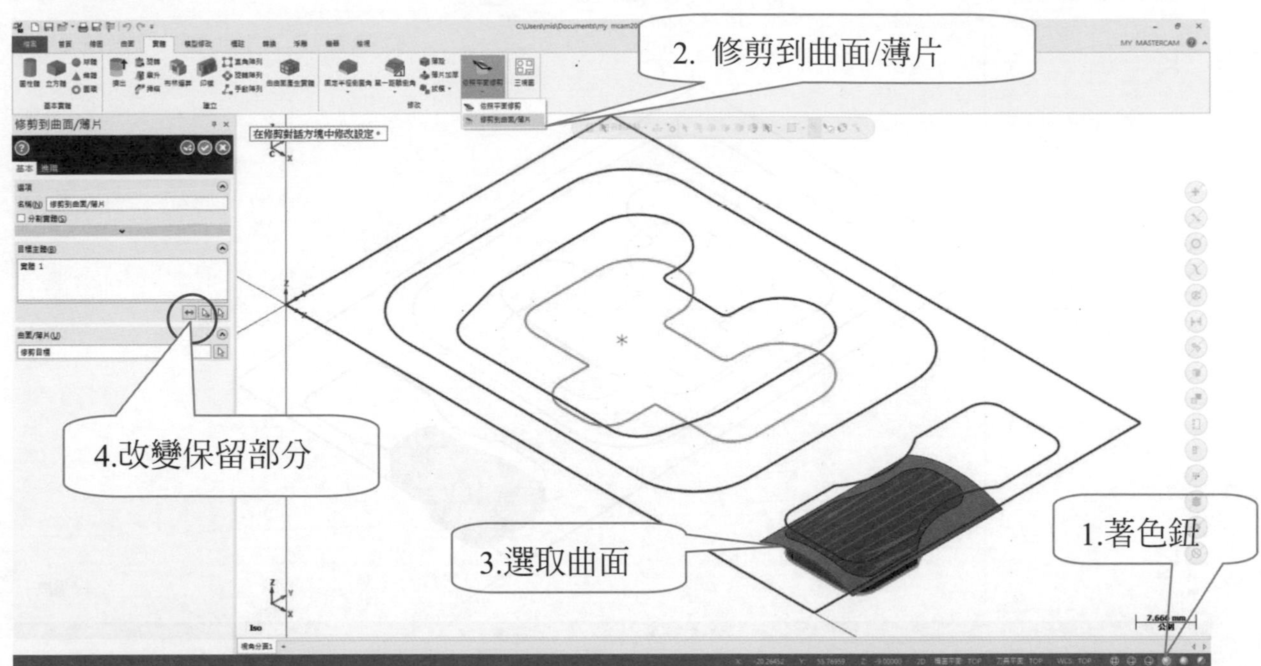

- 實體→單一距離倒角→選擇邊界線 1 與邊界線 2→ENTER→輸入 0.5→沿切線邊界延伸打勾→點選綠色打勾完成。

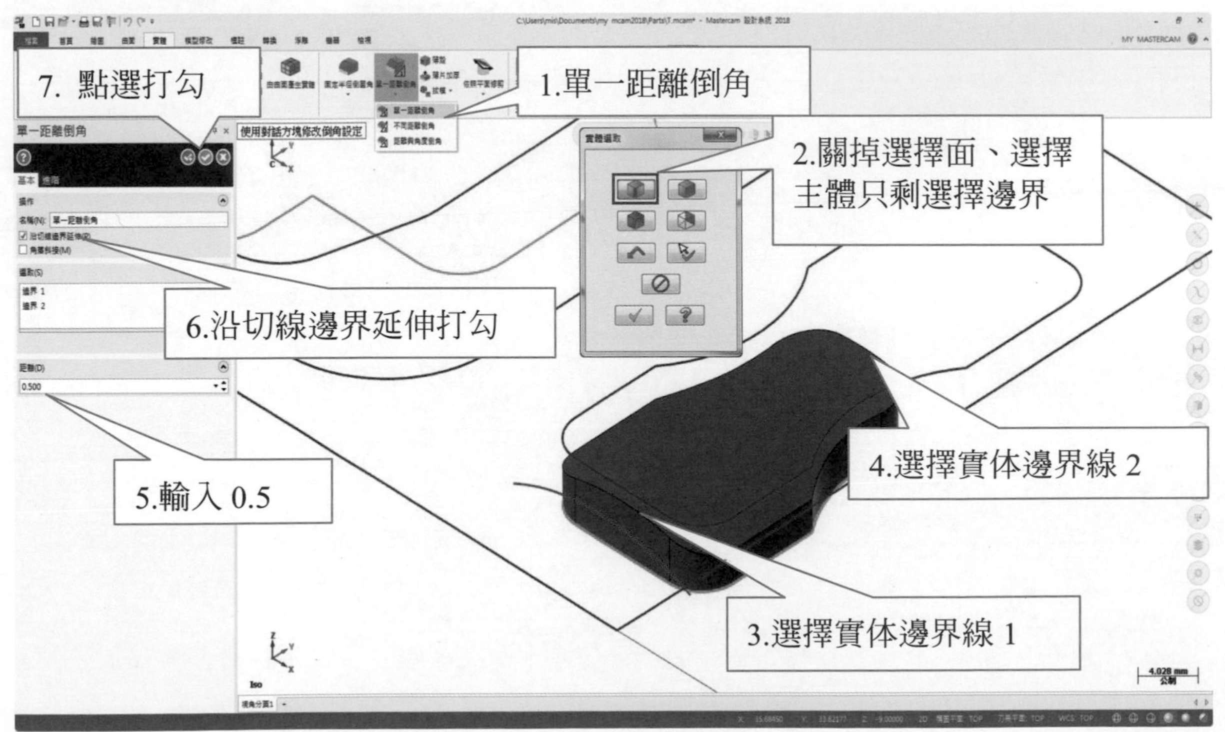

→ 最後把實體與紅色曲線隱藏起來，即完成繪圖步驟(記得要存檔)。

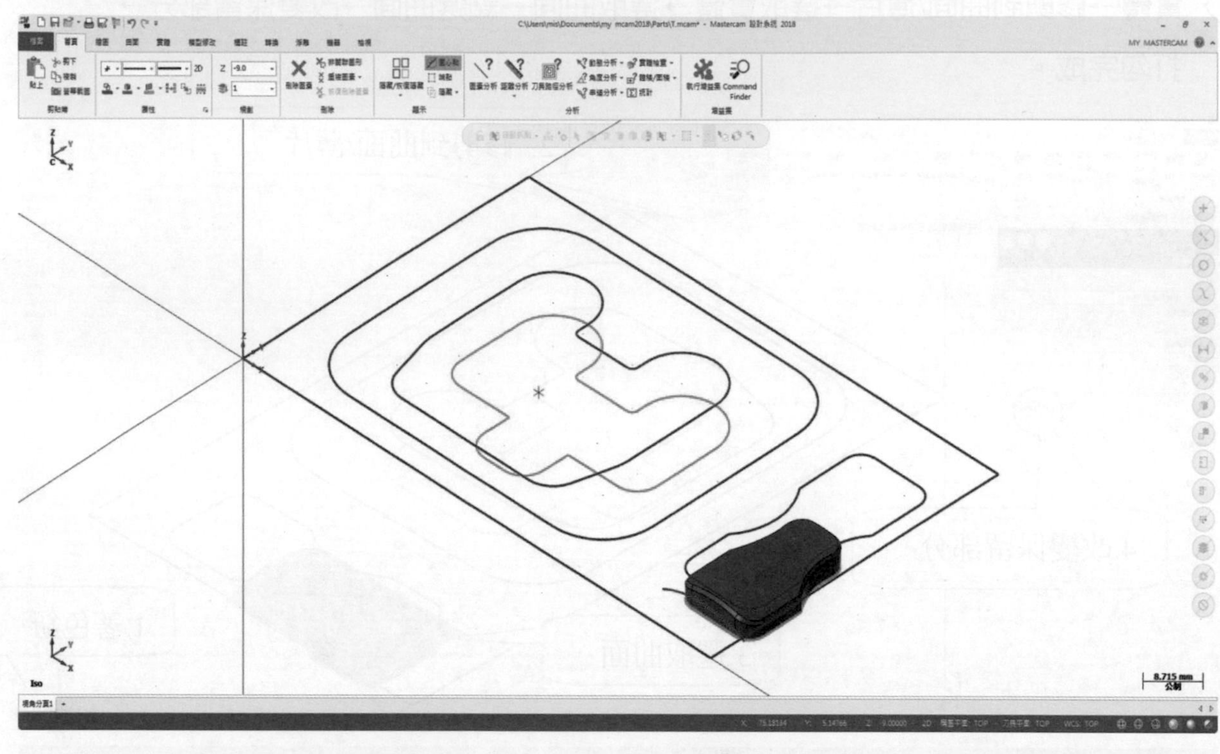

CNC 銑床乙級範例步驟　201 加工路徑

ϕ5.8 鑽頭加工設定步驟

點選鑽孔

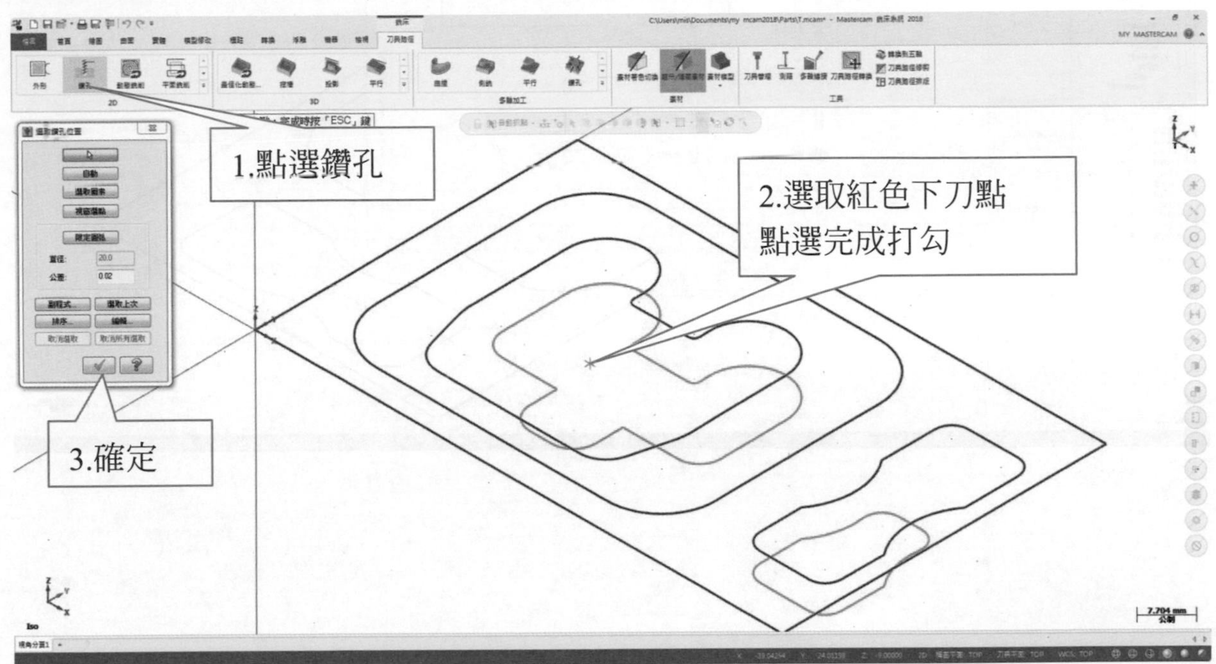

刀具→建立新刀具

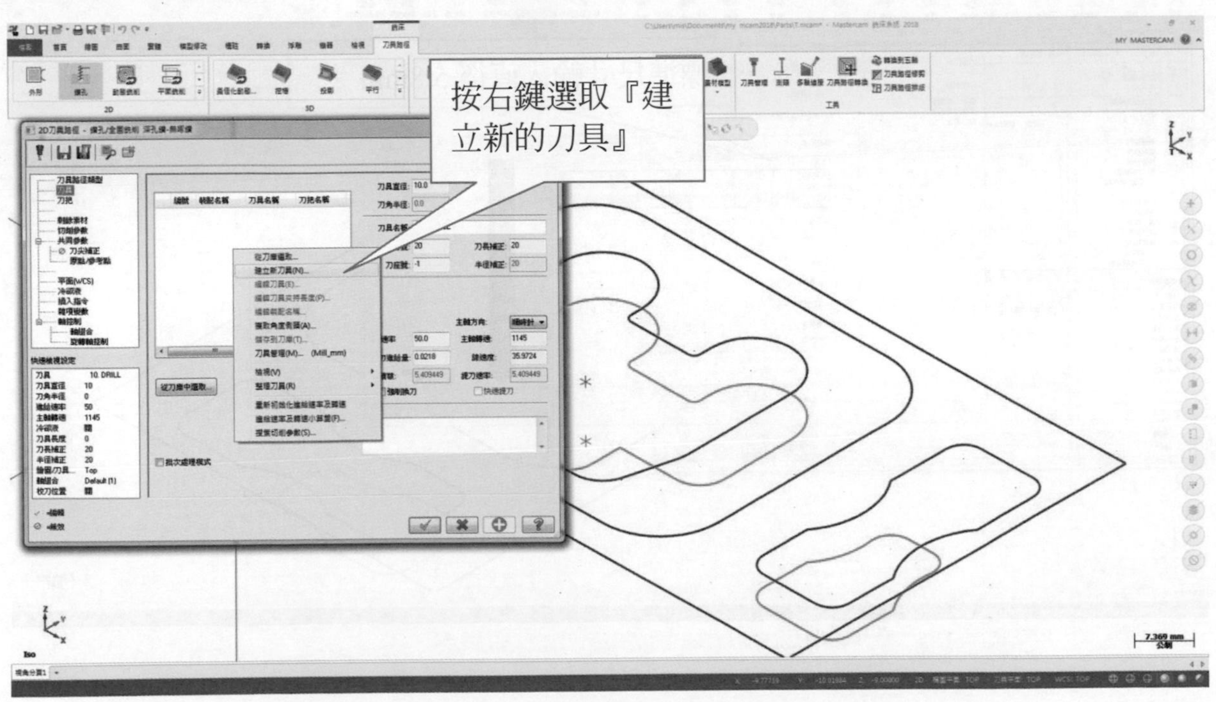

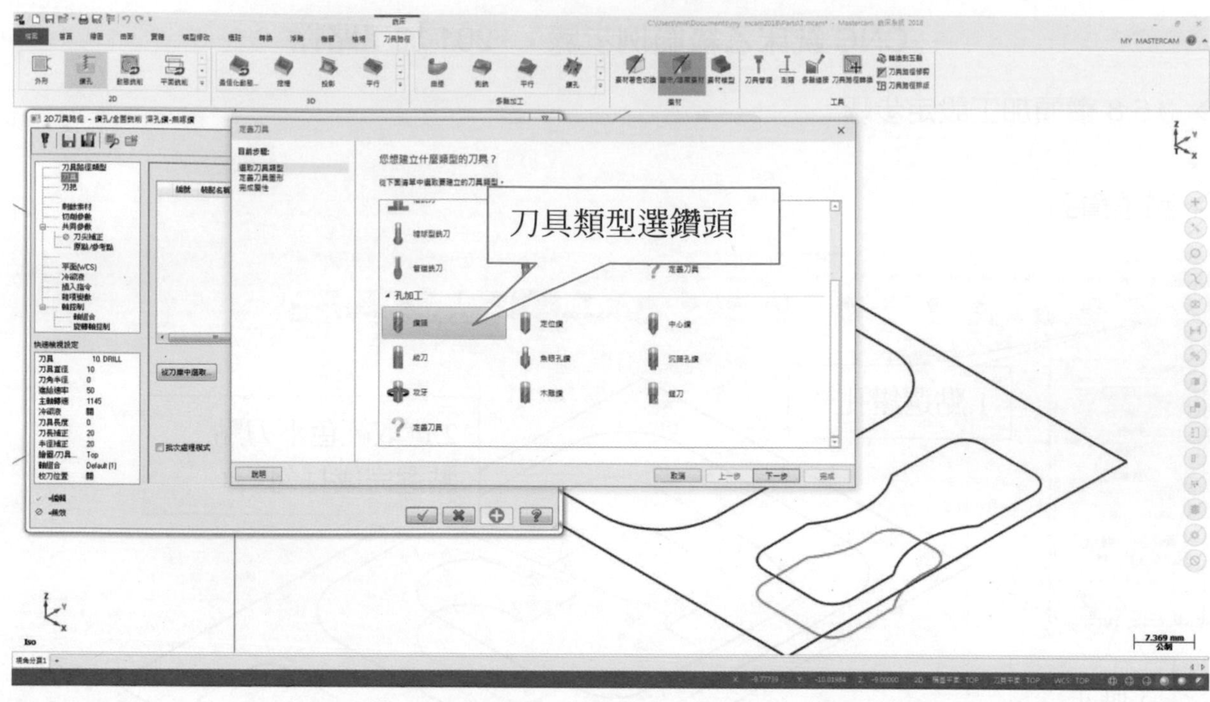
刀具類型選鑽頭

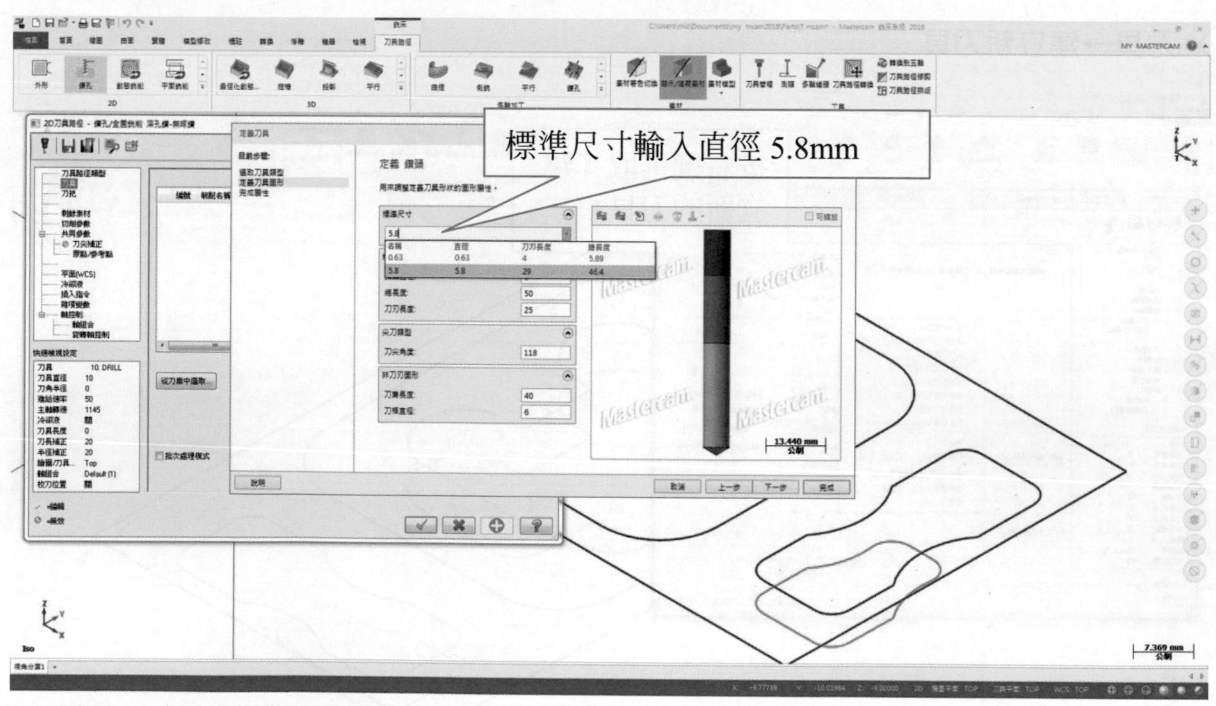
標準尺寸輸入直徑 5.8mm

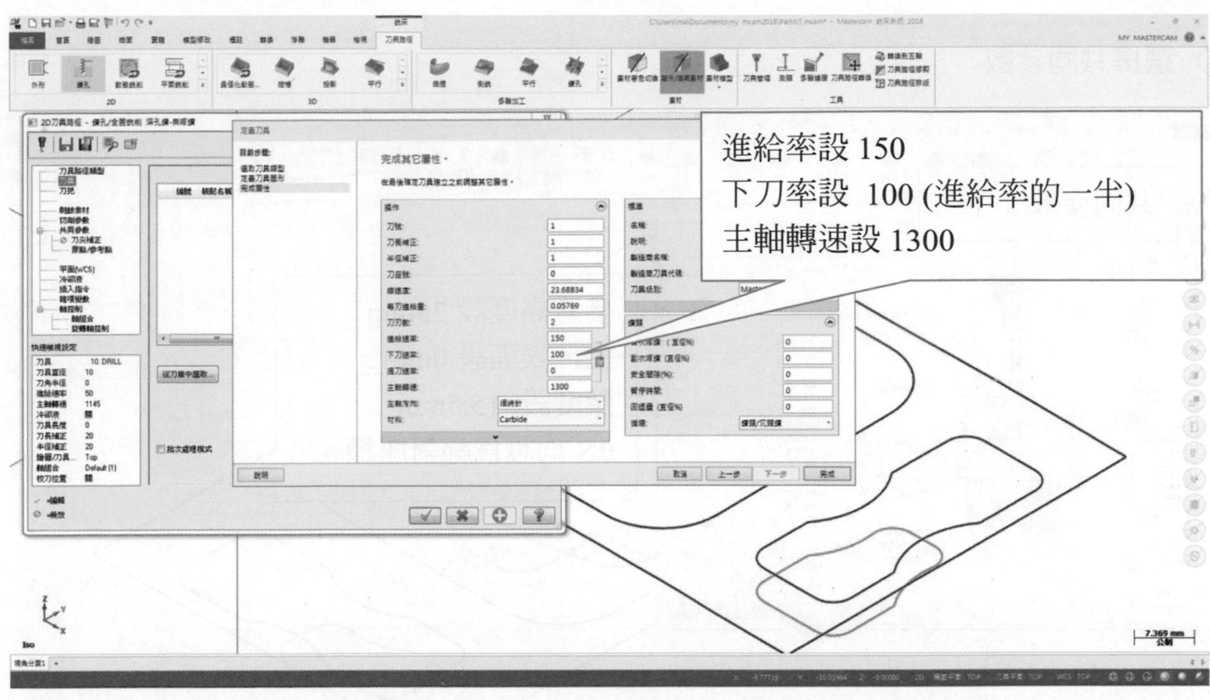

→ 選擇切削參數→選擇 G83 深孔啄鑽

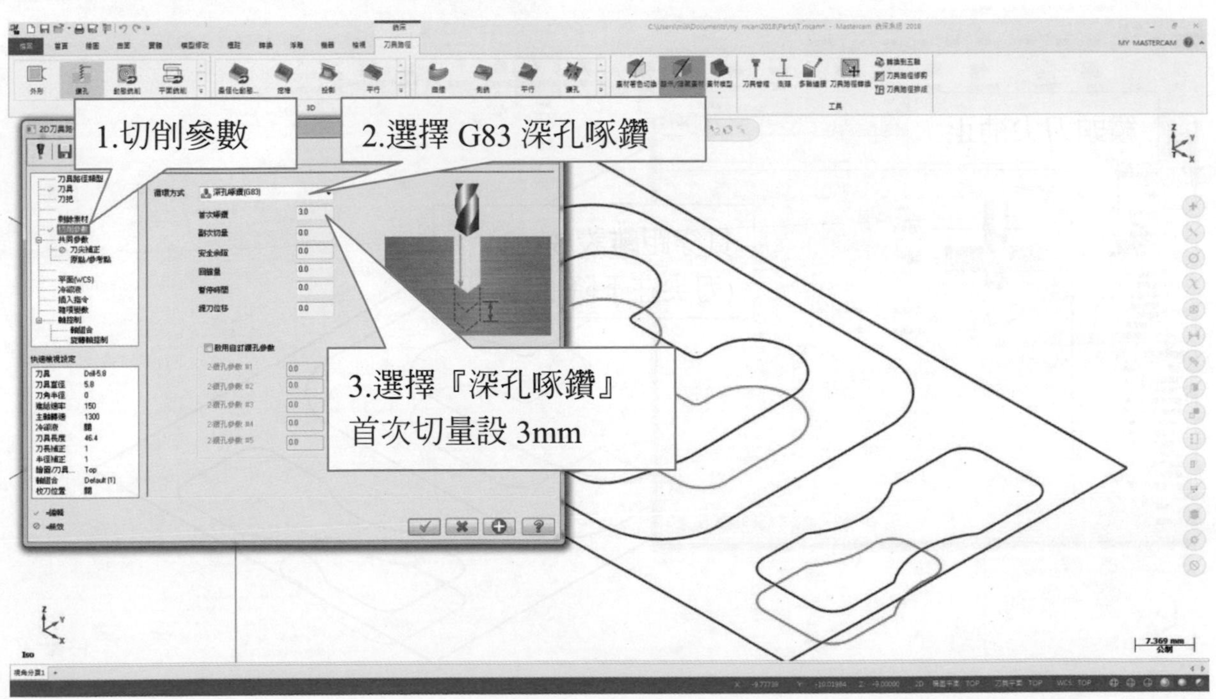

選擇共同參數

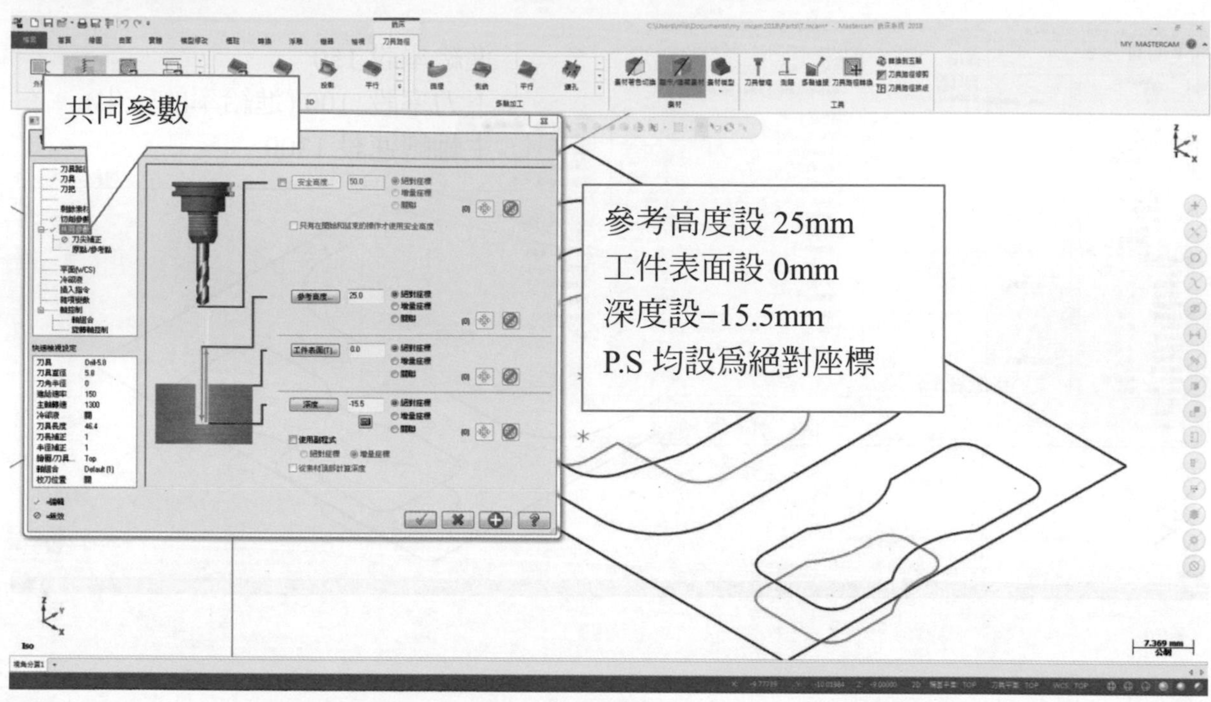

選擇鑽頭刀尖補正

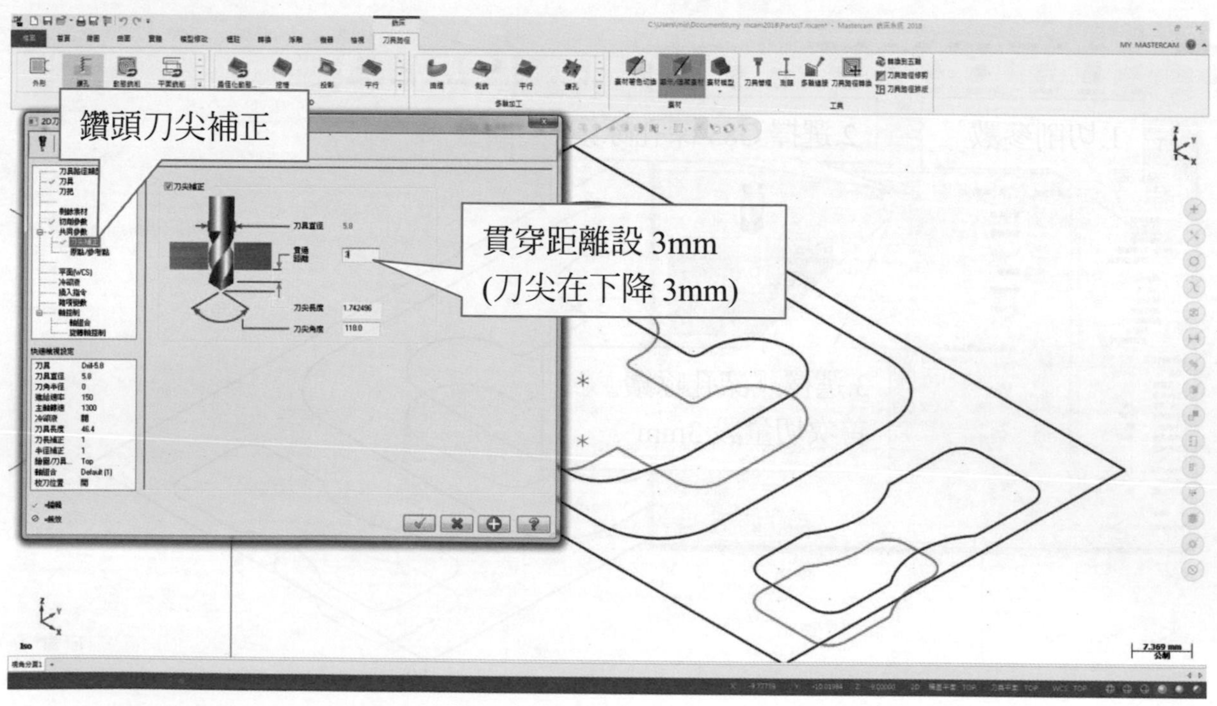

選擇冷卻液→ON 打開

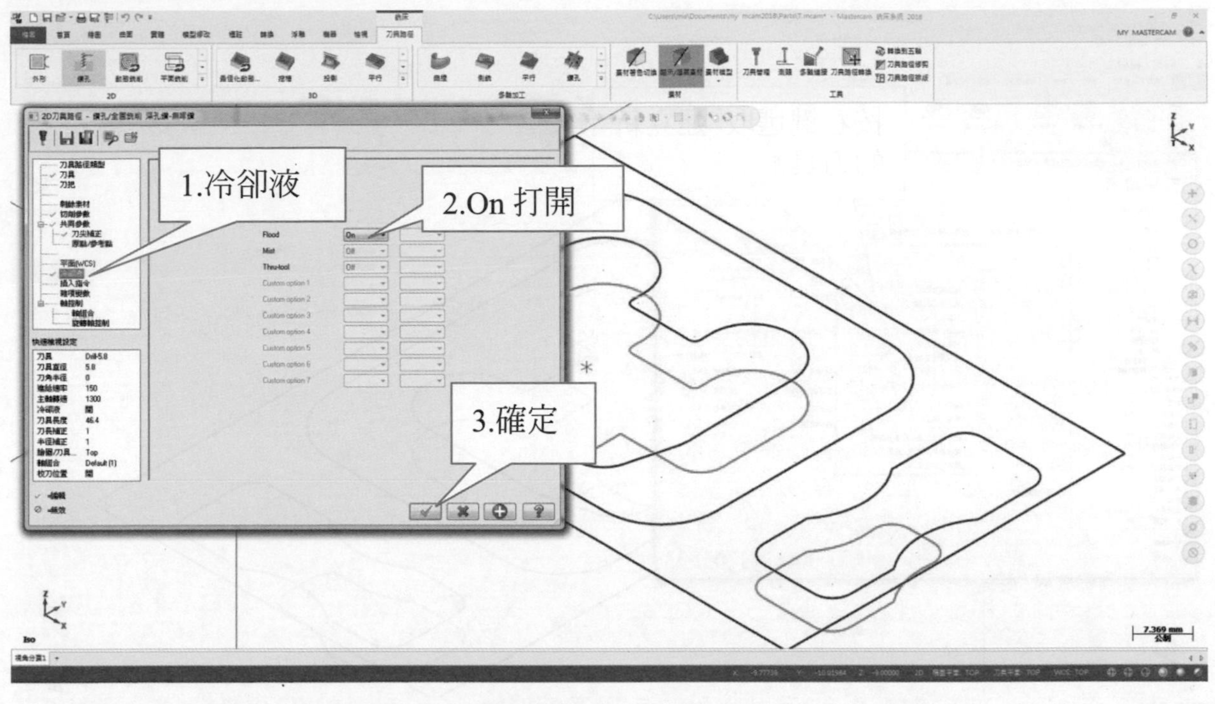

ϕ6H7 鉸孔加工設定步驟

選擇鑽孔

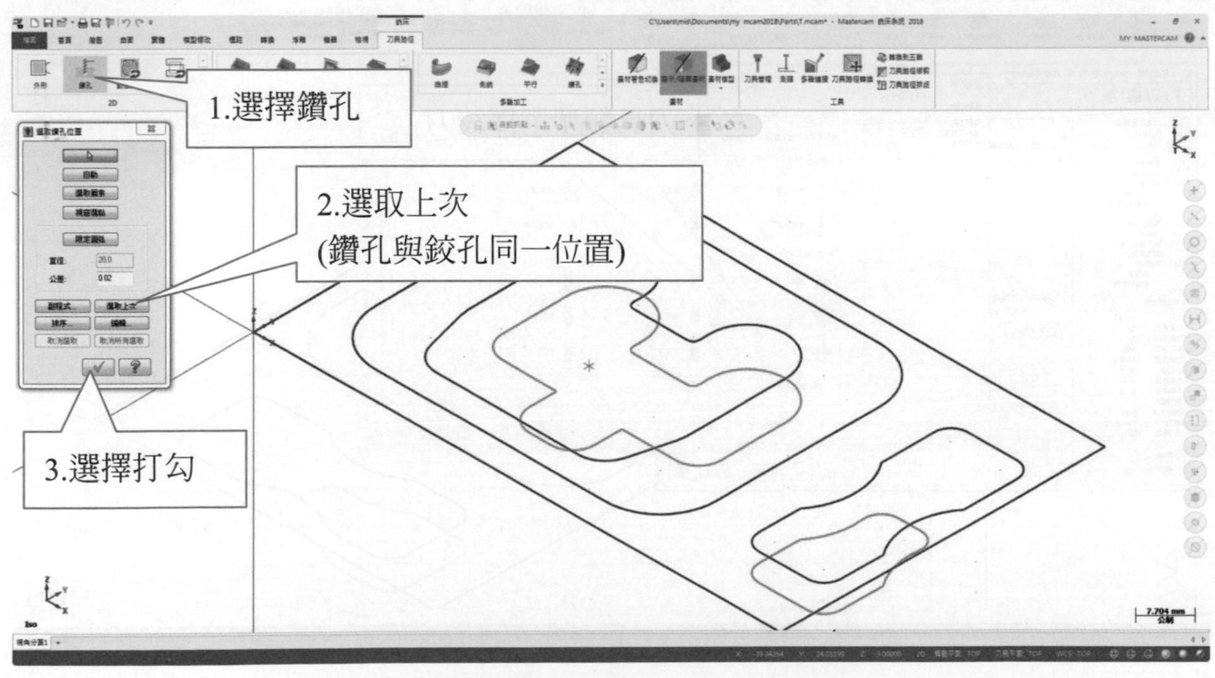

刀具→建立新刀具→選擇鉸刀

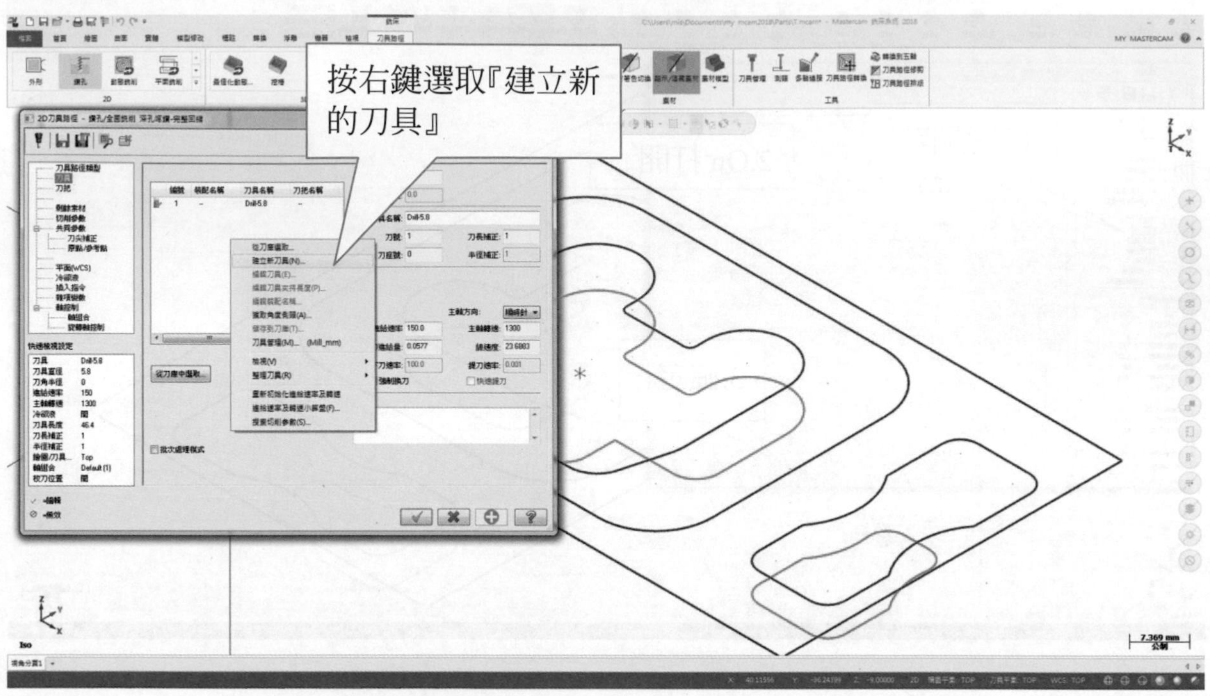

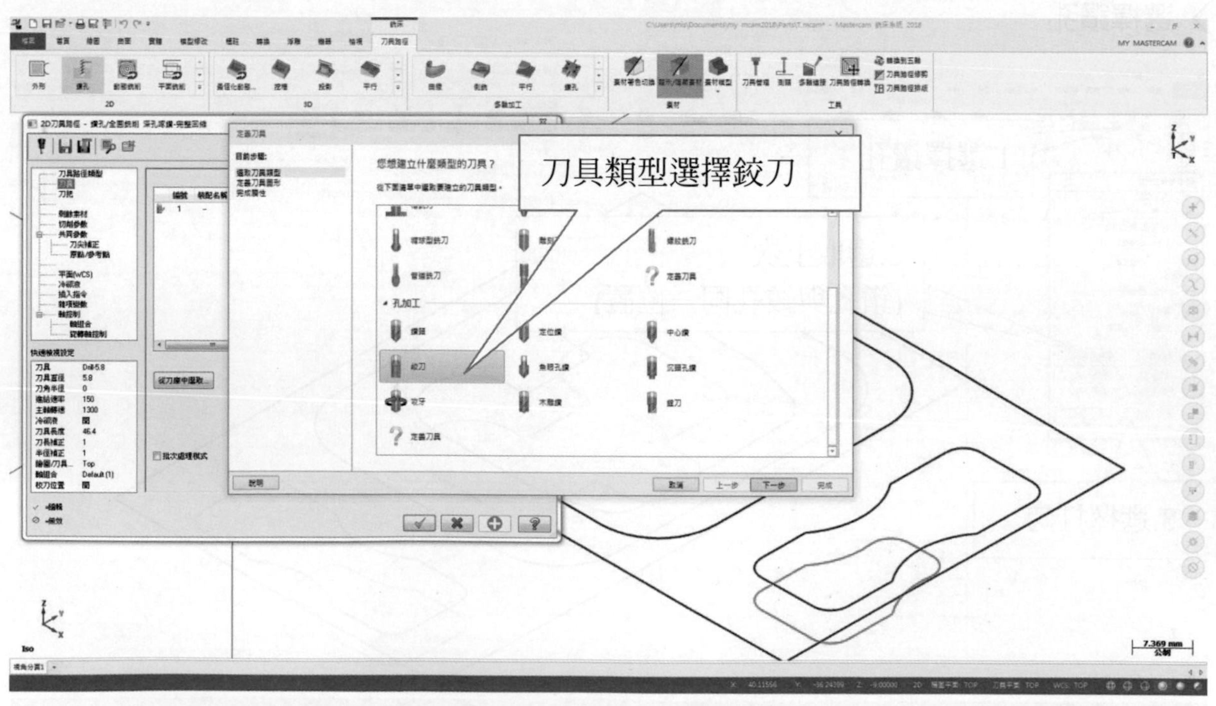

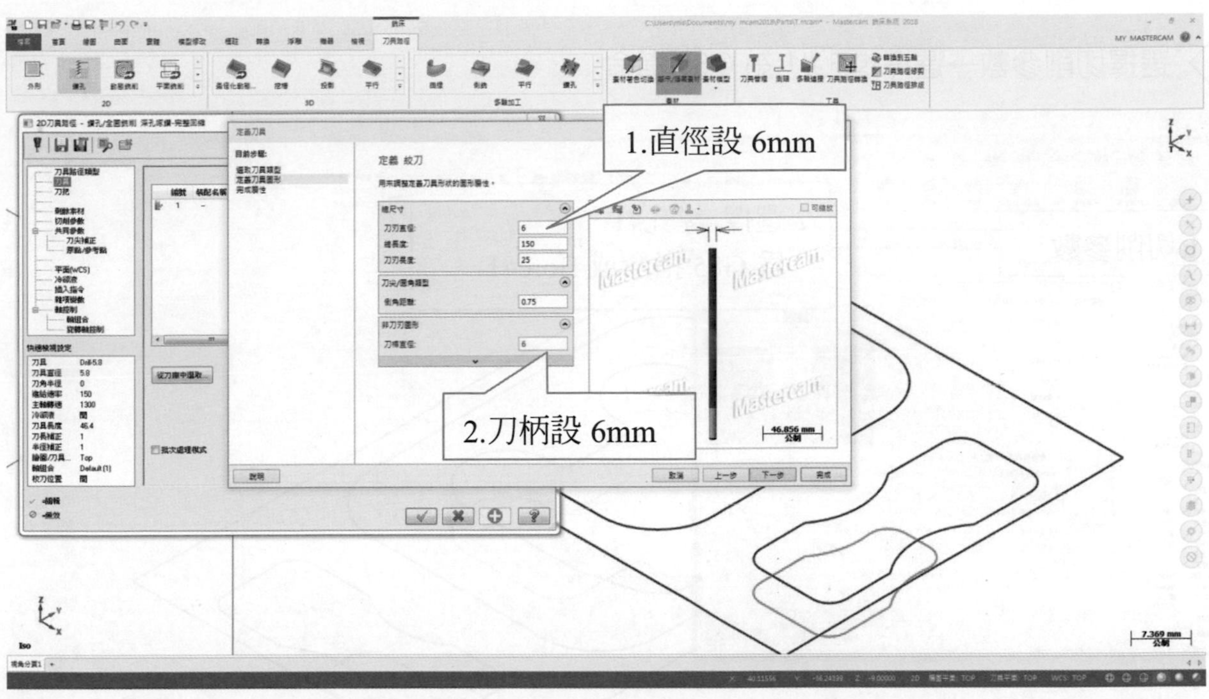
1.直徑設 6mm
2.刀柄設 6mm

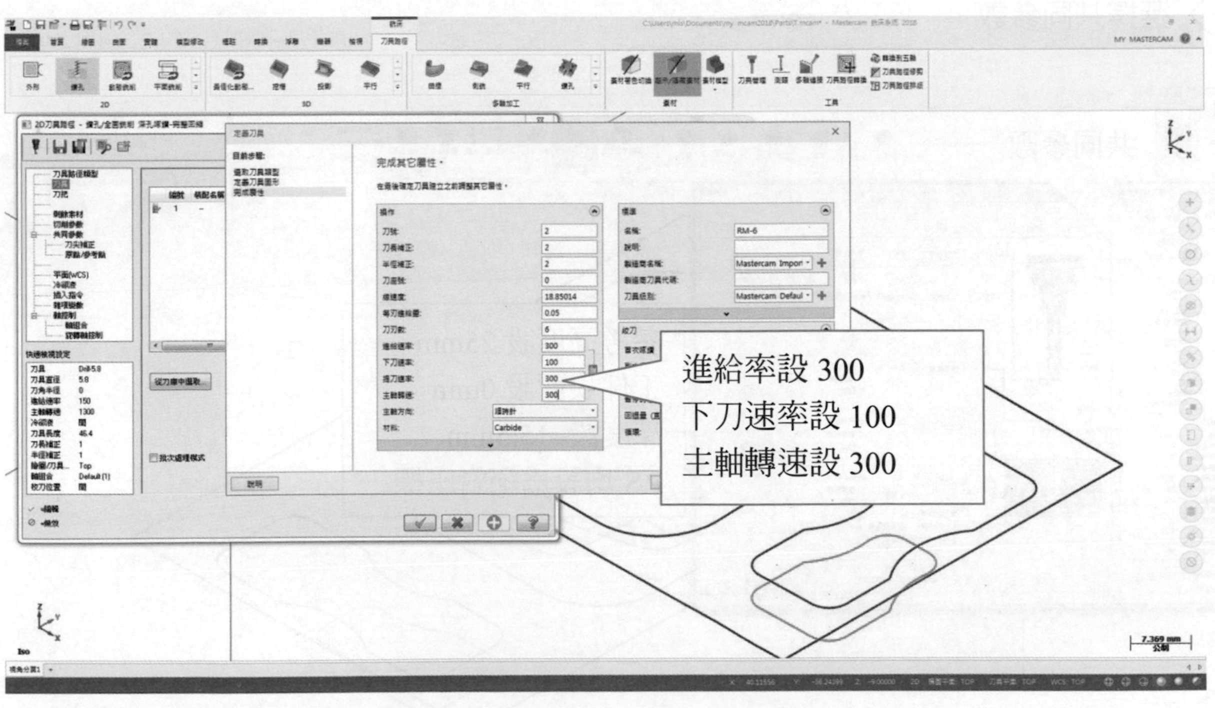
進給率設 300
下刀速率設 100
主軸轉速設 300

選擇切削參數→選擇鏜孔#1 為 G85 指令

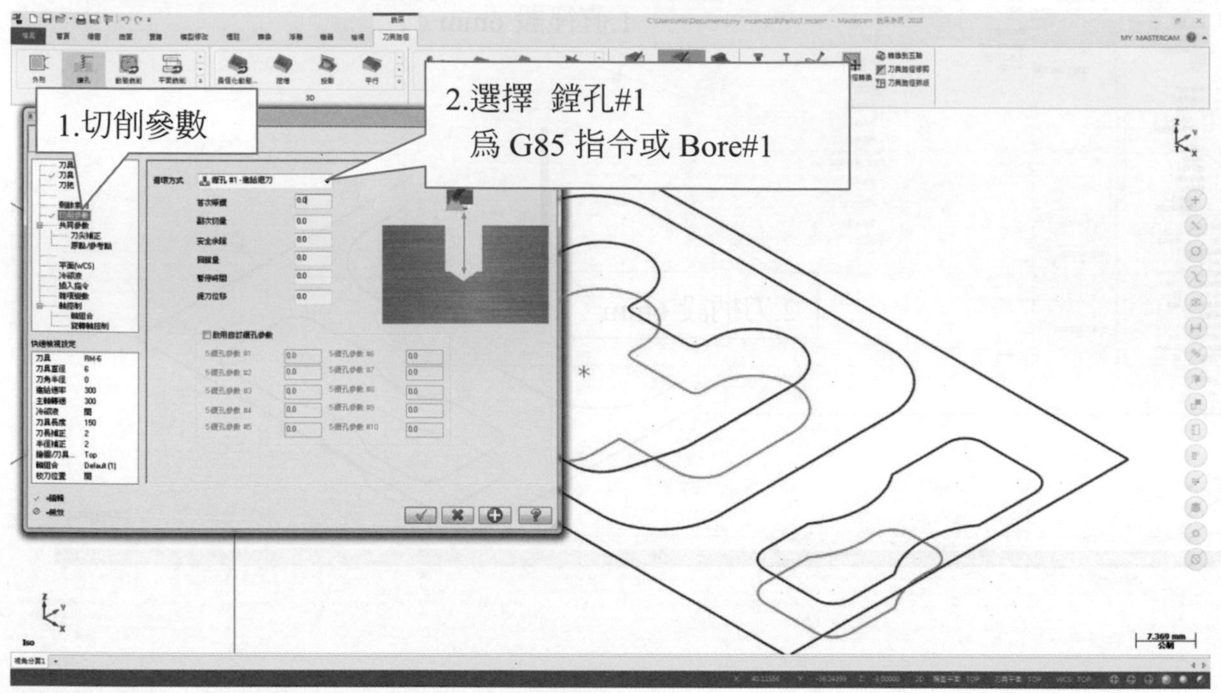

選擇共同參數

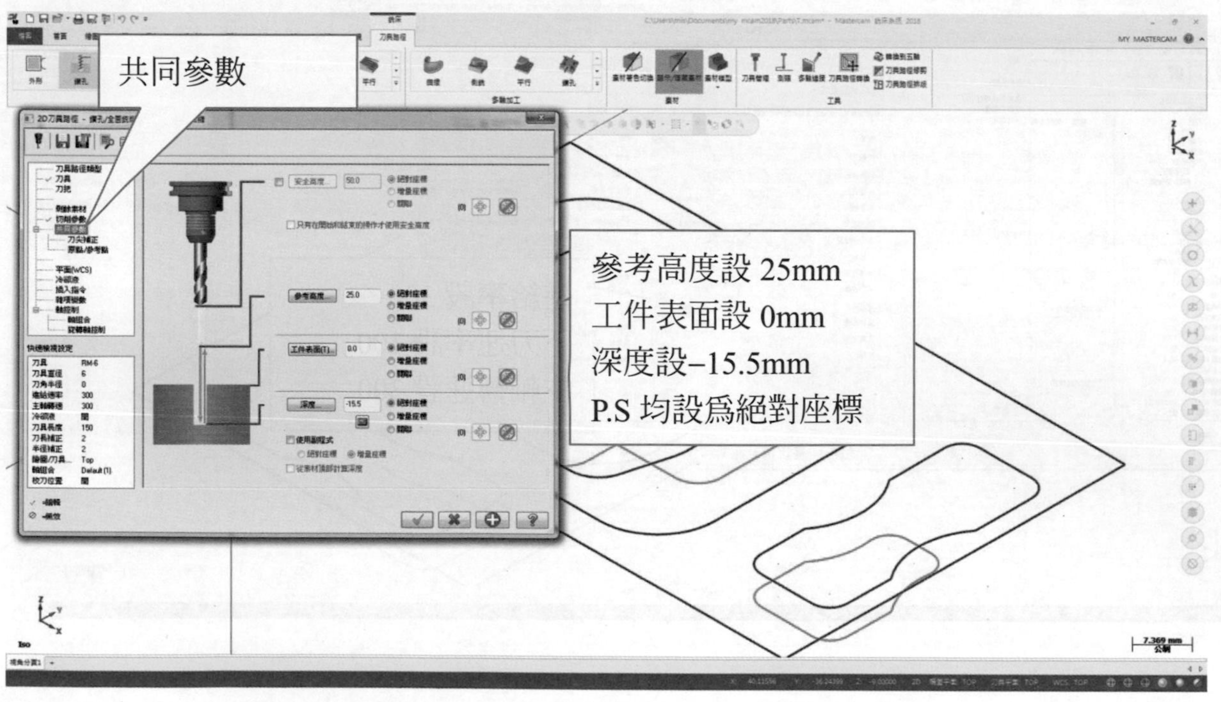

選擇鑽頭刀尖補正

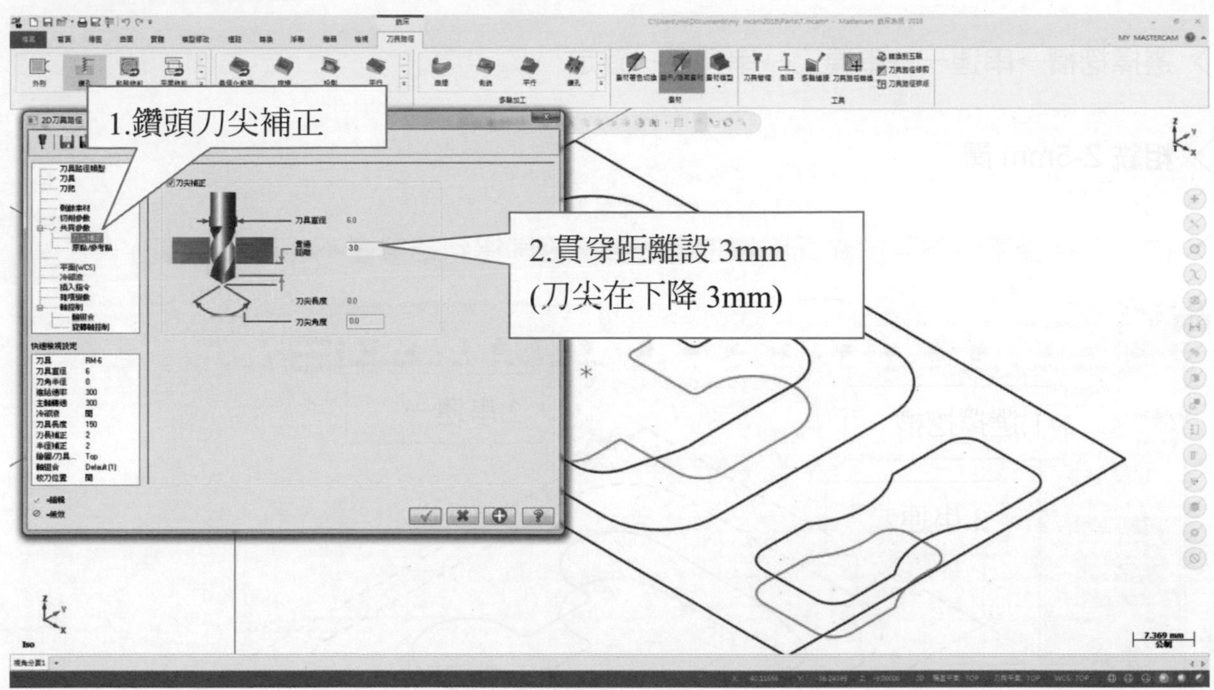

選擇冷卻液→ON 打開

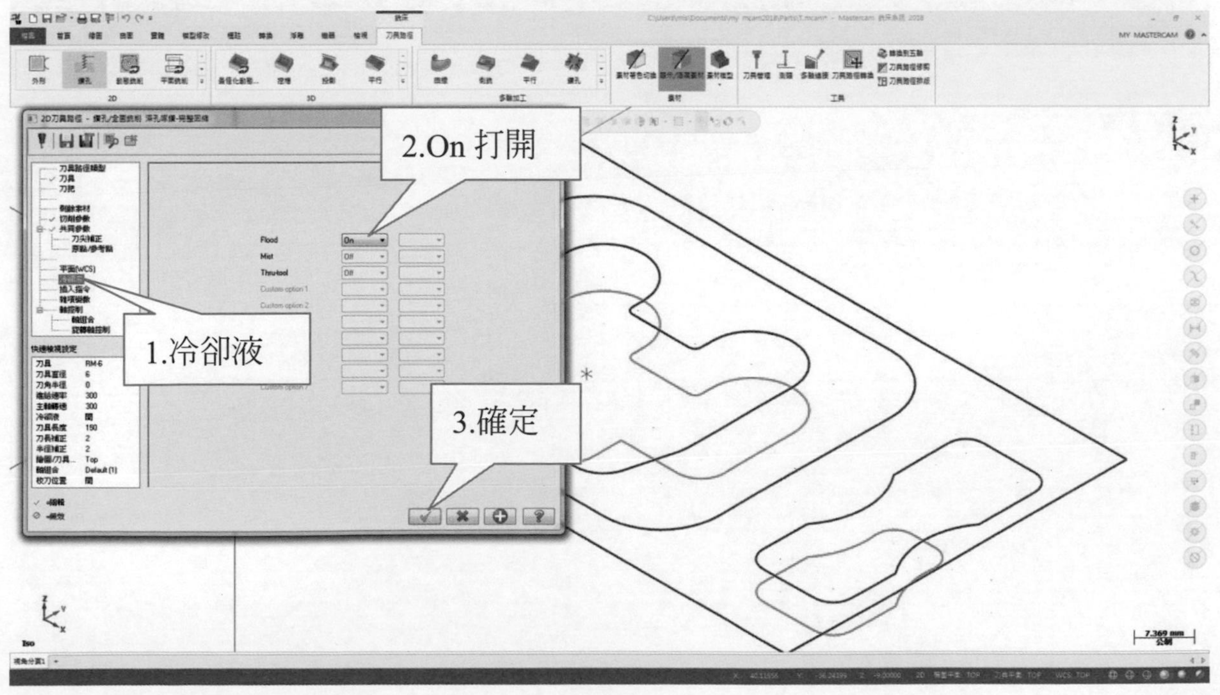

- ϕ6mm 粗銑刀加工設定步驟
- 選擇挖槽→串連一→串連二→串連三→確定
- 粗銑 Z-5mm 層
- 往後串連圖素位置要於圖面點選位置一致，否則得到結果會不相同。(切記)

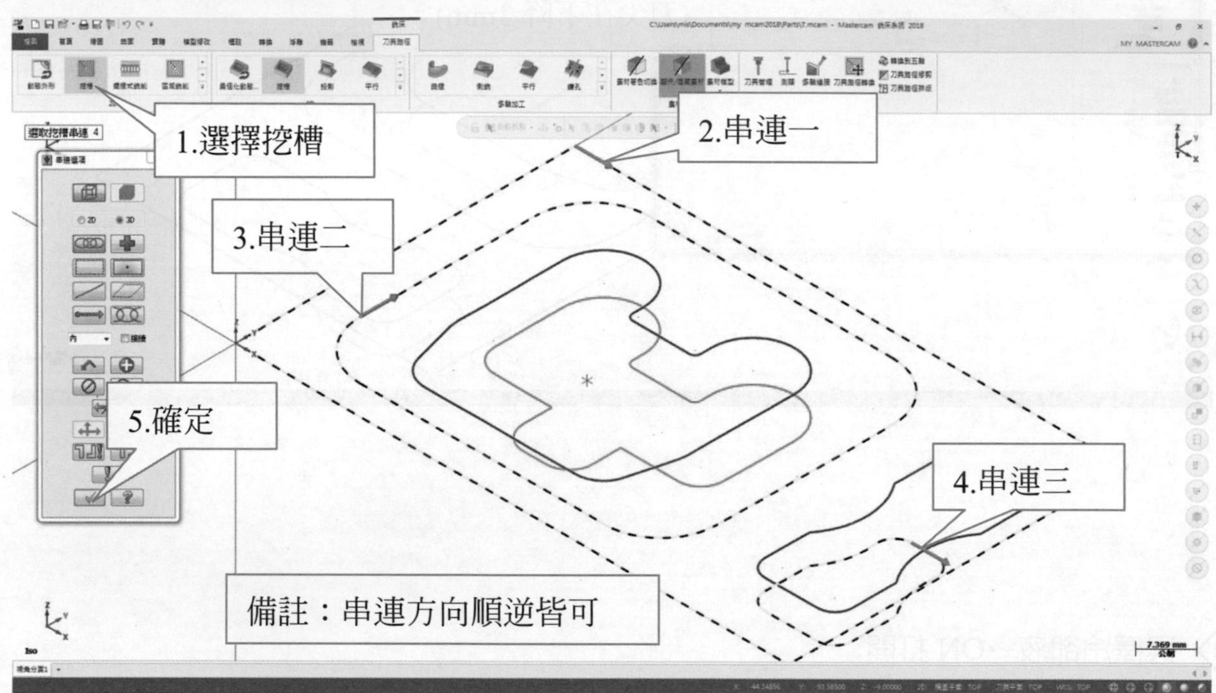

刀具→建立新刀具

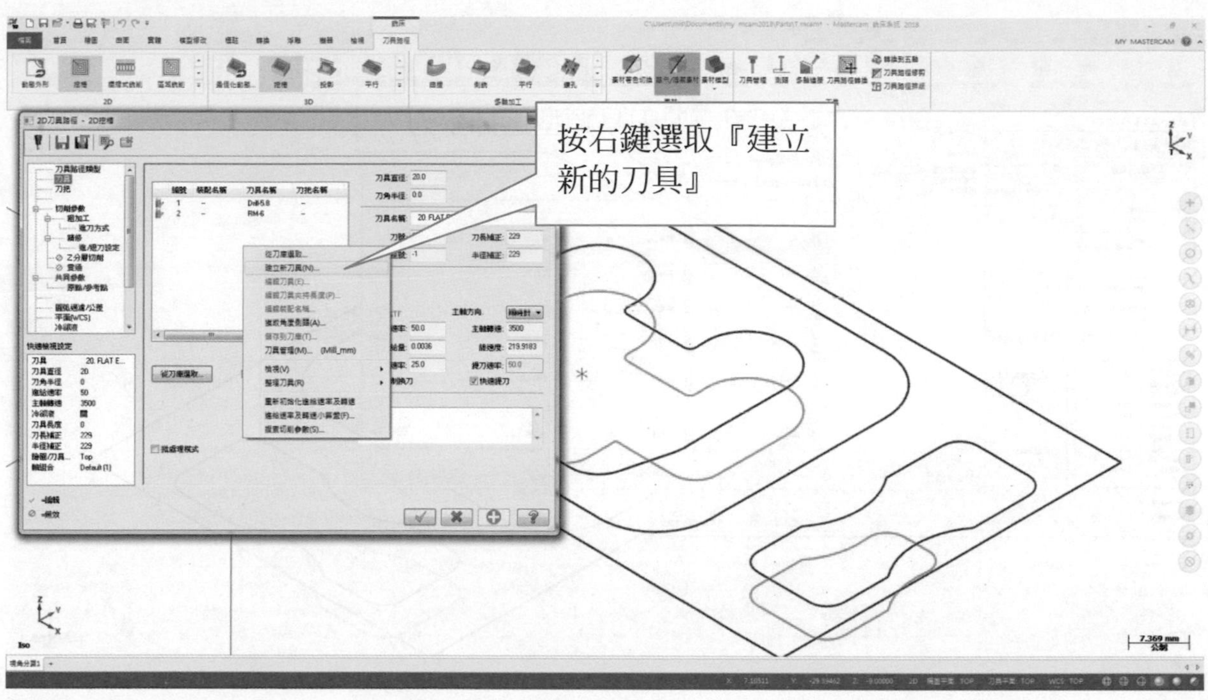

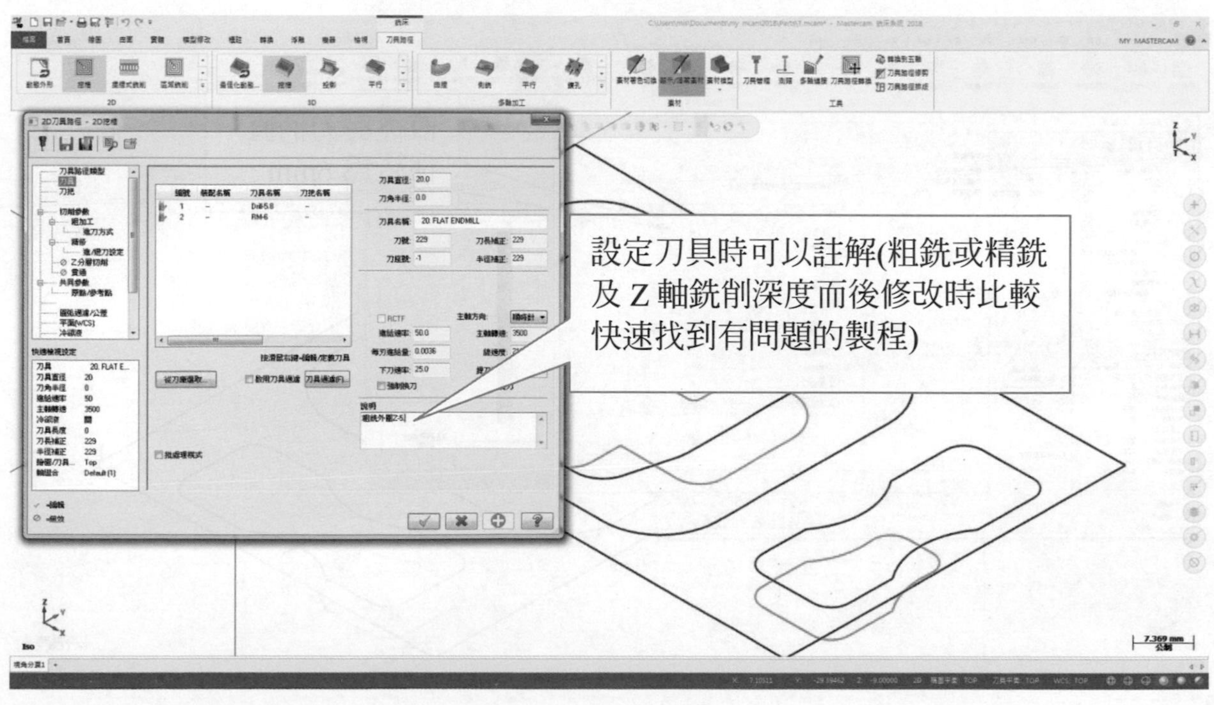

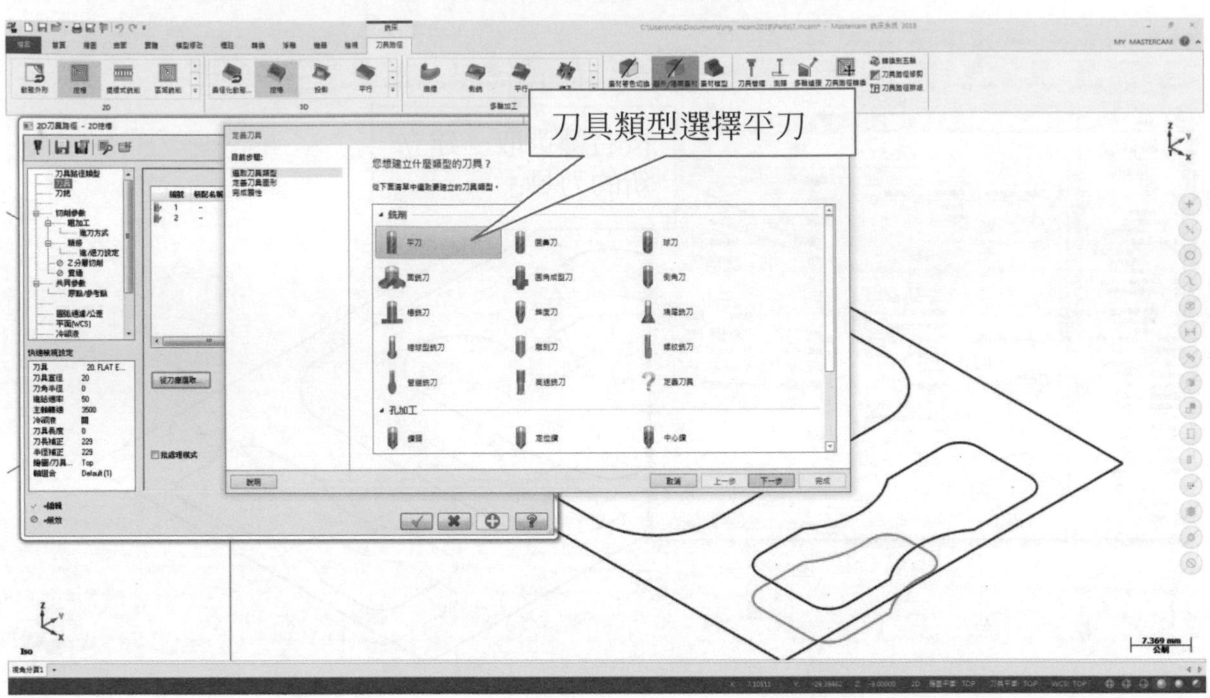
刀具類型選擇平刀

直徑與刀柄直
徑皆為 6mm

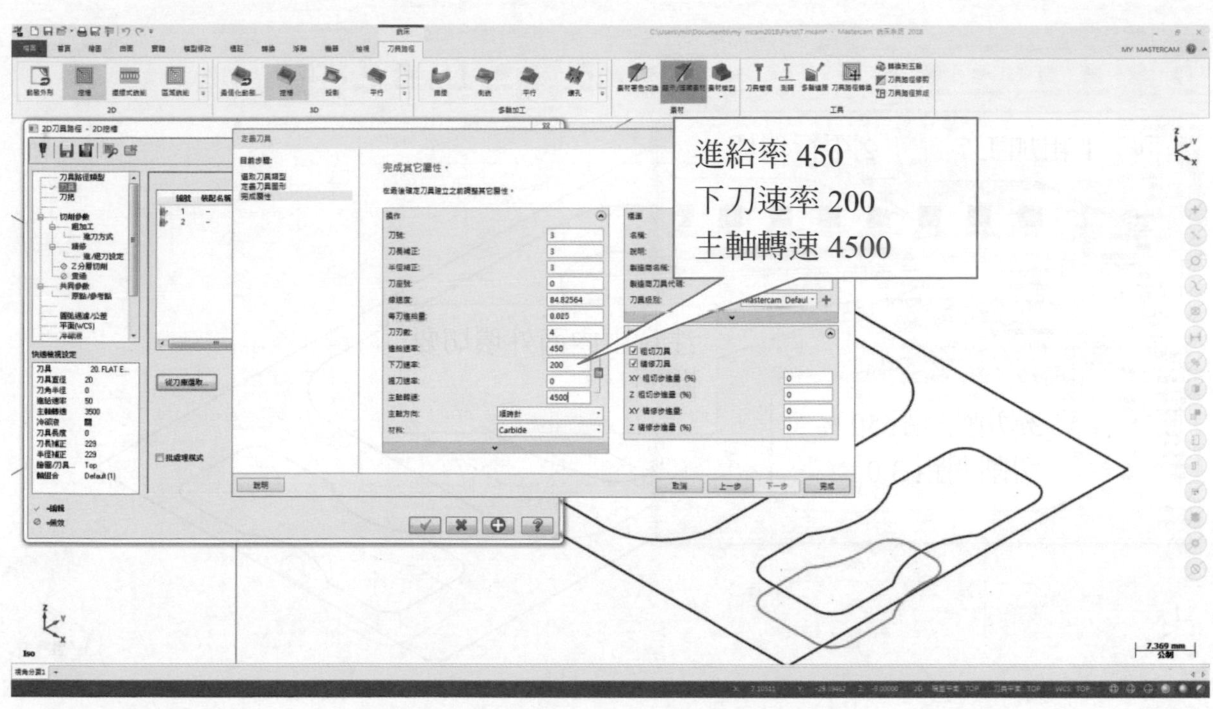

→ 選擇切削參數→選取邊界再加工

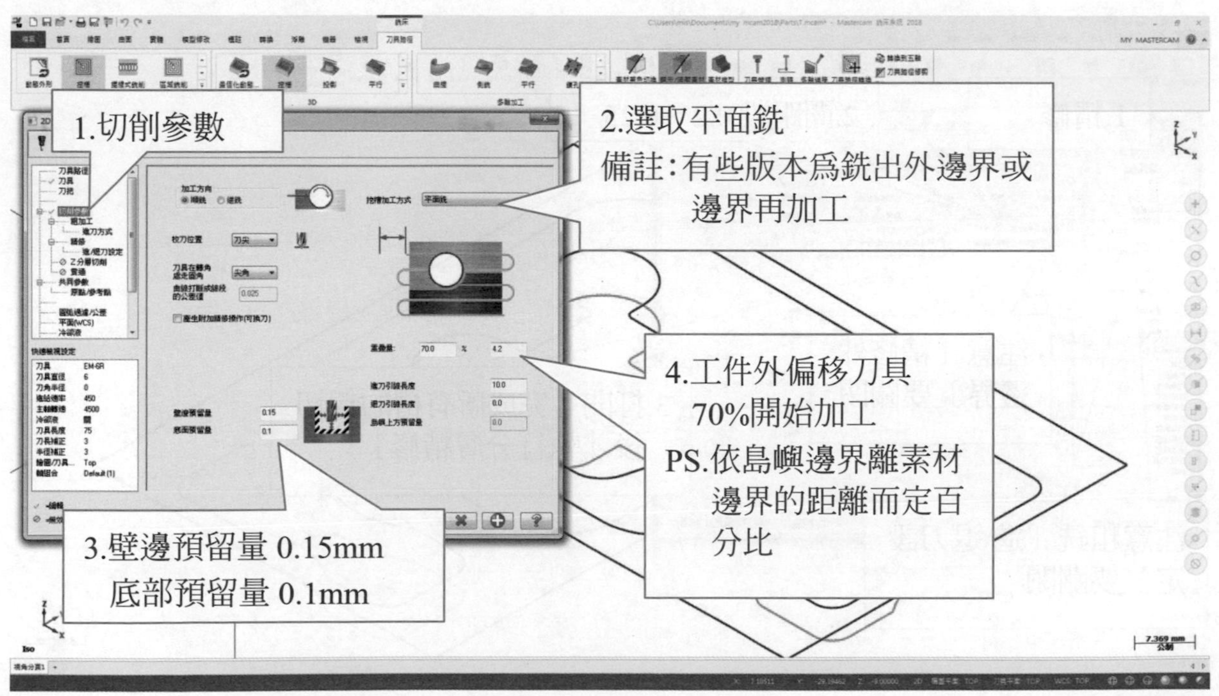

選擇粗加工→選擇平行環切

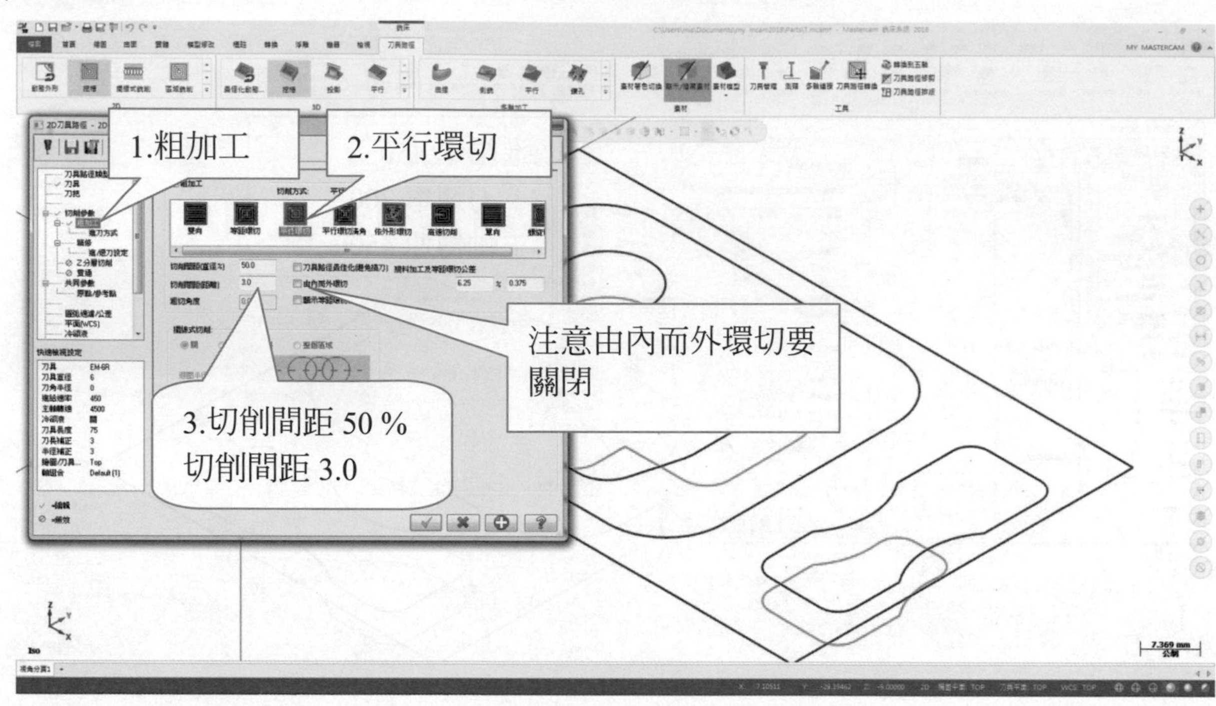

選擇精修→選擇進/退刀關閉

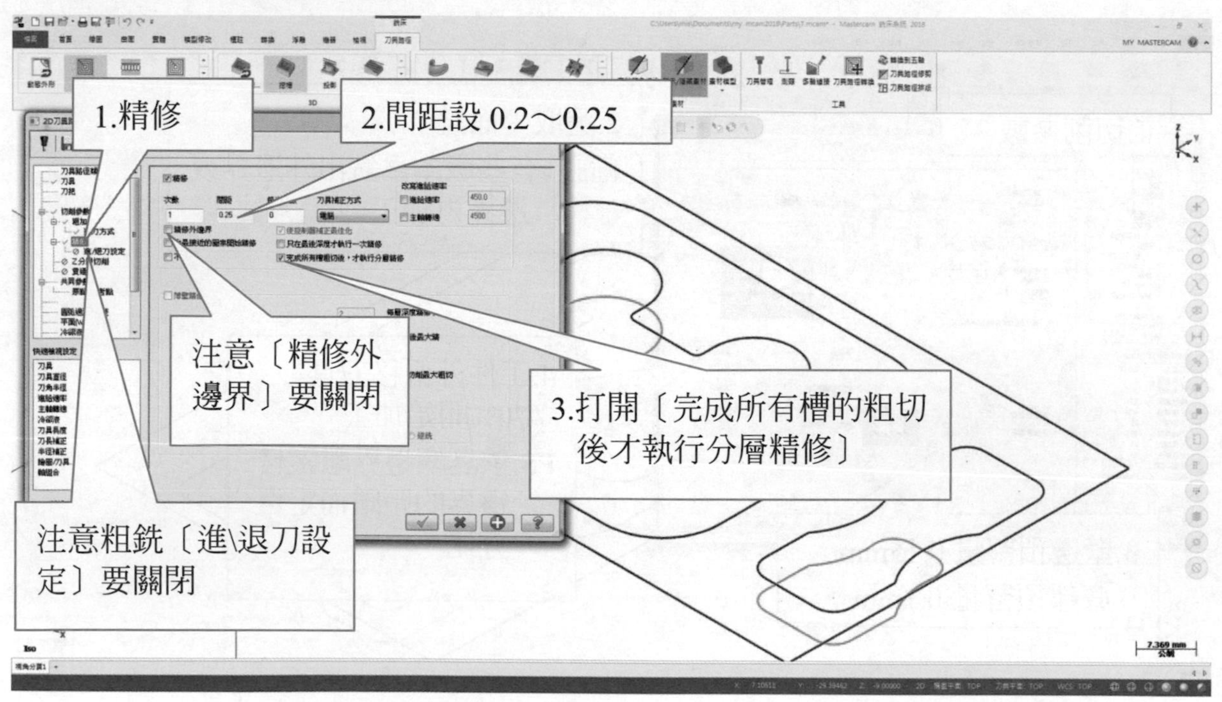

選擇 Z 分層切削

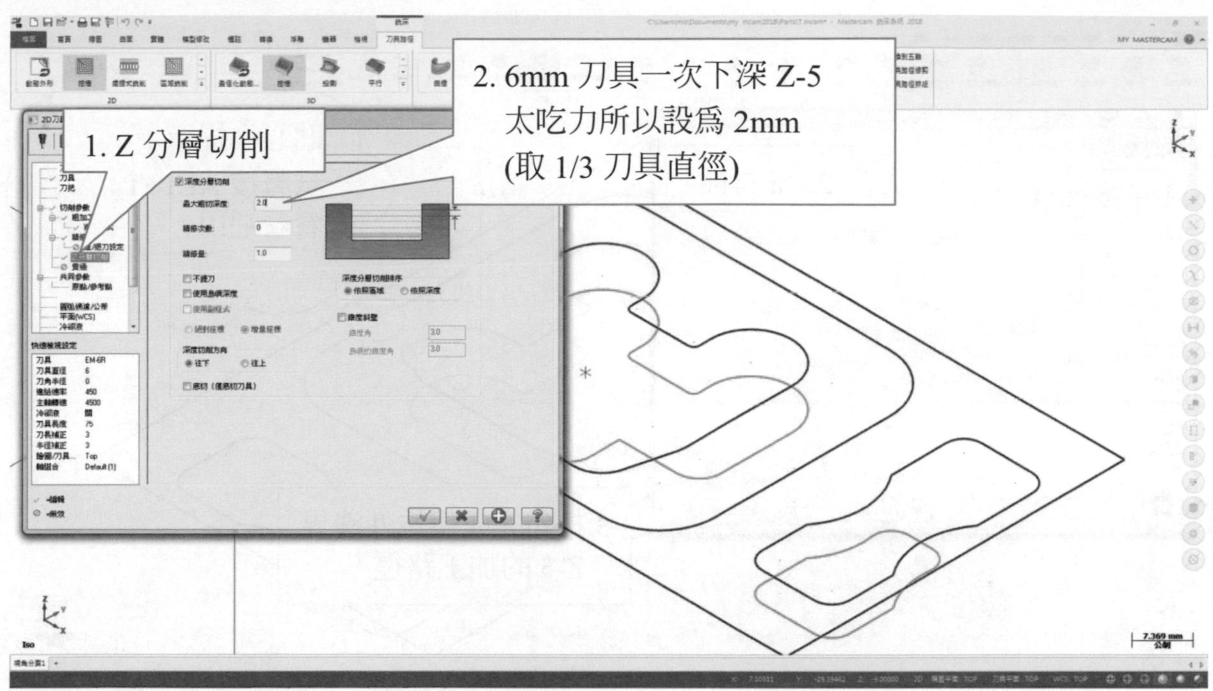

選擇共同參數

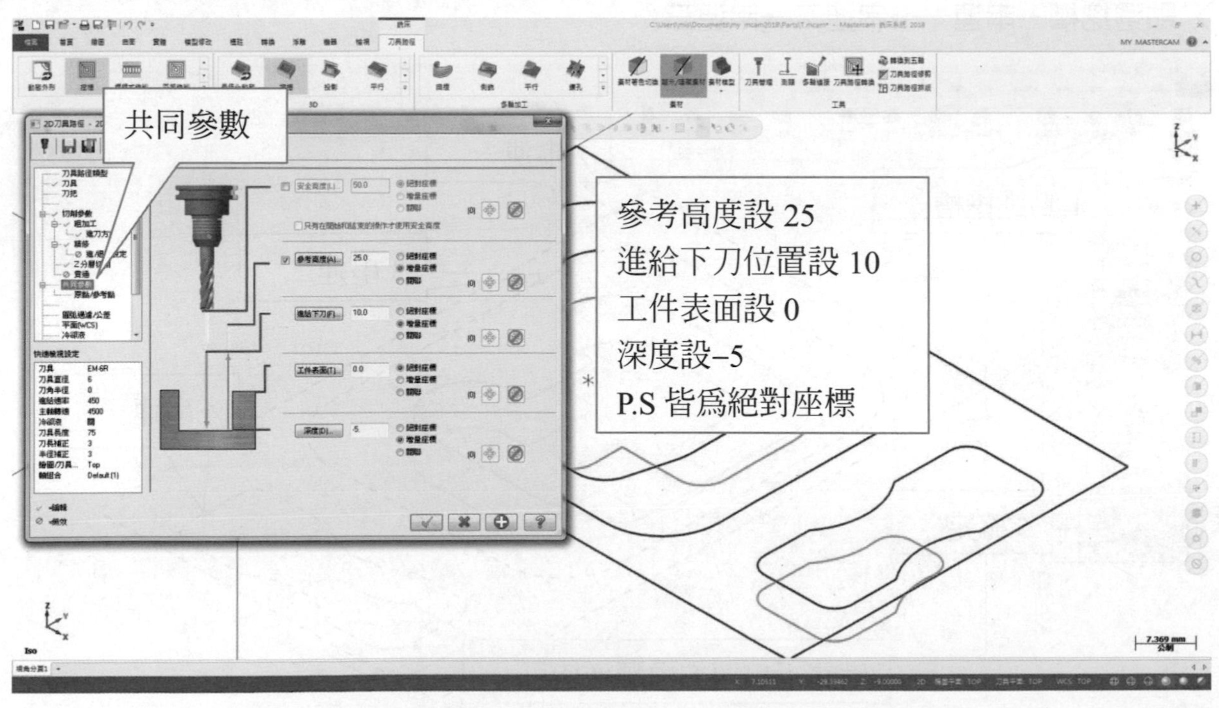

選擇冷卻液→ON 打開

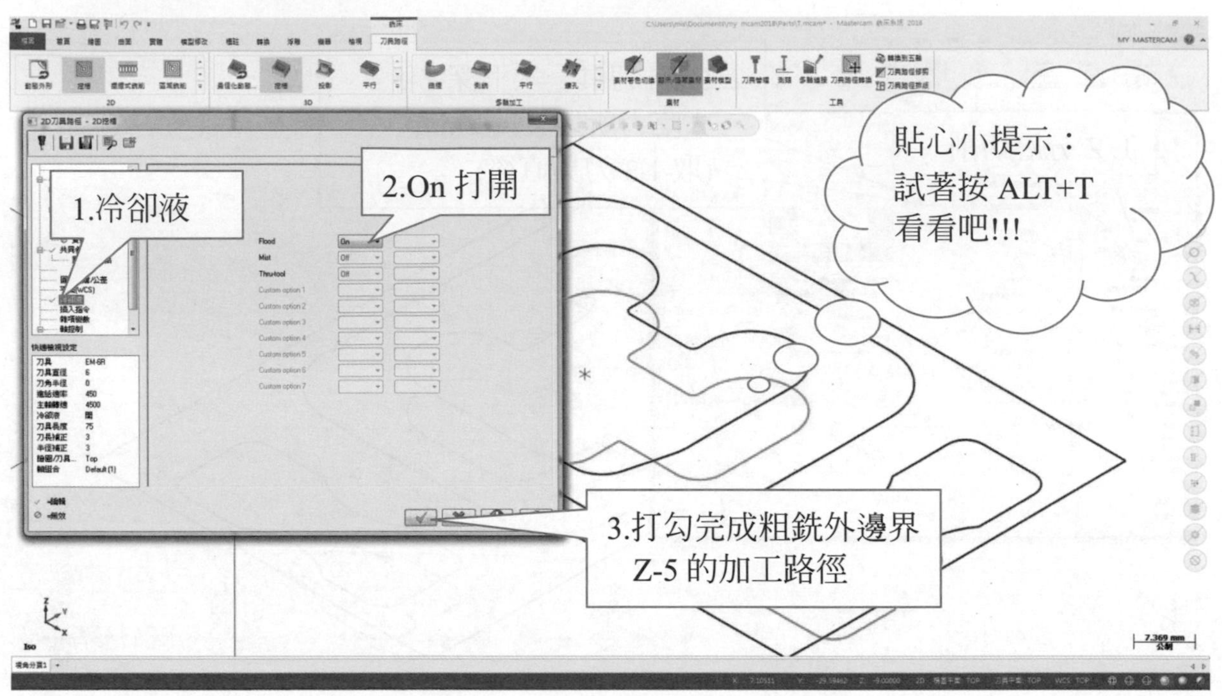

粗銑 Z-8mm 層

點選挖槽→串連一→串連二→串連三

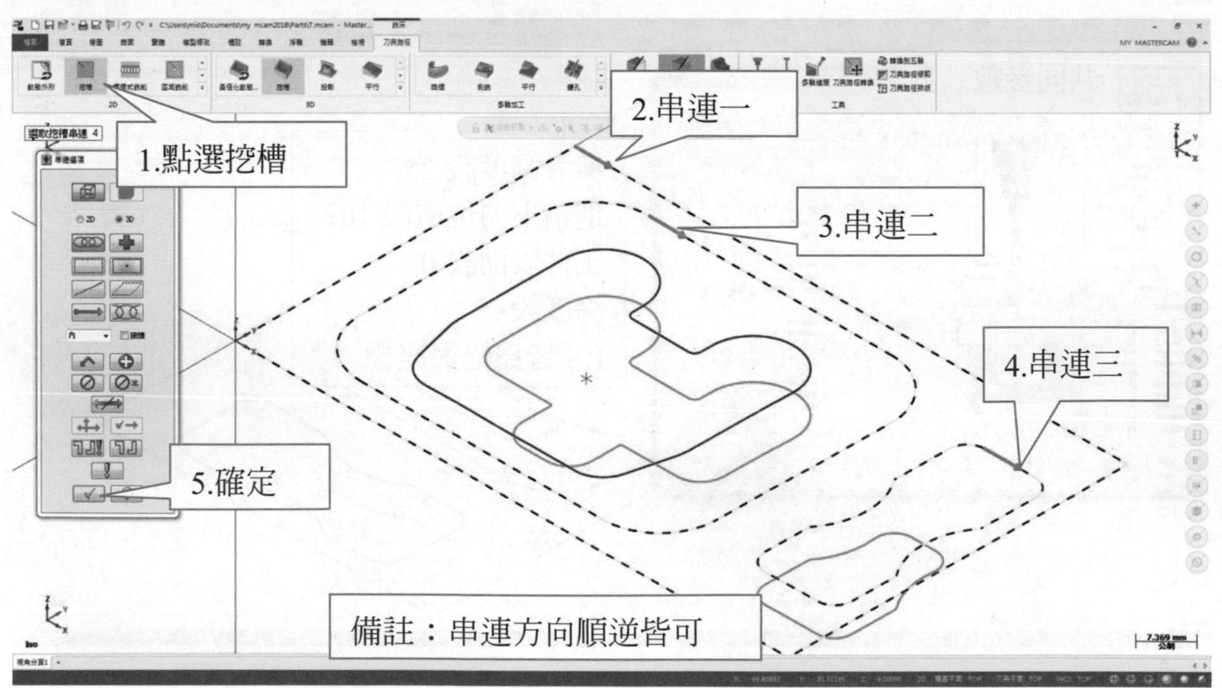

選擇 Z 分層切削

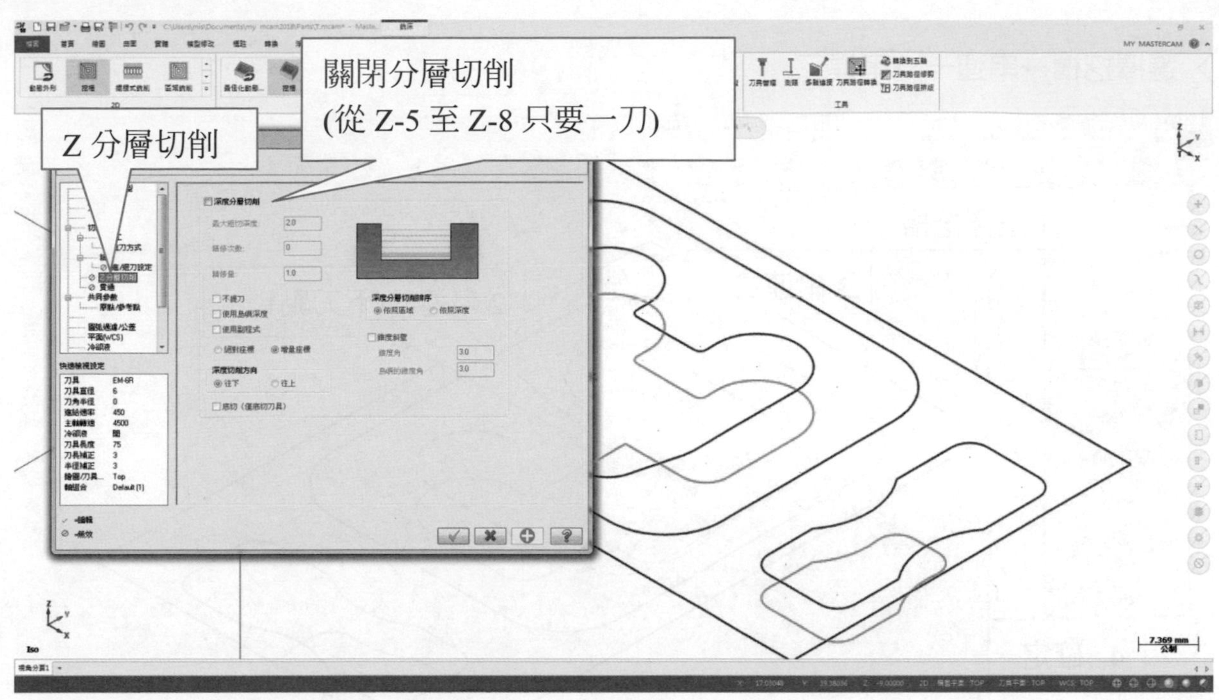

選擇共同參數

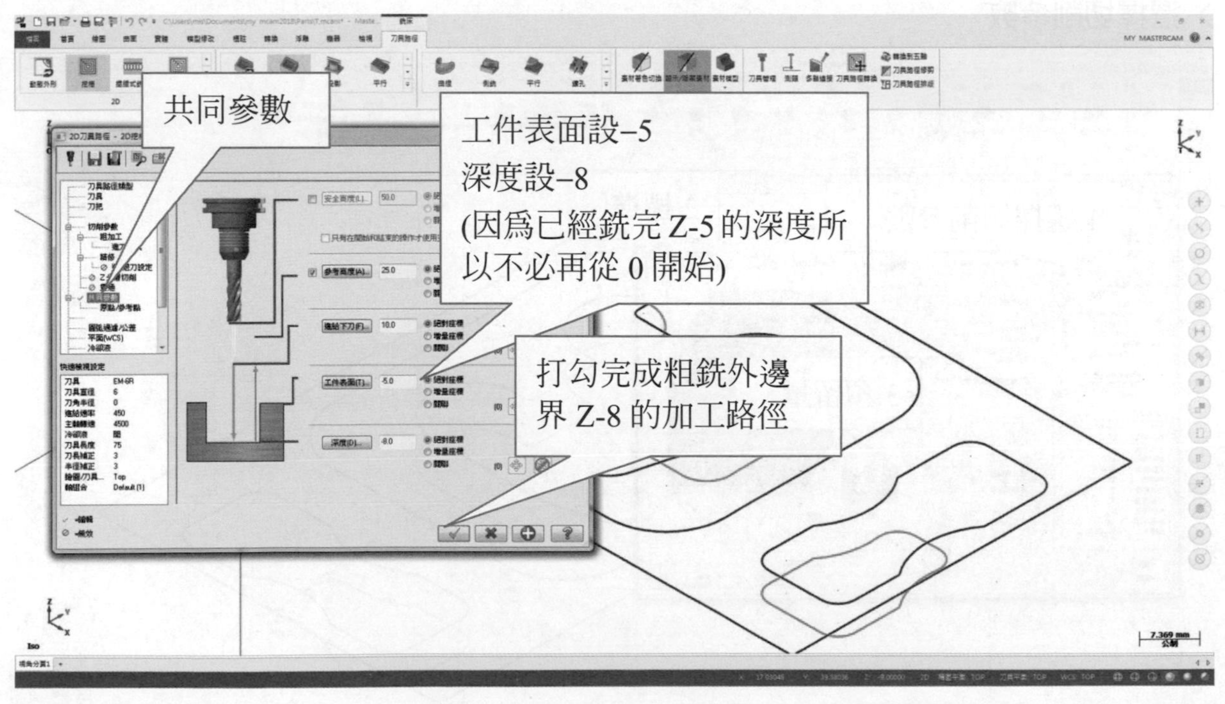

粗銑內槽 Z-7mm 層

選擇挖槽→串連一→串連二

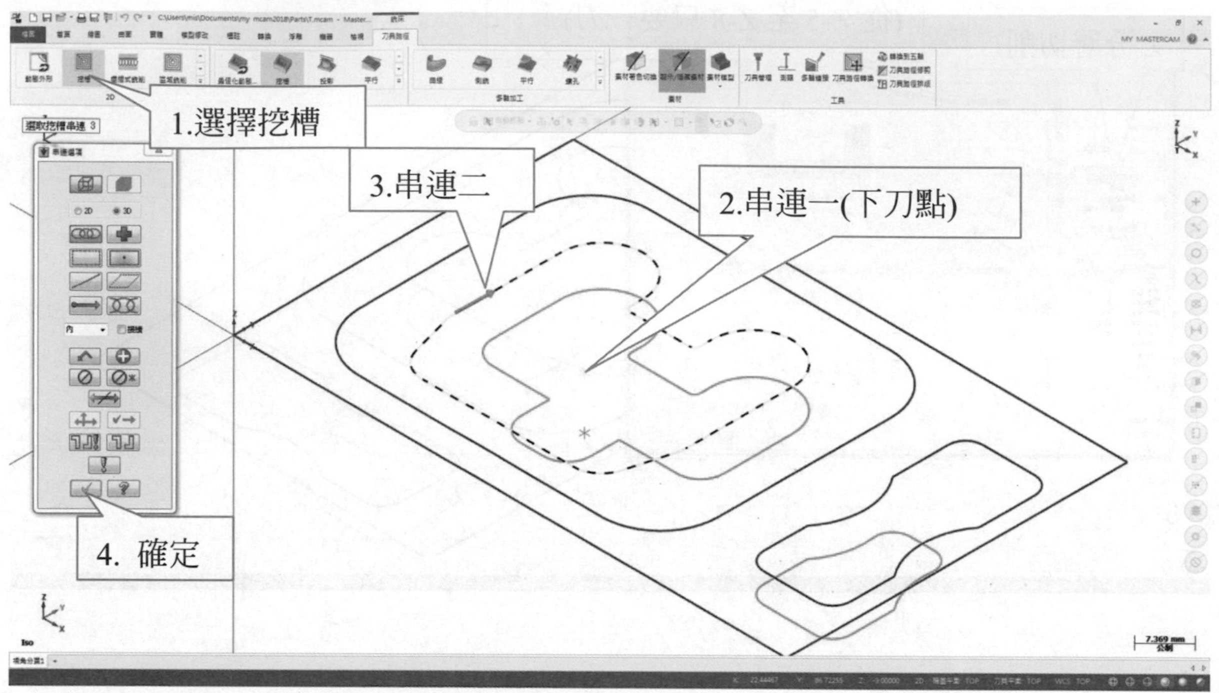

選擇切削參數

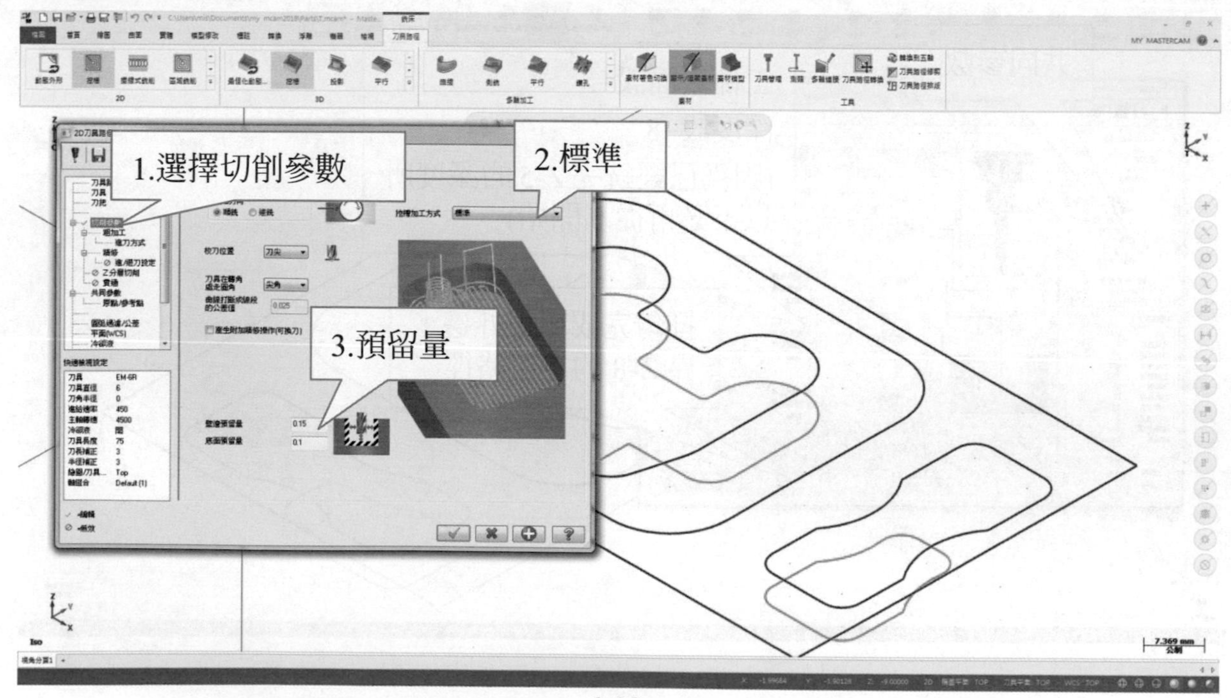

選擇粗加工→選擇平行環切

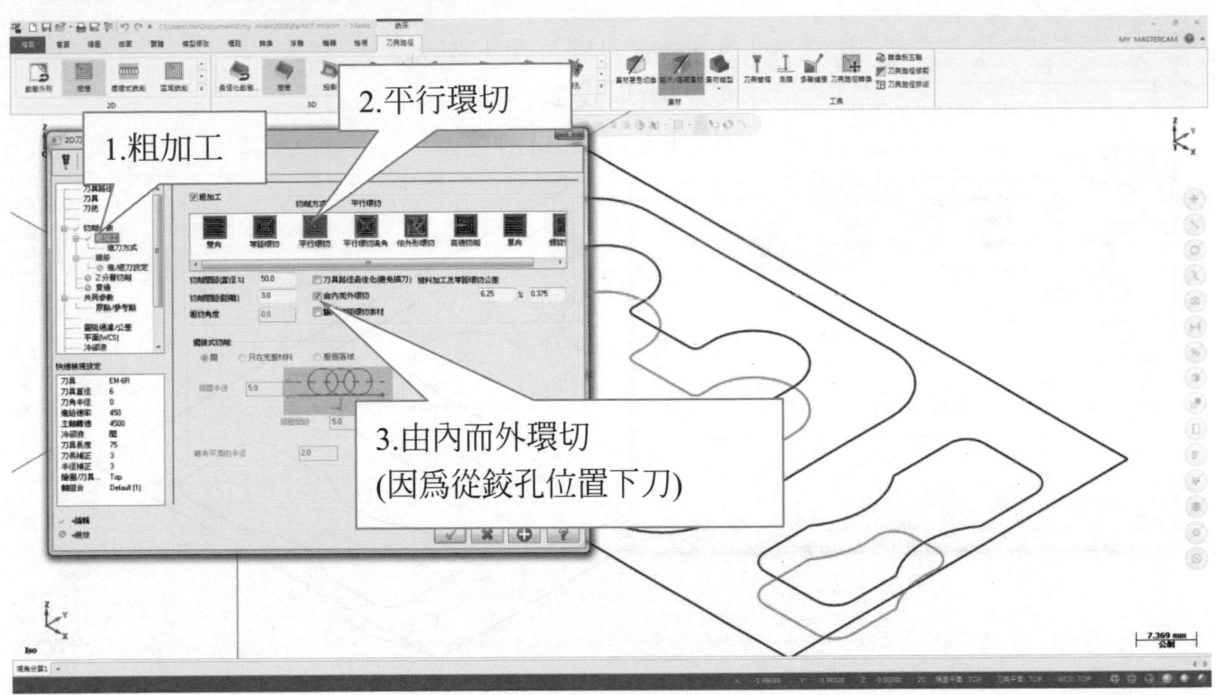

選擇精修

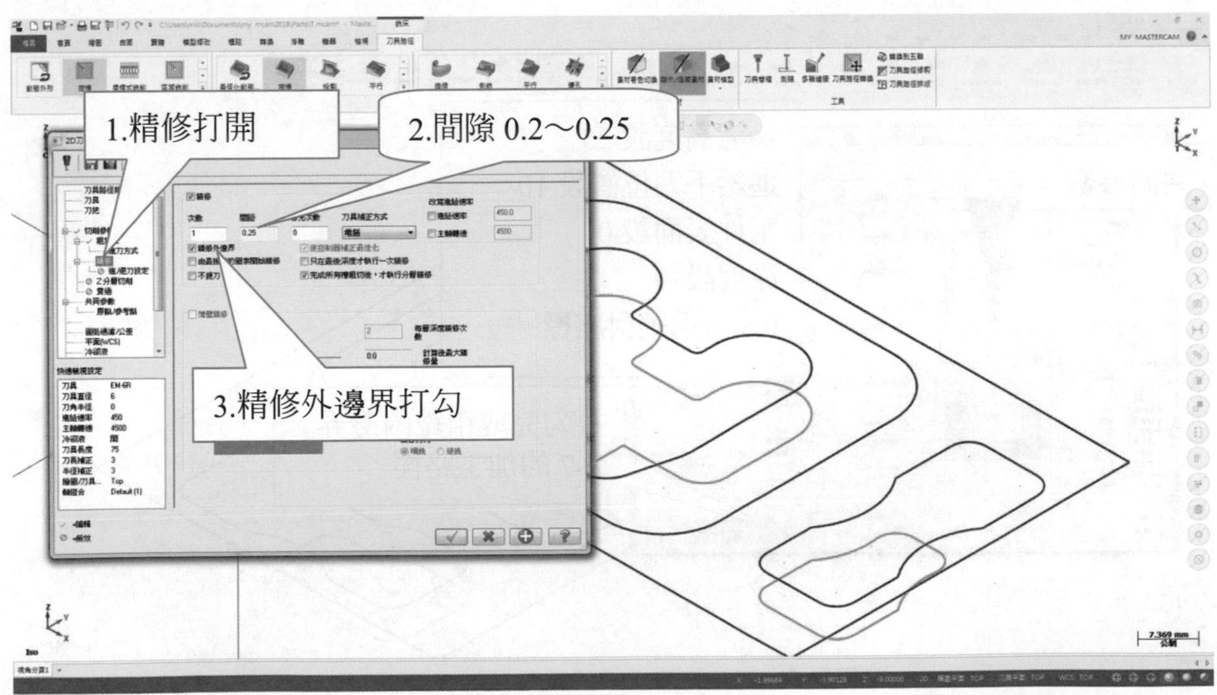

選擇 Z 分層切削

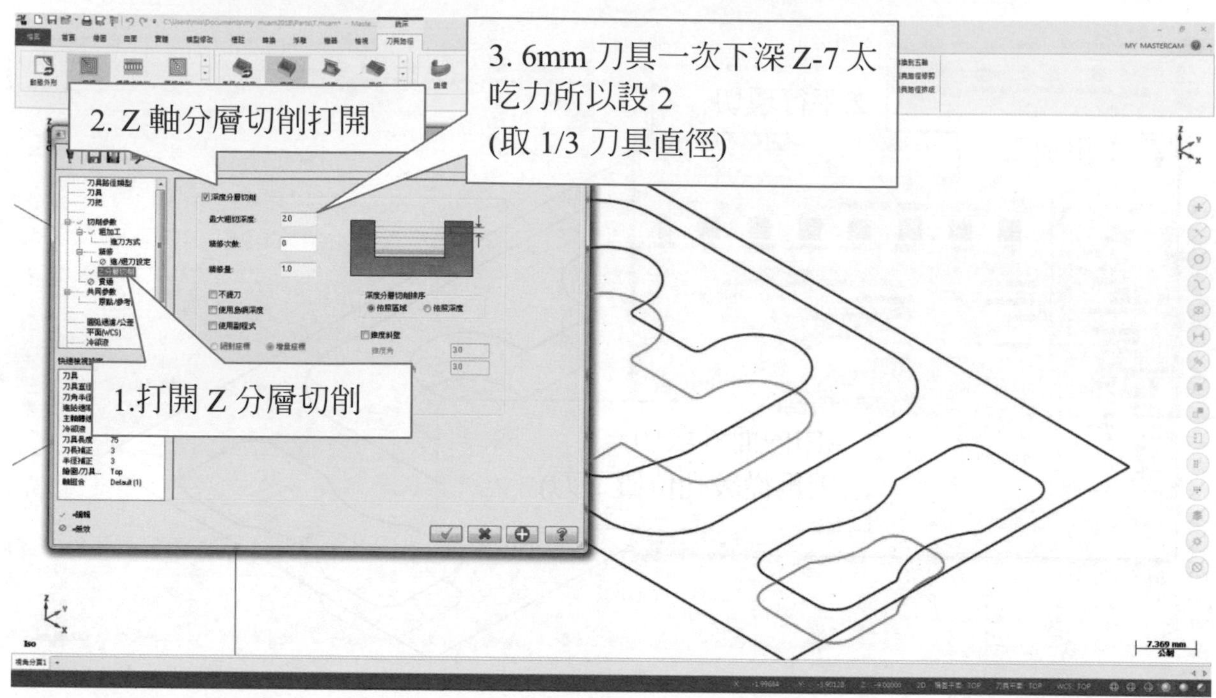

選擇共同參數

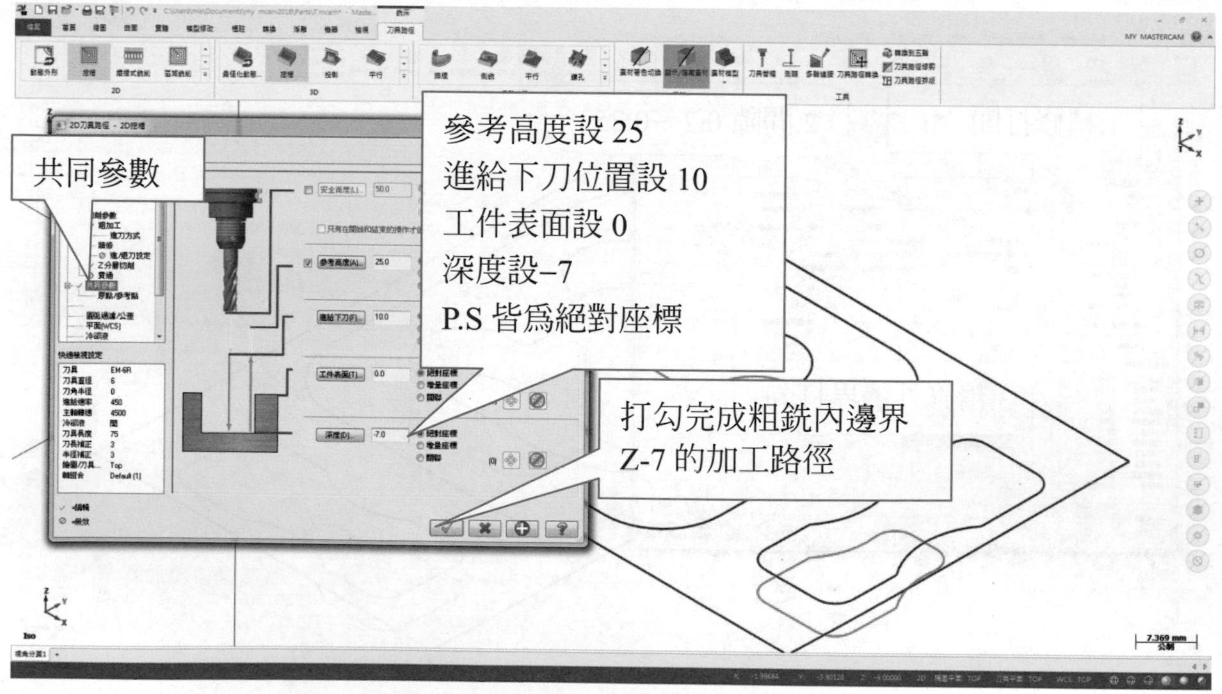

粗銑內槽 Z–10mm 層

選擇挖槽→串連一→串連二→確定

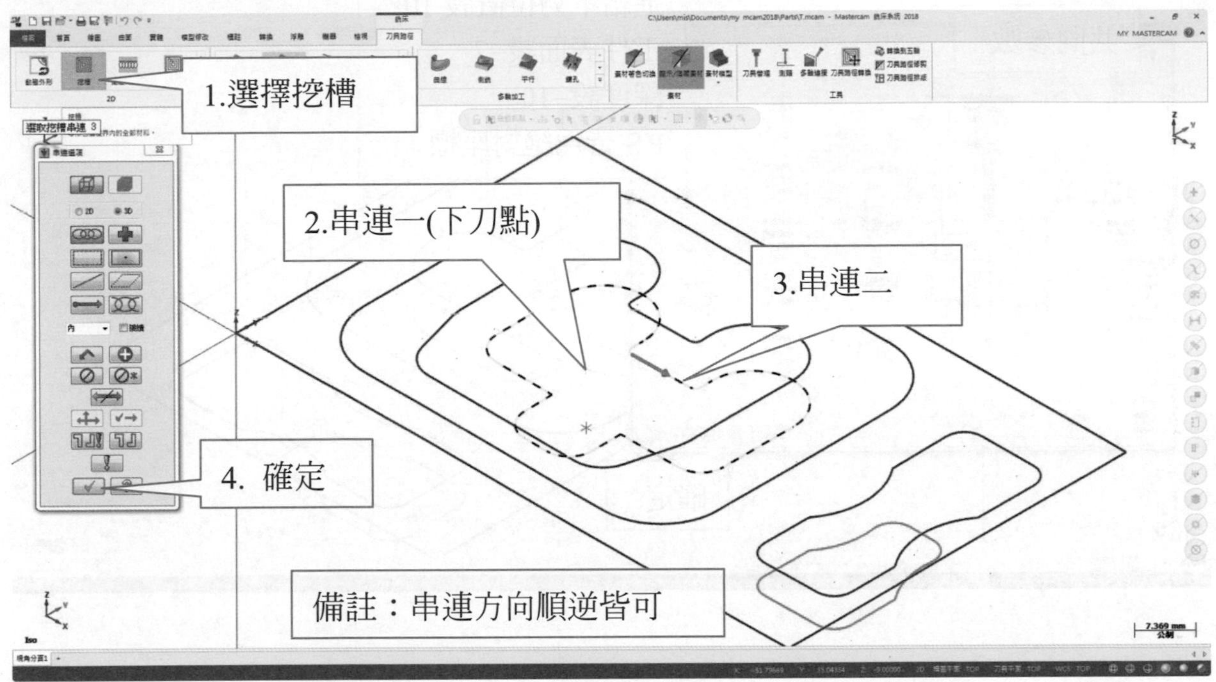

選擇 Z 分層切削

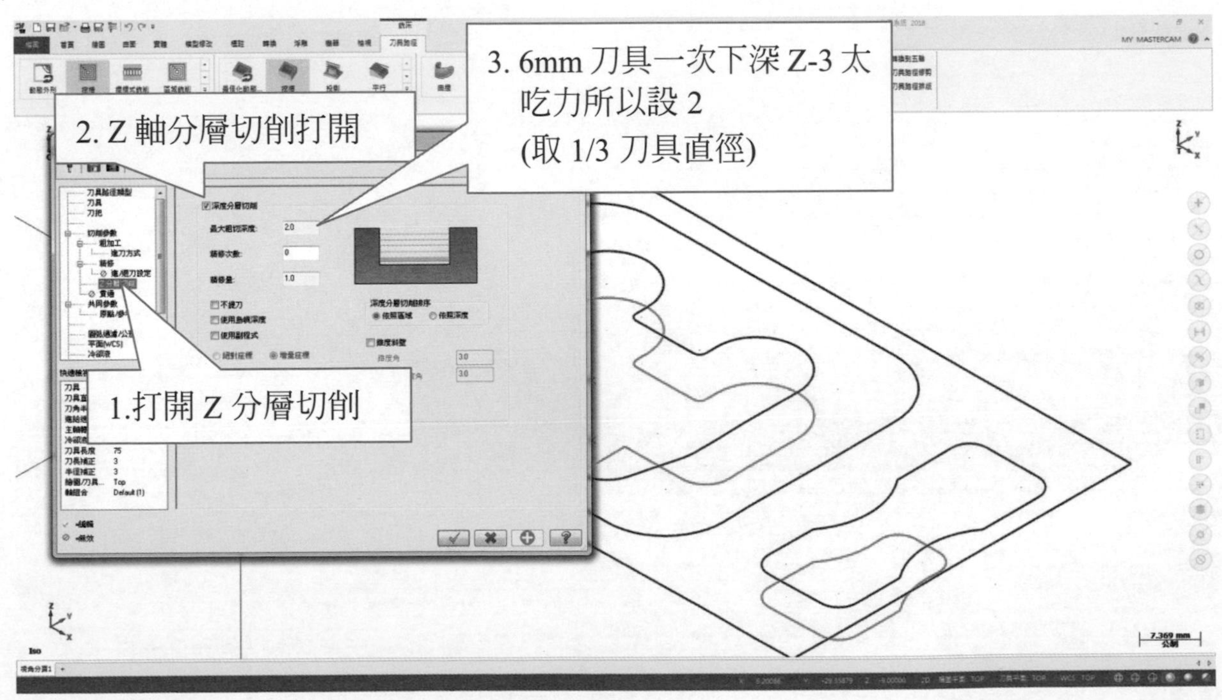

選擇共同參數

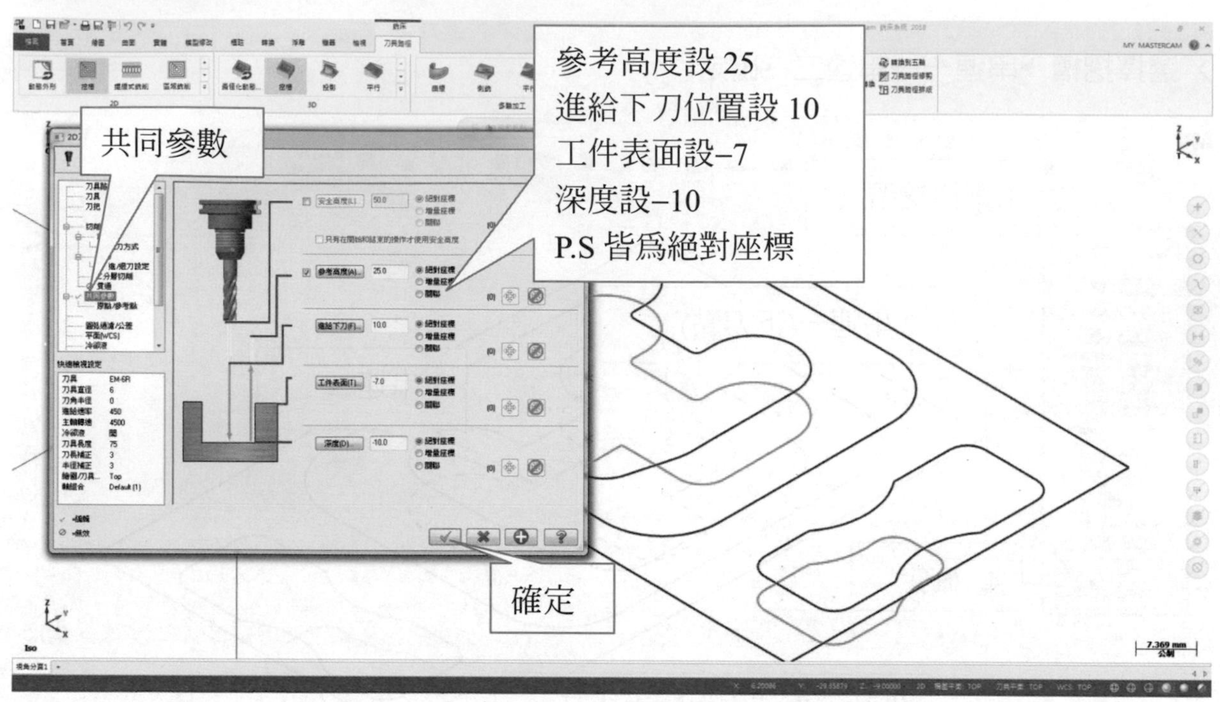

➔ 6mm 精銑刀加工設定步驟

➔ 選擇挖槽→串連一→串連二→串連三→ (串連方向皆為順時針)

➔ 精銑外輪廓 Z-8mm 層及底面(內含尺寸補正磨耗)

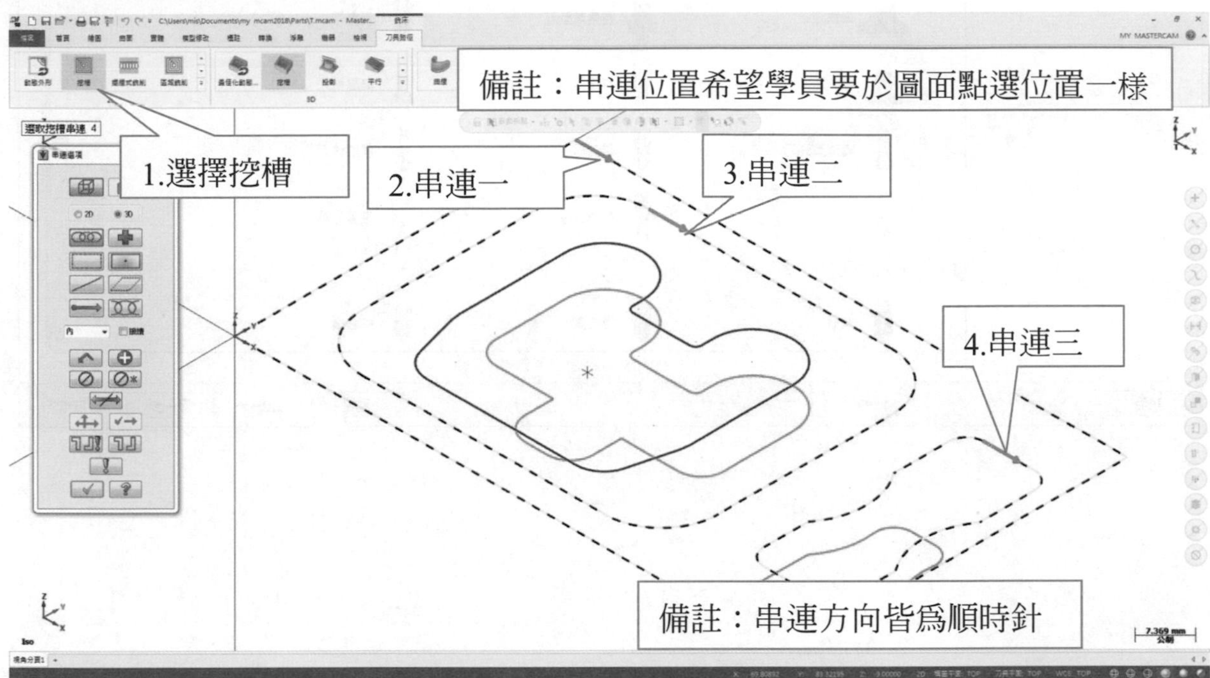

➔ 刀具→建立新刀具

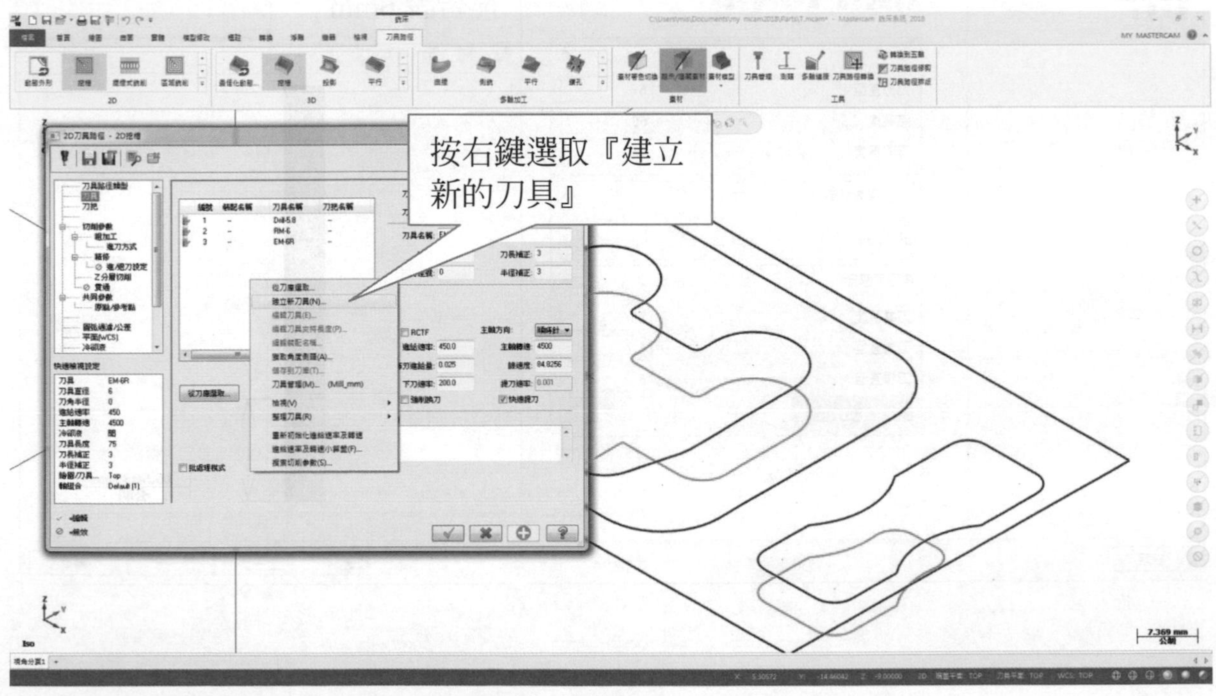

定義刀具
目前步驟:
選取刀具類型
定義刀具圖形
完成屬性
您想建立什麼類型的刀具？
從下面清單中選取要建立的
確定為平刀
銑削
平刀
圓鼻刀
球刀
面銑刀
圓角成型刀
倒角刀
槽銑刀
錐度刀
鳩尾銑刀
棒球型銑刀
雕刻刀
螺紋銑刀
管道銑刀
高速銑刀
定義刀具
孔加工
鑽頭
定位鑽
中心鑽
說明
取消
上一步
下一步
完成

定義刀具
目前步驟:
選取刀具類型
定義刀具圖形
完成屬性
定義 平刀
用來調整定義刀具形狀的圖形屬性。
直徑與刀柄直徑皆設 6mm
總尺寸
刀刃直徑: 6
總長度: 60
刀刃長度: 15
刀尖/圓角類型
非刀刃圖形
刀肩長度: 15
刀肩直徑: 6
刀桿直徑: 6
可縮放
16.503 mm
公制
說明
取消
上一步
下一步
完成

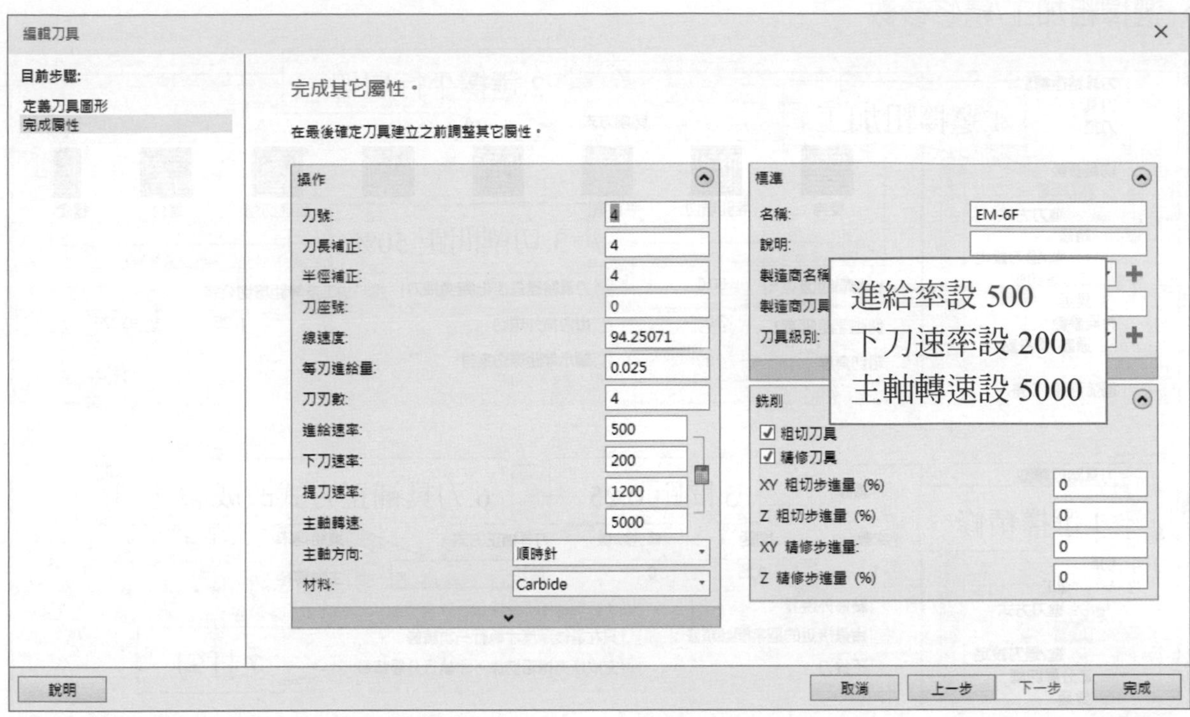
編輯刀具
目前步驟:
定義刀具圖形
完成屬性
完成其它屬性。
在最後確定刀具建立之前調整其它屬性。
操作
刀號: 4
刀長補正: 4
半徑補正: 4
刀座號: 0
線速度: 94.25071
每刃進給量: 0.025
刀刃數: 4
進給速率: 500
下刀速率: 200
提刀速率: 1200
主軸轉速: 5000
主軸方向: 順時針
材料: Carbide
標識
名稱: EM-6F
說明:
刀具級別:
銑削
粗切刀具
精修刀具
XY 粗切步進量 (%) 0
Z 粗切步進量 (%) 0
XY 精修步進量: 0
Z 精修步進量 (%) 0
進給率設 500
下刀速率設 200
主軸轉速設 5000
說明
取消
上一步
下一步
完成

選擇切削參數

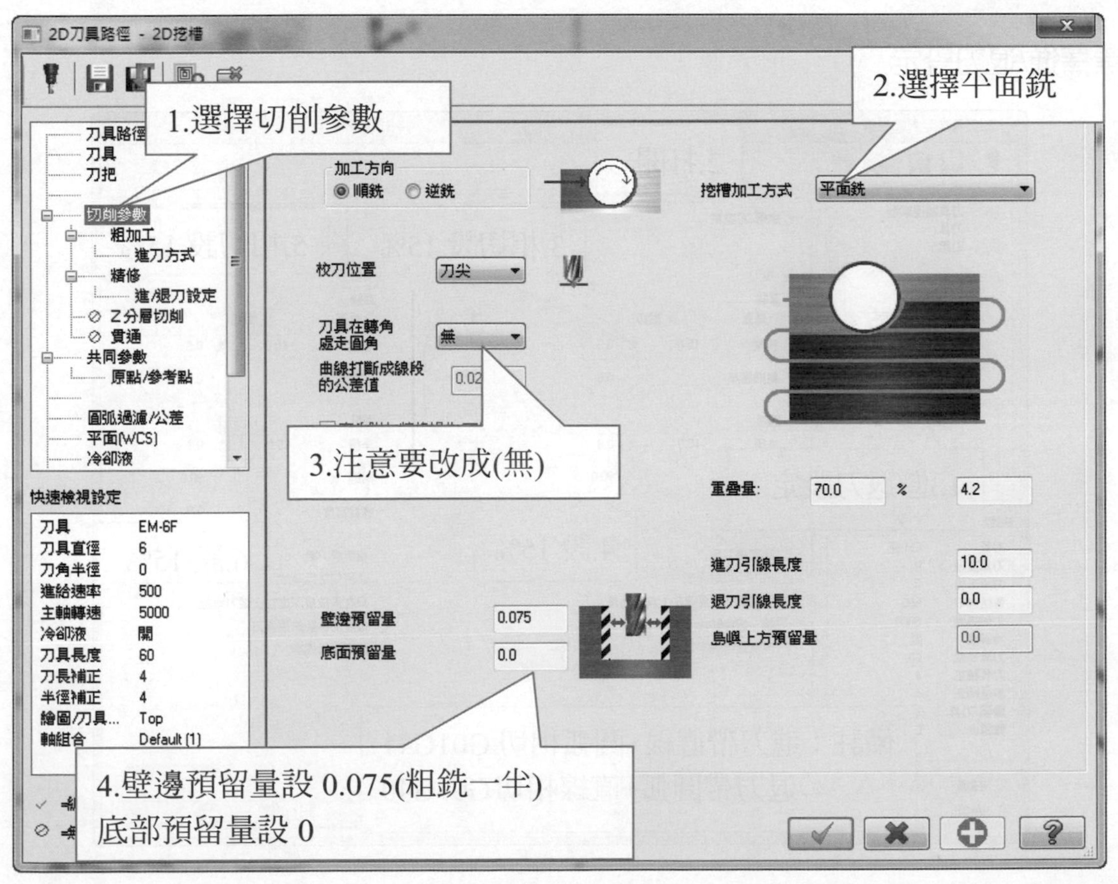
2D刀具路徑 - 2D挖槽
1.選擇切削參數
2.選擇平面銑
刀具路徑
刀具
刀把
切削參數
粗加工
進刀方式
精修
進/退刀設定
Z分層切削
貫通
共同參數
原點/參考點
圓弧過濾/公差
平面(WCS)
冷卻液
加工方向
順銑
逆銑
挖槽加工方式 平面銑
校刀位置 刀尖
刀具在轉角處走圓角 無
曲線打斷成線段的公差值
3.注意要改成(無)
重疊量: 70.0 % 4.2
進刀引線長度 10.0
退刀引線長度 0.0
島嶼上方預留量 0.0
壁邊預留量 0.075
底面預留量 0.0
快速檢視設定
刀具 EM-6F
刀具直徑 6
刀角半徑 0
進給速率 500
主軸轉速 5000
冷卻液 關
刀具長度 60
刀長補正 4
半徑補正 4
繪圖/刀具... Top
軸組合 Default (1)
4.壁邊預留量設 0.075(粗銑一半)
底部預留量設 0

選擇粗加工/精修參數

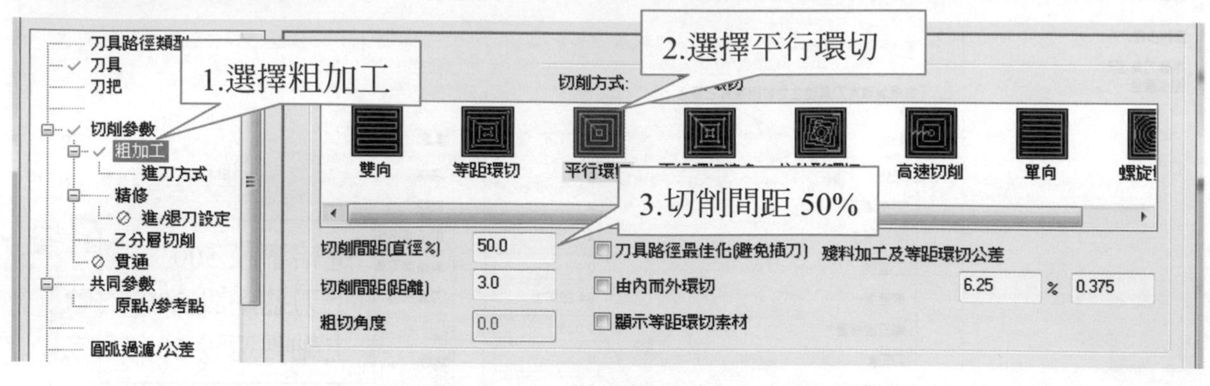

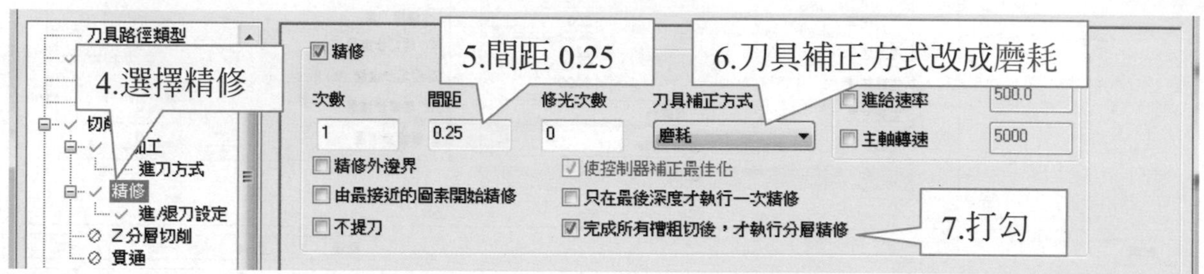

選擇進/退刀設定

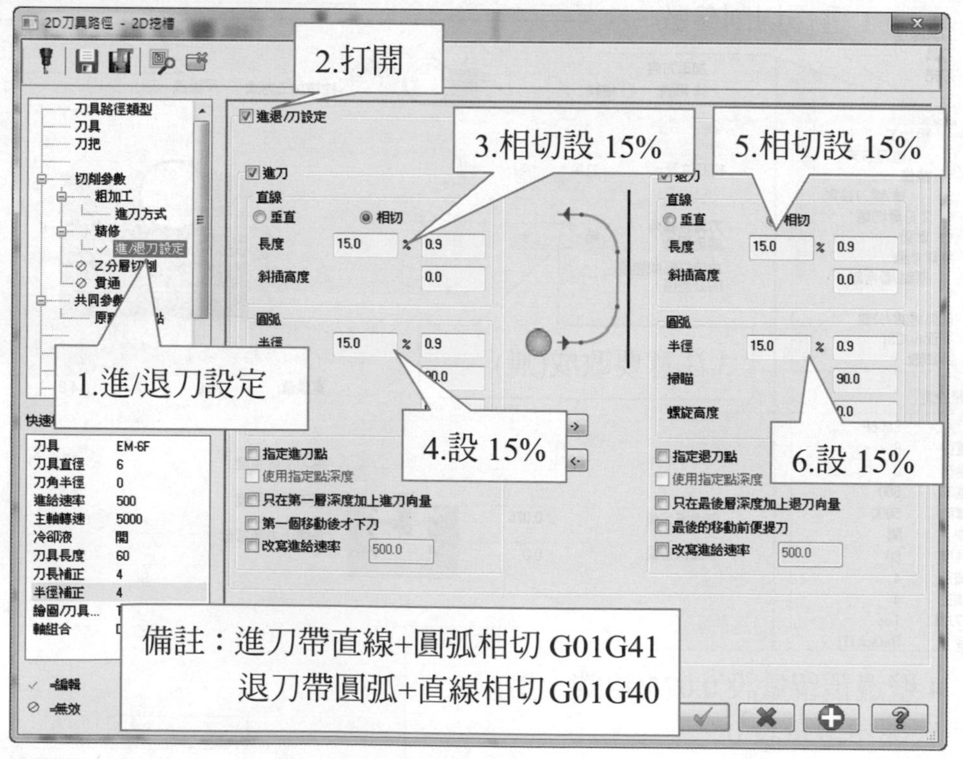

→ 選擇共同參數

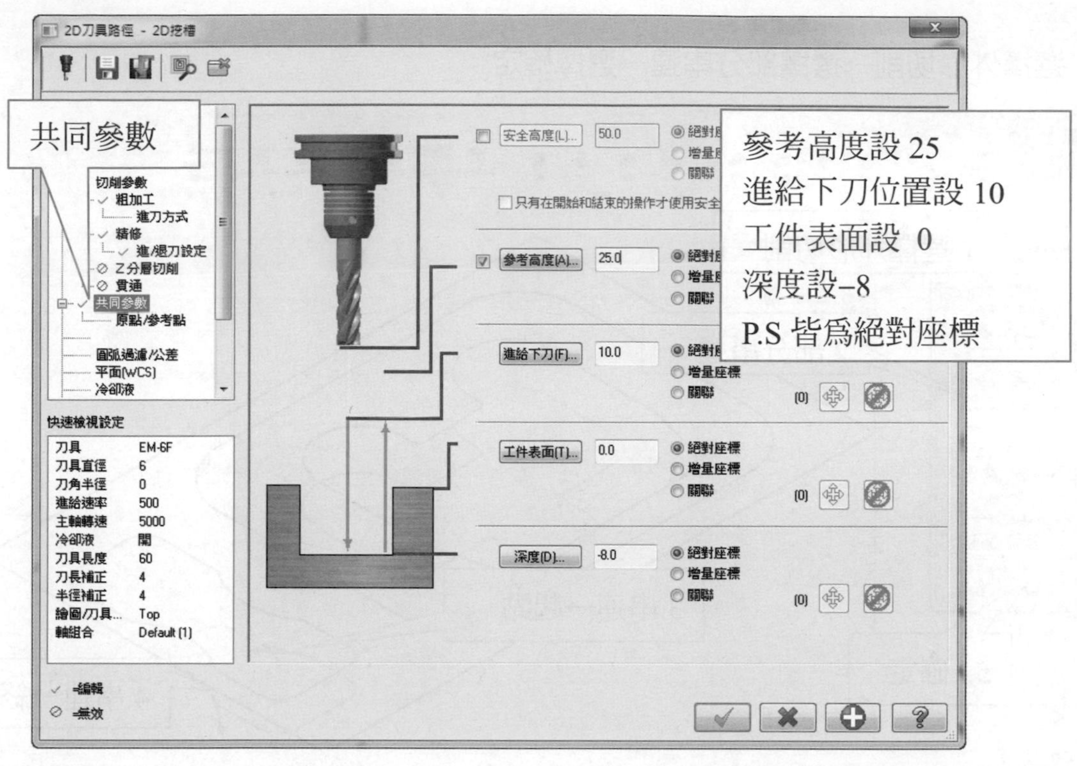

→ 選擇冷卻液→ON 打開

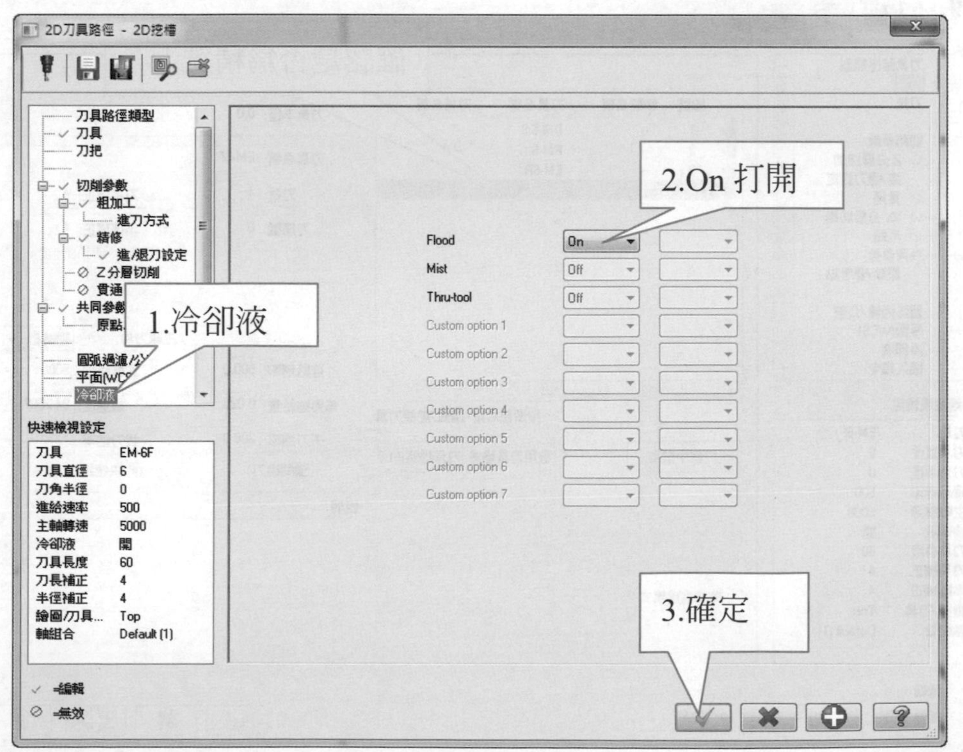

精銑外輪廓 Z-5mm 層 (內含尺寸補正磨耗)

選擇外形切削→選擇部分串連→選擇確定

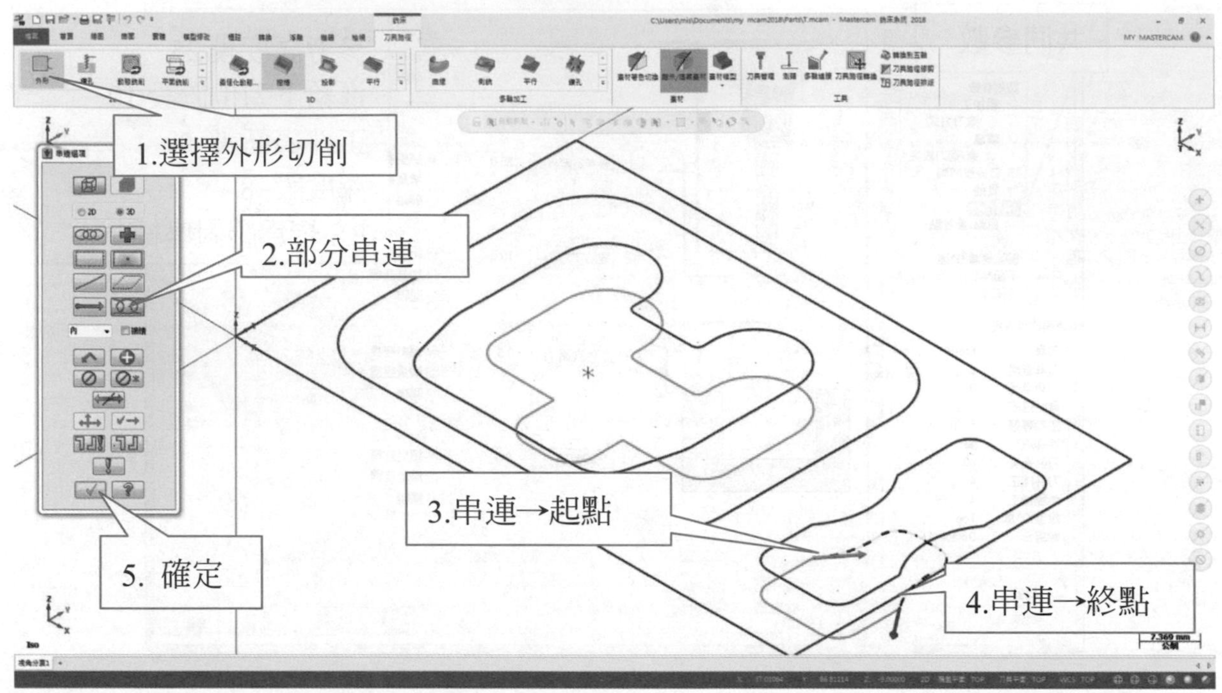

刀具→精銑刀

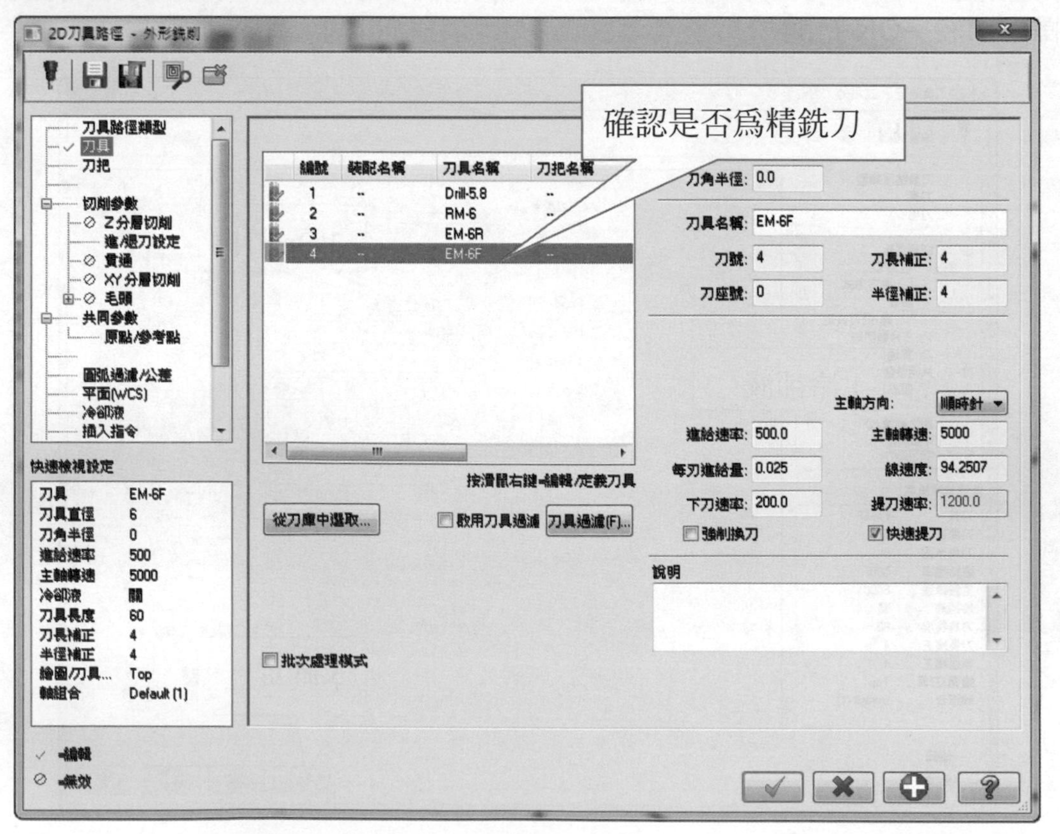

選擇切削參數→選取磨耗

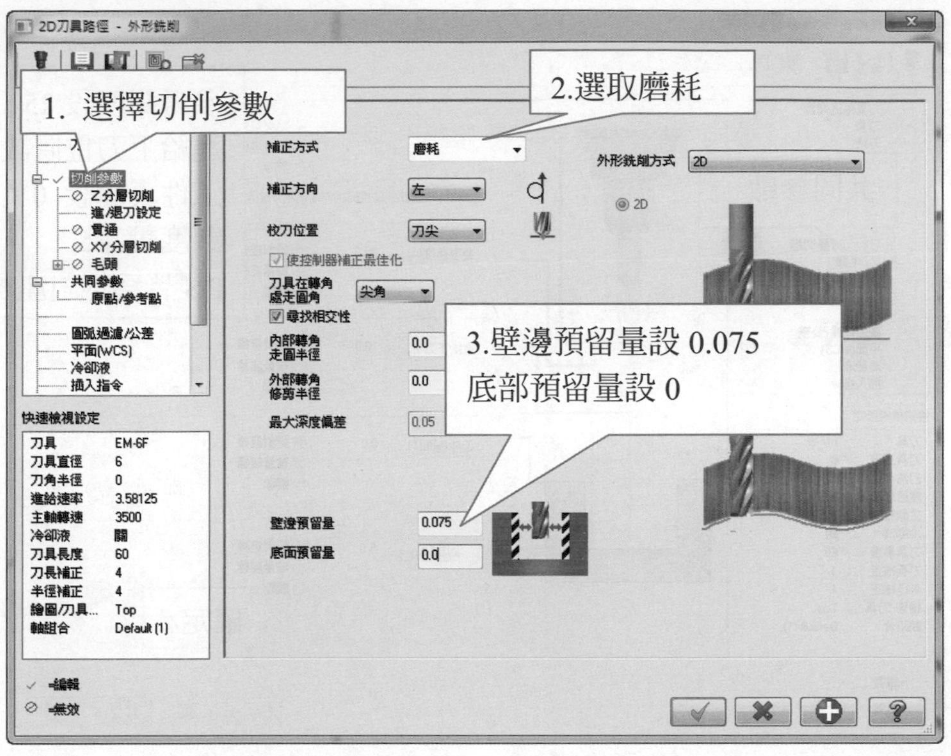

選擇進/退刀設定

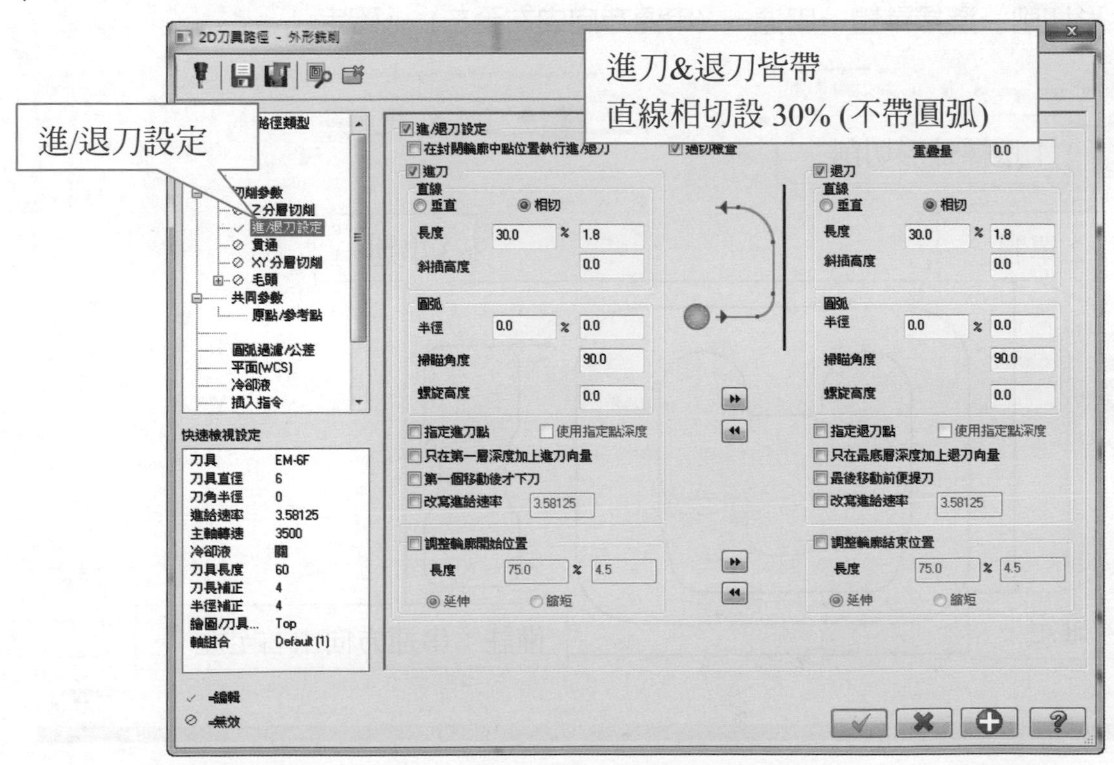

選擇共同參數

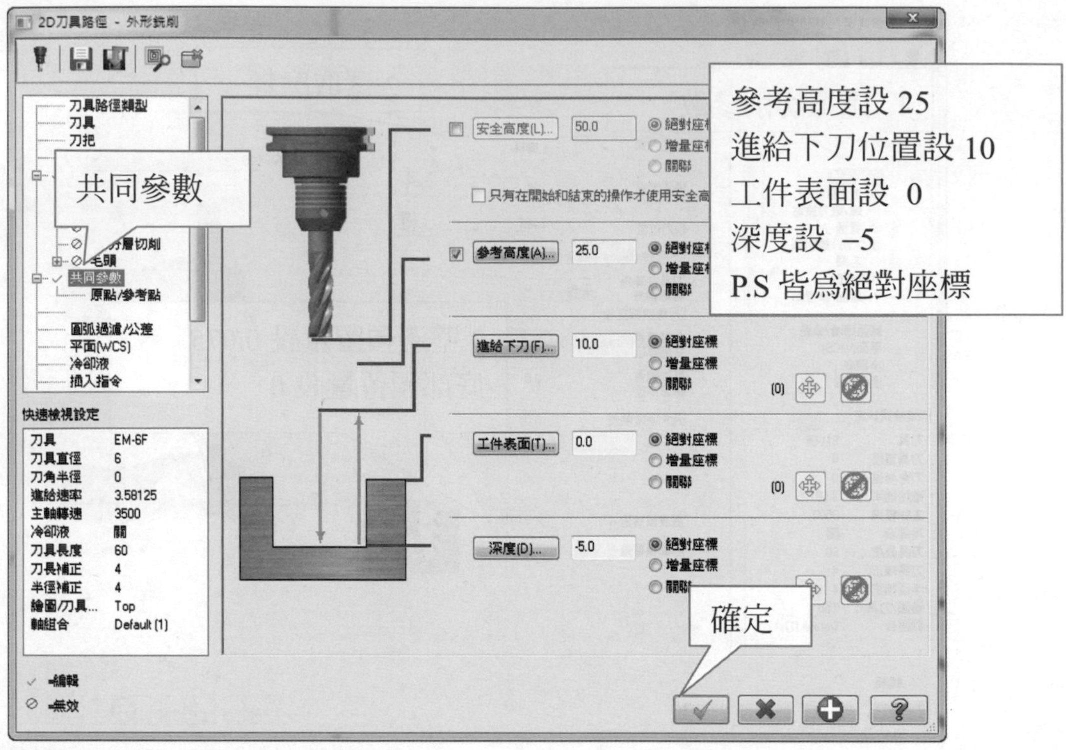

精銑外輪廓底面 Z-5mm 層

選擇外形切削→選擇單體→串連一（串連方向由右至左）→確定

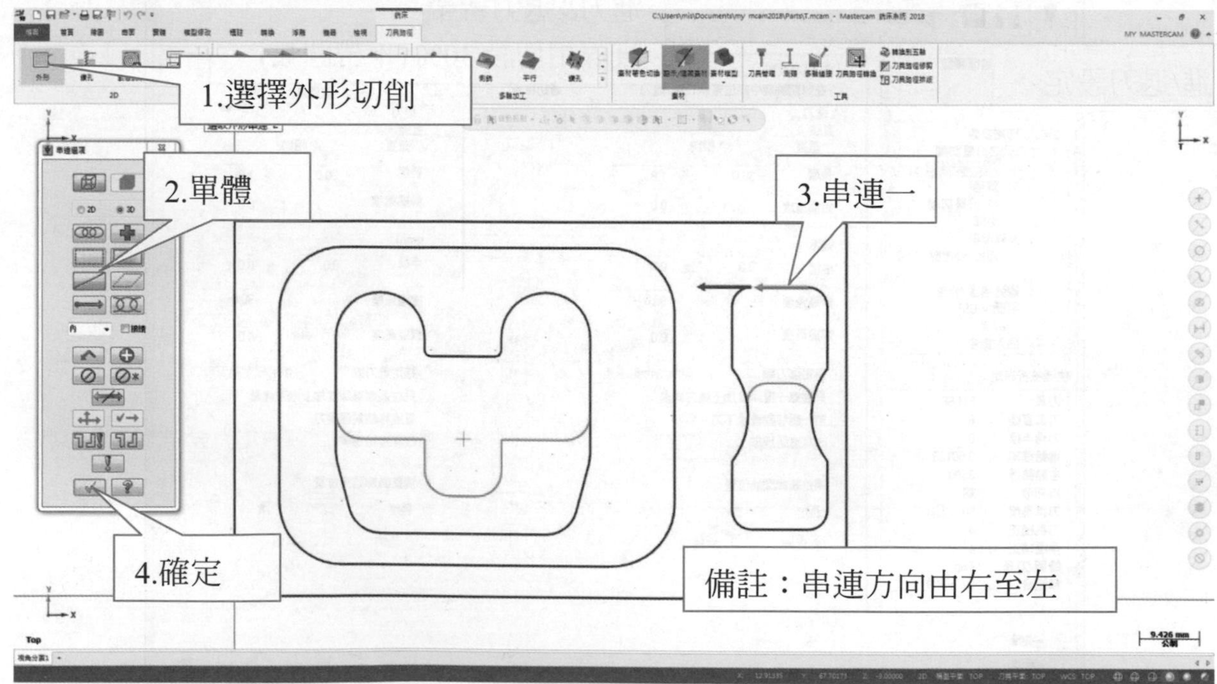

選擇切削參數→選取電腦

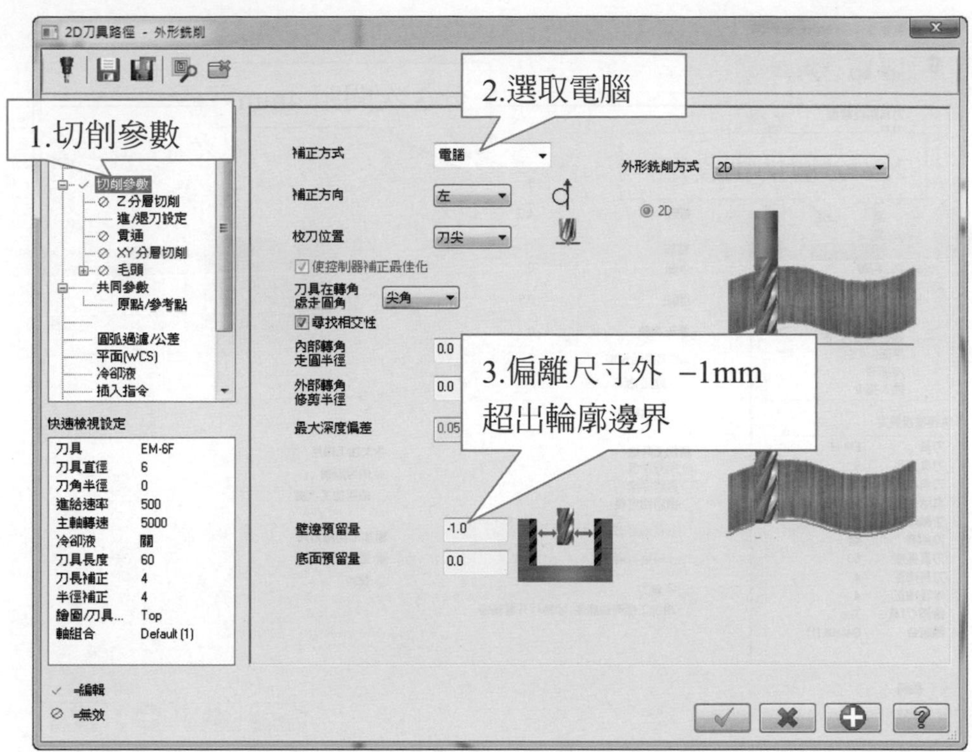

選擇進/退刀設定

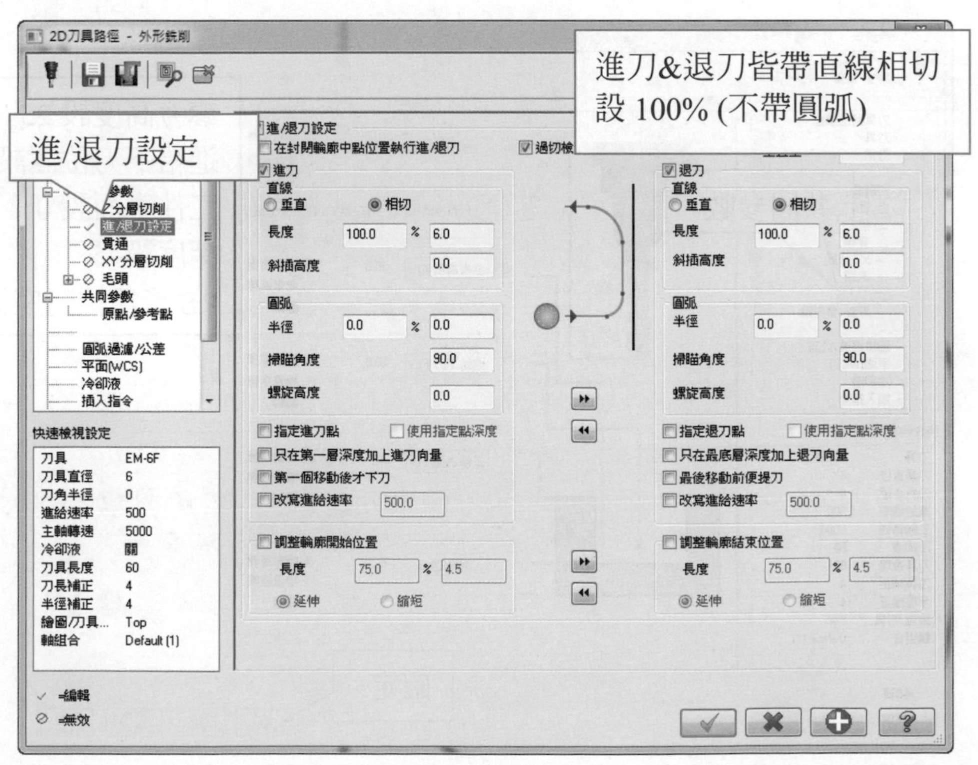

選擇 XY 分層切削設定

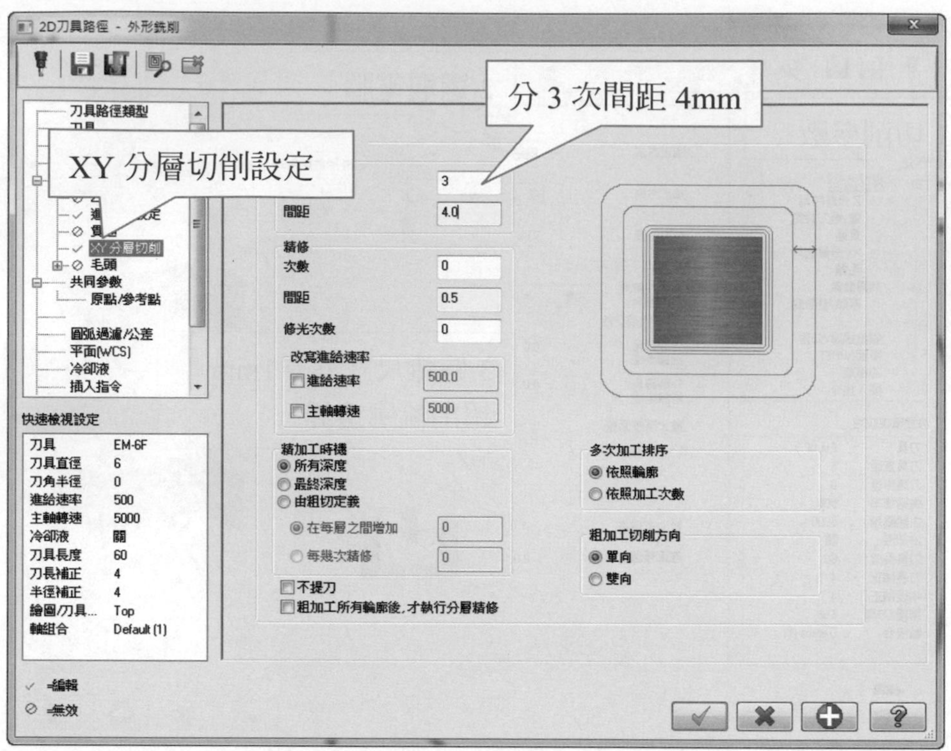

選擇共同參數

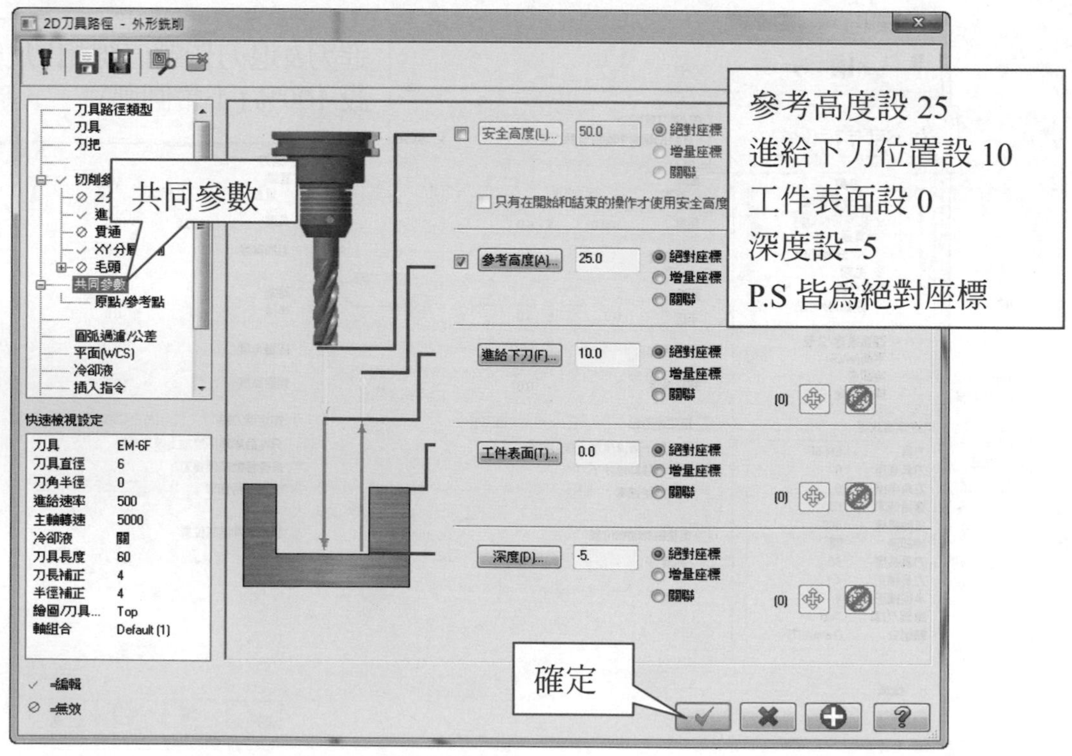

精銑內槽輪廓 Z-7mm 層 (內含尺寸補正磨耗)

選擇挖槽

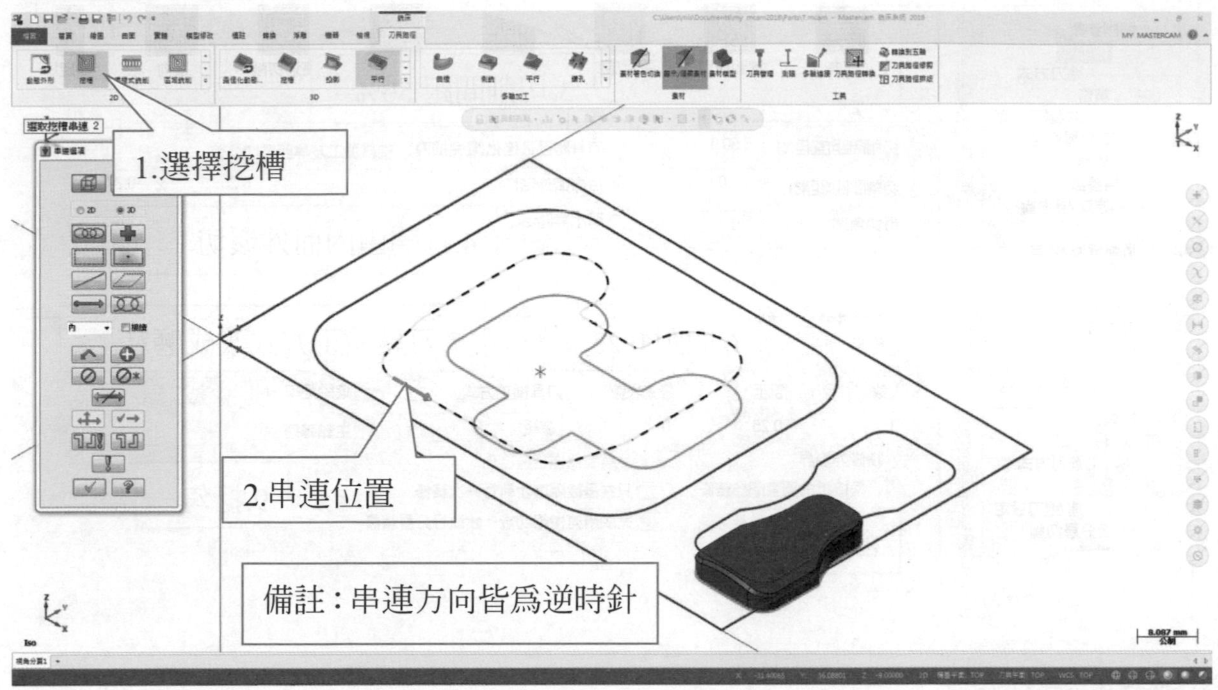

選擇切削參數

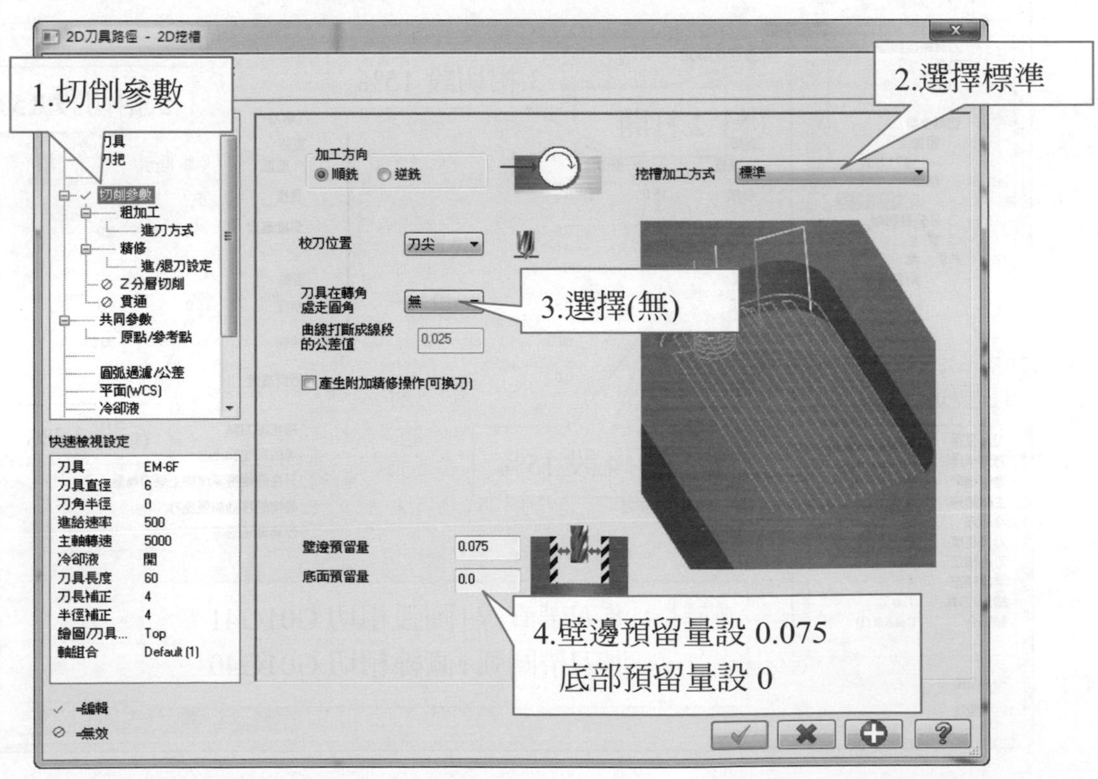

選擇粗加工/精修參數

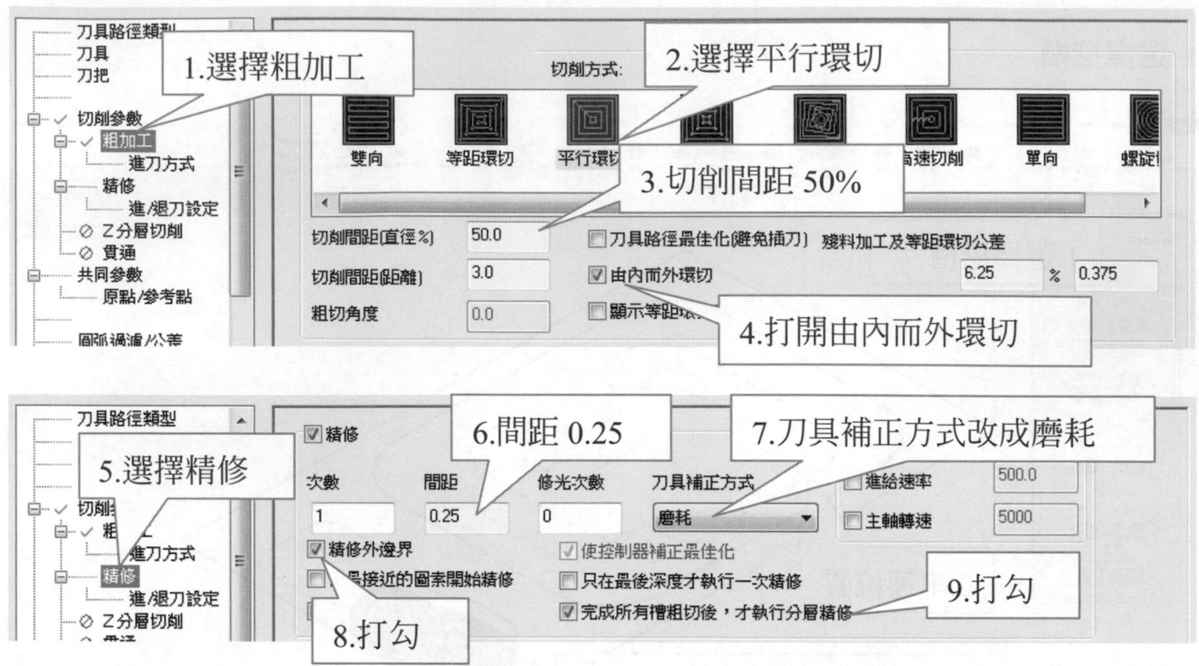

選擇進/退刀設定

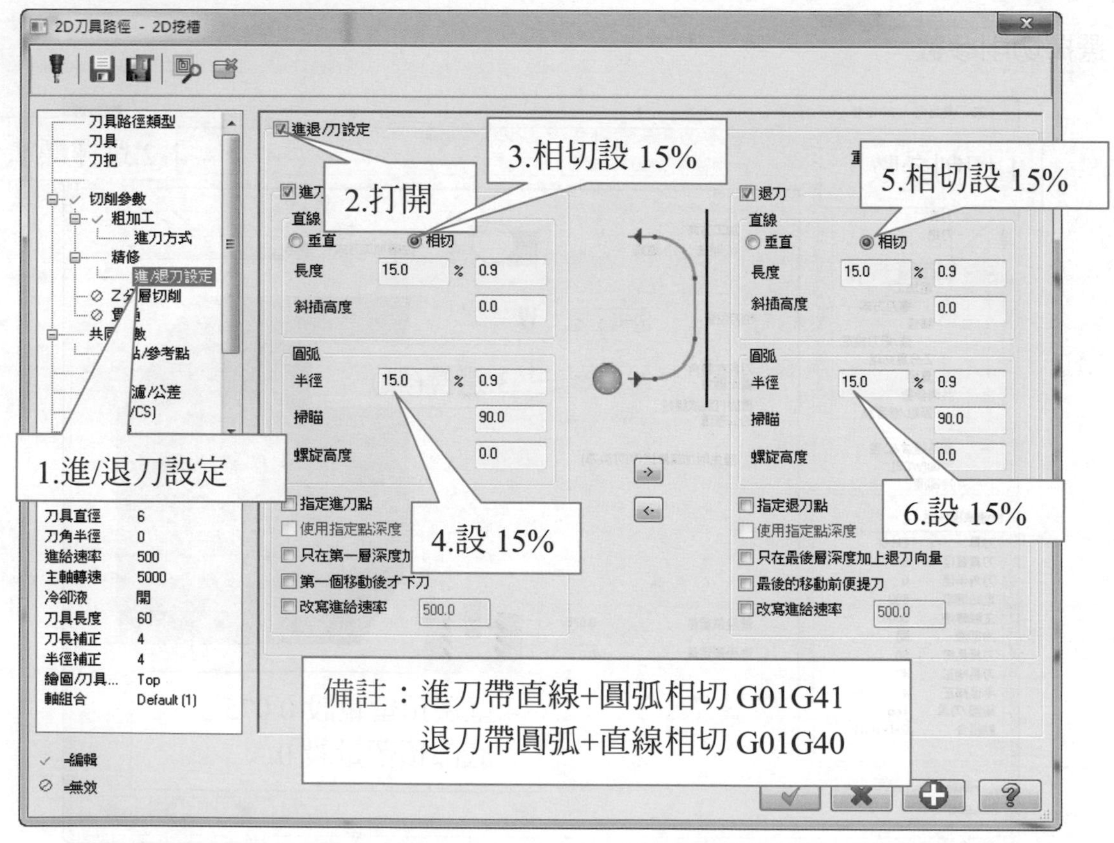

➔ 選擇共同參數

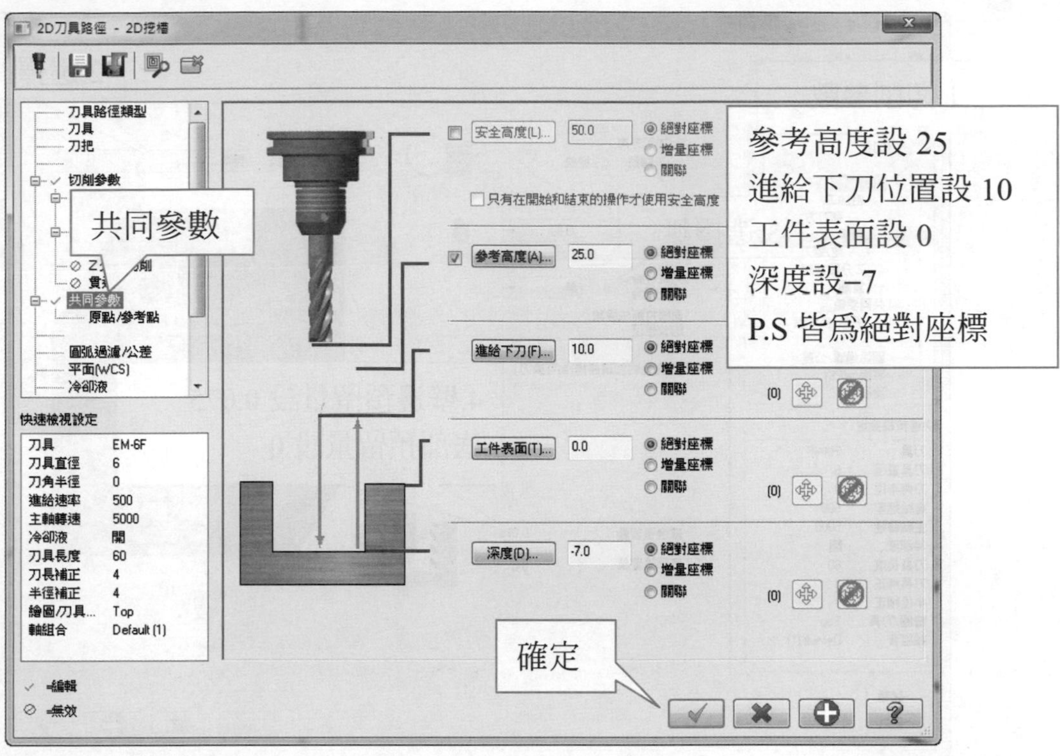

➔ 精銑內槽輪廓 Z-10mm 層 (內含尺寸補正磨耗)

➔ 選擇挖槽

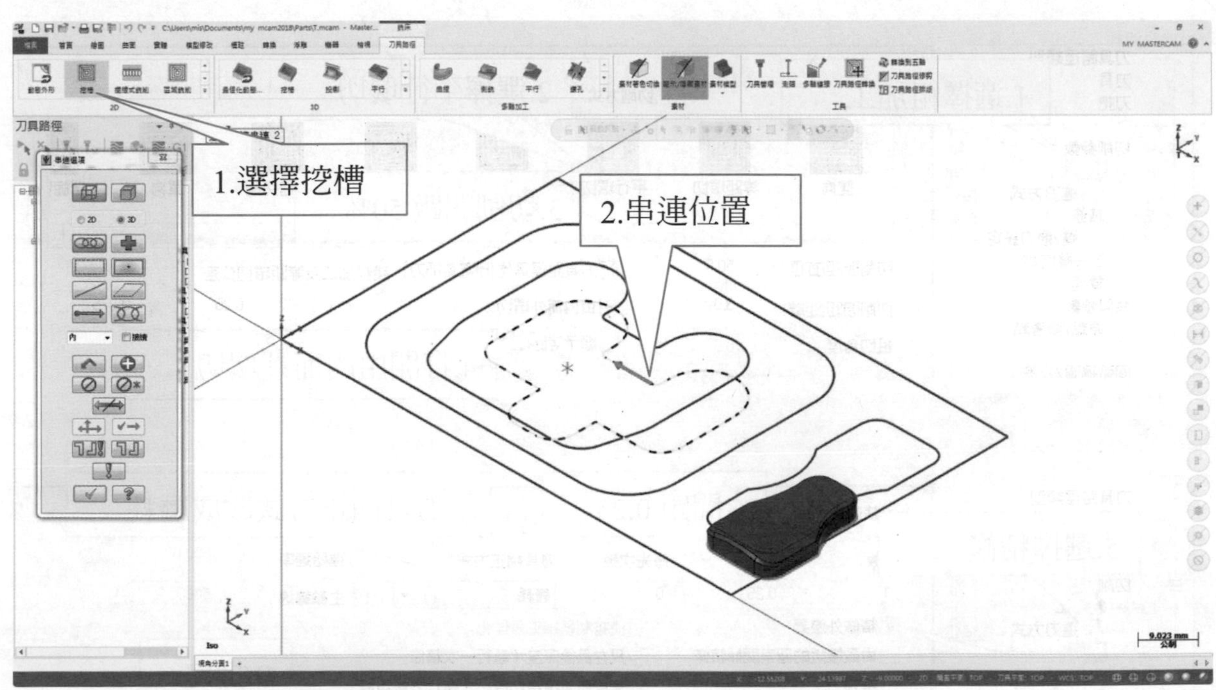

選擇切削參數

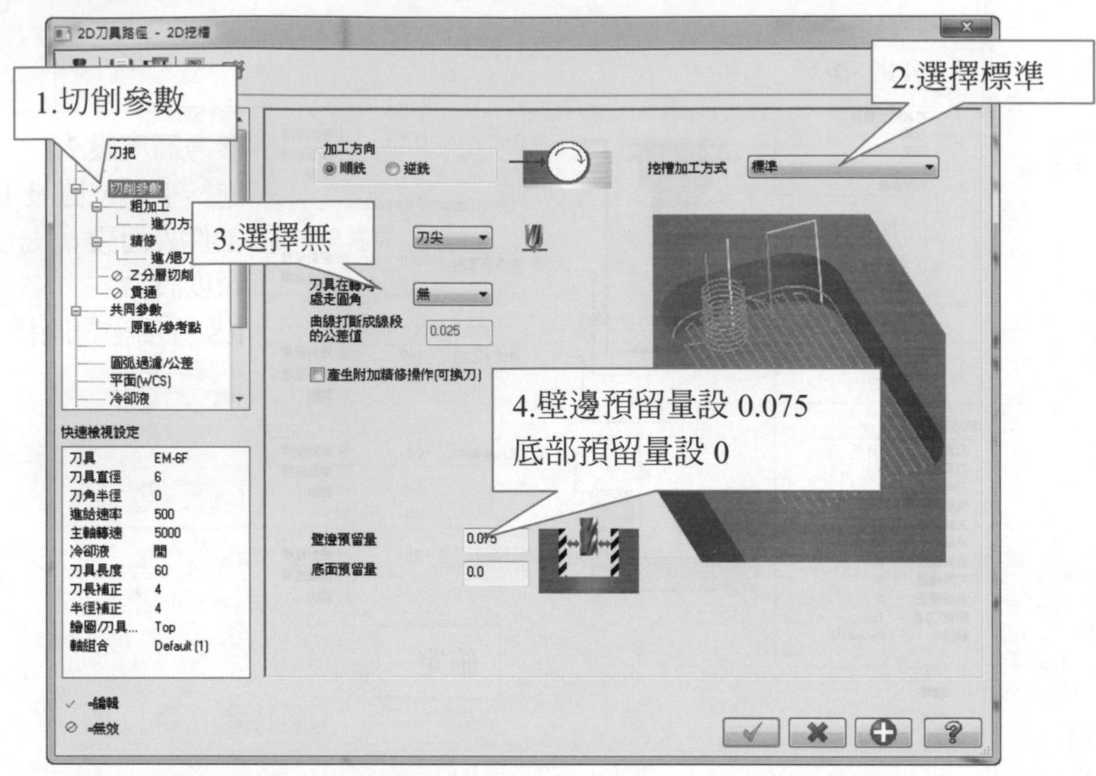

選擇粗加工/精修參數

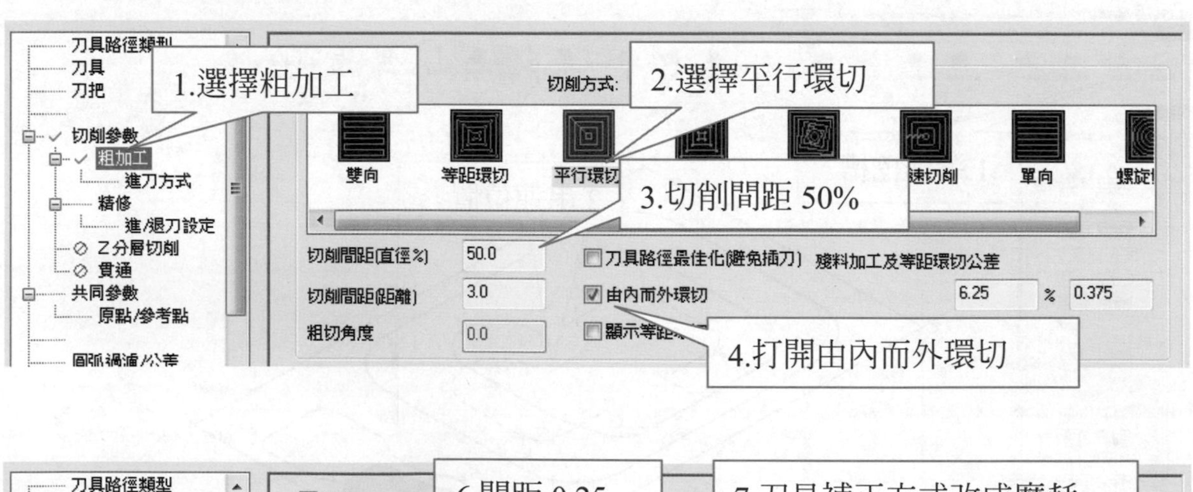

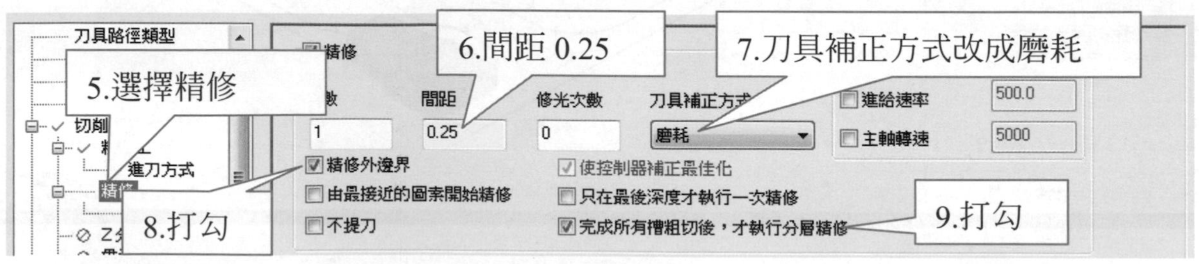

選擇進/退刀設定

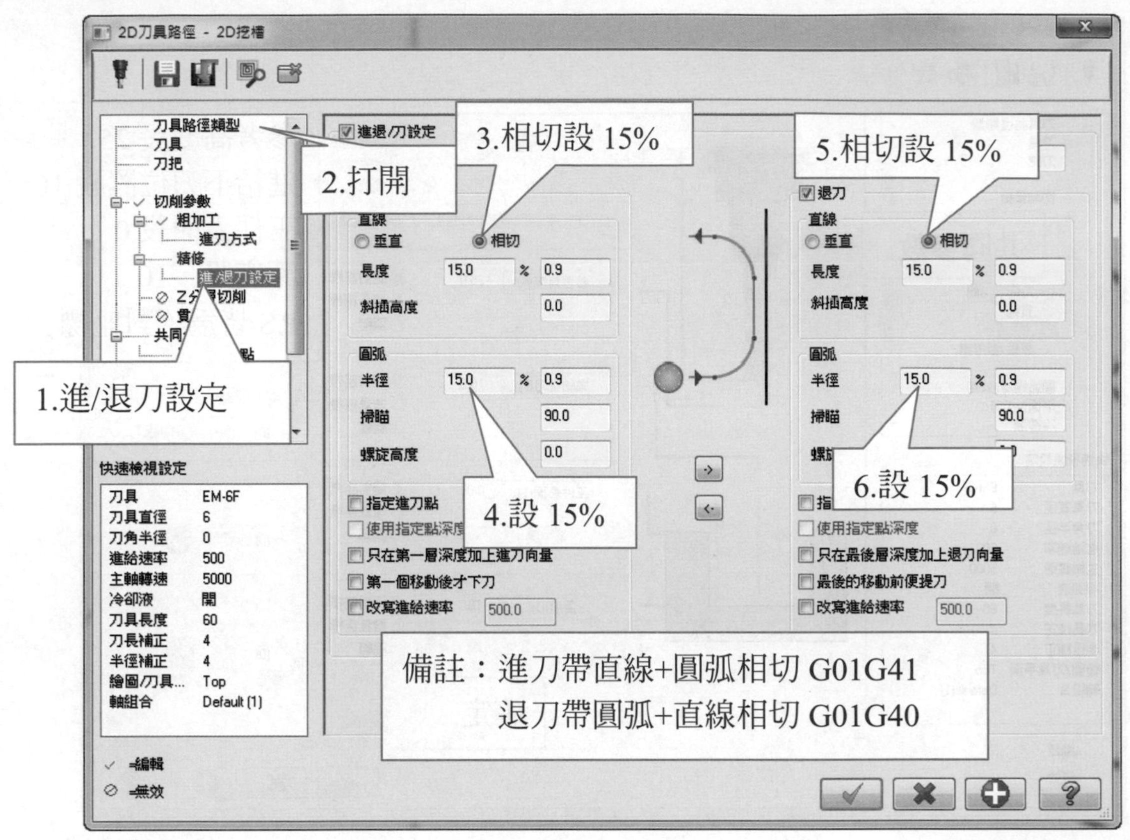
2D刀具路徑 - 2D挖槽
1.進/退刀設定
2.打開
3.相切設 15%
4.設 15%
5.相切設 15%
6.設 15%
備註：進刀帶直線+圓弧相切 G01G41
退刀帶圓弧+直線相切 G01G40

→ 選擇共同參數

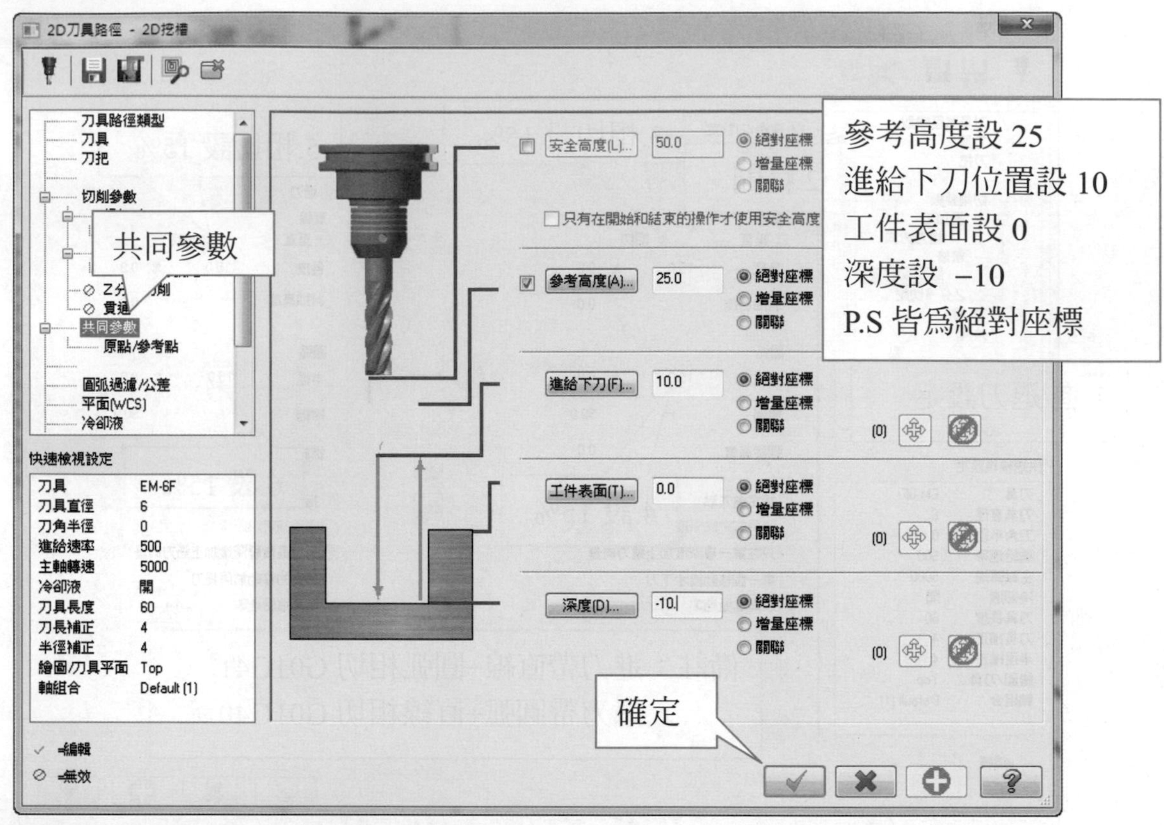

→ 曲面加工ϕ6mm 球刀加工設定步驟

→ 選擇刀具路徑 3D→平行→選取曲面→按下結束選取

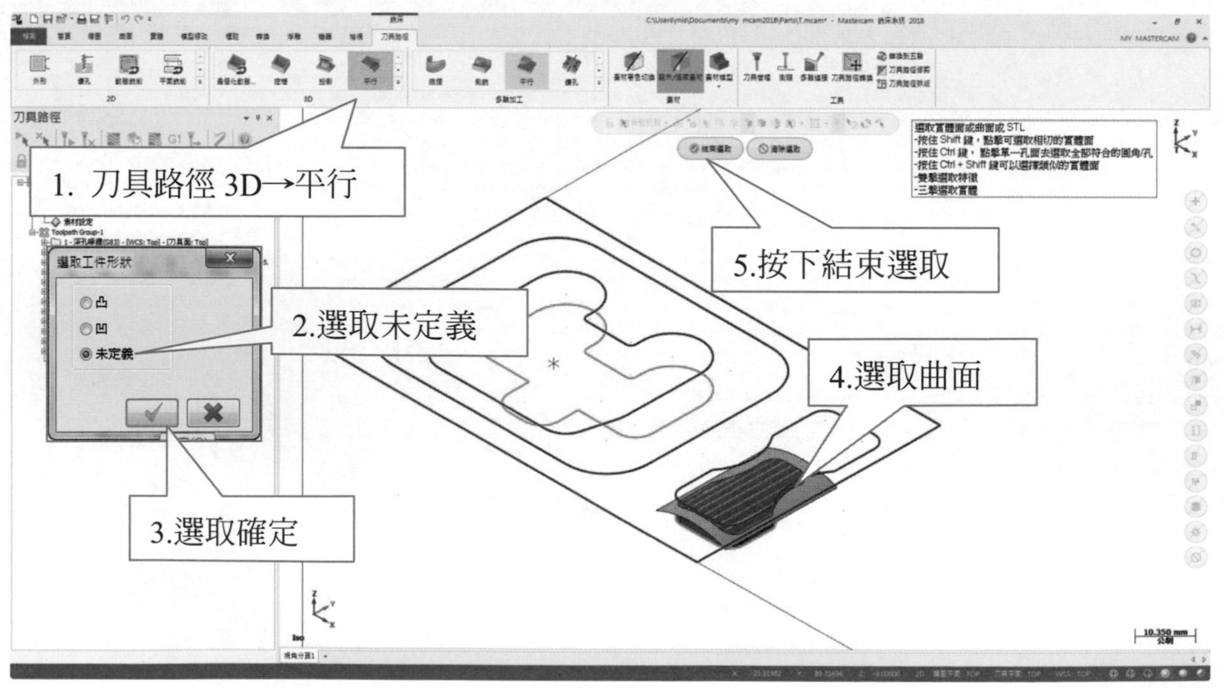

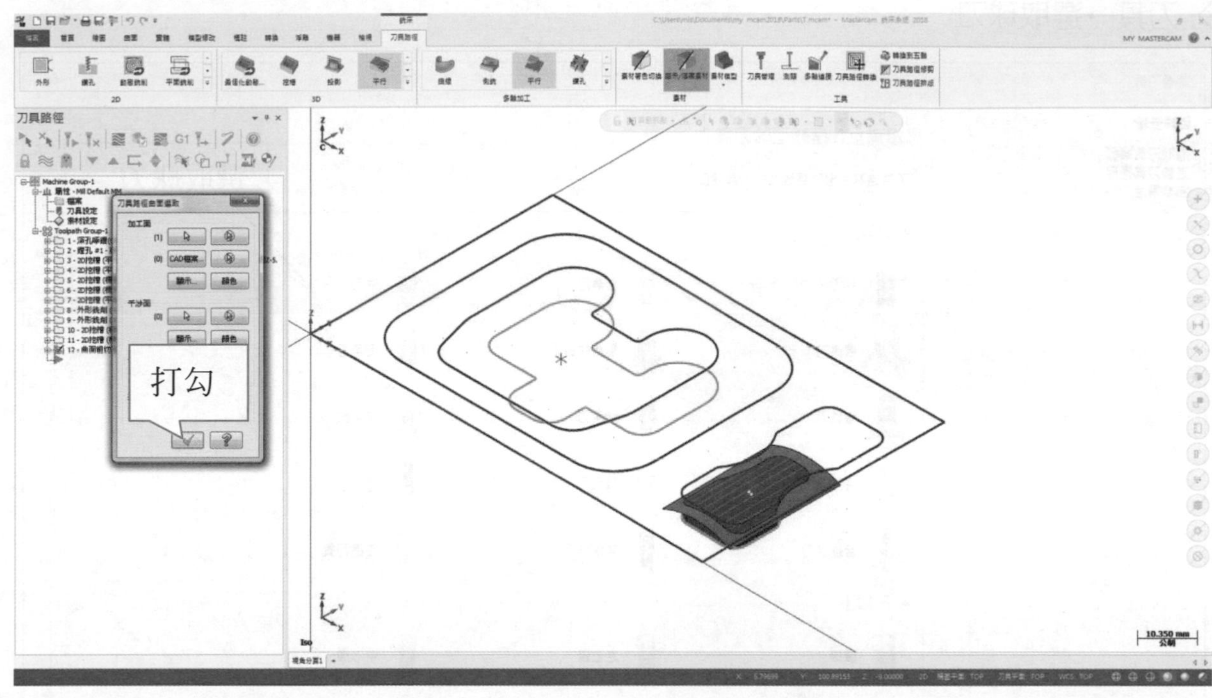
打勾

刀具→建立新刀具

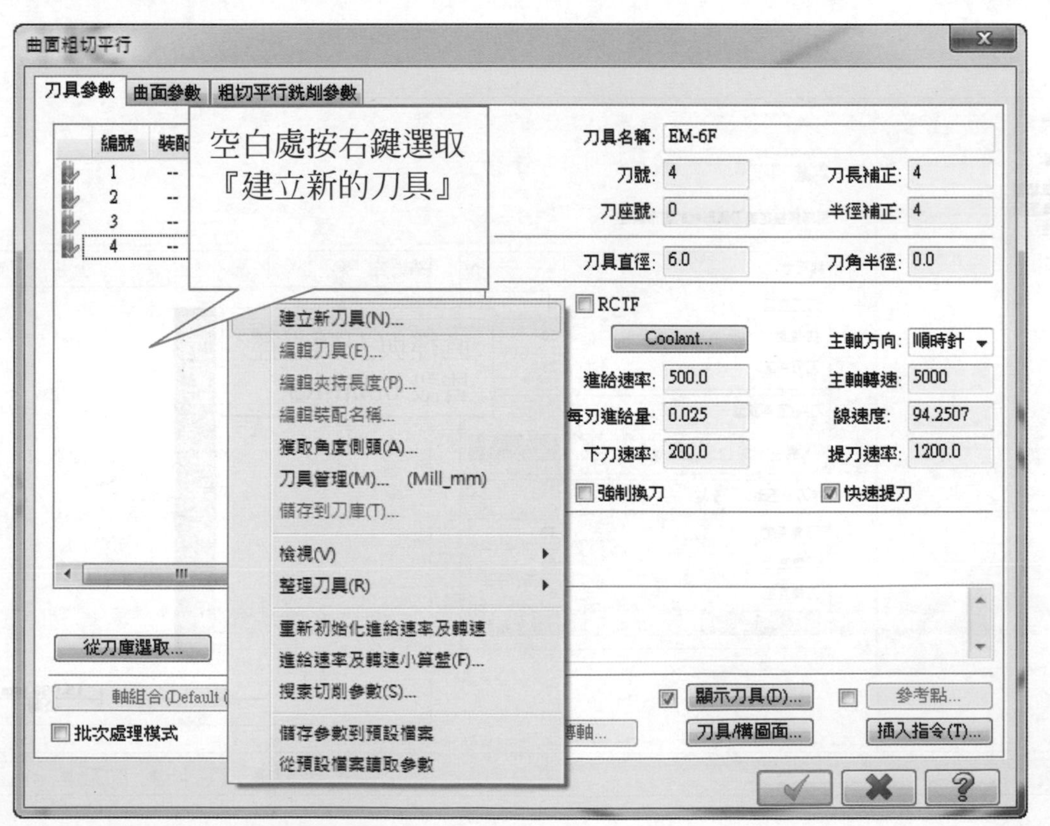
曲面粗切平行
刀具參數
曲面參數
粗切平行銑削參數
空白處按右鍵選取『建立新的刀具』
建立新刀具(N)...
編輯刀具(E)...
編輯夾持長度(P)...
編輯裝配名稱...
獲取角度側頭(A)...
刀具管理(M)... (Mill_mm)
儲存到刀庫(T)...
檢視(V)
整理刀具(R)
重新初始化進給速率及轉速
進給速率及轉速小算盤(F)...
搜索切削參數(S)...
儲存參數到預設檔案
從預設檔案讀取參數
刀具名稱: EM-6F
刀號: 4
刀長補正: 4
刀座號: 0
半徑補正: 4
刀具直徑: 6.0
刀角半徑: 0.0
RCTF
Coolant...
主軸方向: 順時針
進給速率: 500.0
主軸轉速: 5000
每刃進給量: 0.025
線速度: 94.2507
下刀速率: 200.0
提刀速率: 1200.0
強制換刀
快速提刀
從刀庫選取...
批次處理模式
顯示刀具(D)...
參考點...
刀具/構圖面...
插入指令(T)...

刀具→選取球刀

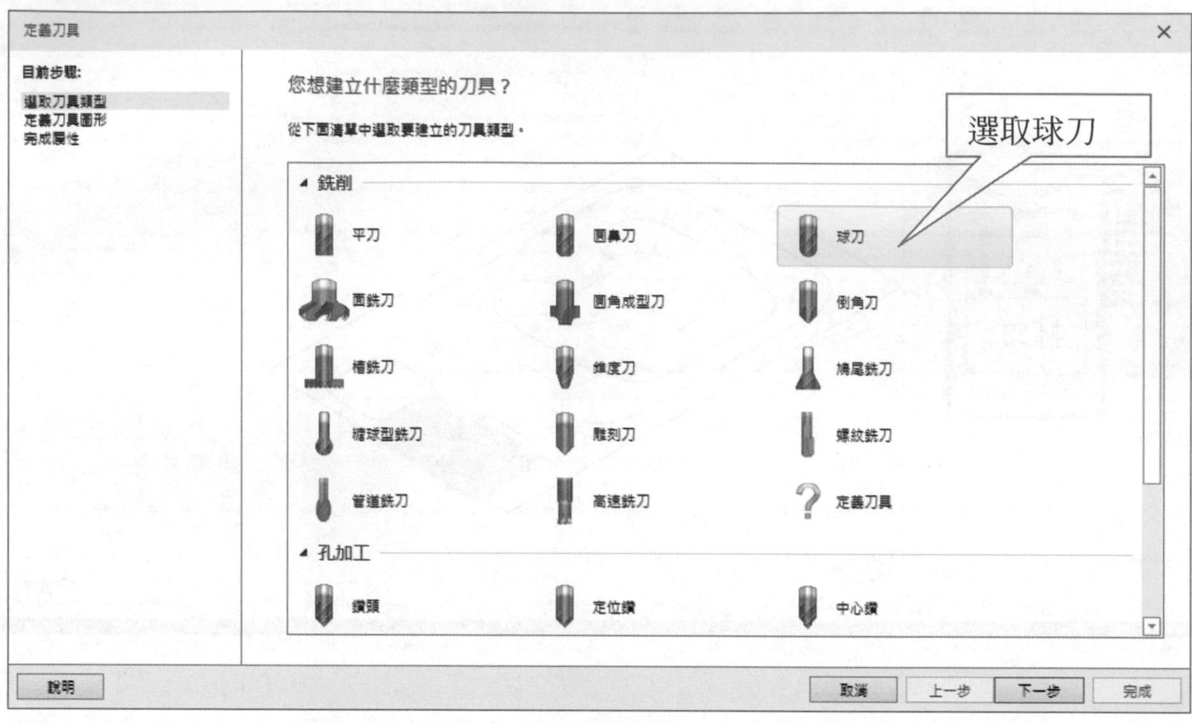
定義刀具
目前步驟:
選取刀具類型
定義刀具圖形
完成屬性
您想建立什麼類型的刀具？
從下面清單中選取要建立的刀具類型。
選取球刀
銑削
平刀
圓鼻刀
球刀
面銑刀
圓角成型刀
倒角刀
槽銑刀
錐度刀
鳩尾銑刀
糖球型銑刀
雕刻刀
螺紋銑刀
管道銑刀
高速銑刀
定義刀具
孔加工
鑽頭
定位鑽
中心鑽
說明
取消
上一步
下一步
完成

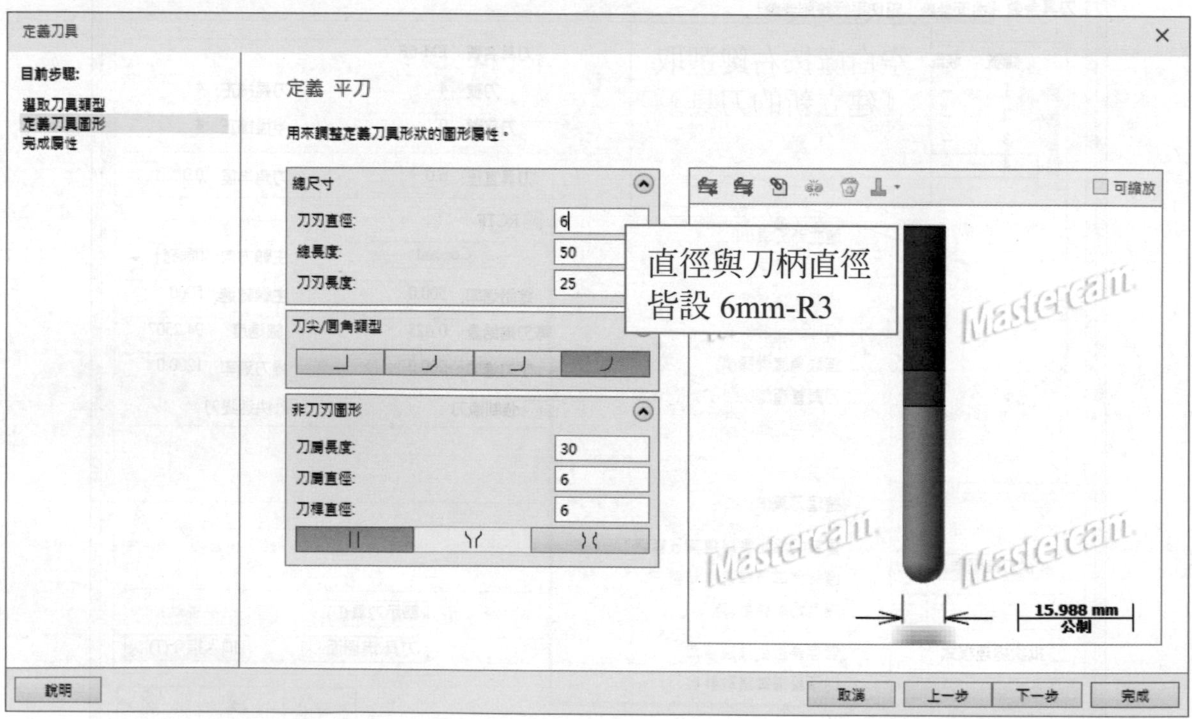
定義刀具
目前步驟:
選取刀具類型
定義刀具圖形
完成屬性
定義 平刀
用來調整定義刀具形狀的圖形屬性。
總尺寸
刀刃直徑:
6
總長度:
50
刀刃長度:
25
直徑與刀柄直徑
皆設 6mm-R3
刀尖/圓角類型
非刀刃圖形
刀肩長度:
30
刀肩直徑:
6
刀桿直徑:
6
可縮放
Mastercam.
15.988 mm
公制
說明
取消
上一步
下一步
完成

定義刀具
目前步驟:
選取刀具類型
定義刀具圖形
完成屬性
完成其它屬性。
在最後確定刀具建立之前調整其它屬性。
操作
刀號: 5
刀長補正: 5
半徑補正: 5
刀座號: 0
線速度: 75.40057
每刃進給量: 0.0375
刀刃數: 4
進給速率: 600
下刀速率: 200
提刀速率: 0
主軸轉速: 4000
主軸方向: 順時針
材料: Carbide
進給率 600
下刀速率 200
主軸轉速 4000
EM_BALL_R3
Mastercam Import
Mastercam Defaul
顯示更多選項
銑削
粗切刀具
精修刀具
XY 粗切步進量 (%) 0
Z 粗切步進量 (%) 0
XY 精修步進量: 0
Z 精修步進量 (%) 0
說明
取消
上一步
下一步
完成

選擇冷卻液→ON 打開

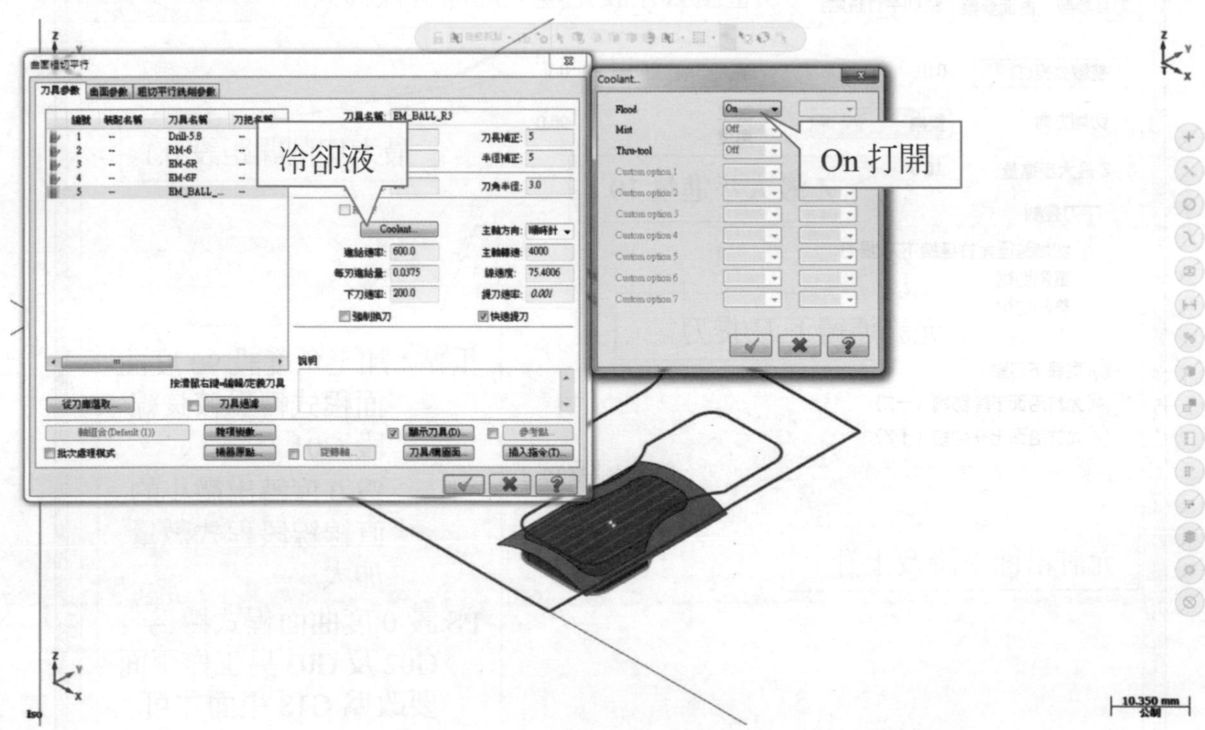
冷卻液
Coolant...
Flood On
Mist Off
Thru-tool Off
On 打開

選擇曲面加工參數

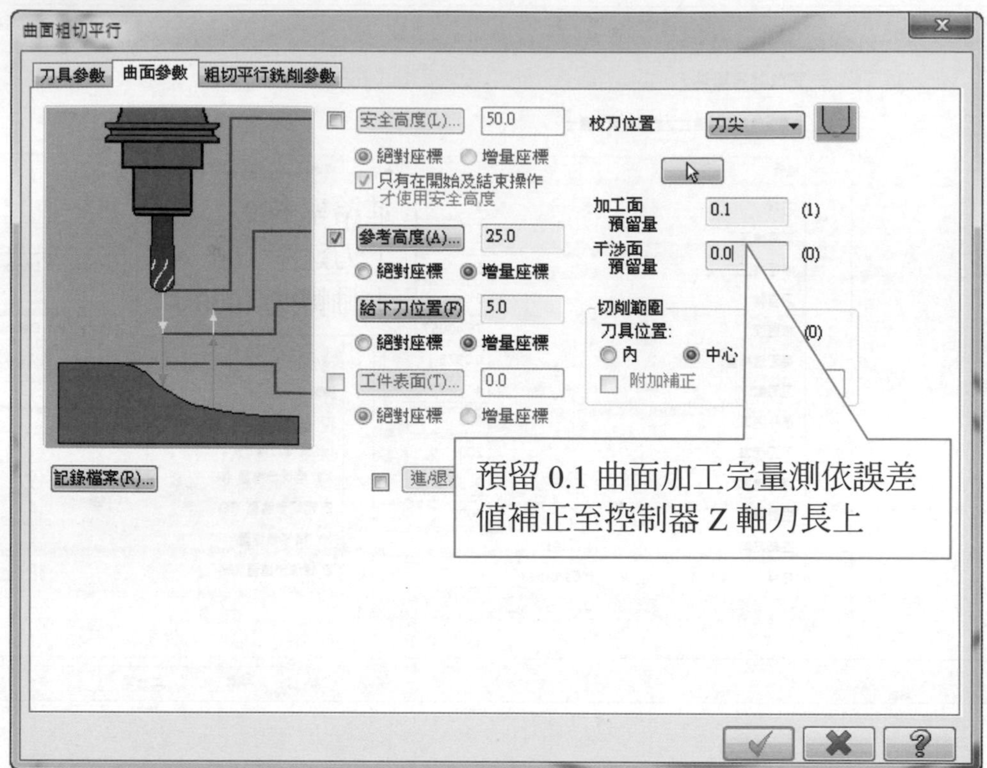

選擇平行銑削精加工參數

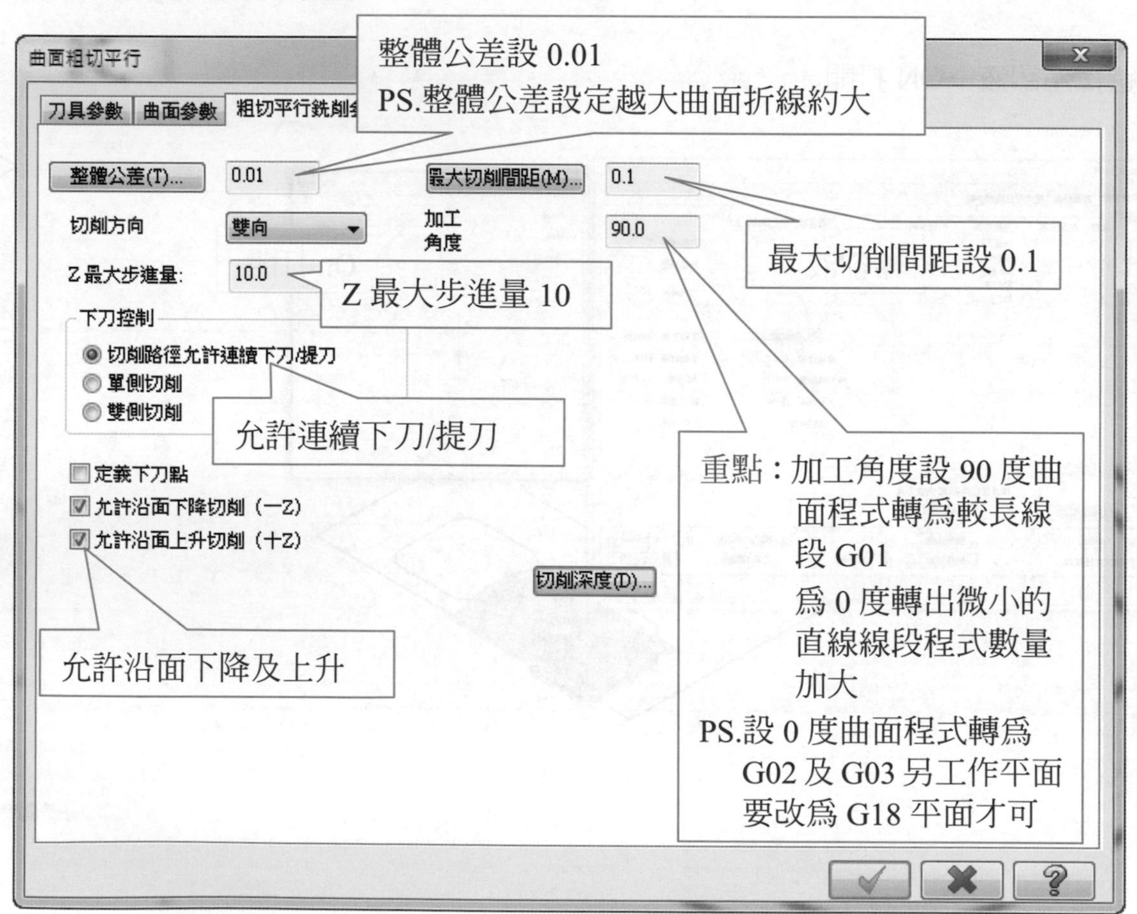

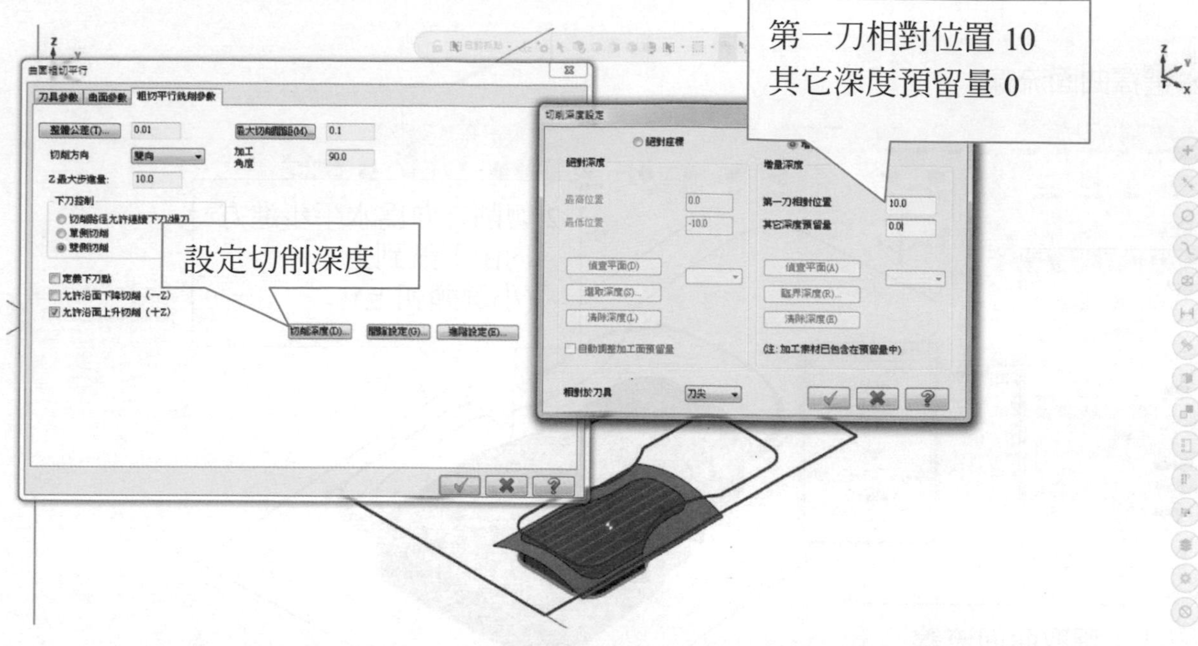

→ 曲面倒角 0.5×45˚C

→ 選擇刀具路徑→3D→曲面流線

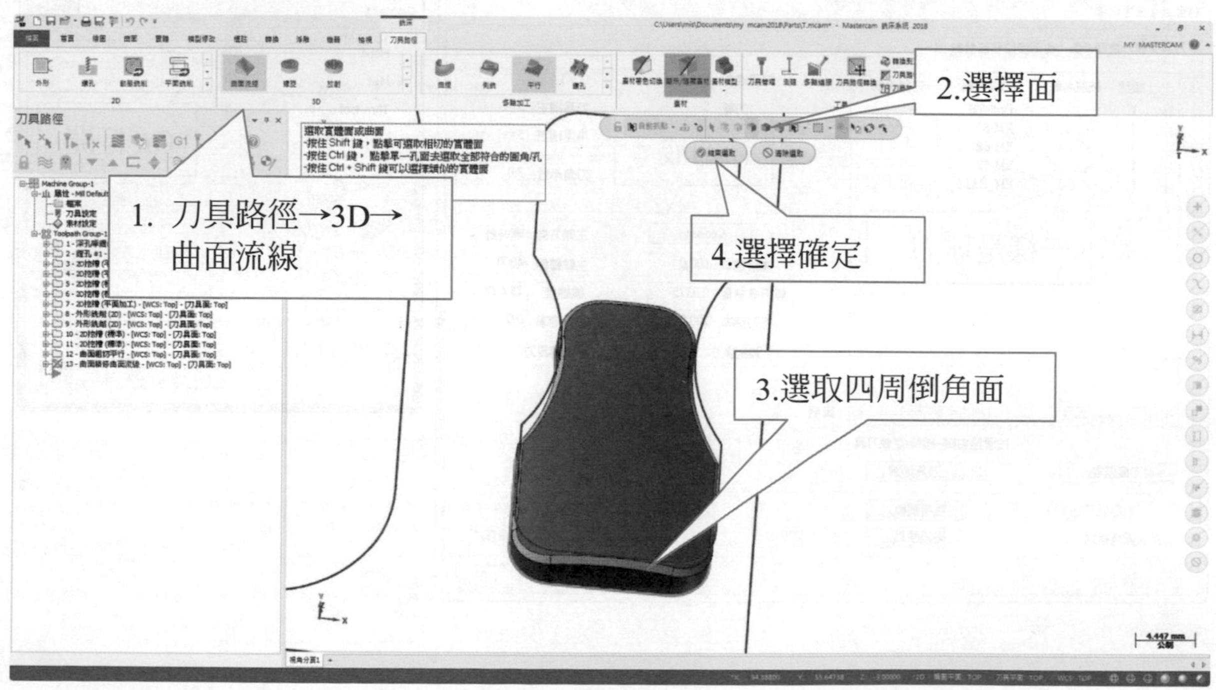

選擇曲面流線

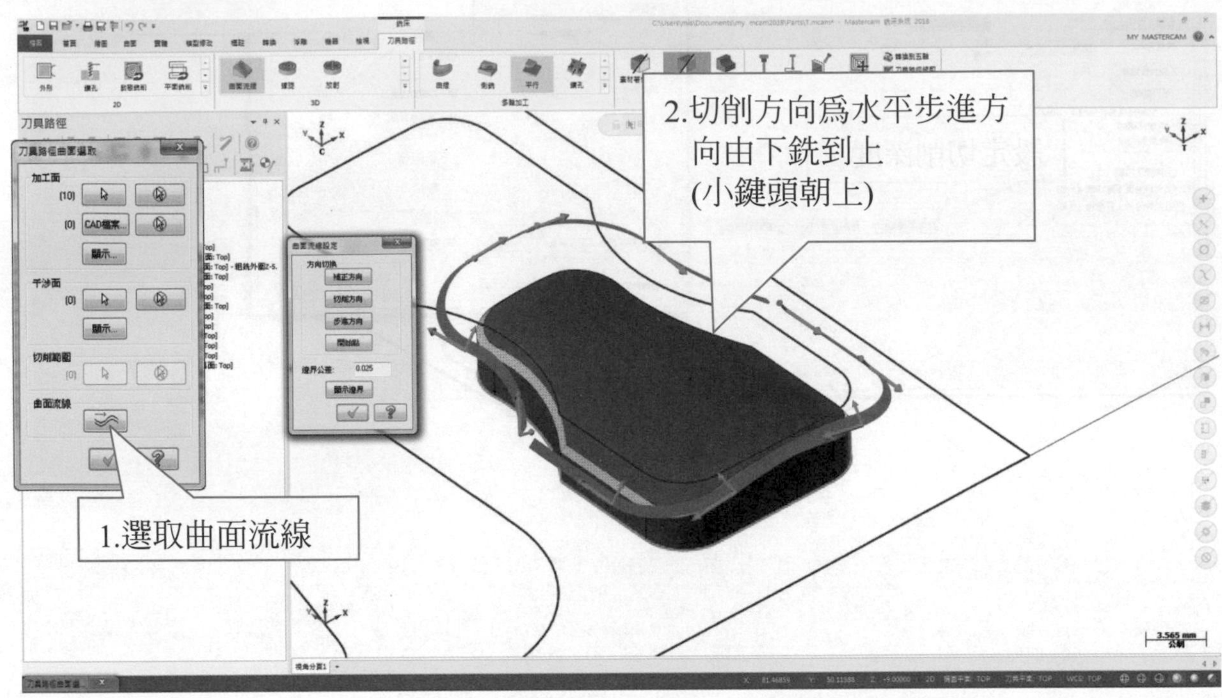

選擇冷卻液→ON 打開

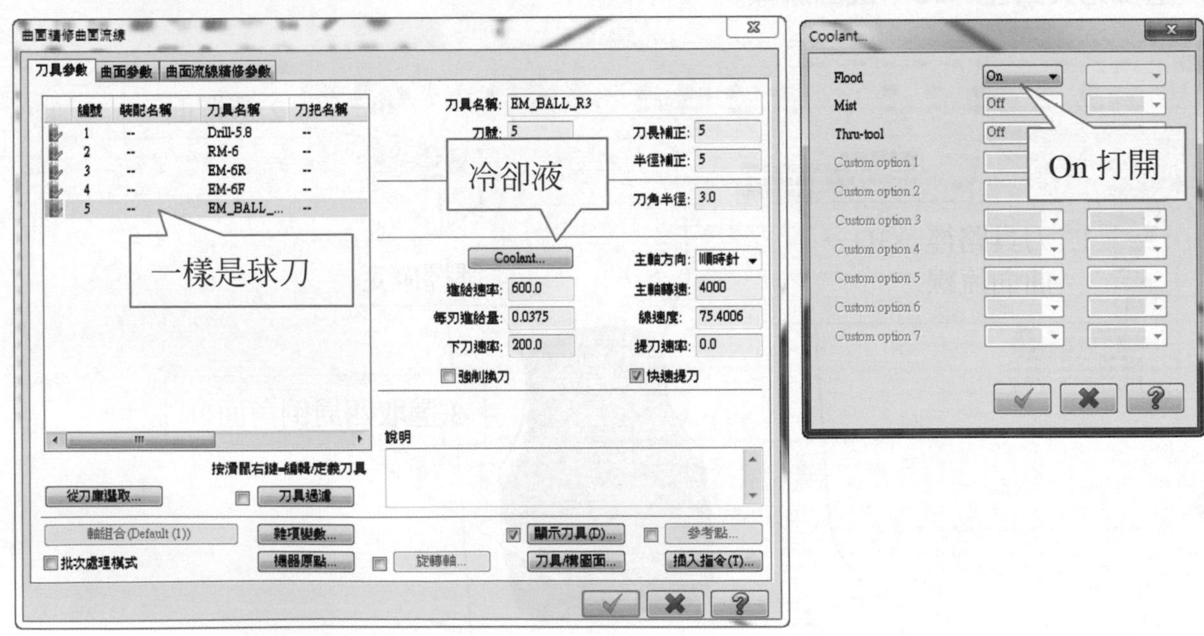

選擇曲面加工參數

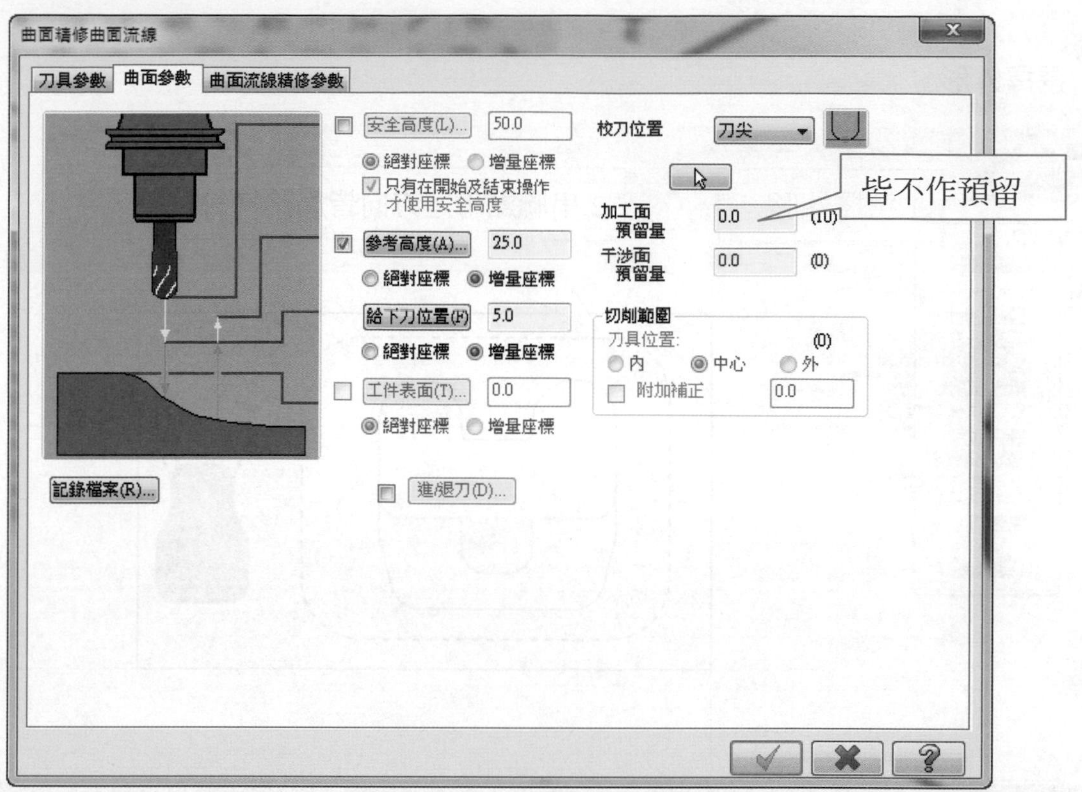

選擇精加工曲面流線加工

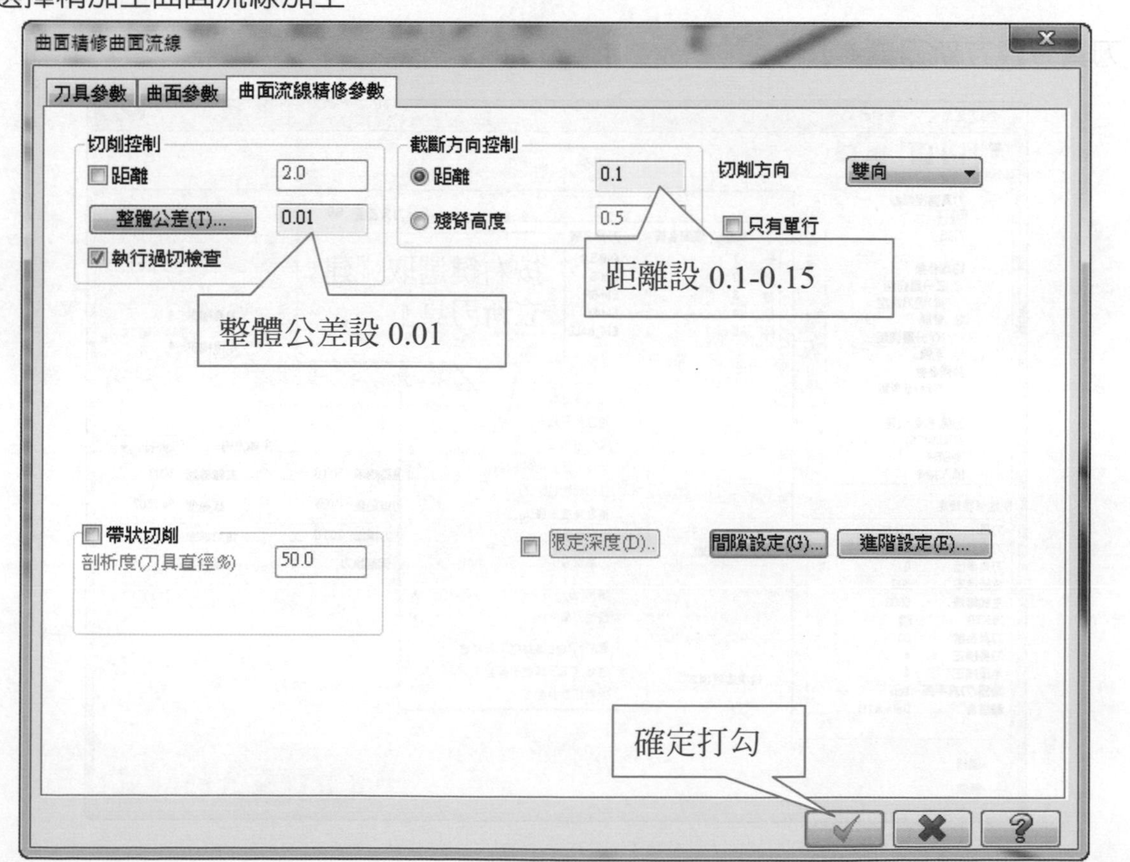

倒角刀　12mm 倒角 1×45°C加工設定步驟

選擇外形

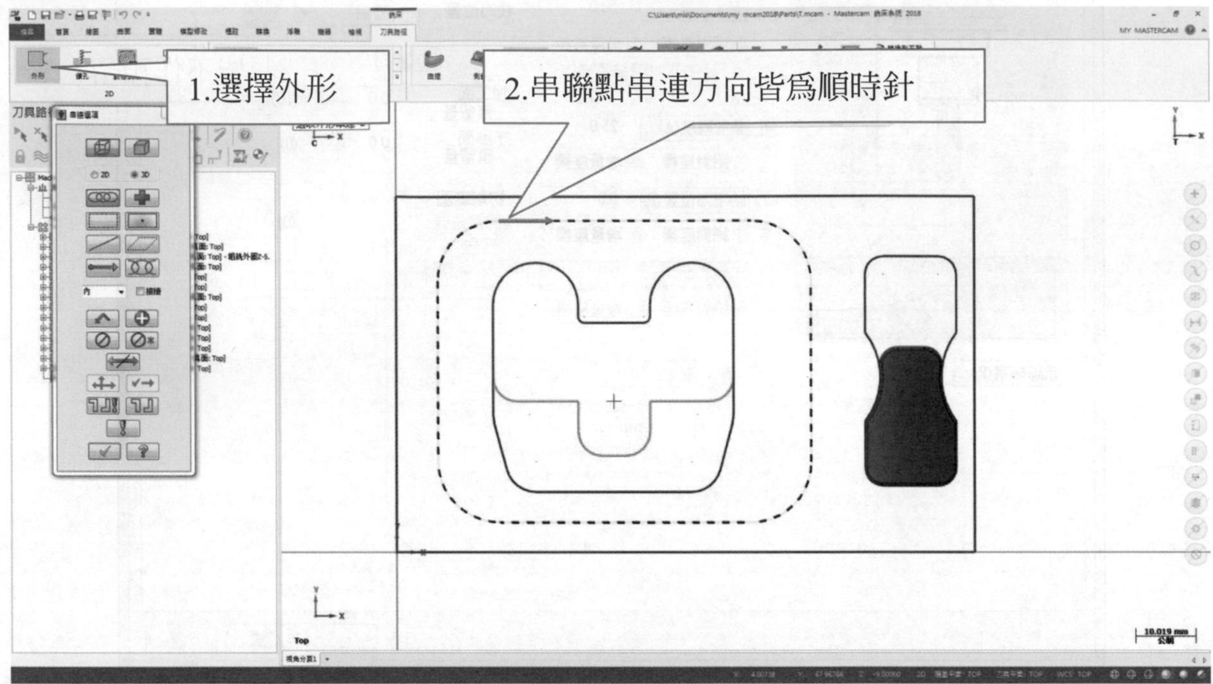

刀具→建立新刀具

刀具→建立新刀具→選取倒角刀

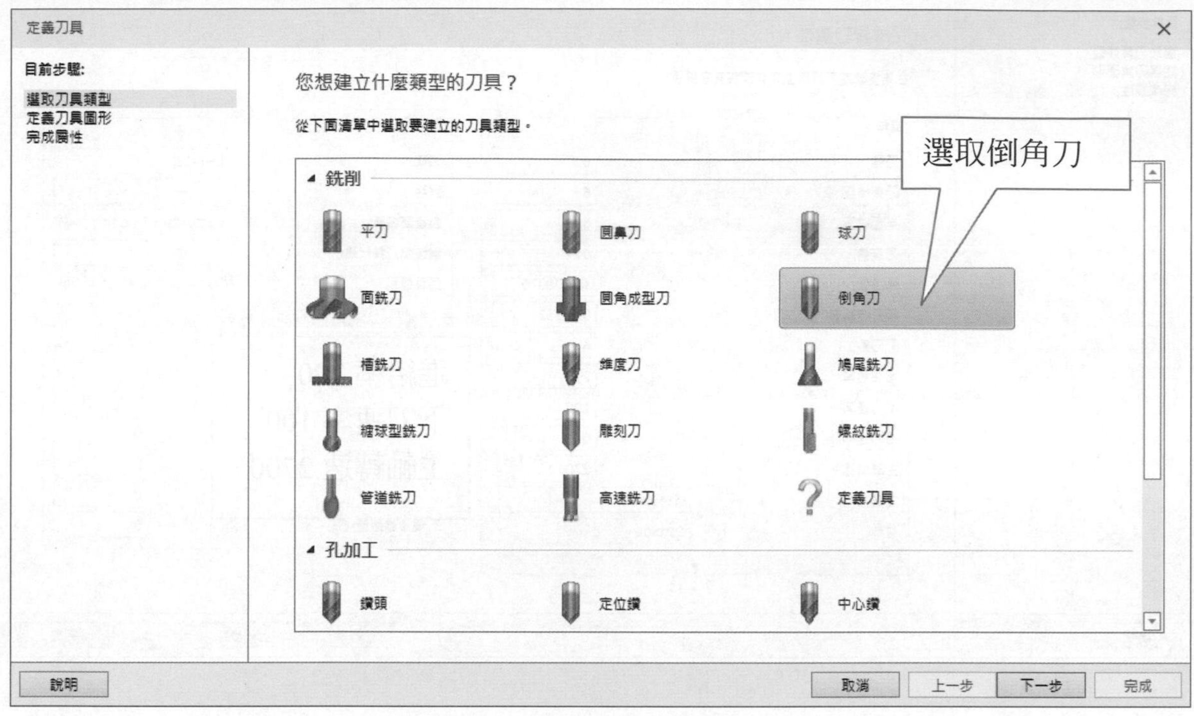

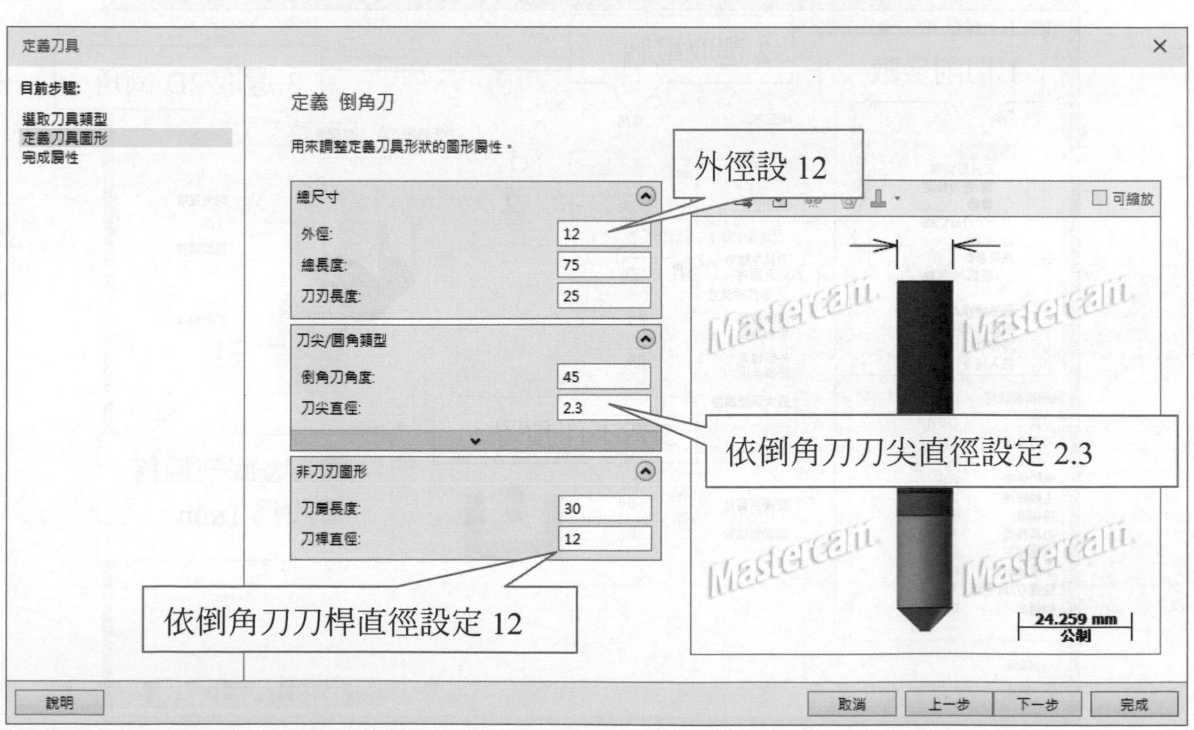

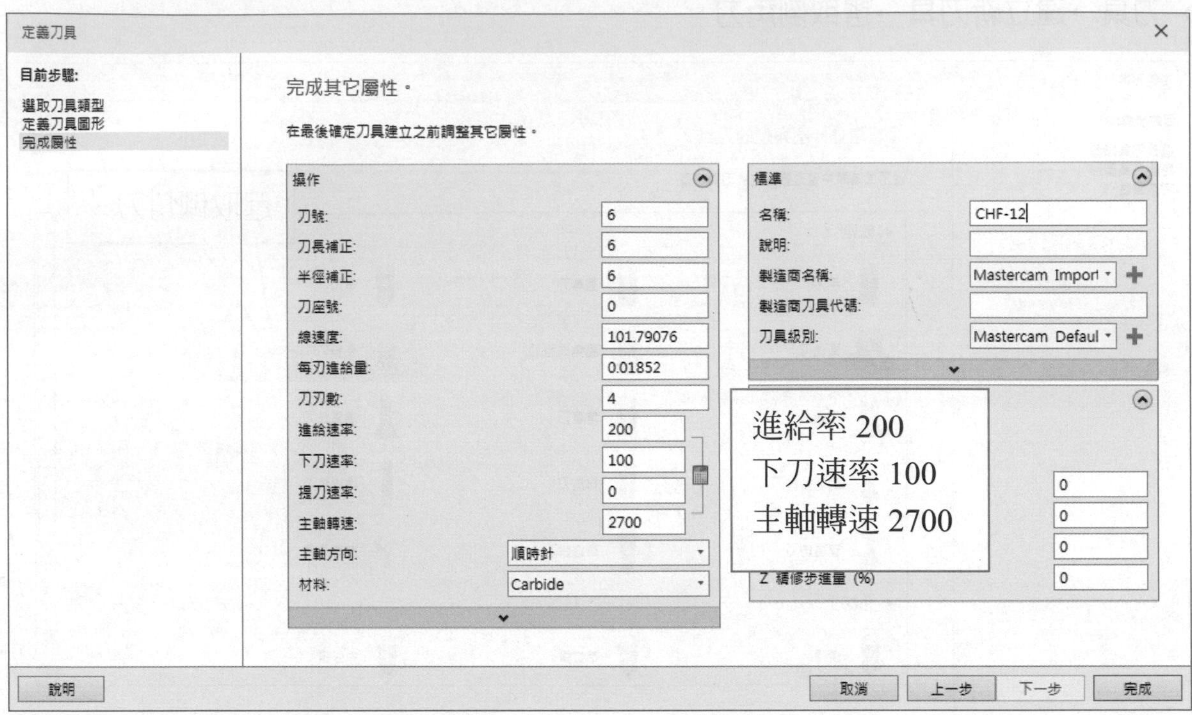
定義刀具
目前步驟:
選取刀具類型
定義刀具圖形
完成屬性
完成其它屬性。
在最後確定刀具建立之前調整其它屬性。
操作
刀號: 6
刀長補正: 6
半徑補正: 6
刀座號: 0
線速度: 101.79076
每刃進給量: 0.01852
刀刃數: 4
進給速率: 200
下刀速率: 100
提刀速率: 0
主軸轉速: 2700
主軸方向: 順時針
材料: Carbide
標準
名稱: CHF-12
說明:
製造商名稱: Mastercam Import
製造商刀具代碼:
刀具級別: Mastercam Defaul
進給率 200
下刀速率 100
主軸轉速 2700
Z 精修步進量 (%)
說明
取消
上一步
下一步
完成

選擇切削參數

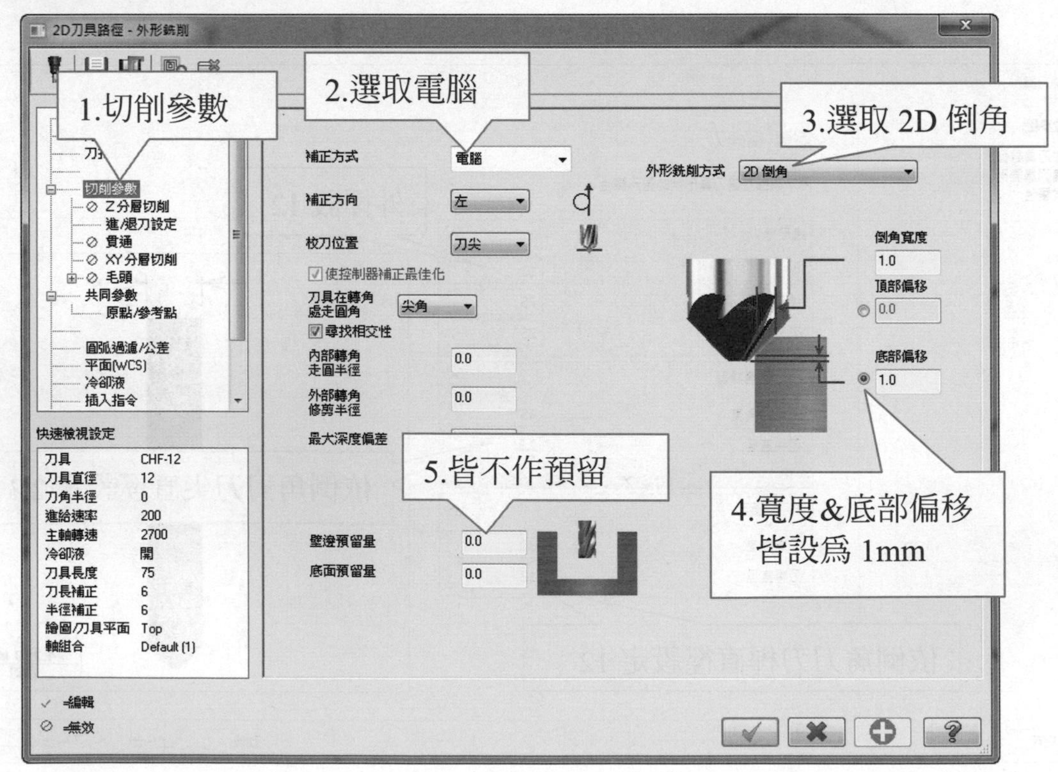
2D刀具路徑 - 外形銑削
1.切削參數
2.選取電腦
3.選取 2D 倒角
切削參數
Z 分層切削
進/退刀設定
貫通
XY 分層切削
毛頭
共同參數
原點/參考點
圓弧過濾/公差
平面(WCS)
冷卻液
插入指令
補正方式 電腦
補正方向 左
校刀位置 刀尖
使控制器補正最佳化
刀具在轉角處走圓角 尖角
尋找相交性
內部轉角走圓半徑 0.0
外部轉角修剪半徑 0.0
最大深度偏差
外形銑削方式 2D 倒角
倒角寬度 1.0
頂部偏移 0.0
底部偏移 1.0
快速檢視設定
刀具 CHF-12
刀具直徑 12
刀角半徑 0
進給速率 200
主軸轉速 2700
冷卻液 關
刀具長度 75
刀長補正 6
半徑補正 6
繪圖/刀具平面 Top
軸組合 Default (1)
5.皆不作預留
壁邊預留量 0.0
底面預留量 0.0
4.寬度&底部偏移
皆設爲 1mm
=編輯
=無效

選擇進/退刀設定

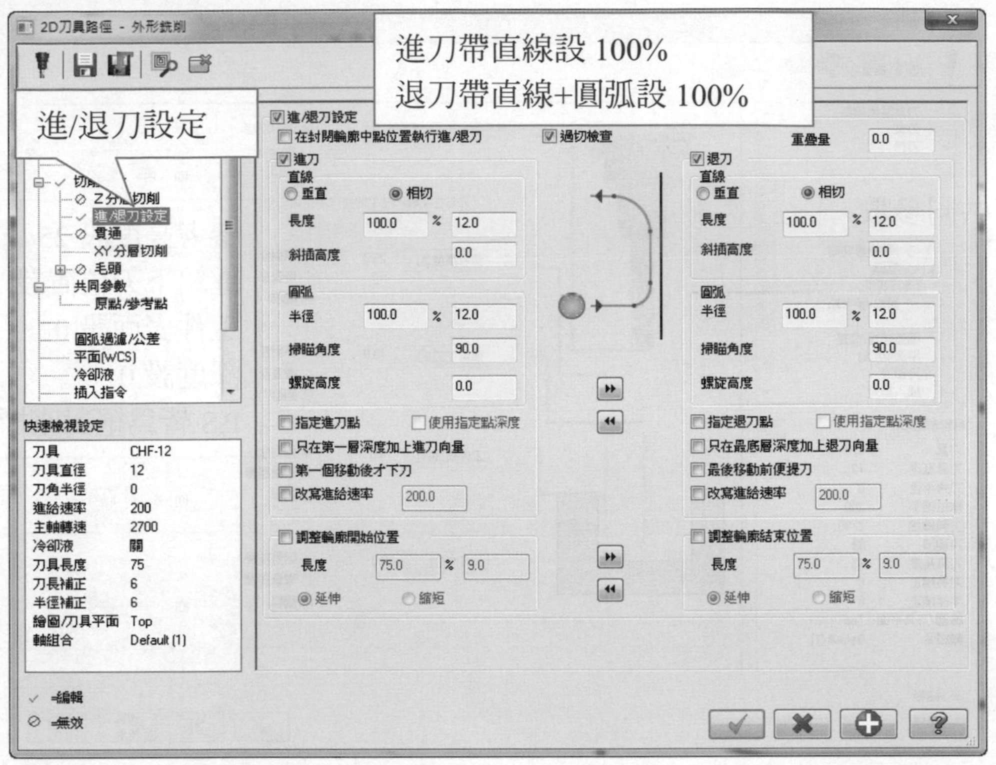

選擇關閉 XY 分層切削設定

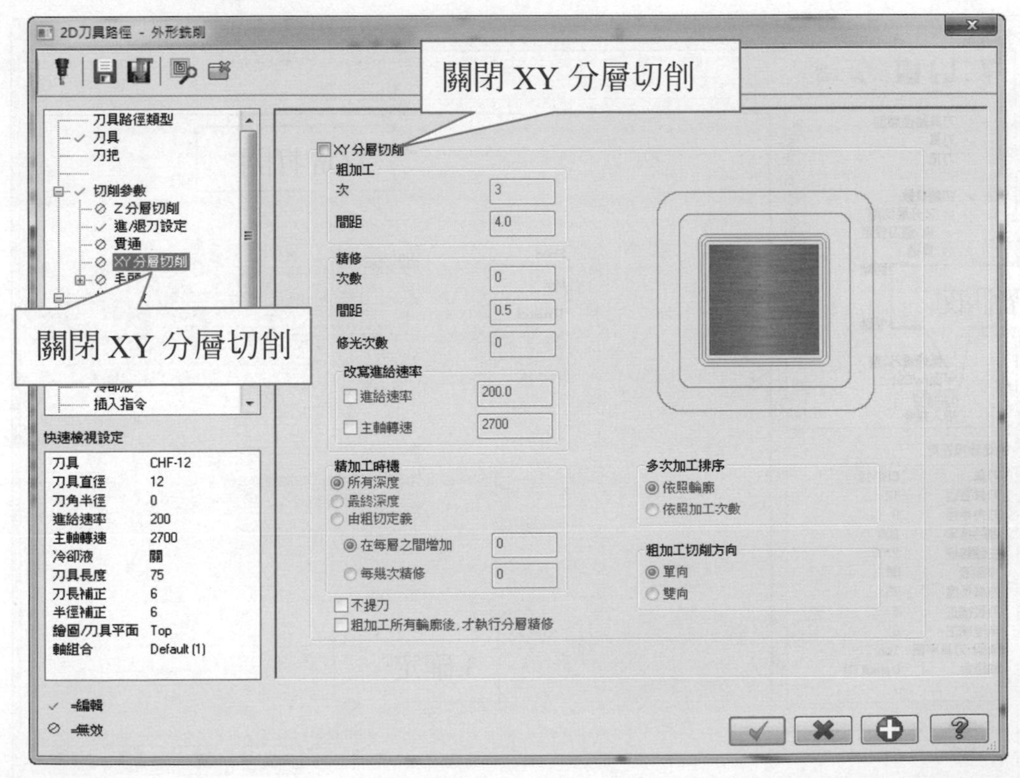

選擇共同參數

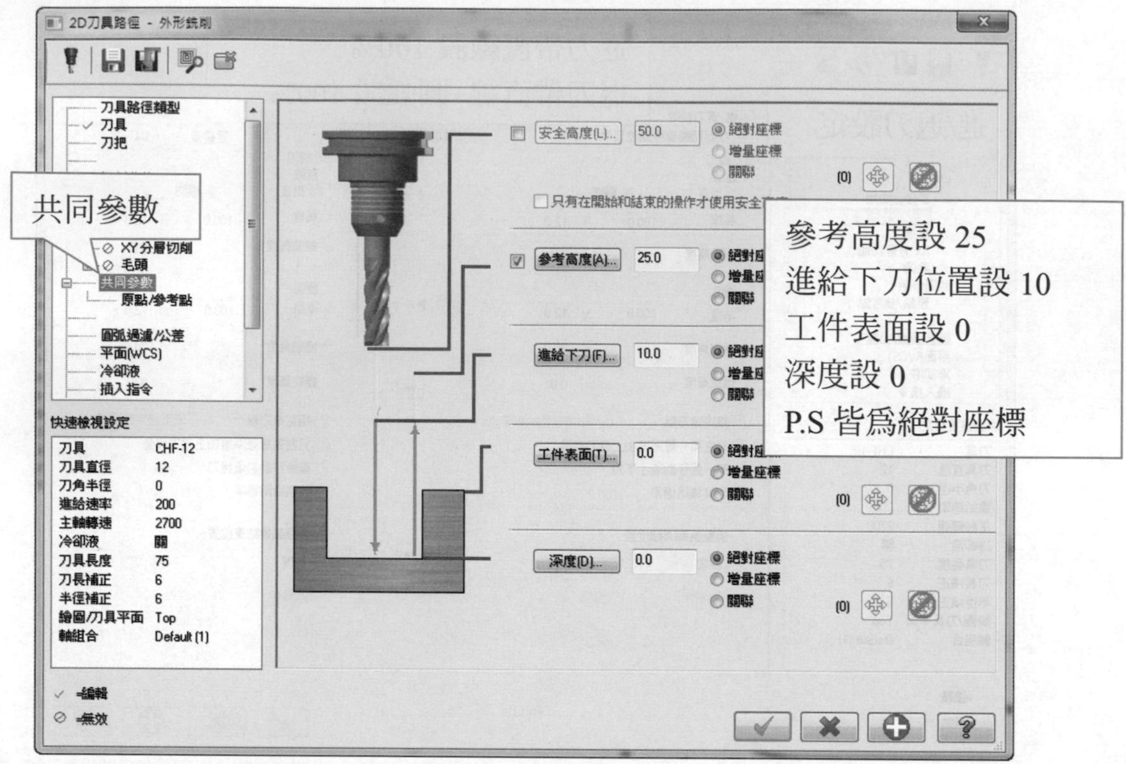

選擇冷卻液→ON 打開

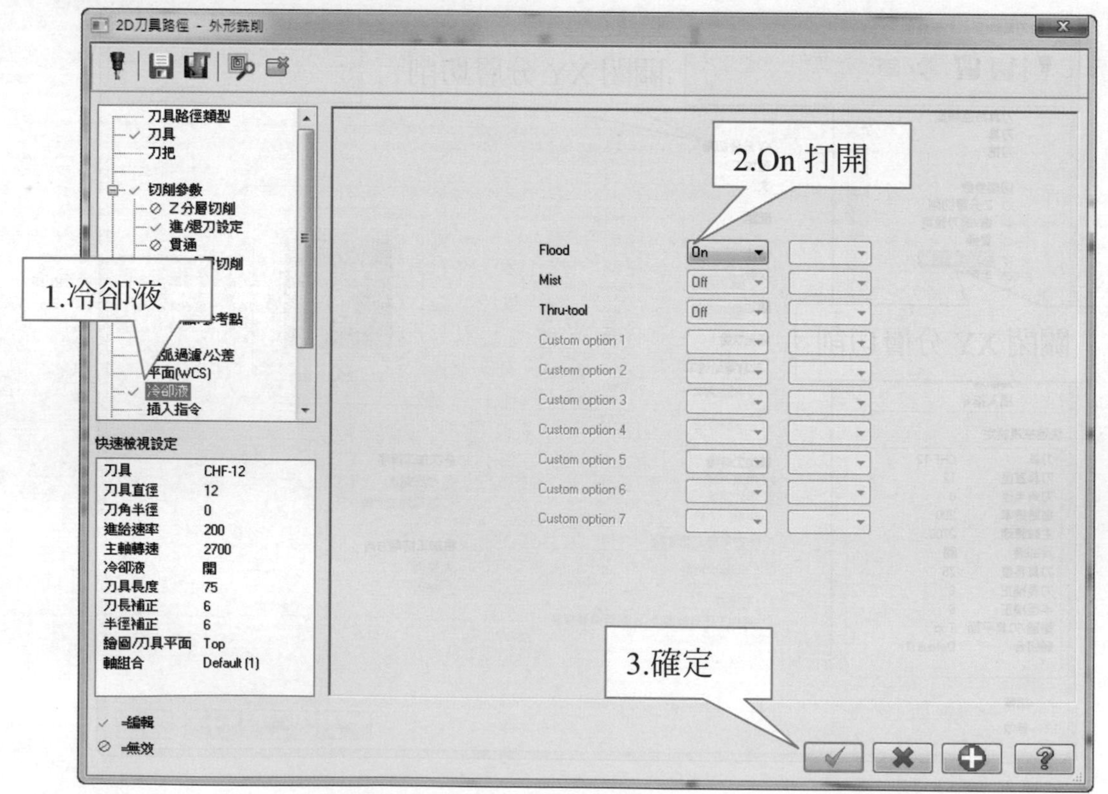

模擬結果無誤可轉出程式

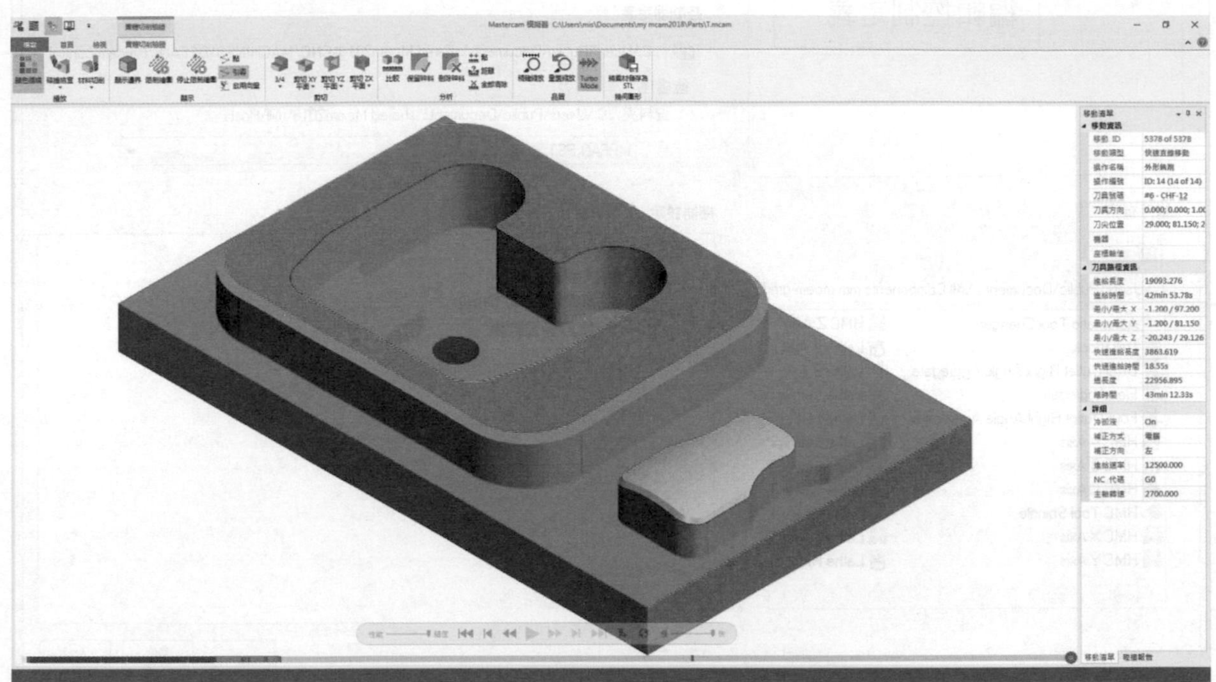

轉出程式前先修改後處理以便程式錯誤修改內容及注意事項:

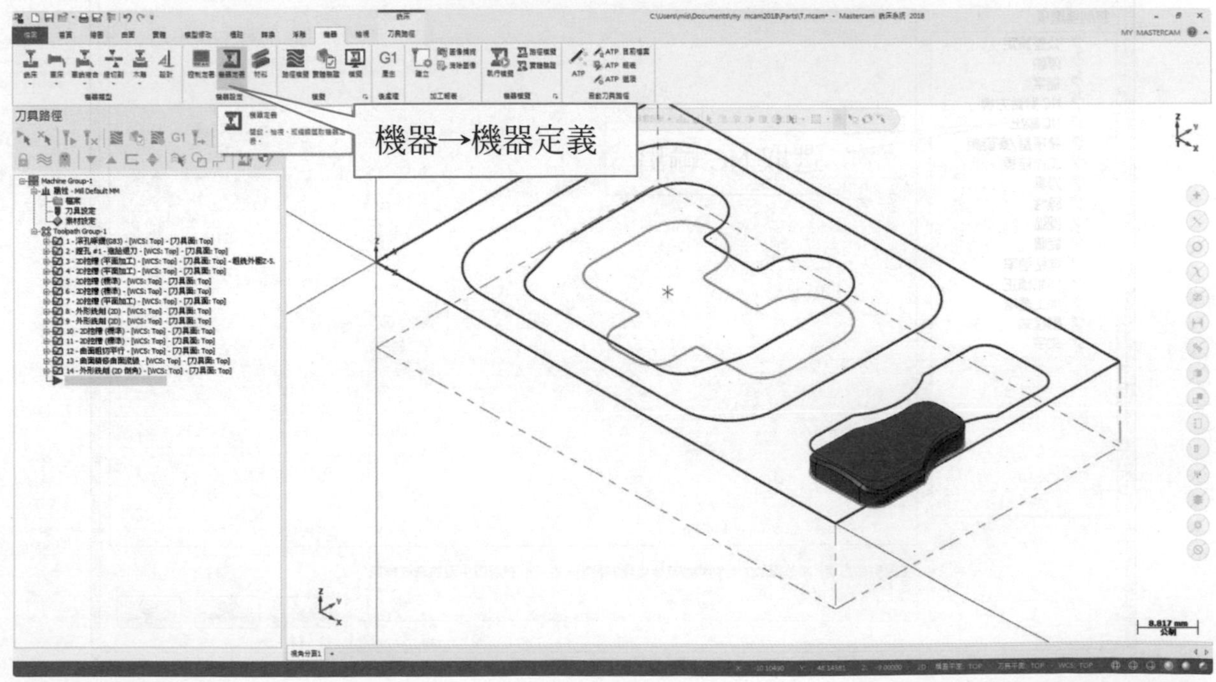

編輯控制定義

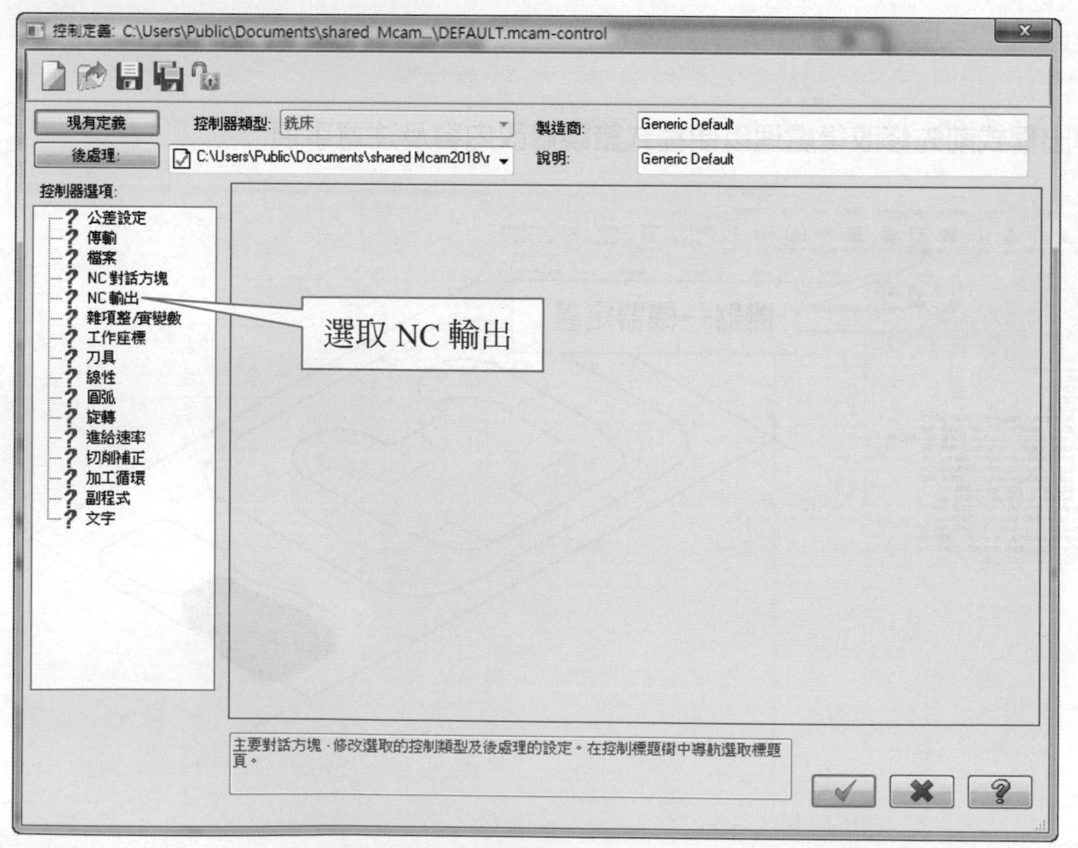
選取 NC 輸出

控制定義: C:\Users\Public\Documents\shared Mcam...\DEFAULT.mcam-control
現有定義
控制器類型: 銑床
製造商: Generic Default
後處理: C:\Users\Public\Documents\shared Mcam2018\r
說明: Generic Default
控制器選項:
公差設定
傳輸
檔案
NC 對話方塊
NC 輸出
銑床
雜項整/實變數
工作座標
刀具
線性
圓弧
旋轉
進給速率
切削補正
加工循環
副程式
文字
主程式預設絕對值/增量值
絕對座標
增量座標
輸出說明到 NC 檔案
輸出操作說明到 NC 檔案
輸出機器名稱到 NC 檔案
NC 說明中允許最大字元數:
256
關閉程式行號
行號
輸出行號
使用十進位行號
開始行號:
100.0
小數點後的位數:
3
行號增量:
10.0
小數點前的位數:
4
最大行號:
9999.0
在副程式中重新設定行號
空格及每行結尾字元
NC 的間隔空格數:
1
移除 NC 程式中每行結尾處的 CR/LF
每行結尾附加的字元
第一個附加字元(相對於 ASCII 字元表 0~255):
0
第二個附加字元(相對於 ASCII 字元表 0~255):
0
NC 輸出 - 此頁提供的設定可控制後處理如何處理註解及行號。NC 輸出中的"區塊結束"字元在此處設定。

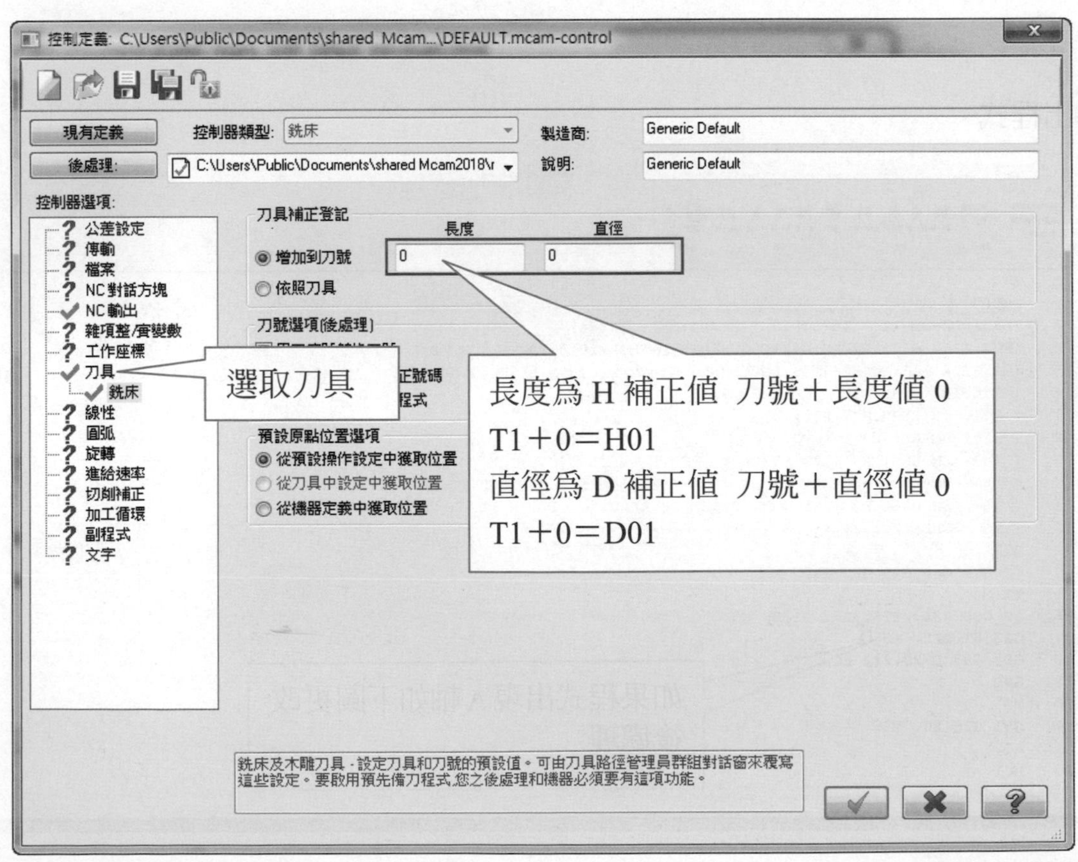
控制定義: C:\Users\Public\Documents\shared Mcam...\DEFAULT.mcam-control
現有定義
控制器類型: 銑床
製造商: Generic Default
後處理: C:\Users\Public\Documents\shared Mcam2018\r
說明: Generic Default
控制器選項:
公差設定
傳輸
檔案
NC 對話方塊
NC 輸出
雜項整/實變數
工作座標
刀具
銑床
線性
圓弧
旋轉
進給速率
切削補正
加工循環
副程式
文字
刀具補正登記
長度
直徑
增加到刀號
0
0
依照刀具
刀號選項(後處理)
選取刀具
長度為 H 補正值　刀號＋長度值 0
T1＋0＝H01
直徑為 D 補正值　刀號＋直徑值 0
T1＋0＝D01
預設原點位置選項
從預設操作設定中獲取位置
從刀具中設定中獲取位置
從機器定義中獲取位置
銑床及木雕刀具 - 設定刀具和刀號的預設值。可由刀具路徑管理員群組對話窗來覆寫這些設定。要啟用預先備刀程式,您之後處理和機器必須要有這項功能。

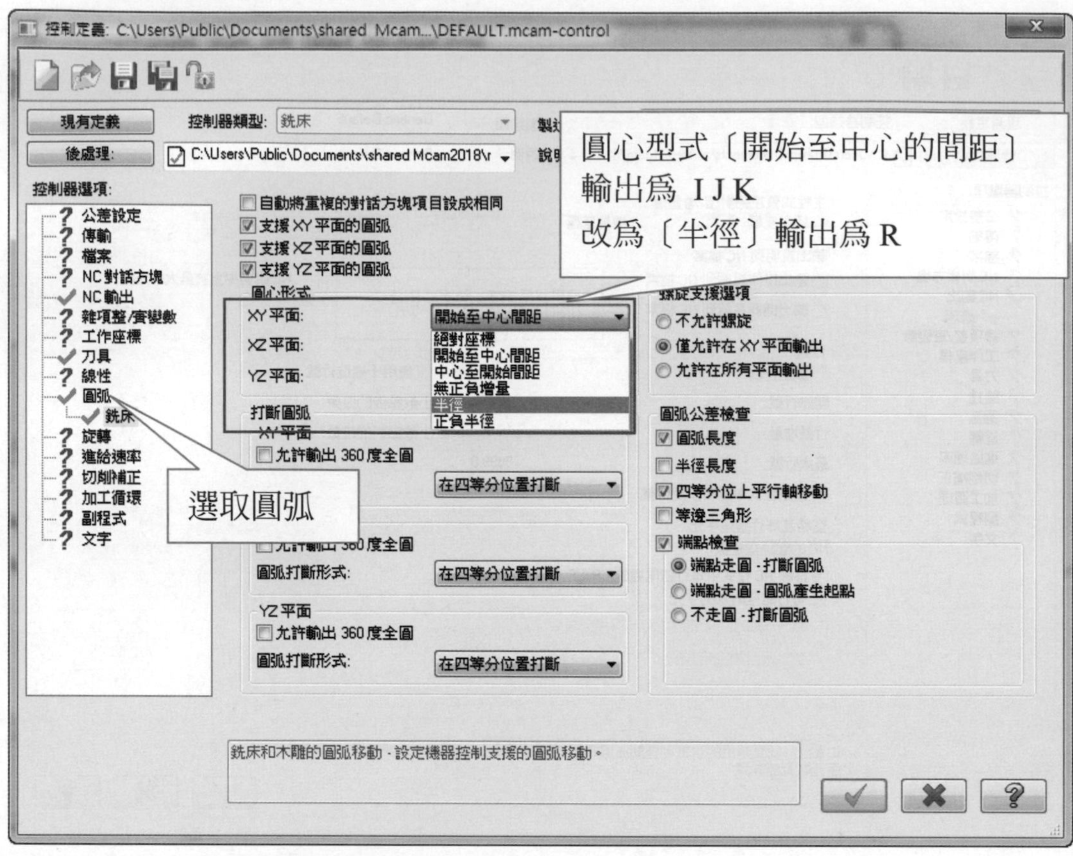
圓心型式〔開始至中心的間距〕輸出為 IJK
改為〔半徑〕輸出為 R
選取圓弧

轉出程式

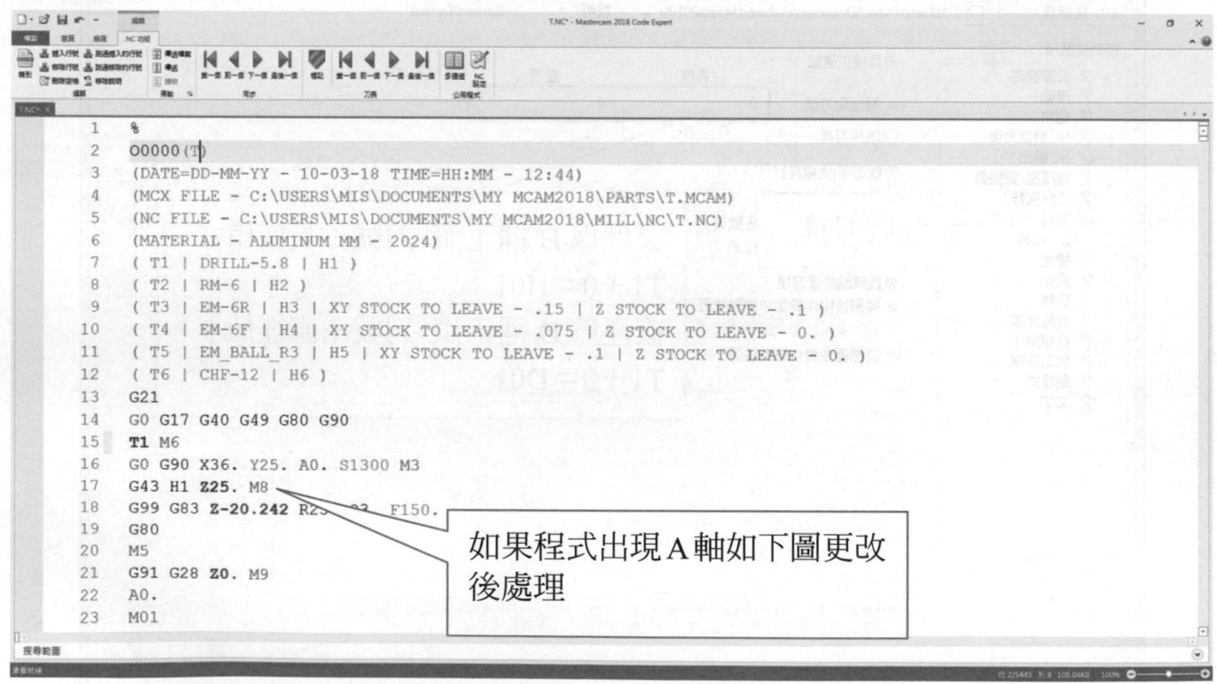
%
O0000(T)
(DATE=DD-MM-YY - 10-03-18 TIME=HH:MM - 12:44)
(MCX FILE - C:\USERS\MIS\DOCUMENTS\MY MCAM2018\PARTS\T.MCAM)
(NC FILE - C:\USERS\MIS\DOCUMENTS\MY MCAM2018\MILL\NC\T.NC)
(MATERIAL - ALUMINUM MM - 2024)
(T1 | DRILL-5.8 | H1)
(T2 | RM-6 | H2)
(T3 | EM-6R | H3 | XY STOCK TO LEAVE - .15 | Z STOCK TO LEAVE - .1)
(T4 | EM-6F | H4 | XY STOCK TO LEAVE - .075 | Z STOCK TO LEAVE - 0.)
(T5 | EM_BALL_R3 | H5 | XY STOCK TO LEAVE - .1 | Z STOCK TO LEAVE - 0.)
(T6 | CHF-12 | H6)
G21
G0 G17 G40 G49 G80 G90
T1 M6
G0 G90 X36. Y25. A0. S1300 M3
G43 H1 Z25. M8
G99 G83 Z-20.242 R2… F150.
G80
M5
G91 G28 Z0. M9
A0.
M01
如果程式出現 A 軸如下圖更改後處理

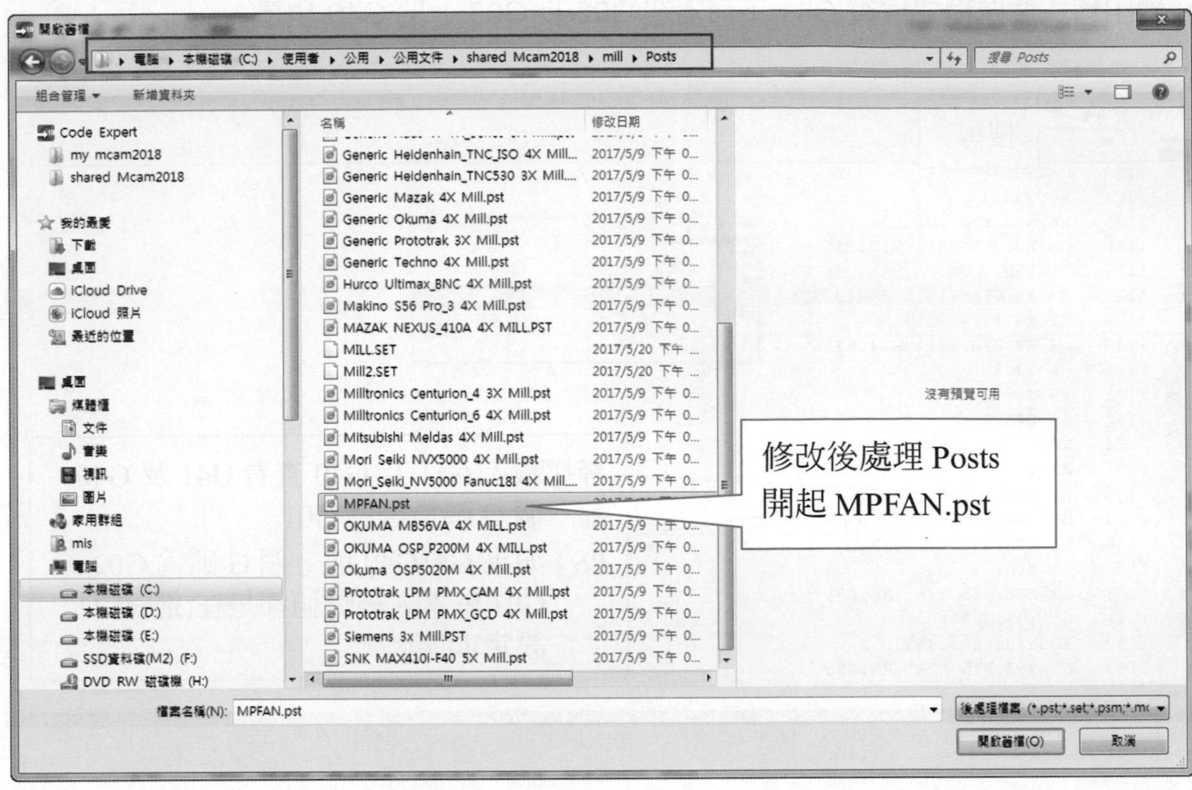
修改後處理 Posts
開起 MPFAN.pst

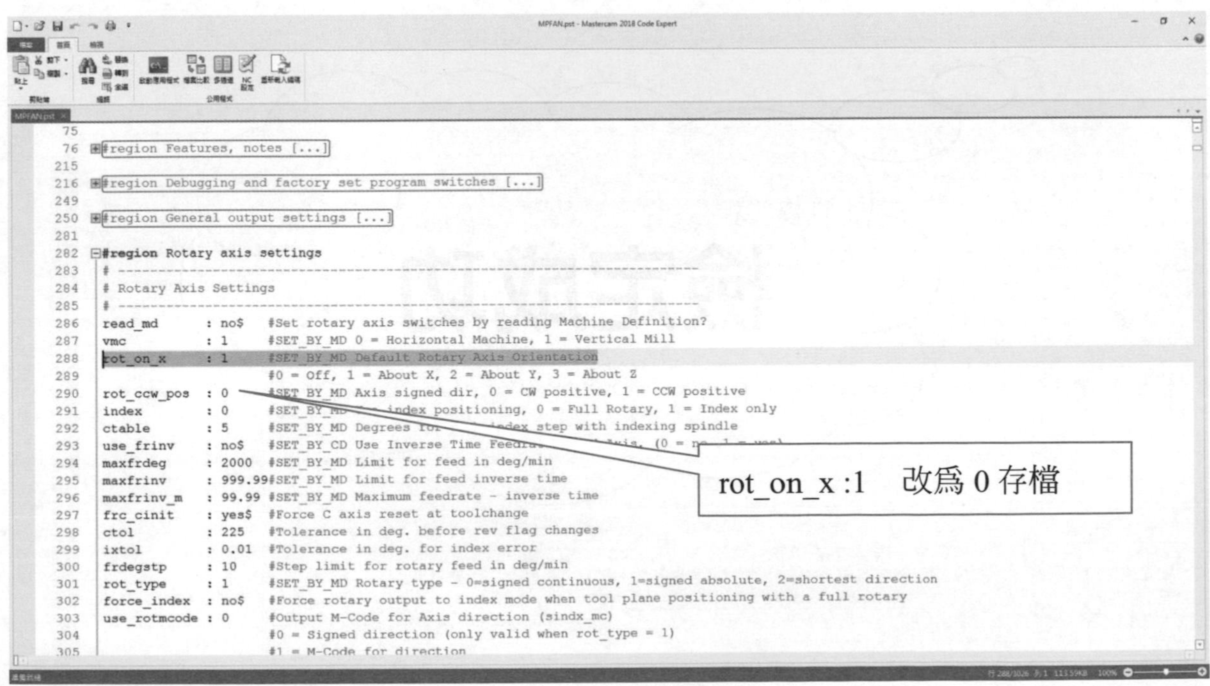
rot_on_x :1　改為 0 存檔

轉出程式要做程式檢查 G41 不可落在 G02 及 G03 上另 G40 也是。

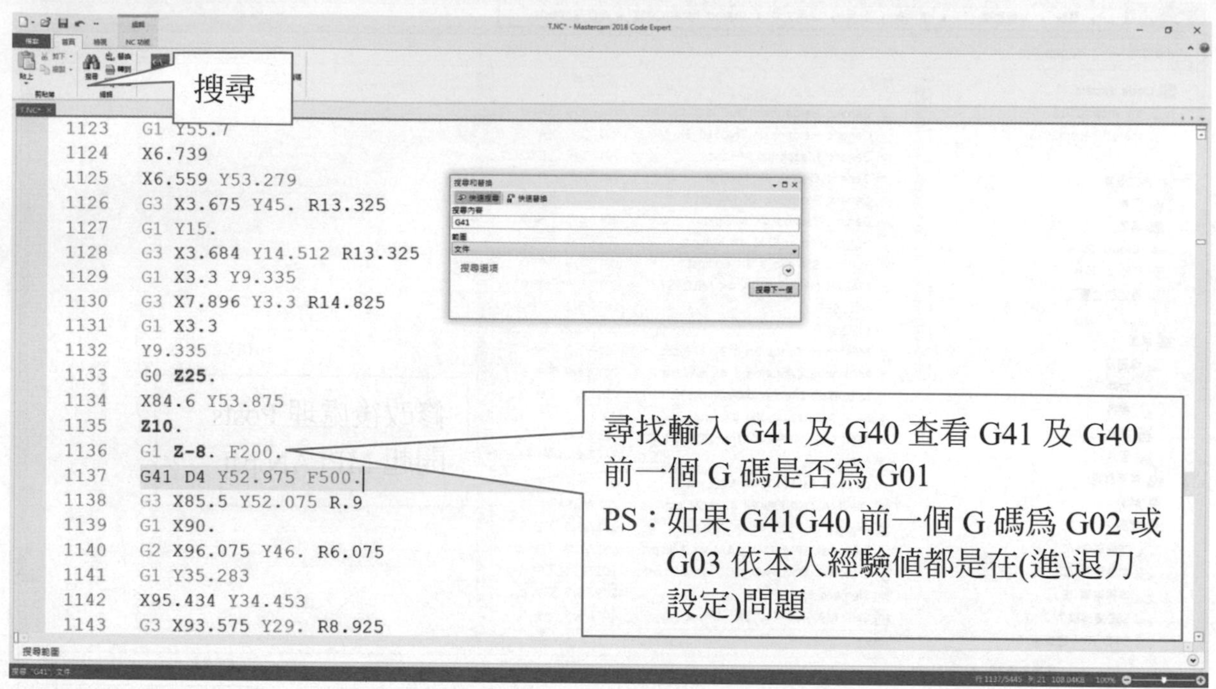

尺寸	指定值	建議範圍
D	11	11-15
E	16	16-20
F	22	22-28
G	34	34-40
H	40	40-46

CNC 銑床乙級範例步驟 202 繪圖

繪圖→建立矩形的形狀→輸入尺寸長 96.5 寬 59.5→原點設置右下角。

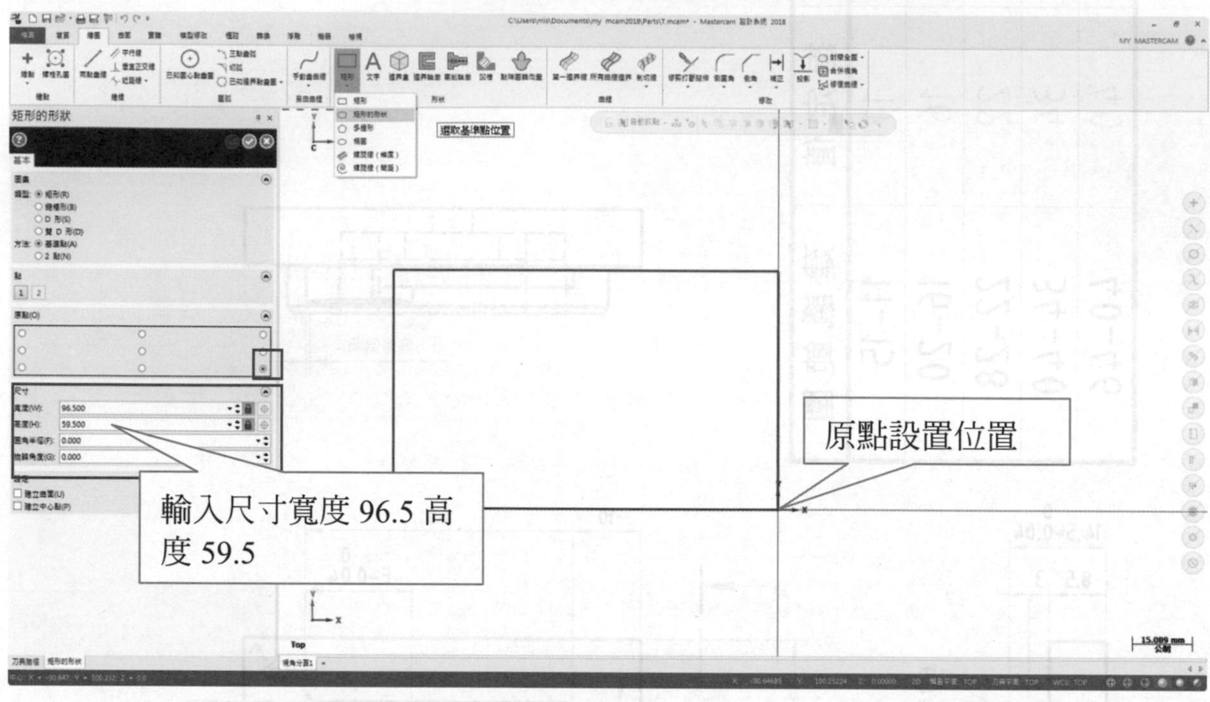

建立平行線→右邊界線偏移 4→下邊界線偏移 5。

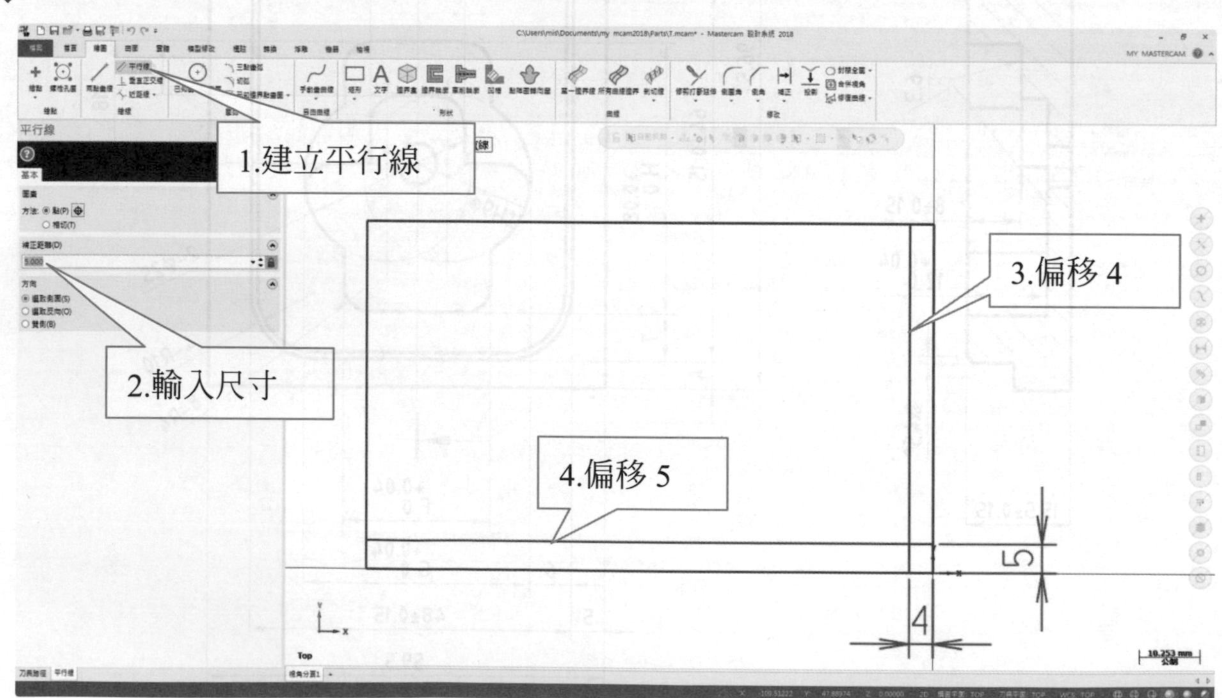

→ 繪圖→建立矩形的形狀→輸入尺寸長 64 寬 48 半徑 10。

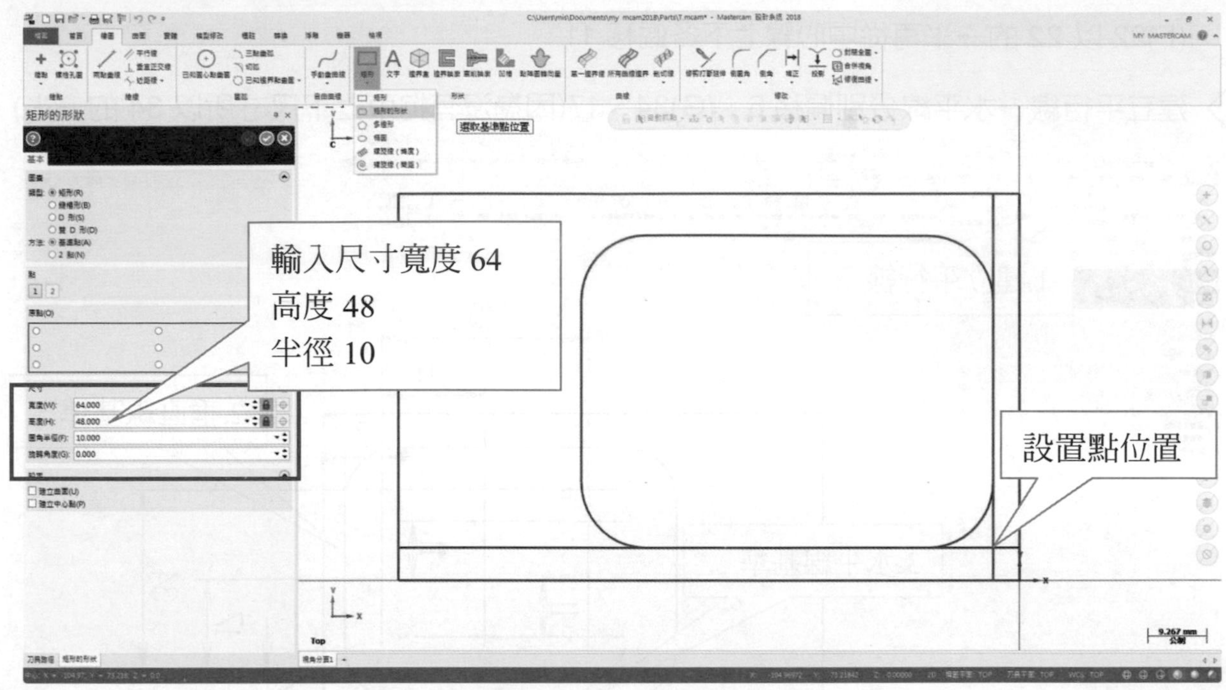

→ 把兩條平行線 DELETE 掉完成後為下圖。

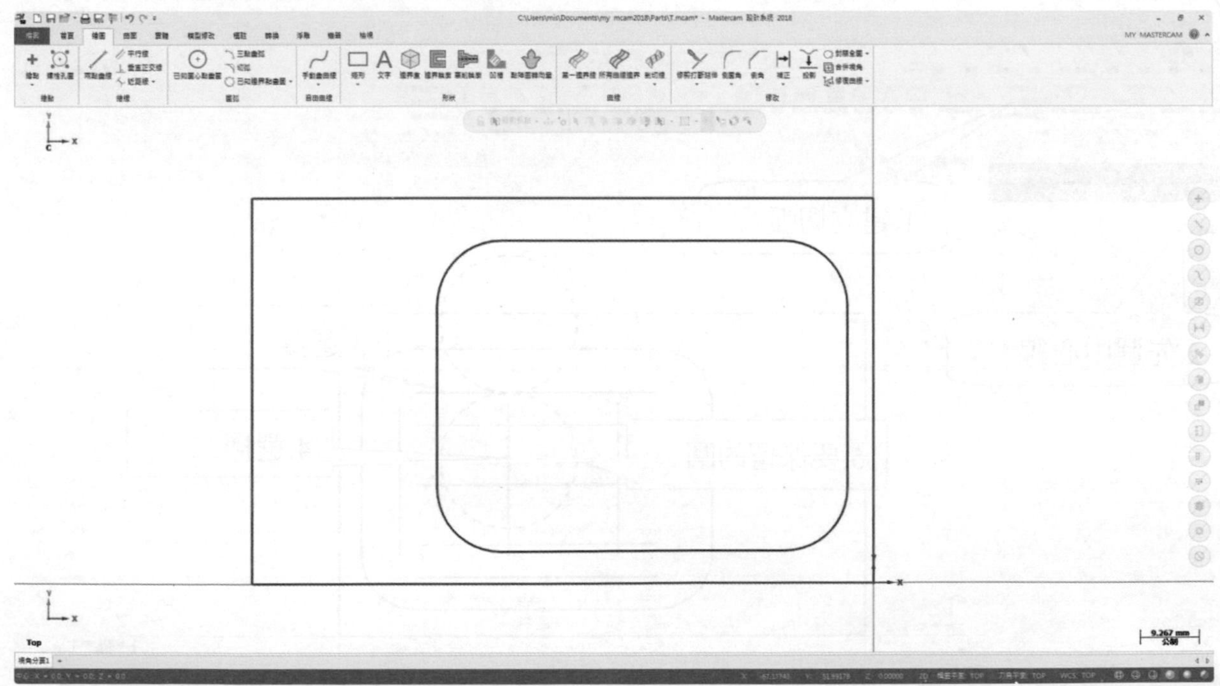

➔ 建立平行線→垂直線分別偏移 7、(H)40、20(因為沒有拘束前後尺寸所以 40 的一半)另(F)22 以 22 的一半再從中心線上下各偏移 11。

➔ 建立平行線→水平線分別偏移 6、(G)34、17(因為沒有拘束上下尺寸所以 34 的一半)。

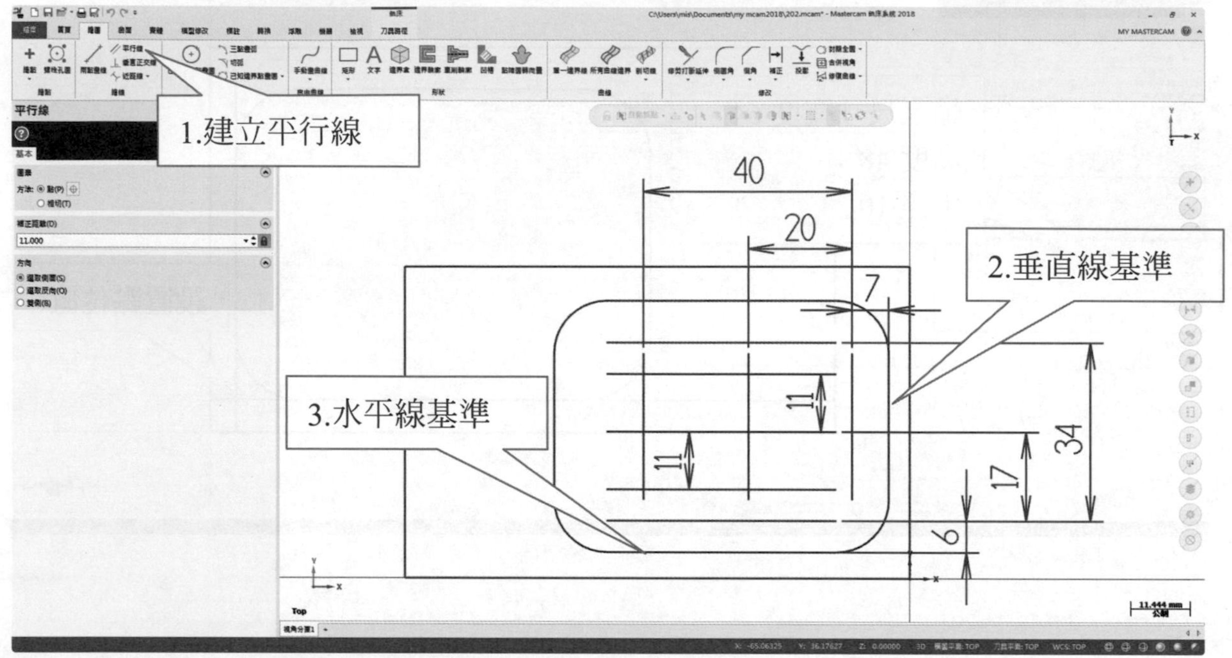

➔ 建立切弧→中心線→先選取相切線→再選取中心線→然後選要保留的圓。

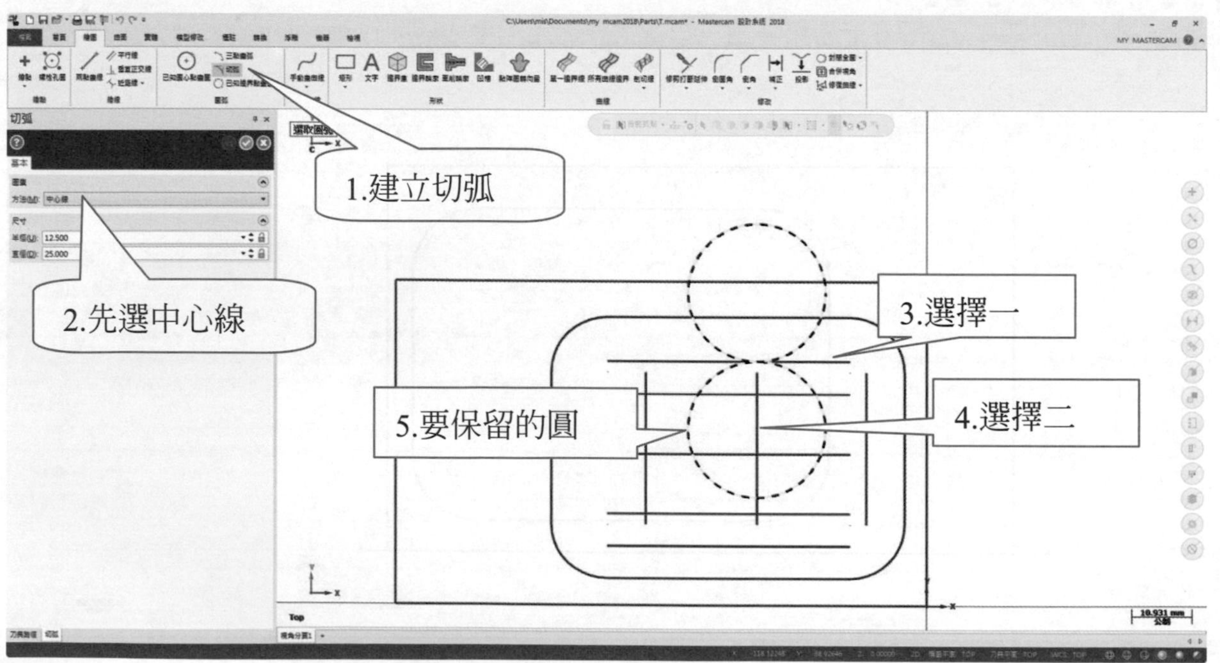

➔ 建立切弧→中心線→先選取相切線→在選取中心線→然後選要保留的圓→繪製下圓

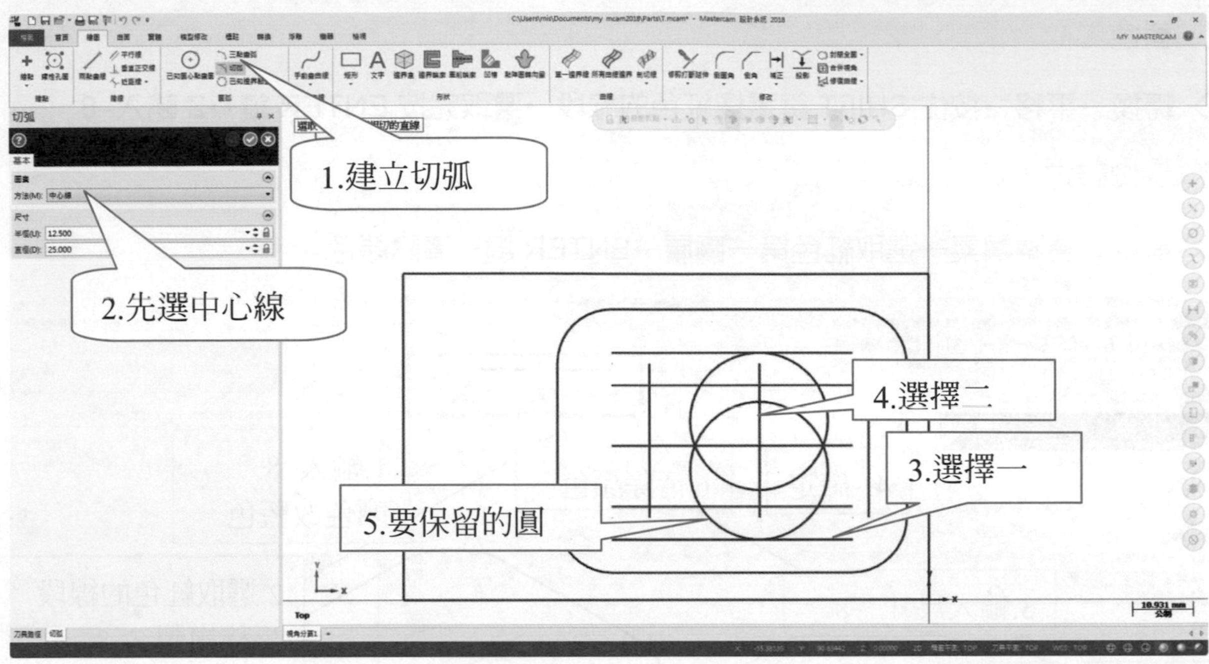

➔ 在紅色處均倒圓角 R4→然後把圖修至下圖一樣。

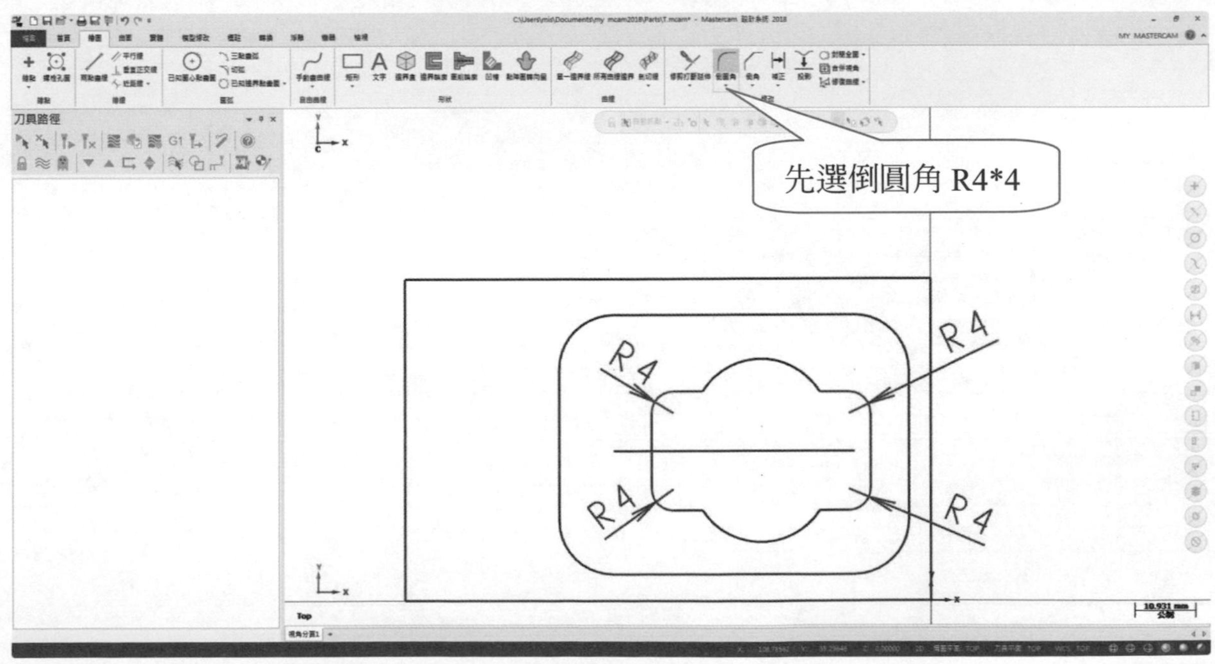

- 在繪圖區空白處，點選滑鼠右鍵出現快捷視窗，並在紅色圈起來的 Z 值輸入–8 顏色改藍色。
- 轉換→平移→按住 SHIFT 鍵選擇紅色的線段→選取完按 ENTER 鍵→Z 輸入–8 →按確定。
- 螢幕→隱藏圖素→選取紅色第一圖層→ENTER 鍵→清除顏色。

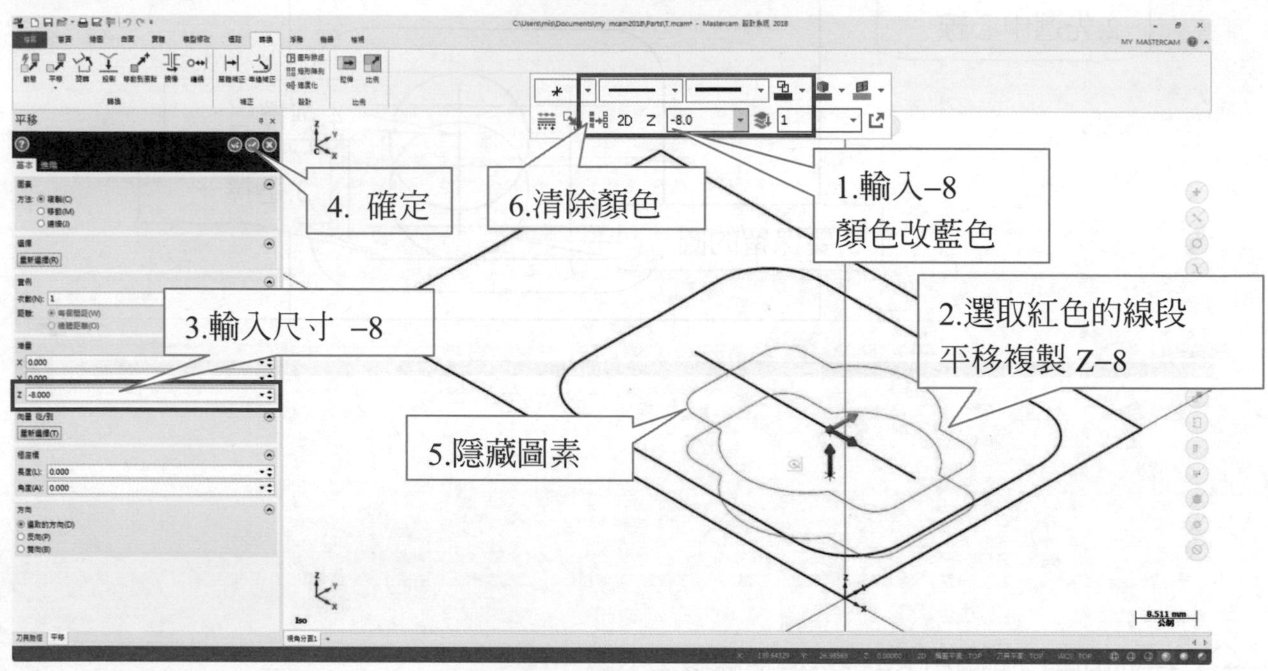

建立平行線→垂直線分別偏移 8、18。

建立平行線→水平中心線上下偏移 7。

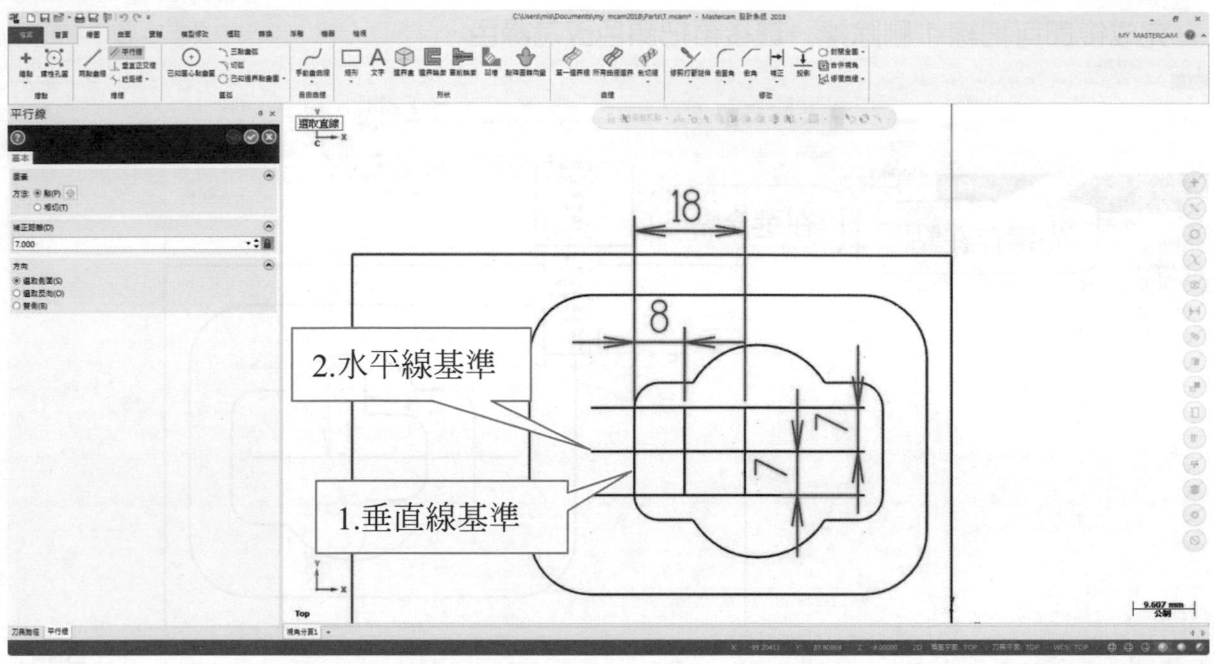

在紅色處均倒圓角 R4→然後把圖修至下圖一樣。

螢幕→恢復隱藏圖素→把第一個圖層呼叫回來。

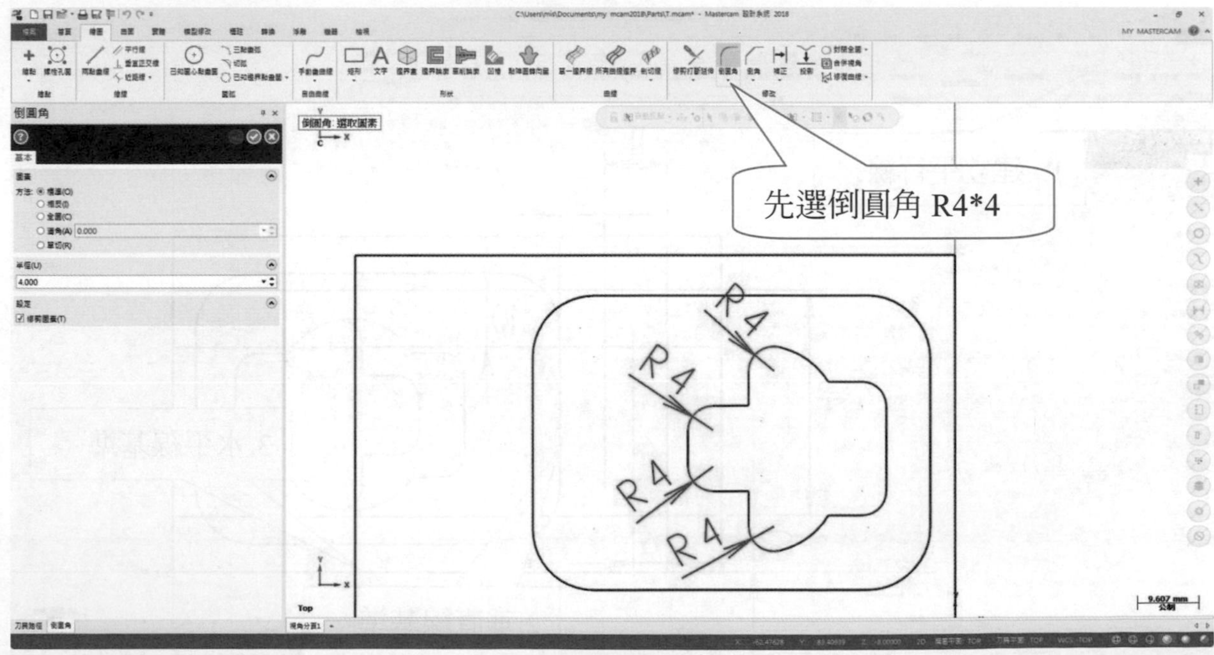

下面紅色框處的 Z 值輸入 0→顏色改為紅色。

繪圖→存在點→指定位置點→點擊上面紅色框中的交點→選取線 1 跟線 2→下刀點定義完成後即可把線 1 刪除掉→最後再把顏色改為綠色。

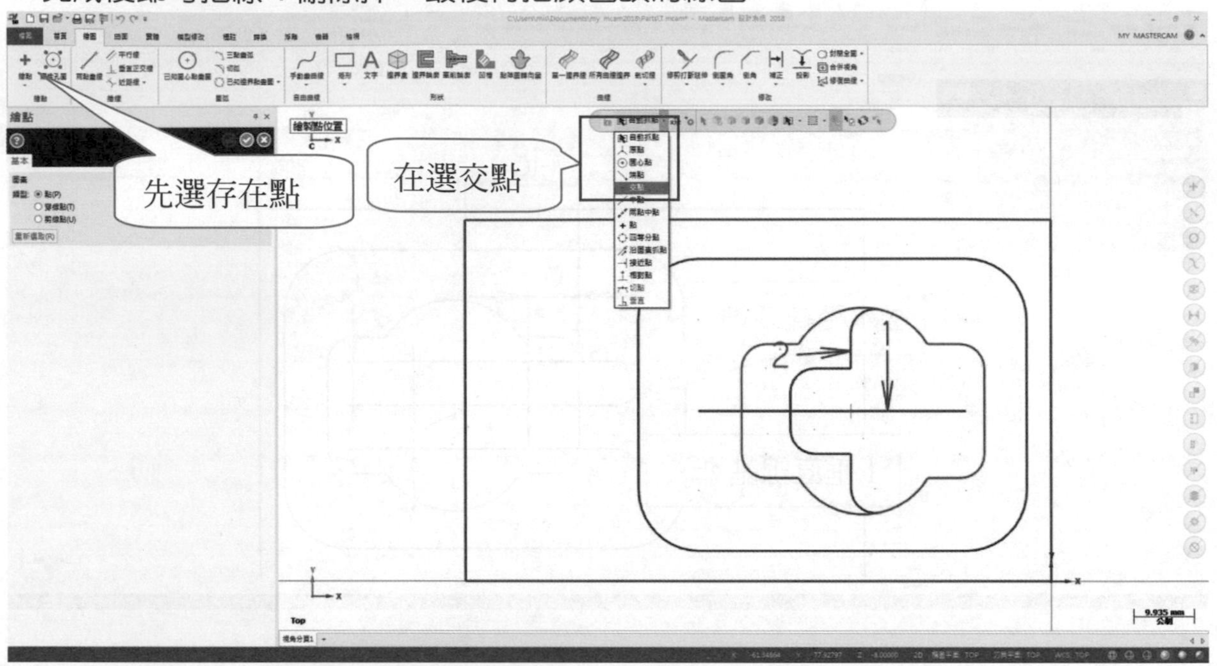

建立平行線→垂直線分別偏移 8、(D)11 再從 11 偏回一條 6。

建立平行線→水平線分別偏移 10、40 再從 40 偏回一條 10。

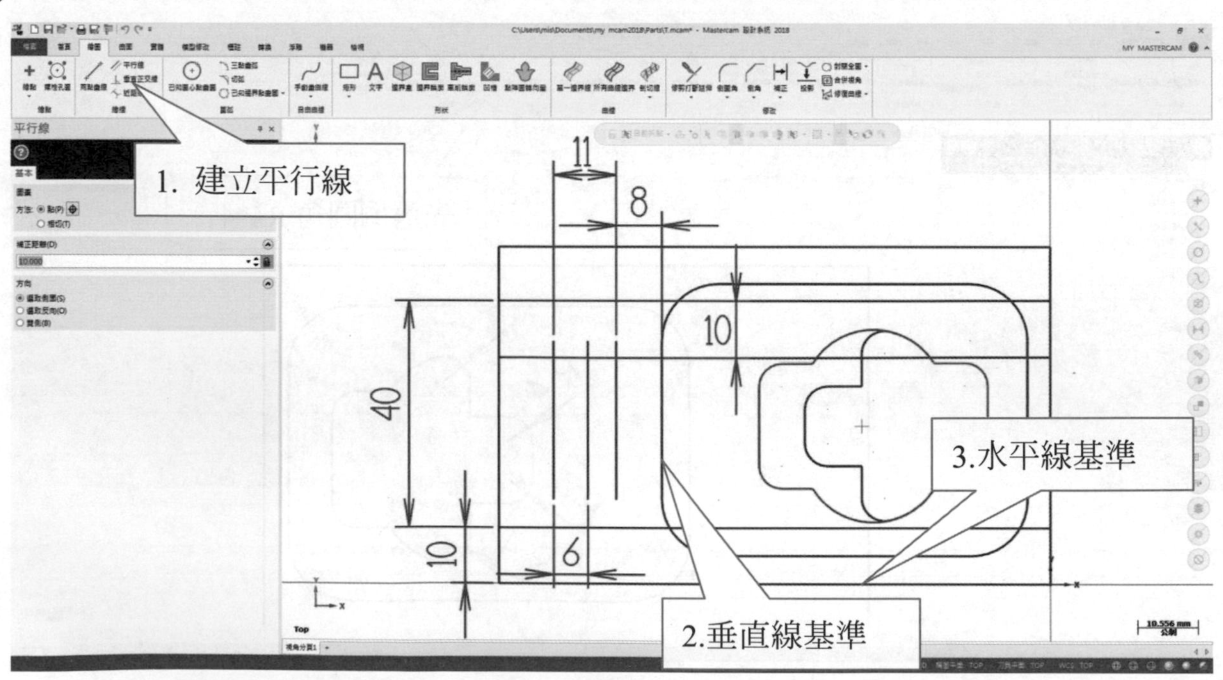

建立任意兩點畫線→先點選起點→再點選交點鍵→然後先選交點一再選交點二。

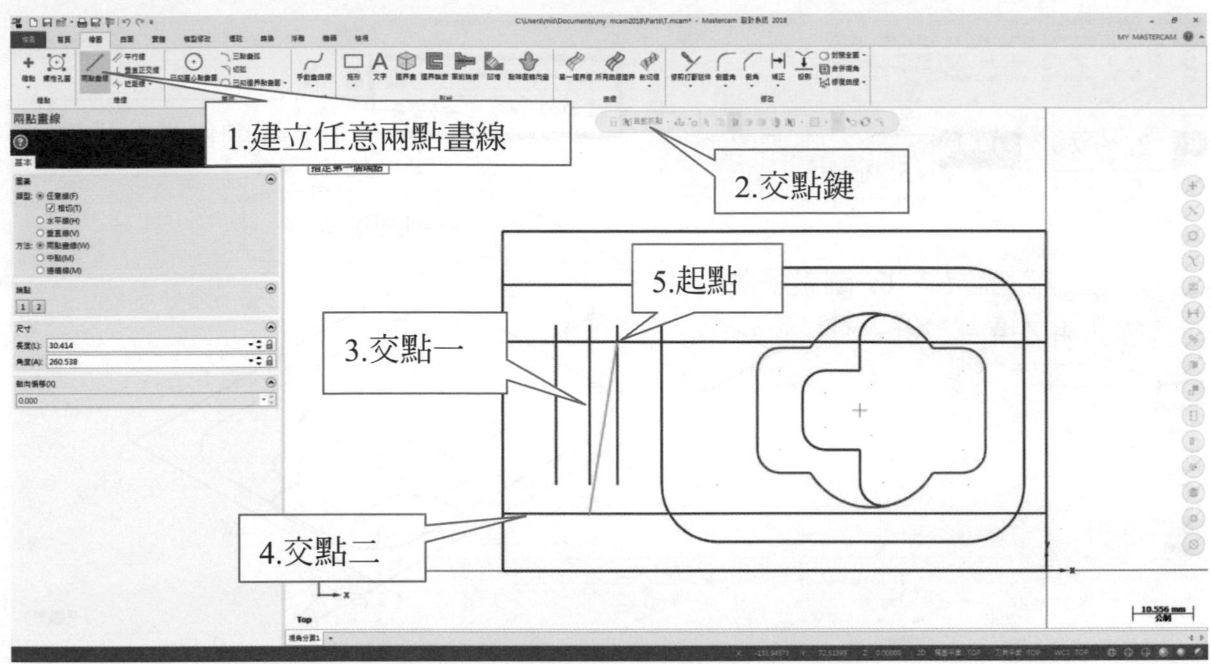

在紅色處分別倒圓角 R1、R4。

然後把圖面修至與下圖一樣。

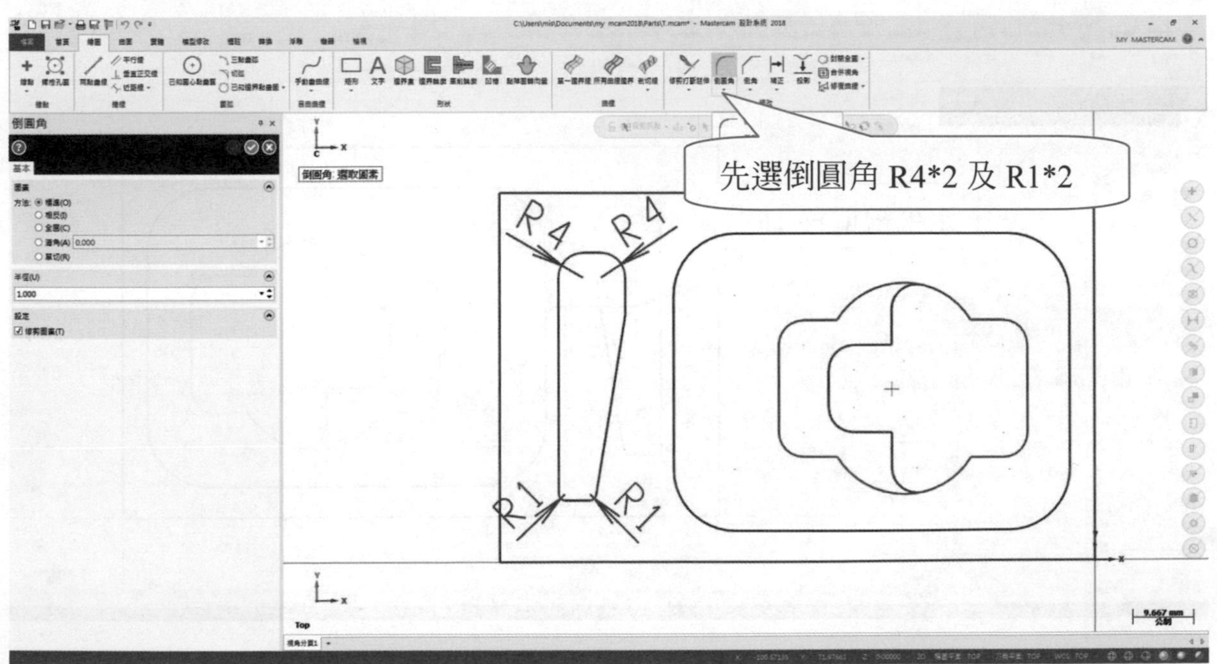

➔ 把 Z0 的圖層平移複製到 Z-4→完成後再把 Z0 的圖層隱藏起來。

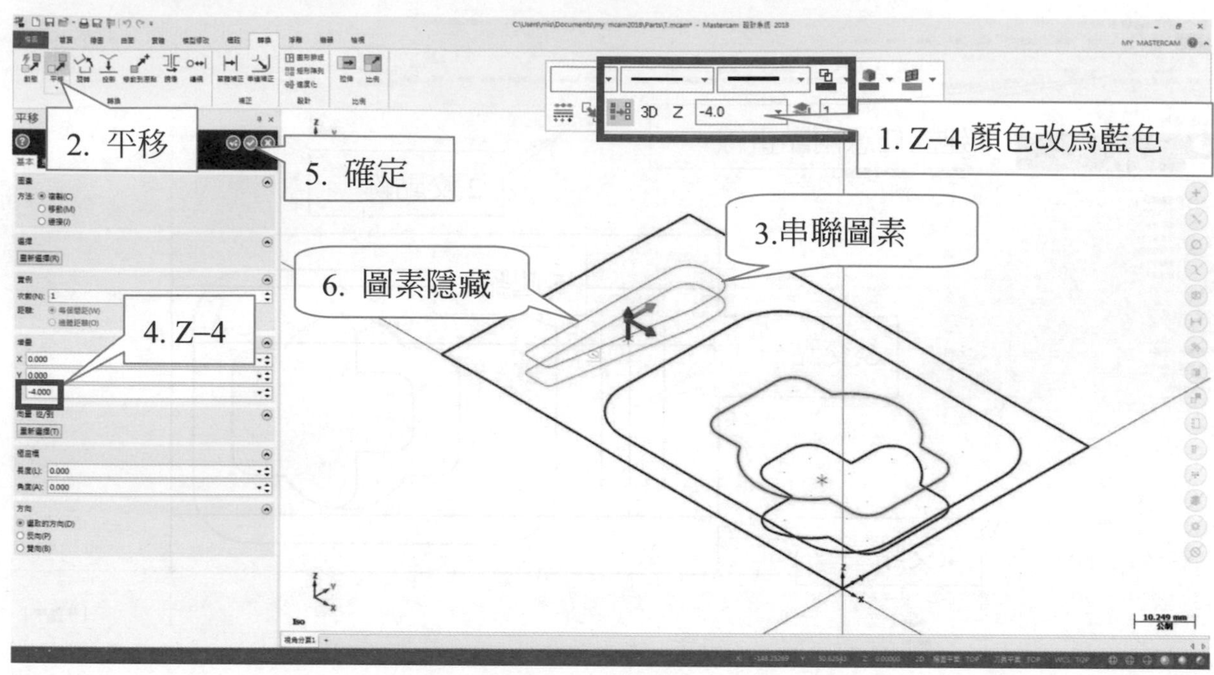

➔ 建立平行線→水平線分別偏移(E)16。

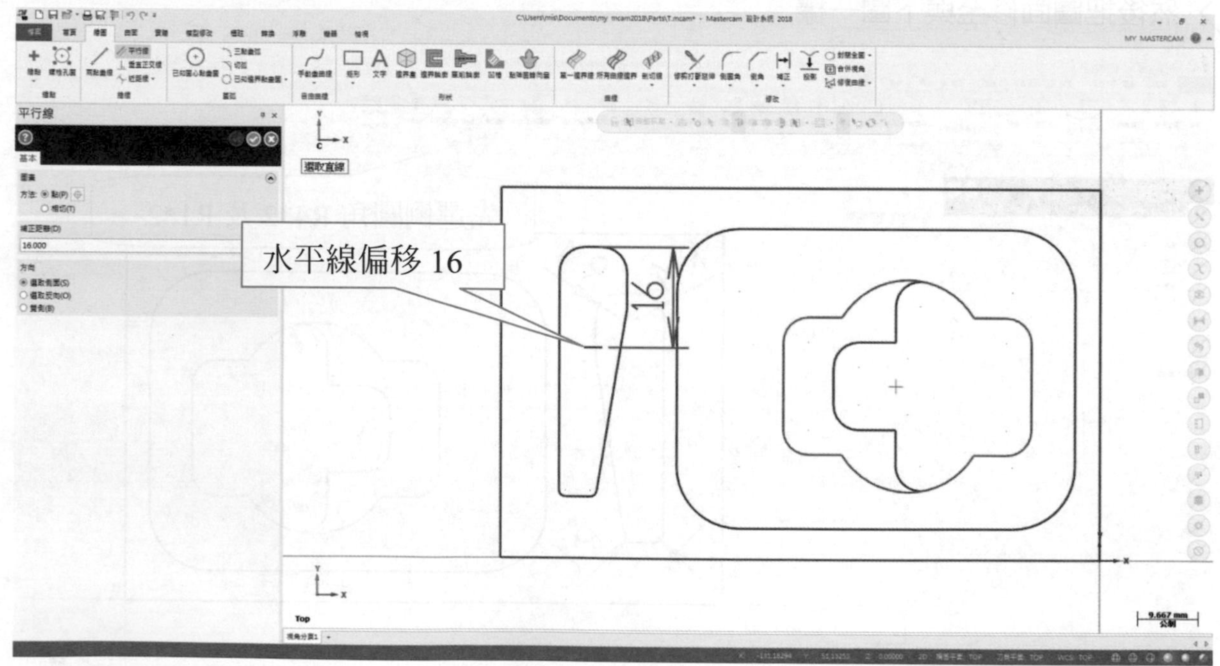

→ 在紅色處分別倒圓角 R4。

→ 然後把圖面修至與下圖一樣→再把 Z0 的圖層呼叫回來。

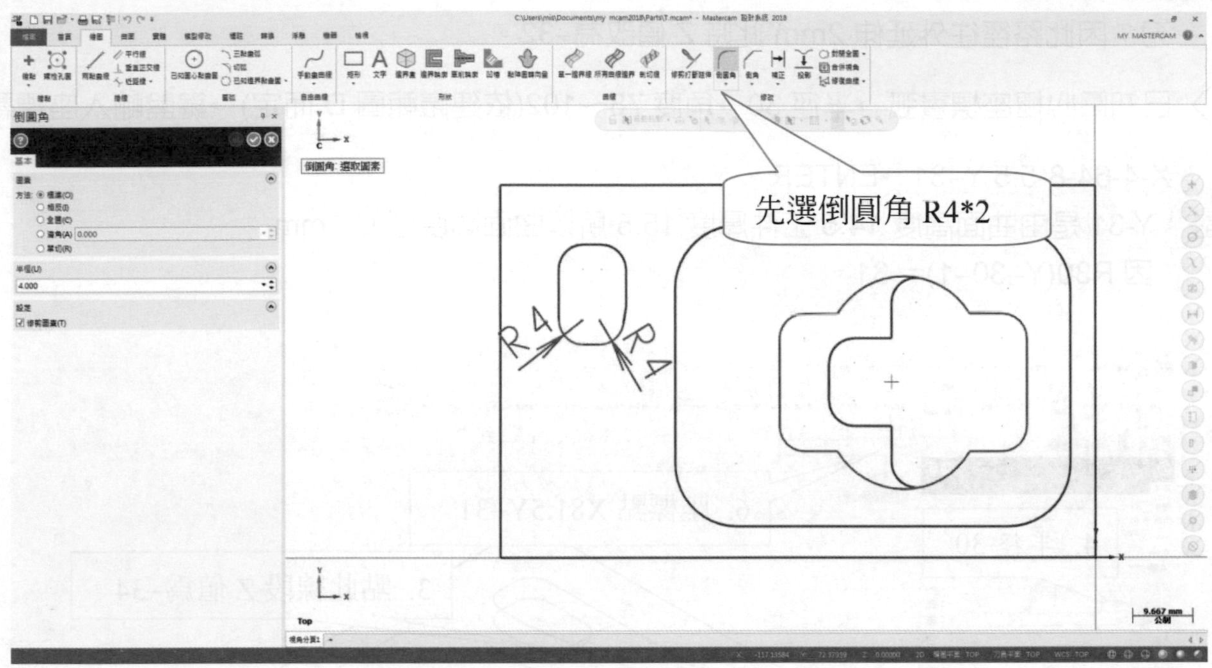

→ 視圖方向改為前視圖→顏色改為紅色。

→ 滑鼠左鍵先點取 Z 然後再點選線段這時候 Z 值為–34，刀具下刀點為了要在曲面外下刀，因此路徑往外延伸 2mm 此時 Z 值改為–32。

→ 已知圓心極座標畫弧→半徑 30→角度 78～102(依建議範圍 D 而定)→鍵盤輸入座標點 X-4-64-8-5.5 Y–31→ENTER。

備註：Y-31 是由曲面高度 14.5 工件厚度 15.5 所以曲面高度低於 1mm
因 R30(Y–30–1)=–31。

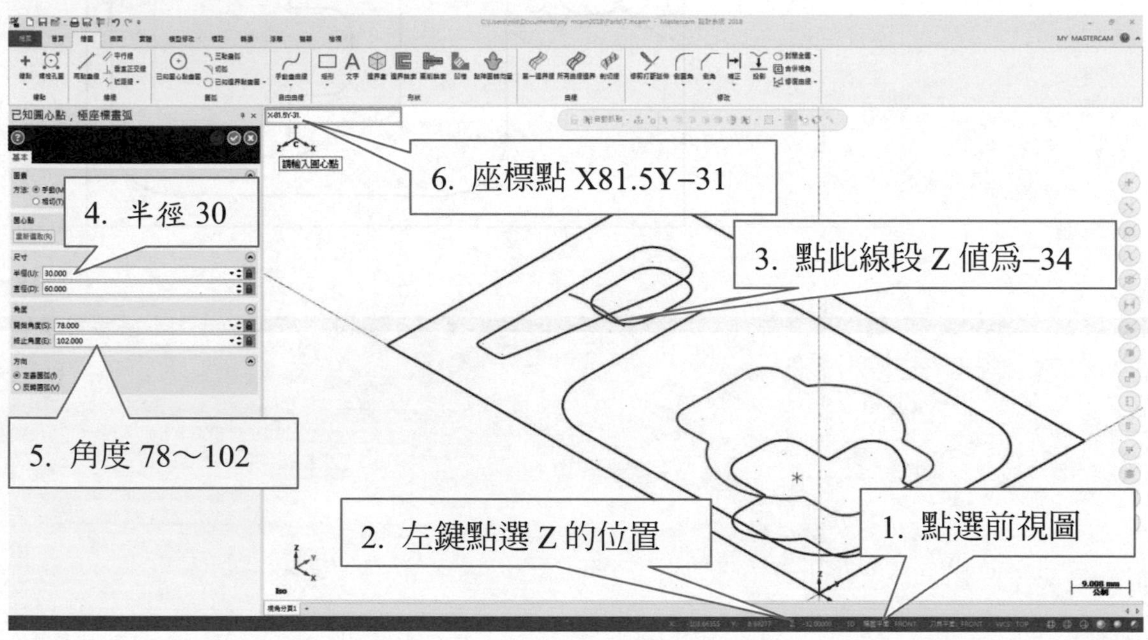

➔ 視圖方向為前視圖。

➔ 繪圖→曲面→牽引曲面→長 20 (E 尺寸 16+4)。

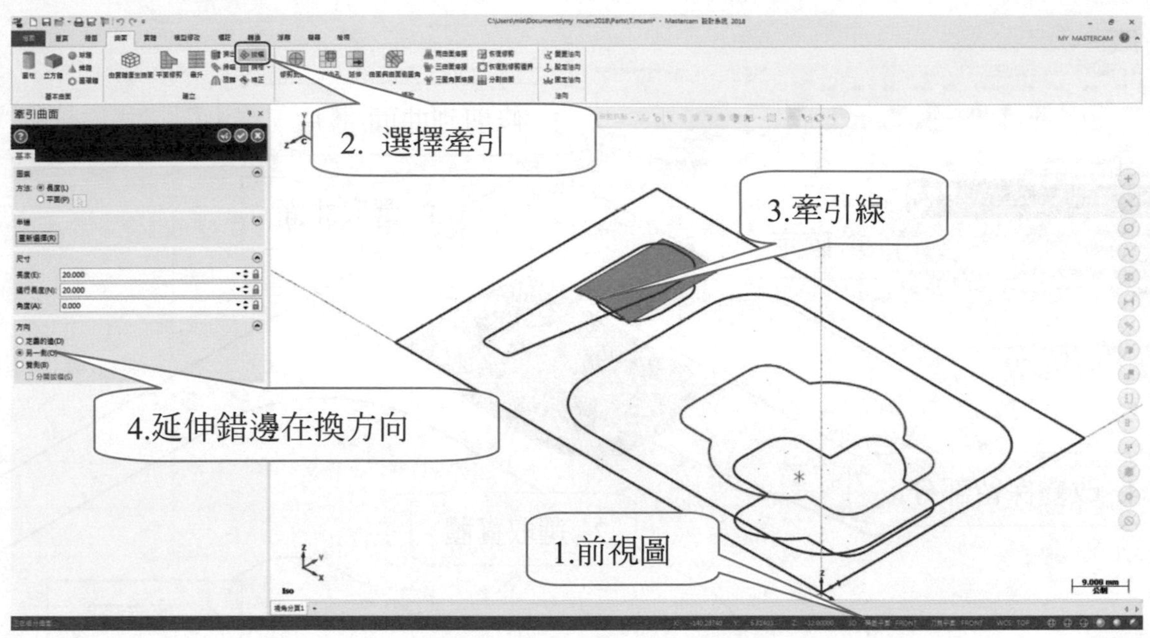

➔ 實體→擠出→串連藍色圖素→ENTER→方向向上→距離 10mm→打勾完成。

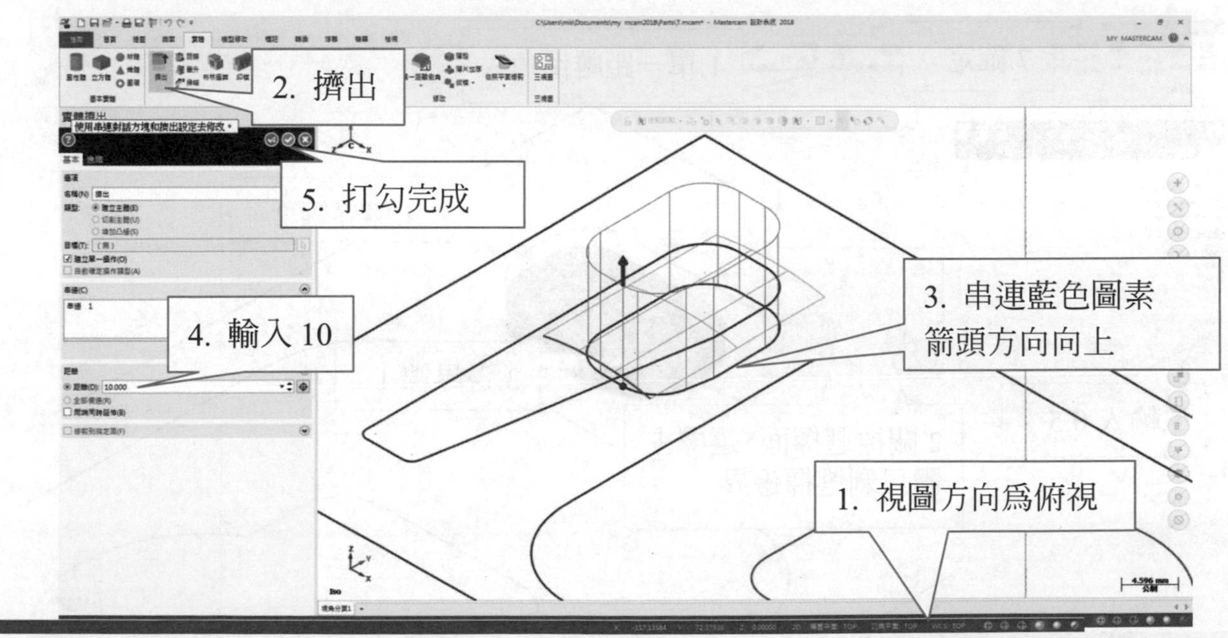

→ 按下著色鈕接下來把實體及曲面著色。

→ 實體→修剪到曲面/薄片→選取實體→選取曲面→點選曲面→改變保留部分→打勾完成。

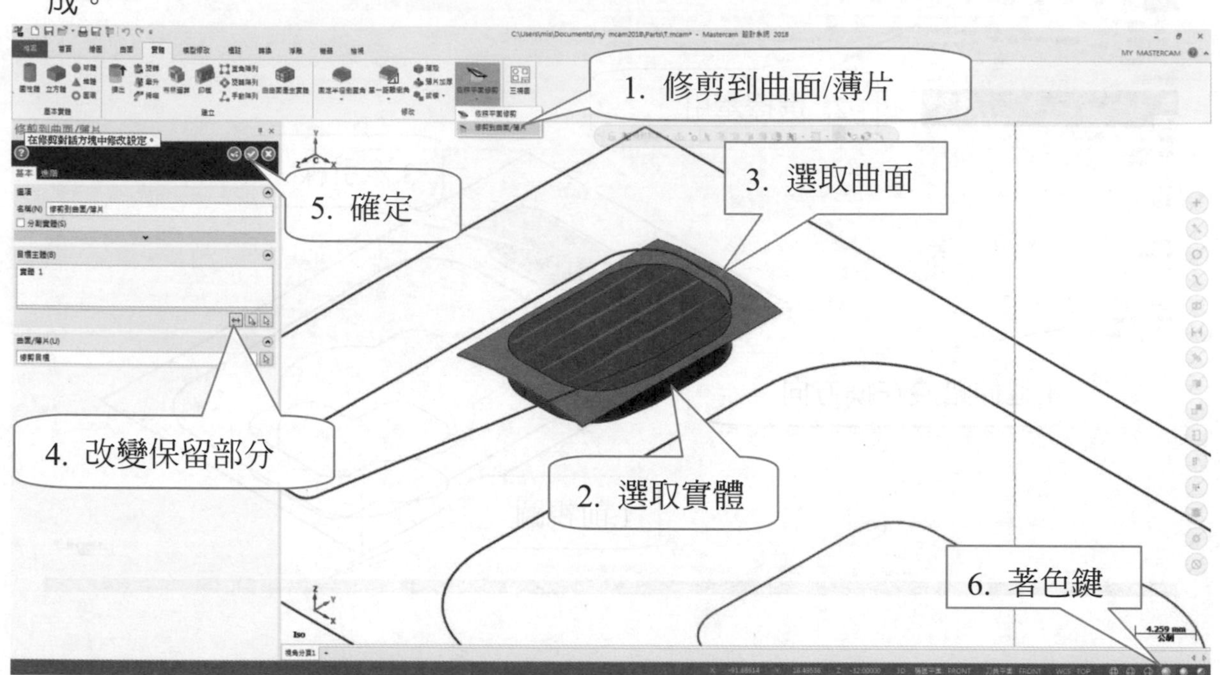

→ 實體→倒角→單一距離倒角→選擇邊界線 1 與邊界線 2→ENTER→輸入 0.5→沿切線邊界延伸打勾→點選綠色打勾完成。

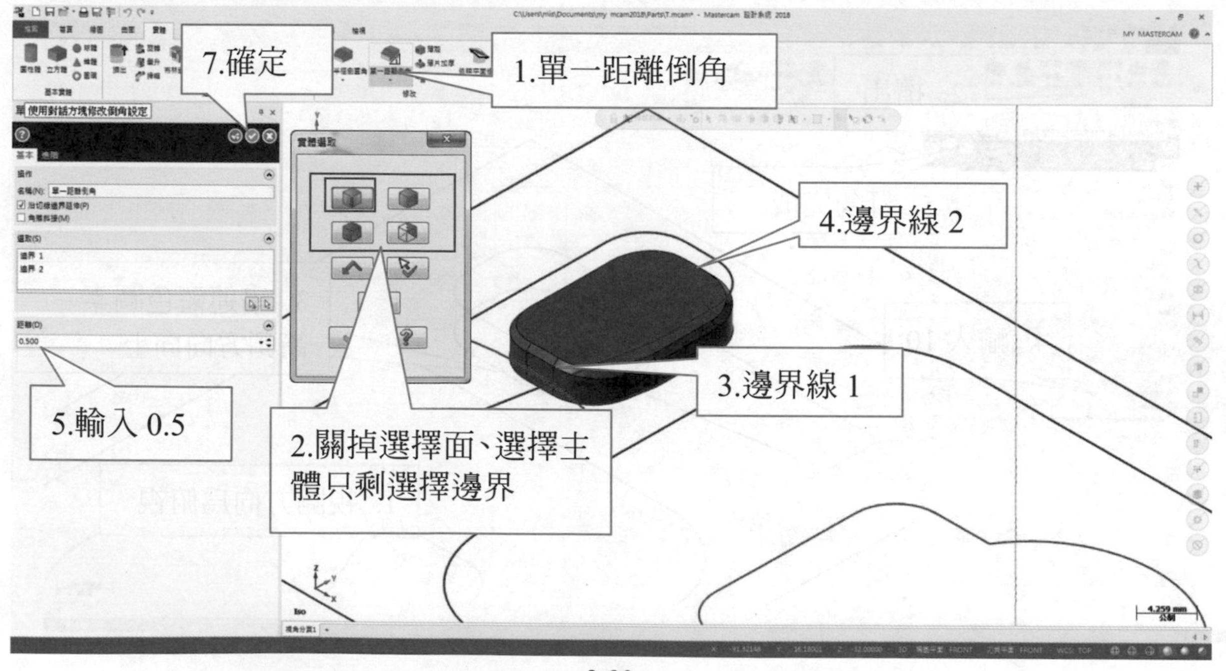

最後把實體與紅色曲線隱藏起來，即完成繪圖步驟(記得要存檔)。

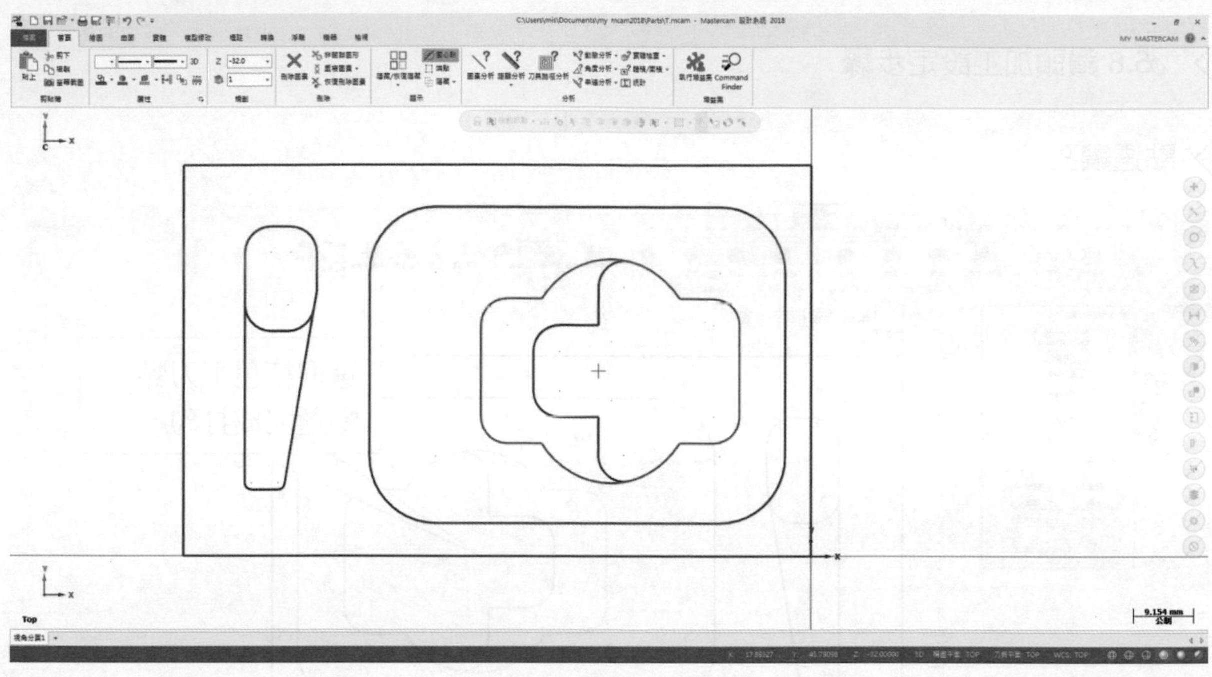

CNC 銑床乙級範例步驟　202 加工路徑

ϕ5.8 鑽頭加工設定步驟

點選鑽孔

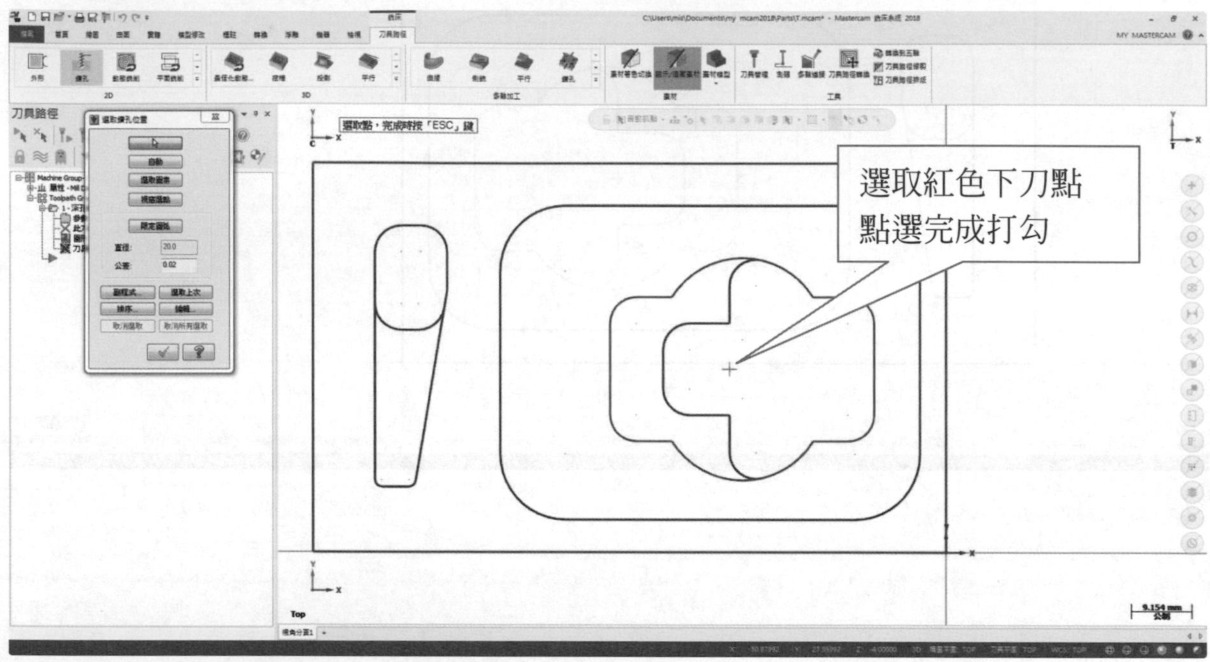

刀具→建立新刀具

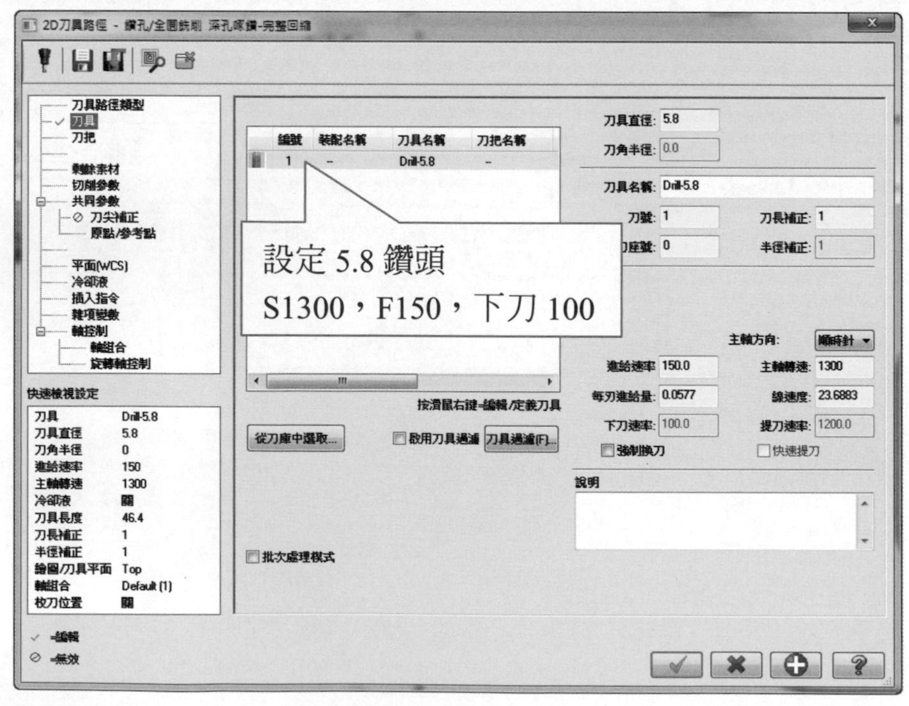

選擇切削參數→選擇 G83 深孔啄鑽

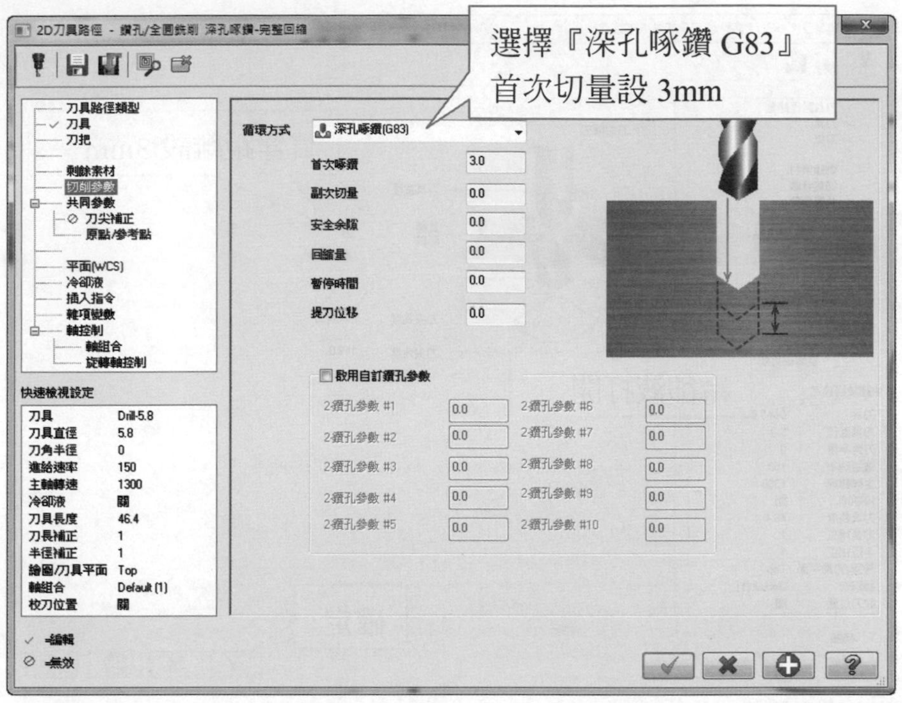

選擇共同參數

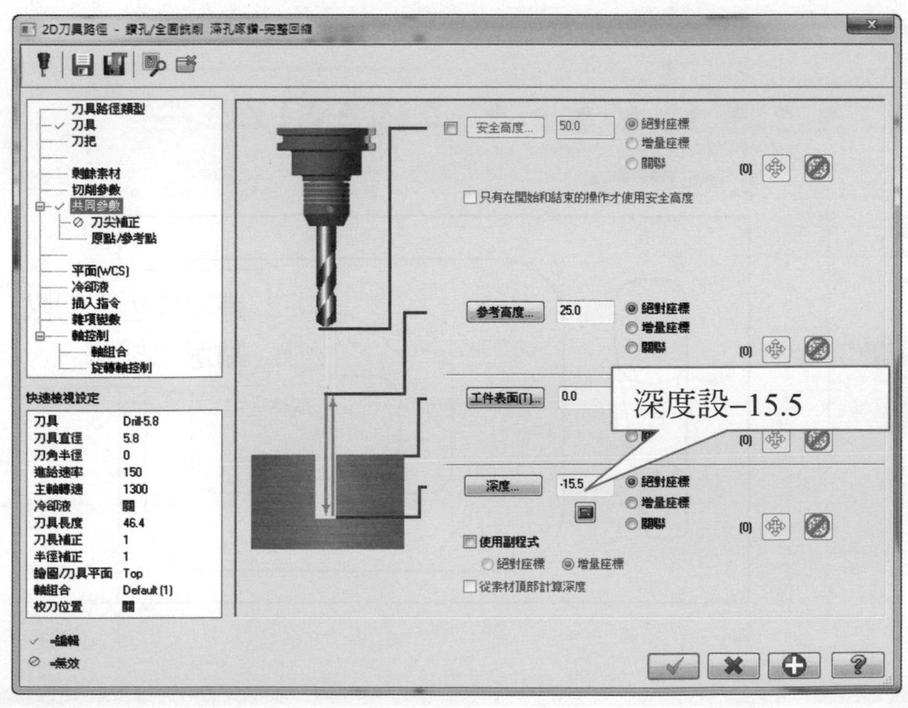

選取刀尖補正

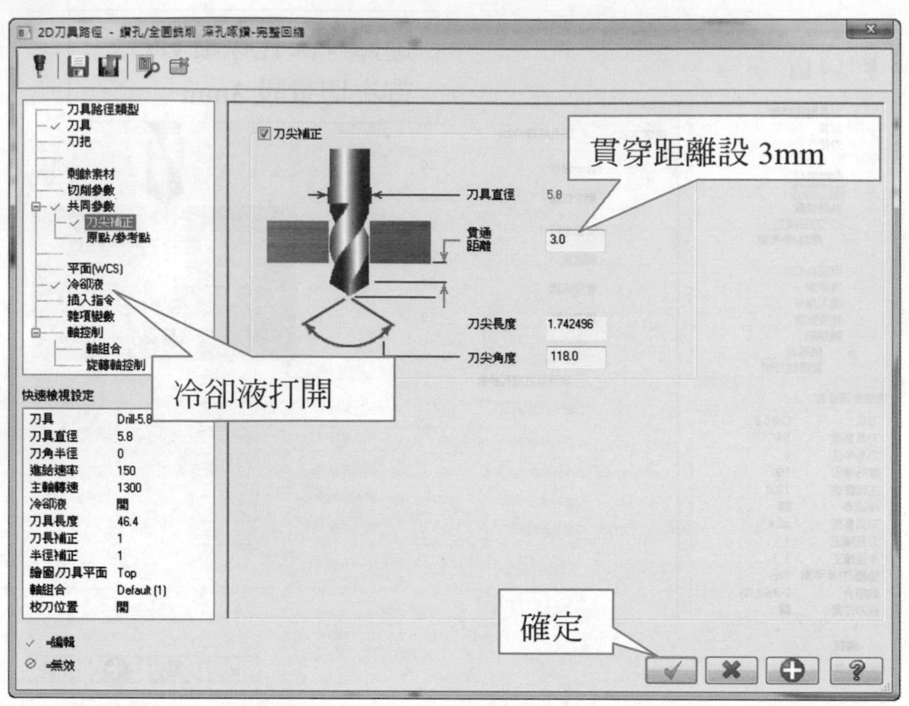

ϕ6H7 鉸孔加工設定步驟

點選鑽孔

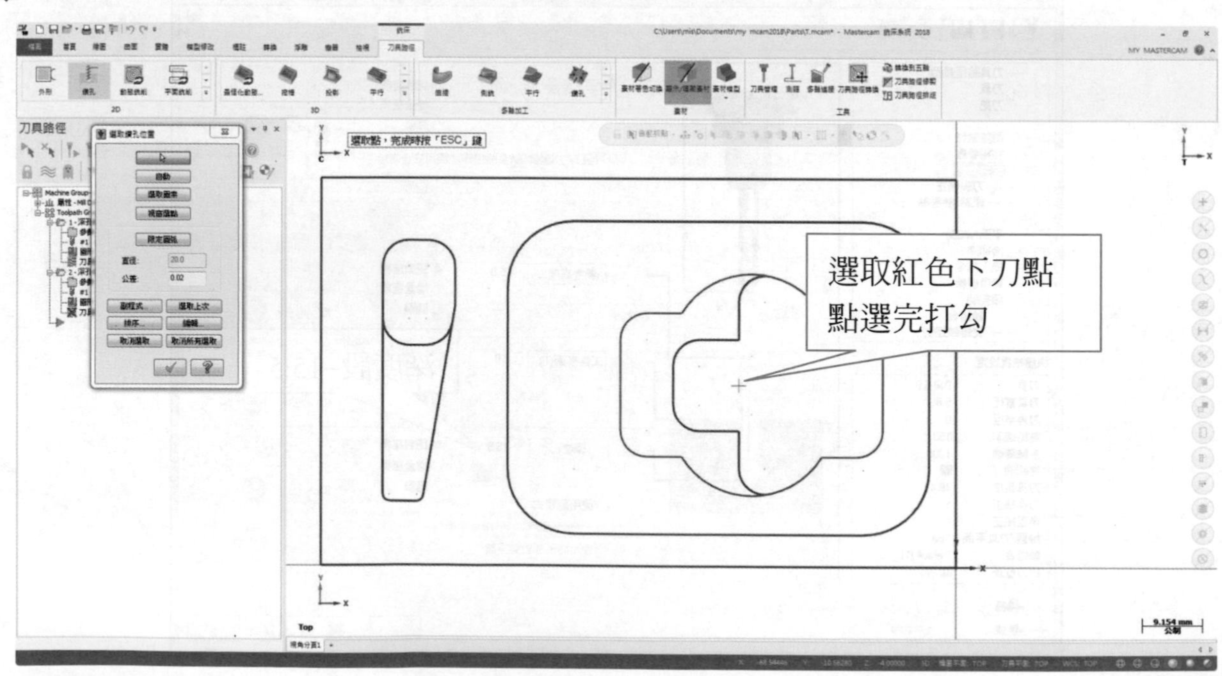

刀具→建立新刀具→點選鉸刀

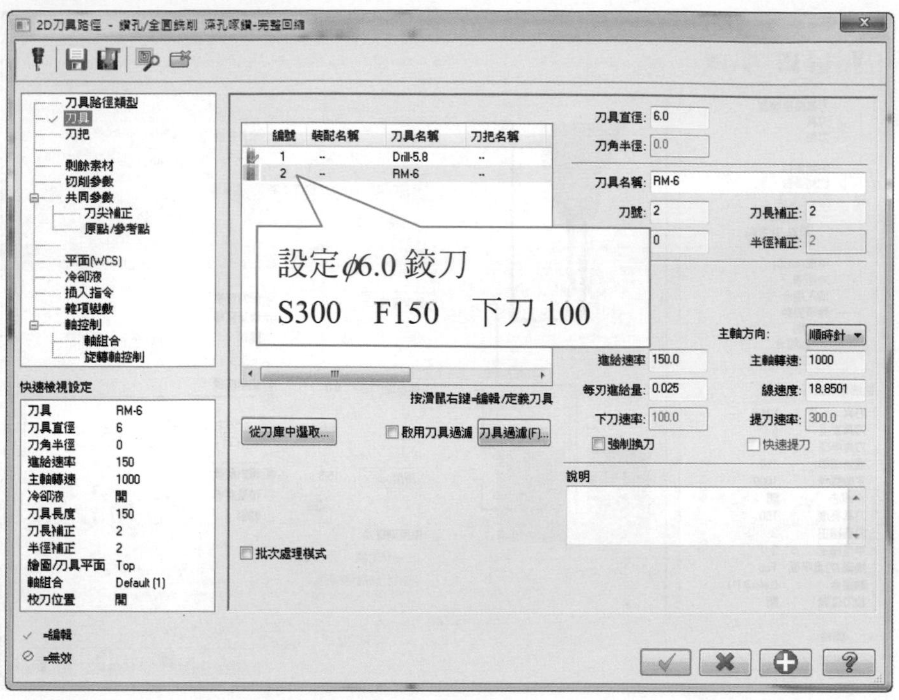

選擇切削參數→選擇鏜孔#1 為 G85 指令

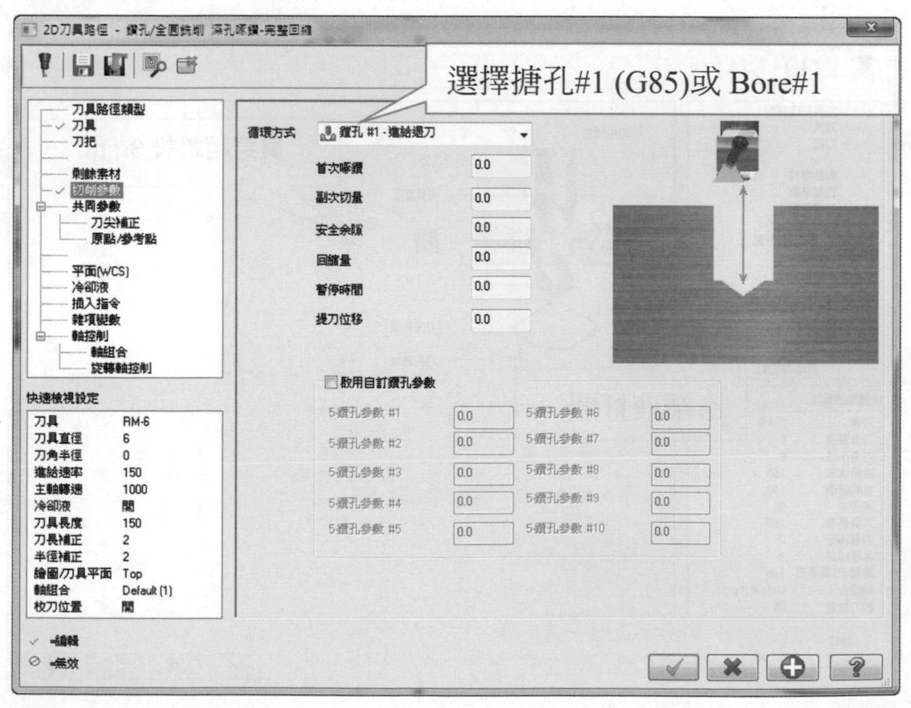

→ 選擇共同參數

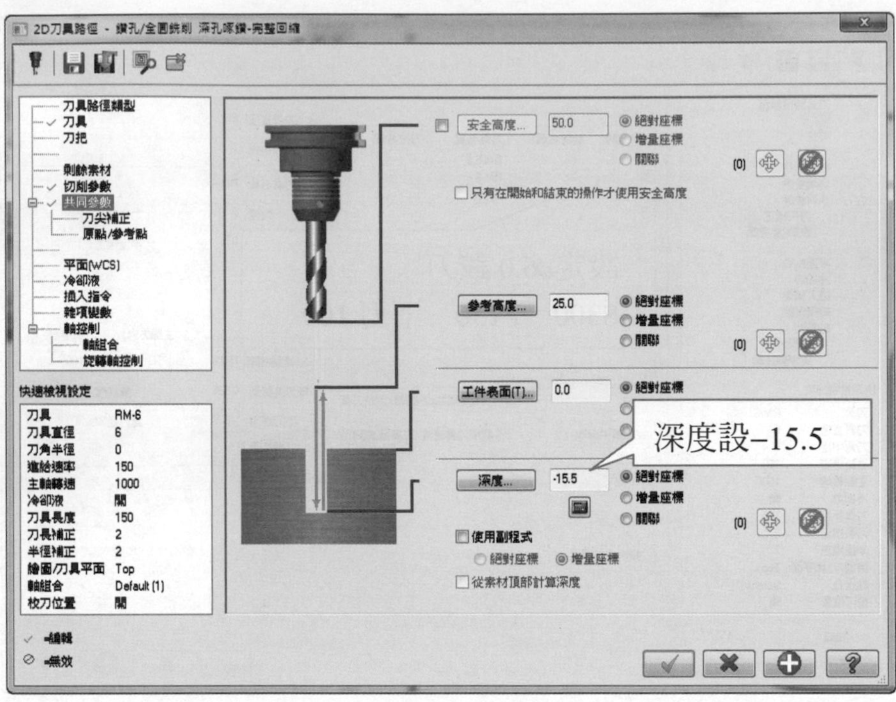

→ 選取刀尖補正

→ 選擇冷卻液→ON 打開

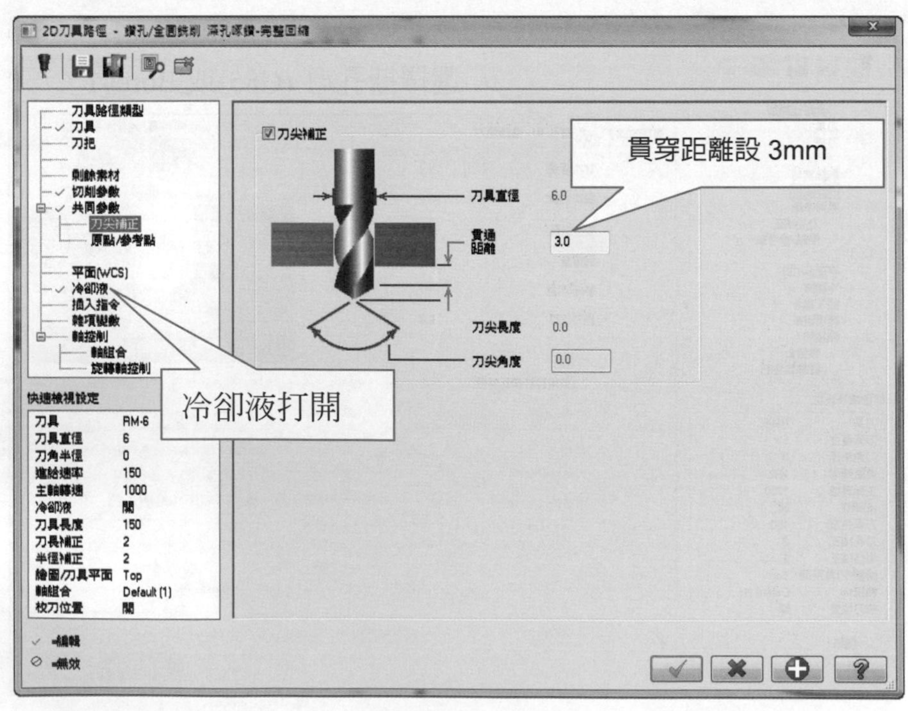

➔ ϕ6mm 粗銑刀加工設定步驟

➔ 選擇挖槽→串連一→串連二→串連三

➔ 粗銑 Z-4mm 層

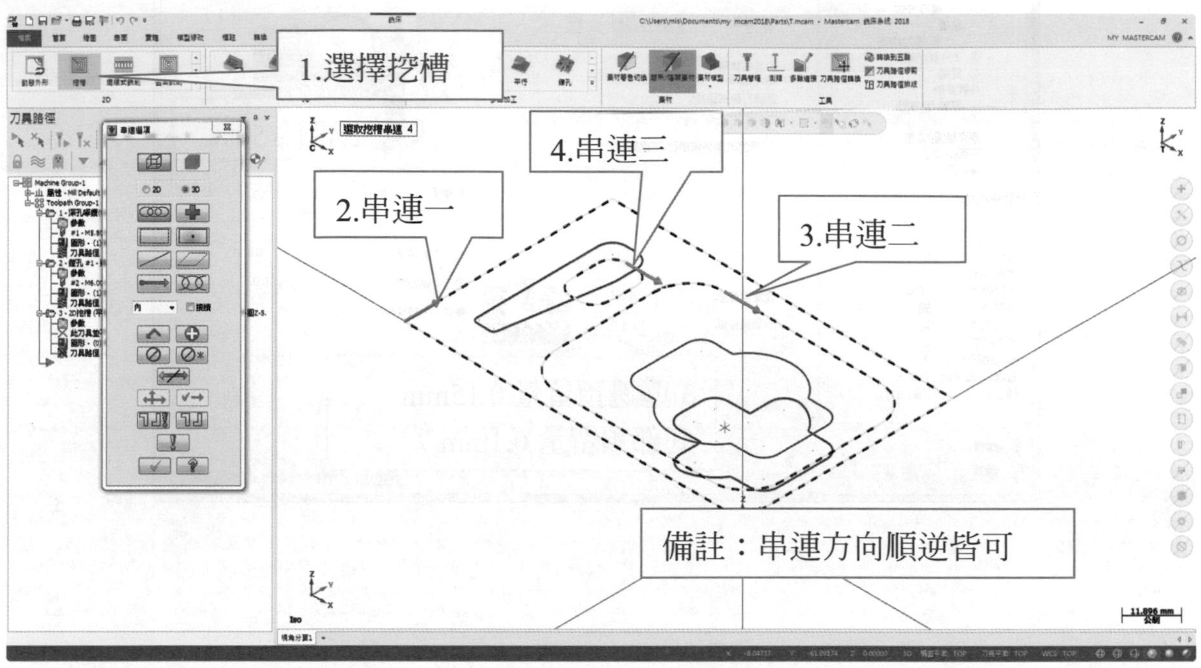

➔ 刀具→建立新刀具→設定ϕ6.0mm 粗銑刀

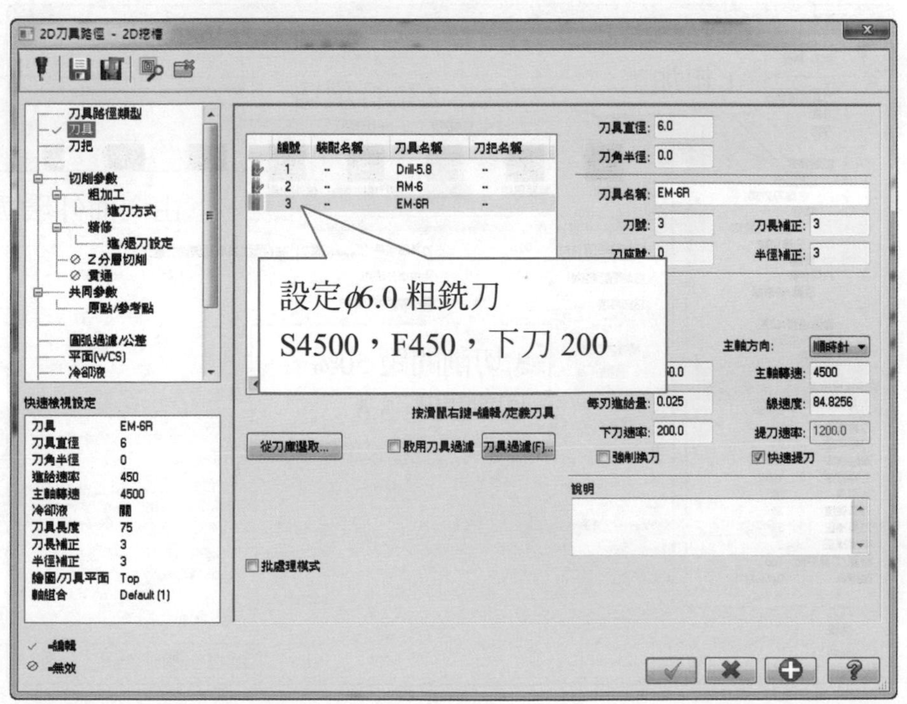

選擇切削參數→選取平面銑或邊界再加工

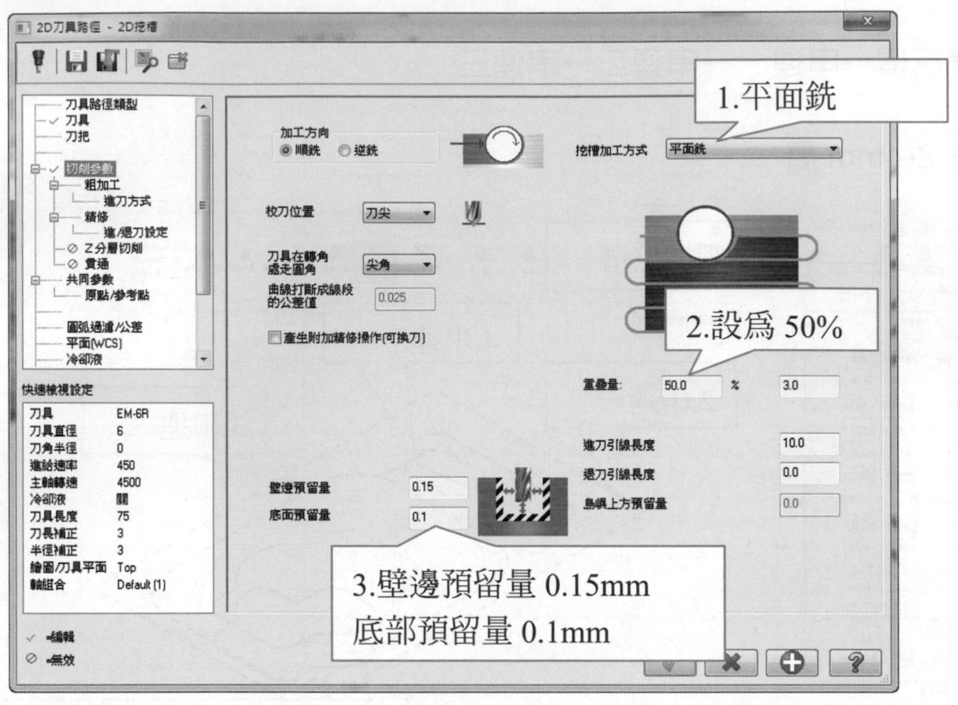

選擇粗加工→選擇平行環切

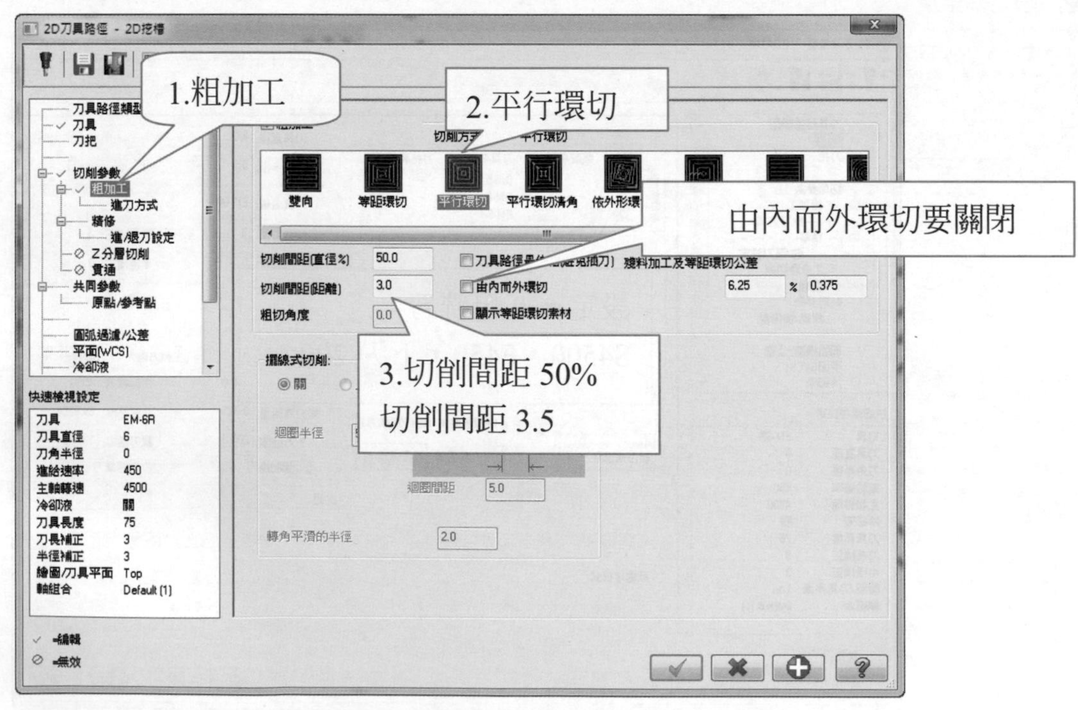

選擇精加工→關閉進/退刀向量

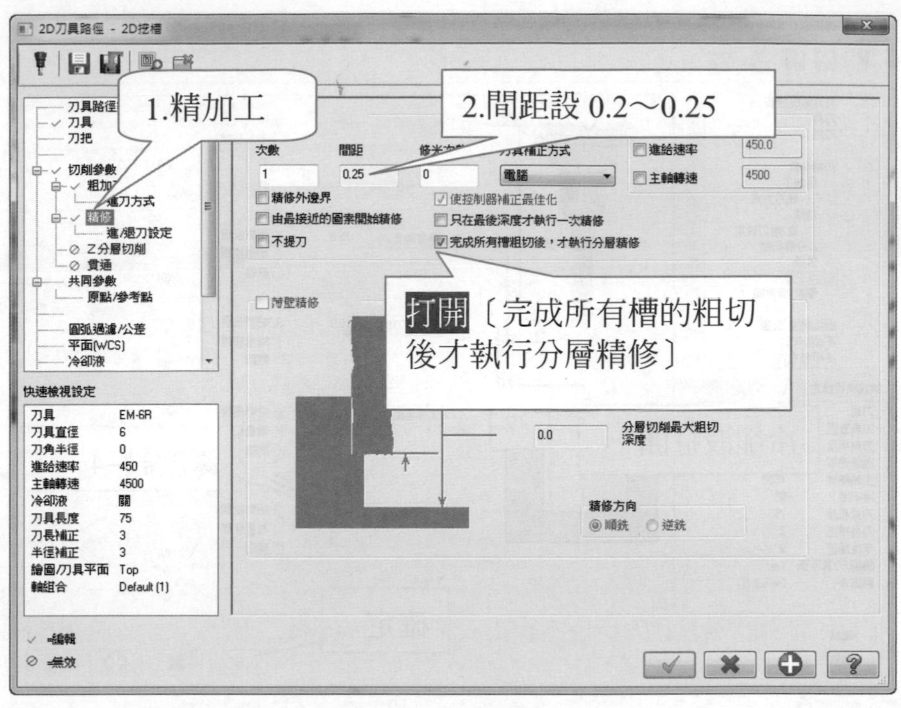

選擇分層切削

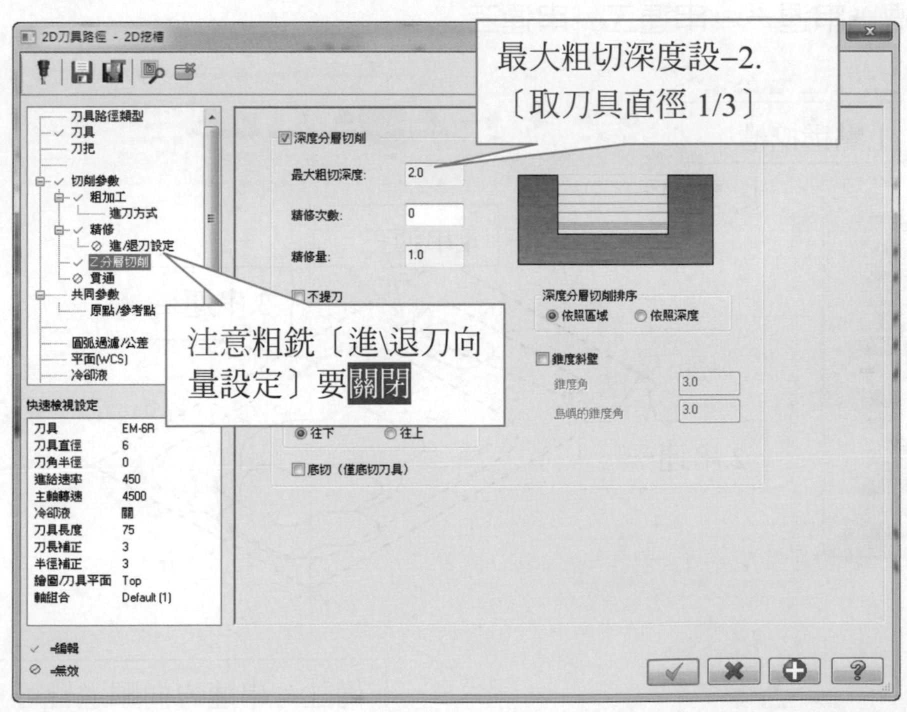

選擇共同參數

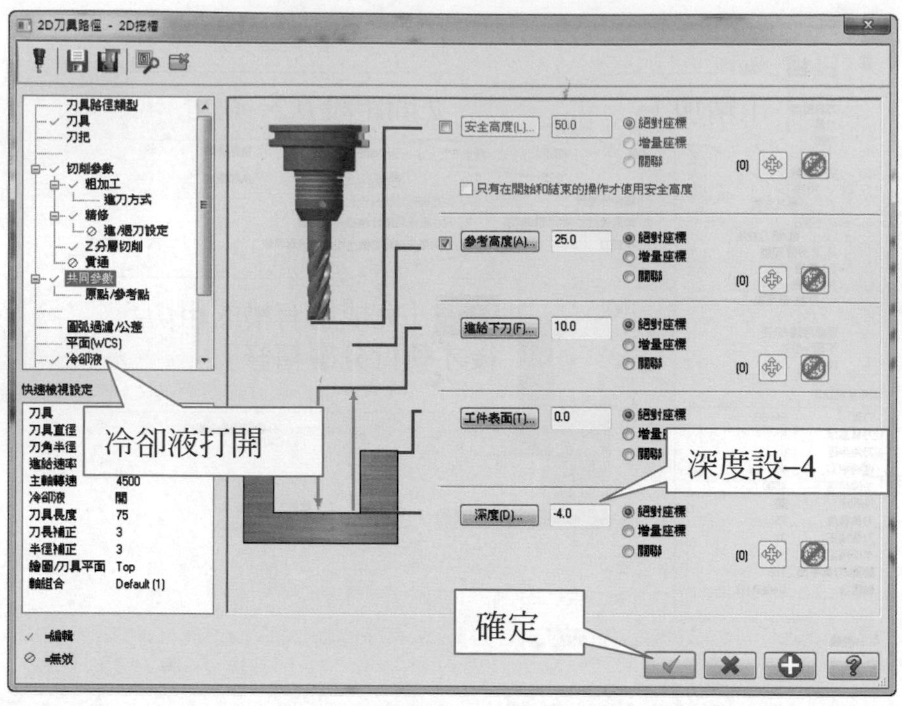

粗銑 Z-7mm 層

點選挖槽→串連一→串連二→串連三

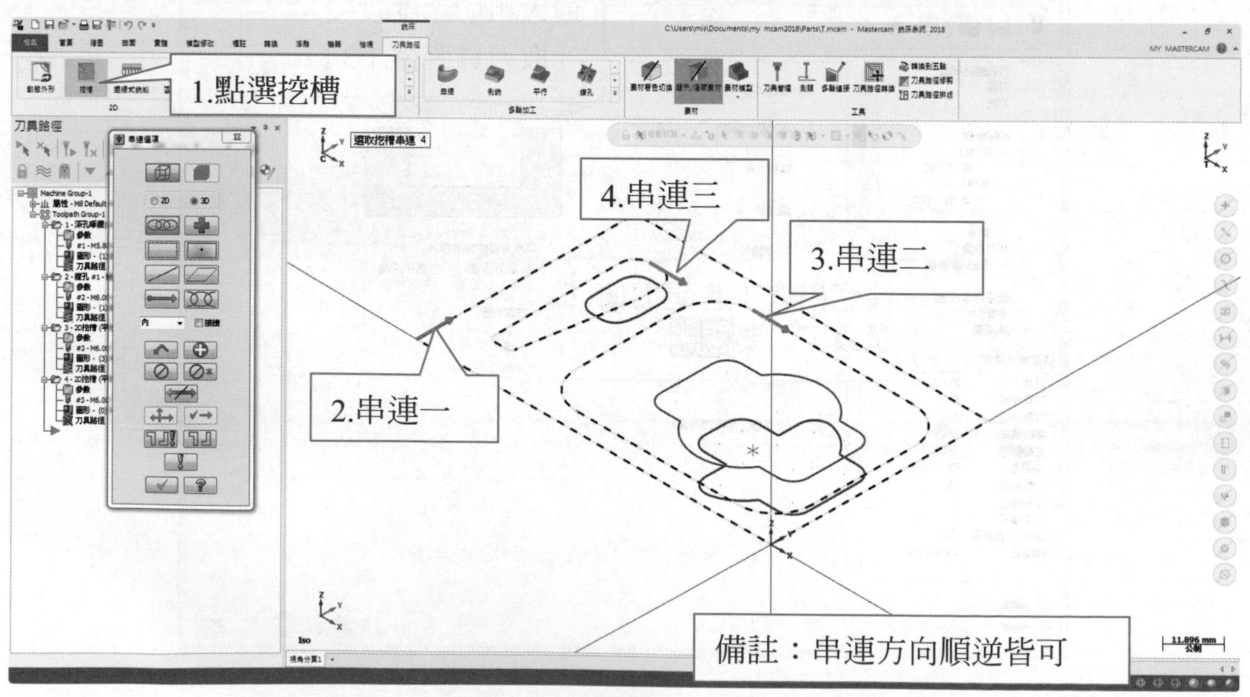

選擇分層切削

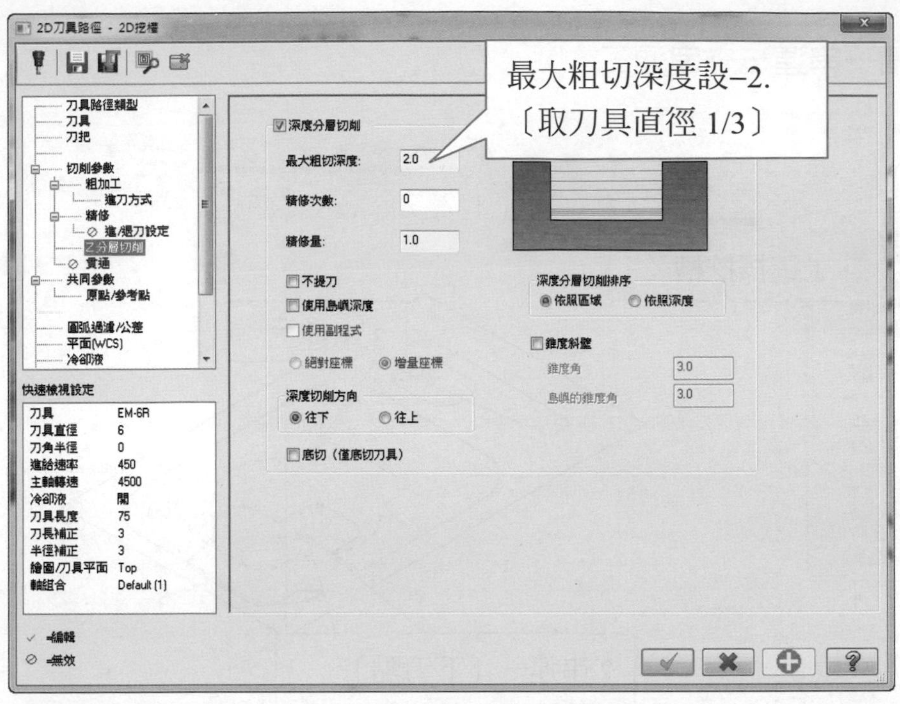

選擇共同參數

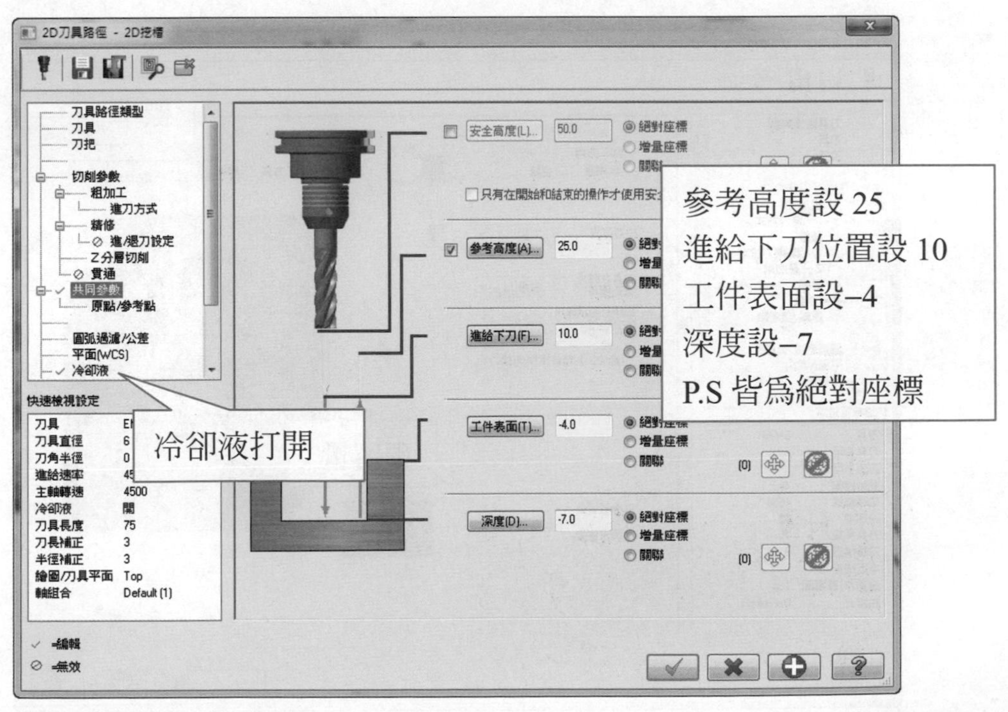

粗銑內槽 Z-8mm 層

選擇挖槽→串連一→串連二

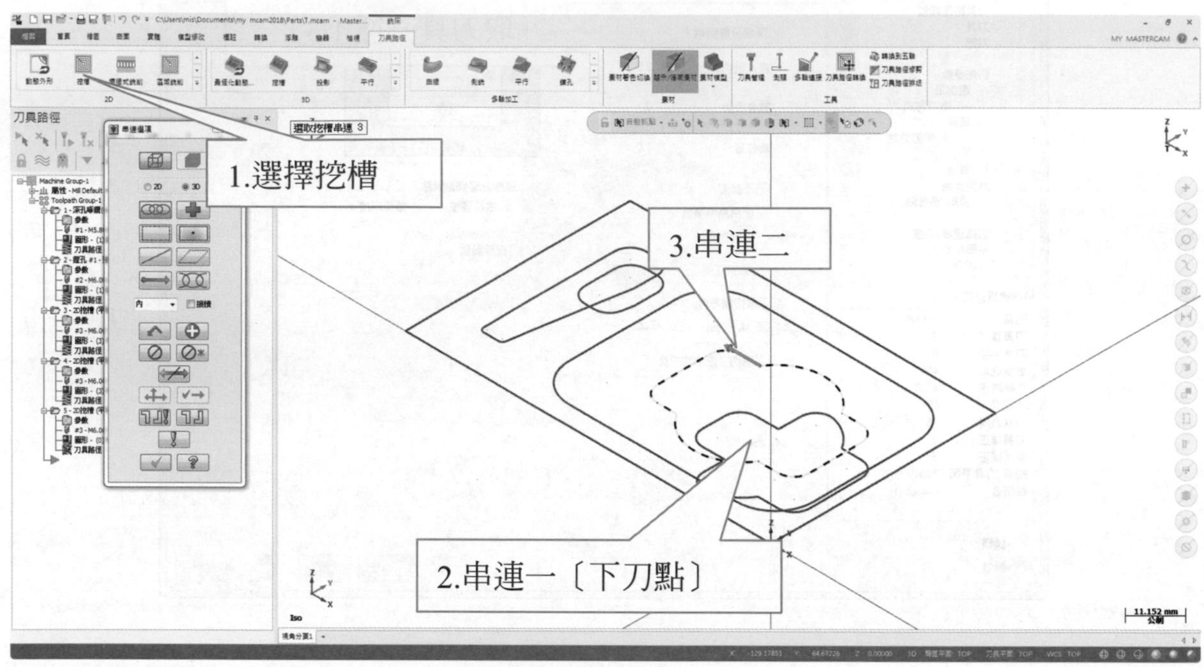

選擇切削參數

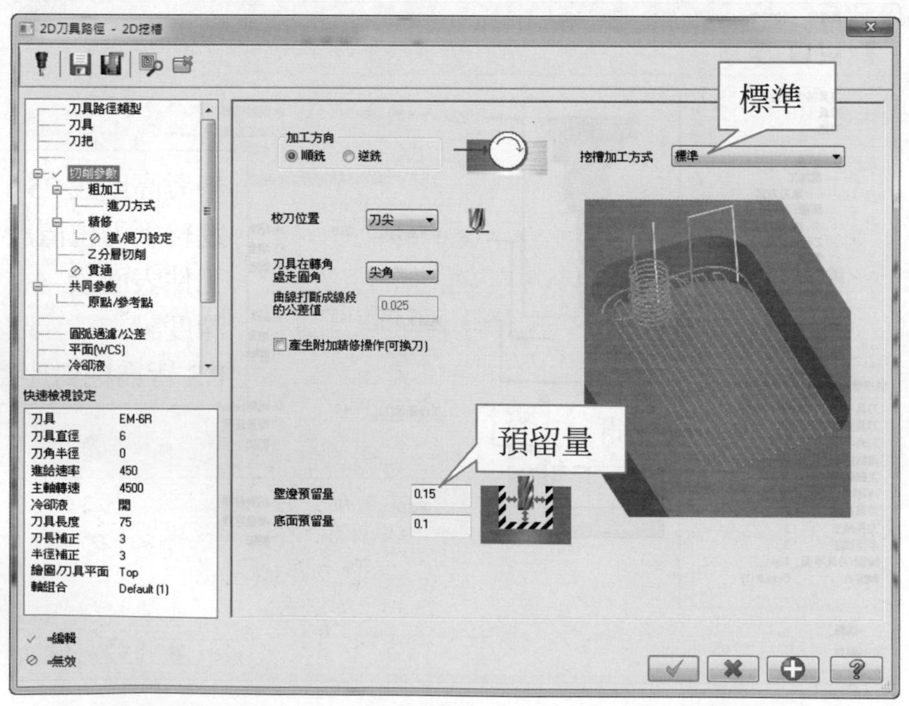

→ 選擇粗加工→選擇平行環切

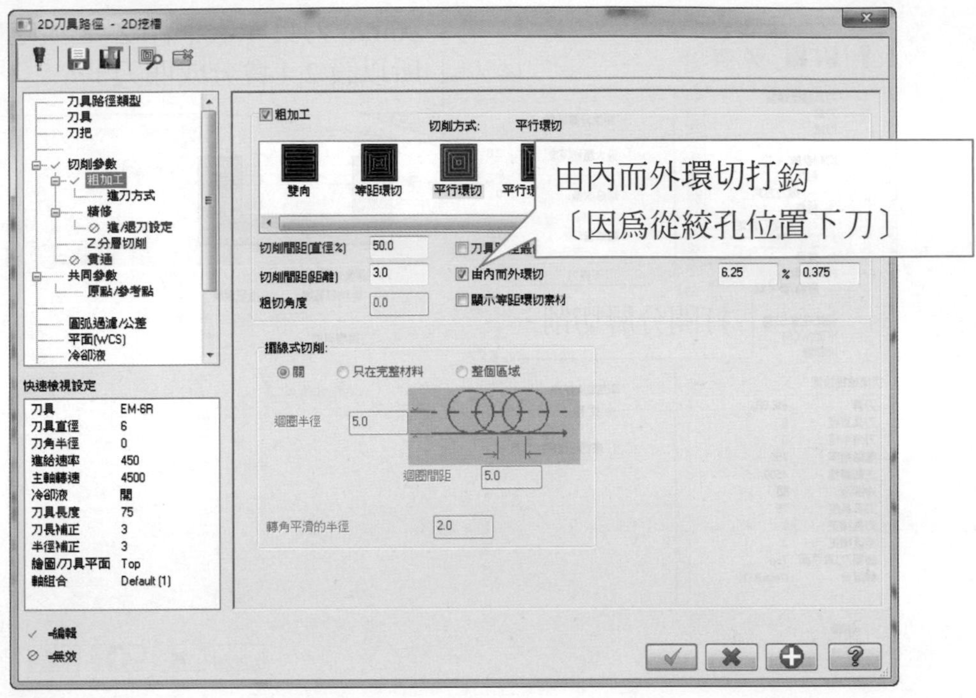

→ 選擇精修

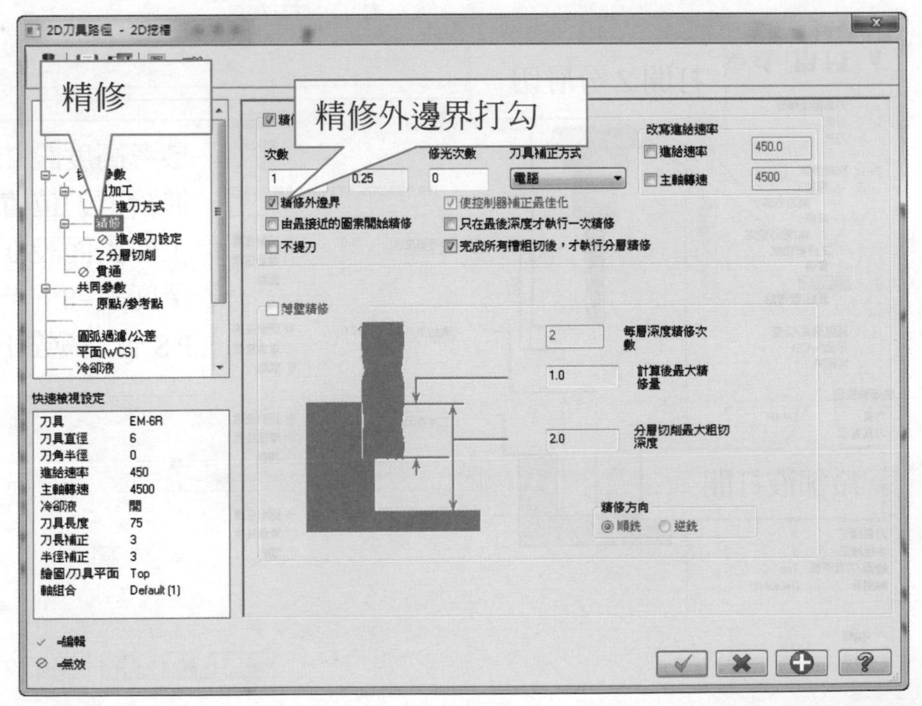

選擇分層切削

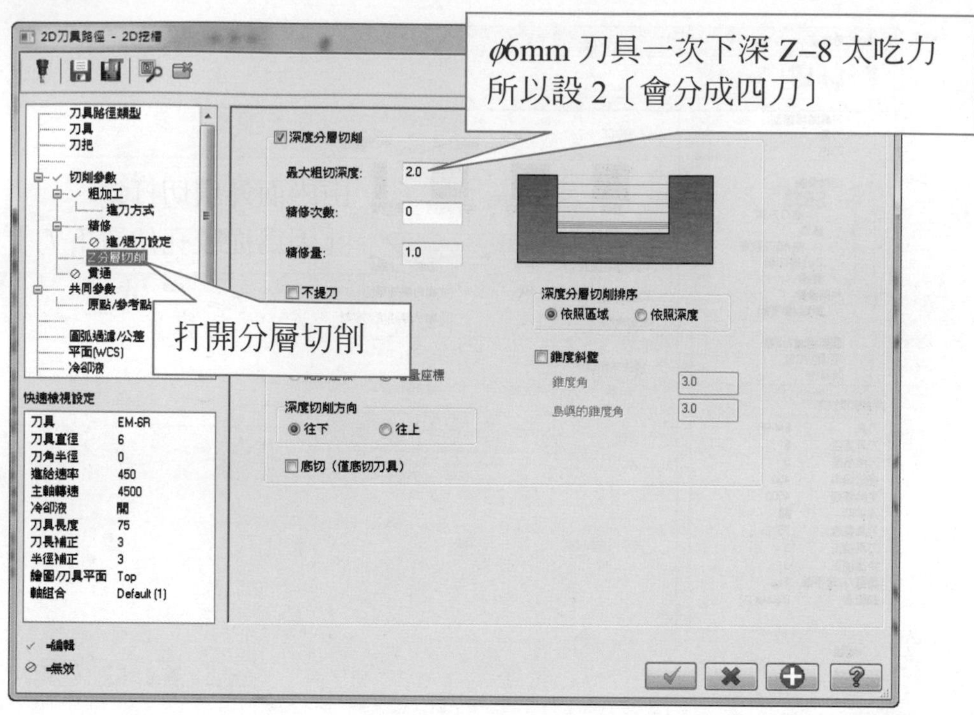

選擇冷卻液→ON 打開

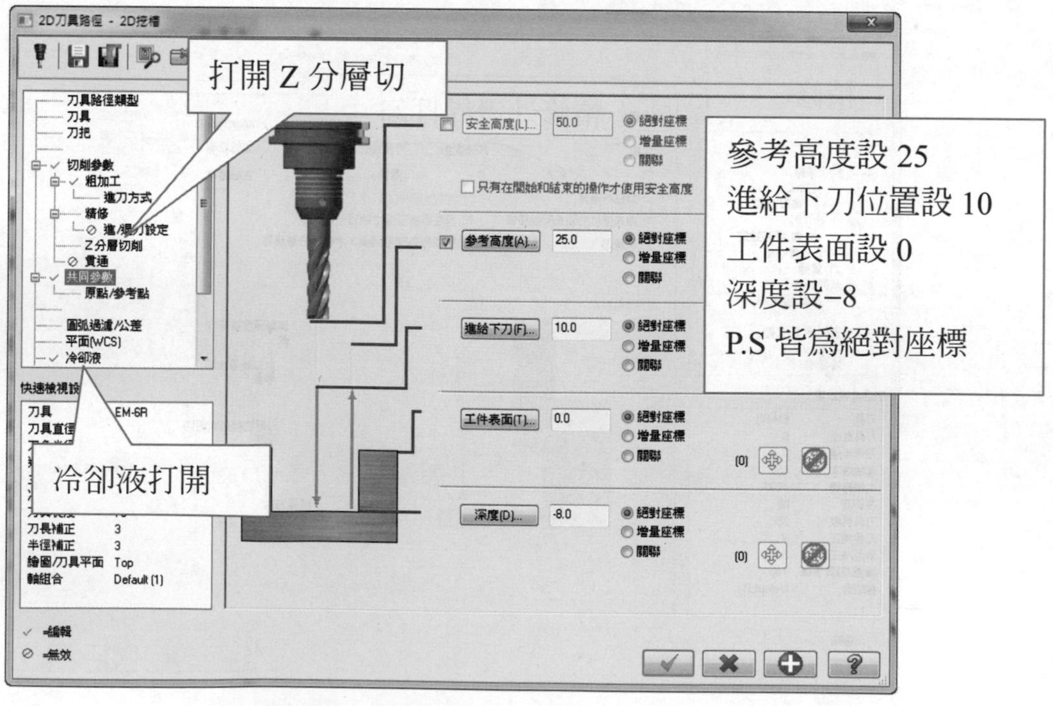

粗銑內槽 Z–12mm 層

選擇挖槽→串連一→串連二

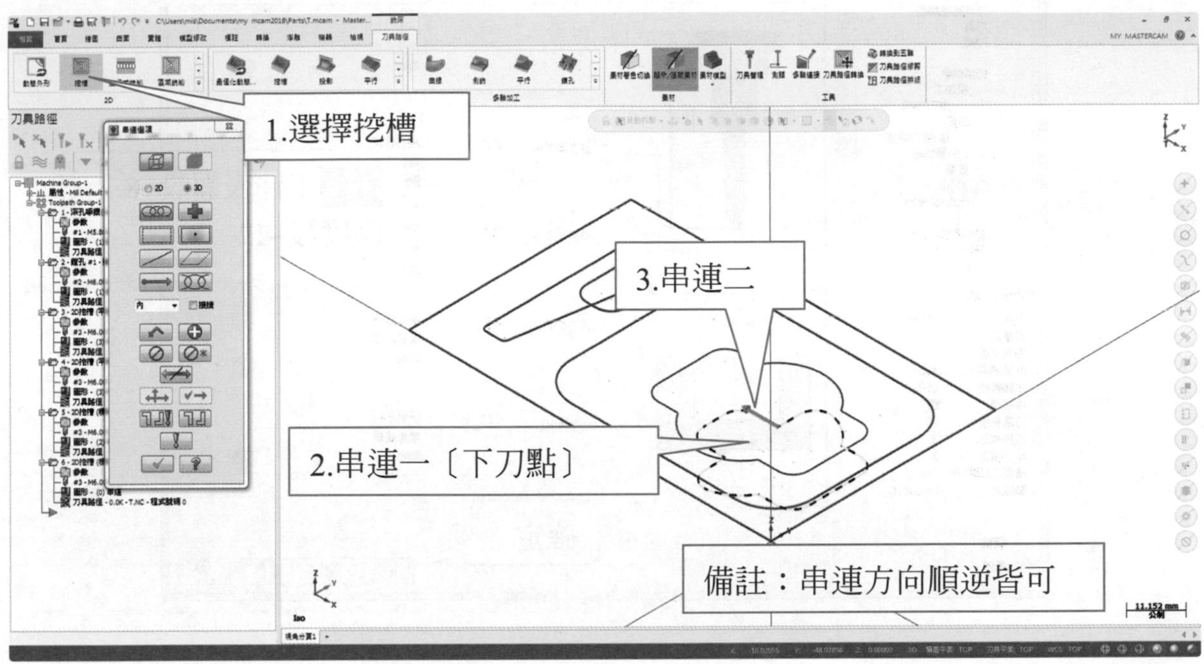

選擇 Z 分層切削

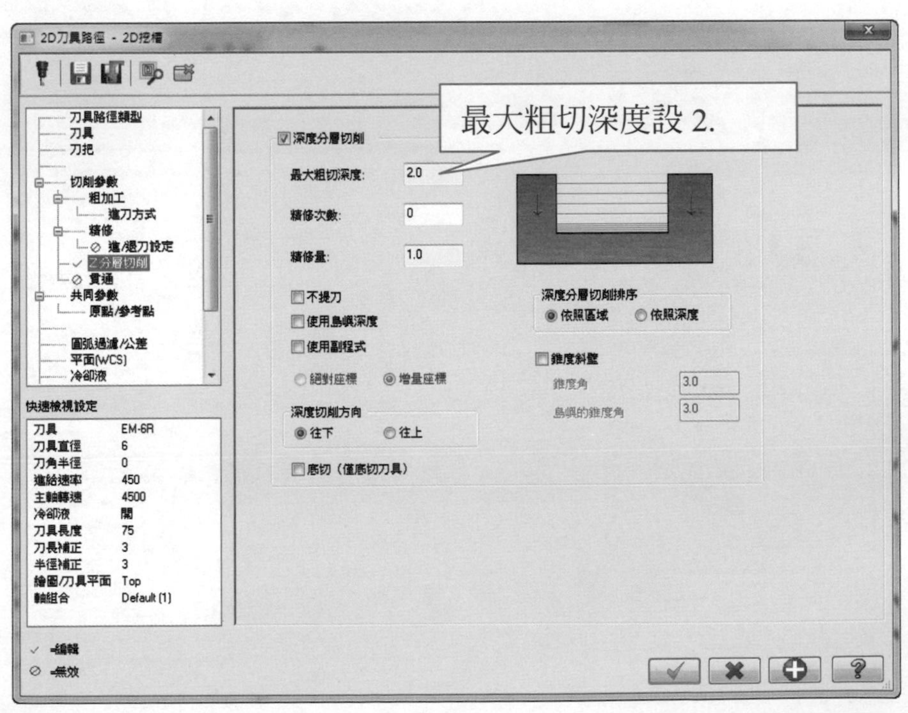

選擇共同參數

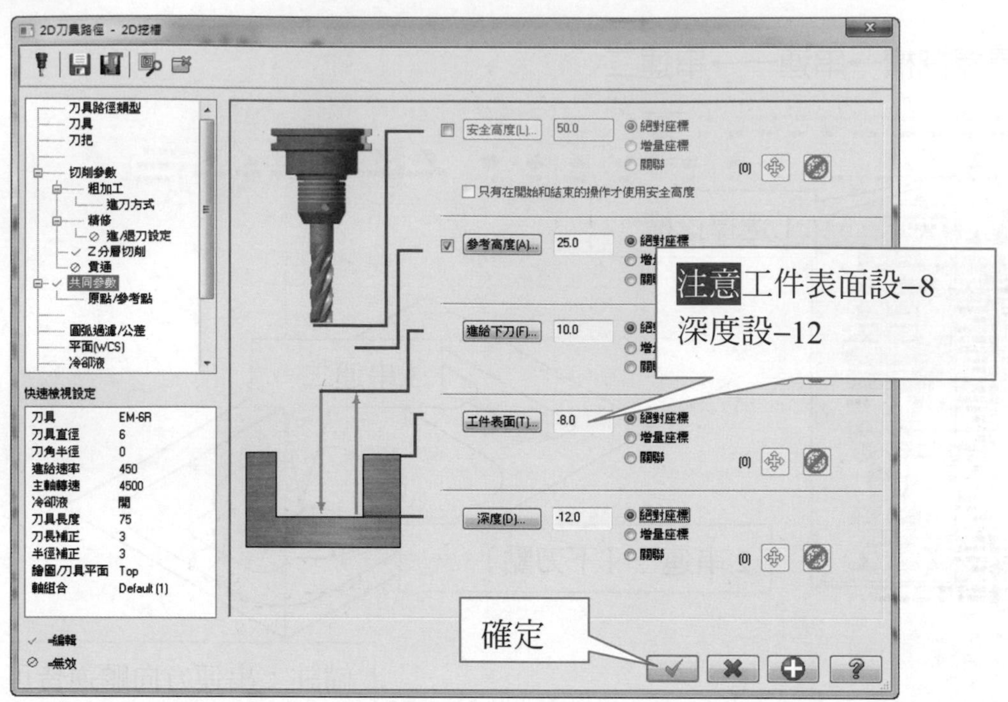
2D刀具路徑 - 2D挖槽
刀具路徑類型
刀具
刀把
切削參數
粗加工
進刀方式
精修
進/退刀設定
Z分層切削
貫通
共同參數
原點/參考點
圓弧過濾/公差
平面(WCS)
冷卻液
快速檢視設定
刀具 EM-6R
刀具直徑 6
刀角半徑 0
進給速率 450
主軸轉速 4500
冷卻液 關
刀具長度 75
刀長補正 3
半徑補正 3
繪圖/刀具平面 Top
軸組合 Default (1)
=編輯
=無效
安全高度(L)... 50.0
絕對座標
增量座標
關聯
只有在開始和結束的操作才使用安全高度
參考高度(A)... 25.0
進給下刀(F)... 10.0
工件表面(T)... -8.0
深度(D)... -12.0
注意工件表面設-8
深度設-12
確定

→ ϕ6mm 精銑刀加工設定步驟

→ 選擇挖槽→串連一→串連二→串連三→ (串連方向皆為順時針)

→ 精銑外輪廓 Z–8mm 層及底面 (內含尺寸補正磨耗)

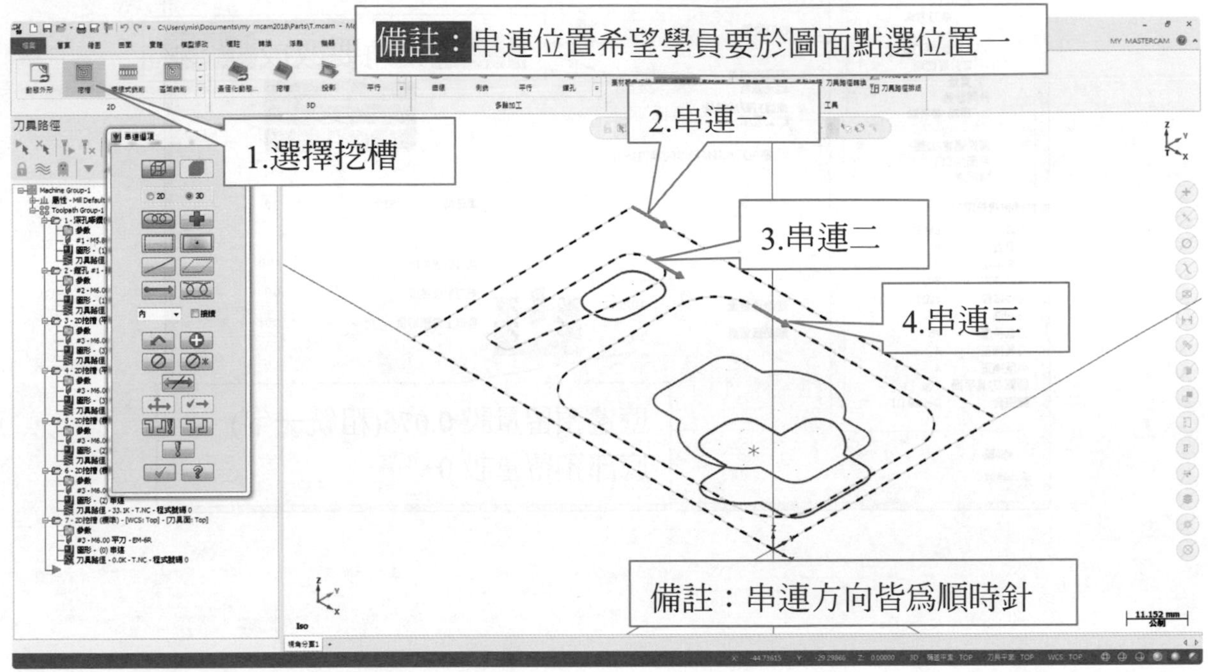

→ 刀具→建立新刀具→設定ϕ6.0mm 精銑刀

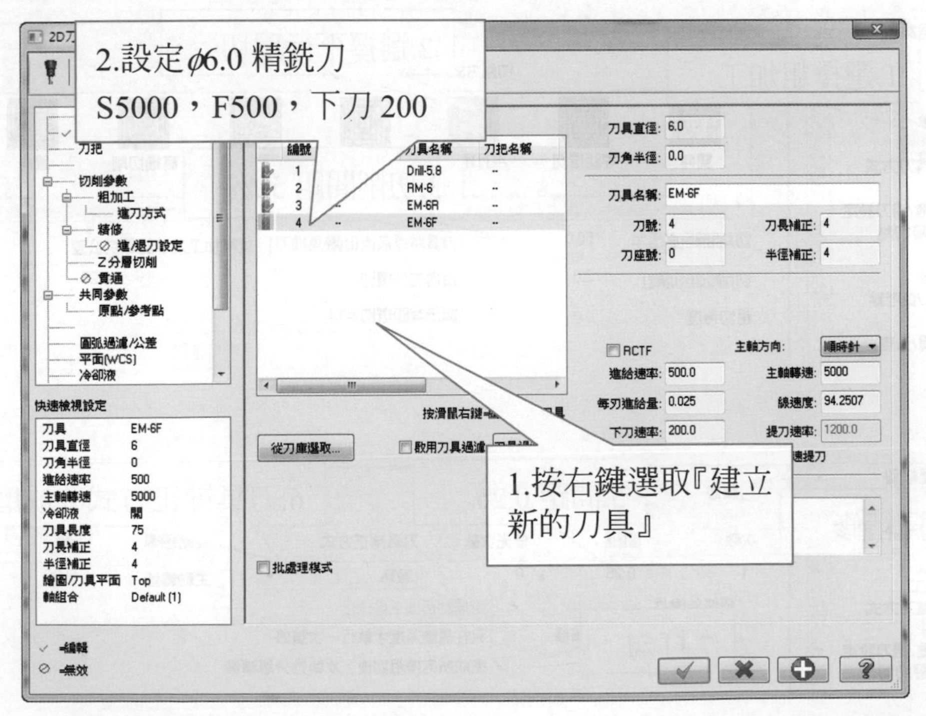

選擇切削參數

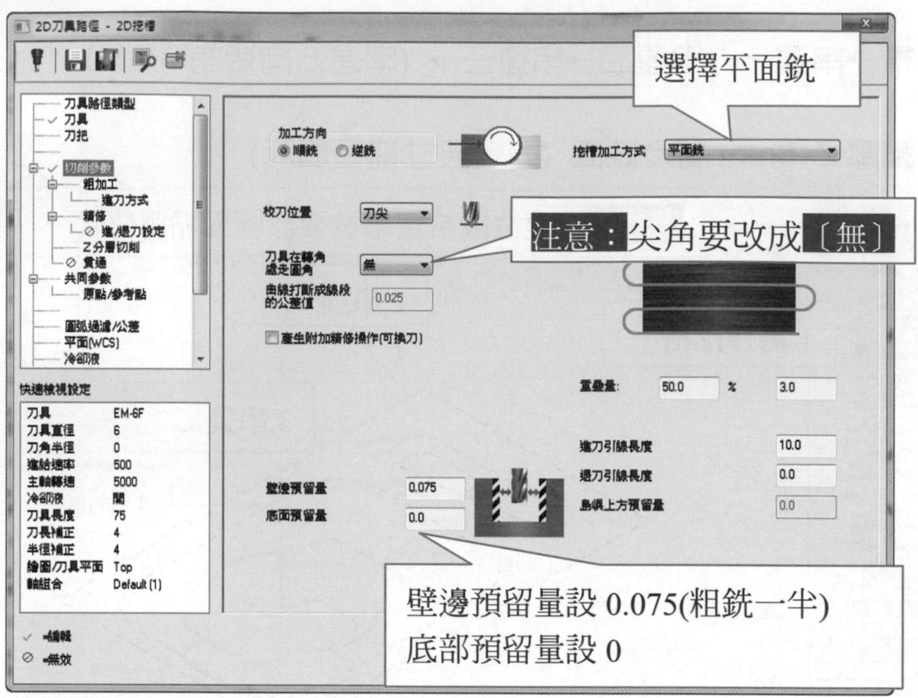

選擇粗加工/精加工參數

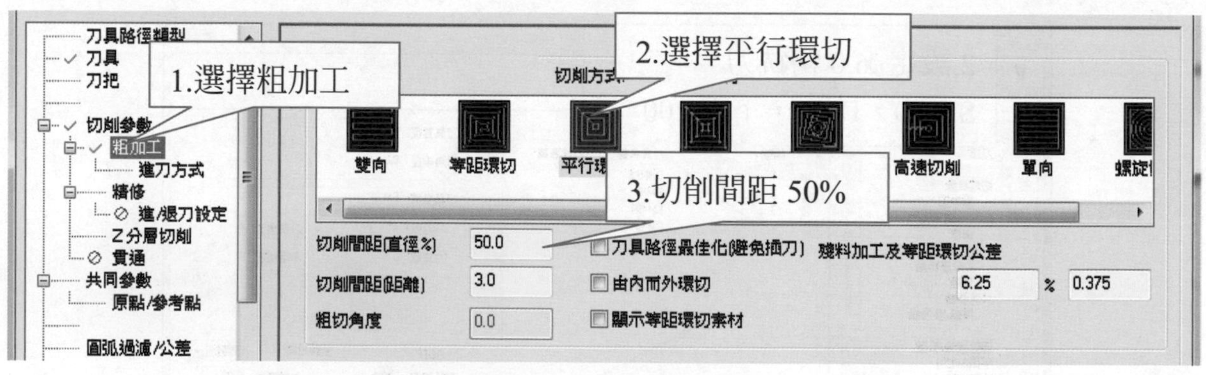

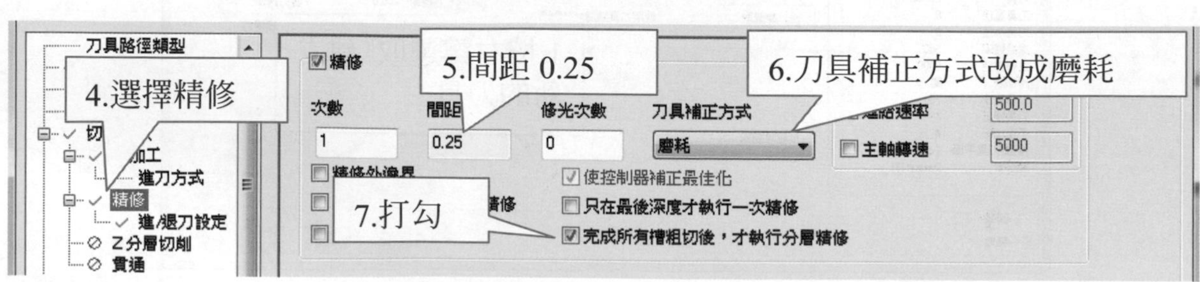

→ 選擇進/退刀向量設定

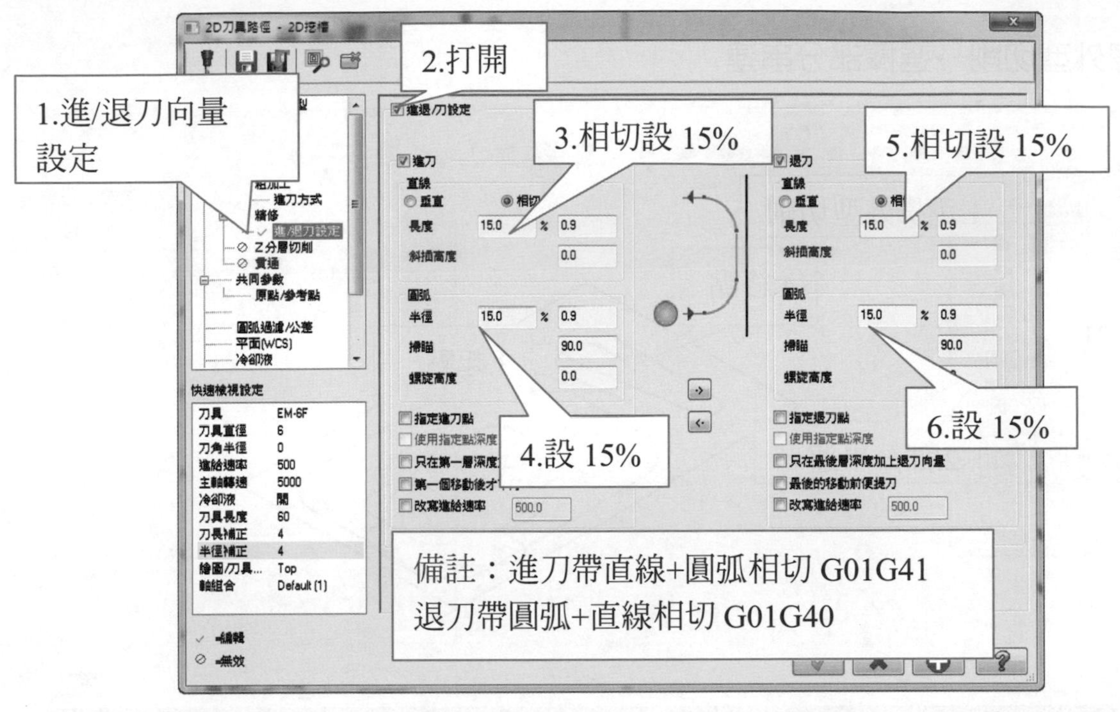

→ 選擇共同參數

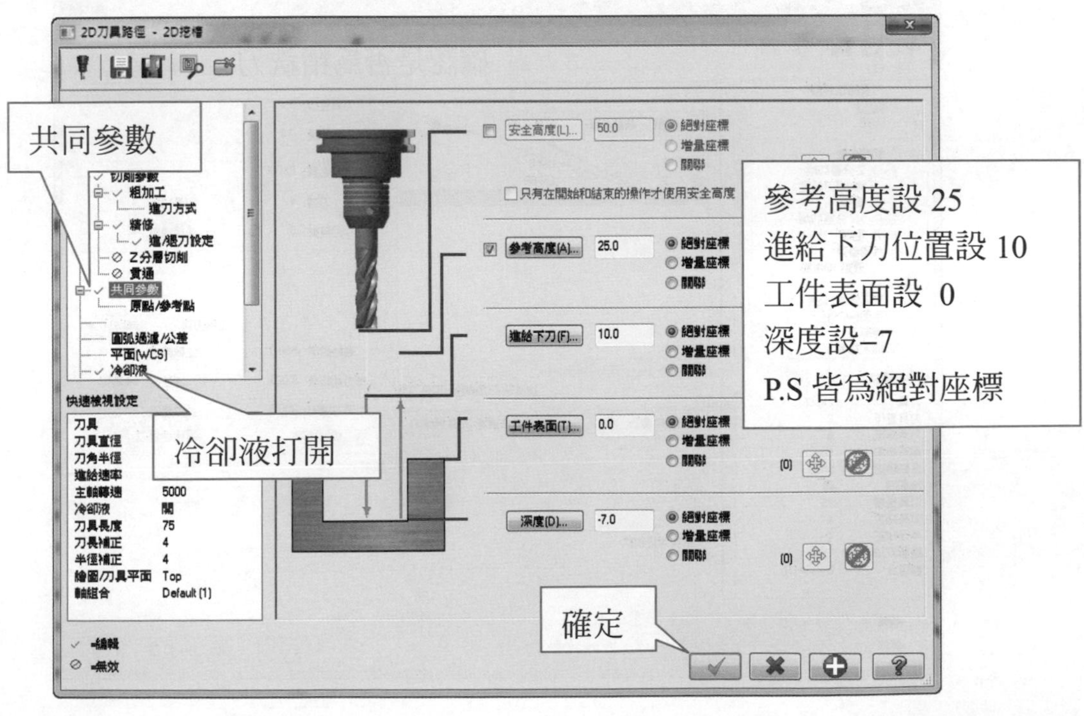

➜ 精銑外輪廓 Z–4mm 層（內含尺寸補正磨耗）

➜ 選擇外型切削→選擇部分串連

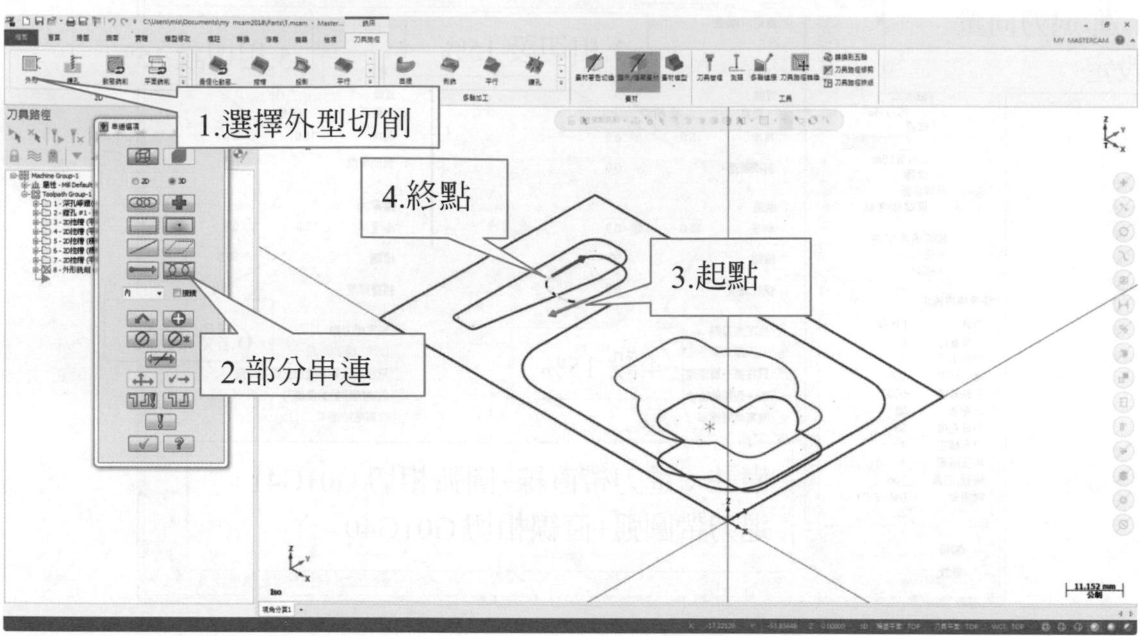

➜ 刀具→選擇 T4 平刀

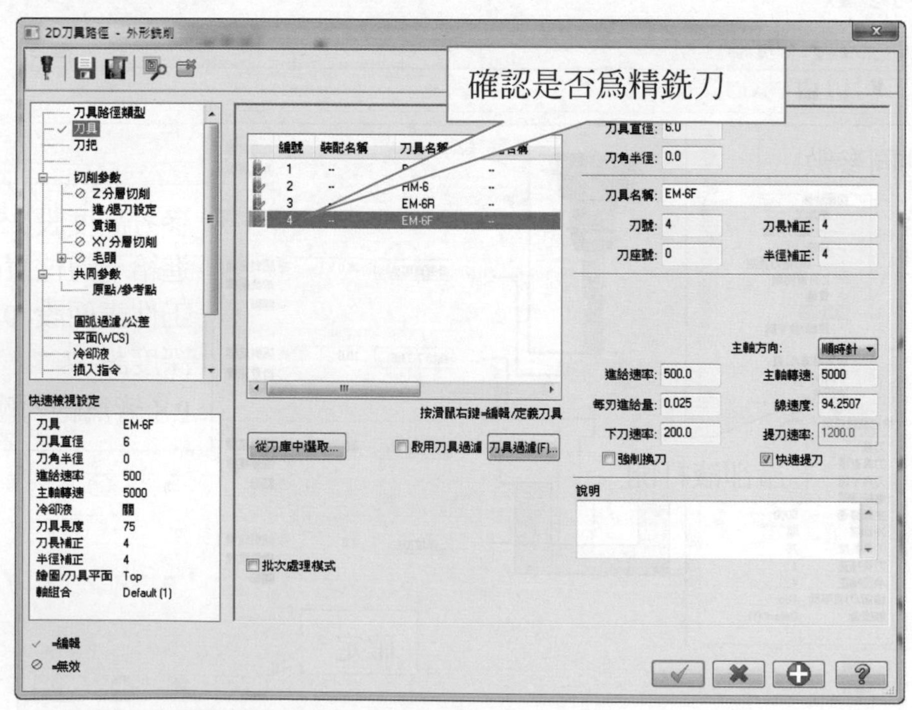

→ 選擇切削參數→選取磨耗

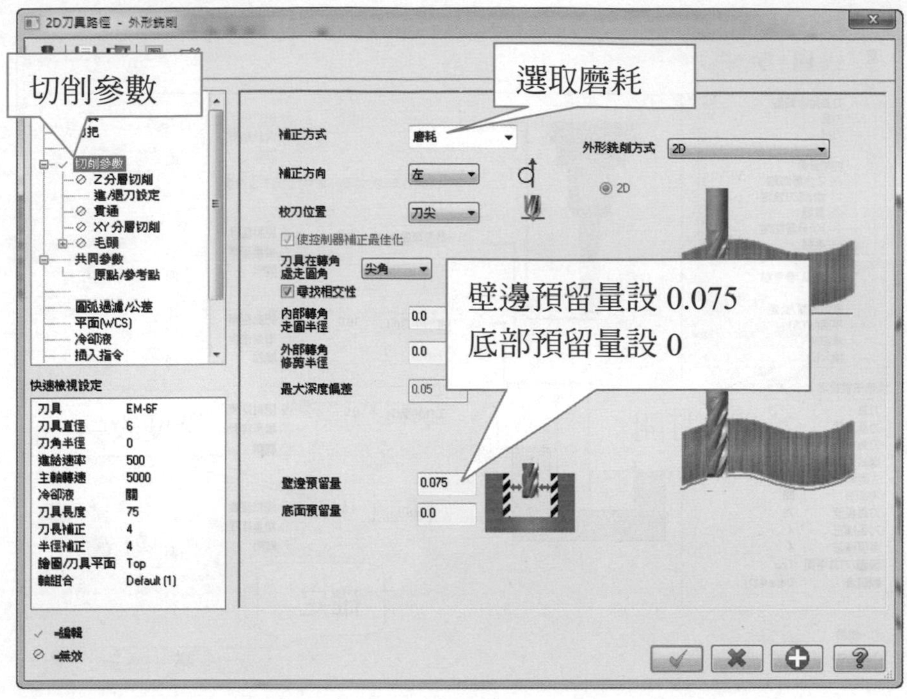

→ 選擇進/退刀向量設定

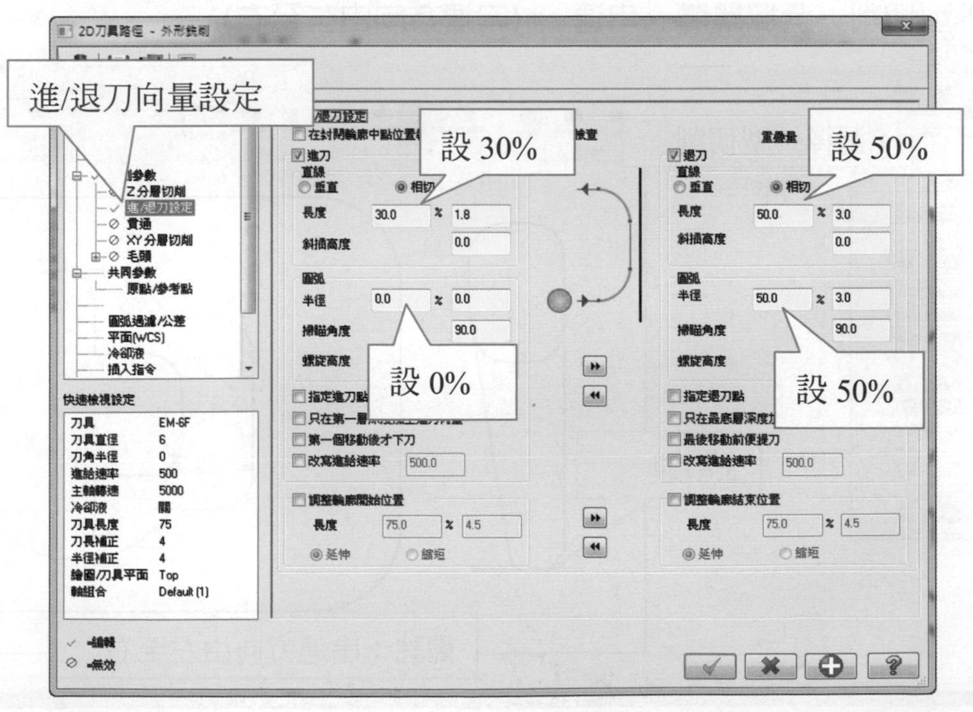

選擇共同參數

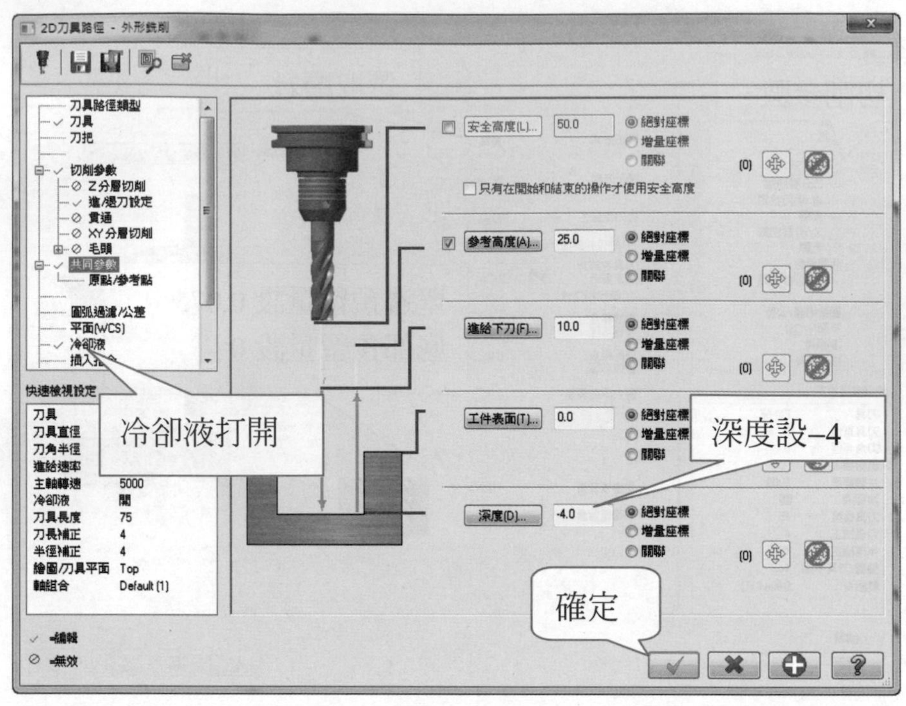

精銑外輪廓底面 Z–4mm 層

選擇外型切削→選擇單體→串連一 (串連方向由左至右)

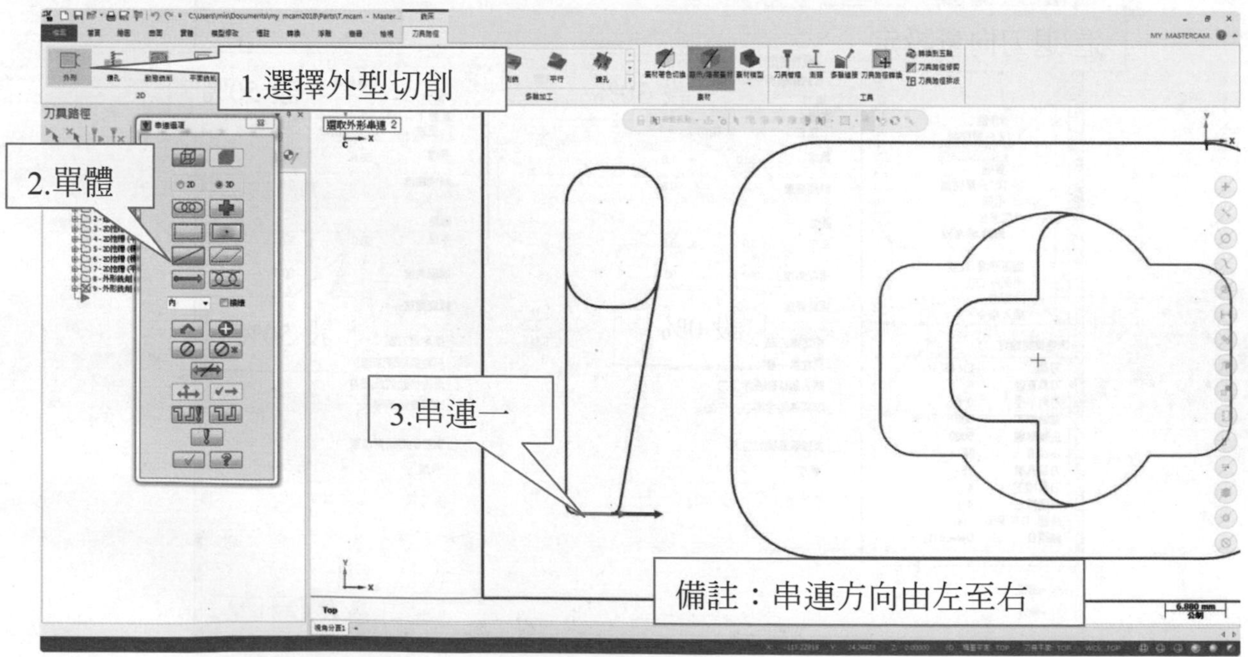

選擇切削參數→選取電腦

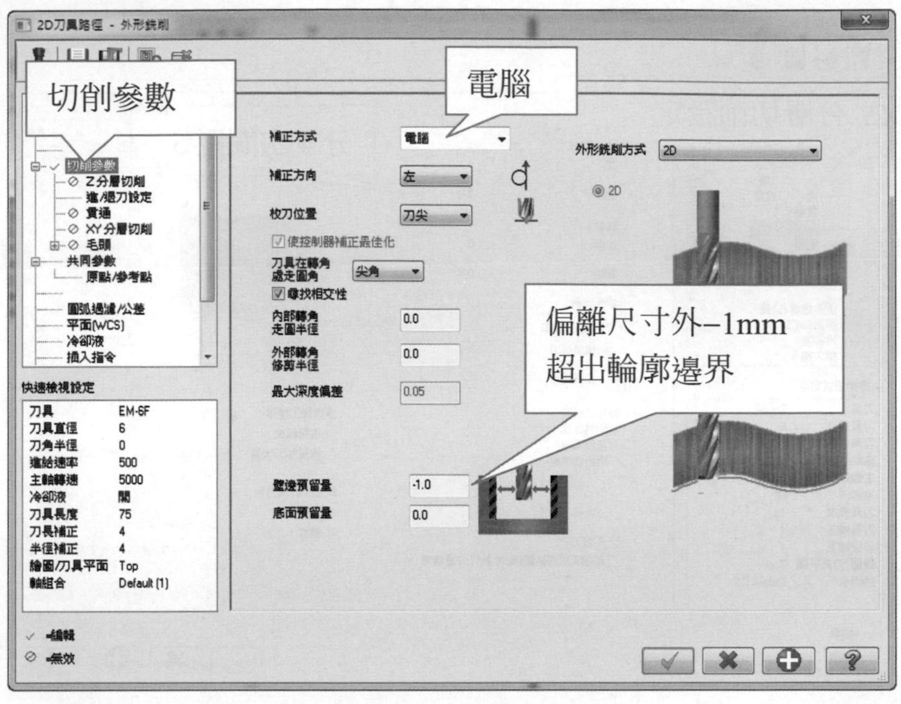

選擇進/退刀向量設定

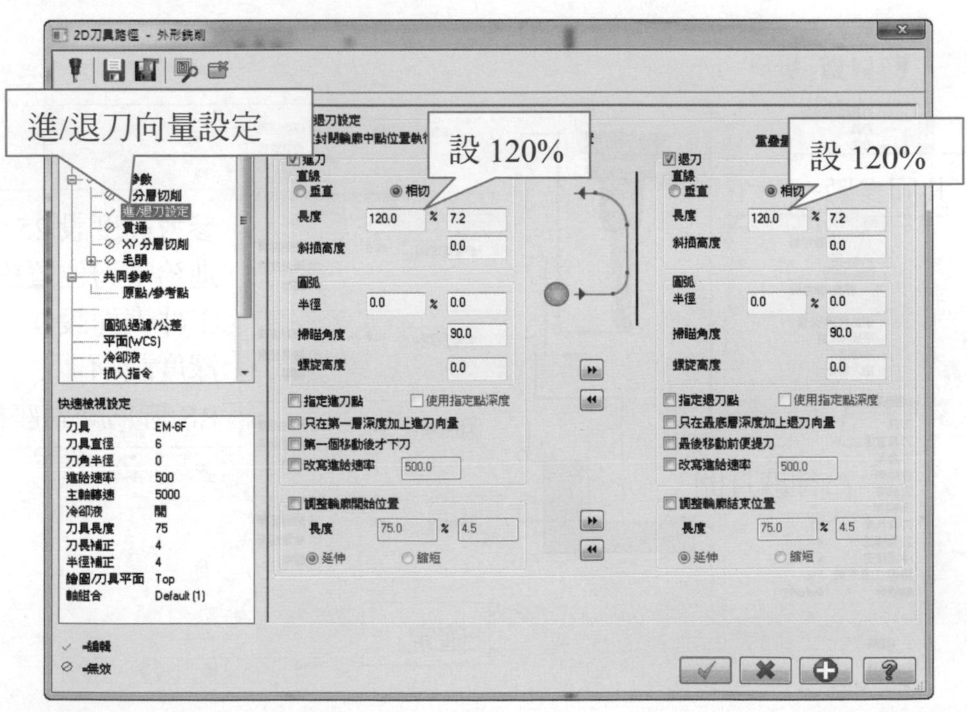

選擇 XY 分層切削設定

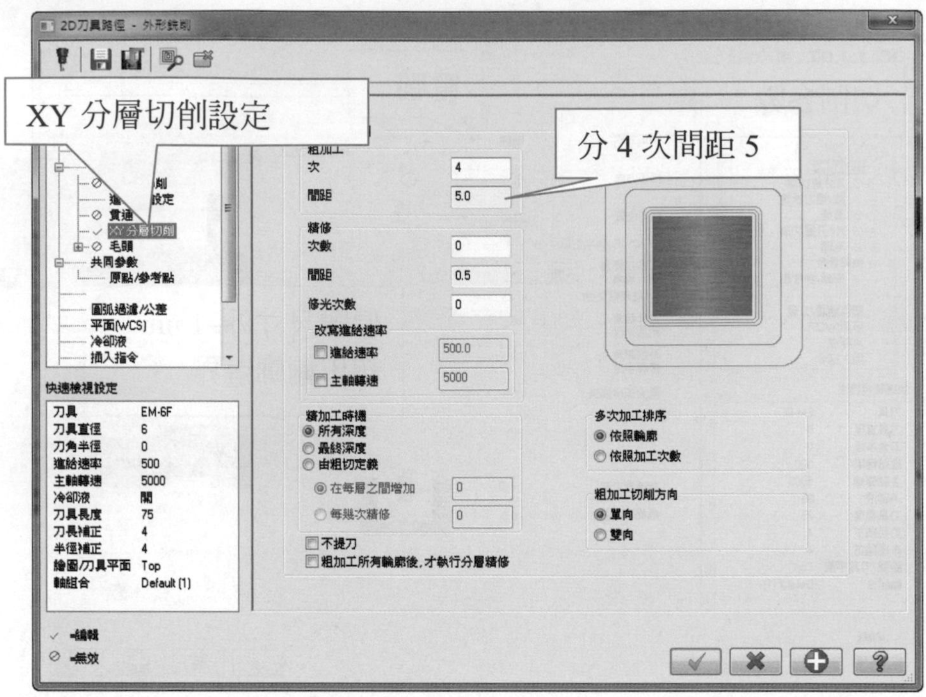

選擇共同參數

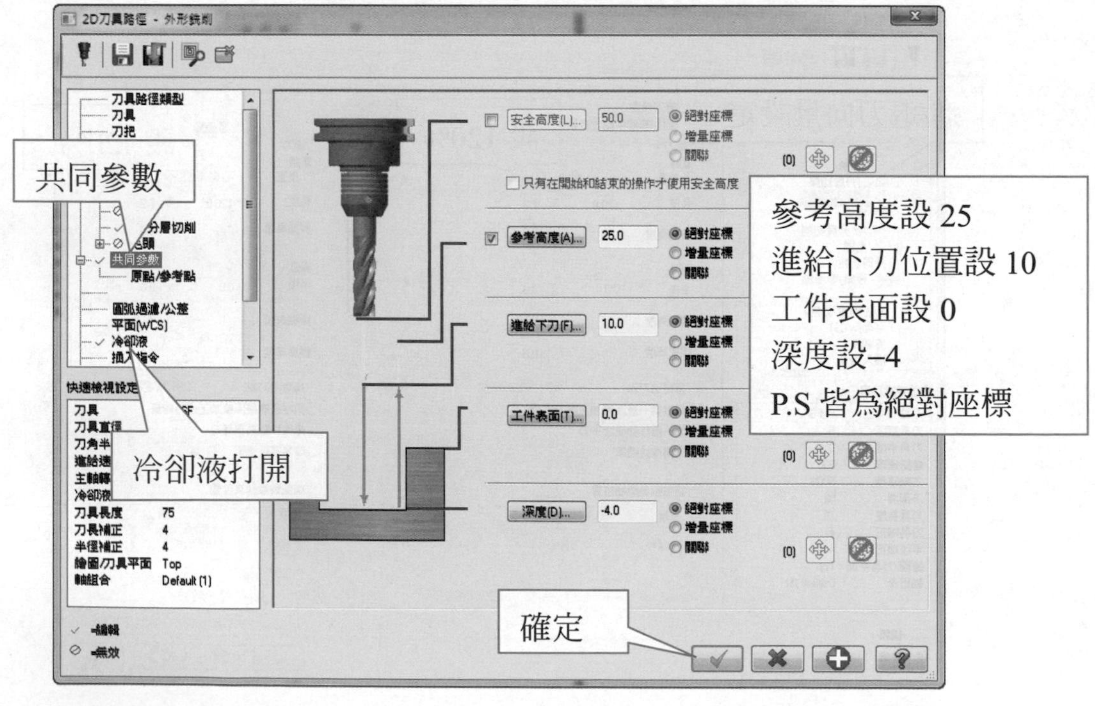

→ 精銑內槽輪廓 Z–8mm 層（內含尺寸補正磨耗）

→ 選擇挖槽

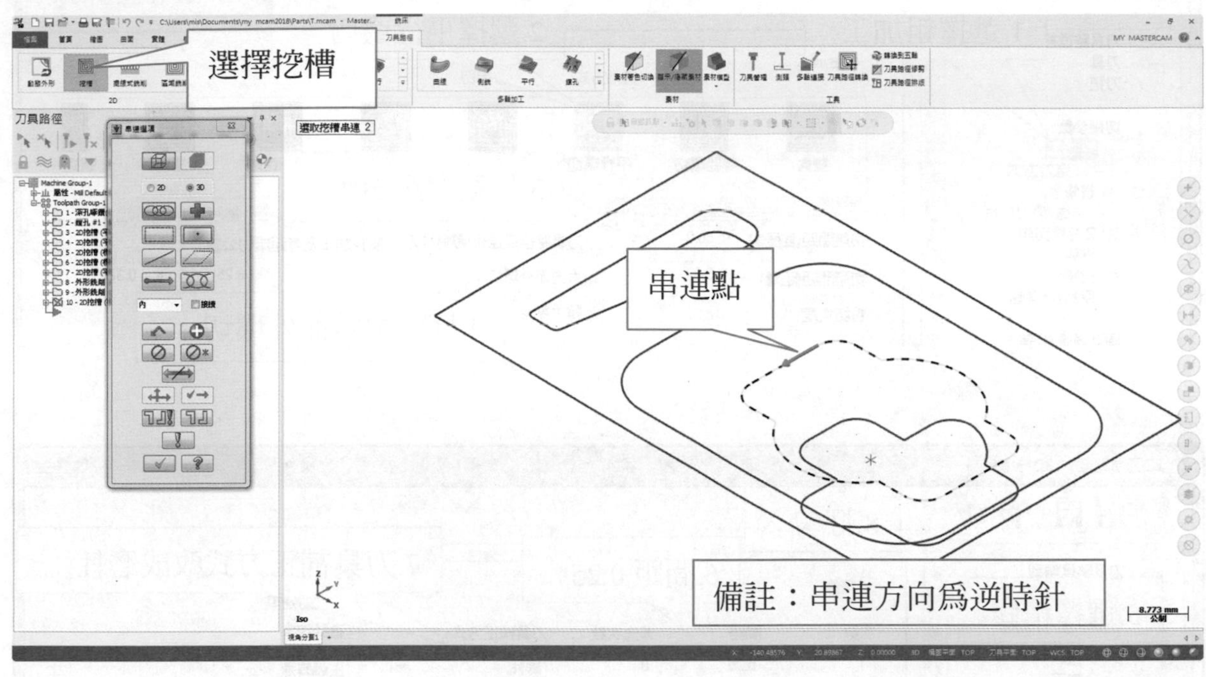

→ 選擇切削參數

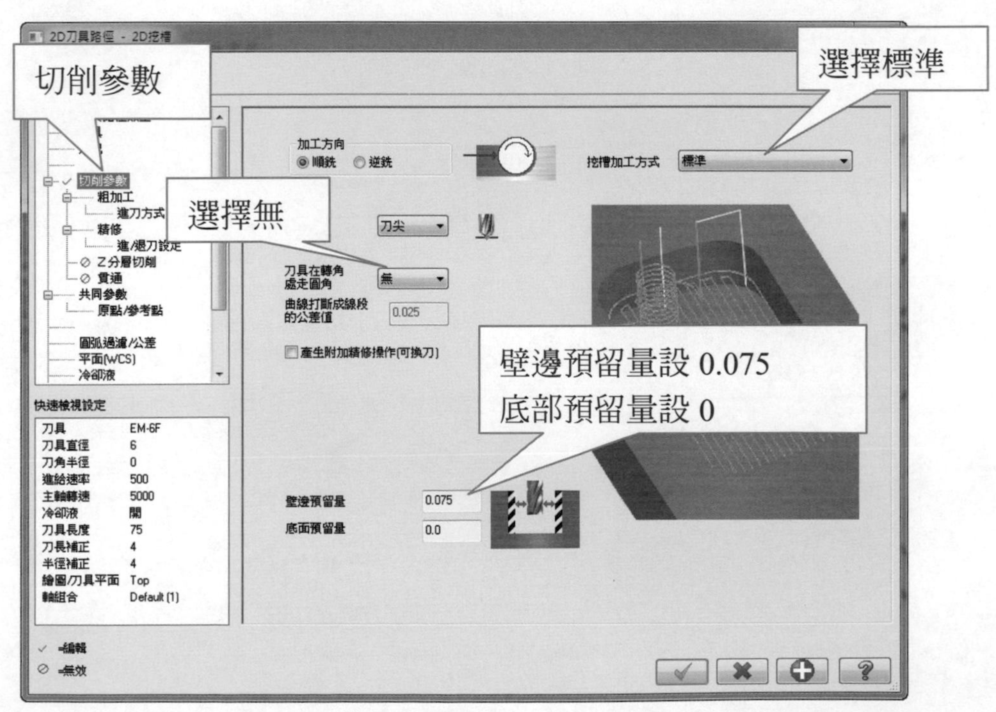

選擇粗加工/精修參數

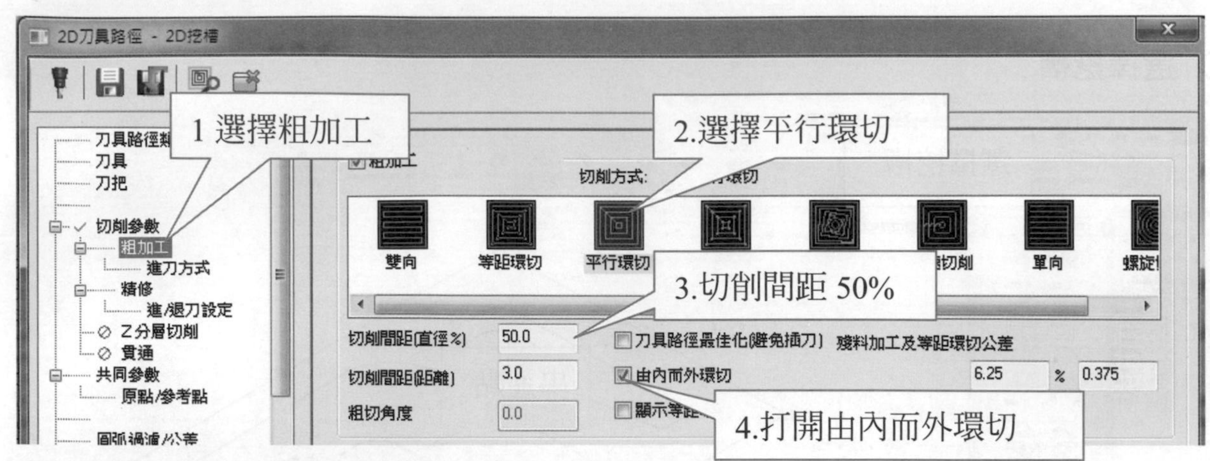
2D刀具路徑 - 2D挖槽
1 選擇粗加工
2.選擇平行環切
3.切削間距 50%
4.打開由內而外環切
刀具路徑類型
刀具
刀把
切削參數
粗加工
進刀方式
精修
進/退刀設定
Z分層切削
貫通
共同參數
原點/參考點
圓弧過濾/公差
粗加工
切削方式:
雙向
等距環切
平行環切
單向
切削間距(直徑%)
50.0
切削間距(距離)
3.0
粗切角度
0.0
刀具路徑最佳化(避免插刀)
殘料加工及等距環切公差
由內而外環切
6.25
%
0.375

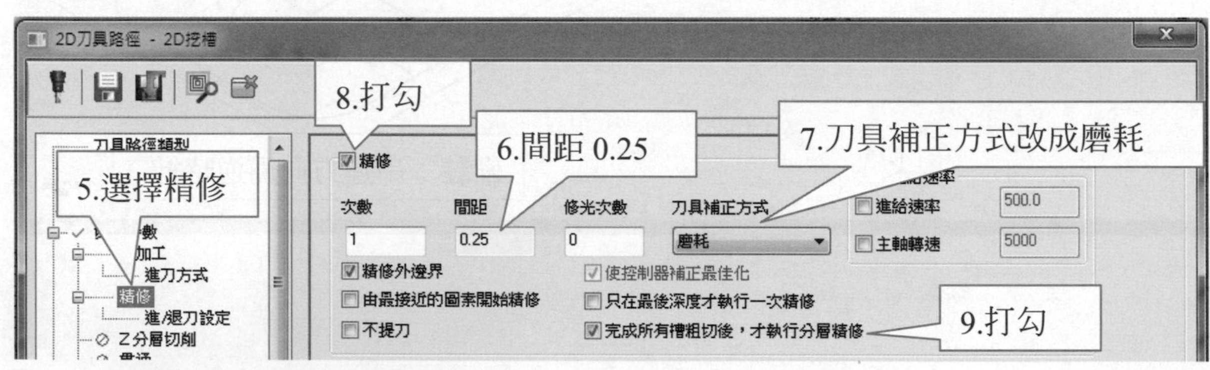
2D刀具路徑 - 2D挖槽
8.打勾
6.間距 0.25
7.刀具補正方式改成磨耗
5.選擇精修
刀具路徑類型
進刀方式
精修
進/退刀設定
Z分層切削
精修
次數
1
間距
0.25
修光次數
0
刀具補正方式
磨耗
進給速率
500.0
主軸轉速
5000
精修外邊界
使控制器補正最佳化
由最接近的圖素開始精修
只在最後深度才執行一次精修
不提刀
完成所有槽粗切後，才執行分層精修
9.打勾

選擇進/退刀設定

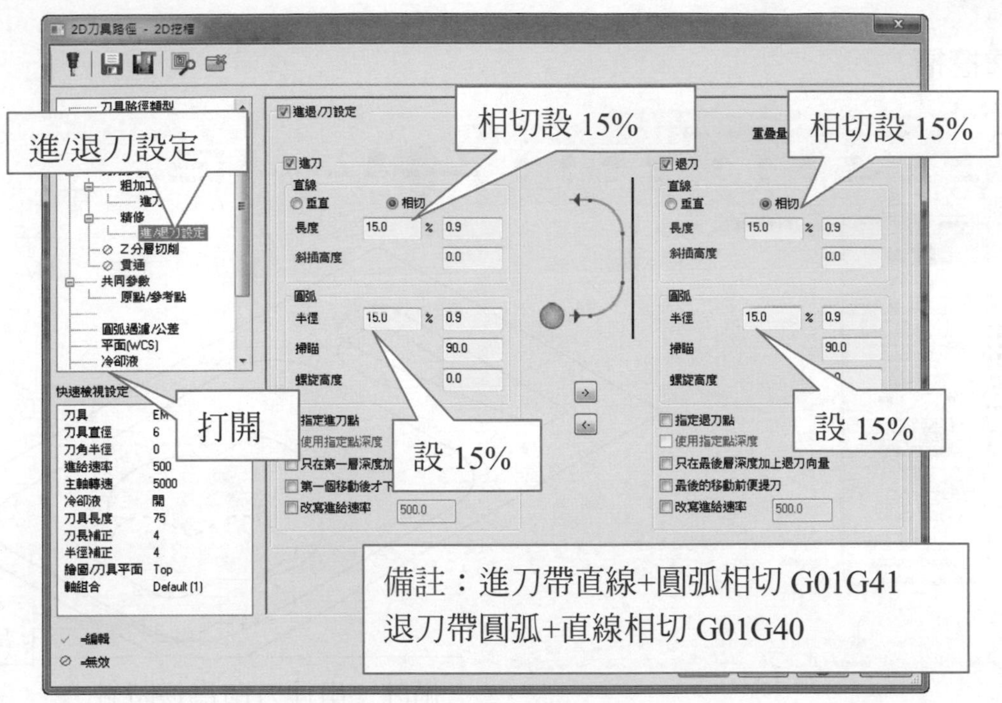

選擇共同參數

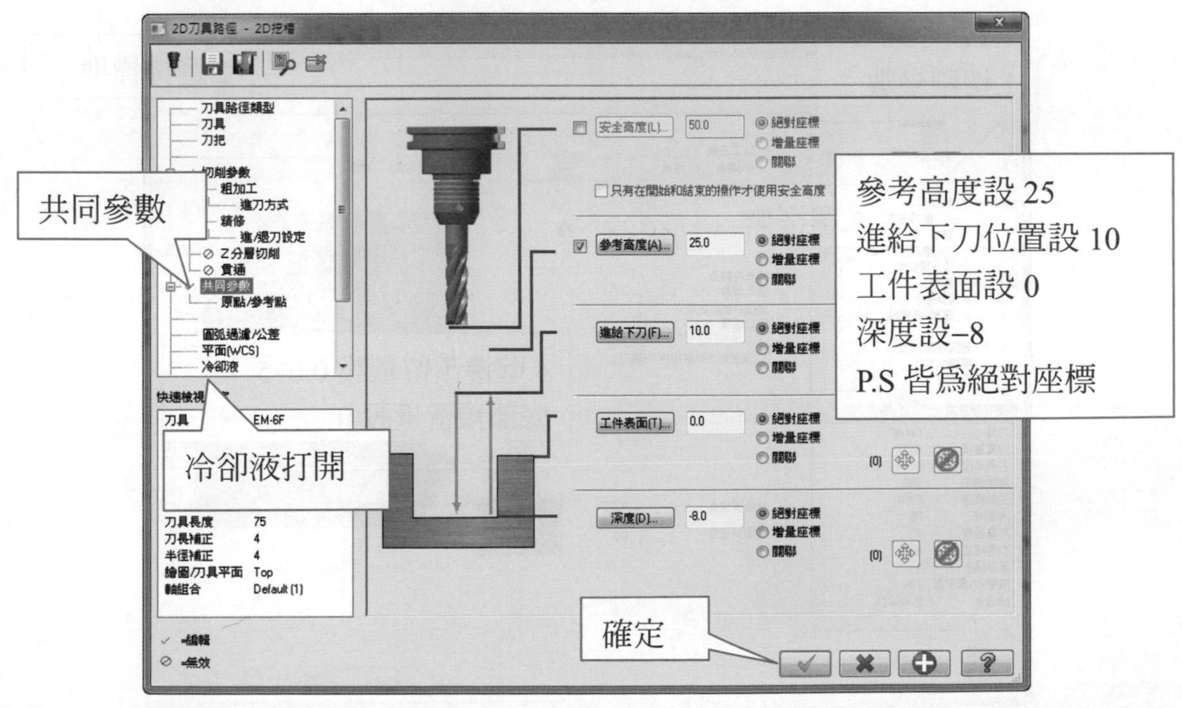

精銑內槽輪廓 Z-10mm 層 (內含尺寸補正磨耗)

選擇挖槽

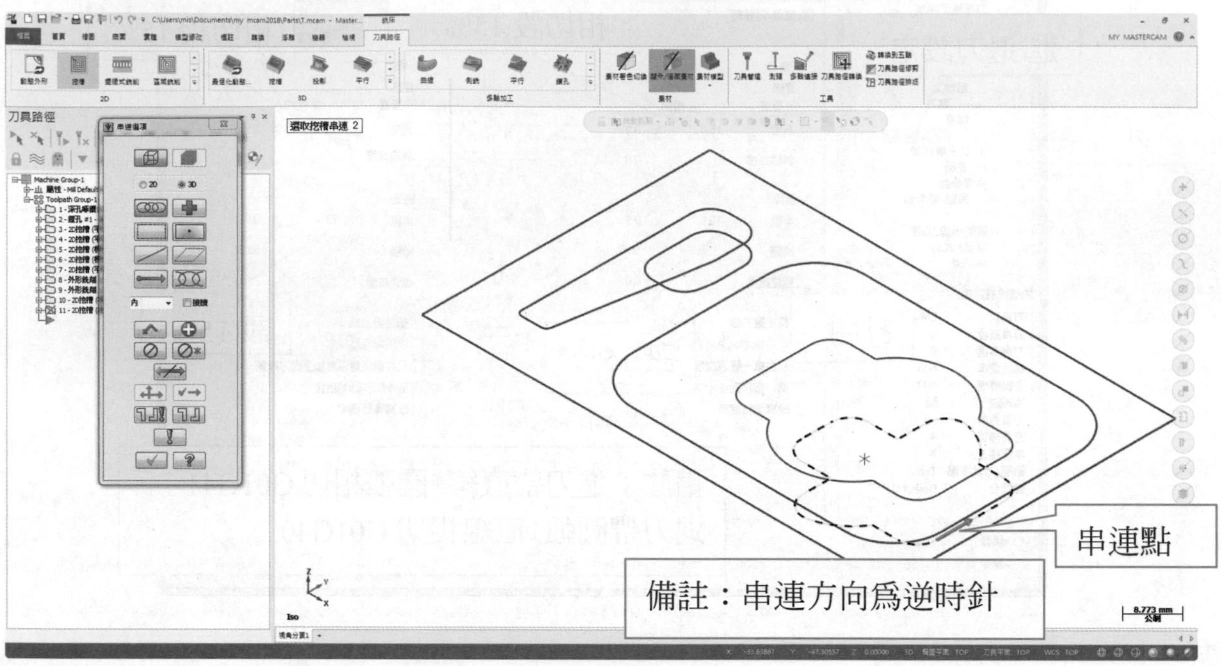

選擇切削參數

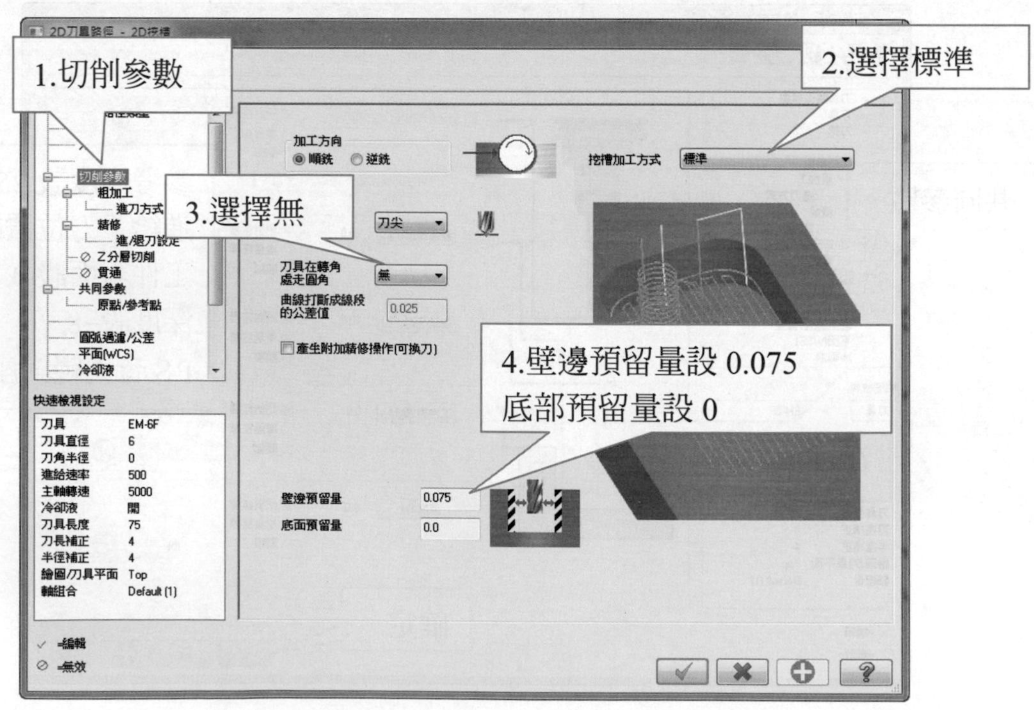

選擇粗加工/精修參數

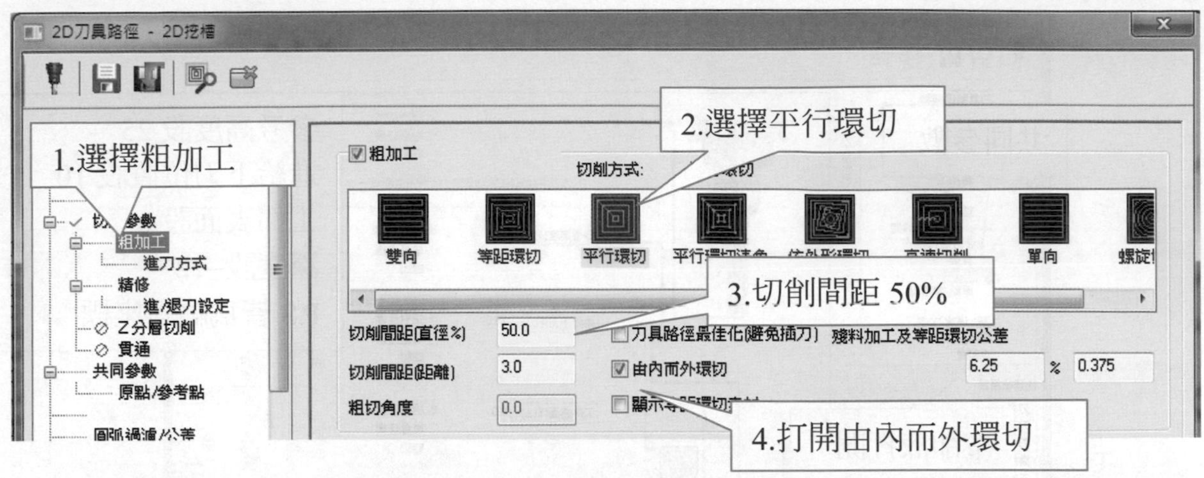
2D刀具路徑 - 2D挖槽
1.選擇粗加工
2.選擇平行環切
3.切削間距 50%
4.打開由內而外環切
粗加工
切削方式:
雙向
等距環切
平行環切
單向
切削間距(直徑%)
50.0
切削間距(距離)
3.0
粗切角度
0.0
由內而外環切
殘料加工及等距環切公差
6.25
0.375
進刀方式
精修
進/退刀設定
Z分層切削
貫通
共同參數
原點/參考點

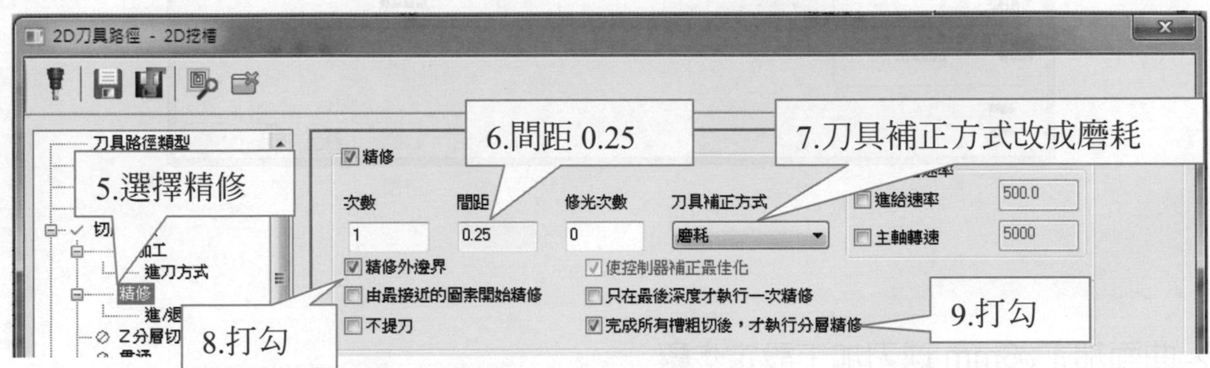
2D刀具路徑 - 2D挖槽
刀具路徑類型
5.選擇精修
6.間距 0.25
7.刀具補正方式改成磨耗
8.打勾
9.打勾
精修
次數
1
間距
0.25
修光次數
0
刀具補正方式
磨耗
進給速率
500.0
主軸轉速
5000
精修外邊界
由最接近的圖素開始精修
不提刀
使控制器補正最佳化
只在最後深度才執行一次精修
完成所有槽粗切後，才執行分層精修
進刀方式
Z分層切削

→ 選擇共同參數

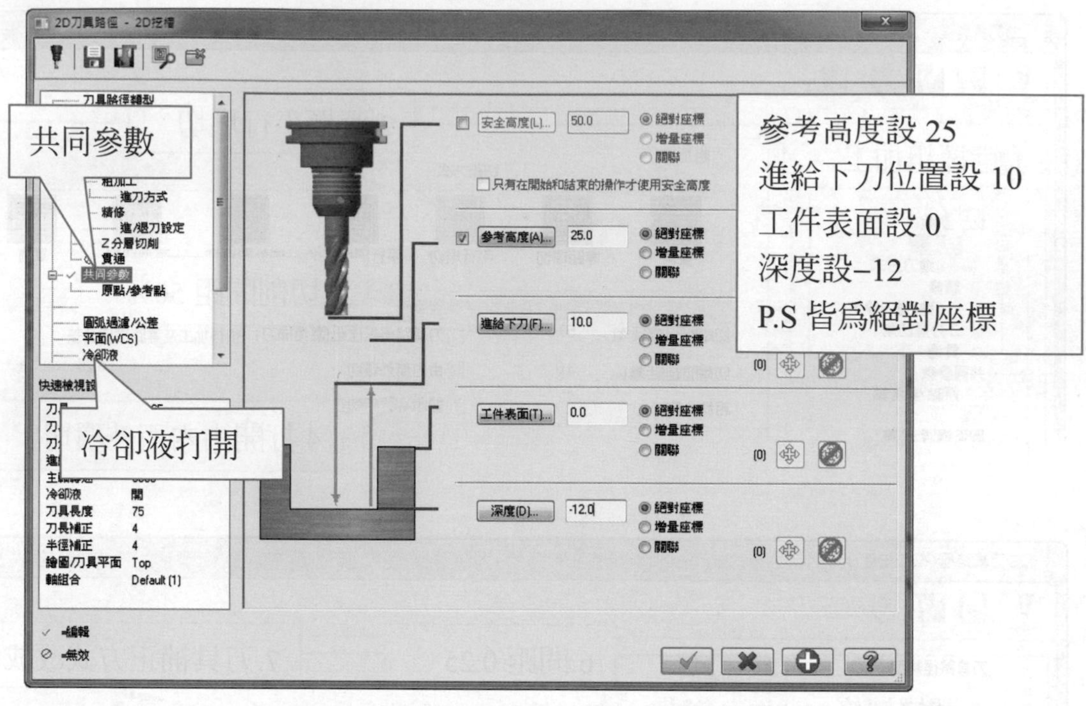

→ 曲面加工 ϕ6mm 球刀加工設定步驟

→ 選擇曲面精修→平行

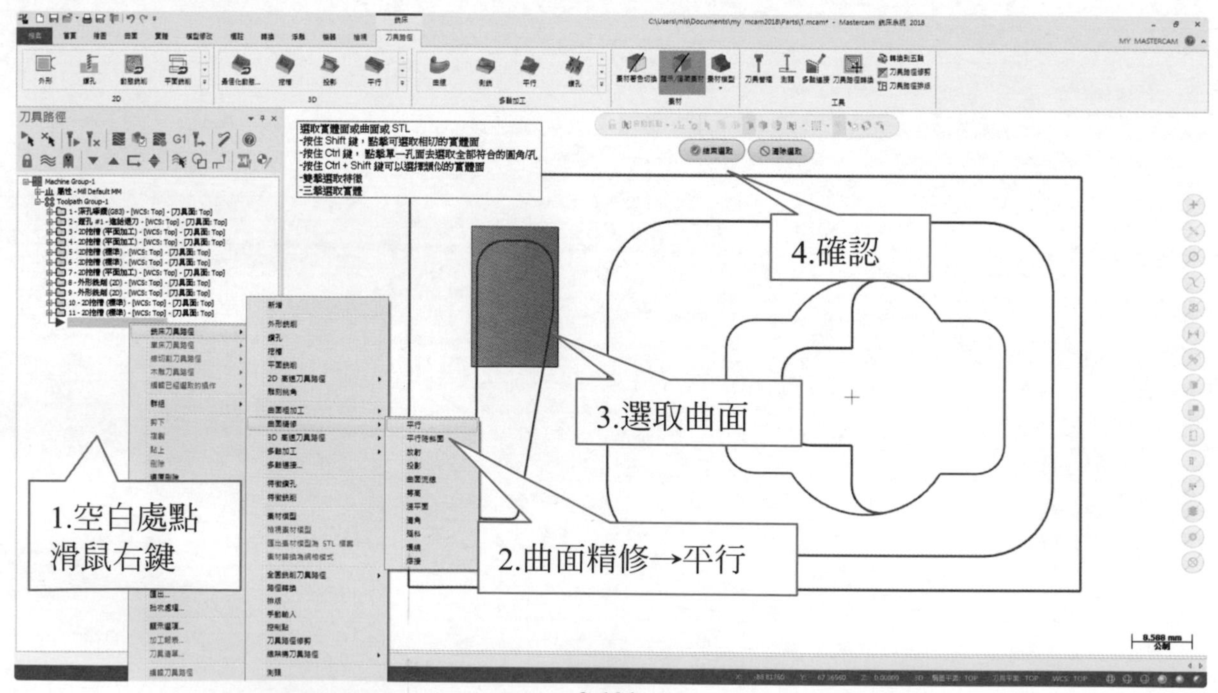

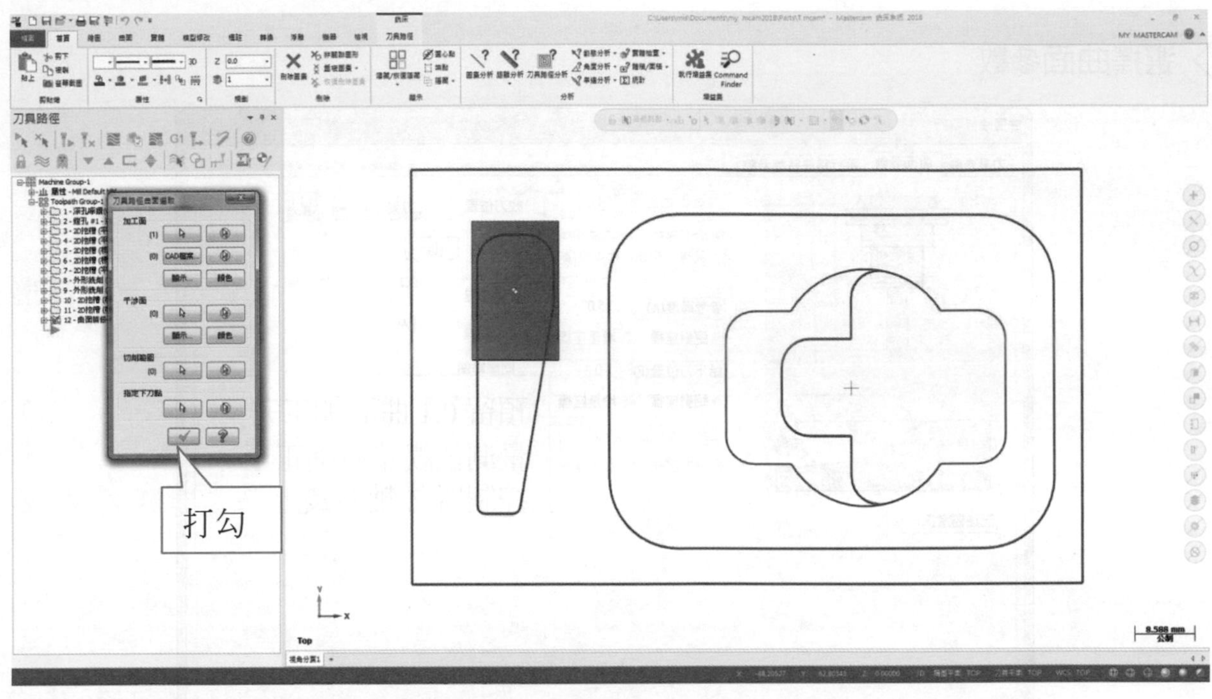

→ 刀具→選取球刀→設定 6.0 球刀

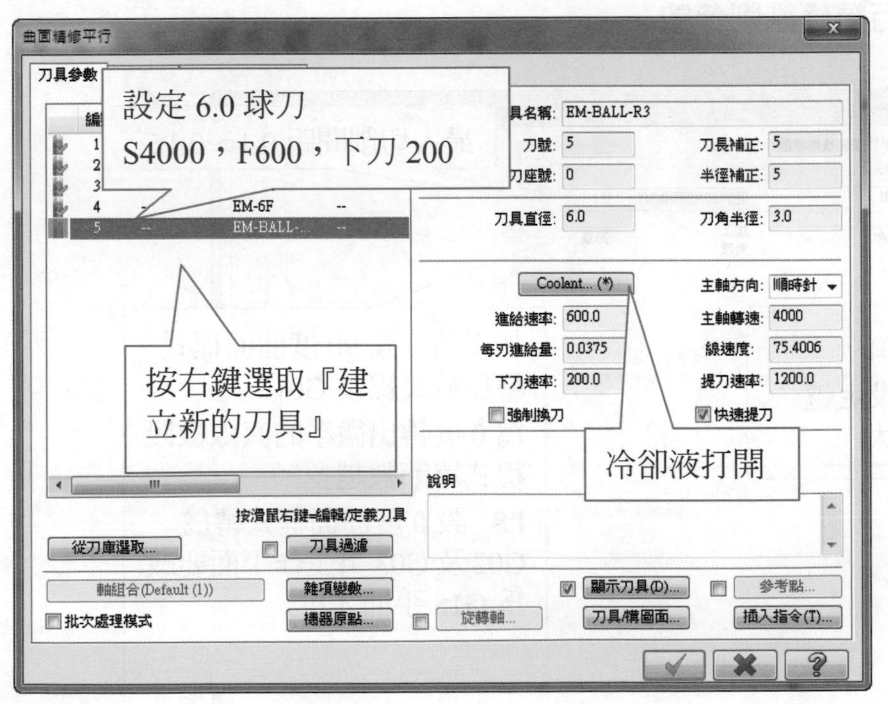

選擇曲面參數

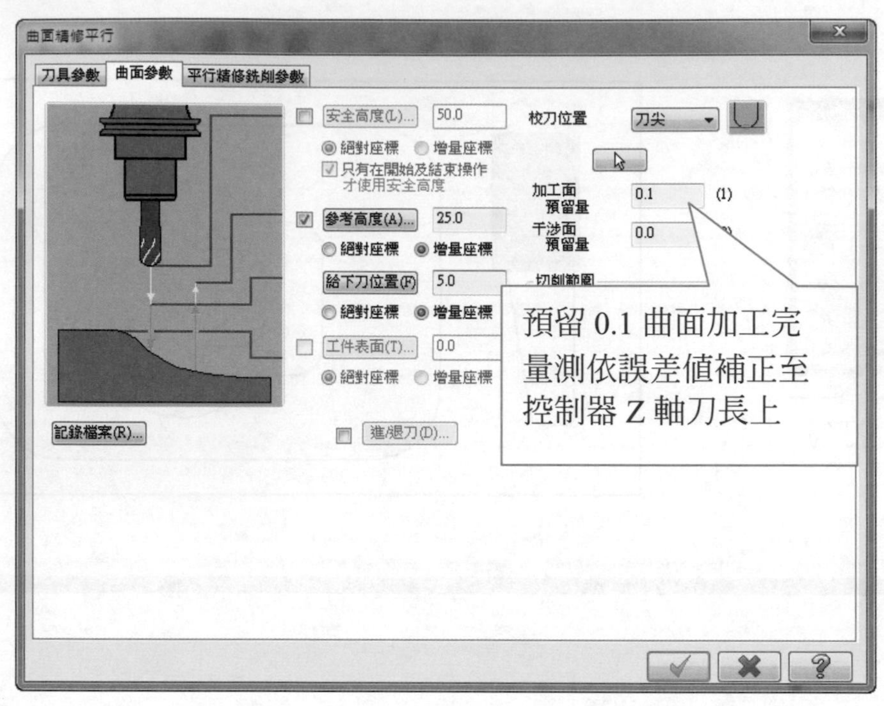

選擇平行精修銑削參數

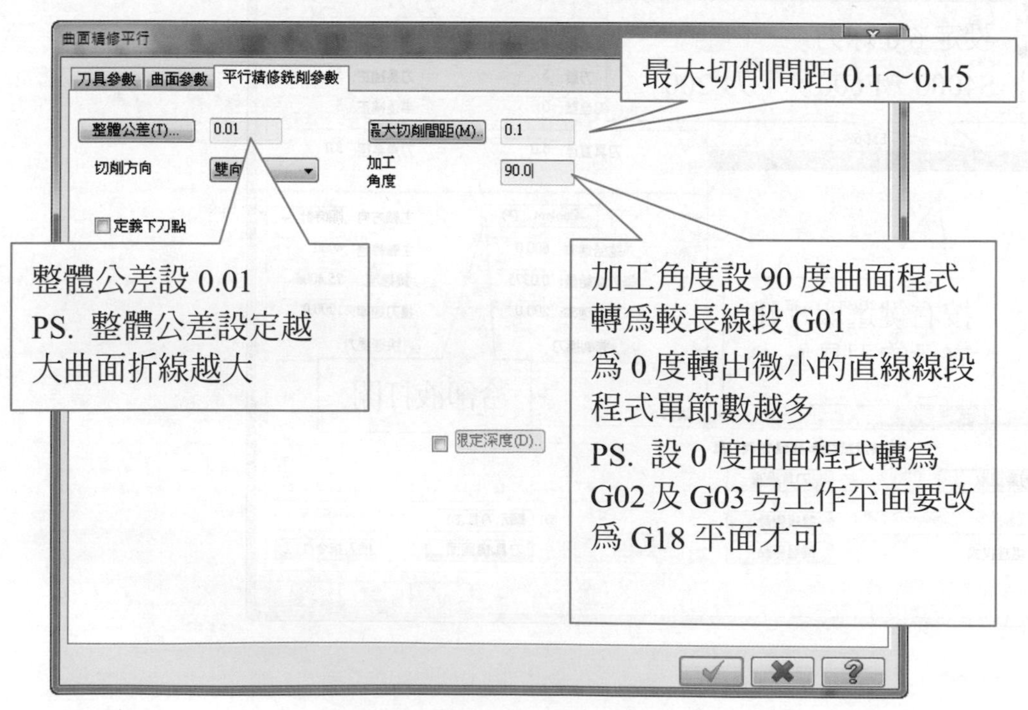

→ 曲面倒角 0.5×45°C

→ 選擇曲面精修→曲面流線

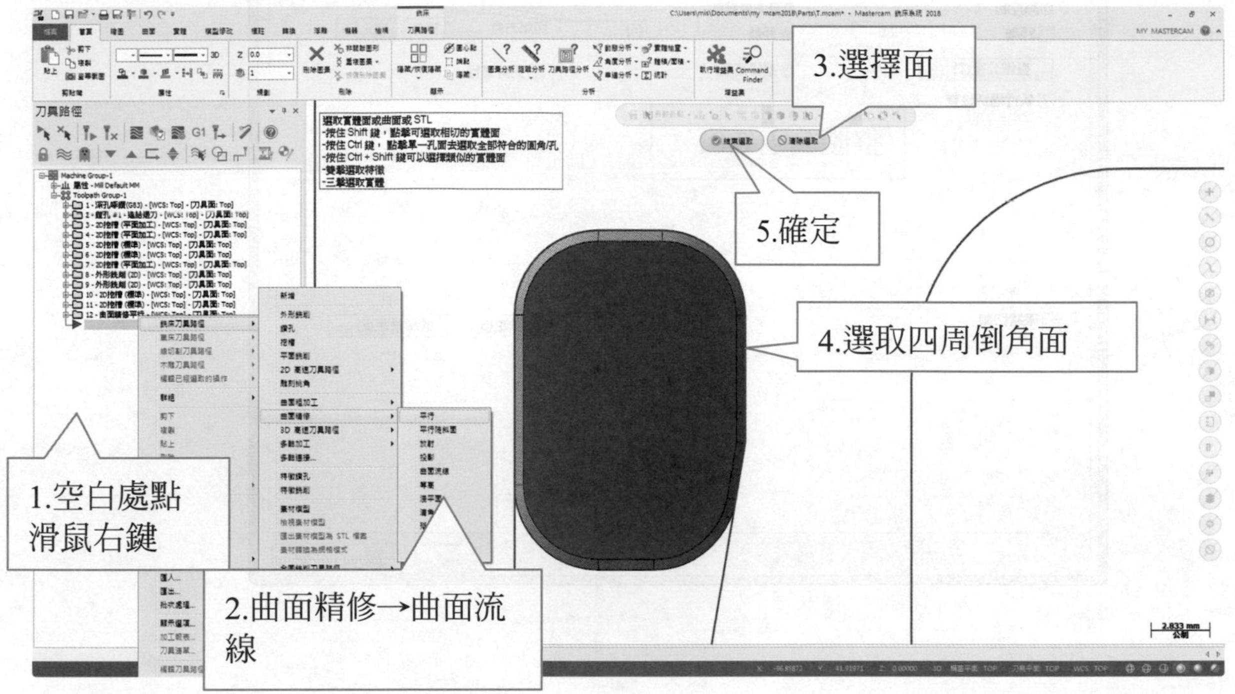

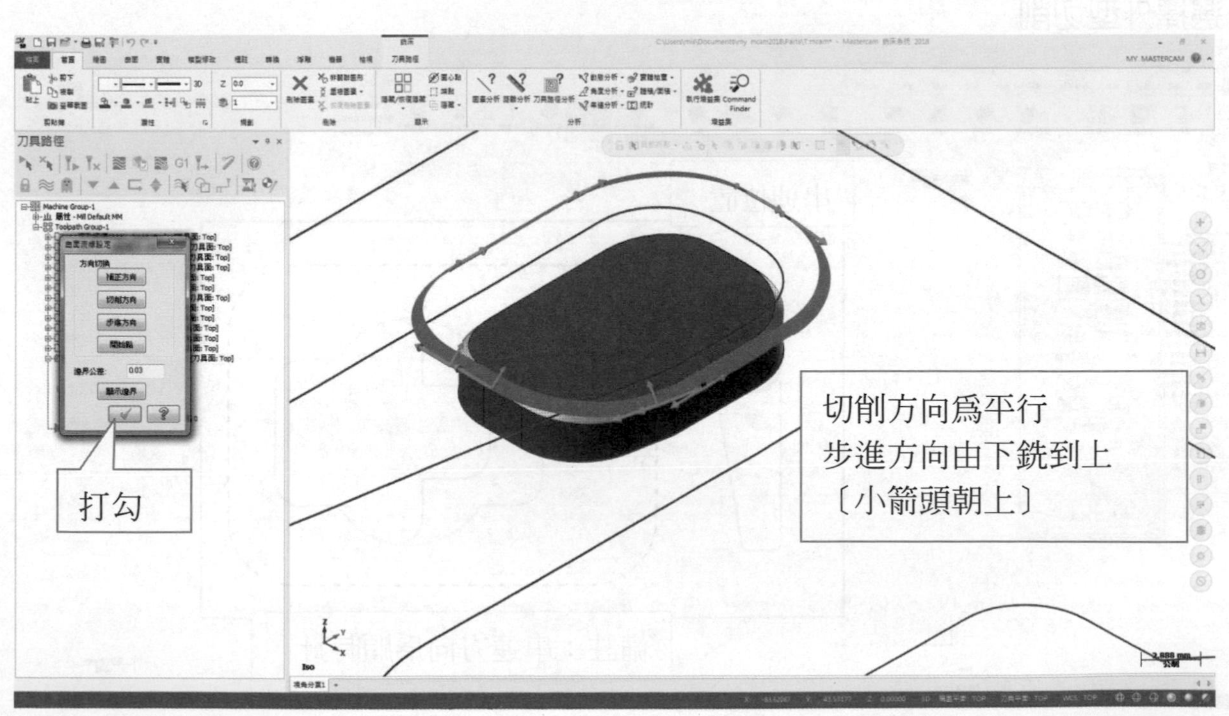

選擇平行銑削精加工參數

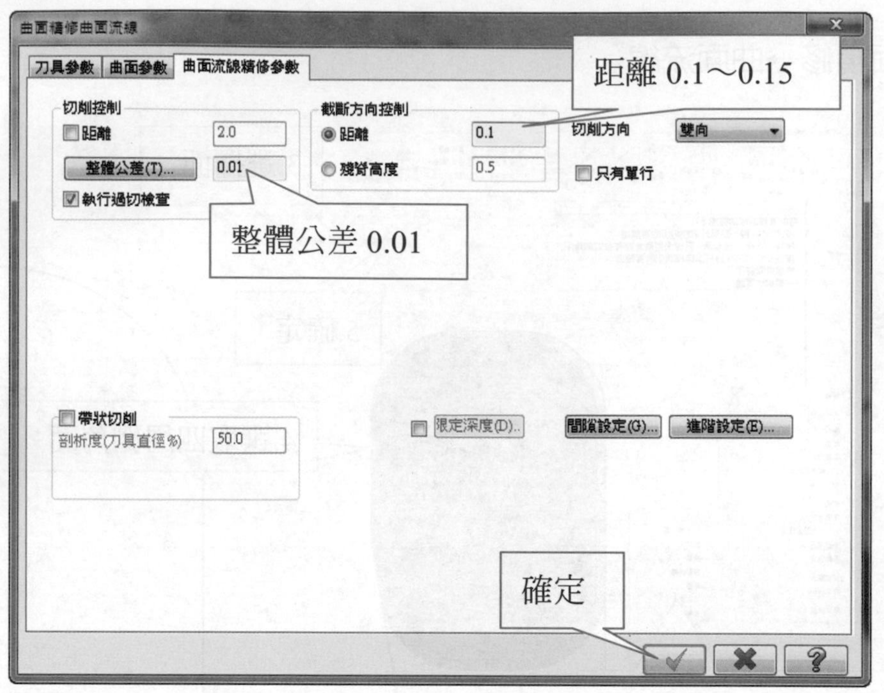

倒角刀ϕ12mm 倒角 1×45˚C加工設定步驟

選擇外型切削

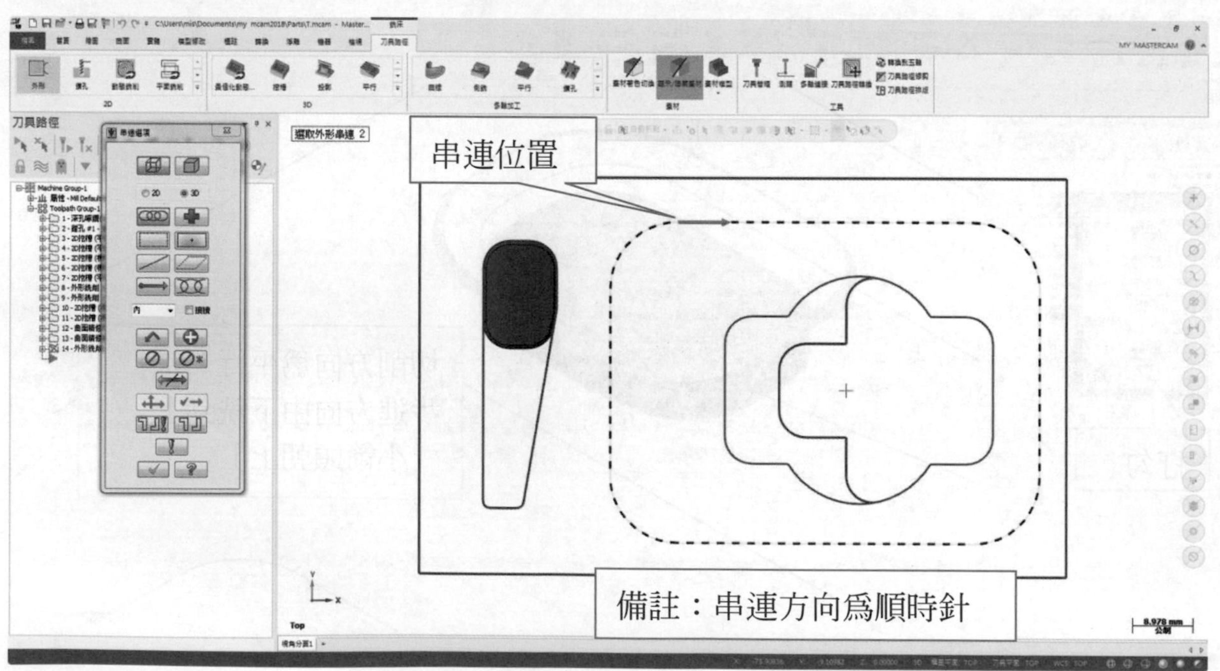

刀具→建立新刀具→選取倒角刀

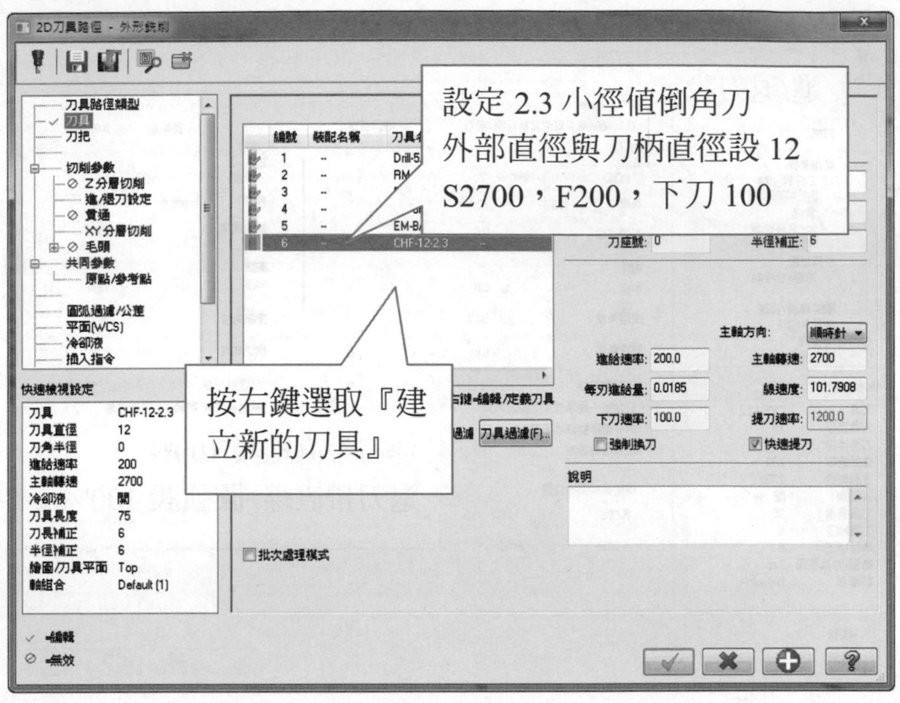

選擇切削參數→選取電腦→2D 倒角

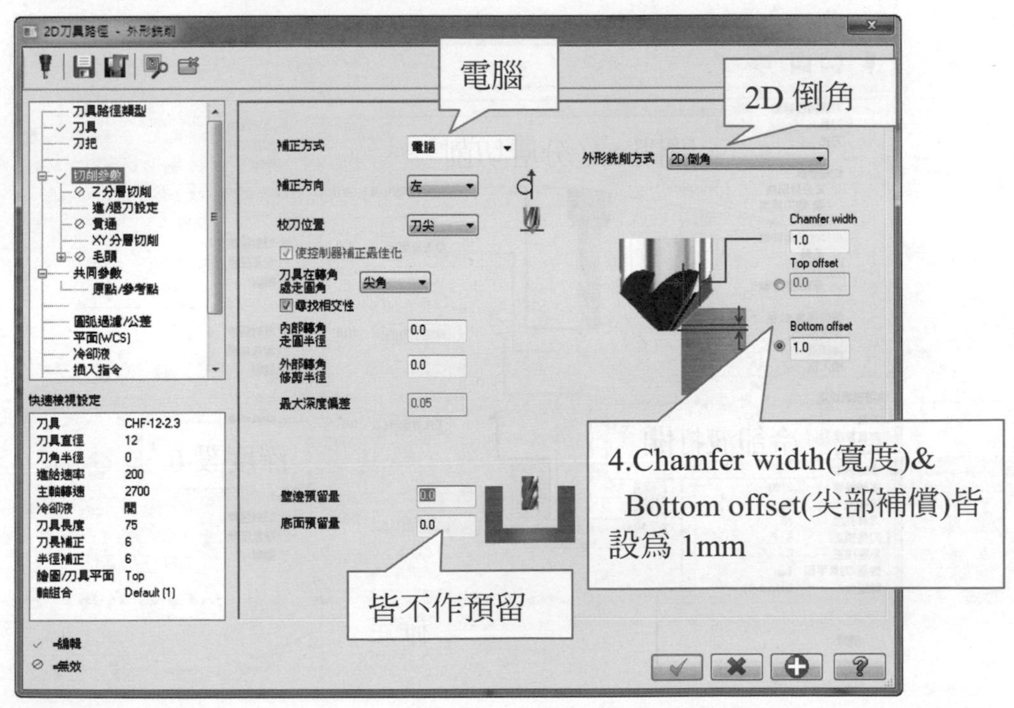

選擇進/退刀設定

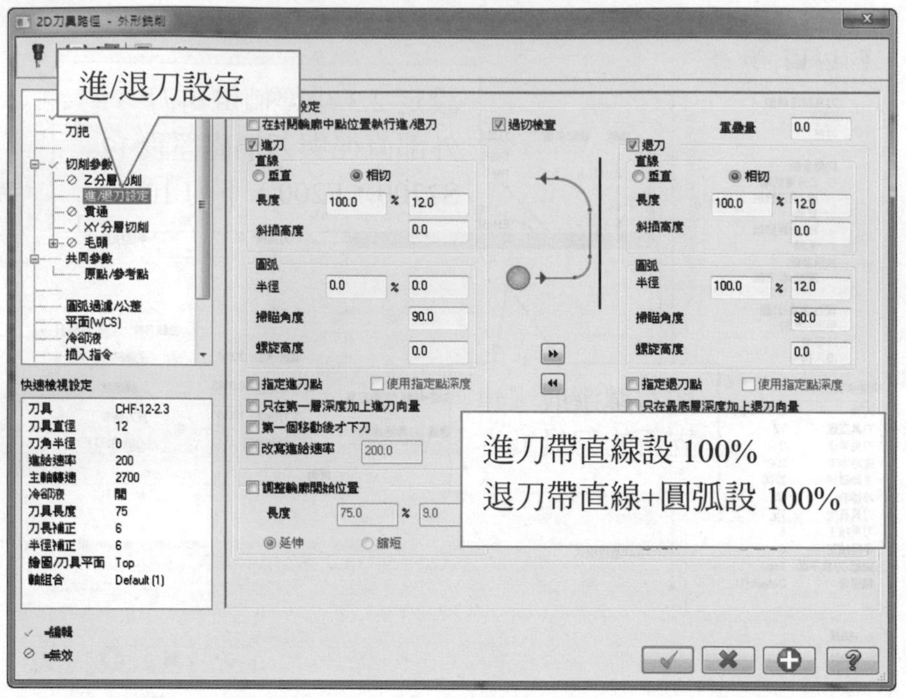

選擇共同參數

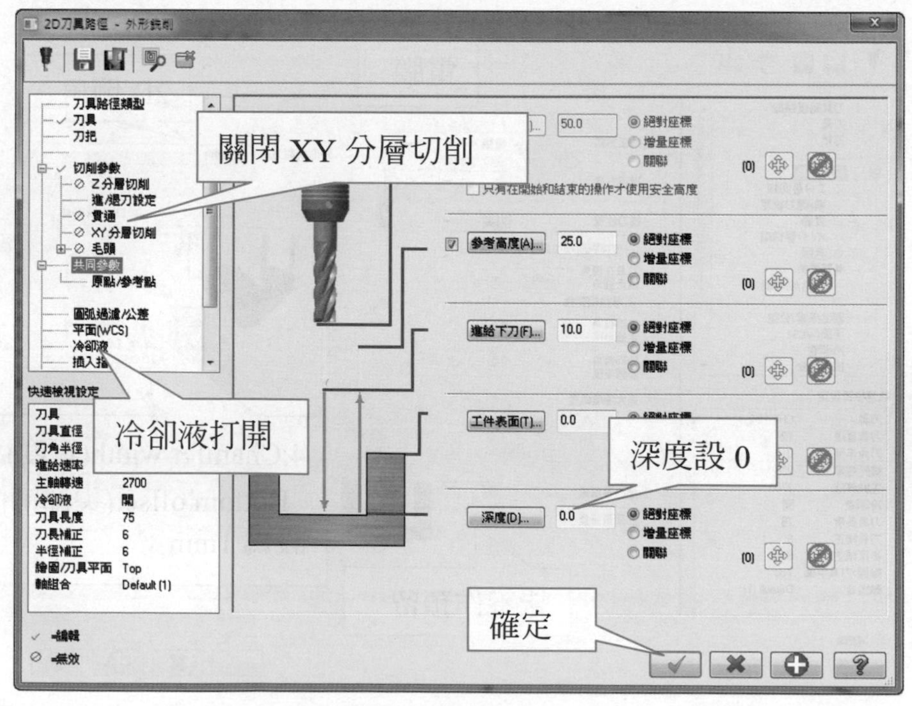

完成哦，是否跟我
長得一樣呢！

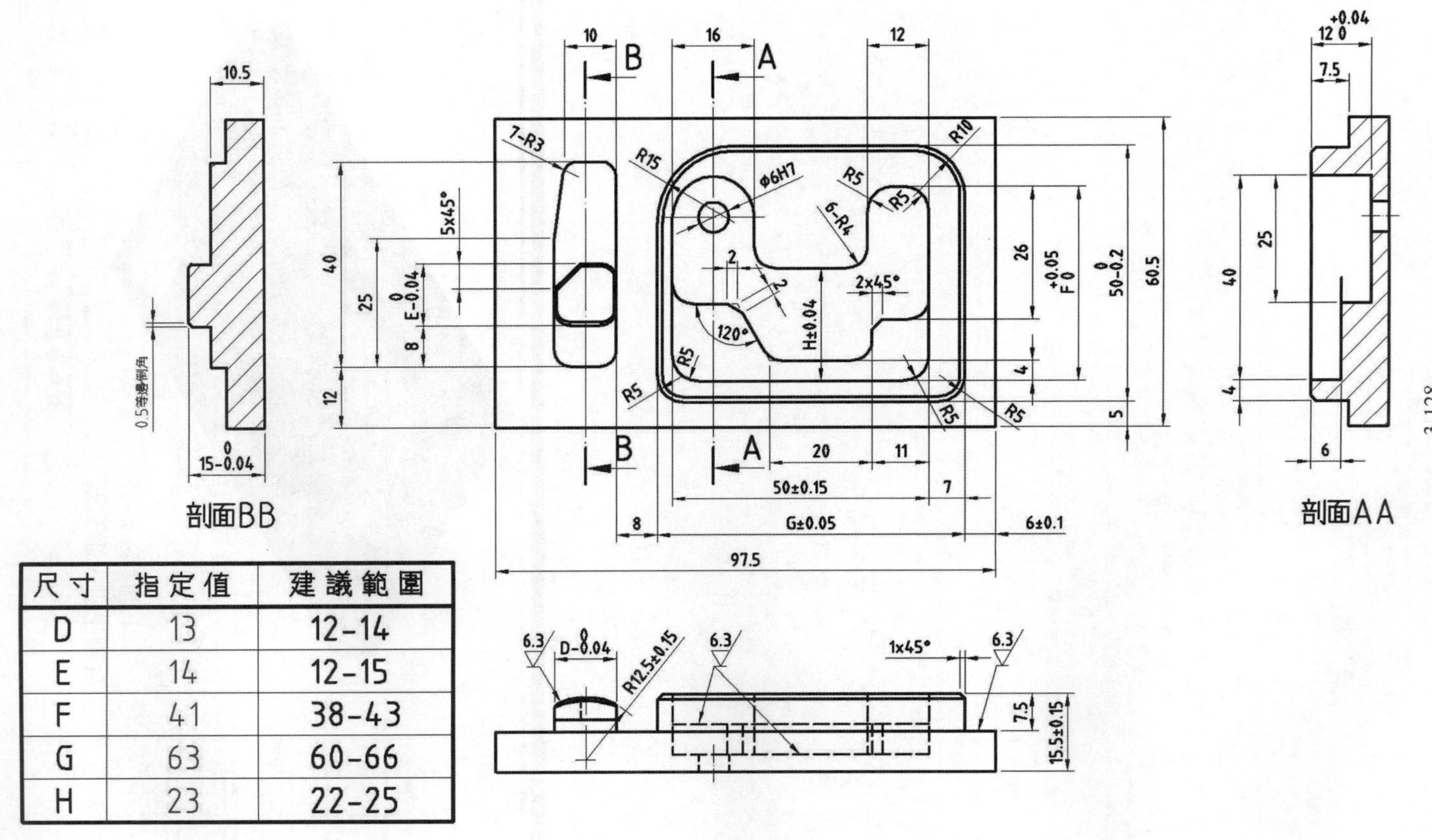

尺寸	指定值	建議範圍
D	13	12-14
E	14	12-15
F	41	38-43
G	63	60-66
H	23	22-25

CNC 銑床乙級範例步驟　203 繪圖

繪圖→建立矩形的外型→輸入尺寸長 97.5 寬 60.5→原點設置右下角。

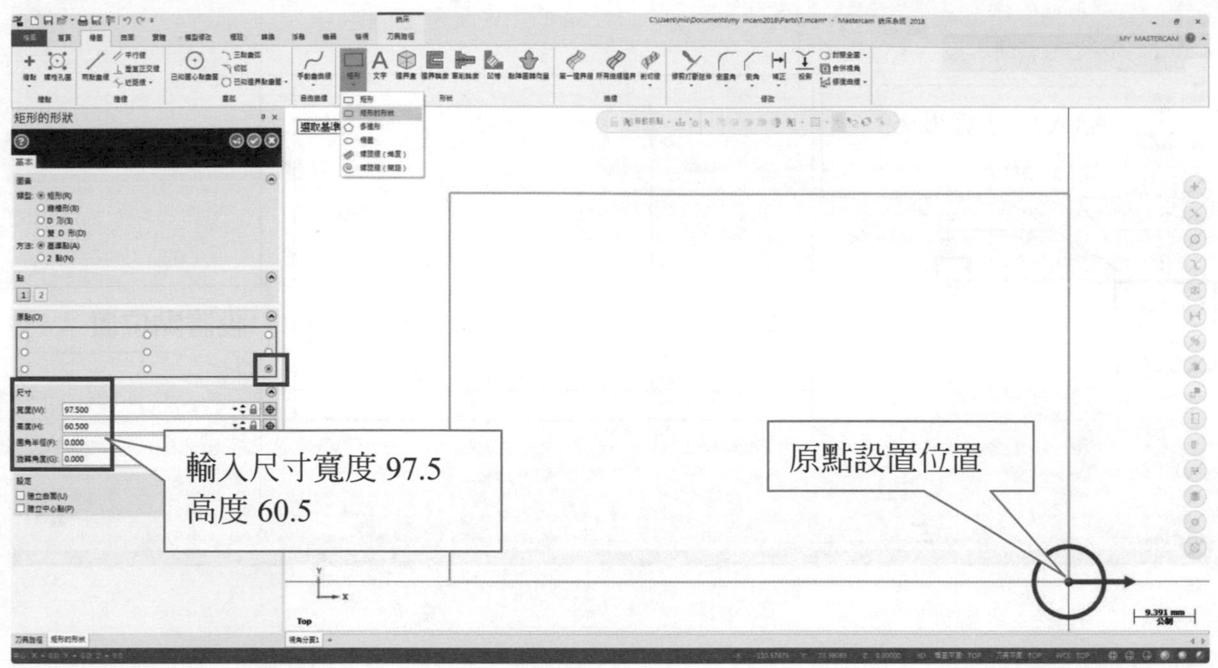

建立平行線→右邊界線偏移 6→下邊界線偏移 5。

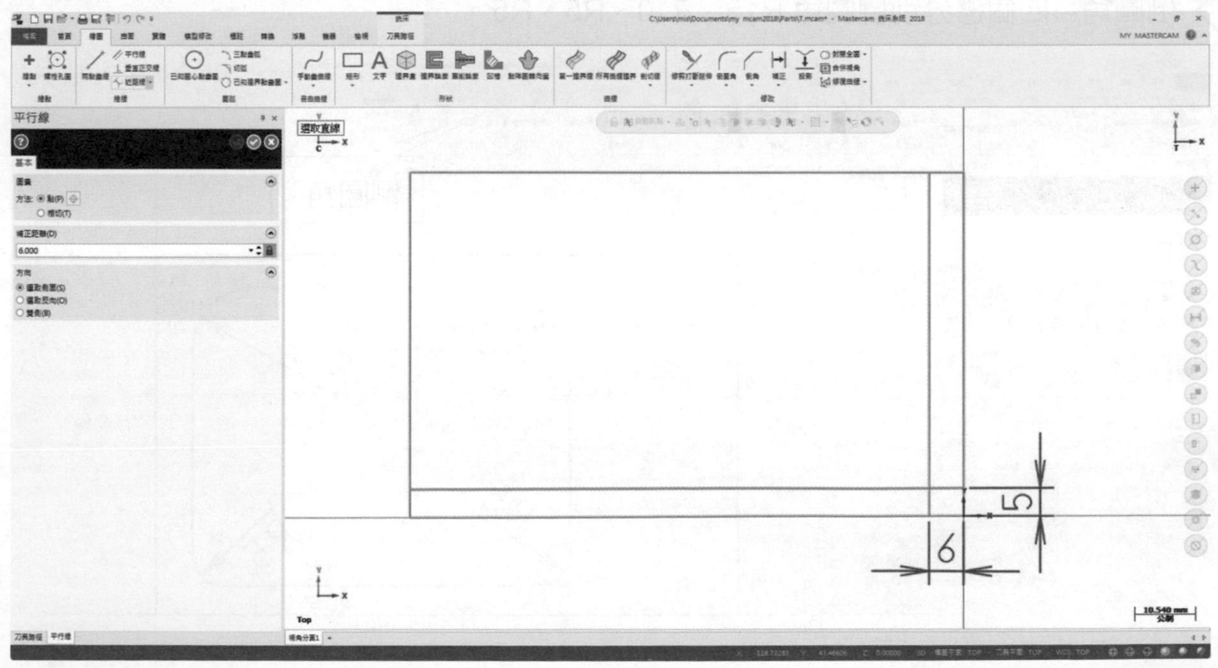

繪圖→建立矩形的外型→輸入尺寸長(G)63 寬 50。

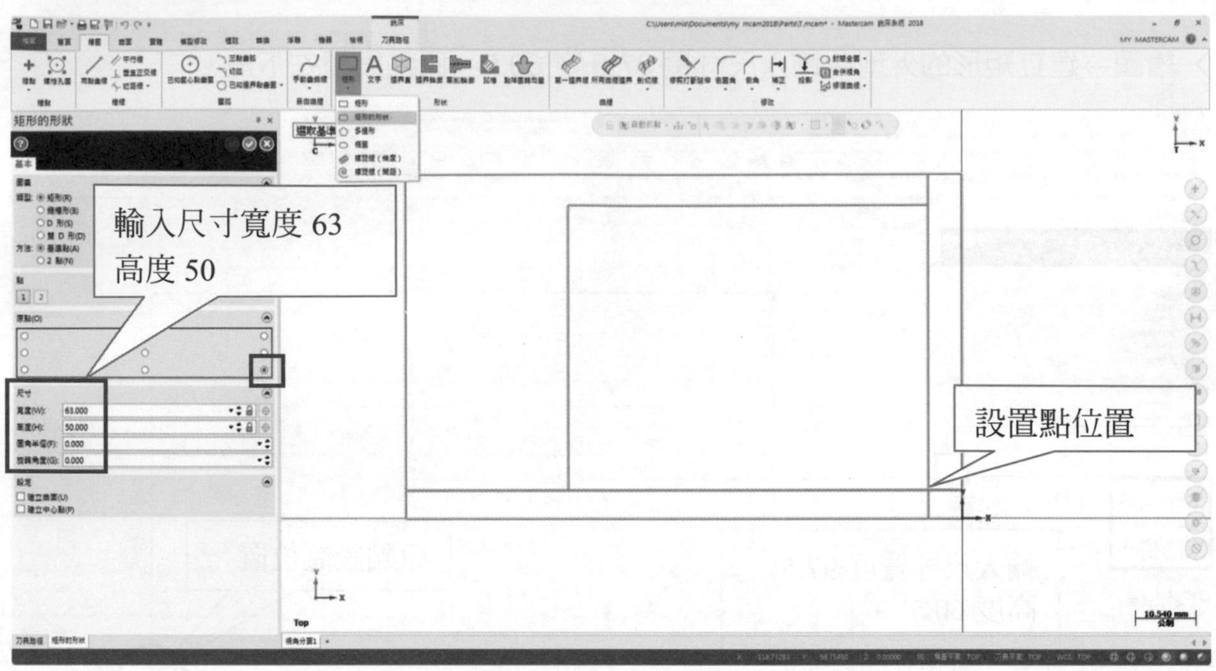

倒圓角→四個邊分別倒圓角 R15、R10、R5、R5。

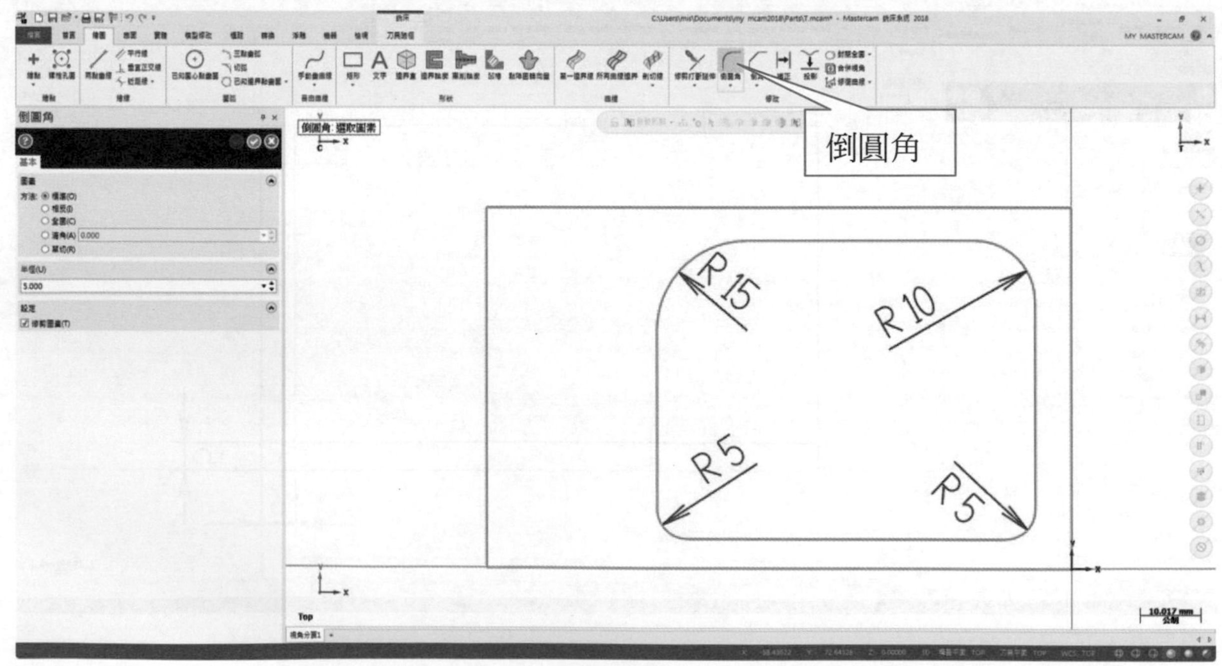

建立平行線→垂直線分別偏移 7、12、50、16。

建立平行線→水平線分別偏移 4、(H)23、(F)41、40。

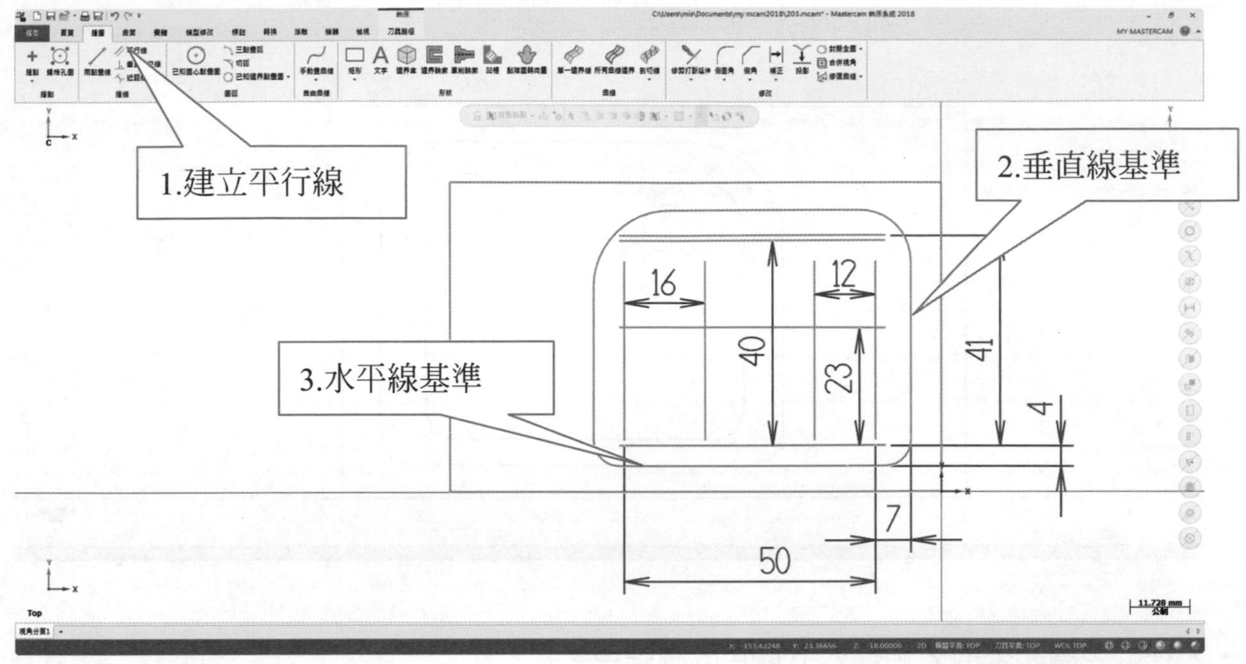

建立切弧→切三物體畫弧→點選一→點選二→點選三。

在紅色處倒圓角 R5、R4。

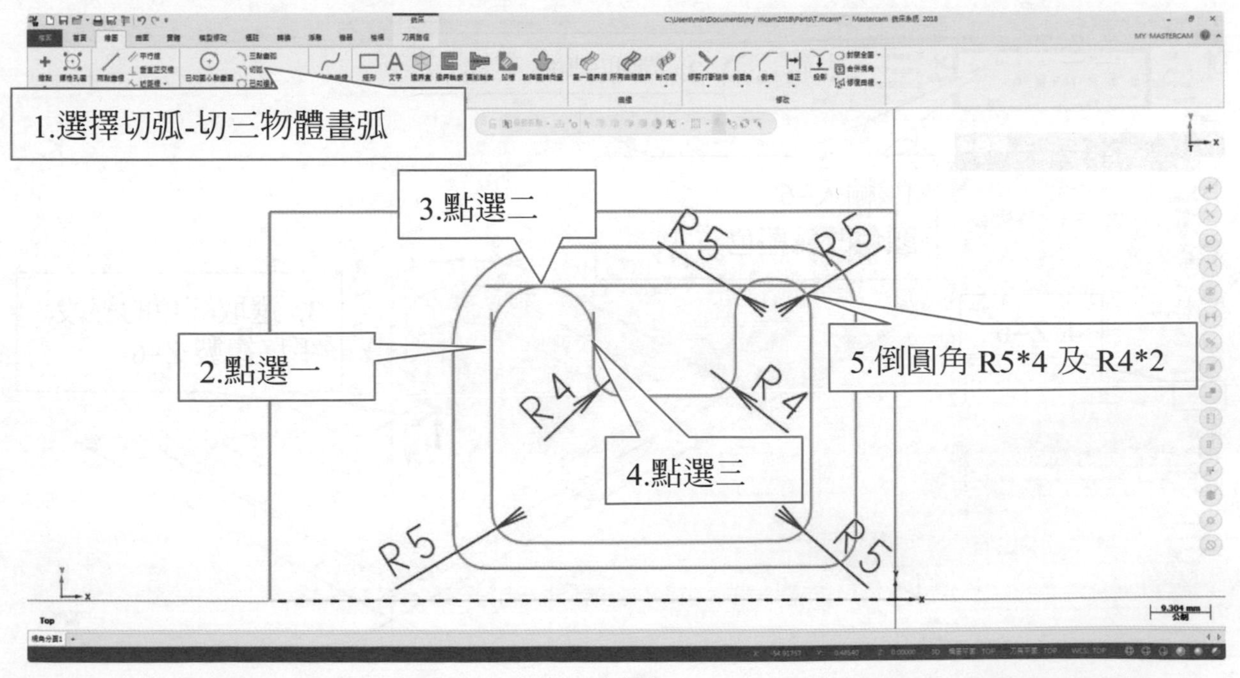

➔ 把圖修至下圖一樣。

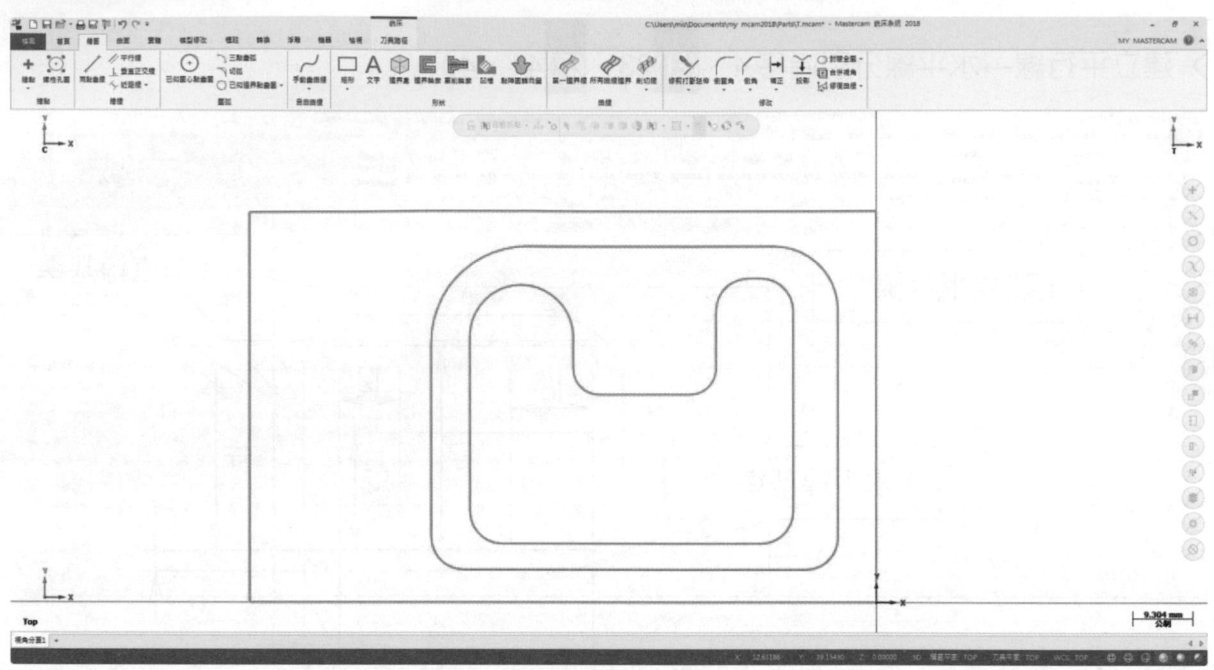

➔ 在紅色圈起來的 Z 值輸入-6 顏色改為藍色。

➔ 轉換→平移→按住 SHIFT 鍵選擇紅色的線段→選取完按 ENTER 鍵→ Z 輸入 -6 →進階頁面新的屬性打勾。

➔ 螢幕→隱藏圖素→選取紅色第一圖層→ENTER 鍵→清除顏色。

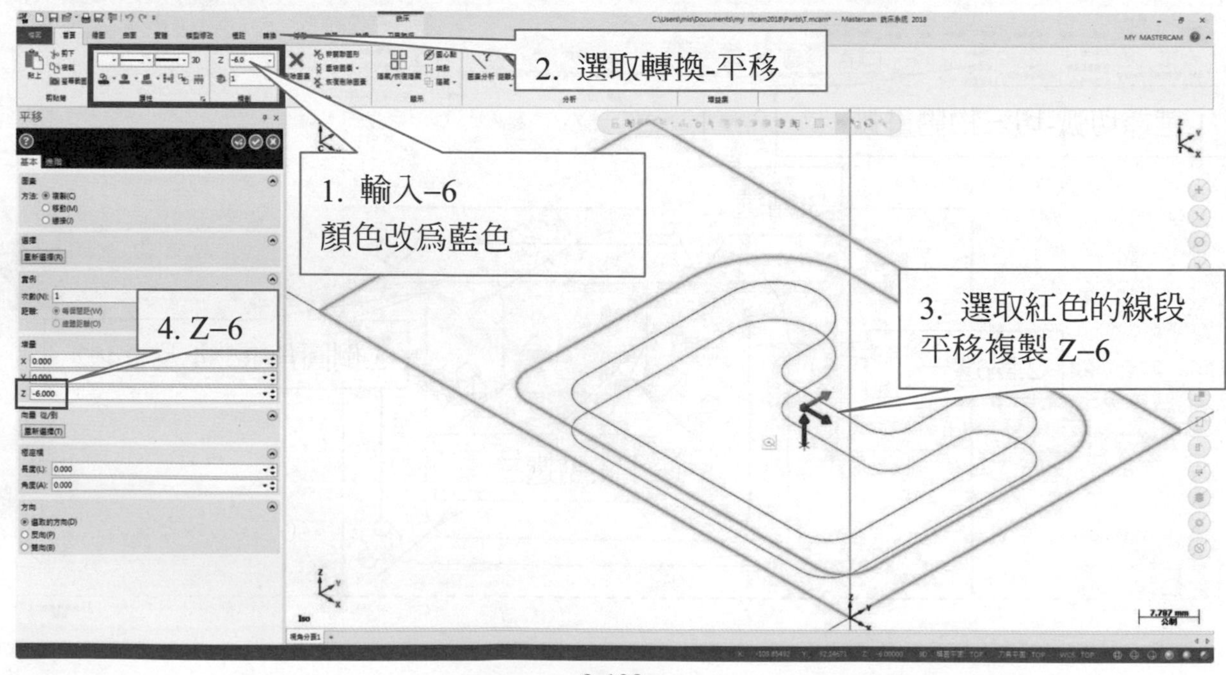

選擇進階頁面→打勾顏色改為藍色→完成後再把 Z0 的圖層隱藏起來。

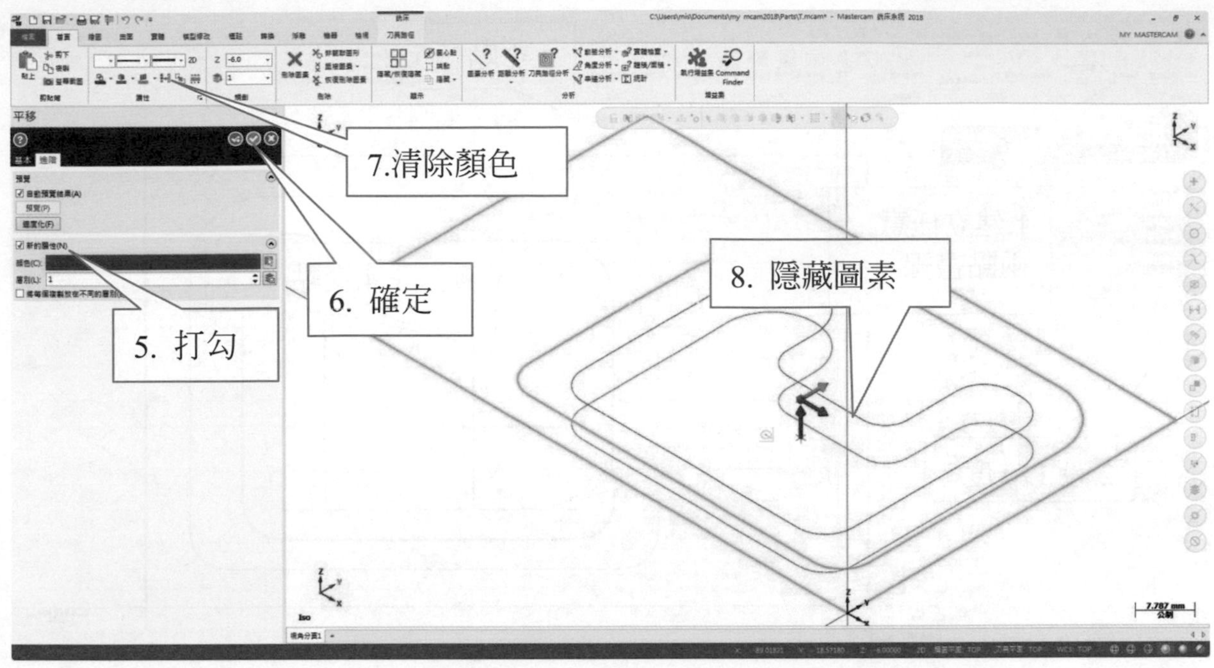

建立平行線→垂直線分別偏移 11、20。

建立平行線→水平線分別偏移 4、26、25(必須畫一條輔助線)。

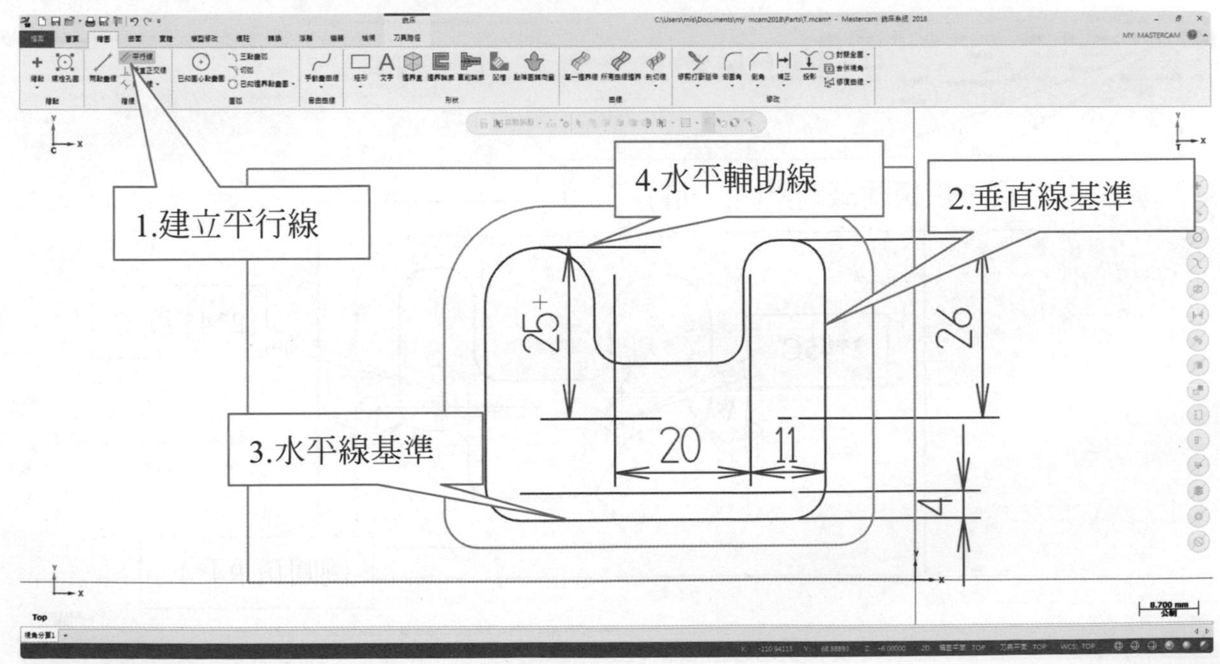

建立任意兩點畫線→交點→交點一→交點二→角度設 120 度。

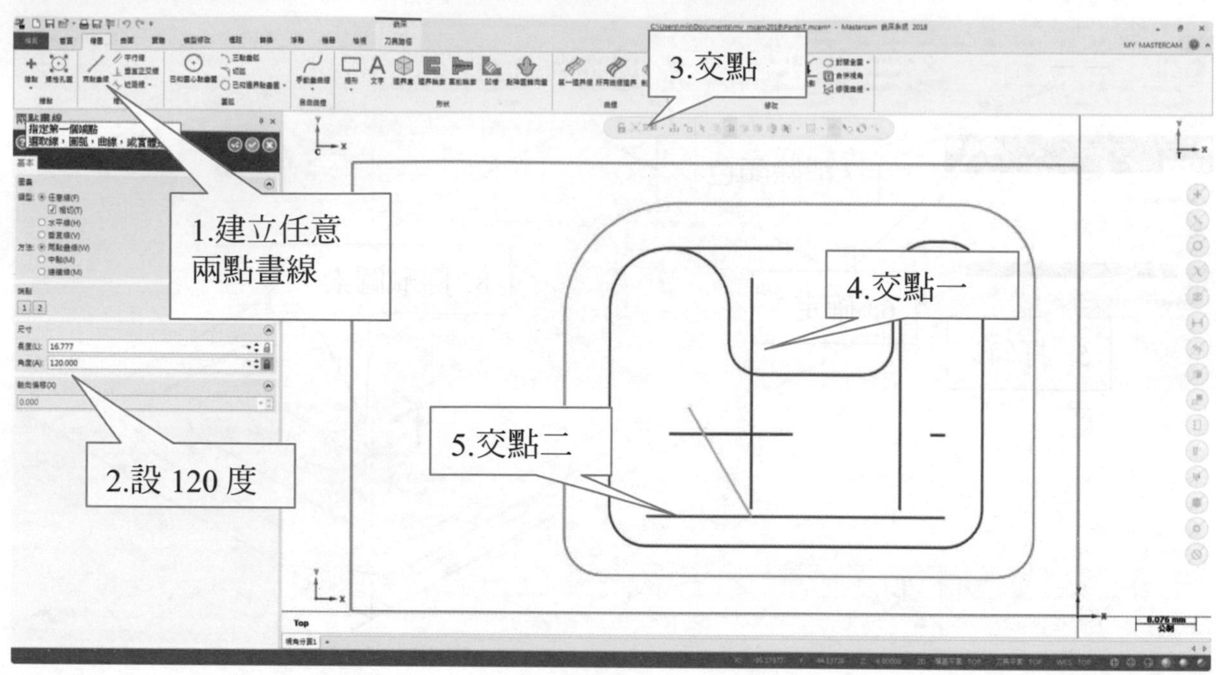

在紅色處倒圓角 R4 與倒角 2C→然後把圖修至下圖一樣。

首頁→恢復隱藏圖素→把第一個圖層呼叫回來。

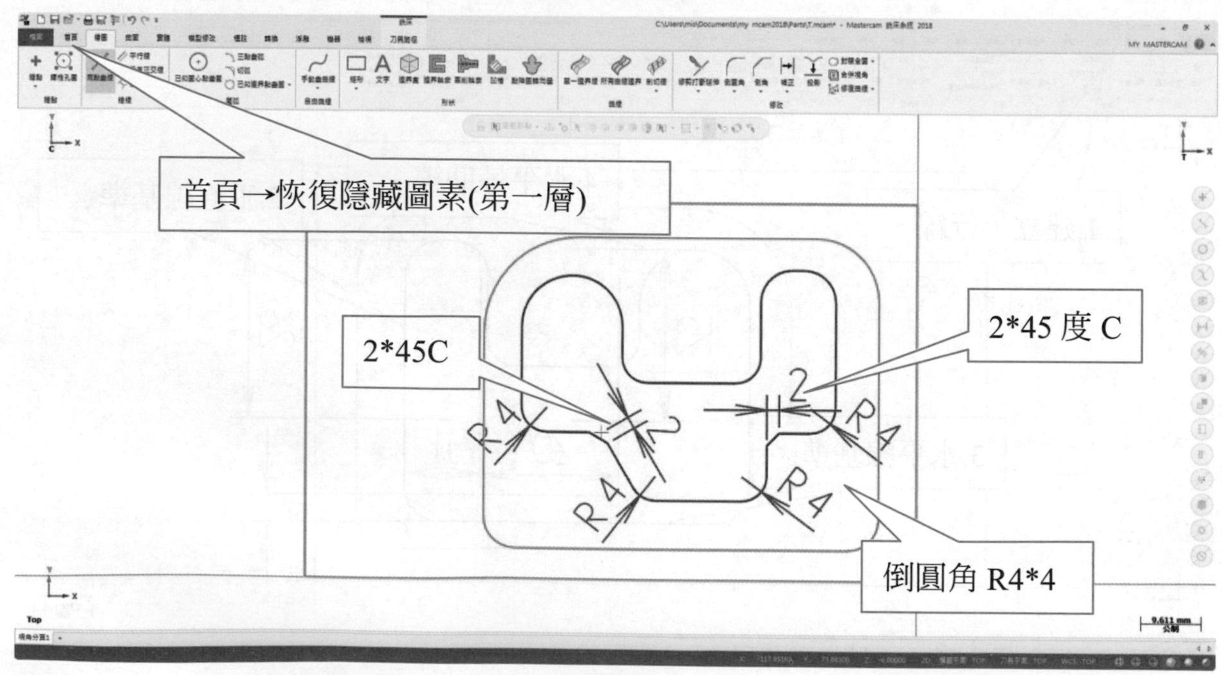

下面紅色框處的 Z 值輸入 0→顏色改為紅色。

建立指定位置的點→點選下刀點。

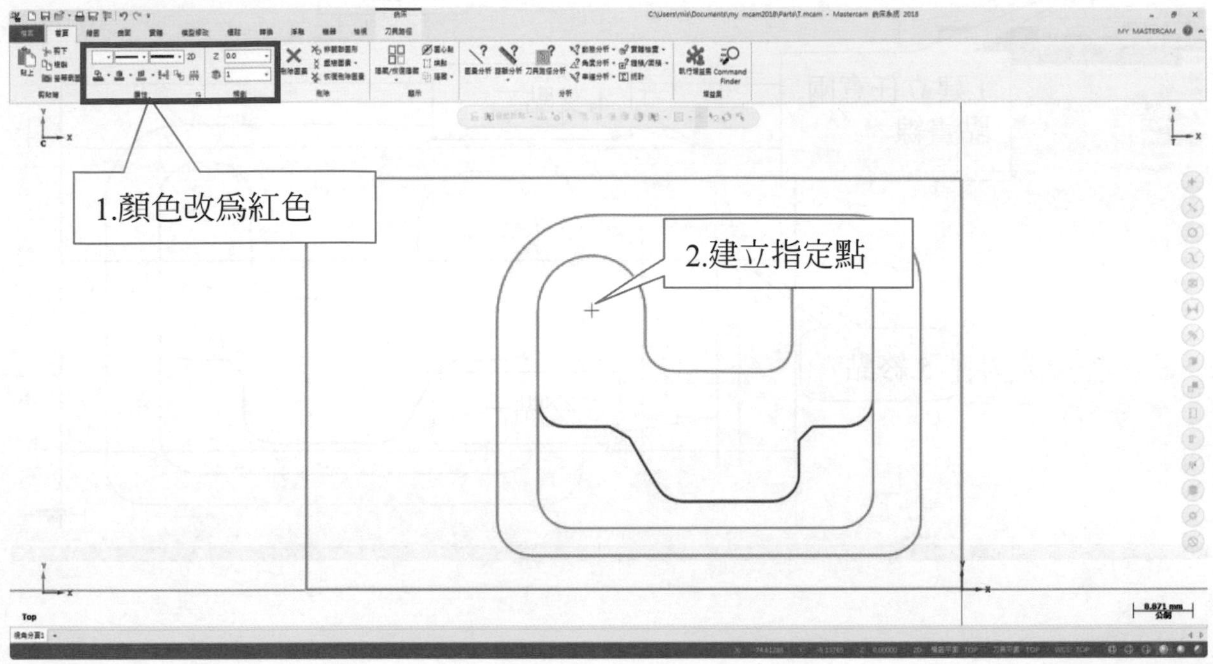

建立平行線→垂直線分別偏移 8、10、(D)13。

建立平行線→水平線分別偏移 12、25、40。

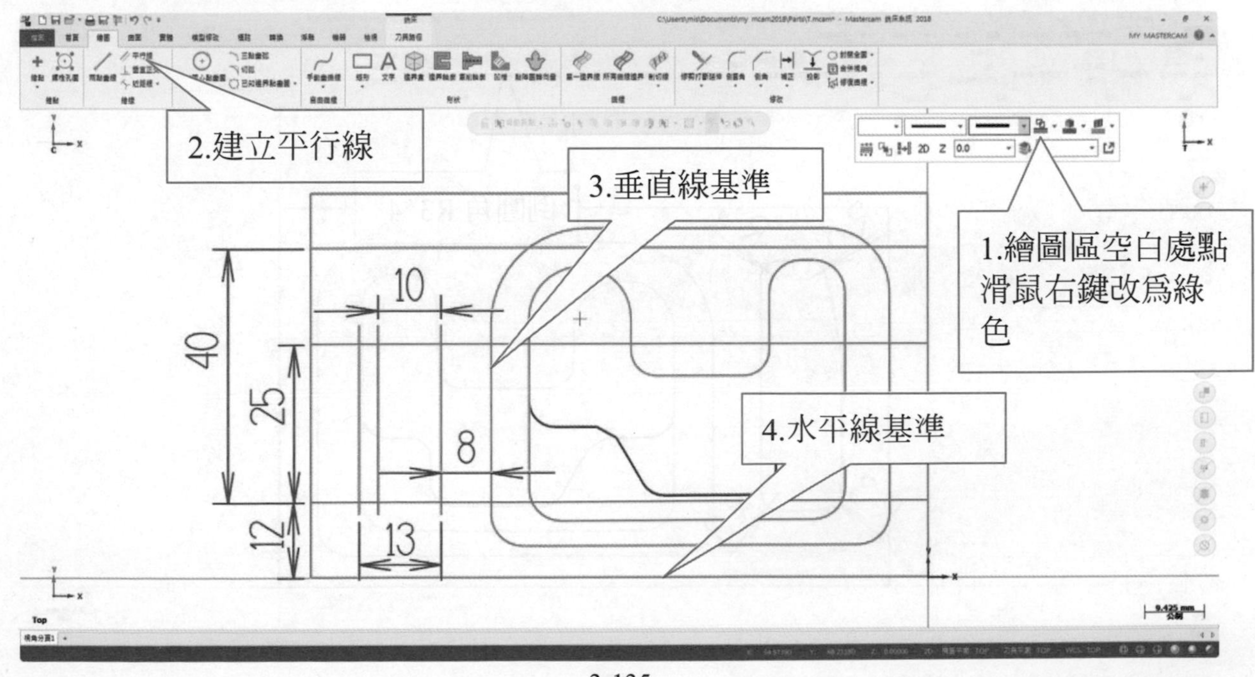

建立任意兩點畫線→交點→交點一→交點二。

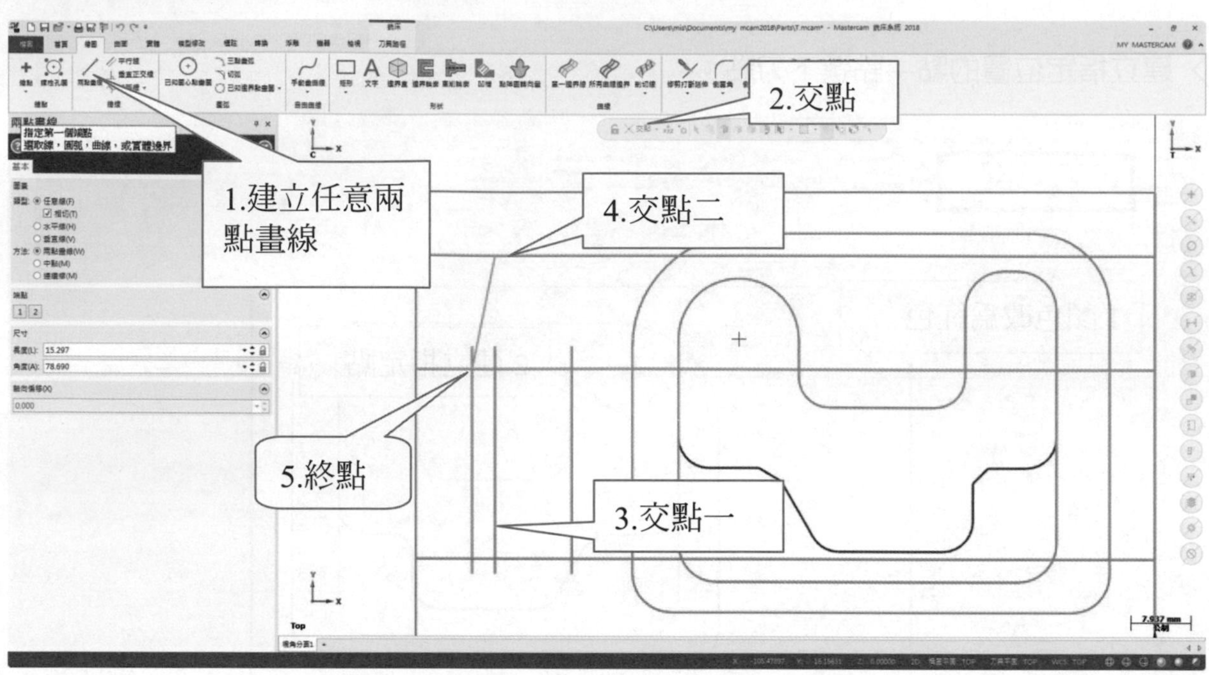

在紅色處分分別倒圓角 R3→然後把圖面修至下圖一樣。

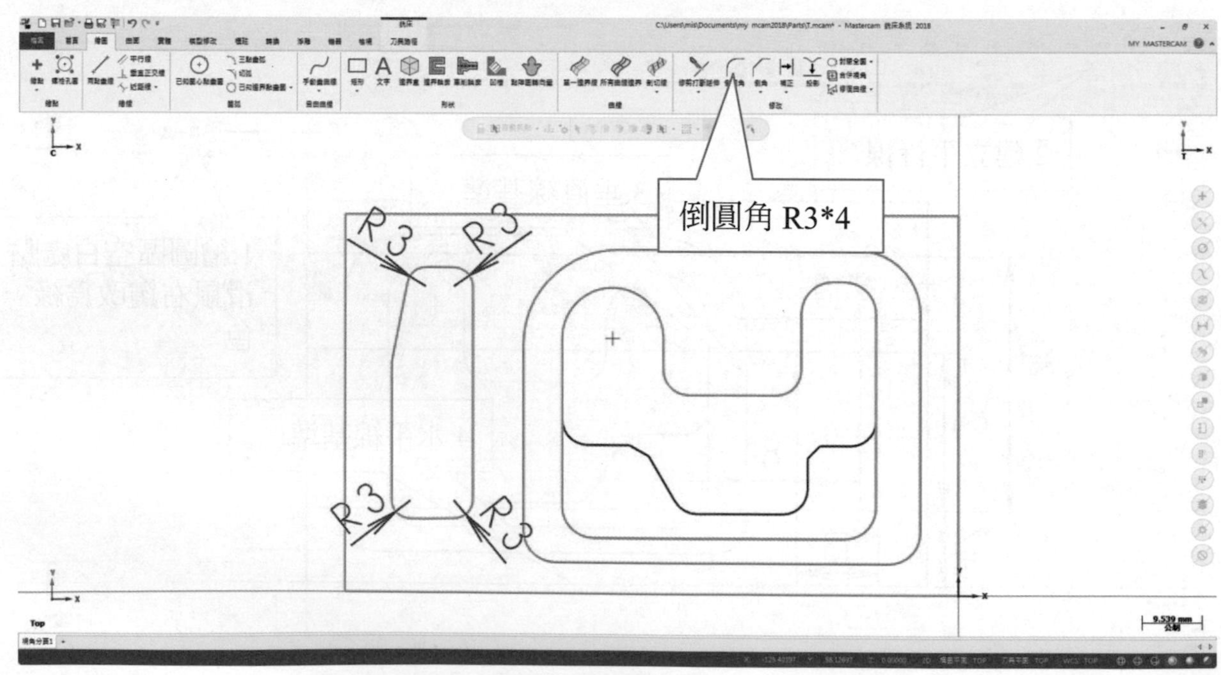

把 Z0 的圖層平移複製到 Z-5。

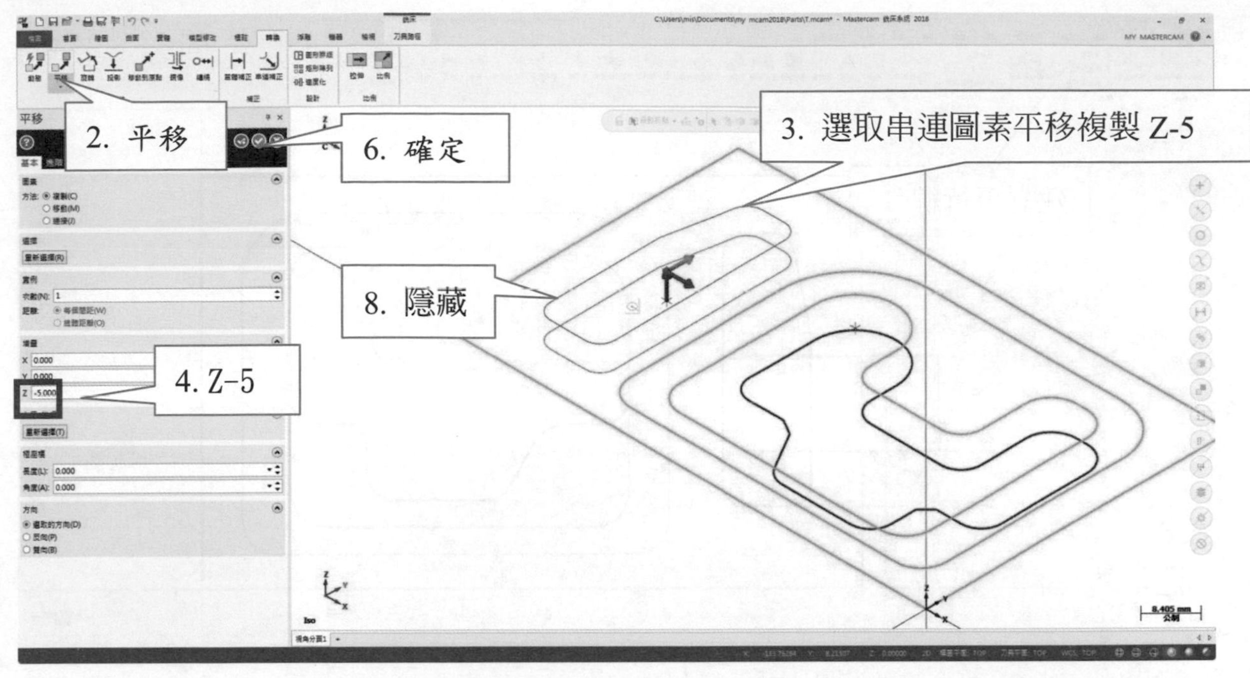

選擇進階頁面→打勾顏色改為藍色→完成後再把 Z0 的圖層隱藏起來。

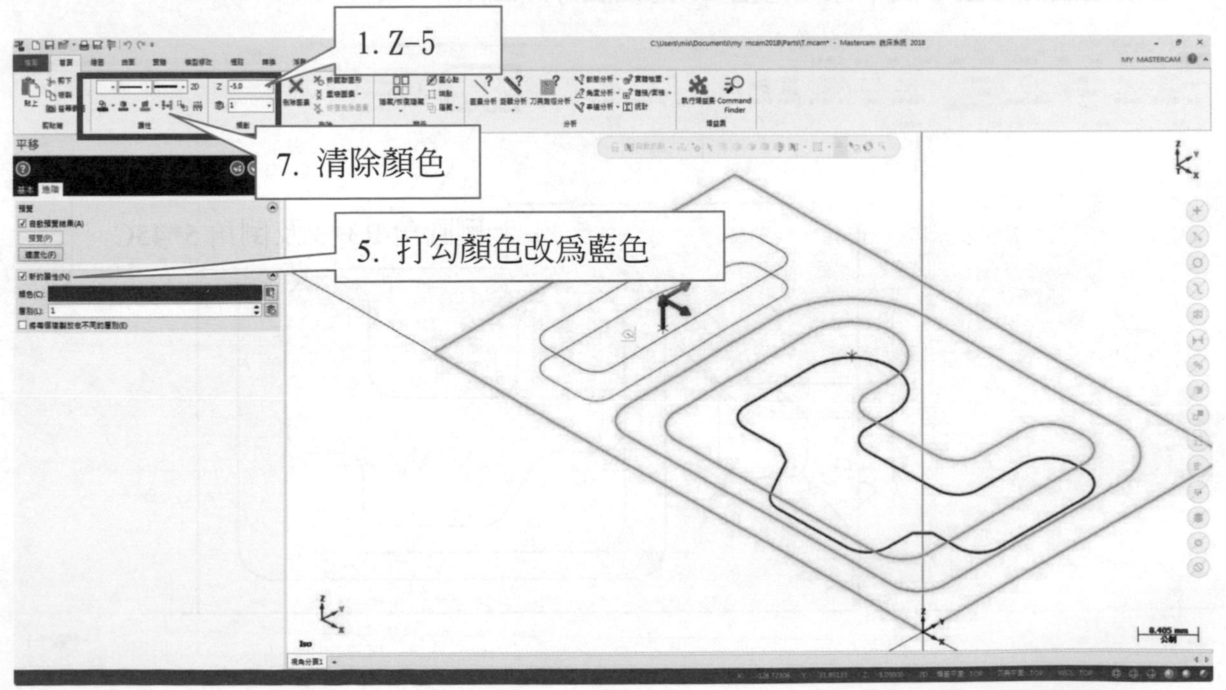

建立平行線→水平線分別偏移 8、(E)14。

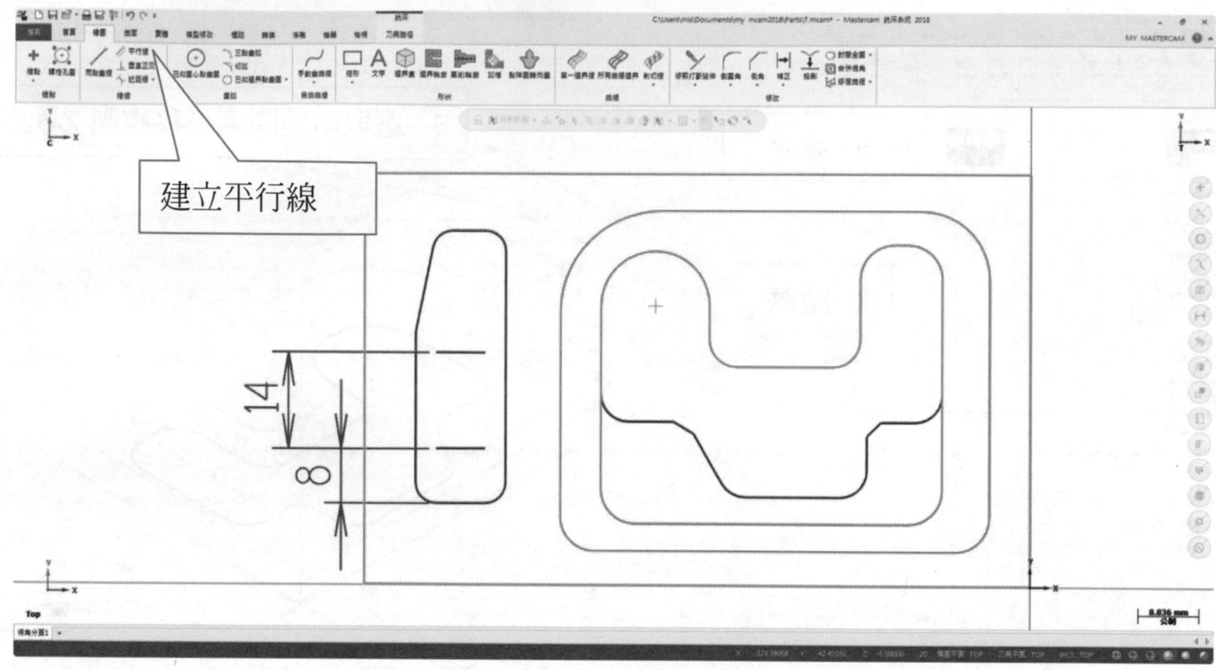

在紅色處分別倒圓角 R3 與倒角 5*45C。

然後把圖面修至下圖一樣→再把 Z0 的圖層呼叫回來。

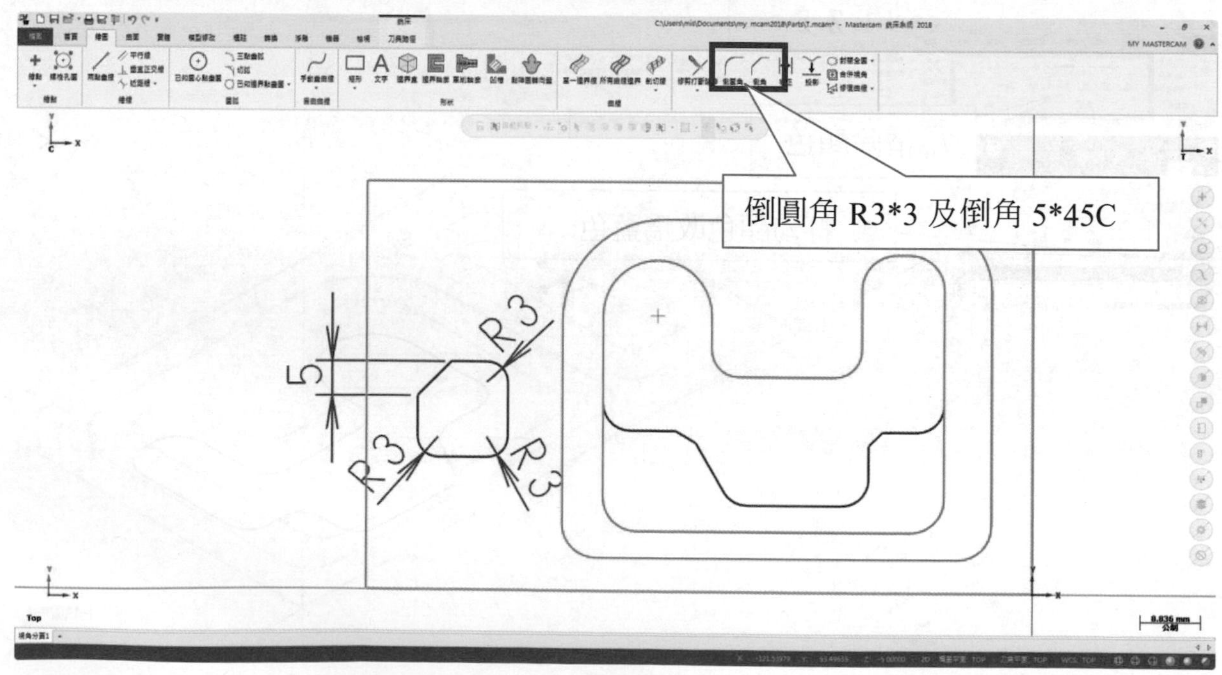

在紅色兩個轉角處倒個小圓角 R0.4，(會讓曲面倒角接的成功)。

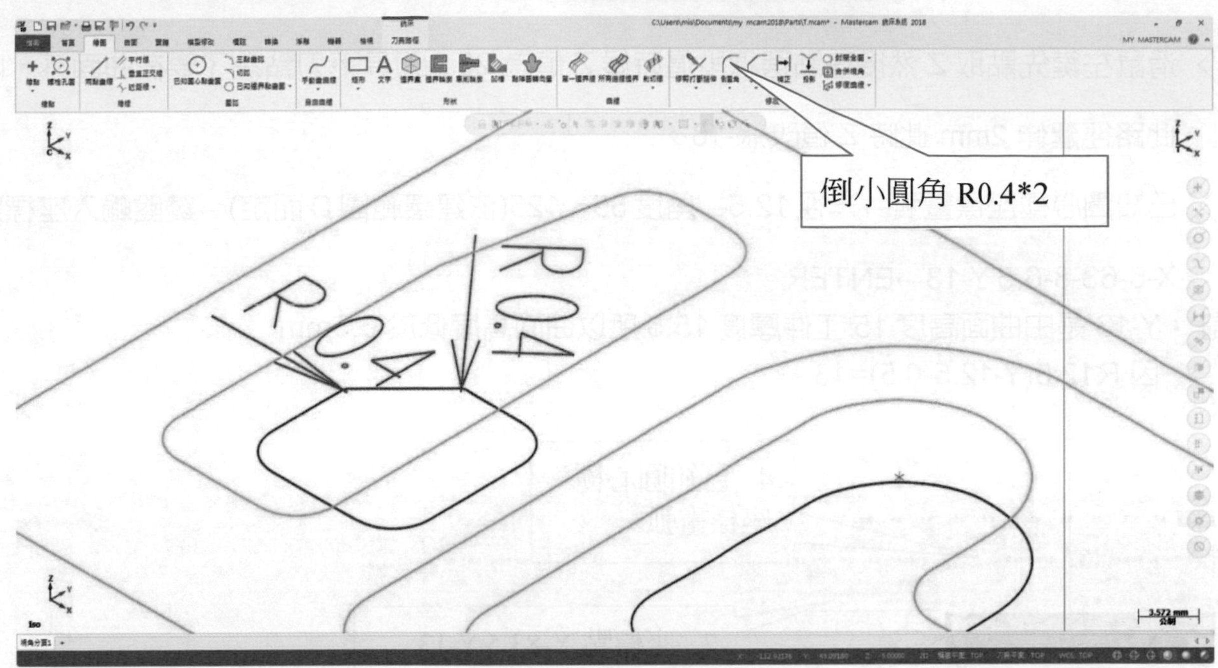

→ 視圖方向改為前視圖→顏色改為紅色。

→ 滑鼠左鍵先點取 Z 然後在點選線段這時候 Z 值為-20，刀具下刀點為了要在曲面外，因此路徑延伸 2mm 此時 Z 值改為-18。

→ 已知圓心極座標畫弧→半徑 12.5→角度 55～125(依建議範圍 D 而定)→鍵盤輸入座標點 X-6-63-8-6.5 Y-13→ENTER。

備註：Y-13 是由曲面高度 15 工件厚度 15.5 所以曲面高度低於 0.5mm
因 R12.5(Y-12.5-0.5)=13。

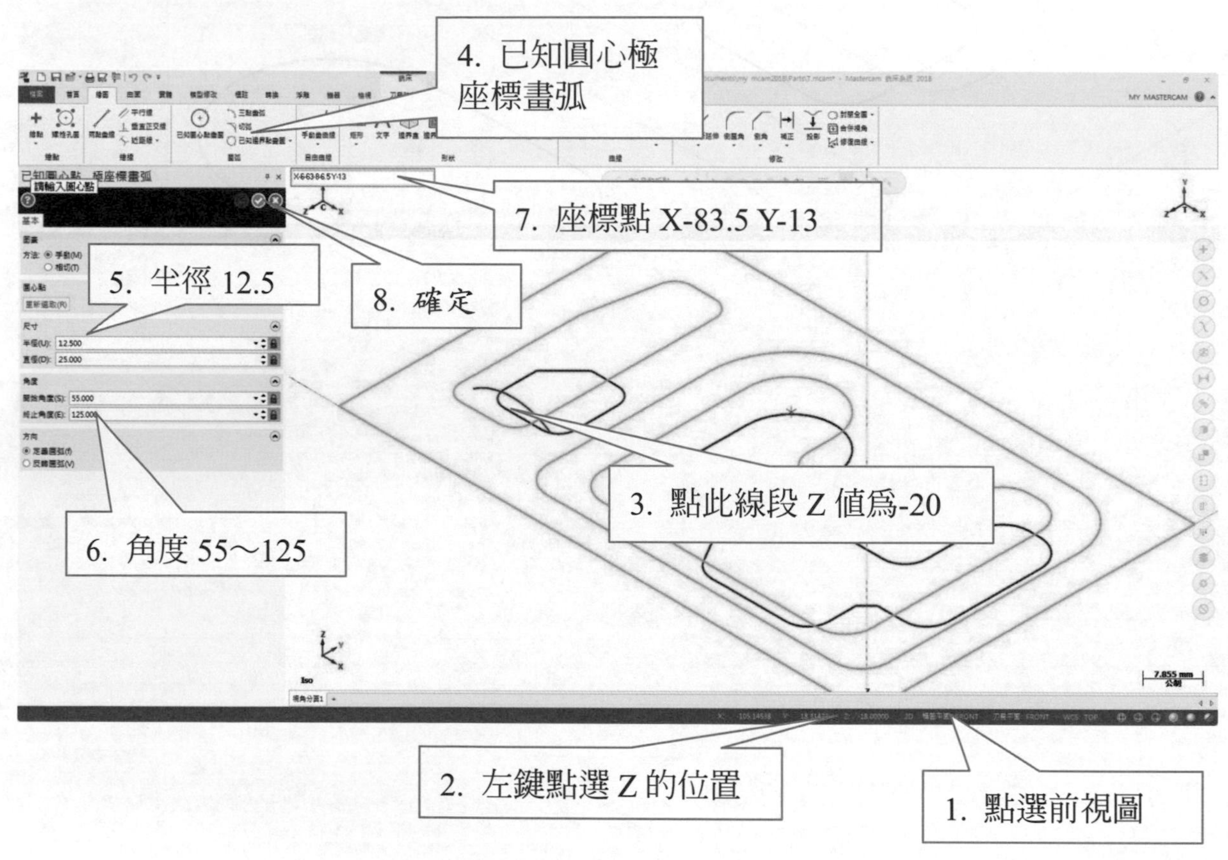

➔ 視圖方向為前視圖。

➔ 繪圖→曲面→拔模→長 18 (E 尺寸+4)。

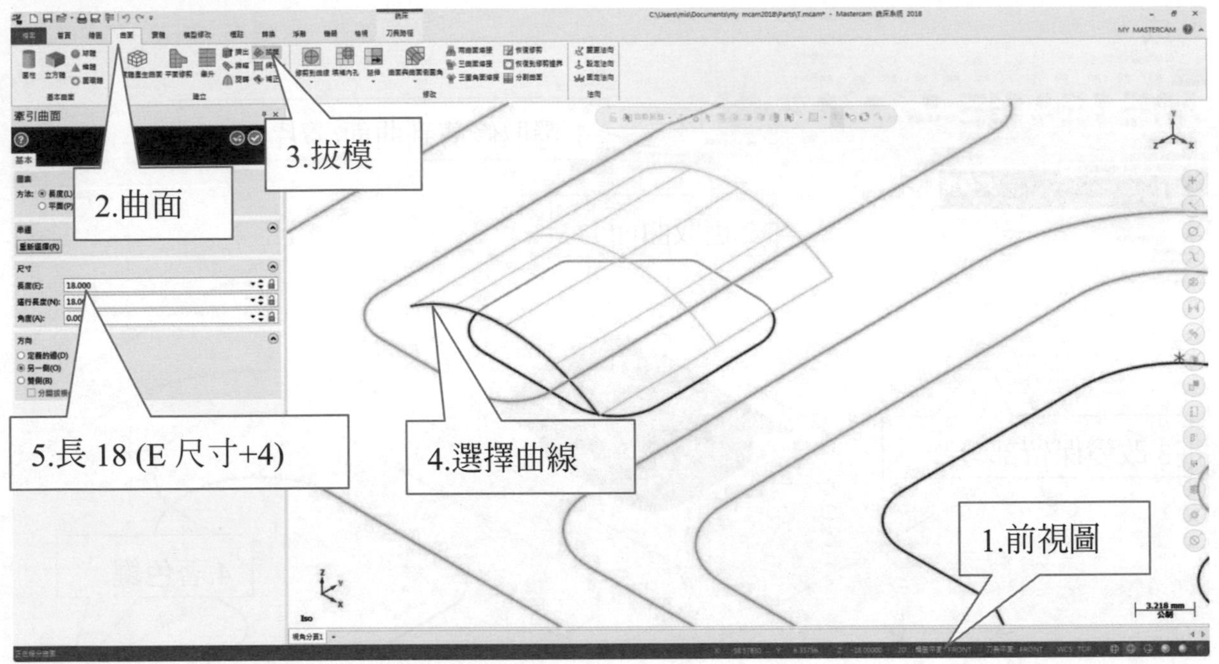

➔ 視圖方向為俯視圖。

➔ 實體→擠出→串連藍色圖素→ENTER→方向向上→距離 10→打勾完成。

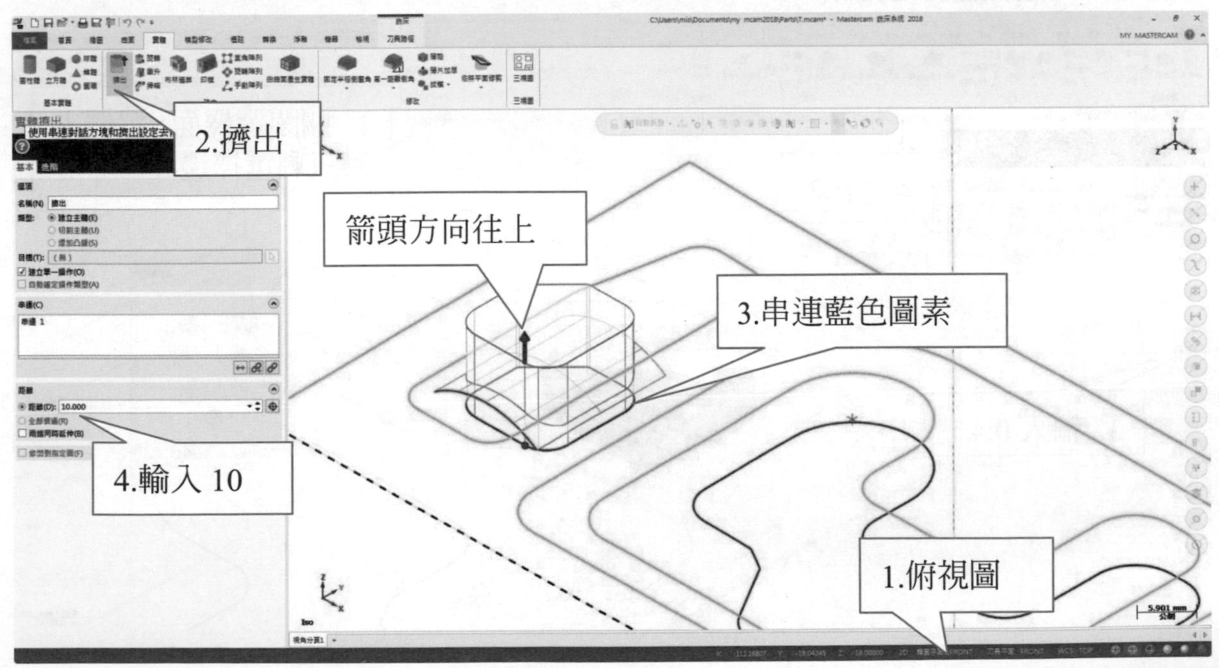

按下著色鈕接下來把實體及曲面著色。

實體→修剪到曲面/薄片→選取實體→選取曲面→點選曲面→改變保留部分→打勾完成。

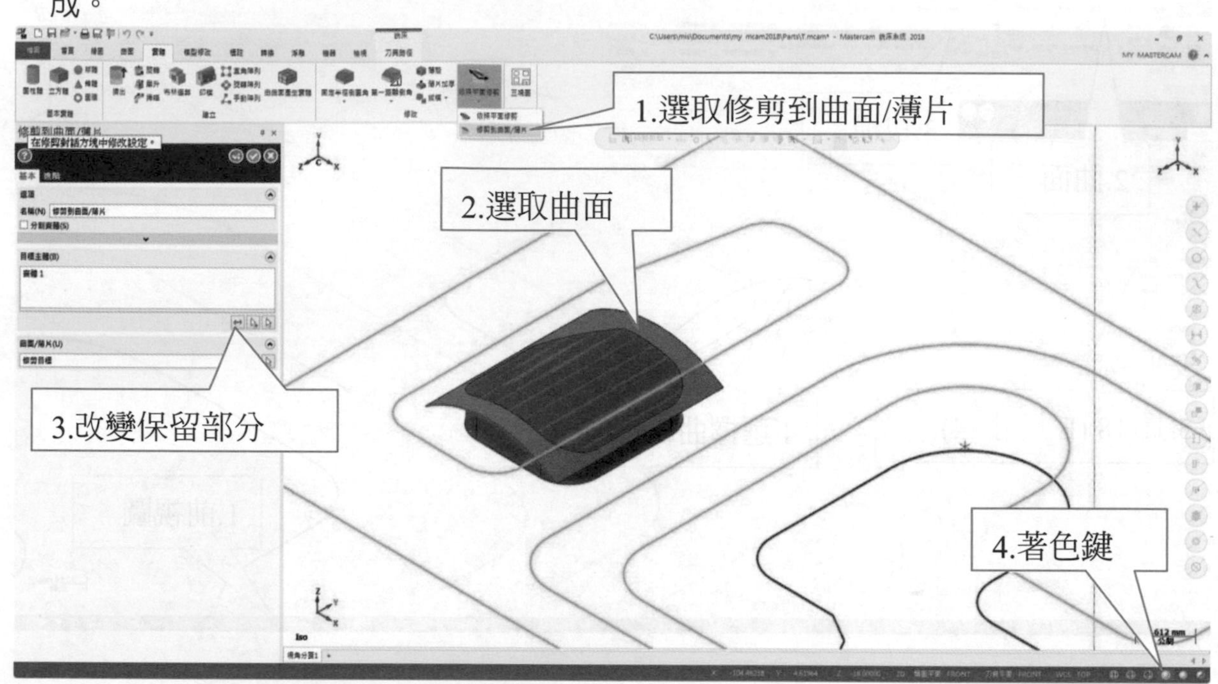

實體→倒角→單一距離倒角→選擇實體邊界線→ENTER→輸入 0.4→沿切線邊界延伸打勾→點選綠色打勾完成。

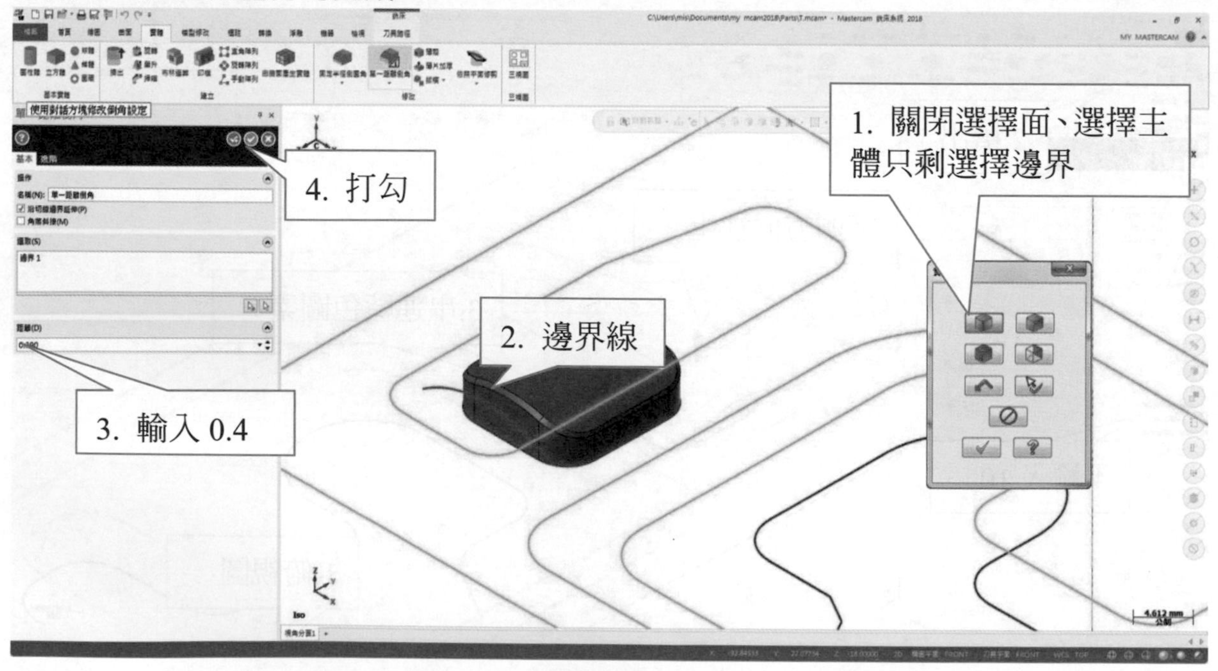

最後把實體與紅色曲線隱藏起來，即完成繪圖步驟(記得要存檔)。

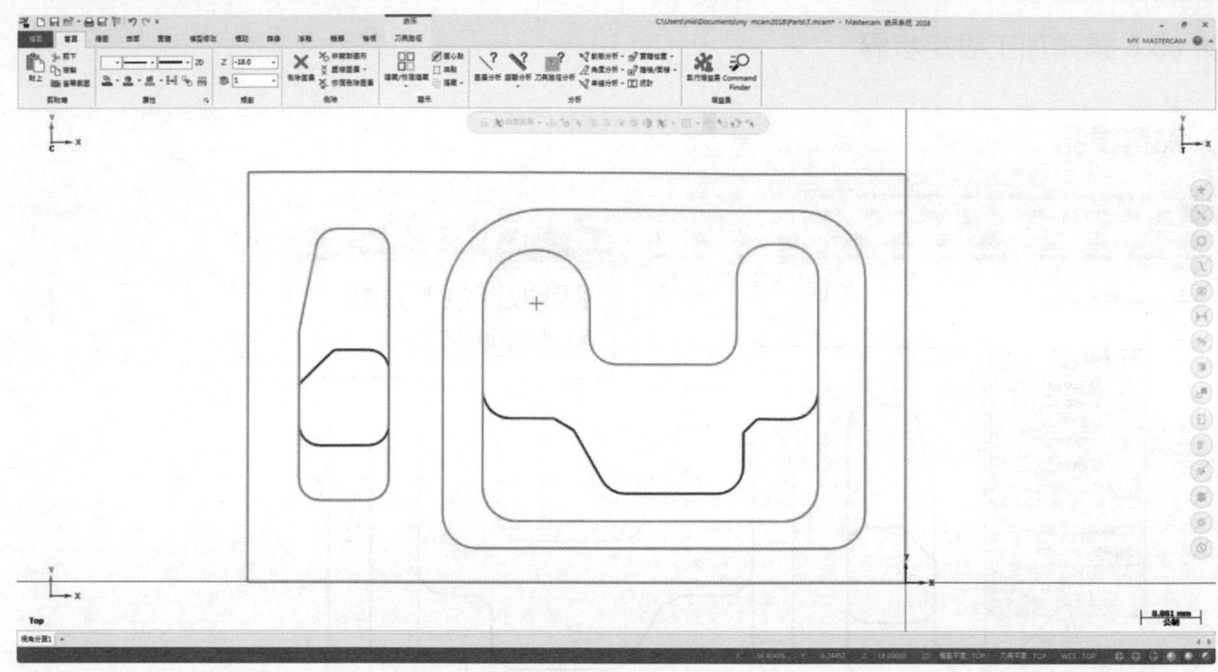

CNC 銑床乙級範例步驟 203 加工路徑

ϕ5.8 鑽頭加工設定步驟

點選鑽孔

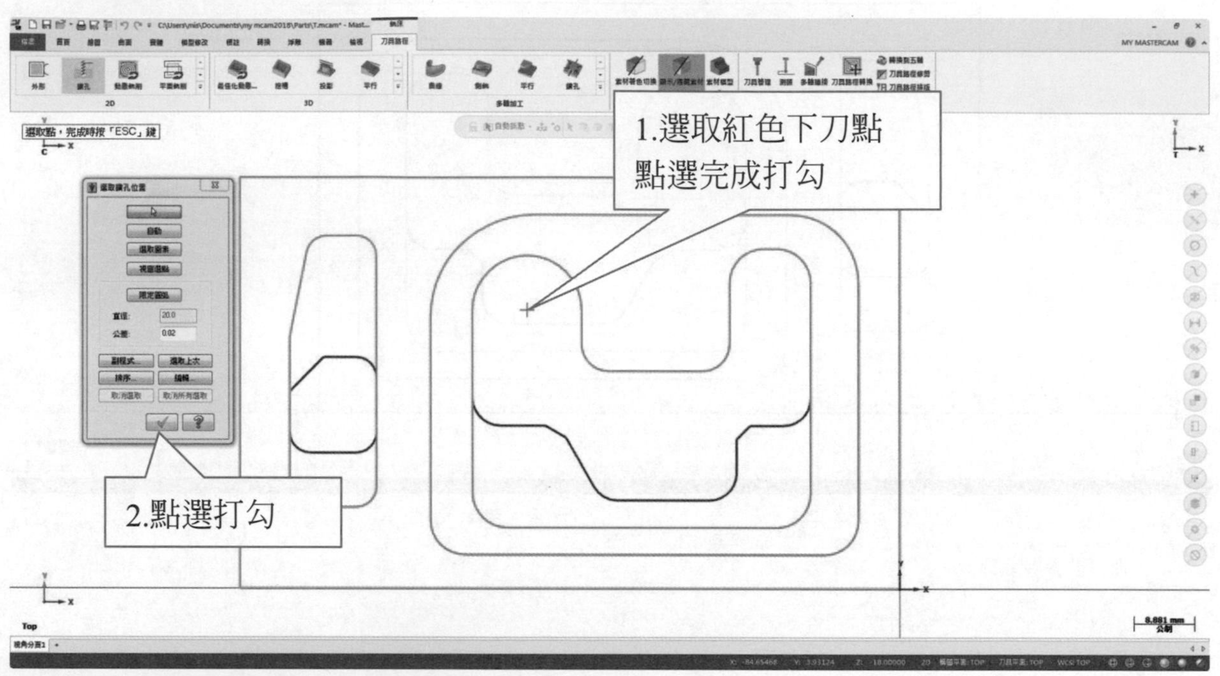

刀具→建立新刀具

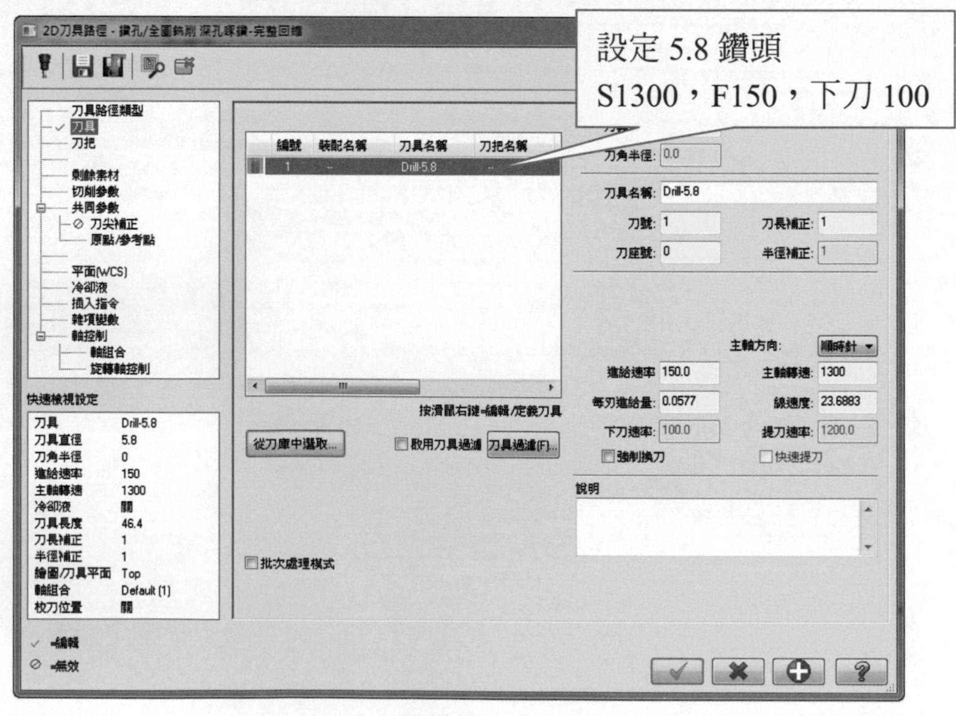

選擇切削參數→選擇 G83 深孔啄鑽

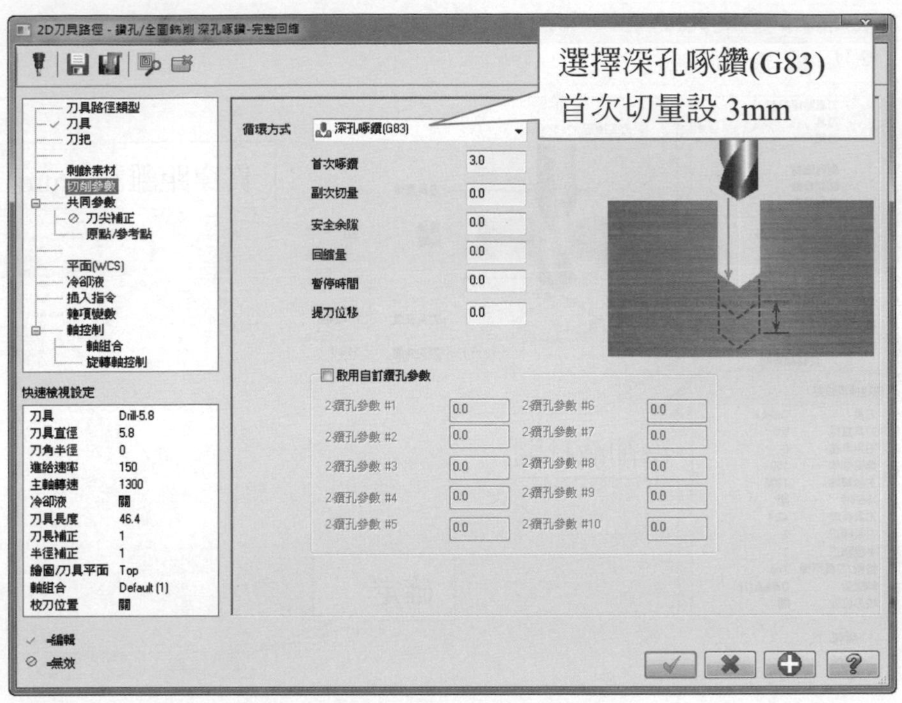

選擇共同參數

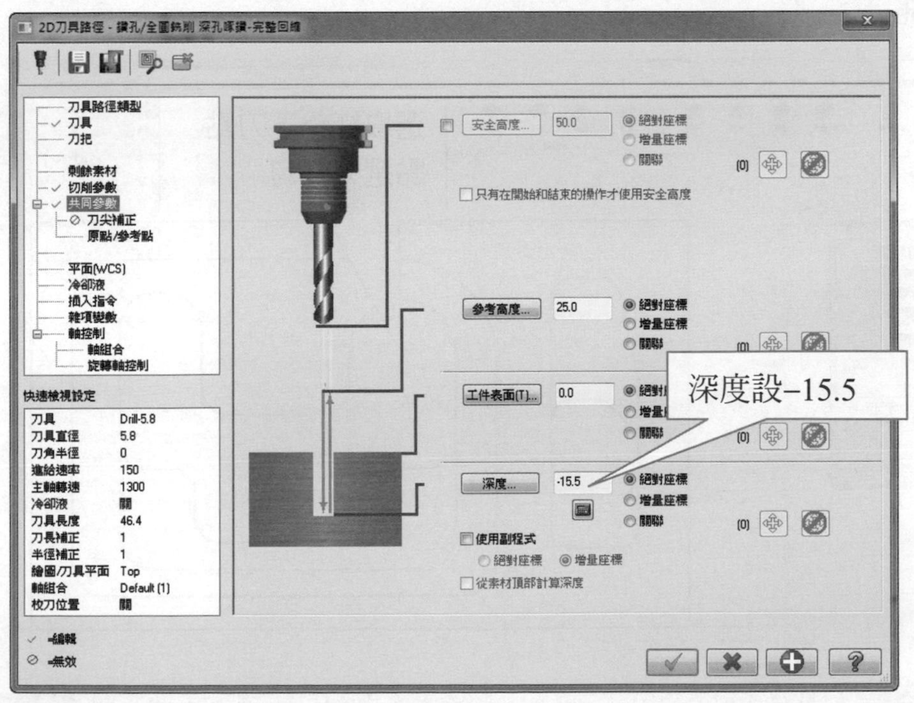

選擇尖部補正

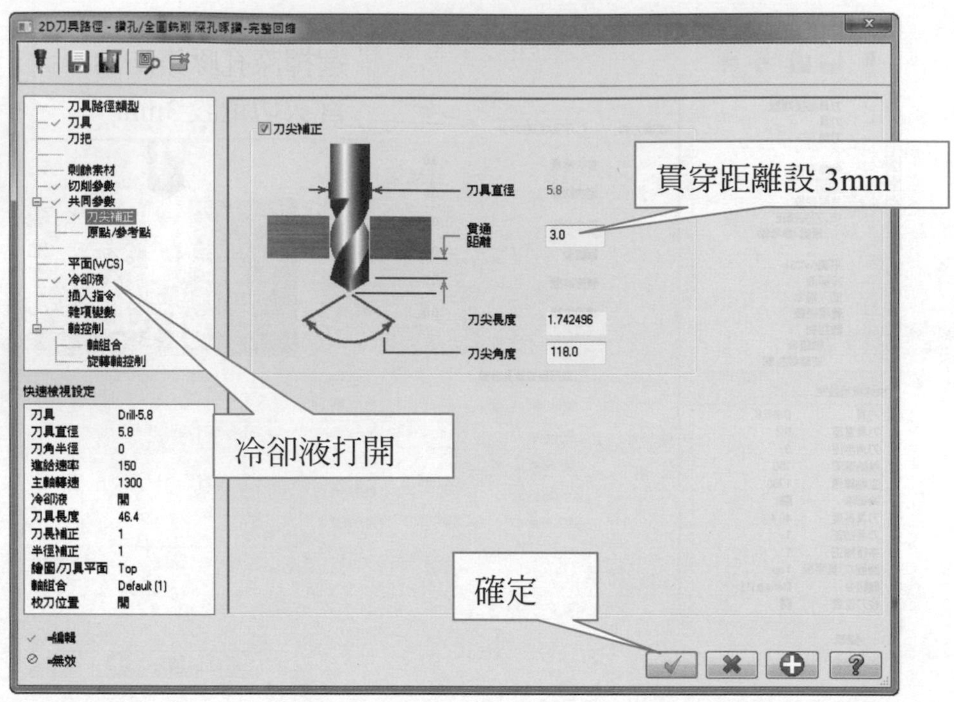

ϕ6H7 鉸孔加工設定步驟

點選鑽孔

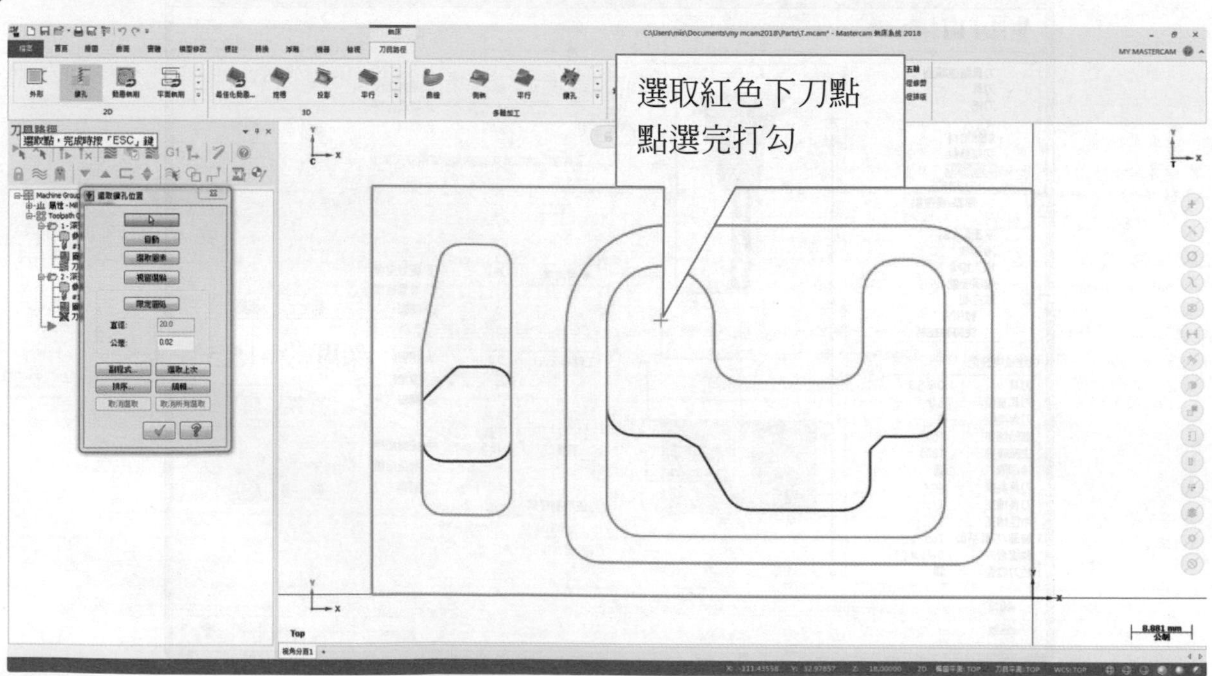

刀具→建立新刀具→選擇鉸刀

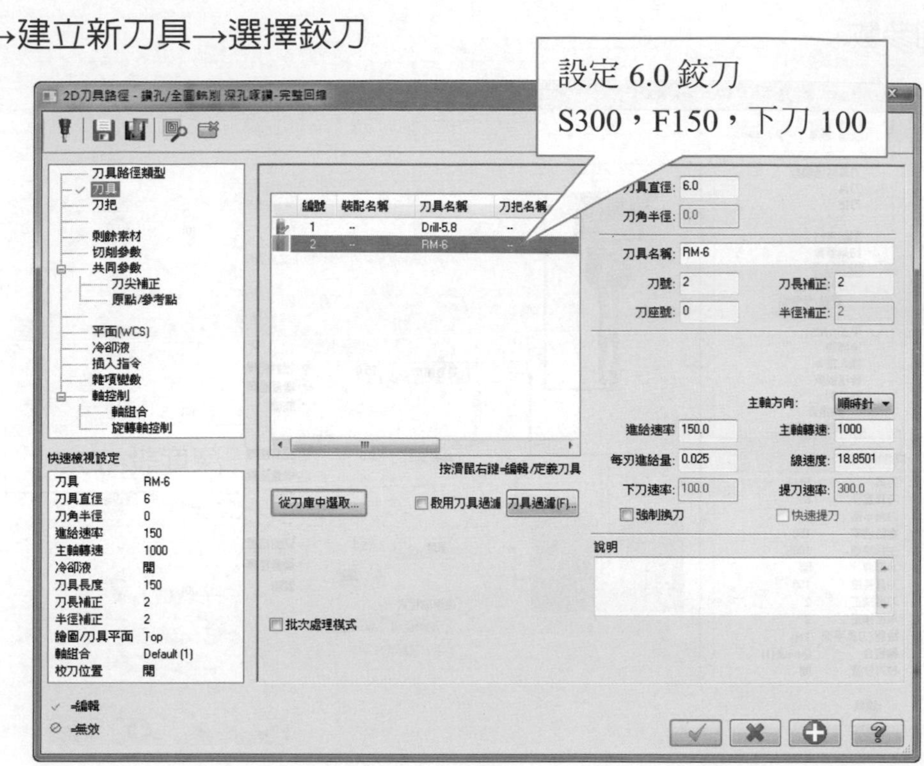

選擇鏜孔#1 為 G85 指令

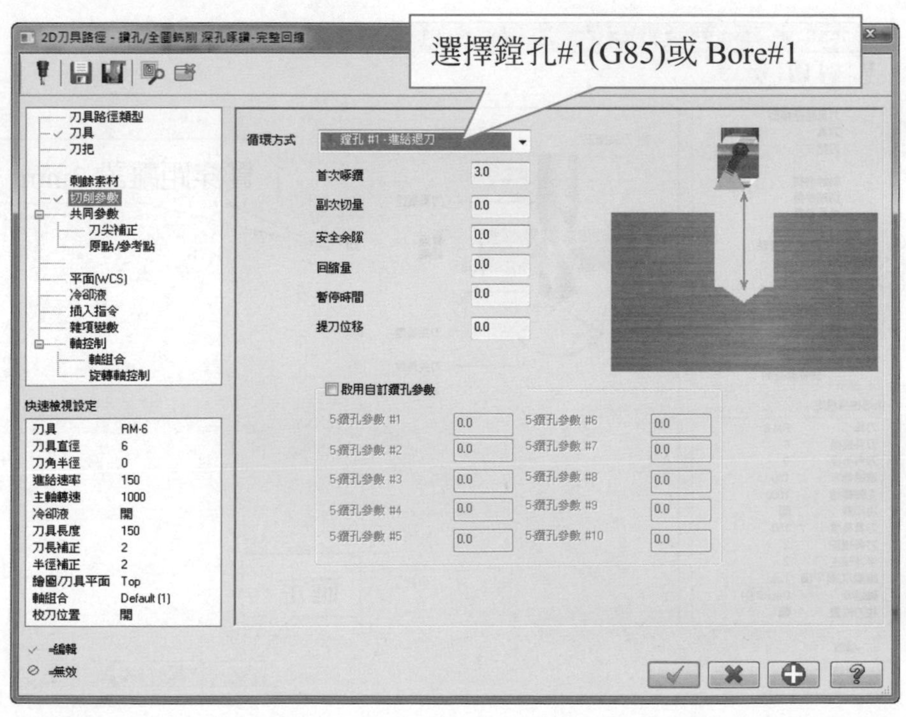

選擇共同參數

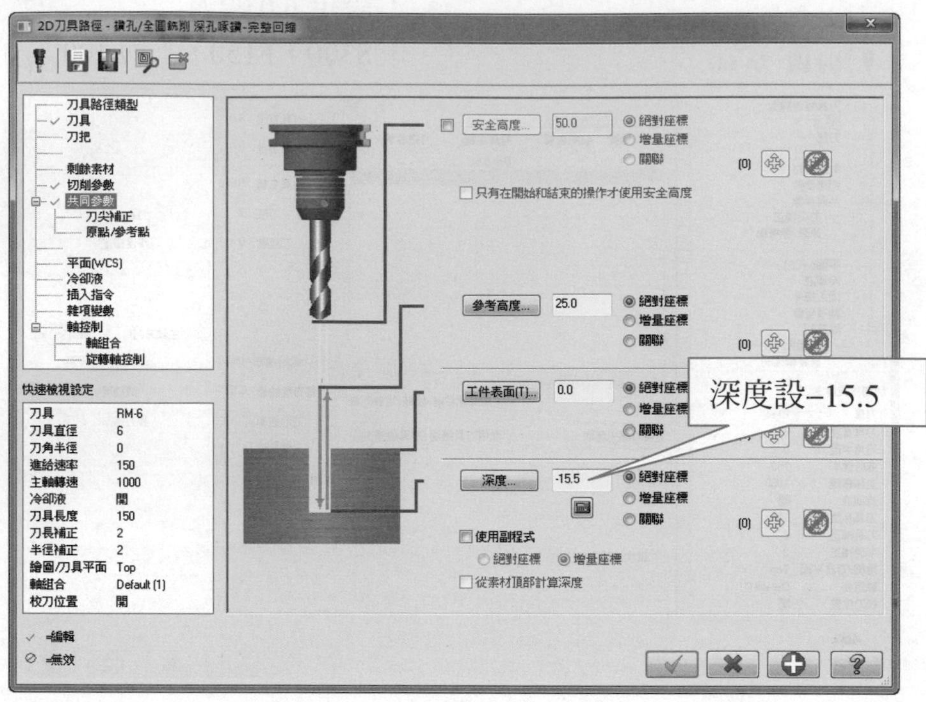

選擇尖部補正

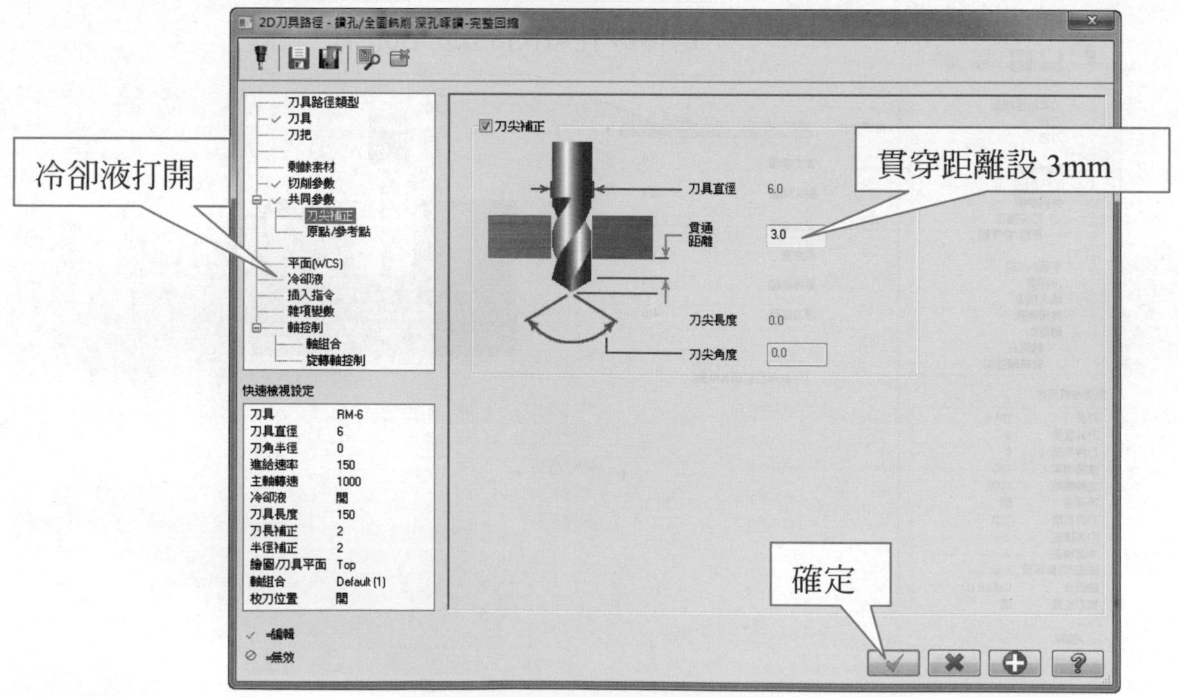

→ ϕ6mm 粗銑刀加工設定步驟

→ 選擇挖槽→串連一→串連二→串連三

→ 粗銑 Z-5mm 層

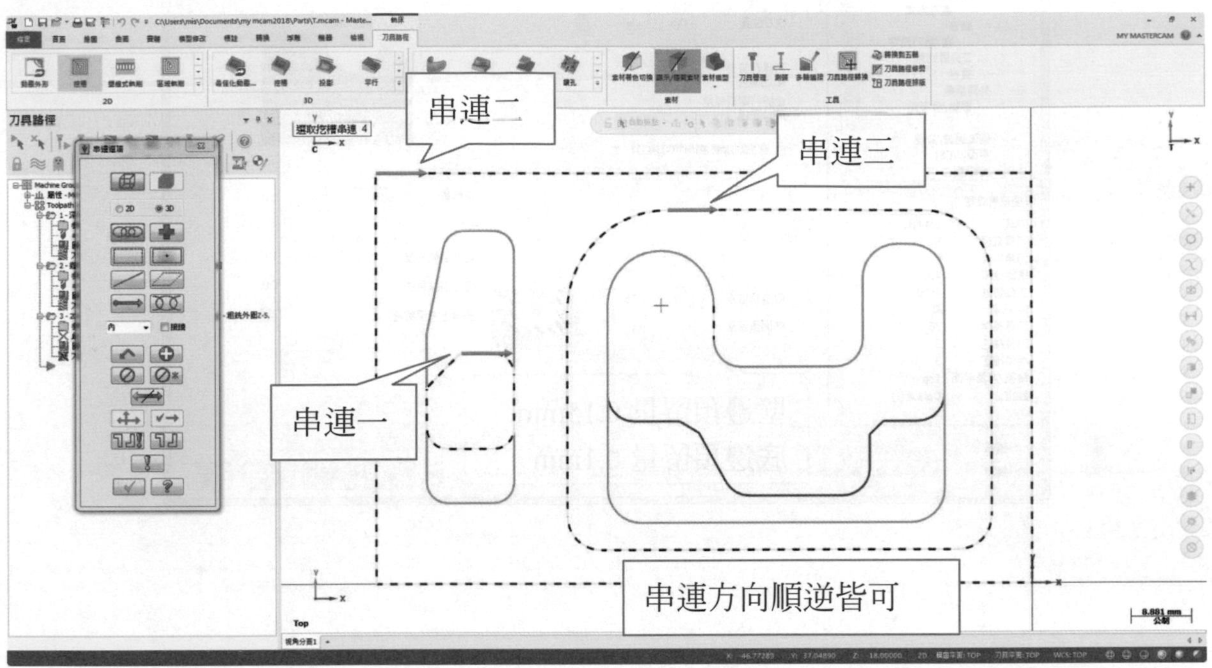

→ 刀具→建立新刀具

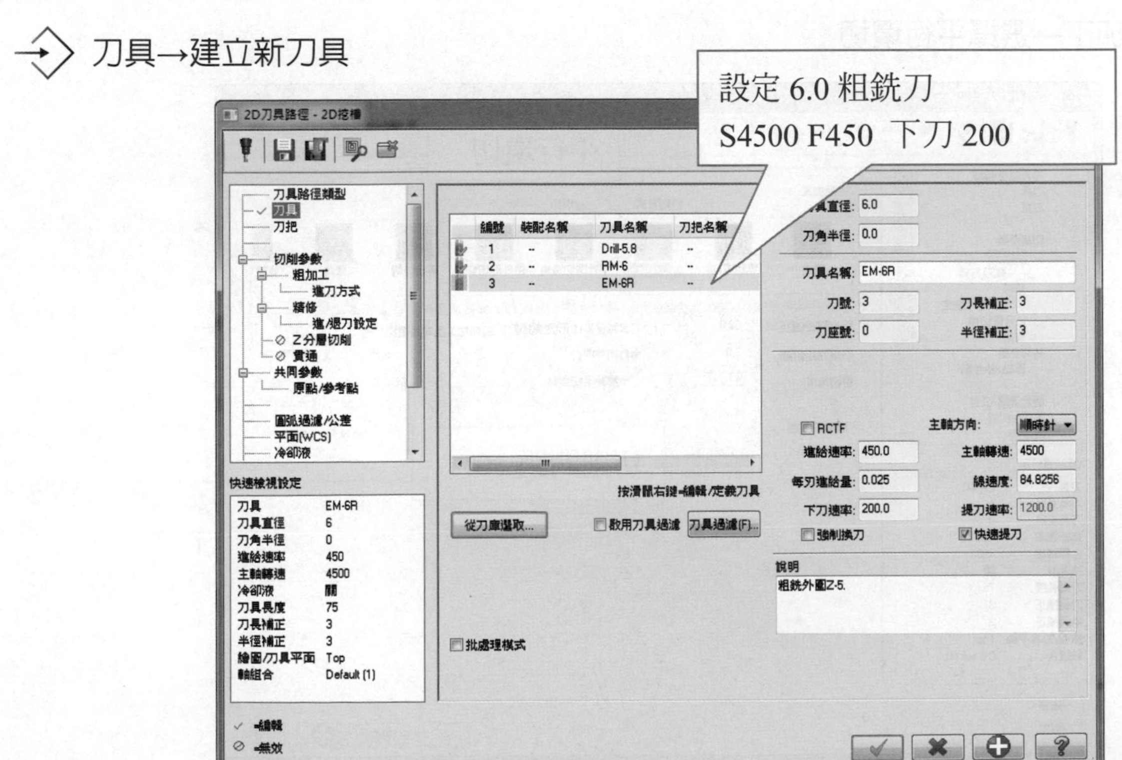

選擇切削參數→選取平面銑

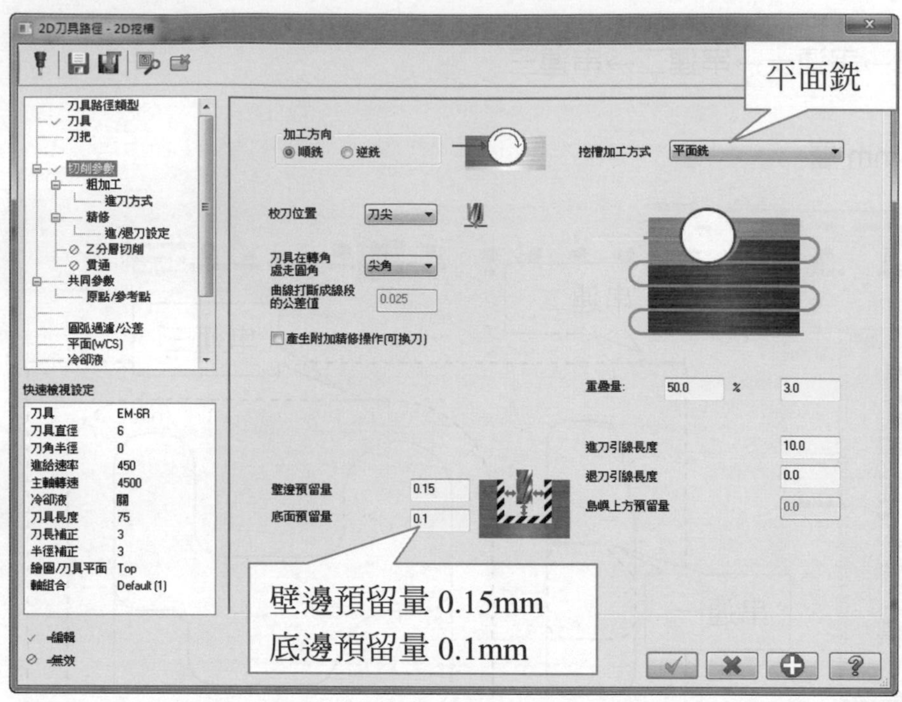

選擇粗加工→選擇平行環切

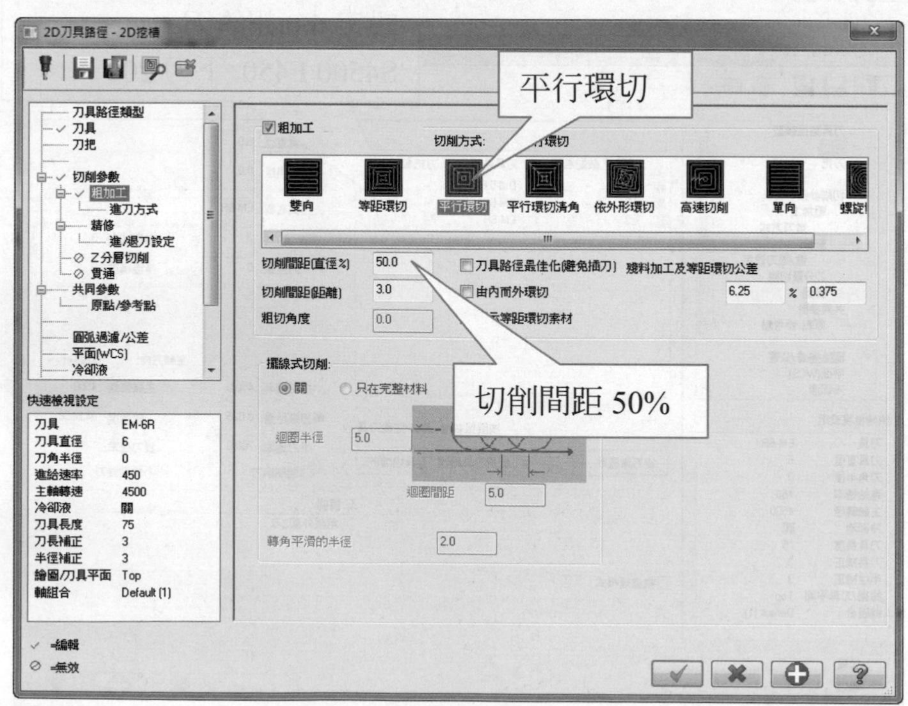

選擇精加工→關閉進/退刀設定

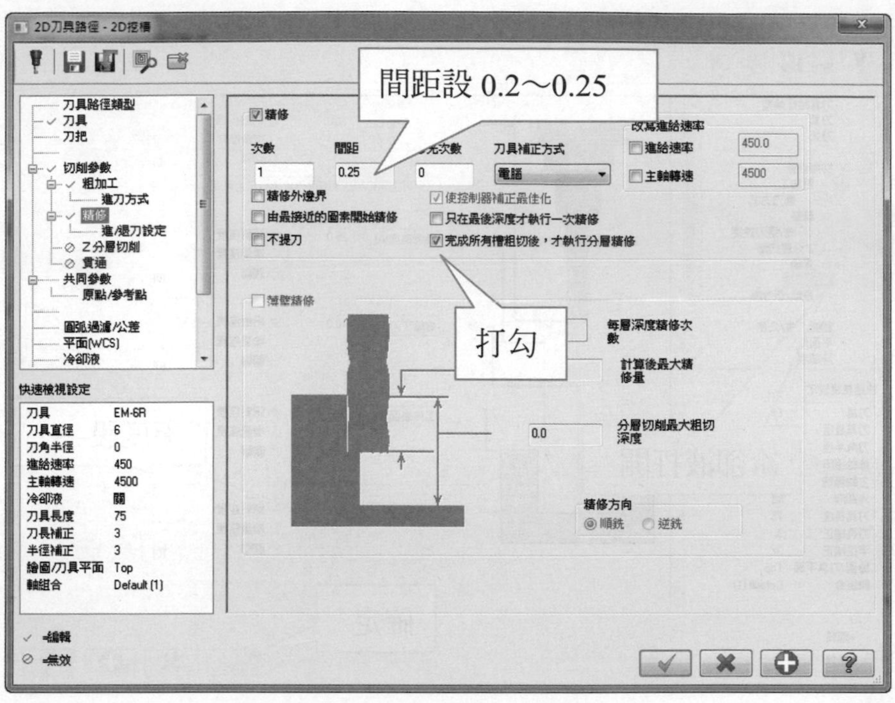

選擇關閉進/退刀設定

選擇分層切削

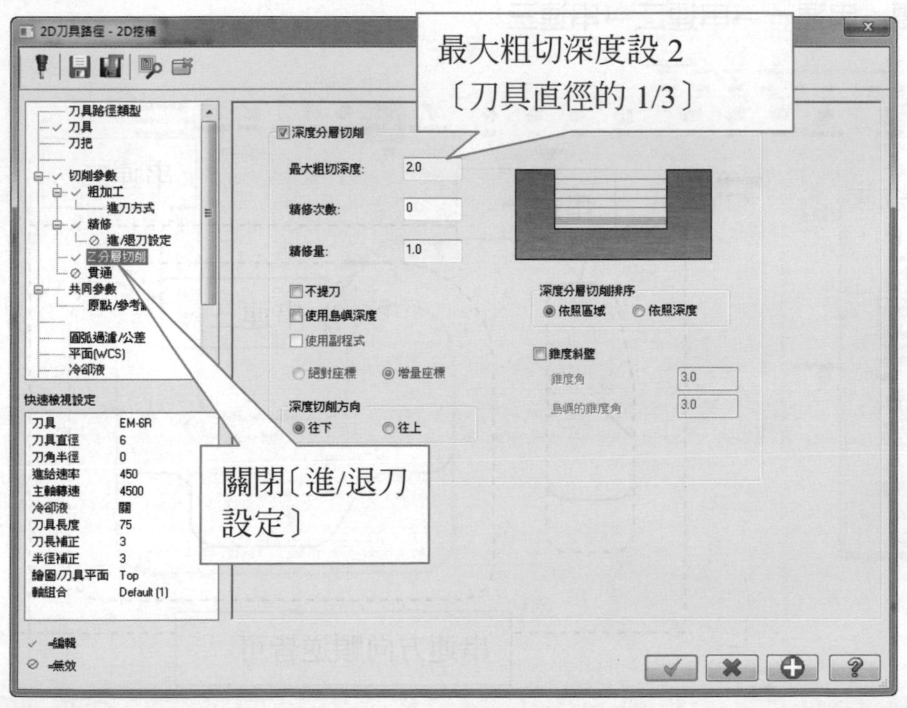

選擇共同參數

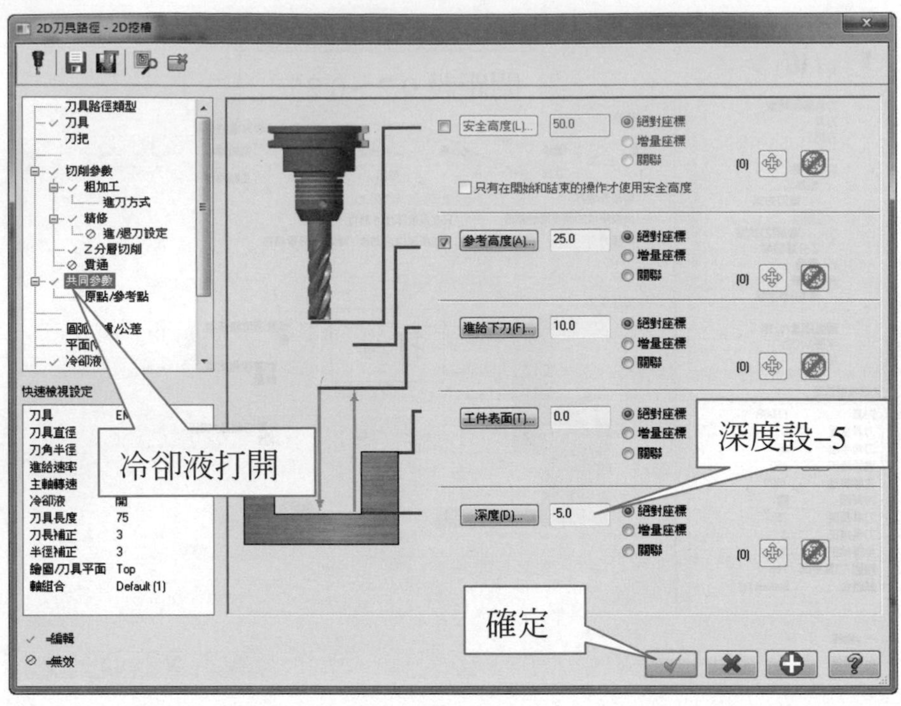

粗銑 Z–7.5mm 層

點選挖槽→串連一→串連二→串連三

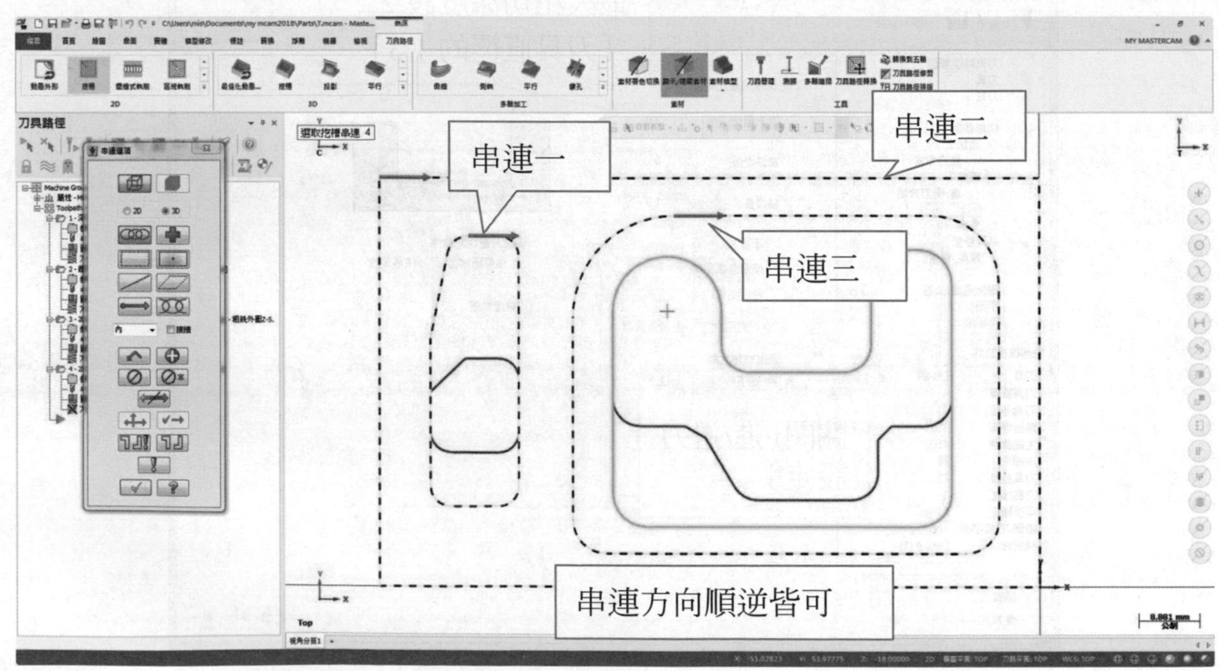

選擇共同參數

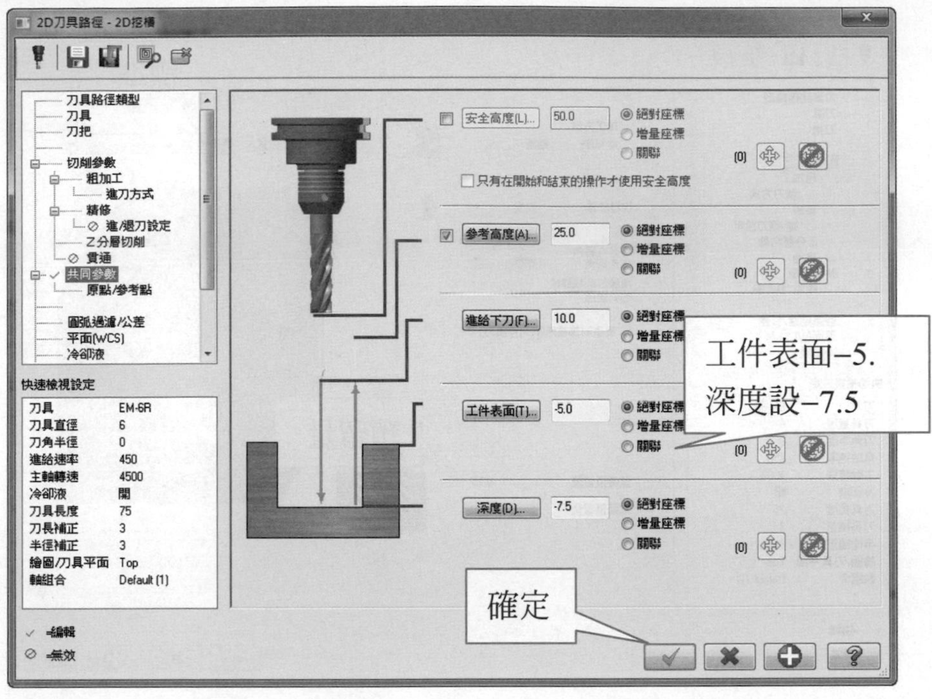

粗銑內槽 Z–6mm 層

選擇挖槽→串連一點→串連二

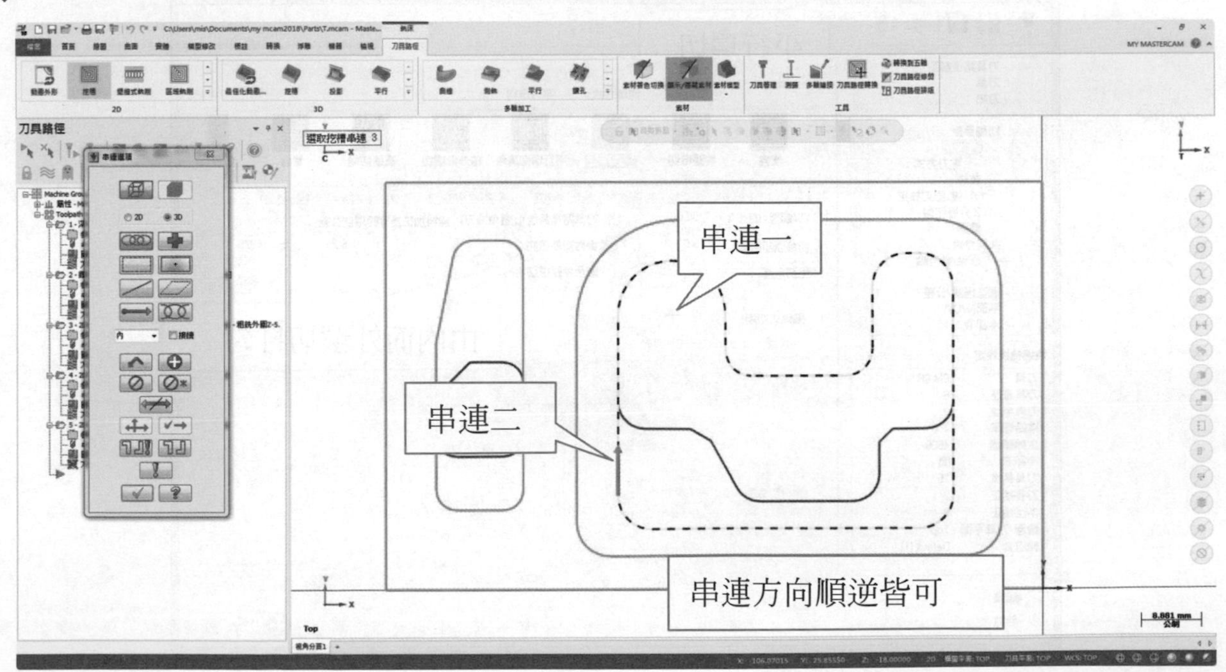

→ 選擇粗加工→選擇標準

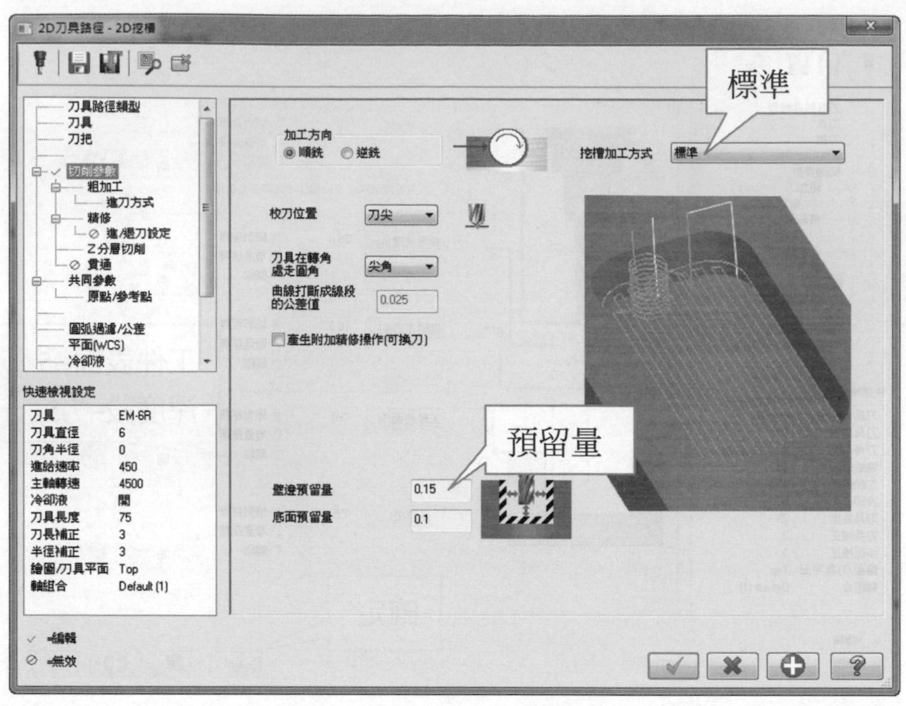

→ 選擇粗加工→選擇平行環切

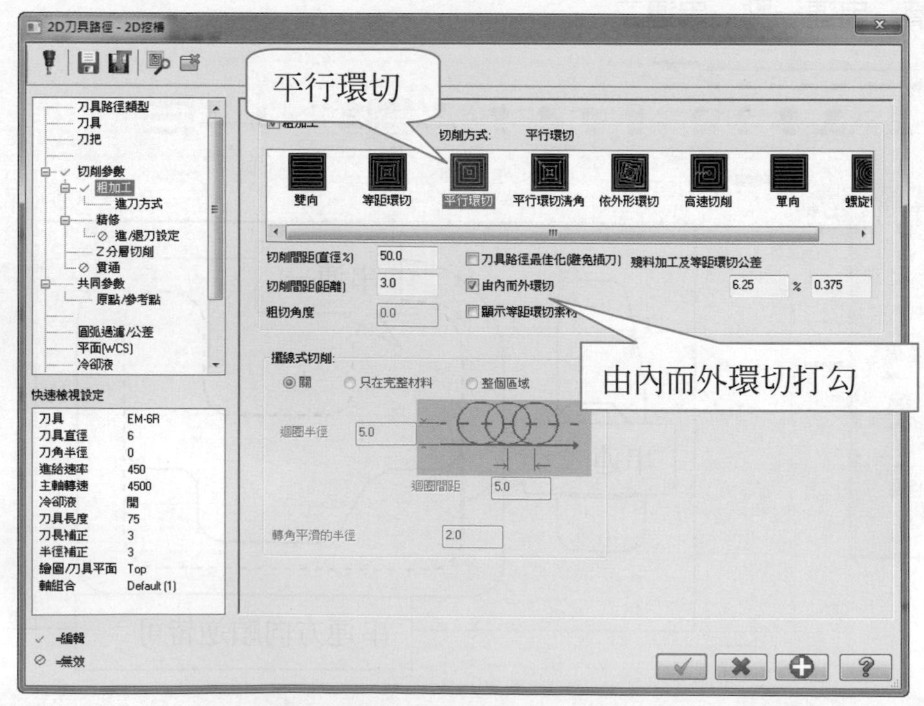

選擇精加工→選擇精修外邊界打勾

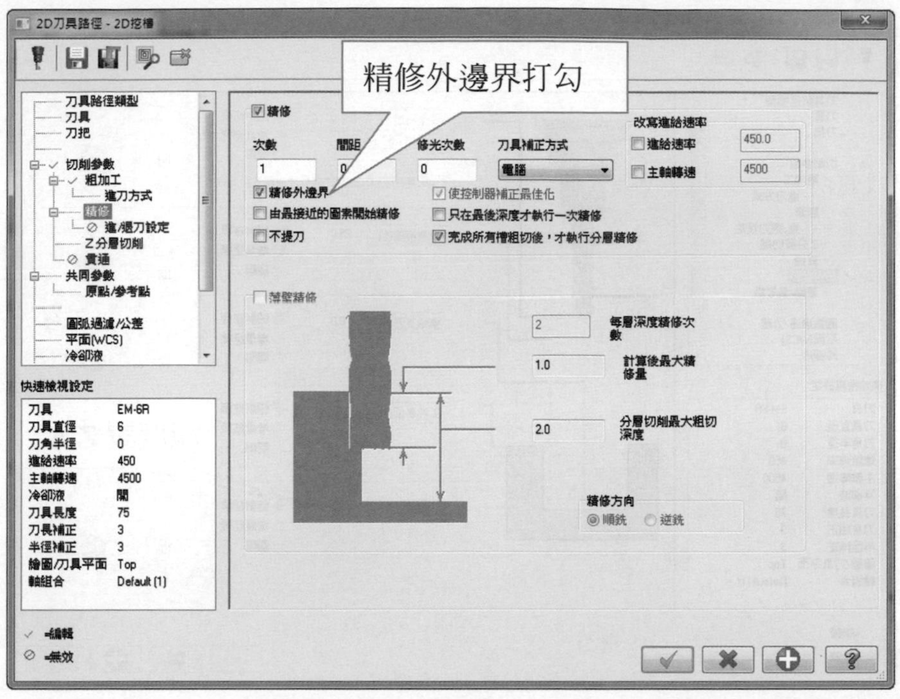

選擇分層切削

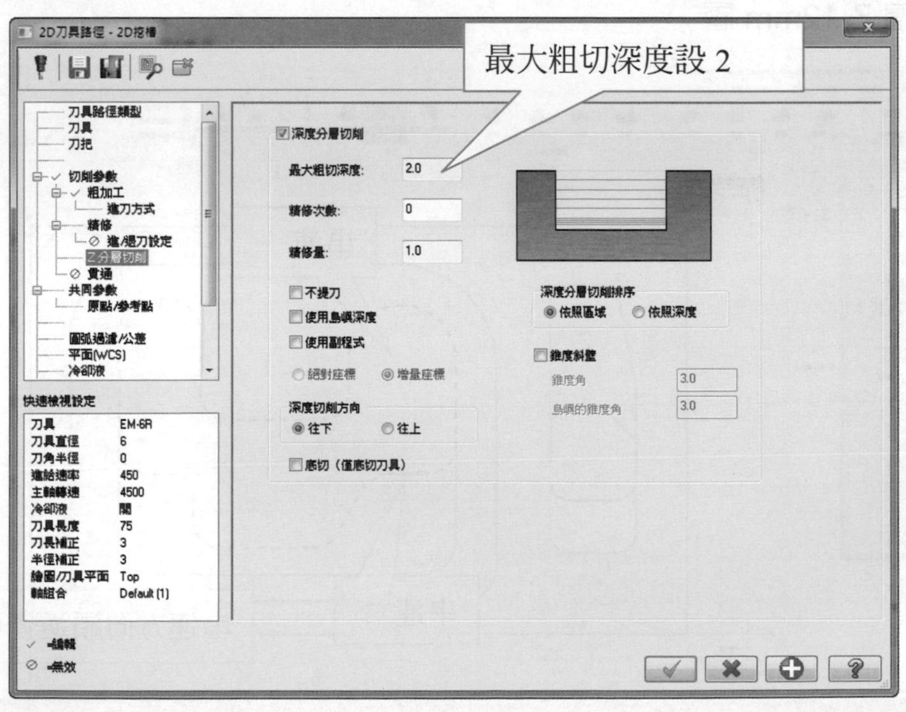

選擇共同參數

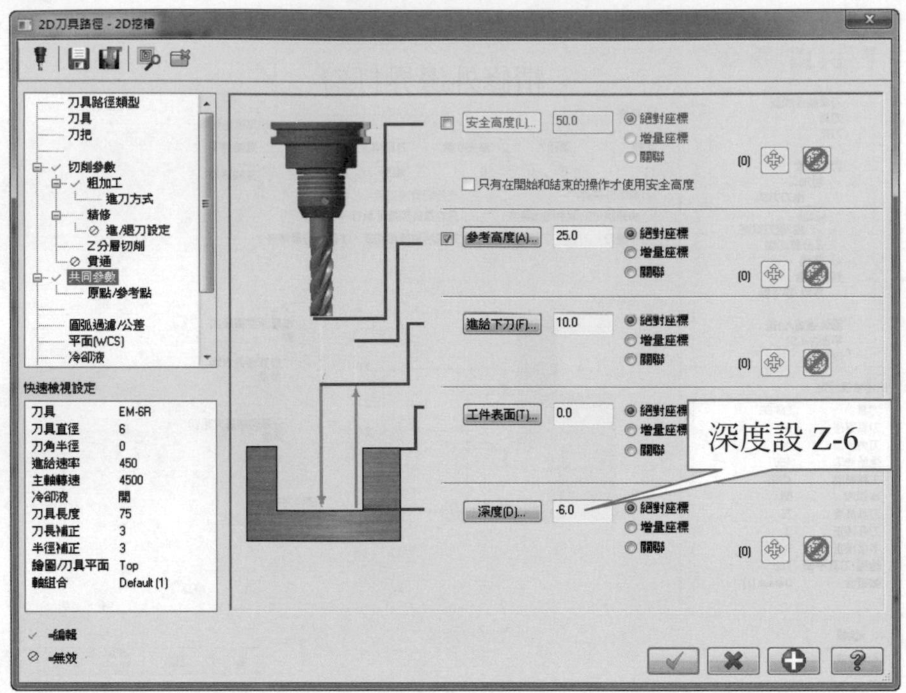

粗銑挖槽 Z-12mm 層

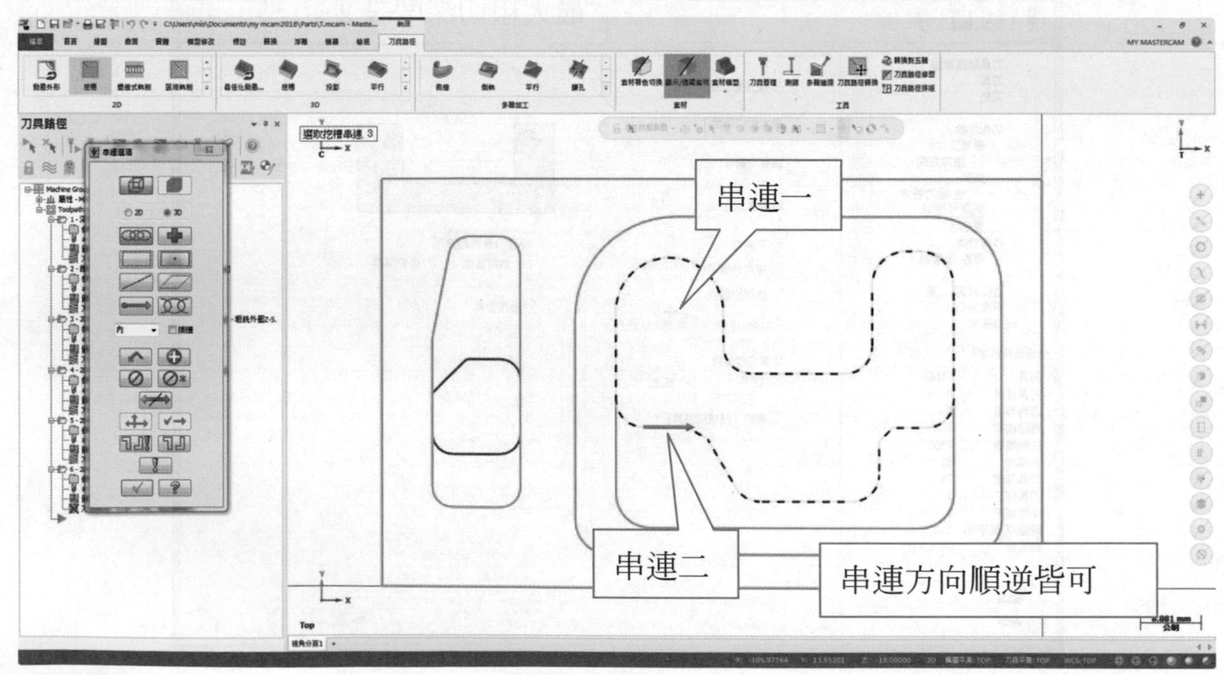

→ 選擇分層切削

→ 選擇共同參數

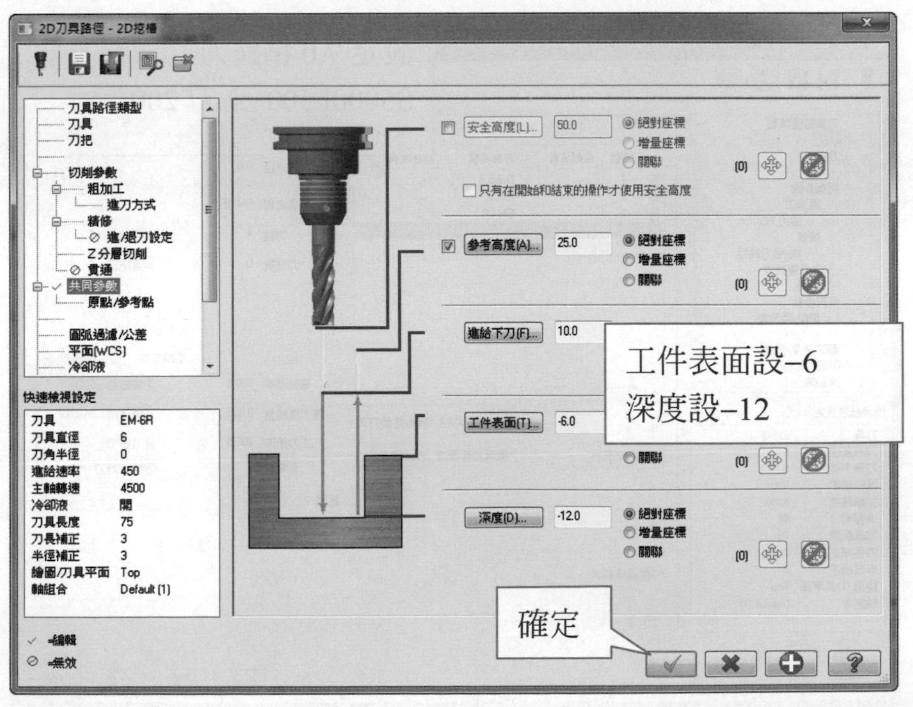

ϕ6mm 精銑刀加工設定步驟

選擇挖槽→串連一→串連二→串連三→ (串連方向皆為順時針)

精銑外輪廓 Z–7.5mm 層及底面 (內含尺寸補正磨耗)

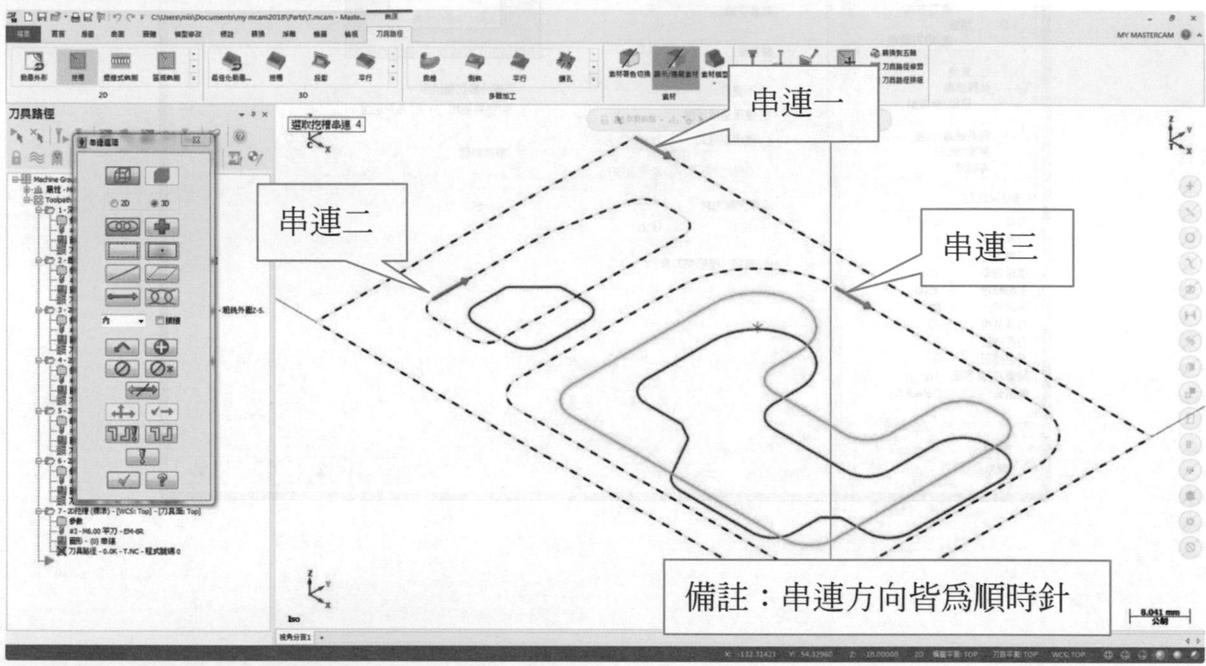

刀具→建立新刀具

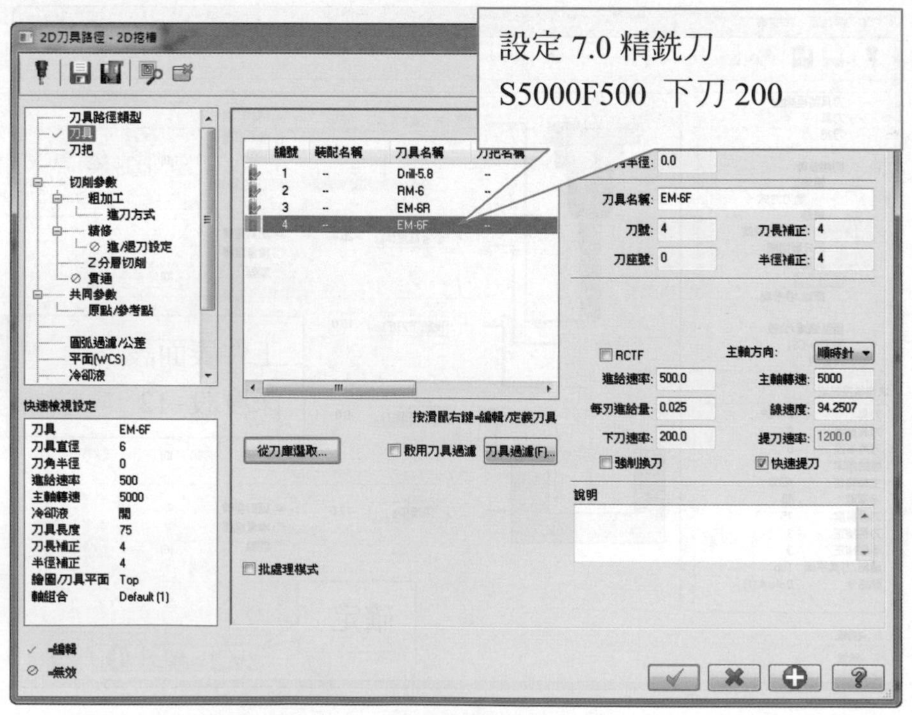

選擇切削參數

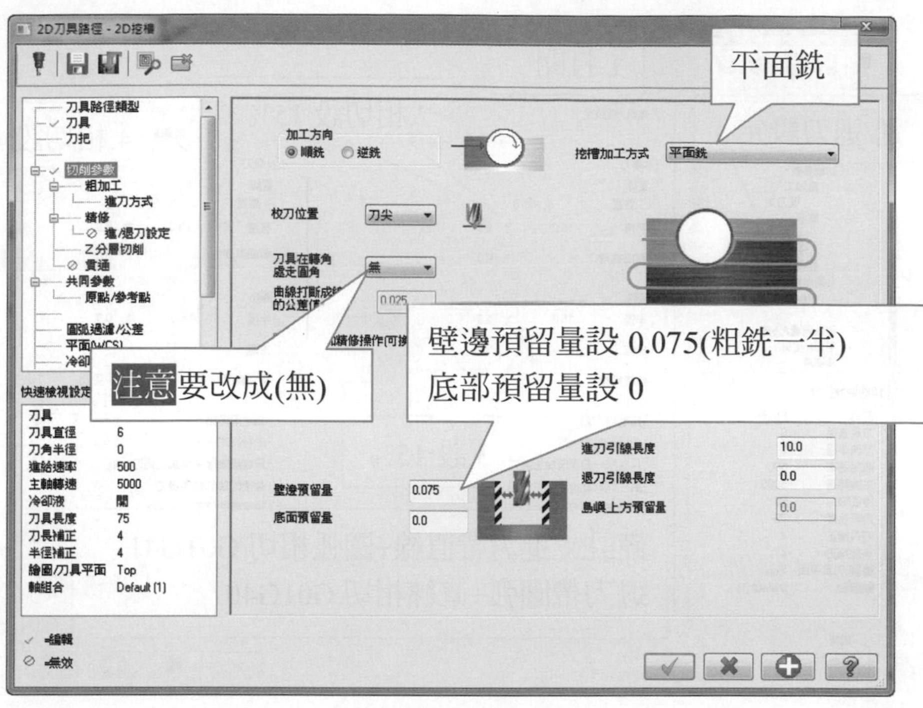

選擇粗加工/精加工參數

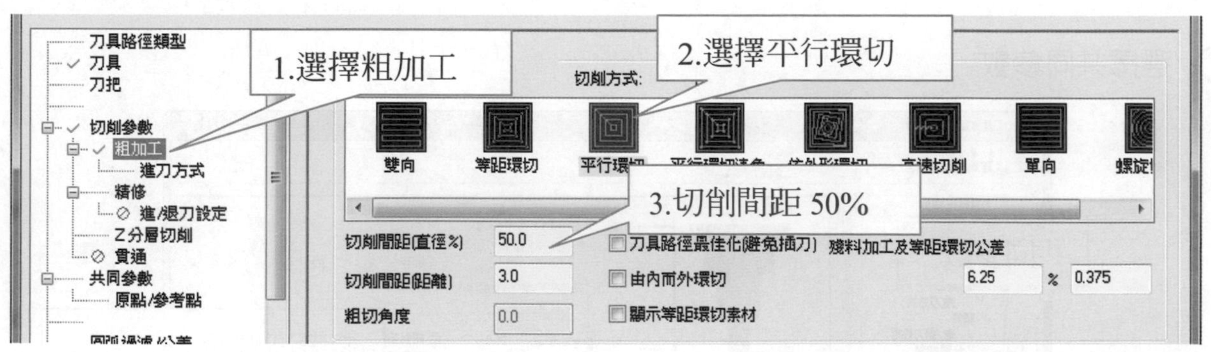

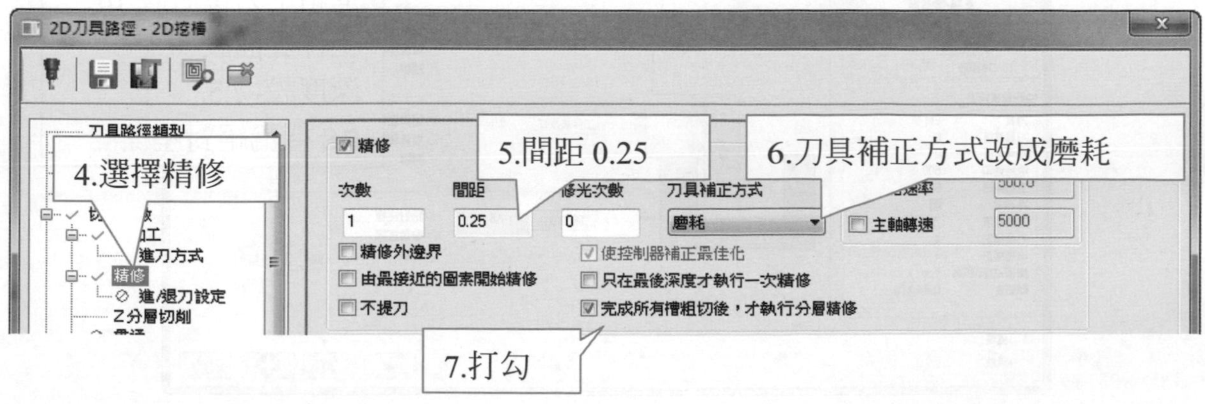

選擇進/退刀設定

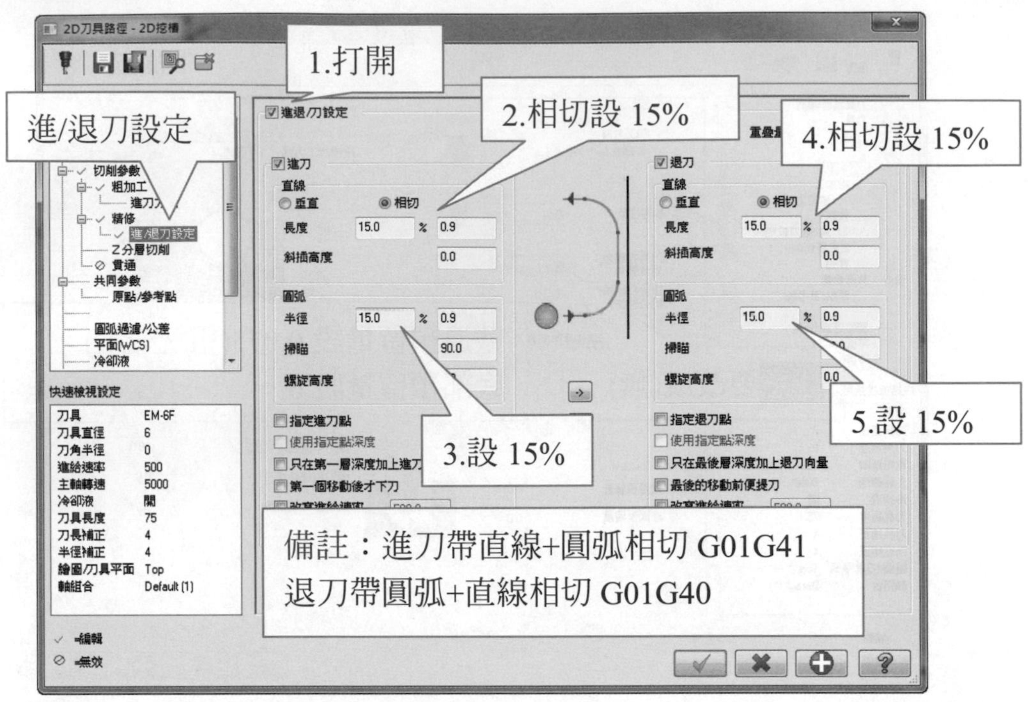

選擇共同參數

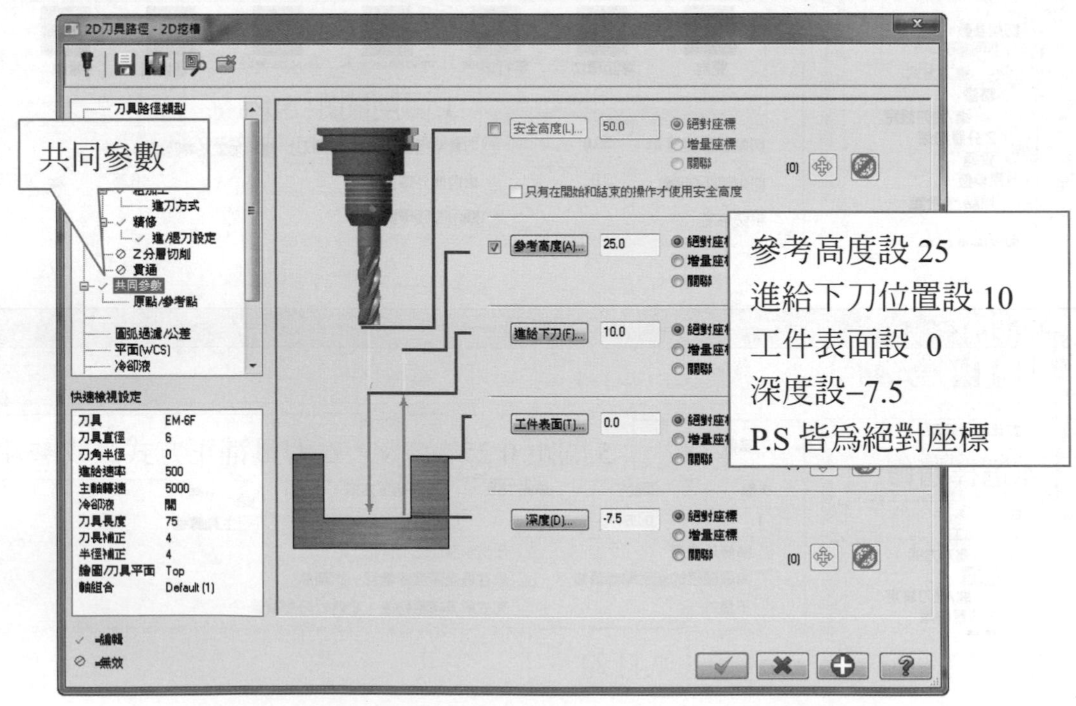

➜ 選擇冷卻液→ON 打開

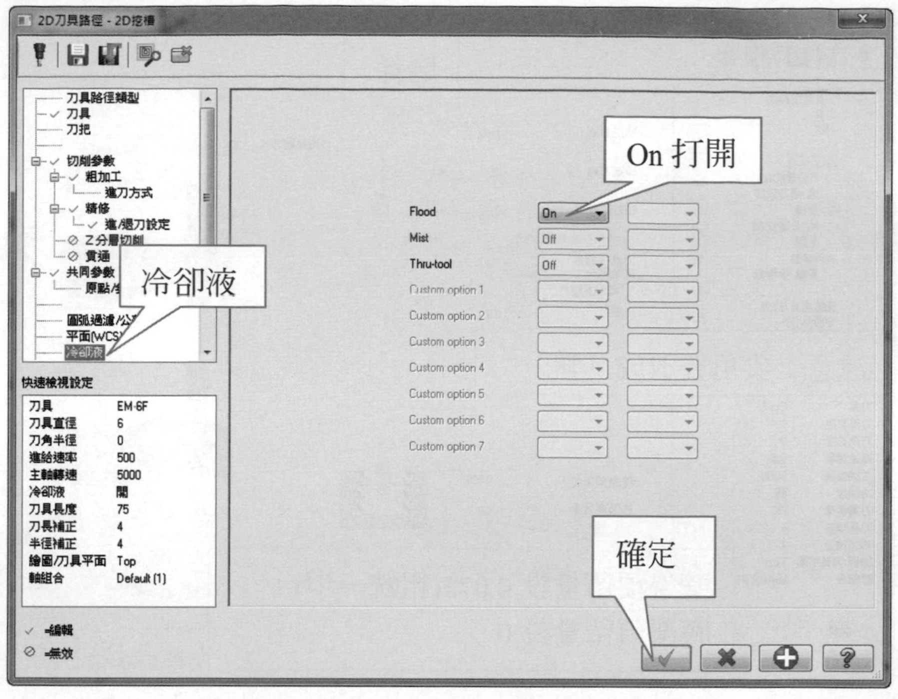

➜ ϕ6mm 精銑刀加工設定步驟

➜ 精銑外輪廓 Z- 5mm 層 (內含尺寸補正磨耗)

➜ 選擇外型切削

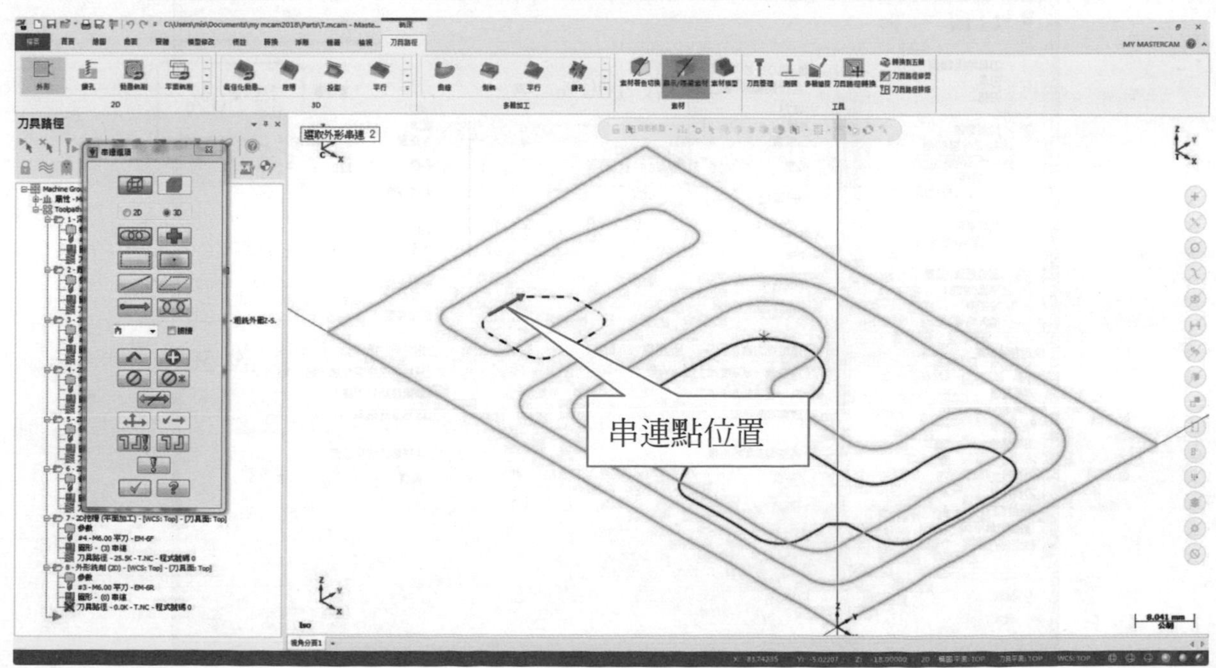

選擇切削參數→選取磨耗

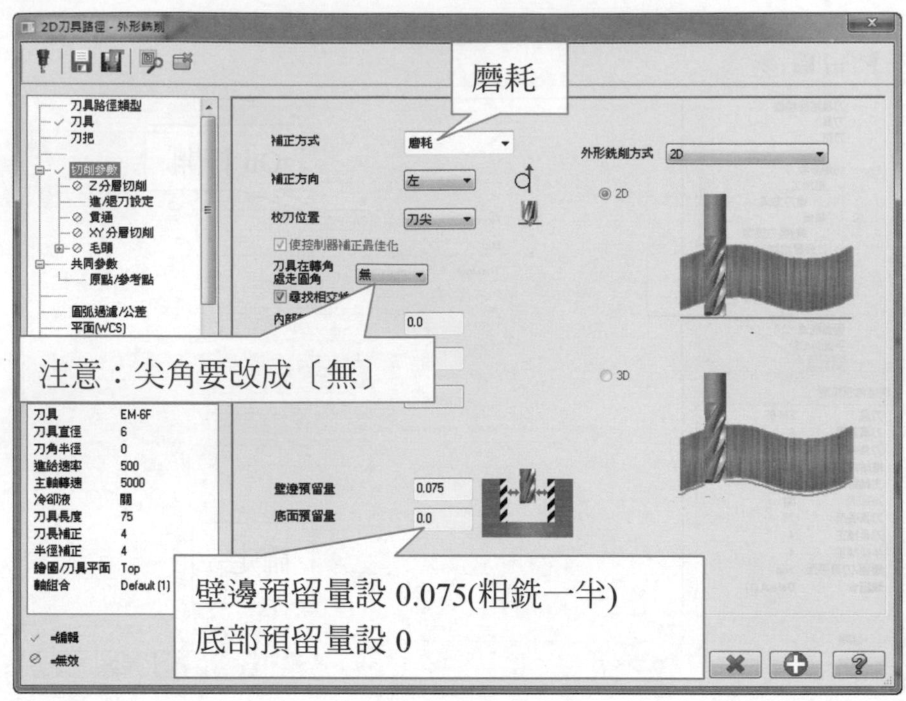

選擇進/退刀設定→關閉封閉式輪廓

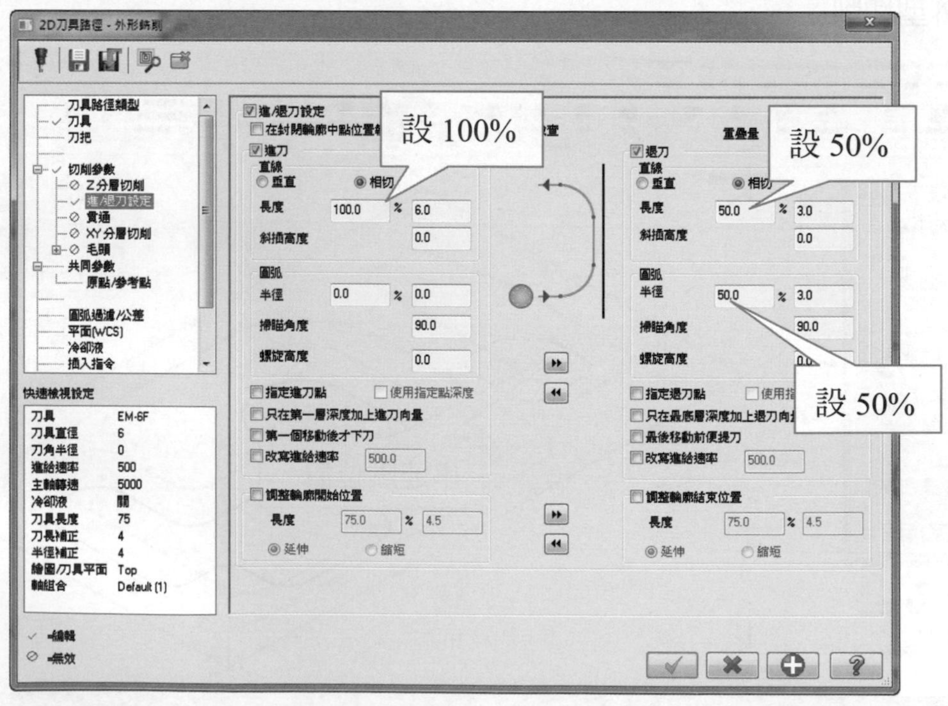

選擇共同參數

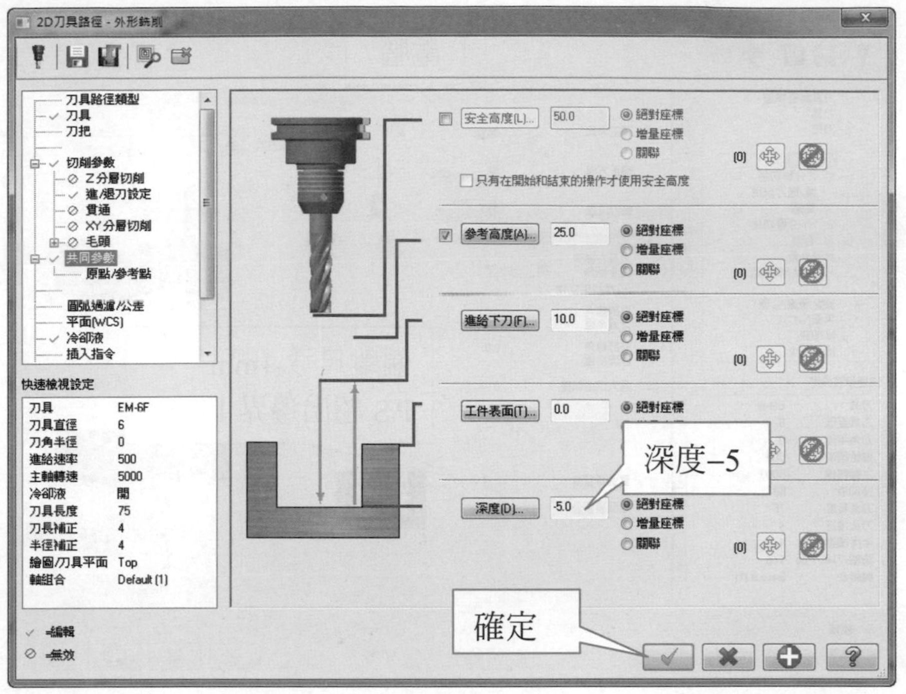

精銑外輪廓底面 Z-5mm 層

選擇外型切削→選擇單體→串連一 (串連方向由右至左)

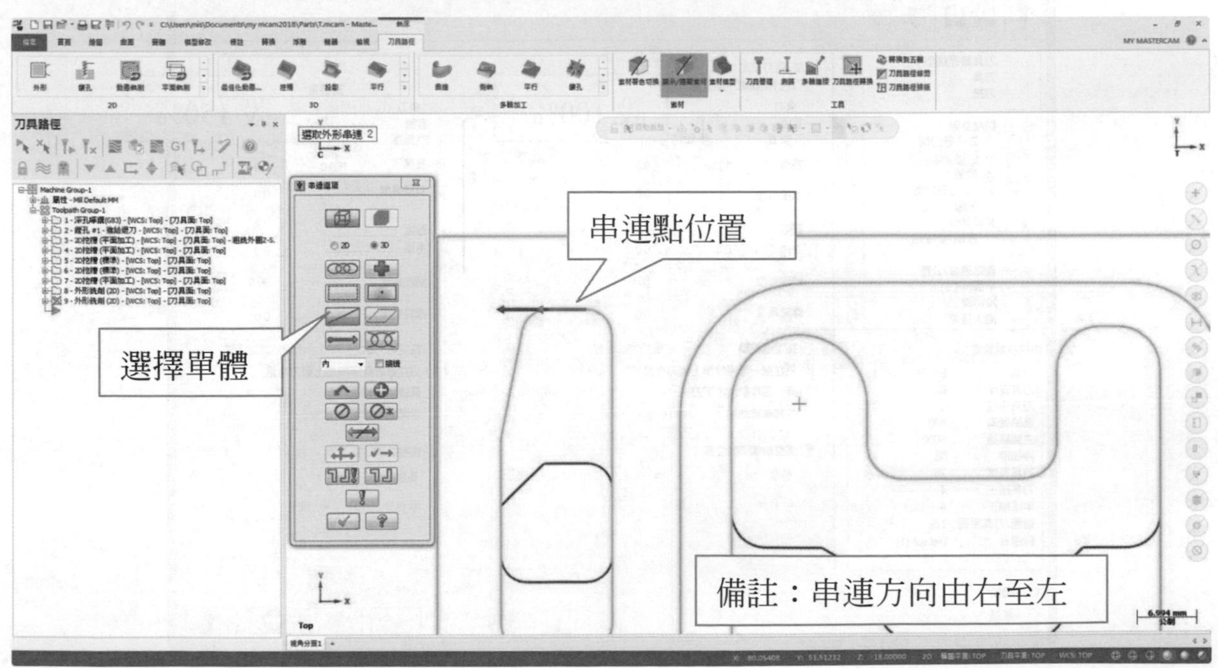

選擇切削參數→選取電腦

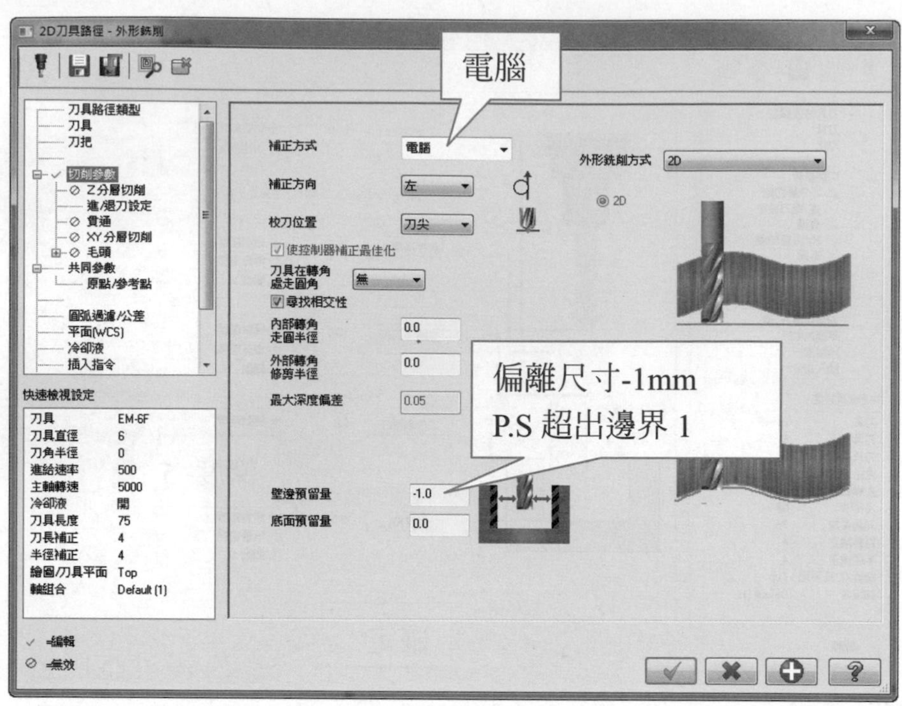

選擇進/退刀設定→關閉封閉式輪廓

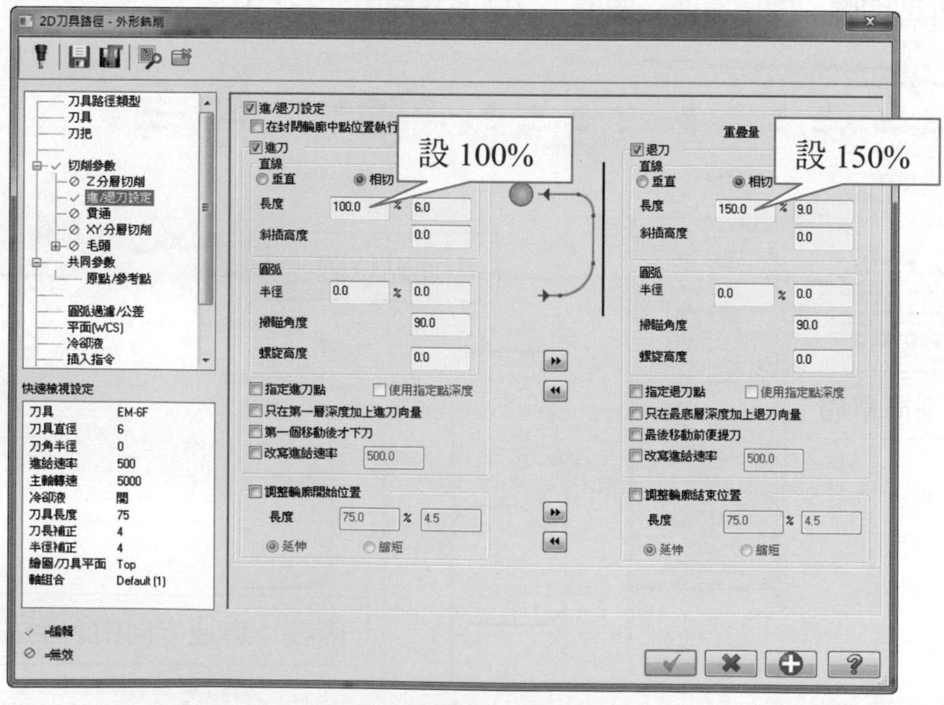

選擇 XY 分層切削設定

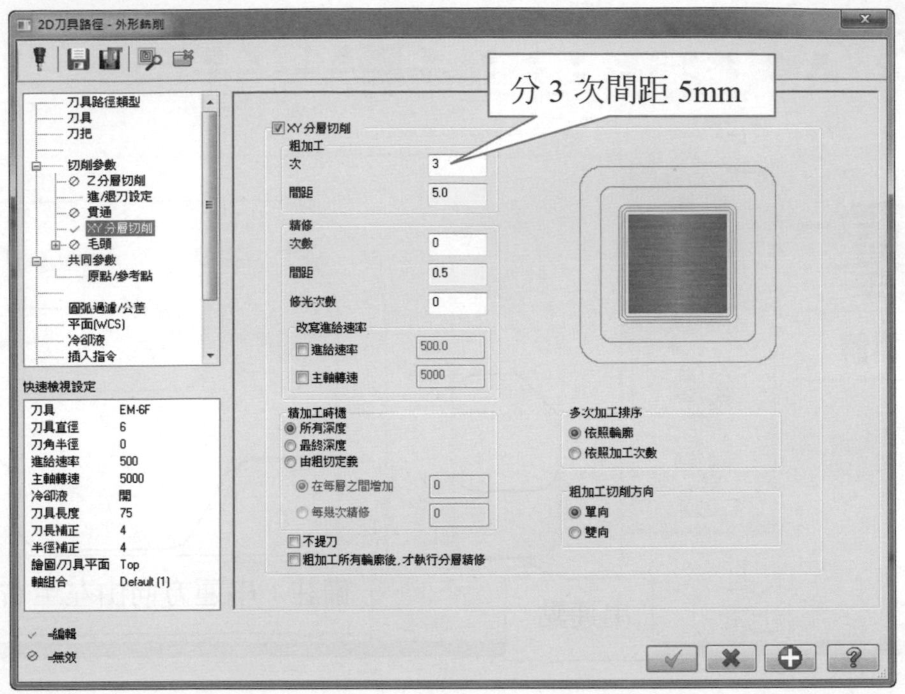

選擇共同參數

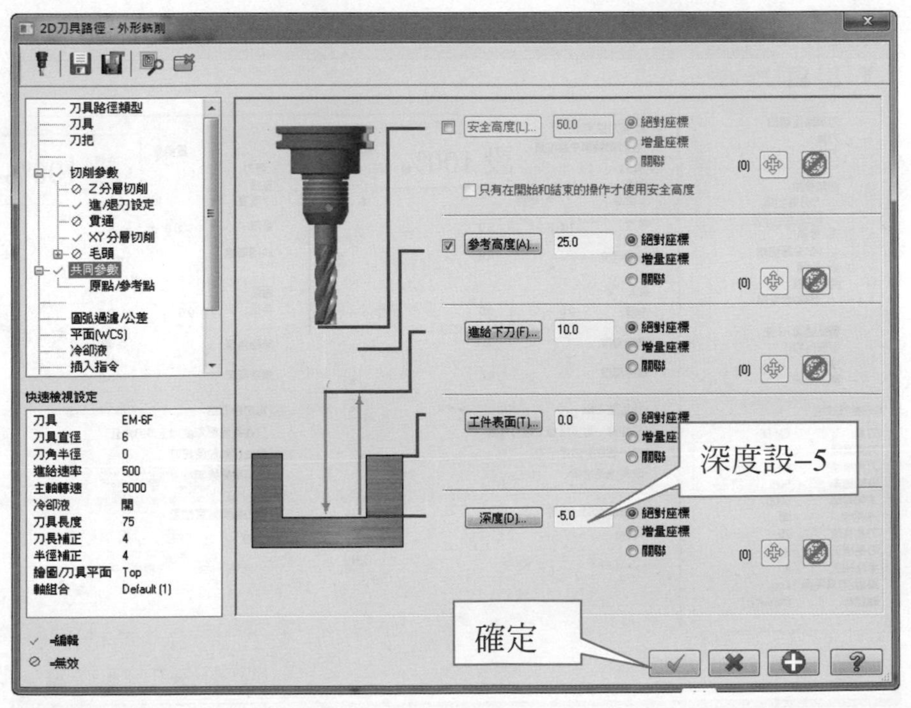

選擇外型切削→選擇單體→串連一 (串連方向由左至右)

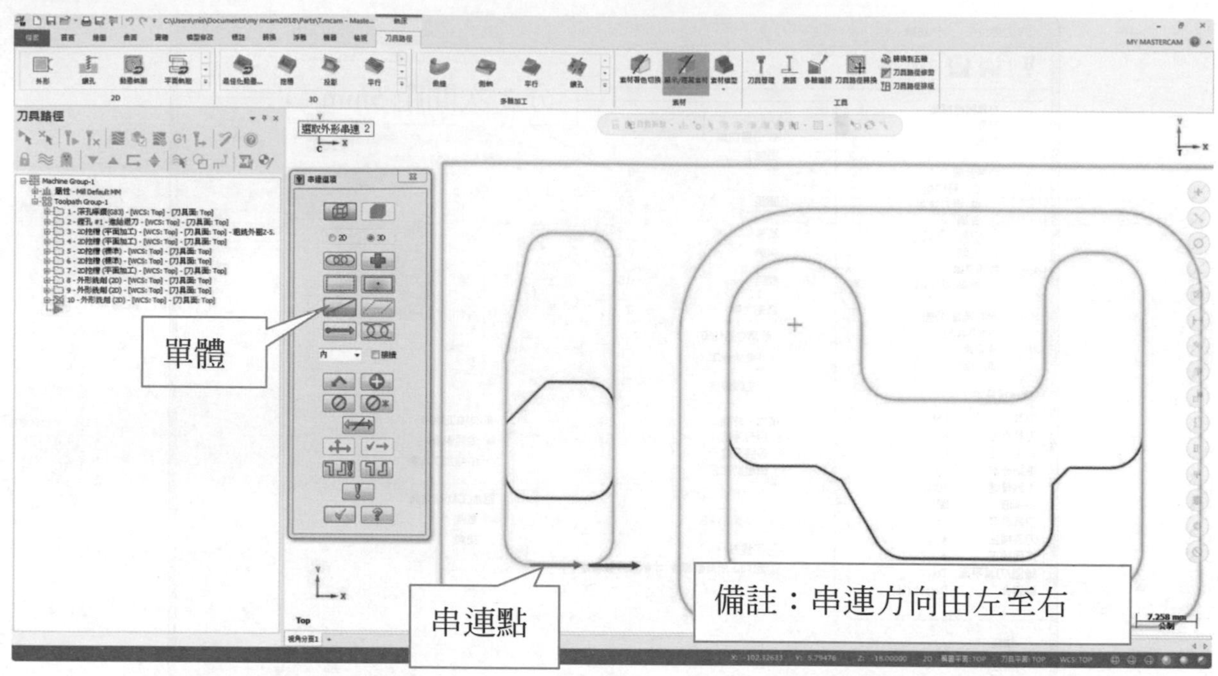

選擇進/退刀設定→關閉封閉式輪廓

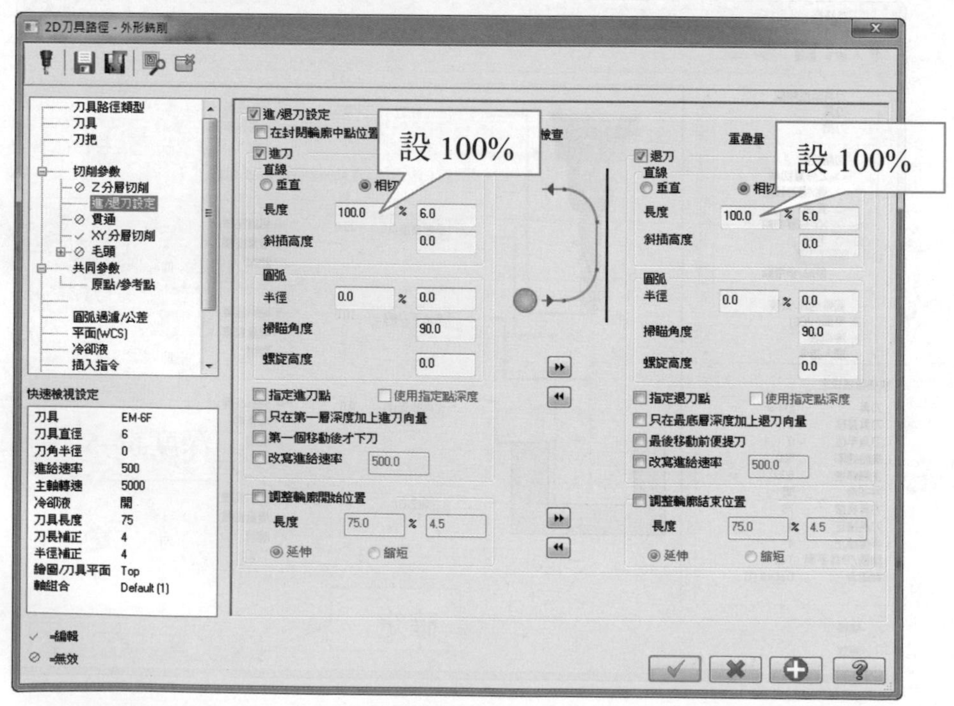

選擇 XY 分層切削設定→關閉平面多次銑削

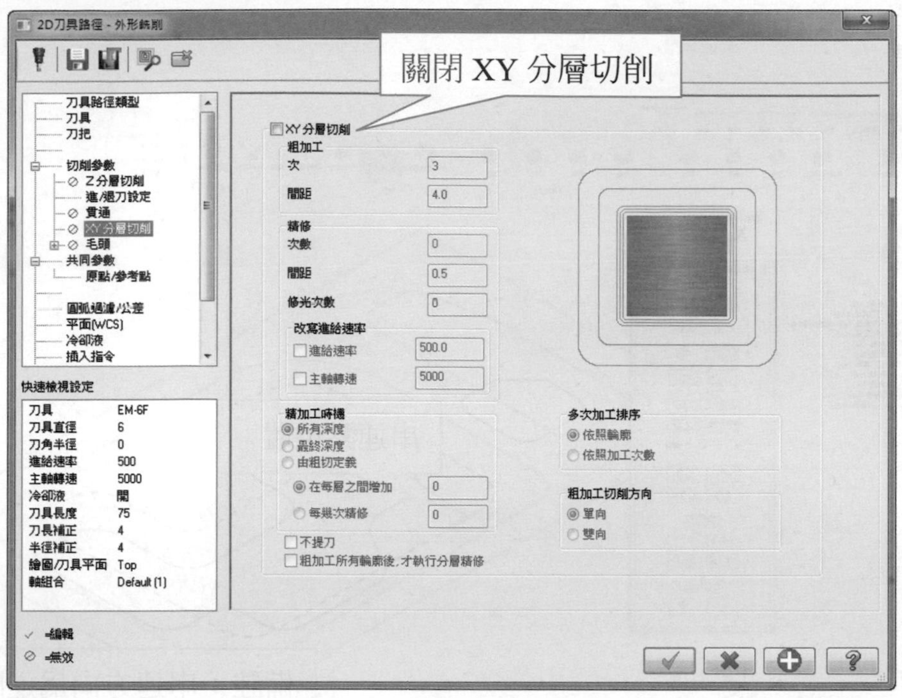

選擇共同參數

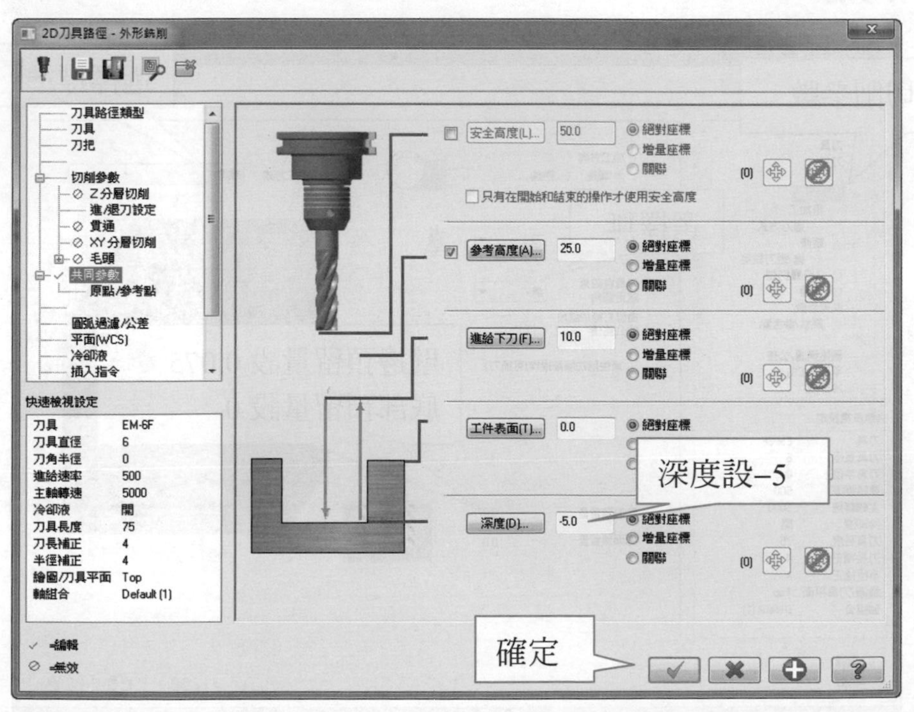

精銑內槽輪廓 Z–6mm 層（內含尺寸補正磨耗）

選擇挖槽

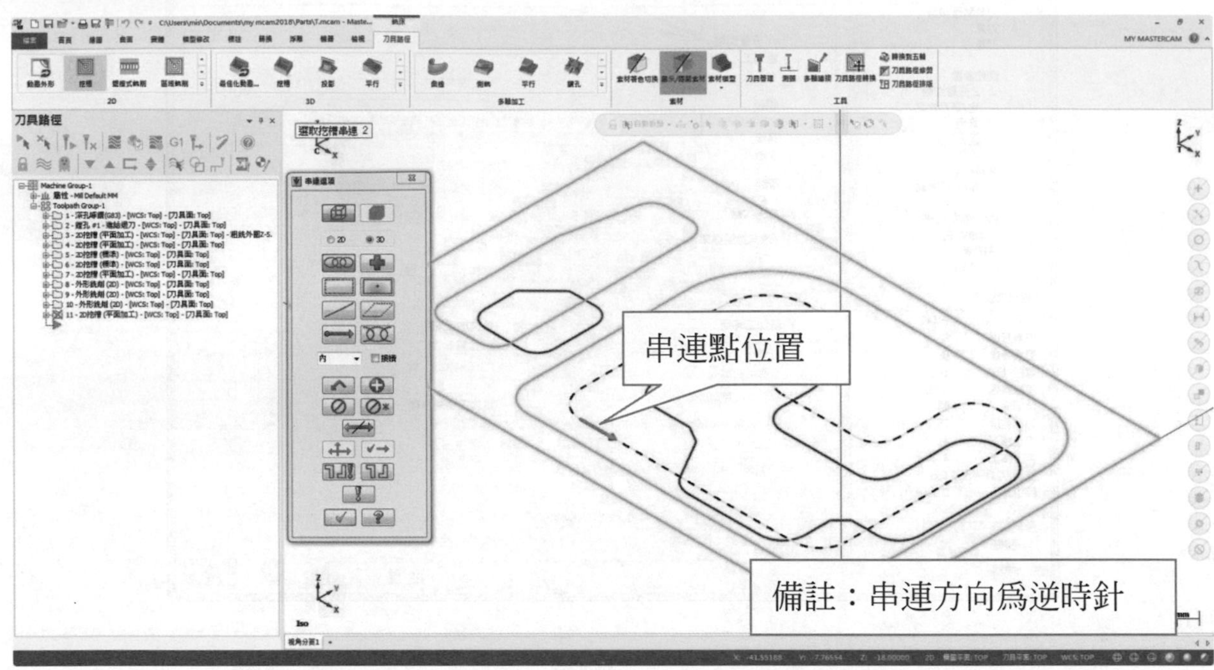

選擇切削參數

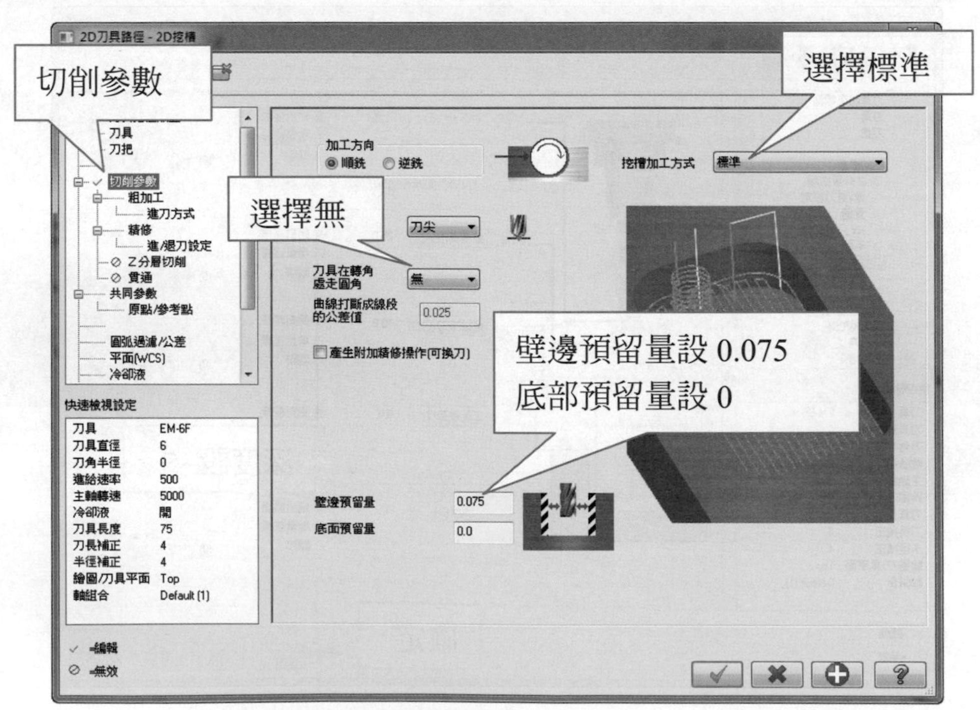

選擇粗加工/精加工參數

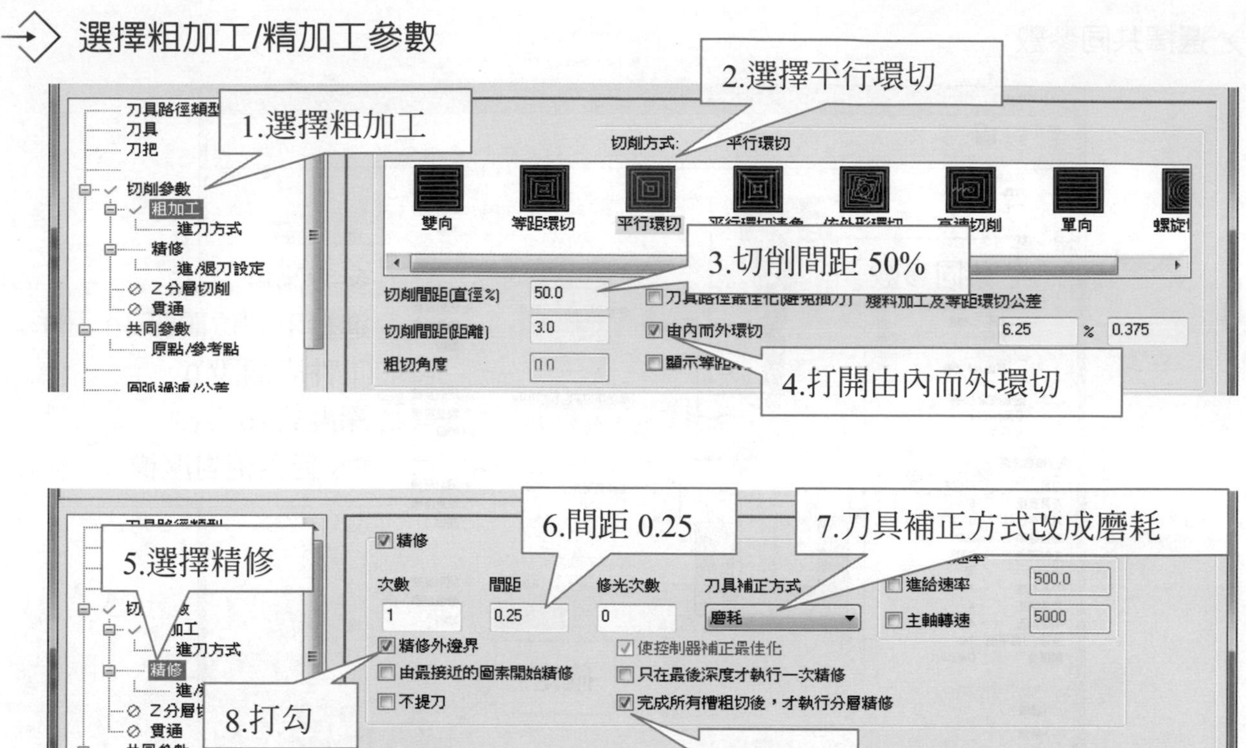

選擇進/退刀設定

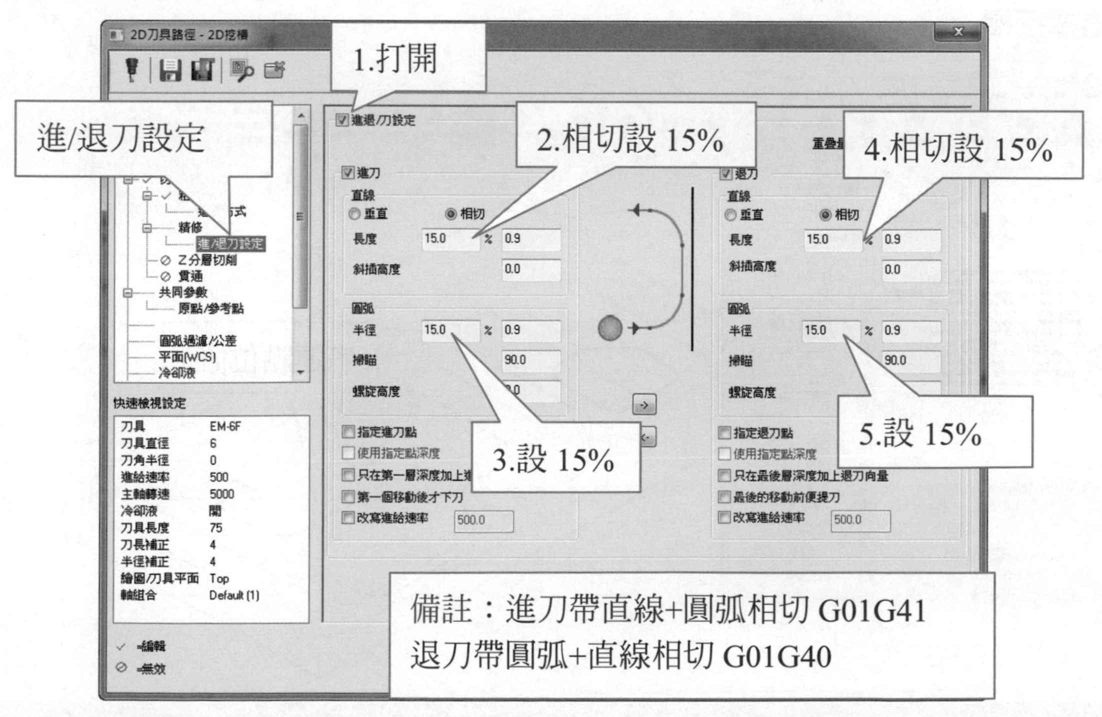

選擇共同參數

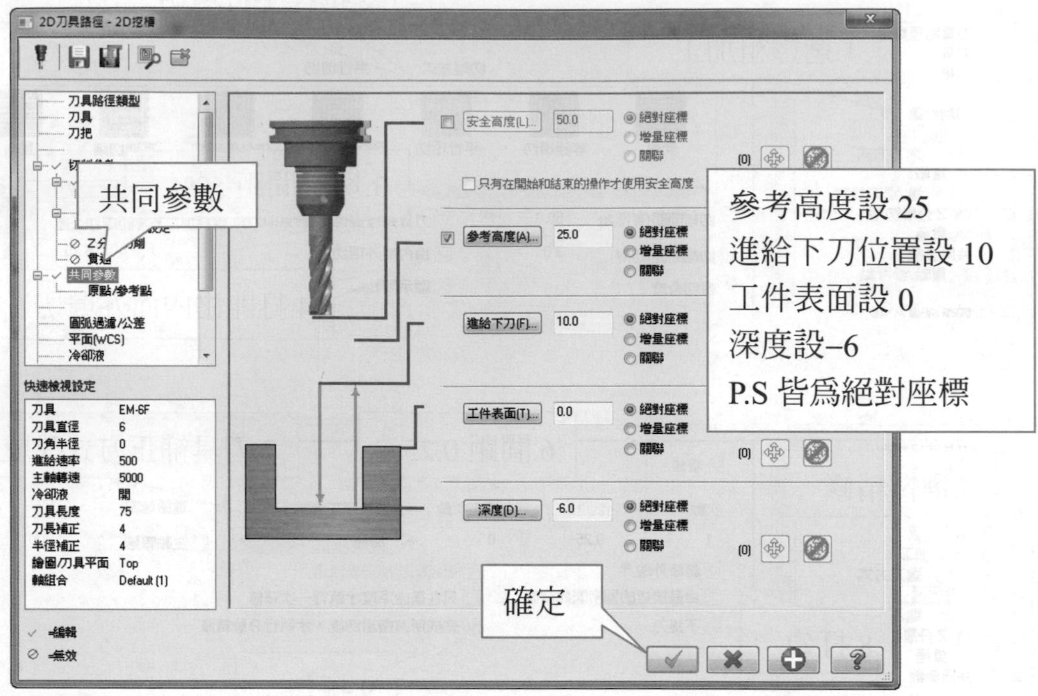

精銑內槽輪廓 Z–12mm 層 (內含尺寸補正磨耗)

選擇挖槽

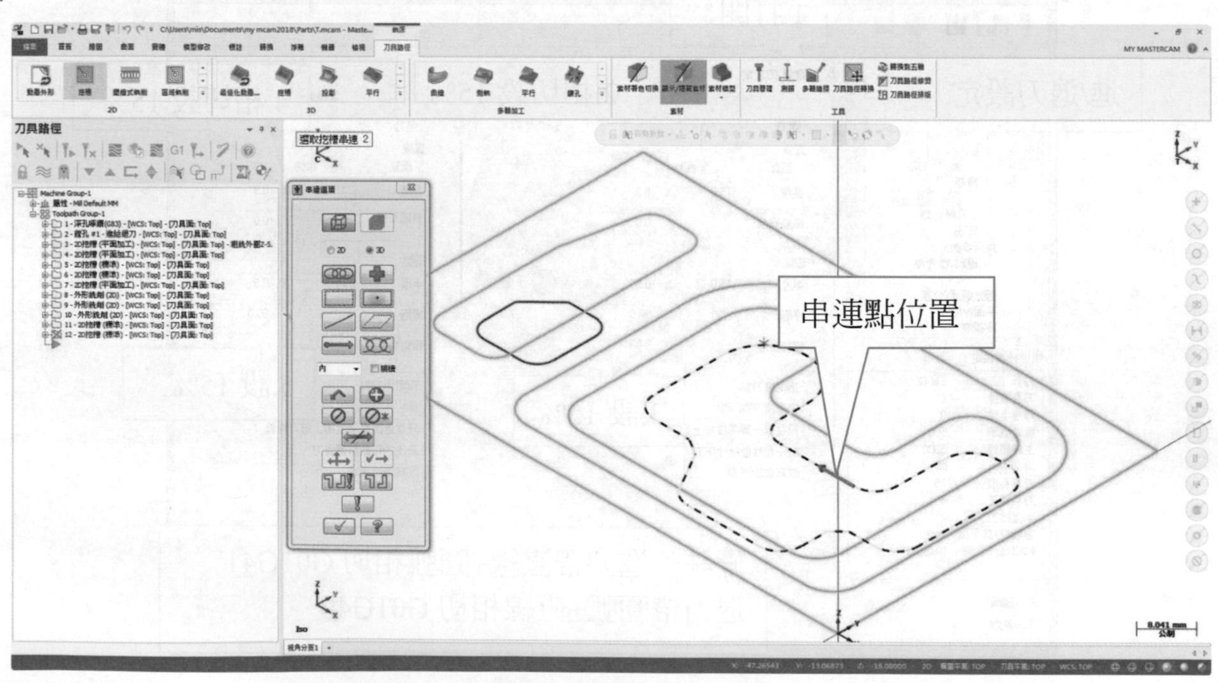

選擇切削參數

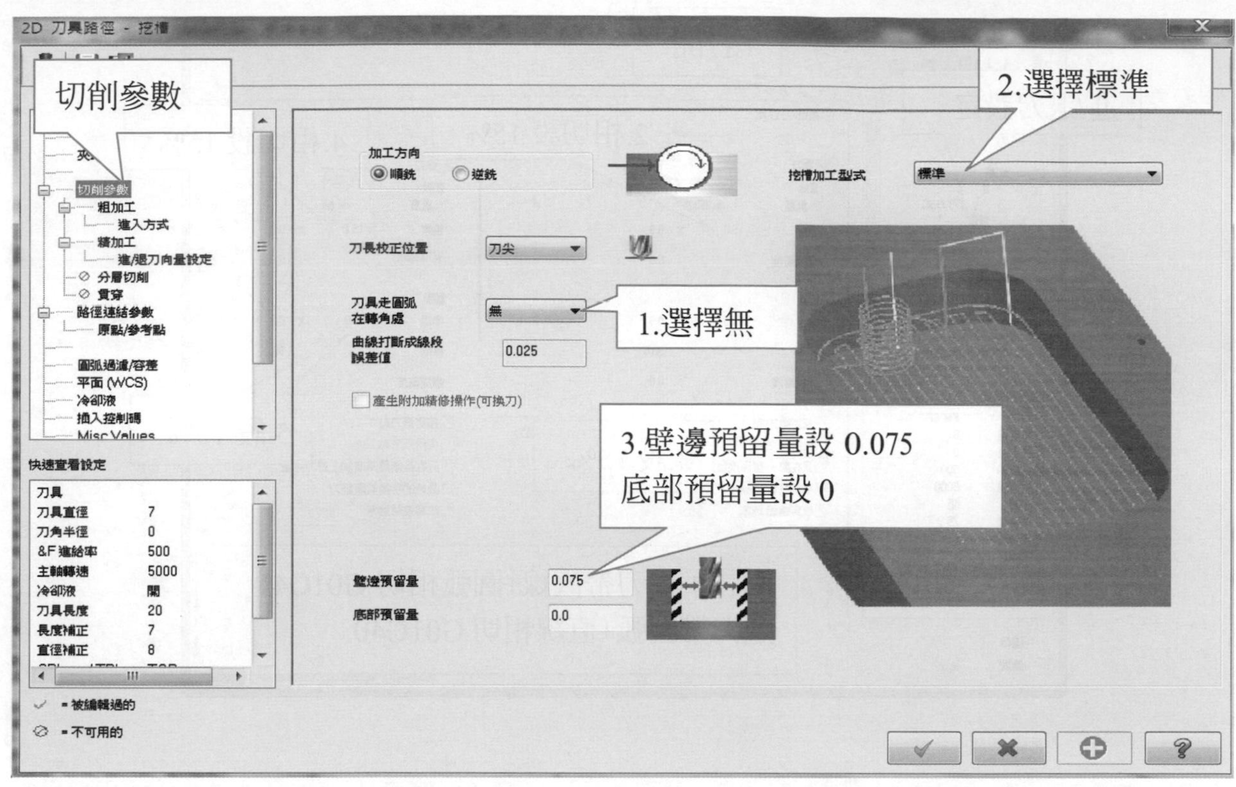

選擇粗加工/精加工參數

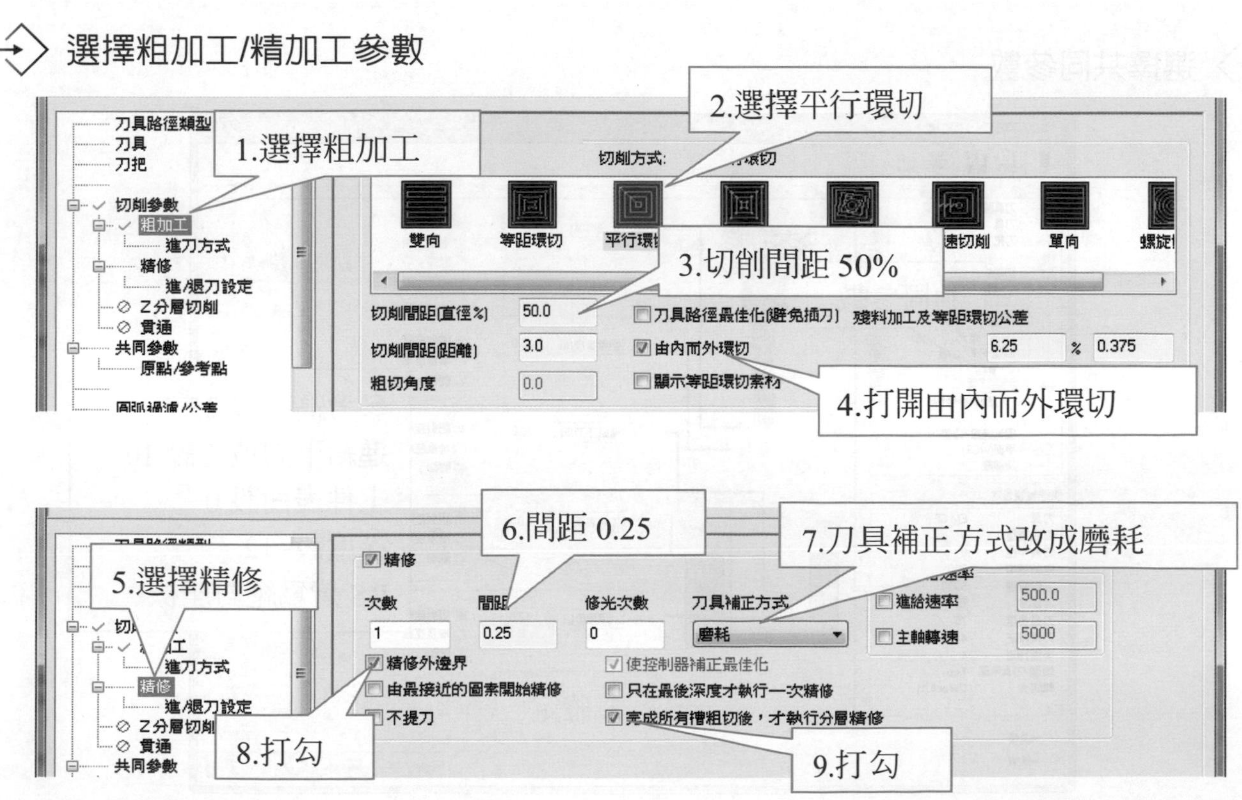

選擇進/退刀設定

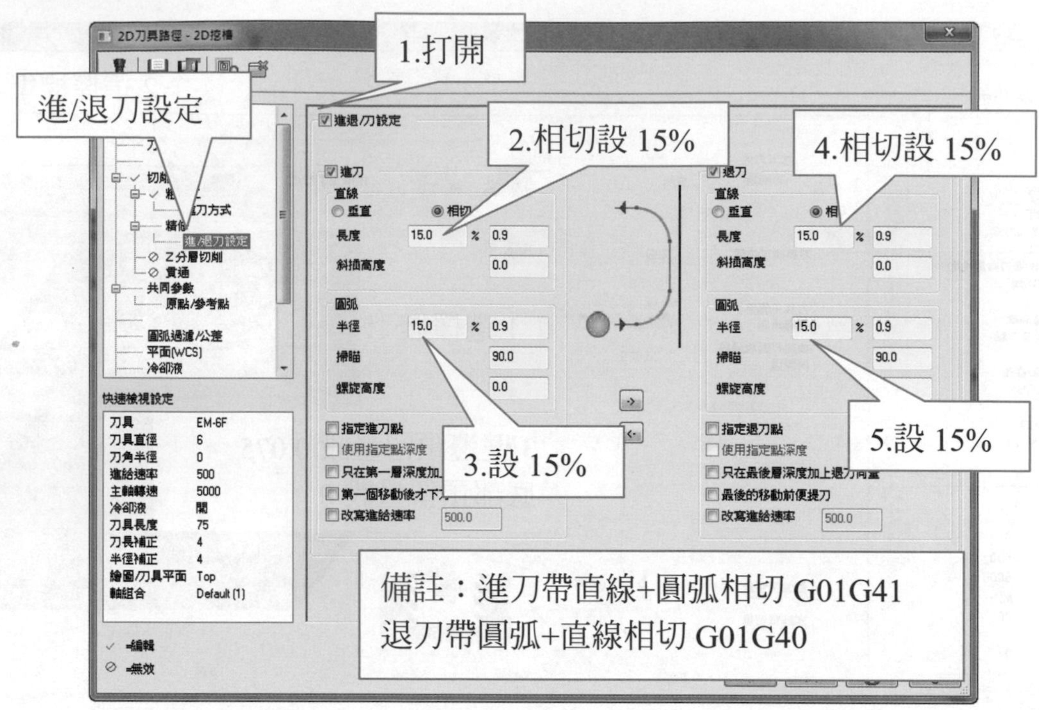

選擇共同參數

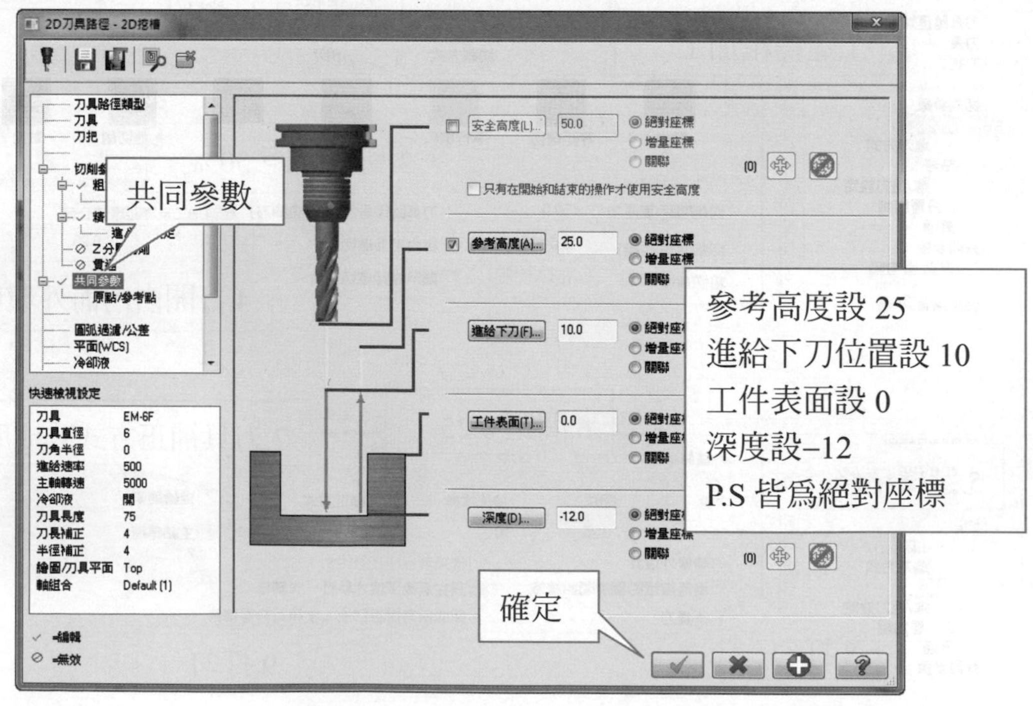

→ 曲面加工 ϕ6mm 球刀加工設定步驟

→ 選擇曲面精加工→精加工平行加工

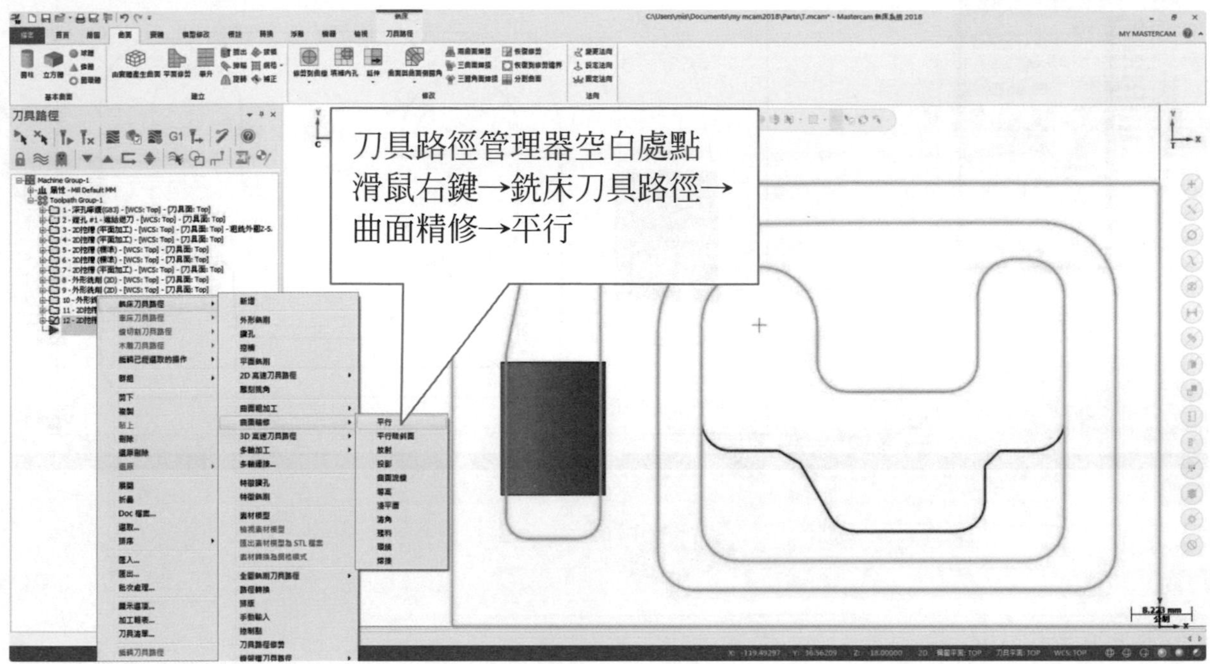

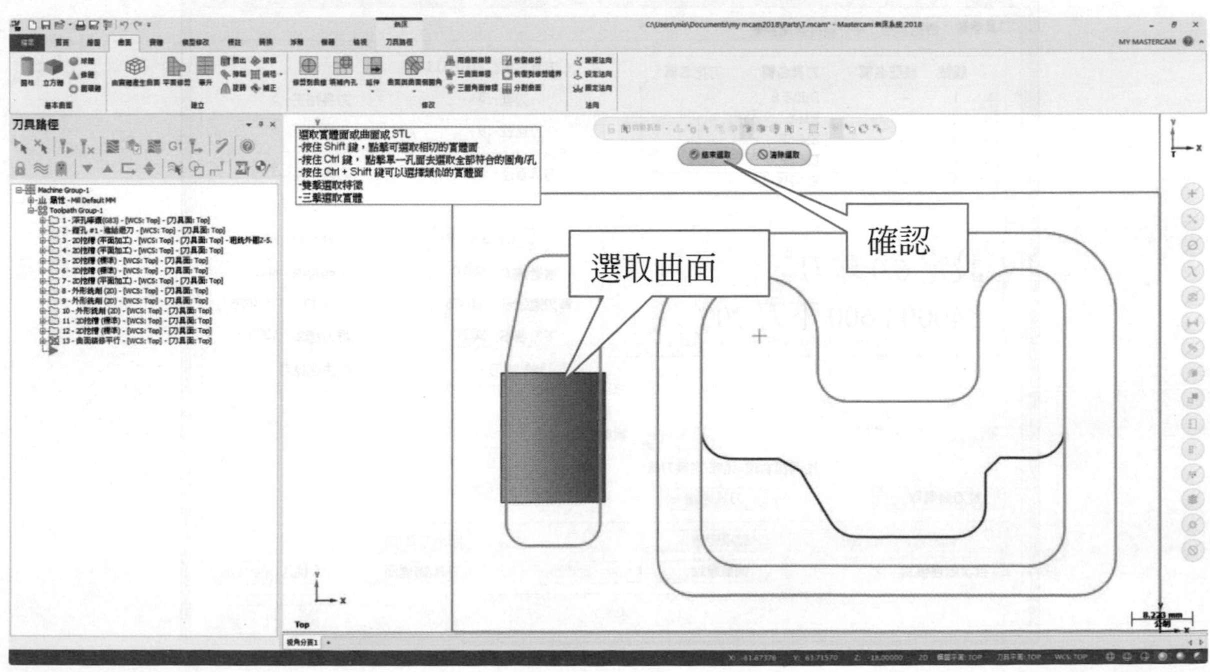

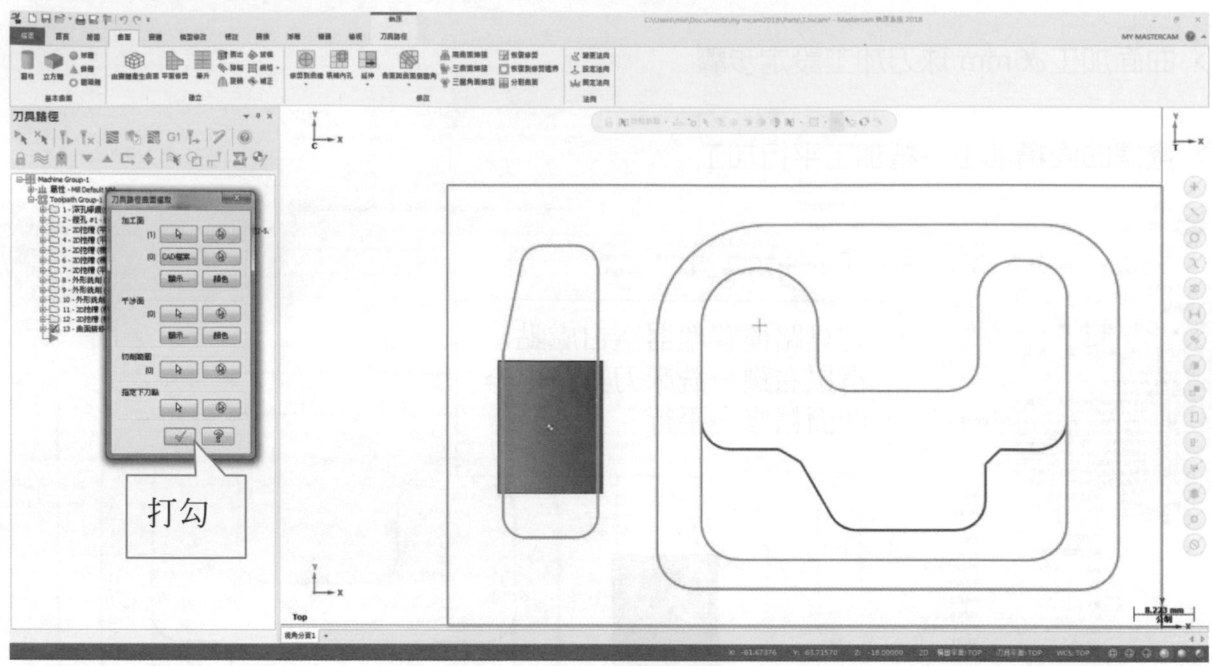
打勾

→ 刀具→選取球刀

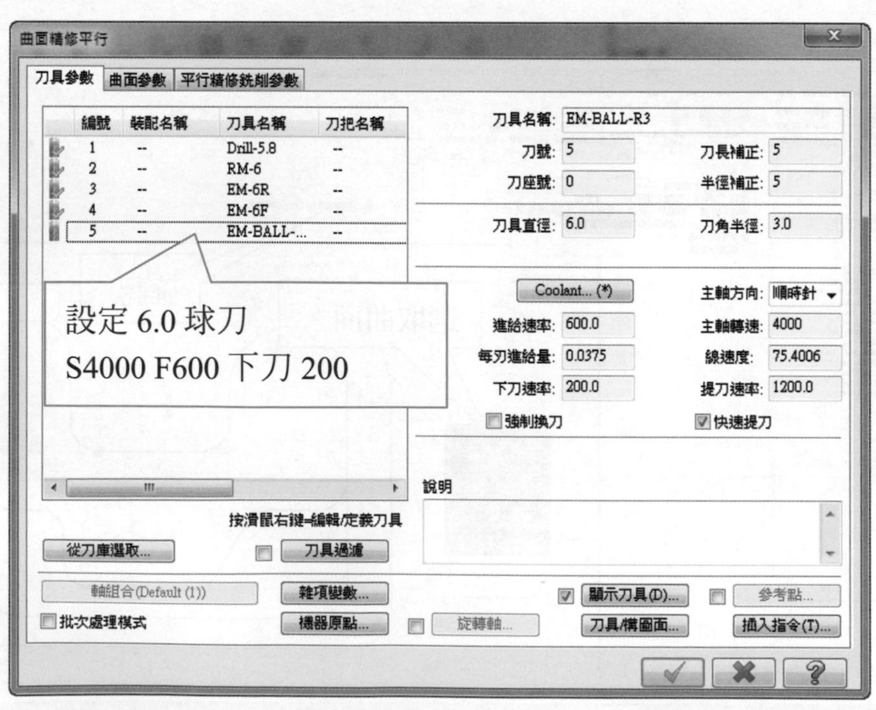
曲面精修平行
刀具參數
曲面參數
平行精修銑削參數
刀具名稱: EM-BALL-R3
刀號: 5
刀長補正: 5
刀座號: 0
半徑補正: 5
刀具直徑: 6.0
刀角半徑: 3.0
主軸方向: 順時針
進給速率: 600.0
主軸轉速: 4000
每刃進給量: 0.0375
線速度: 75.4006
下刀速率: 200.0
提刀速率: 1200.0
強制換刀
快速提刀
說明
設定 6.0 球刀
S4000 F600 下刀 200
按滑鼠右鍵=編輯/定義刀具
從刀庫選取...
刀具過濾
雜項變數...
顯示刀具(D)...
參考點...
批次處理模式
機器原點...
旋轉軸...
刀具/構圖面...
插入指令(T)...

選擇曲面加工參數

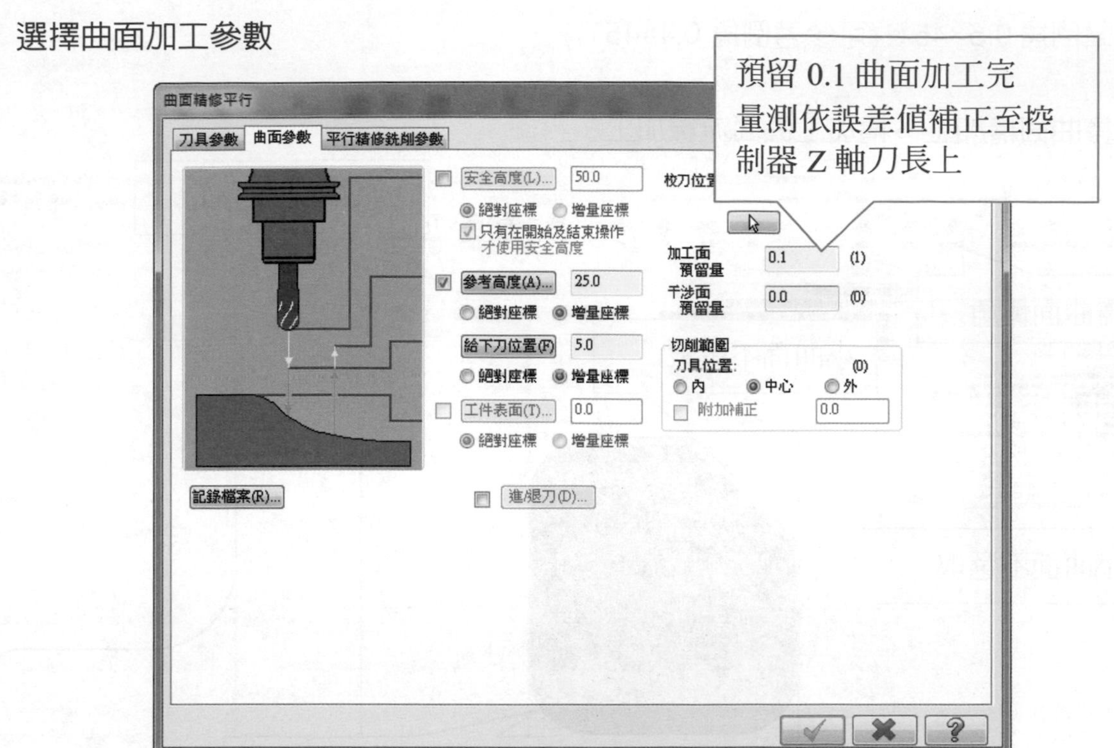

選擇平行精修銑削參數

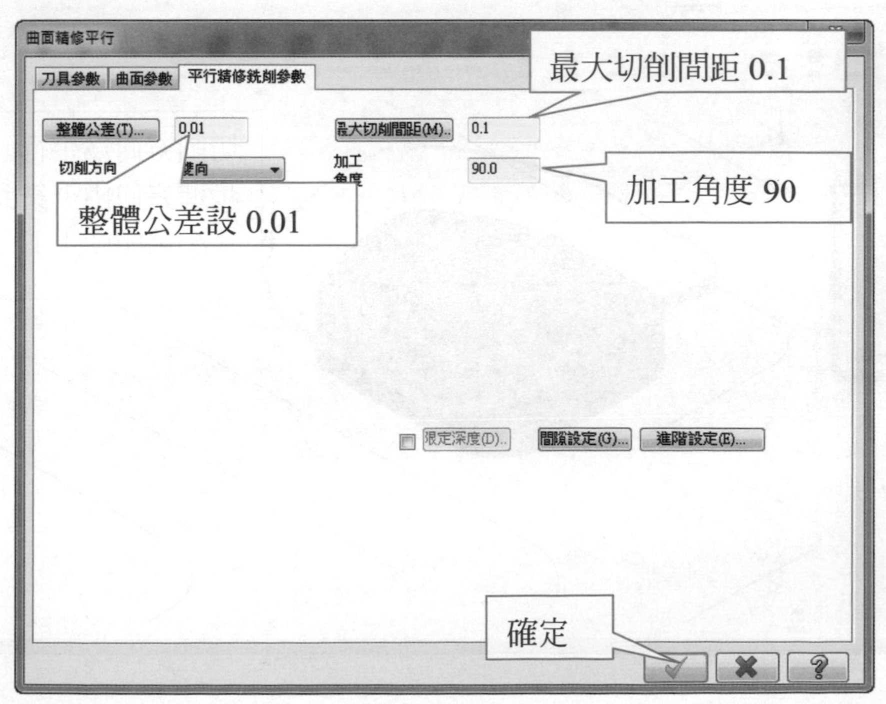

→ 曲面倒角 0.5×45℃(可參考倒角 0.4×45℃)

→ 選擇曲面精加工→精加工曲面流線加工

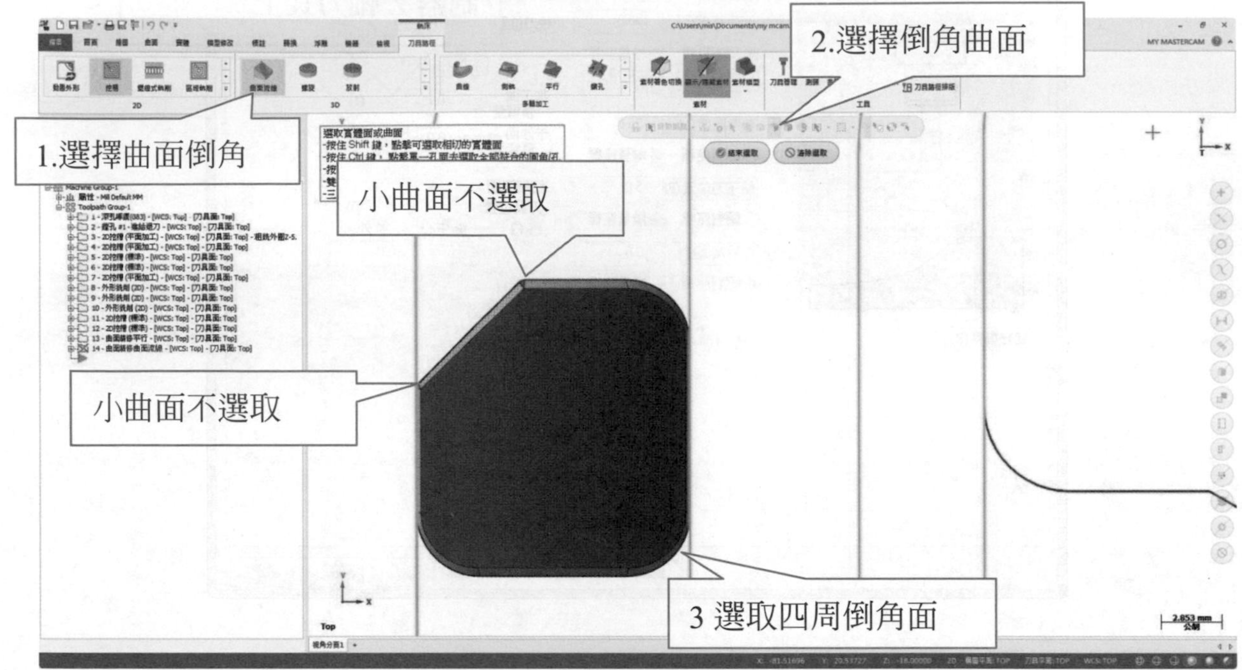

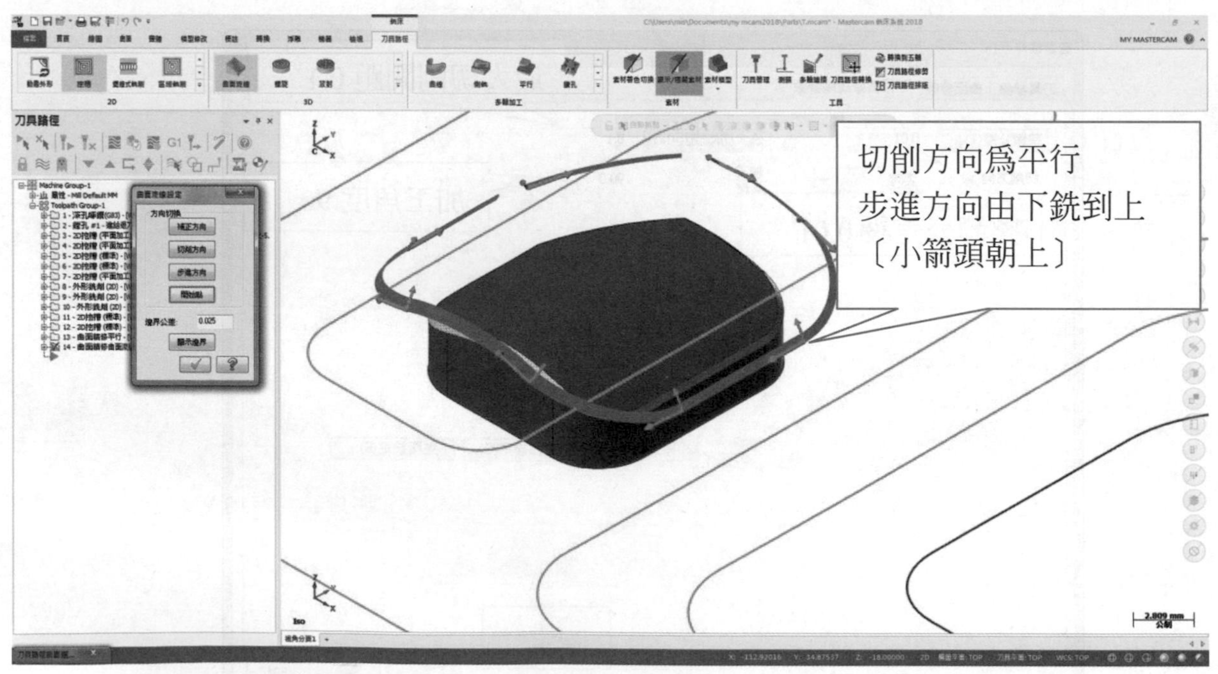

選擇平行銑削精加工參數

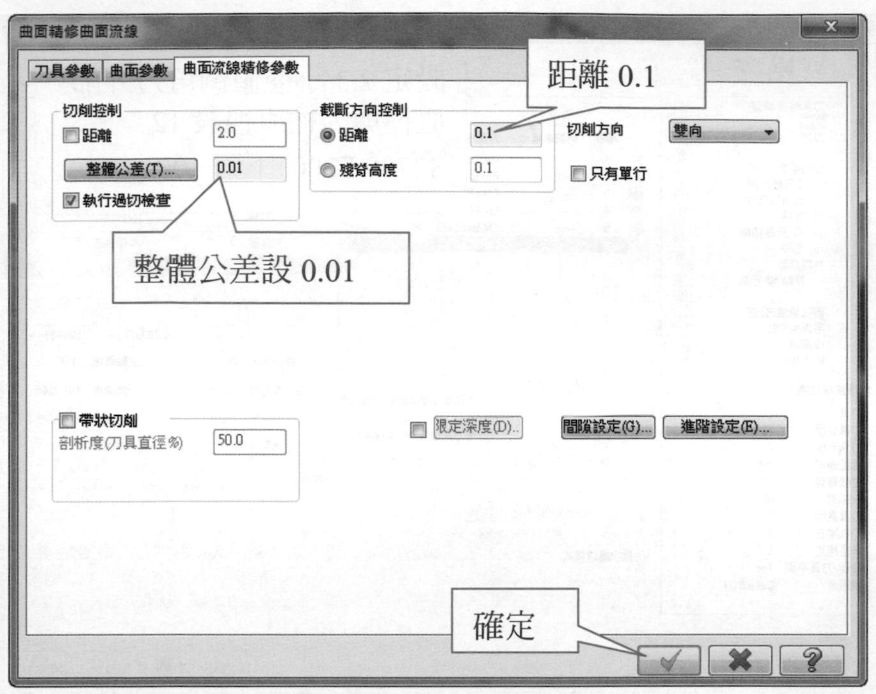

倒角刀ϕ12mm 倒角 1×45℃加工設定步驟

選擇外型切削

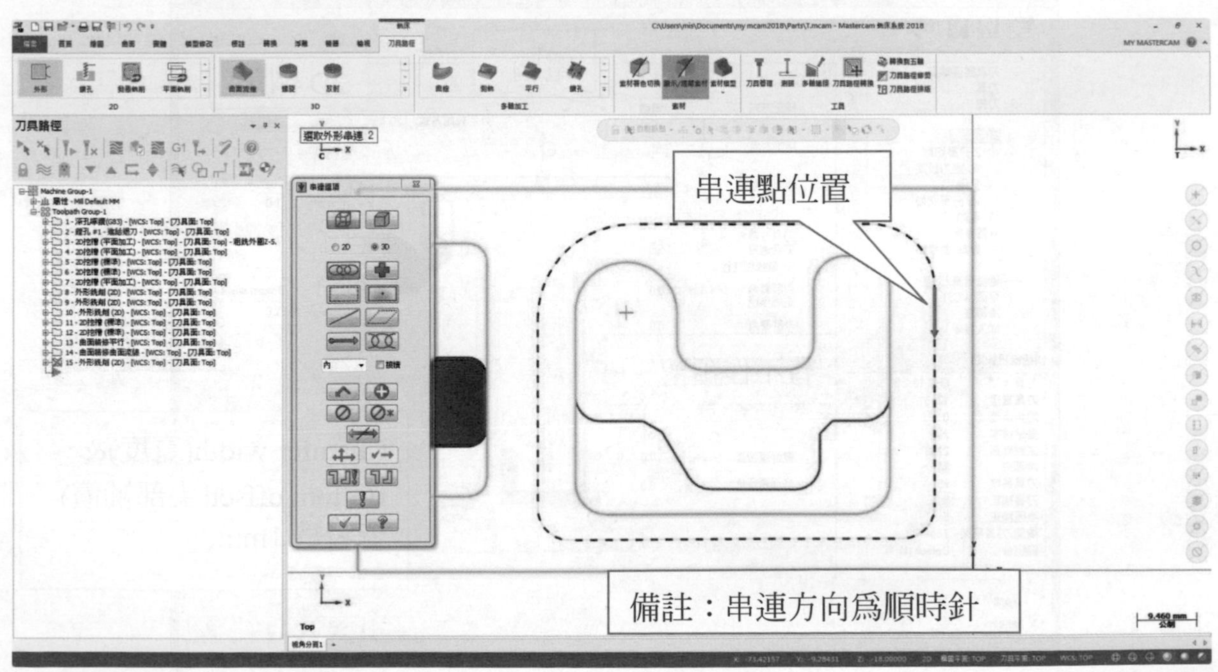

刀具→建立新刀具→選取倒角刀

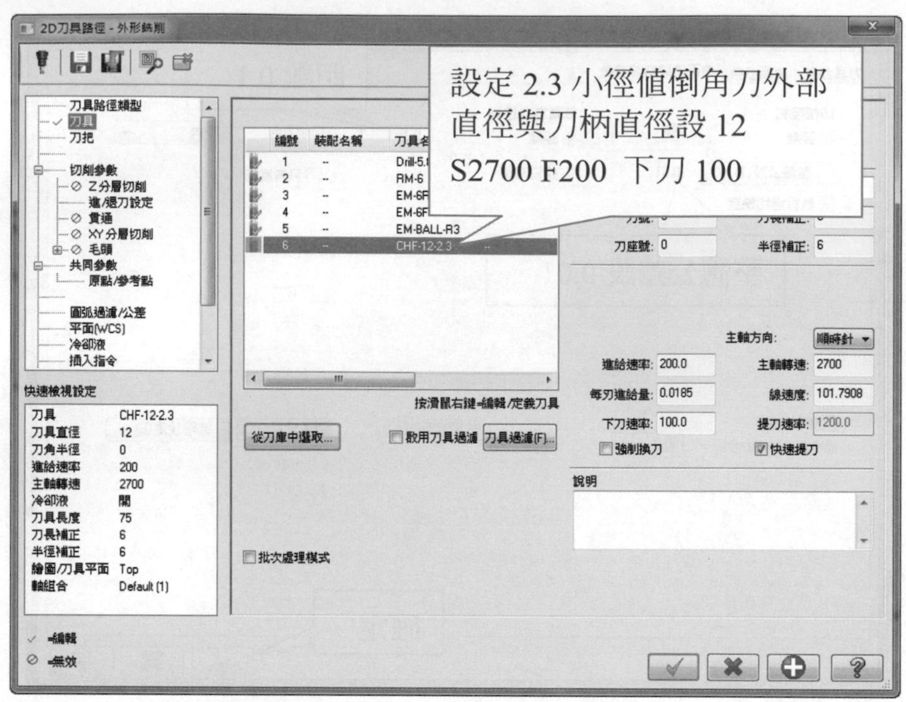

選擇切削參數→選取電腦→選取 2D 倒角

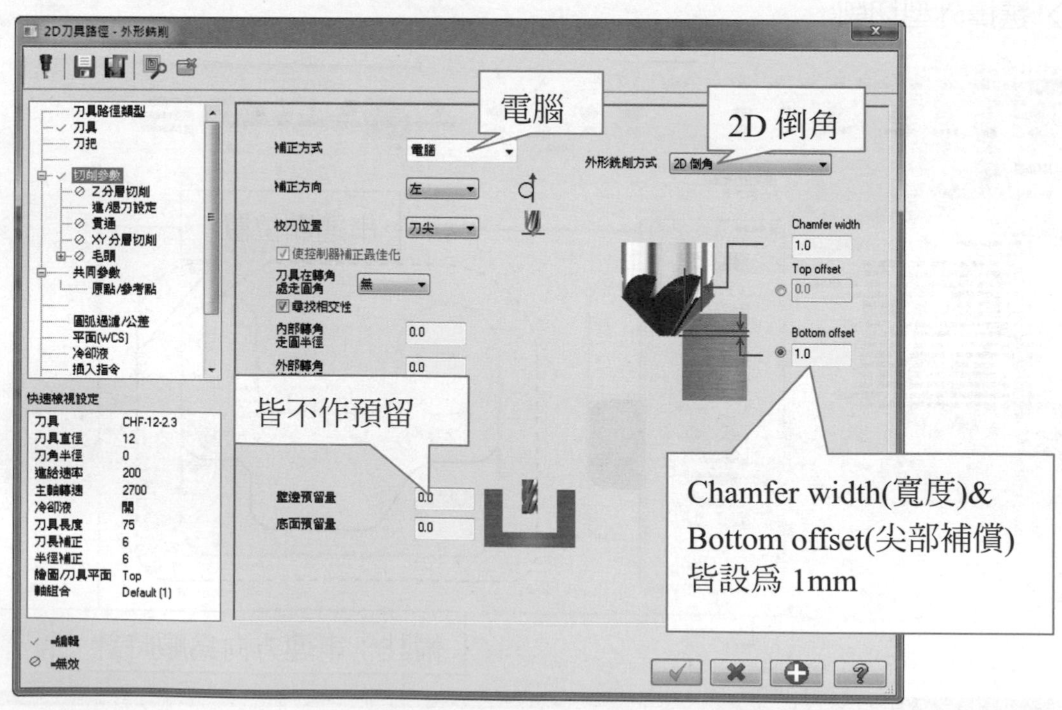

→ 選擇進/退刀設定→關閉封閉式輪廓

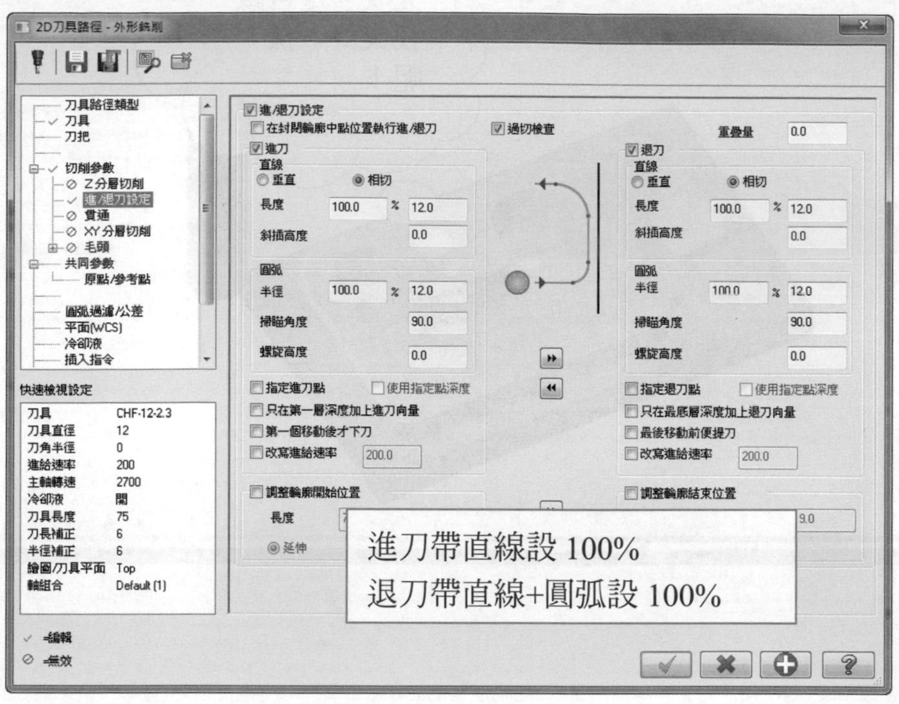

→ 選擇共同參數

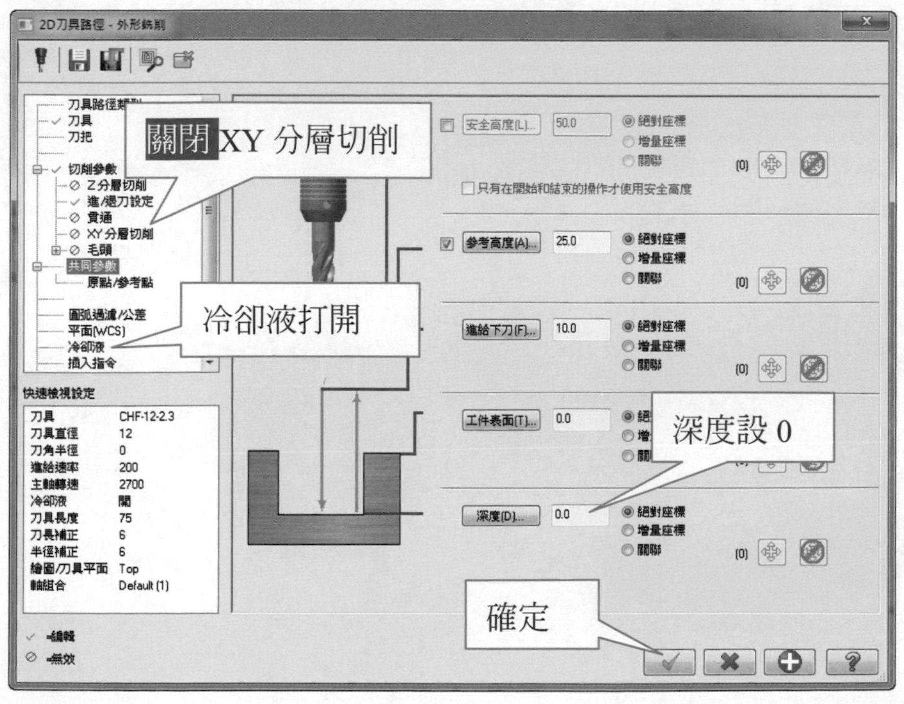

完成，是否跟
我長得一樣
呢！

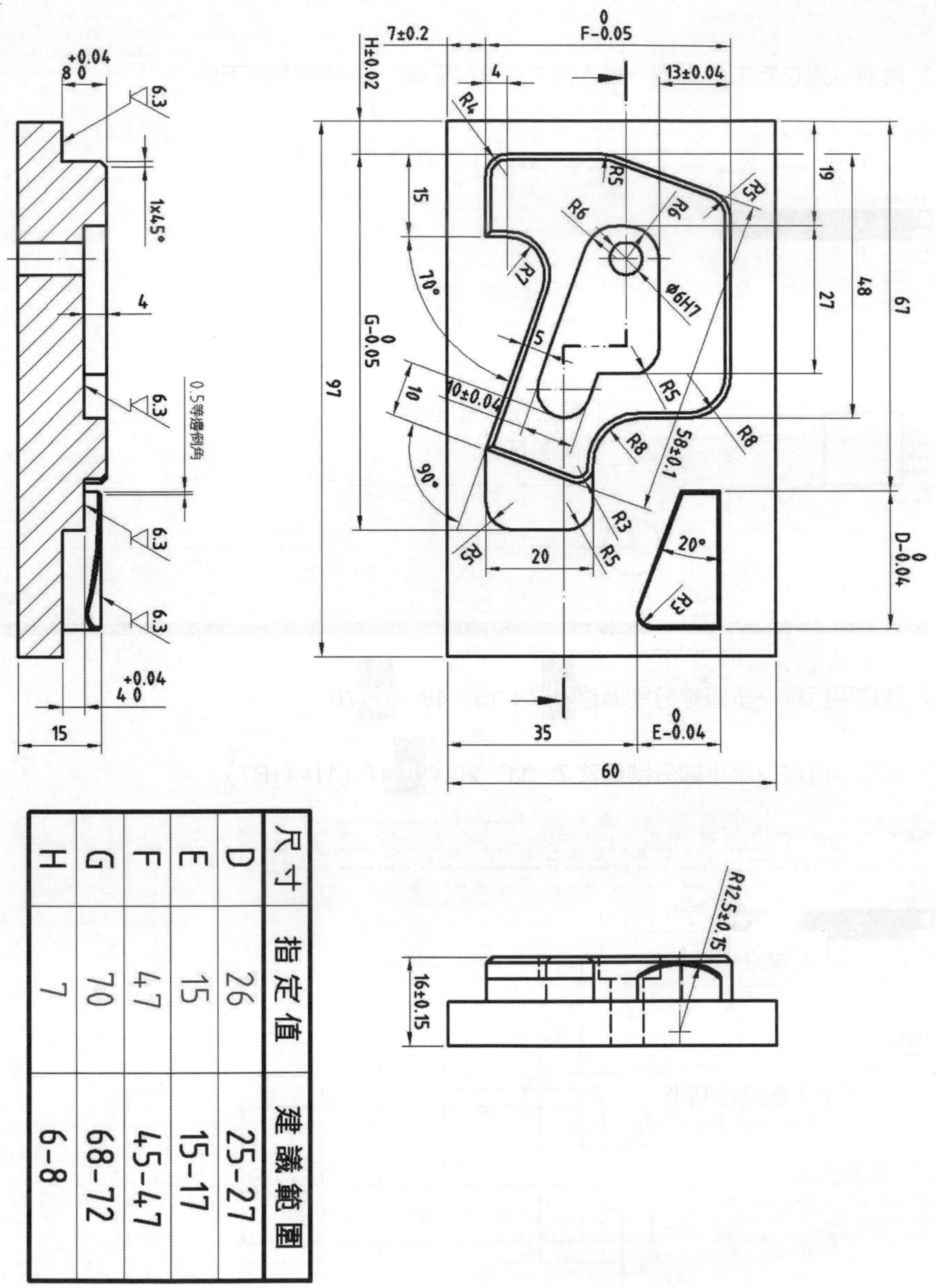

尺寸	指定值	建議範圍
D	26	25-27
E	15	15-17
F	47	45-47
G	70	68-72
H	7	6-8

CNC 銑床乙級範例步驟 204 繪圖

➔ 繪圖→建立矩形的外型→輸入尺寸長 97 寬 60→原點設置左下角。

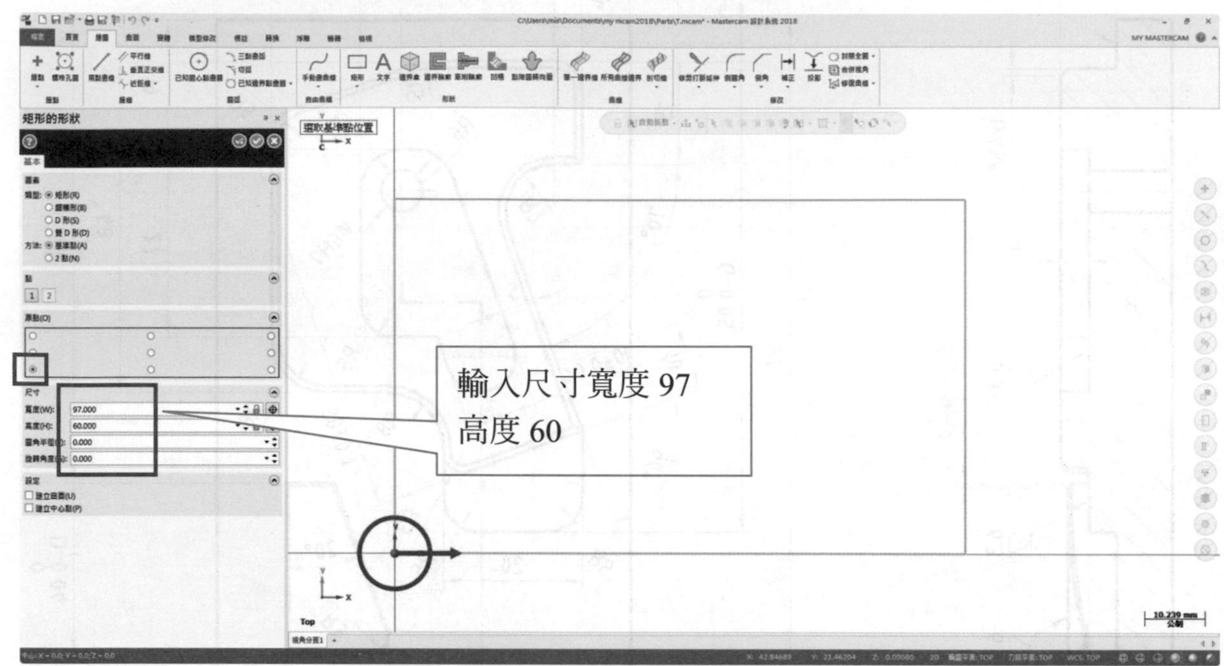

➔ 建立平行線→垂直線分別偏移(H)7、15、48、(G)70。

➔ 建立平行線→水平線分別偏移 7、11、20、(F)47〔11=4+R7〕。

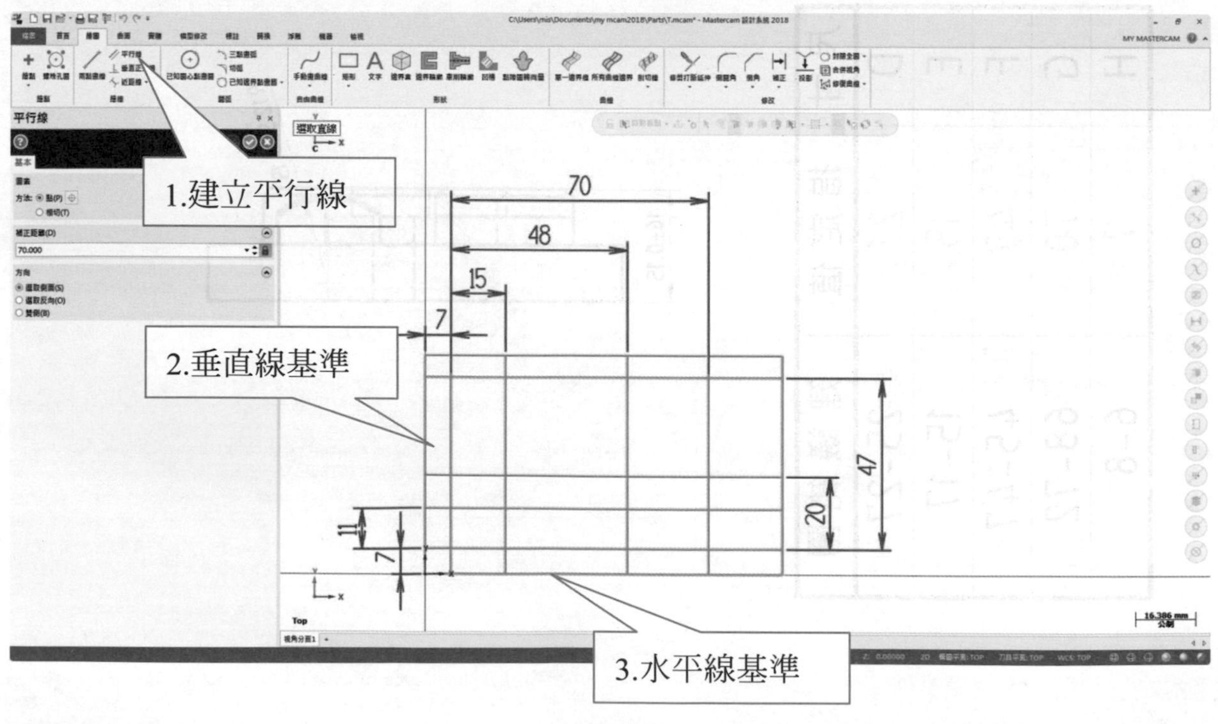

倒圓角→全圓→R7。

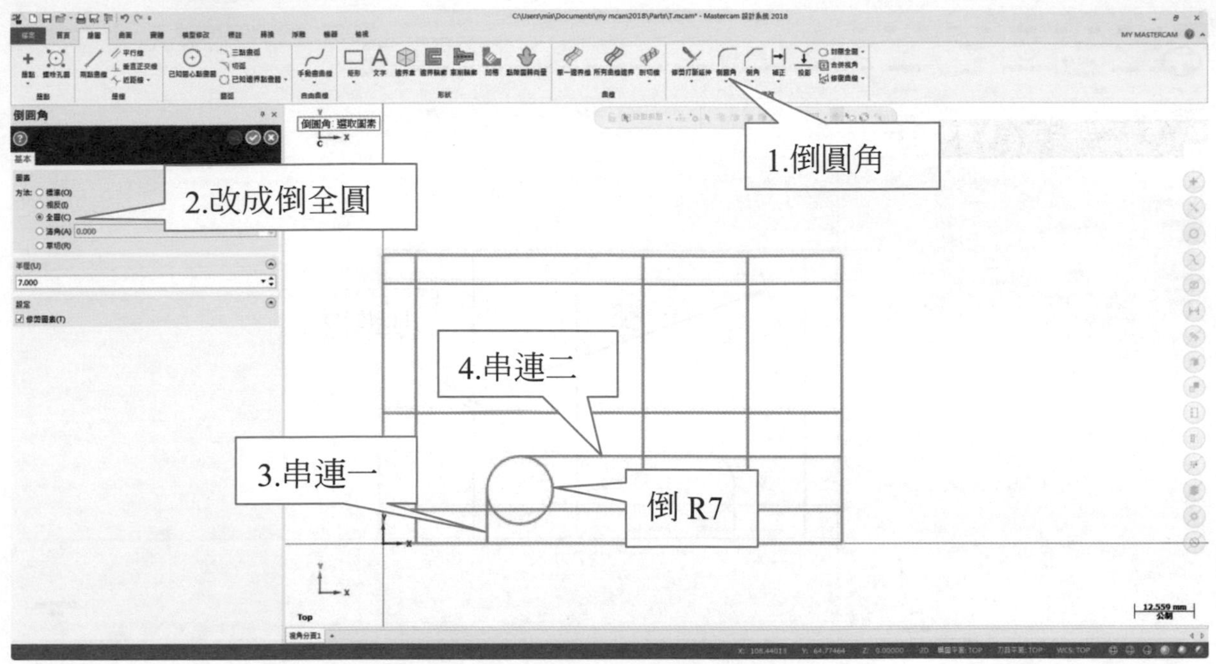

建立相切線→角度-20→點選與圓弧相切。

建立垂直正交線→長度 30→點選兩線的交點。

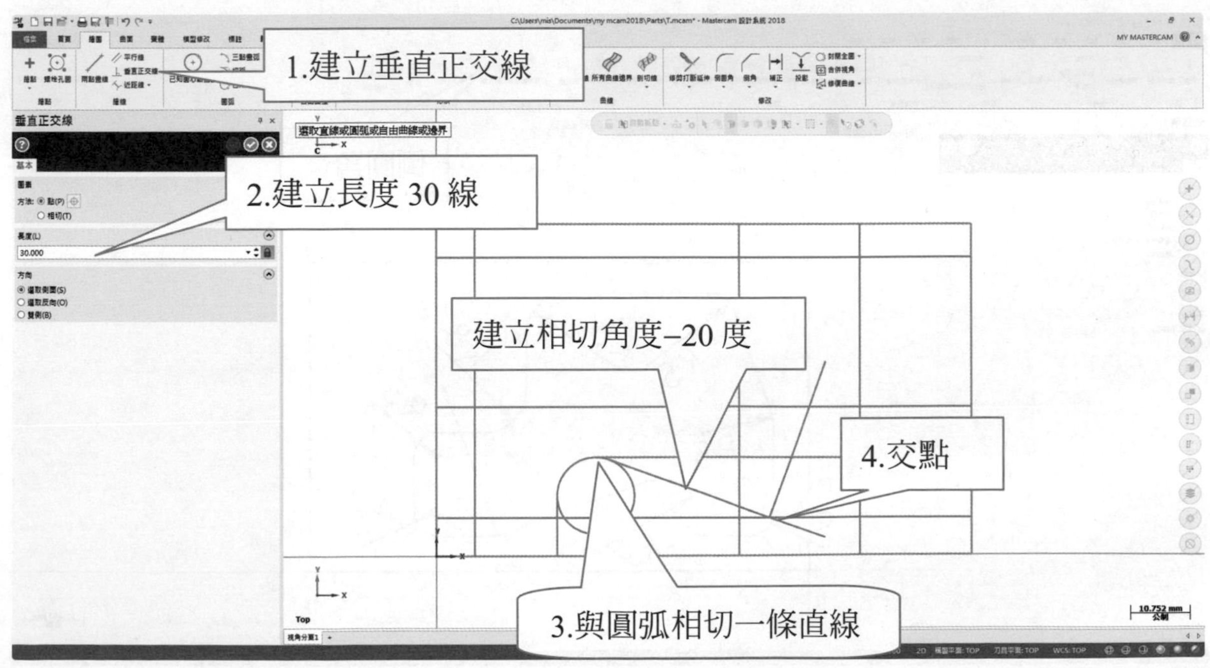

建立平行線→偏移 58。

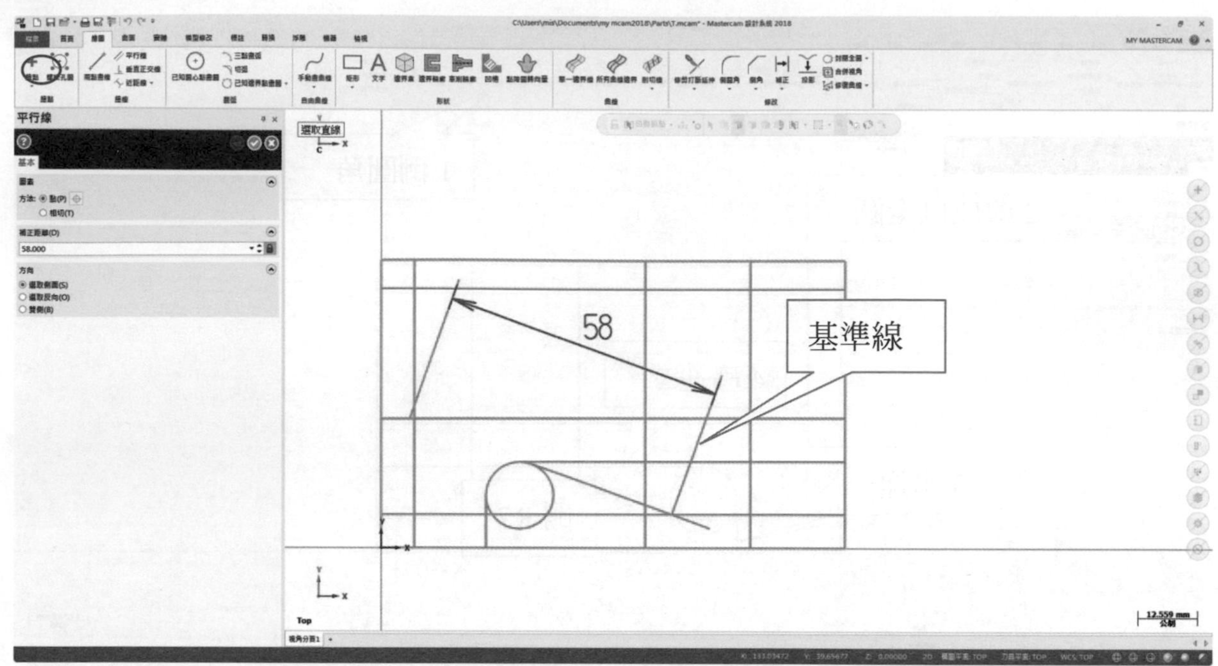

在紅色處分別倒圓角 R4、R5、R8〔全圓改回標準〕。

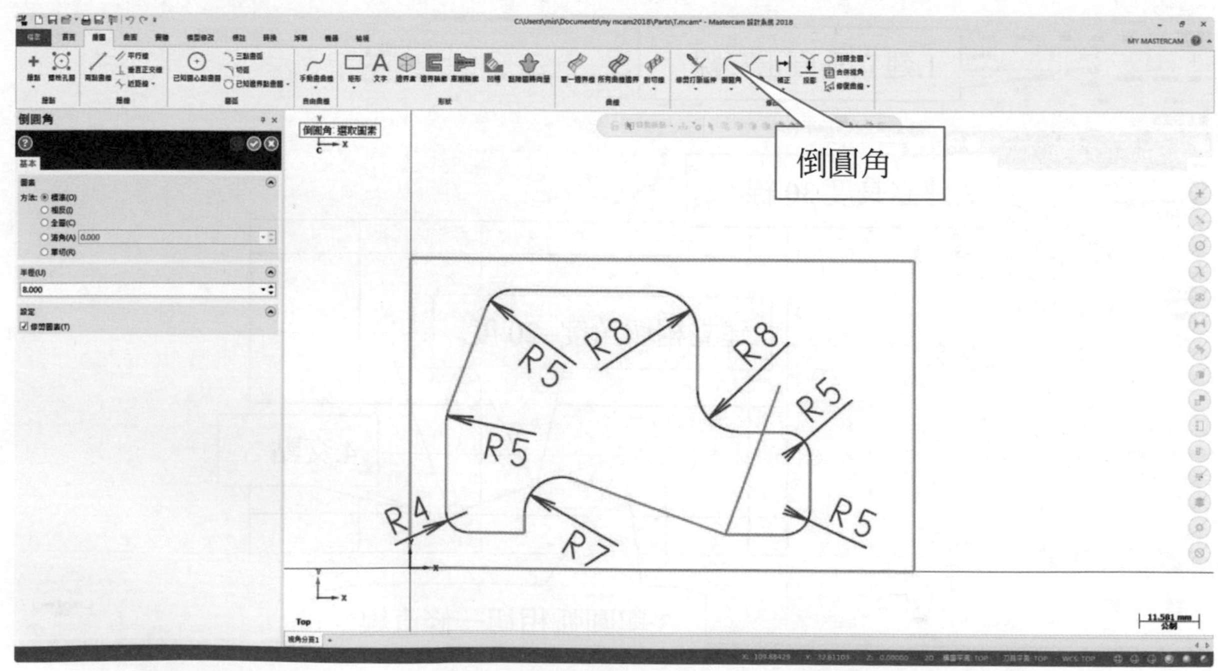

➔ 建立平行線分別偏移 19、27、13、5、10、10。

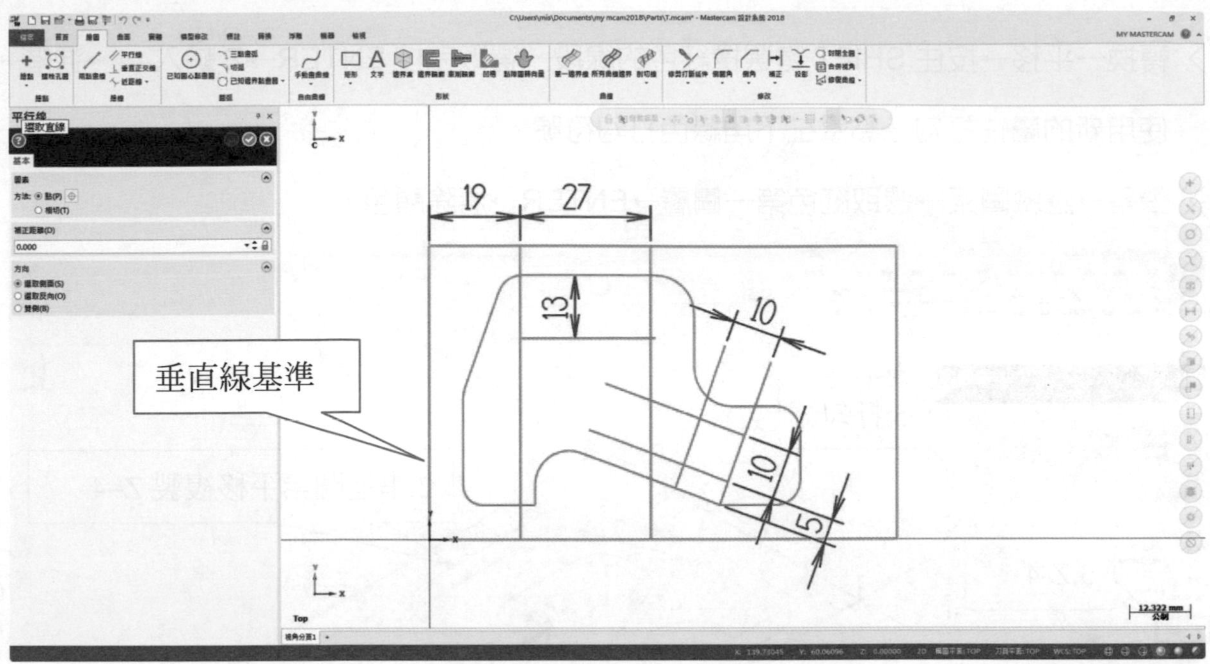

➔ 在紅色處分別倒圓角 R5、R6。

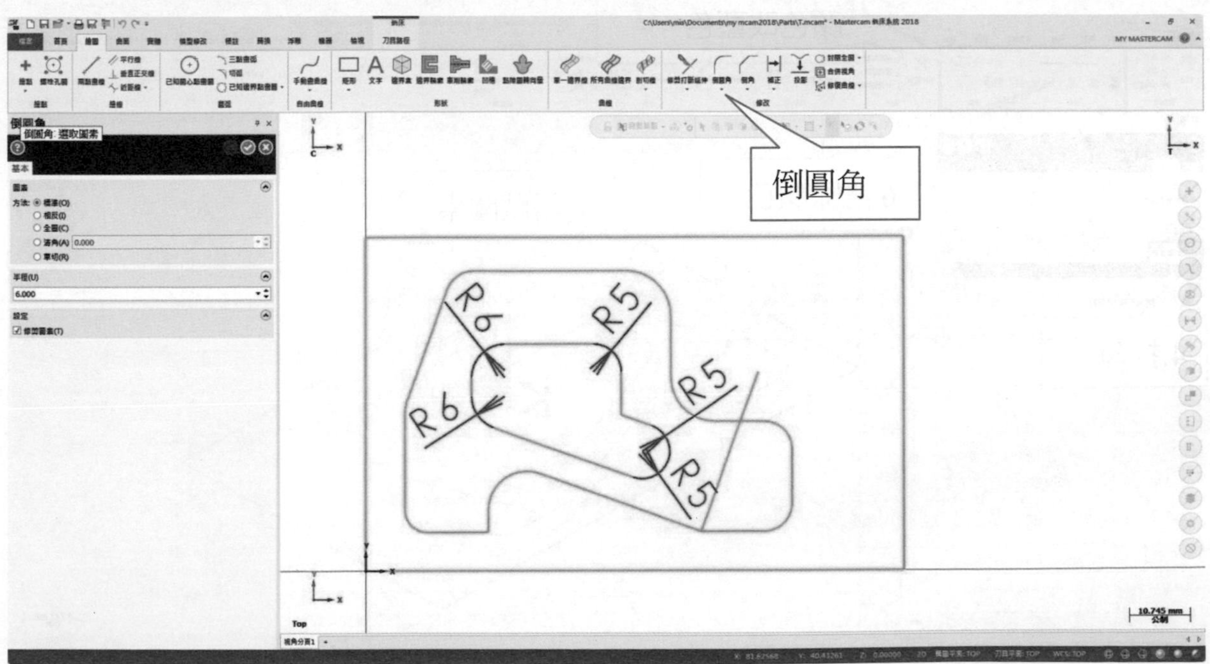

➔ 在紅色圈起來的 Z 值輸入–4 顏色改為藍色。

➔ 轉換→平移→按住 SHIFT 鍵選擇紅色的線段→選取完按 ENTER→Z 輸入–4→進階→使用新的屬性打勾→點擊左下角綠色打勾符號。

➔ 螢幕→隱藏圖素→選取紅色第一圖層→ENTER→清除顏色。

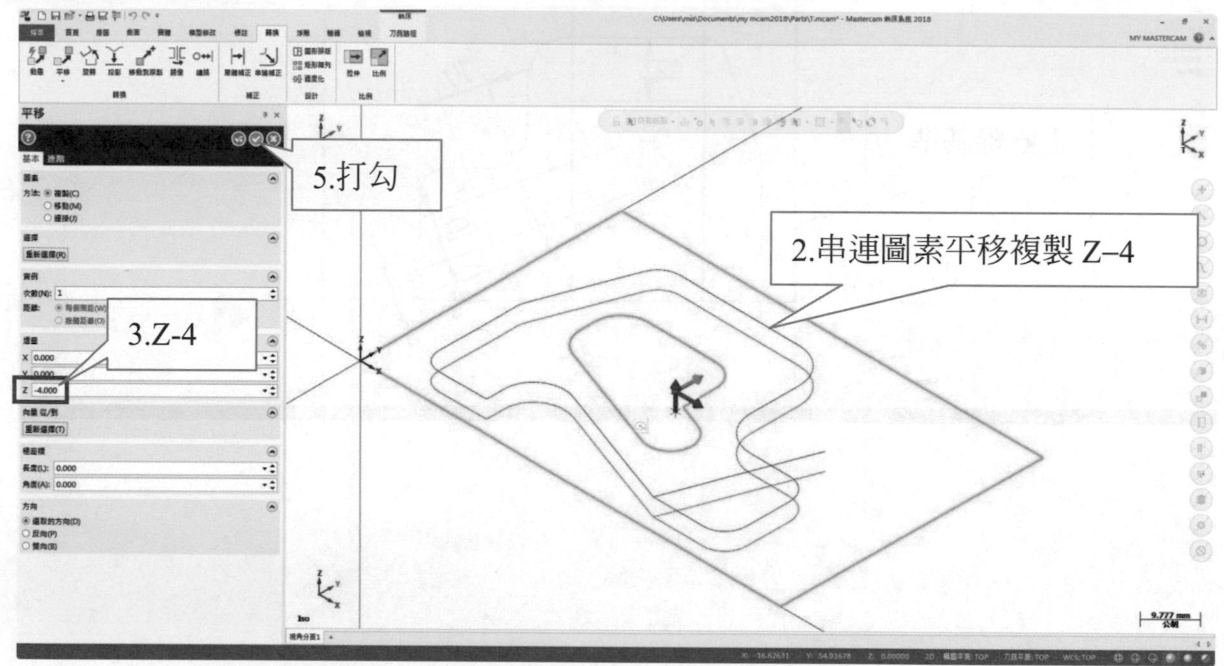

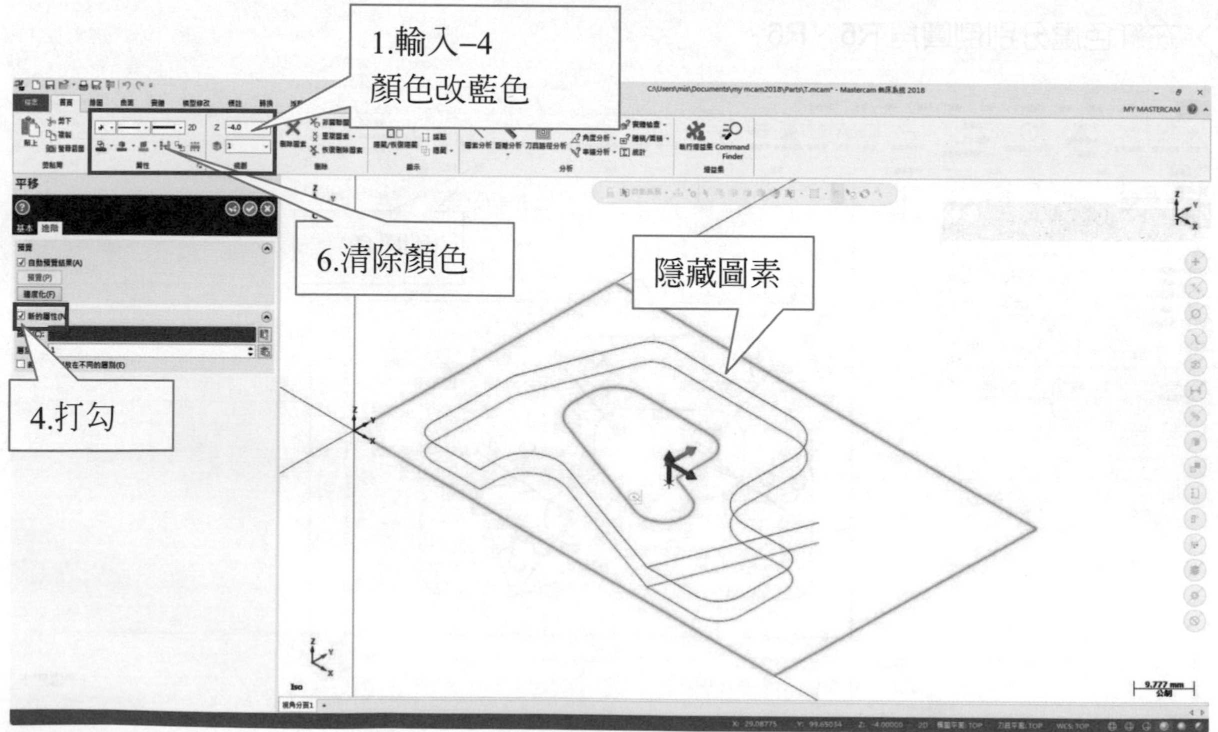

在紅色處分別倒圓角 R3→然後把圖修至下圖一樣。

螢幕→恢復隱藏圖素→把第一個圖層呼叫回來。

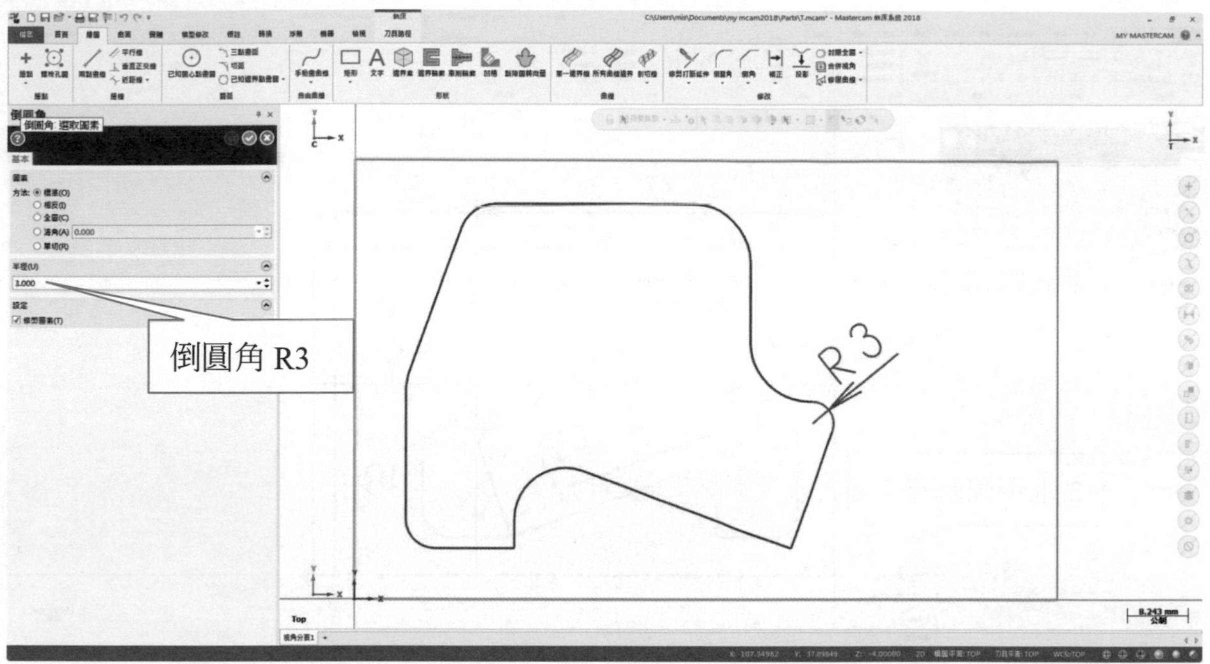

下面紅色框處的 Z 值輸入 0→顏色改為紅色。

繪圖→存在點→指定位置點→然後把滑鼠移到 R6 附近尋找中心點。

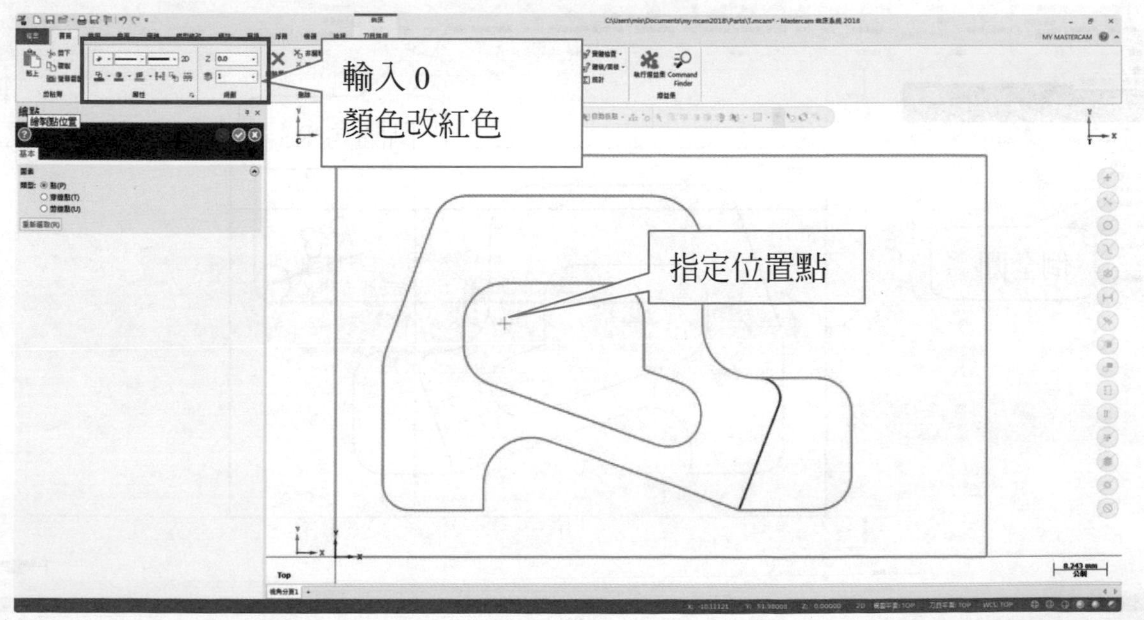

建立平行線→垂直線偏移 67、(D)26。

建立平行線→水平線偏移 35、(E)15。

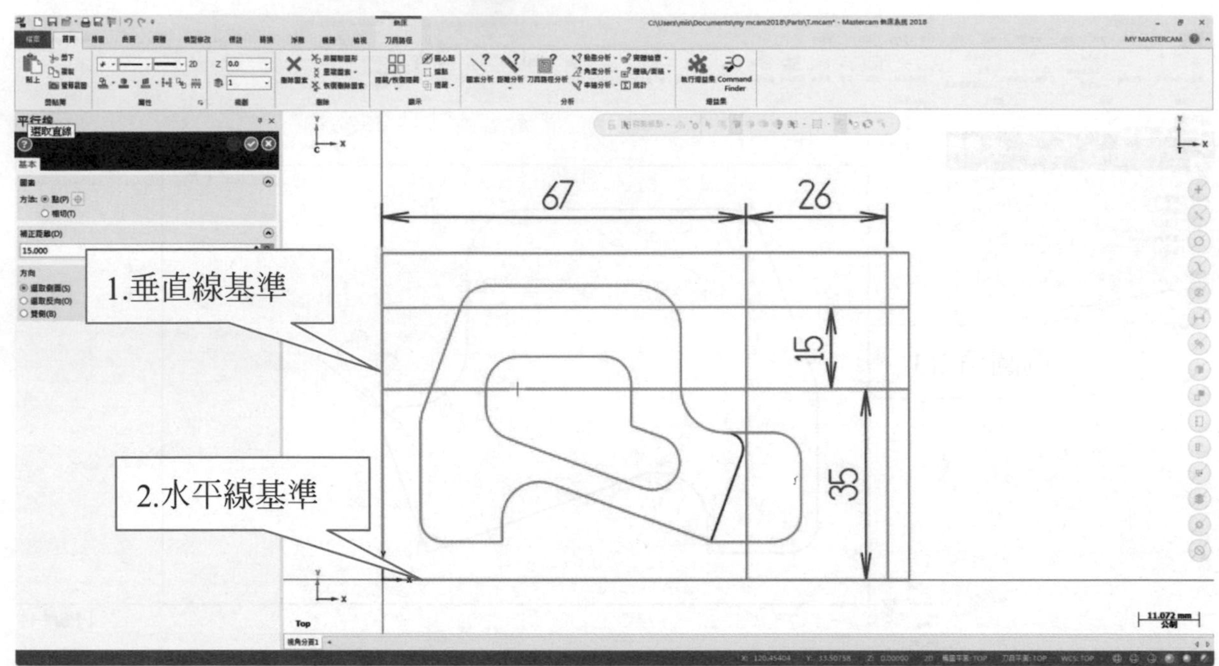

倒圓角→全圓→R3。

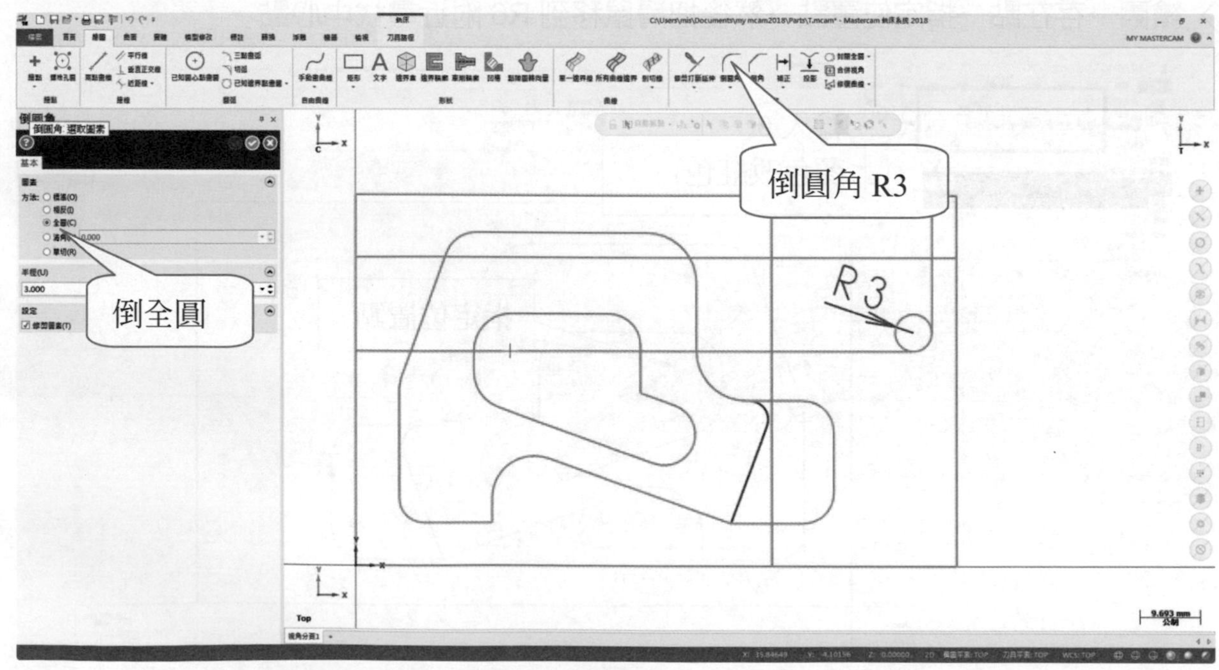

→ 相切一條直線→角度 160 度。

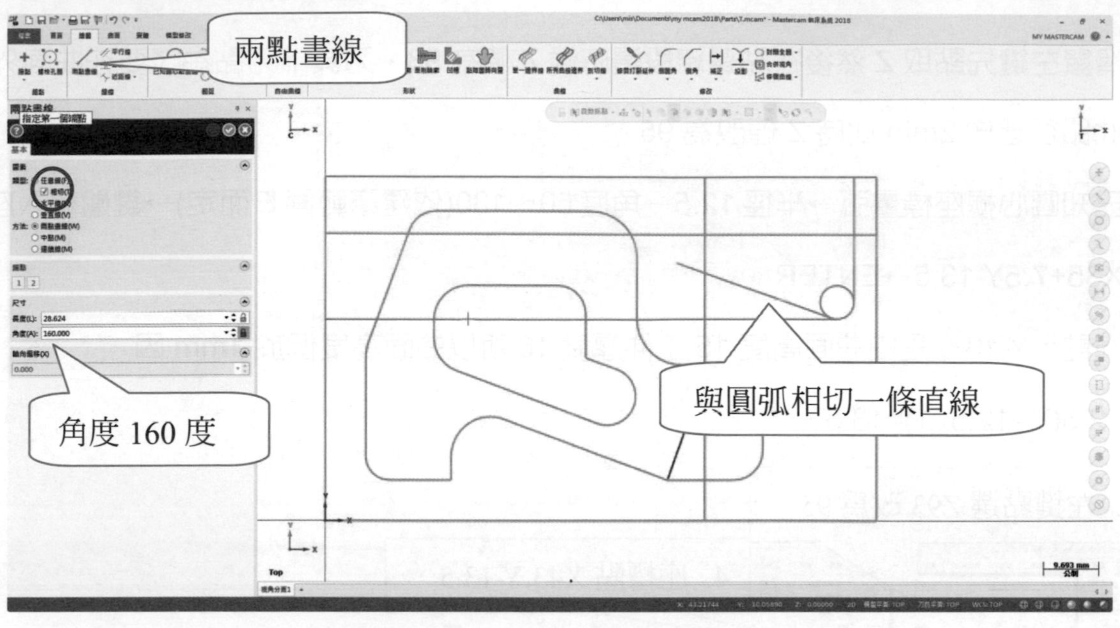

→ 最後把圖修至下圖。

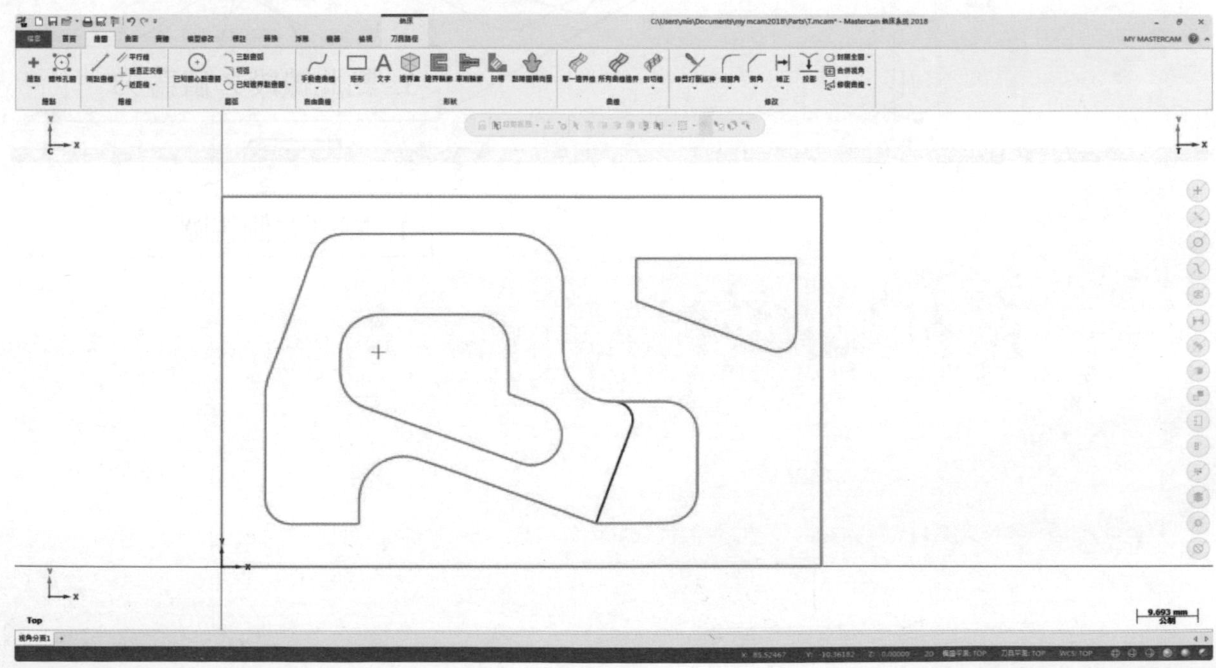

→ 視圖方向改為右側視圖→顏色改為紅色。

→ 滑鼠左鍵先點取 Z 然後在點選線段這時候 Z 值為 93，刀具下刀點為了要在曲面外，因此路徑延伸 2mm 此時 Z 值改為 95。

→ 已知圓心極座標畫弧→半徑 12.5→角度 50～130(依建議範圍 E 而定)→鍵盤輸入座標點 X35+7.5Y-13.5→ENTER。

→ 備註：Y-13.5 是由曲面高度 15 工件厚度 16 所以曲面高度低於 1mm 因 12.5(Y–12.5–1)=13.5。

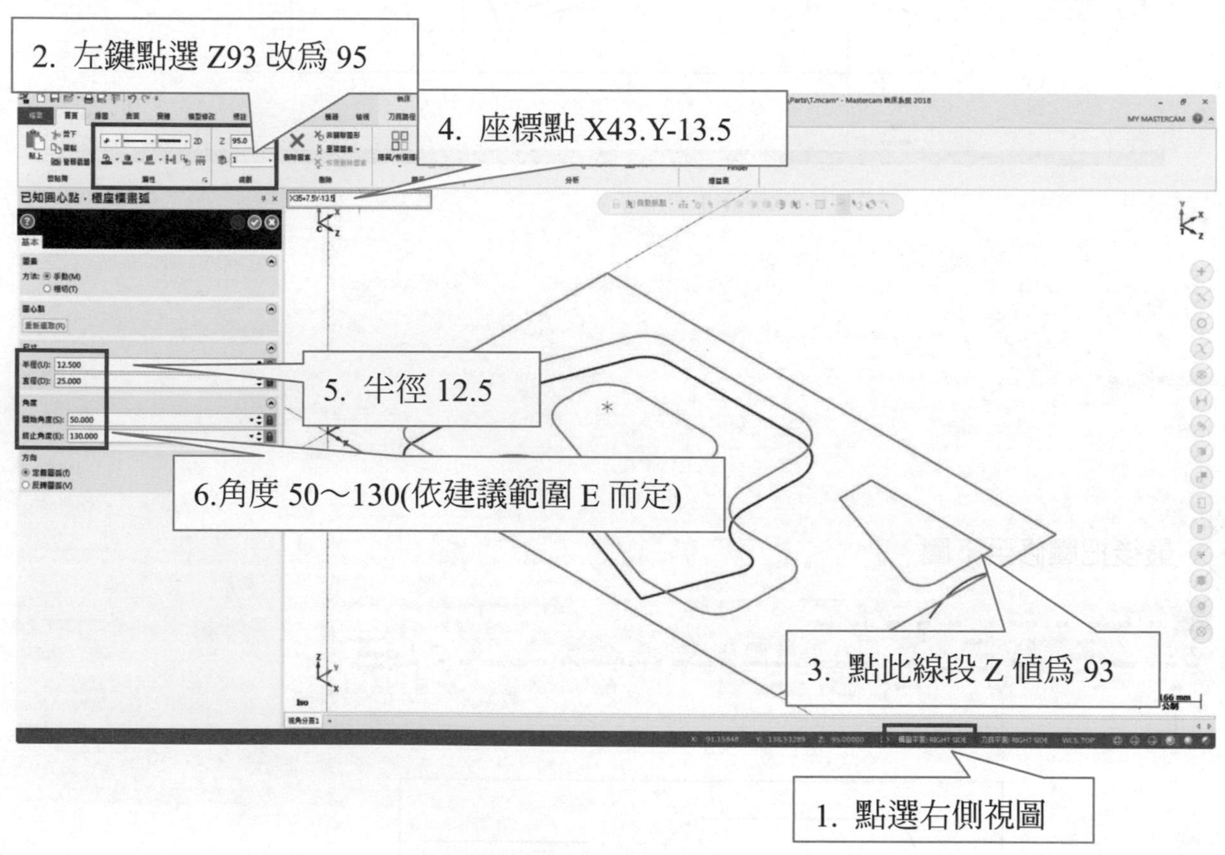

- 視圖方向為右側視圖。
- 繪圖→曲面→牽引曲面→長 30 (D:26)。
- 備註：D 尺寸+4。

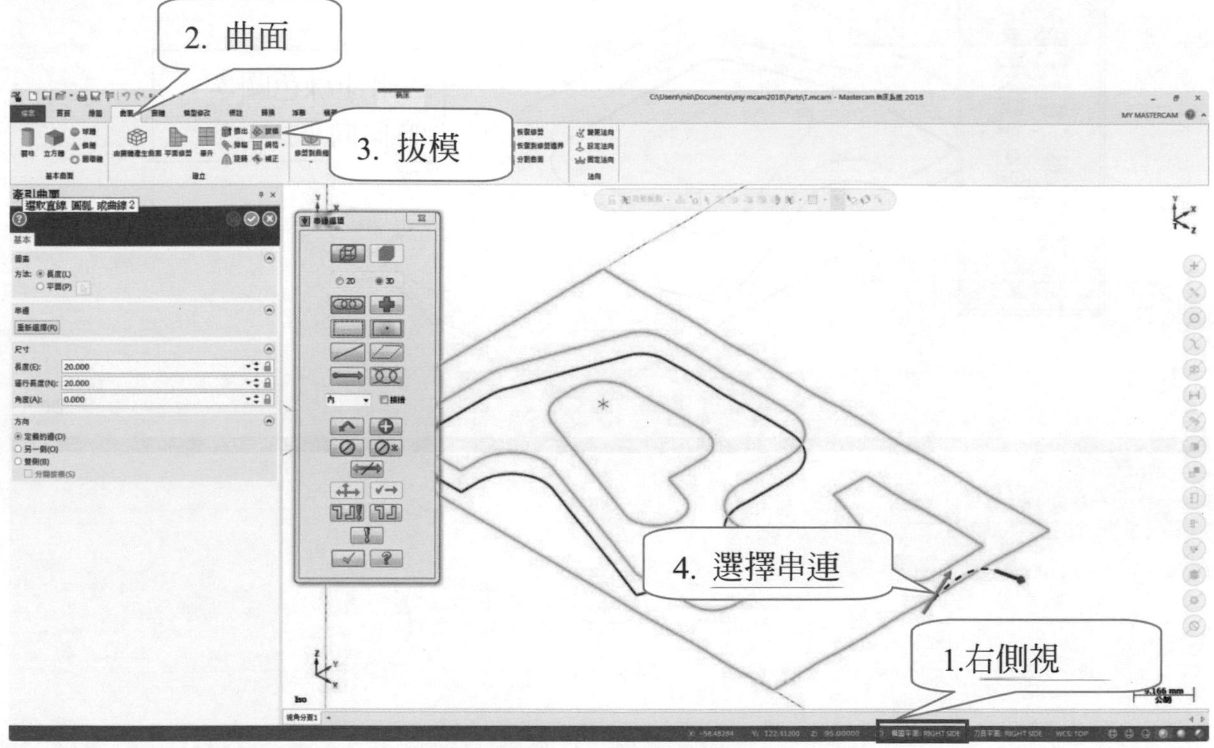

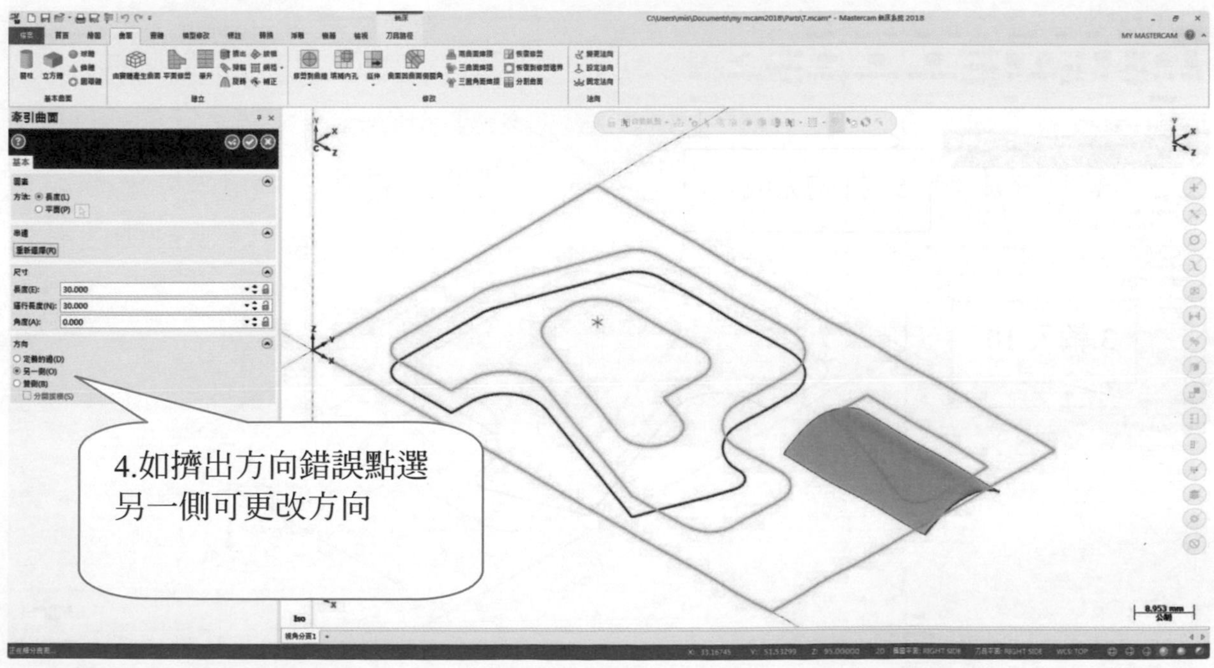

→ 實體→擠出→串連綠色圖素→ENTER→方向向下→距離 10mm→打勾完成。

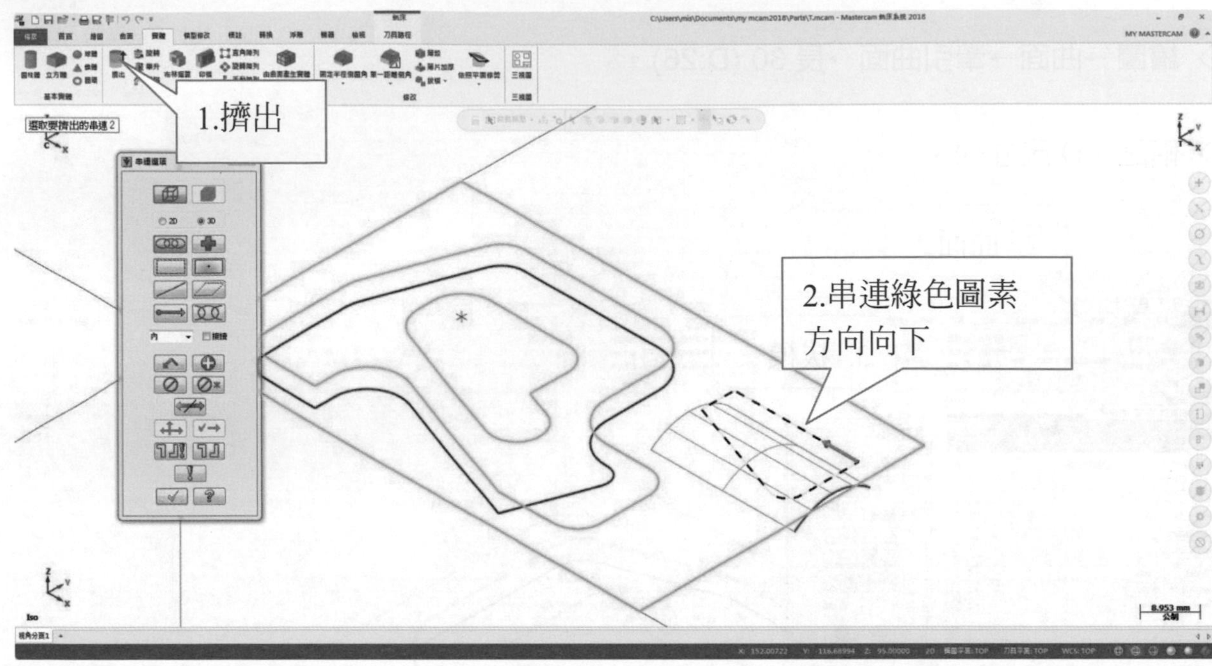

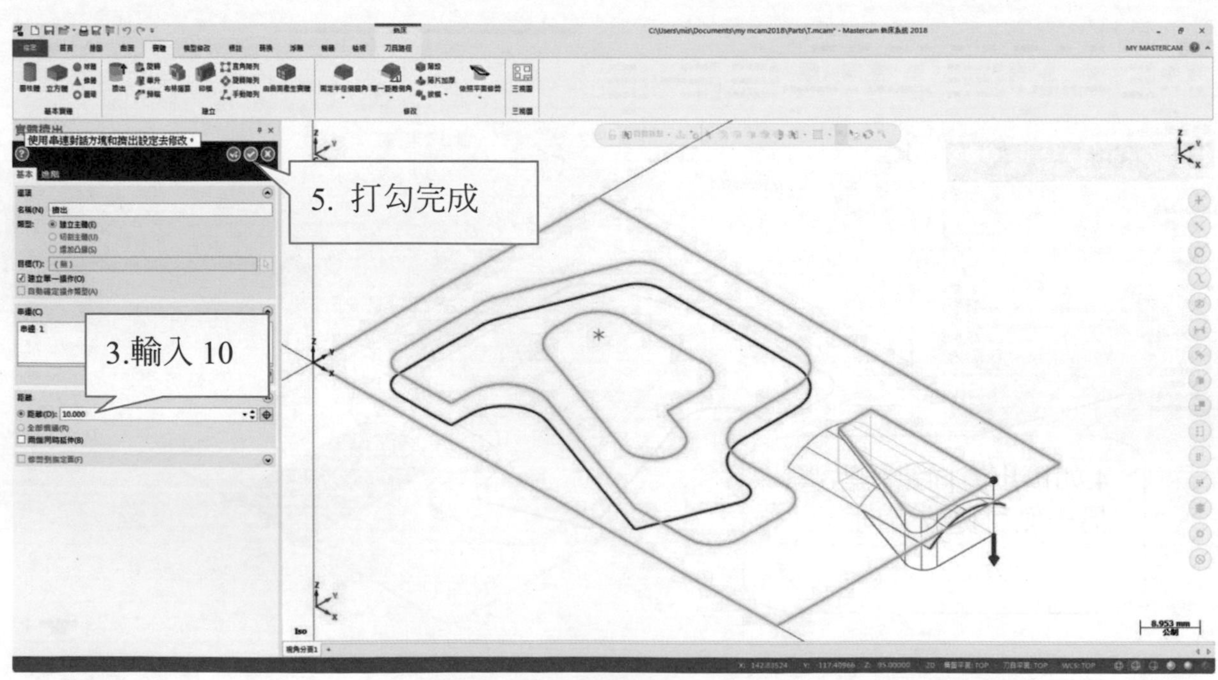

按下著色鈕接下來把實體及曲面著色。

實體→修剪到曲面/薄片→選取實體→選取曲面→點選曲面→改變保留部分→打勾完成。

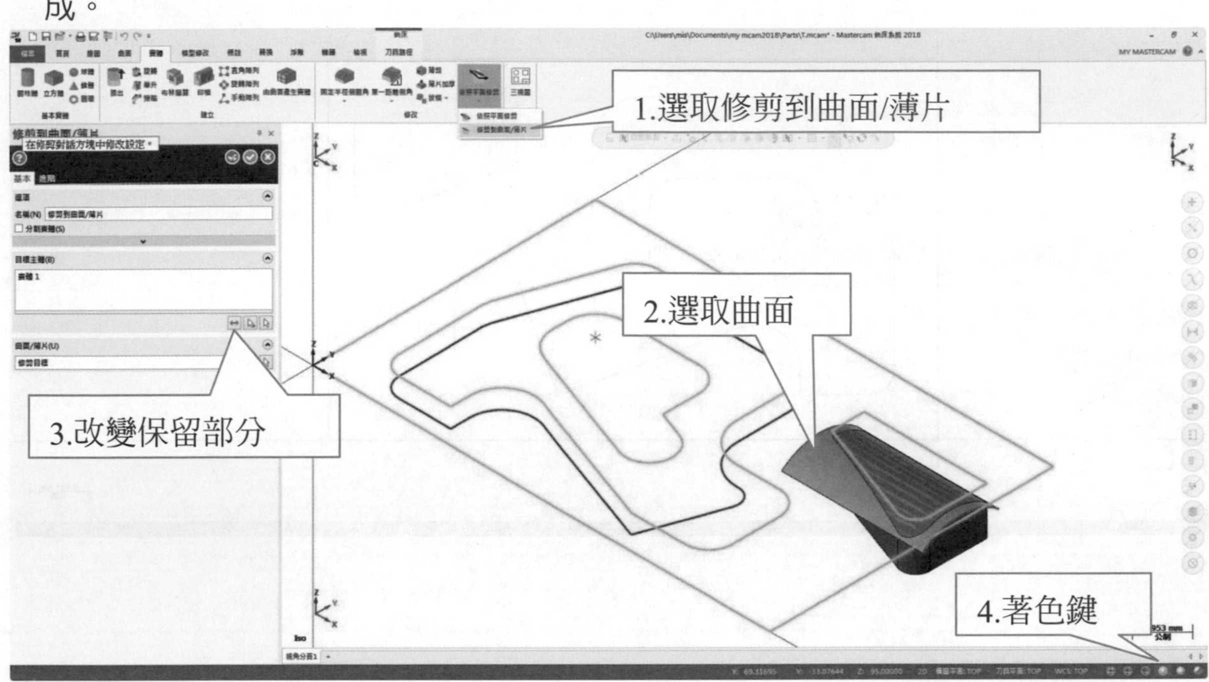

實體→倒角→單一距離倒角→選擇實體邊界 1 與邊界線 2 跟邊界線 3→ENTER→輸入 0.5→沿切線邊界延伸打勾→點選綠色打勾完成。

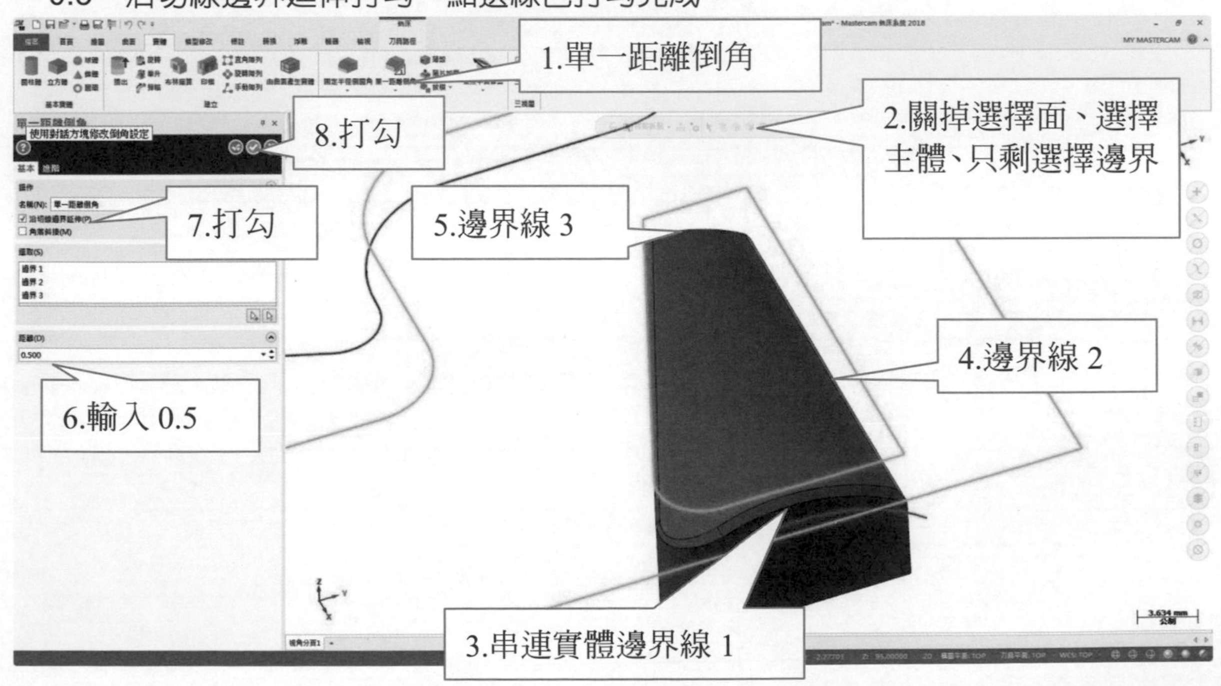

最後把實體與紅色曲線隱藏起來，即完成繪圖步驟(記得要存檔)。

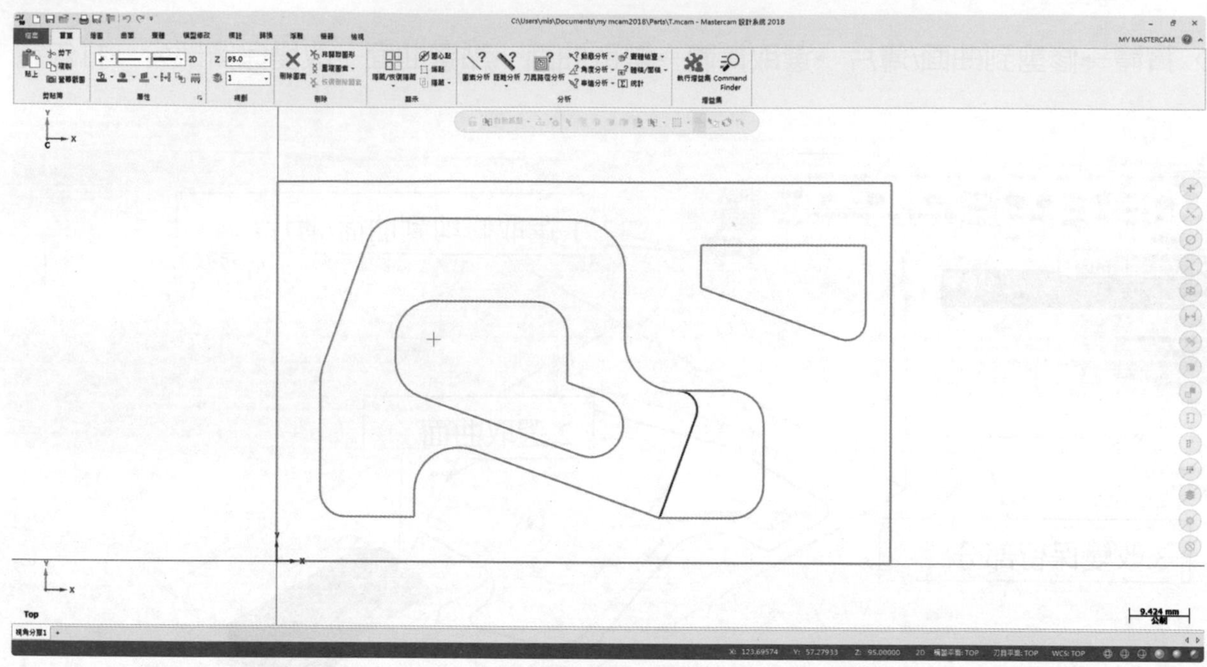

CNC 銑床乙級範例步驟　204 加工路徑

5.8 鑽頭加工設定步驟

點選鑽孔

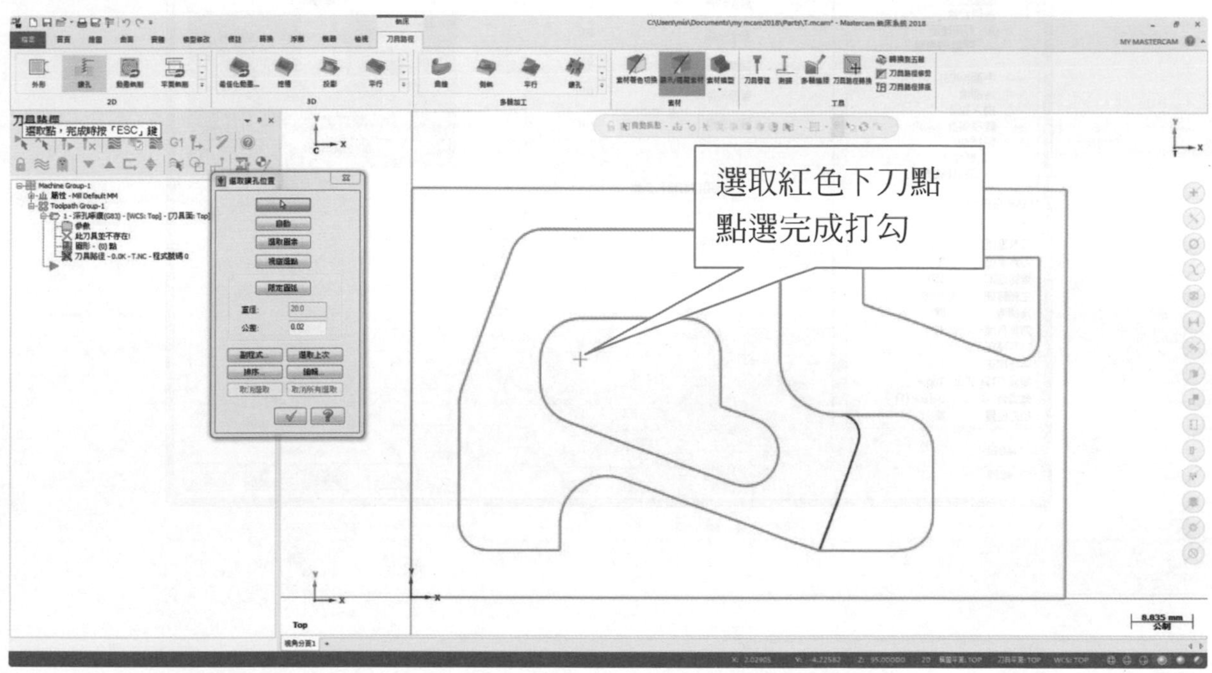

刀具→建立新刀具

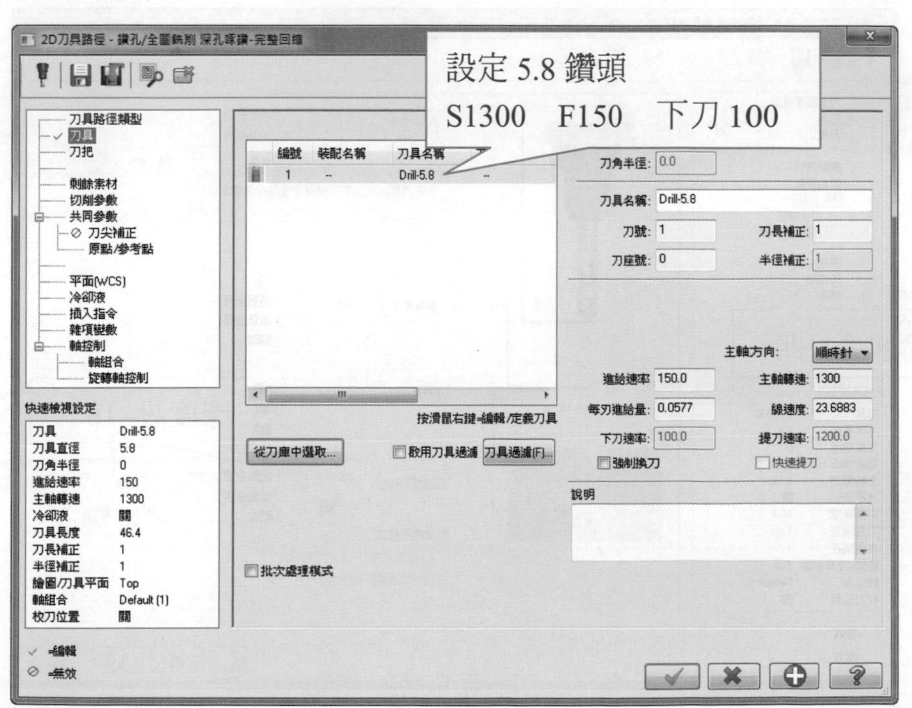

選擇切削參數→選擇深孔啄鑽(G83)

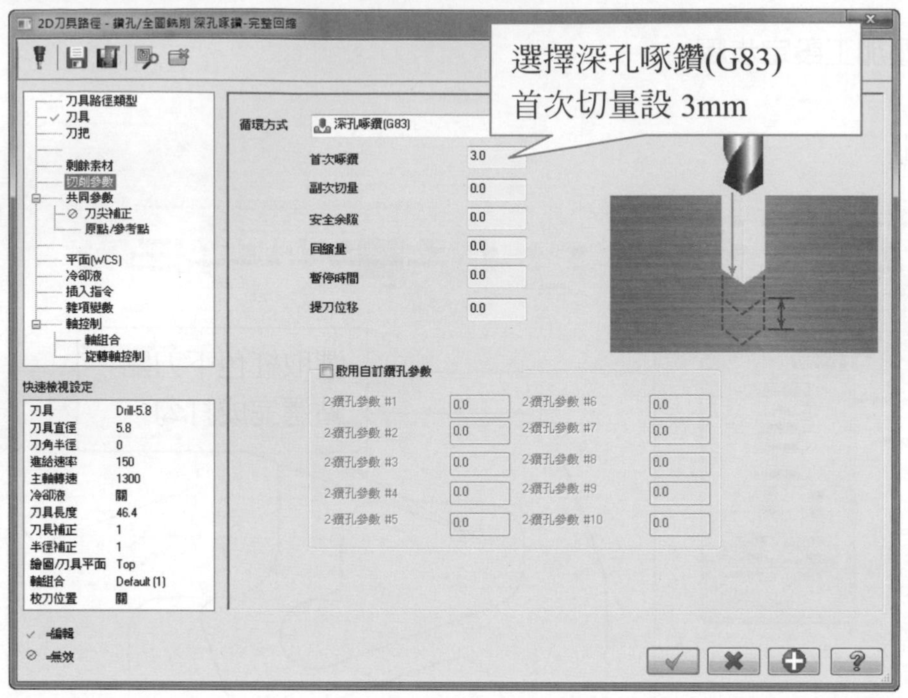

選擇共同參數

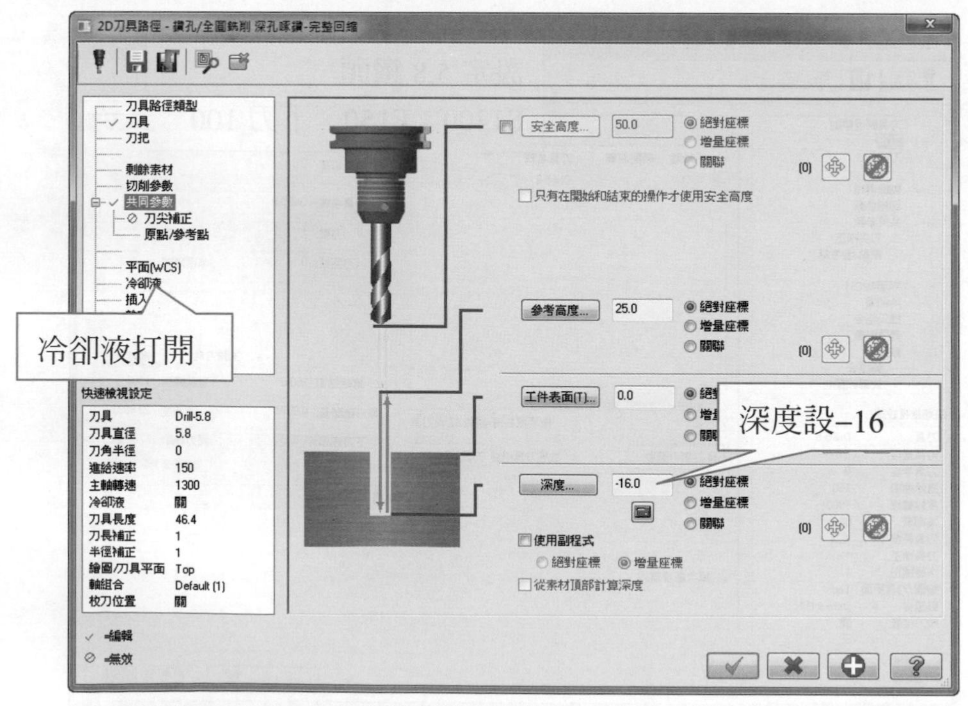

選擇刀尖補正

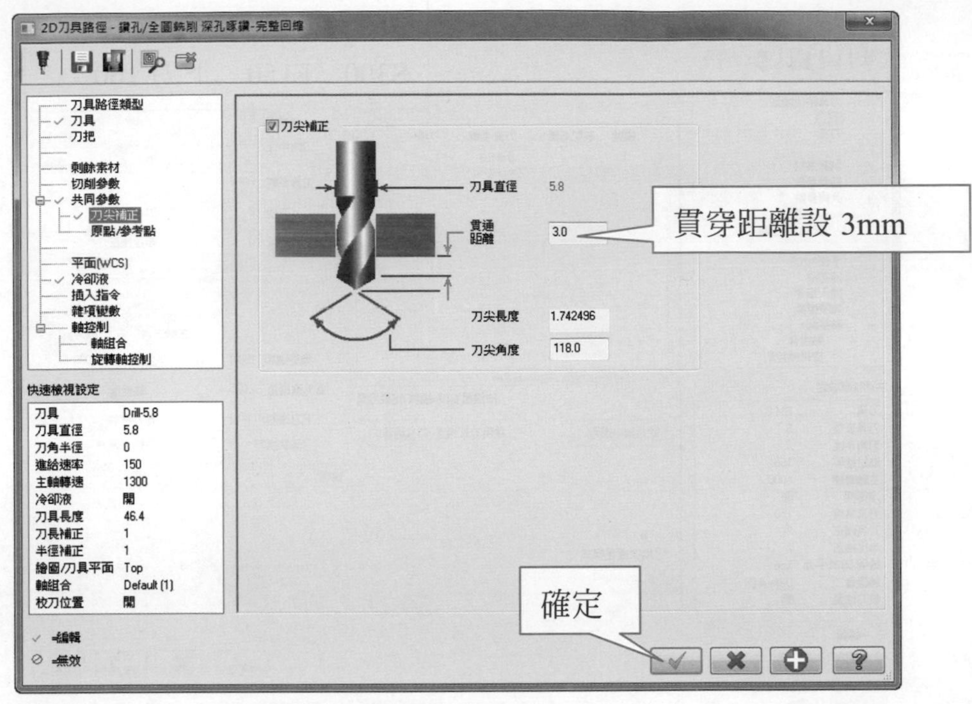

6H7 鉸孔加工設定步驟

點選鑽孔

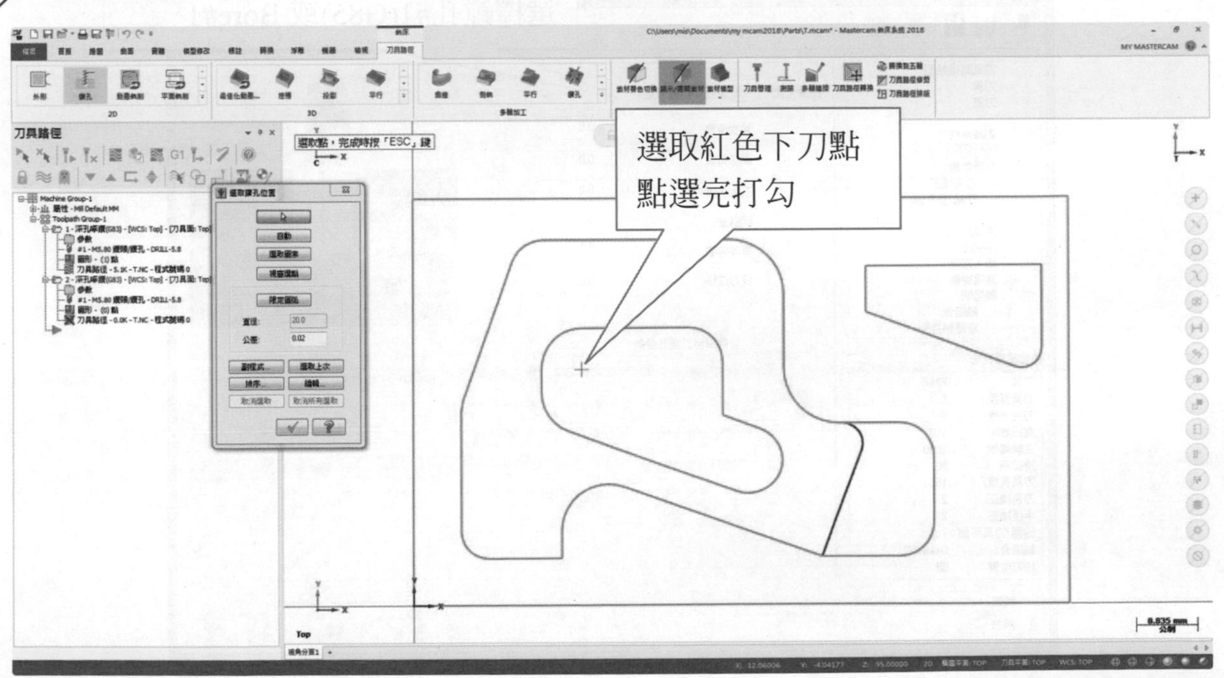

刀具→建立新刀具

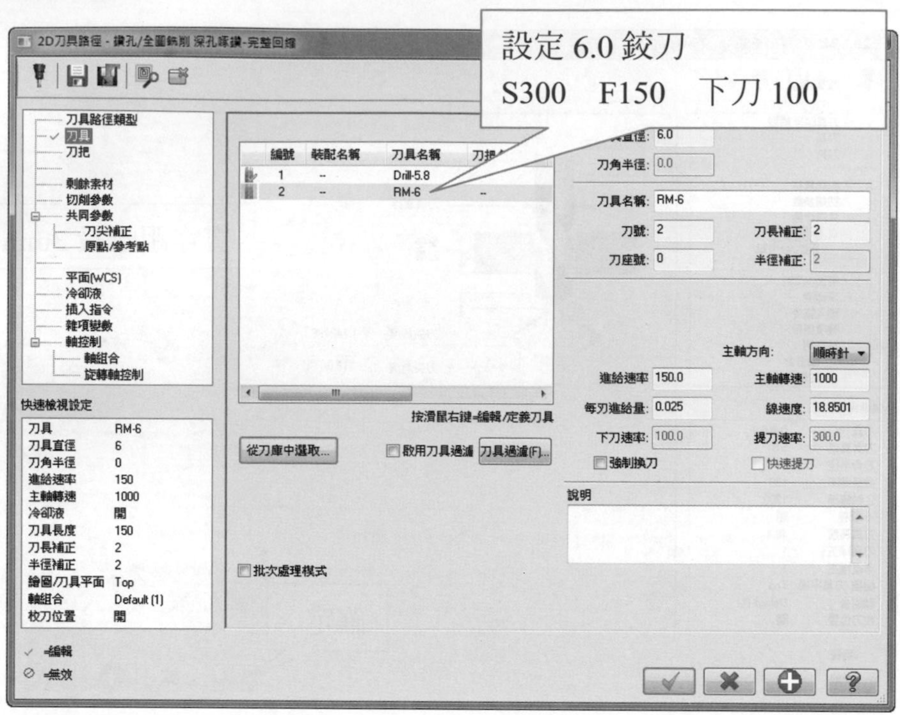

選擇切削參數→選擇鏜孔#1 為 G85 指令

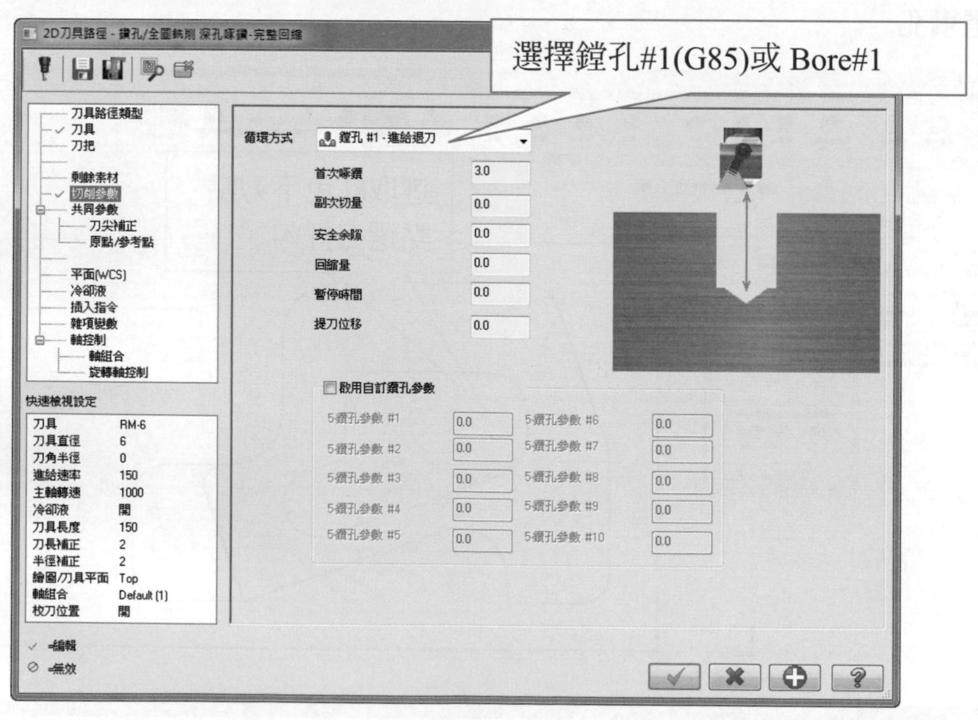

選擇共同參數

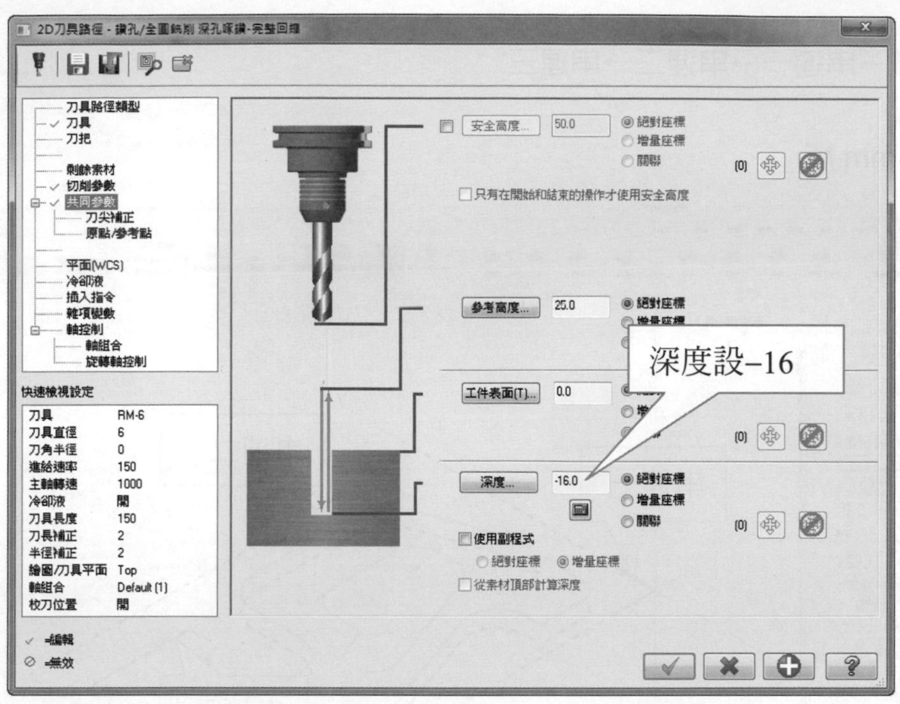

選擇刀尖補正

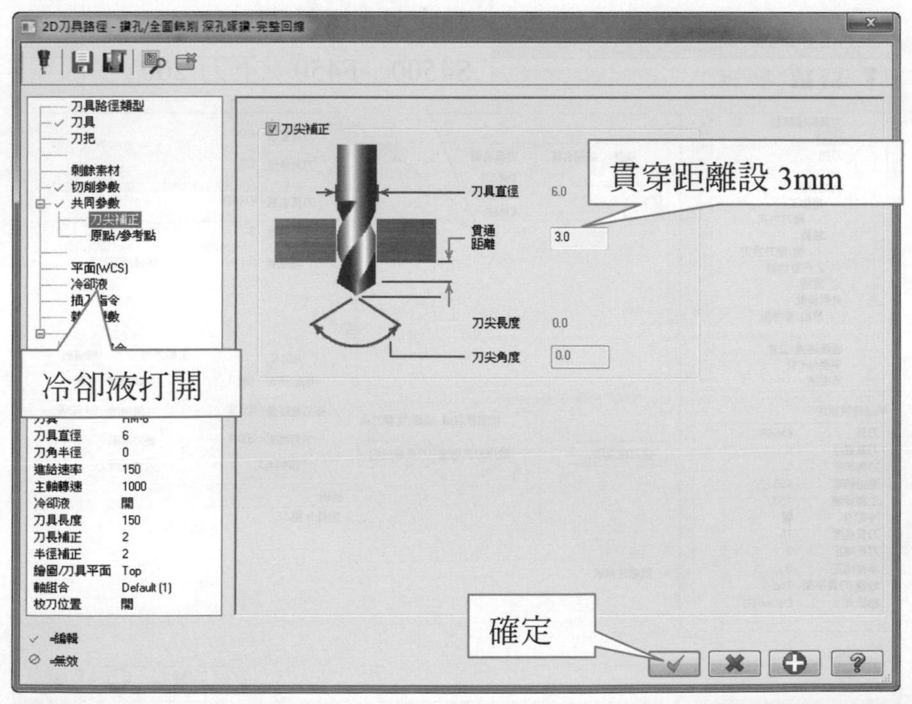

6mm 粗銑刀加工設定步驟

選擇挖槽→串連一→串連二→串連三

粗銑 Z-4mm 層

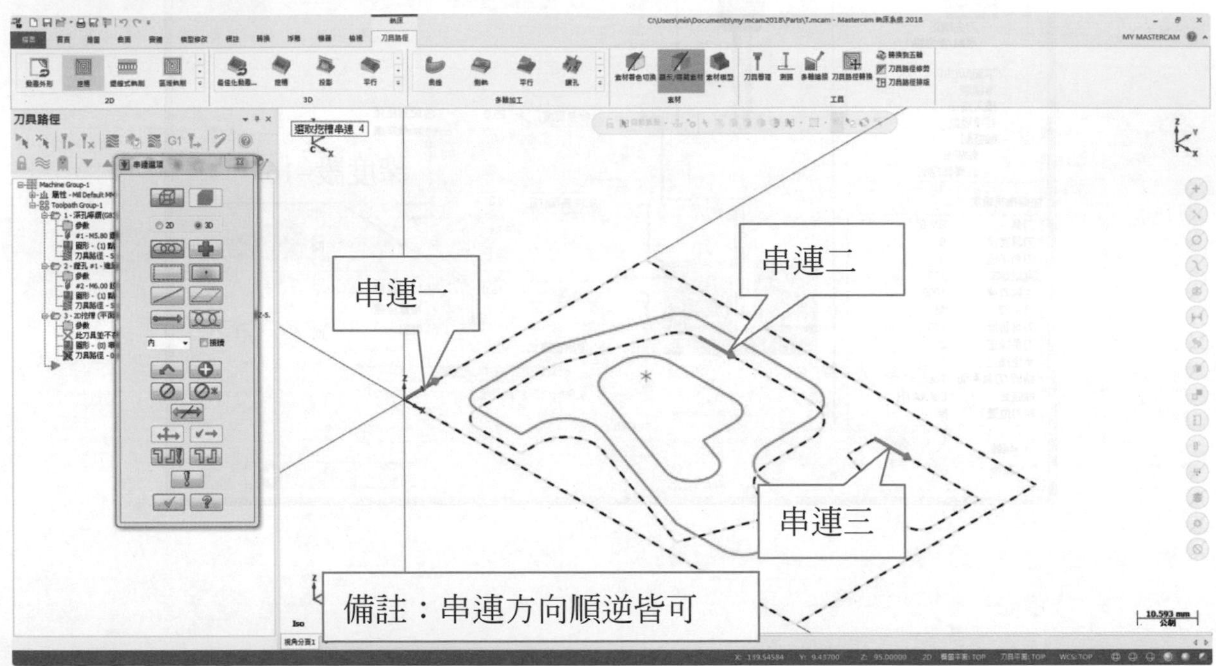

刀具→建立新刀具

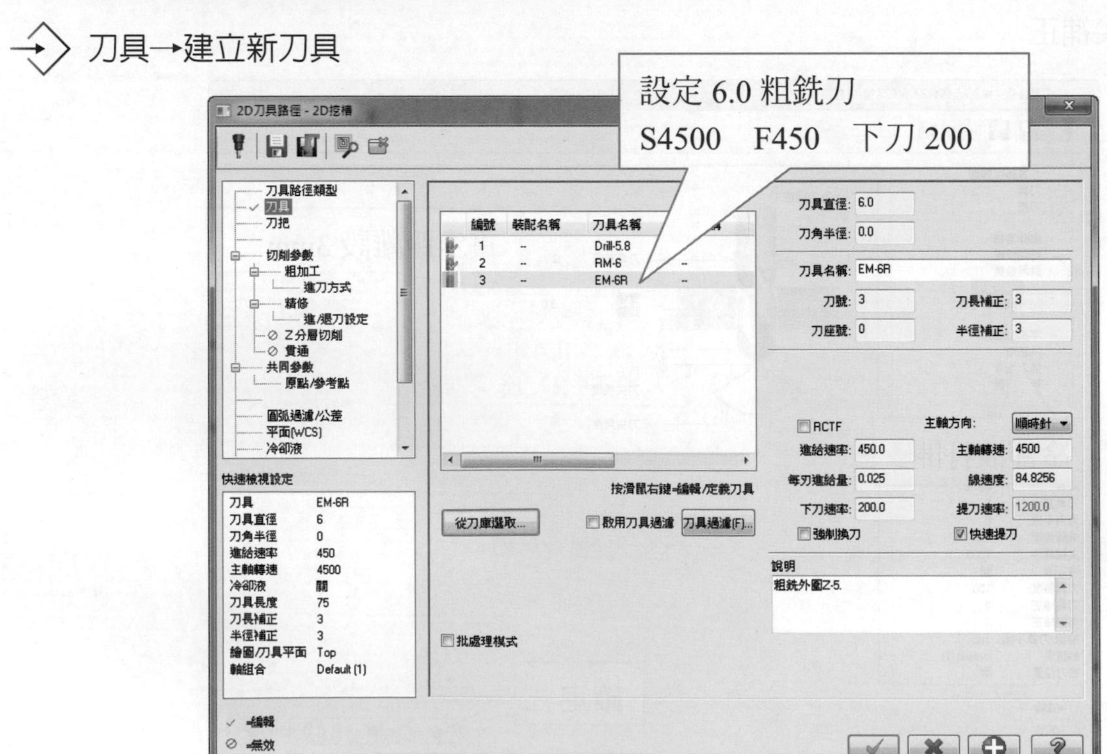

選擇切削參數→選取平面銑

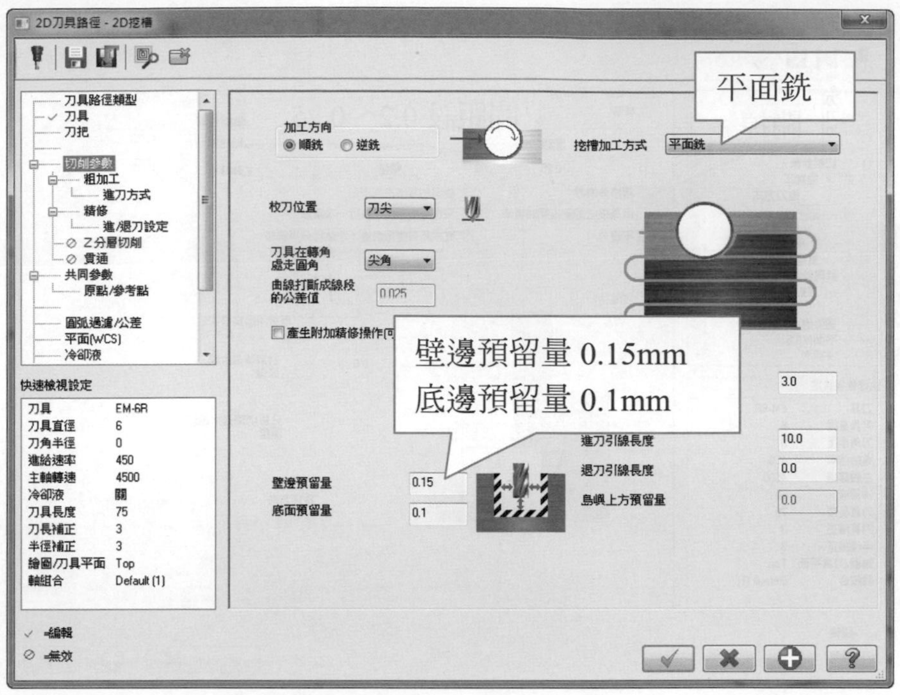

選擇粗加工→選擇平行環切

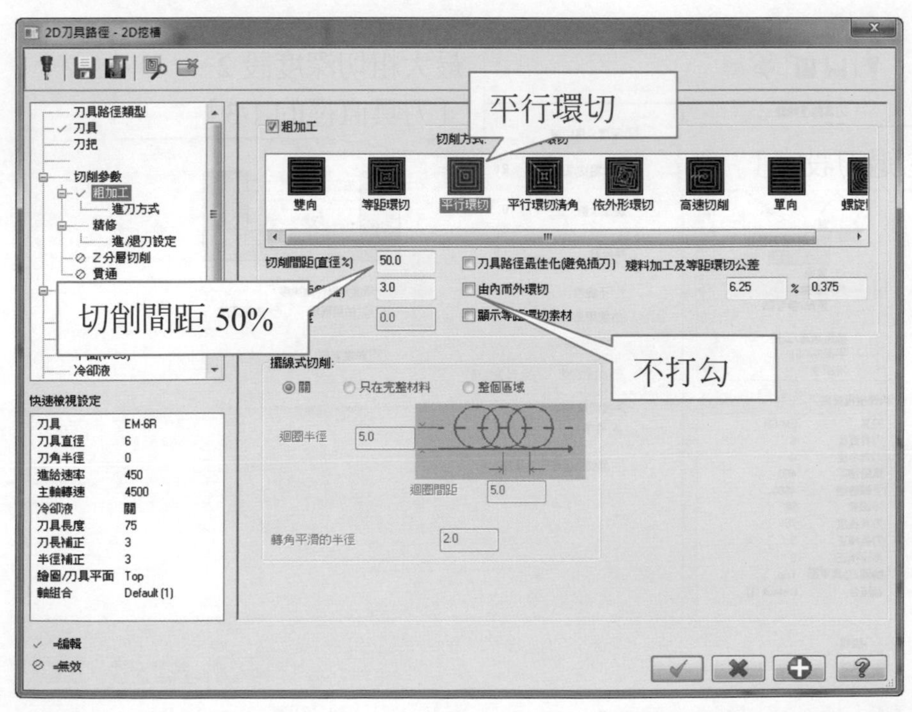

選擇精修→精修外邊界關閉

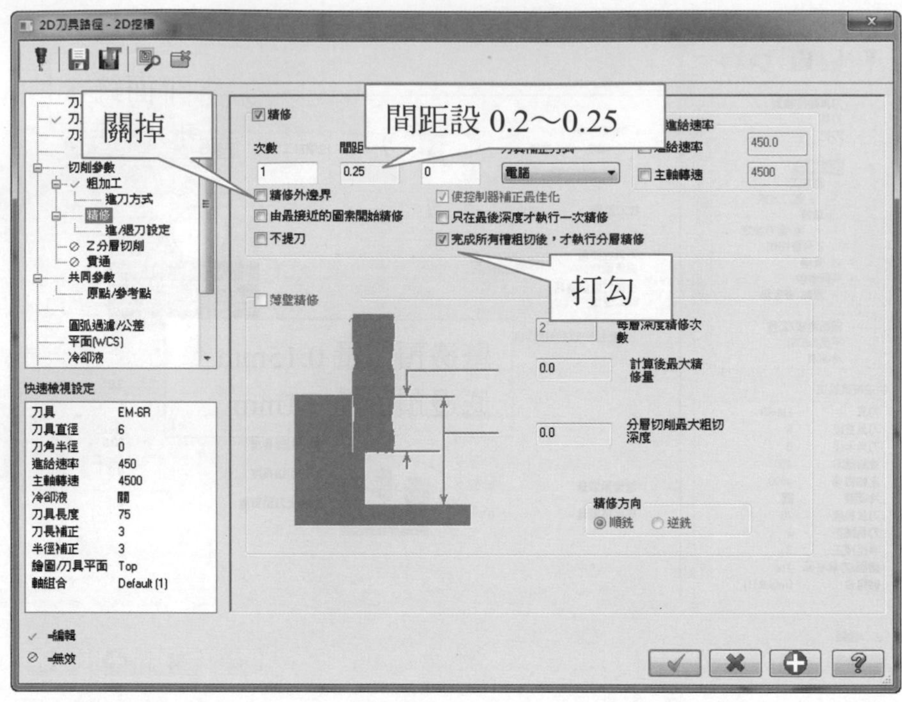

選擇精修→選擇進/退刀設定關閉

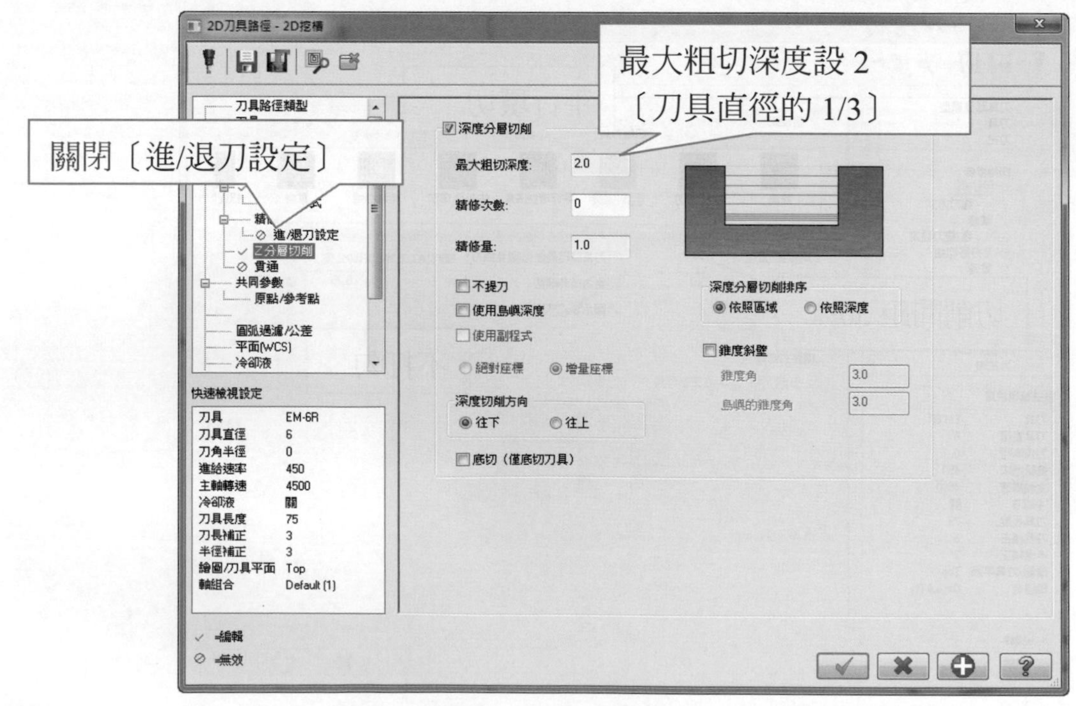

➔ 選擇共同參數

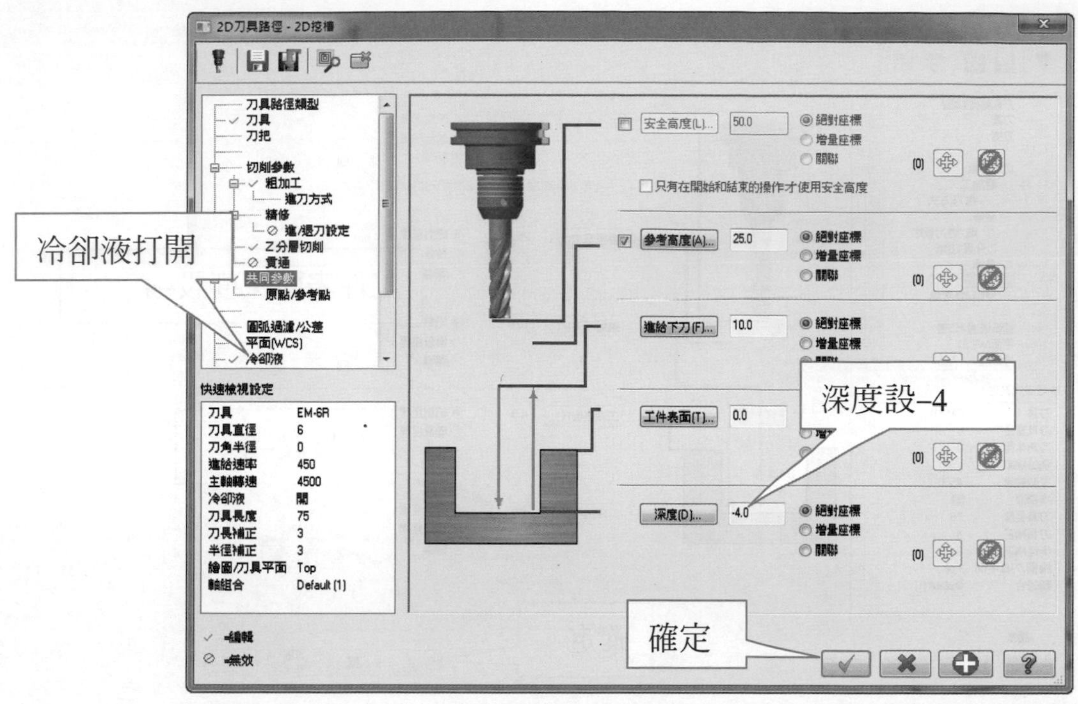

➔ 粗銑 Z-8mm 層

➔ 點選挖槽→串連一→串連二→串連三

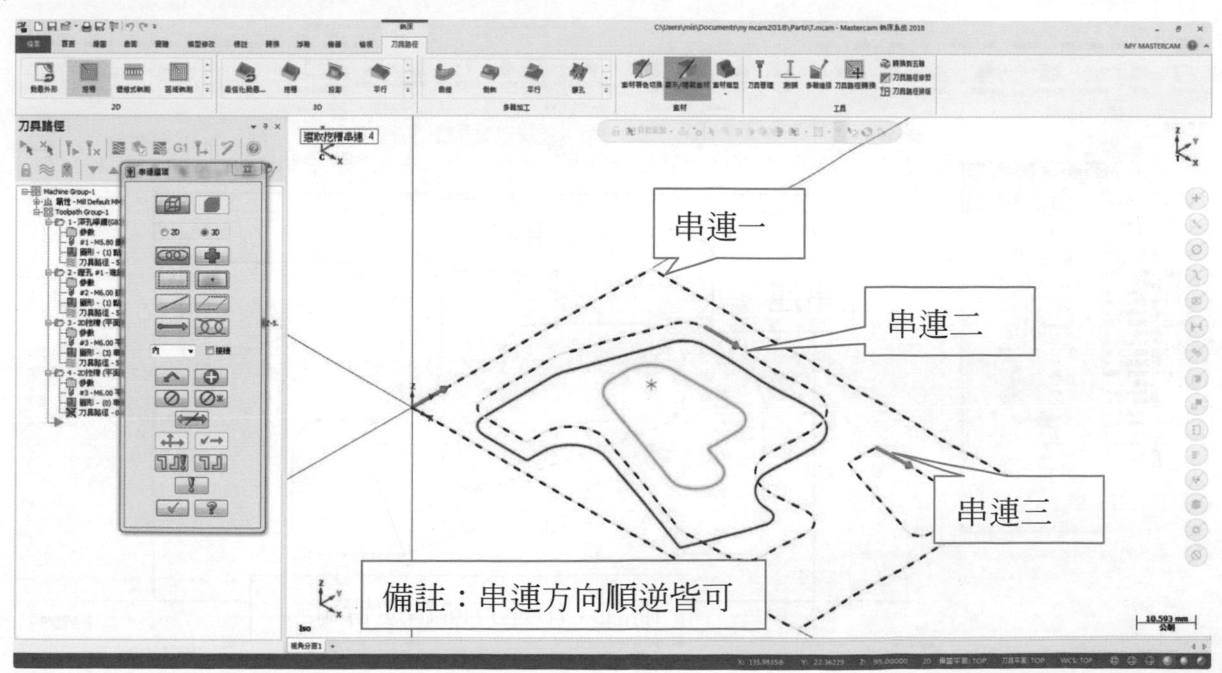

選擇共同參數

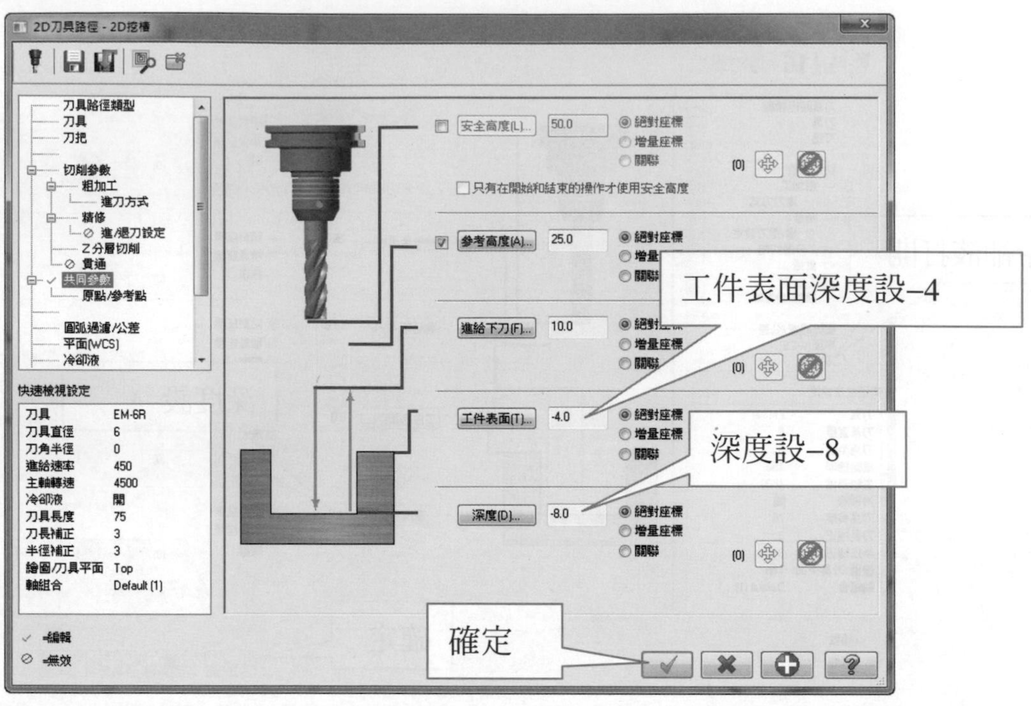

粗銑內槽 Z–4mm 層

選擇挖槽→串連一→串連二

選擇粗加工→選擇平行環切

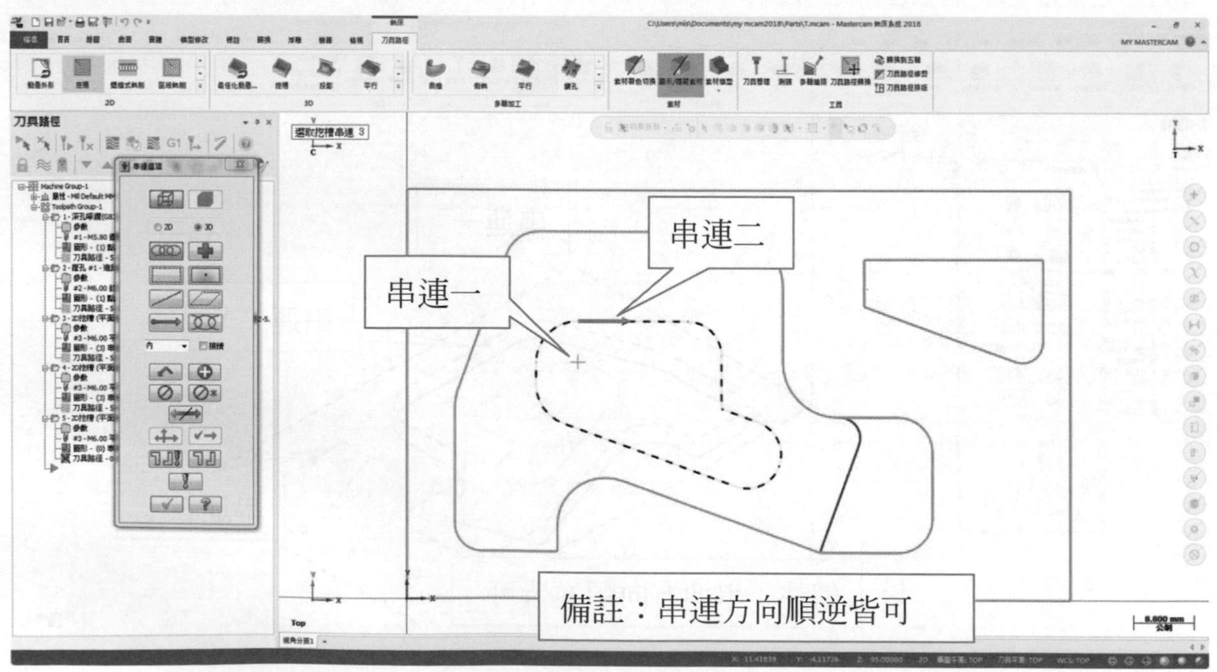

→ 選擇挖槽加工方式→選擇標準

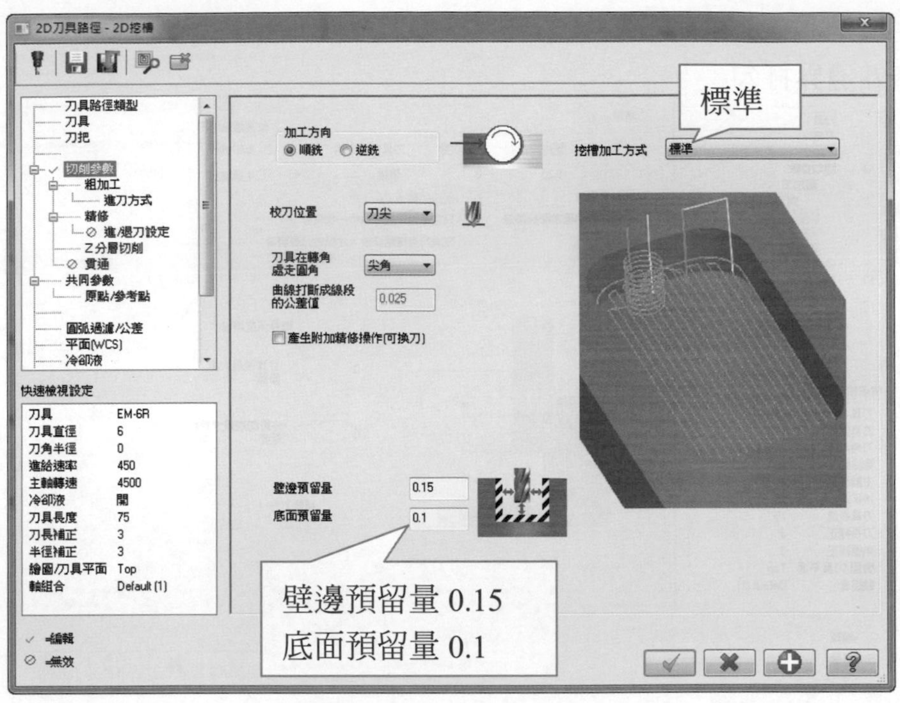

→ 選擇粗加工→選擇平行環切

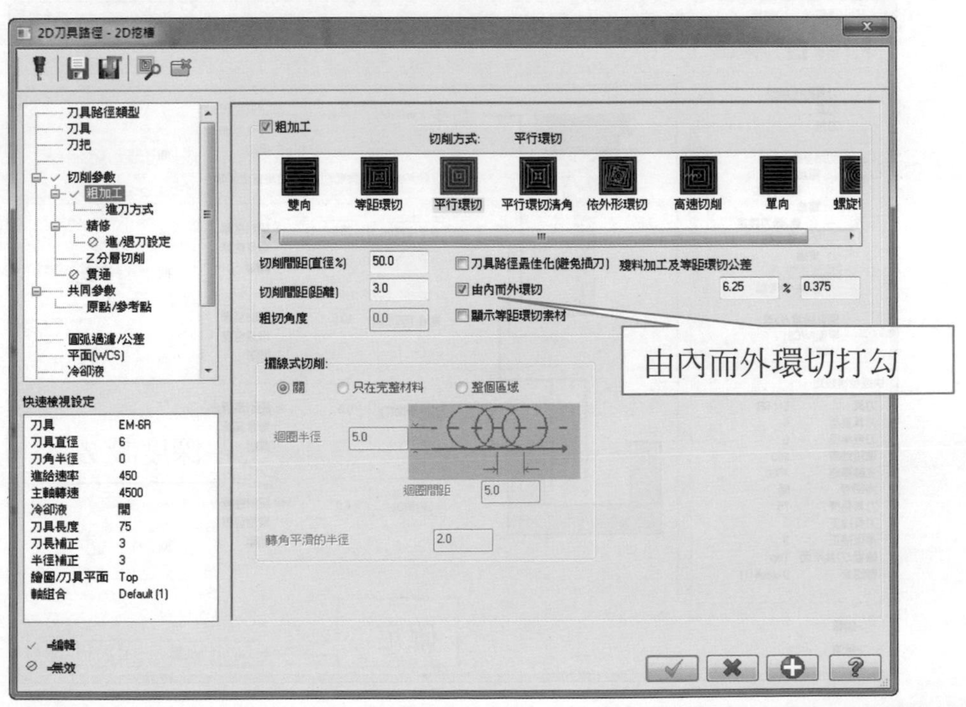

選擇精修→精修外邊界打勾

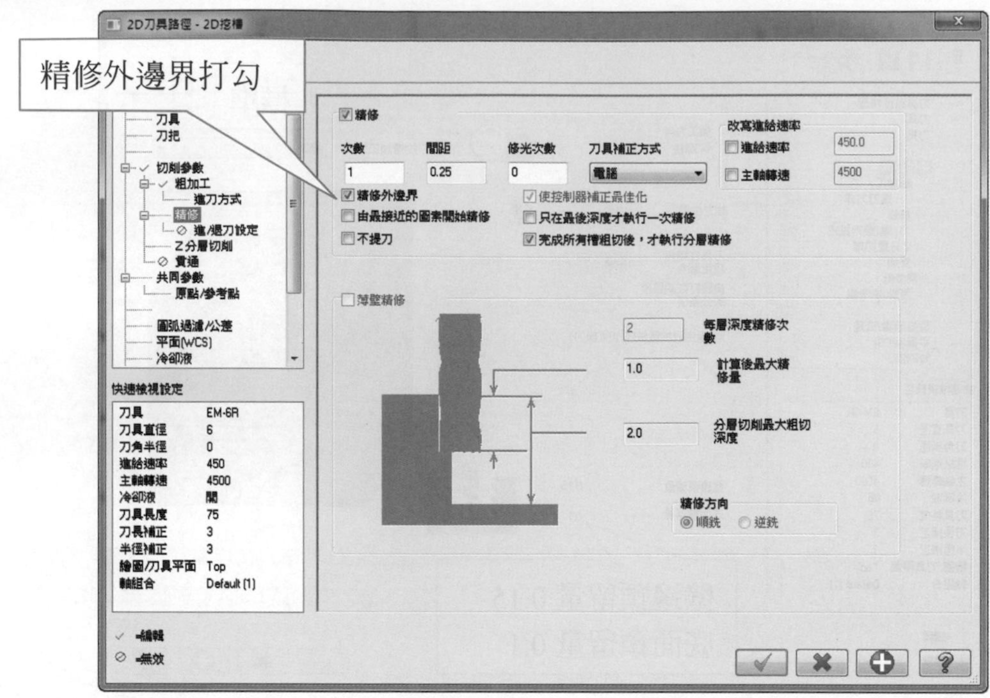

選擇共同參數

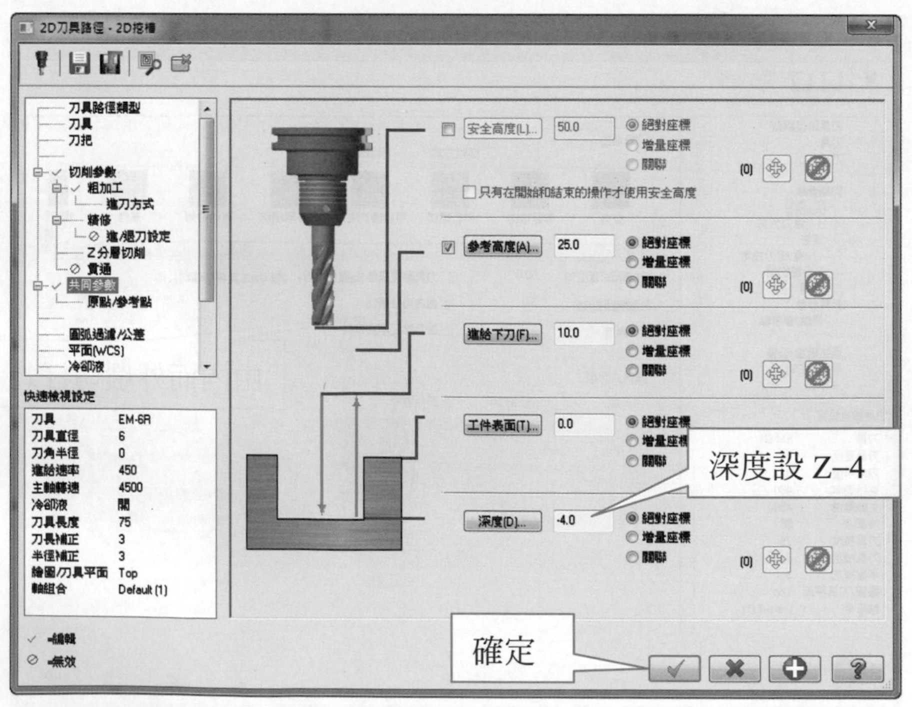

6mm 精銑刀加工設定步驟

選擇挖槽→串連一→串連二→串連三→ (串連方向皆為順時針)

精銑外輪廓 Z–8mm 層及底面 (內含尺寸補正磨耗)

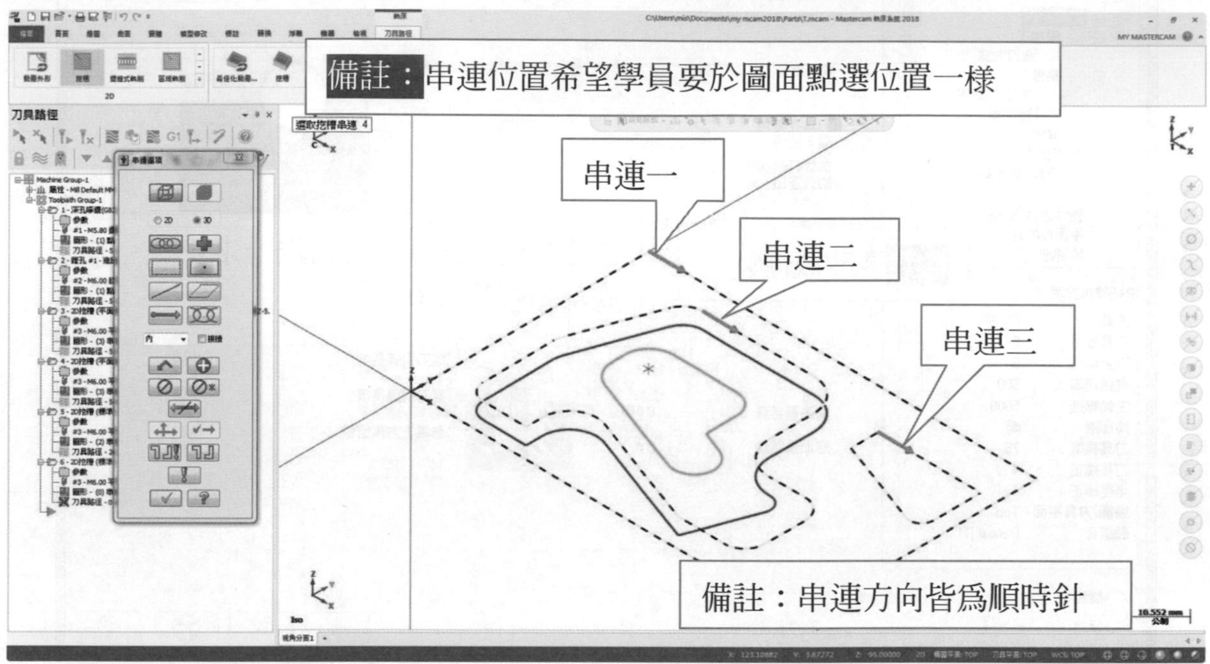

刀具→建立新刀具

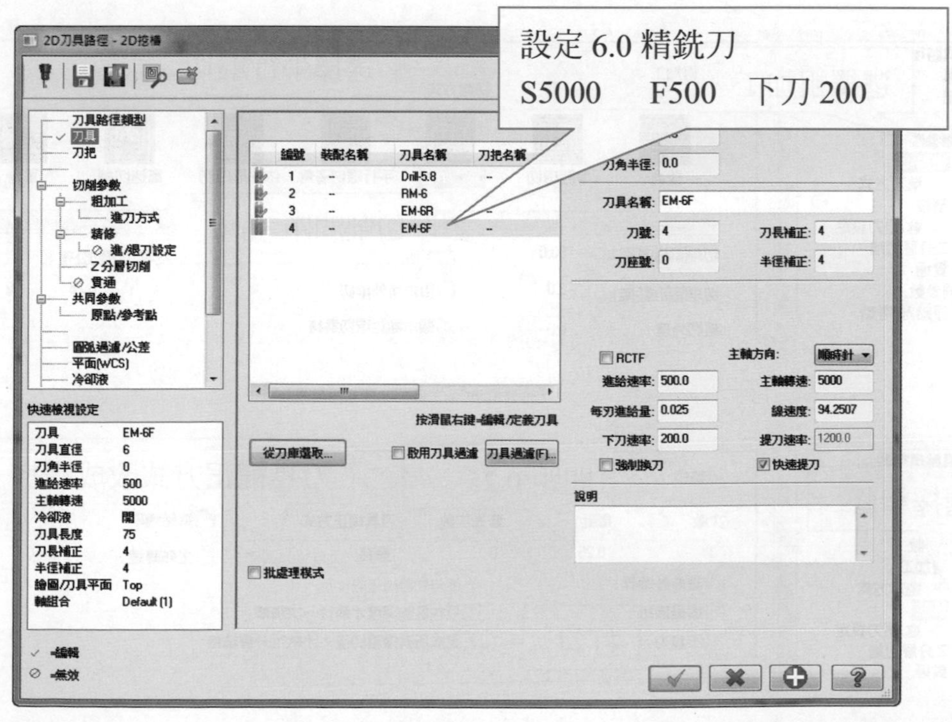

選擇切削參數

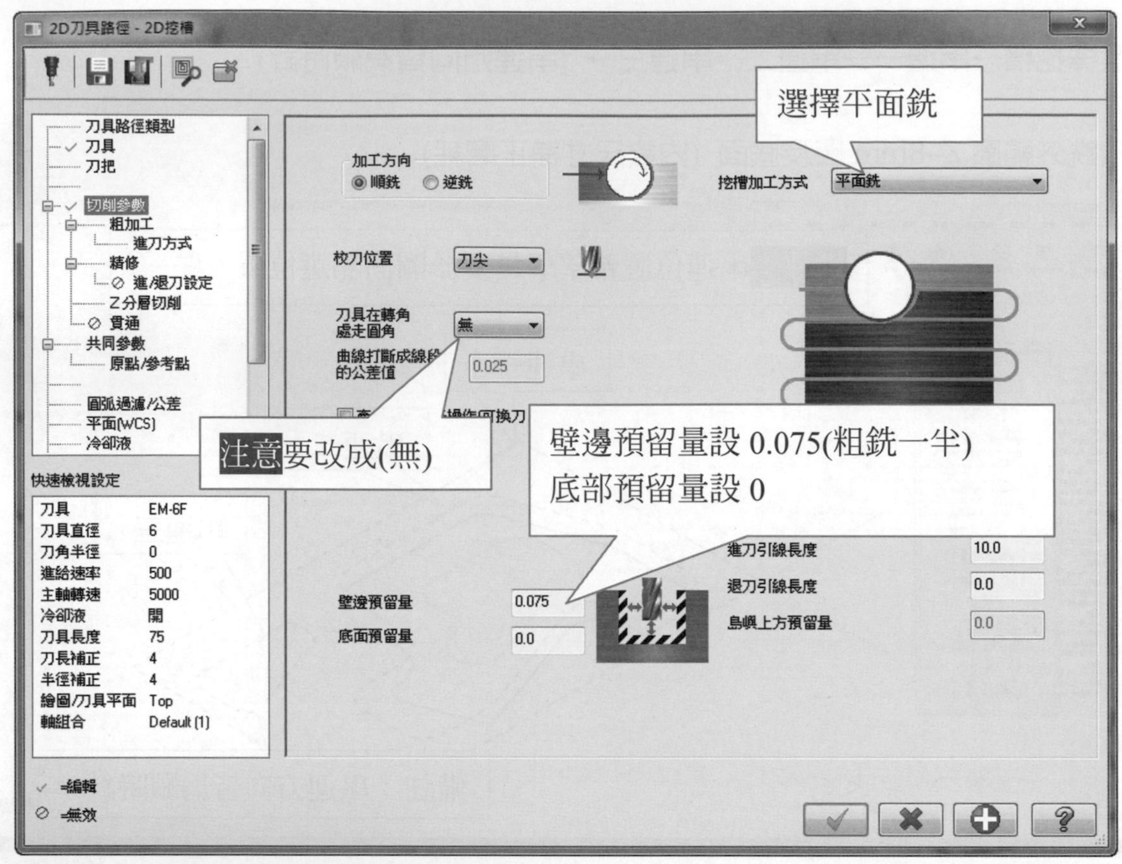

選擇粗加工/精修參數

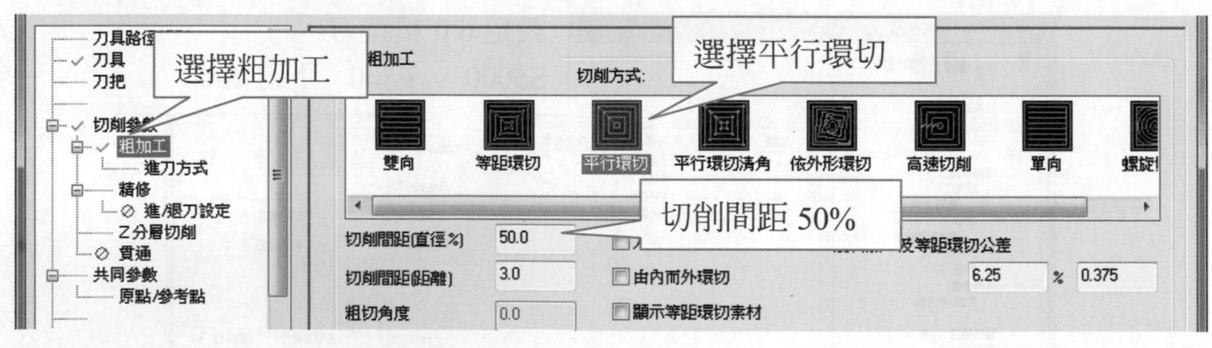

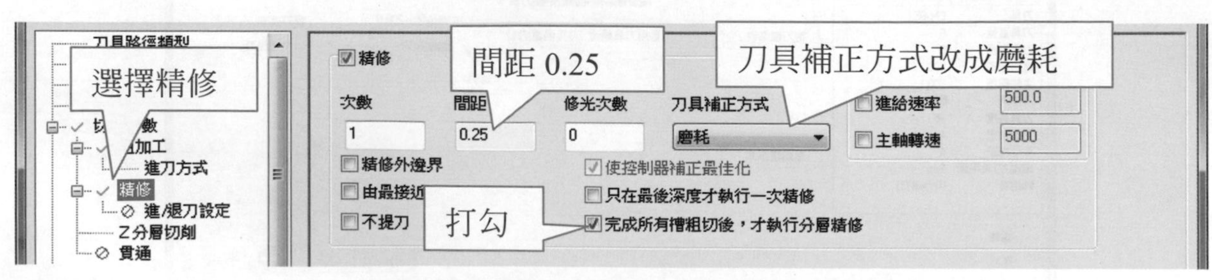

選擇進/退刀設定

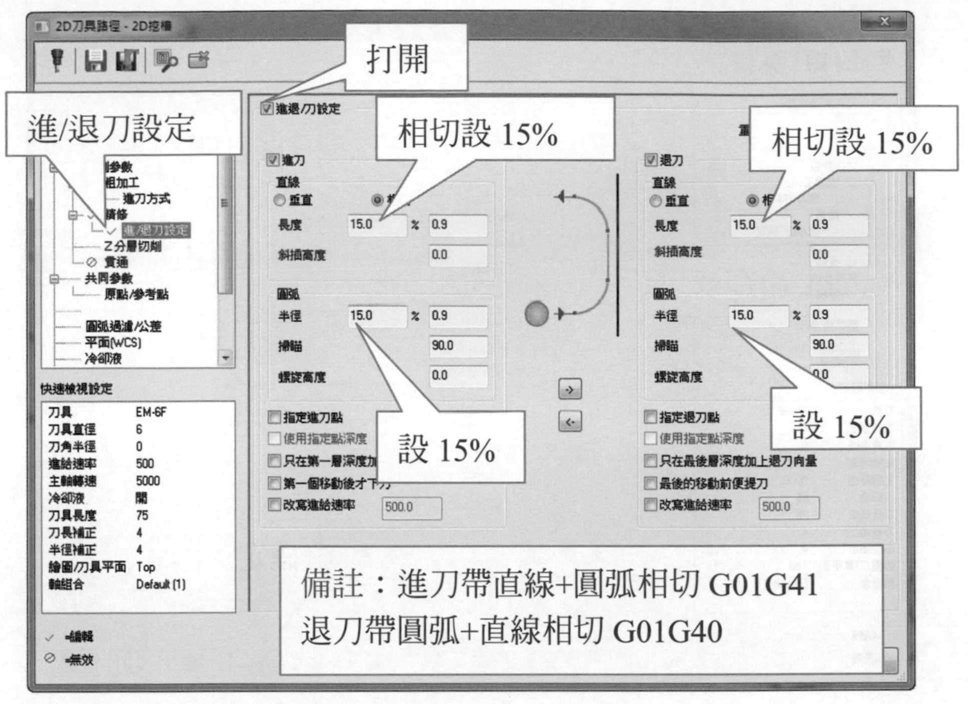

選擇共同參數

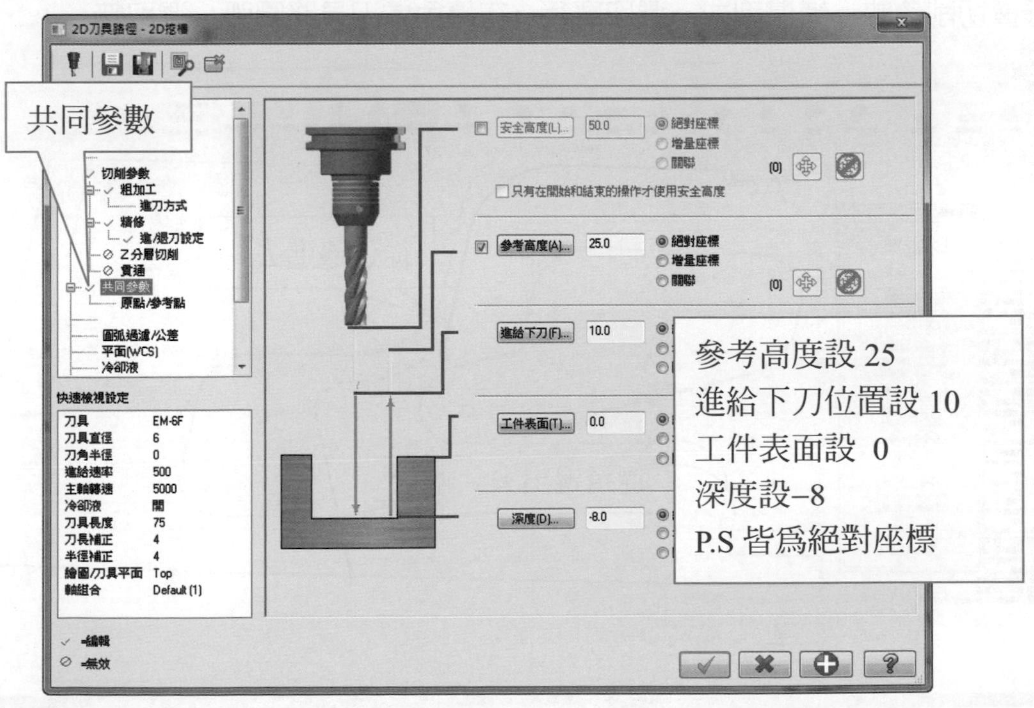

→ 選擇冷卻液→ON 打開

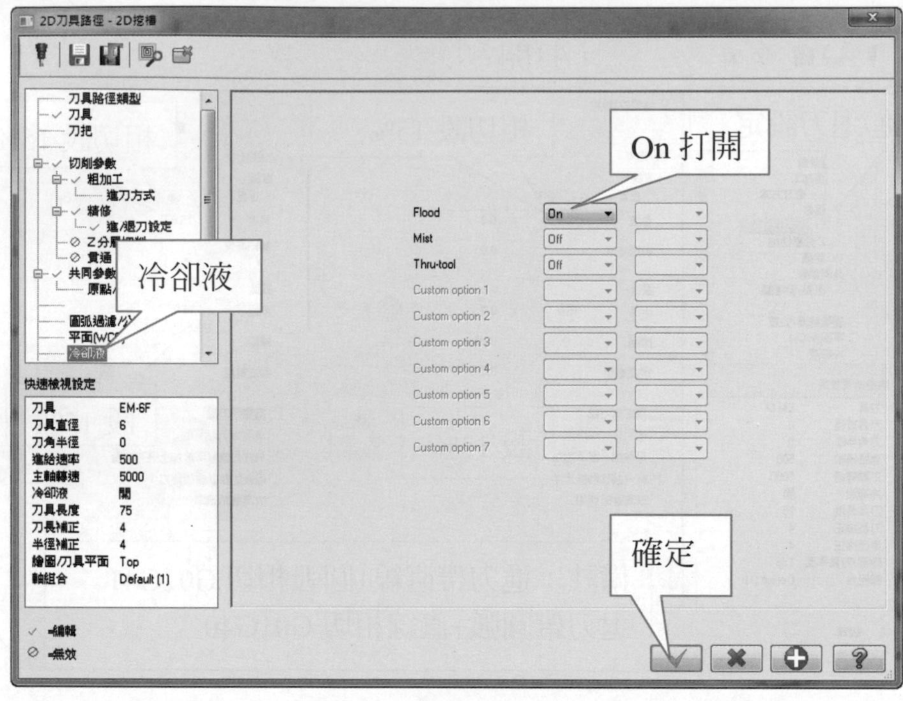

→ 精銑外輪廓 Z–4mm 層 (內含尺寸補正磨耗)

→ 選擇外型切削→選擇部分串連

→ 選擇切削參數→補償型式→選取磨耗→在轉角處刀具路圓弧→選取無

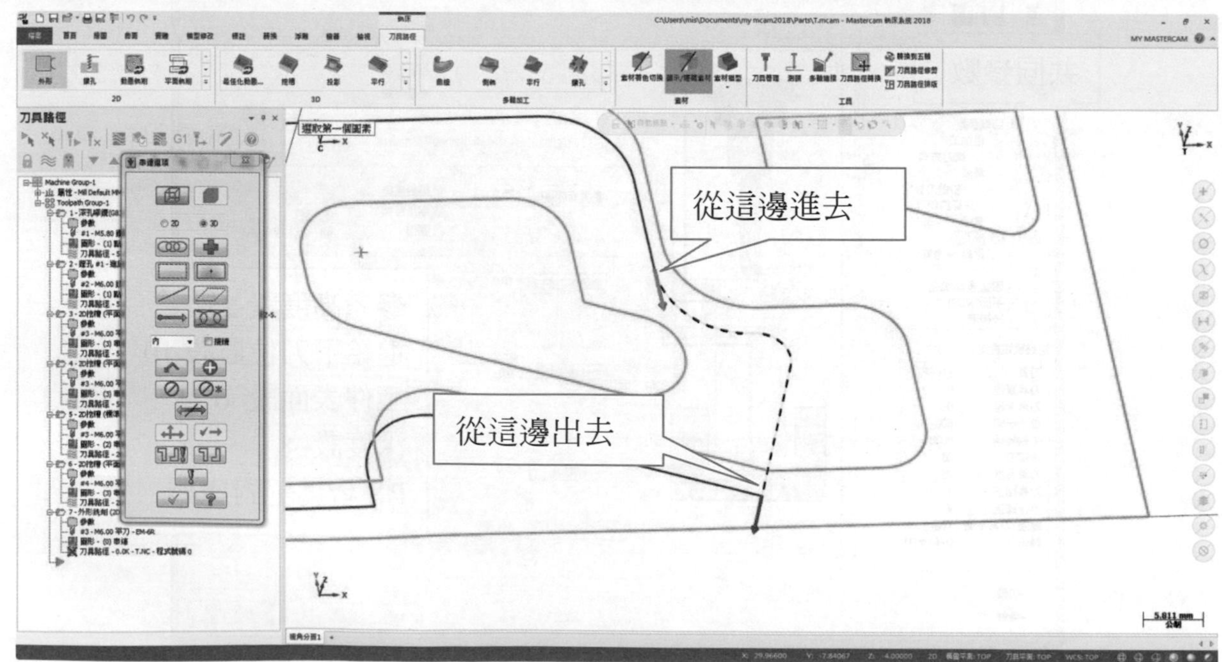

選擇切削參數→選取磨耗

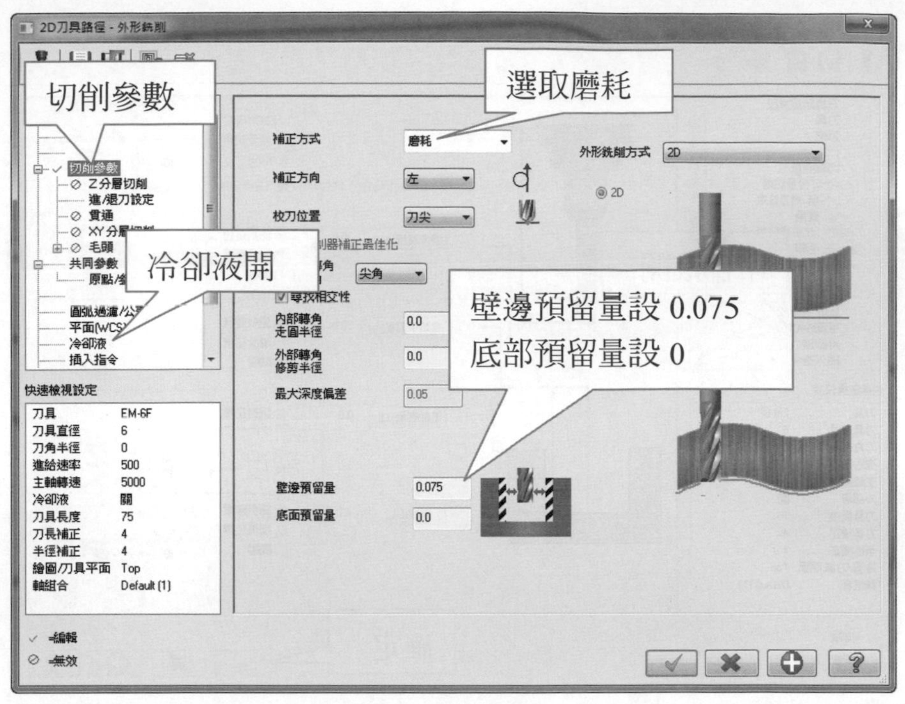

選擇進/退刀設定

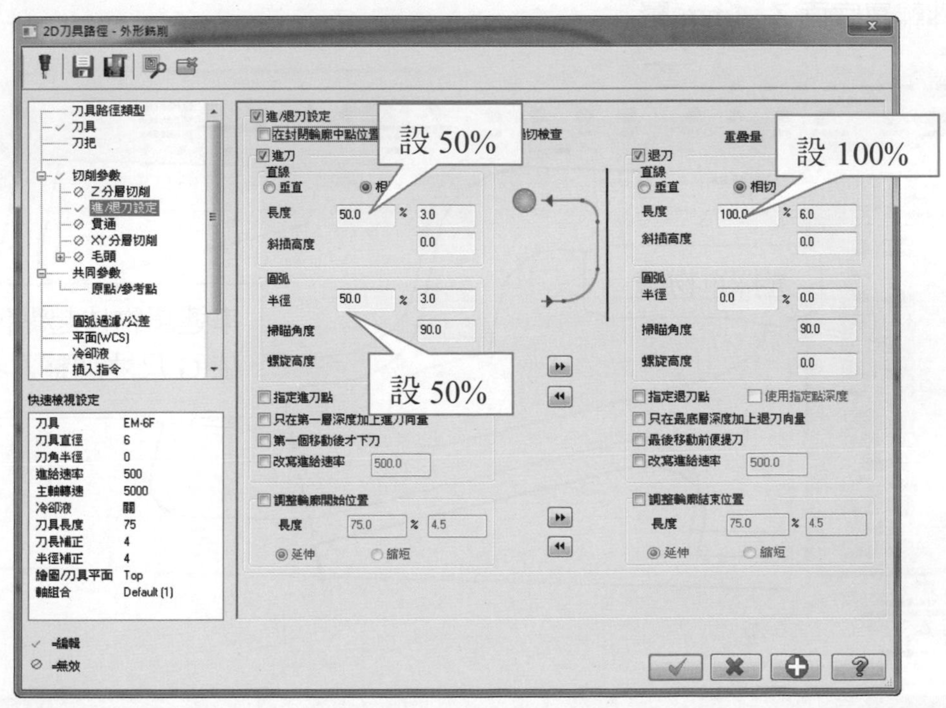

選擇共同參數

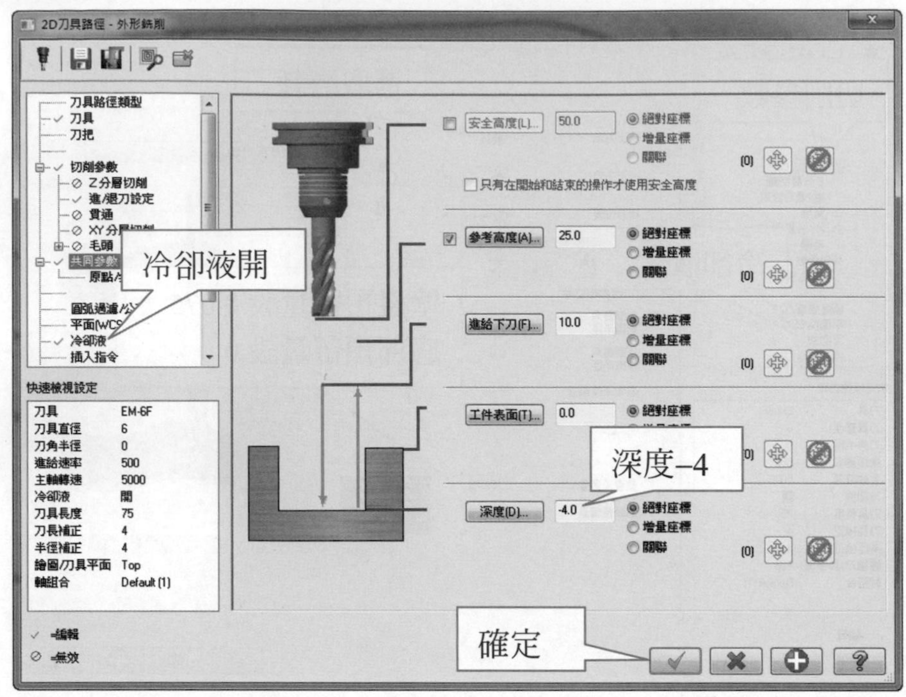

精銑外輪廓底面 Z- 4mm 層

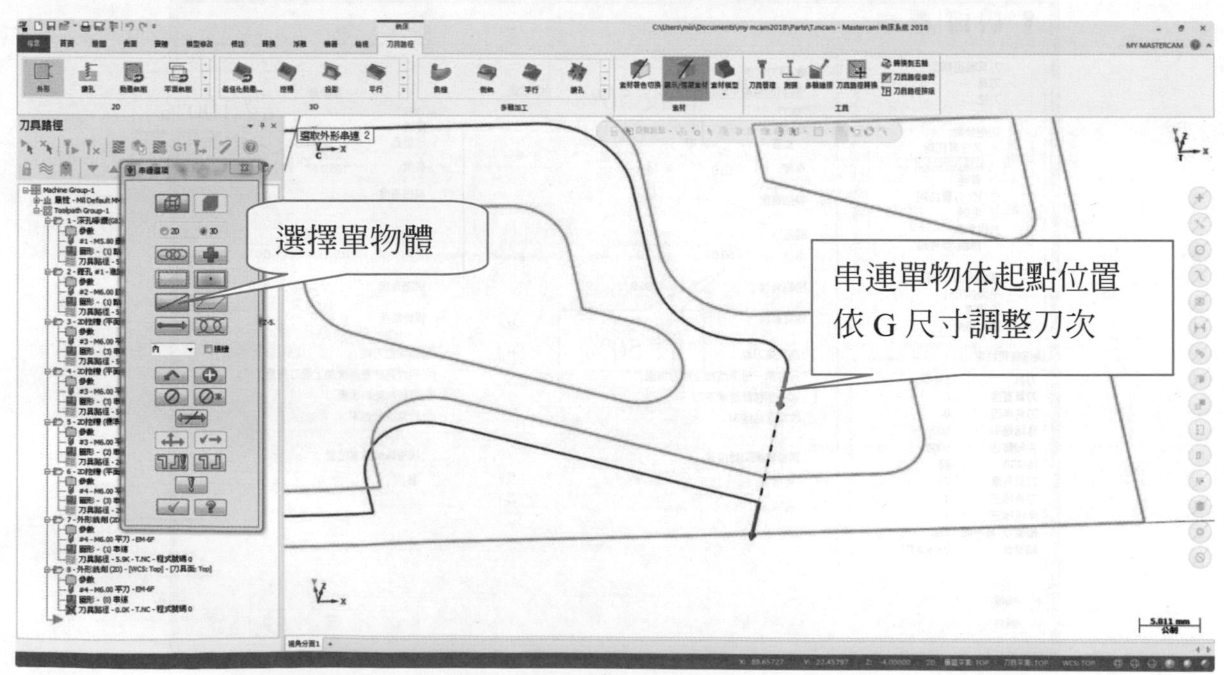

選擇切削參數→選取電腦

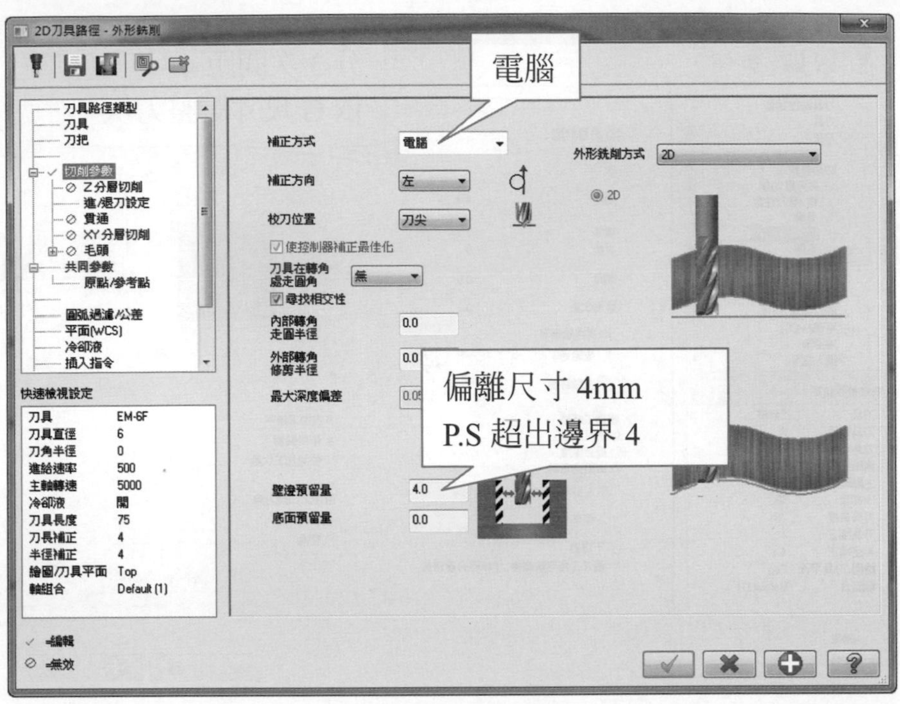

選擇進/退刀設定

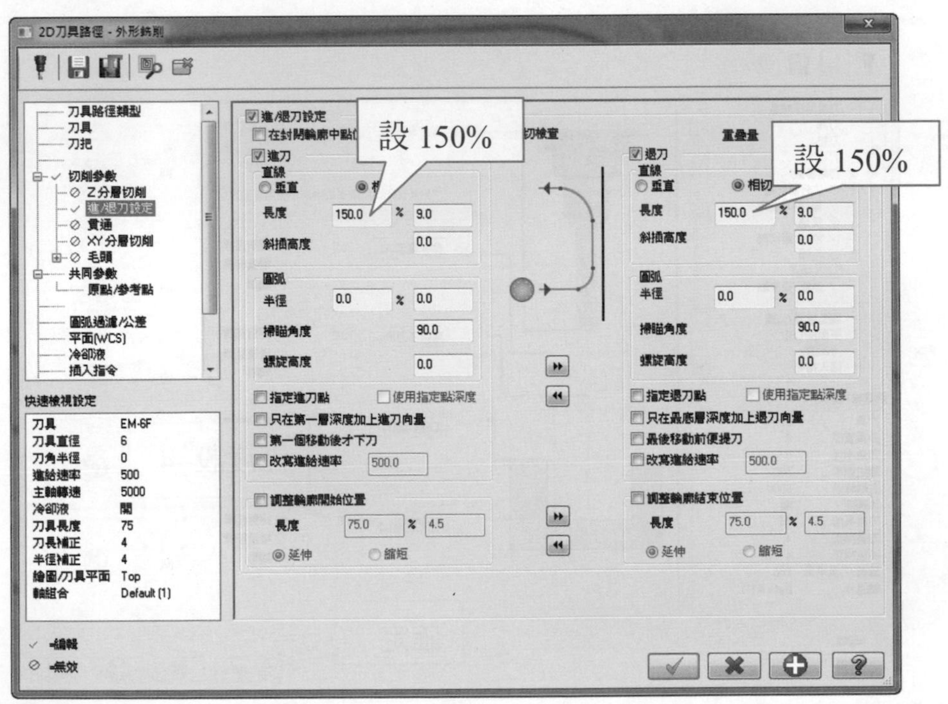

選擇 XY 平面多次銑削設定

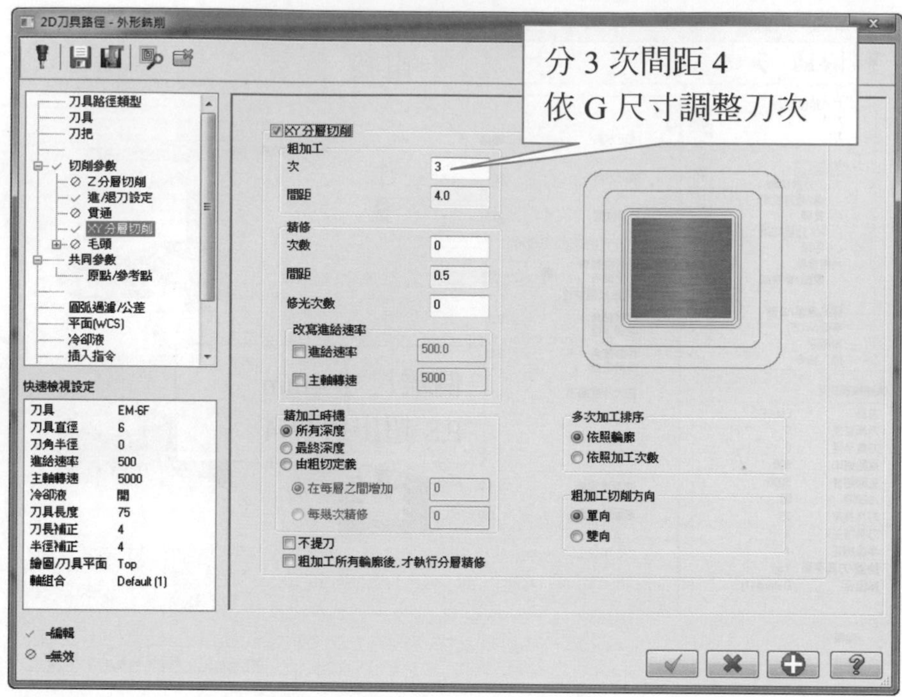

選擇共同參數

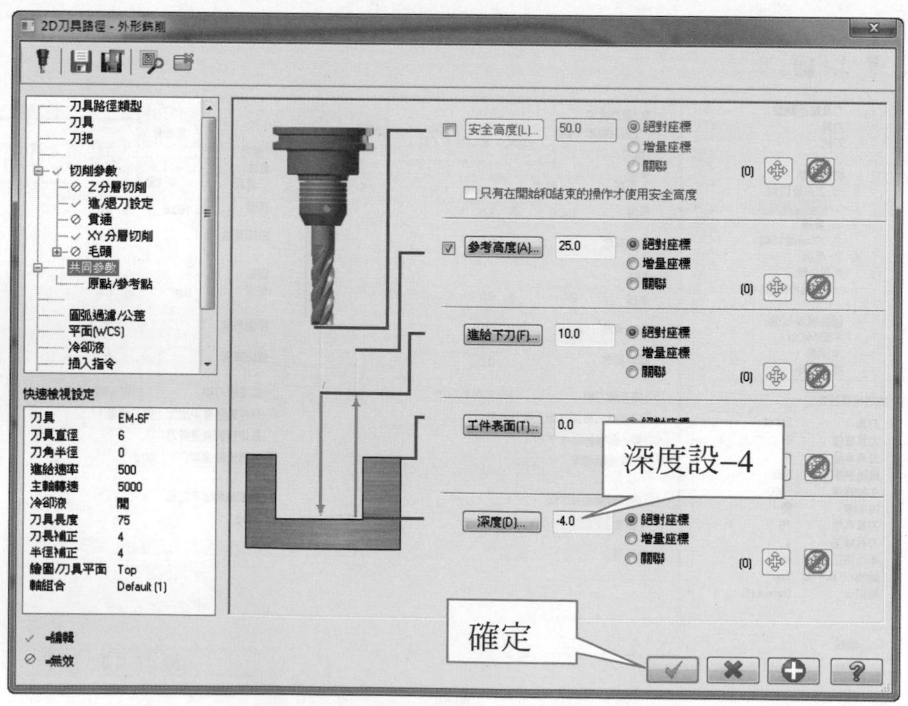

精銑內槽輪廓 Z–4mm 層 (內含尺寸補正磨耗)

選擇挖槽

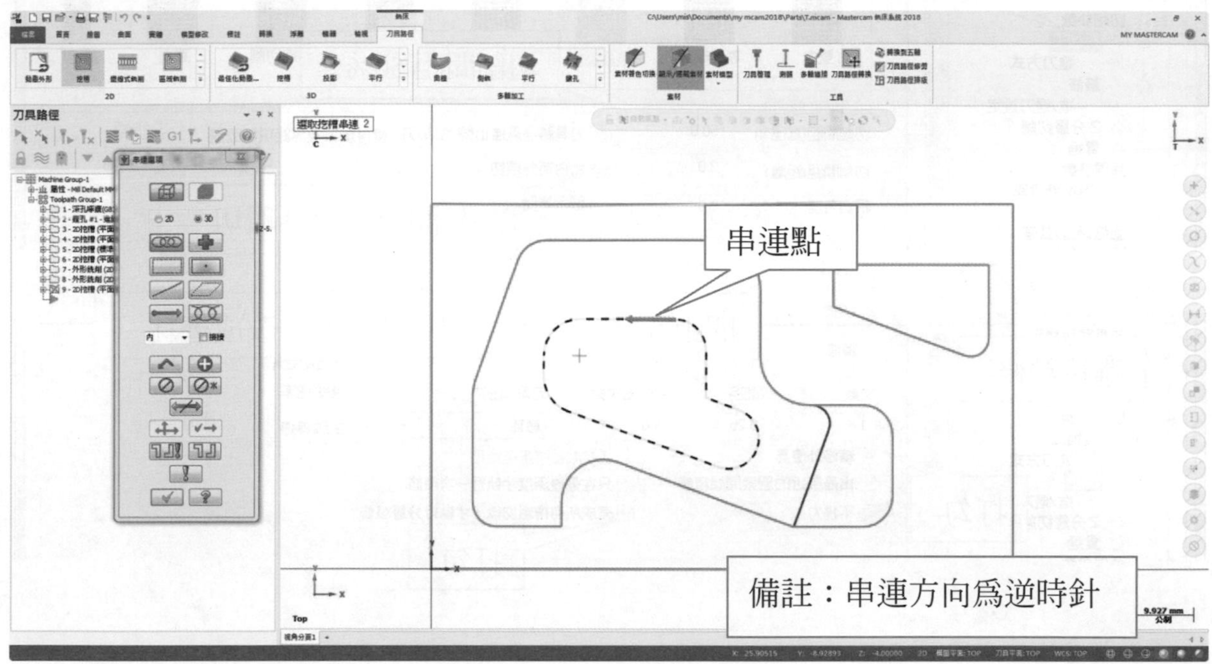

選擇切削參數

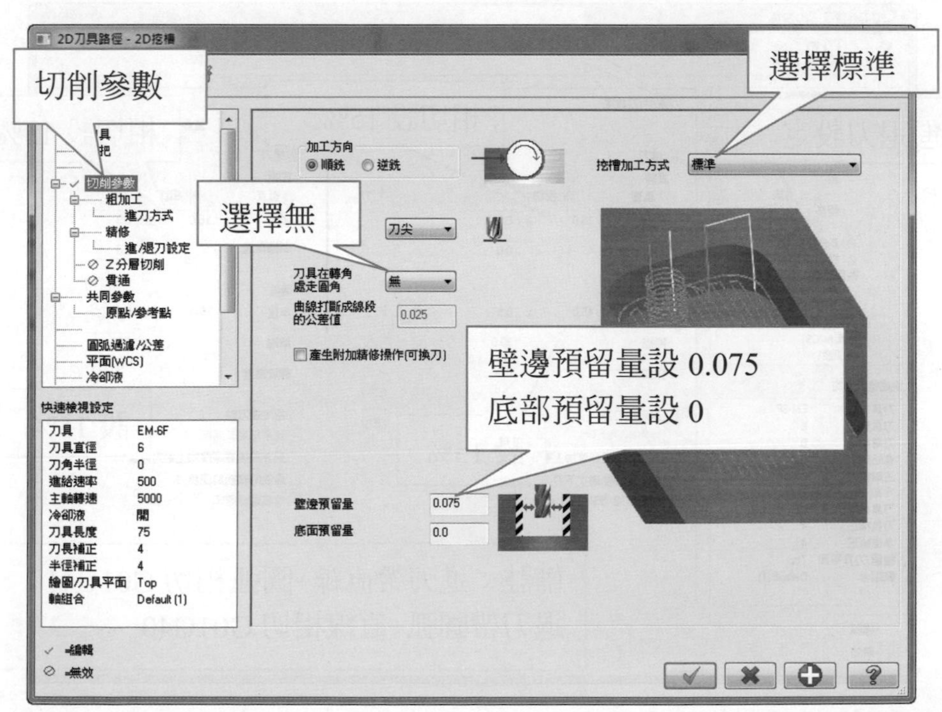

選擇粗加工/精修參數

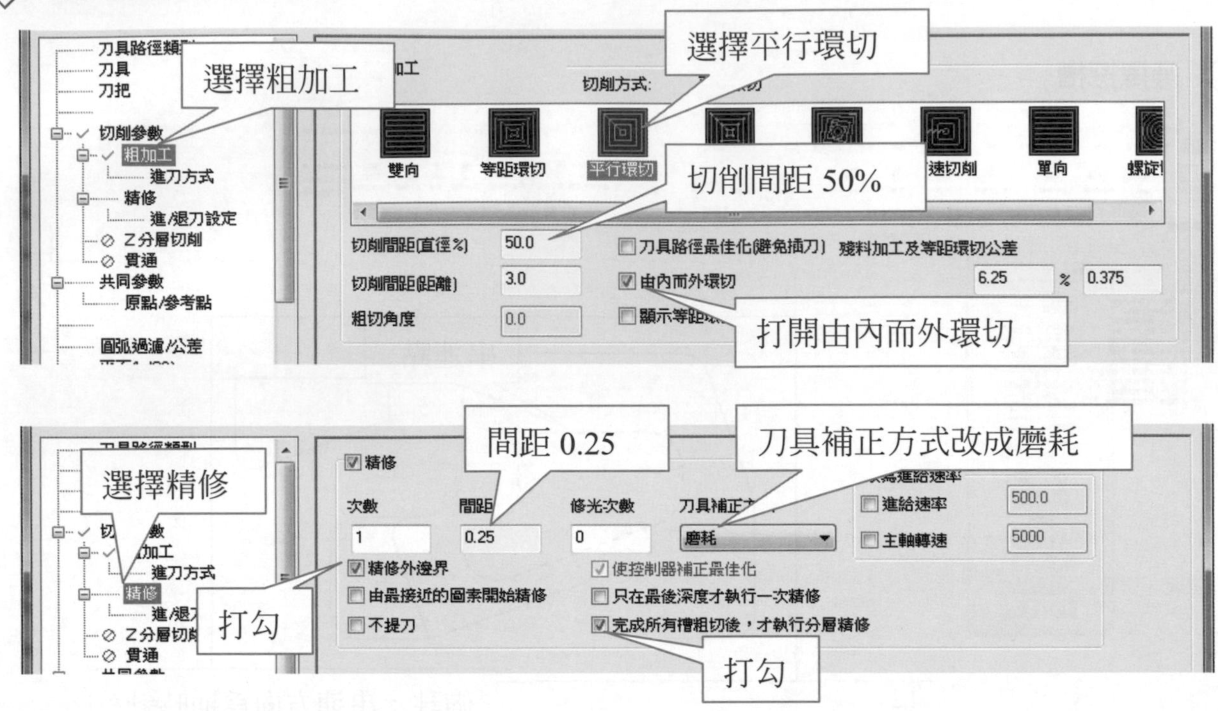

選擇進/退刀設定

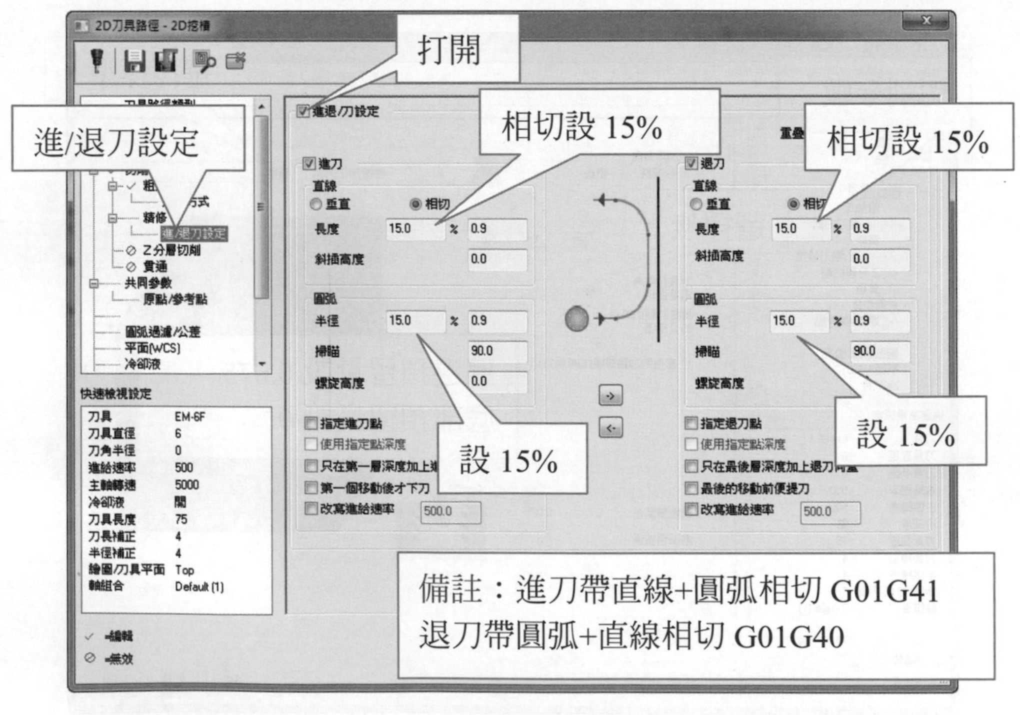

→ 選擇共同參數

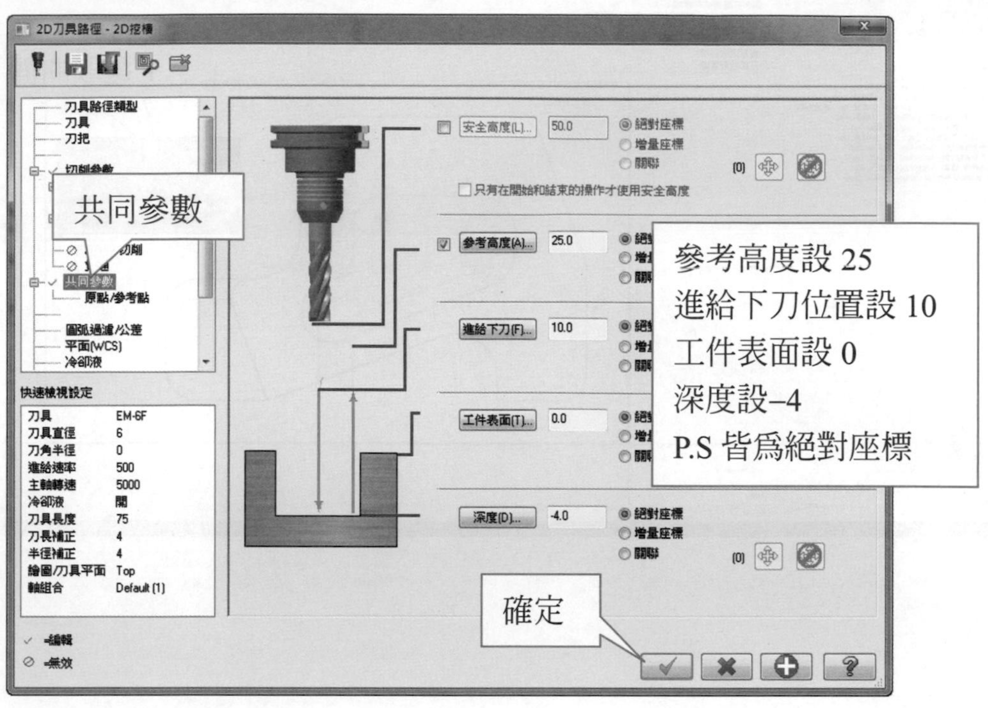

→ 曲面加工 6mm 球刀加工設定步驟

→ 選擇曲面精加工→精加工平行加工

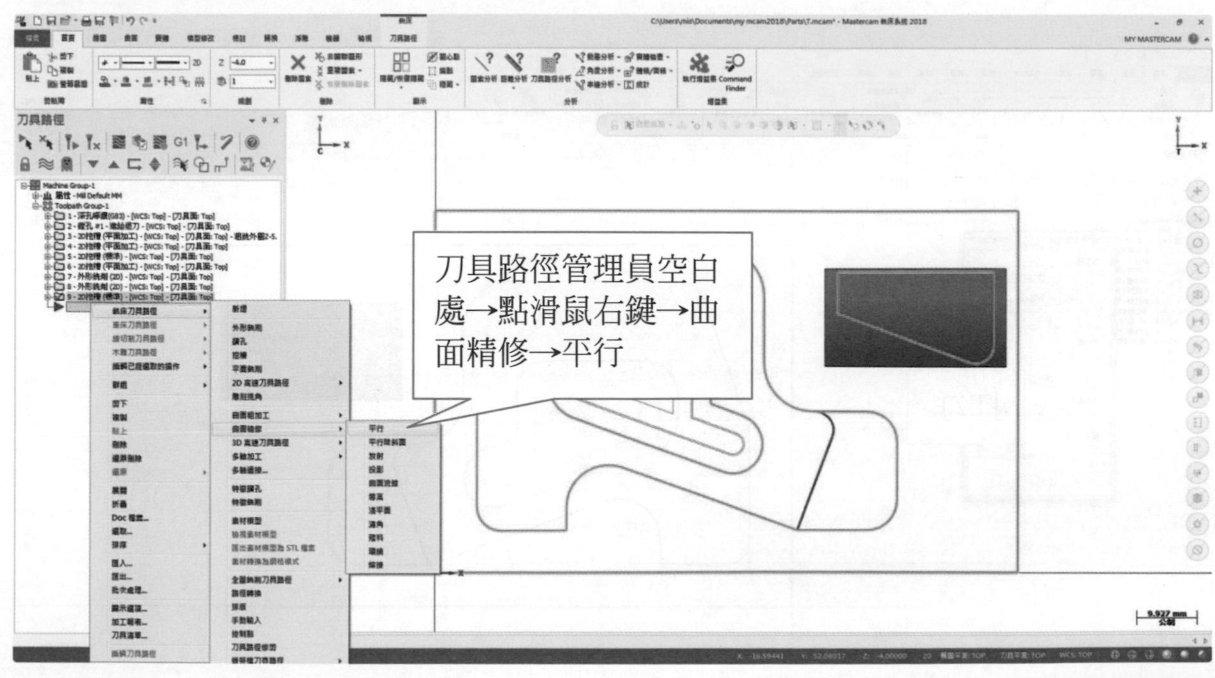

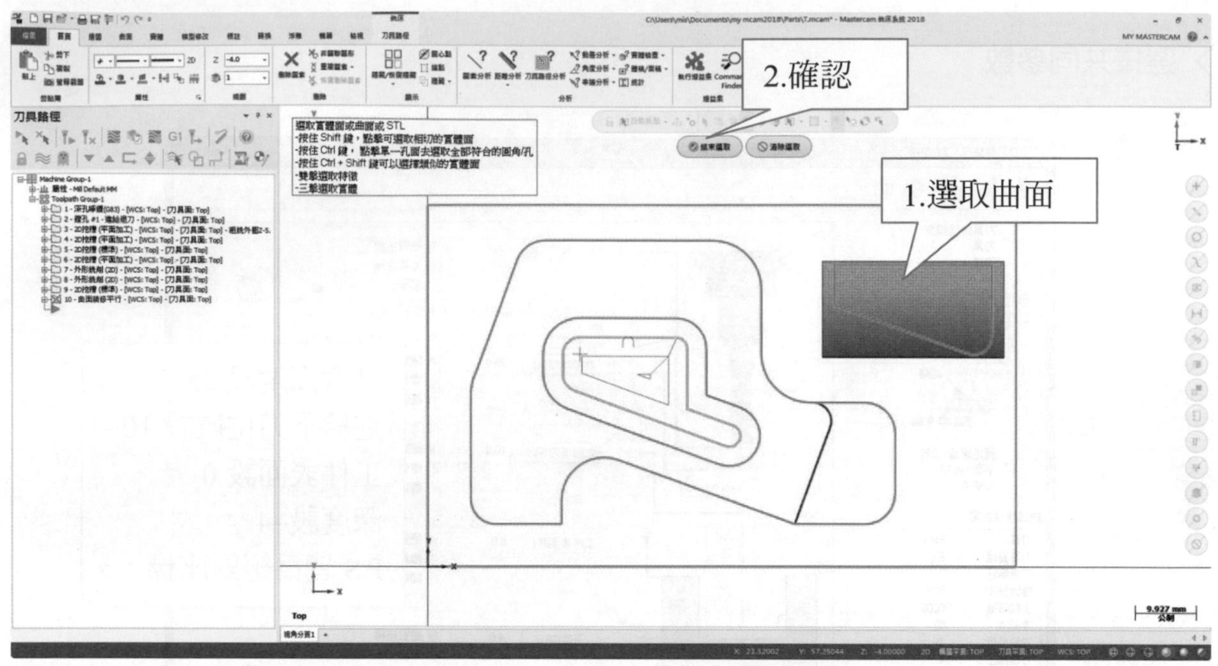
2.確認
1.選取曲面
選取實體面或曲面或 STL
-按住 Shift 鍵，點擊可選取相切的實體面
-按住 Ctrl 鍵，點擊單一孔面去選取全部符合的圓角/孔
-按住 Ctrl + Shift 鍵可以選擇類似的實體面
-雙擊選取特徵
-三擊選取實體
刀具路徑

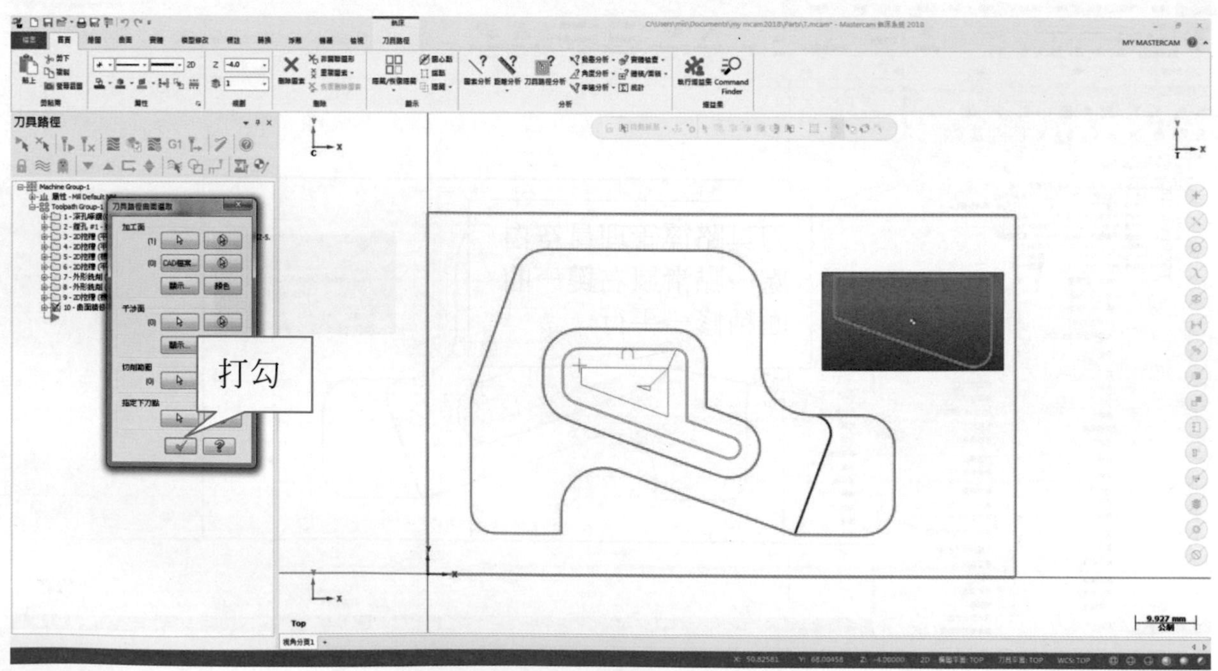
打勾
刀具路徑
加工面
干涉面

刀具→建立新刀具→選取球刀

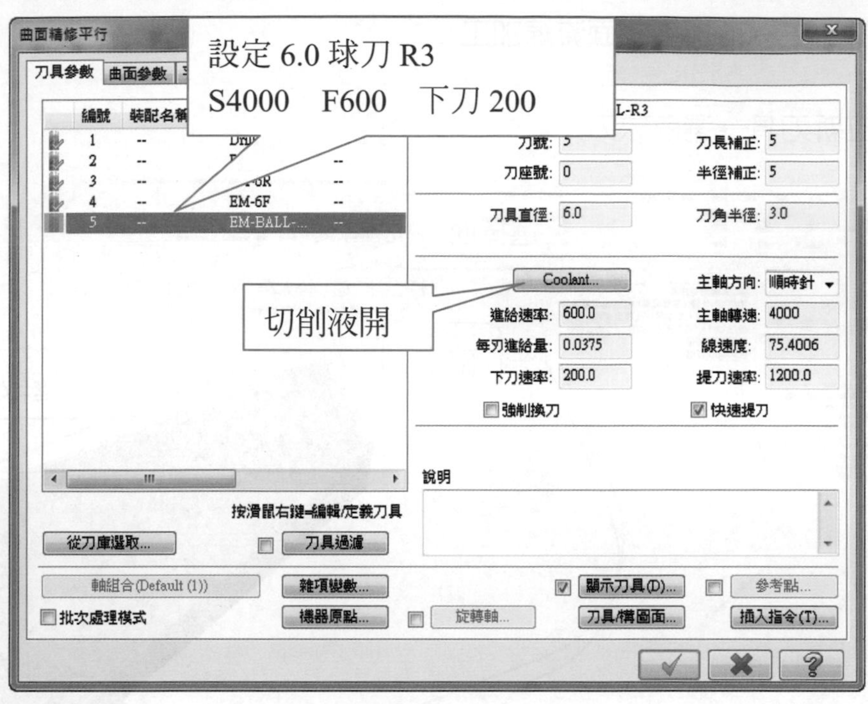

選擇平行銑削精加工參數

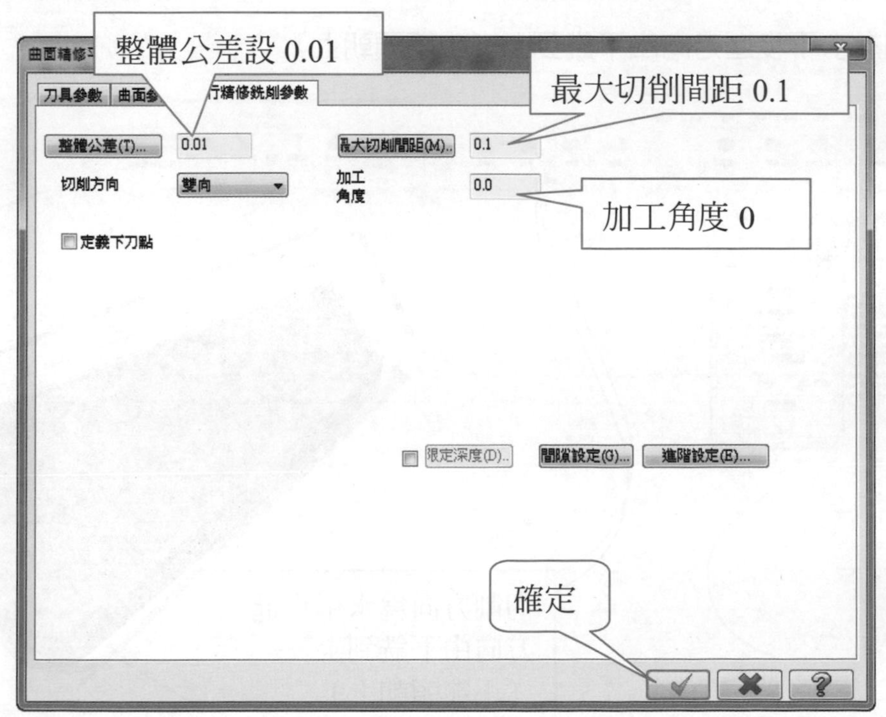

曲面倒角 0.5×45˚C

選擇曲面精加工→精加工曲面流線加工

刀具→建立新刀具→選取球刀

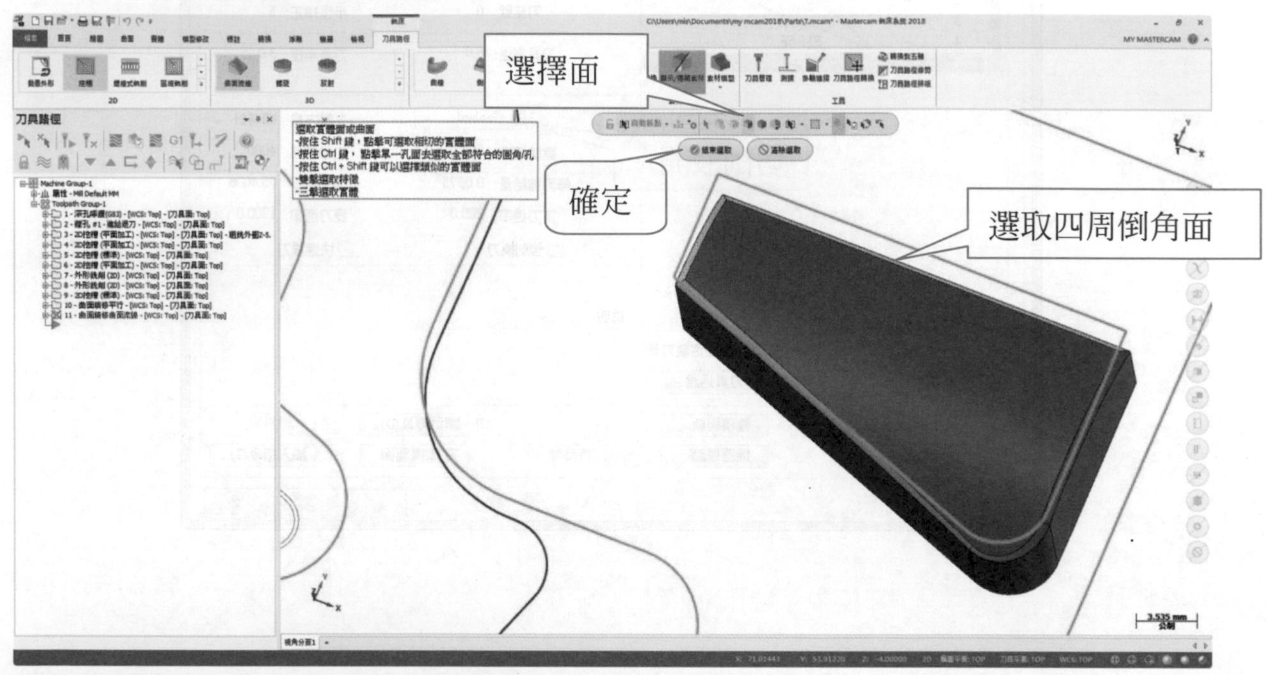

切削方向為水平步進方向由下銑到上〔小箭頭朝上〕

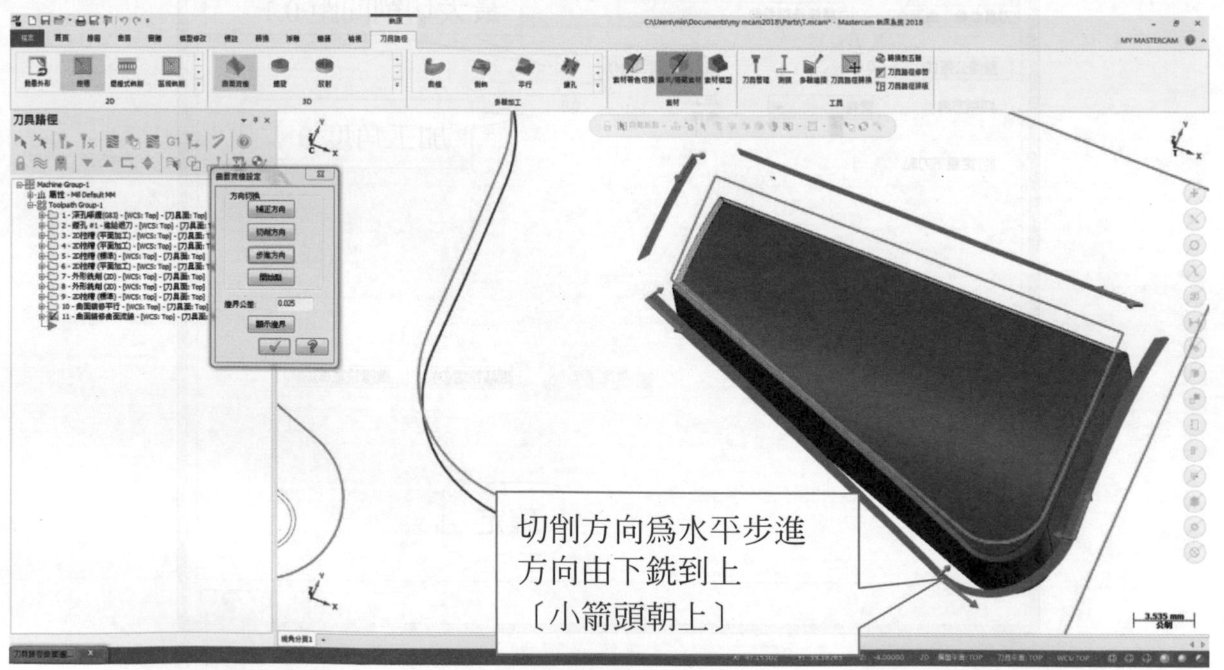

選擇平行銑削精加工參數

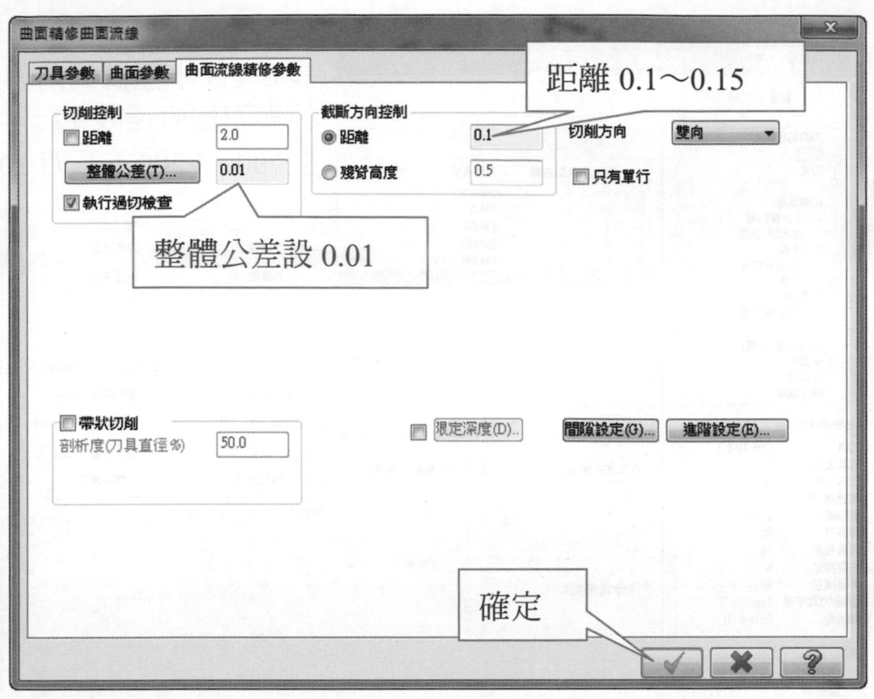

倒角刀 12mm 倒角 1×45°C加工設定步驟

選擇外形

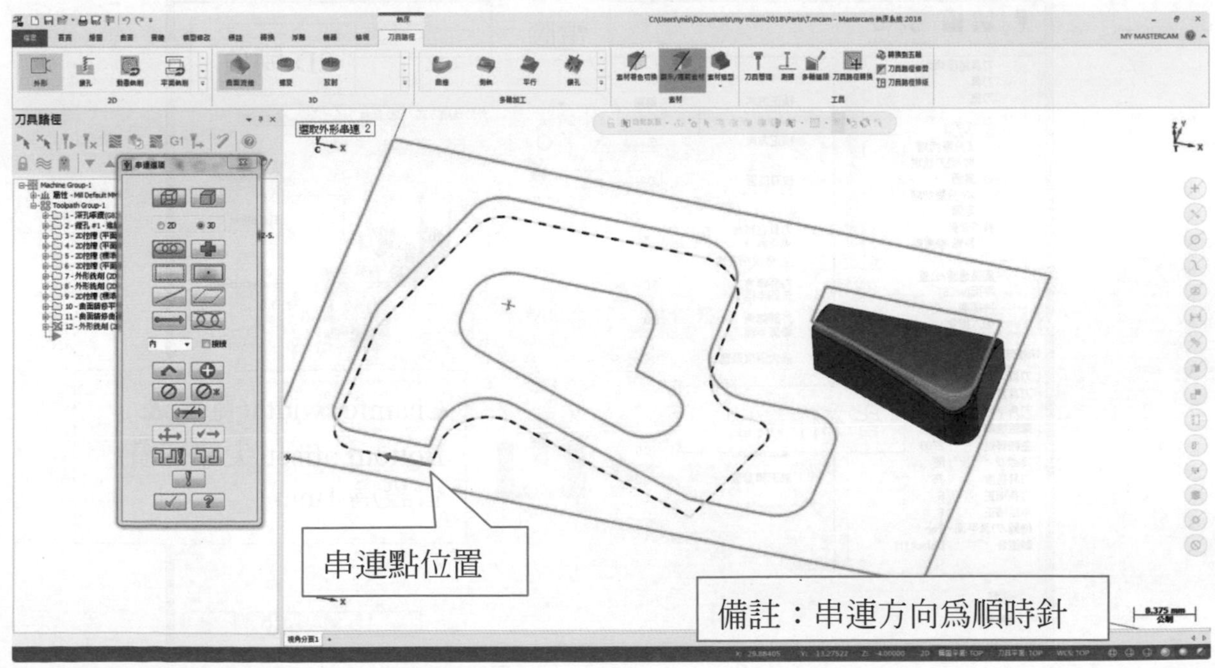

→ 刀具→建立新刀具→選取倒角刀

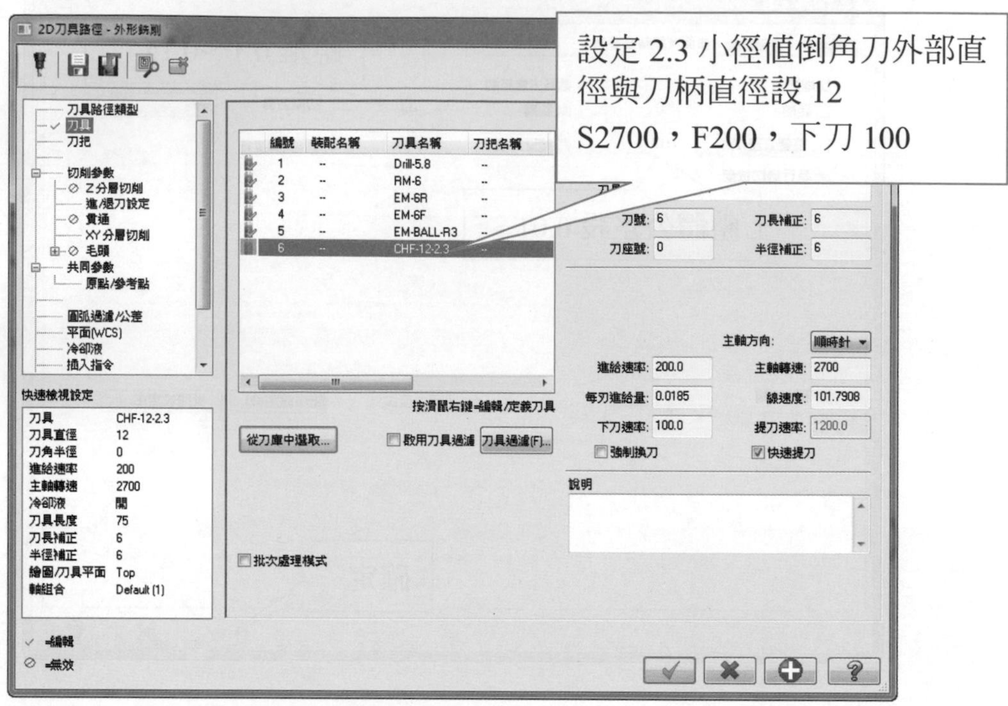

→ 選擇外形切削→選擇電腦→選擇 2D 倒角

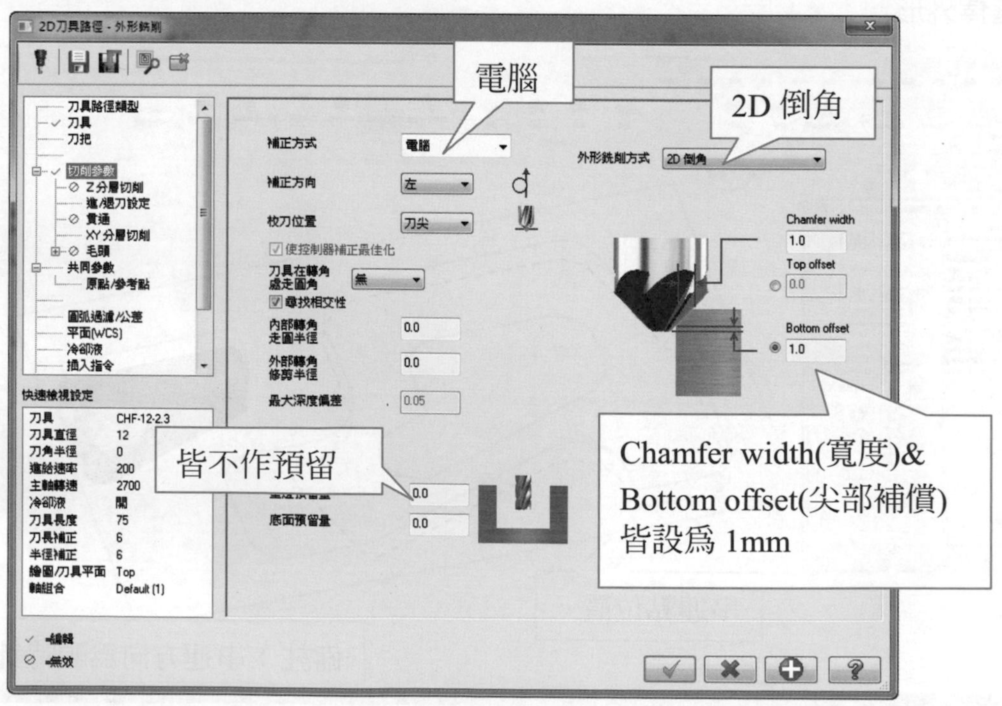

選擇進/退刀設定設定

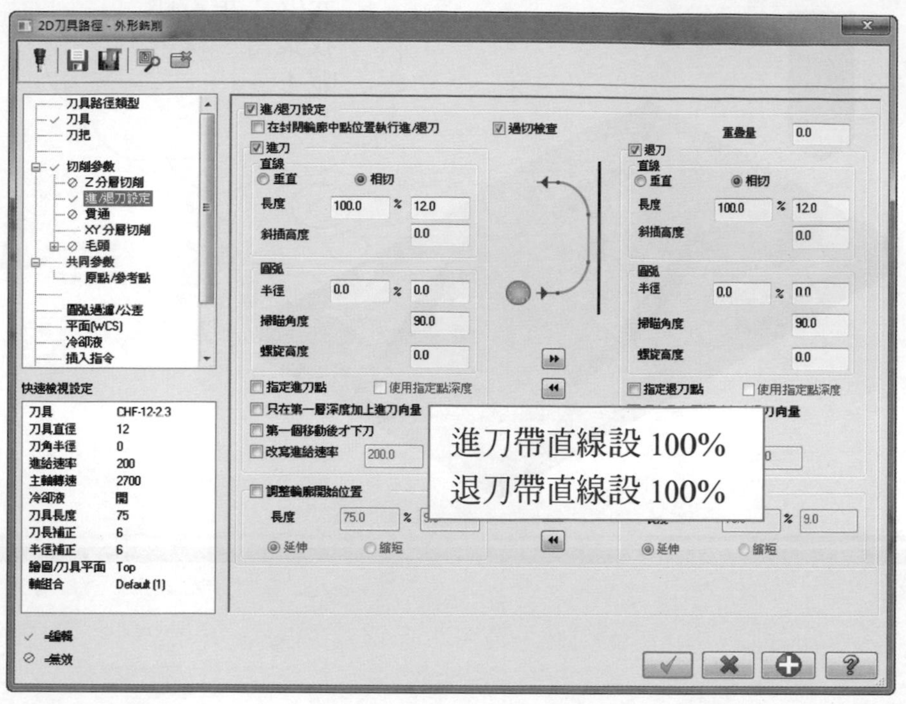

選擇共同參數

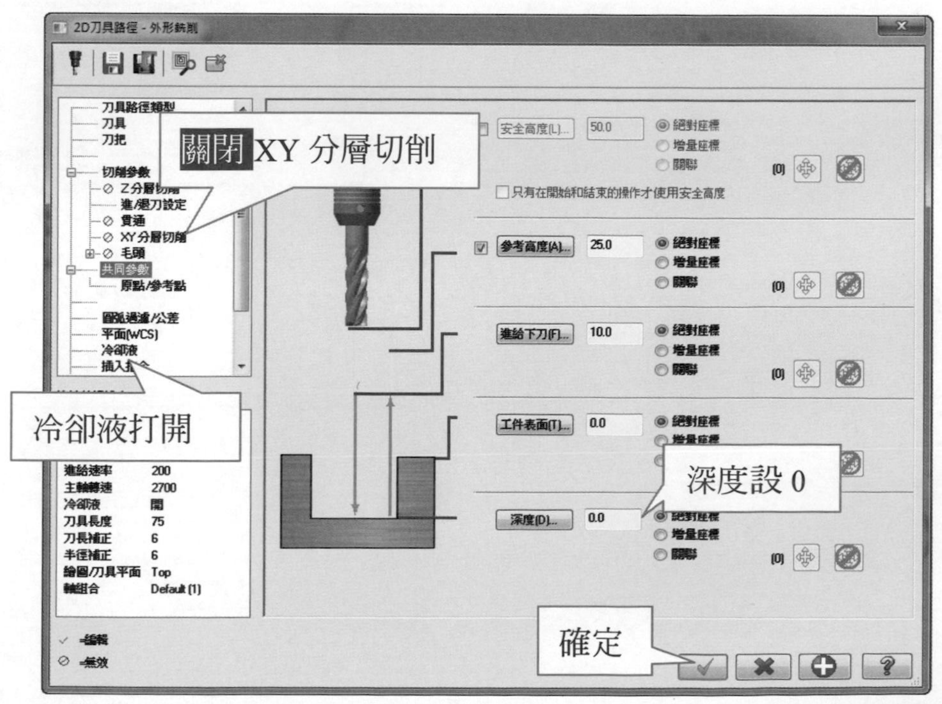

完成，是否跟
我長得一樣
呢！

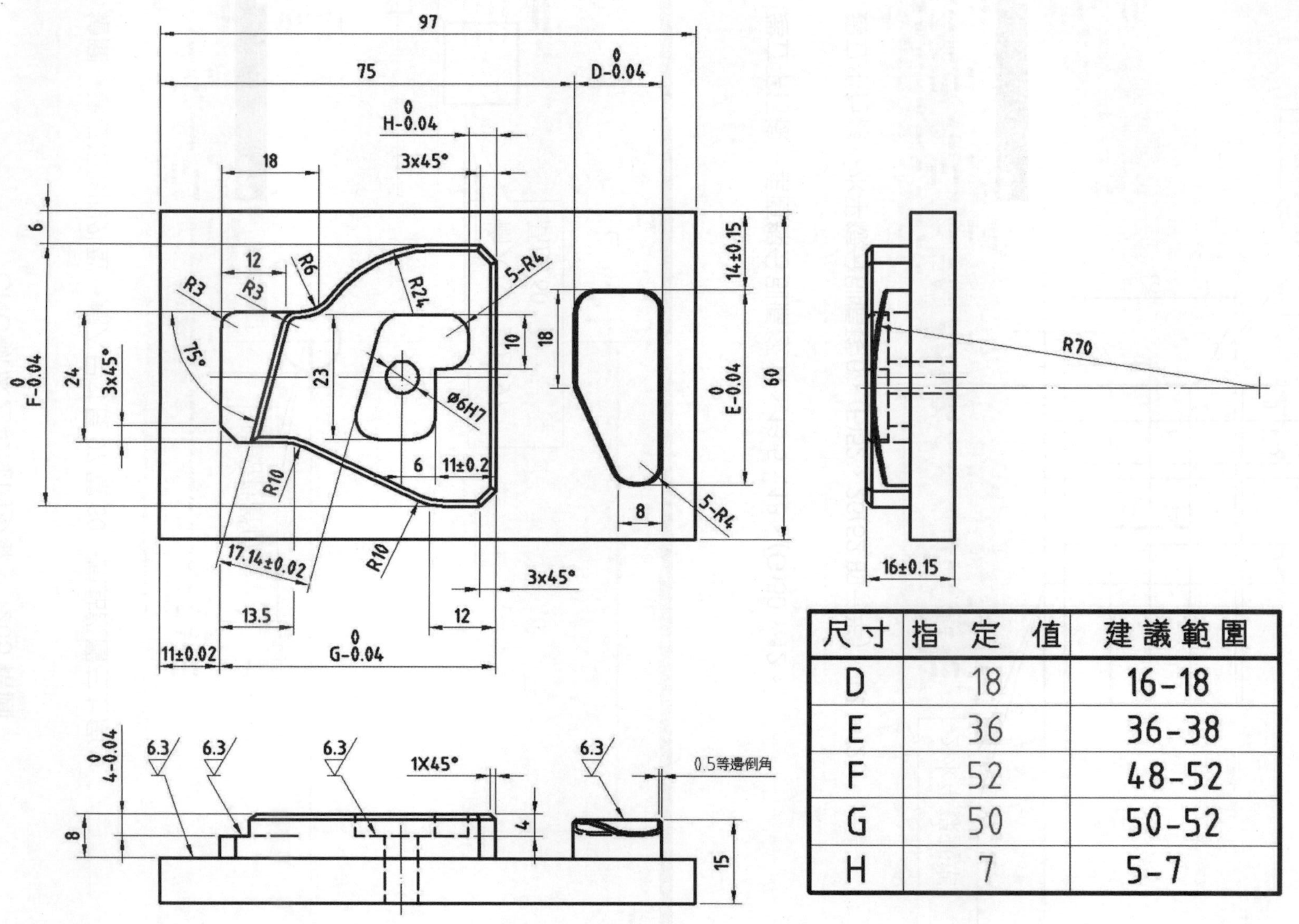

尺寸	指定值	建議範圍
D	18	16-18
E	36	36-38
F	52	48-52
G	50	50-52
H	7	5-7

CNC 銑床乙級範例步驟　205 繪圖

➜ 繪圖→建立矩形的外型→輸入尺寸長 97 寬 60→原點設置左上角。

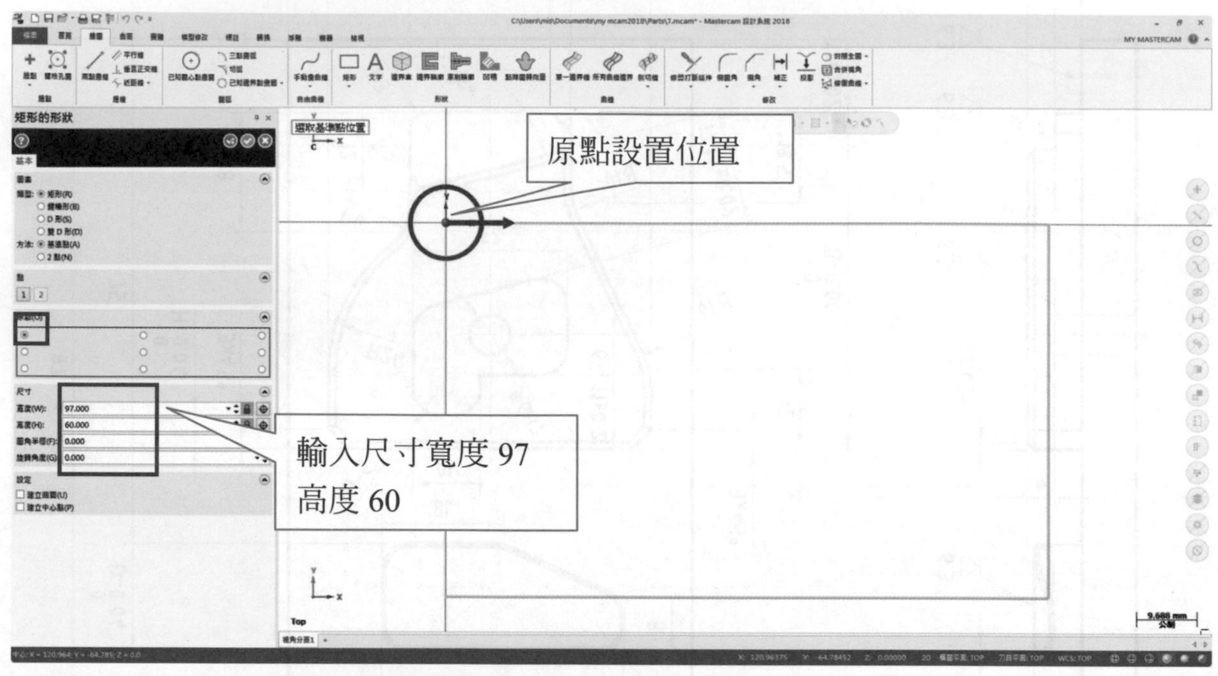

➜ 建立平行線→垂直線分別偏移 11、13.5、18、(G)50、12。

➜ 建立平行線→水平線分別偏移 6、(F)52、26(52 的一半)、12、12。

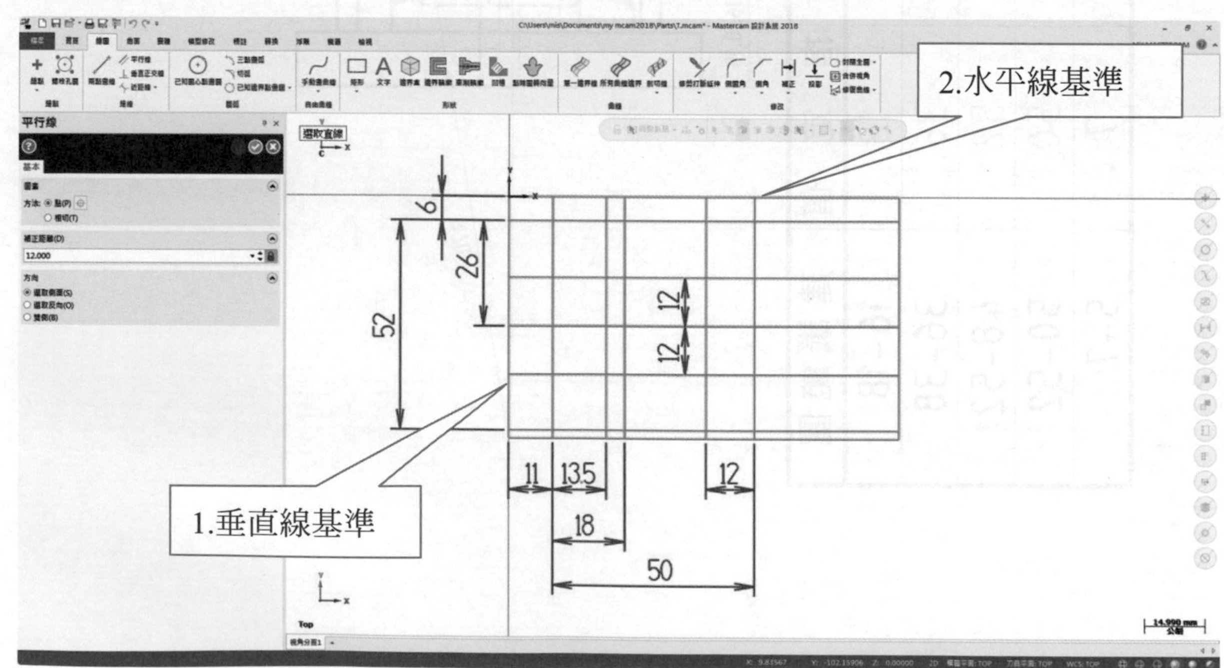

➜ 建立切弧→通過點切弧→半徑 24→點選線→點選交點。

➜ 建立任意兩點畫線→點 1→點 2。

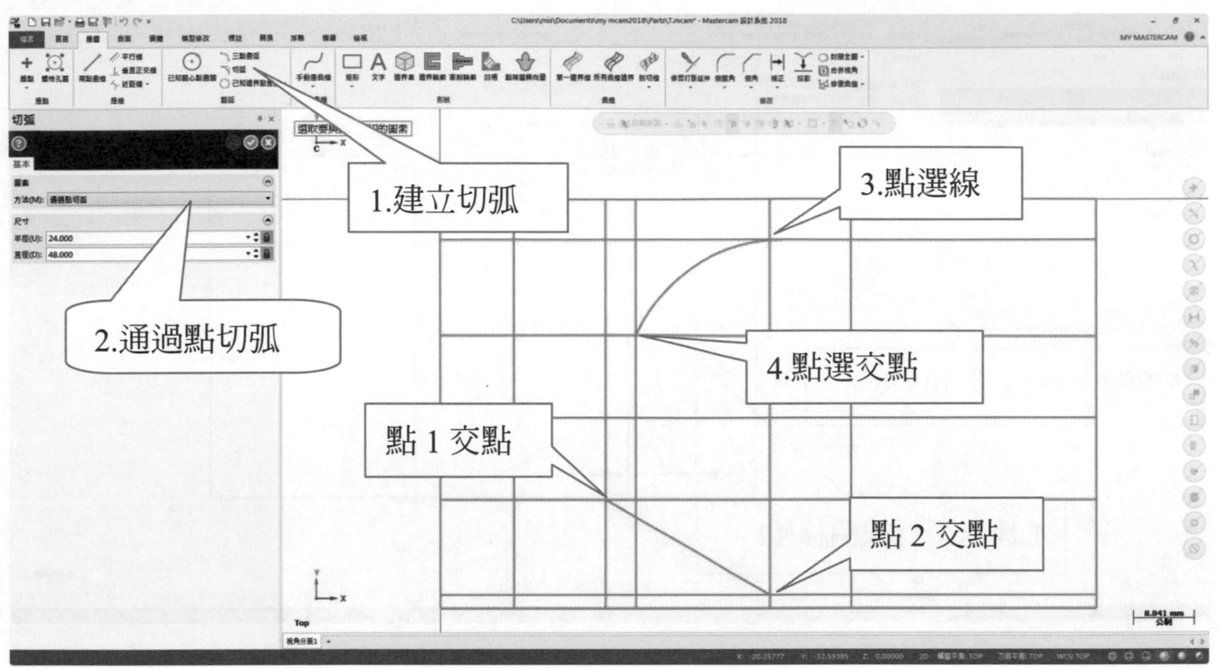

➜ 在紅色處分別倒圓角 R3、R6、R10。

➜ 在紅色處分別倒角 3C。

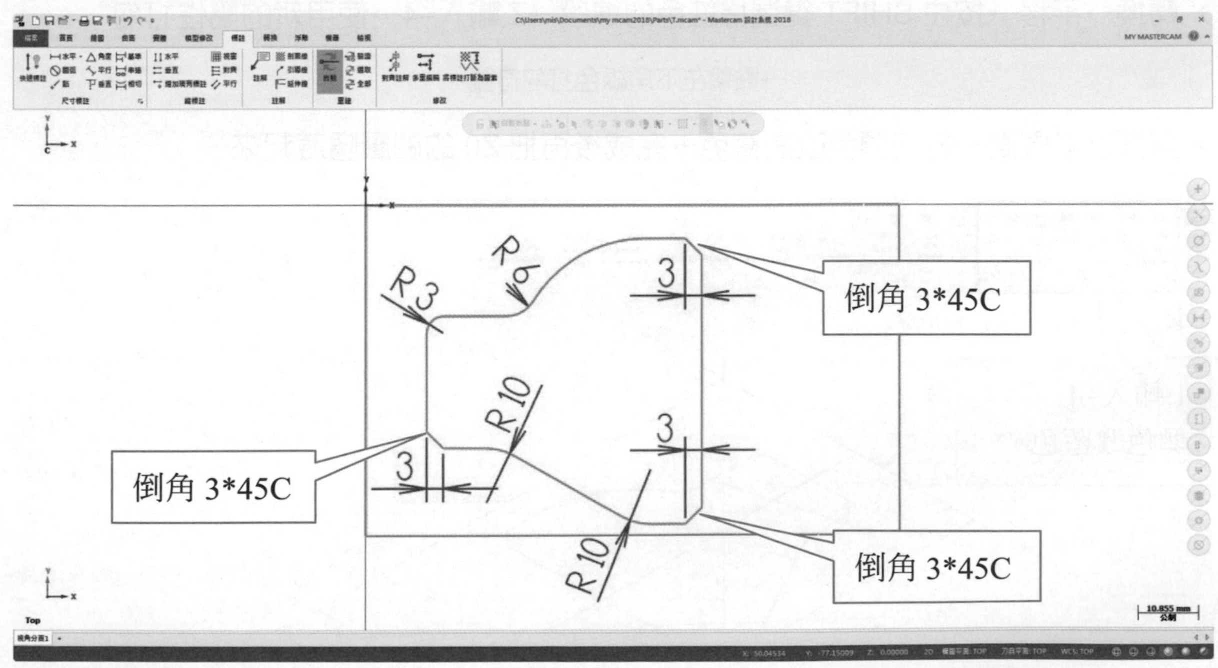

建立平行線→垂直線分別偏移 12。

建立任意兩點畫線→交點→點選 1→點選 2→角度 255 度→最後再把偏移的線刪除。

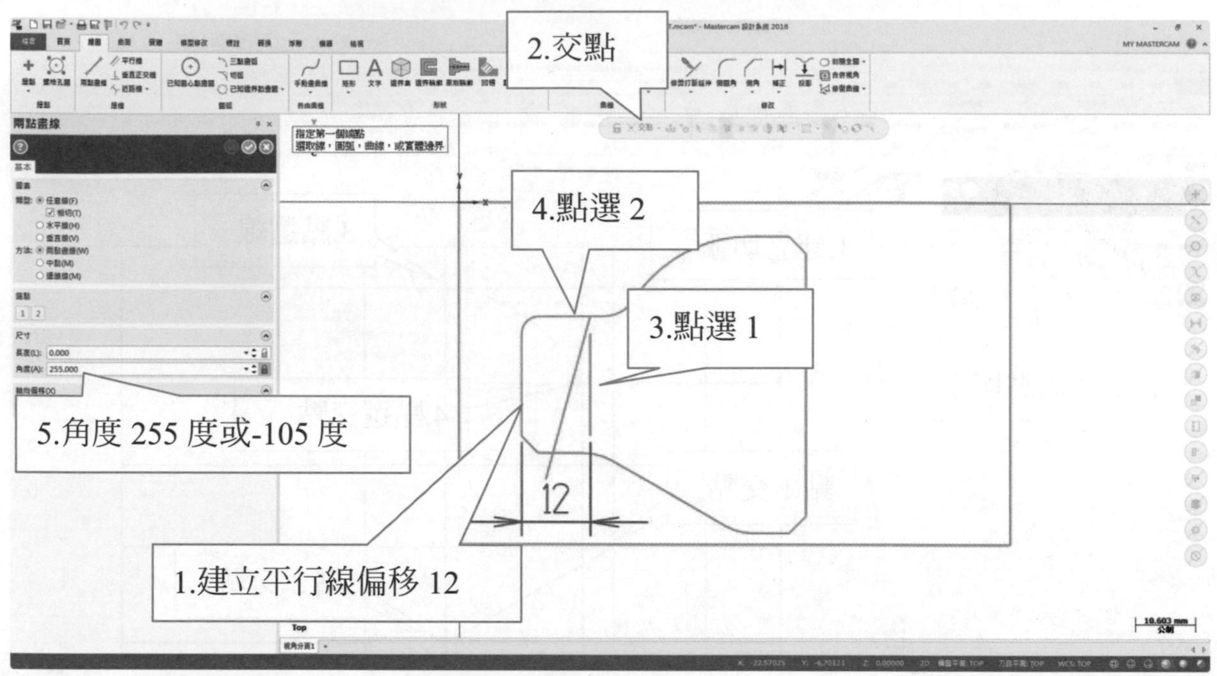

在紅色圈起來的 Z 值輸入–4 顏色改為藍色。

轉換→平移→按住 SHIFT 鍵選擇紅色的線段→Z 輸入–4→使用新的屬性打勾→點擊左下角綠色打勾符號。

選擇進階頁面→打勾顏色改為藍色→完成後再把 Z0 的圖層隱藏起來。

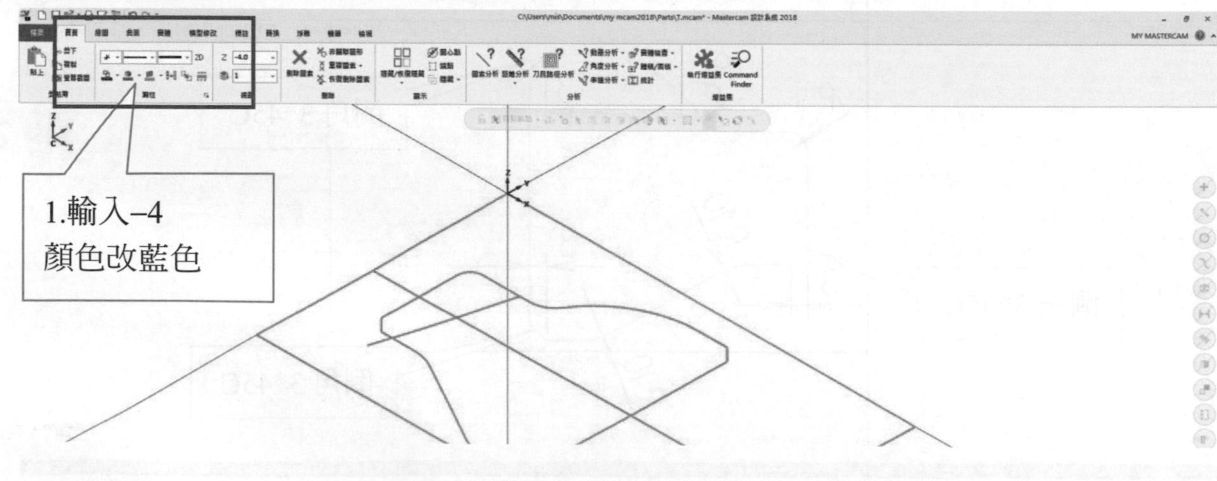

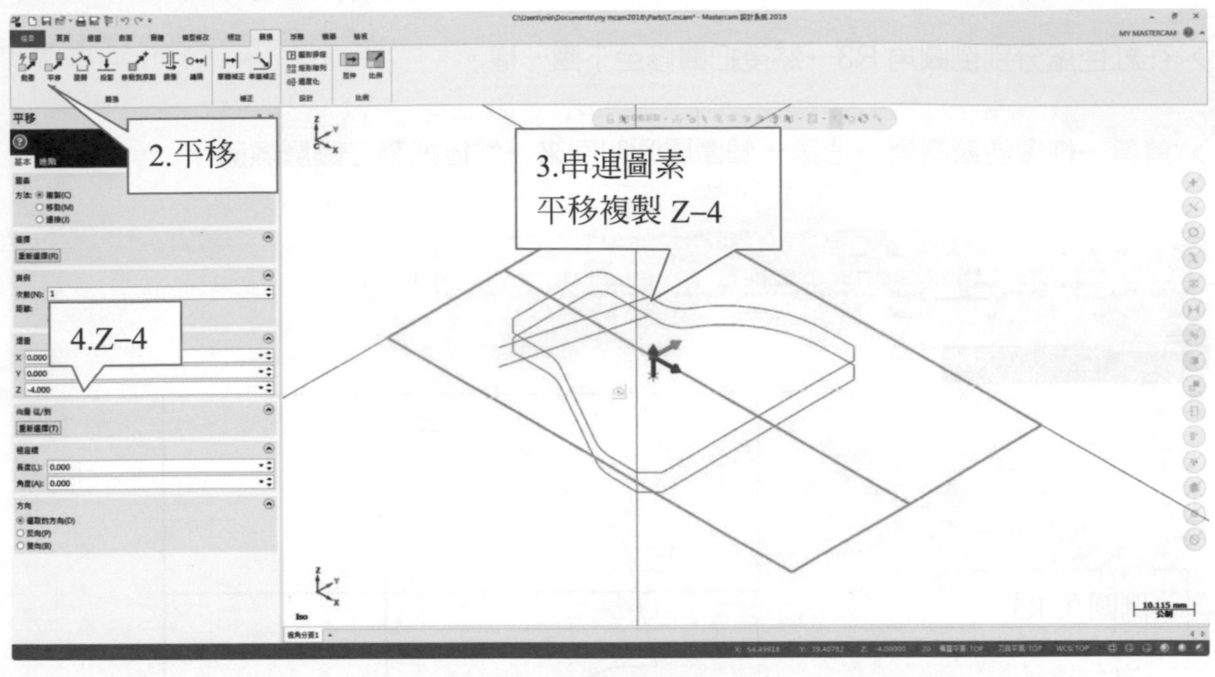
2.平移
3.串連圖素
平移複製 Z–4
4.Z–4

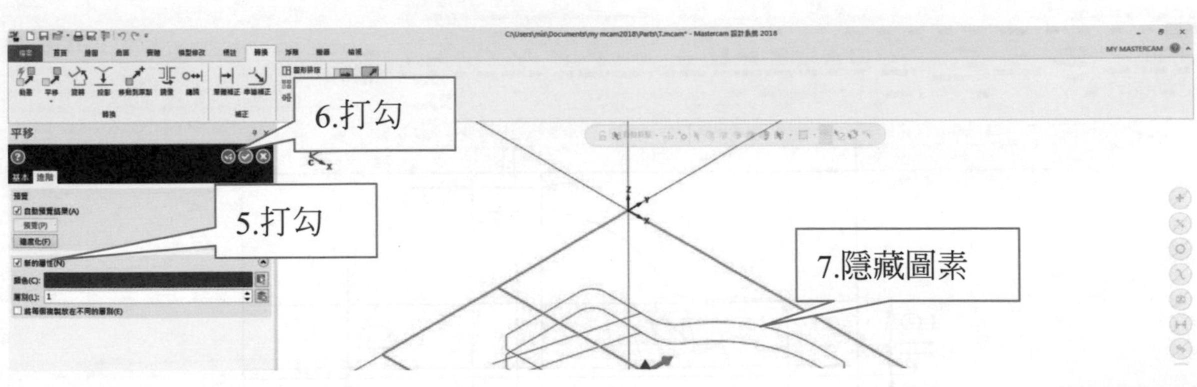
6.打勾
5.打勾
7.隱藏圖素

在紅色處分別倒圓角 R3→然後把圖修至下圖一樣。

螢幕→恢復隱藏圖素→把第一個圖層呼叫回來→然後把第二圖層隱藏。

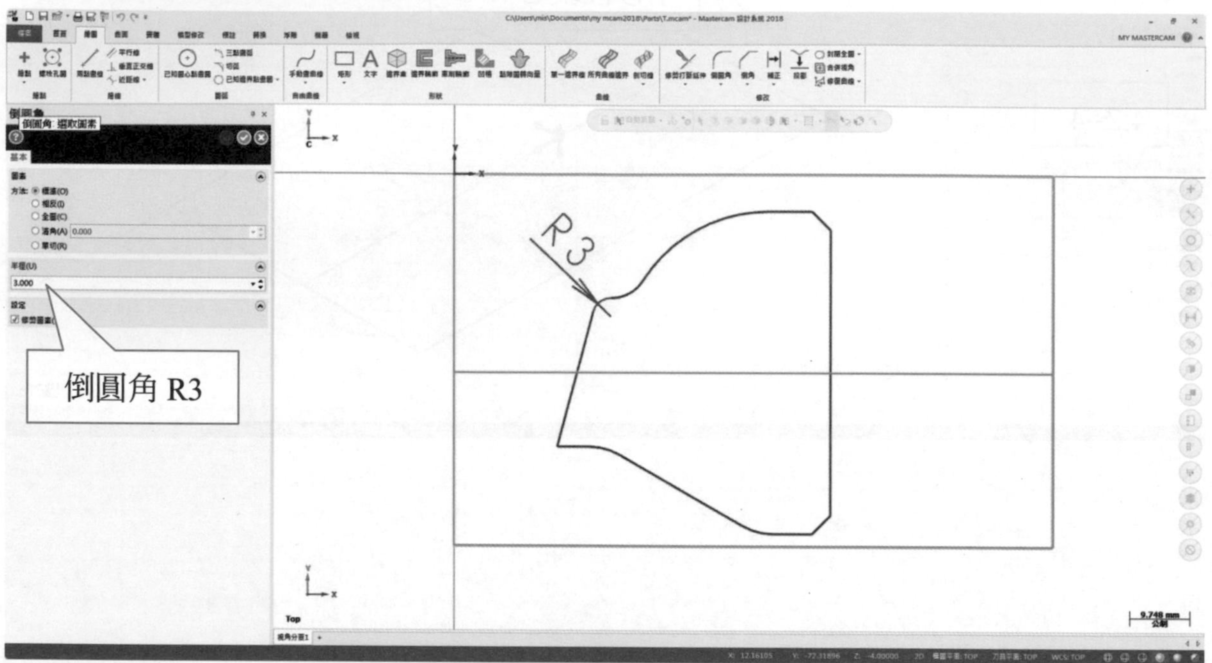

建立平行線→垂直線偏移 17.14、11、(H)7。

建立平行線→水平線偏移 10、上 11.5、下 11.5(23 的一半)。

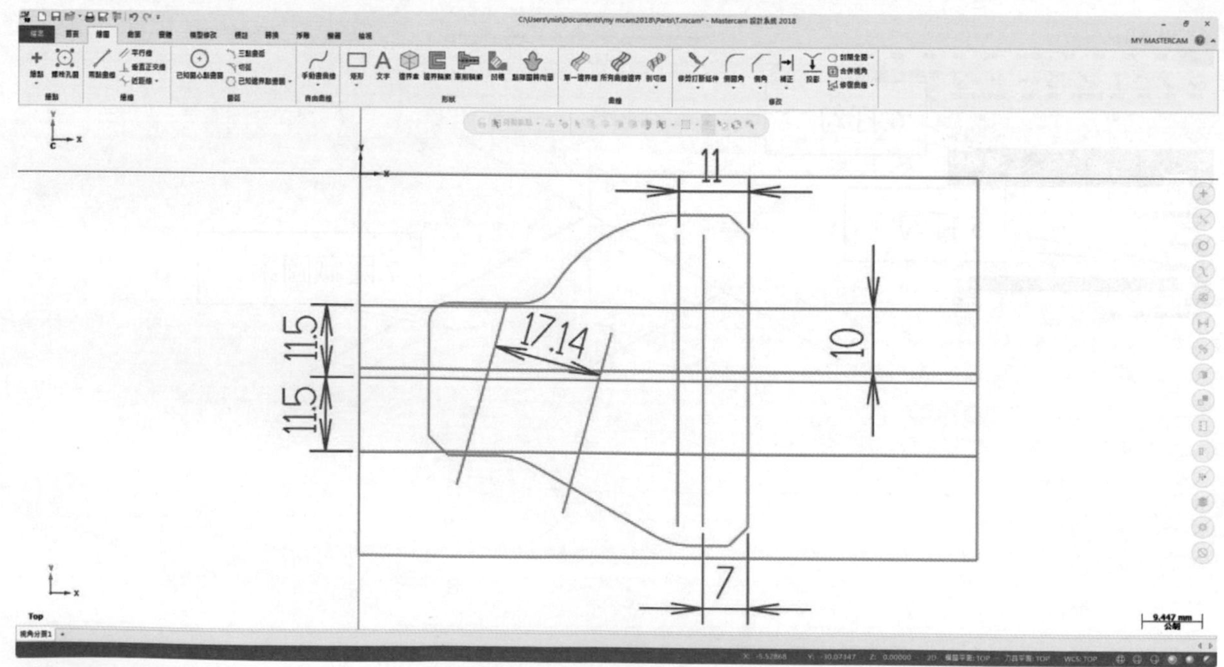

倒圓角→R4＊5 個。

下面的 Z 值輸入 0→顏色改為紅色。

建立平行線→偏移 6。

繪圖→存在點→指定位置點→選取點。

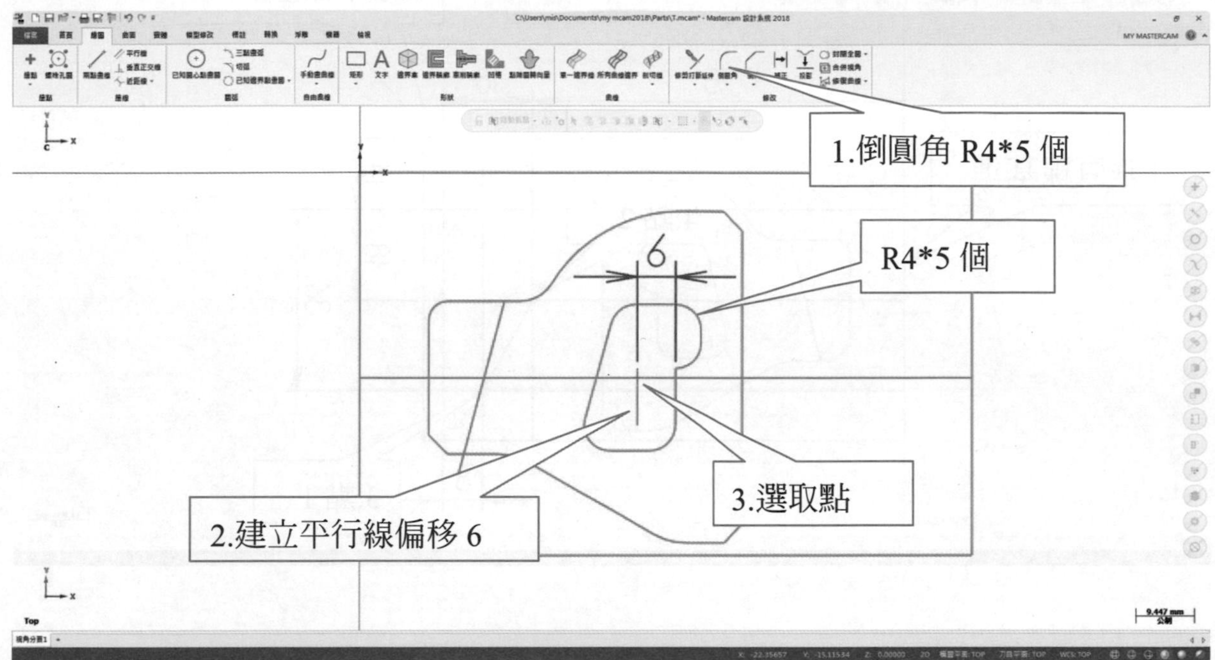

最後把圖修至下圖。

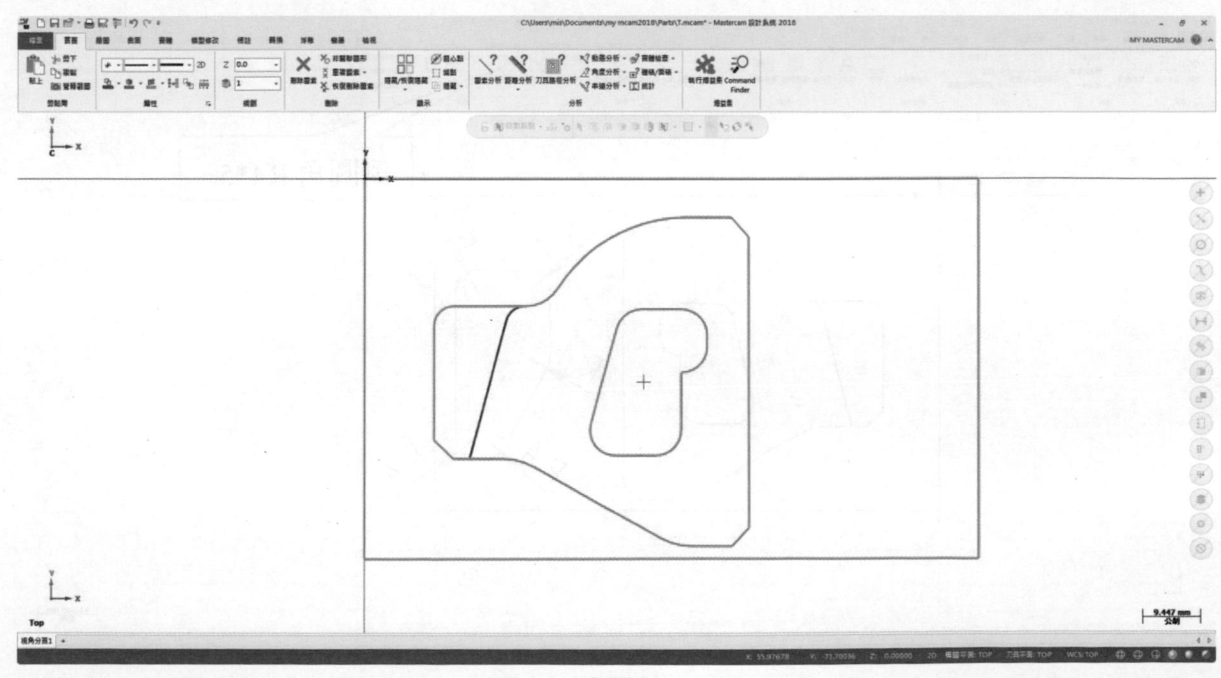

建立平行線→垂直線偏移 75、(D)18、8。

建立平行線→水平線偏移 14、18、(E)36。

建立任意兩點畫線→點 1→點 2。

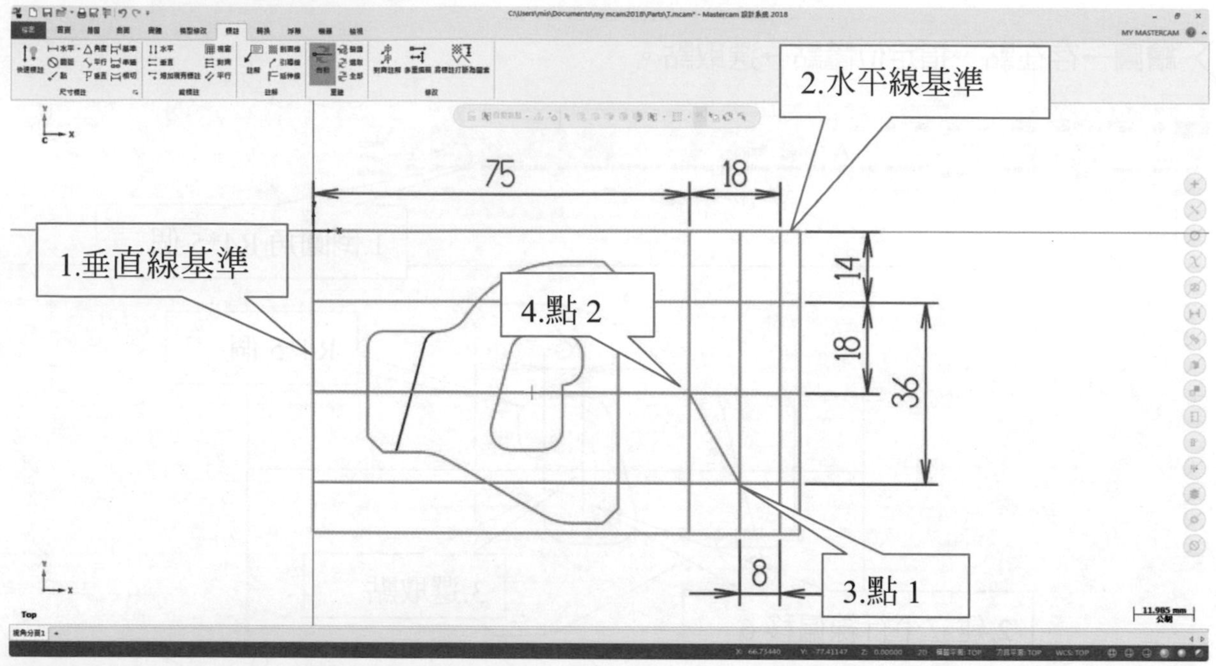

在紅色處皆倒圓角 R4。

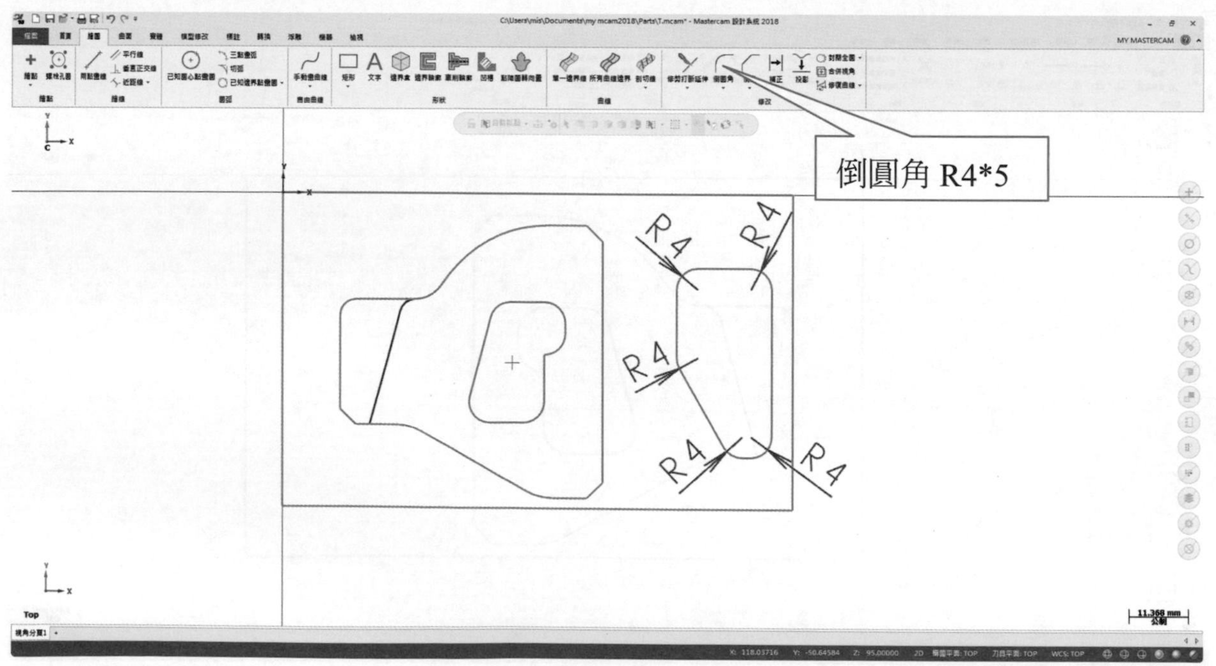

最後把圖修至下圖。

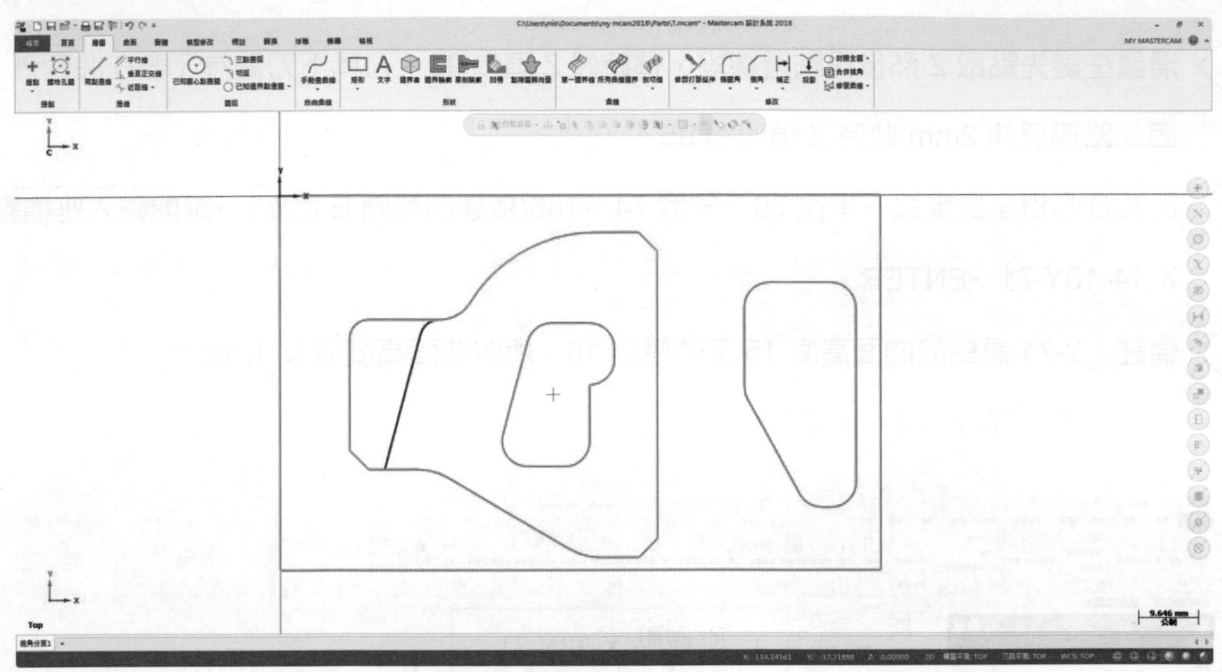

- 視圖方向改為右側視圖→顏色改為紅色。
- 滑鼠左鍵先點取 Z 然後再點選線段，這時候 Z 值為 93，刀具下刀點為了要在曲面外，因此路徑延伸 2mm 此時 Z 值改為 95。
- 已知圓心極座標畫弧→半徑 70→角度 74～106(依建議範圍 E 而定)→鍵盤輸入座標點 X-14-18Y-71→ENTER。
- 備註：Y-71 是由於曲面高度 15 工件厚度 16，所以曲面高度低於 1mm。

  因 R70(Y–70–1)=–71。

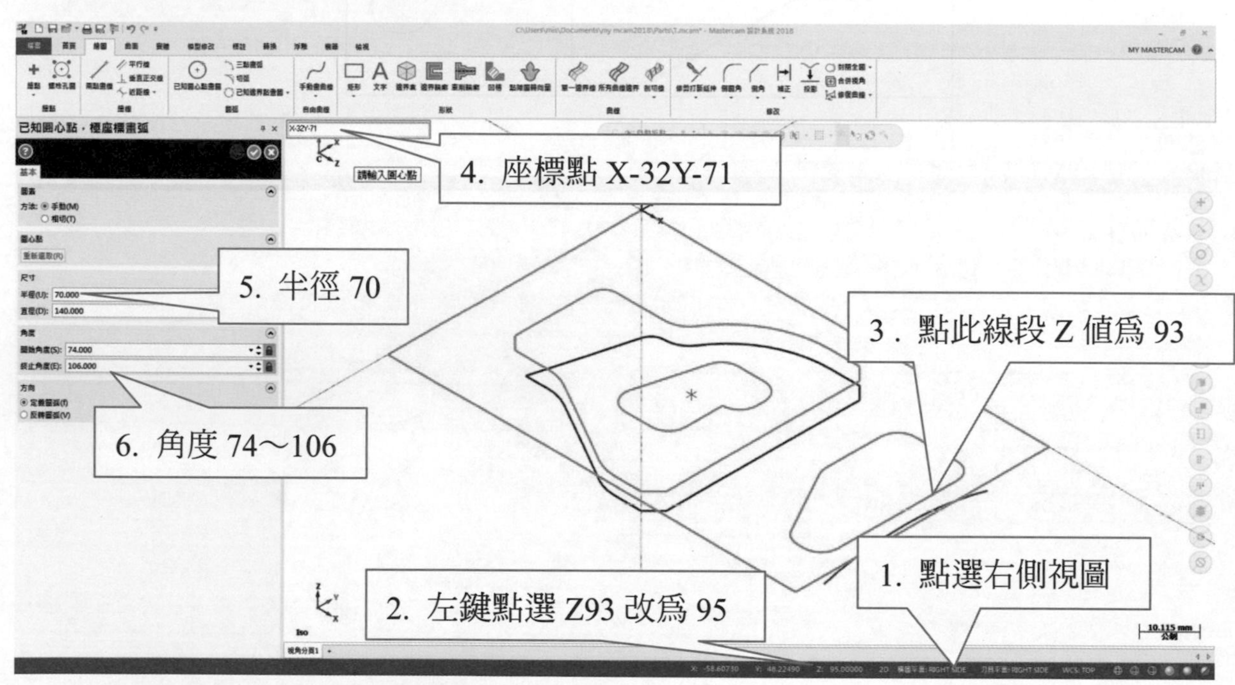

視圖方向為右側視圖。

繪圖→曲面→牽引曲面→長 22。

備註：D:18 尺寸+4。

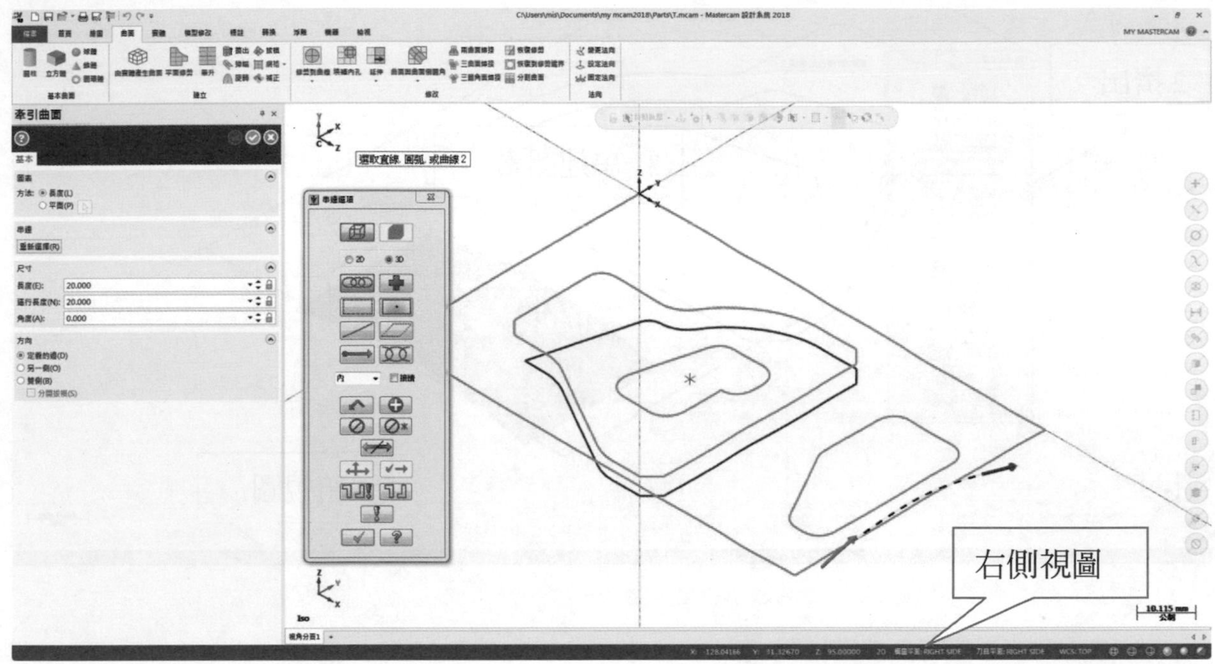

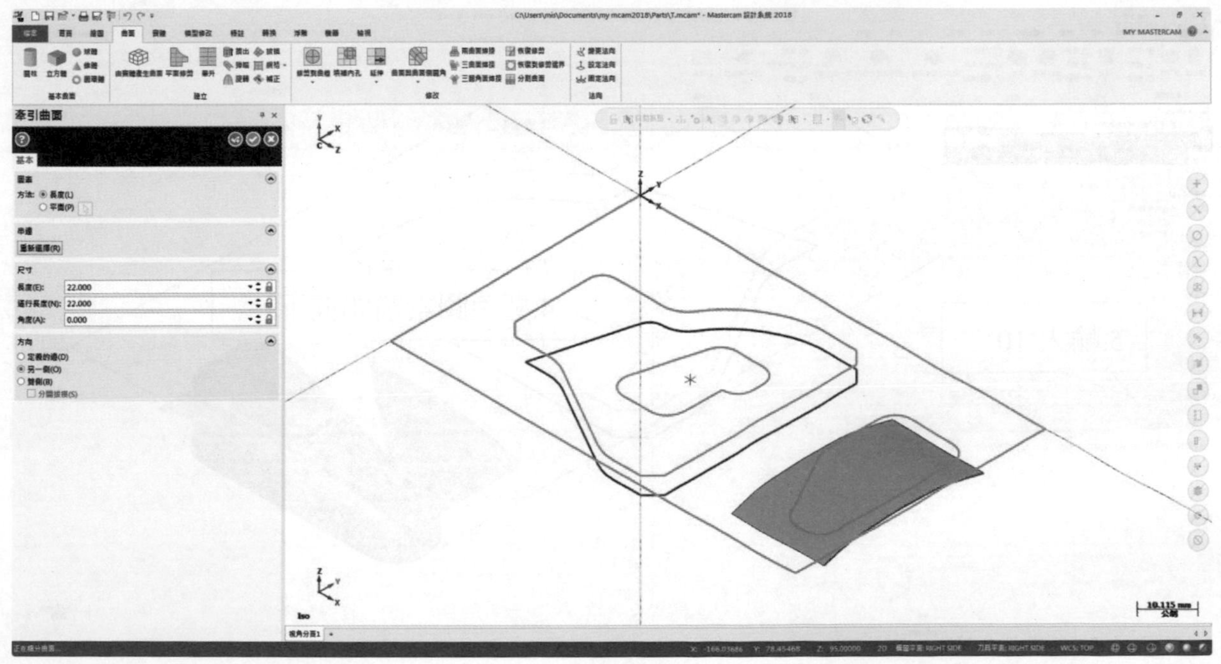

→ 視圖方向為俯視圖。

→ 實體→擠出→串連圖素→ENTER→藍色箭頭向下→距離 10mm→打勾完成。

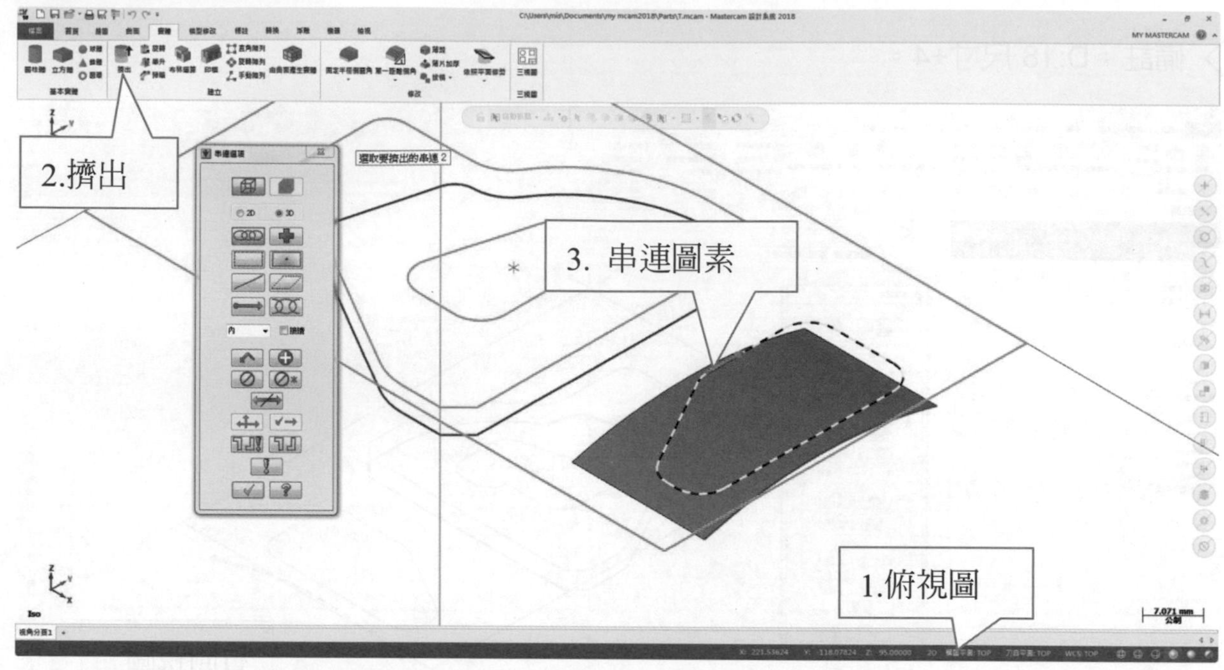

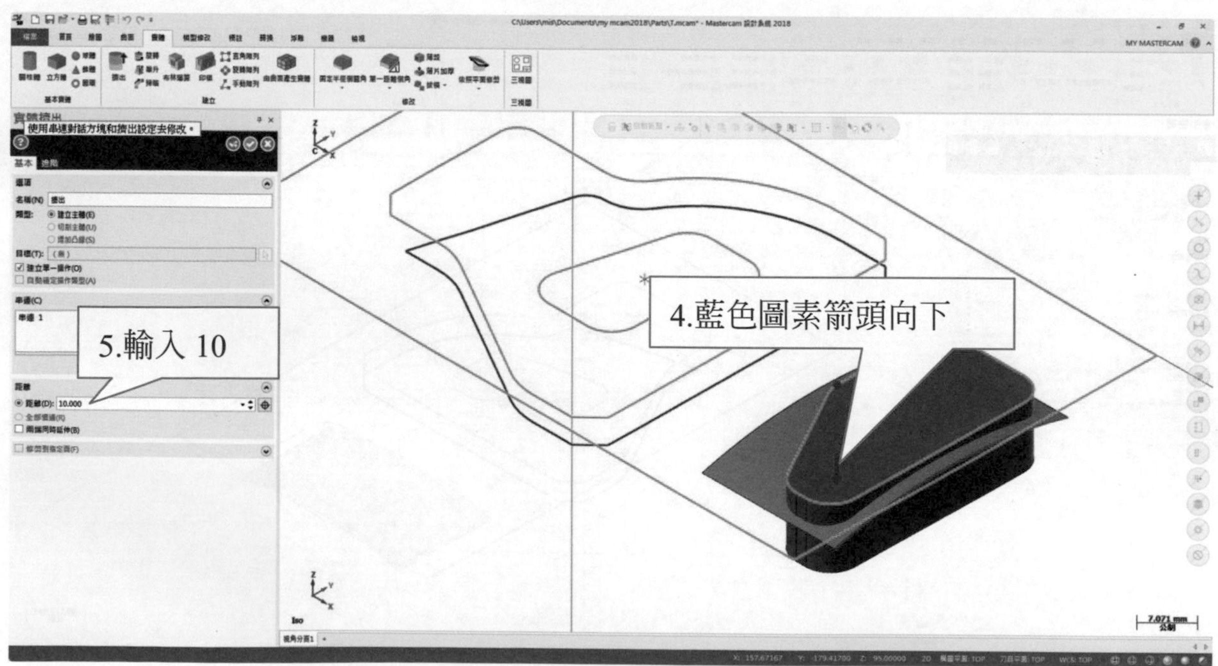

實體→修剪到曲面/薄片→選取實體→選取曲面→點選橙色曲面→刪除上半部實體→打勾完成→接下來把橙色曲面隱藏起來。

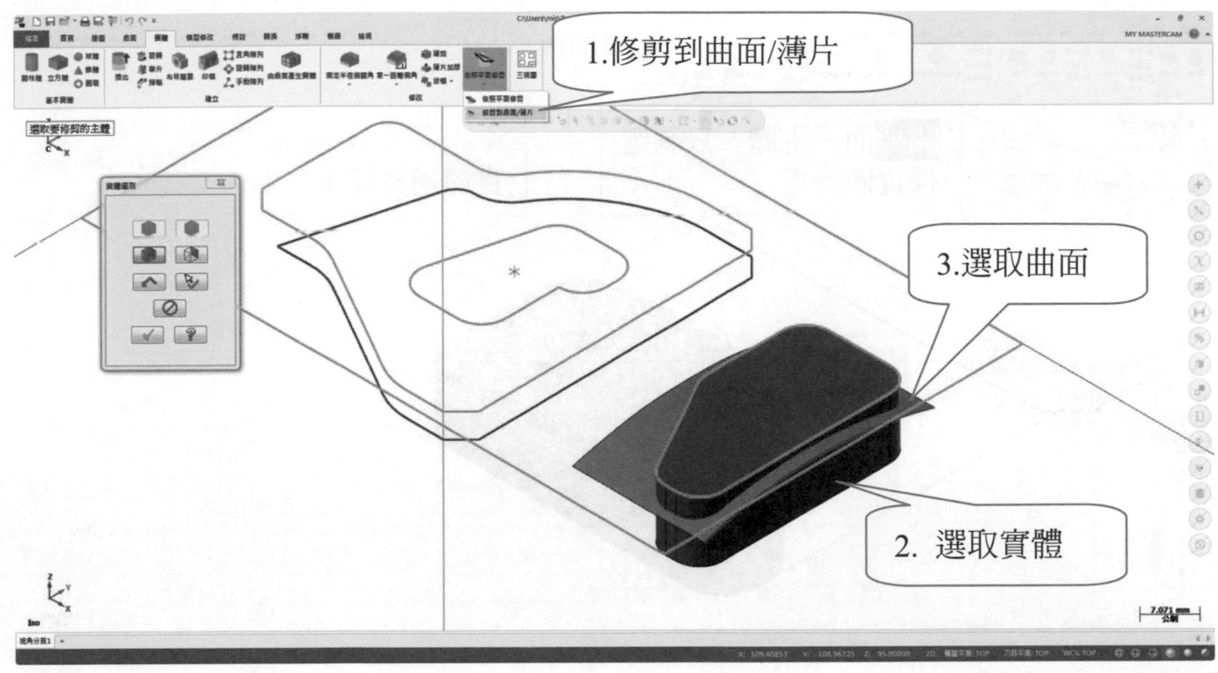

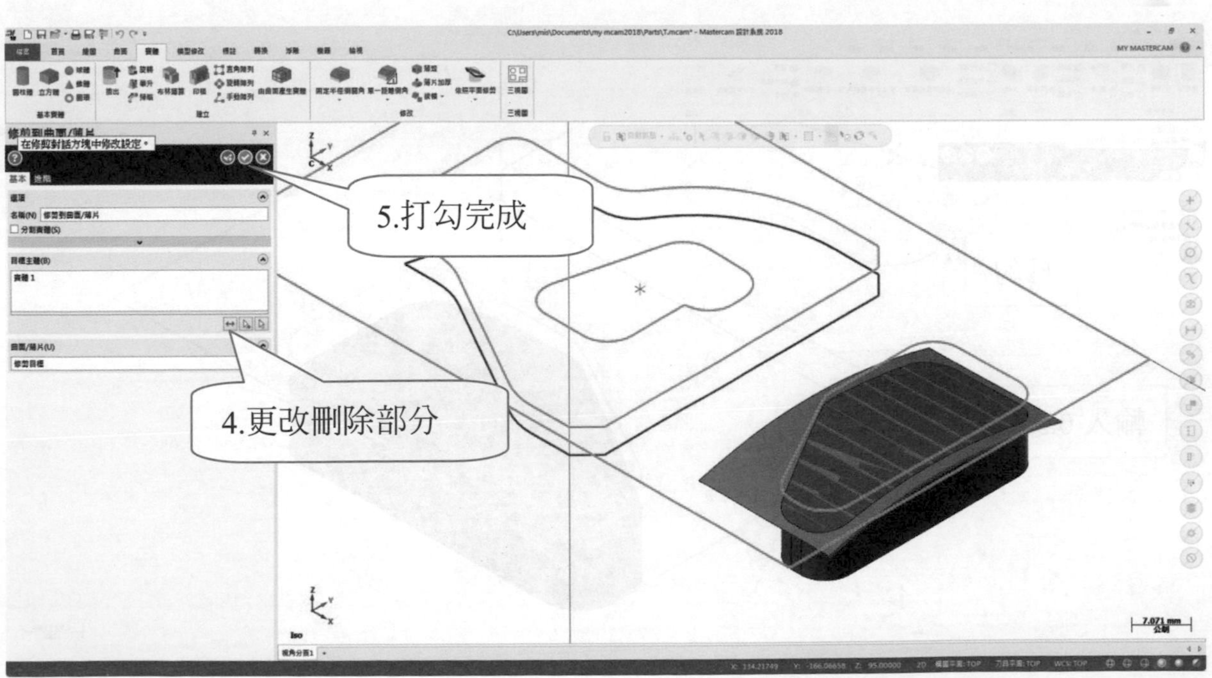

實體→倒角→單一距離倒角→選擇邊界 1→ENTER→輸入 0.5→沿切線邊界延伸打勾→點選綠色打勾完成。

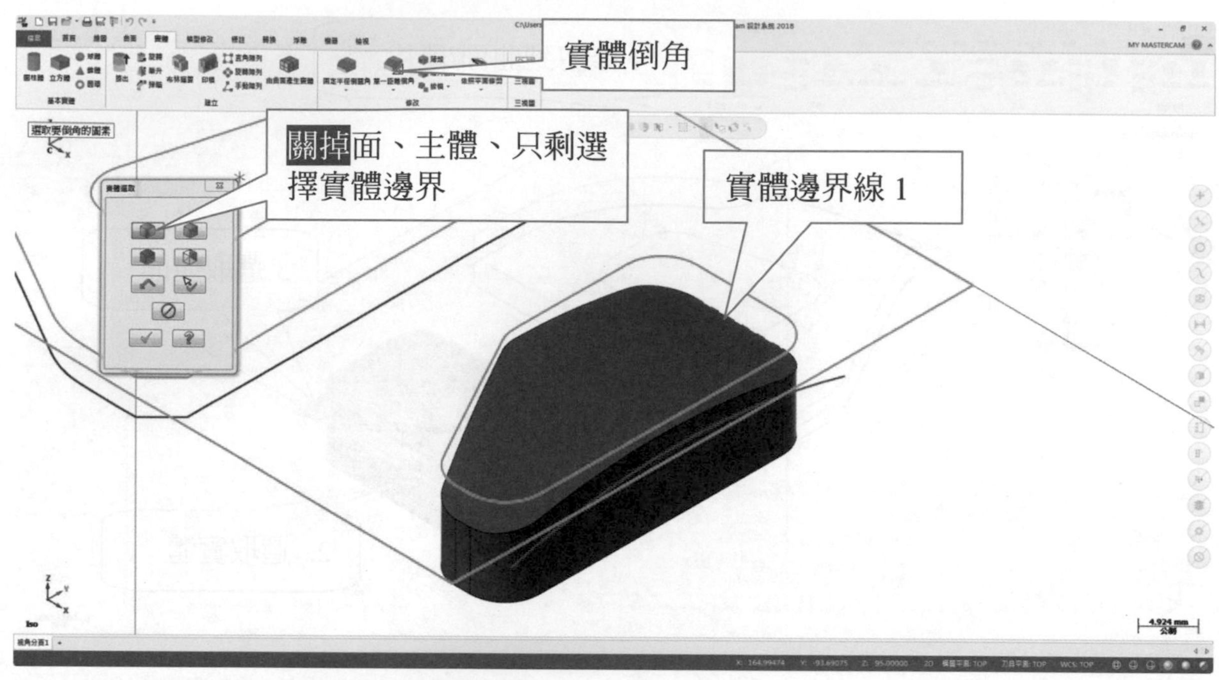

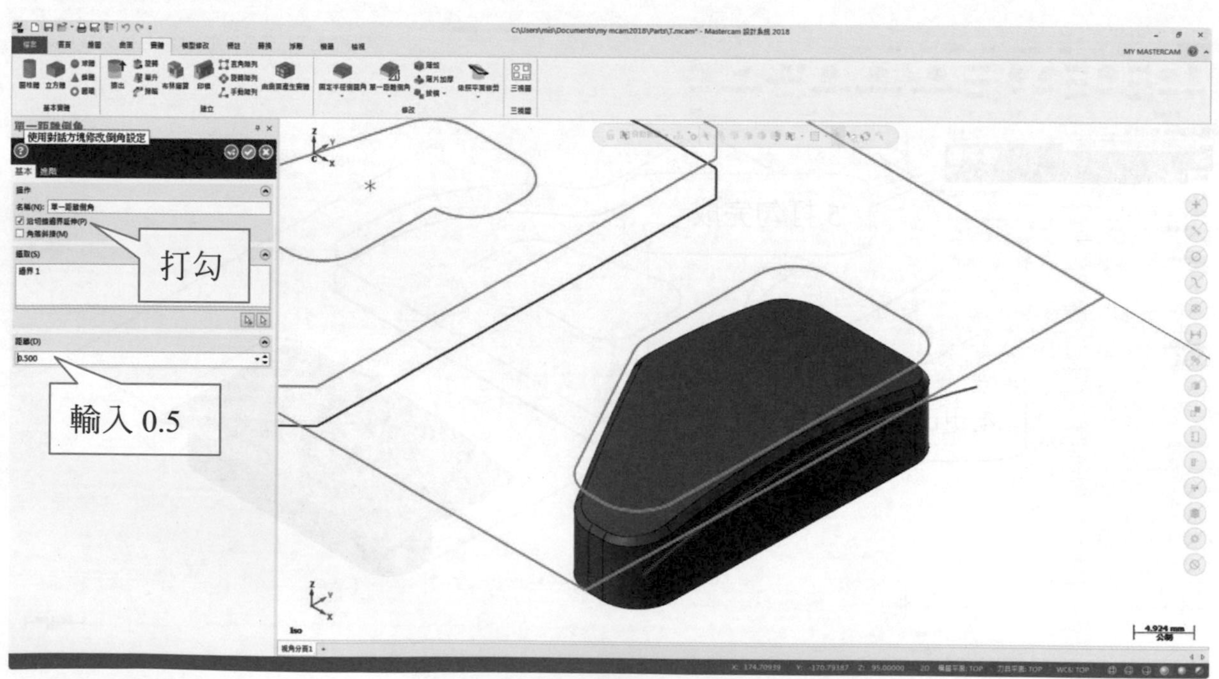

最後把實體與橙色曲線隱藏起來，即完成繪圖步驟(記得要存檔)。

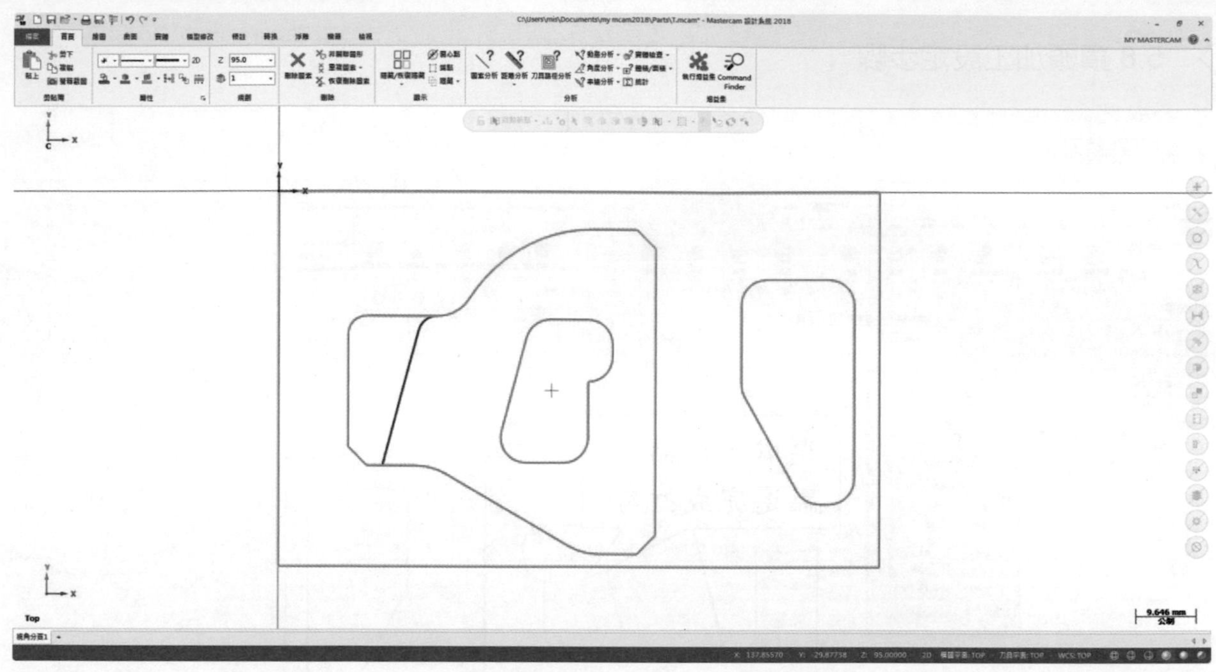

CNC 銑床乙級範例步驟　205 加工路徑

5.8 鑽頭加工設定步驟

點選鑽孔

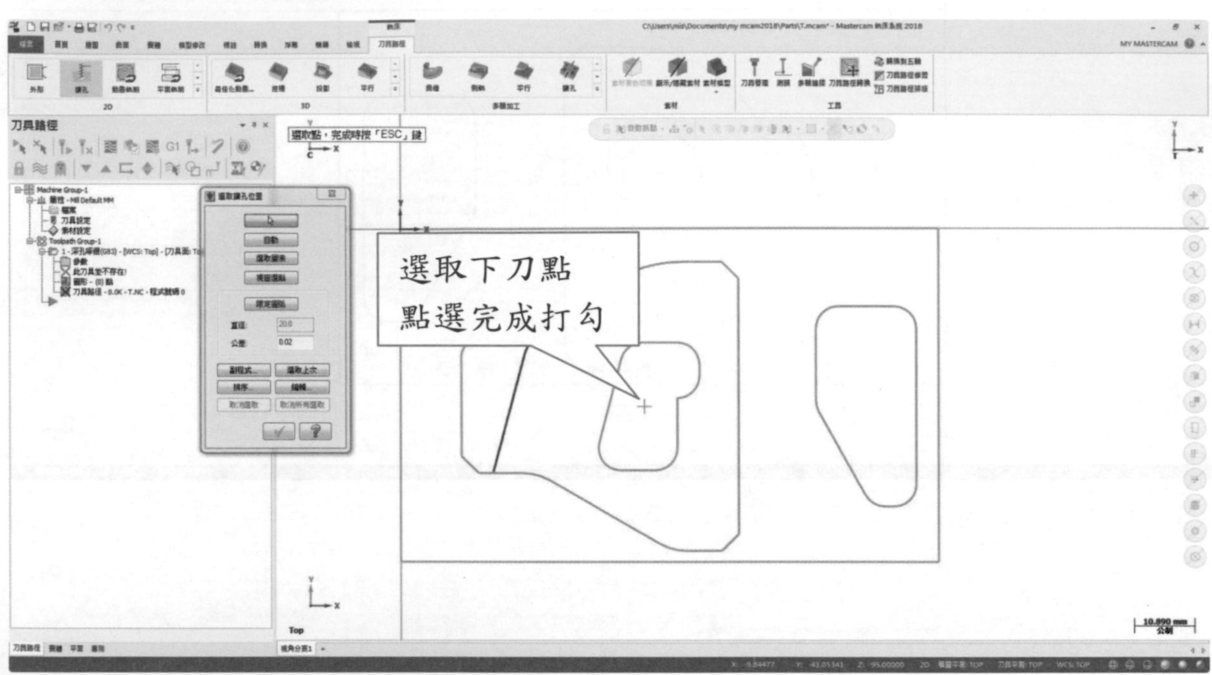

刀具→建立新刀具

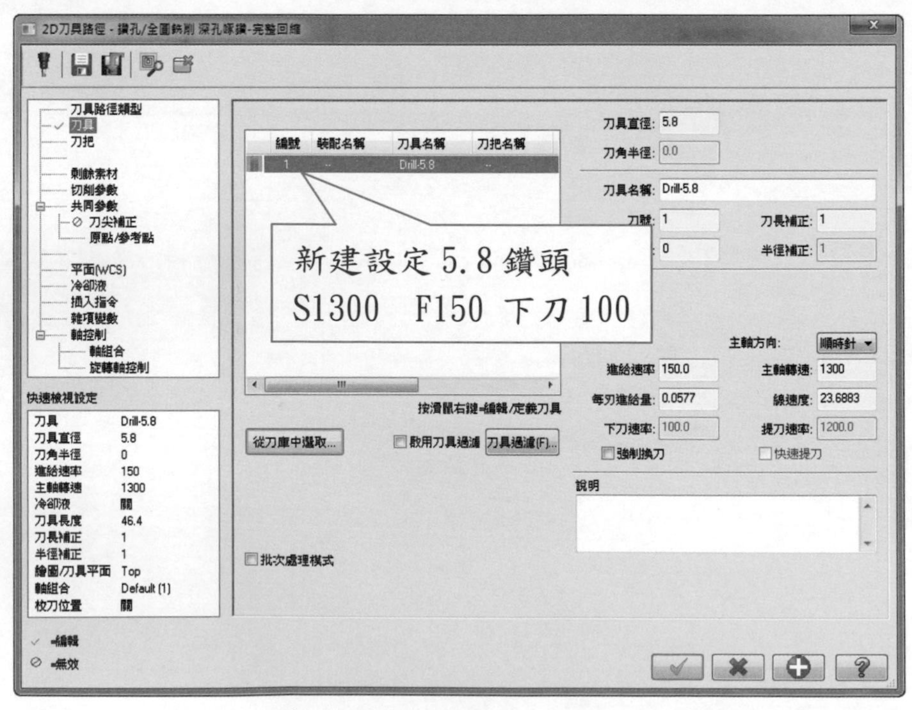

選擇切削參數→選擇 G83 深孔啄鑽

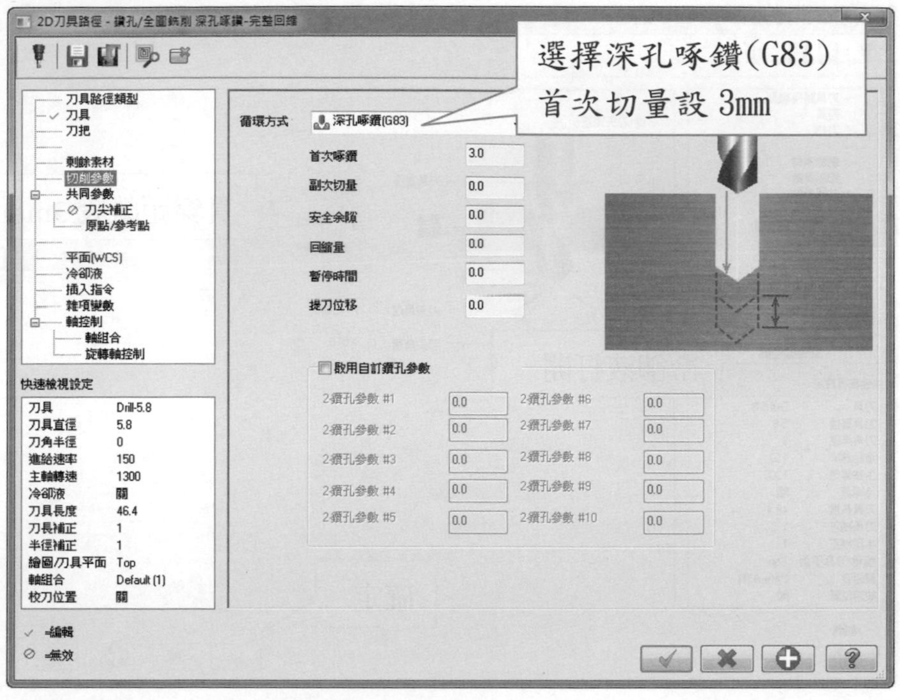

選擇共同參數

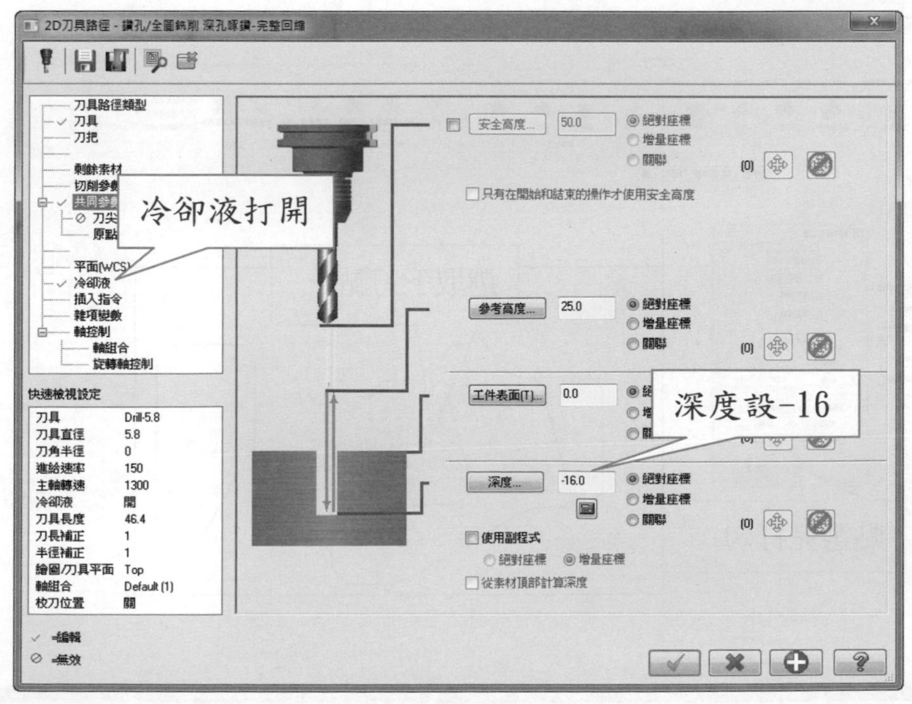

選擇刀尖補償

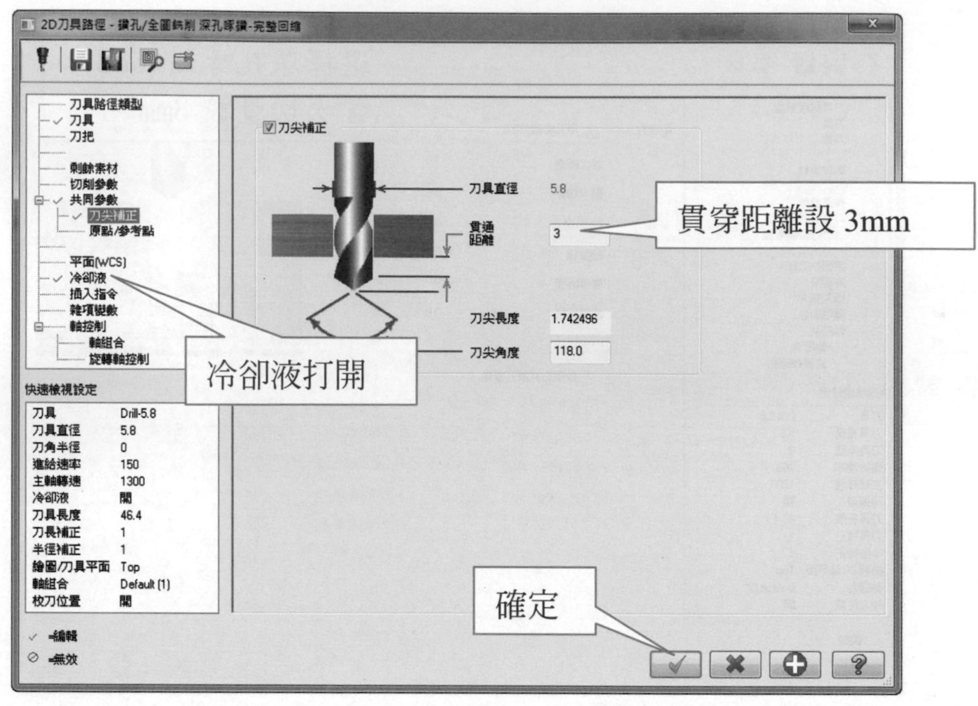

6H7 鉸孔加工設定步驟

點選鑽孔

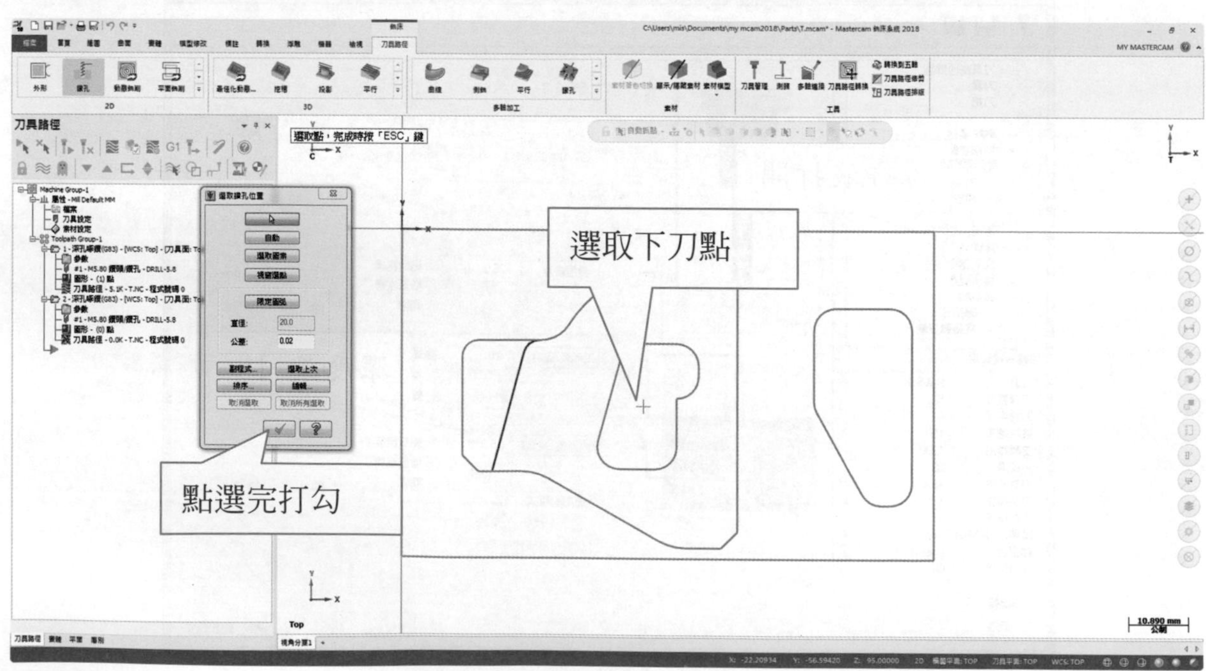

刀具→建立新刀具

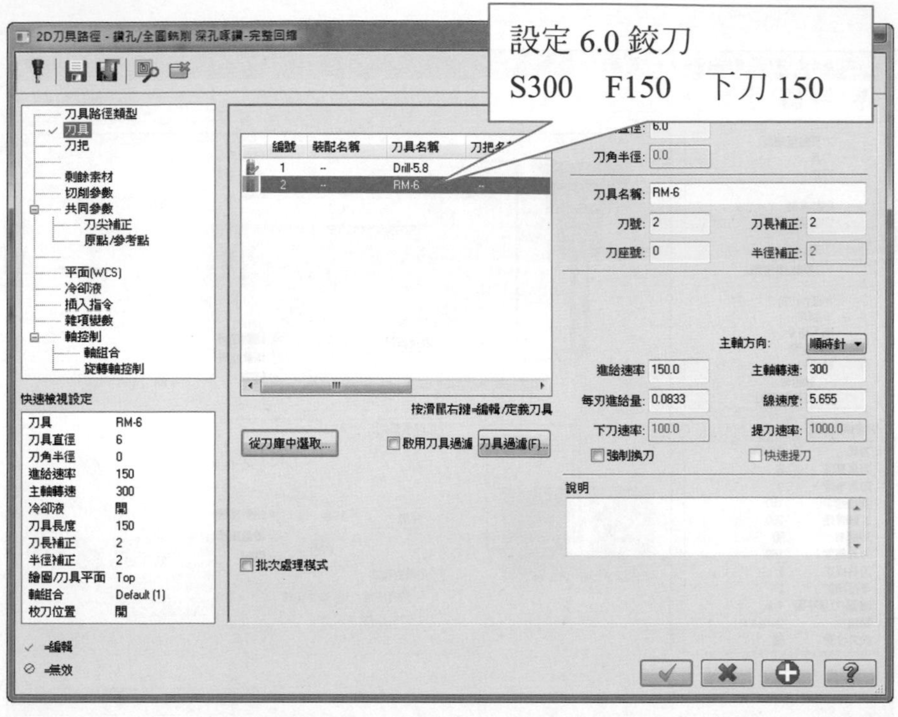

選擇切削參數→選擇鏜孔#1 為 G85 指令

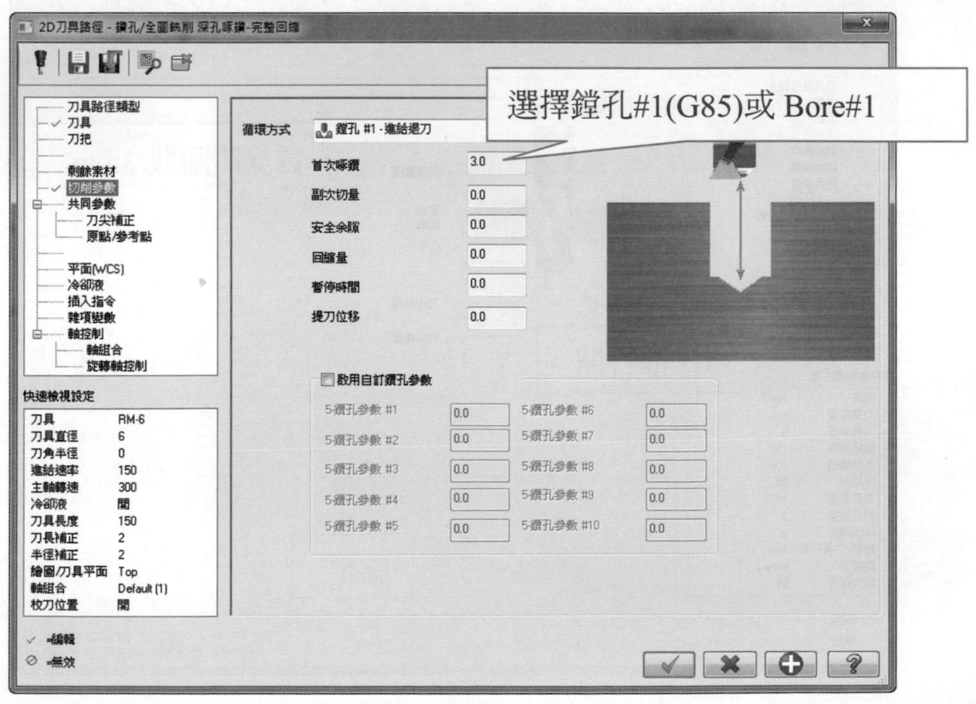

選擇共同參數

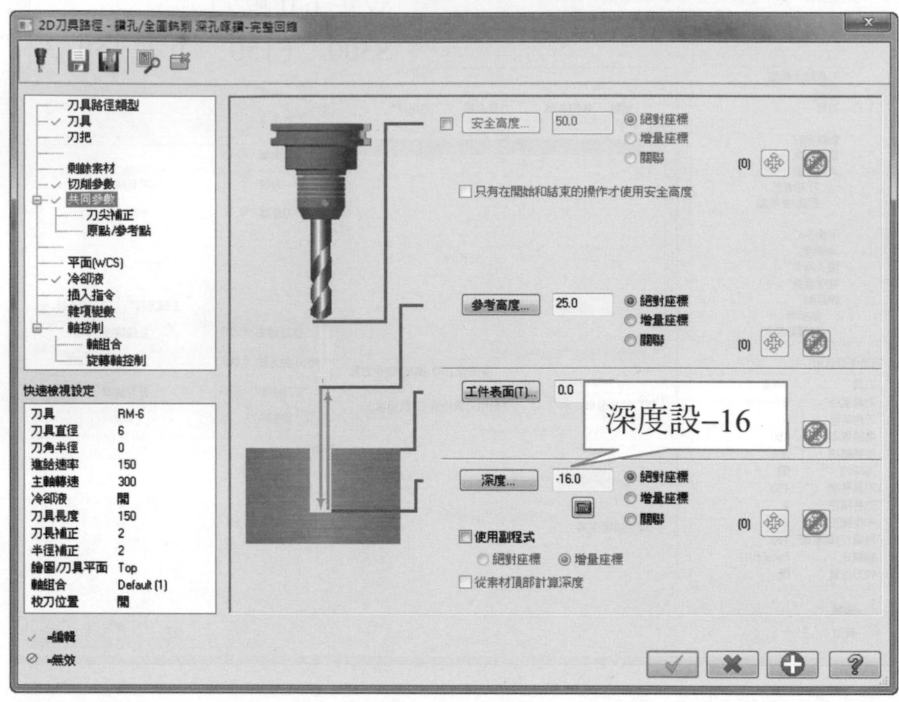

選擇刀尖補償

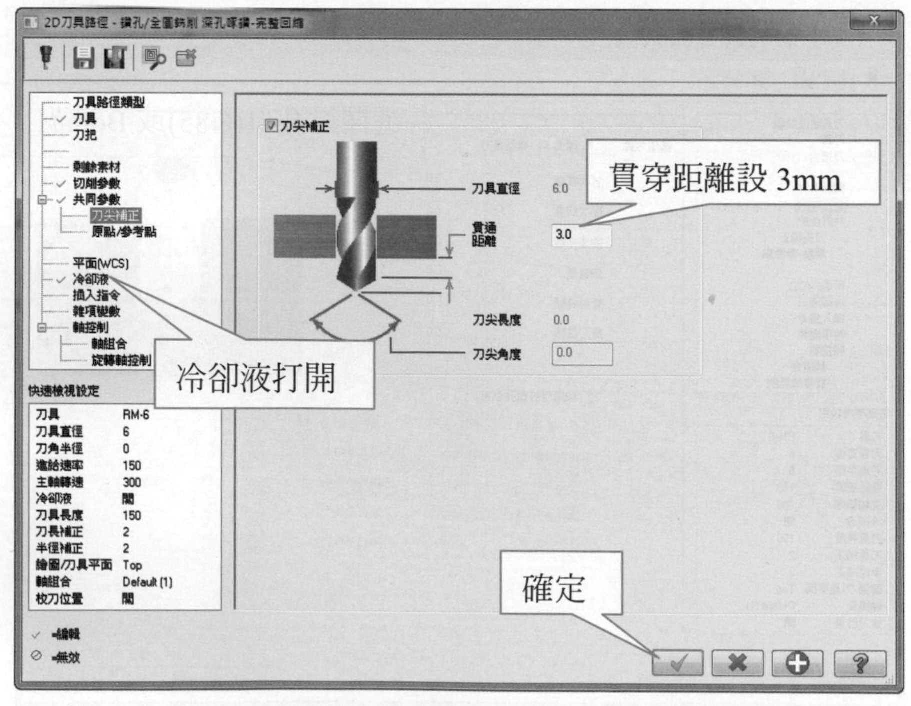

➔ 6mm 粗銑刀加工設定步驟

➔ 選擇挖槽→串連一→串連二→串連三

➔ 粗銑 Z-4mm 層

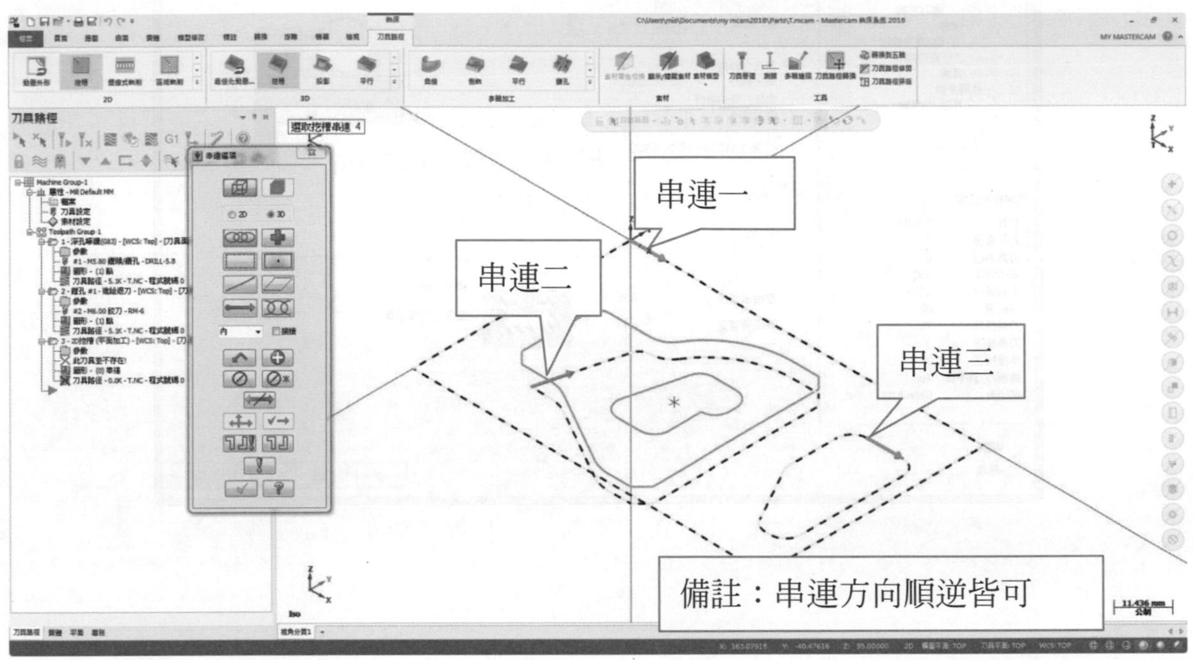

➔ 刀具→建立新刀具→選擇平刀

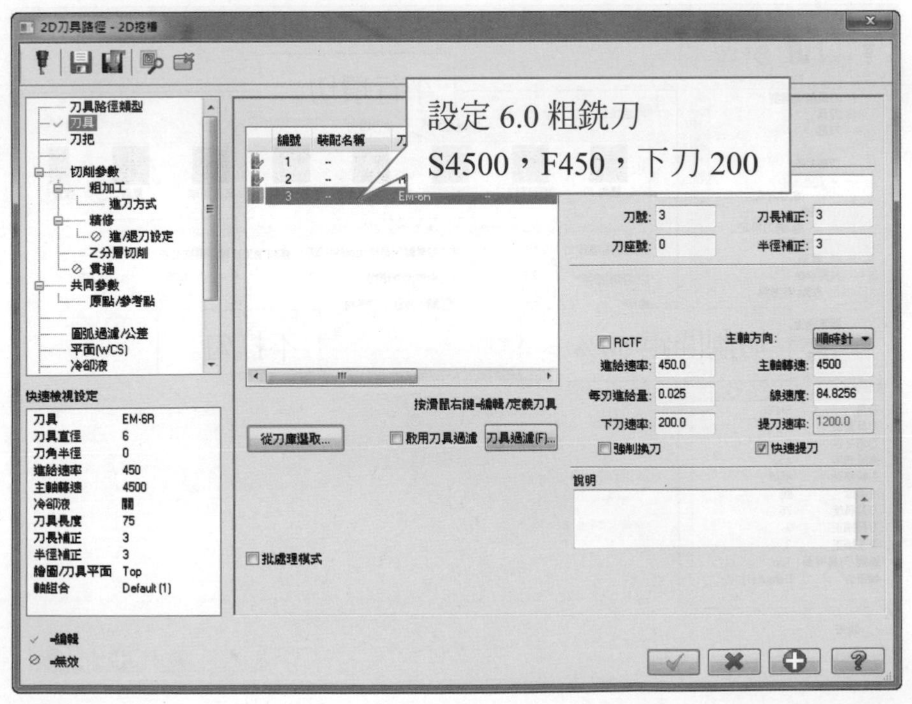

➔ 選擇切削參數→選擇挖槽加工方式→選取平面銑

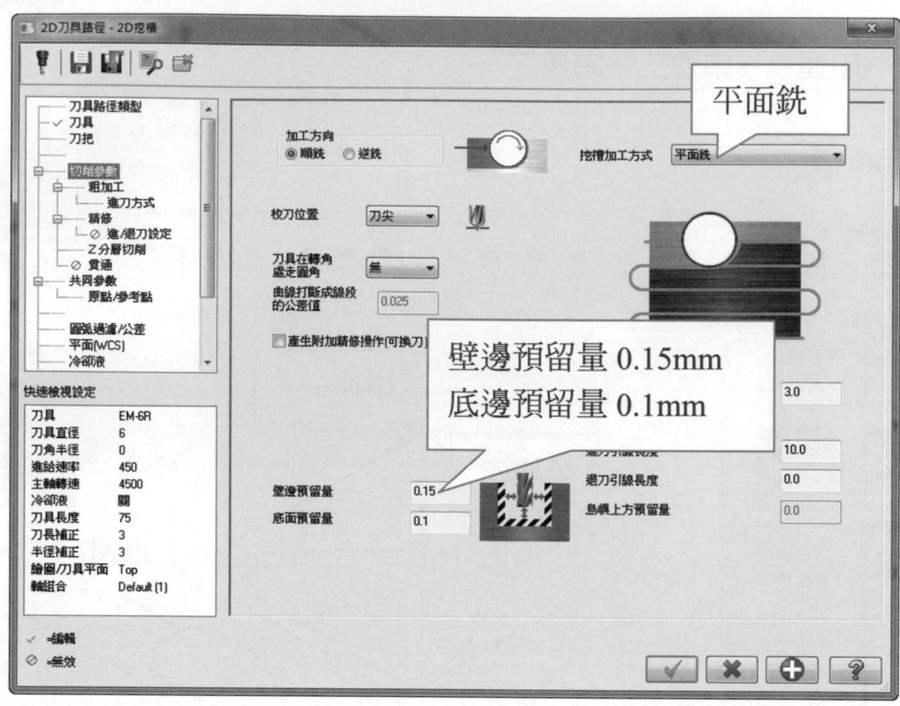

➔ 選擇粗加工→選擇平行環切

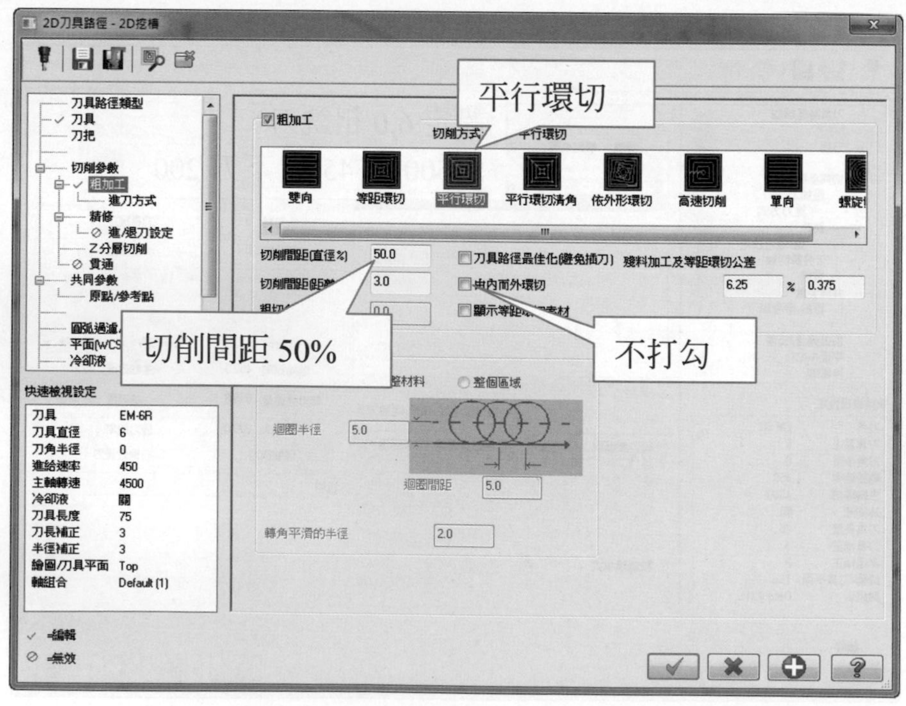

選擇精修→精修外邊界關閉

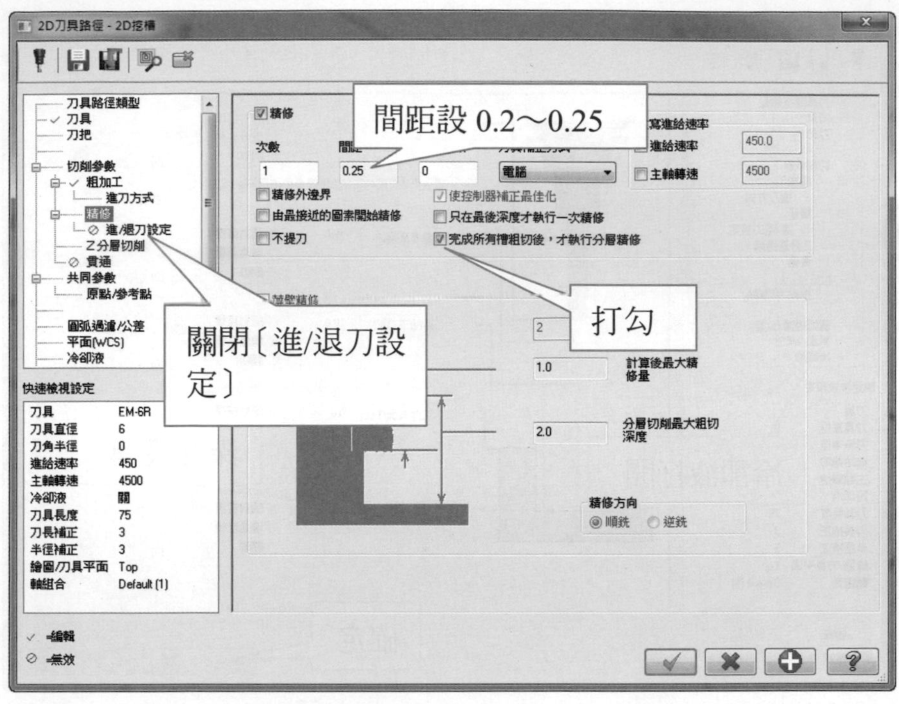

選擇 Z 分層切削

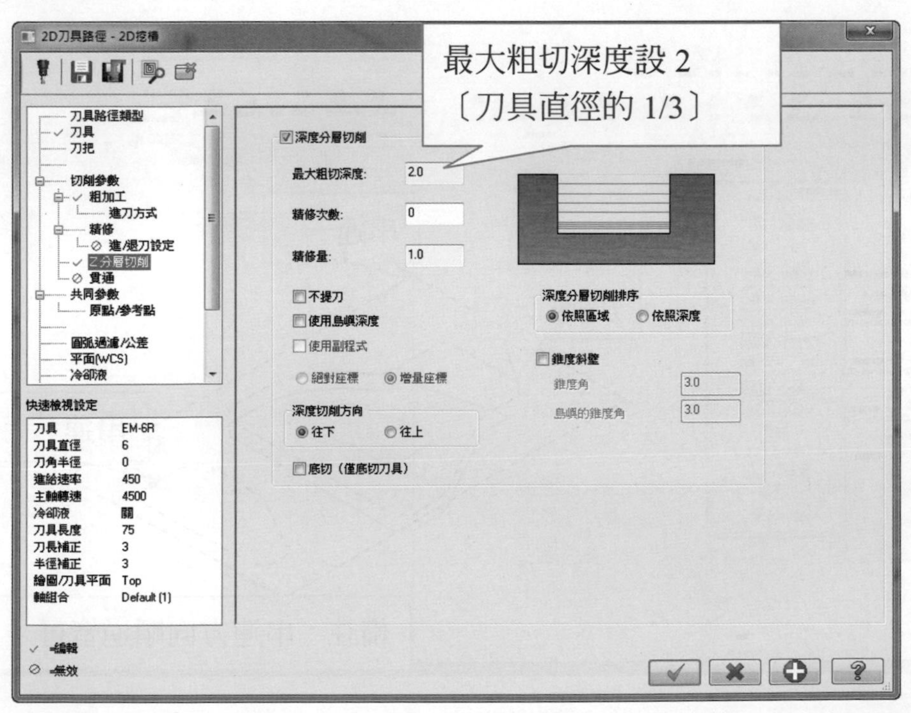

選擇共同參數

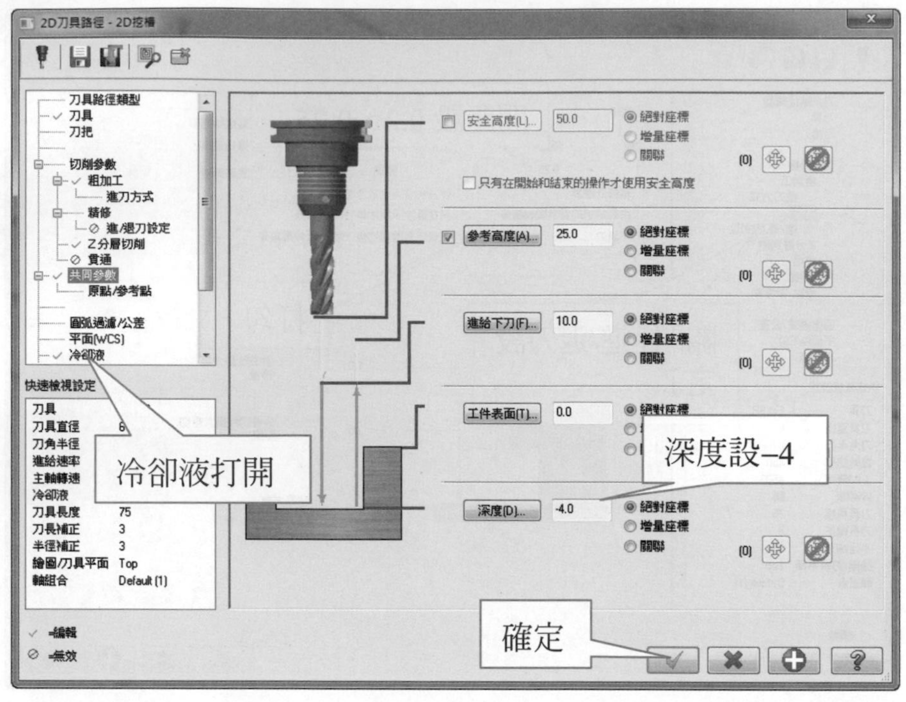

粗銑 Z–8mm 層

點選挖槽→串連一→串連二→串連三

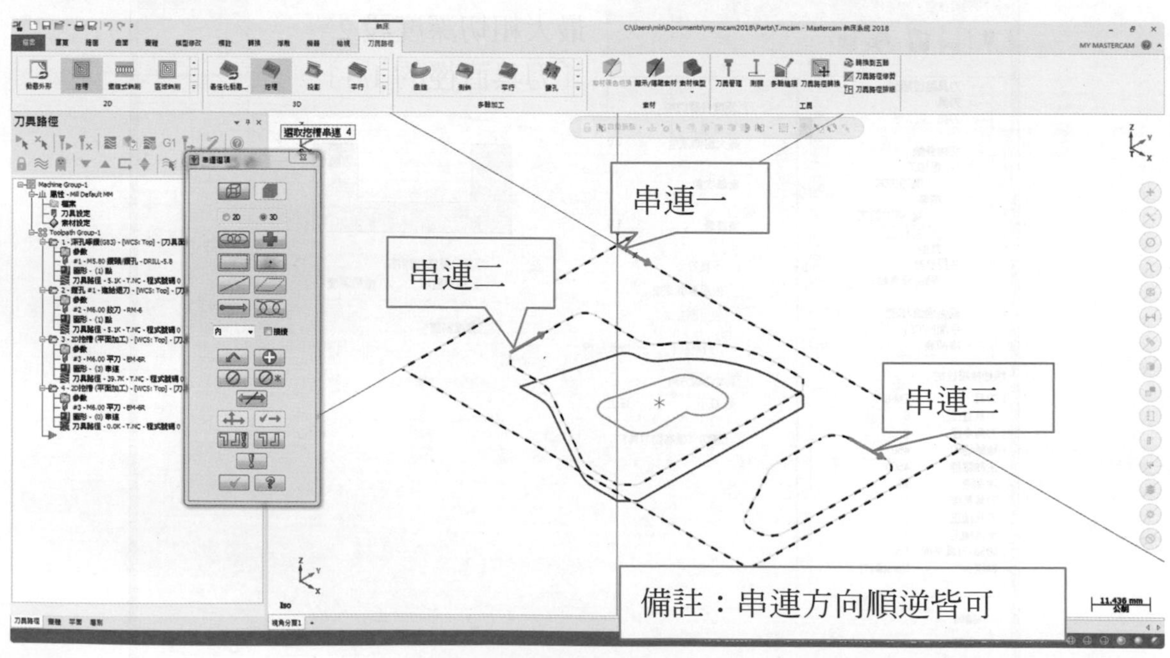

→ 選擇共同參數

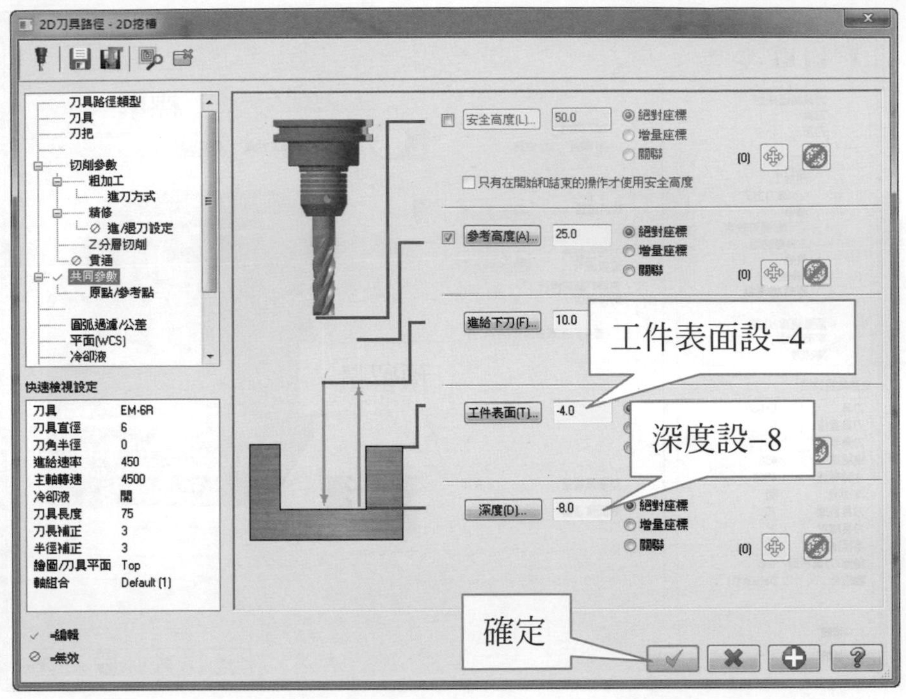

→ 粗銑內槽 Z–4mm 層

→ 選擇挖槽→串連一→串連二

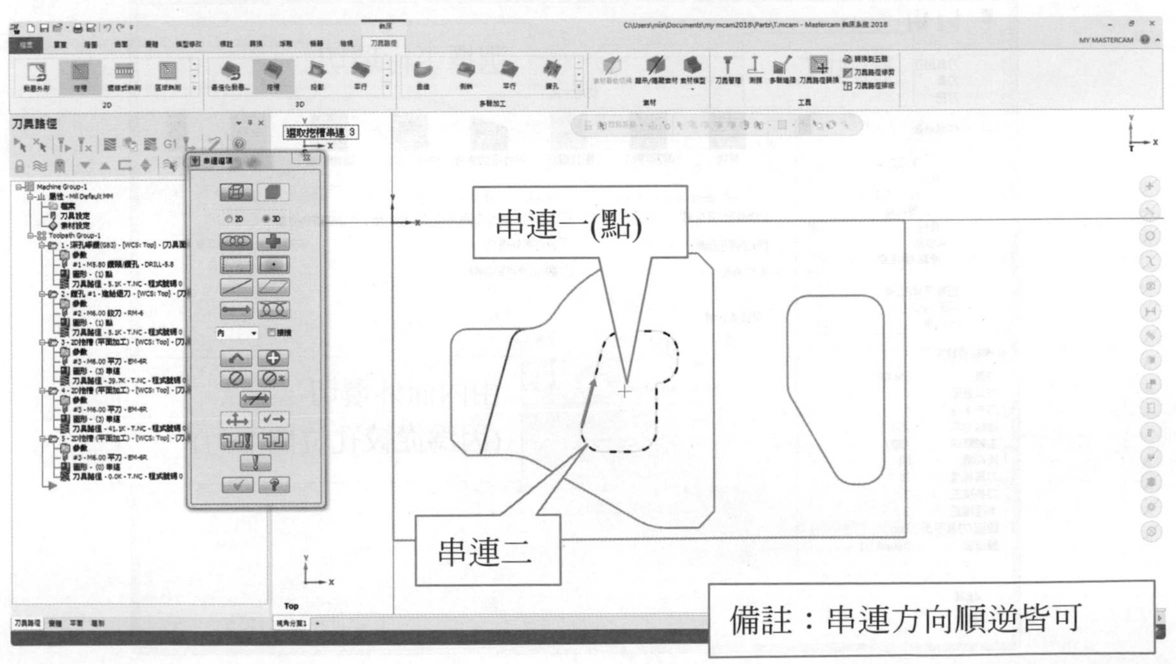

→ 選擇挖槽加工方式→選擇標準

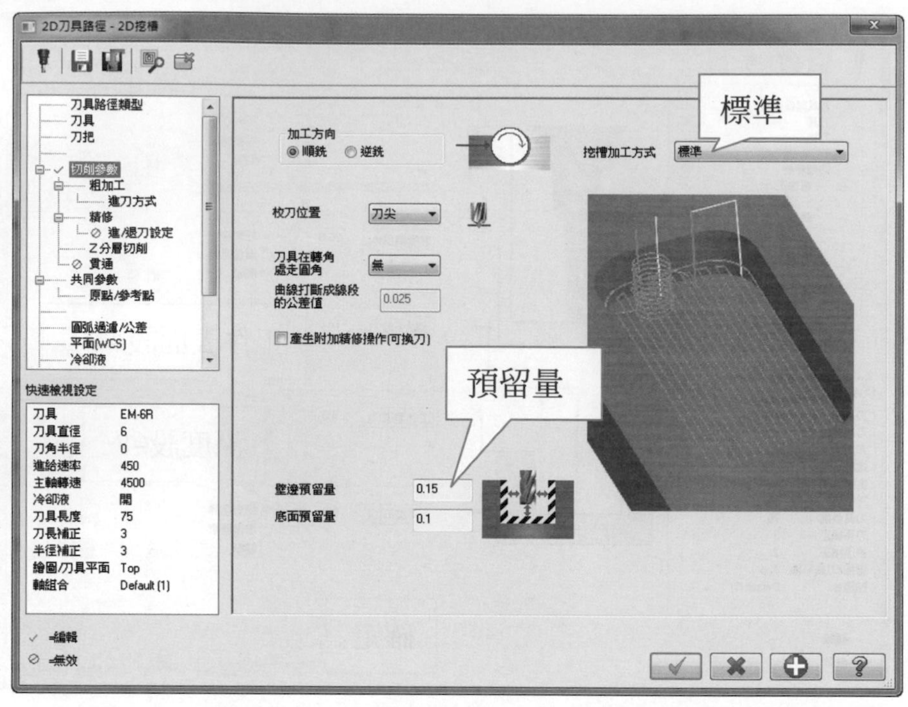

→ 選擇粗加工→選擇平行環切

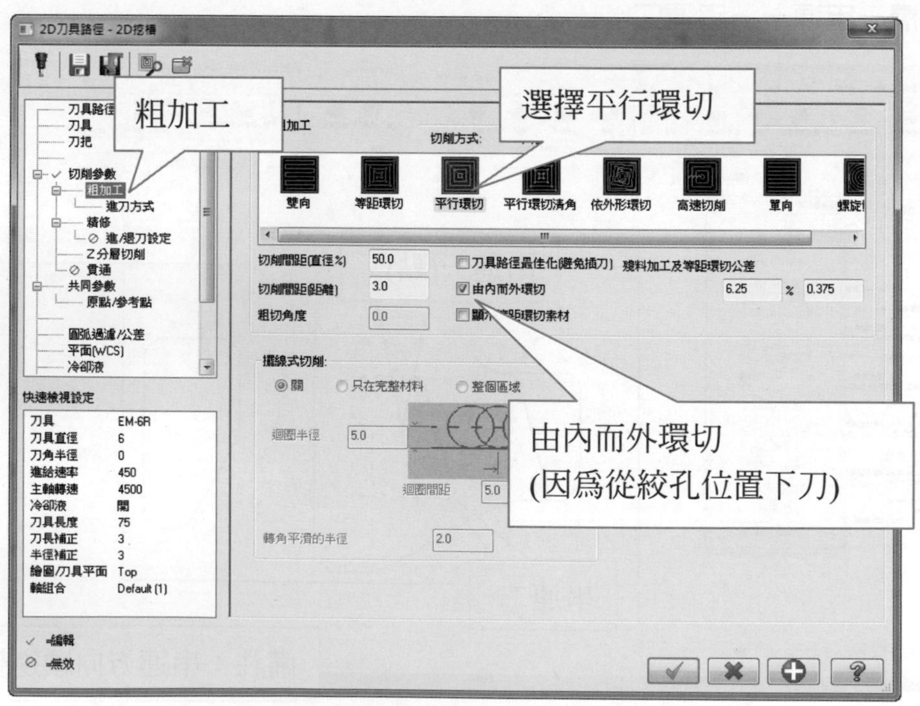

選擇精修→精修外邊界打勾

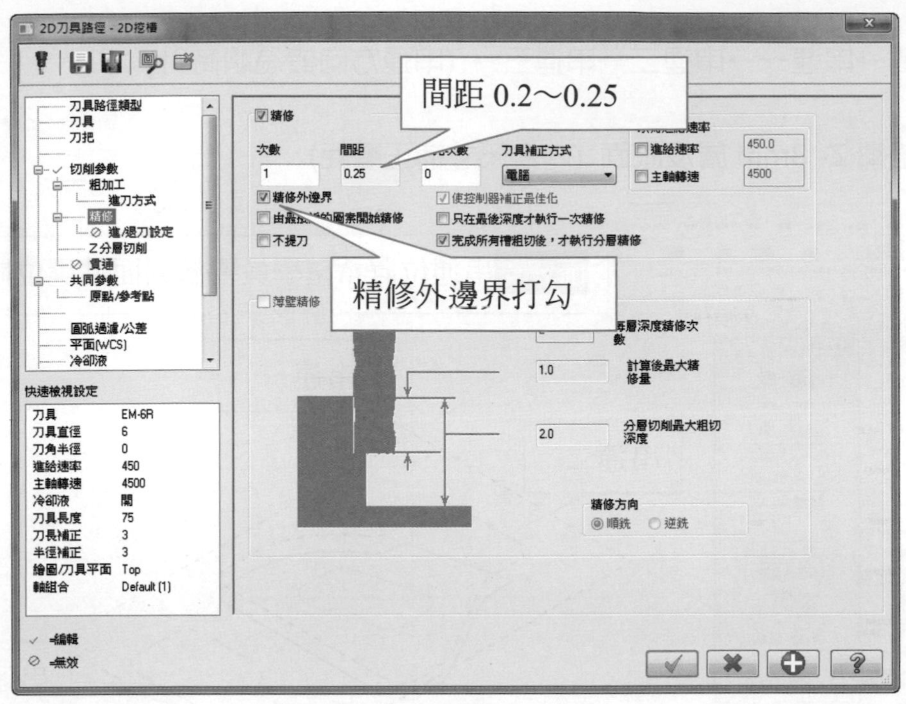

選擇共同參數

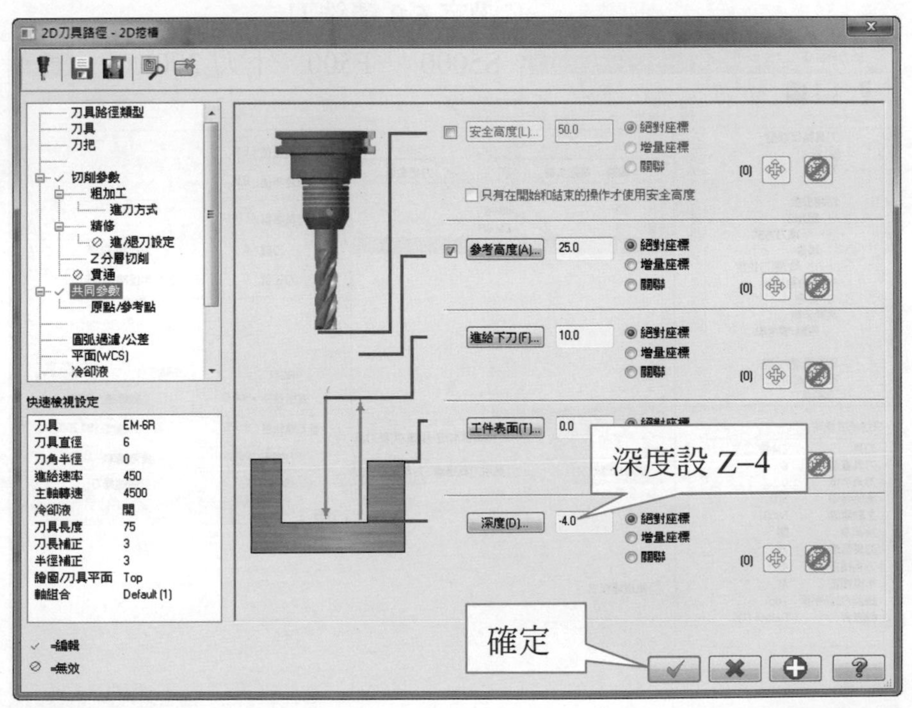

6mm 精銑刀加工設定步驟

選擇挖槽→串連一→串連二→串連三→ (串連方向皆為順時針)

精銑外輪廓 Z- 8mm 層及底面 (內含尺寸補正磨耗)

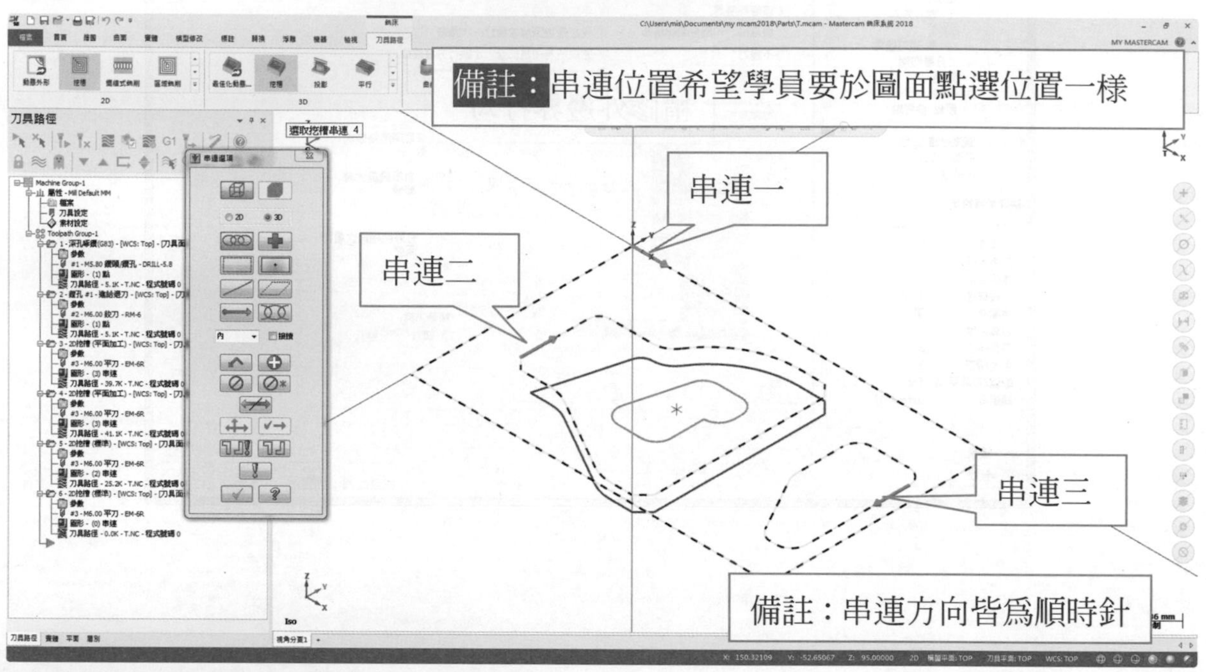

刀具→建立新刀具

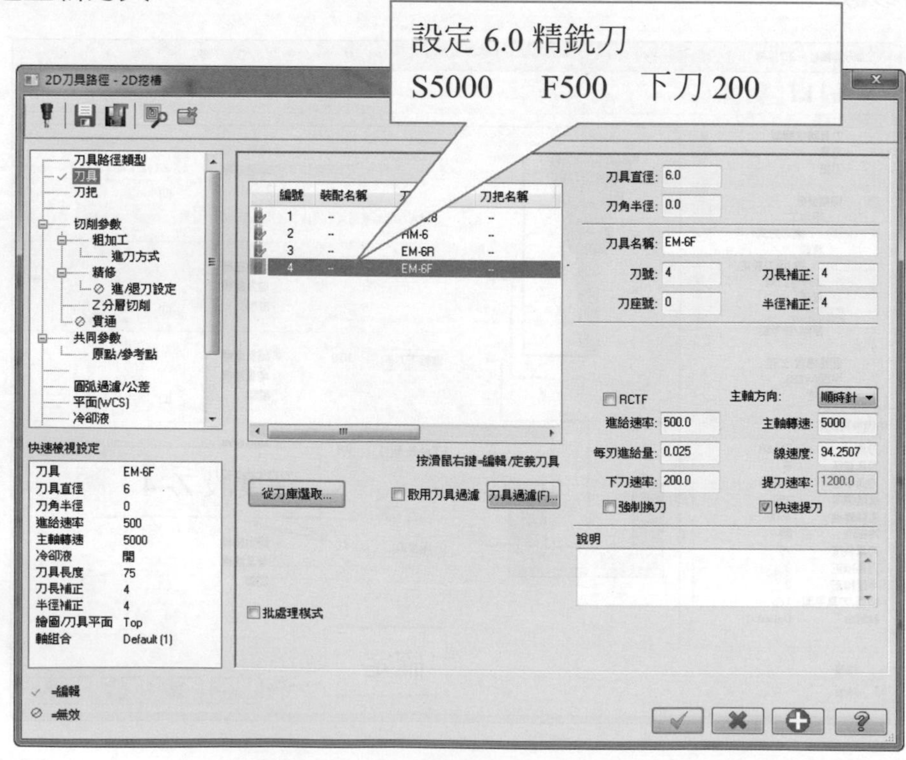

選擇切削參數

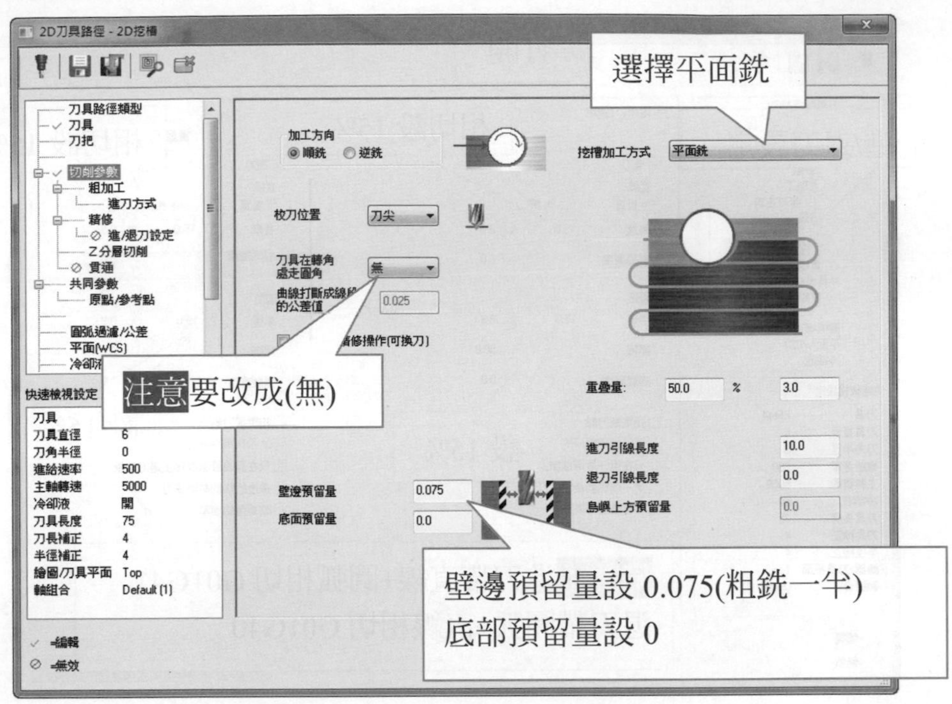

選擇粗加工/精修參數

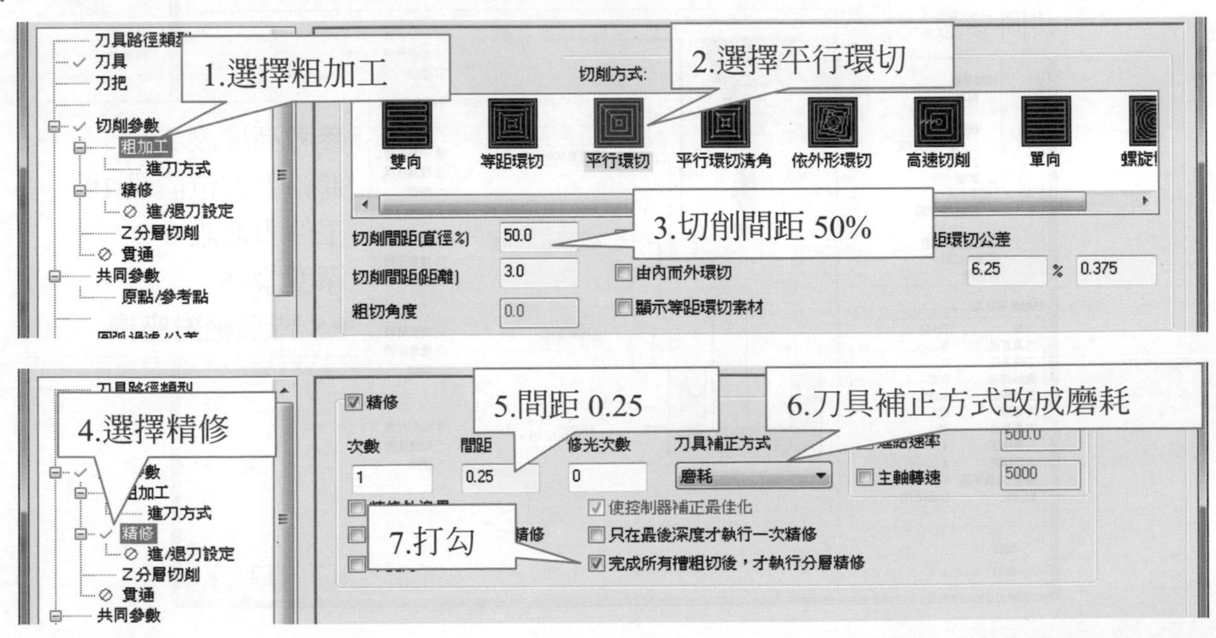

選擇進/退刀設定

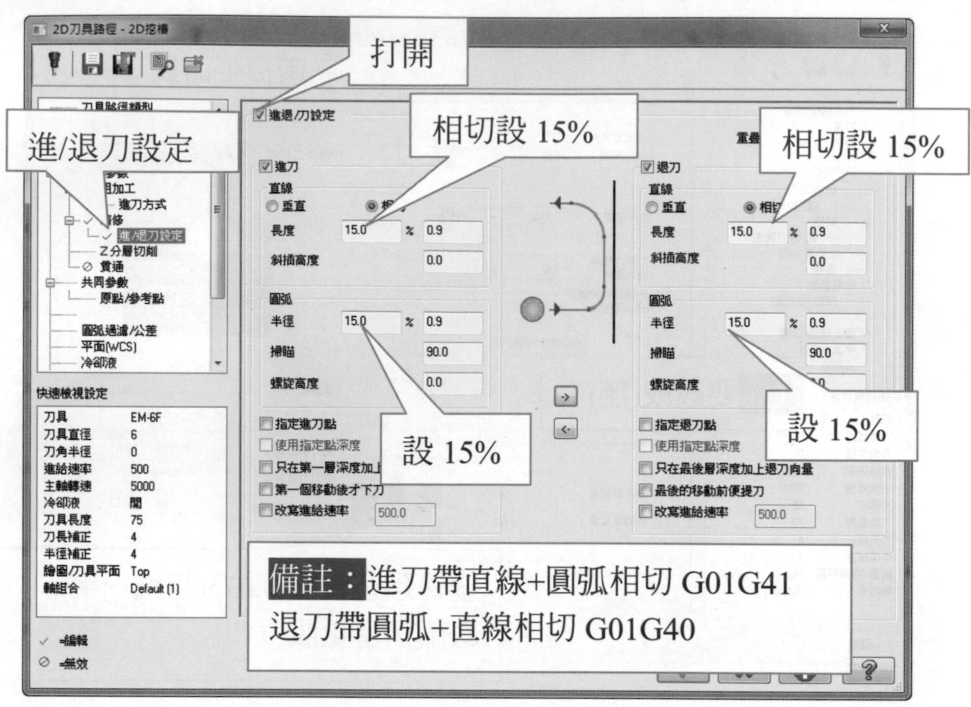

選擇共同參數

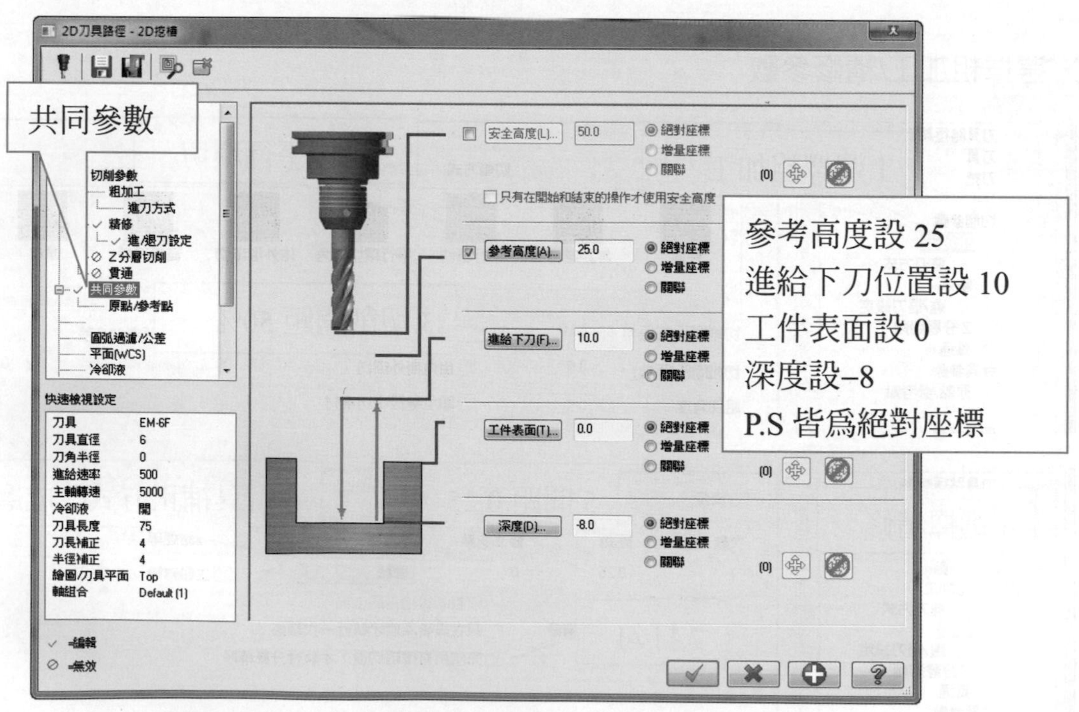

選擇冷卻液→ON 打開

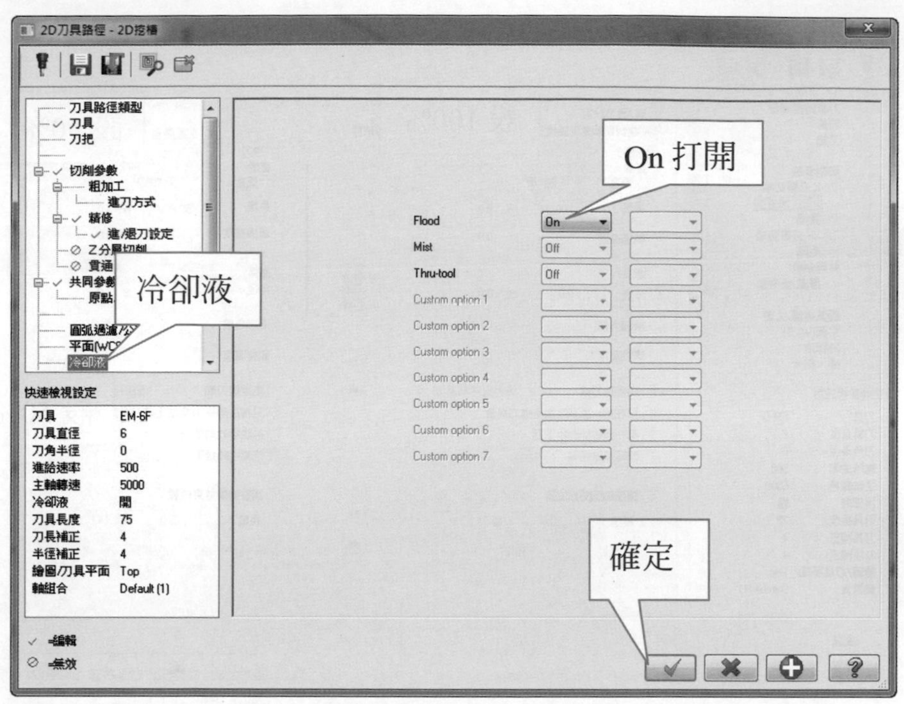

精銑外輪廓 Z- 4mm 層 (內含尺寸補正磨耗)

選擇外型切削→選擇部分串連

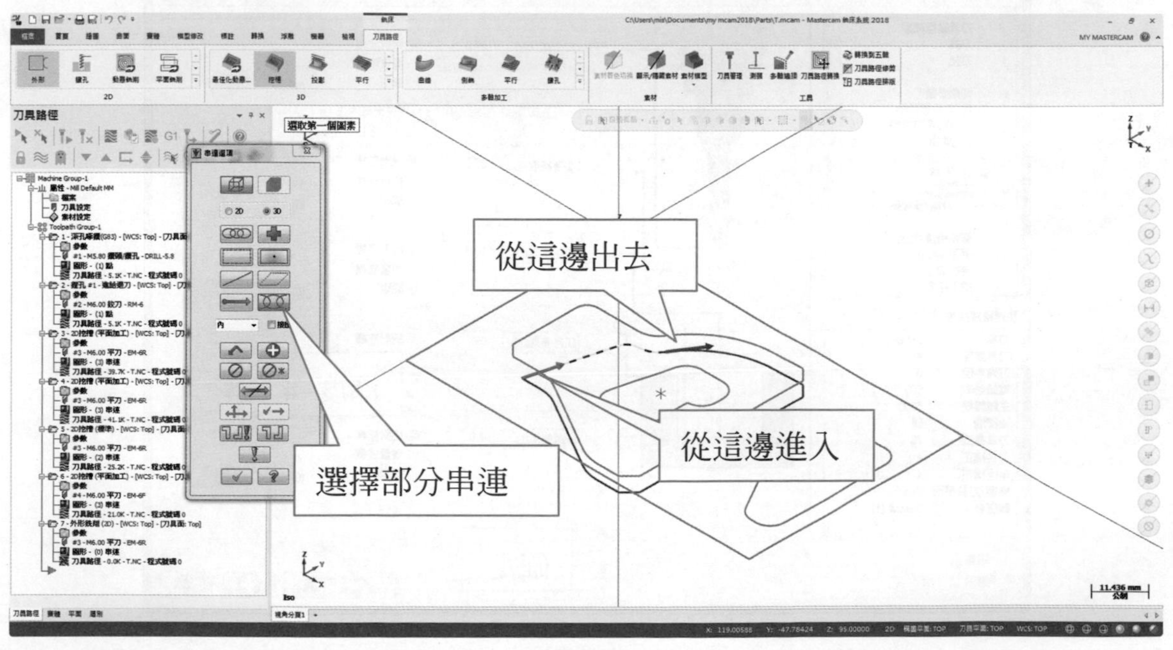

選擇進/退刀設定

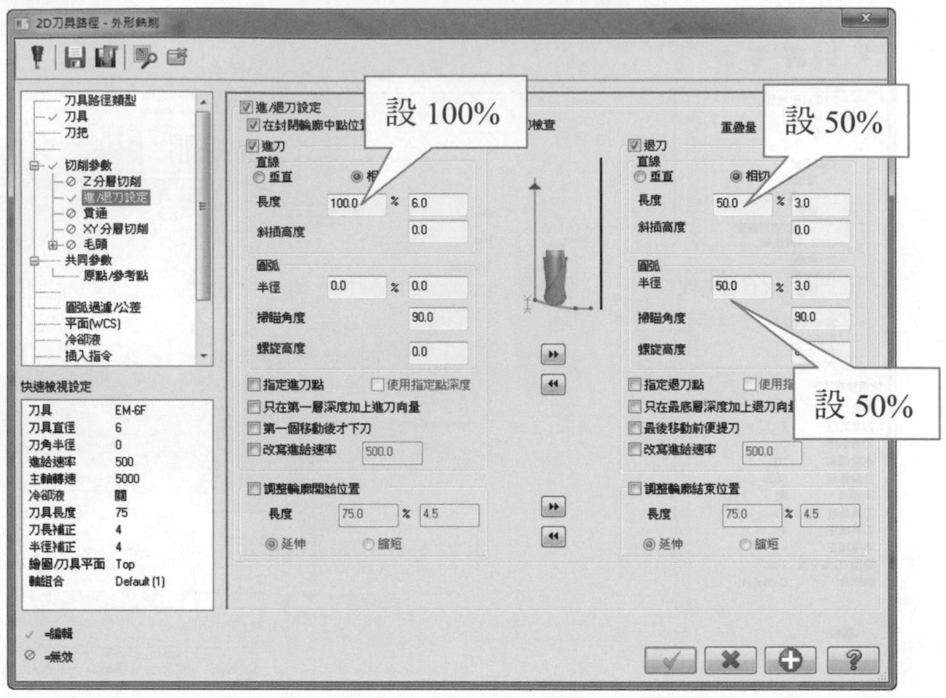

選擇共同參數

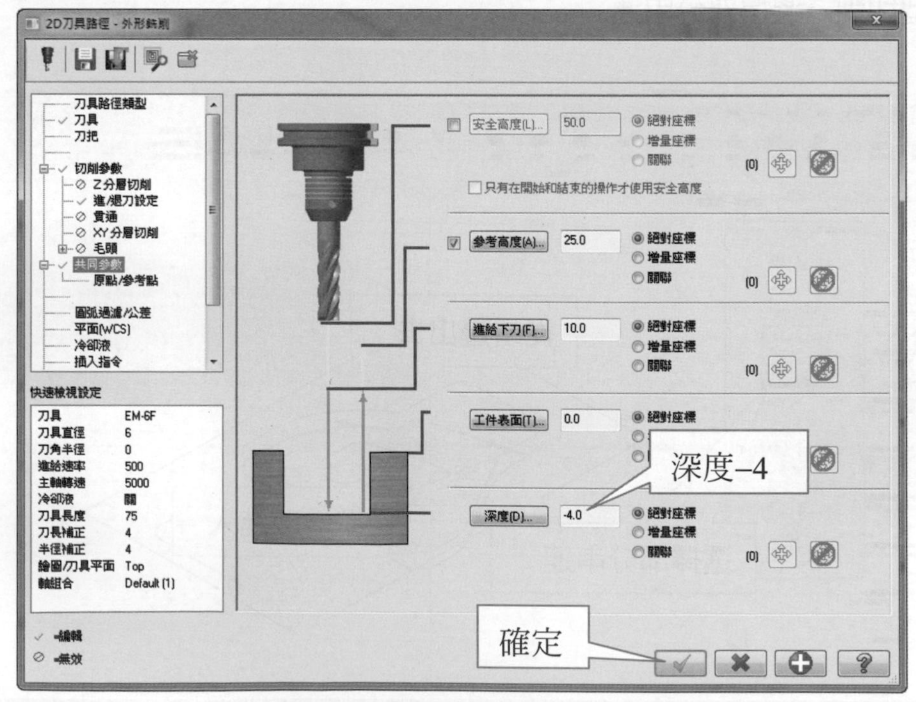

選擇外型切削→選擇單體→串連一 (串連方向由下至上)

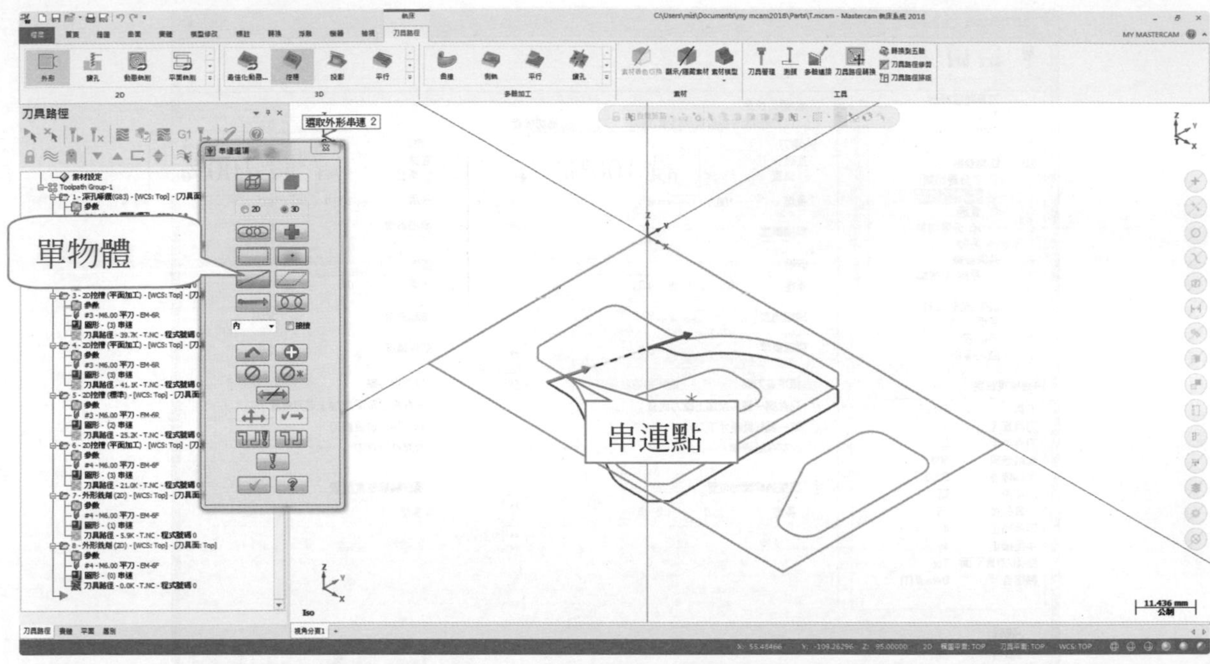

選擇切削參數→選取電腦

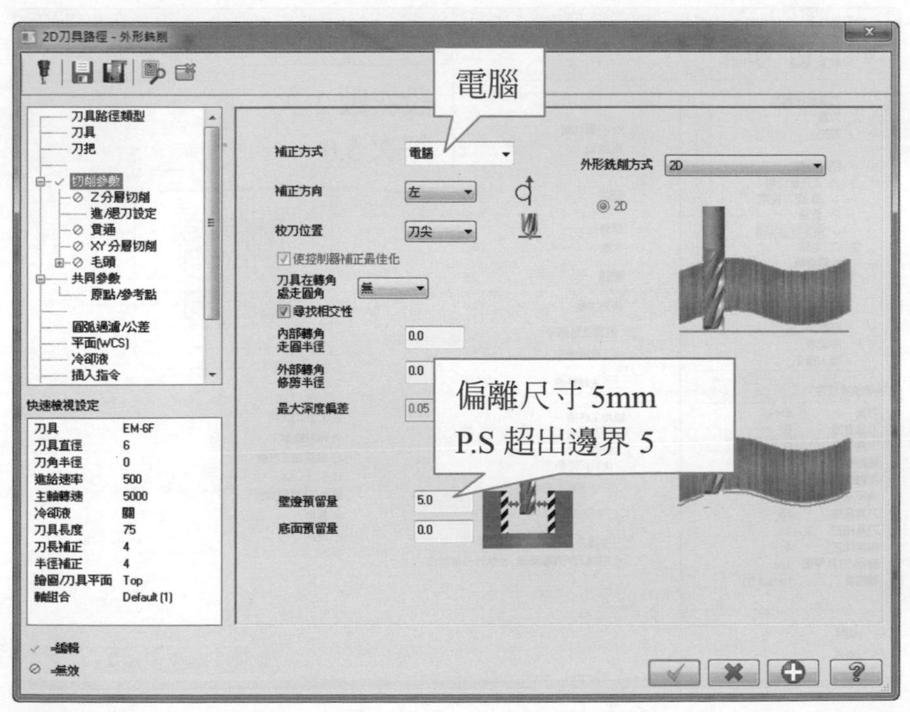

選擇進/退刀設定

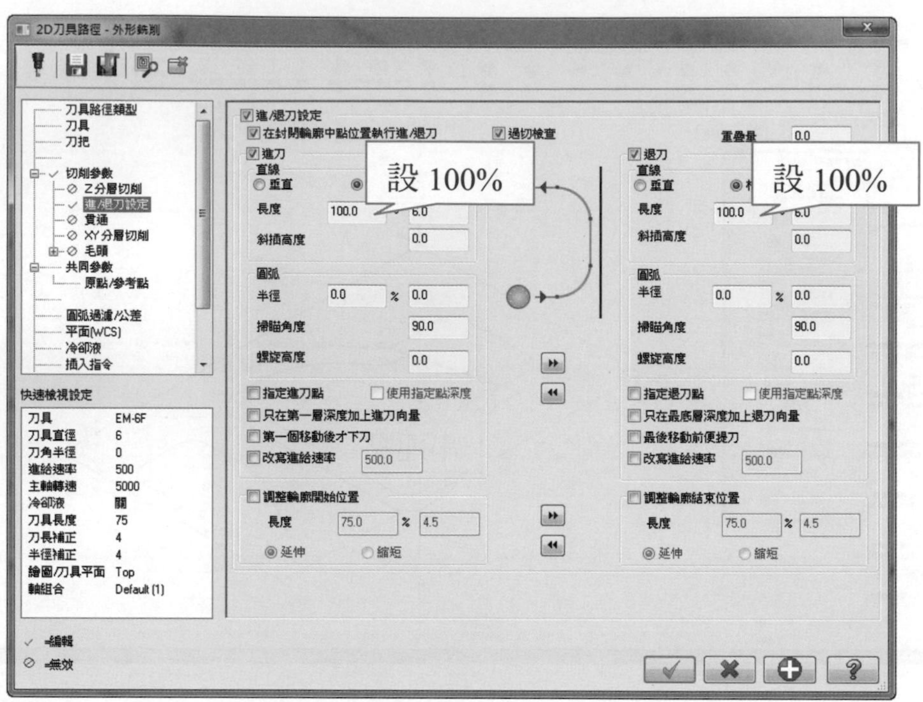

選擇 XY 分層切削

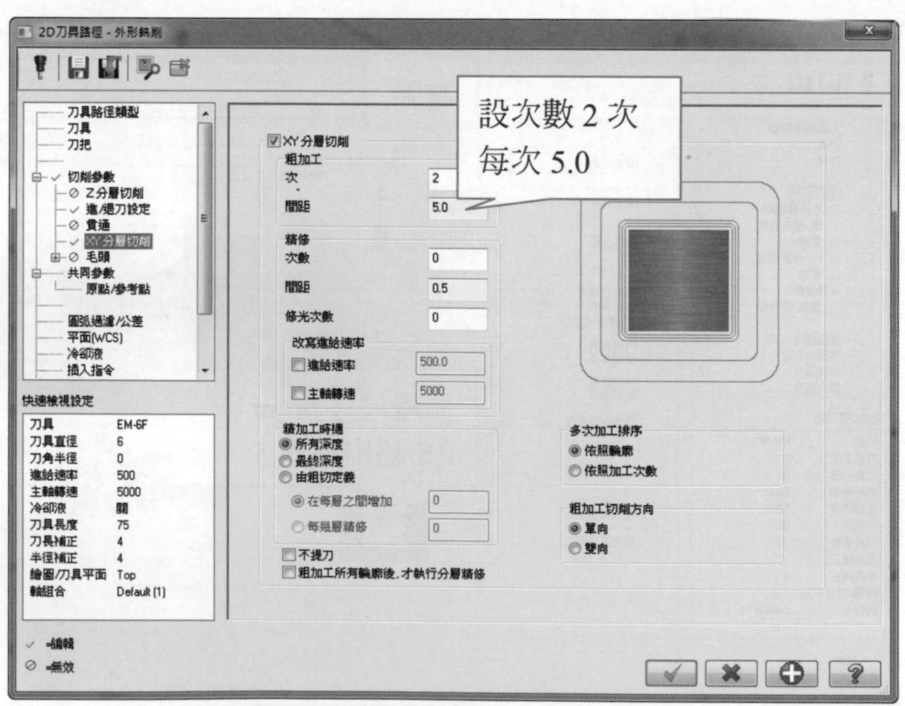

→ 選擇共同參數

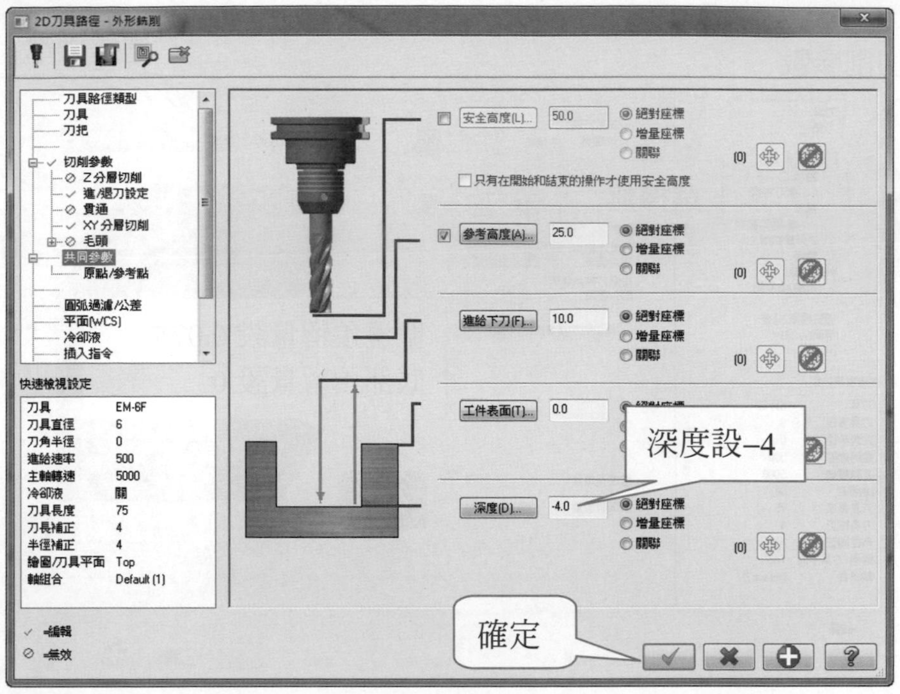

→ 精銑內槽輪廓 Z–4mm 層 (內含尺寸補正磨耗)

→ 選擇挖槽

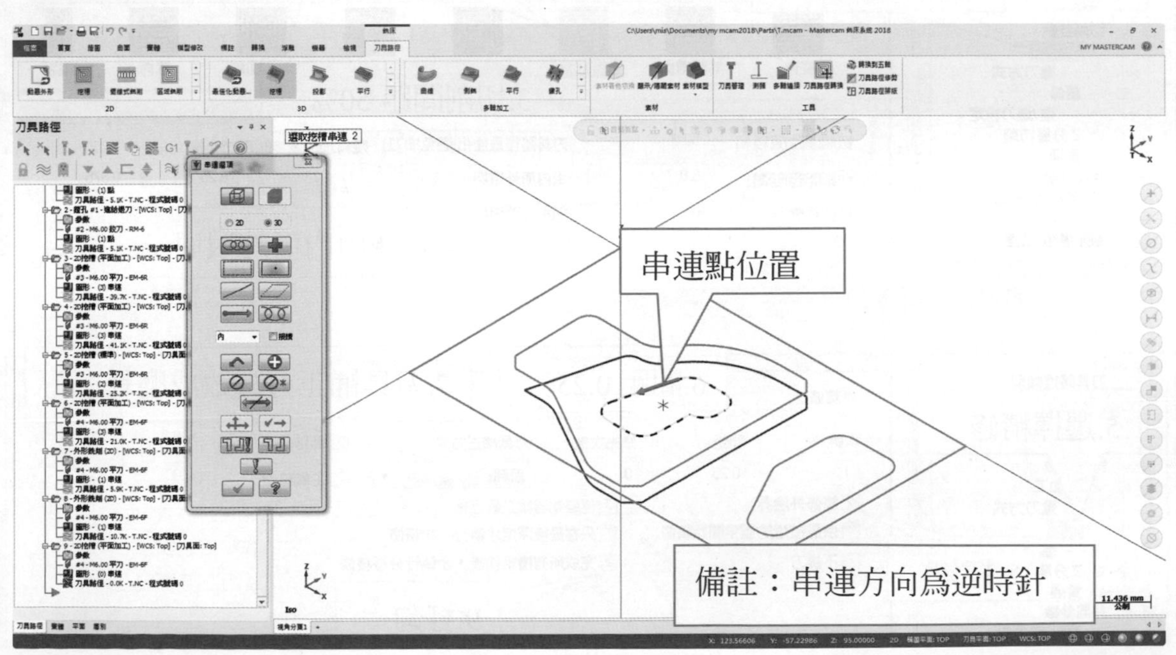

選擇切削參數

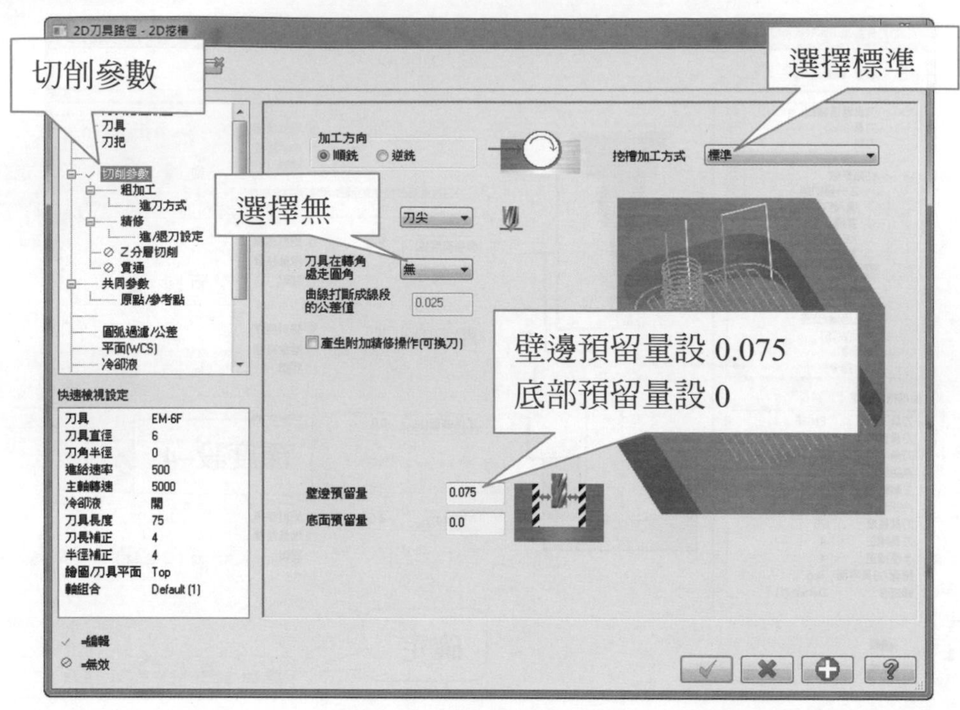

選擇粗加工/精修參數

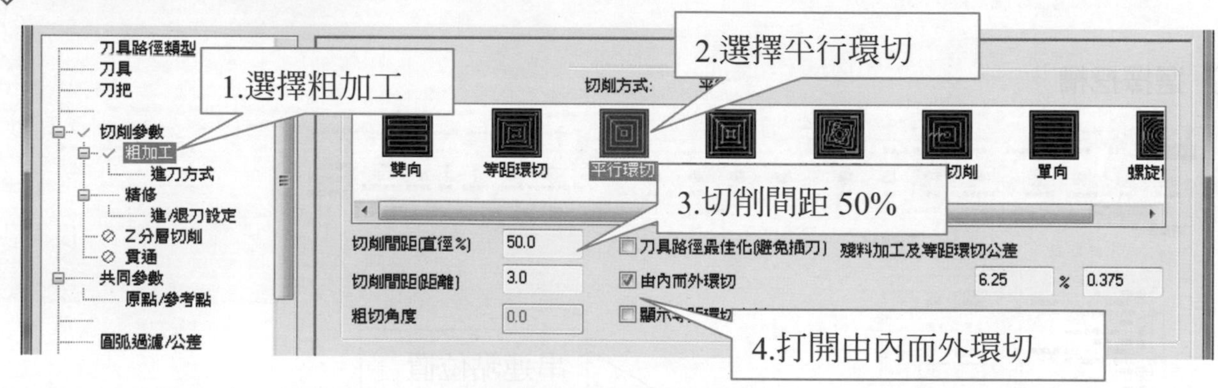

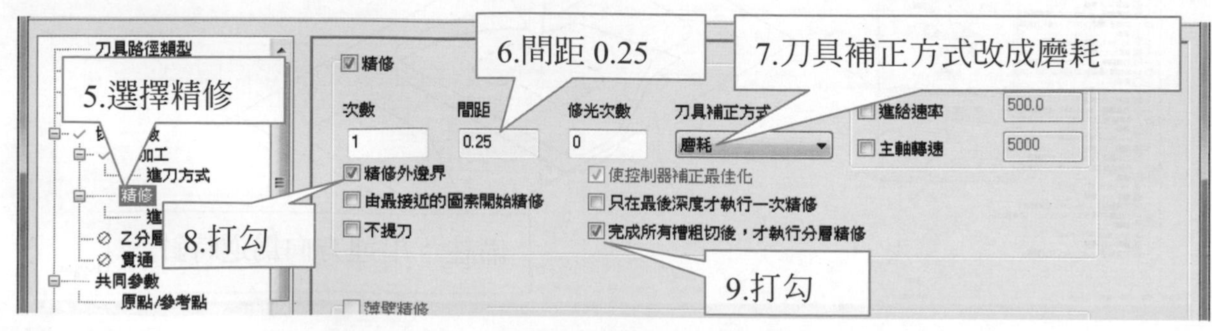

選擇進/退刀設定

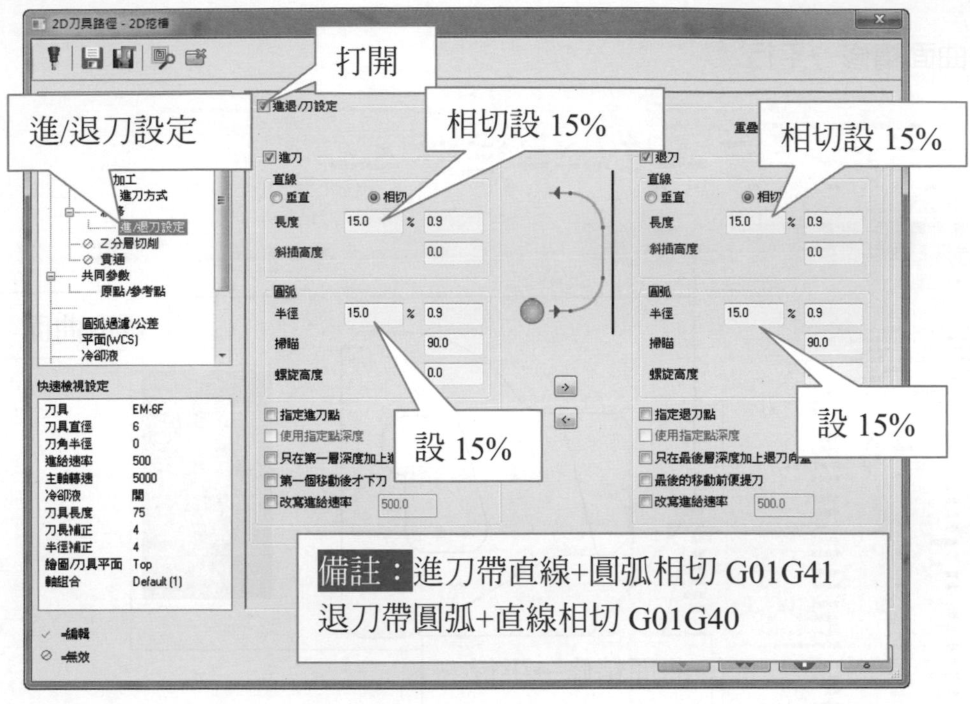

選擇共同參數

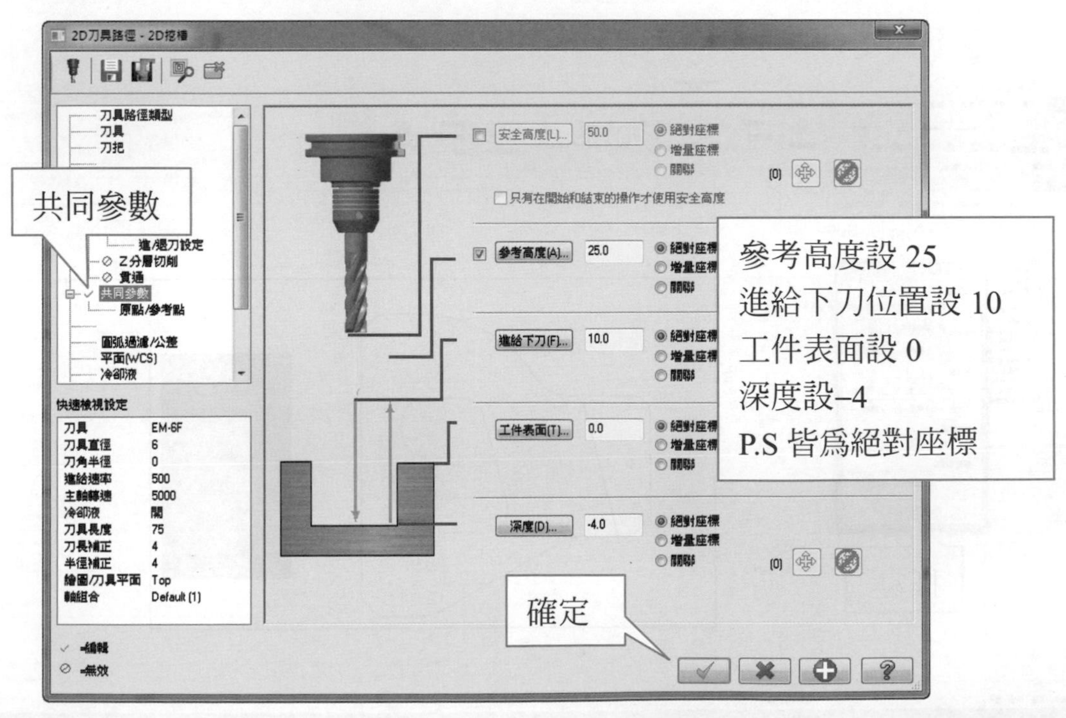

曲面加工 6mm 球刀加工設定步驟

選擇曲面精修→平行

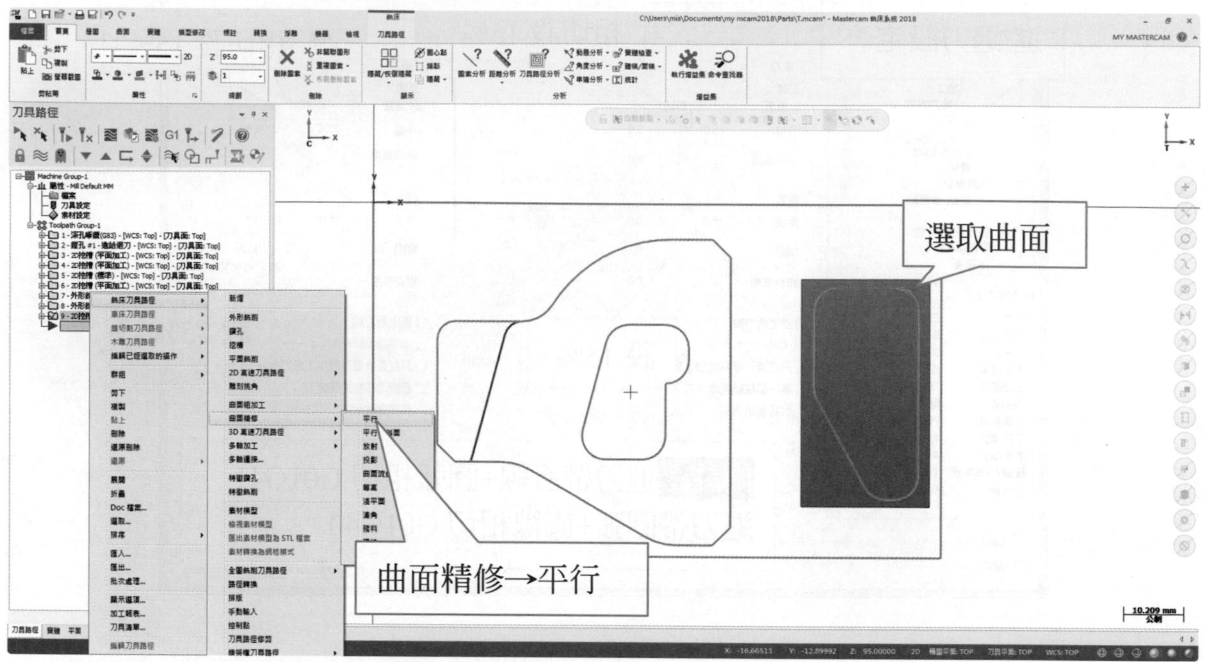

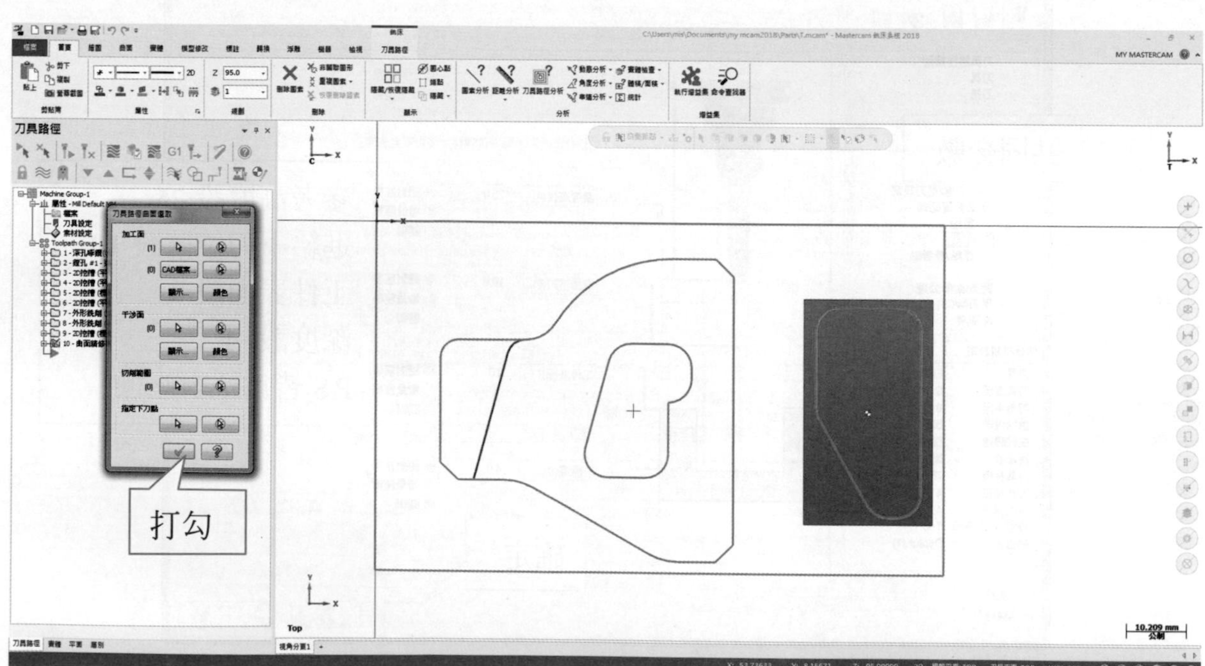

刀具→建立新刀具→選擇球刀

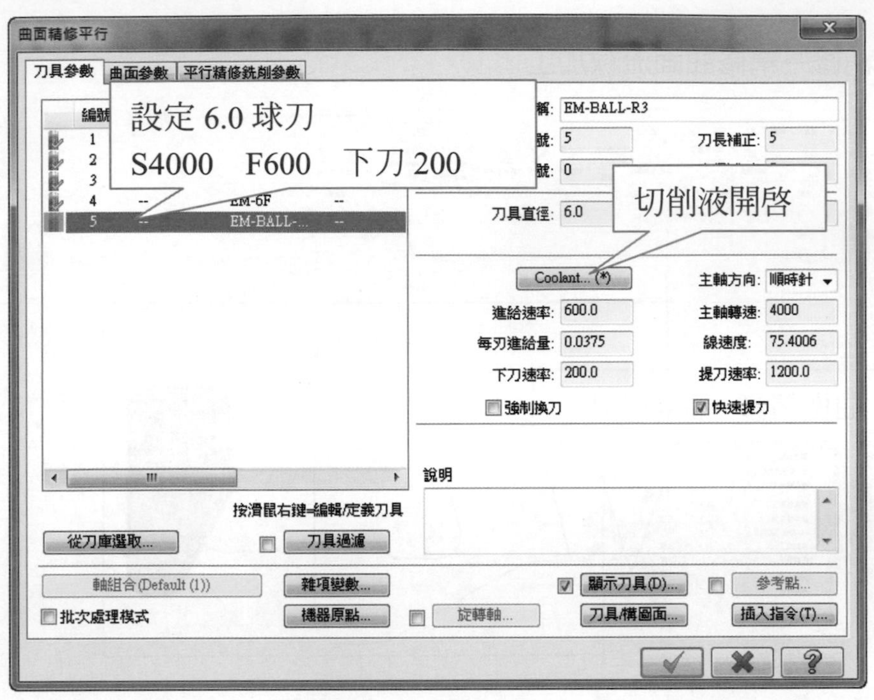

選擇平行精修銑削參數

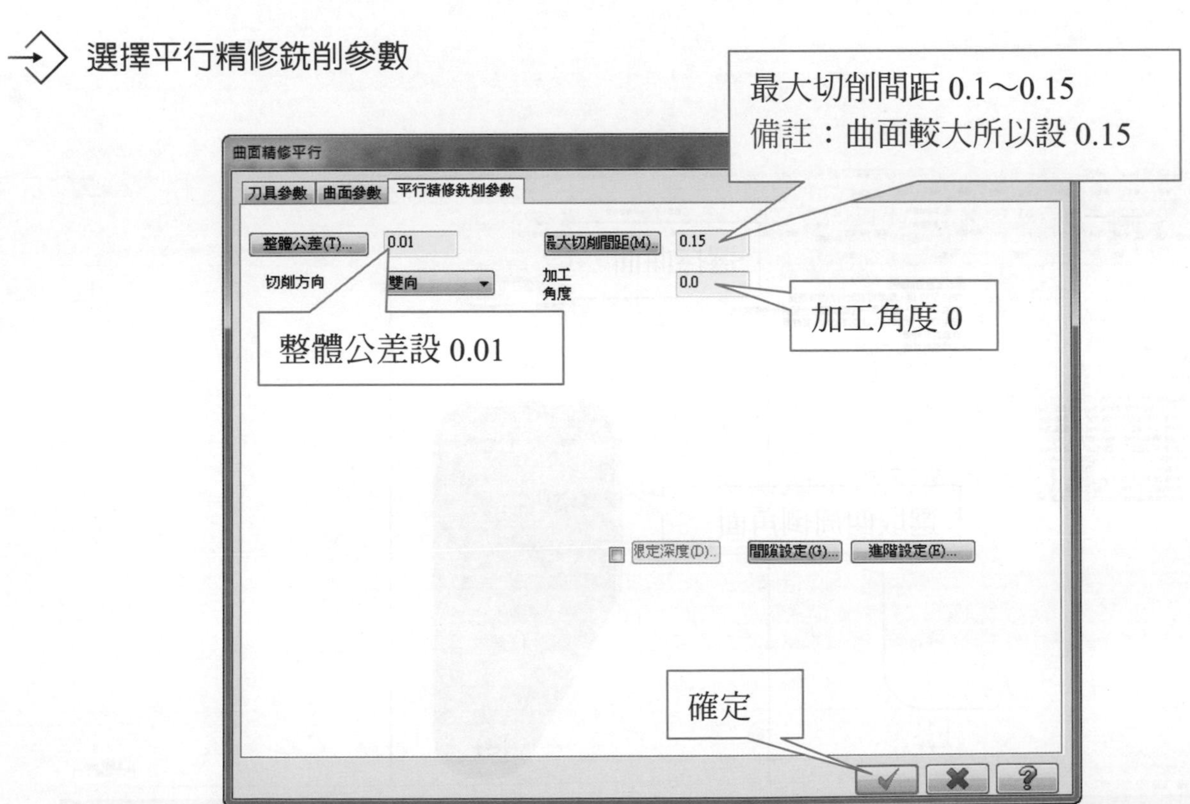

曲面倒角 0.5×45˚C

選擇曲面精修→精修曲面流線加工

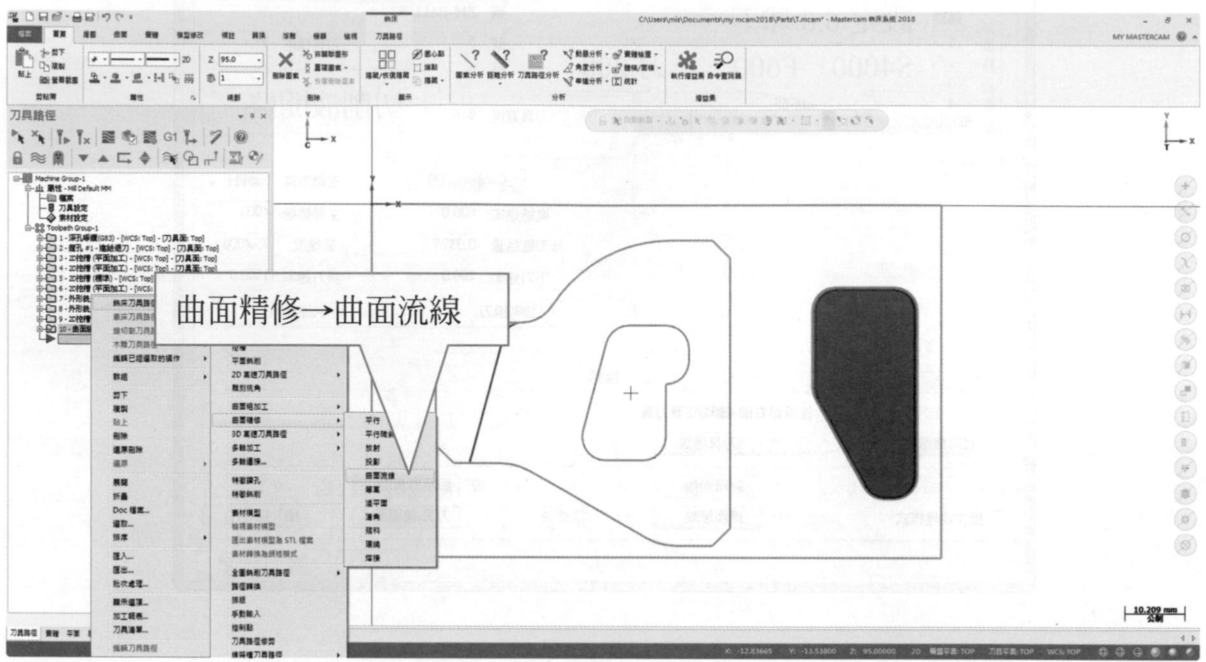

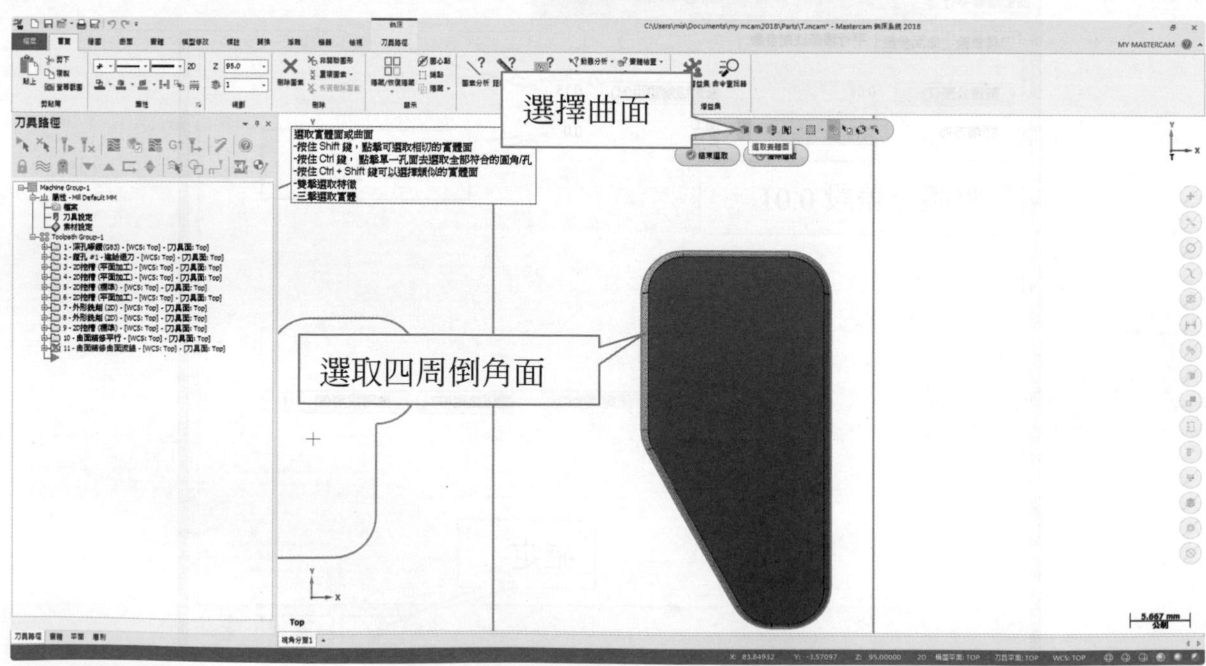

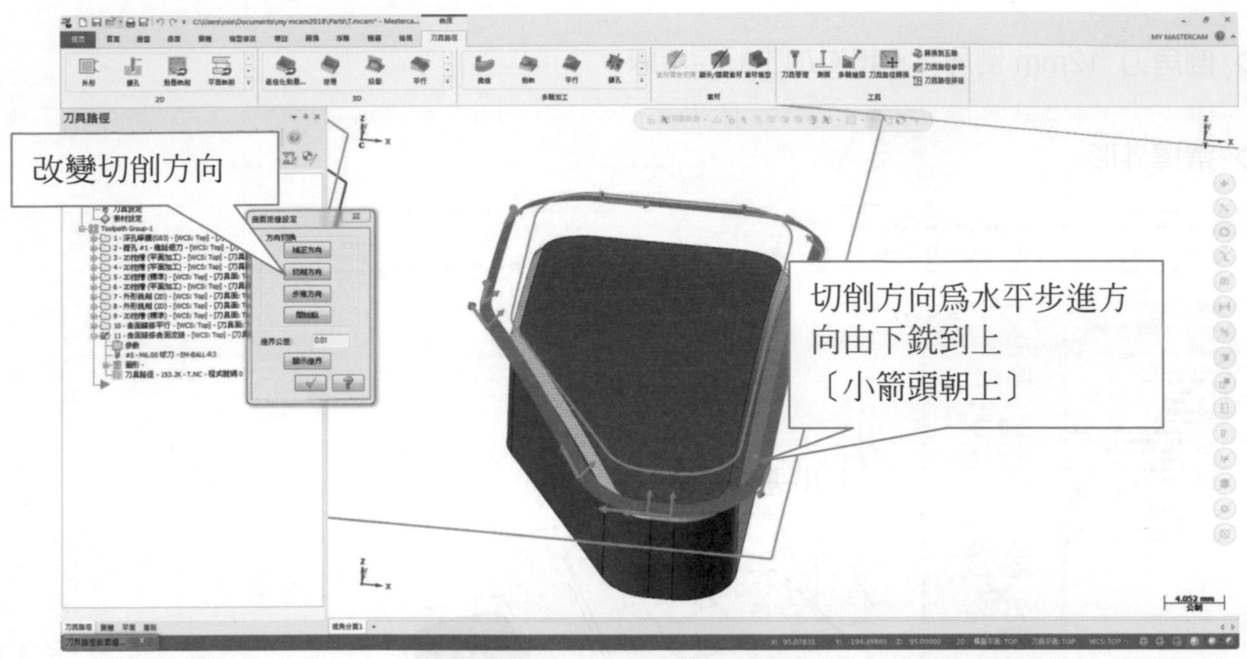
改變切削方向
切削方向為水平步進方向由下銑到上〔小箭頭朝上〕

選擇曲面流線精修參數

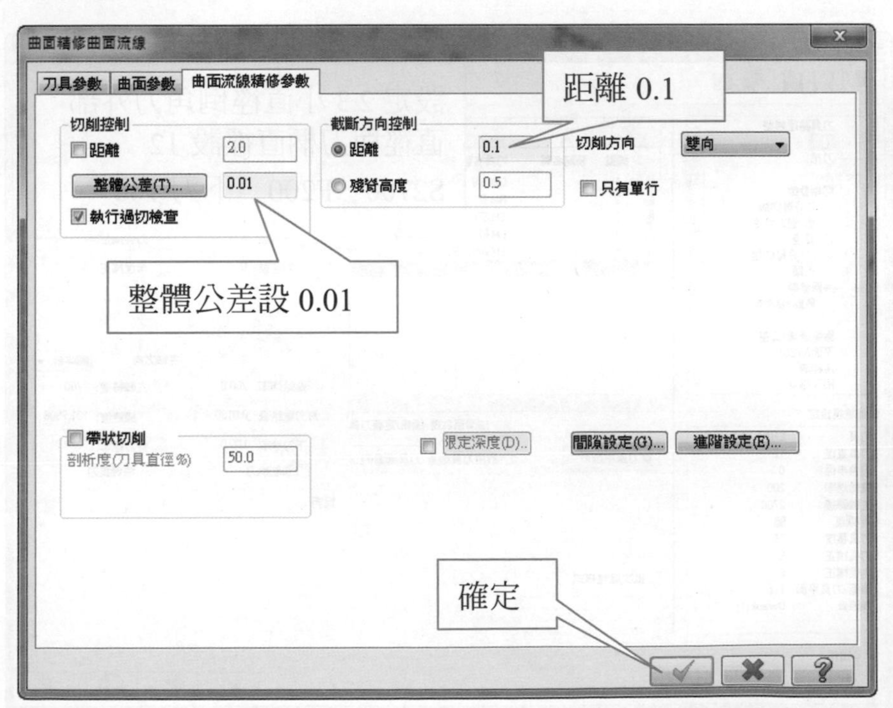
曲面精修曲面流線
刀具參數
曲面參數
曲面流線精修參數
距離 0.1
切削控制
距離
2.0
整體公差(T)...
0.01
執行過切檢查
截斷方向控制
距離
0.1
殘脊高度
0.5
切削方向
雙向
只有單行
整體公差設 0.01
帶狀切削
剖析度(刀具直徑 %)
50.0
限定深度(D)...
間隙設定(G)...
進階設定(E)...
確定

倒角刀 12mm 倒角 1×45˚C加工設定步驟

選擇外形

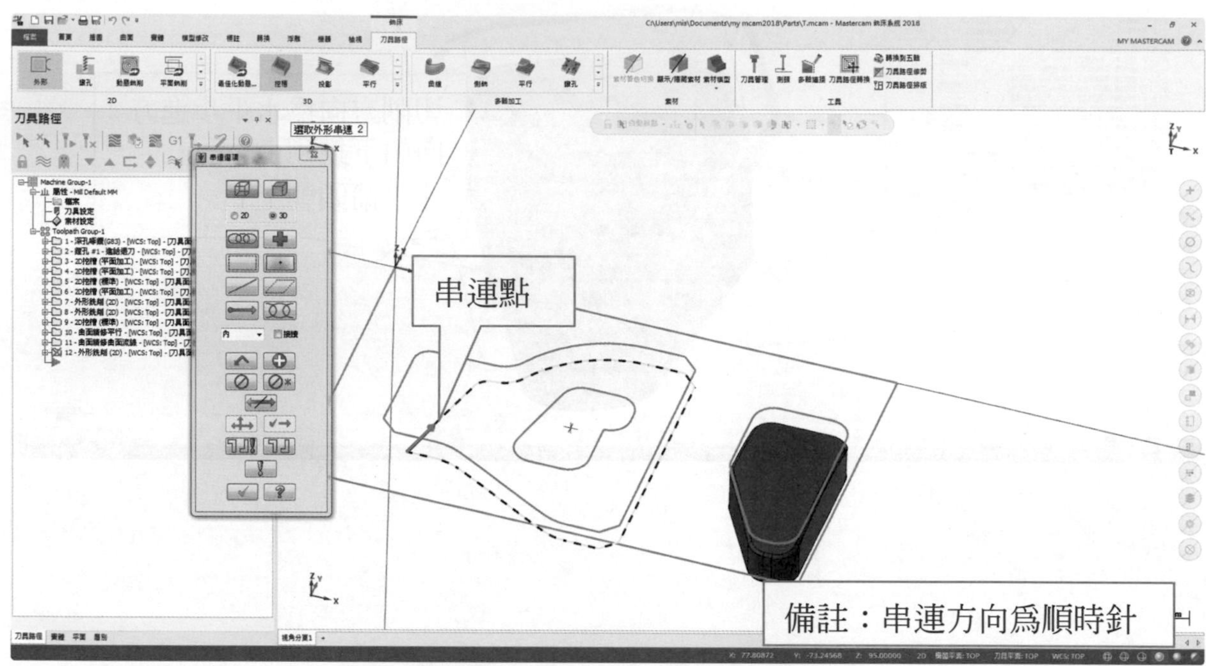

刀具→建立新刀具→選取倒角刀

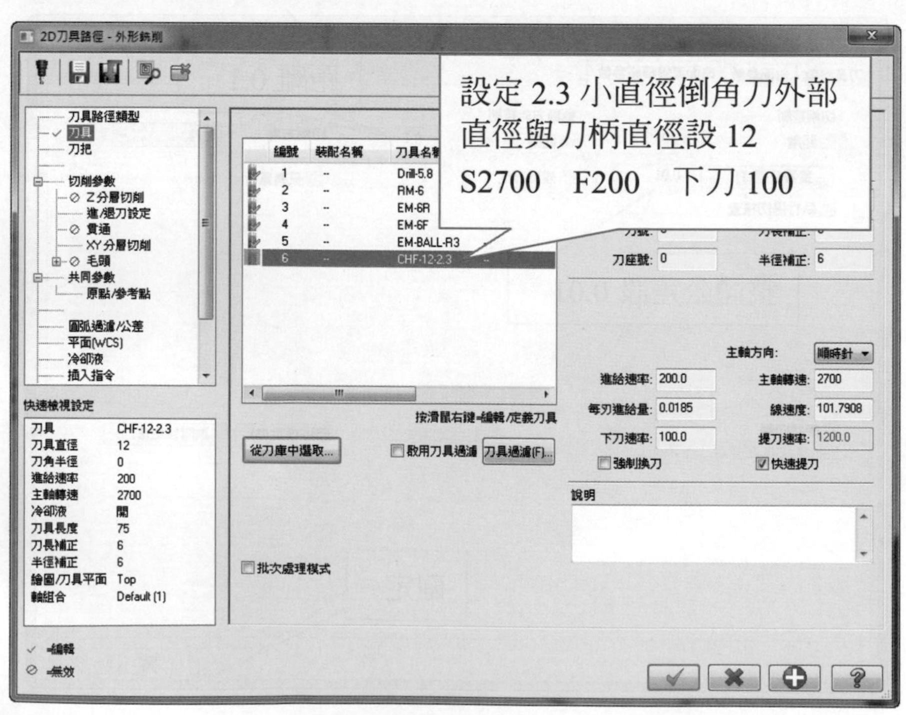

選擇切削參數→選取電腦→選取 2D 倒角

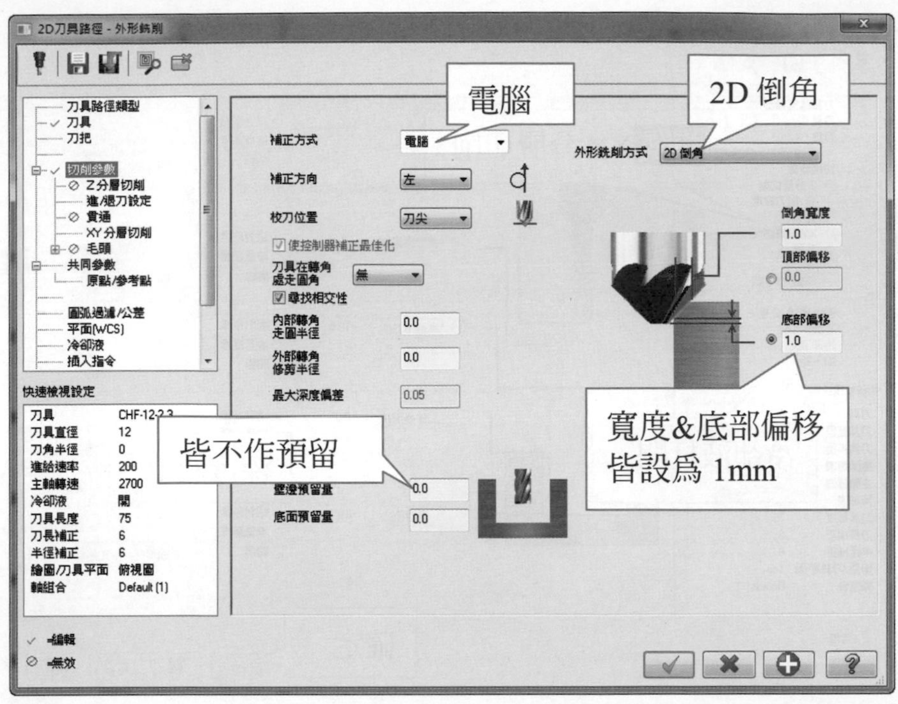

選擇進/退刀設定

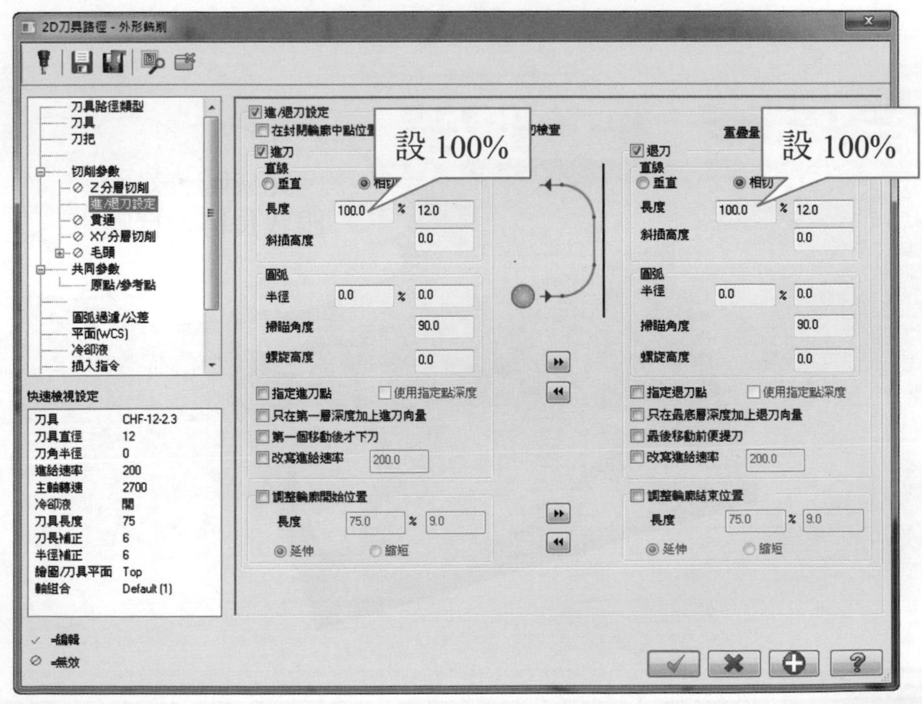

選擇共同參數

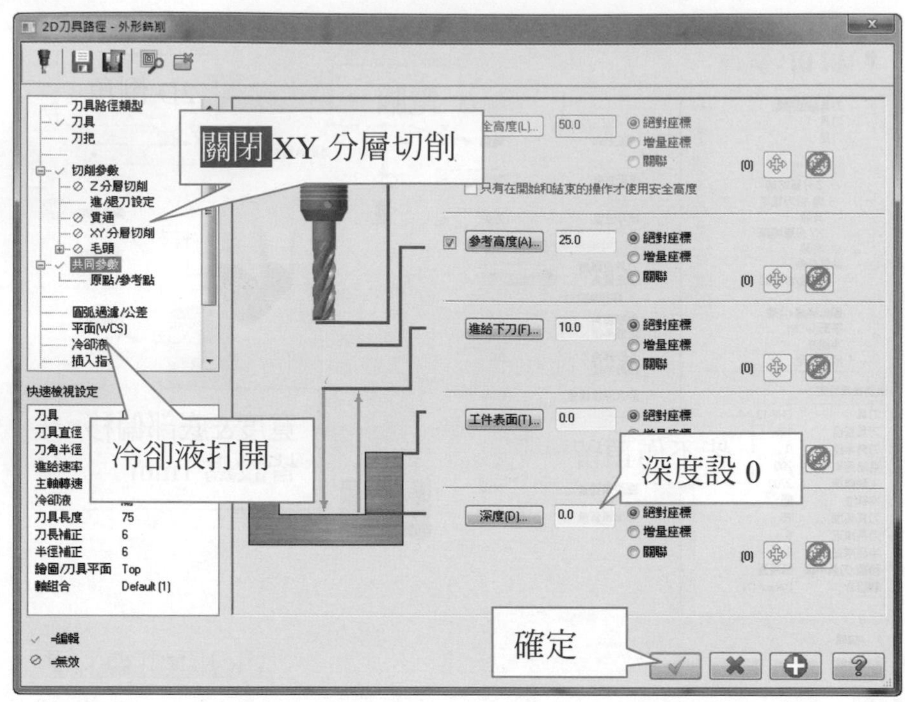
2D刀具路徑 - 外形銑削
關閉 XY 分層切削
冷卻液打開
深度設 0
確定
參考高度(A)...
25.0
進給下刀(F)...
10.0
工件表面(T)...
0.0
深度(D)...
0.0
絕對座標
增量座標
關聯
只有在開始和結束的操作才使用安全高度
刀具路徑類型
刀具
刀把
切削參數
Z 分層切削
進/退刀設定
貫通
XY 分層切削
毛頭
共同參數
原點/參考點
圓弧過濾/公差
平面(WCS)
快速檢視設定
刀具長度
75
刀長補正
6
半徑補正
6
繪圖/刀具平面
Top
軸組合
Default (1)
=編輯
=無效

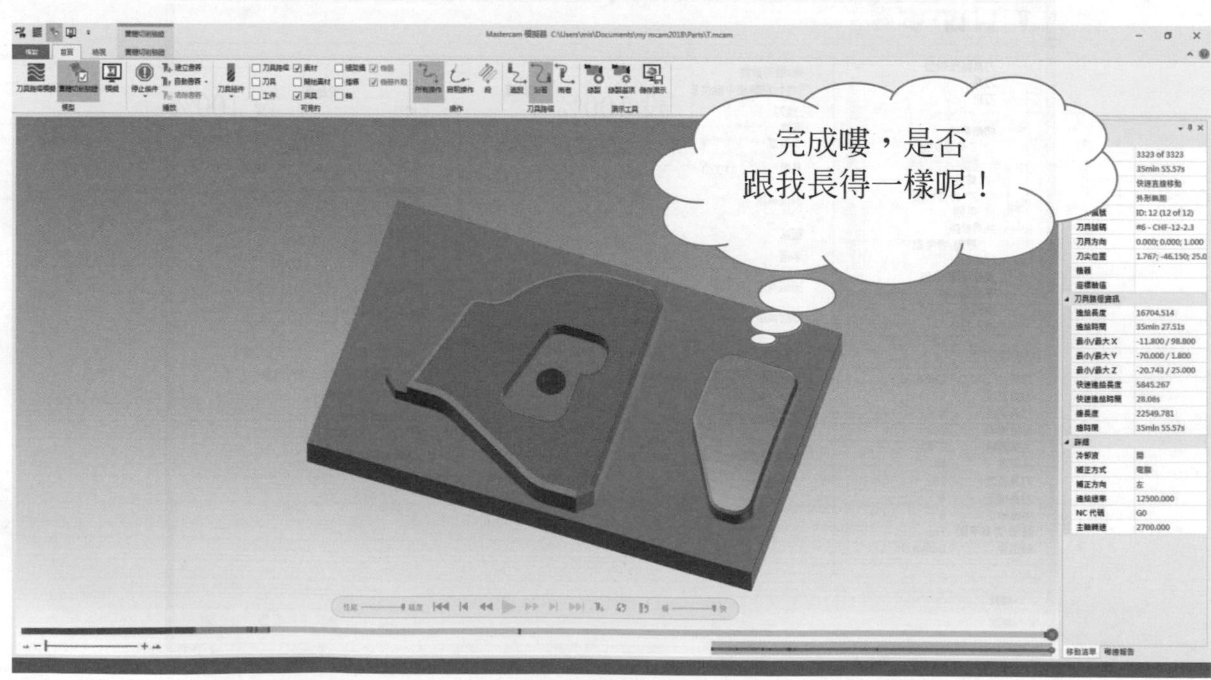
完成嘍，是否
跟我長得一樣呢！

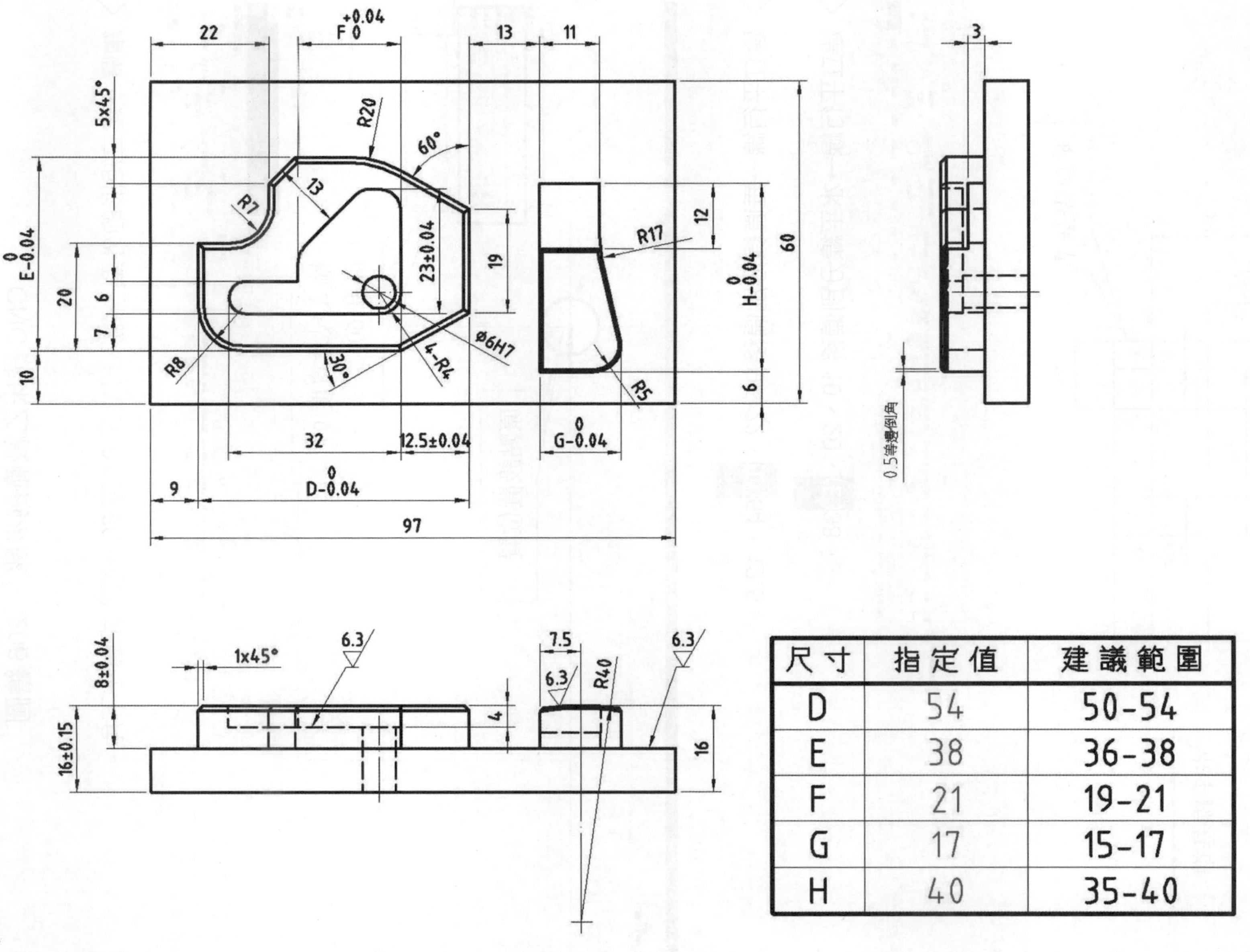

尺寸	指定值	建議範圍
D	54	50-54
E	38	36-38
F	21	19-21
G	17	15-17
H	40	35-40

CNC 銑床乙級範例步驟 206 繪圖

繪圖→建立矩形的外型→輸入尺寸長 97 寬 60→原點設置左下角。

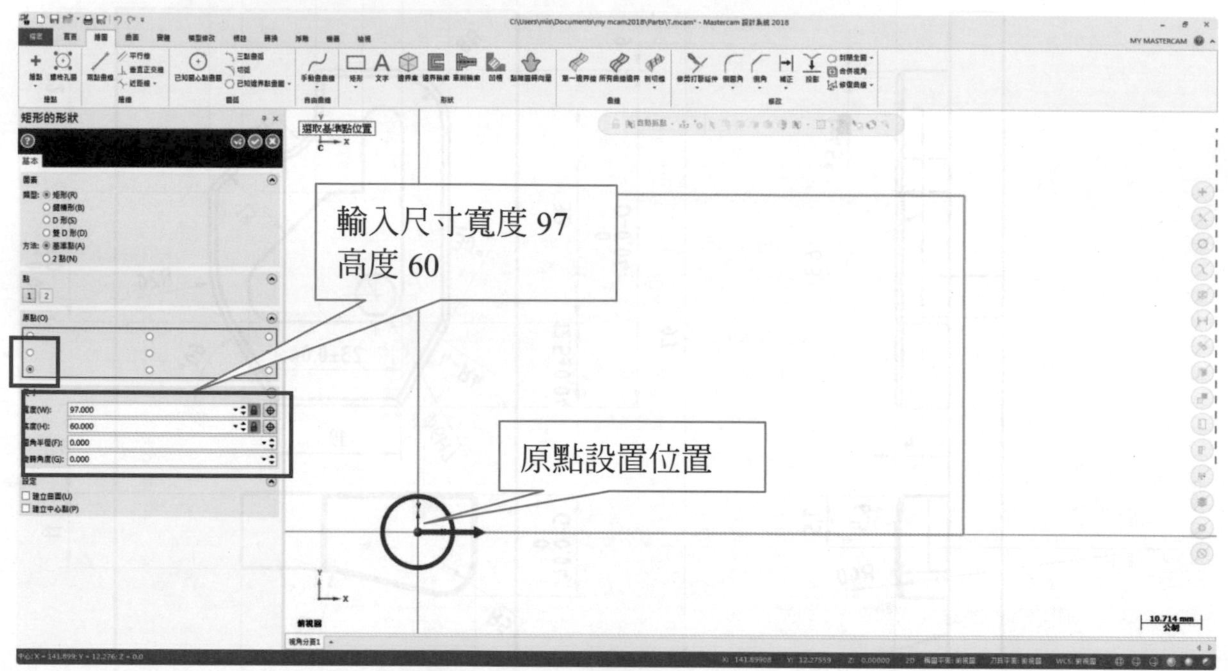

建立平行線→垂直線分別偏移 9、22、(D)54、12.5。

建立平行線→水平線分別偏移 10、20、(E)38。

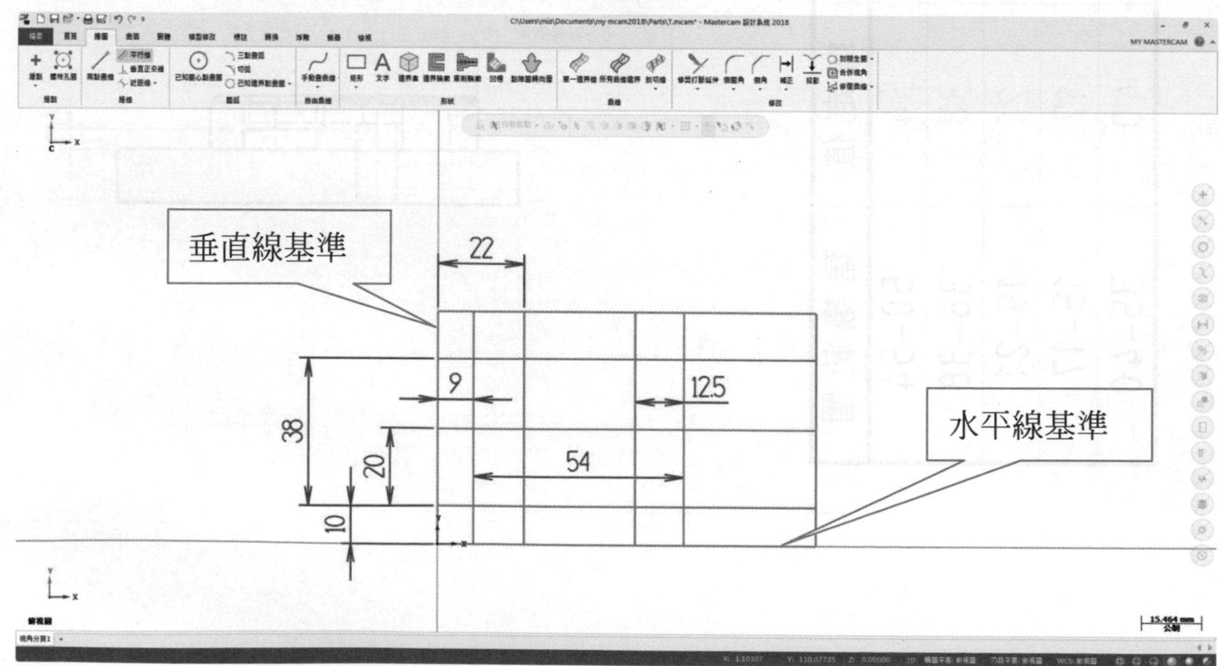

建立任意兩點畫線→畫一條 30 度的直線。

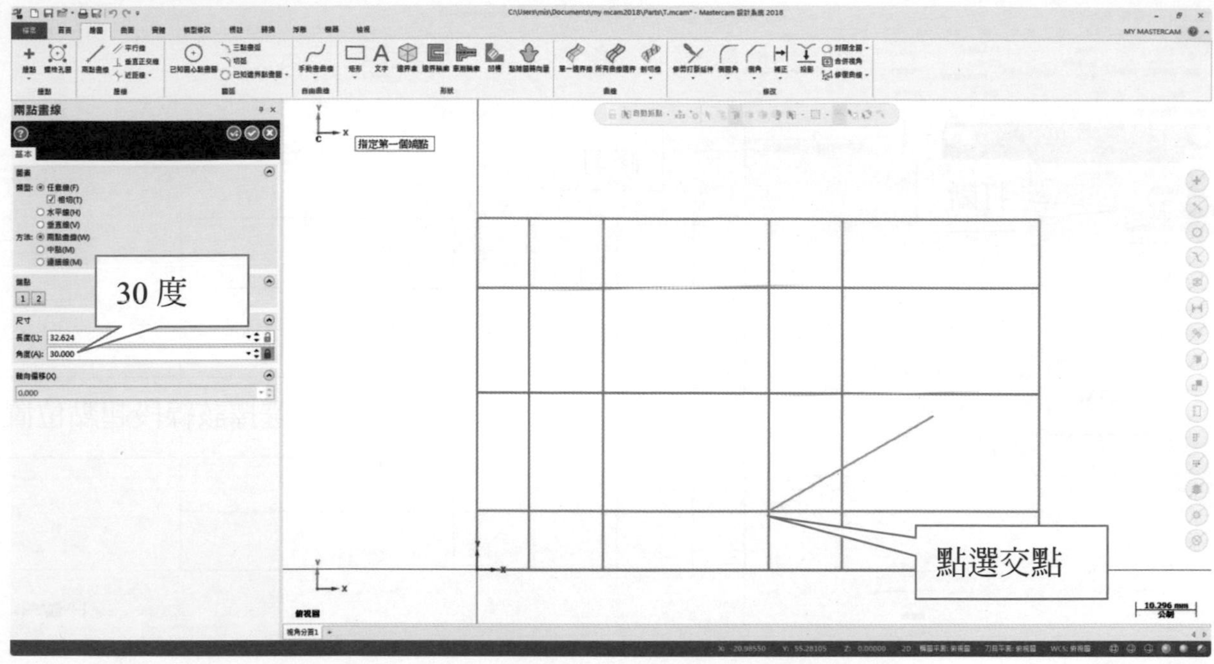

把圖修剪至下圖一樣。

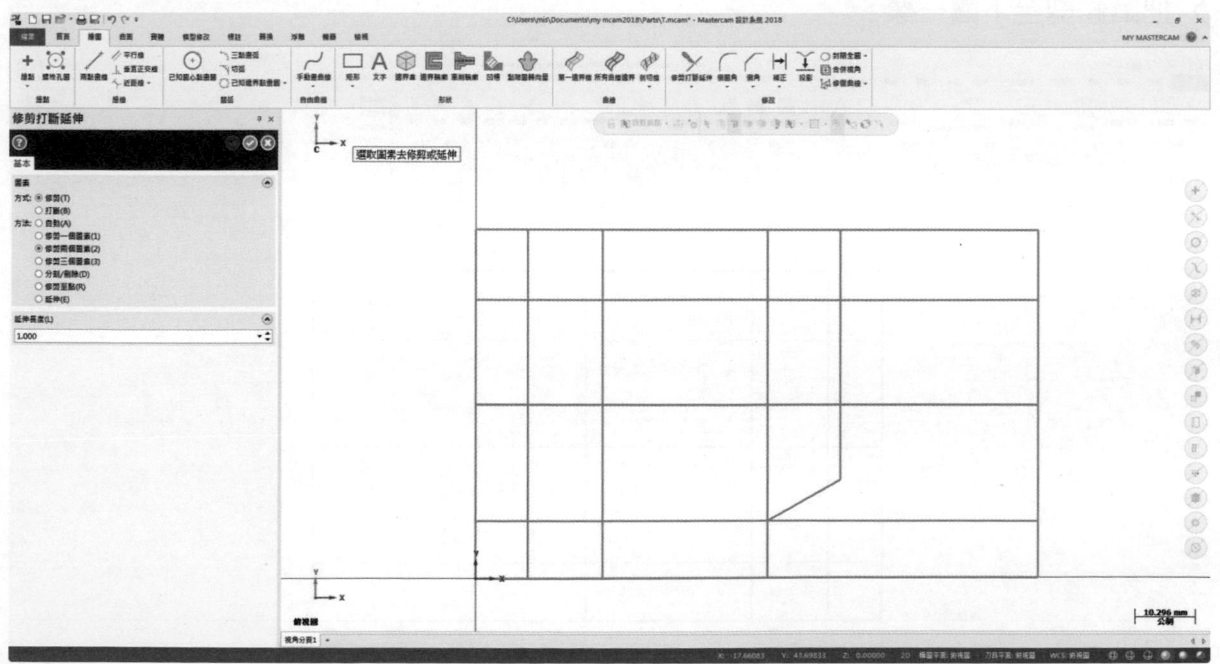

修剪→打斷→輸入-19→選取線段。

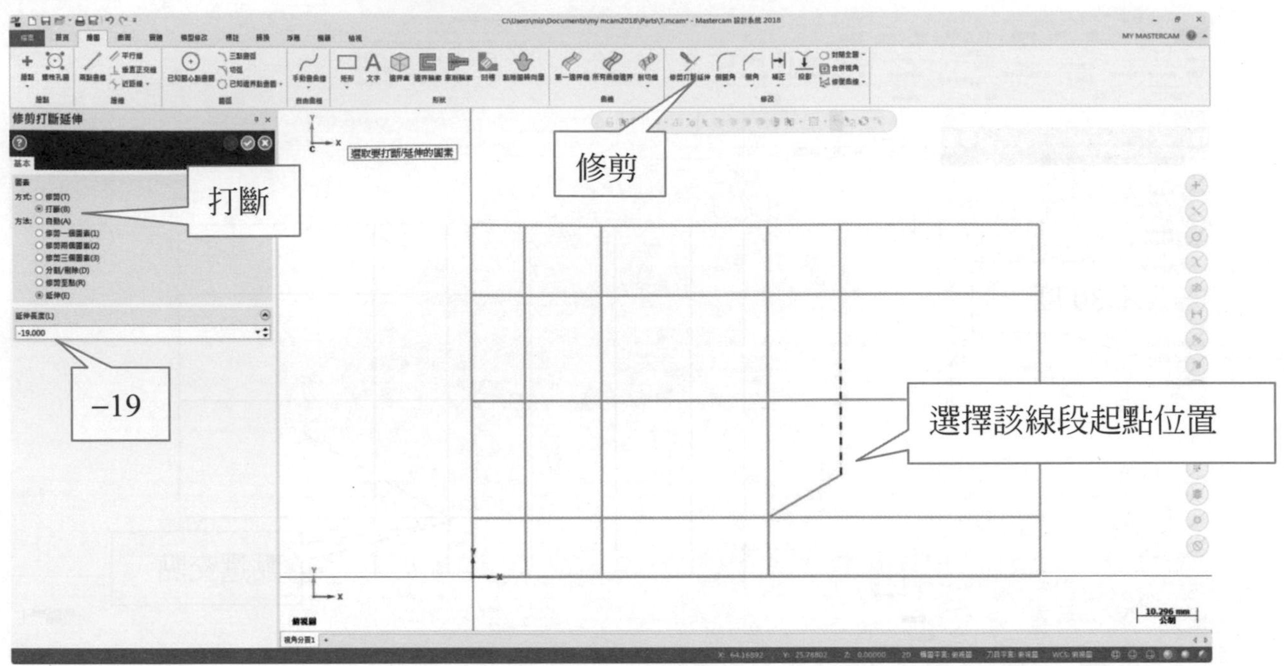

把圖修剪至下圖一樣。

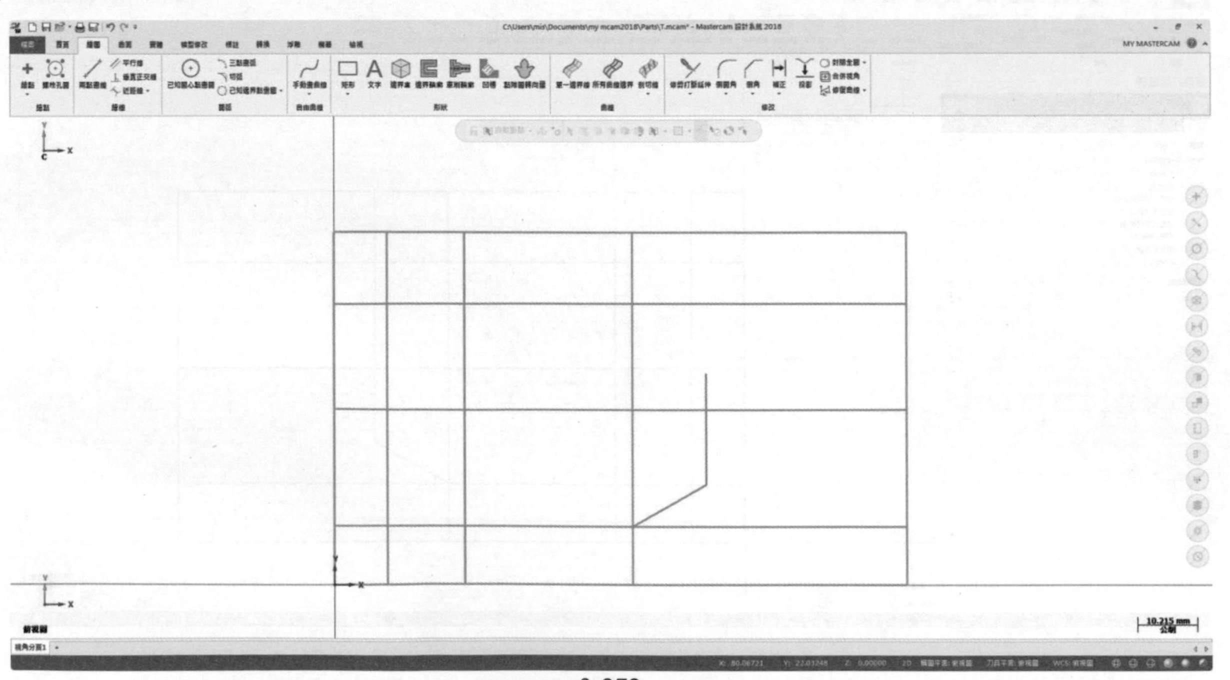

建立任意兩點畫線→畫一條 150 度的直線(90+60)。

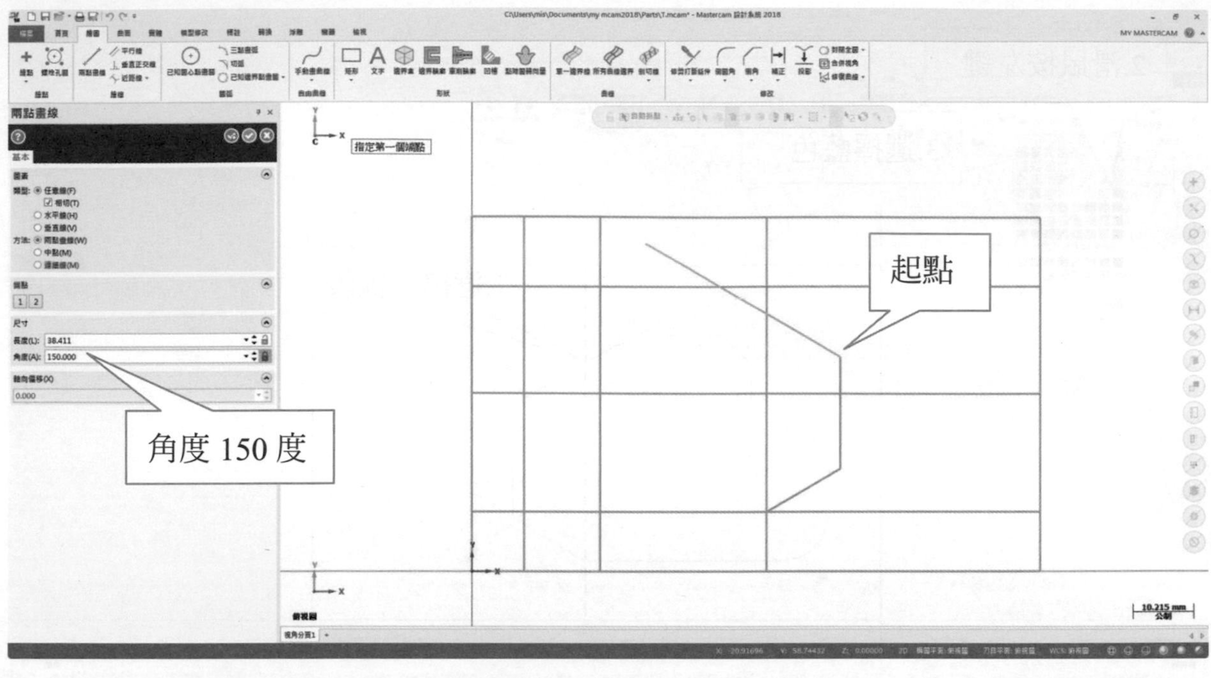

在紅色處分別倒圓角 R20、R7、R8。

在紅色處分別倒角 5×45℃。

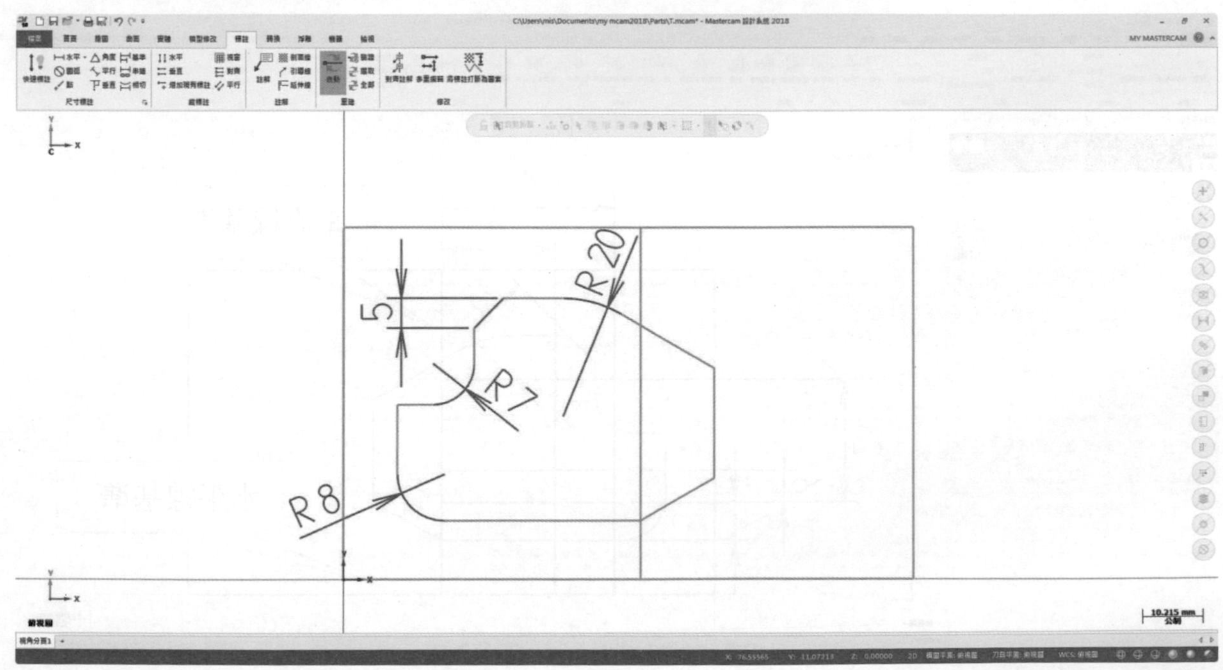

點取線→滑鼠左鍵→選擇藍色。

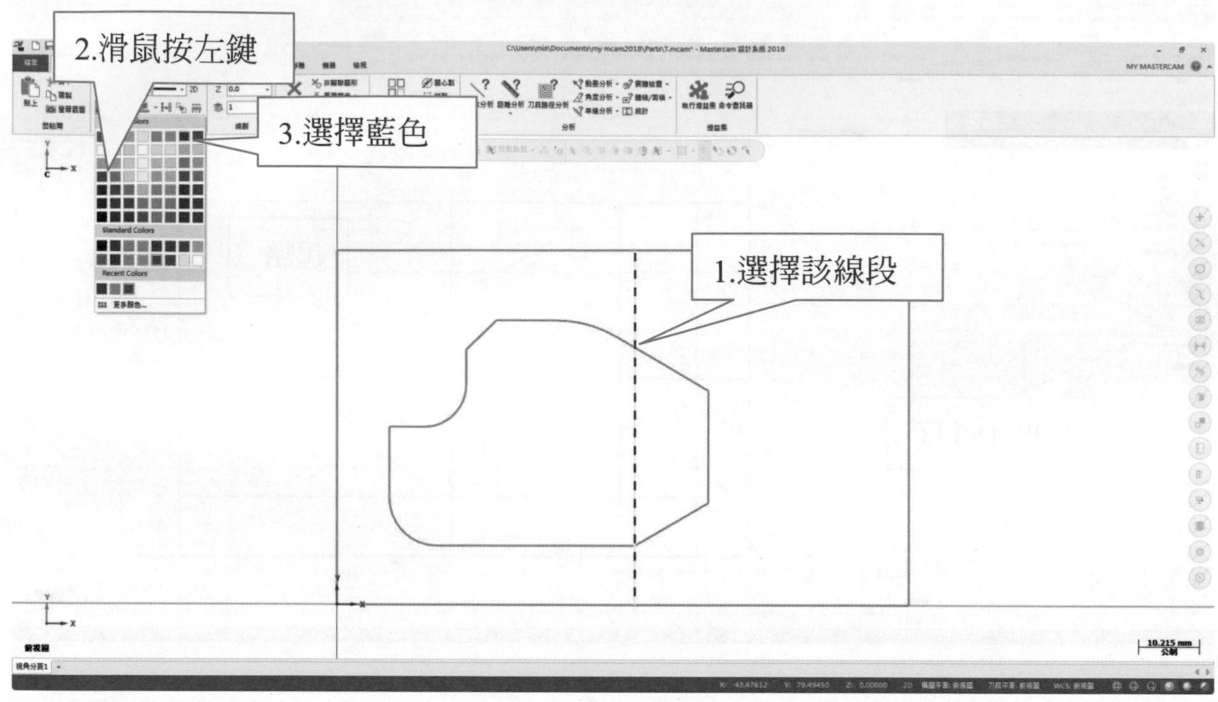

建立平行線→建立垂直線→分別偏移(F)21、32、13。

建立平行線→建立水平線→分別偏移 7、6、23。

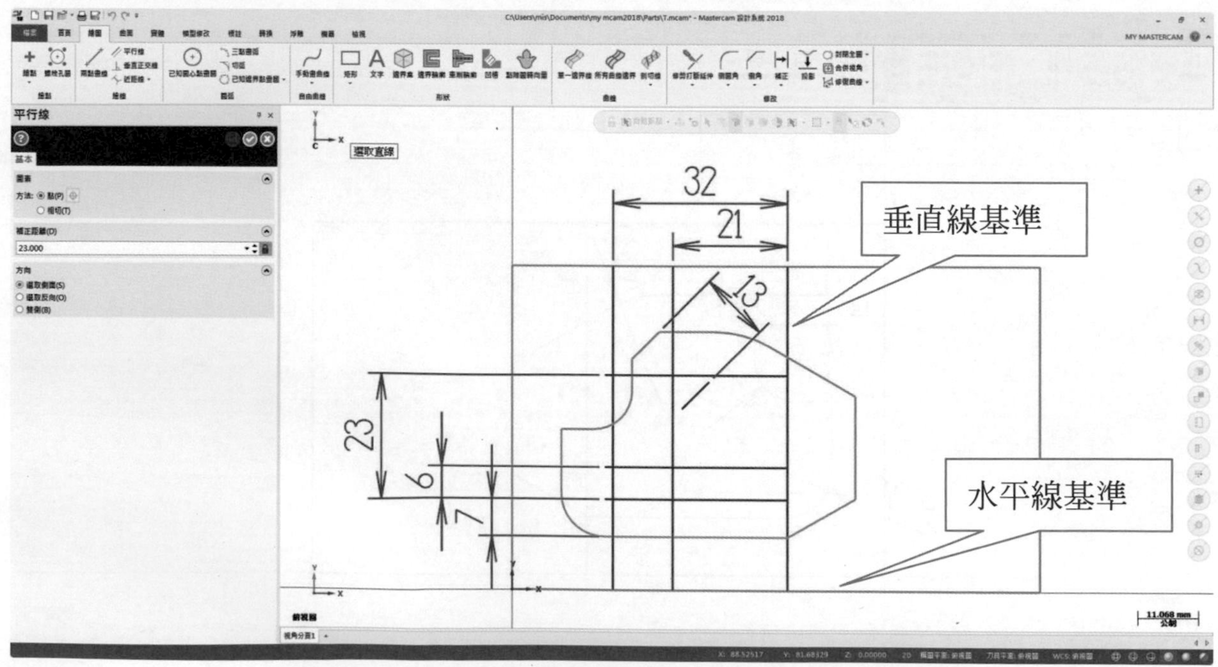

→ 在紅色處分別倒圓角 R3、R4。

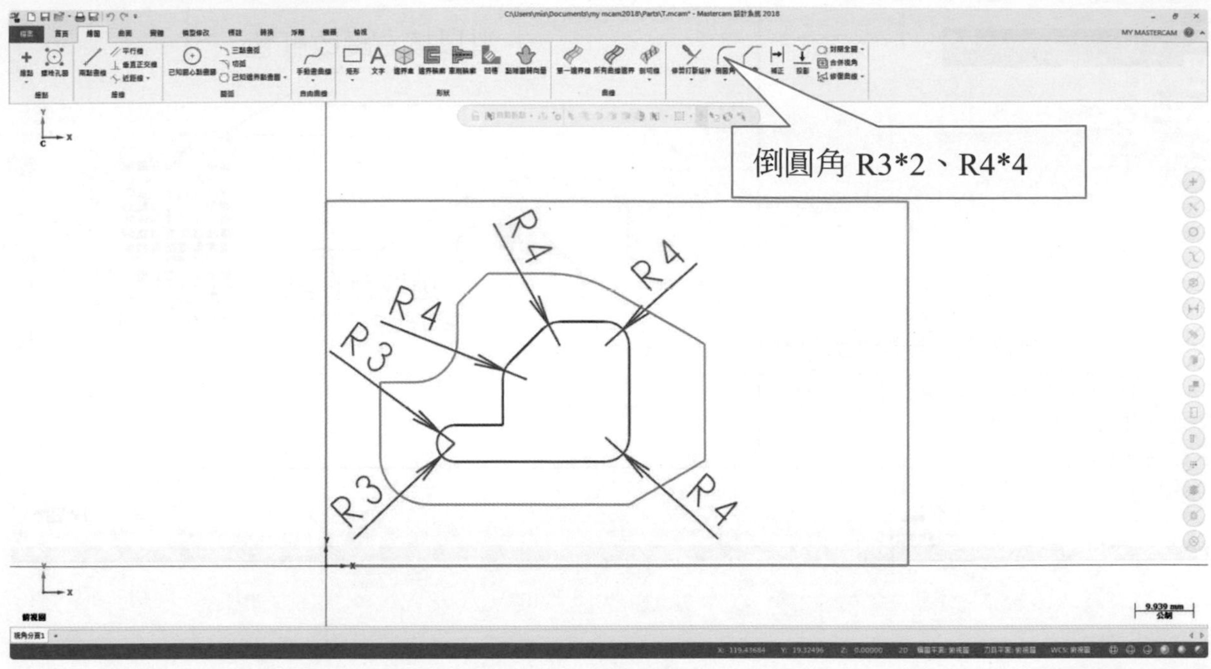

→ 繪圖→存在點→指定位置點→選取點(R4 的圓心)。

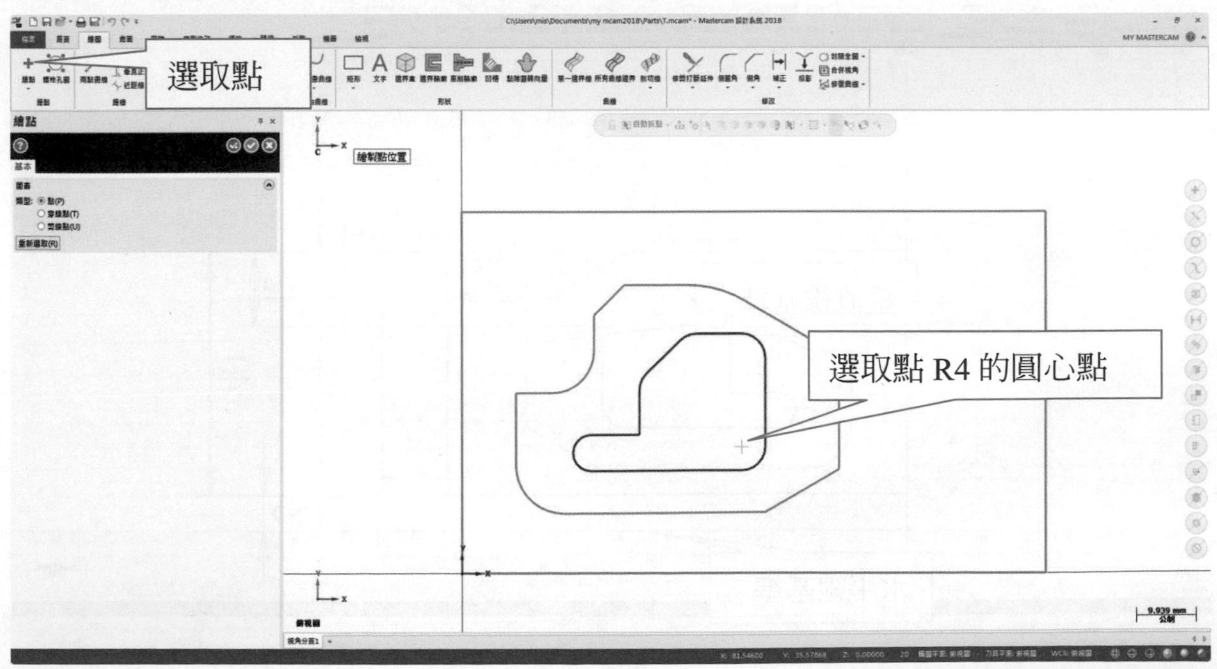

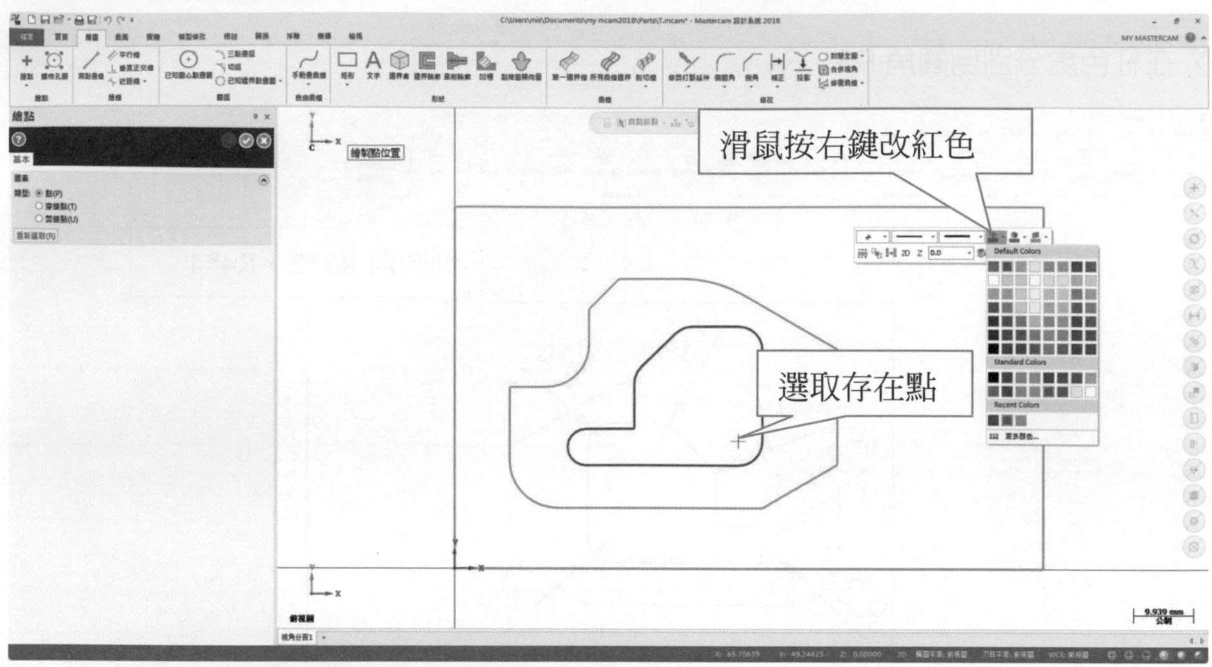

建立平行線→垂直線分別偏移 13、11、(G)17。

建立平行線→水平線分別偏移 6、(H)40、12。

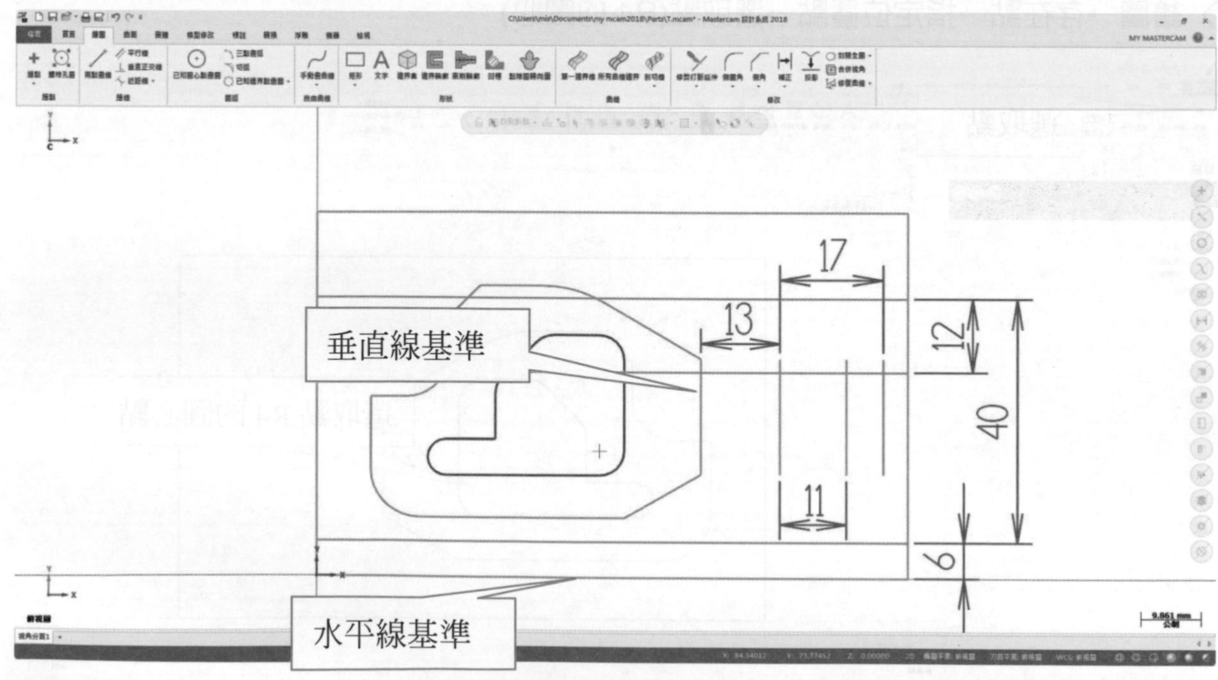

倒圓角→全圓→R5。

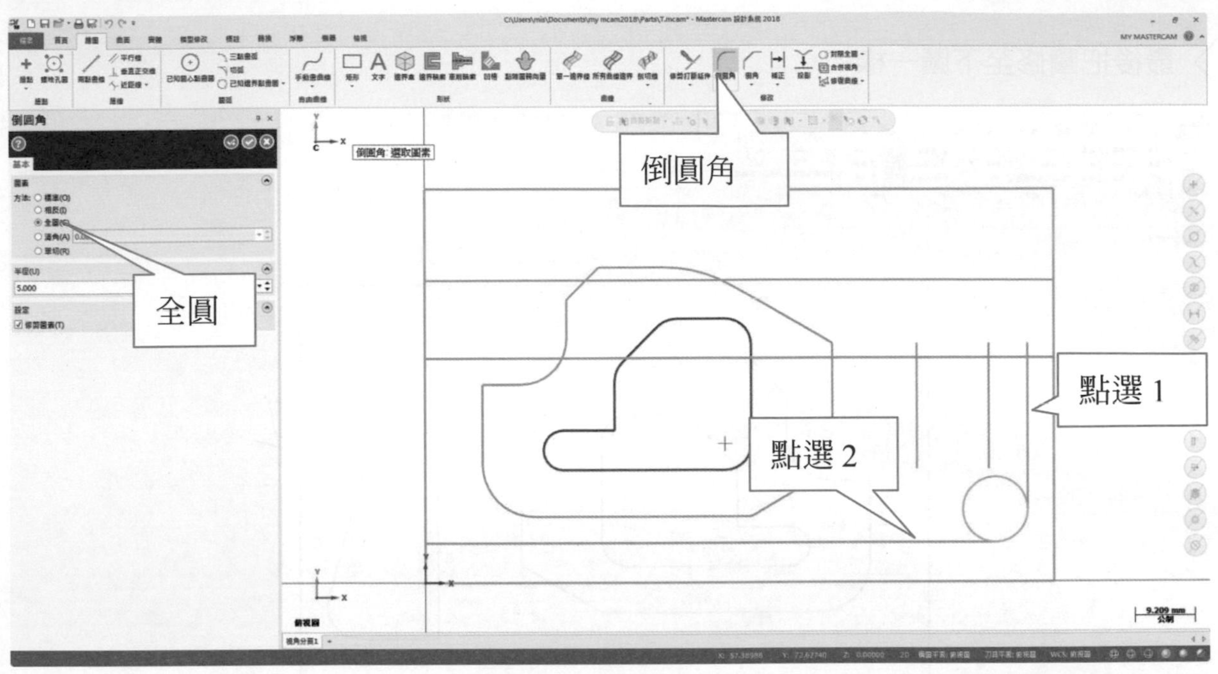

建立任意兩點畫線→切弧→點選 1→點選 2。

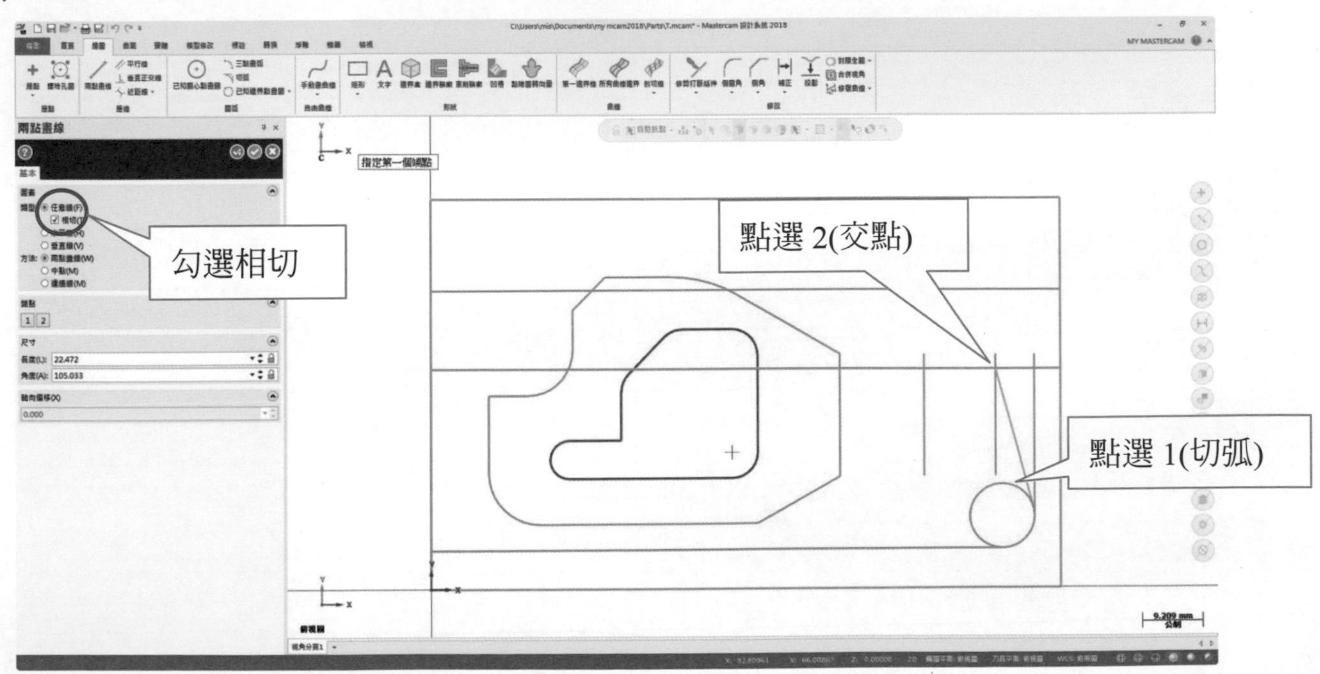

倒圓角→標準→R17。

最後把圖修至下圖一樣。

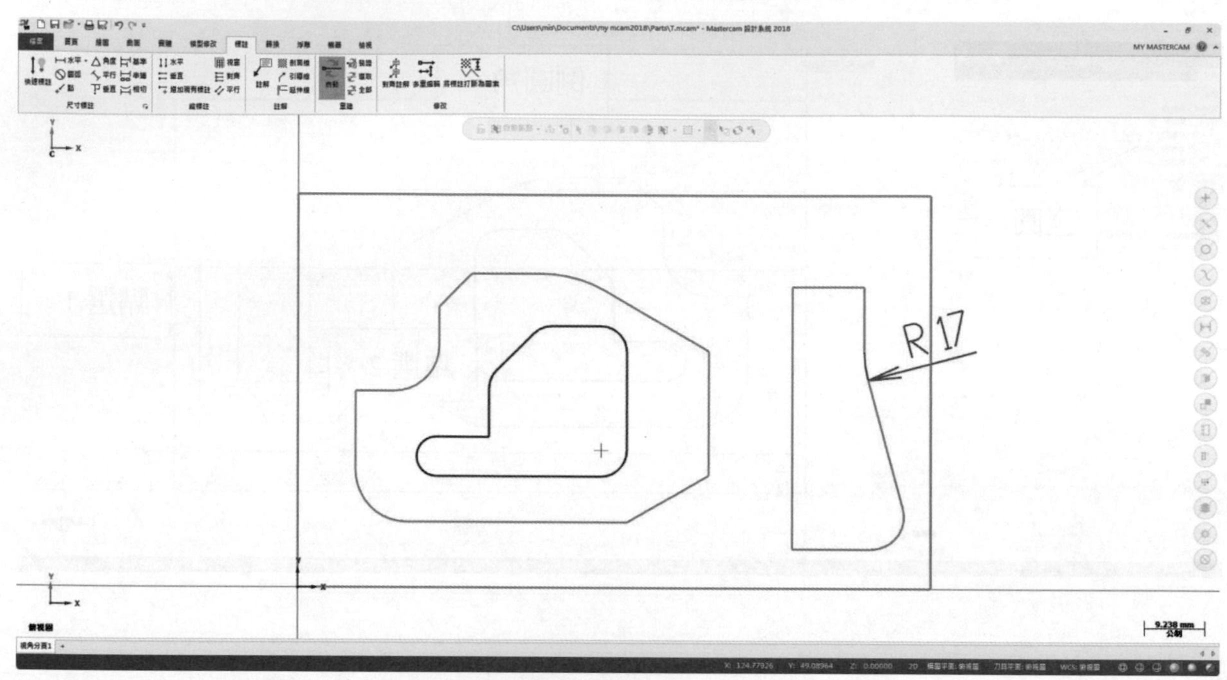

- 轉換→平移→按住 SHIFT 鍵選擇紅色的線段→選取完按 ENTER→Z 輸入–5→使用新的屬性打勾→點擊左下角藍色打勾符號。
- 螢幕→隱藏圖素→選取紅色第一圖層→ENTER→清除顏色。
- 在紅色圈起來的 Z 值輸入–5 顏色改為藍色。

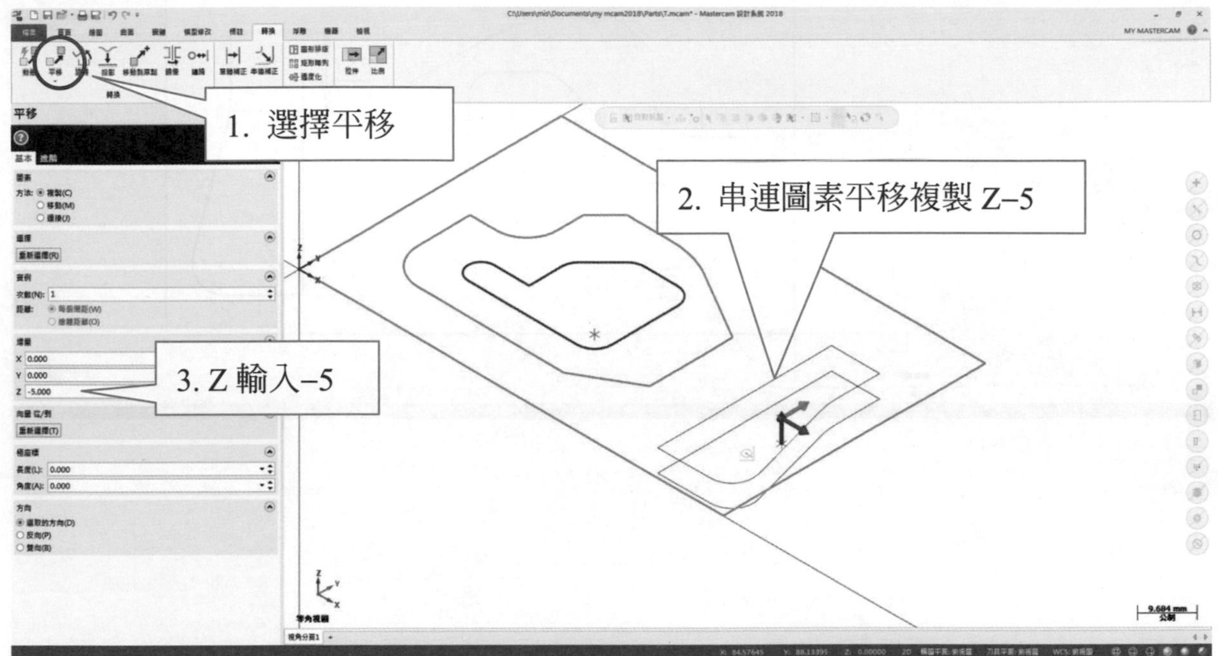

- 選擇進階頁面→打勾顏色改為藍色→完成後再把 Z0 的圖層隱藏起來。

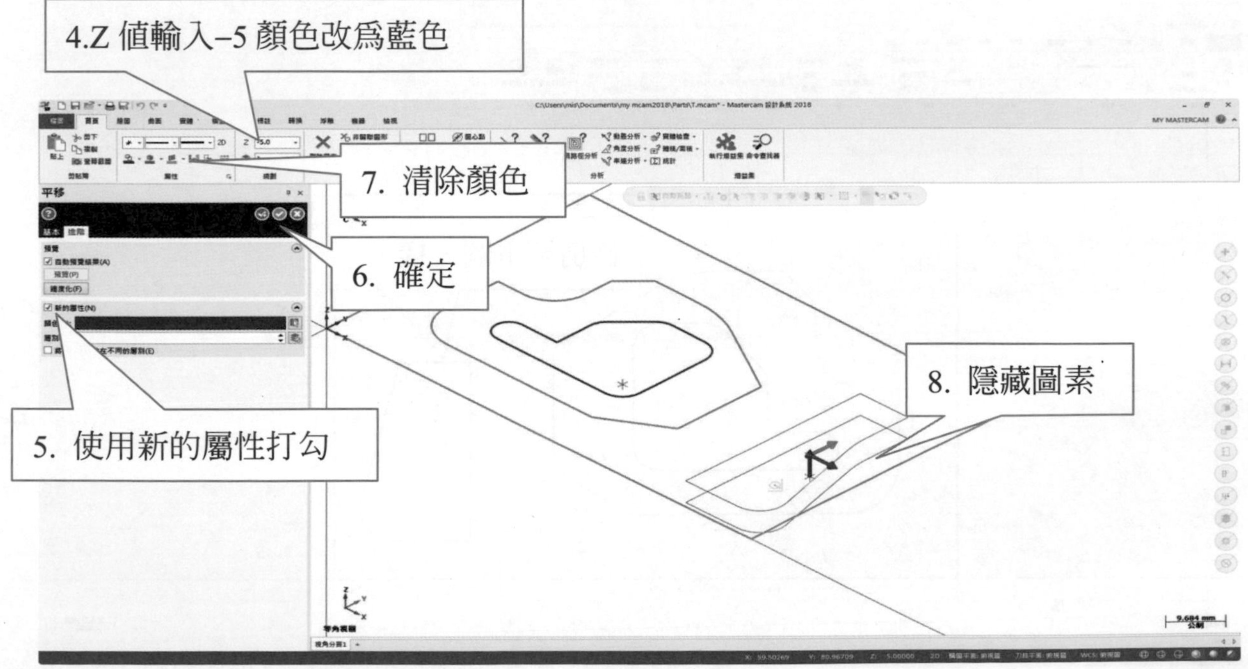

建立平行線→偏移 12。

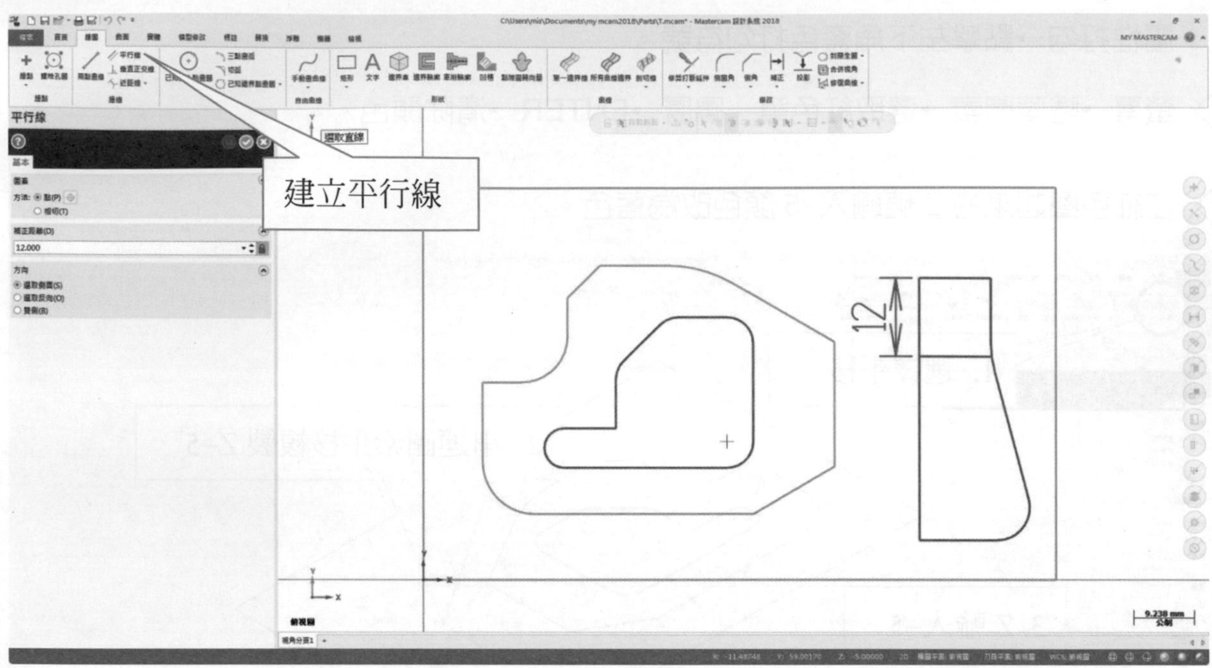

最後把圖修剪至下圖一樣→然後把第一圖層呼叫回來。

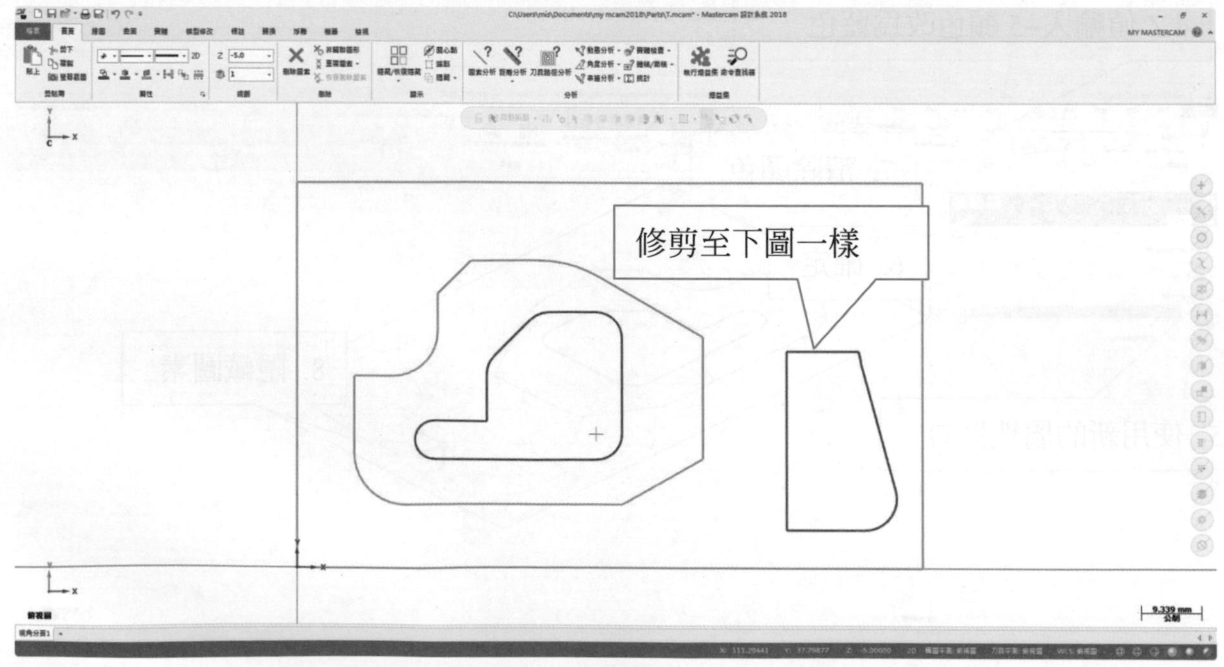

➔ 視圖方向改為前視圖→顏色改為紅色。

➔ 滑鼠左鍵先點取 Z，然後再點選線段這，時候 Z 值為–6，刀具下刀點為了要在曲面外，因此路徑延伸 2mm 此時 Z 值改為–4。

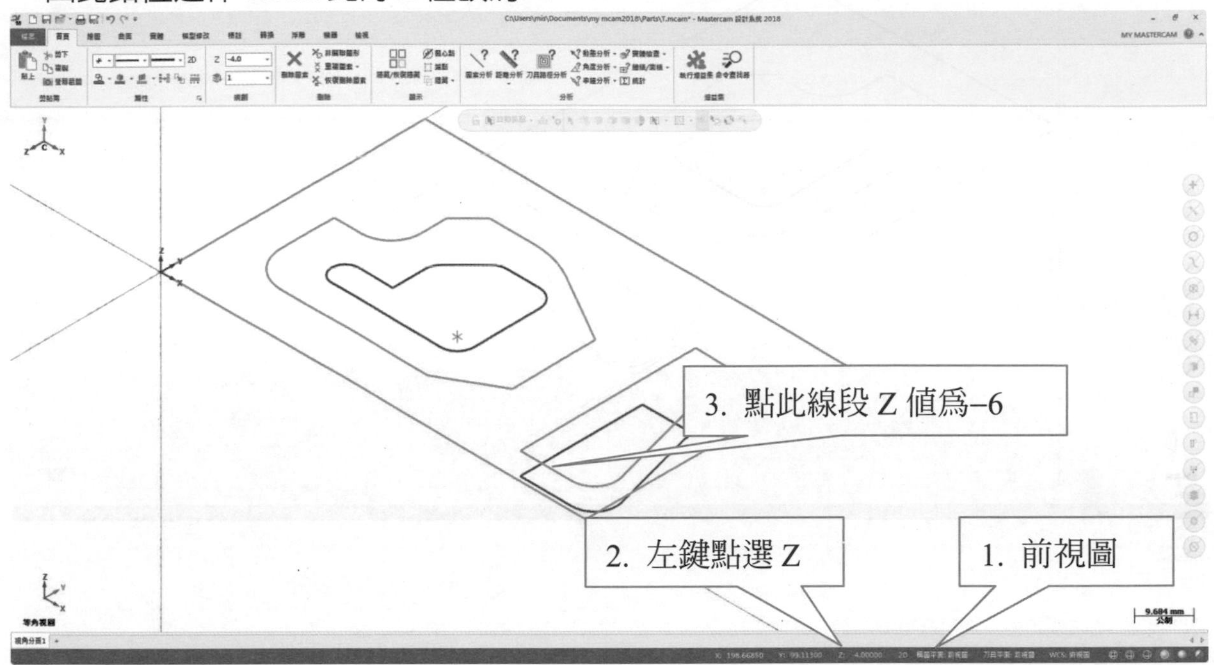

➔ 已知圓心極座標畫弧→半徑 40→角度 75～105(依建議範圍 G 而定)→鍵盤輸入座標點 X9+54+13+7.5Y–40→ENTER。

➔ 206 這題的 7.5 是固定的！(考生容易發生錯誤)。

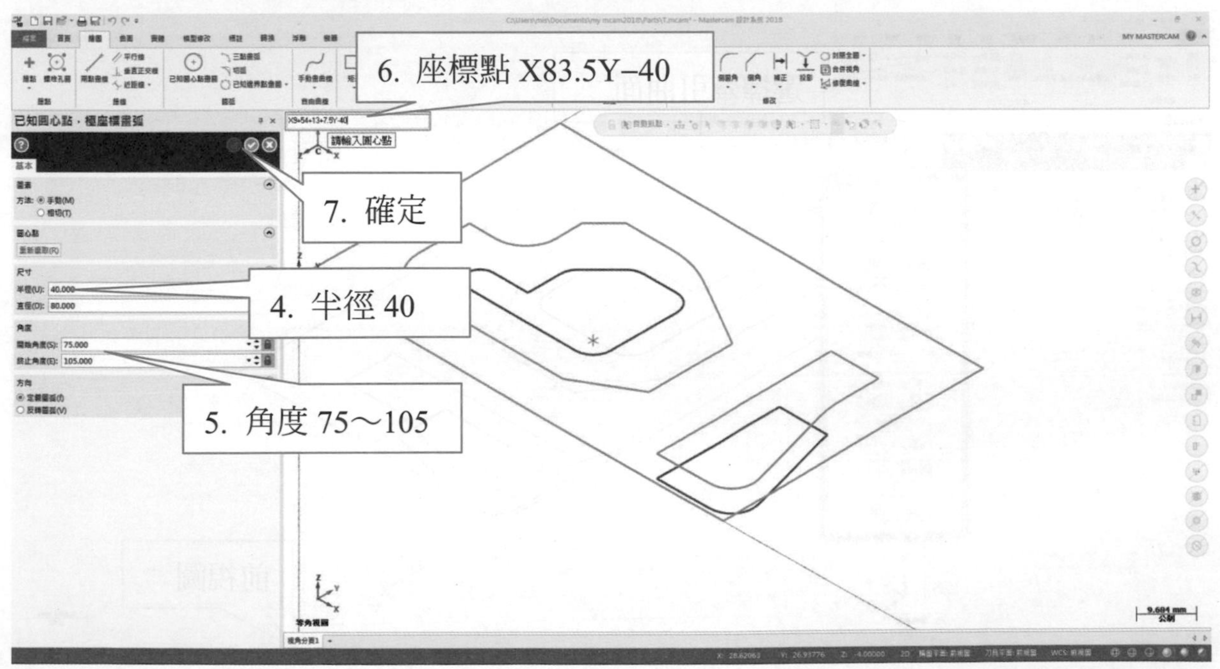

→ 圓弧如下圖

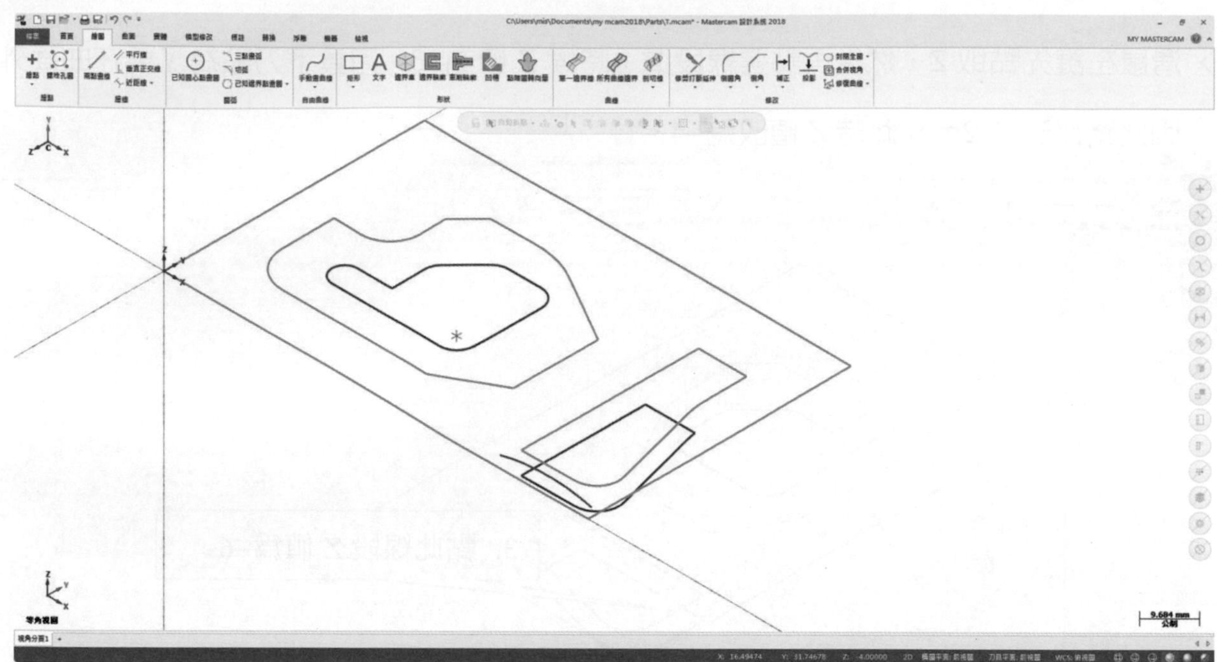

→ 視圖方向為前視圖。

→ 立建牽引曲面→串連→選取圓弧。

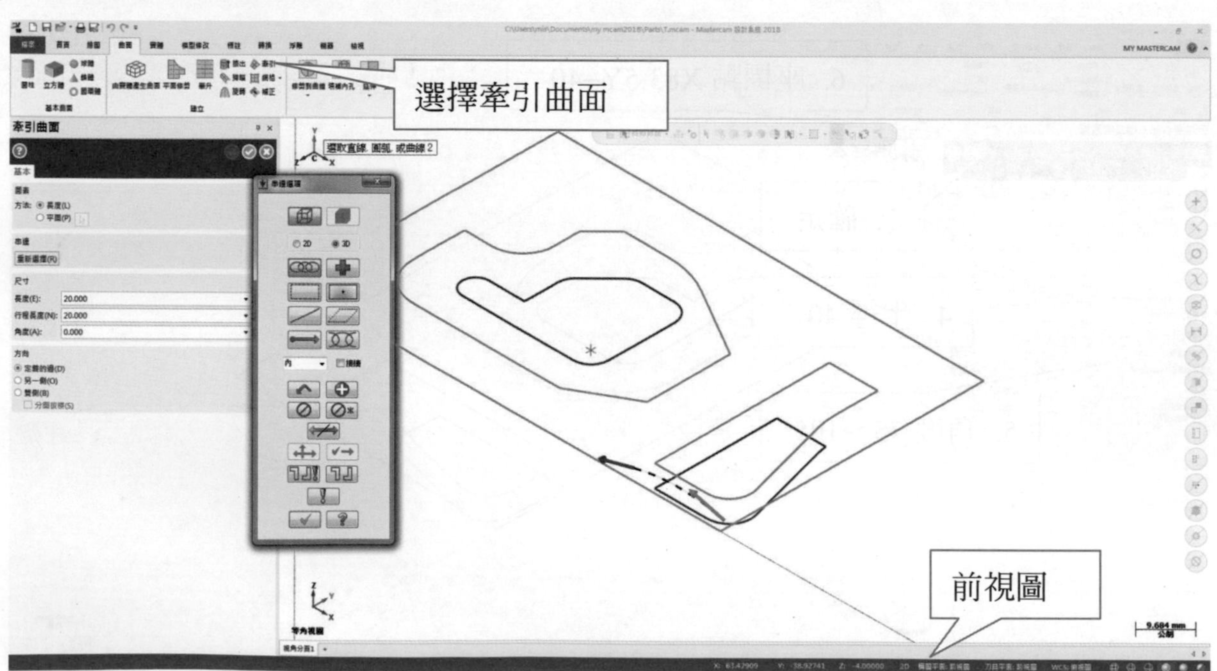

→ 繪圖→曲面→牽引曲面→長 32。

→ 備註：28(H)尺寸+4。

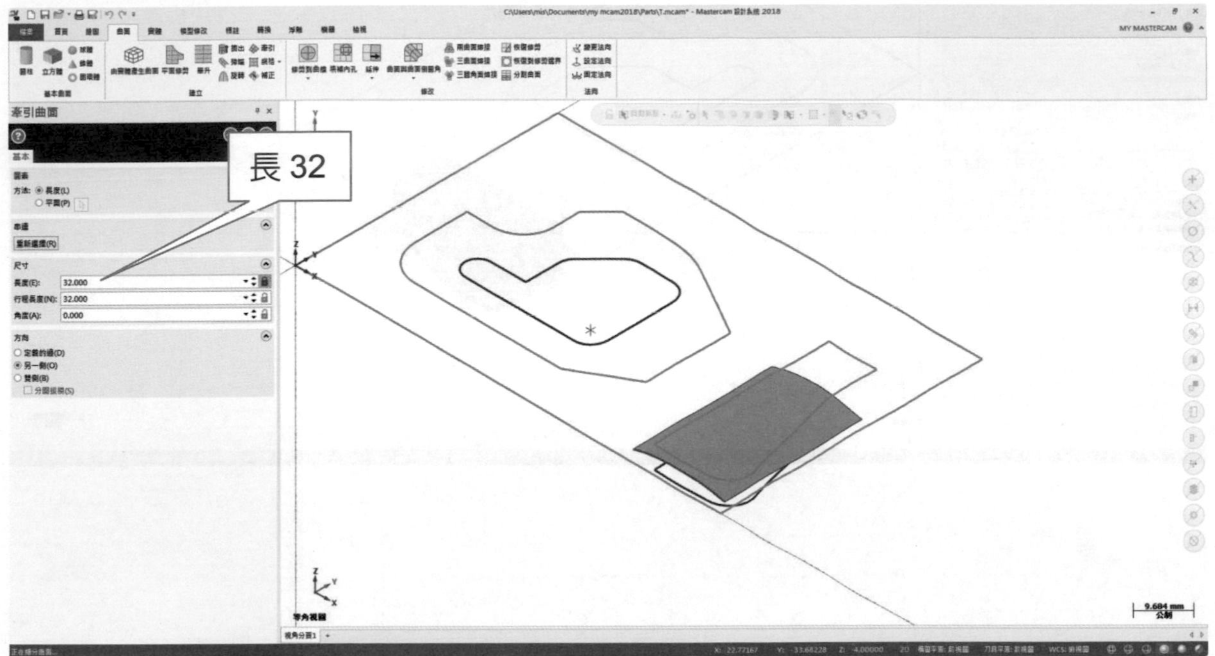

→ 視圖方向為俯視圖。

→ 顏色改為水藍色。

→ 實體→擠出→串連藍色圖素→ENTER→方向向上→距離 10mm→打勾完成。

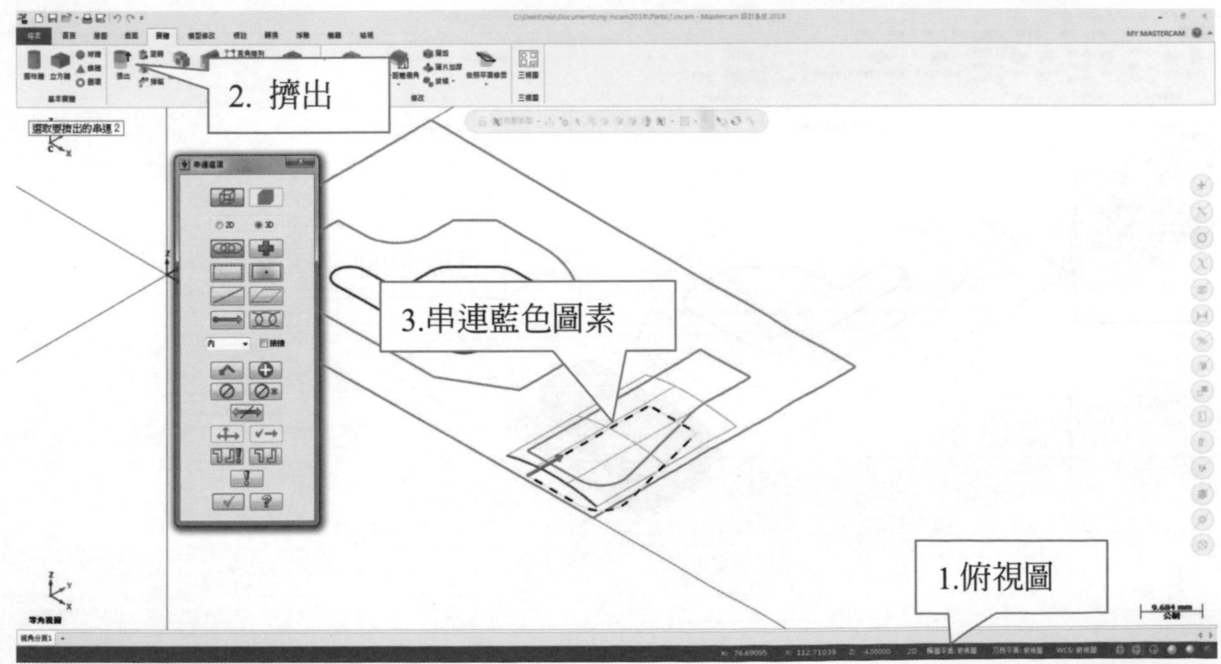

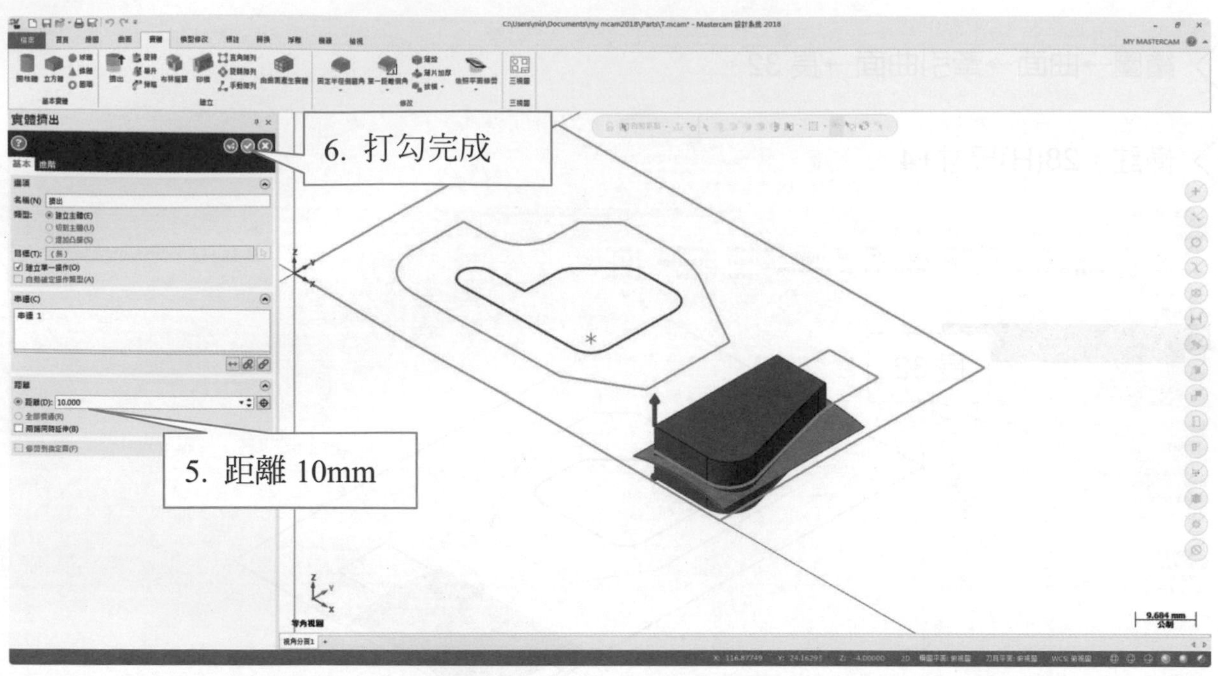

→ 實體→修剪到曲面/薄片→選取實體→再點選橙色曲面→更改保留位置→打勾完成→接下來把橙色曲面隱藏起來。

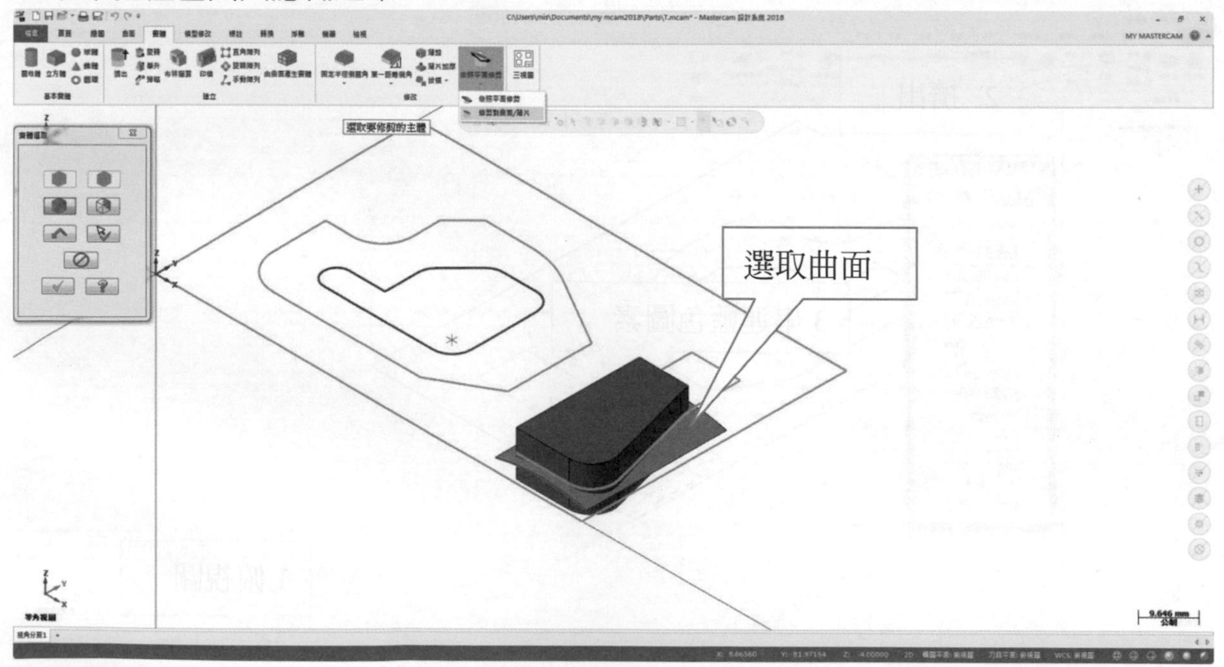

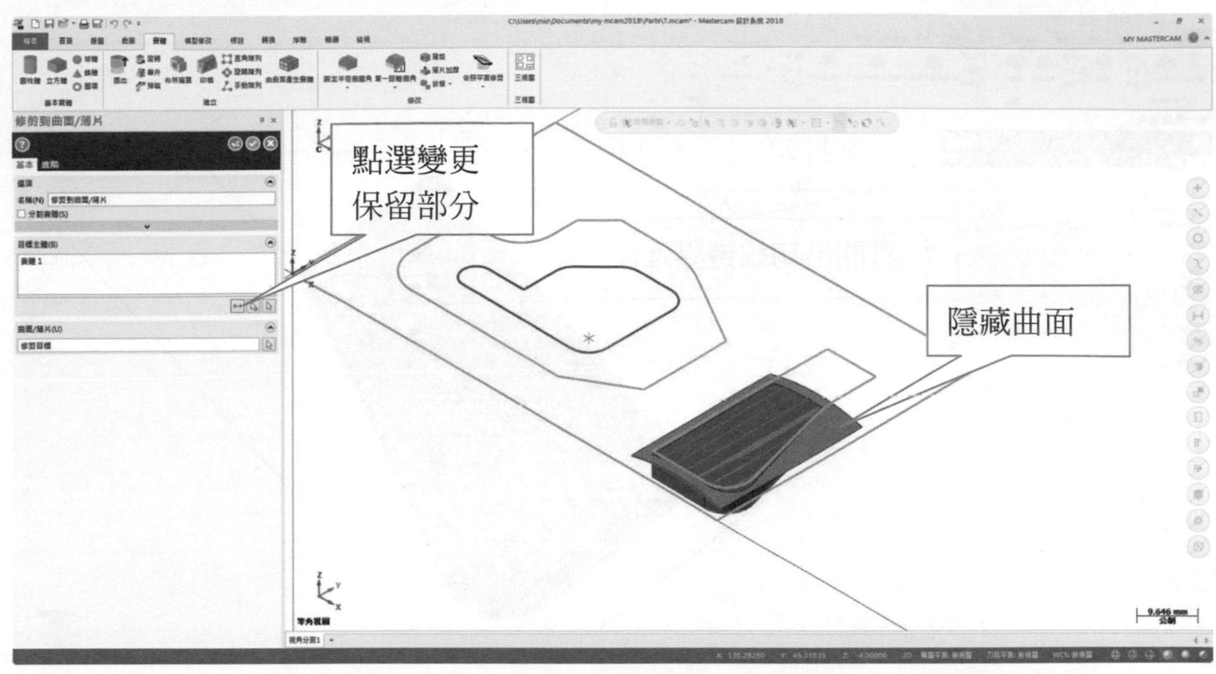

→ 實體→倒角→單一距離倒角→選擇邊界 1 與邊界線 2 與邊界線 3→ENTER→輸入 0.5→沿切線邊界延伸打勾→點選綠色打勾完成。

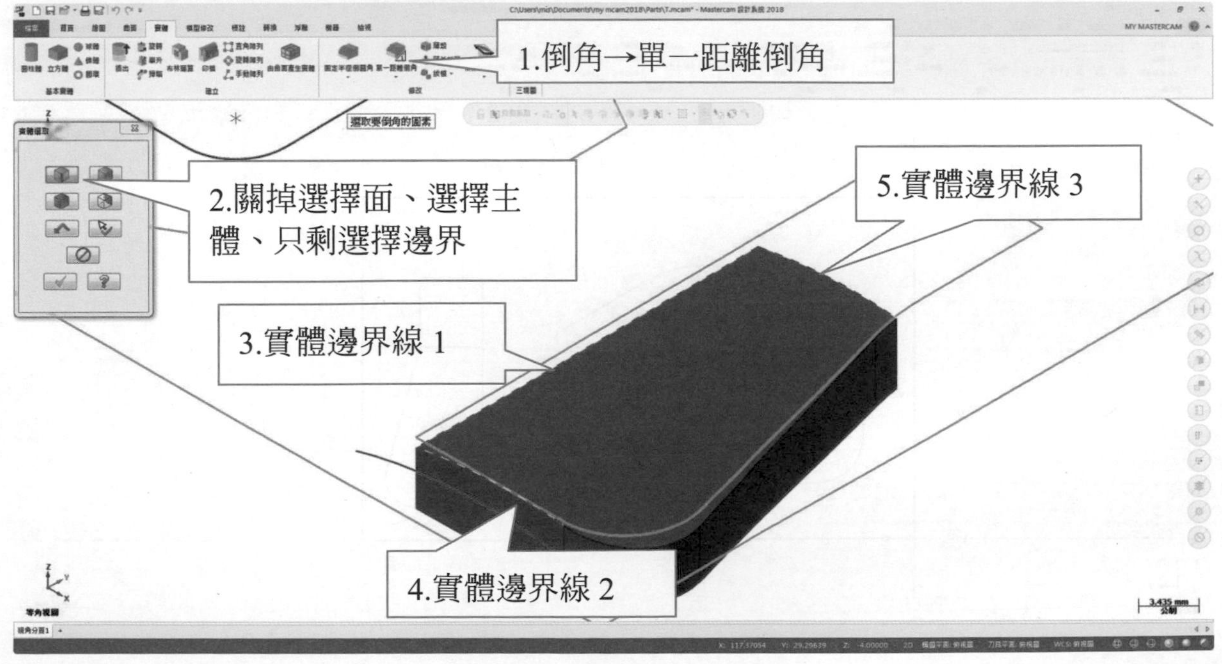

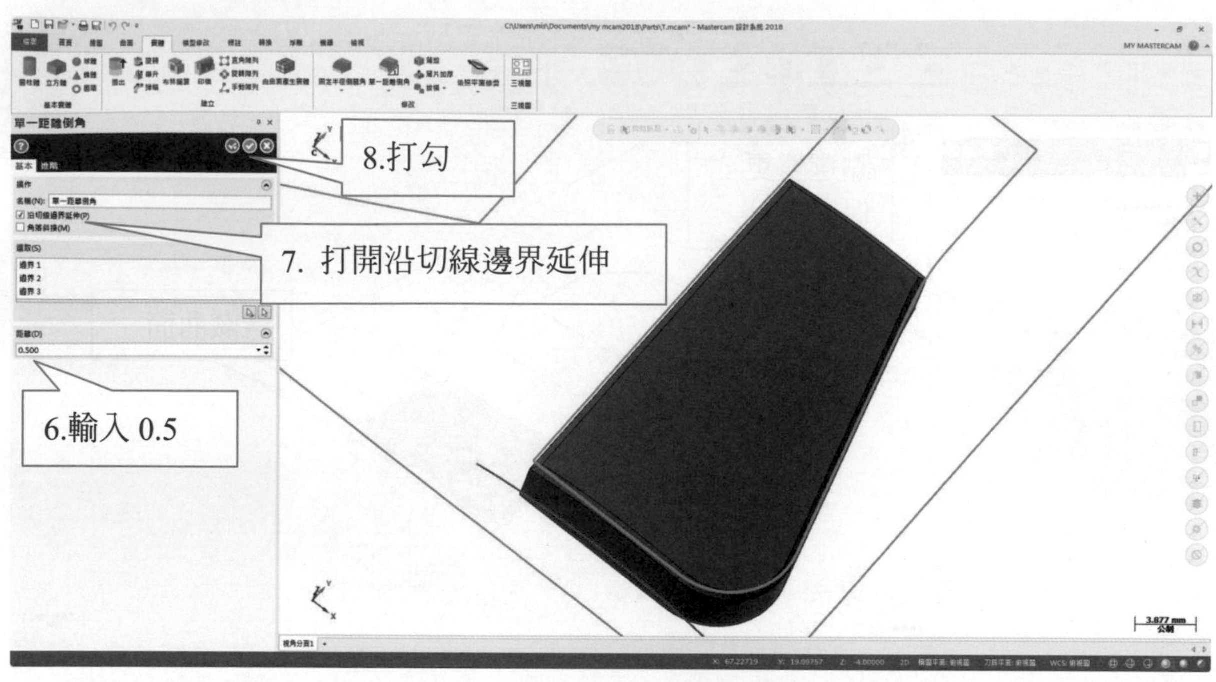

最後把實體與紅色曲線隱藏起來，即完成繪圖步驟(記得要存檔)。

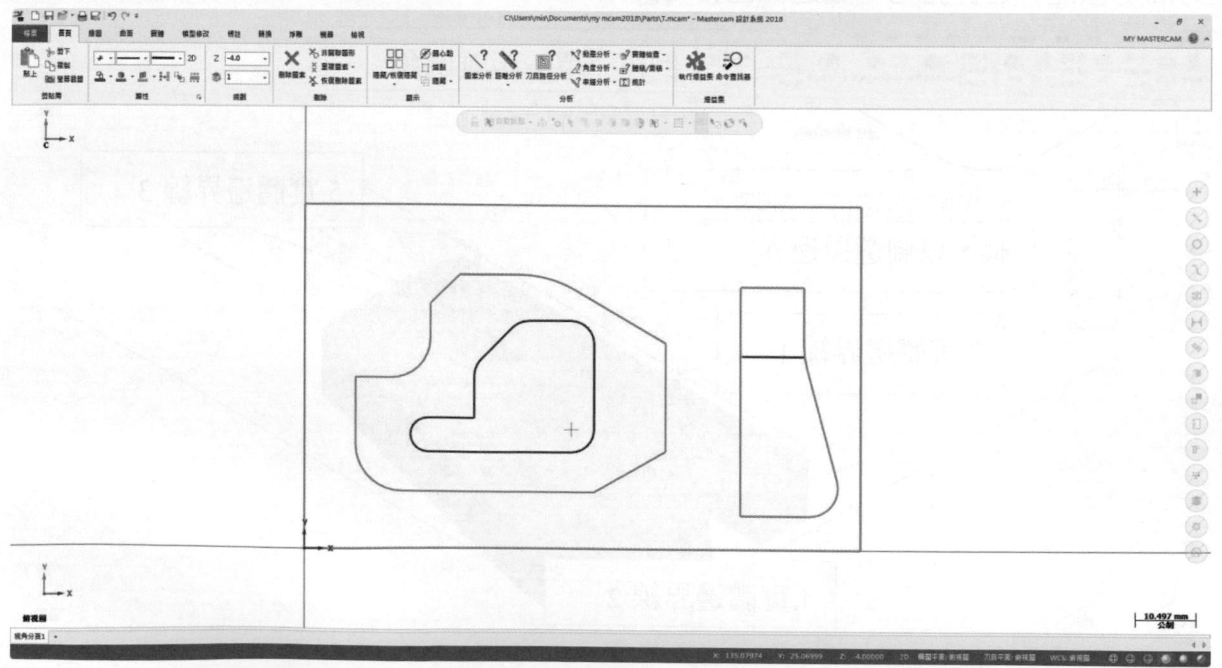

CNC 銑床乙級範例步驟　206 加工路徑

⟶ ϕ5.8 鑽頭加工設定步驟

⟶ 點選鑽孔

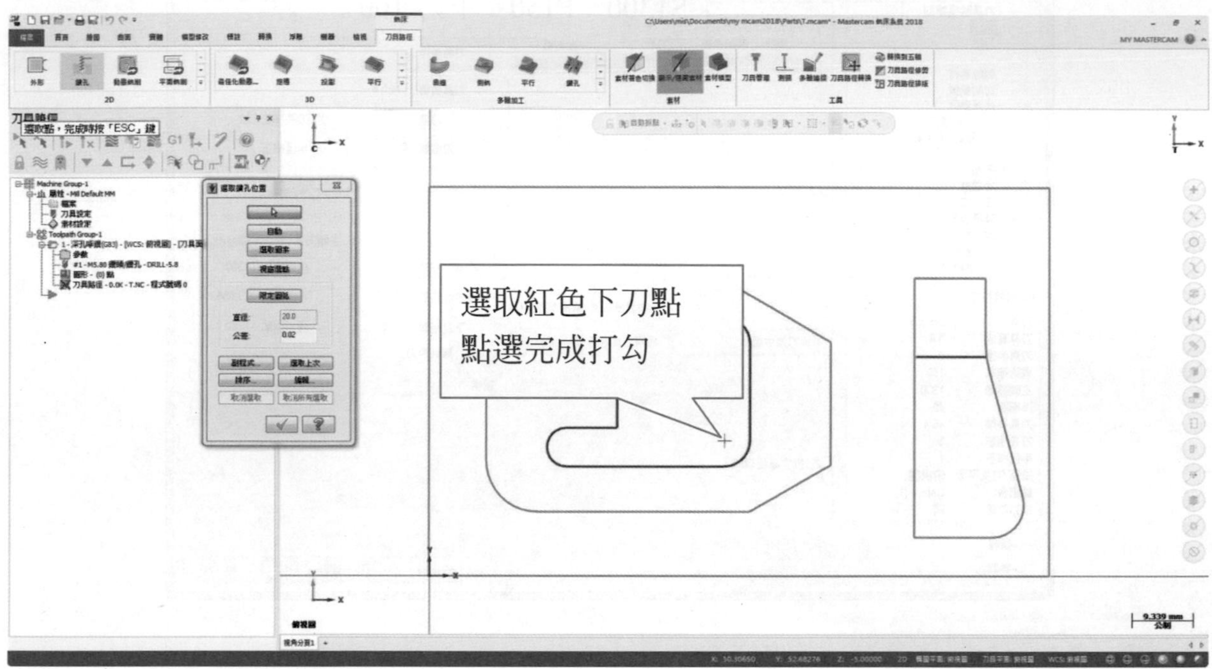

→ 刀具→建立新刀具

→ 選擇鑽頭

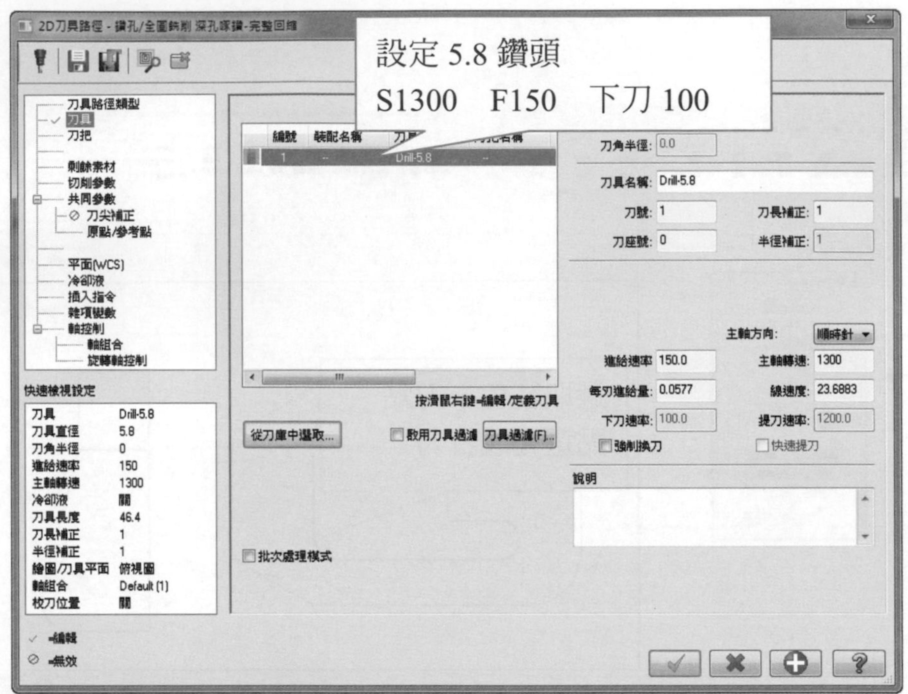

→ 選擇切削參數→選擇 G83 深孔啄鑽

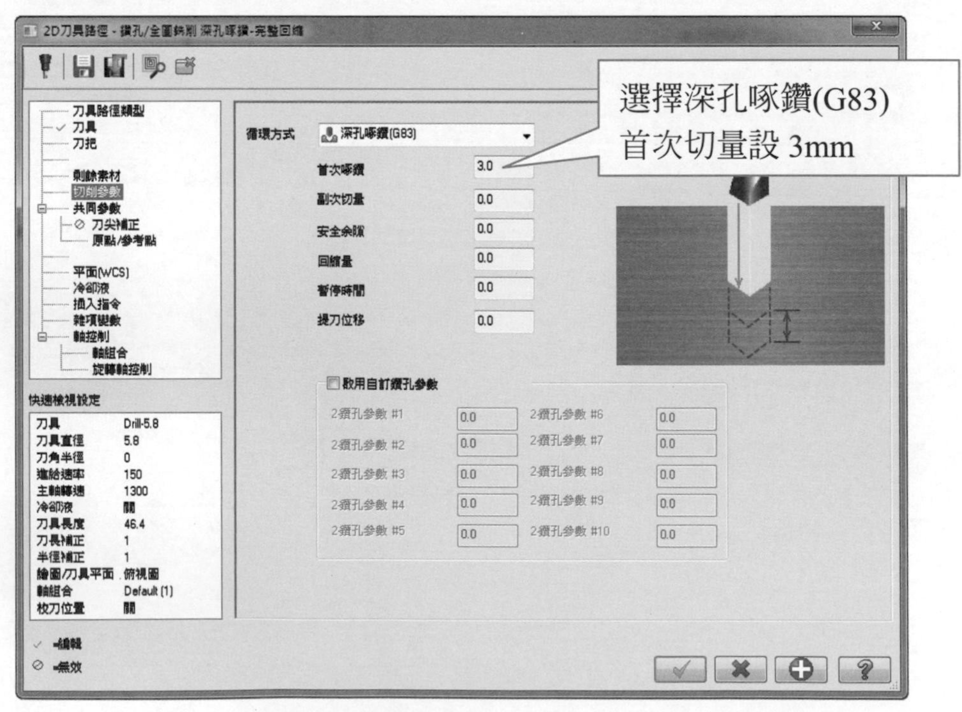

選擇共同參數

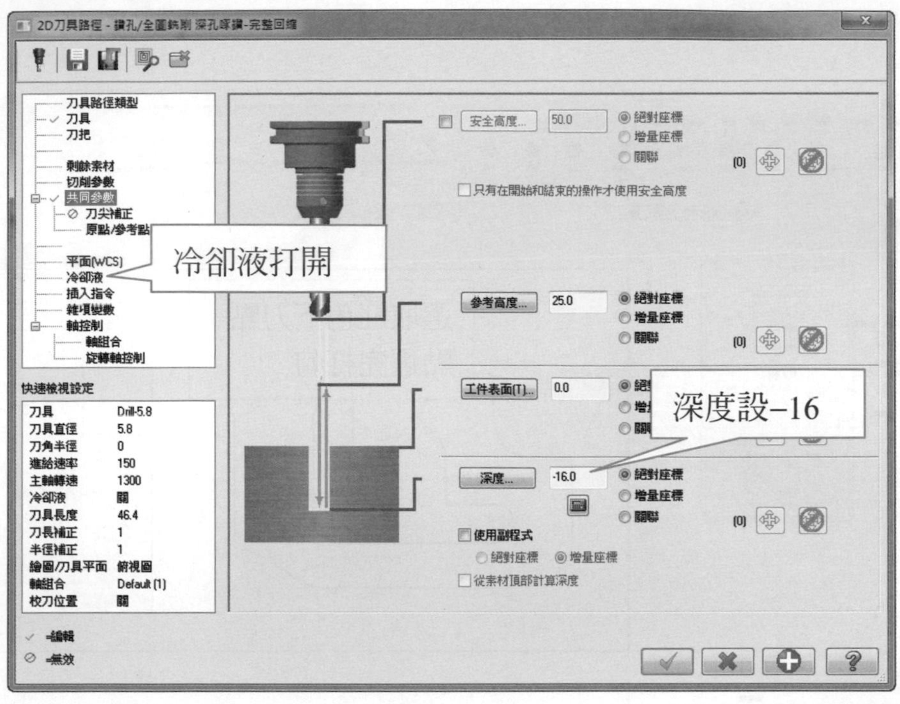

選擇刀尖補正

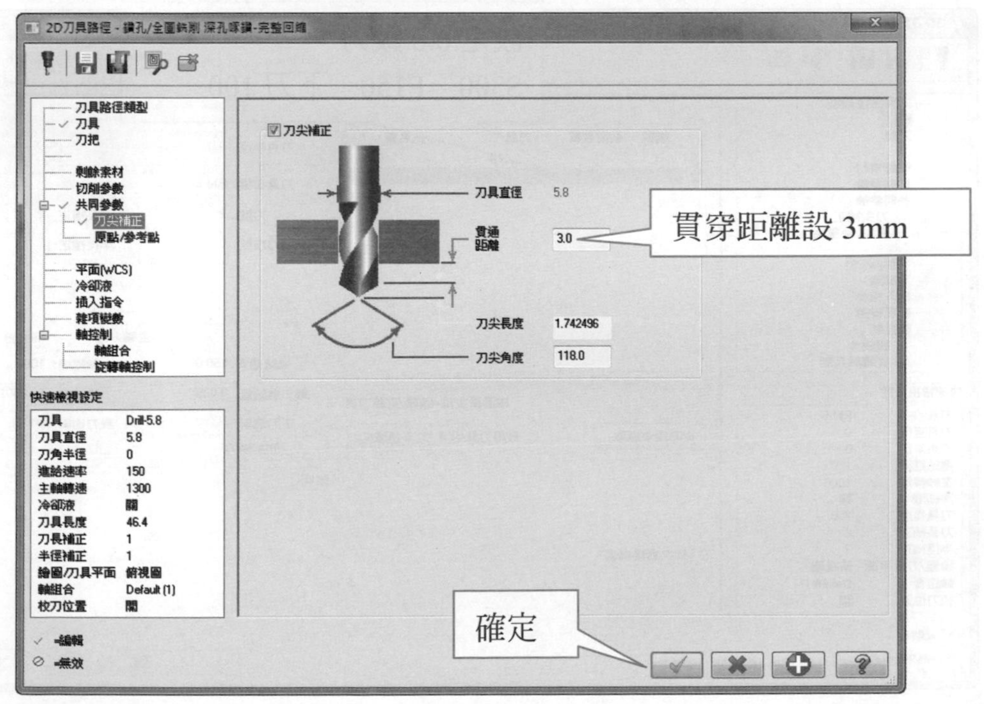

ϕ6H7 鉸孔加工設定步驟

點選鑽孔

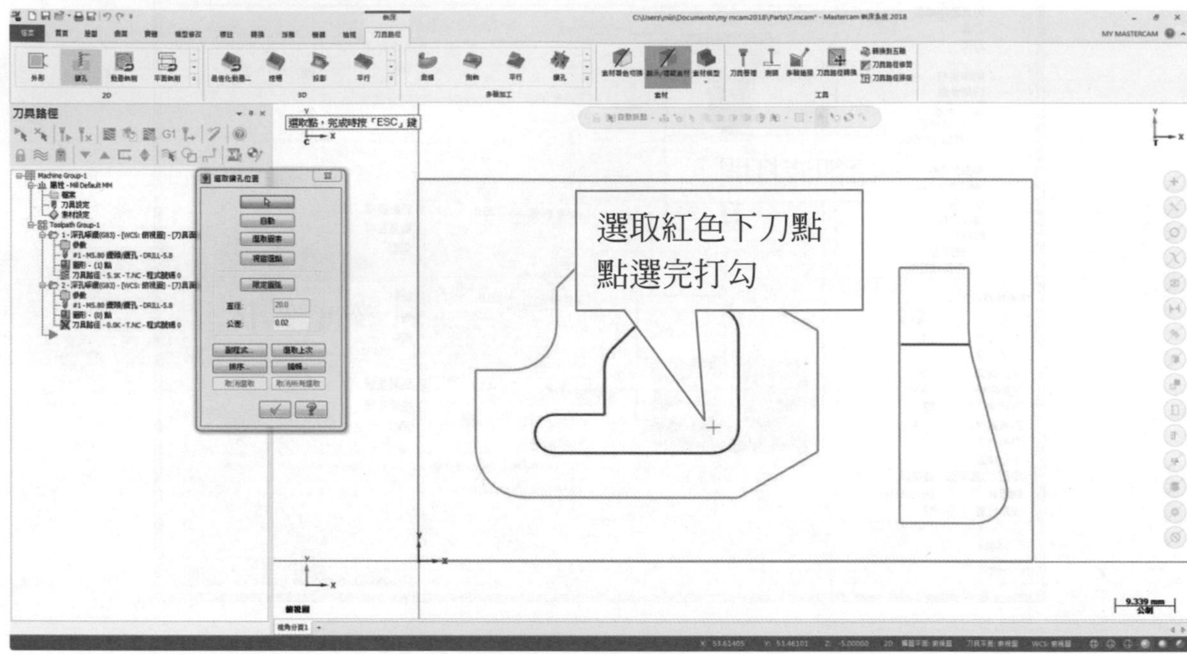

刀具→建立新刀具

選擇鉸刀

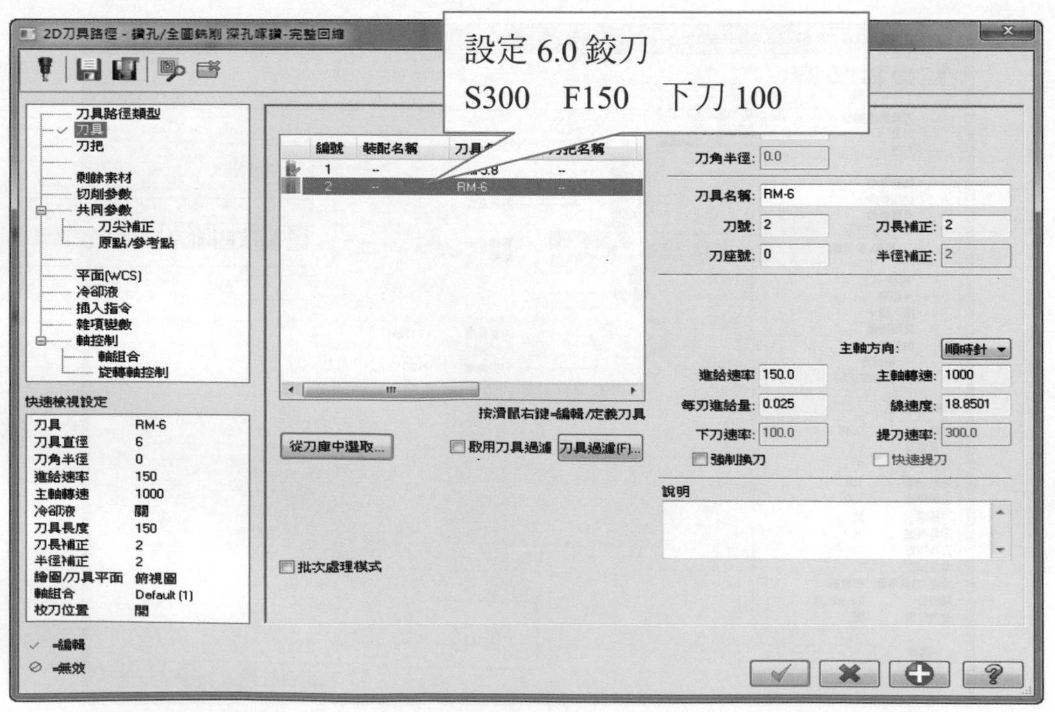

選擇切削參數→選擇鏜孔#1 為 G85 指令

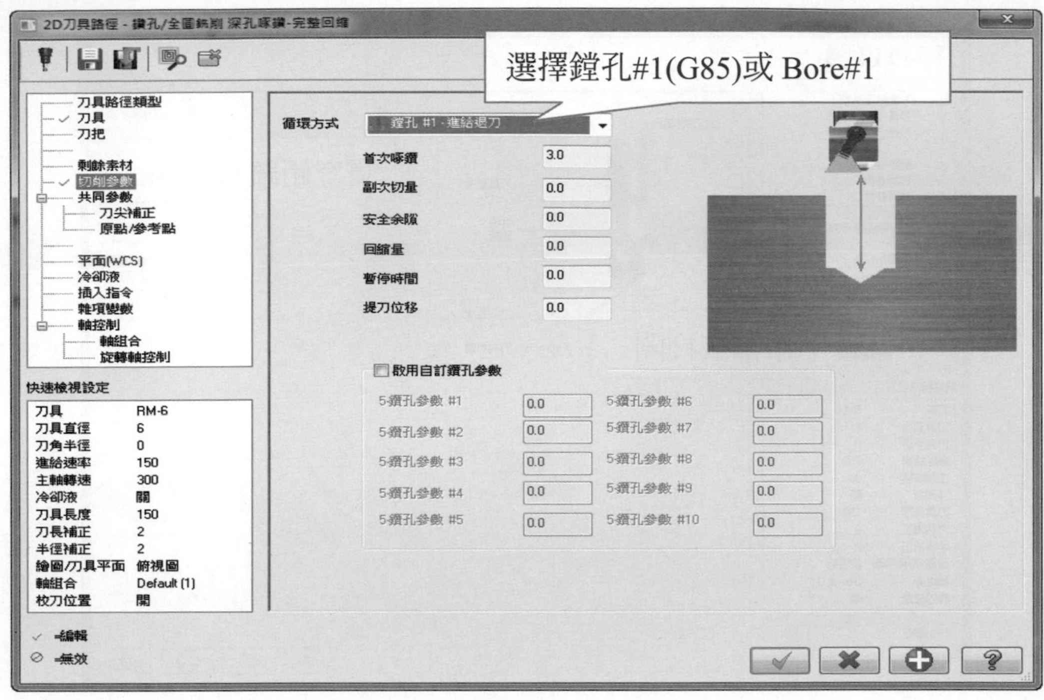

選擇共同參數

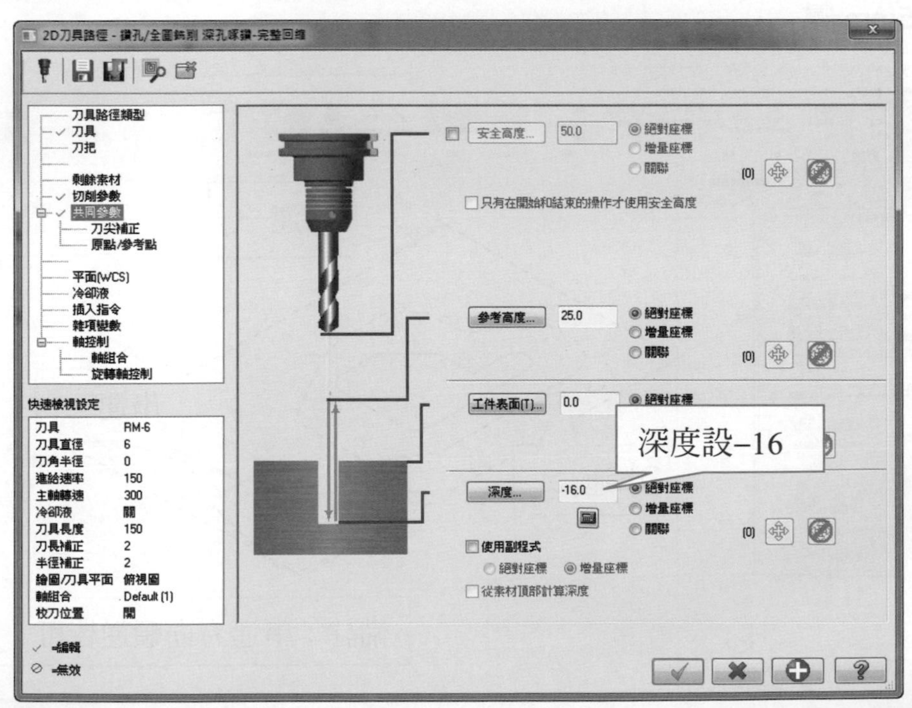

選擇刀尖補正

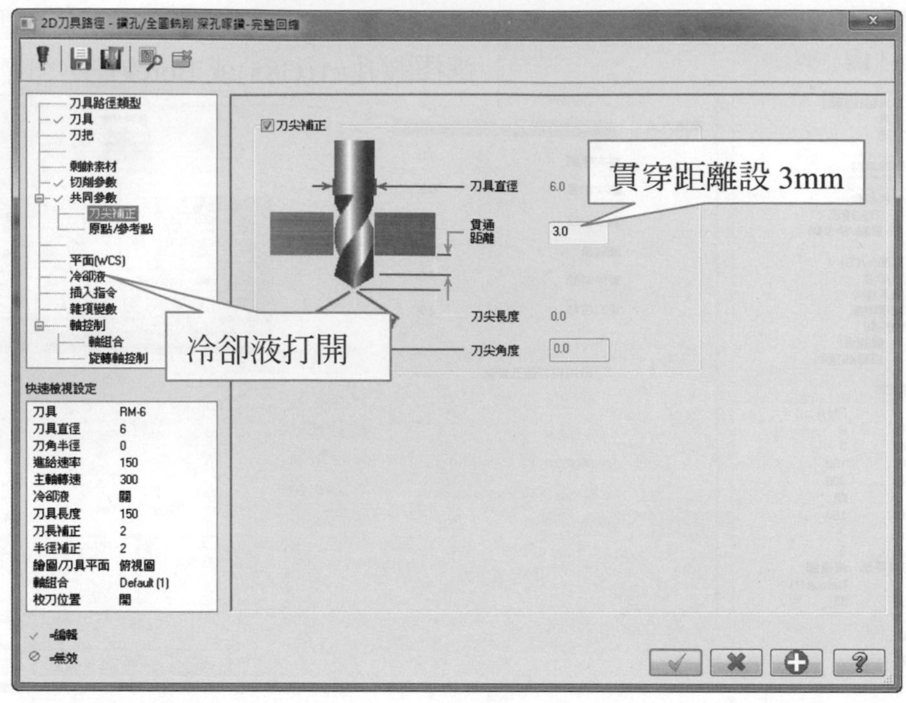

ϕ5mm 粗銑刀加工設定步驟

點選挖槽

粗銑 Z–5mm 層

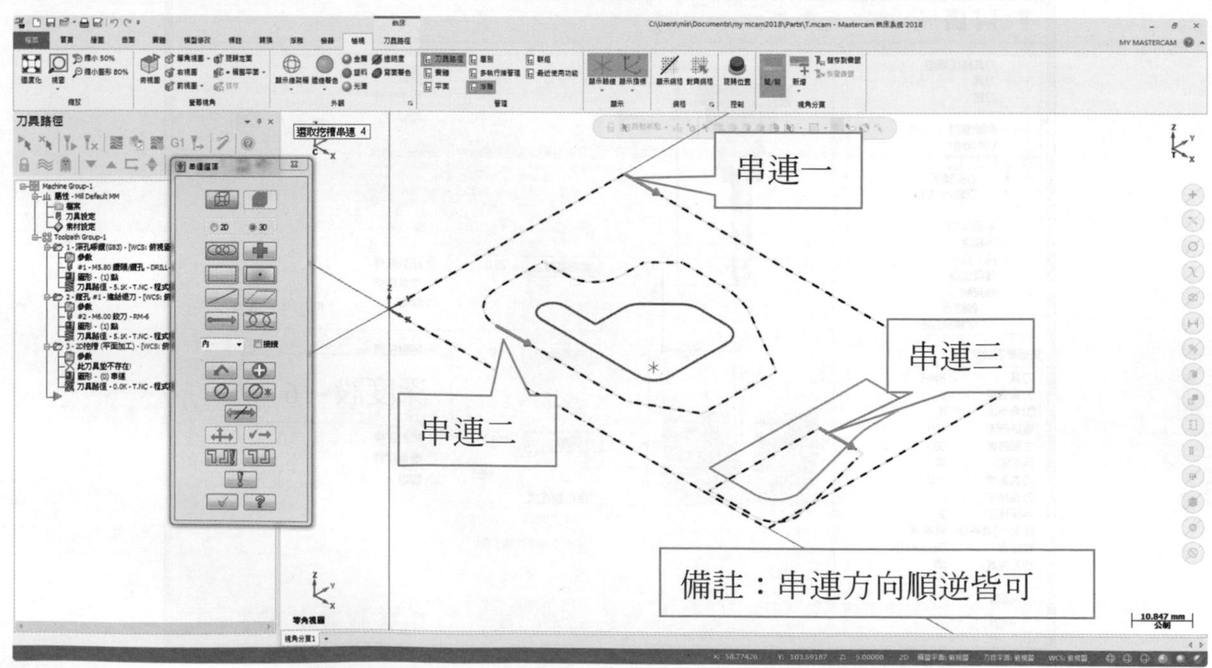

刀具→建立新刀具→選擇平刀

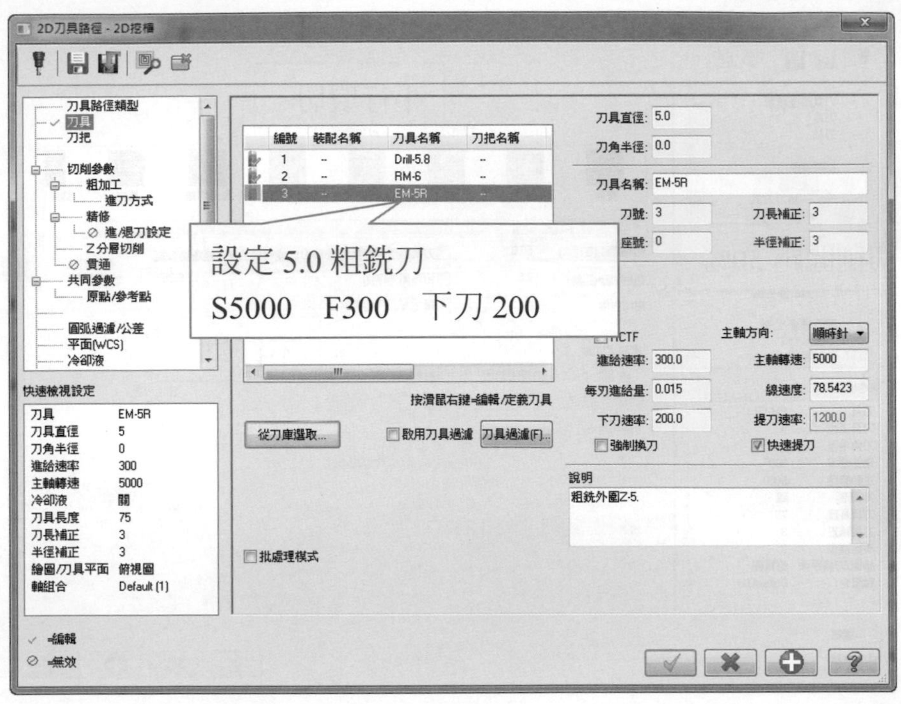

選擇切削參數→選擇挖槽加工方式→選取平面銑

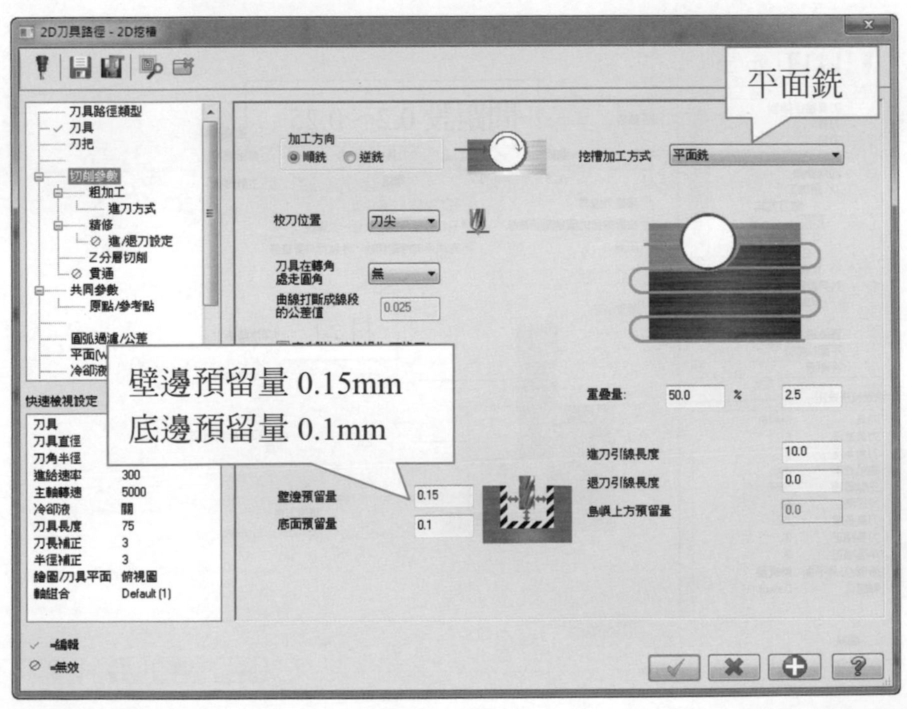

→ 選擇粗加工→選擇平行環切

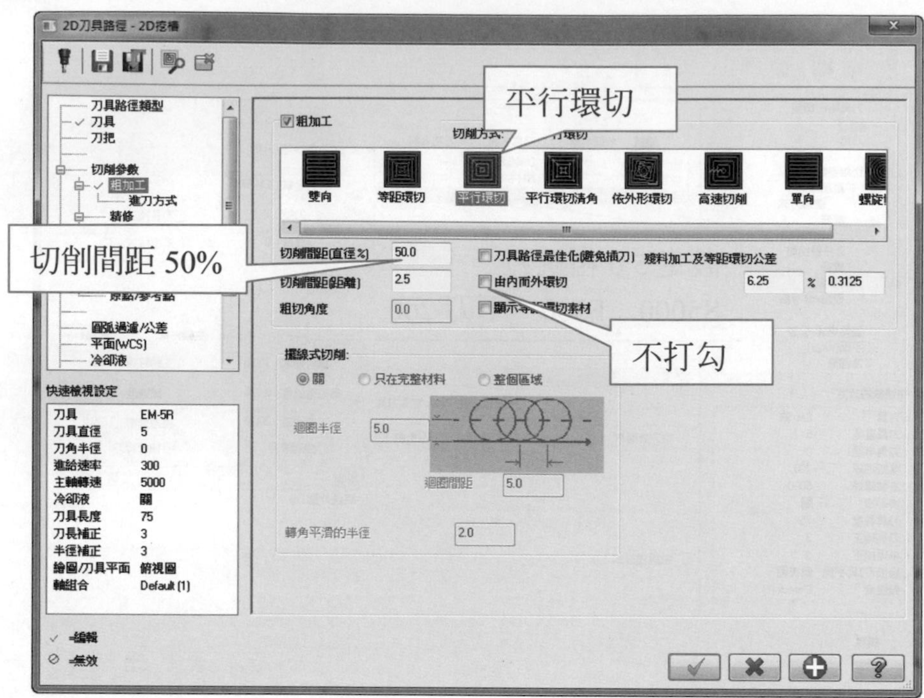

→ 選擇精修→精修外邊界關閉

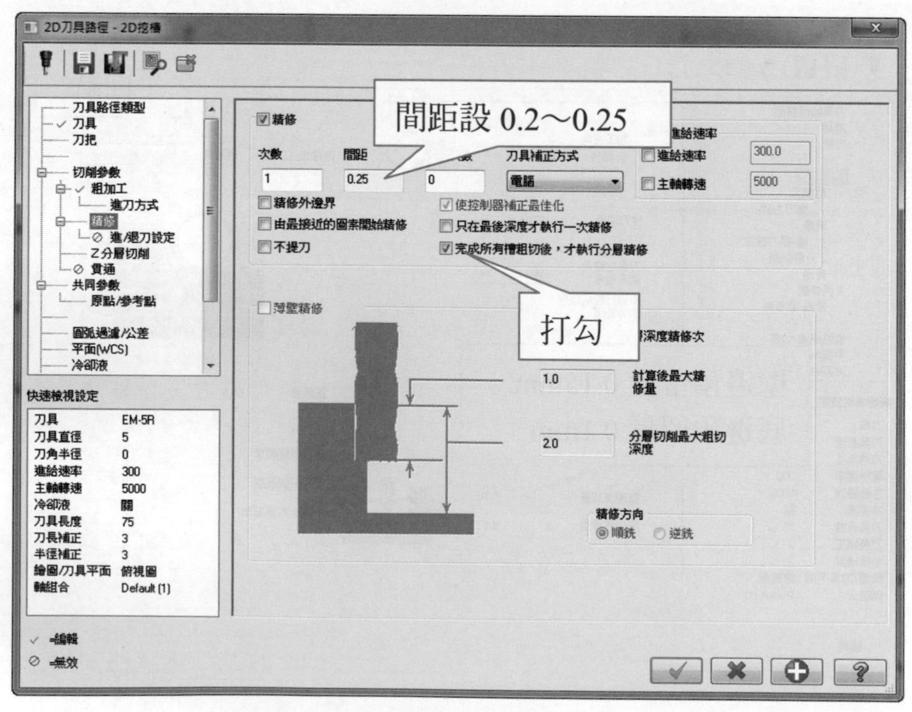

選擇 Z 分層切削

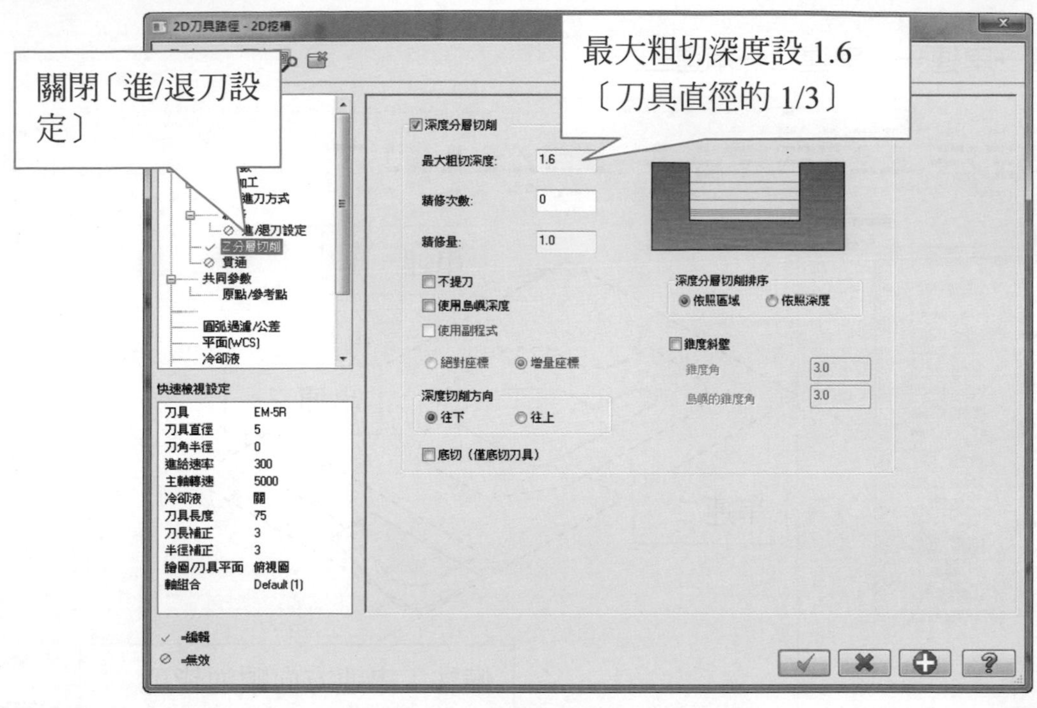

選擇共同參數

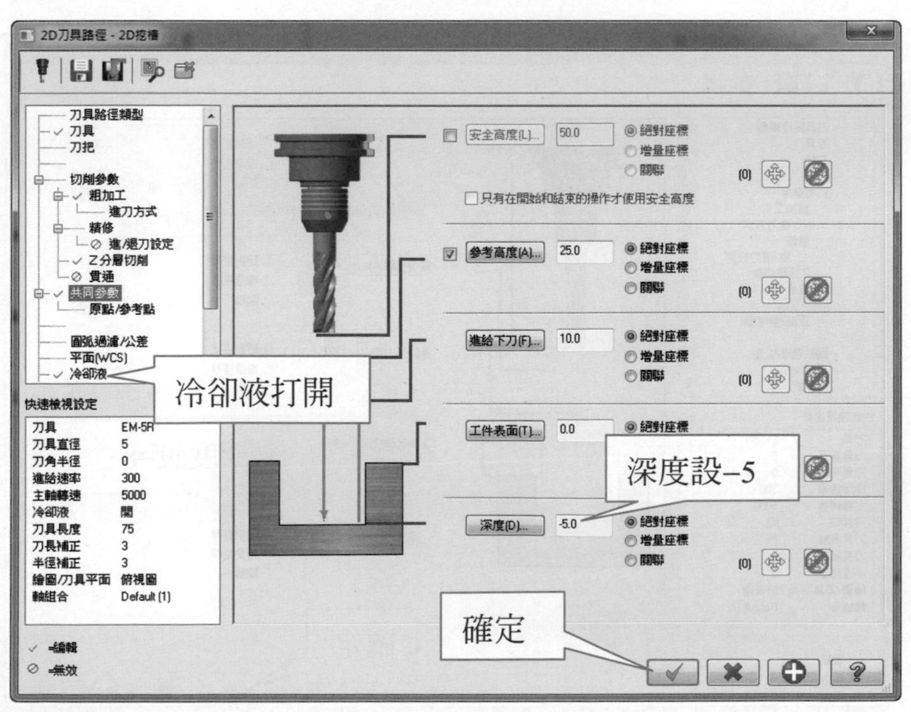

粗銑 Z-8mm 層

點選挖槽→串連一→串連二→串連三

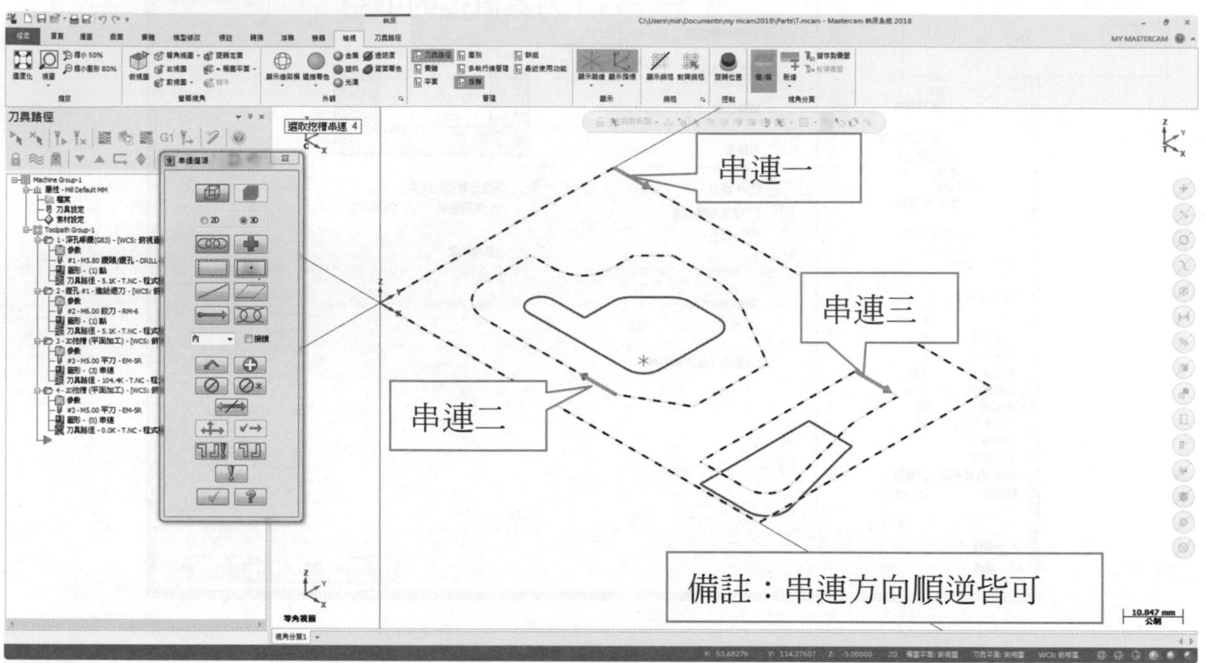

選擇共同參數

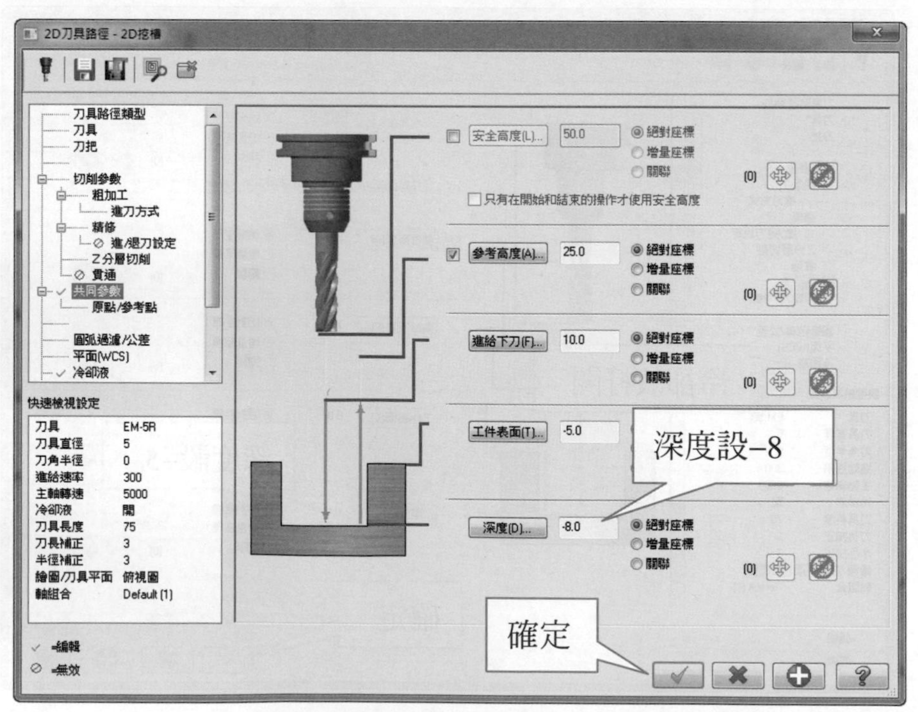

→ ϕ5mm 粗銑刀加工設定步驟

→ 點選挖槽

→ 粗銑 Z–4mm 層

→ 選擇挖槽→串連一→串連二

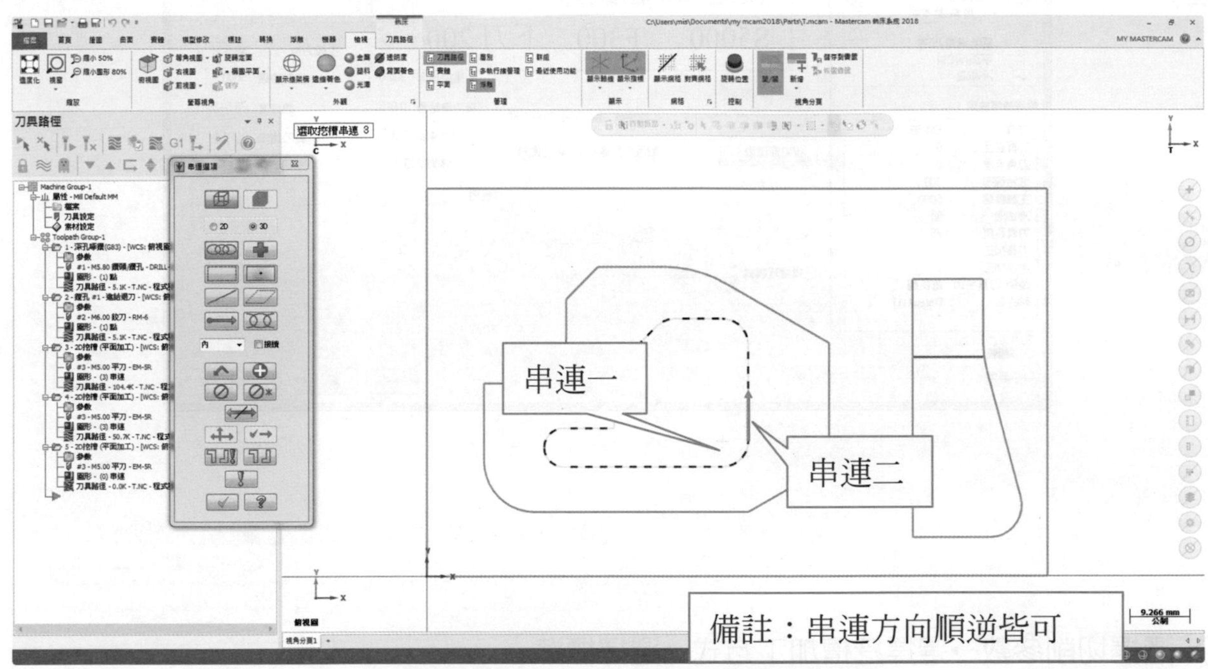

刀具→建立新刀具→選擇平刀→設定 5.0 粗銑刀

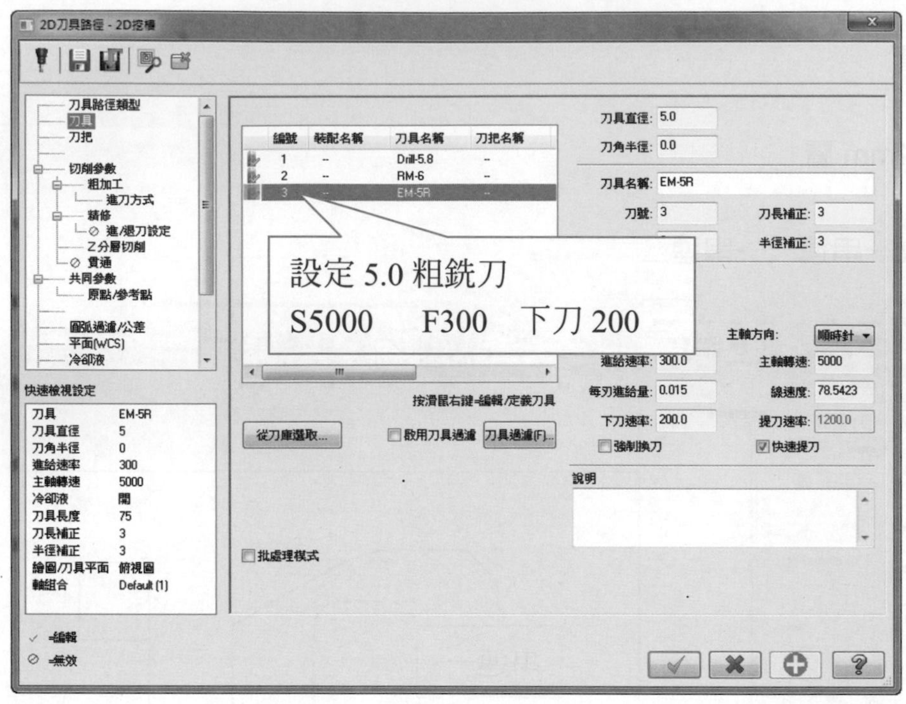

選擇切削參數→選擇挖槽加工方式→選擇標準

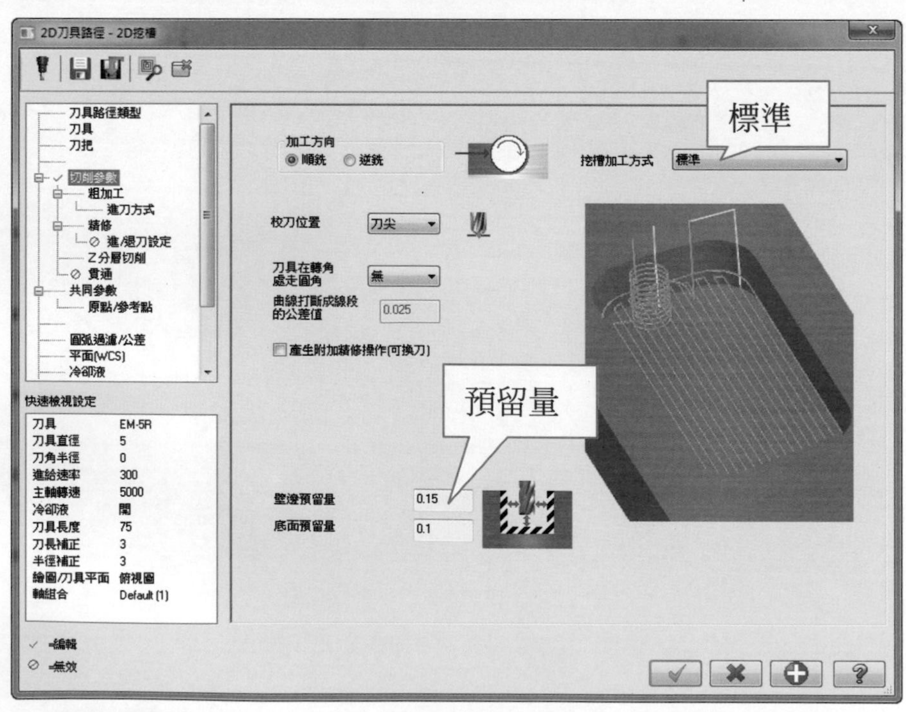

選擇粗加工→選擇平行環切

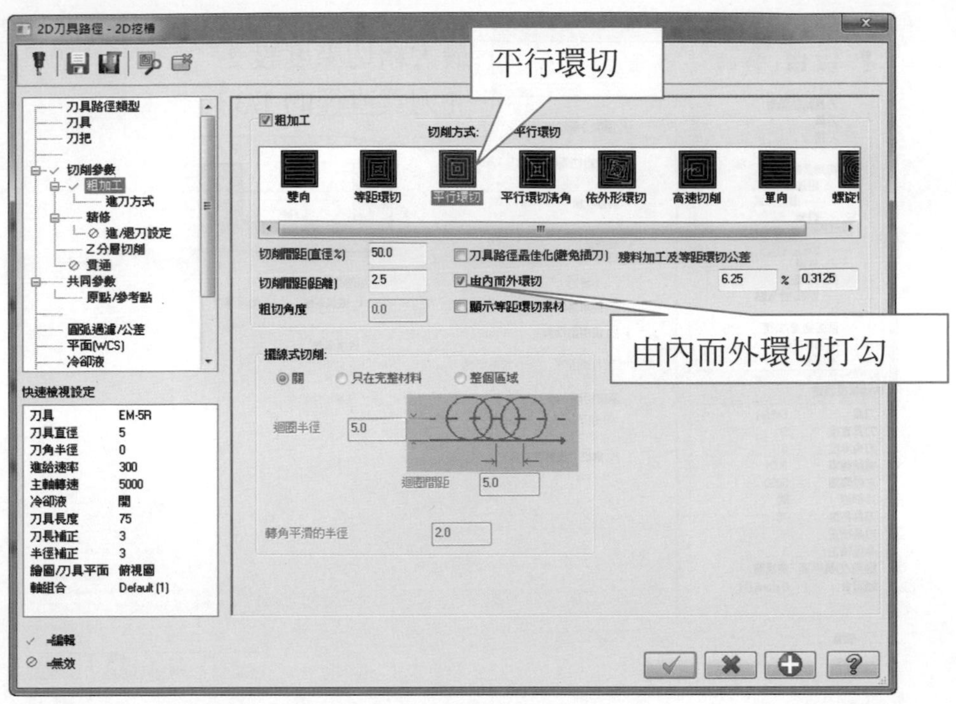

選擇精修→精修外邊界打勾

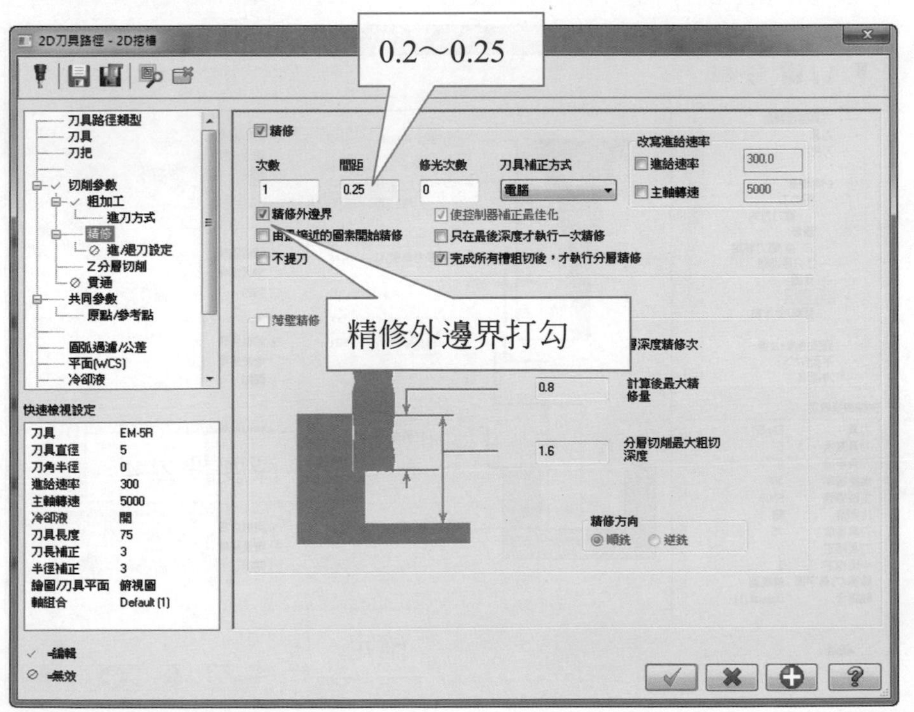

選擇 Z 分層切削

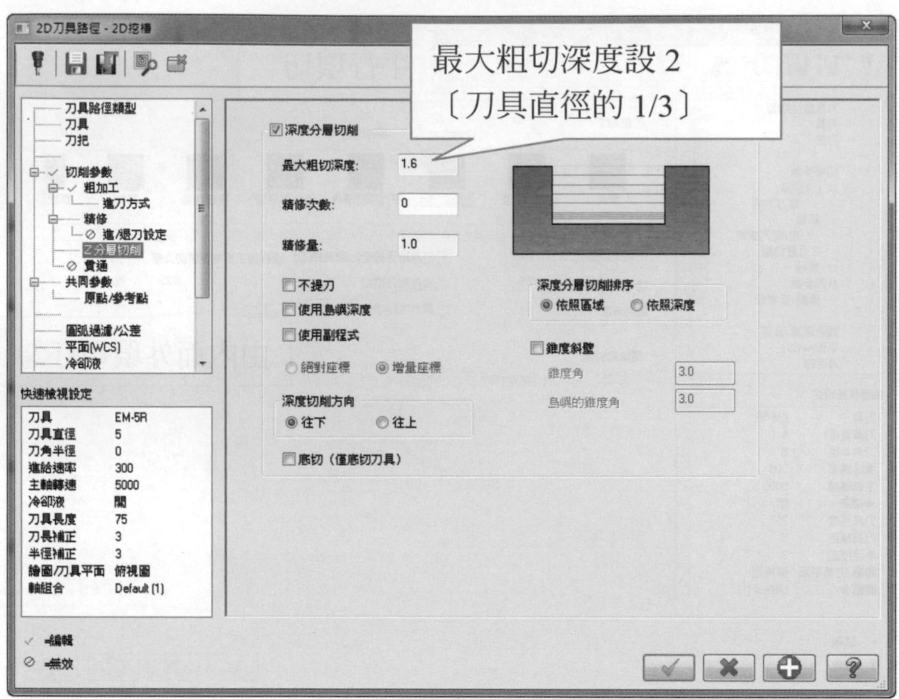

選擇共同參數

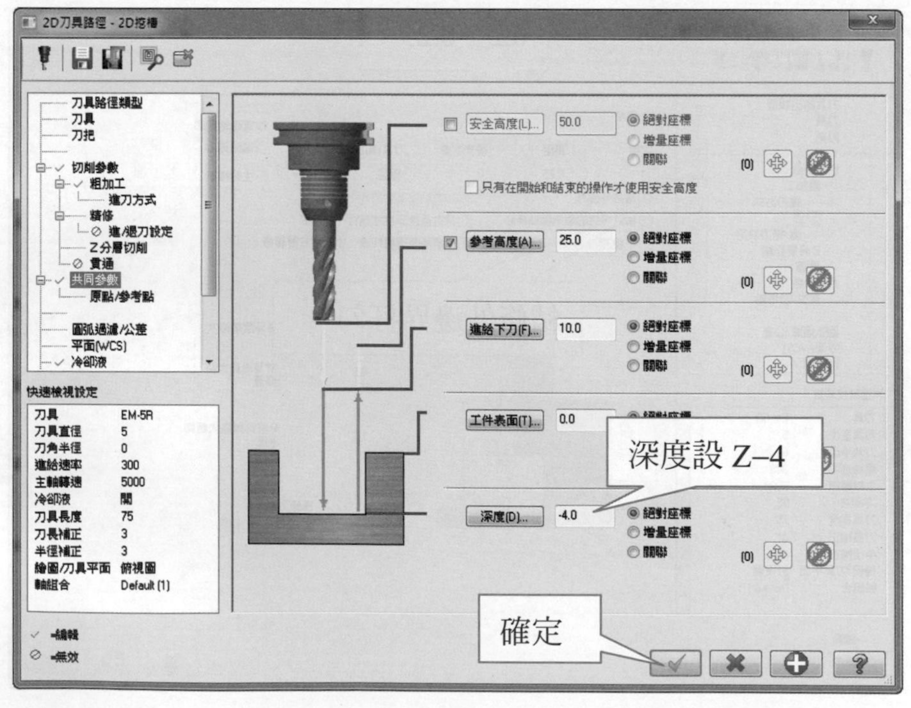

➔ ϕ5mm 精銑刀加工設定步驟

➔ 選擇挖槽→串連一→串連二→串連三→ (串連方向皆為順時針)

➔ 精銑外輪廓 Z–8mm 層及底面 (內含尺寸補正磨耗)

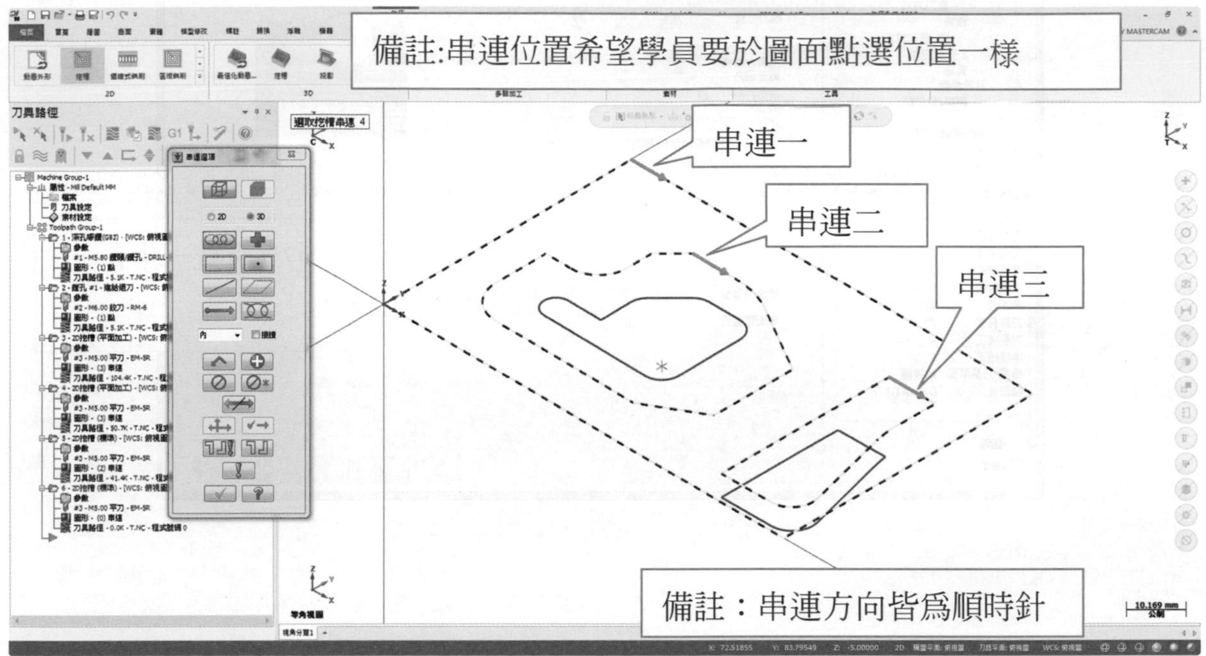

➔ 刀具→建立新刀具

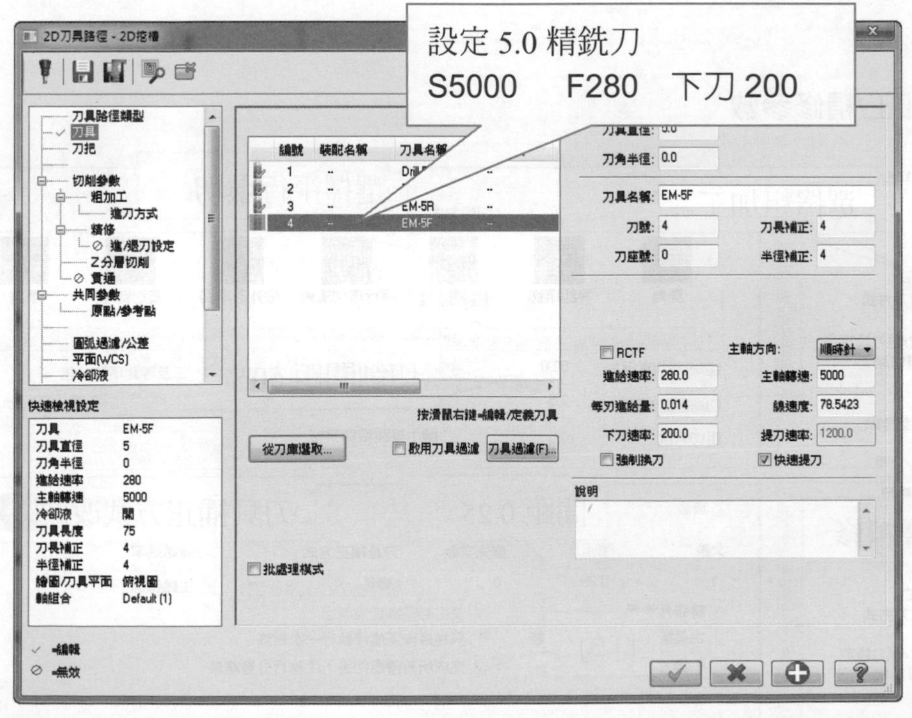

選擇切削參數

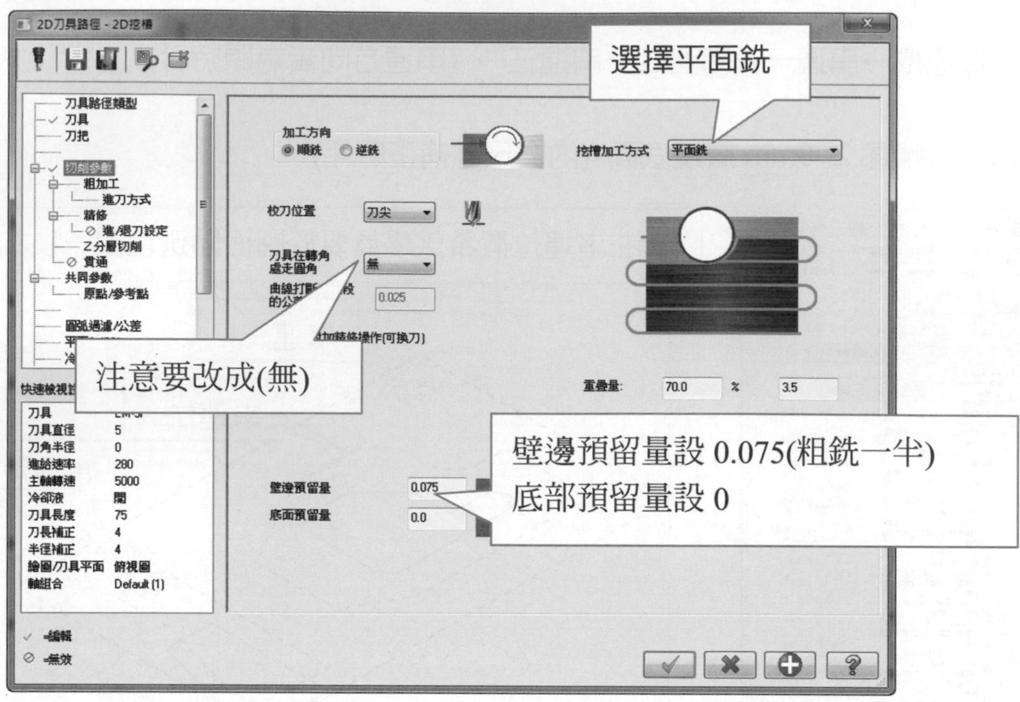

選擇粗加工/精修參數

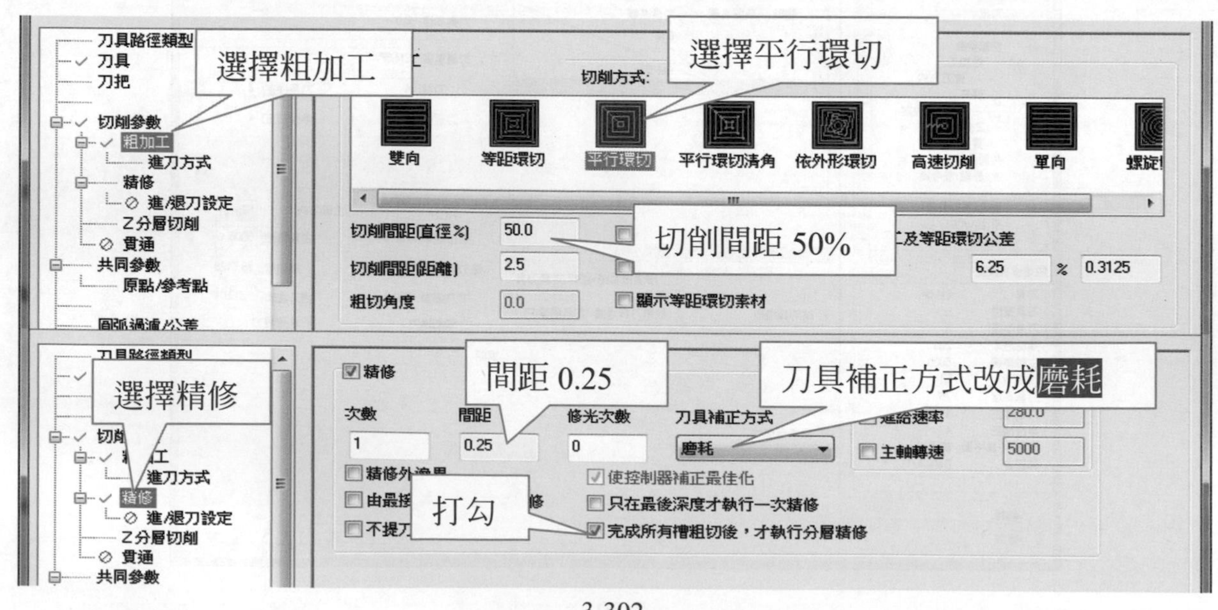

選擇進/退刀設定

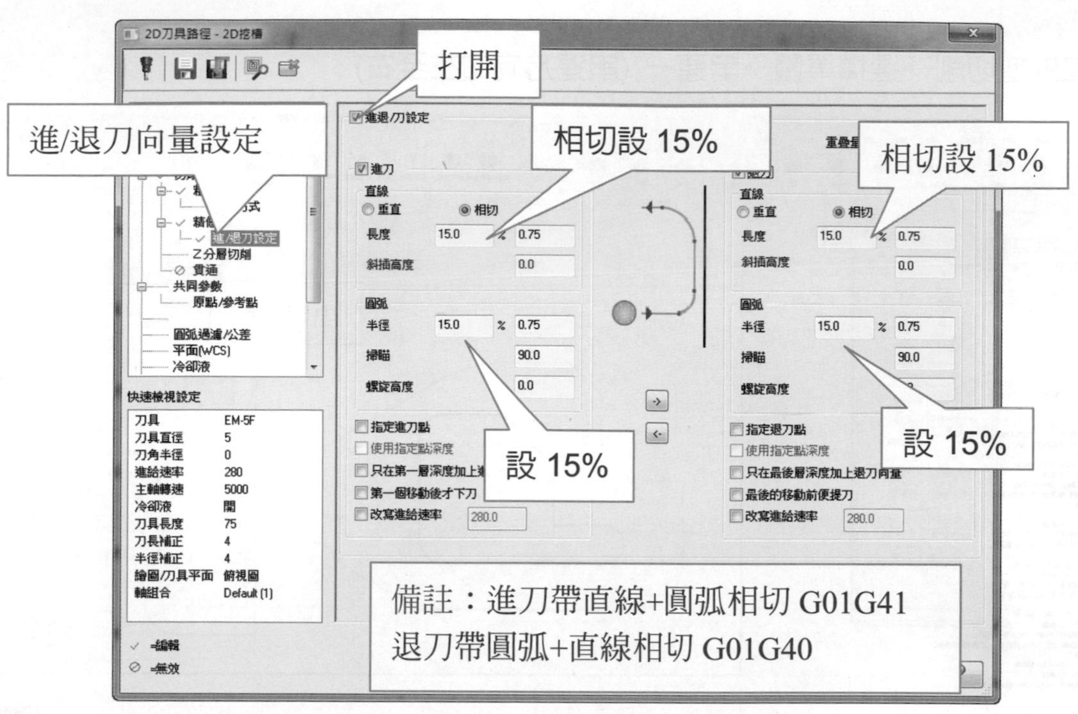

選擇共同參數

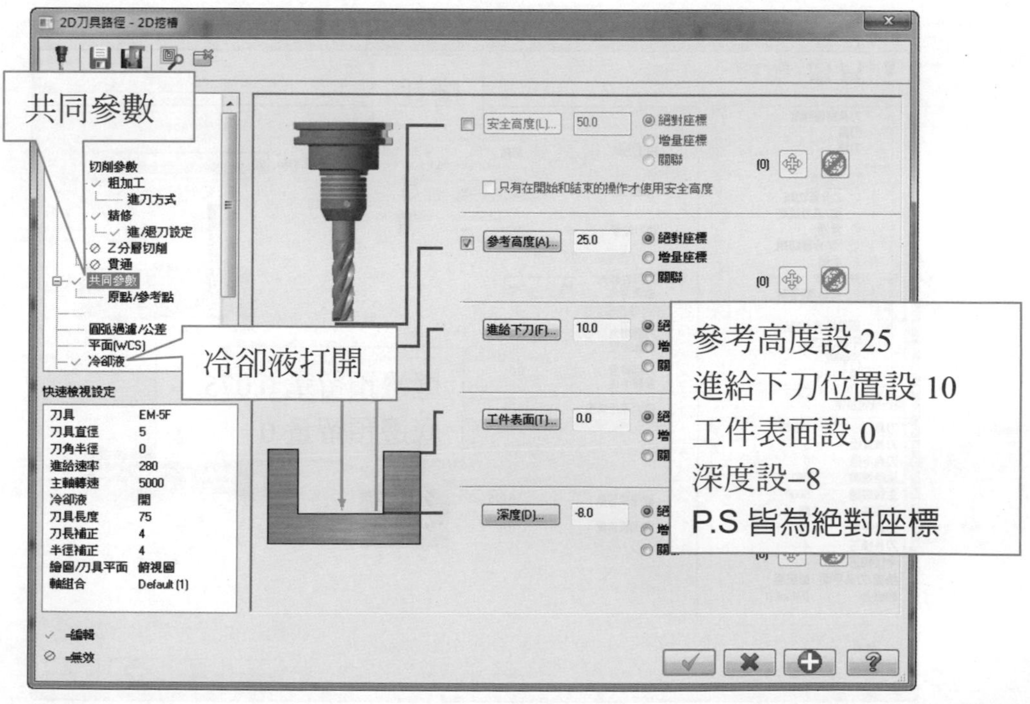

➜ 精銑外輪廓 Z–5mm 層

➜ 選擇外型切削→選擇單體→串連一 (串連方向由左至右)

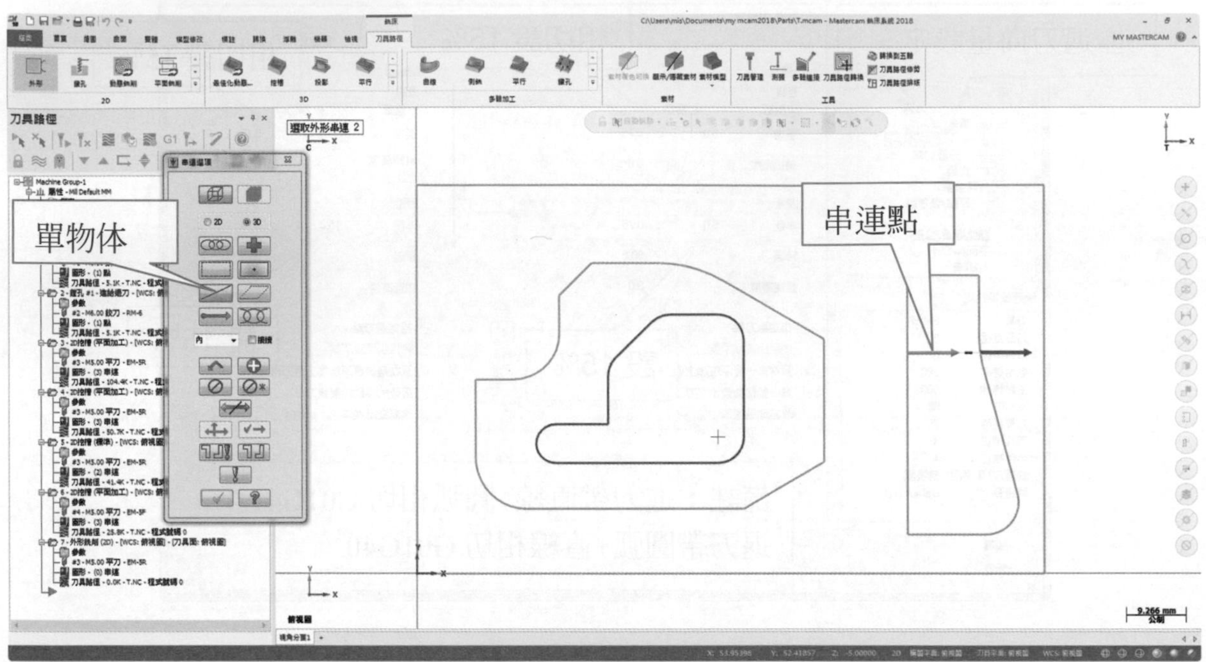

➜ 選擇切削參數→選取磨耗

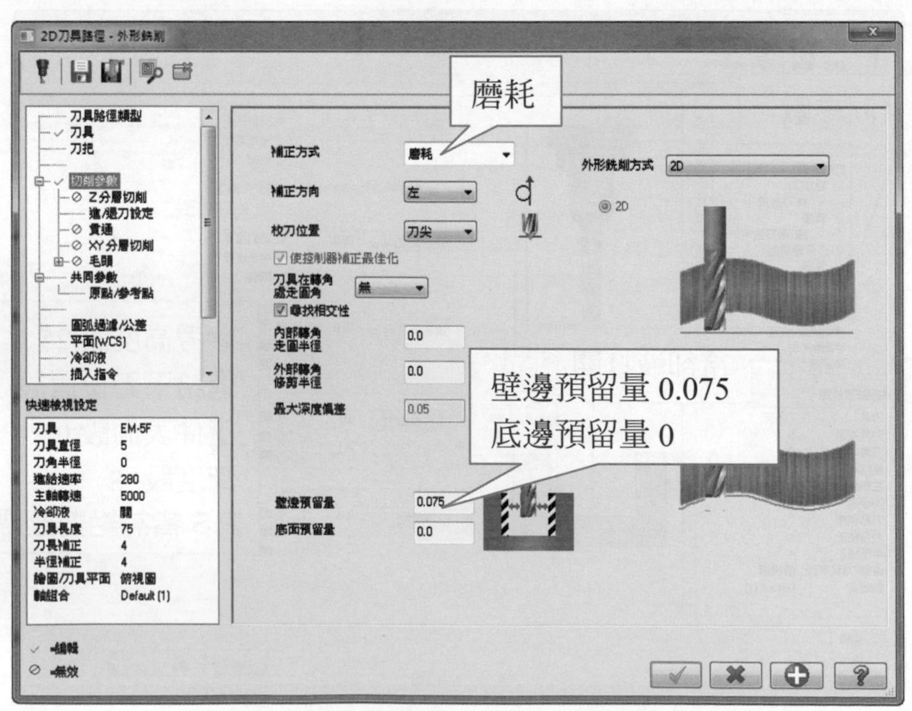

選擇進/退刀設定

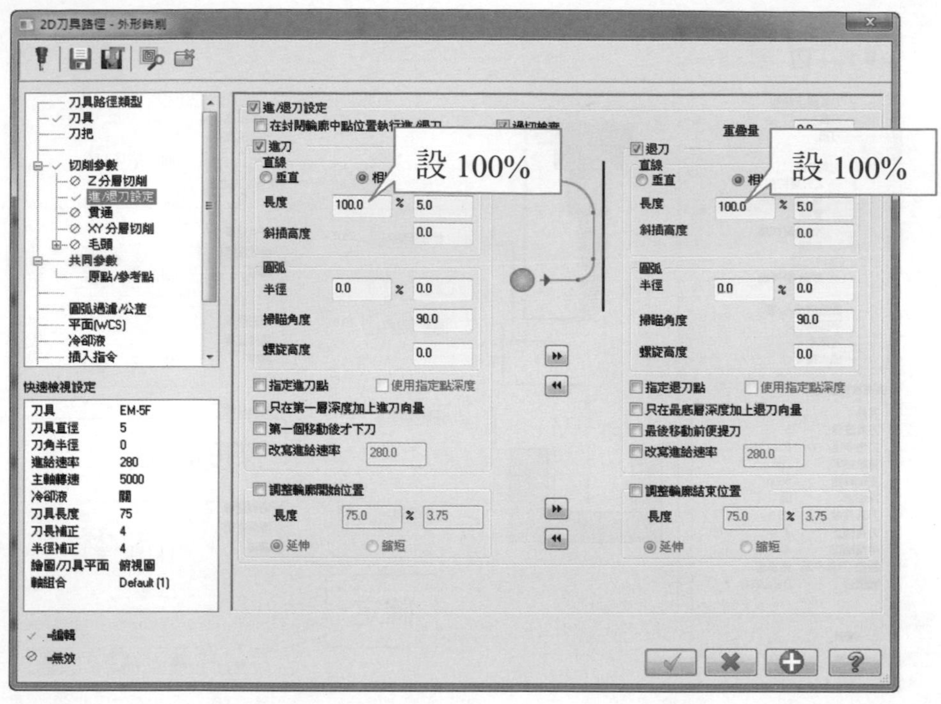

選擇 XY 分層切削

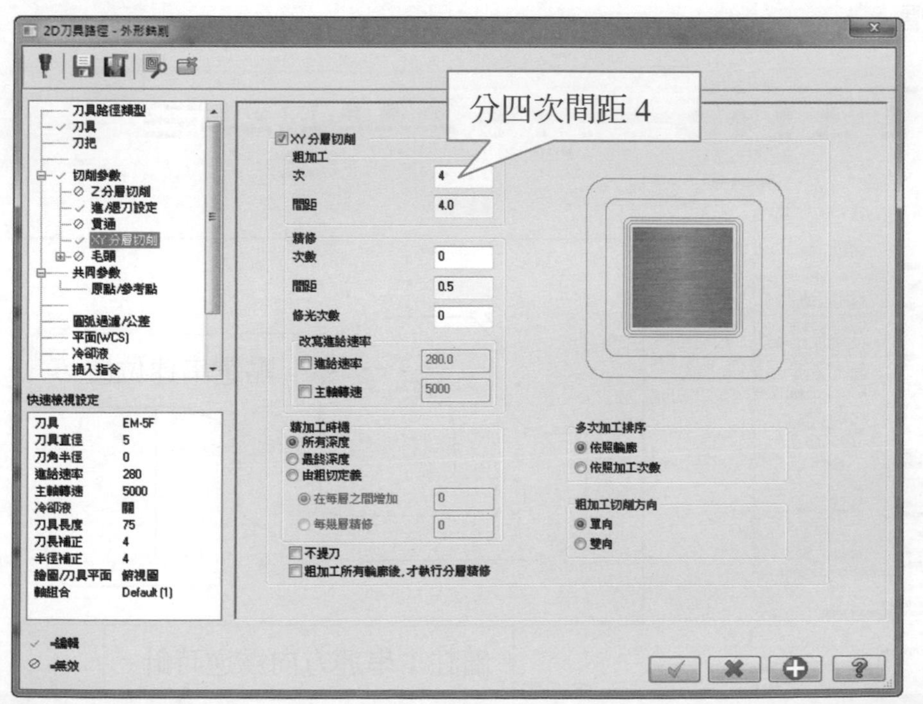

選擇共同參數

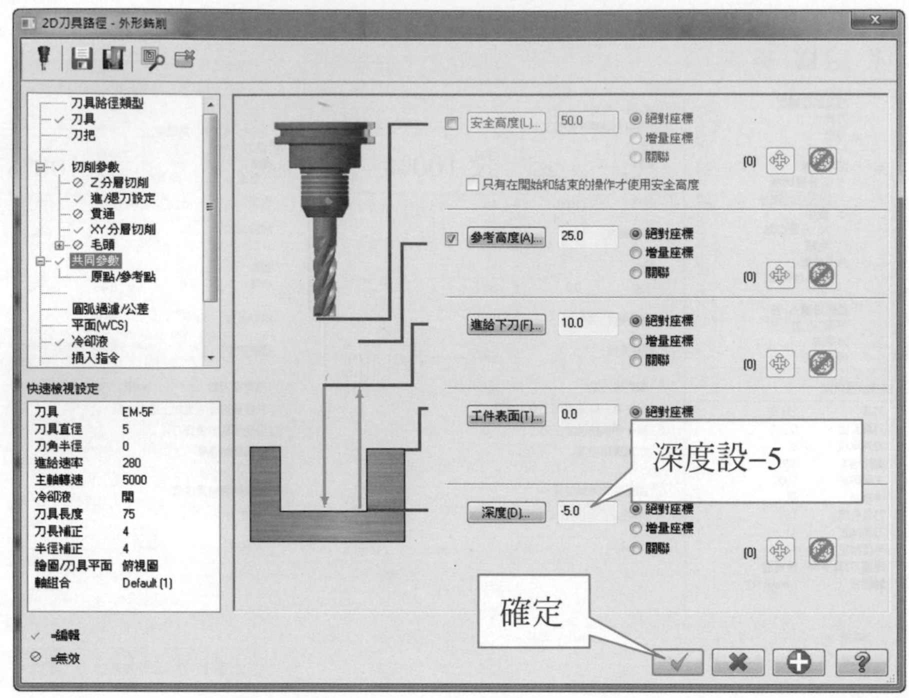

ϕ5mm 精銑刀加工設定步驟

精銑內槽輪廓 Z−4mm 層 (內含尺寸補正磨耗)

選擇挖槽

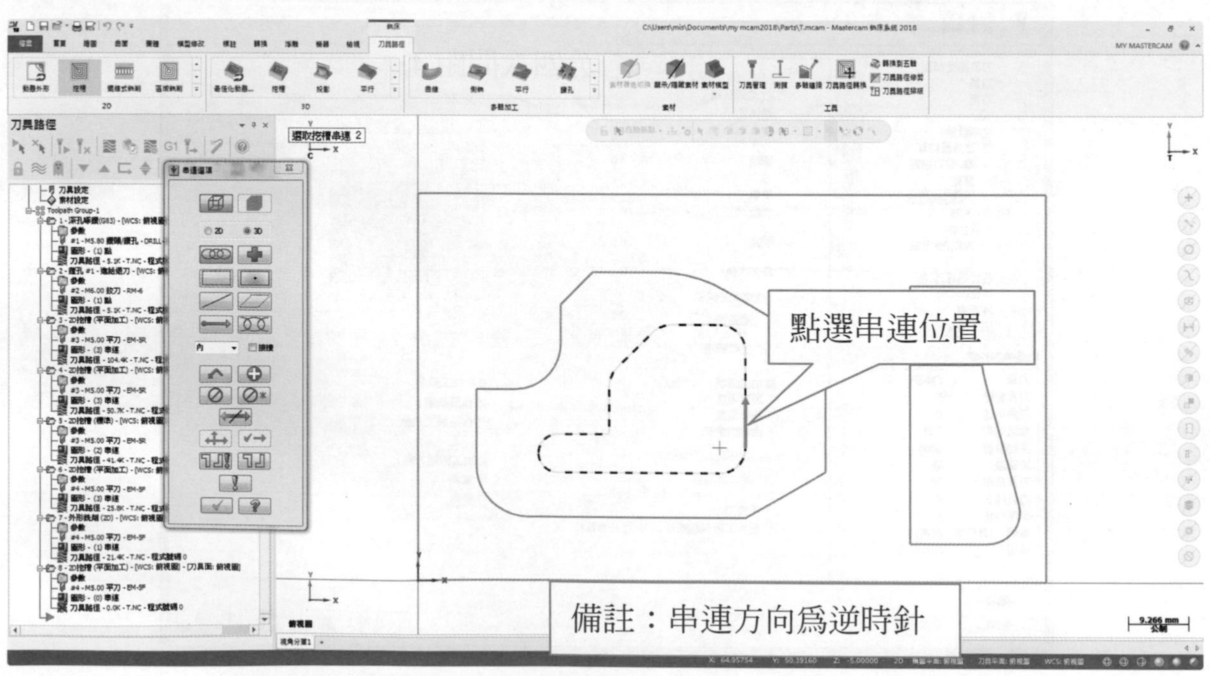

刀具→建立新刀具→選擇平刀設定 5.0 精銑刀

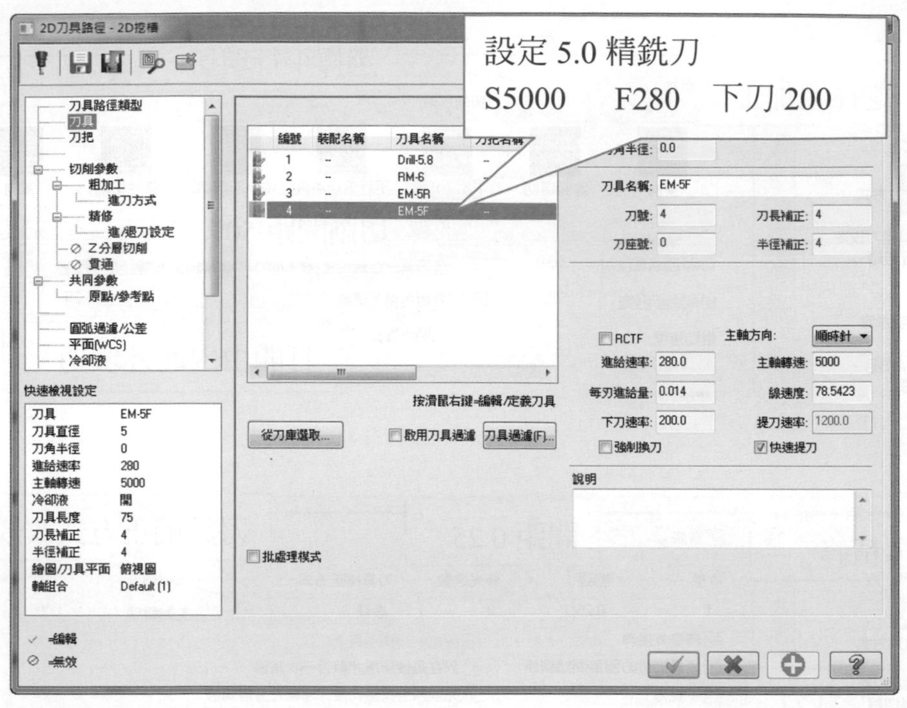

選擇切削參數

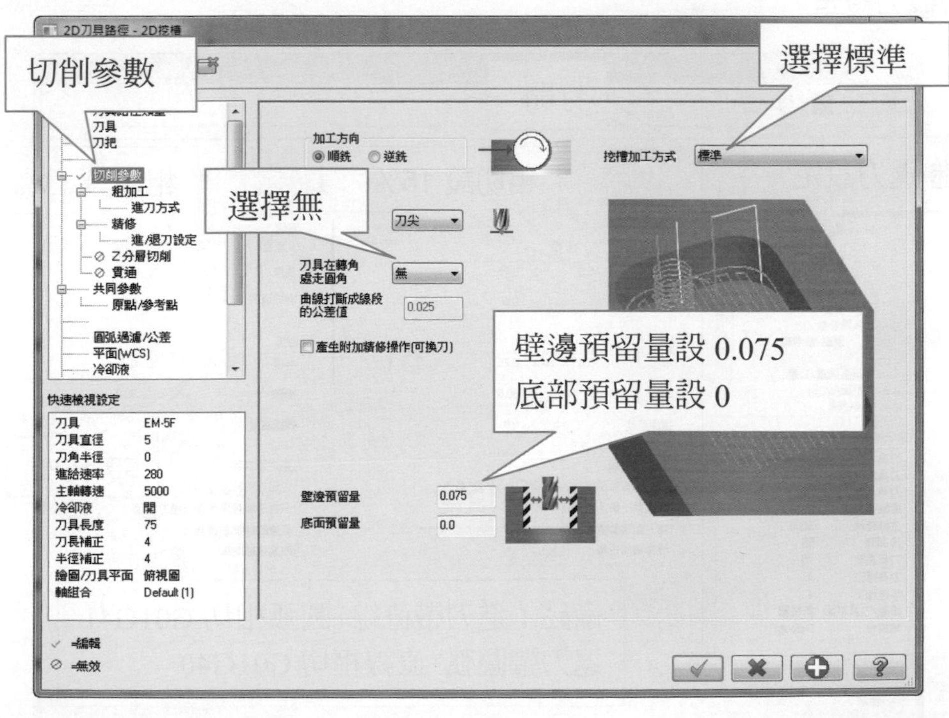

選擇粗加工/精修參數

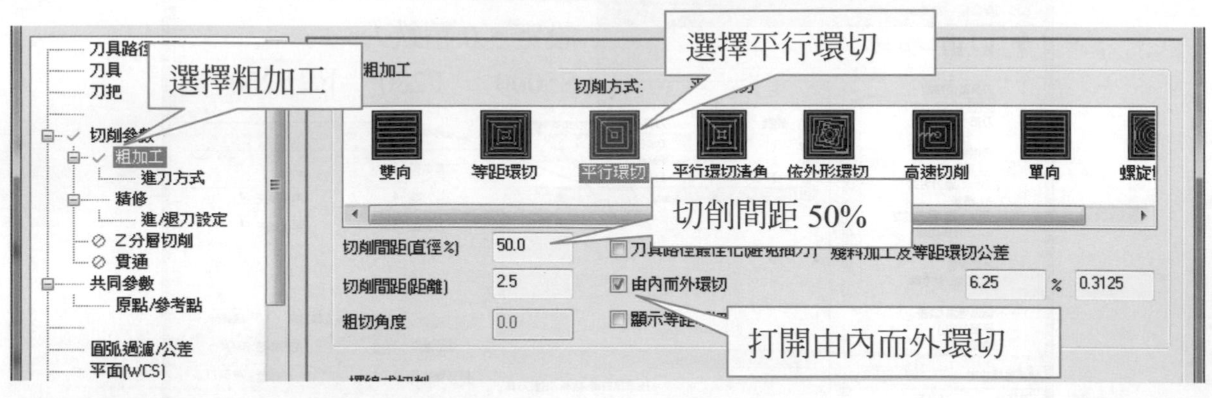

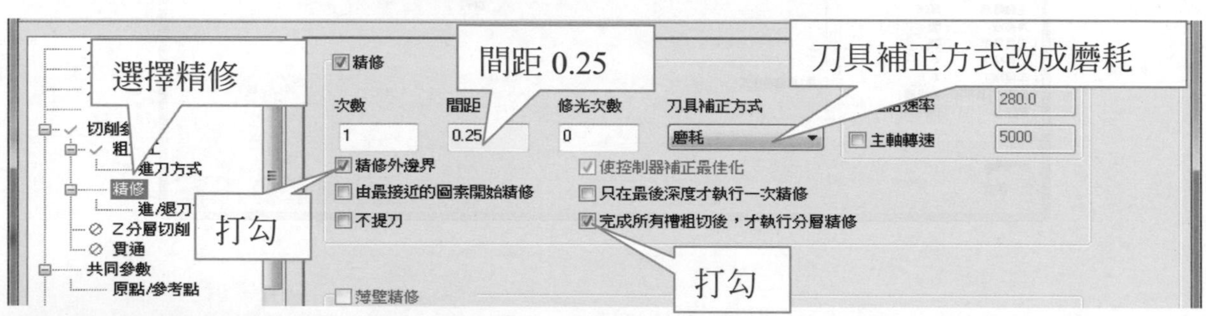

選擇進/退刀設定

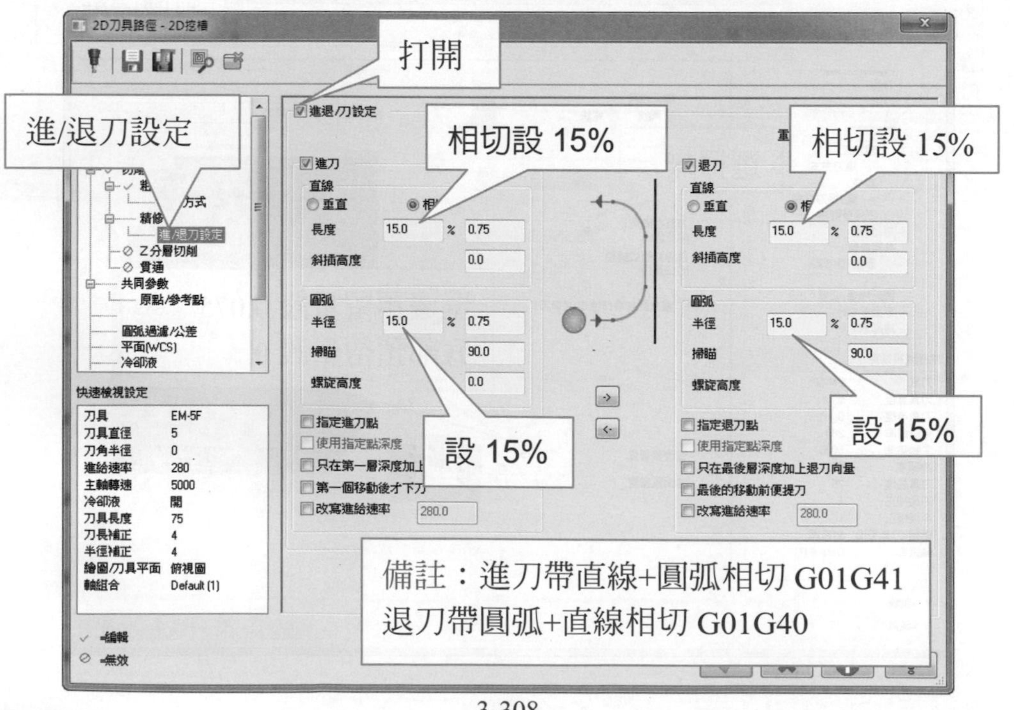

選擇共同參數

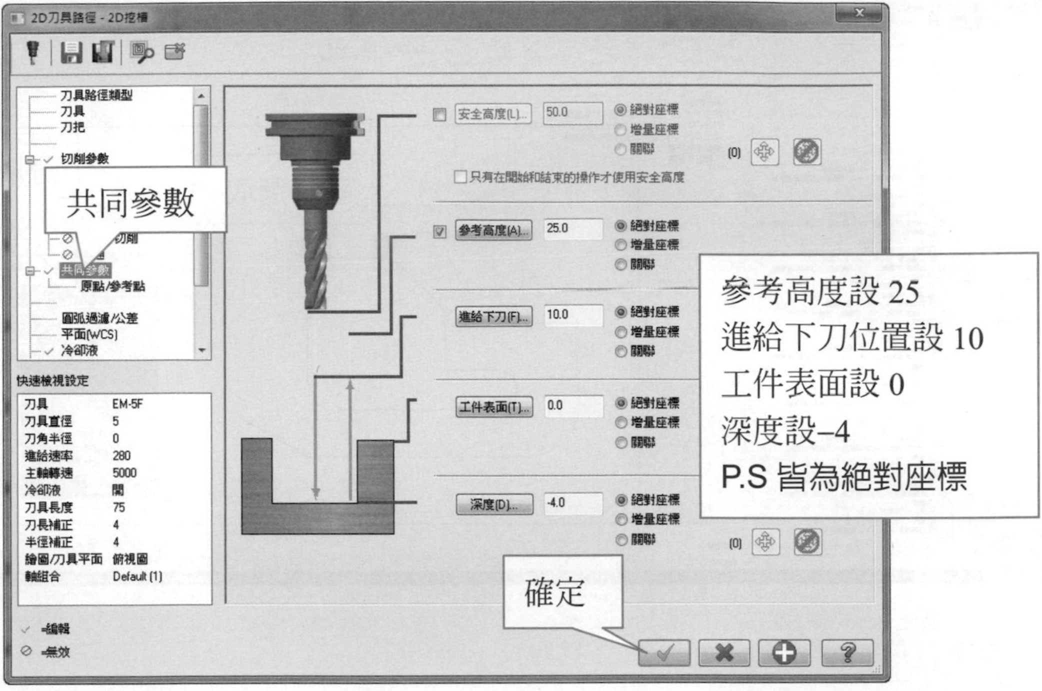

曲面加工ϕ6mm 球刀加工設定步驟

選擇曲面精修→平行

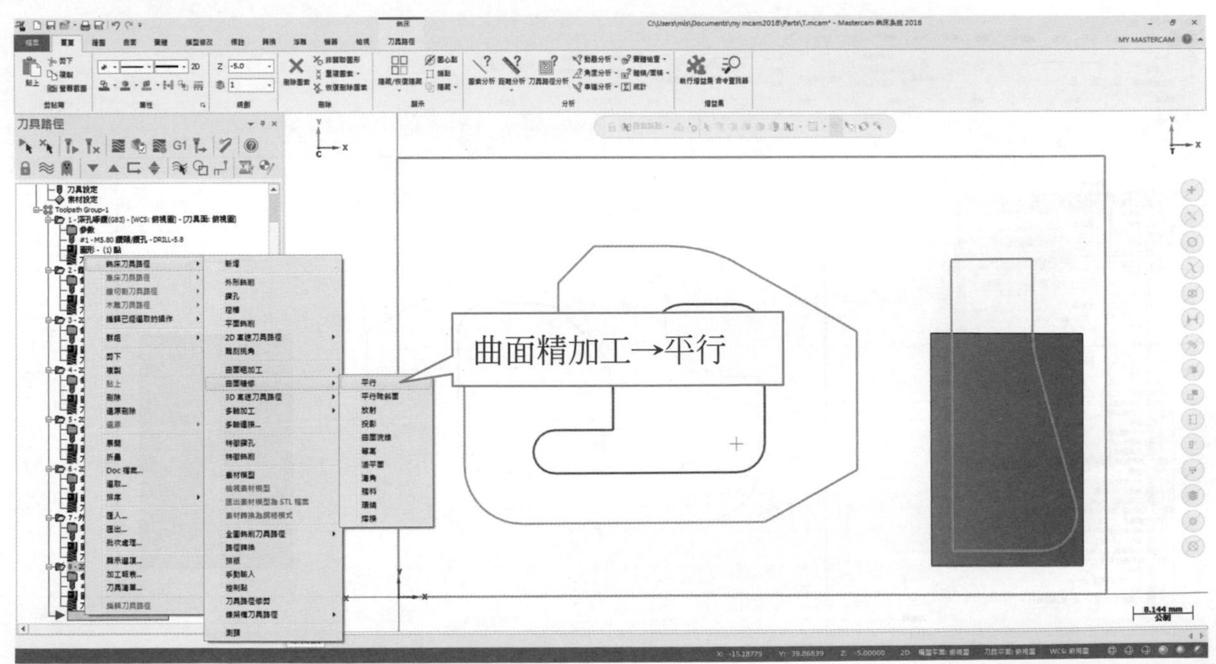

選擇曲面

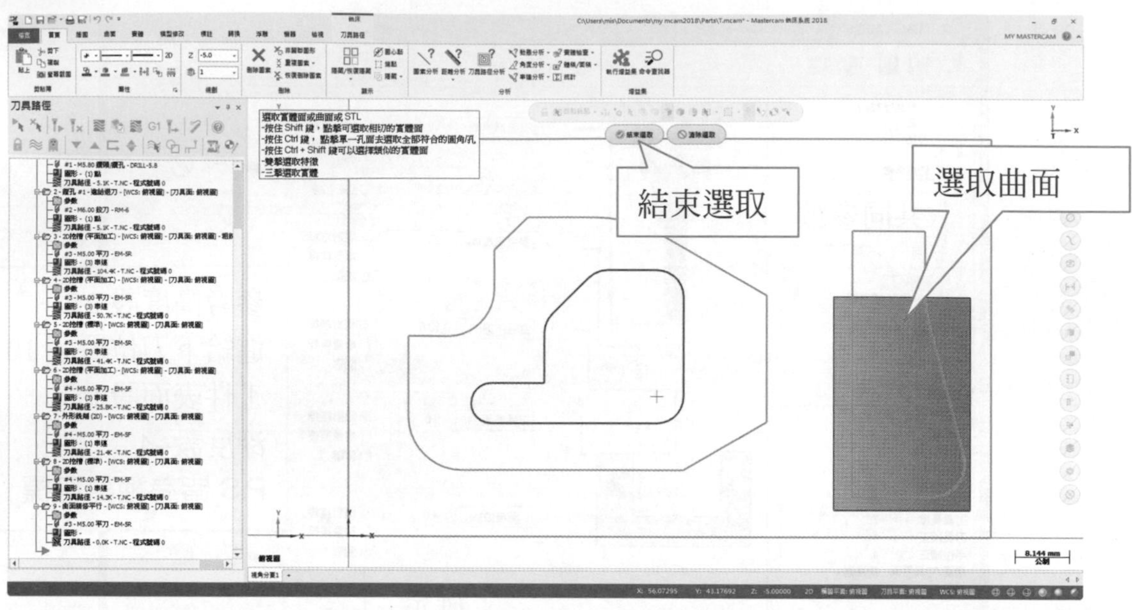

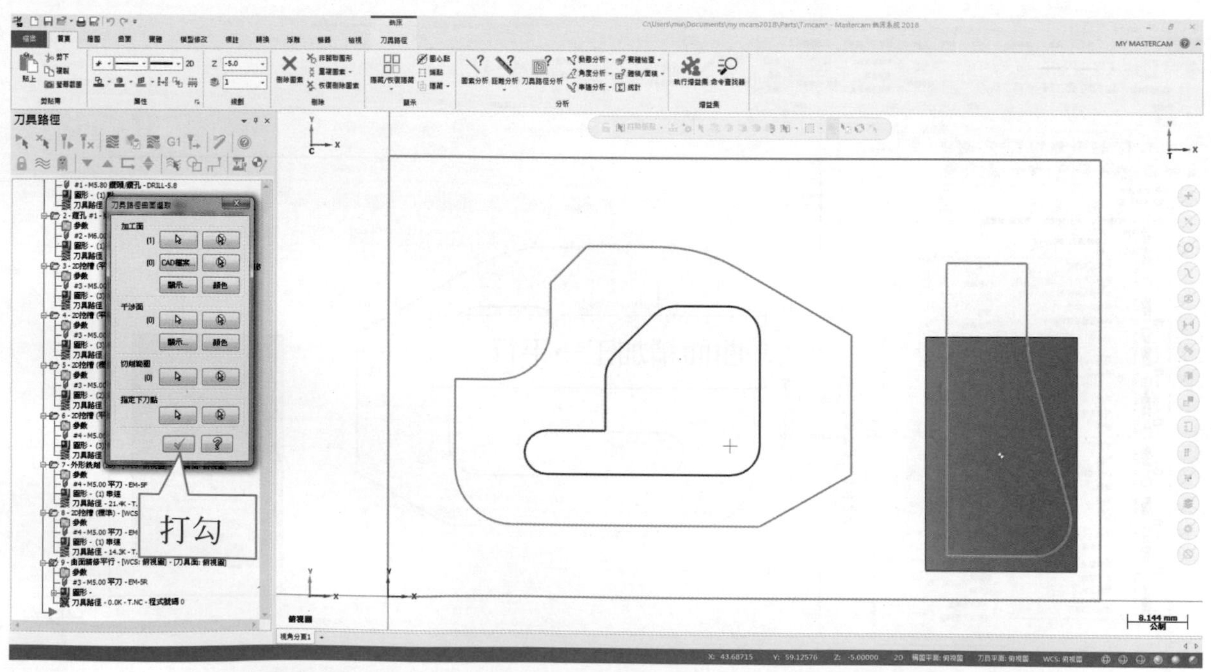

刀具→建立新刀具→選擇球刀

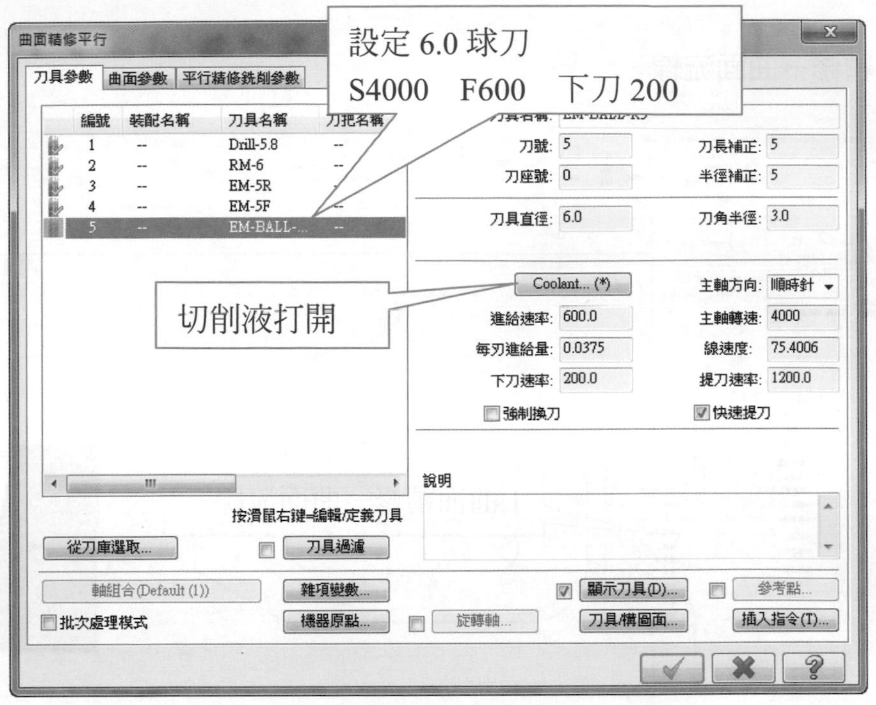

選擇平行精修銑削參數

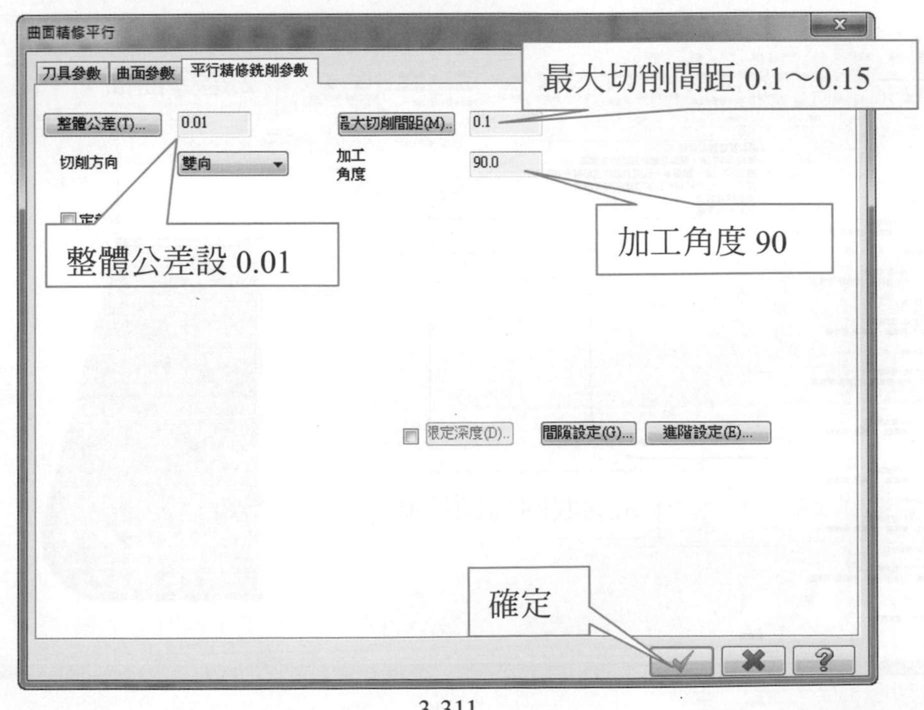

曲面倒角 0.5×45˚C

選擇曲面精修→曲面流線

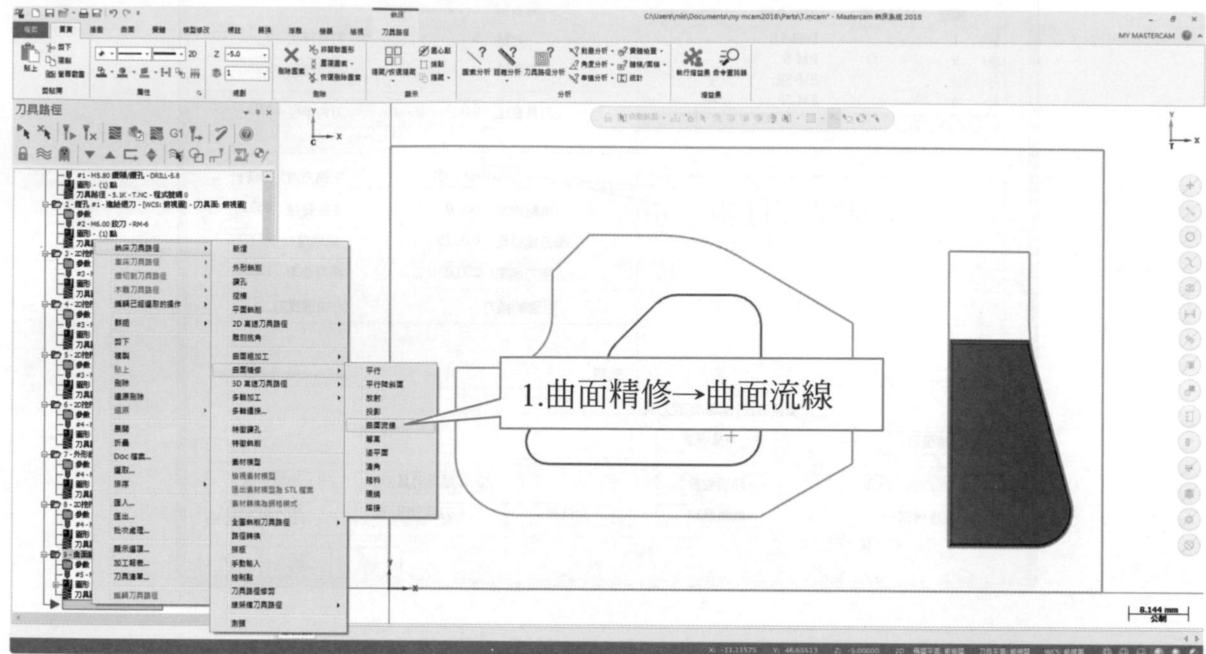

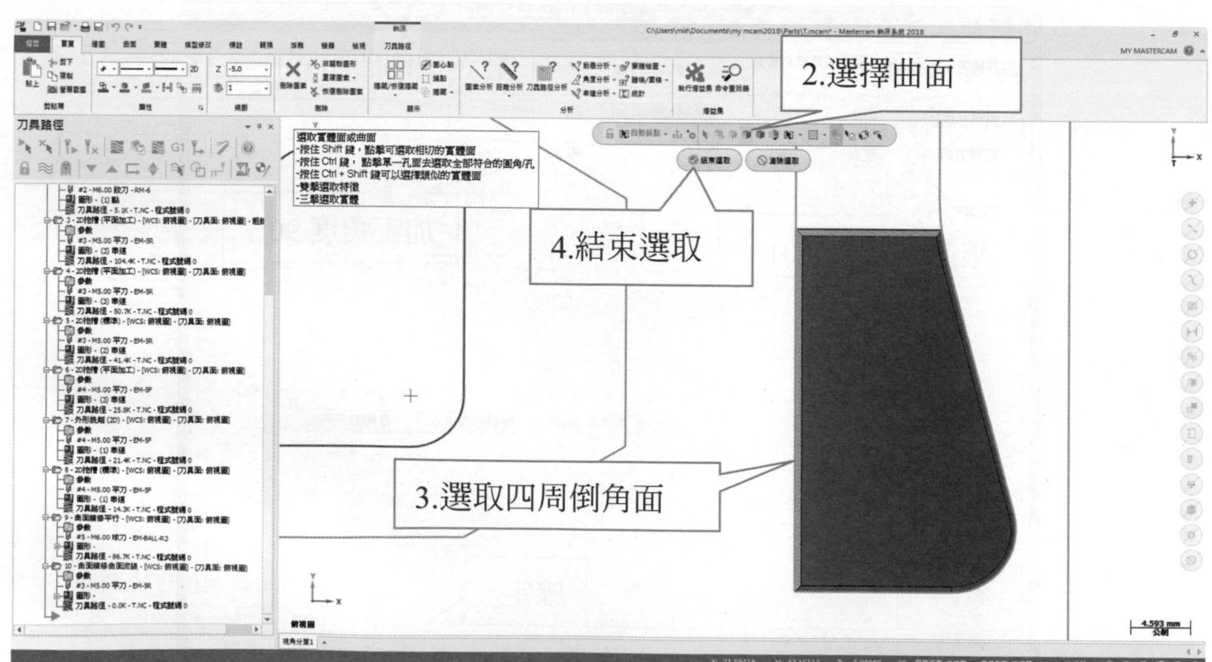

切削方向為平行步進方向由下銑到上〔小箭頭朝上〕

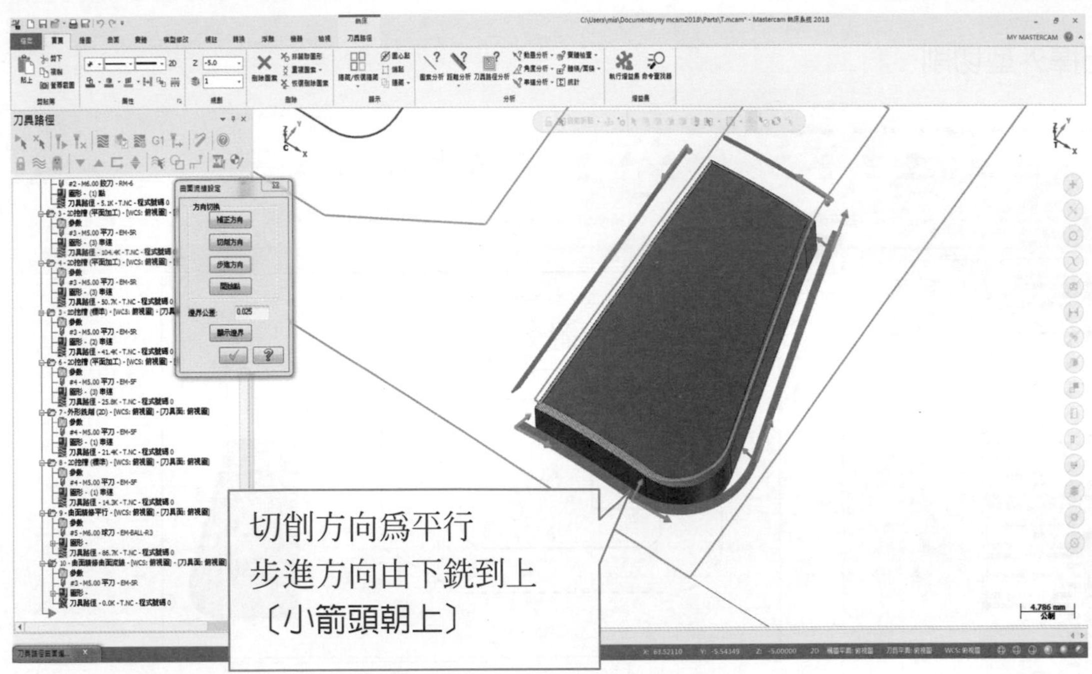

選擇曲面流線精修參數

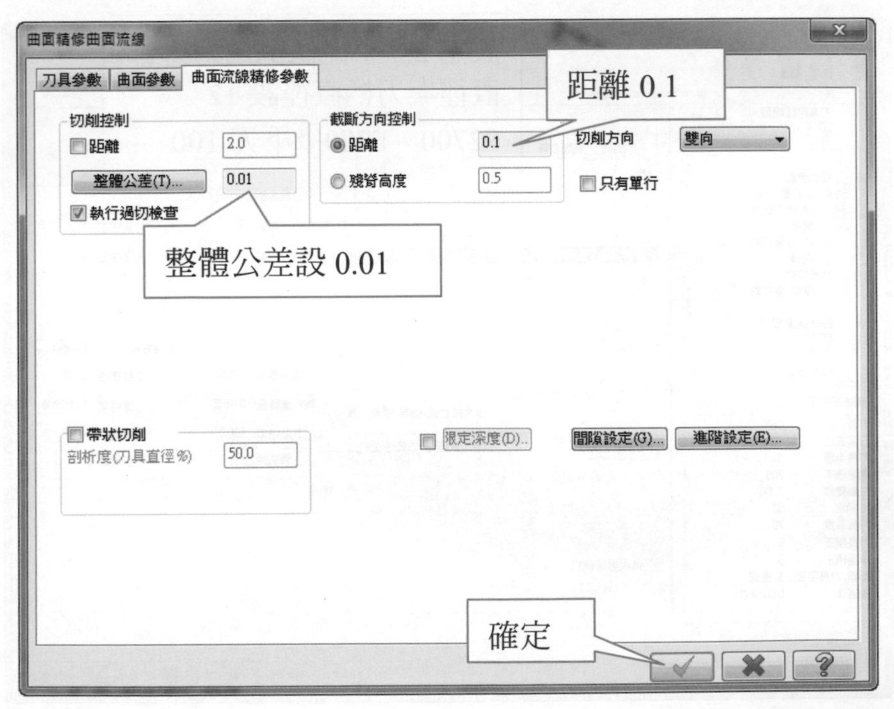

倒角刀φ12mm 倒角 1×45°C加工設定步驟

選擇外型切削

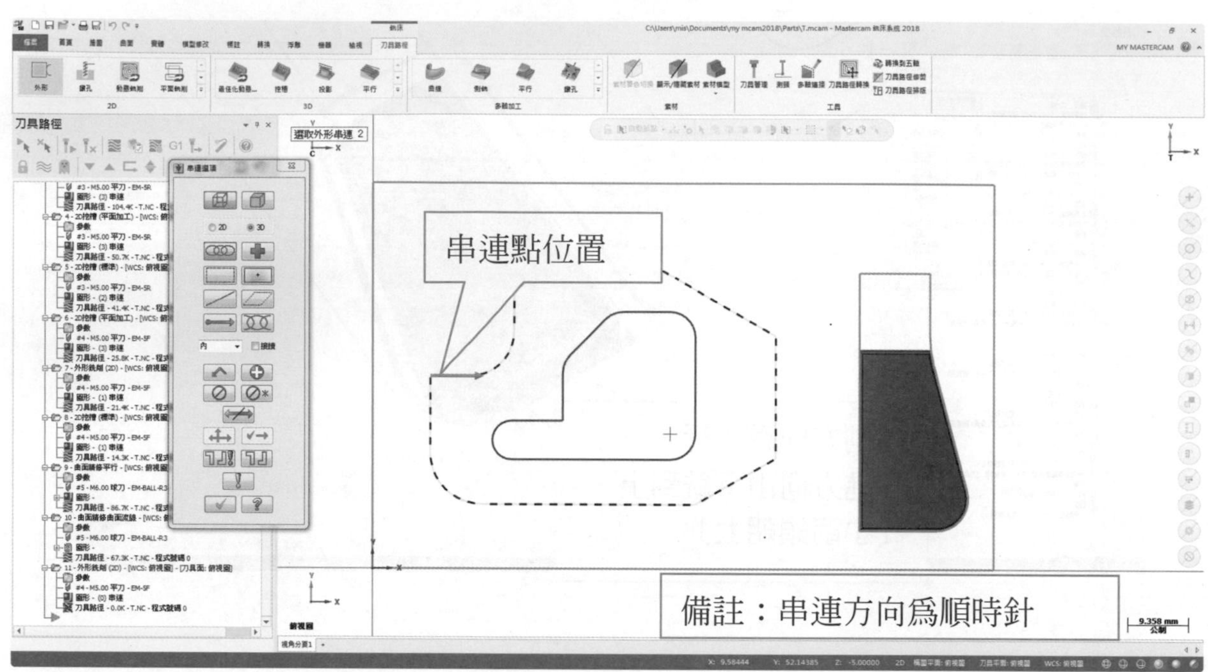

刀具→建立新刀具→選取倒角刀

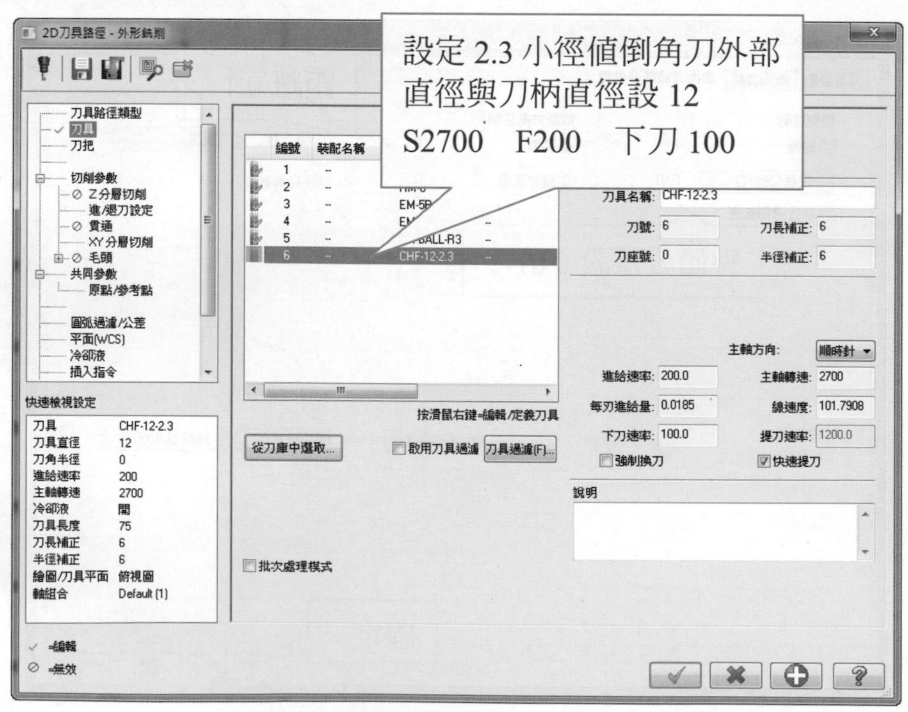

➜ 選擇切削參數→選取電腦→選取 2D 倒角

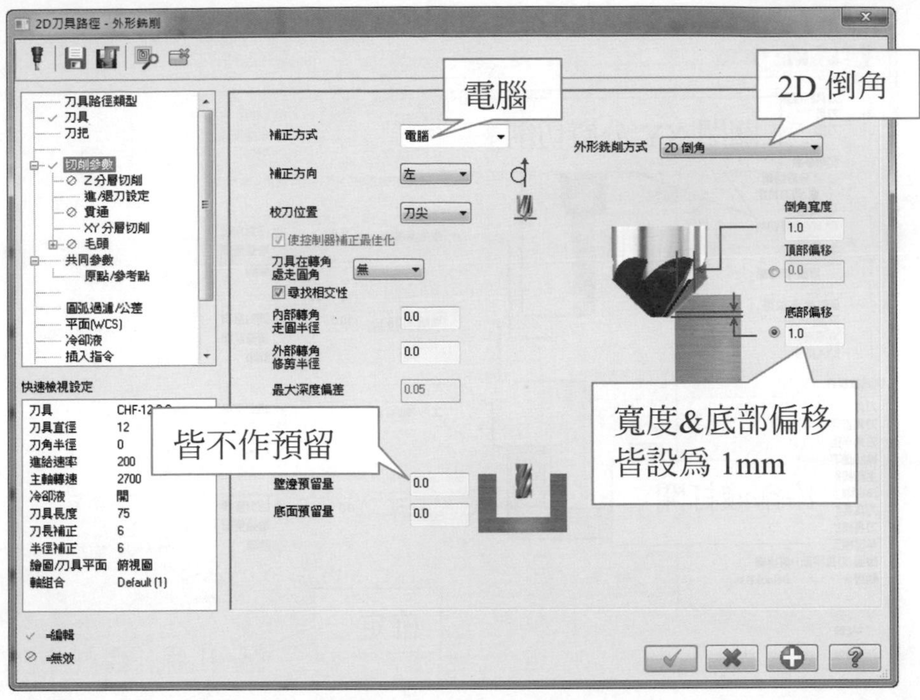

➜ 選擇進/退刀設定→關閉封閉式輪廓

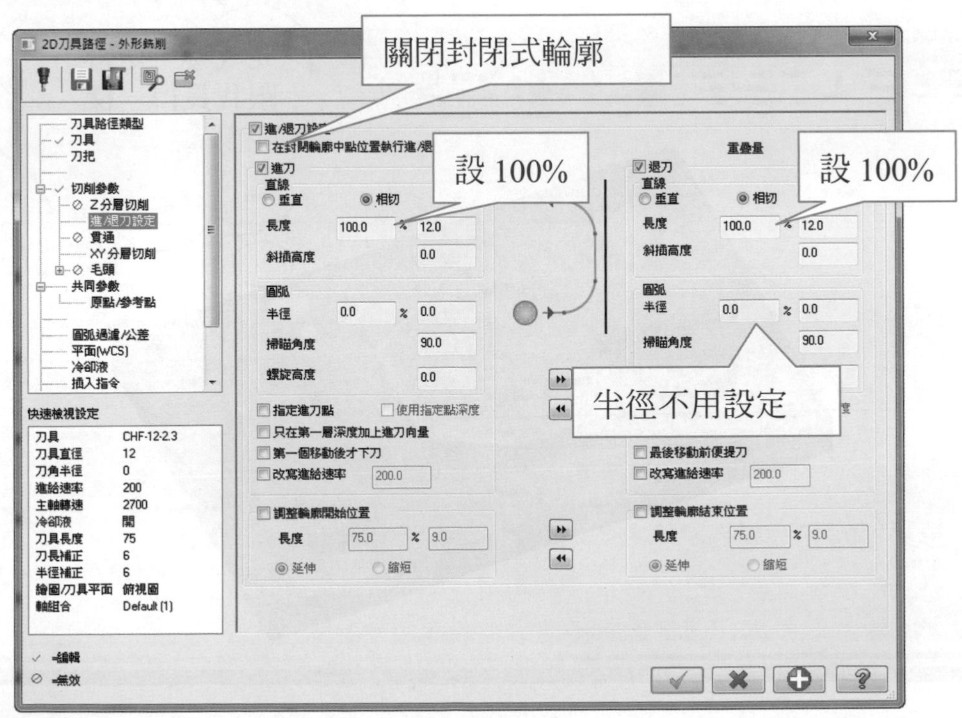

選擇共同參數

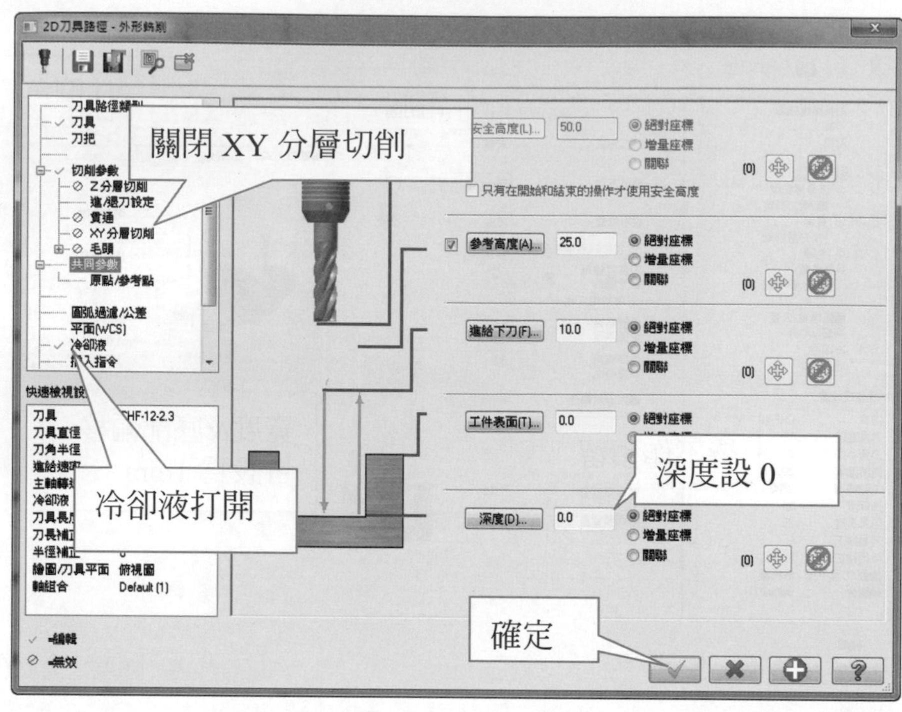
2D刀具路徑 - 外形銑削
關閉 XY 分層切削
冷卻液打開
深度設 0
確定
安全高度(L)... 50.0
參考高度(A)... 25.0
進給下刀(F)... 10.0
工件表面(T)... 0.0
深度(D)... 0.0
絕對座標
增量座標
關聯
只有在開始和結束的操作才使用安全高度
刀具路徑類型
刀具
刀把
切削參數
Z分層切削
進/退刀設定
貫通
XY分層切削
毛頭
共同參數
原點/參考點
圓弧過濾/公差
平面(WCS)
冷卻液
快速檢視設定
繪圖/刀具平面 俯視圖
軸組合 Default (1)
=編輯
=無效

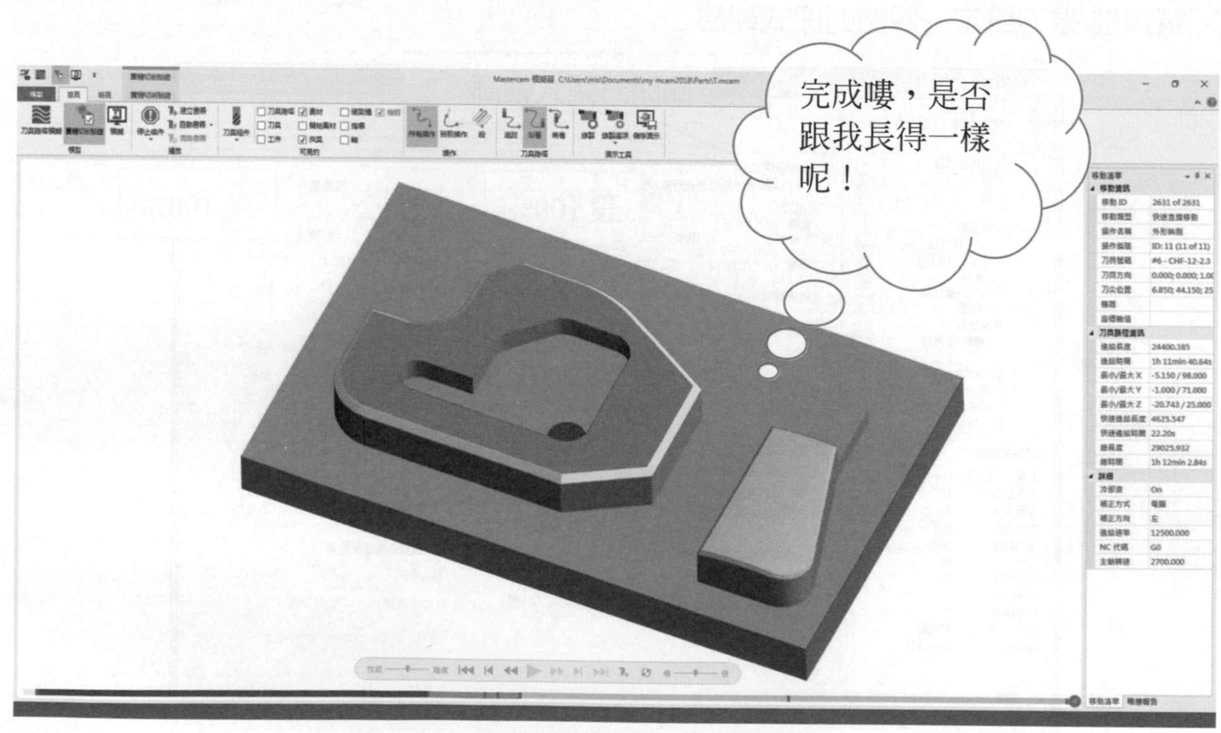
完成嘍，是否
跟我長得一樣
呢！

CNC 銑床乙級範例步驟　201　2D 高速工法加工路徑

ϕ6mm 粗銑刀加工設定步驟

選擇動態銑削→加工範圍→串連一→確定

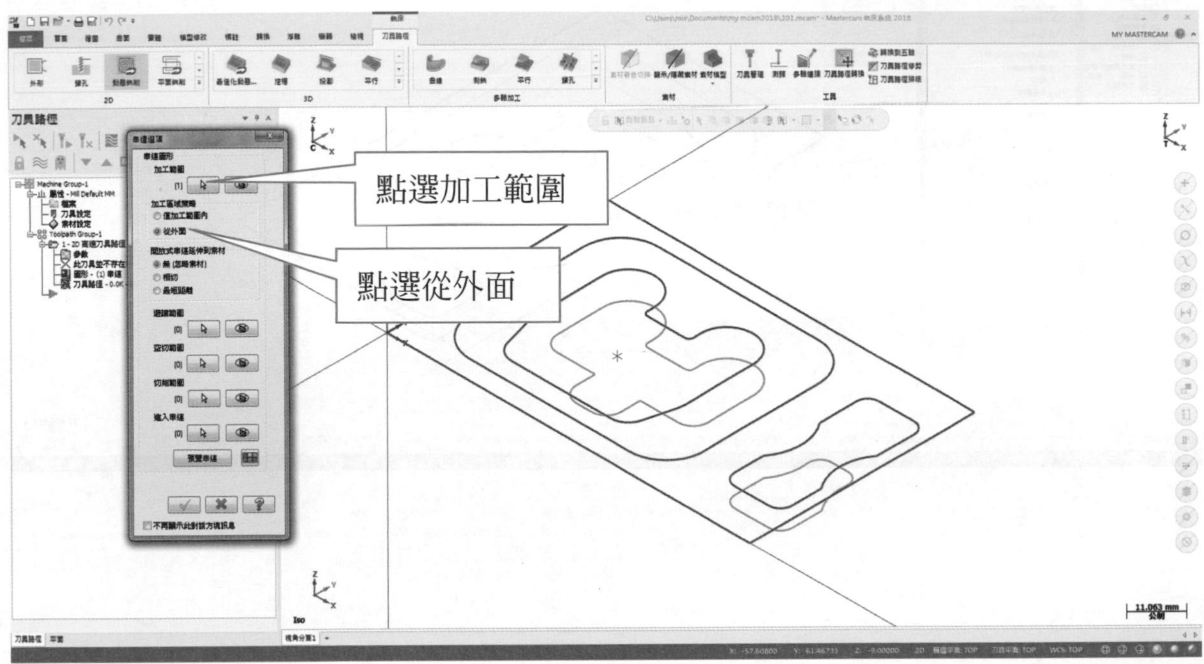

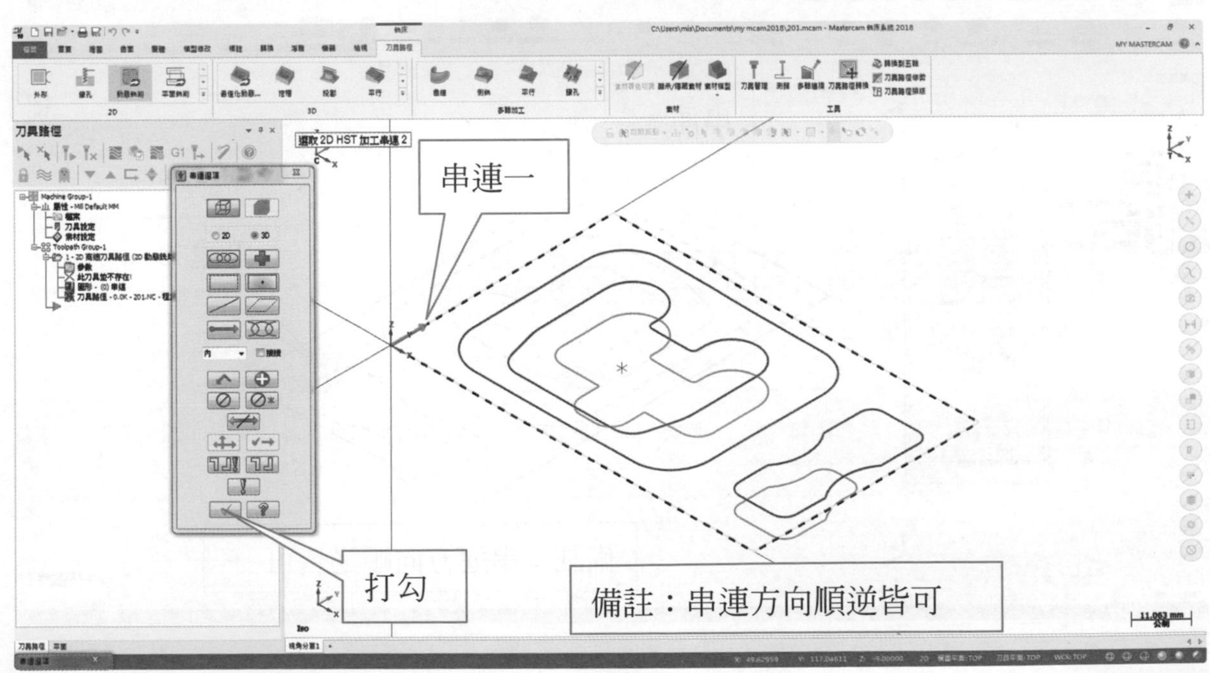

→ 選取避讓範圍→串連一→串連二→確定

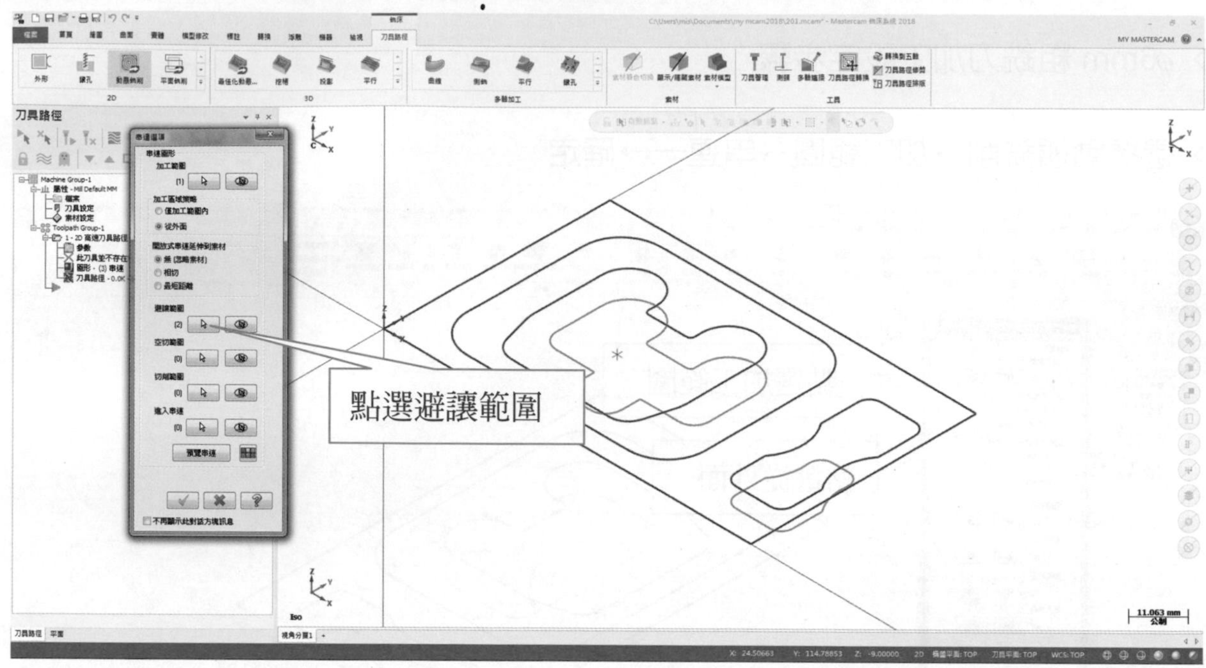

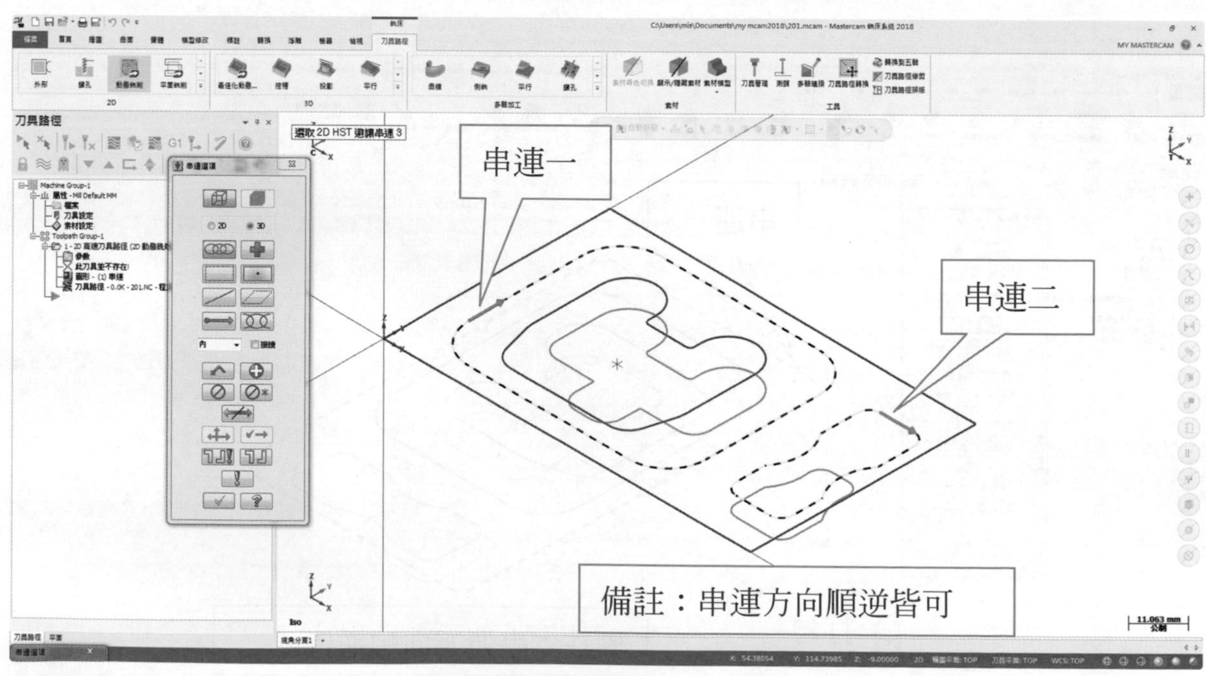

打勾確定

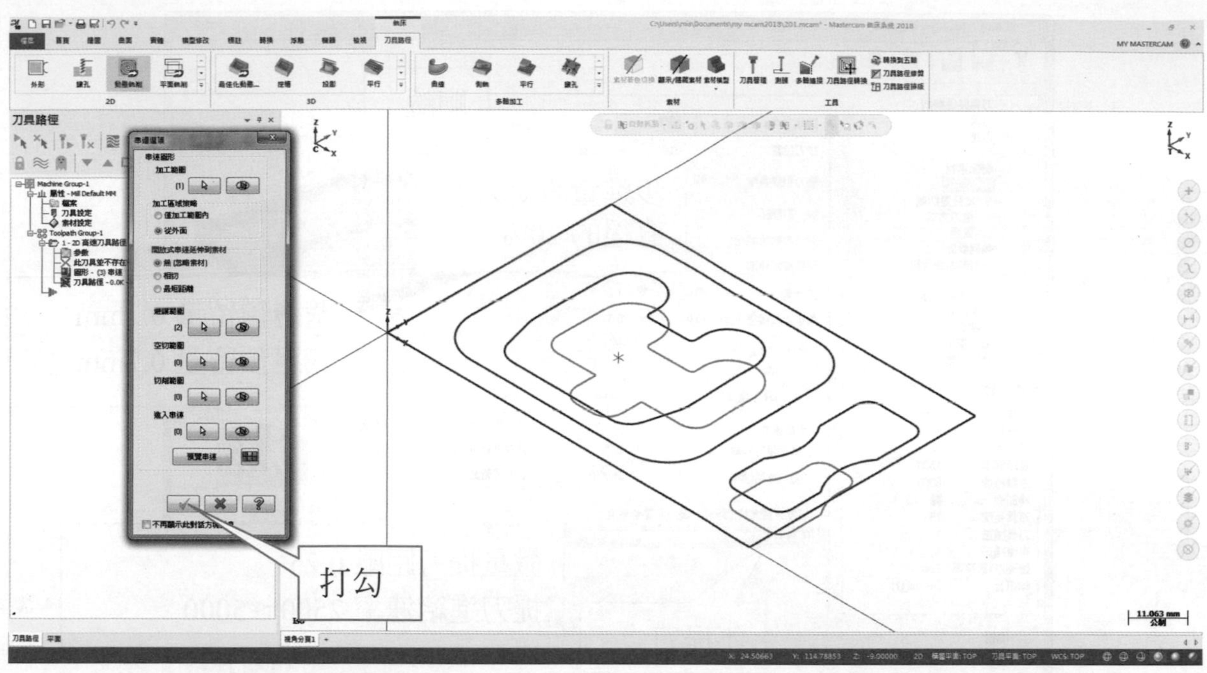

刀具→建立新刀具→選擇平刀

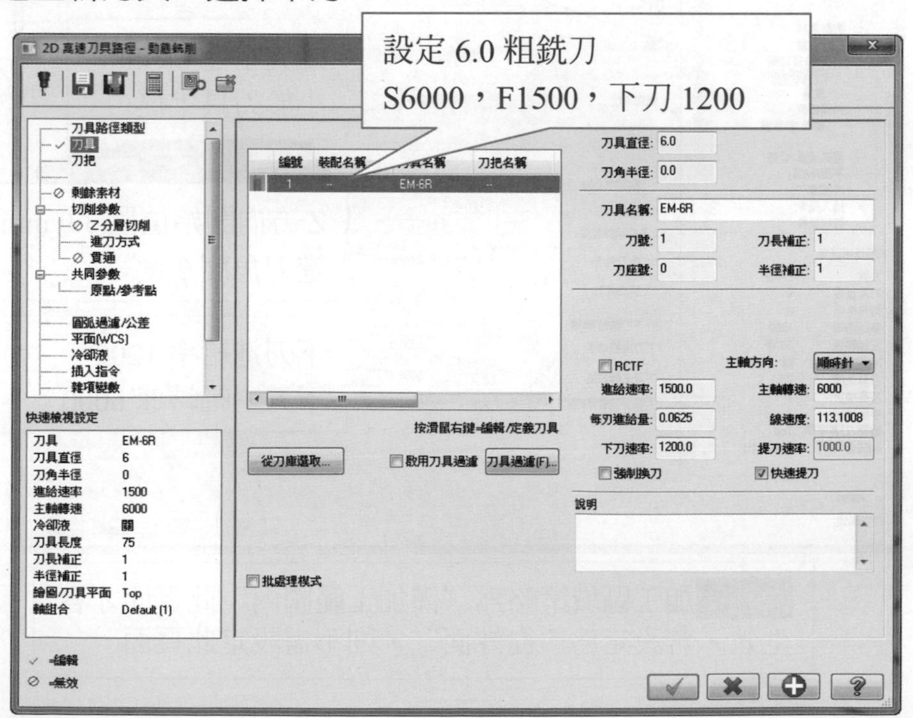

選擇切削參數

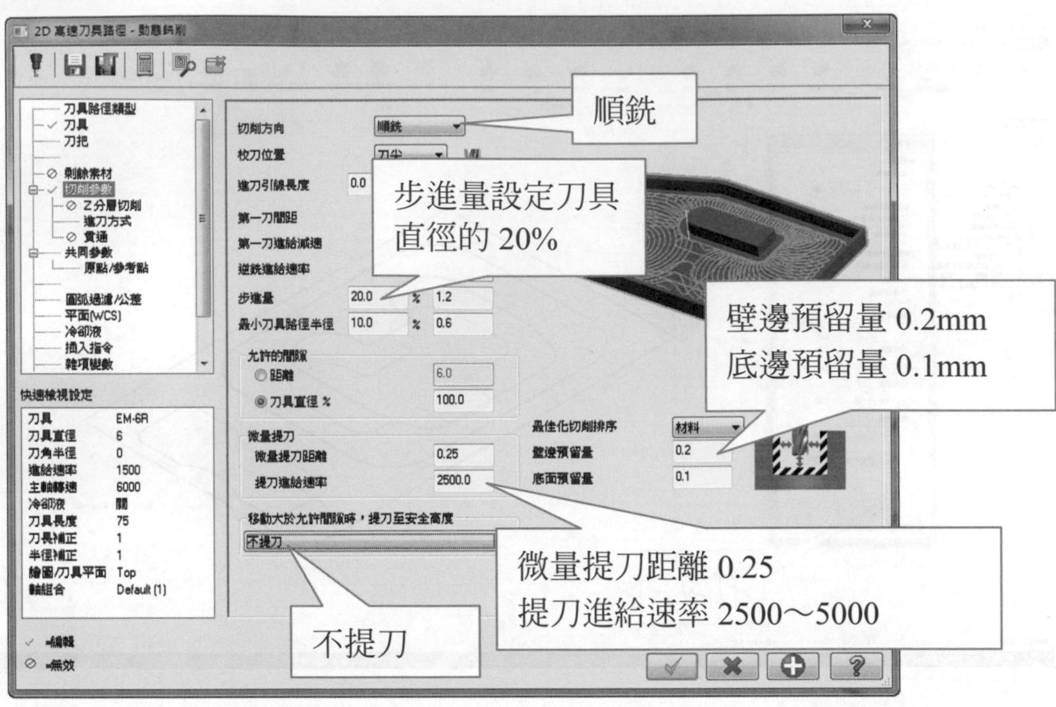

選擇進刀方式

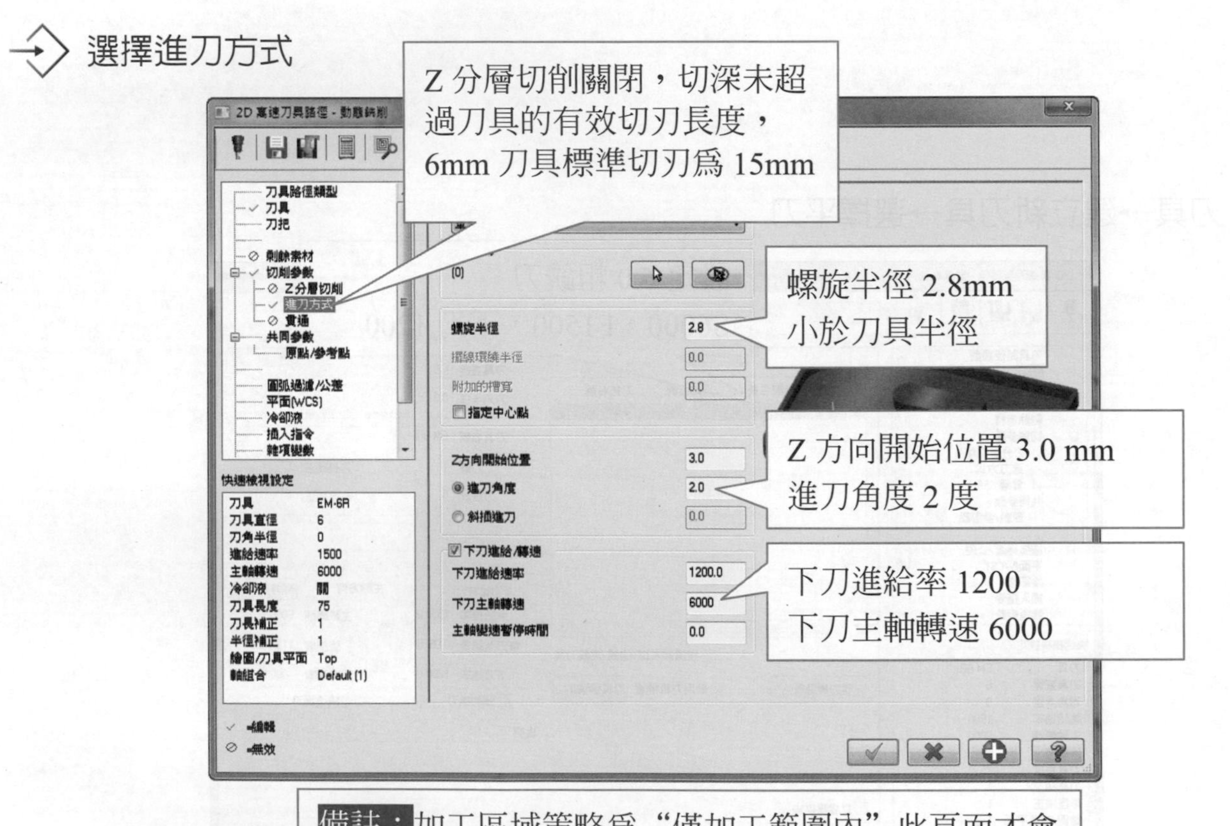

備註：加工區域策略為“僅加工範圍內”此頁面才會生效，若設定為“從外面”，則不需設定此頁面

選擇共同參數

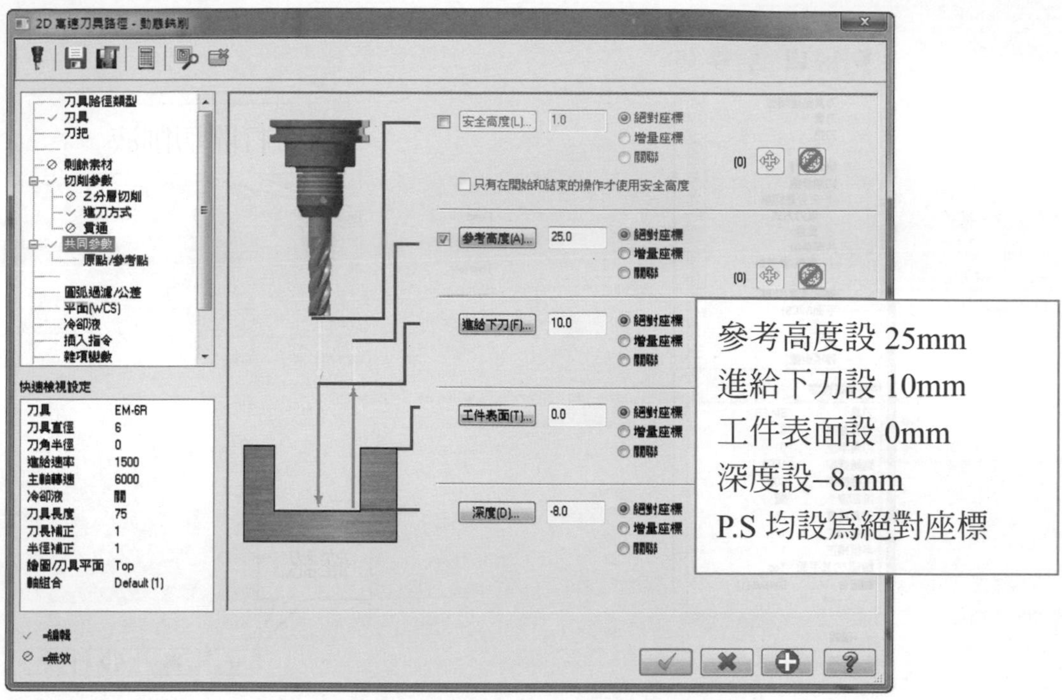

選擇圓弧過濾/公差

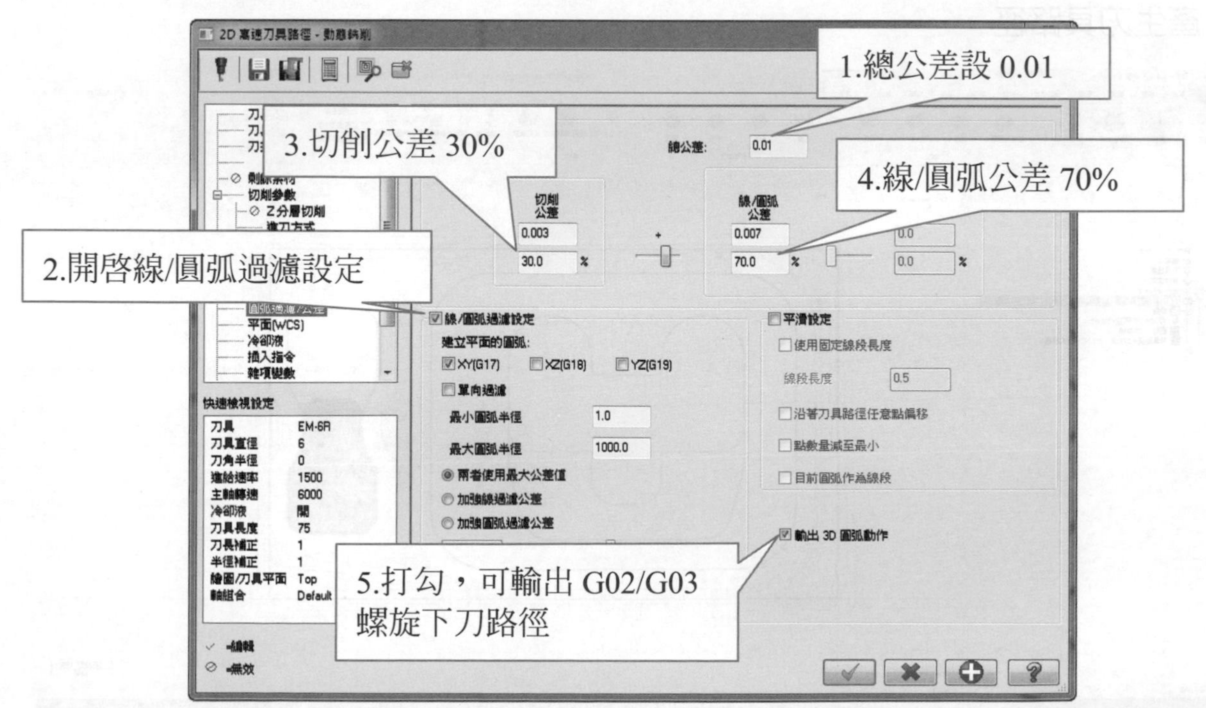

選擇冷卻液

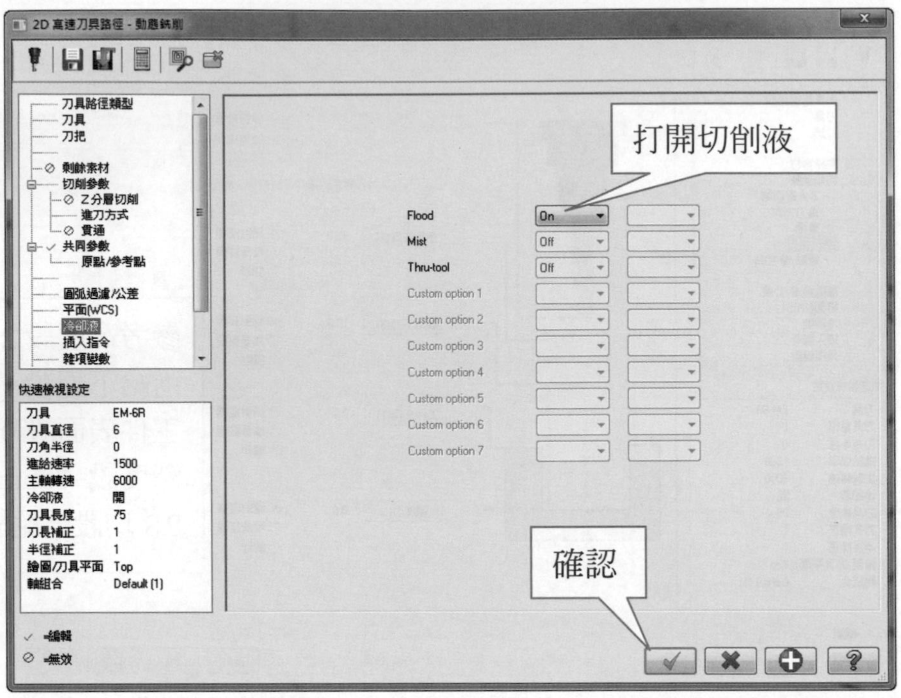

產生刀具路徑

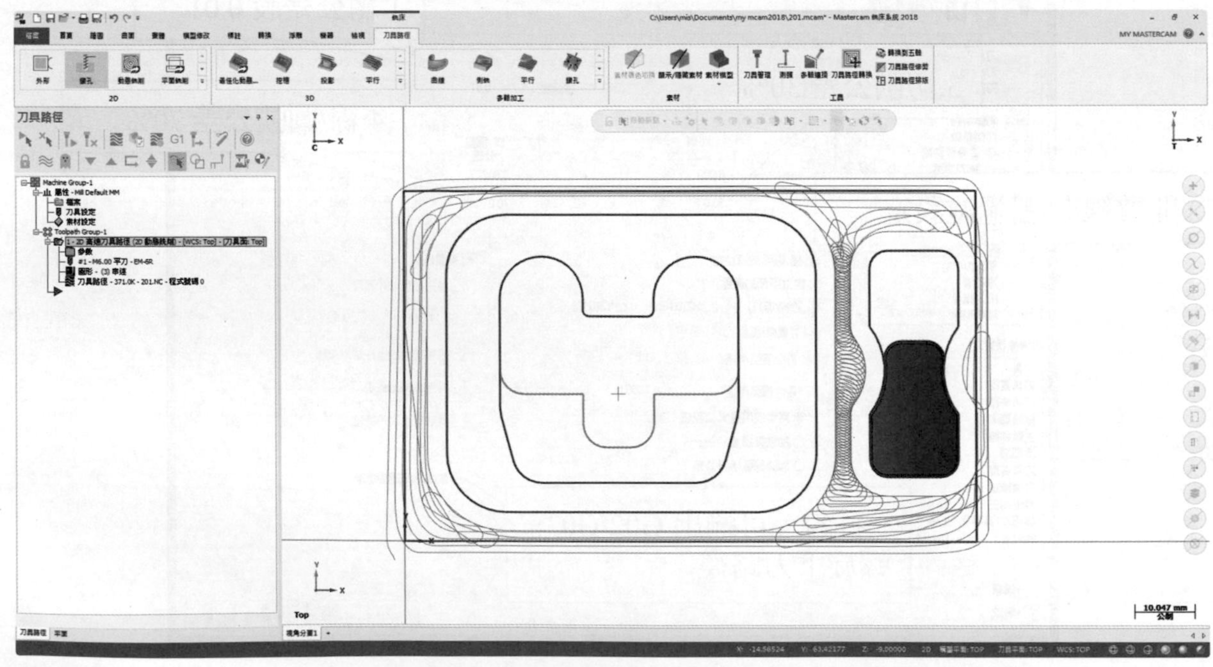

模擬加工結果-橙色部分

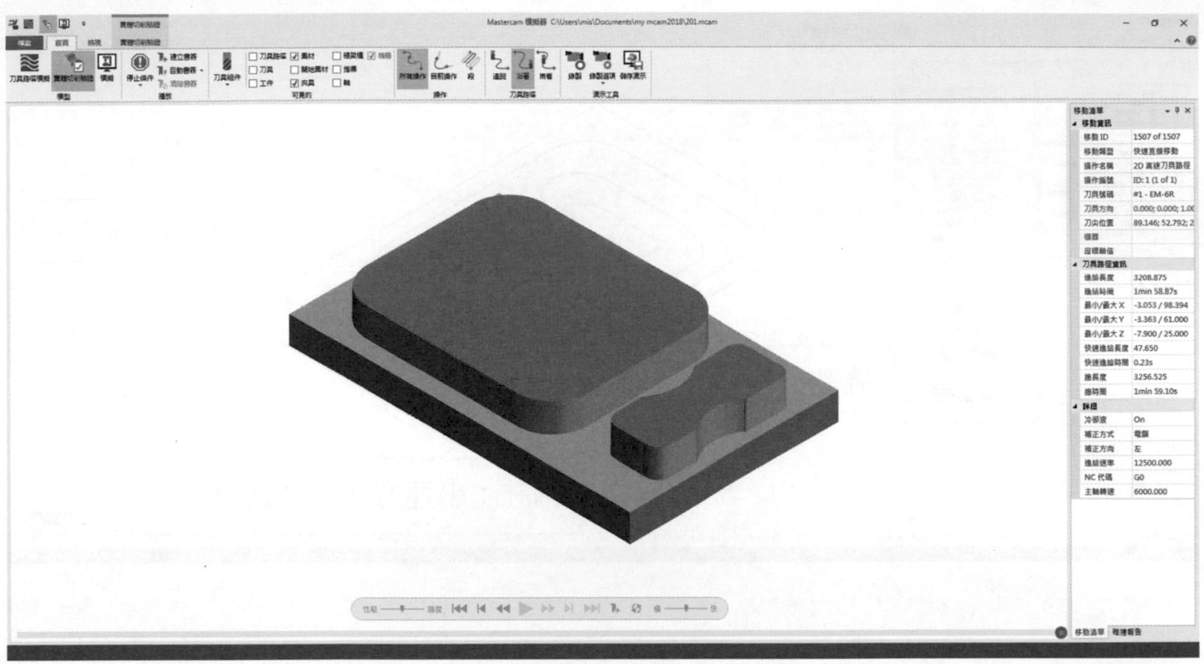

小島嶼加工設定

選擇動態銑削→加工範圍→串連一→確定

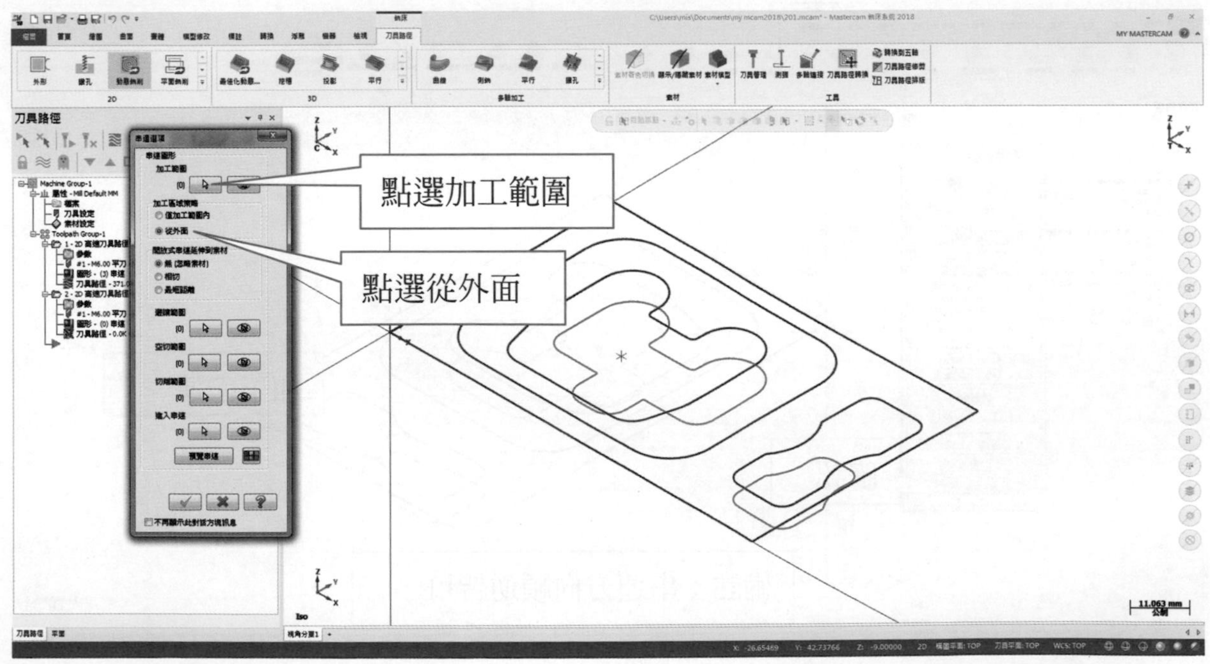

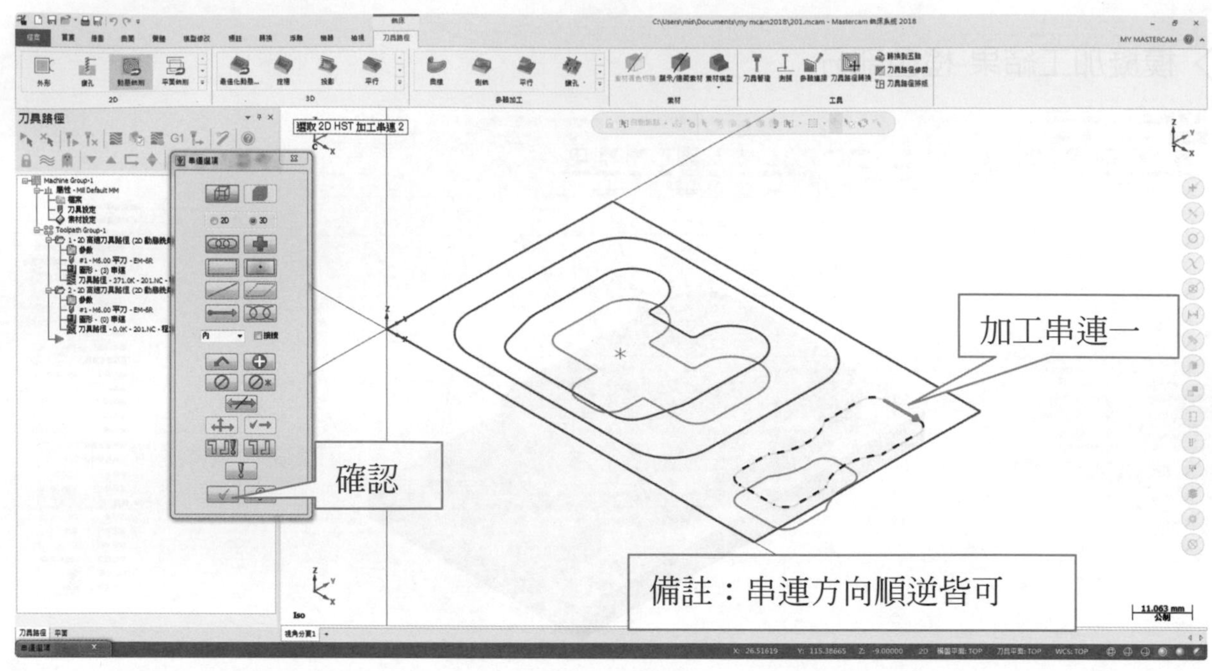

選取避讓範圍→串連一→確定

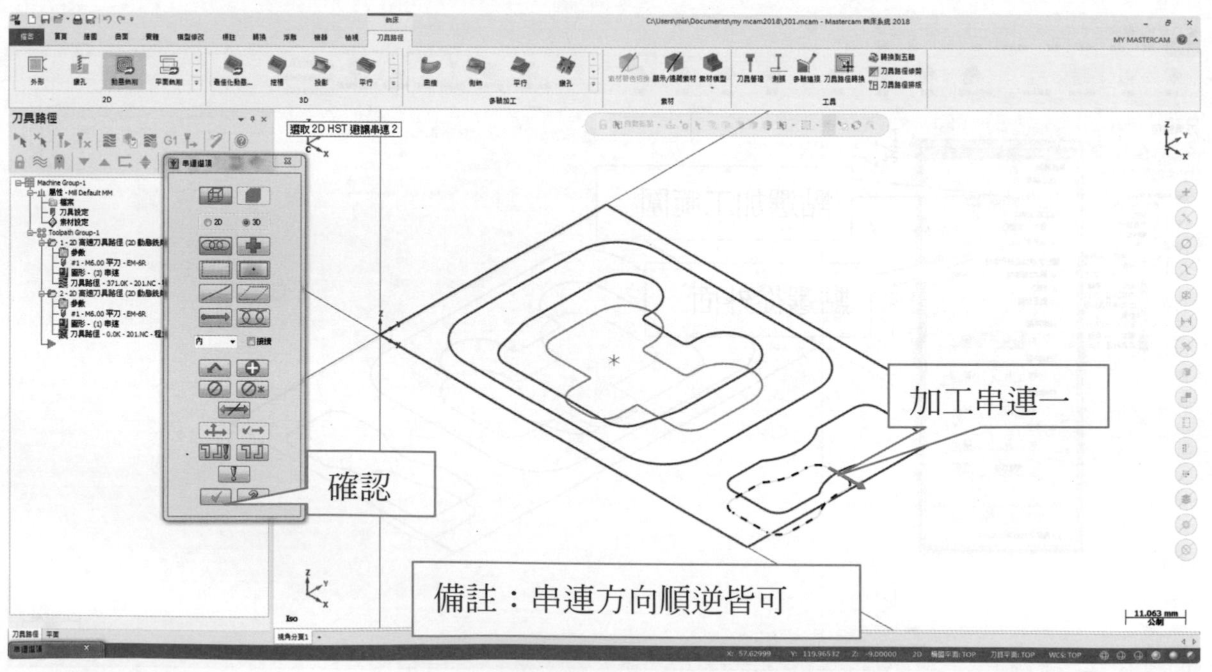

刀具→建立新刀具→選擇平刀

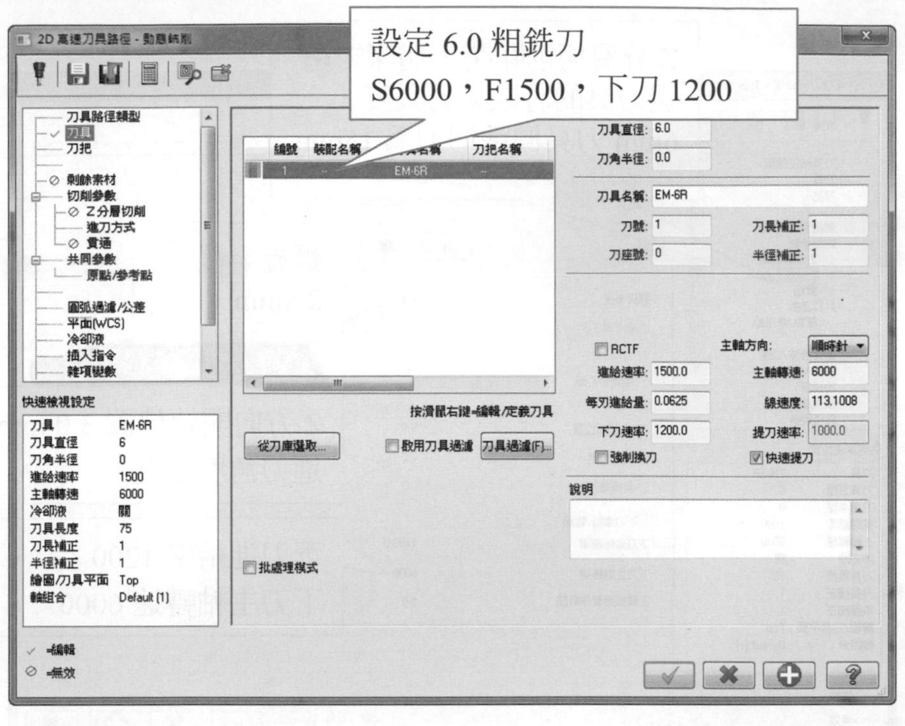

選擇切削參數

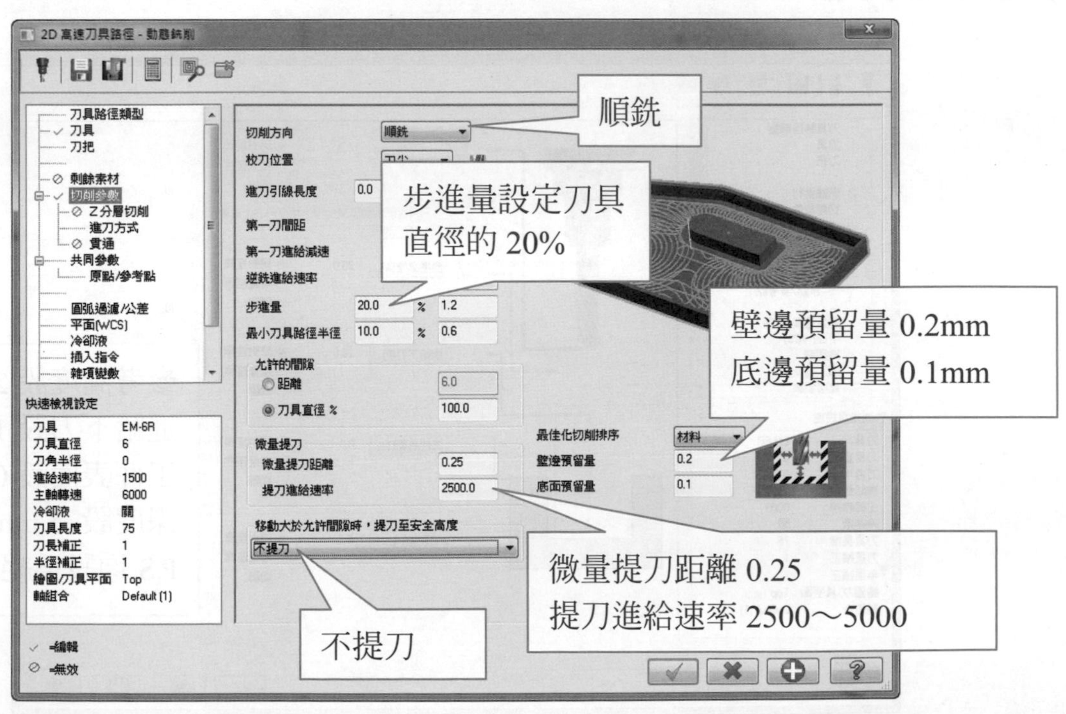

選擇進刀方式

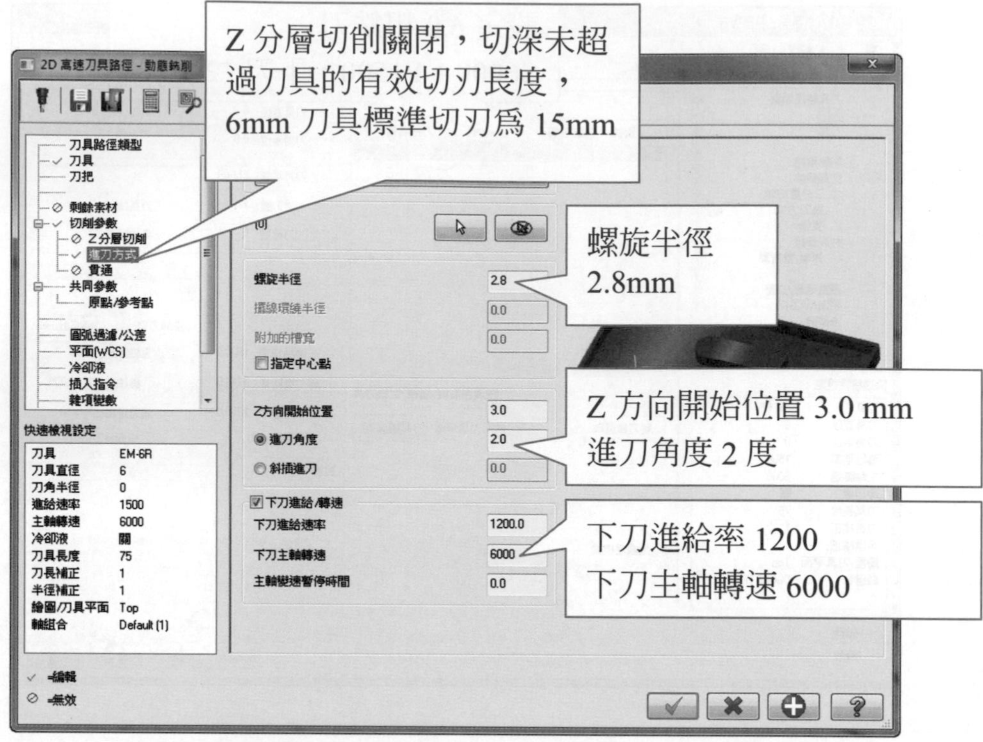

備註：加工區域策略為"僅加工範圍內"此頁面才會生效，若設定為"從外面"，則不需設定此頁面

選擇共同參數

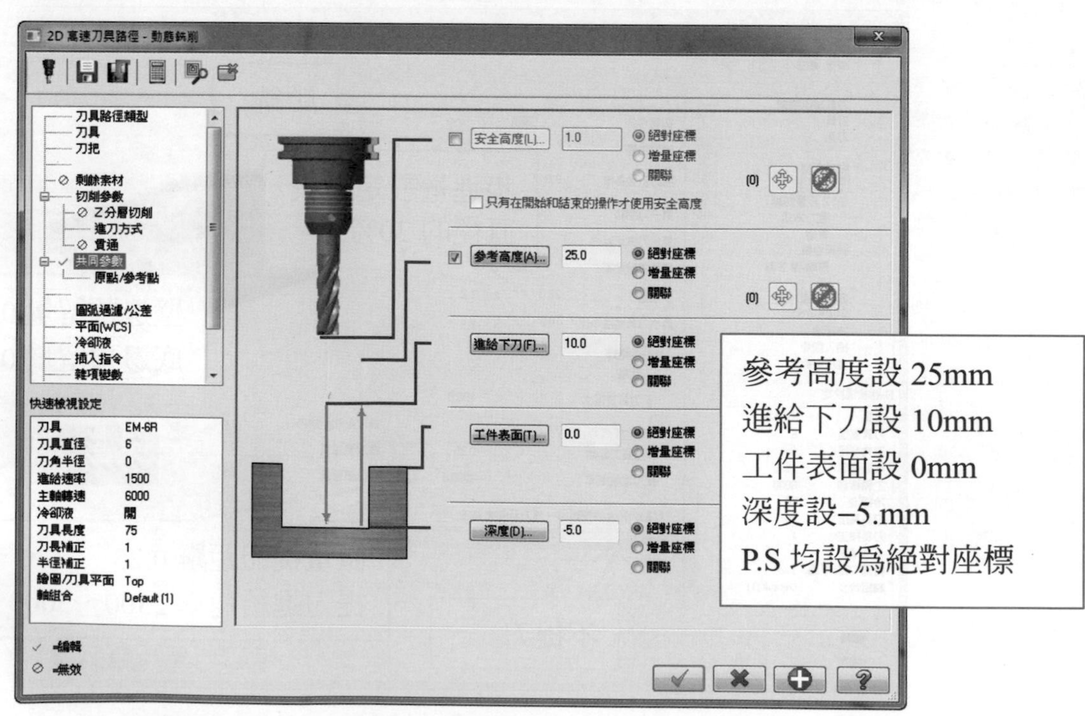

選擇圓弧過濾/公差

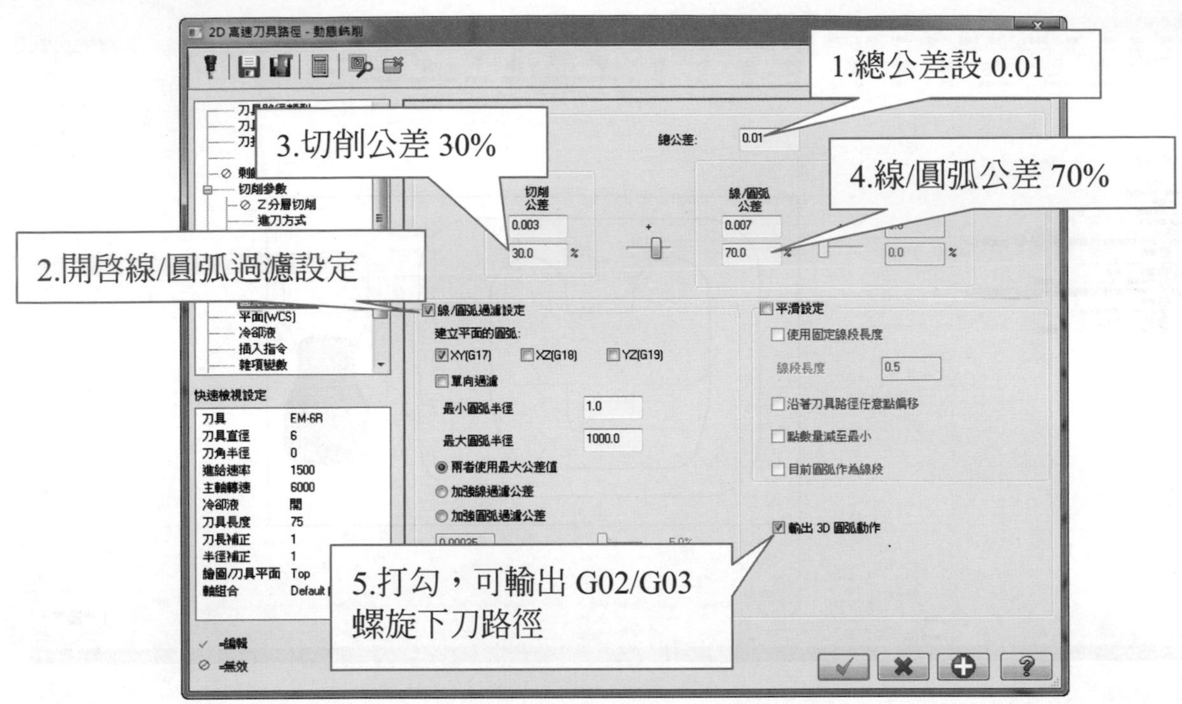

選擇冷卻液

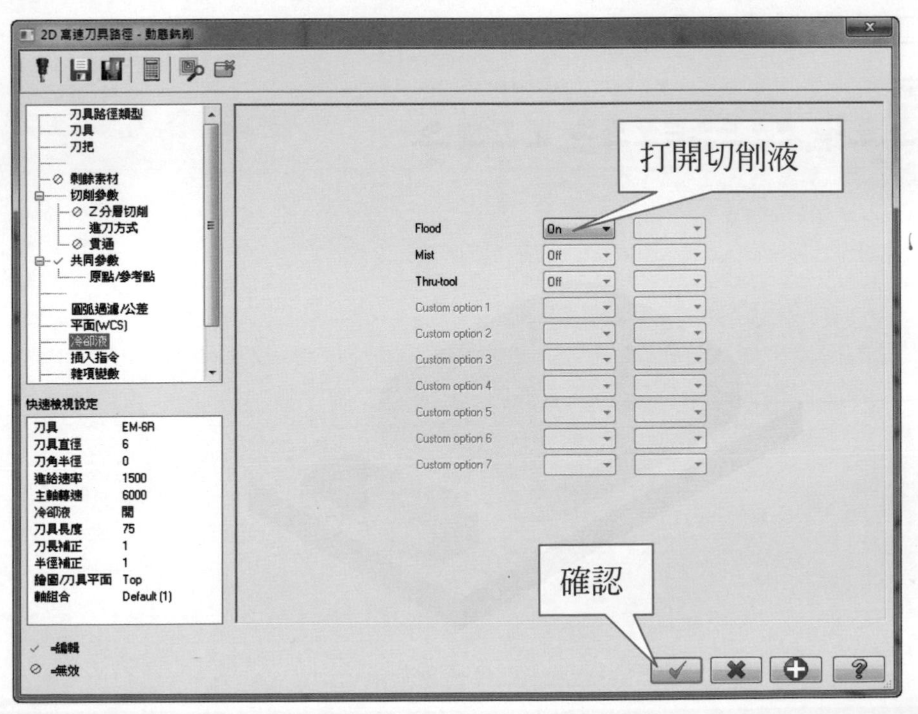

產生刀具路徑

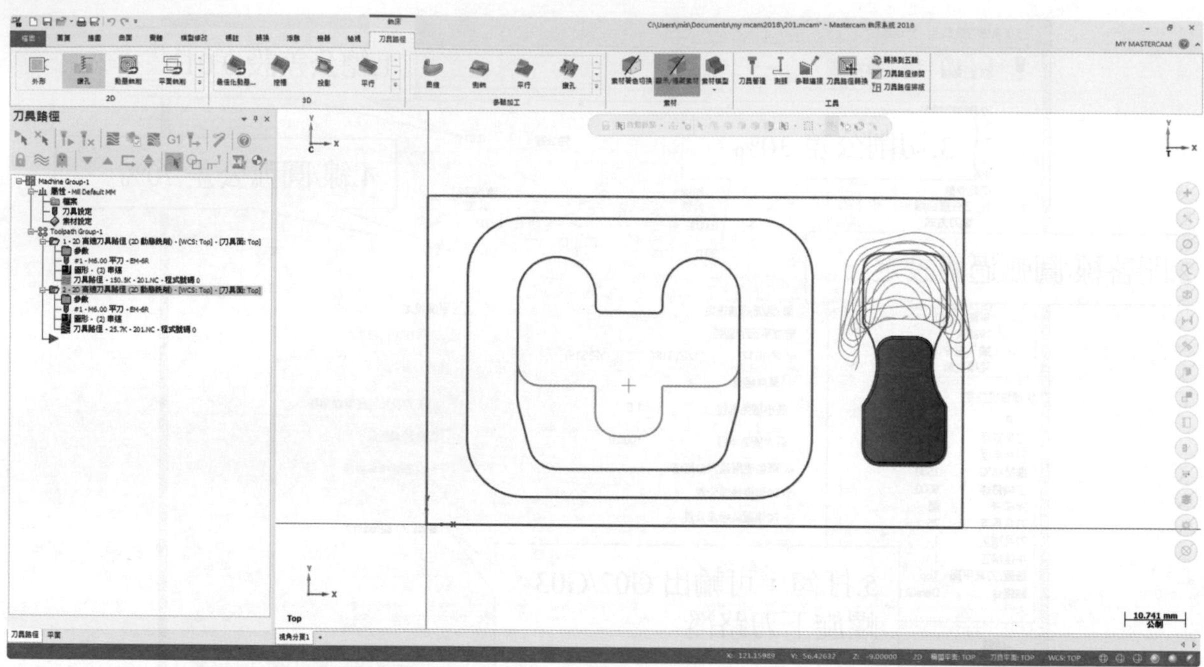

模擬加工結果-藍色部分

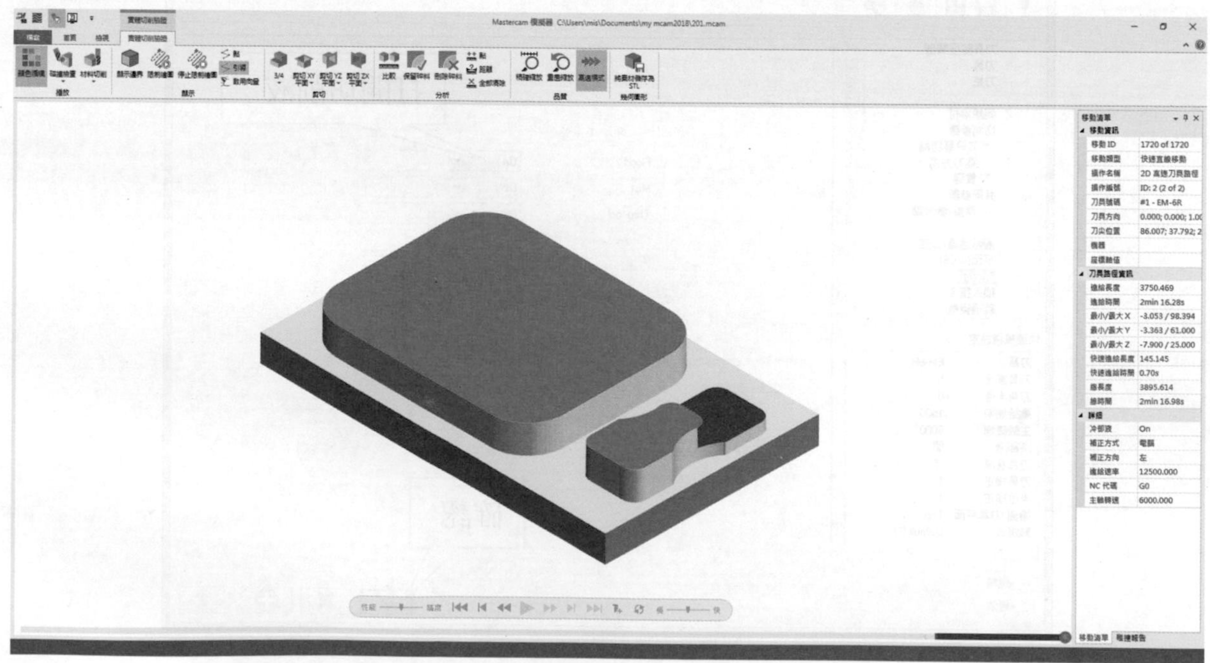

淺挖槽加工設定

選擇動態銑削→加工範圍→串連一→確定

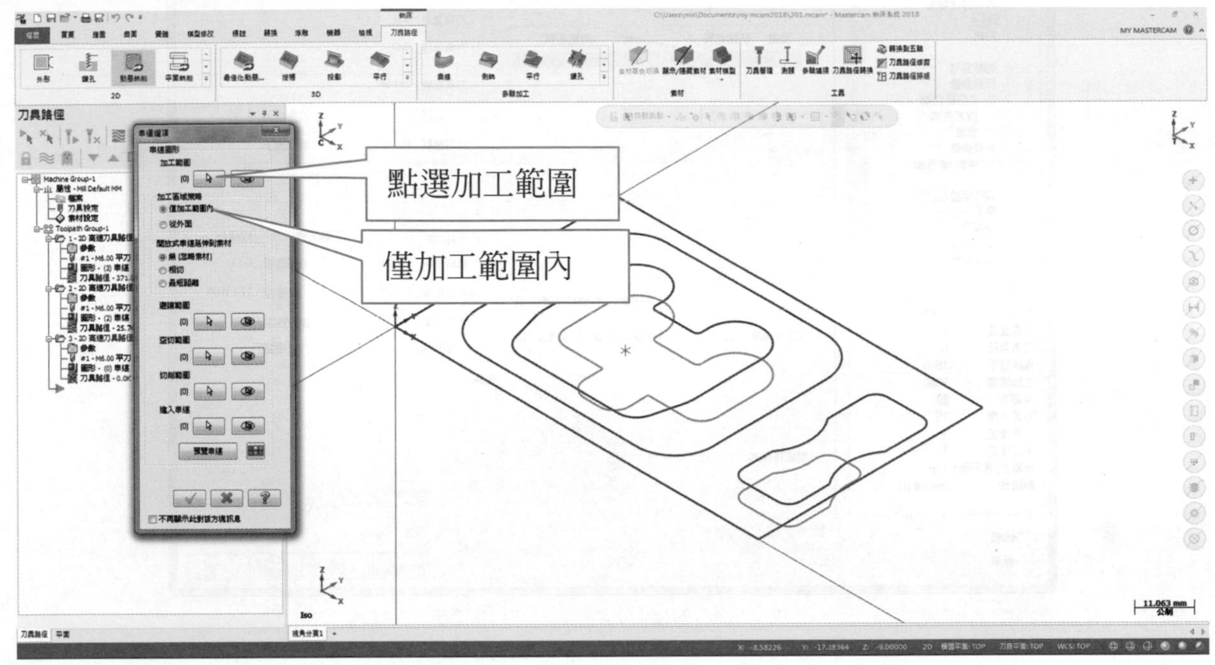

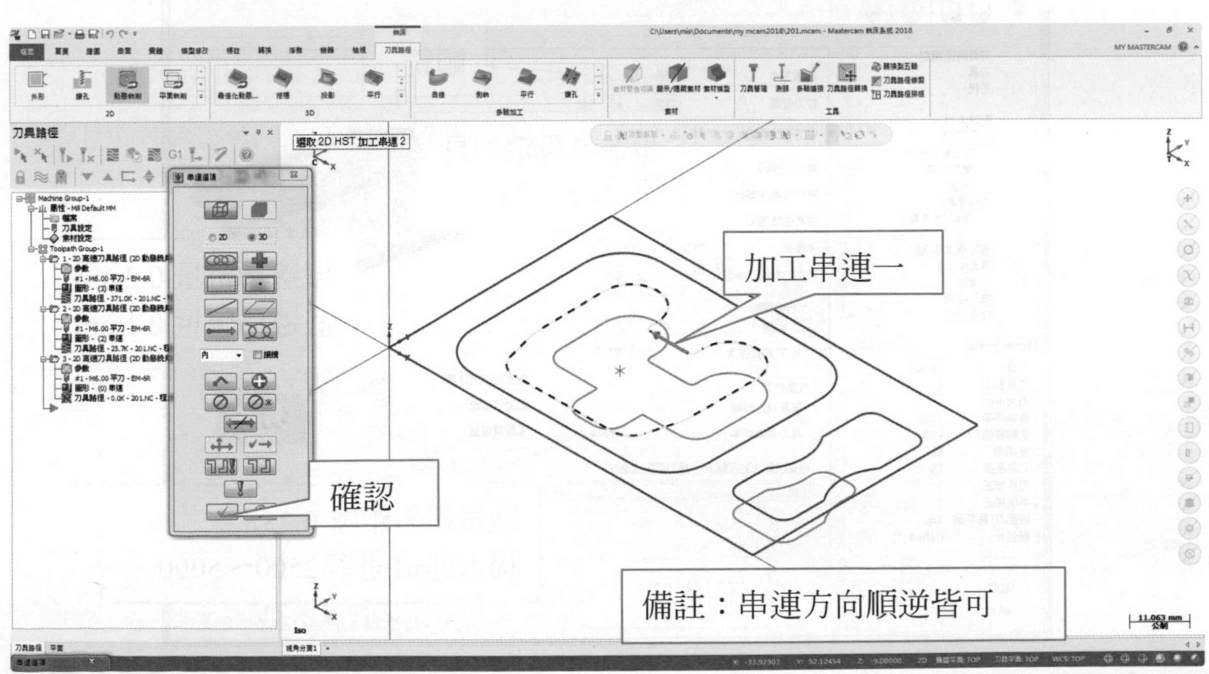

刀具→建立新刀具→選擇平刀

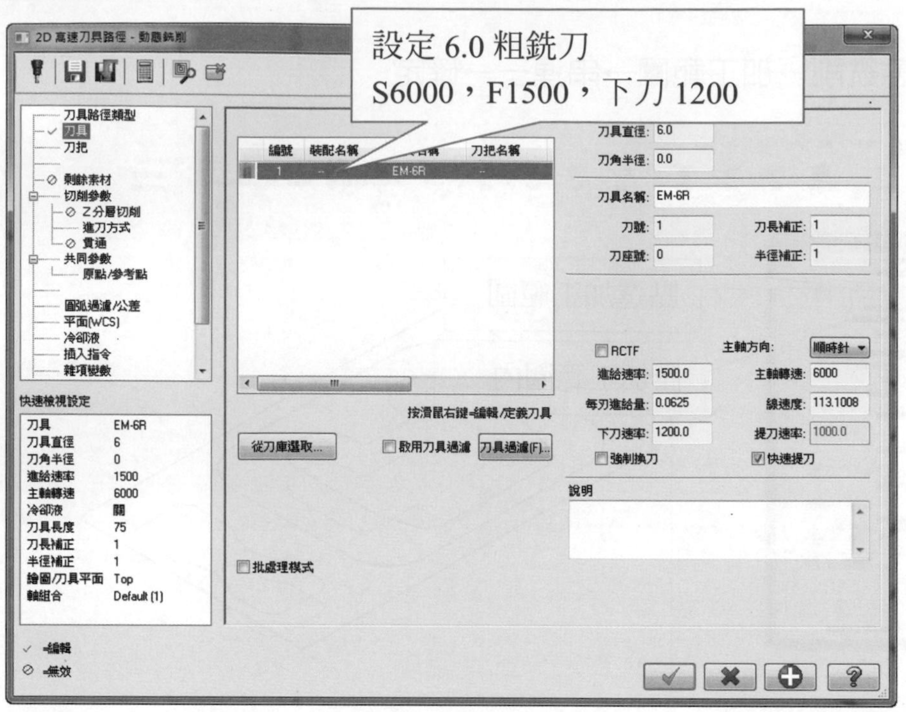

選擇切削參數

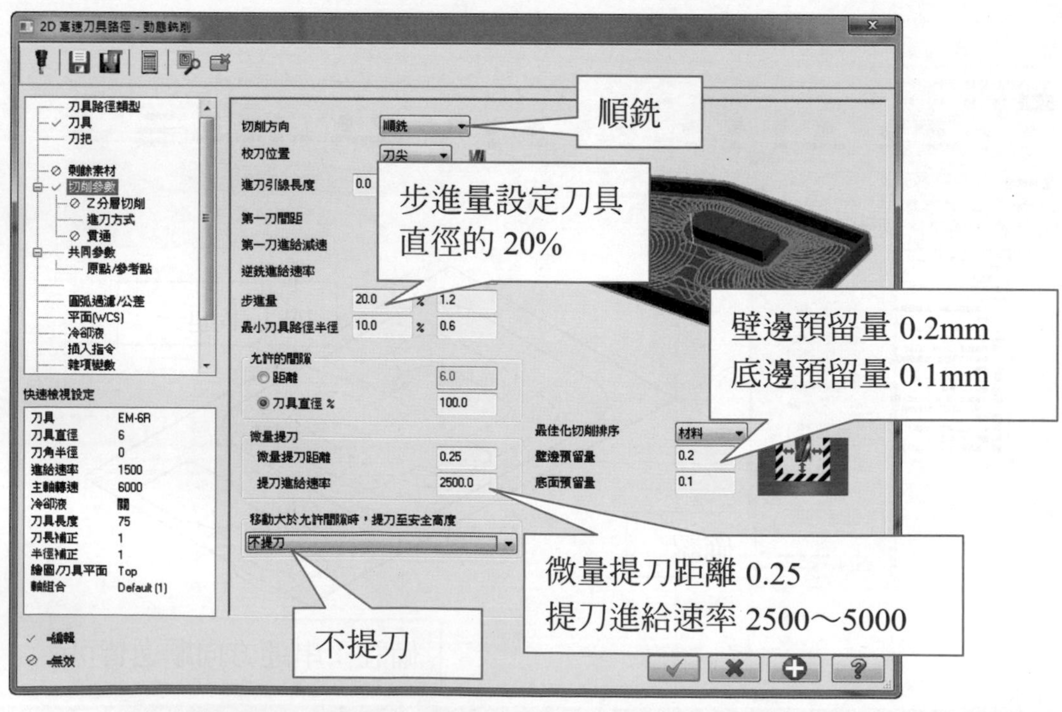

選擇進刀方式

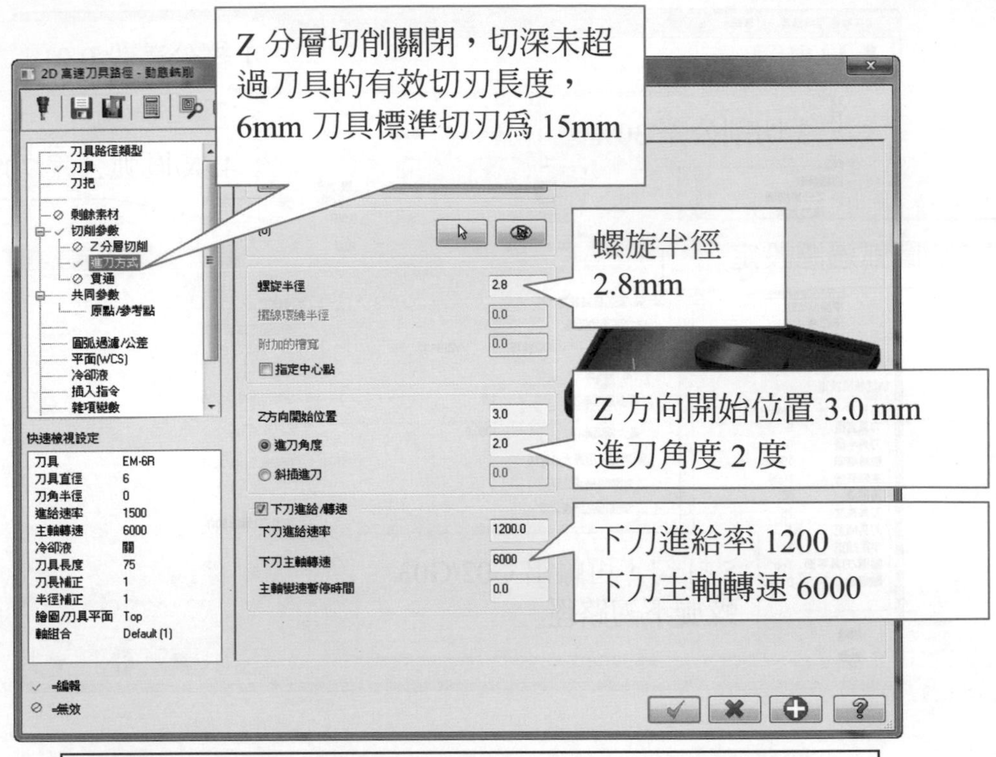

備註：加工區域策略為"僅加工範圍內"此頁面生效

選擇共同參數

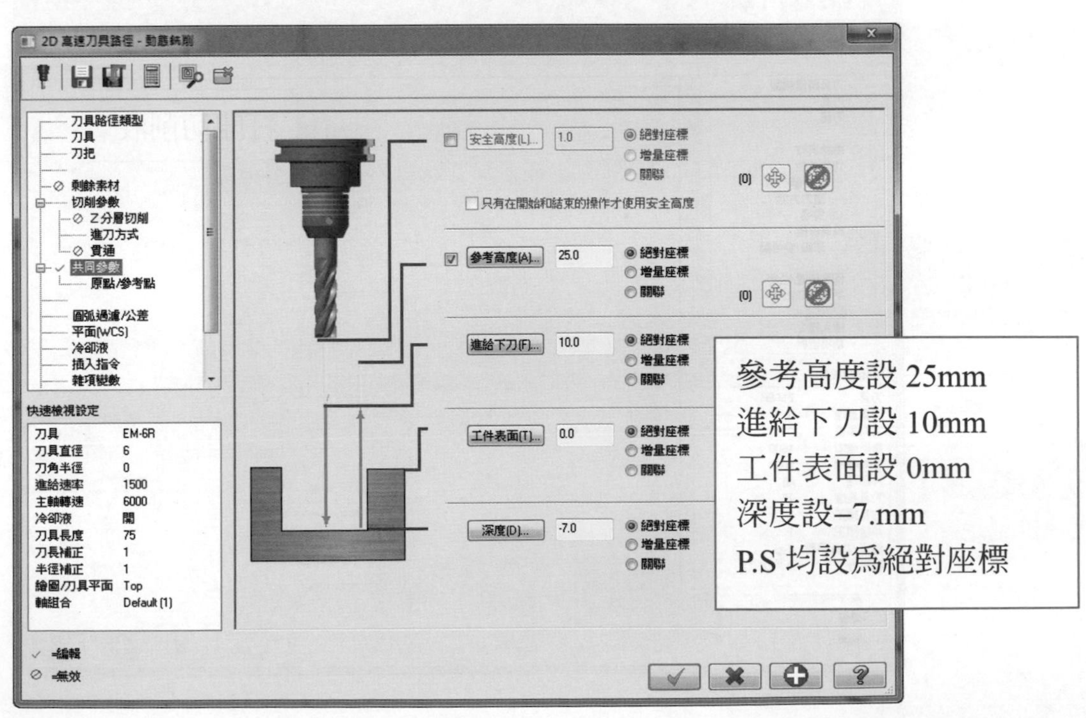

選擇圓弧過濾/公差

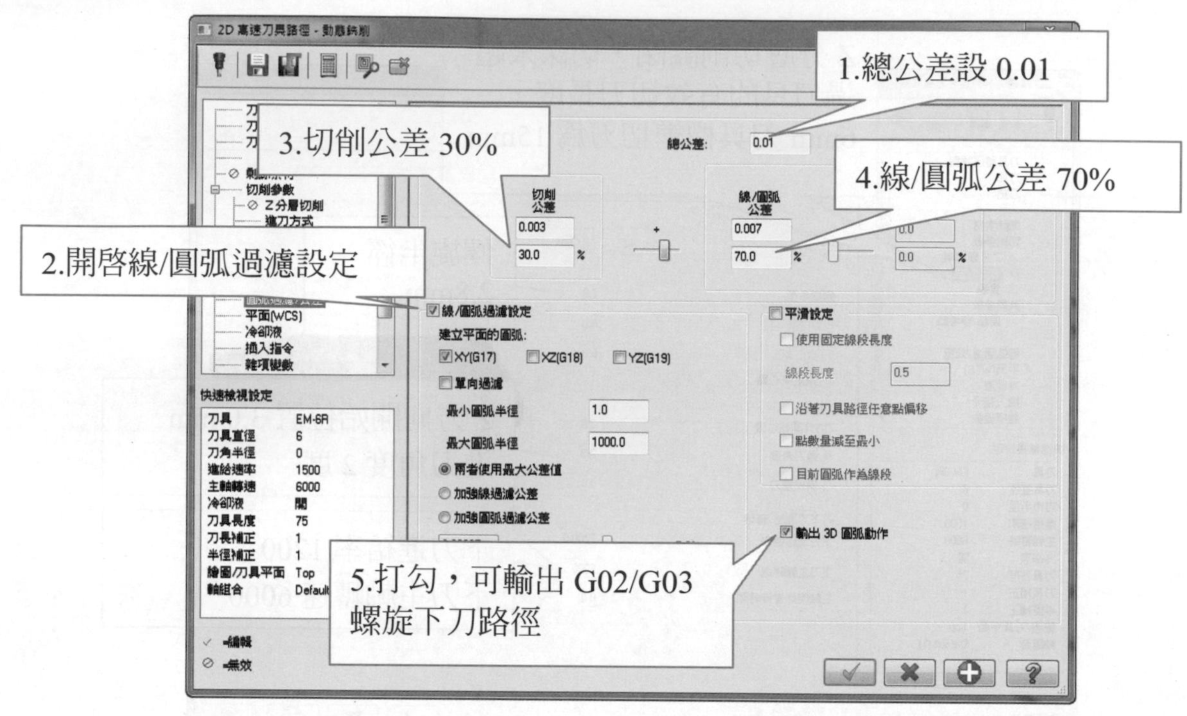

選擇冷卻液

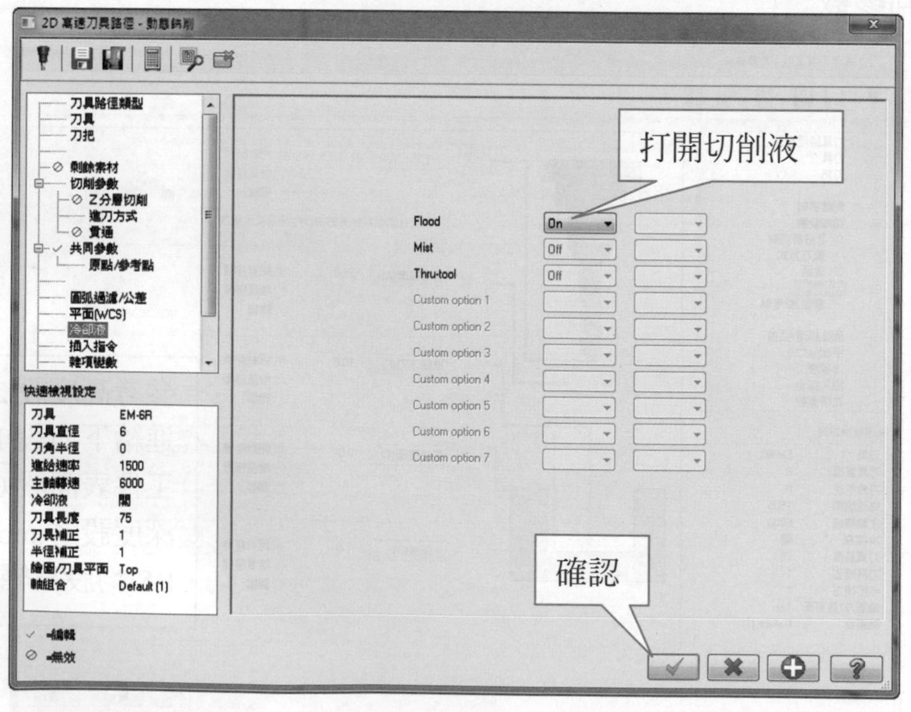

產生刀具路徑

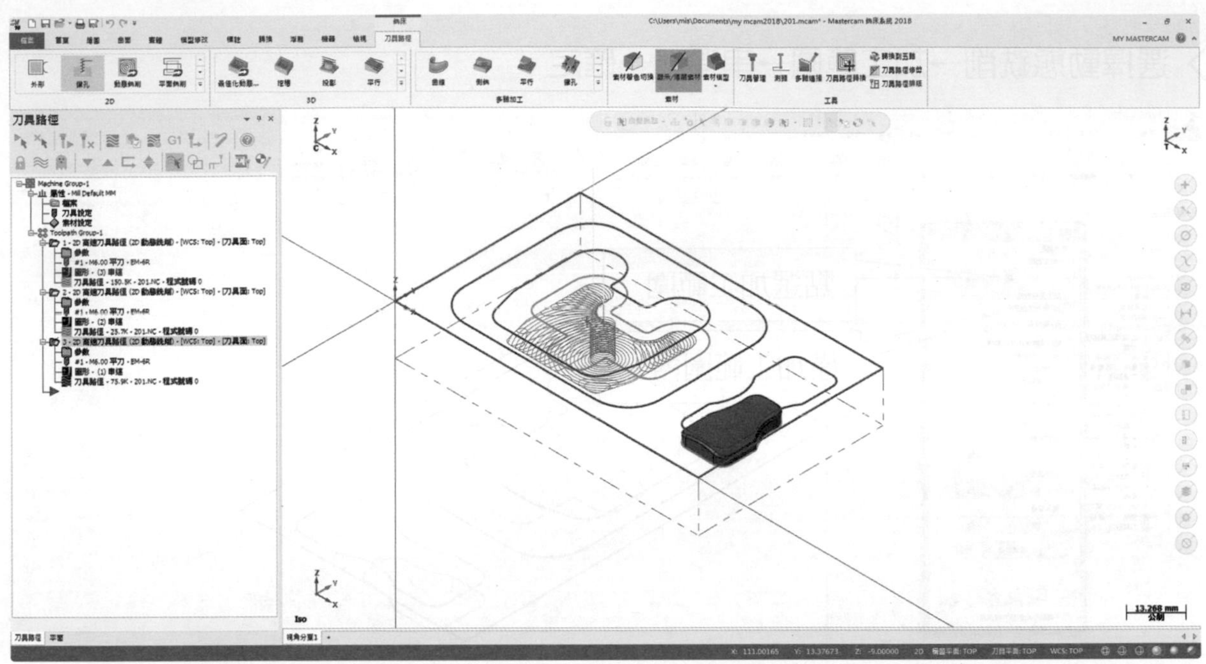

模擬加工結果-紫色部分

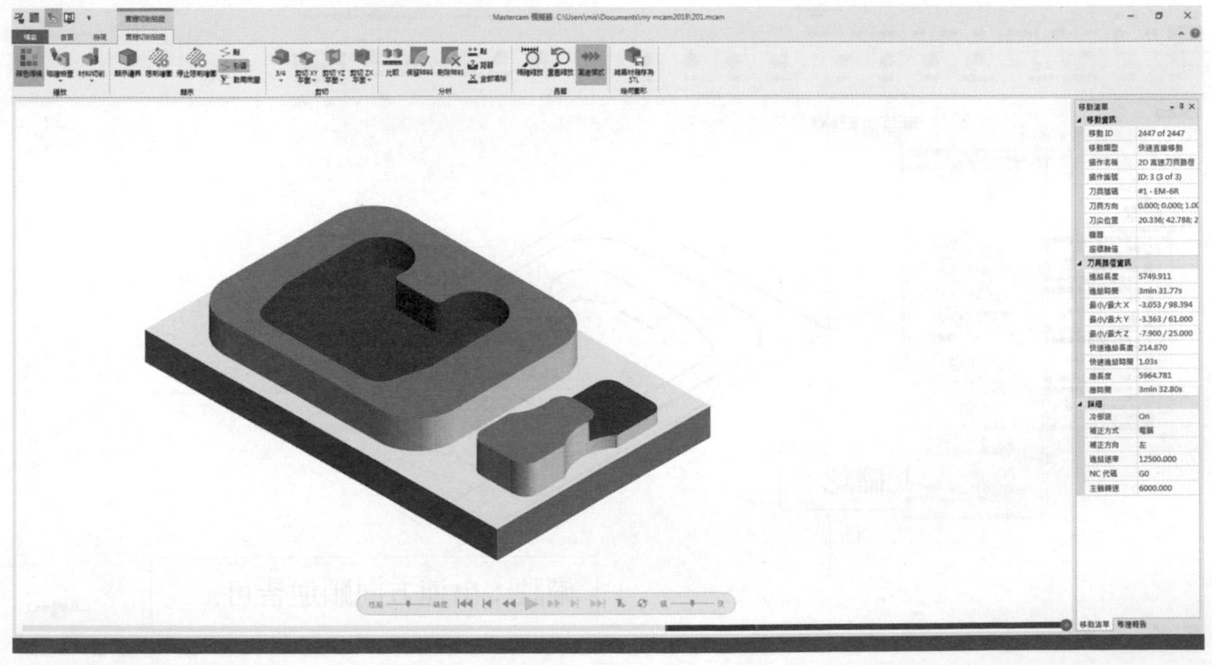

深挖槽加工設定

選擇動態銑削→加工範圍→串連一→確定

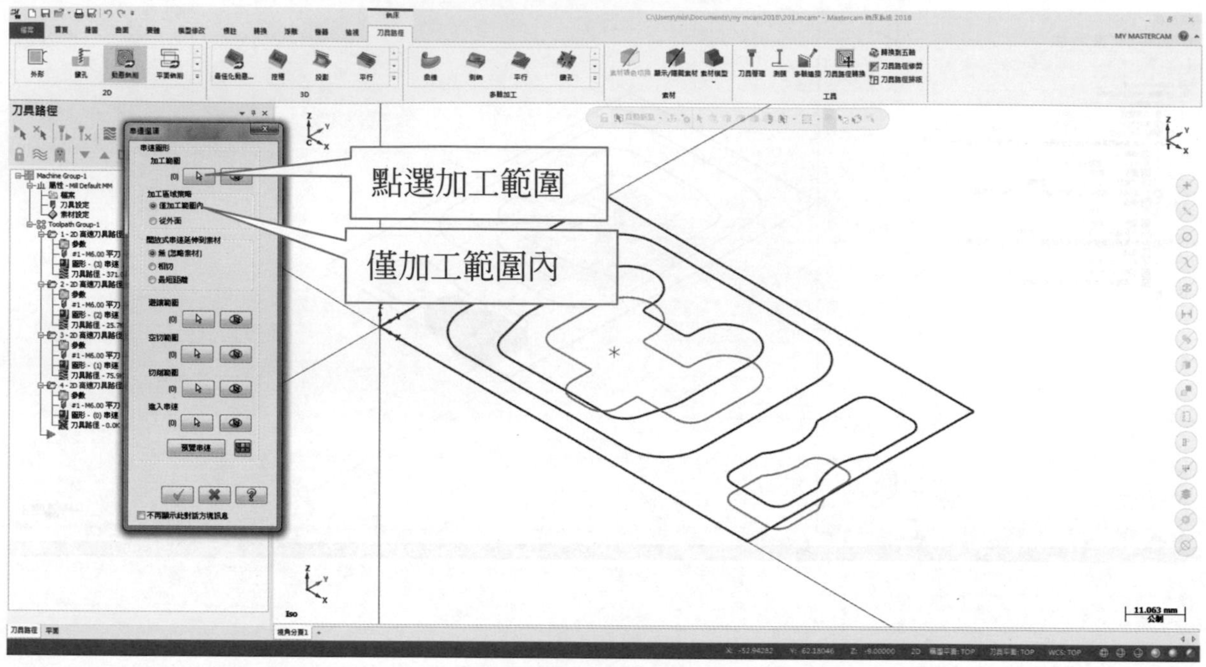

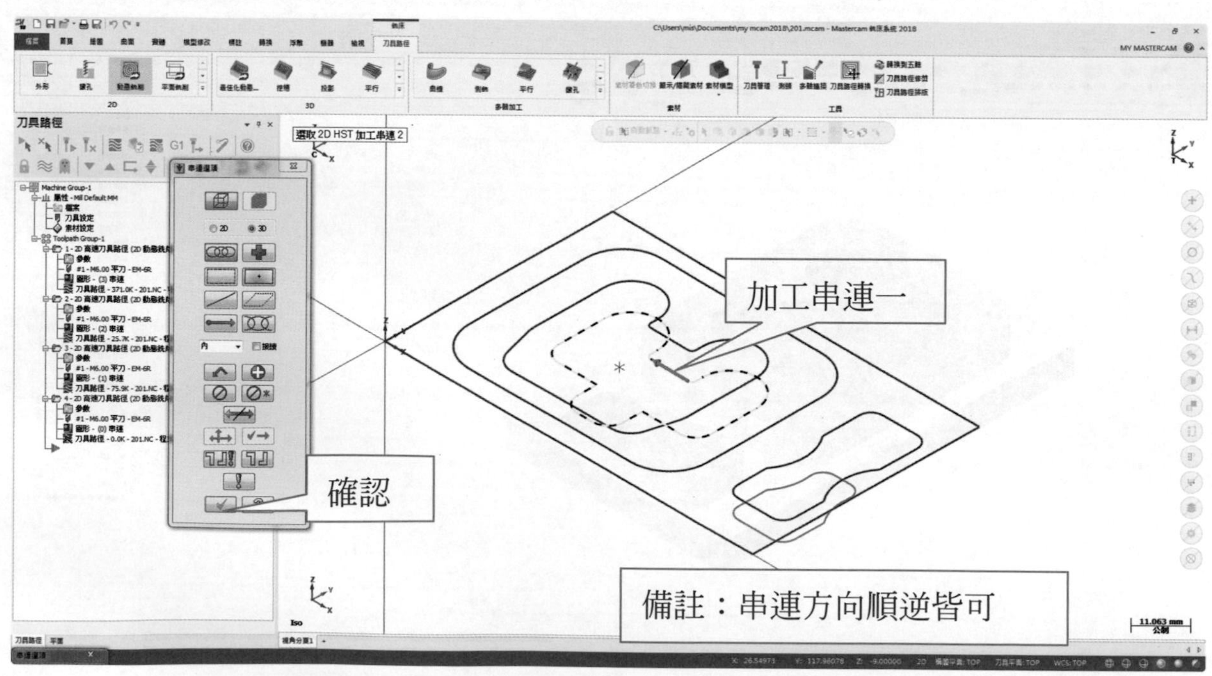

刀具→建立新刀具→選擇平刀

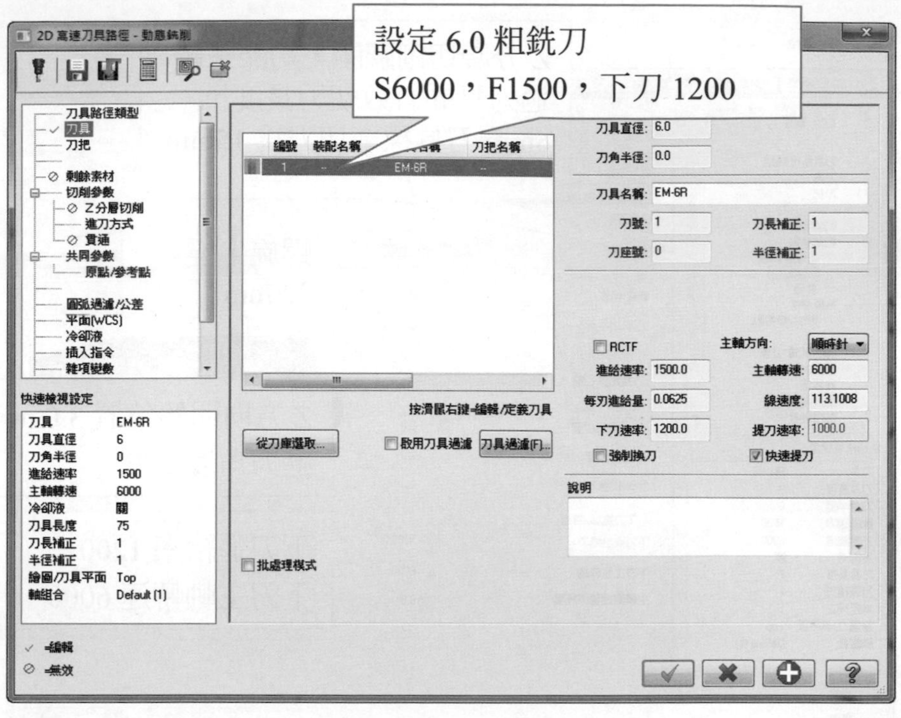

選擇切削參數

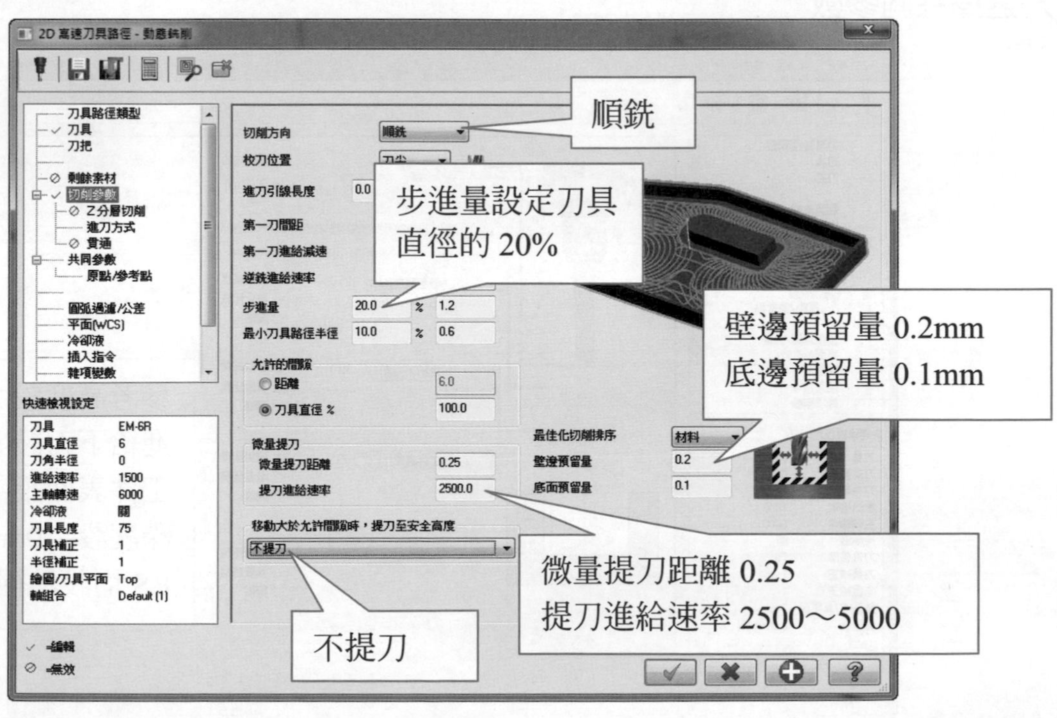

選擇進刀方式

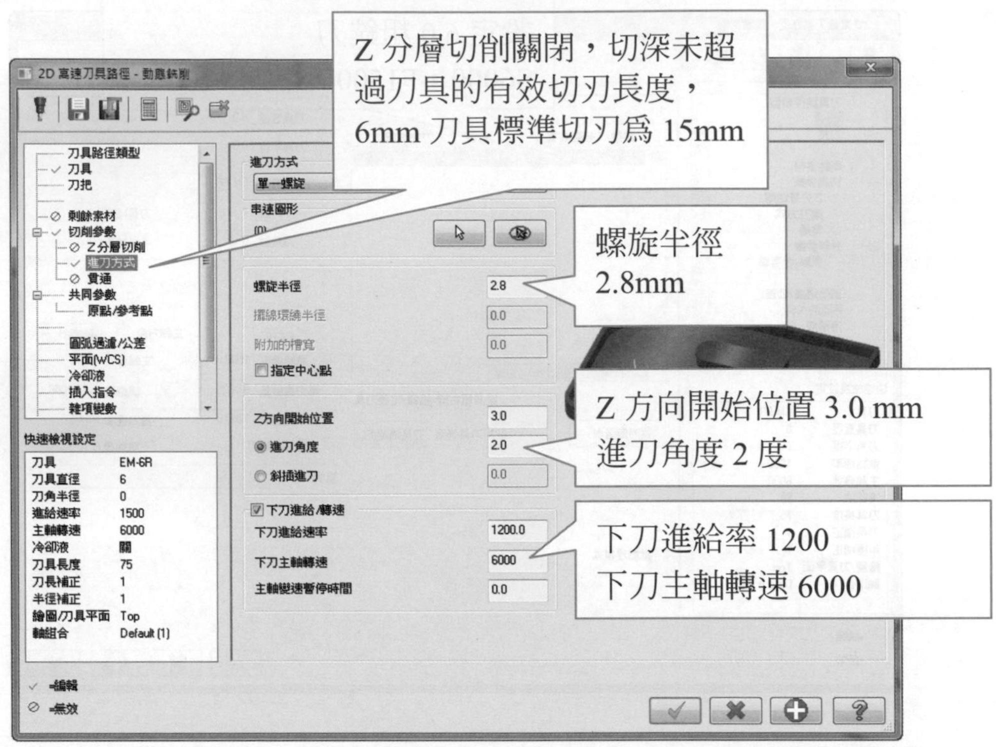

備註：加工區域策略為"僅加工範圍內"此頁面生效

選擇共同參數

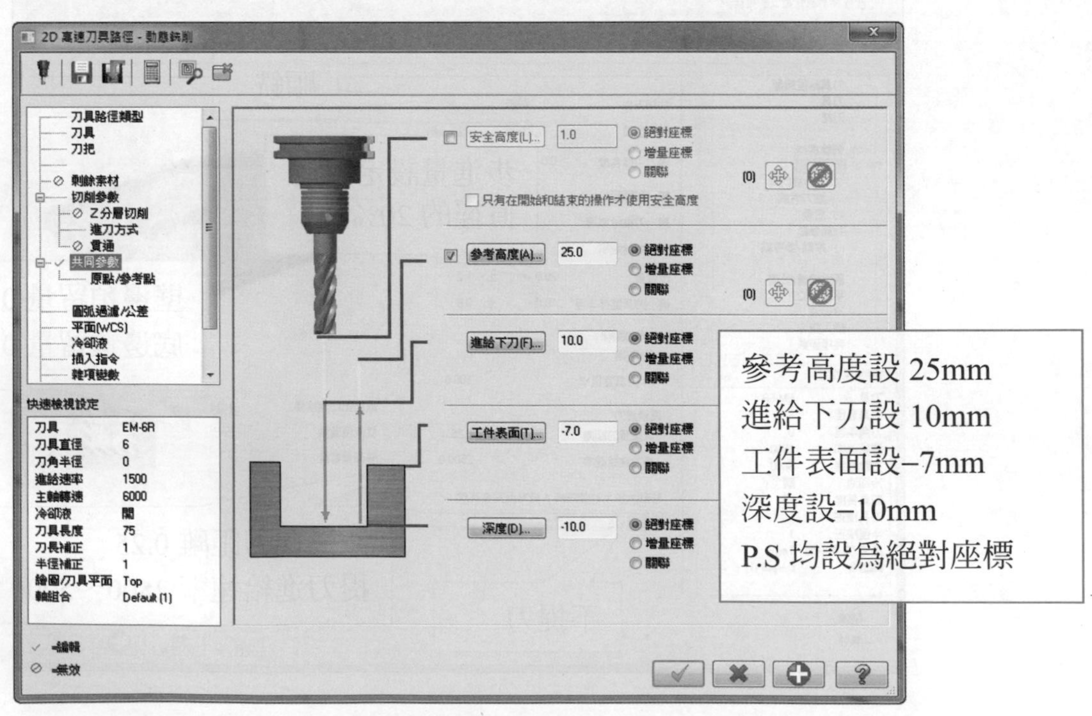

選擇圓弧過濾/公差

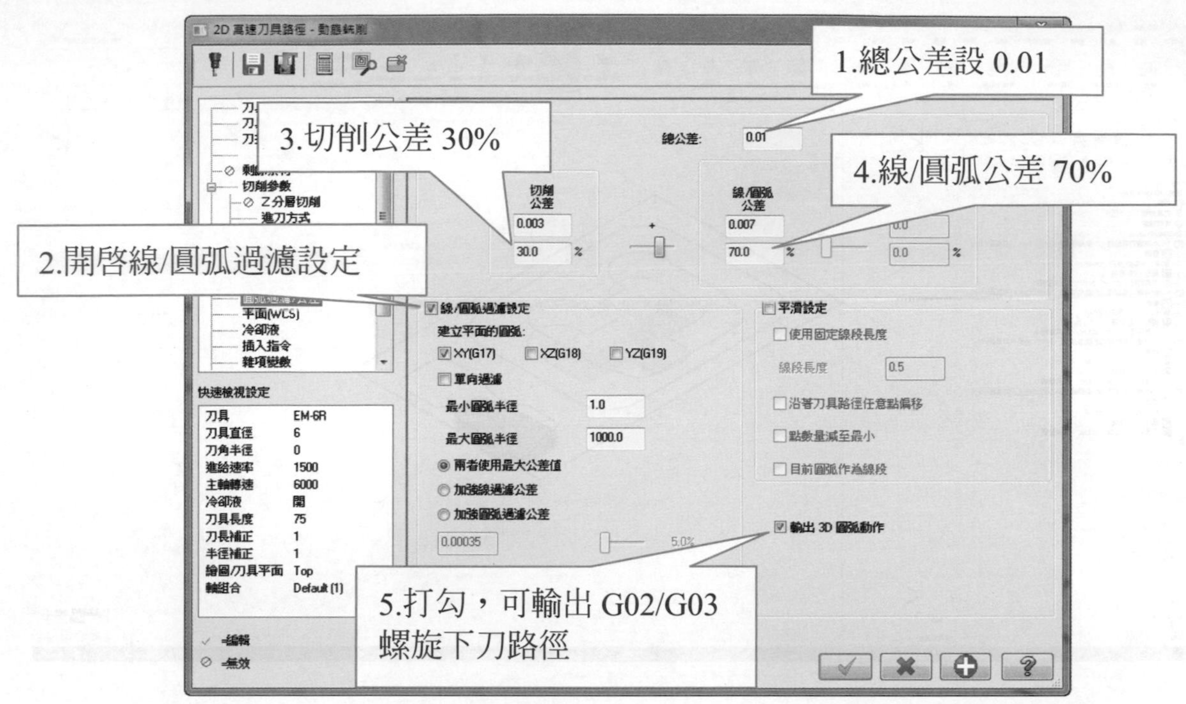

選擇冷卻液

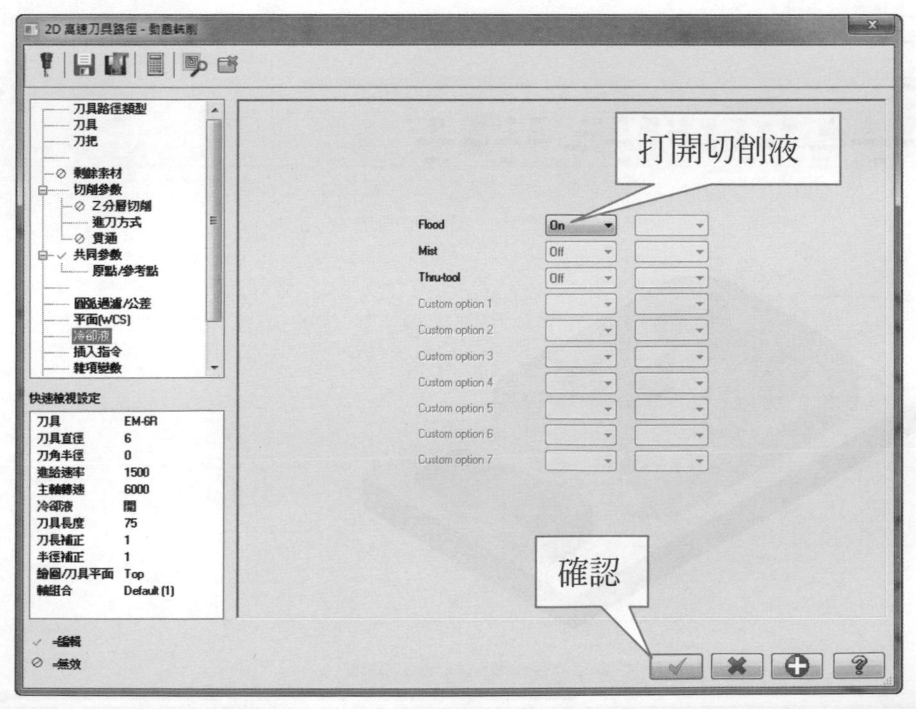

產生刀具路徑

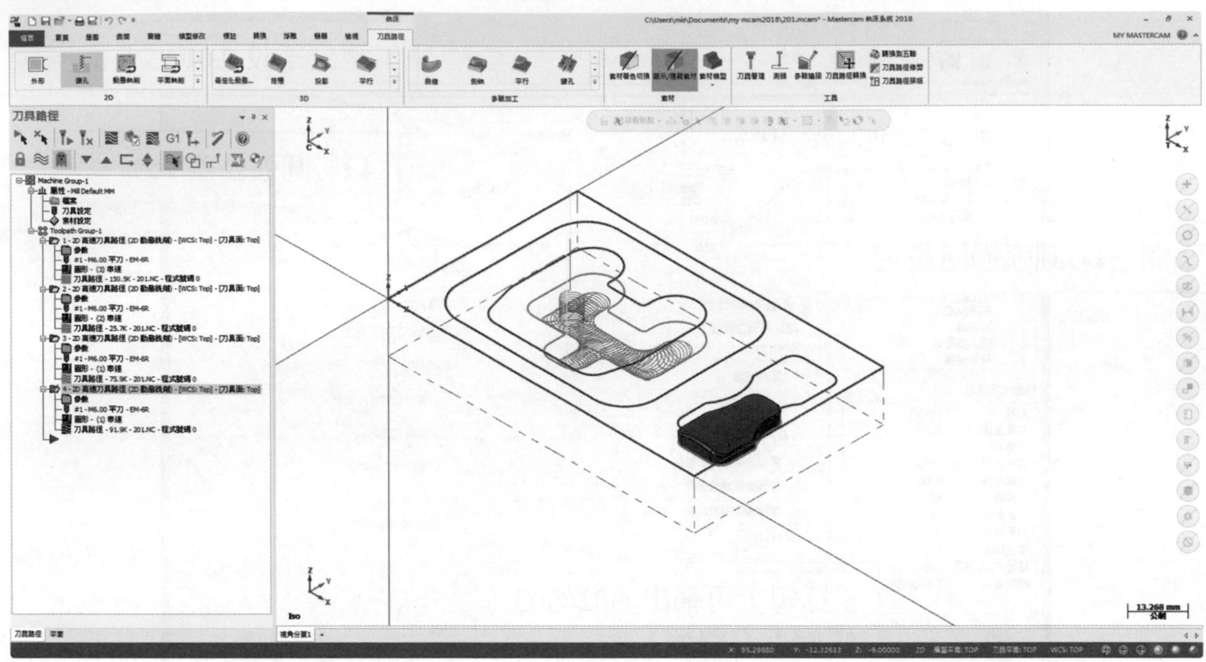

模擬加工結果-綠色部分

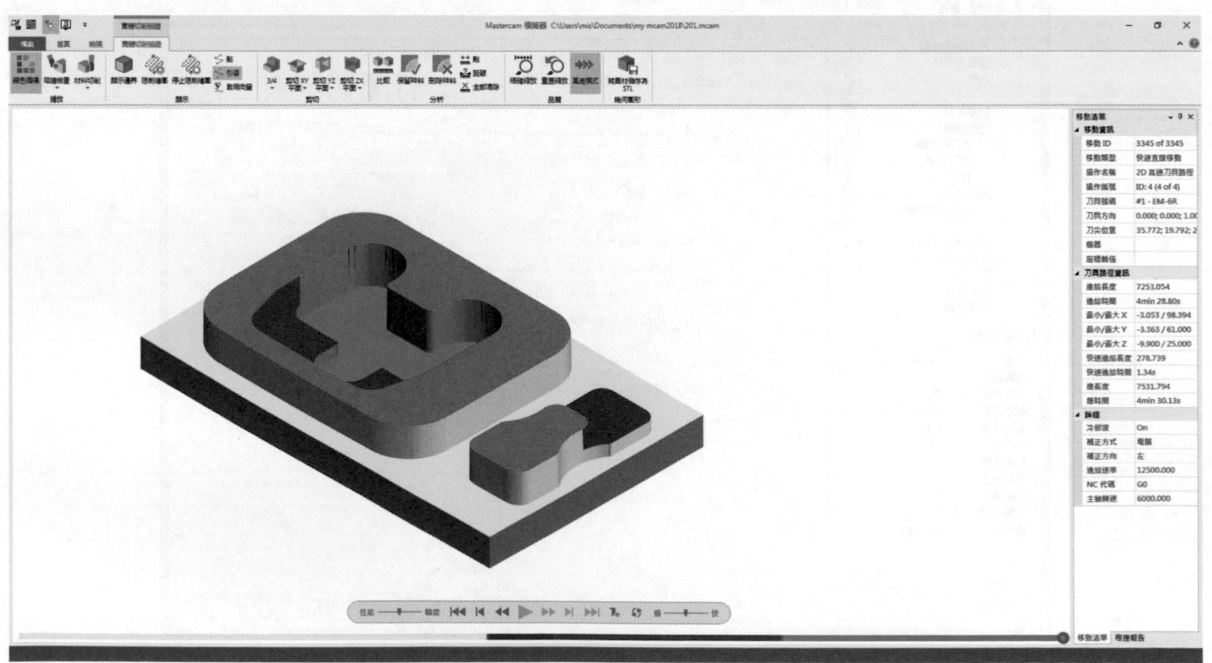

ϕ6mm 精銑刀加工設定步驟

選擇挖槽→串連一→串連二→串連三→ (串連方向皆為順時針)

精銑外輪廓 Z–8mm 層及底面 (內含尺寸補正磨耗)

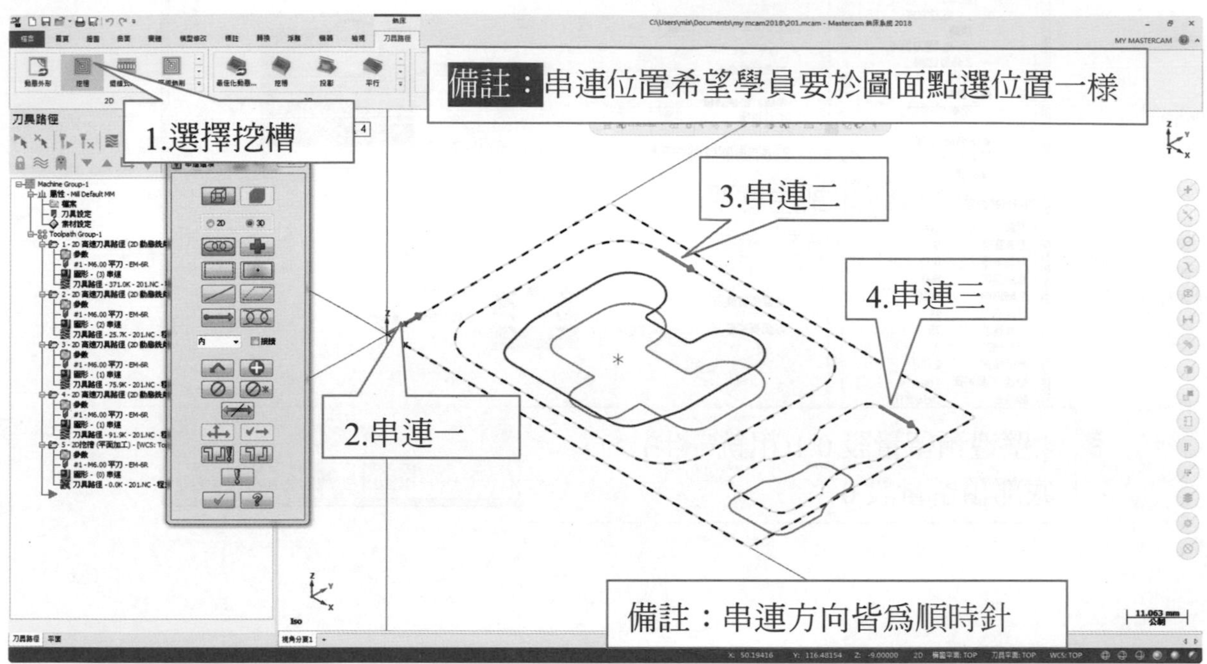

刀具→建立新刀具

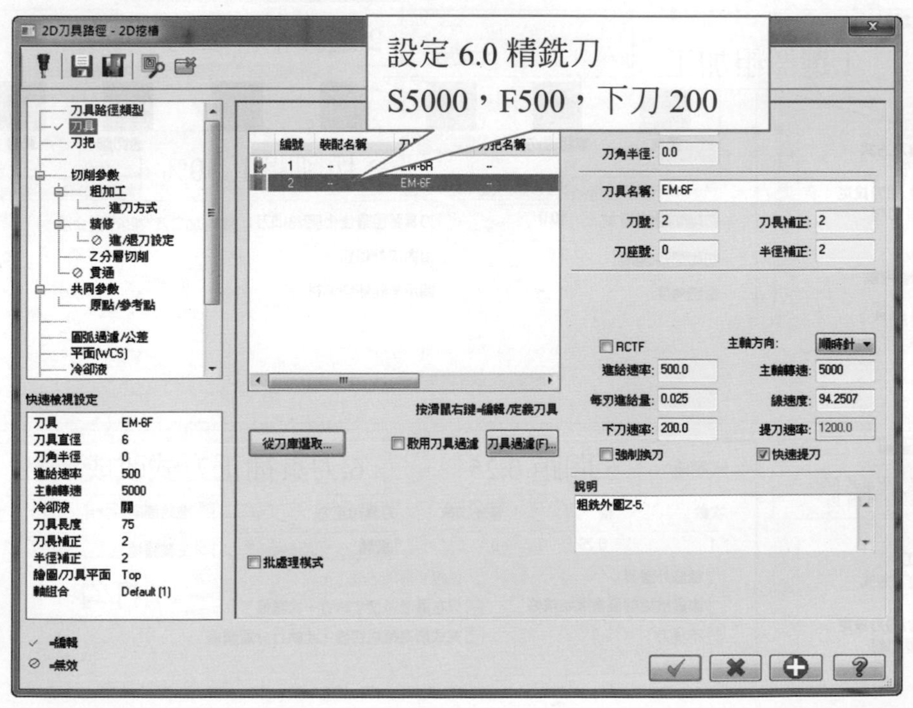

選擇切削參數

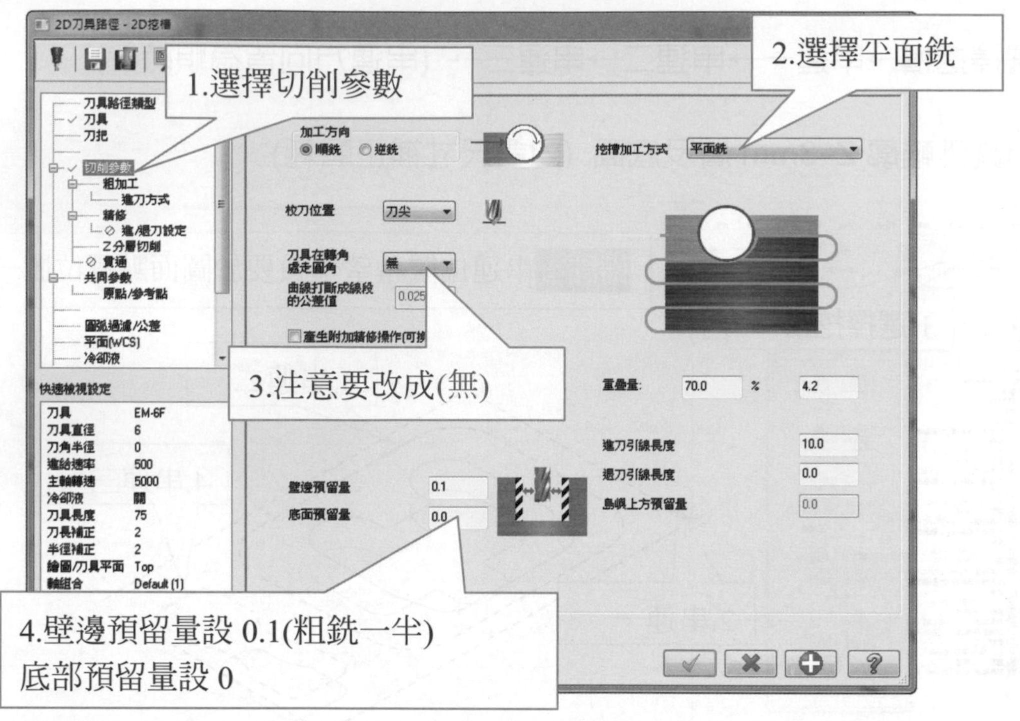

選擇粗加工/精修參數

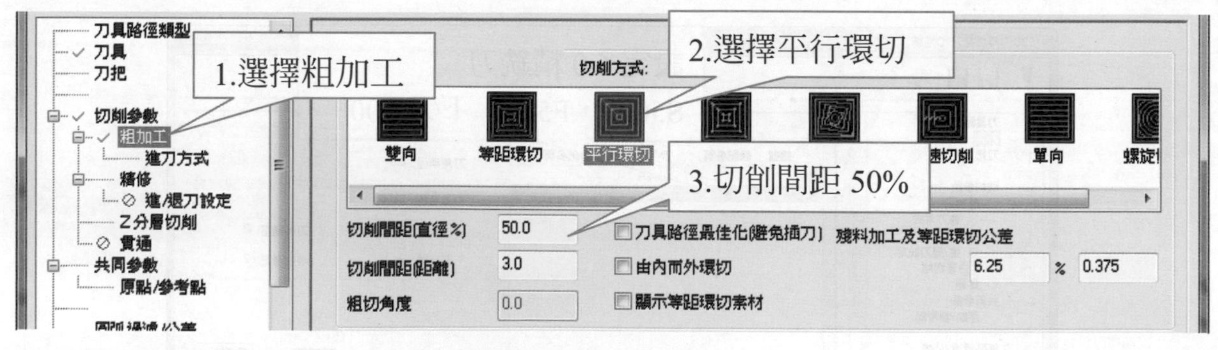

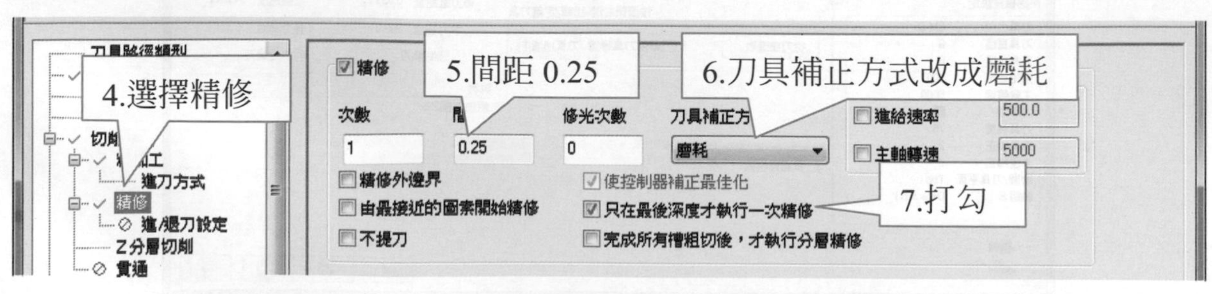

選擇進/退刀設定

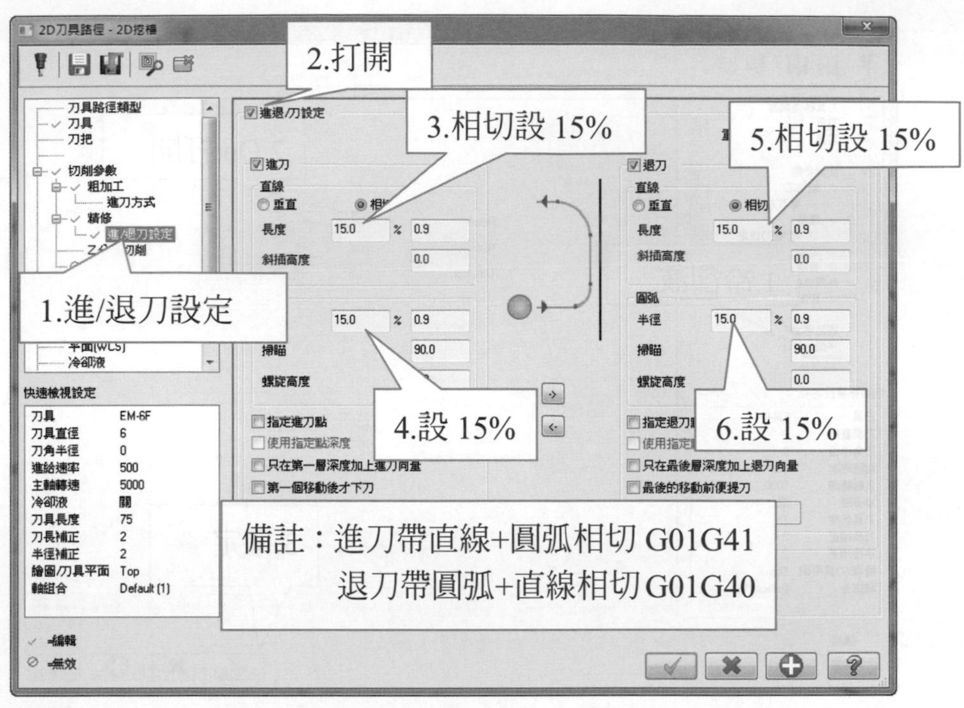

選擇共同參數

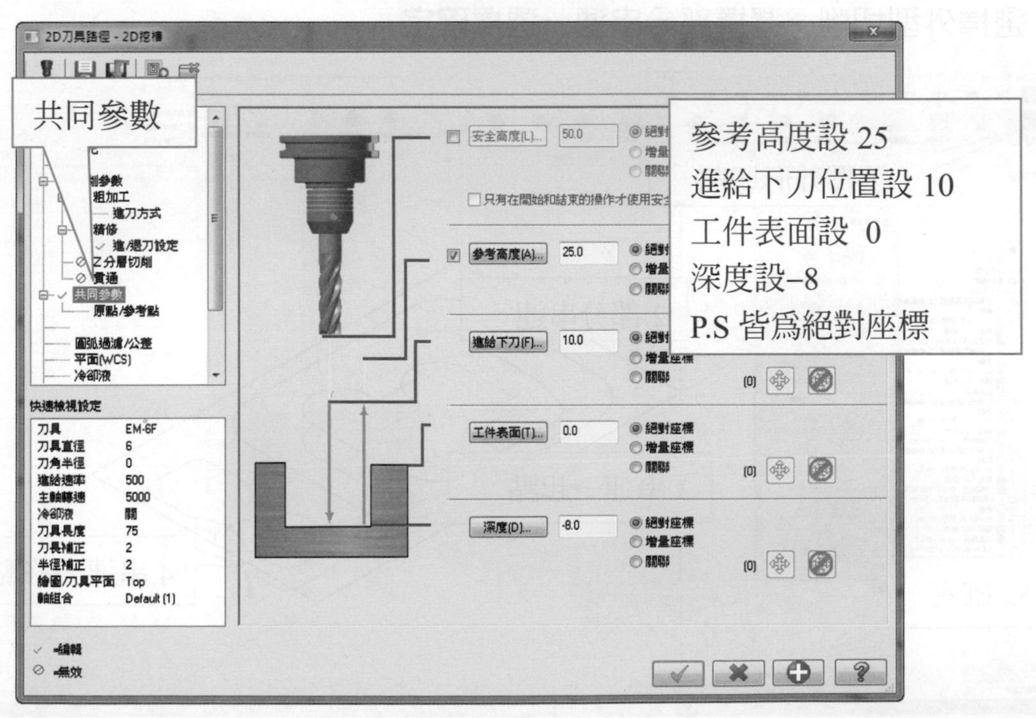

➔ 選擇冷卻液→ON 打開

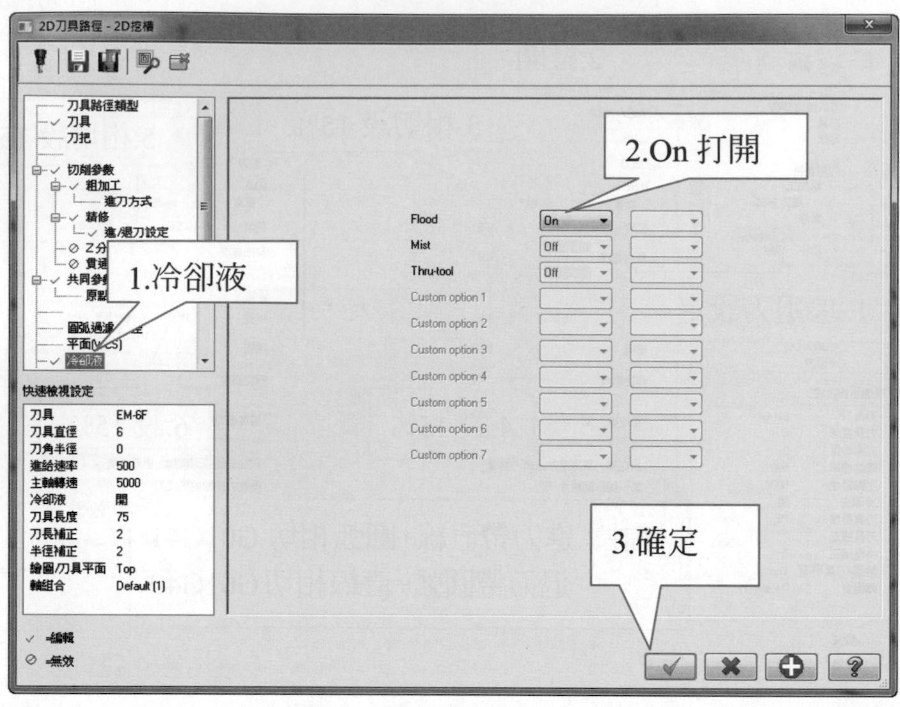

➔ 精銑外輪廓 Z-5mm 層 (內含尺寸補正磨耗)

➔ 選擇外型切削→選擇部分串連→選擇確定

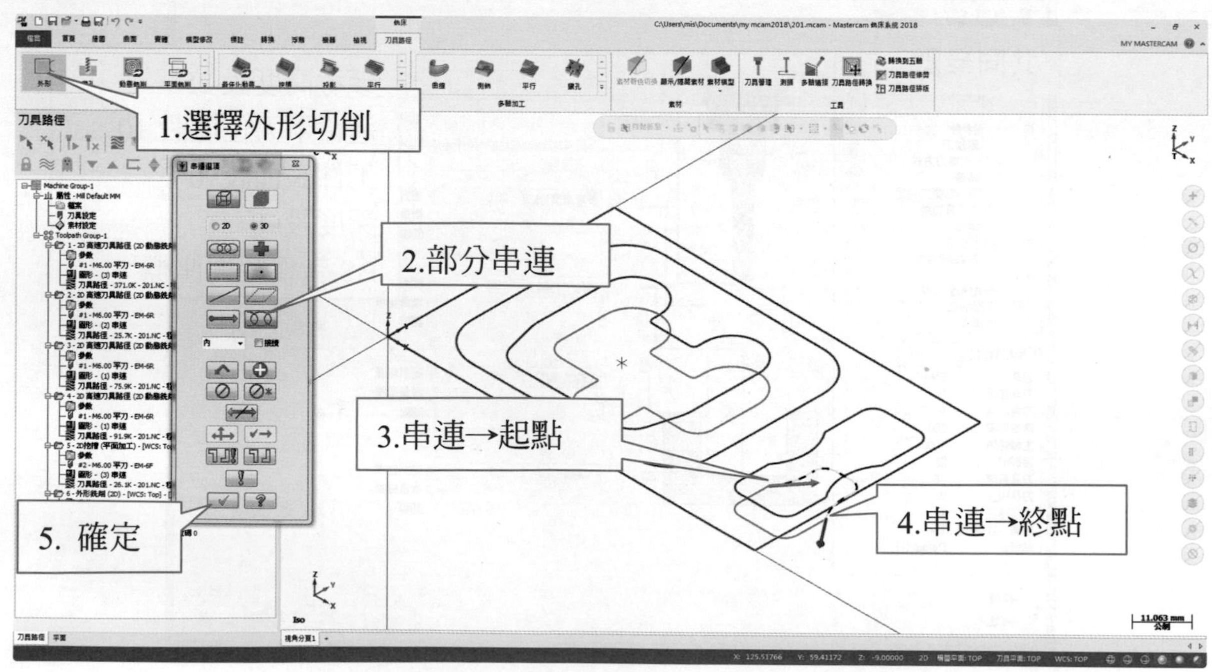

刀具→精銑刀

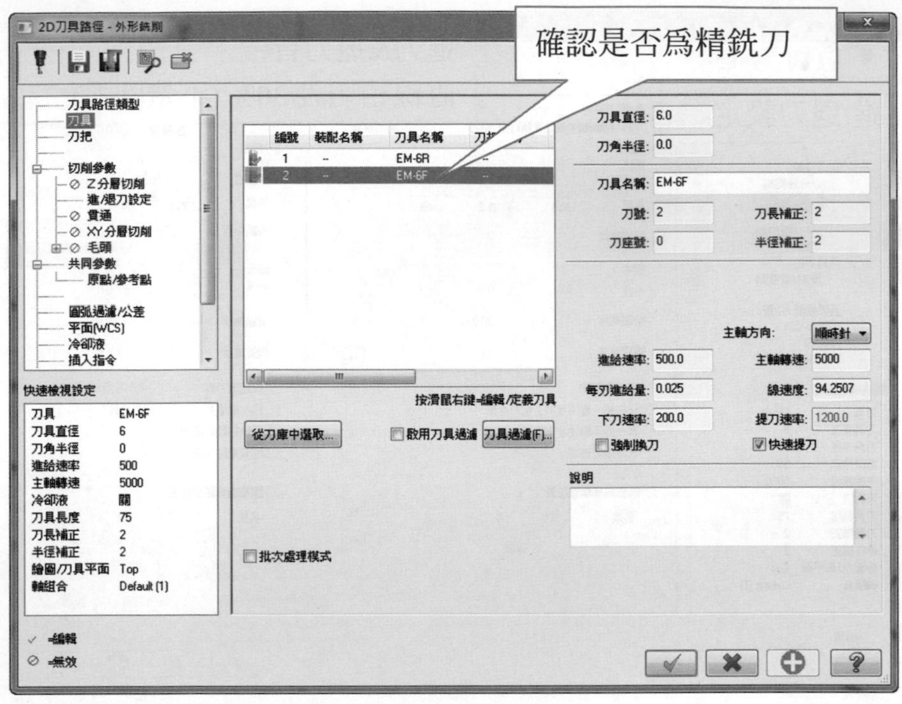

選擇切削參數→選取磨耗

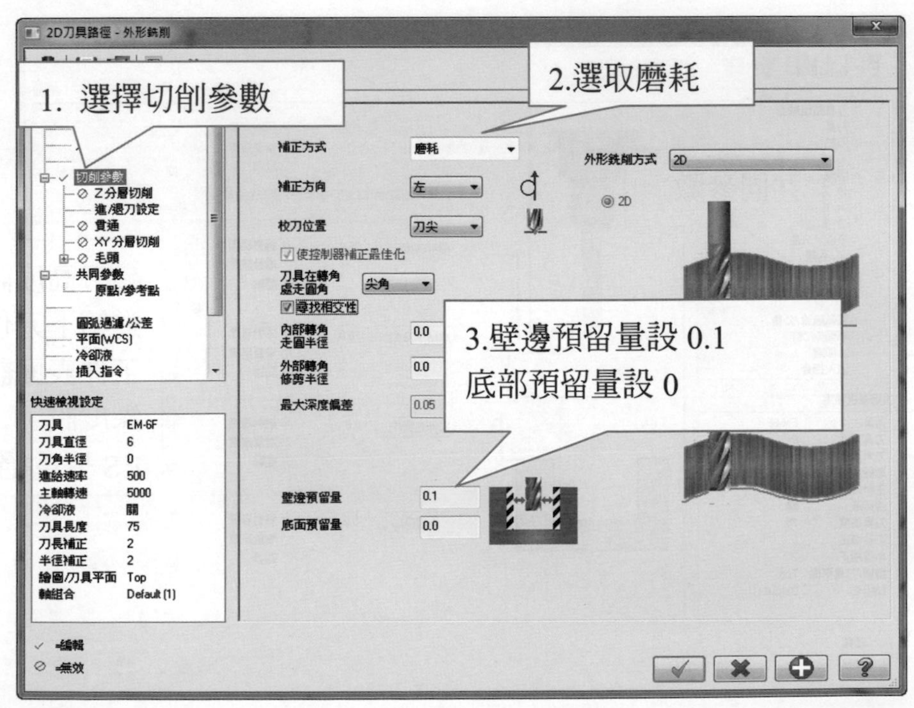

選擇進/退刀設定

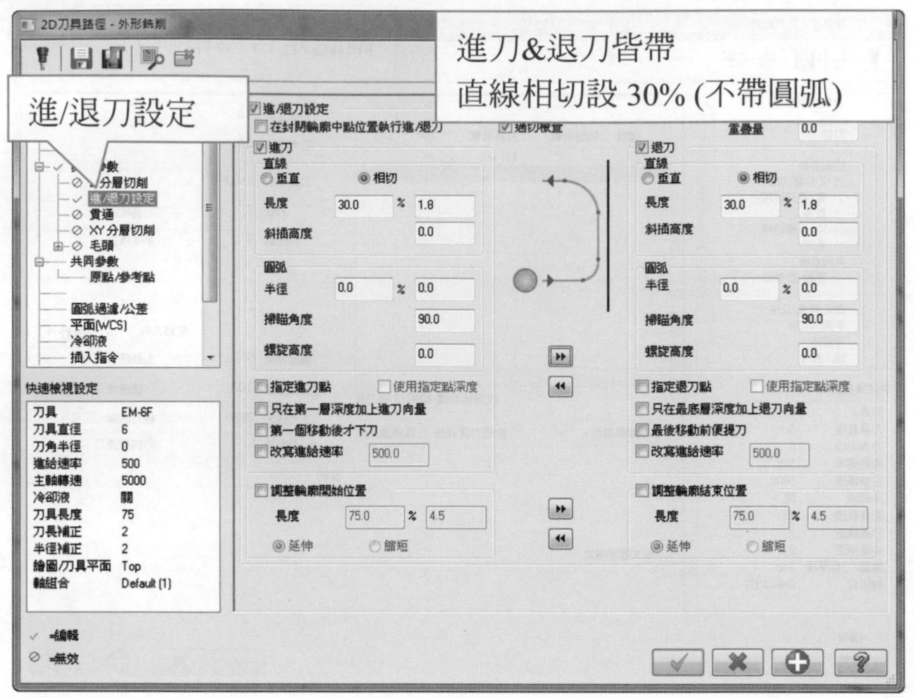

選擇共同參數

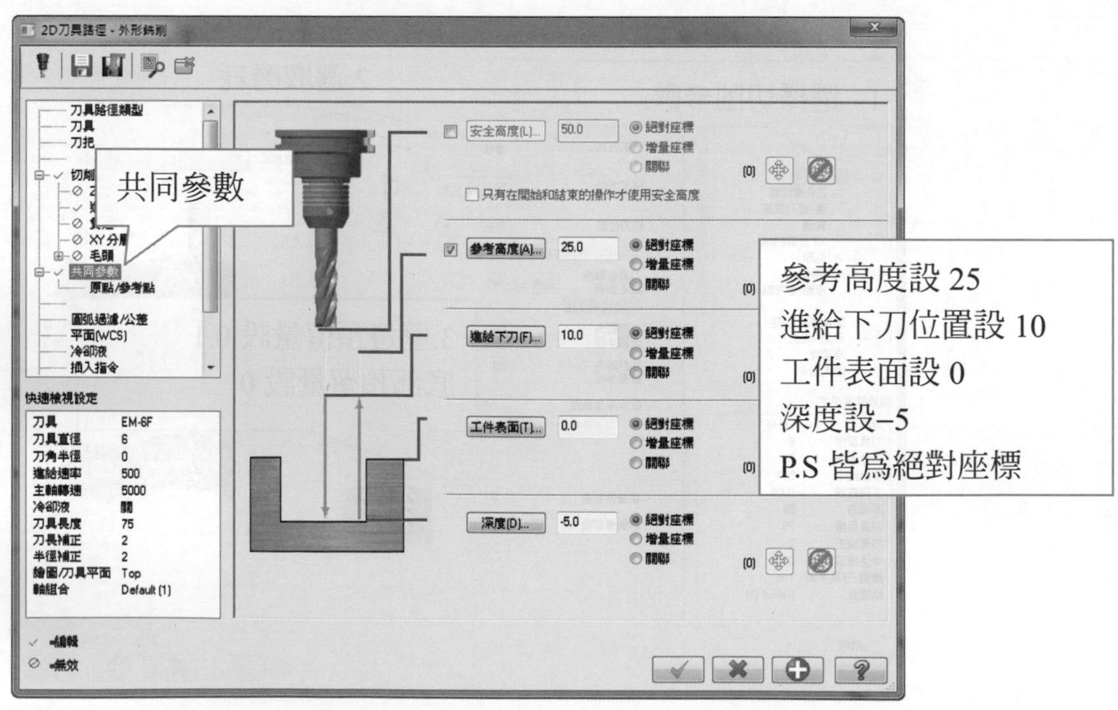

選擇冷卻液→ON 打開

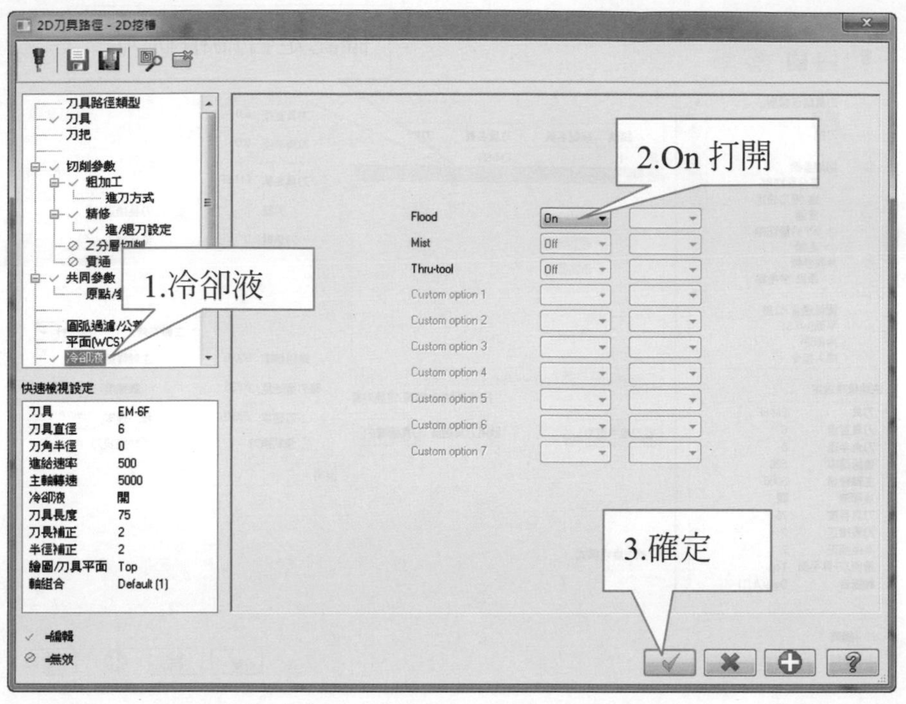

精銑外輪廓底面 Z–5mm 層

選擇外修切削→選擇單體→串連一 (串連方向由右至左) →確定

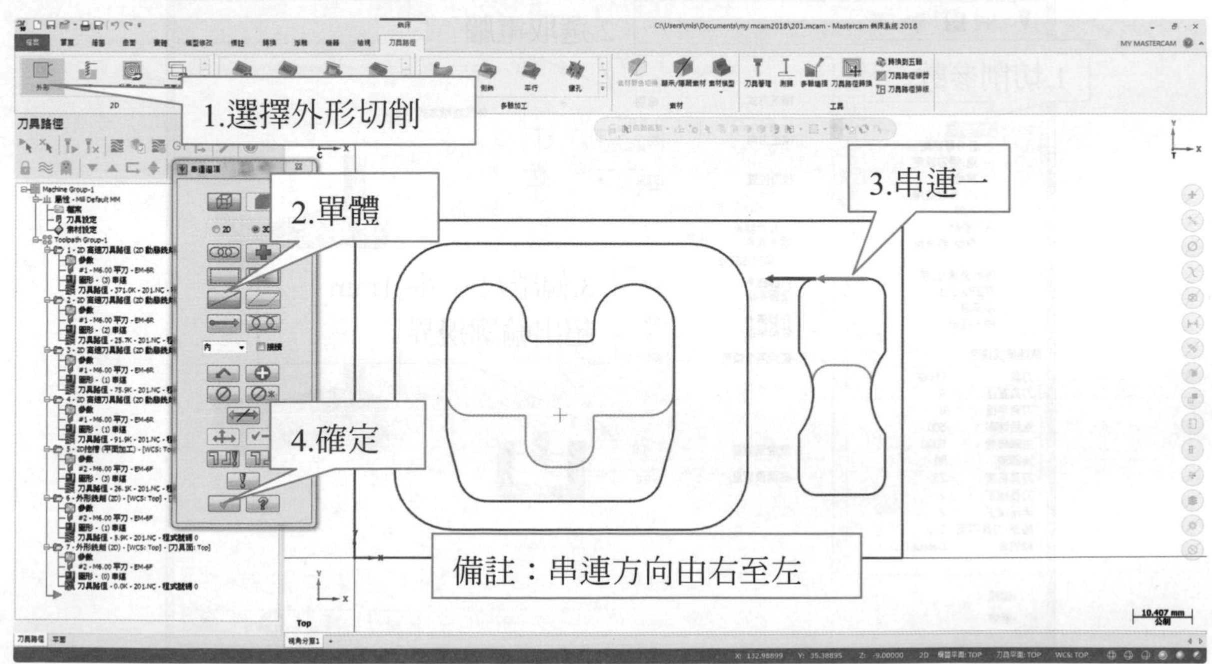

刀具→精銑刀

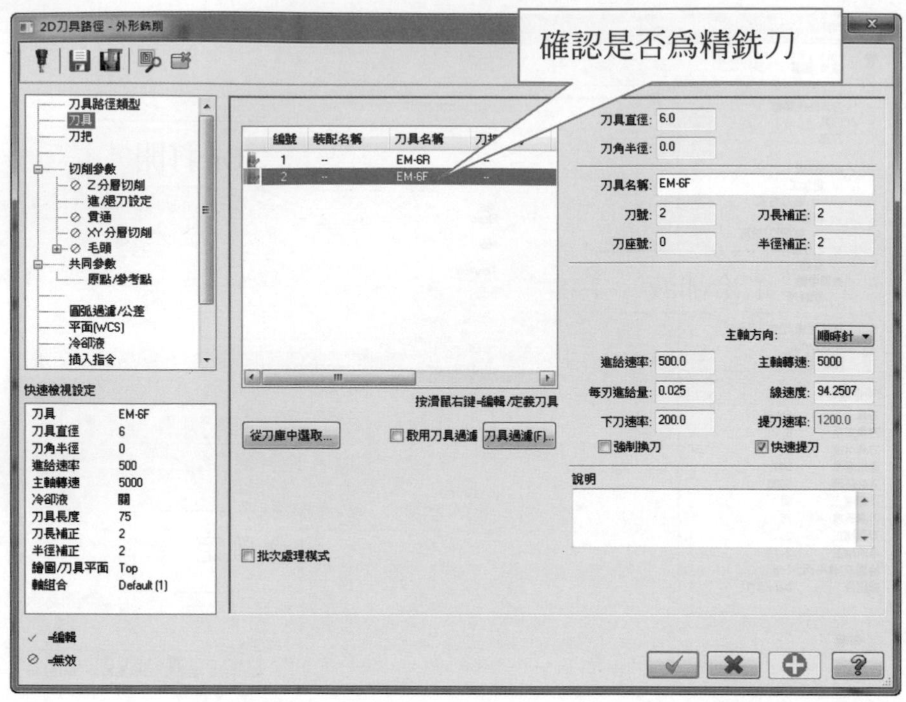

選擇切削參數→選取電腦

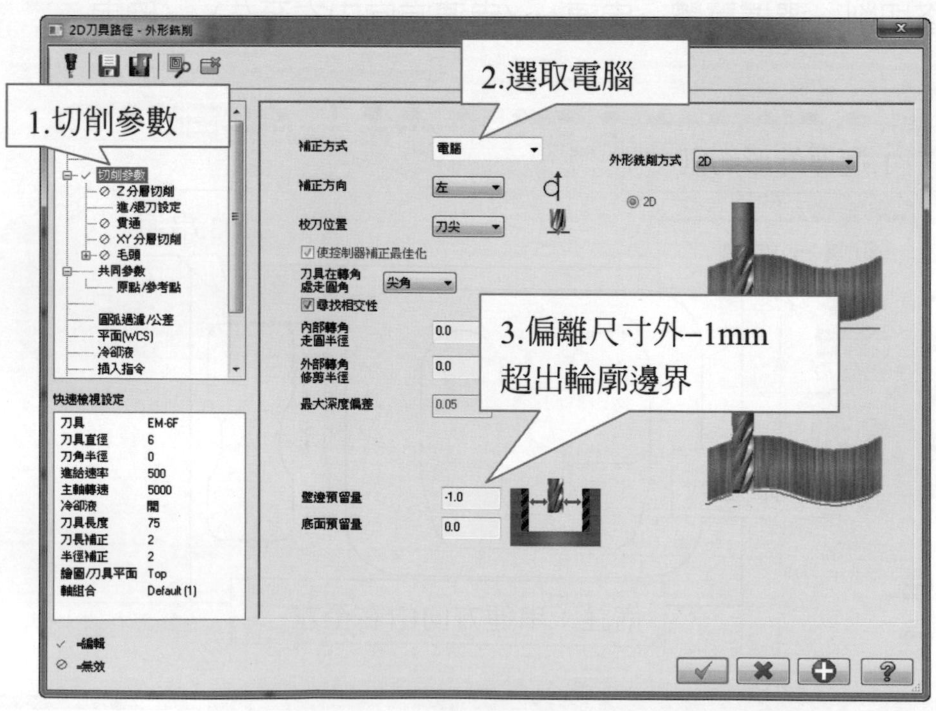

選擇進/退刀設定

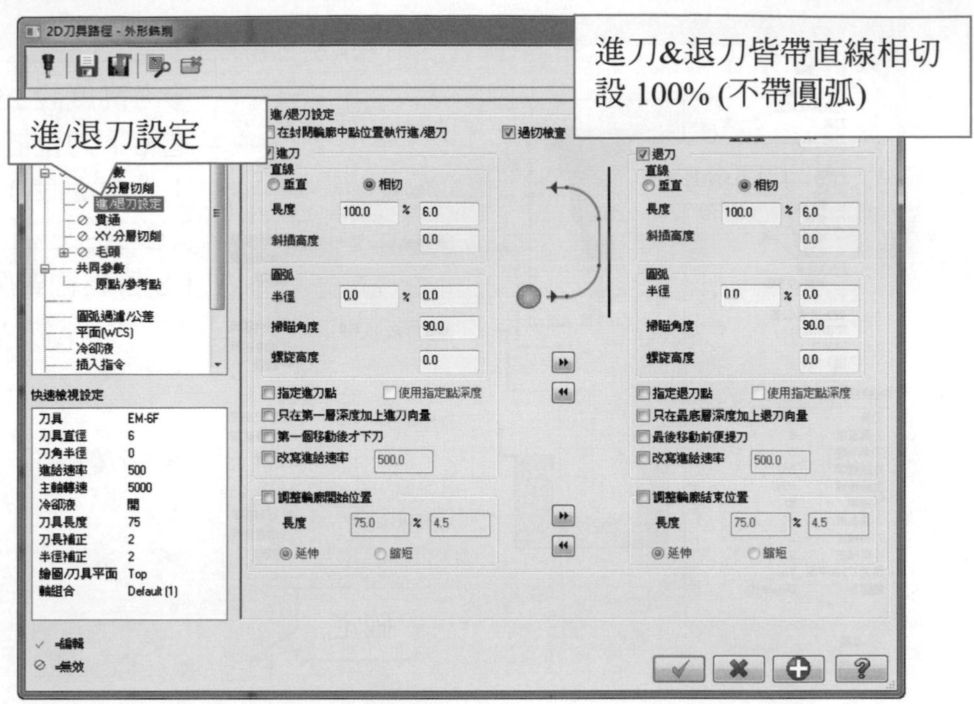

選擇 XY 分層切削設定

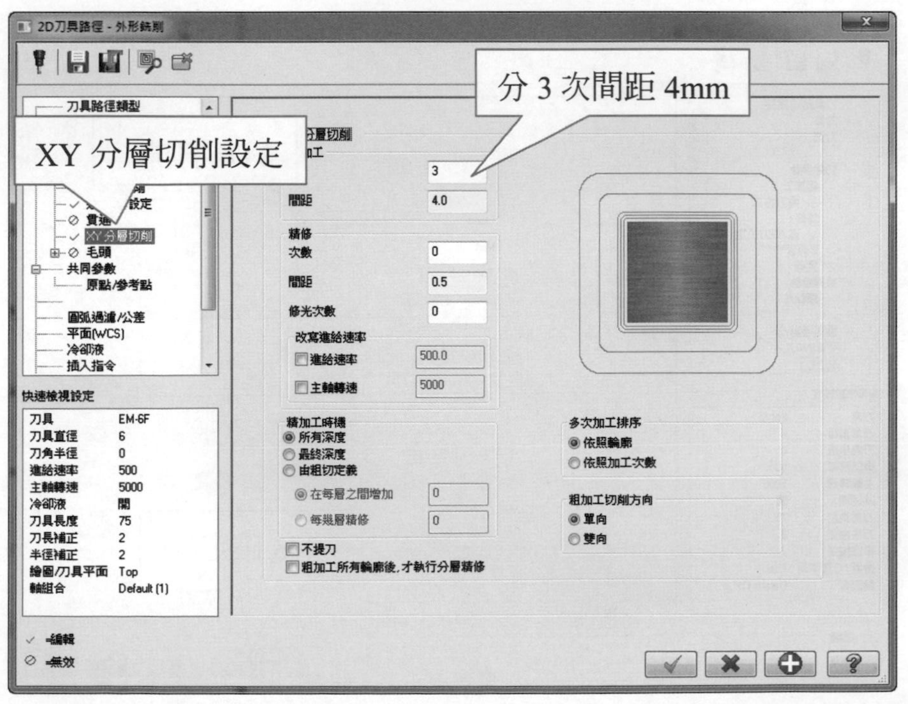

選擇共同參數

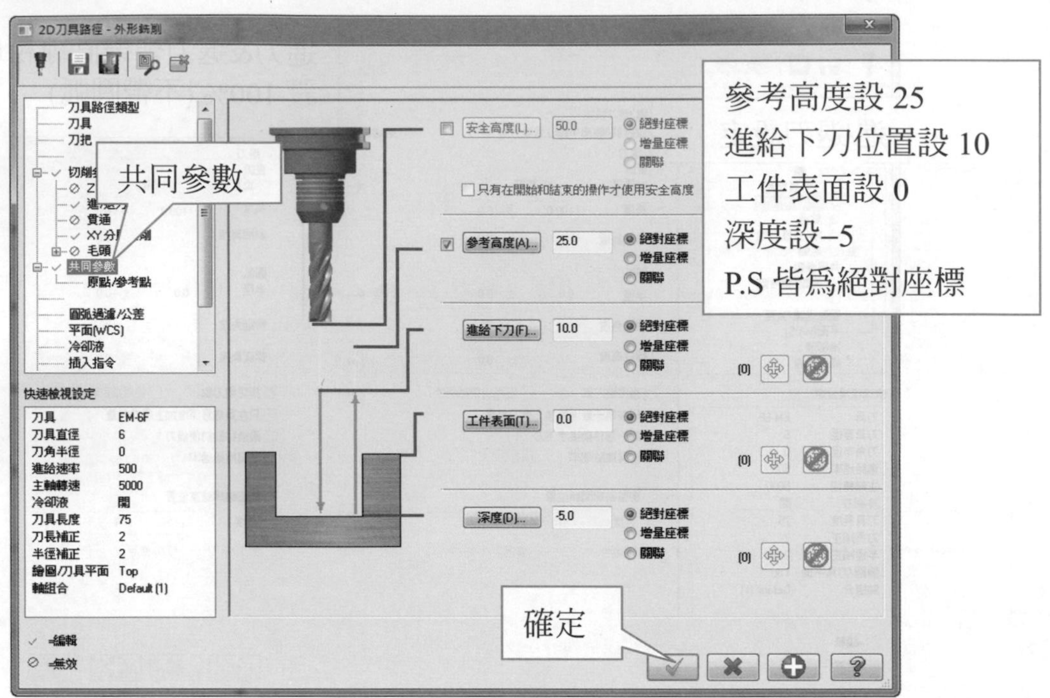

選擇冷卻液→ON 打開

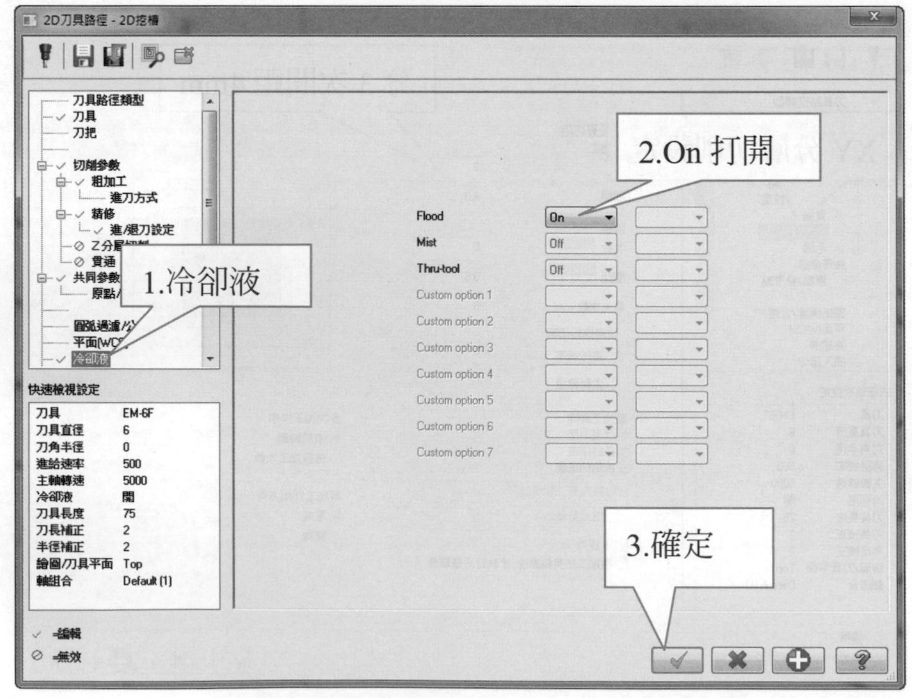

精銑內槽輪廓 Z-7mm 層 (內含尺寸補正磨耗)

選擇挖槽

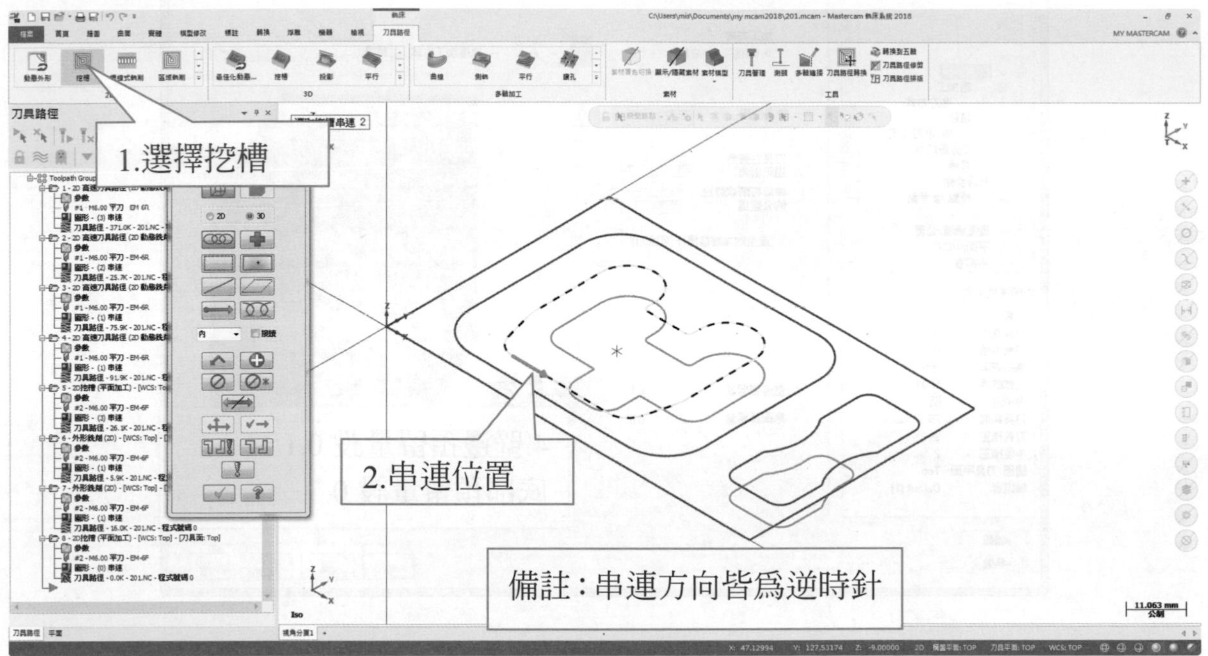

刀具→精銑刀

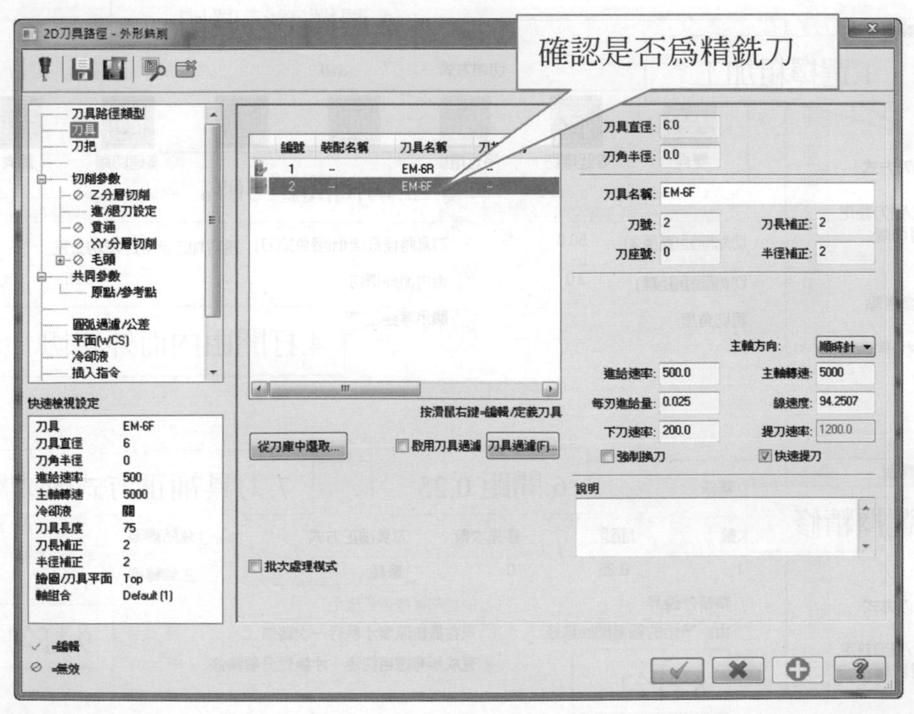

選擇切削參數

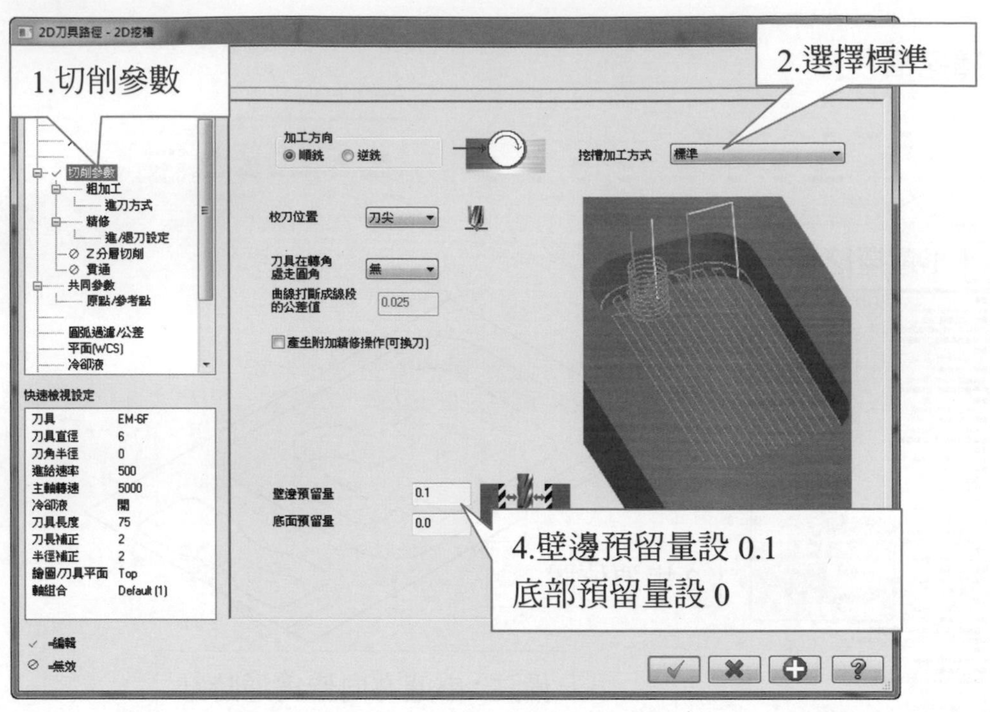

選擇粗加工/精修參數

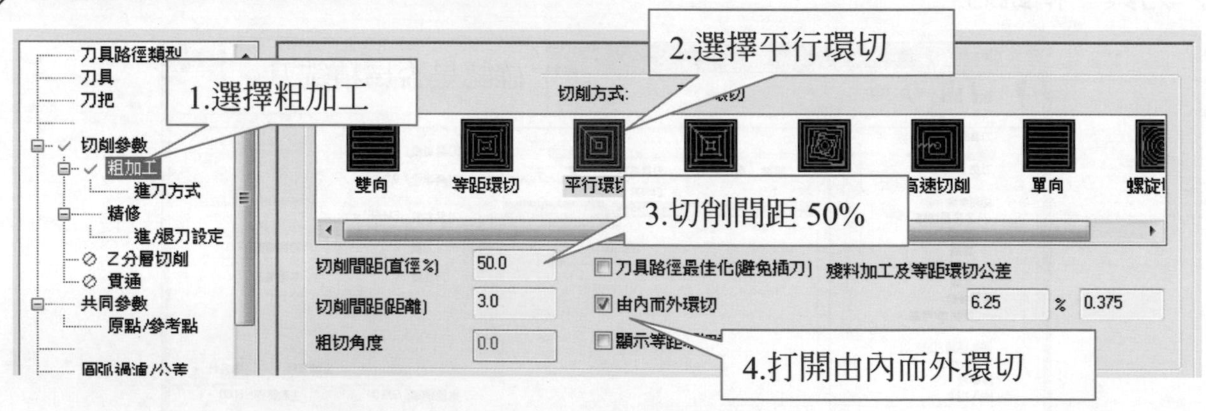

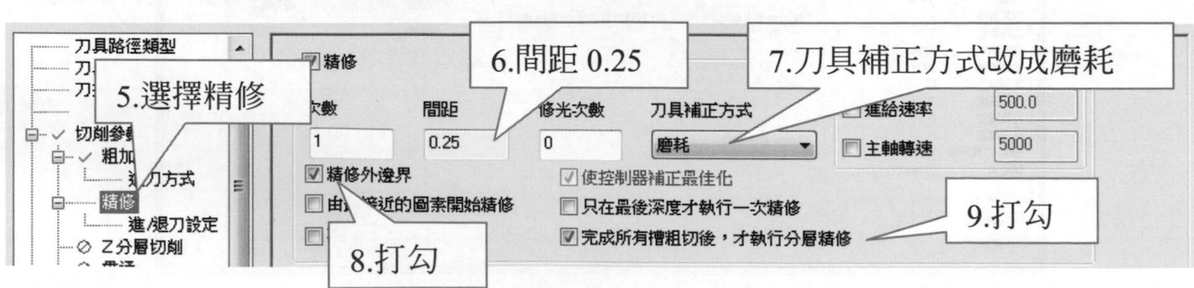

選擇進/退刀設定

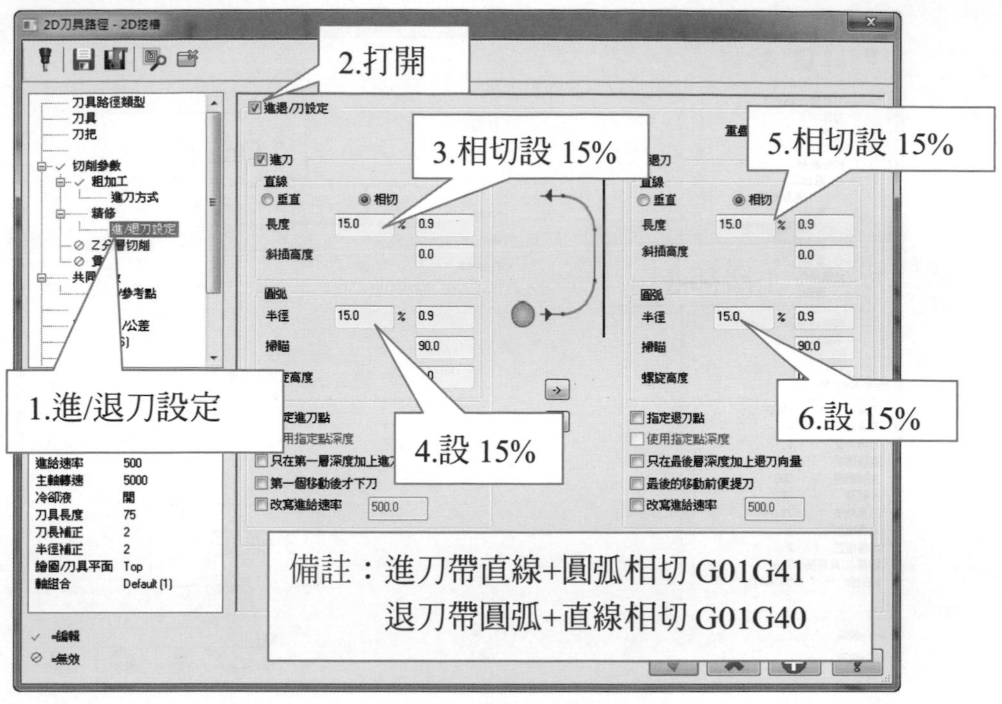

選擇共同參數

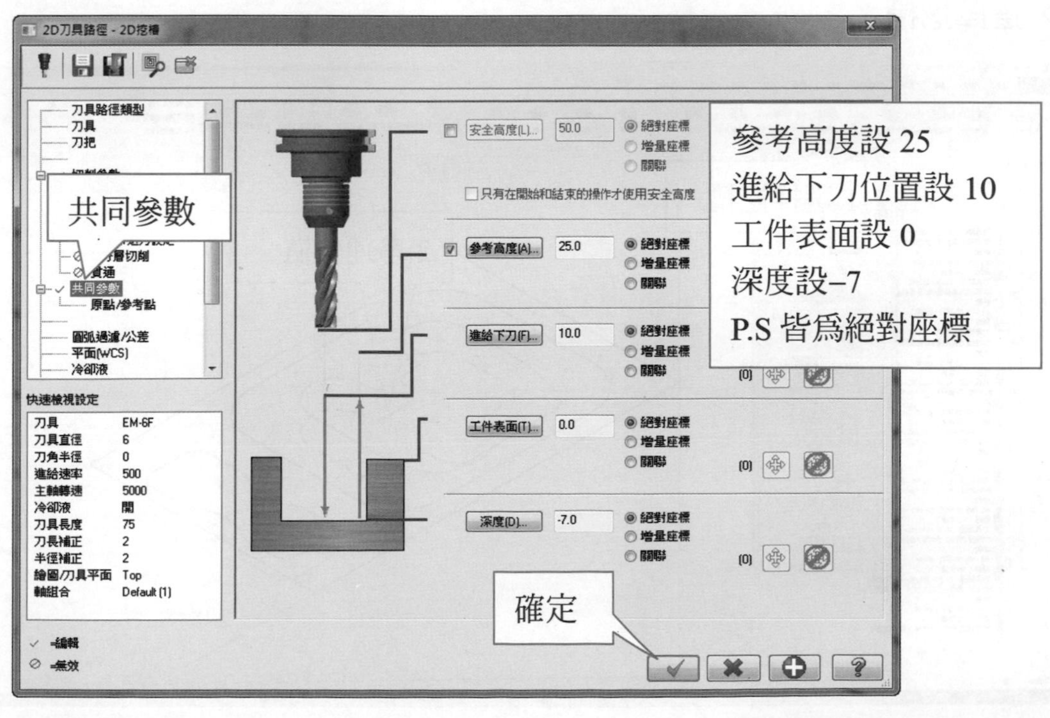

選擇冷卻液→ON 打開

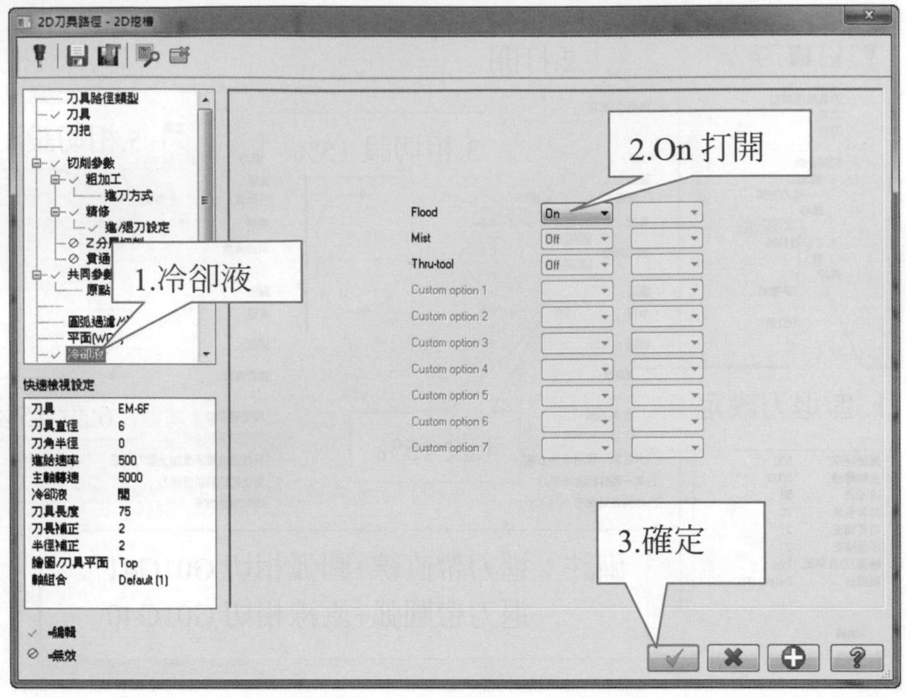

精銑內槽輪廓 Z-10mm 層 (內含尺寸補正磨耗)

選擇挖槽

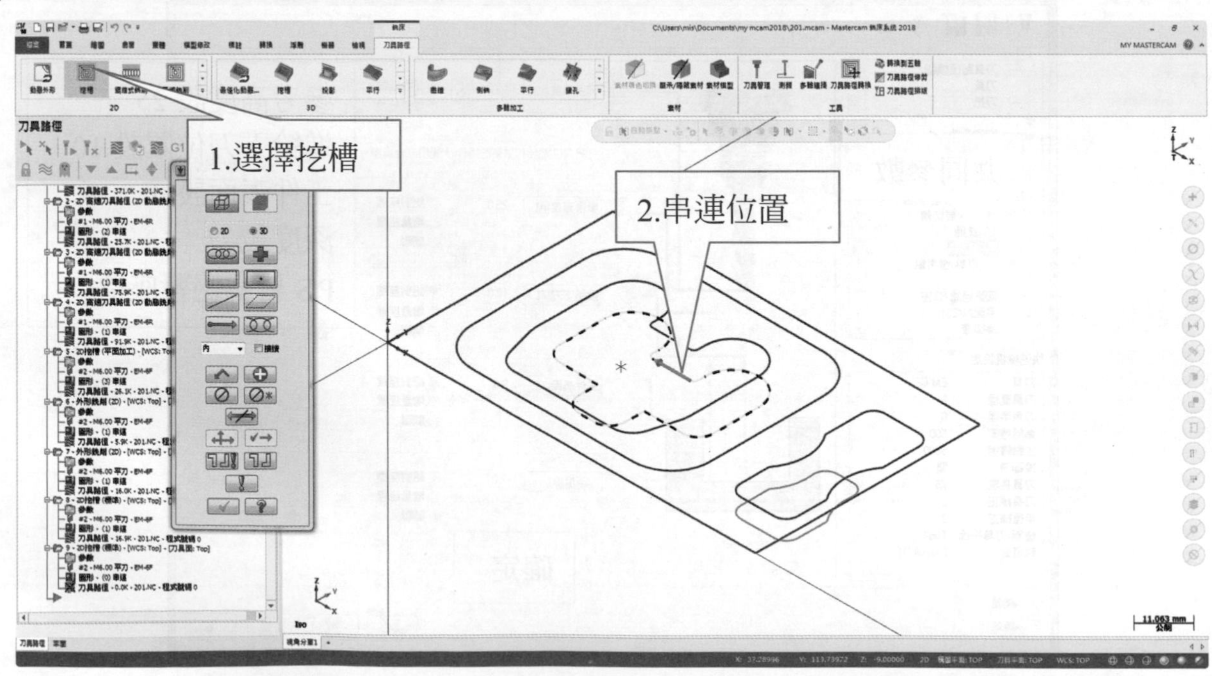

刀具→精銑刀

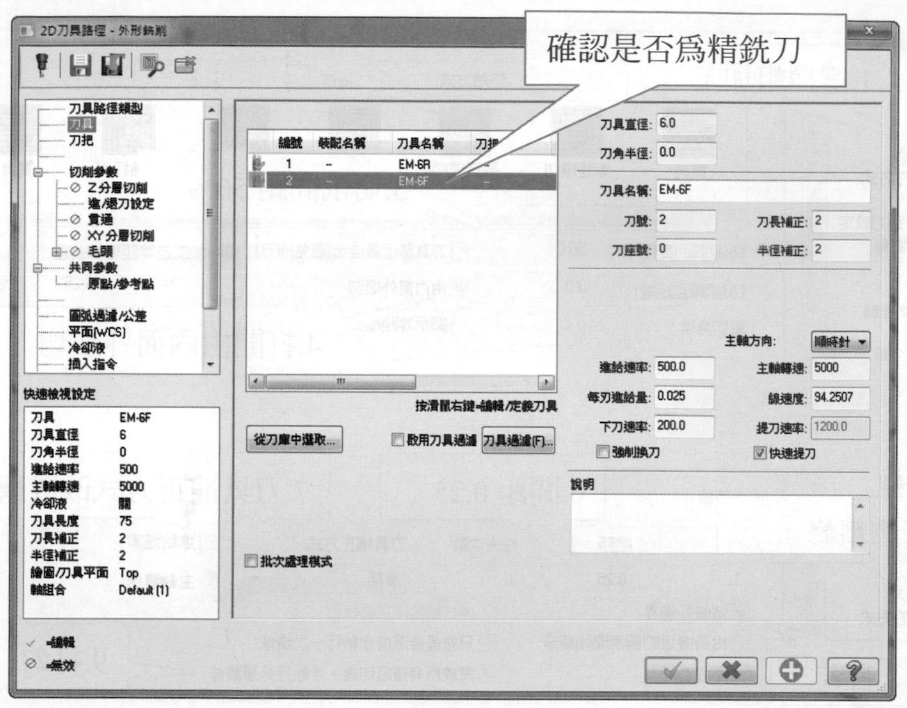

選擇切削參數

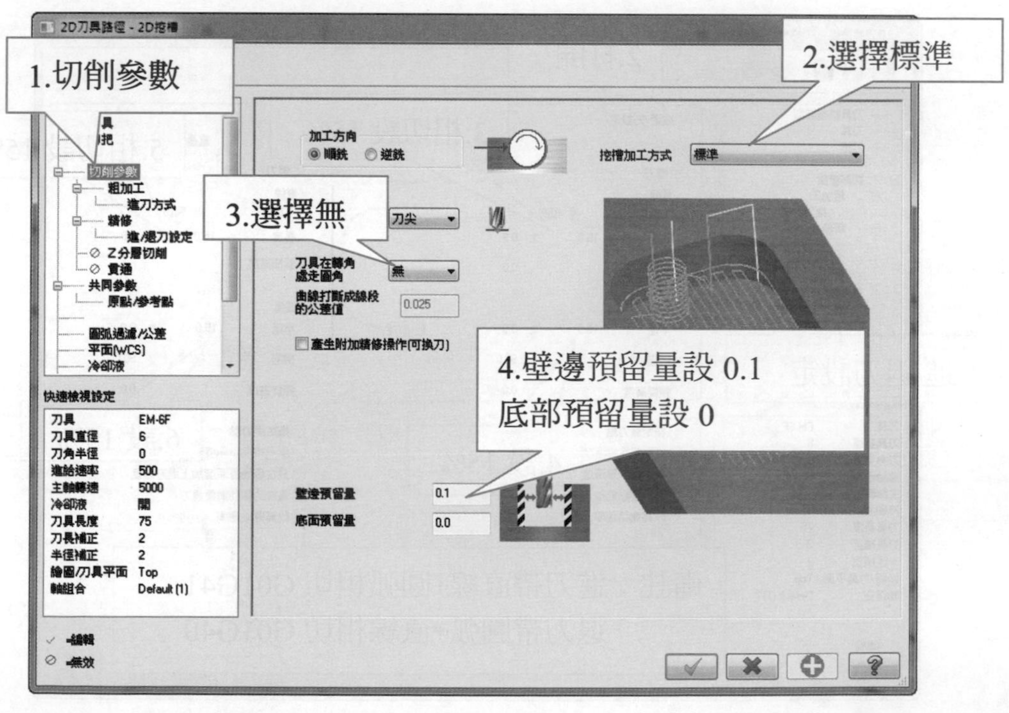

選擇粗加工/精修參數

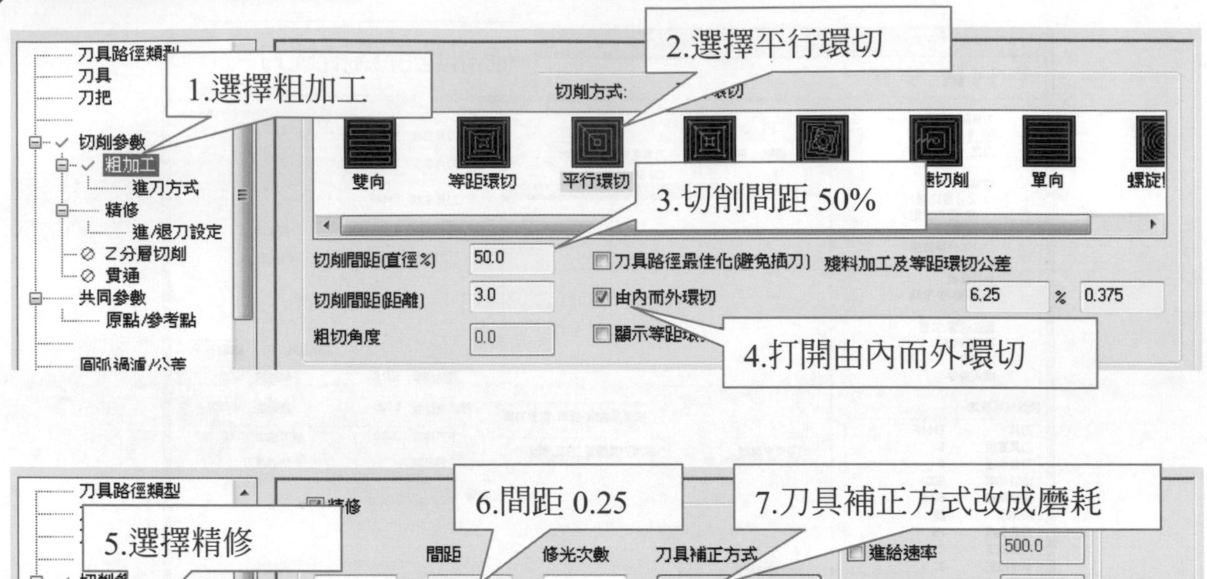

選擇進/退刀設定

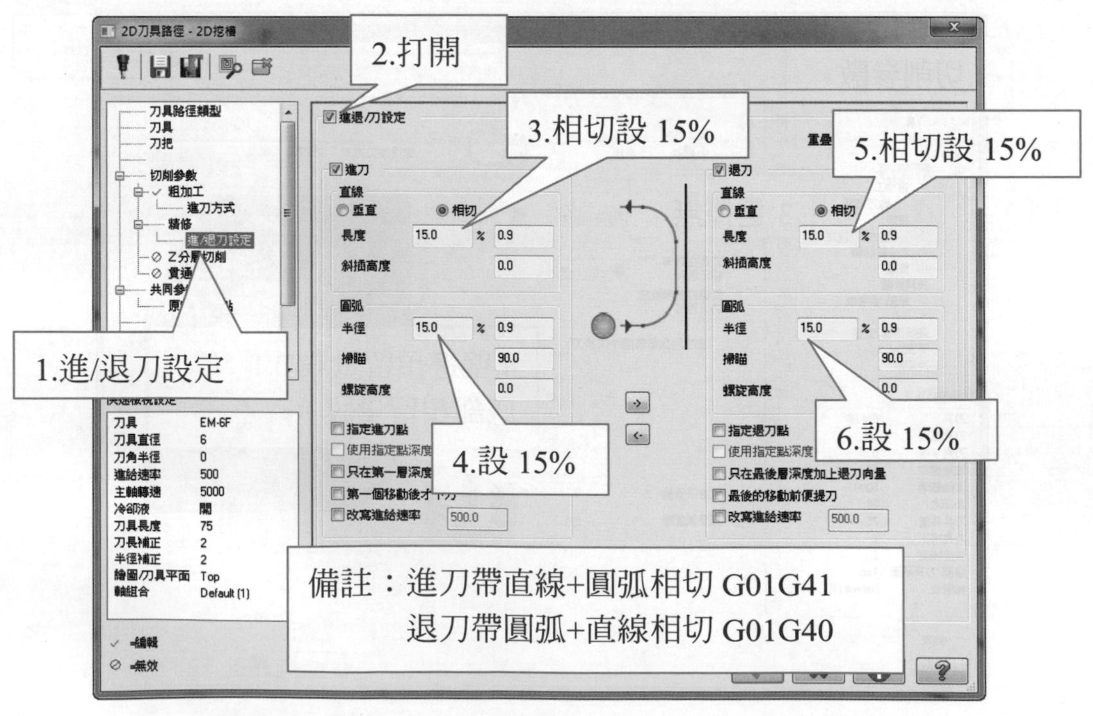

選擇共同參數

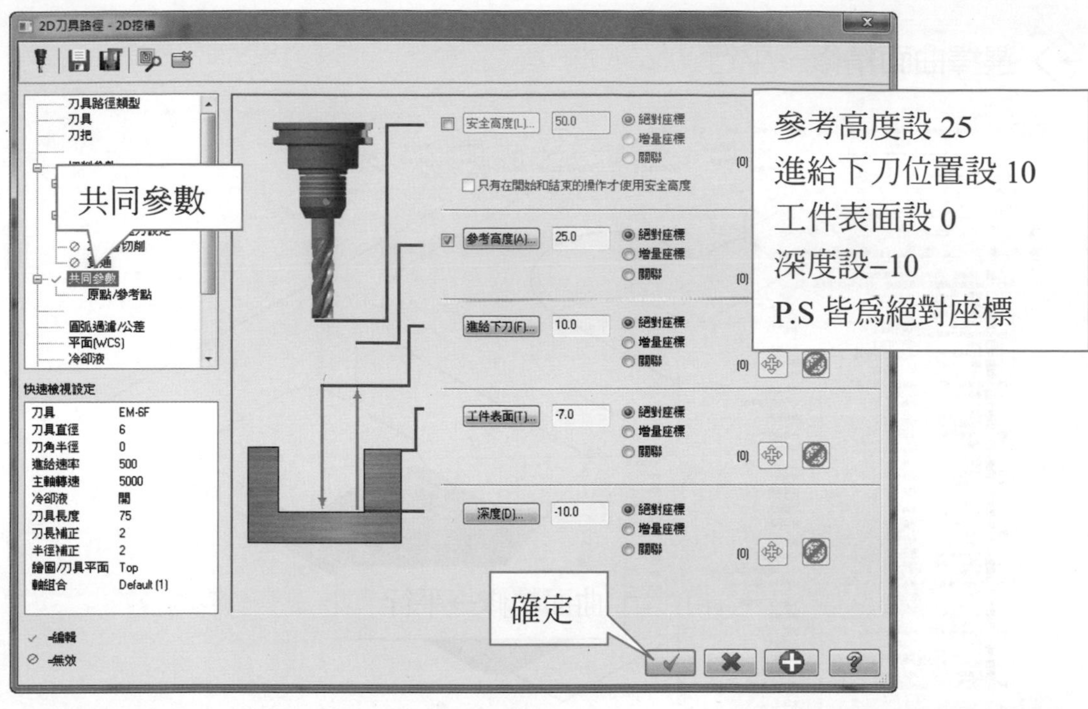

選擇冷卻液→ON 打開

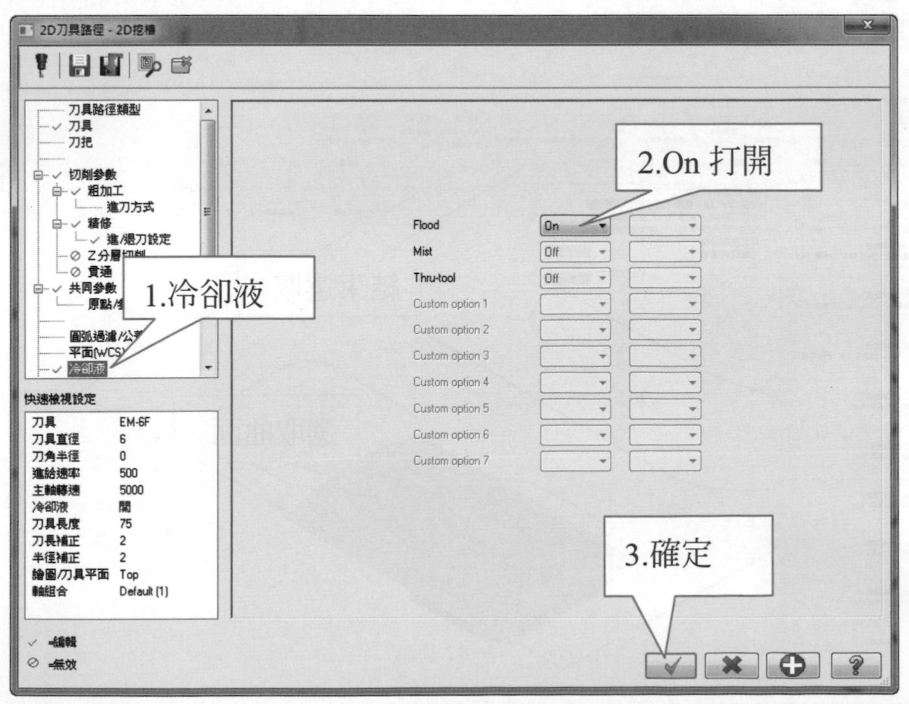

曲面加工ϕ6mm 球刀加工設定步驟

選擇曲面精修→平行

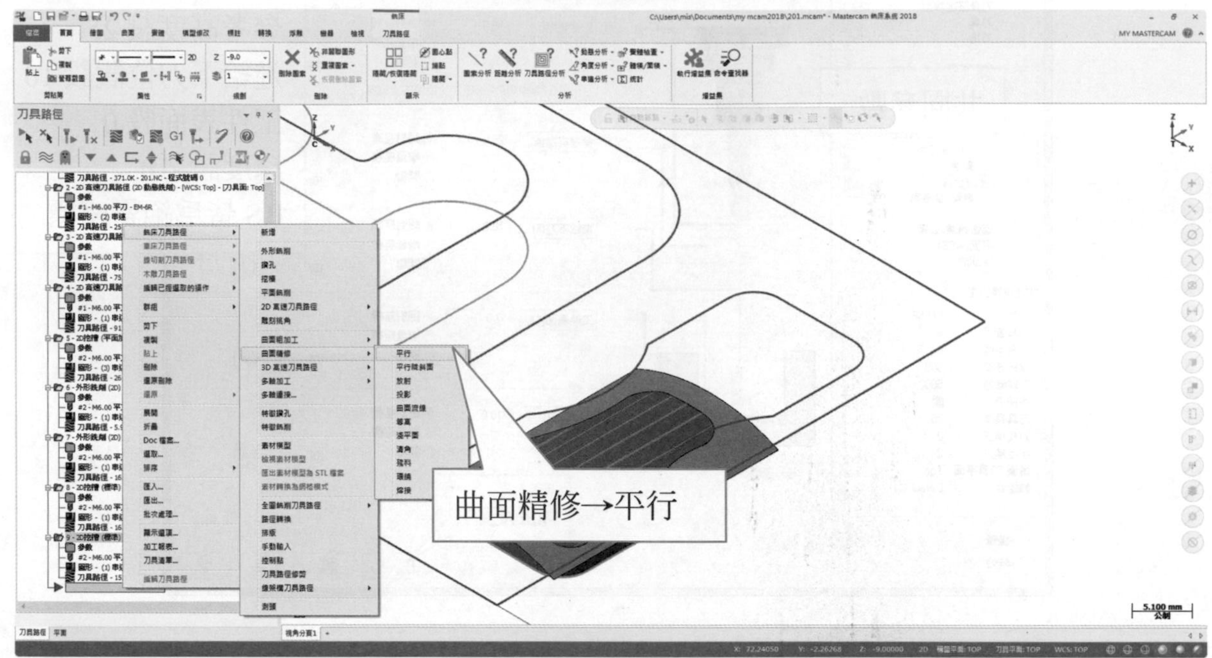

選擇曲面→結束選取

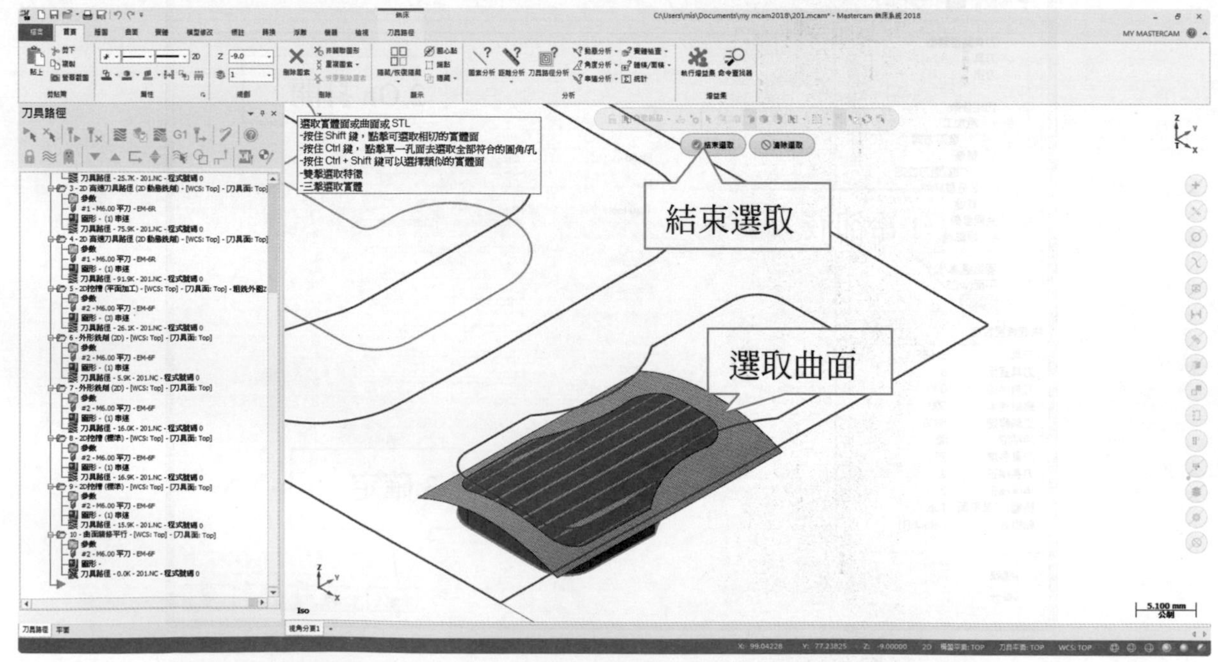

確認

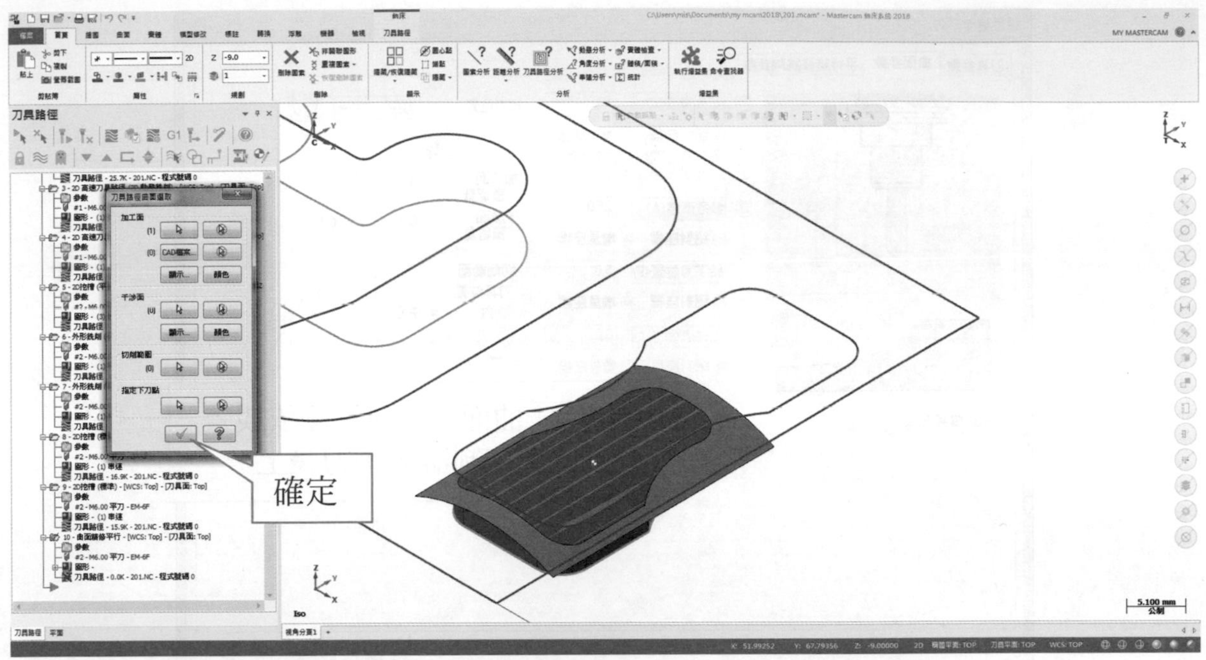

刀具→建立新刀具→選擇球刀

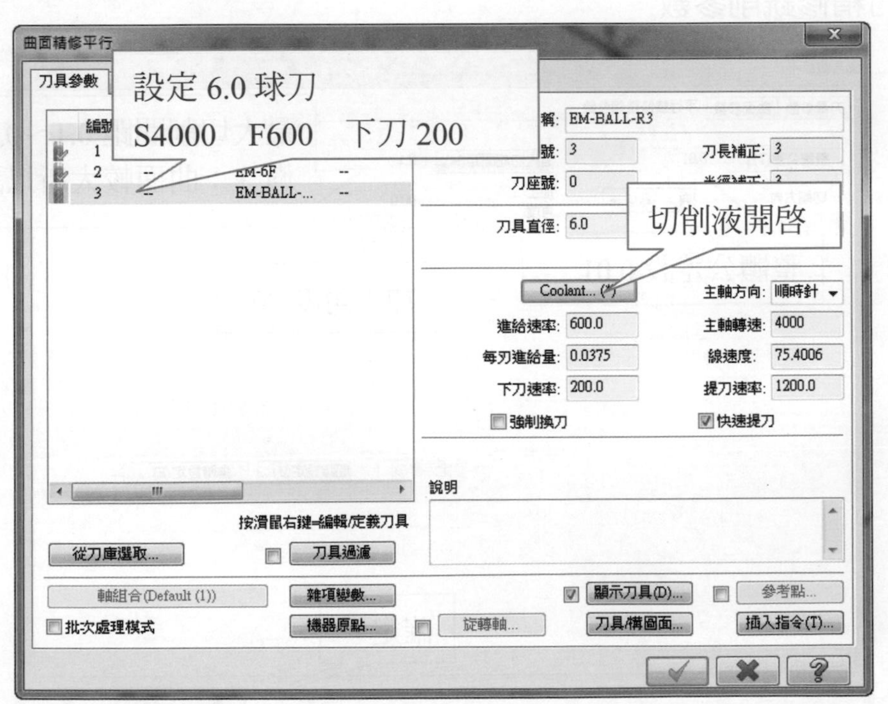

選擇曲面參數

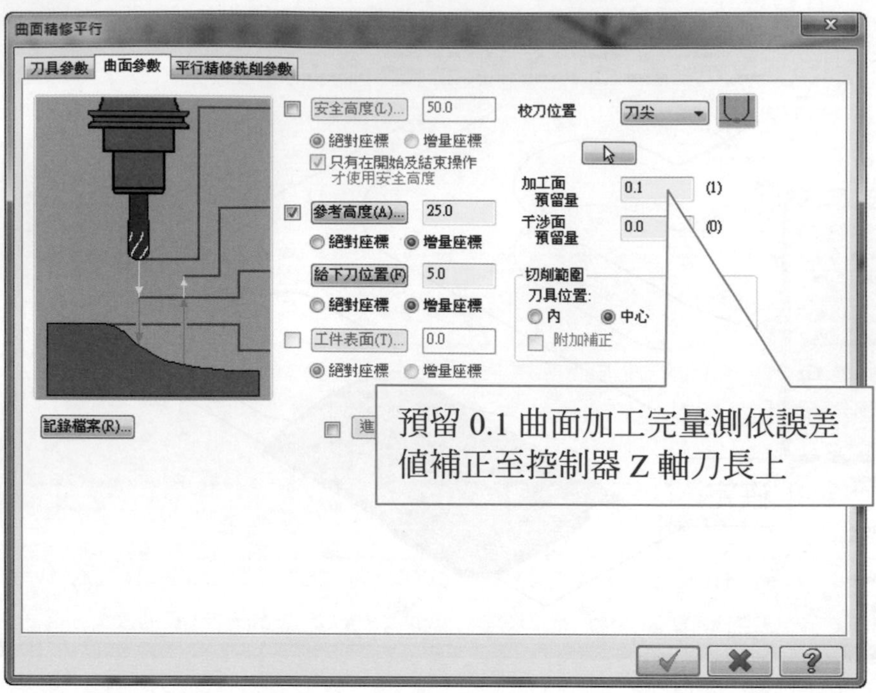

選擇平行精修銑削參數

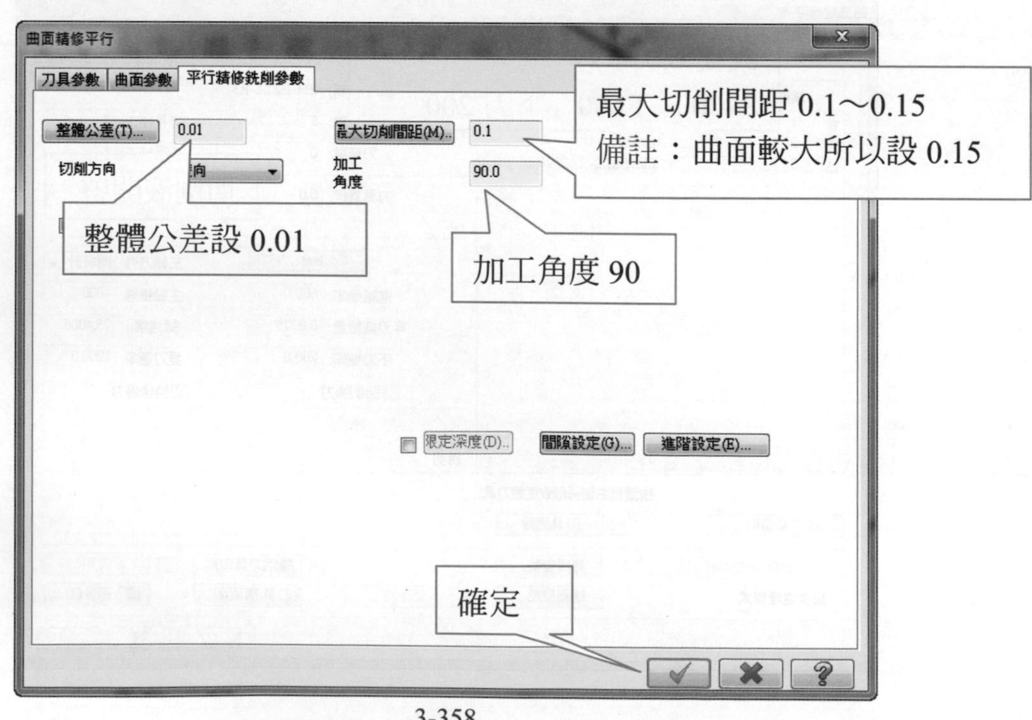

曲面倒角 0.5×45˚C

選擇曲面精修→精修曲面流線加工

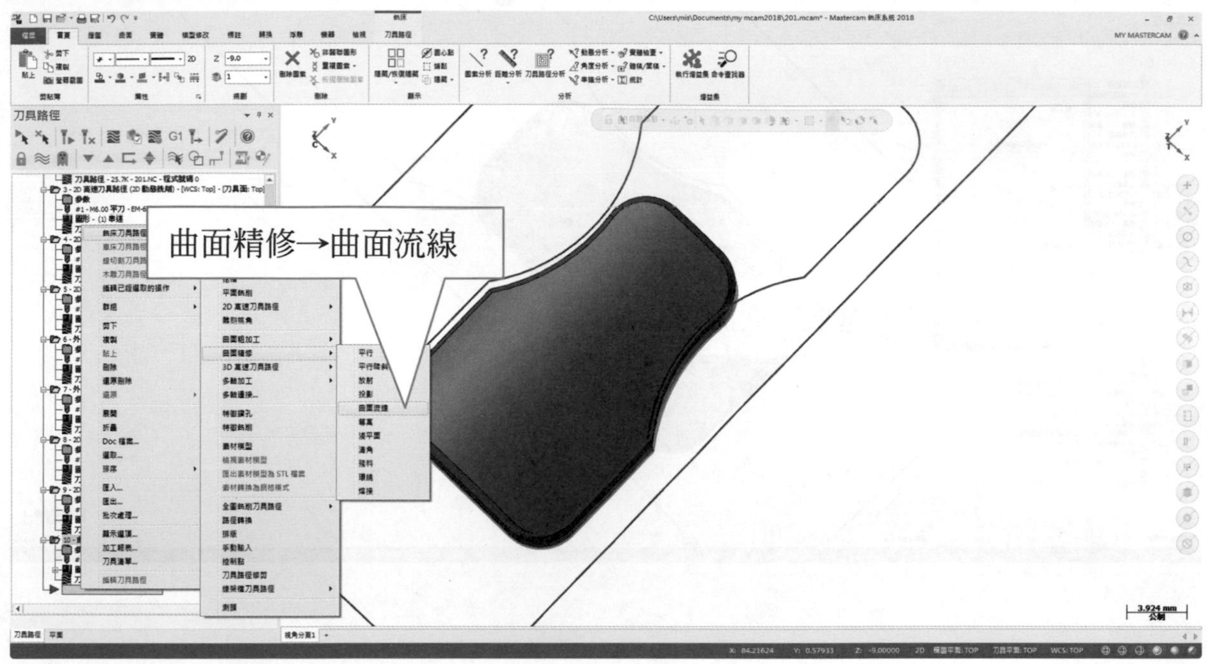

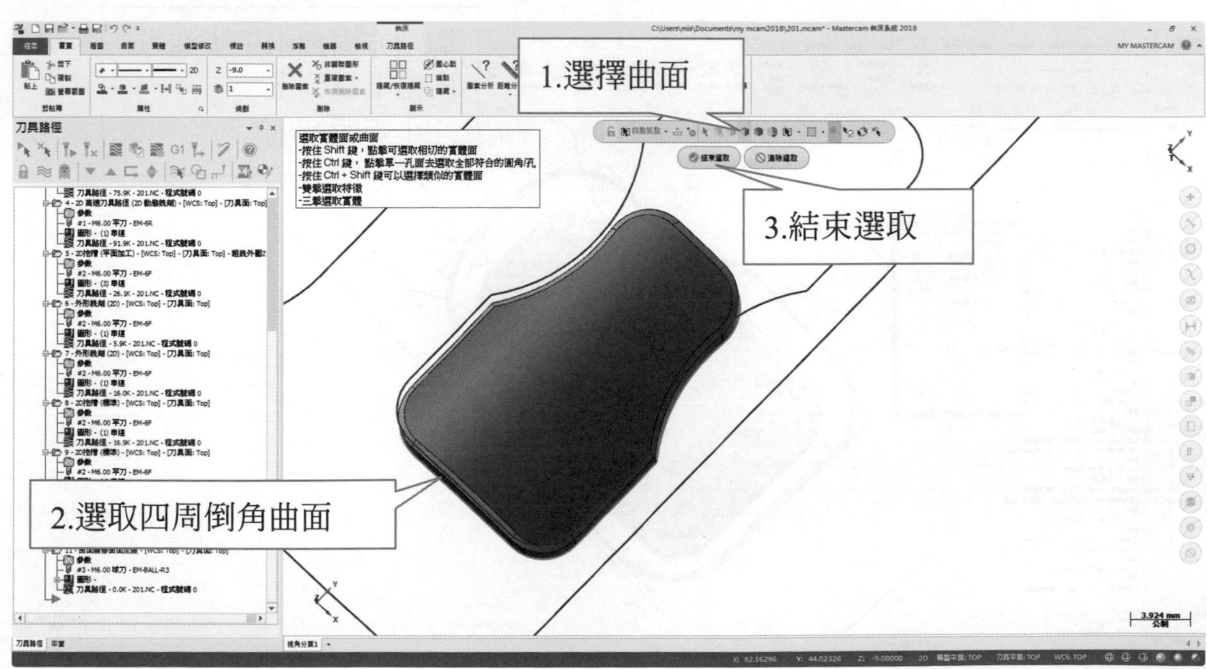

更改曲面流線

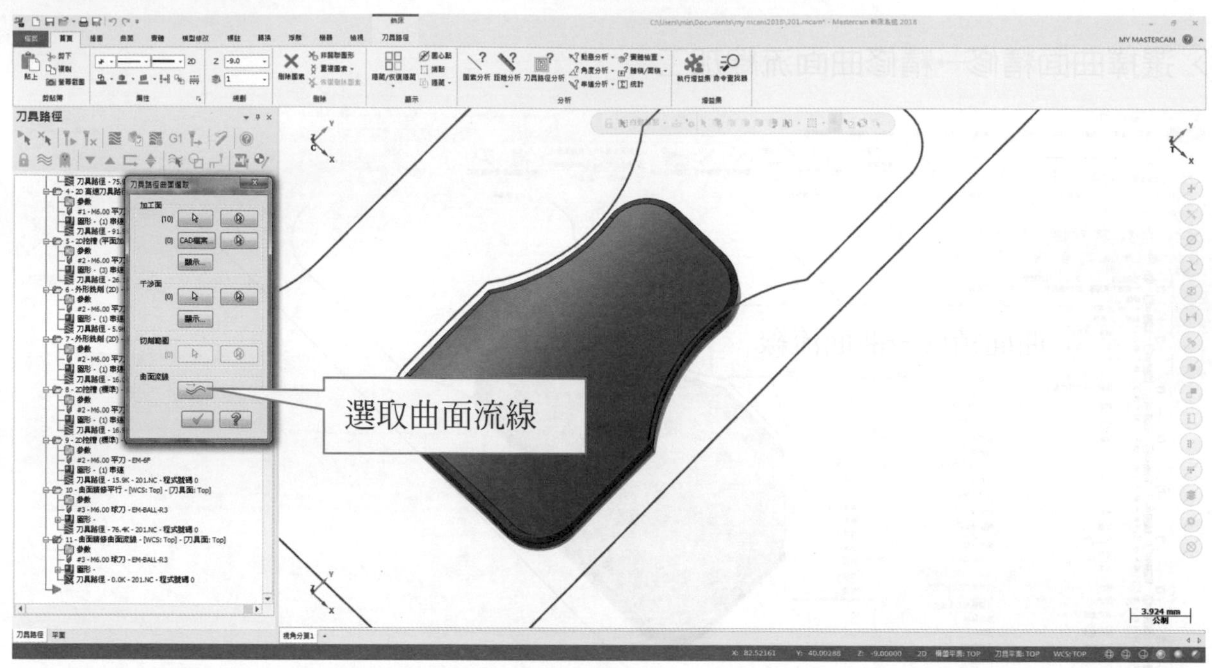

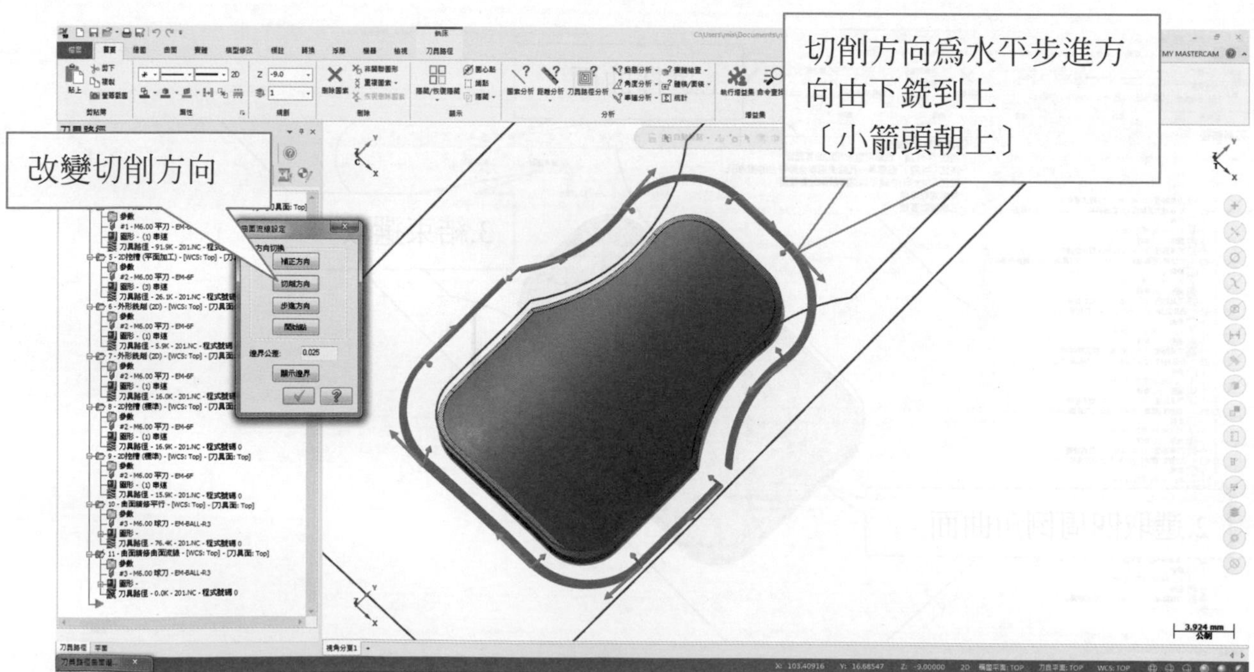

刀具→選擇球刀

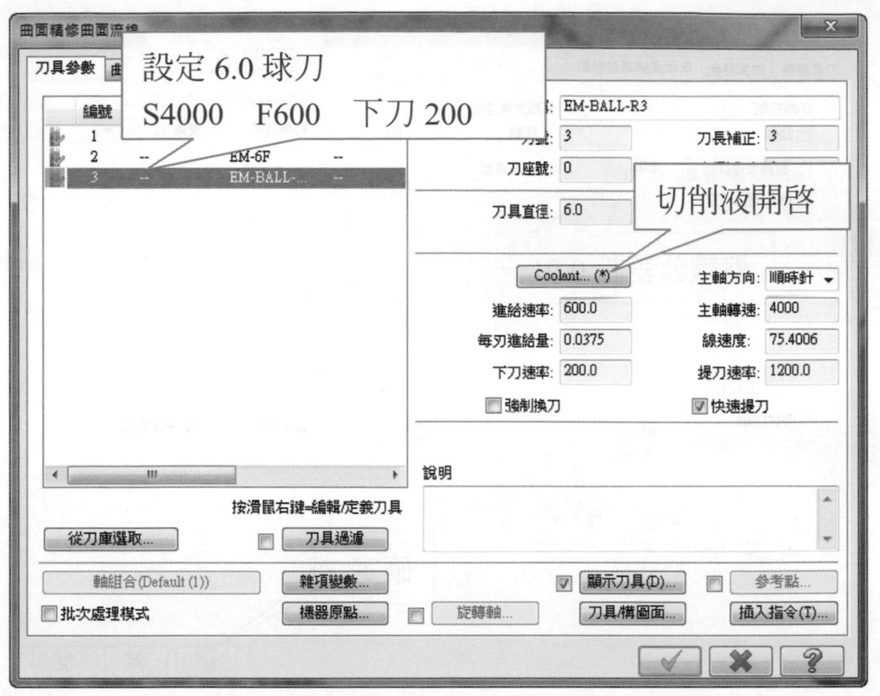

選擇曲面參數

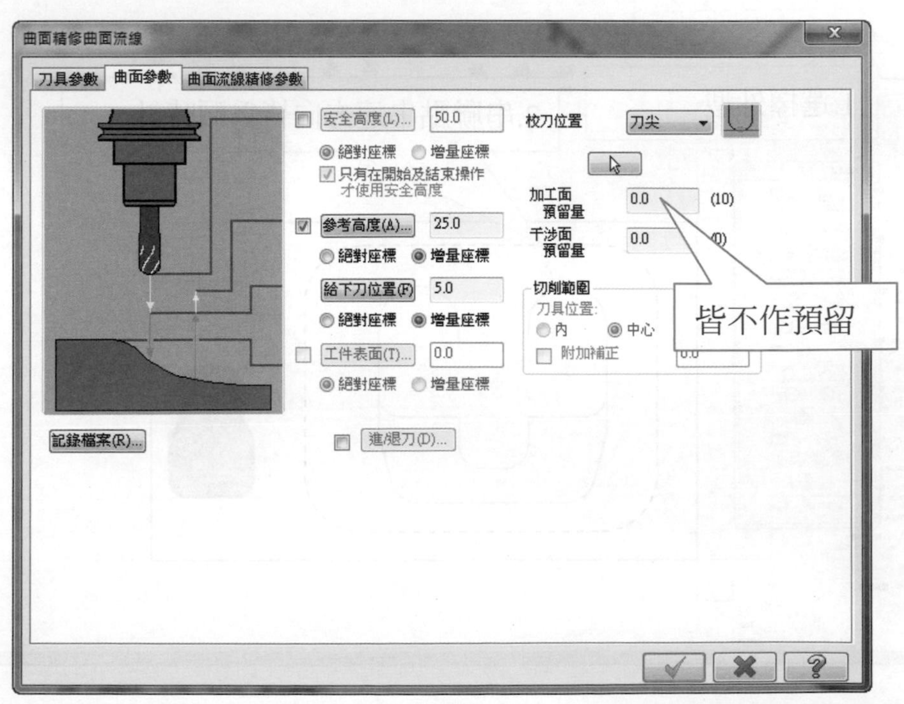

選擇曲面流線精修參數

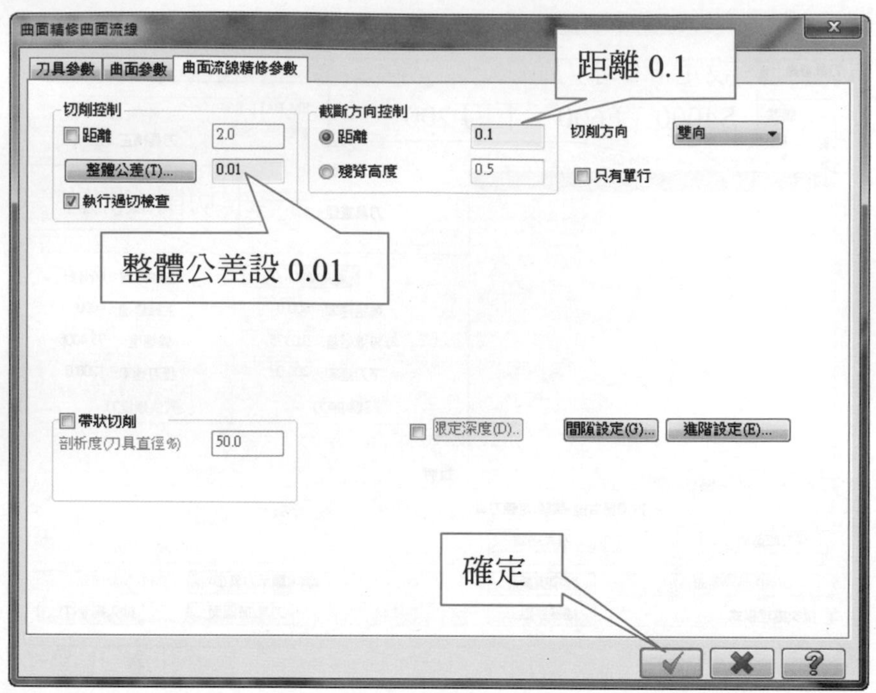

倒角刀ϕ12mm 倒角 1×45°C加工設定步驟

選擇外型

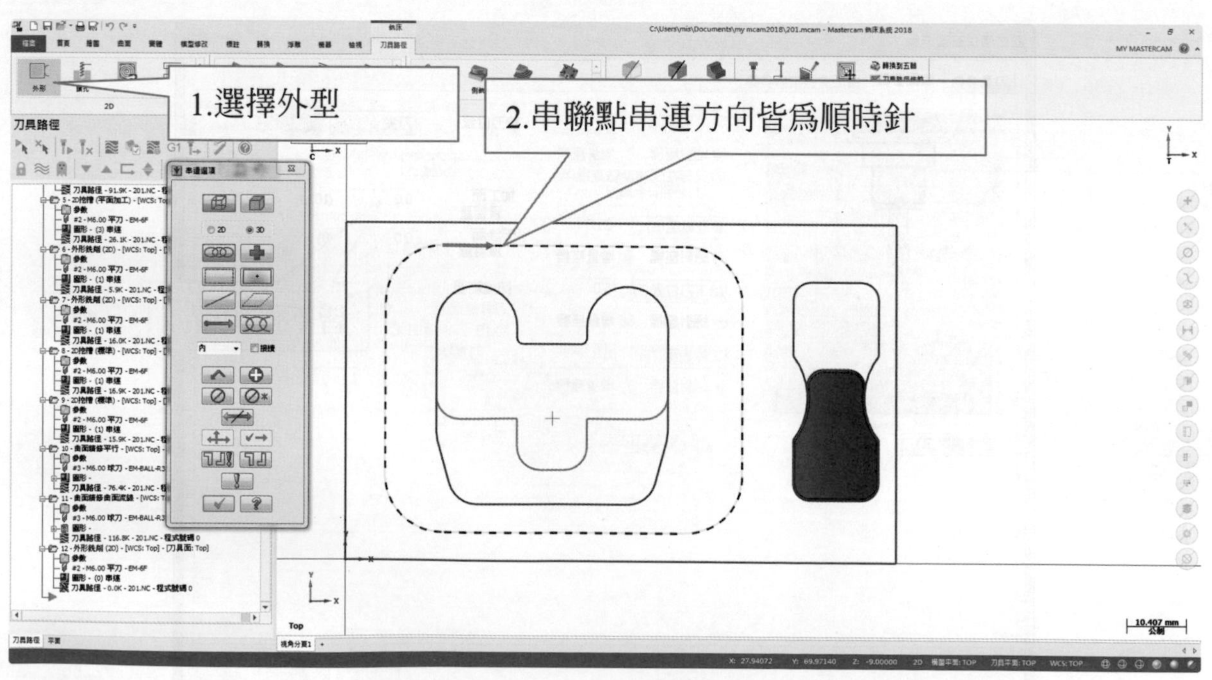

刀具→建立新刀具

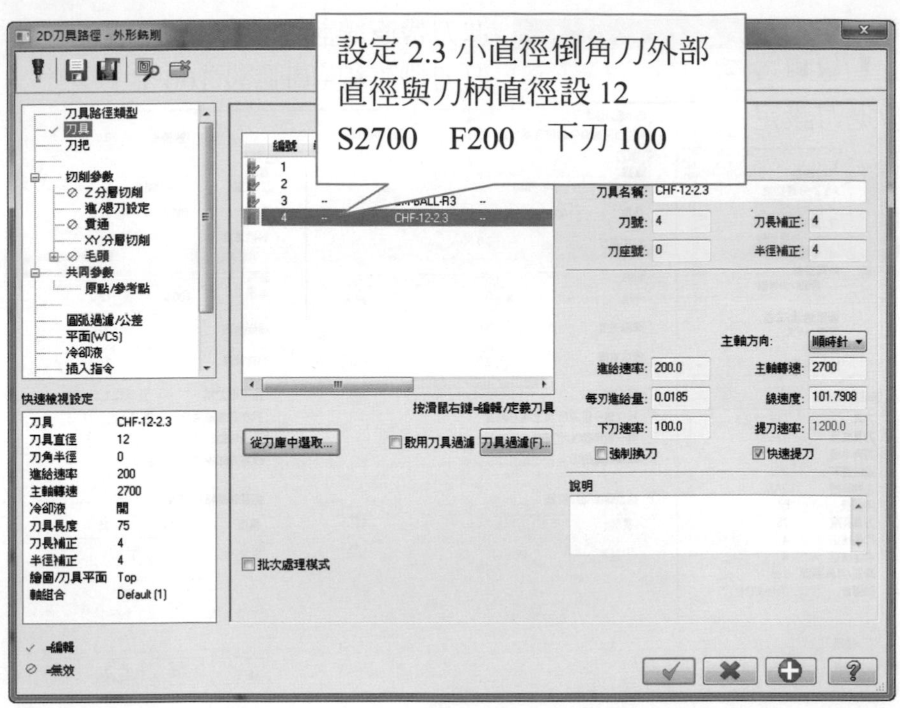

選擇切削參數

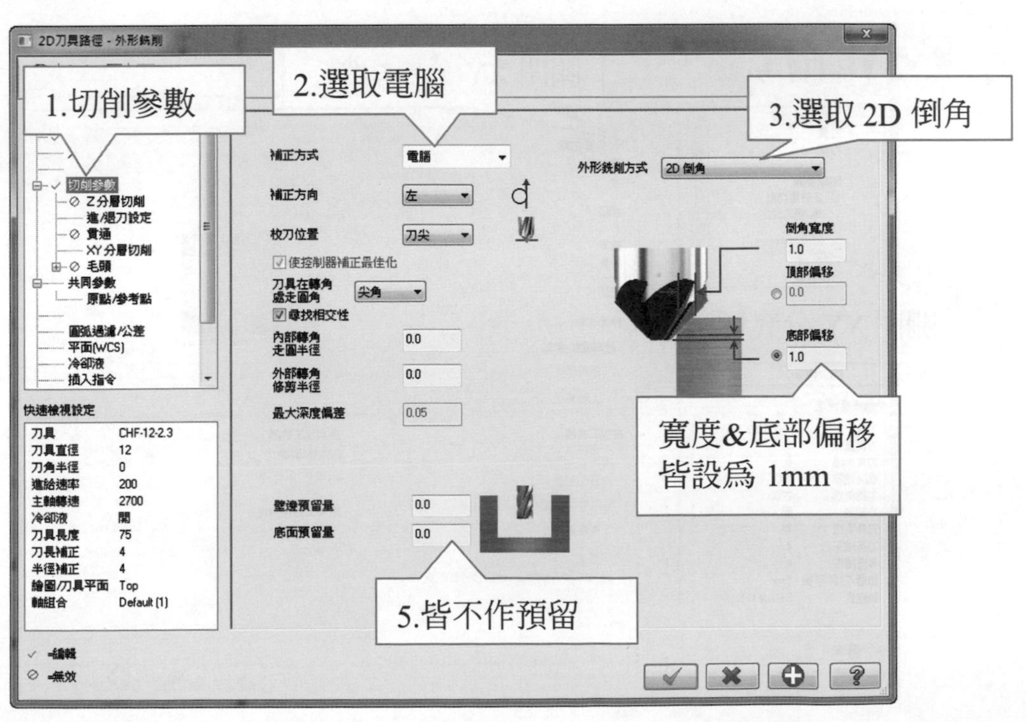

選擇進/退刀設定

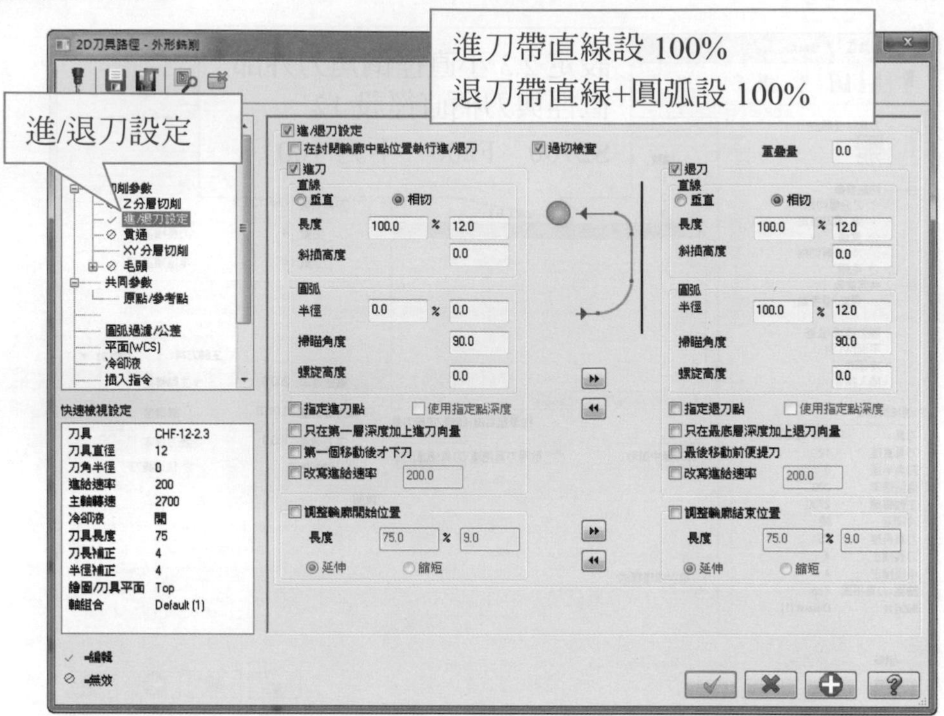

選擇關閉 XY 分層切削設定

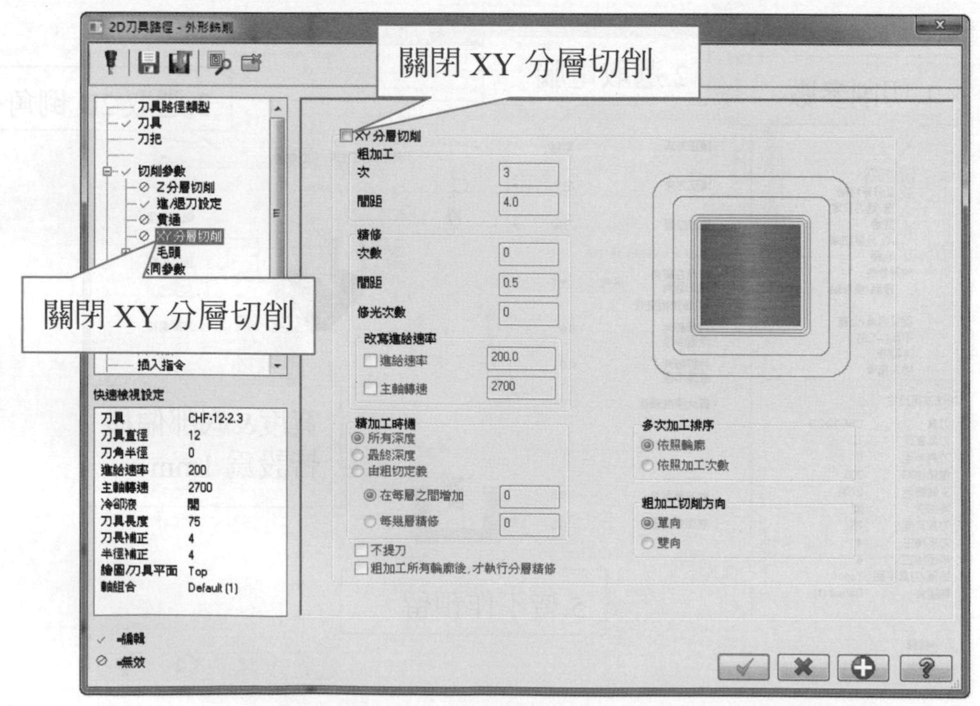

選擇共同參數

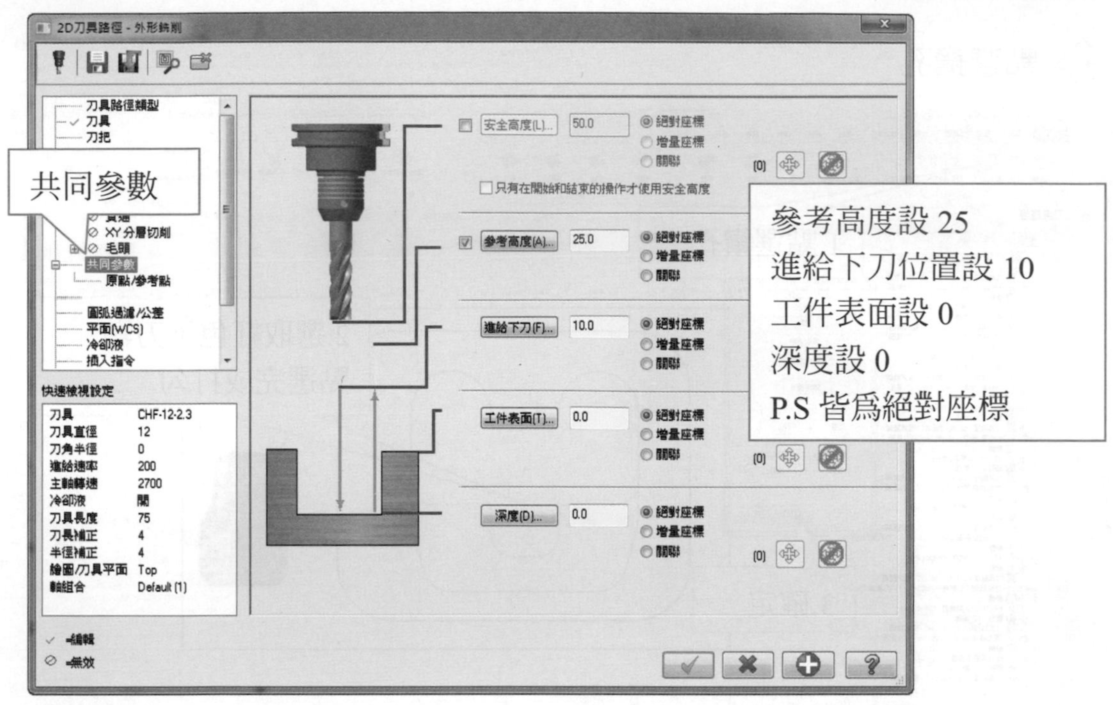

選擇冷卻液→ON 打開

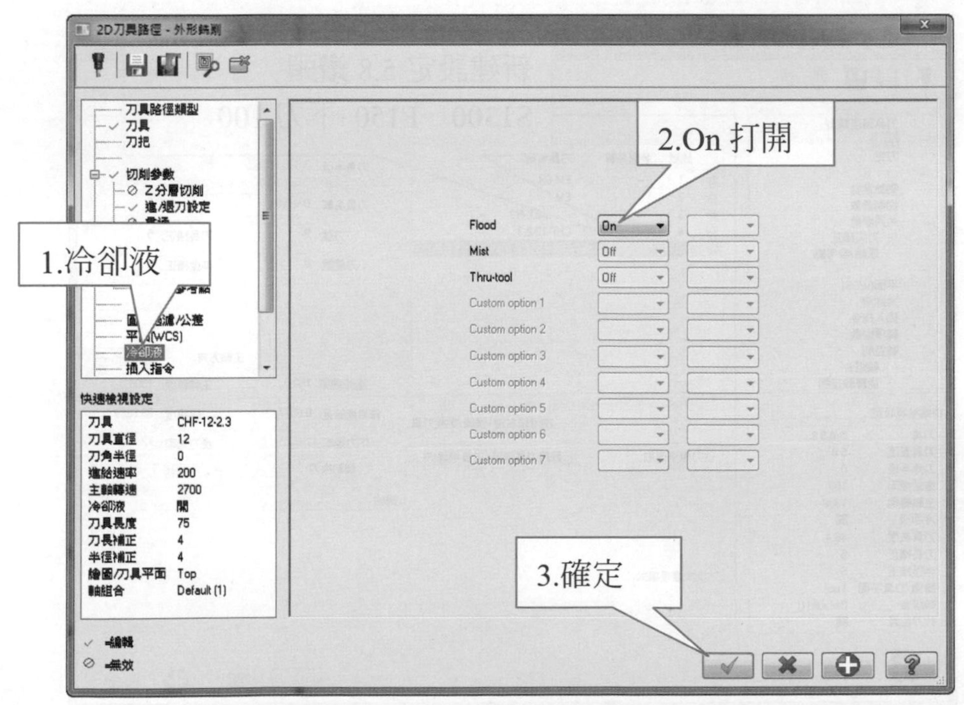

φ5.8 鑽頭加工設定步驟

點選鑽孔

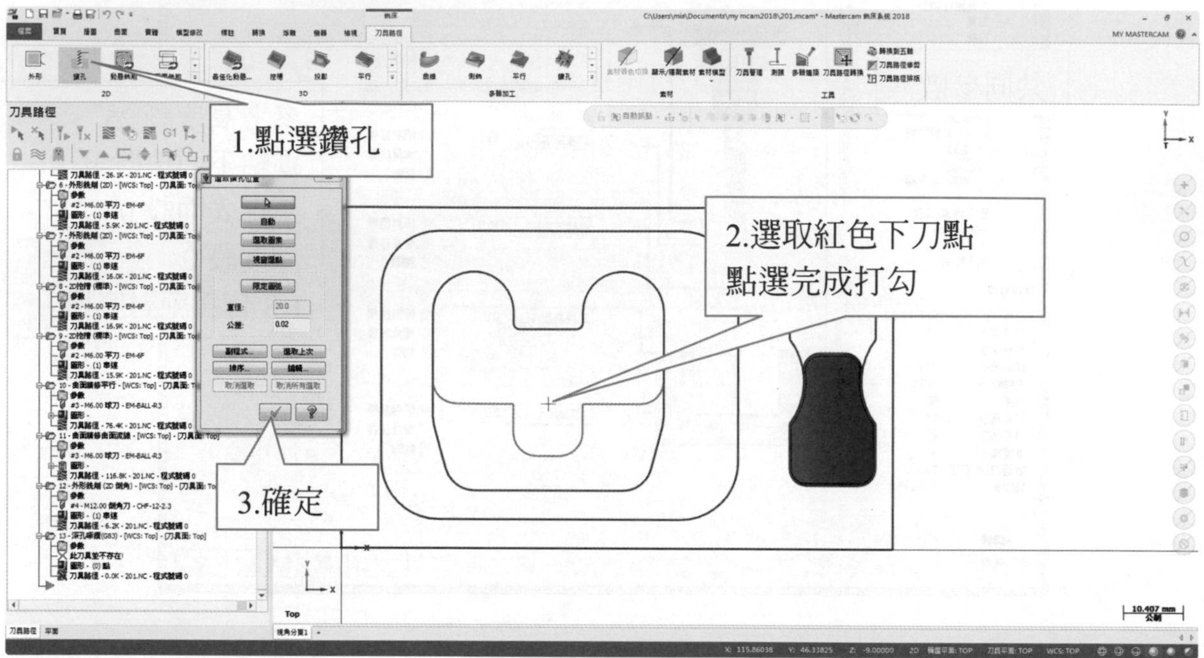

刀具→建立新刀具

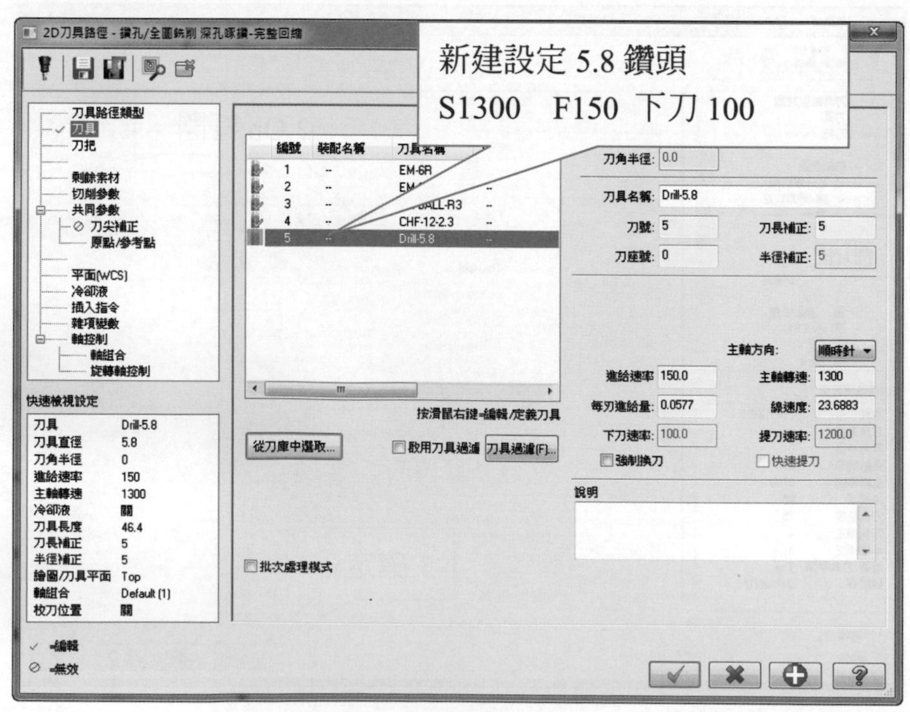

選擇切削參數→選擇 G83 深孔啄鑽

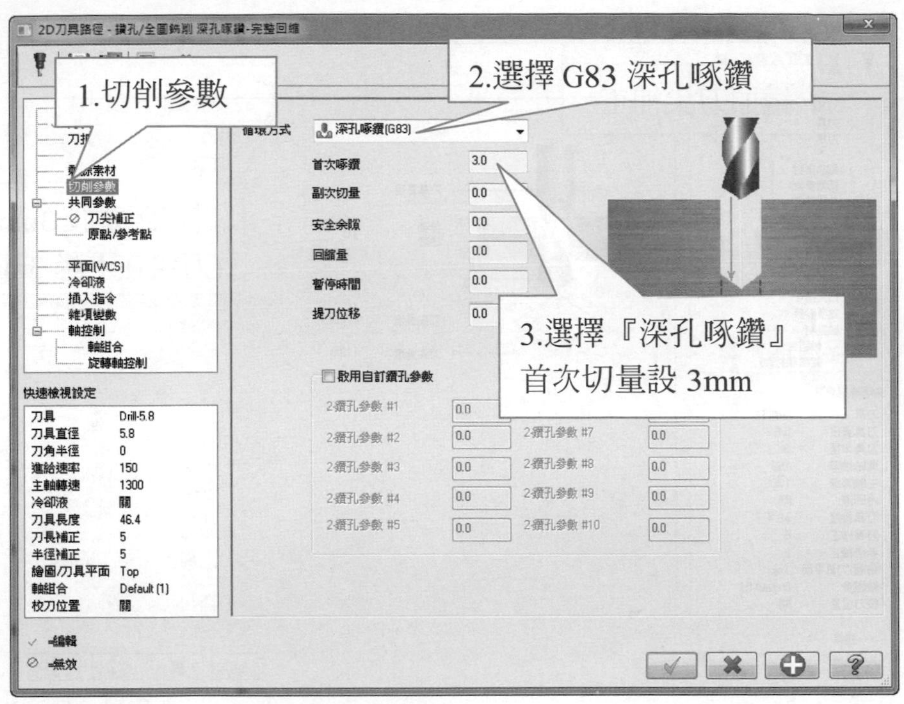

選擇共同參數

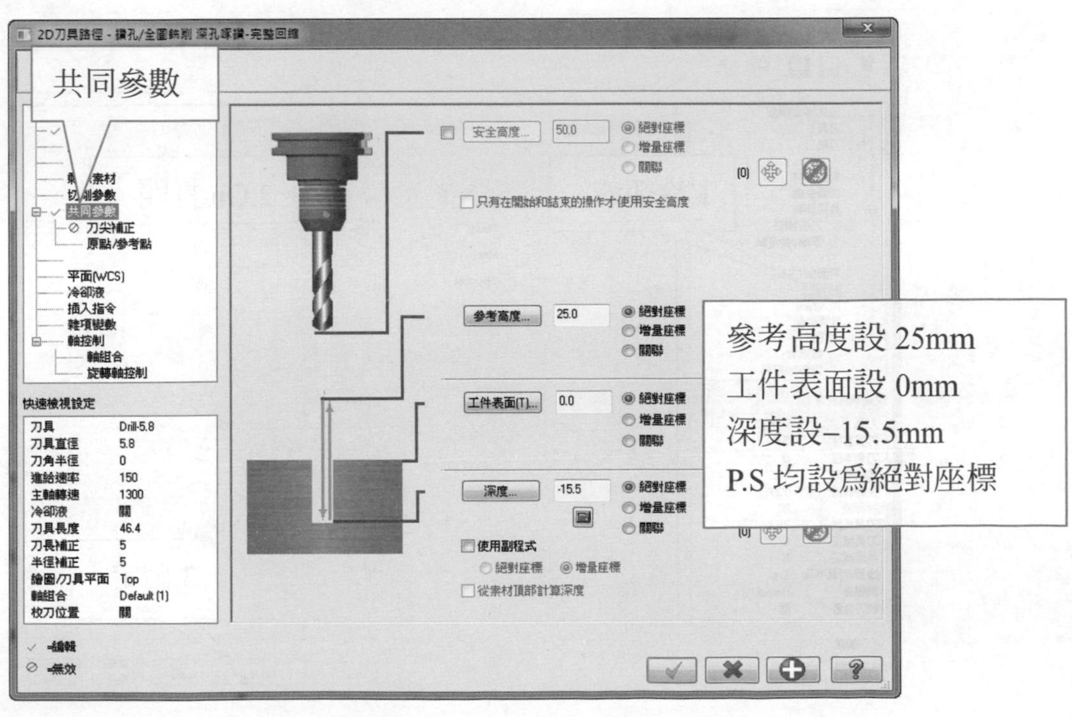

選擇鑽頭刀尖補正

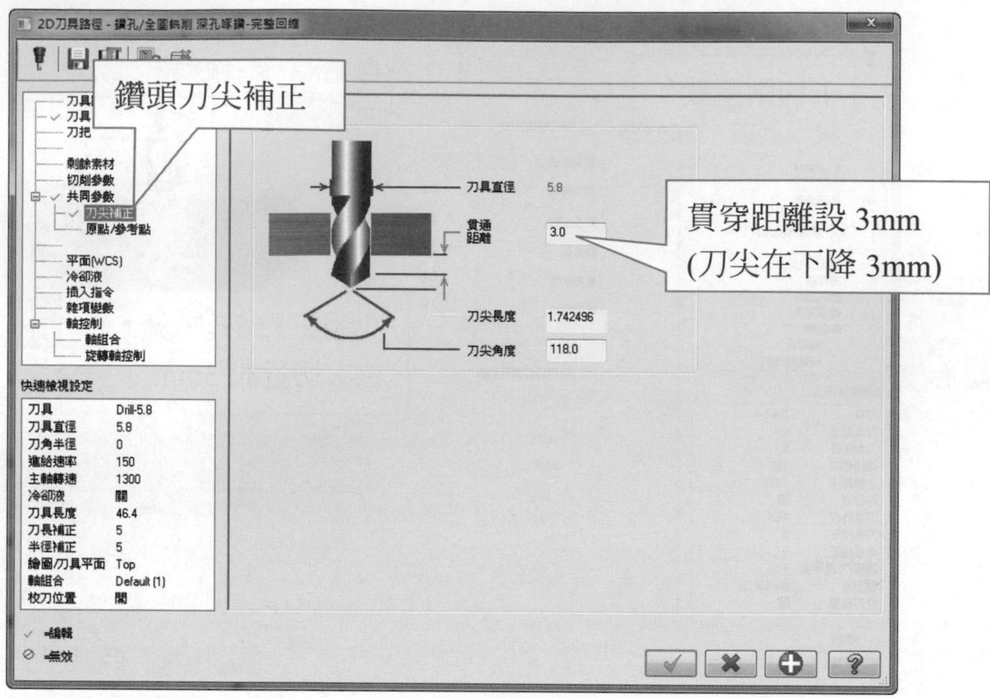

選擇冷卻液→ON 打開

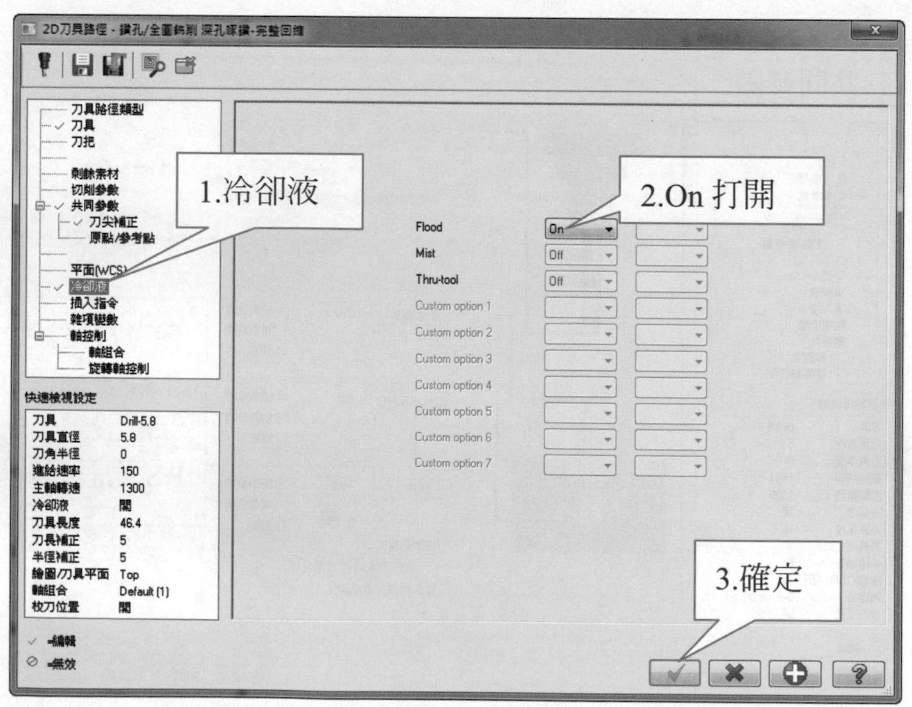

⟶ ϕ6H7 鉸孔加工設定步驟

⟶ 選擇鑽孔

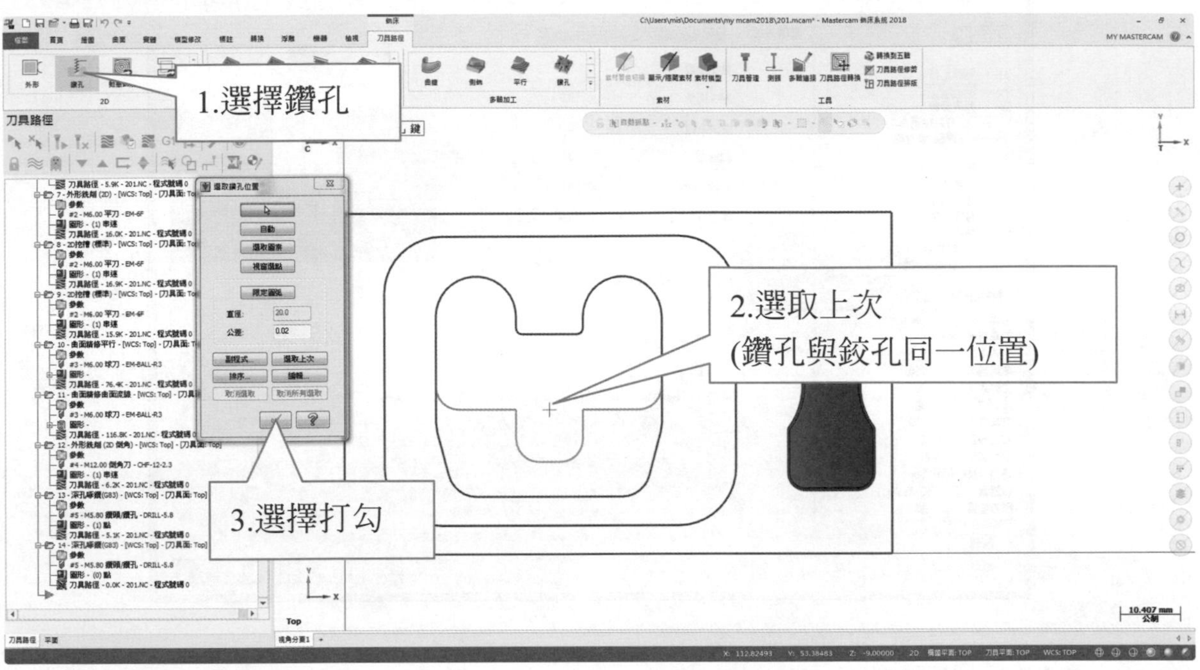

⟶ 刀具→建立新刀具→選擇鉸刀

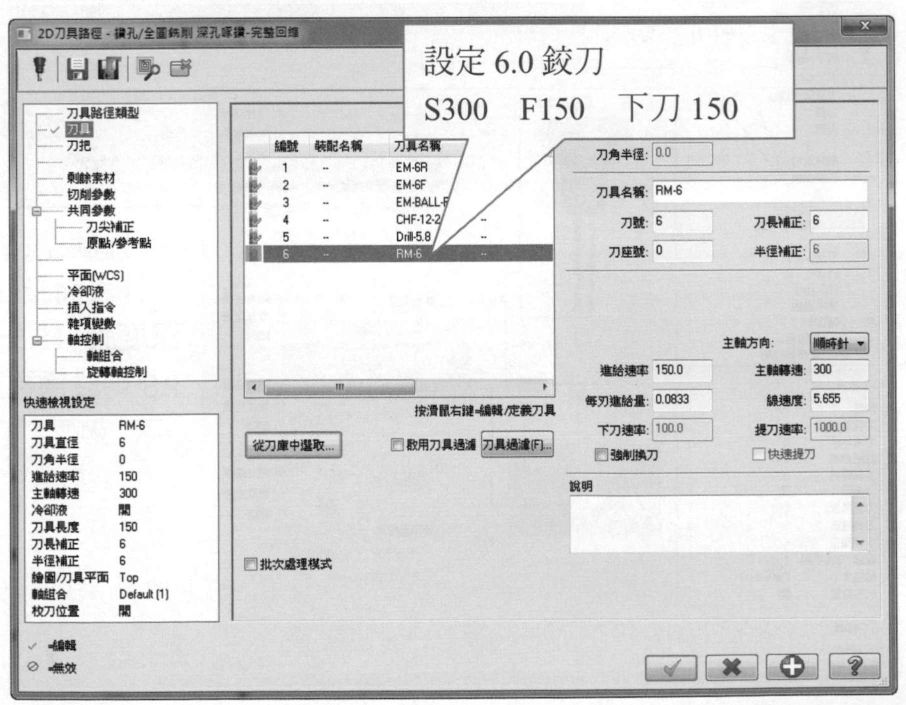

選擇切削參數→選擇鏜孔#1 為 G85 指令

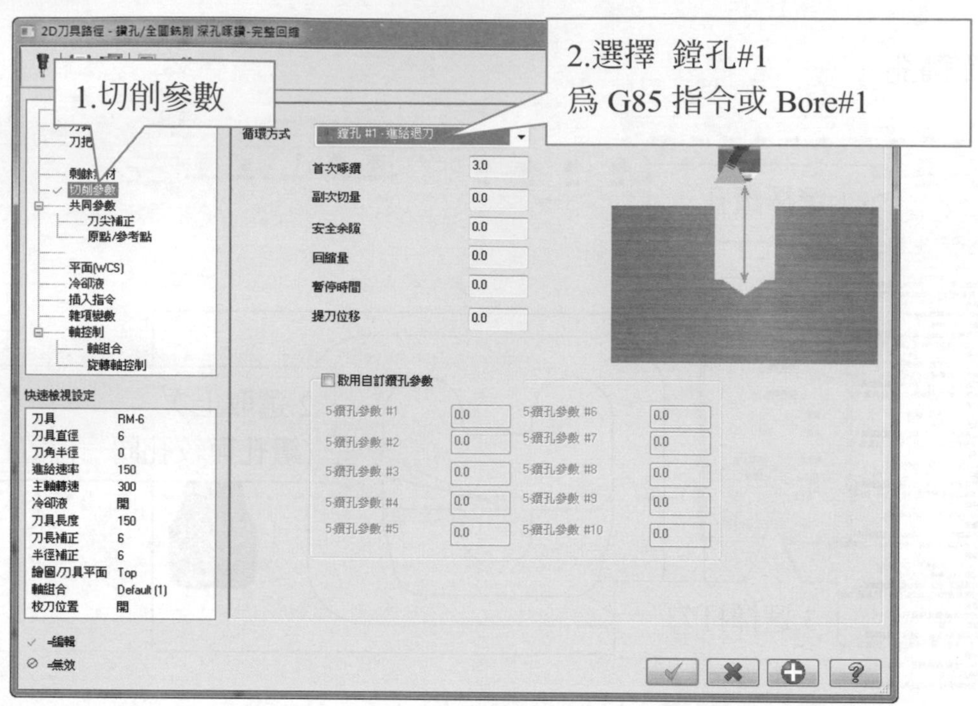

選擇共同參數

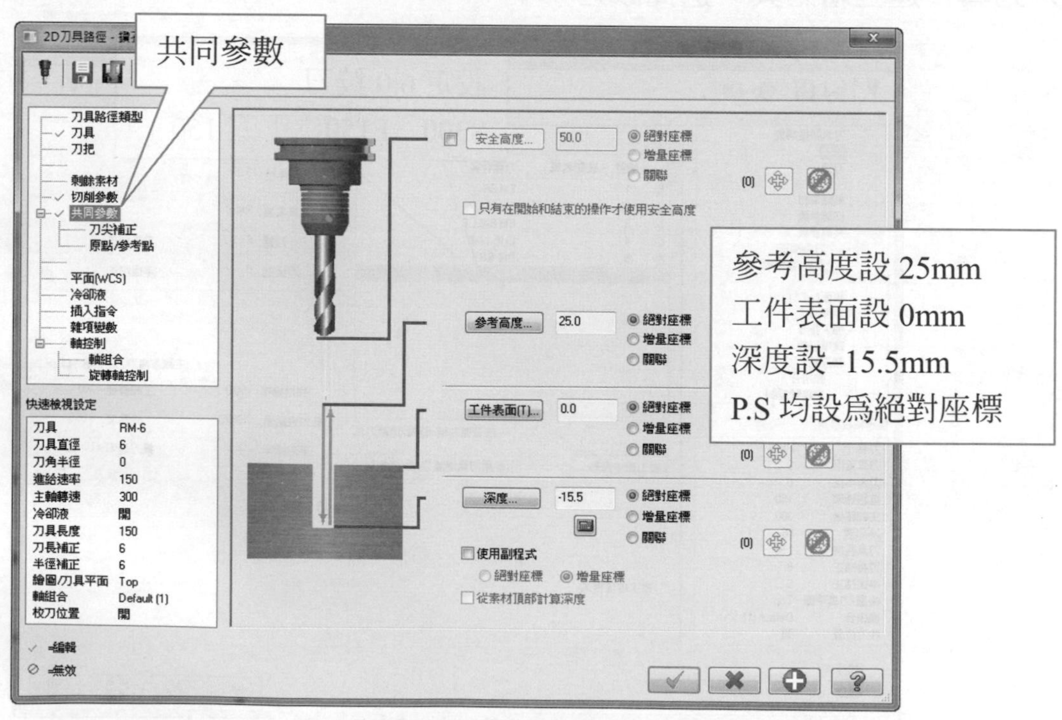

選擇鑽頭刀尖補正

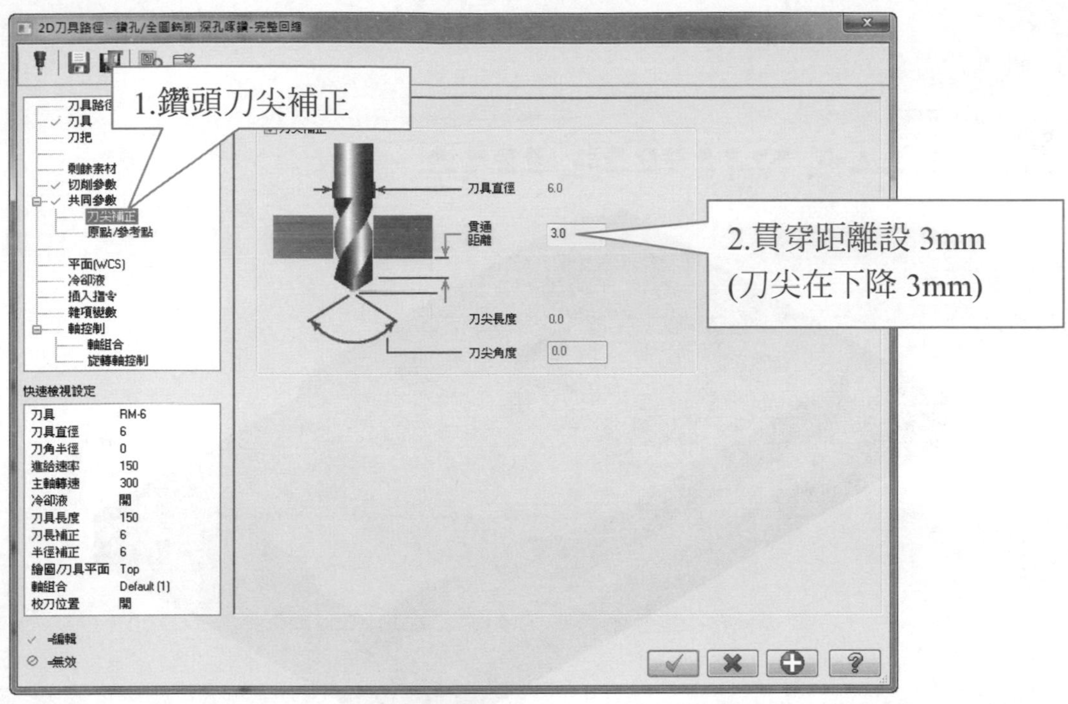

選擇冷卻液→ON 打開

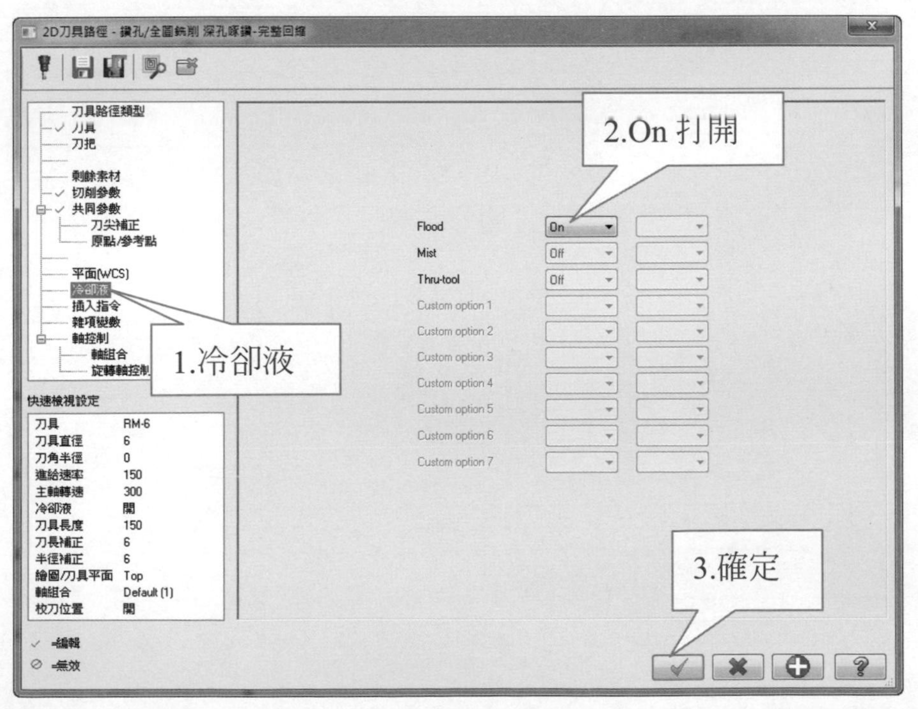

模擬結果無誤可轉出程式

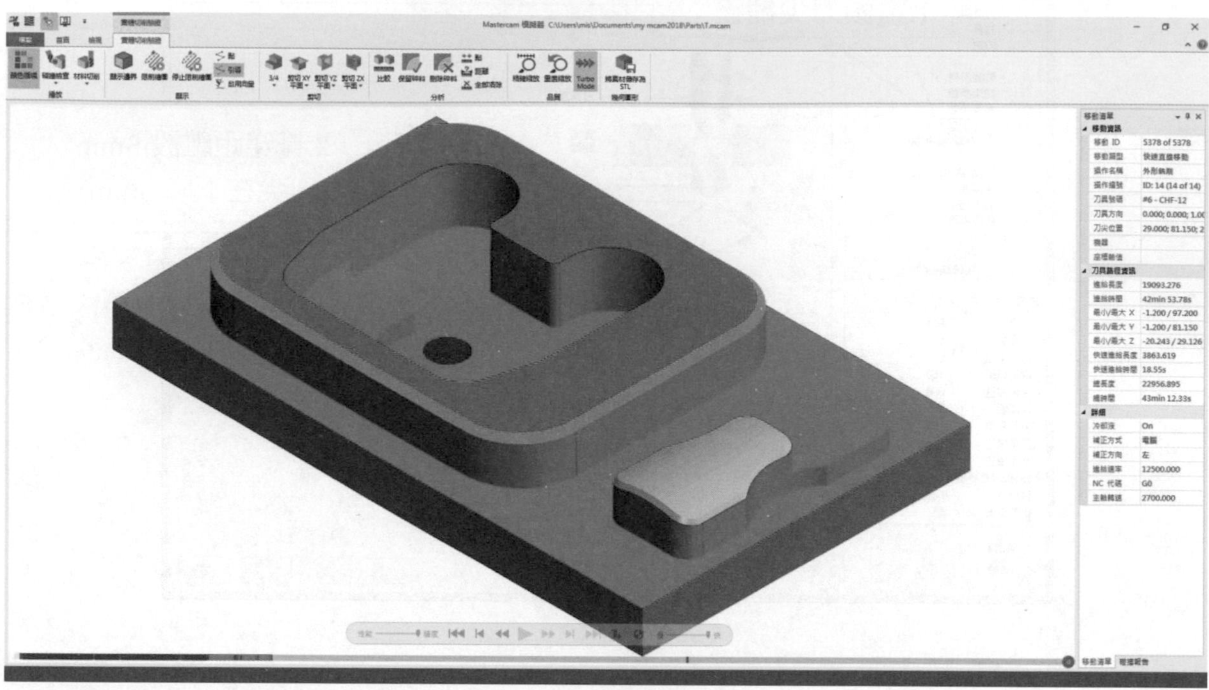

專業學科 題庫

工作項目 1 工件度量

一、單元專業知識

工作項目	技能種類	技能標準	相關知識
一、工件度量	(一) 度量內、外徑	1. 能使用游標卡尺(長度 150 公厘、精度 1/50)度量工件內、外徑時，其誤差不超出 0.02 公厘。 2. 能使用內徑分厘卡、三點式內徑分厘卡或缺徑規度量工件內徑時，其誤差不超出 0.01 公厘。	(1) 瞭解三角函數之應用。 (2) 瞭解正弦規配合塊規及量錶度量錐度之方法。
	(二) 度量長度	能使用游標卡尺(長度 150 公厘、精度 1/50)度量工件長度，誤差不超出 0.02 公厘。	
	(三) 度量圓弧	能正確使用半徑規或光學比測儀檢驗工件圓弧。	
	(四) 度量溝槽	能使用游標卡尺(長度 150 公厘、精度 1/50)度量工件溝槽，誤差不超出 0.02 公厘。	
	(五) 度量深度	1. 能使用游標卡尺及深度游標尺(長度 150 公厘、精度 1/50)度量工件深度，誤差不超出 0.02 公厘。 2. 能使用深度分厘卡度量工件深度，誤差不超出 0.02 公厘。	

單選題 答

( ) 1. 半徑規又名圓弧規，是測量工件之 ①直徑 ②弦長 ③弧長 ④圓弧。 (4)

解：半徑規如圖所示，形狀為片狀，是測量工件內、外圓弧半徑之規具。規片上所刻數字為圓弧半徑，使用後應擦拭保養後放進護套，避免生鏽、損毀。

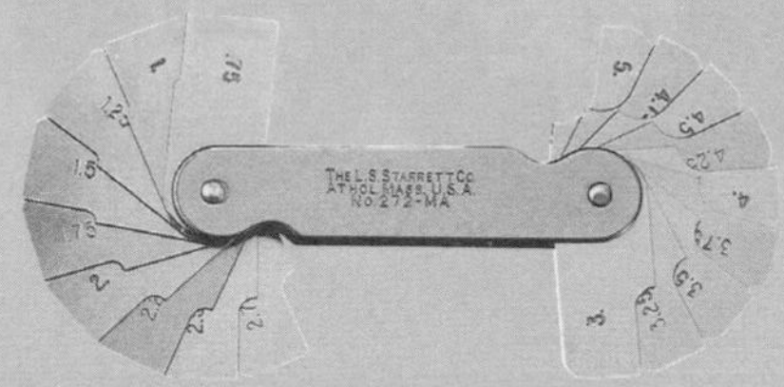

( ) 2. 半徑規之規片上所刻數字爲 ①弧長 ②弦長 ③半徑 ④直徑。 (3)

解：詳見第 1 題解析。

( ) 3. 半徑規用後應擦拭再放進護套，以防銹蝕、損毀，而影響其 ①直徑 ②弦長 ③圓弧 ④外觀 之準確性。 (3)

解：詳見第 1 題解析。

( ) 4. 半徑規之形狀爲 ①片狀 ②棒狀 ③環狀 ④卡鉗狀。 (1)

解：詳見第 1 題解析。

( ) 5. 半徑規之用途爲測量 ①內圓孔 ②內、外圓弧 ③斜面 ④錐度。 (2)

解：詳見第 1 題解析。

( ) 6. 齒厚分厘卡的原理與一般分厘卡 ①相似 ②相同 ③大同小異 ④完全不同。 (2)

解：又稱圓盤分厘卡，其測量原理與一般分厘卡相同，利用砧座與主軸量測面的圓盤形薄片進行量測，適用於量測鍵、肋、成形的刀刃與齒輪跨齒厚。

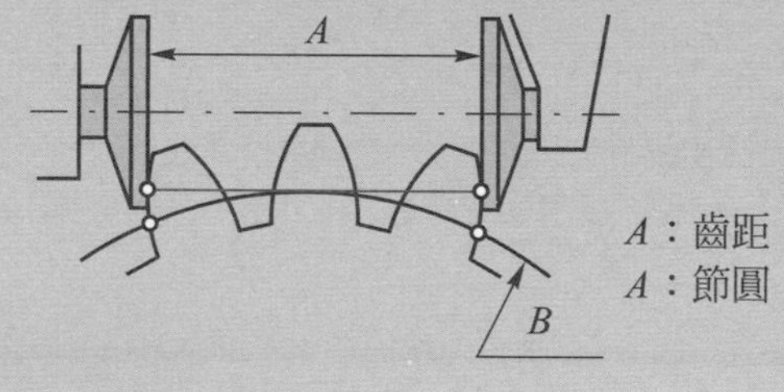

( ) 7. 齒厚分厘卡砧座與心軸前端各附有 ①圓盤 ②扁頭 ③尖頭 ④ V 形溝。 (1)

解：詳見第 6 題解析。

( ) 8. 齒厚分厘卡係測量正齒輪及螺旋齒輪之 ①跨齒厚 ②齒頂厚 ③齒寬厚 ④齒深。 (1)

解：詳見第 6 題解析。

( ) 9. 以齒厚分厘卡量測齒輪前，應擦拭 ①圓盤 ②齒面 ③軸孔 ④圓盤及齒面。 (4)

解：量測齒輪之前應先確保齒厚分厘卡之圓盤與所需量測之齒面是否清潔，以免影響量測結果，或造成分厘卡磨損。

( ) 10. 一般公制齒厚分厘卡之心軸螺紋節距爲 ① 0.1mm ② 0.2mm ③ 0.3mm ④ 0.5mm。 (4)

解：一般分厘卡其螺紋節距 P 為 0.5mm。

( ) 11. 以齒厚游標卡尺量測齒輪弦齒頂，其正確位置是要將水平游標卡尺的兩外測爪末端與 ①節圓 ②節圓弧頂 ③齒根 ④外圓弧 相接觸。 (1)

解：又稱齒輪游標卡尺，其水平游標是量測齒厚，垂直游標則是量測齒頂(齒冠)，此型游標卡尺量測時，先調整垂直尺，使其尺寸為齒頂高，並固定垂直尺，再利用水平游標卡尺量測齒厚，量測齒厚時須注意兩外測爪末端與節圓相接處，以免造成量測尺寸錯誤。(圖取自全華精密量測-許全守)

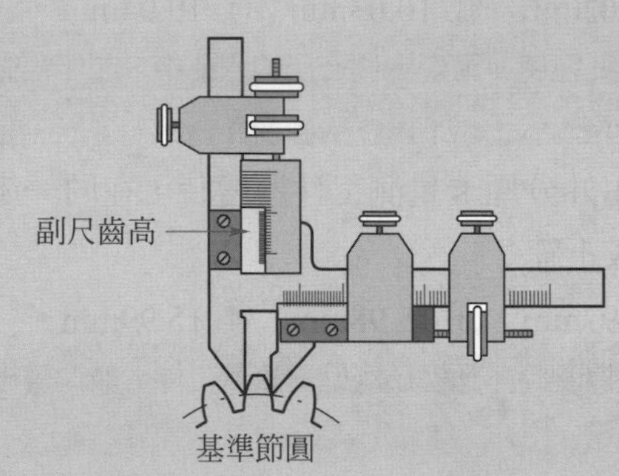

( ) 12. 利用齒厚游標卡尺可測量齒輪之 ①周節 ②線齒厚 ③齒深 ④模數。 (2)

解：詳見第 11 題解析。

( ) 13. 齒厚游標卡尺之使用，應先調整的尺寸爲 ①齒寬 ②齒厚 ③齒高 ④弦齒頂高。 (4)

解：詳見第 11 題解析。

( ) 14. 使用齒厚游標卡尺時，宜先作 ①水平游標尺 ②垂直游標尺 ③本尺 ④不必 調整。 (2)

解：詳見第 11 題解析。

( ) 15. 下列何者較不適用正弦規量測？ ①外圓小錐角 ②軸的錐度 ③小角度 ④內圓錐大徑。 (4)

解：正弦規是由長度量測間接求出角度的一種極精密的量具，一般以量測外部錐角為主

( ) 16. 下列何者不是塊規必備特性？ ①精確且穩定的尺寸值 ②膨脹係數很大 ③耐磨損 ④測量面需光平如鏡。 (2)

塊規的特性：

1. 尺寸精確
2. 不因時間而發生變化
3. 耐磨性佳
4. 熱膨脹係數低

( ) 17. 下列何種塊規的使用方法不正確？ ①防止灰塵污染 ②定期塗防銹油 ③須靠近熱源 ④防止磨損。 (3)

解：塊規須避免接觸熱源(如手部接觸)，以防止熱量傳至塊規引起誤差。

( ) 18. 外徑尺寸爲 Ø15±0.01 的工件，應使用何種量具量測 ①鋼尺 ②內分厘卡 ③外分厘卡 ④外卡尺和鋼尺。 (3)

解：外徑尺寸可採用測量精度為 0.01mm 的外分厘卡。

( ) 19. 現場使用的塊規，一般爲 ① AA 級 ② A 級 ③ B 或 C 級 ④ D 級。 (3)

解：塊規一般分為四級，AA 級(參考級)、A 級(校正級)，皆用於測定高精度的實驗室中，而 B 級與 C 級用於現場檢驗量具或劃線之用。

(　) 20. 正弦規配合塊規的量測角度範圍，一般在 (1)
①45 度 ②60 度 ③75 度 ④80 度 以下。

解：正弦規測量角度之精確度隨角度的增加而降低，建議以 45 度以下量測最佳。

(　) 21. 以正確操作方法使用內分厘卡量測工件內孔直徑時，在中心面上量測四次的尺寸分別如下，則宜採用何值較正確？ (4)
①10.01mm ②10.02mm ③10.03mm ④10.04mm。

解：使用內分厘卡度量孔徑時，應使內側砧座伸入孔中，並作輕微搖動，求取對應點後度量其尺寸以最大值為正確。

(　) 22. 以正確操作方法使用外分厘卡量測工件厚度時，在同一處量測四次的尺寸分別如下，則宜採用何值較正確？ (1)
①15.96mm ②15.97mm ③15.98mm ④15.99mm。

解：使用外分厘卡度量厚度時，應使砧座確實接觸工件，並作輕微搖動，求取對應點後度量其尺寸以最小值為正確。

(　) 23. 下列何者不利於分厘卡的精度維護？ ①隨時保持乾淨 ②遠離熱源及日光直射 ③不使用時砧座面與主軸面保持接觸 ④使用中避免碰撞及掉落。 (3)

解：分厘卡不用時，砧座與主軸面間要保持 2～3mm 的距離，不得扣緊。

(　) 24. 常用公制分厘卡之外套筒的等分數是 ①10 ②25 ③50 ④100。 (3)

解：一般分厘卡螺紋節距 P = 0.5mm，其外套筒圓周又分為 50 等分。

(　) 25. 圖面上標有 6.3a 加工符號表示 ①精加工 ②細加工 ③粗加工 ④不加工面。 (2)

解：2.5a～6.3a 為細加工，由視覺可分辨出有模糊之刀痕。

(　) 26. 使用游標卡尺直接測量兩孔中心距離時，選用何種測爪形狀較適宜？ (4)
①圓棒形 ②長方體形 ③球形 ④圓錐形。

解：孔距游標卡尺，其兩測爪均為圓錐狀。凡孔徑在 1.5～10mm，中心距離 10mm 之孔，均可量測同平面或不同平面兩孔中心間之距離，亦可量測端面到圓孔中心的距離。

(　) 27. 使用一般游標卡尺無法直接量測的是 ①錐度 ②內徑 ③深度 ④階段差。 (1)

解：錐度量測可採用 1. 分厘卡＋塊規＋標準圓棒＋平板量測法，2. 正弦桿＋塊規＋量錶＋平板量測法，3. 錐度標準環規量測法，並無法使用一般游標卡尺進行量測。

(　) 28. 下列何者較不適用於量測圓弧？ (3)
①光學比較儀 ②圓弧規 ③角度規 ④三次元量床。

解：萬能角度尺又叫角度規、游標角度尺，它是利用游標讀數原理來直接測量工件角或進行劃線的一種角度量具，較不適用於量測圓弧。

(　) 29. 精密高度規之固定尺的最小刻度為 ①0.05mm ②0.5mm ③5mm ④50mm。 (3)

解：精密高度規其最下端有一固定 5mm 之塊規，當利用此測量塊規的上面時，就能測量 5mm 最小的高度。

(　) 30. 取游標卡尺的本尺 n 格，在游尺上等分 n＋1 格，則可讀取的最小讀數為 (3)
①1/(n−1) ②1/n ③1/(n＋1) ④1/(n＋2)。

(　) 31. 通常利用光學平鏡來檢驗工件之 ①垂直度 ②平面度 ③平行度 ④真圓度。 (2)

解：目前檢查平行度最常用的檢查方式為光學平鏡，利用氦氣燈檢驗時，其偏差量為 0.294μm。

( )32. 雷射干涉儀無法檢查 CNC 銑床之 (4)
①螺桿節距 ②垂直水平 ③平面度 ④工件加工精度。

解：雷射干涉儀常用於檢測高精密的零件或檢測水平度以及平面度。

( )33. 下圖分厘卡量測時，其讀値爲 (4)
① 12.41mm
② 8.41mm
③ 11.41mm
④ 7.89mm。

解：其讀值為

襯筒上方：7mm	襯筒下方：0.5mm
套　筒：0.39mm	其讀值為：7.89mm

( )34. 使用缸徑規量測內孔四次時一支測爪不動，另一支測爪沿著中心軸方向微動，尺寸分別如下，則宜採用何值較正確？ (1)
① 10.01mm ② 10.02mm ③ 10.03mm ④ 10.04mm。

解：使用缸徑規度量孔徑時，應使測爪確實接觸工件，並作輕微搖動，求取對應點後度量其尺寸以最小值為正確。

( )35. 常用公制內分厘卡之外套筒的等分格數是 ① 10 ② 25 ③ 50 ④ 100。 (3)

解：一般分厘卡螺紋節距 P = 0.5mm，其外套筒圓周又分為 50 等分。

複選題

( )36. 下列何者較不適用於量測鉸刀與端銑刀之刀具直徑？ (123)
①針型分厘卡 ②深度分厘卡 ③溝槽分厘卡 ④ V 溝分厘卡。

解：V 溝分厘卡係利用三個量測的面接觸，以測其奇數刀刃的鉸刀、螺絲攻、端銑刀與栓槽等直徑。

( )37. 下列水平儀應用之敘述，何者正確？ ①可選用氣泡式與電子式 ②適用於大角度的量測 ③可用於檢驗機械的真平度 ④可用於量測平台的真直度。 (134)

解：水平儀係用來檢驗平板及安裝機械放置水平面的真平度或做為角度測定器等使用，管內除裝少許空氣外還包含酒精與乙醚，常用於大角度之量測。

( )38. 正弦桿之兩個圓柱，因其半徑不相等所造成之角度量測誤差，不可能之原因爲 (123)
①量具設計誤差 ②量具功能誤差 ③量具調整誤差 ④量具製造誤差。

( )39. 下列何者量測同類型的工件物理量均相同？ (123)
①萬能量角器 ②自動準直儀 ③正弦桿 ④雷射測距儀。

解：雷射測距儀是一種利用雷射束測定距離的儀器。

( )40. 角度塊規之下列操作敘述，何者不正確？ (234)
①組合操作方法類似於長度塊規 ②正向組合之角度應相減
③負向組合之角度應相加 ④可用來進行角度之直接量測。

解：角度塊規的組合係採用相加的角度密接法，可由正向相加，反向相減的原則進行角度堆疊。

( )41. 下列何者爲組合角尺的構件？ ①樣規 ②中心規 ③直角規 ④量角器。 (234)

解：組合角尺是由直尺、直角規、中心規及角度規所組成，各組構件的功能如下：

直角規：可配合直角、深度、高度、水平與劃線等量測工作。

中心規：可搭配直尺在圓面或對稱物上求中心線。

角度規：可搭配直尺作角度量測或劃線工作。

直 尺：可直接量測長度或配合測頭作量測。

( )42. 應用精密電子高度規之敘述，下列何者正確？ ①可裝設線性編碼器及微處理器以改善量測功能 ②可量測工件高度與眞圓度 ③可在基座加裝空氣軸承以利高度規移動 ④可連接電腦以進行量測數據之統計分析。 (134)

解：精密電子高度規可獲得精確高度尺寸，配合電子讀數，能發揮更高的測量效率。

( )43. 下列量具，何者用來比對輪廓？ ①半徑規 ②螺紋節距規 ③塊規 ④齒形規。 (124)

解：塊規使用於量具的檢驗或尺寸的量測，並無法用於輪廓比對。

( )44. 應用光學投影機量測之敘述，下列何者不正確？ ①使用玻璃刻度尺並無法測得其倍率 ②放大倍率爲投影鏡頭放大倍率 ③角度量測值係其數字顯示器上之讀數除以光學放大倍率 ④總放大倍率爲投影鏡頭放大倍率加投影幕之放大倍率。 (134)

解：1. 使用玻璃刻度尺測量，其實際尺寸可由投影幕上讀尺直接測量之長度除以投影放大倍數。

2. 角度測量可由兩次量角投影幕指示的角度讀數給予相減，所得之差量即為工件真正的角度。

( )45. 表示表面粗糙度的符號有 Ra、Rmax、Rz，此三種粗糙度間之關係爲 (34)

① Ra≒Rmax ② Rmax > Rz ③ Rz > Ra ④ Rmax≒4Ra。

解：舊制粗糙度定義為 4Ra = Rmax = Rz。

( )46. 有關量測工件表面粗糙度之敘述，下列何者正確？ ①探針移動方向應與刀痕方向平行 ②表面粗糙度曲線是指斷面曲線的高頻部分 ③表面粗糙度值與基準長度無關 ④不同的表面輪廓可能會有相同的 Ra 值。 (24)

解：量測工件表面粗糙度時為消除所謂波紋成份，通常是使用電子高頻濾波器，量測時其探針移動方向須與刀痕方向垂直，而在測量時需在斷面曲線上選取一定長度作為求取粗糙度的範圍，即稱為基準長度

( )47. 常配合使用於正弦桿以量測工件角度的裝置爲 (234)

①直角規 ②平板 ③塊規 ④指示量錶。

解：正弦桿量測角度時須搭配，平板、塊規與量錶，檢驗讀數，即知角度是否符合所需。

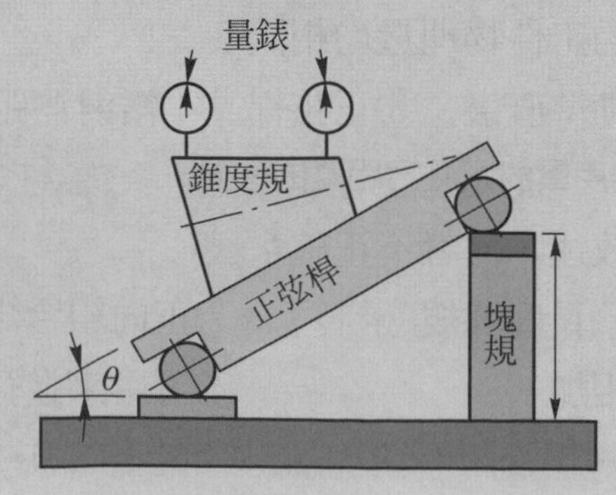

工作項目② 傳統銑床、CNC 銑床

－基本操作及 CNC 銑床－程式製作、週邊設備操作

一、單元專業知識

工作項目	技能種類	技能標準	相關知識
二、傳統銑床、CNC 銑床－基本操作及 CNC 銑床－程式製作、週邊設備操作	CNC 銑床基本操作	能將機械控制面盤上之按鈕逐一了解其功能與操作方式。	
	控制功能面盤之操作	顯示各種操作機能知畫面資料，需了解各按鍵所表示之功能。	
	程式製作	依加工需要製作 2.5 D 輪廓銑削程式。 能依加工需要製作刀具補正程	(1) 瞭解幾何圖形中斜線及斜線與交點計算。 (2) 瞭解刀具規格及位置補正關係。 (3) 瞭解電腦輔助程式製作基本應用。
	週邊設備操作	能使用銑削路徑模擬設備。 能使用銑削路徑模擬設備檢查及修改程式。 能將程式儲存於記憶系統內。	(1) 瞭解銑削路徑模擬設備機能、意義及使用。 (2) 瞭解各種刀具及銑削路徑關係。

單選題 **答**

( ) 1. "A"型銑刀軸，桿端可直接套於支架的 ①鋁 ②銅 ③鋅 ④鉛 合金軸承內。 (2)

解：銑刀軸形式分為三大類：其說明如下，A 型刀軸桿直接裝入固定架銅合金軸承內。B 型軸上具有軸承環固定，可進行重加工。C 型又叫套殼銑刀用以裝套殼端銑刀。

( ) 2. 銑刀軸上的軸承環與間隔環不同處，在於前者較後者 (1)
①外徑大 ②外徑小 ③孔徑大 ④孔徑小。

解：銑刀軸之軸承環，配於支持架軸承，在銑削時可獲得更大的支持力，而有間隔環，用以裝置銑刀時保持於一定位置或間隔兩片銑刀之間的距離，常為 B 形式銑刀軸，一般而言其軸承環直徑大於間隔環。

( ) 3. 銑削中，何者與振動無關？ (4)
①切削太深 ②進刀速度太快 ③虎鉗沒有固定 ④主軸垂直度不良。

解：銑床主軸垂直度不佳，會造成銑削過後的工件尺寸產生誤差。

( ) 4. 銑床規格主要以 ①銑刀最大直徑 ②工作台移動距離 ③心軸孔之大小 ④工作台寬度 來表示。 (2)

解：以下為四種常用銑床規格表示法
1. 床台縱向(左右)移動距離(最常用) 2. 床台縱向及上下最大移動距離
3. 主軸直徑表示法 4. 電動機輸出功率

( ) 5. 蝸桿與蝸輪常用於 ①兩平行軸 ②成 45 度之相交軸 ③成 90 度之不平行又不相交兩軸 ④成 45 度之不平行又不相交兩軸。 (3)

解：蝸桿與蝸輪常用於連接不平行且不相交之兩軸，常用於高減速比的減速機構

( ) 6. 銑床工作台上下、左右、前後移動的鬆緊度，一般是利用下列何種機件調整？ (3)
①銷 ②鍵 ③嵌條 ④齒輪。

解：床台鬆緊度之調整是藉由調整螺絲與嵌條，配合至適當緊度，使床台的移動可以圓滑平順。

( ) 7. 如果進刀刻度與工件眞正被切削的量不符時，最主要的因素爲 (4)
①銑削速度不正確 ②面銑刀鬆動 ③工件鬆動 ④進刀刻度環鬆動。

解：進刀刻度環鬆動，易造成尺寸不易控制，影響尺寸切削。

( ) 8. 銑床工作台的導螺桿最常用的螺紋爲 (1)
①梯形 ②三角形 ③鋸齒形 ④方形。

解：梯形螺紋(艾克姆螺紋)：其斷面呈梯形，公制螺紋角為 30°以 Tr 表示，英制螺紋角為 29°以 Tw 表示，常用於中負荷之動力傳達；最常見用於銑床工作台及車床導螺桿的使用。

( ) 9. 萬能銑床主要的功用是可加工 (2)
①正齒輪 ②螺旋齒輪 ③蝸輪 ④人字齒輪。

解：萬能銑床除可前後、上下、左右移動外，並可做水平角度的旋轉，常用於銑削螺旋槽或螺旋齒輪。

( ) 10. 以分度頭求 54 度的分度，搖柄需旋轉 ① 6 ② 9 ③ 12 ④ 54 轉。 (1)

解：N = D/9°，N = 54°/9° = 6 轉，公式 P = 40/N 及 N = D/9°，求出之答案其分母必為孔圈數。

( ) 11. 下列那種公式是計算差動分度法齒輪比之公式？ (4)
① V = πDN ② P = 40/N ③ N = D/9° ④ 40(T′–T)/T′ = S/W。

解：簡式及複式分度法皆無法分度時，可用差動分度法。差動分度法的原理係不將分度板鎖固，並在心軸後方加掛齒輪，迴轉搖柄時，分度板亦隨搖柄相同或反向微量迴轉，其差動分度法齒輪比之公式為 40(T'-T)/T' = S/W。

( ) 12. 分度法中公式"40(T′–T)/T′ = S/W"，其中"T'"代表 (3)
①分度方法 ②扇形臂張開角度 ③接近分度數目 ④搖柄轉數。

( ) 13. 分度頭的扇形臂，其功用爲 ①計算曲柄迴轉數 ②決定曲柄迴轉方向 ③決定分度法之選用 ④決定迴轉之孔數。 (4)

解：扇形臂，當旋轉分度曲柄等分工件時，須將兩支扇形臂之夾角調整至等分的孔數。

( ) 14. 以差動分度法分 121 等分，則曲柄轉數爲 ① 5/15 ② 7/16 ③ 7/18 ④ 6/21。 (1)

解：以公式 40(T′–T)/T′ = S/W 求之。

( ) 15. 分度頭蝸桿轉一圈，蝸輪轉 ① 1/40 圈 ② 1 圈 ③ 12 圈 ④ 24 圈。 (1)

解：分度頭是利用蝸桿與蝸輪之傳動原理，其迴轉比一般為 40：1，即搖柄旋轉 40 圈，分度頭主軸迴轉一圈。

( ) 16. 分度頭可以調整仰角以利於銑削 (1)
①傘形齒輪 ②螺旋齒輪 ③蝸輪 ④人字齒輪。

解：傘形齒輪可由調整分度頭仰角加工。

( ) 17. 用複式分度法分 93 等分時，分度曲柄應迴轉 (2)
① 15/28 + 12/32 ② 3/31 + 11/33 ③ 1 又 5/31−27/33 ④ 2 又 7/31−18/28 圈。

解：以公式 $n=\frac{a1}{H1}\pm\frac{a2}{H2}$ 求之，其中 n 為分度曲柄迴轉數。

( ) 18. 分度頭的直接分度板，一般有 ① 24 ② 32 ③ 40 ④ 48 孔。 (1)

解：直接分度法為分度法中最簡單的一種，係利用主軸直接分度環作分度而不經蝸輪及蝸桿的分度法，通常直接分度環外周有 16、24、36、56 孔。

( ) 19. 若使用分度板的孔圈爲 15、16、17、18、19、20 時，則下列何種數目的分度，最適合用簡式分度？ ① 25 ② 39 ③ 57 ④ 83。 (1)

解：簡式分度之公式為，P = 40/N 得 40/25 = $1\frac{15}{25}$。

( ) 20. 使用分度頭作 25 等分之分度，則搖柄須旋轉 (1)
① 1 又 3/5 轉 ② 25/40 轉 ③ 5/8 轉 ④ 12/15 轉。

解：詳見第 19 題。

( ) 21. 在減速比爲 1：90 之圓轉盤上欲作 60 等分的分度，手輪曲柄應迴轉 (1)
① 1 又 18/36 圈 ② 1 又 12/36 圈 ③ 22/33 圈 ④ 18/33 圈。

解：欲作 60 等份之分度，因減速比為 1：90，故每次分度手柄轉數為 $\frac{90}{60}=1\frac{1}{2}=1\frac{18}{36}$。

( ) 22. 傾斜圓轉盤，最大可自水平位置至多少度？ (3)
① 30 度 ② 45 度 ③ 90 度 ④ 180 度。

解：傾斜圓轉盤，最大可自水平位置旋轉 45 度。

( ) 23. 立式銑床主軸頭左右傾斜銑削工件，若工作台左、右進給時，則工件表面爲 ①斜面 ②平面 ③凹面 ④凸面。 (3)

( ) 24. 立式銑床主軸頭左右傾斜一角度銑削工件，若工作台前、後進給時，則工件表面爲 ①斜面 ②曲面 ③凹面 ④凸面。 (1)

( ) 25. 在臥式銑床加工時，銑刀產生偏轉，下列何者不是其原因？ (4)
①刀軸彎曲 ②銑刀安裝時偏心 ③銑刀本身偏心 ④刀軸支持架孔偏心。

解：銑刀產生偏轉與刀軸支持架孔偏心無關。

( ) 26. 安裝虎鉗時，不必校正的部位爲 (4)
①鉗口的平行度 ②鉗口的垂直度 ③虎鉗底部 ④虎鉗螺桿的節距。

解：一般安裝虎鉗時，以校正鉗口的平行度、鉗口的垂直度與虎鉗底部為主要，以確保加工的精確度。

( ) 27. 萬能銑床工作台可水平轉動之最大角度，一般爲左、右各 (3)
① 15 ② 30 ③ 45 ④ 60 度。

解：萬能銑床工作台可水平轉動之最大角度，一般為為 45 度。

( ) 28. 下列何種工作最適合把立銑頭調整一角度來加工？ (3)
① 45 度倒角 ②T形槽 ③一傾斜角度溝槽 ④錐度。

解：一般角度銑削，可將銑床頭做一角度偏轉，進行角度銑削。

( ) 29. 若立銑頭不正，則其主軸上、下移動所鑽的孔為 (2)
①垂直 ②與水平成非 90 度角度 ③近似橢圓 ④尺寸擴大但眞圓度良好。

解：若銑床主軸傾斜，則主軸上下移動，所鑽削之孔位會與水平成非 90 度角。

( ) 30. 若立銑頭不正，則其工作台上、下移動所鑽的孔與水平面成 (4)
①垂直 ②斜度 ③擴大 ④近似橢圓。

解：若銑床主軸傾斜，則床台上下移動，所鑽削之孔位會與水平面成近似橢圓。

( ) 31. 影響刀具壽命最主要的原因是 (1)
①切削條件與切削劑 ②銑床強度 ③虎鉗精度 ④銑床的精度。

解：影響刀具壽命最主要原因為切削條件，選擇適當切削條件能有效提高刀具壽命。

( ) 32. 碳化鎢銑刀切削速度約為高速鋼銑刀的 ① 1 倍 ② 3 倍 ③ 6 倍 ④ 8 倍。 (2)

解：碳化鎢銑刀切削速度約為高速鋼銑刀的 2～3 倍。

( ) 33. 在鑄件上鉸孔，常使用何種切削劑 ①乾式 ②機油 ③煤油 ④豬油。 (1)

解：鉸削鑄鐵及銅可不加切削劑。

( ) 34. 虎鉗鉗口是否平行，一般常用的量具為 (4)
①游標尺 ②厚薄規 ③直角規 ④量表。

解：虎鉗鉗口之校正一般以量錶檢驗為最精確。

( ) 35. 欲在 CNC 銑床上執行程式模擬時，宜按下列何按鈕？ (4)
①自動操作 ②單節操作 ③空跑(Dry Run) ④空跑及單節操作。

解：執行銑床程式模擬時宜使用空跑指令與單節操作，避免程式指令錯誤造成撞機。

( ) 36. CNC 銑床銑削時，應將刀長補正值輸入 (4)
①程式欄 ②診斷欄 ③參數設定欄 ④補正欄。

解：刀長補正與刀徑補正需將其量測數值(或刀具半徑)輸入於補正欄位中。

( ) 37. CNC 銑床在銑削當中，若欲檢查主軸上之刀具號碼時，則應操作控制器中之 (3)
①輔助功能 ②刀長補正功能 ③自我診斷功能 ④程式編輯功能。

解：刀具號碼可由診斷與參數鍵去診斷及參數相關數據的設定與顯示。

( ) 38. 在 MDI 操作模式中，下列何者無法操作？ ①更改系統參考數值 (4)
②更改刀具補正值 ③更改位置顯示值 ④床台手動進給操作。

解：床台手動進給操作必須將旋鈕旋至手動方可操作。

( ) 39. CNC 銑床操作面板之單節刪除開關"ON"時，若執行記憶自動操作程式 (3)
N1G90G01X100.F300; /N2 G90G00X100.0;下列何者不執行？
① G90 ② F300 ③ G00 ④ G01。

解：若使用單節刪除開關，則有"/"之符號該單節程式將不予執行。

( ) 40. CNC 銑床操作面板上，下列何者為機能鍵？ ①更改鍵(ALTER) ②刪除鍵 (3)
(DELETE) ③參數鍵(PARAM) ④重置鍵(RESET)。

解：機能鍵包含 POS 座標鍵、PRGRM 程式鍵、OFSET 補正鍵、PARAM 參數鍵。

( ) 41. NC 程式欲輸入補正值資料時，應按下列何機能鍵再進行補正值輸入？ (4)
①程式 PRGRM ②圖形 GRAPH ③參數 PARAM ④補正 OFSET。

解：補正鍵為刀具半徑、刀具長度補正值之輸入，工作座標系統的設定與顯示。

( ) 42. CNC 銑床行程超越極限後，應如何處理？ ①關掉機器 ②按參數鍵改變行程範圍 ③用手動操作模式返回工作區 ④按暫停鍵，再按重置(RESET)鍵。 (3)

解：超越極限後，用手動操作模式返回工作區，再按重置(RESET)鍵。

( ) 43. 常用之 CNC 銑床綜合座標系畫面共有四種數值顯示，下列何者爲程式執行之剩餘位移量？ (4)
① RELATIVE ② ABSOLUTE ③ MACHINE ④ DISTANCE TO GO。

解：DISTANCE TO GO(餘移動量)。

( ) 44. 在 CNC 銑床控制器上選擇 ISO 或 EIA 碼，須在控制面板上選擇 (3)
①程式 PRGRM ②替換 ALARM ③參數或設定 SETTING ④座標 POS。

解：參數鍵是設定機器所有執行功能(如：ISO 或 EIA 碼)

( ) 45. 程式中執行至 M01 指令時，若欲停止執行程式，尙須配合何種開關？ (1)
①選擇停止 ②程式跳躍 ③單節删除 ④ Z 軸鎖定。

解：可搭配選擇性停止鈕(M01)來停止執行程式。

( ) 46. CNC 銑床以程式試削工件後，發現尺寸有些微誤差時，應如何處理最有效？ (4)
①調整刀具 ②磨利刀具 ③換新刀片 ④調刀具補正值。

解：加工過後若有尺寸誤差，可利用 OFSET(補正鍵)進行尺寸控制。

( ) 47. CNC 銑床 Dry Run 的主要用意是 ①測試機器的潤滑狀況是否良好 ②主軸的溫度是否正常 ③刀具路徑及是否合乎預期 ④刀具是否銳利。 (3)

解：Dry Run(試車開關)以檢驗程式之正確性。

( ) 48. 下列敘述何者錯誤？ ① XYZ 軸表示直線軸 ② ABC 軸表示旋轉軸 ③ ABC 軸分別繞 XYZ 軸旋轉 ④ UVW 軸分別繞 ABC 軸旋轉。 (4)

解：A、B、C 軸為分別繞 X、Y、Z 軸旋轉的軸，而 U、V、W 軸為分別繞 A、B、C 軸旋轉的軸 。

( ) 49. 關閉防護門才操作 CNC 銑床之主要目的爲 (2)
①增加美觀 ②增加操作安全 ③保持機械性能 ④降低機械損壞率。

( ) 50. CNC 銑床若無原點自動記憶裝置，在開機後的第一步驟宜先 (3)
①編輯程式 ②執行加工程式 ③執行機械原點復歸動作 ④檢查程式。

解：開機後第一步驟宜先執行機械原點復歸，避免程式無法找到原點。

( ) 51. 指令 G91G17G01G47 X22.0 F50 D01;若 D01 = 8.0，其實際位移量爲 (1)
① 38.0 ② 30.0 ③ 14.0 ④ 6.0。

解：實際位移量需加上兩倍的刀具補正半徑，即位移量為 22+(8×2) = 38mm。

(　) 52.　程式 G99G74X_Y_R_Z_F_;下列敘述何者正確？　①固定循環切削不被執行，但被記憶於系統　②固定循環切削不被執行，且不被記憶於系統　③被當作一次執行　④被當作 N 次執行。 (3)

解：G99(自動循環中回到參考點 R)，G74(左螺旋切削循環)，如程式未指定重複次數，則系統將設定其值為 1。

(　) 53.　程式 G99G90 G73 X_Y_Z_R_Q_F_；其中 Z 值爲　① R 點至孔底部之距離　②孔底之 Z 軸座標值　③進給爲 G00　④視加工型態而定。 (2)

解：G73 為高速深孔啄鑽循環，其中 Z 為 R 點至孔底之距離。

(　) 54.　鑽孔循環組合中，下列何者不須要？ (4)

①系統設定(G90,G91)　②復歸點設定
③指定固定循環指令　④指定輔助機能。

解：鑽孔循環中不需要指定輔助機能。

(　) 55.　使用 G91 較 G90 (1)

①易生累積誤差　②效果相同　③快速找到絕對座標位置　④加工精度較佳。

解：一般而言，製作外型簡單且對稱形狀時，則採絕對值系統較佳，若外型、尺寸複雜時，則採增量尺寸較為理想，唯增量座標易造成誤差累積，導至加工尺寸精度流失。

(　) 56.　下列何者爲選擇停止指令？　① M00　② M98　③ M02　④ M01。 (4)

解：M00(程式停止)、M98(副程式呼叫指令)、M02(程式結束，但記憶不回復)，M01(選擇性停止。

(　) 57.　指令 G17 選擇　① XZ 平面　② YZ 平面　③ XY 平面　④任一平面。 (3)

解：G17 為 XY 平面選定，G18 為 ZX 平面選定，G19 為 YZ 平面選定。

(　) 58.　指令 G18 所指定之平面爲　① ZX 平面　② YZ 平面　③ XY 平面　④自由平面。 (1)

解：詳見第 57 題。

(　) 59.　指令 G19 選擇　① XY 平面　② YZ 平面　③ ZX 平面　④不限平面。 (2)

解：詳見第 57 題。

(　) 60.　程式 G40 G80 G90 G54 M98 P03;呼叫副程式的指令爲 (1)

① M98　② G40　③ G80　④ P03。

解：M98 為副程式呼叫指令。

(　) 61.　NC 程式中取消固定循環的指令爲　① G43　② G74　③ G80　④ G81。 (3)

解：G43 為刀具長度補正(正方向)，G74 為攻左牙循環，G80 為自動循環消除，G81 為鑽孔循環。

(　) 62.　CNC 銑床執行指令 G01 時，如以絕對值模式執行定義刀具移動距離時，則其程式爲　① G90 G01 X_ Y_ F_；　② G91 G01 X_ Y_ F_； (1)

③ G96 G01 X_ Y_ F_；　④ G97 G01 X_ Y_ F_；。

解：G90 絕對座標指令，G91 增量座標指令。

( ) 63. 下列按鍵何者不是用於編輯程式？ ①資料輸入(INPUT) ②插入(INSERT) ③替換(ALTER) ④刪除(DELETE)。 (1)

解：程式編輯鍵包含，指令更換(ALTER)、指令插入(INSERT)、指令、程式刪除鍵(DELETE)。

( ) 64. G43 指令是 ①刀徑補正 ②刀長負向補正 ③刀長正向補正 ④刀徑、刀長皆不補正。 (3)

解：G43 表刀具長度正向補正。

( ) 65. 程式 G90 G28 X_ Y_ Z_;，其中 X、Y、Z 值為 ①機械原點 ②程式原點 ③中間點 ④參考點。 (3)

解：G28 X_ Y_ Z_，其中 X_ Y_ Z_之座標值，係以絕對或增量值所設定，介於起點與終點之中間點座標。

( ) 66. 程式 G17 G02 X_ Y_ R_ Z_ F_;執行直線切削的軸為 ① X 軸 ② Y 軸 ③ Z 軸 ④ A 軸。 (3)

解：G17 為 XY 平面選定，故執行直線切削的軸為 Z 軸。

( ) 67. 指令 G18G03X_Y_Z_R_F_;執行直線切削的軸為 ① X 軸 ② B 軸 ③ Y 軸 ④ Z 軸。 (3)

解：G18 為 ZX 平面選定，故執行直線切削的軸為 Y 軸。

( ) 68. NC 程式中，若欲暫停 2 秒，則下列程式何者正確？ ① G04 X200.0； ② G04 X200； ③ G04 P2000； ④ G04 P200；。 (3)

解：暫停程式指令為 G04，其暫停 2 秒寫法為 G04 X2. ; G04 U2. ; G04 P2000。

( ) 69. 程式 G83 X_ Y_ Z_ R_ Q_ F_;，下列何者錯誤？ ①每次鑽削 Q 距離後提刀至 R 點 ②每次鑽削 Q 距離後，提刀至起始點 ③ Q 值為正值 ④提刀值由參數設定。 (2)

解：G83 為分段式深孔啄鑽循環，本指令與 G73 相似，唯一不同在於刀具完成每一次切削後皆退回 R 點。

( ) 70. 程式 G87 X_ Y_ Z_ R_ Q_ F_;用於 ①反(BACK)搪孔循環 ②精搪孔循環 ③攻牙循環 ④鑽孔循環。 (1)

解：G87 為反(BACK)搪孔循環，用於搪孔刀由下往上搪削之場合。

( ) 71. 下列何種指令執行主軸定向停止？ ① G73 ② G83 ③ G76 ④ G86。 (3)

解：G76 為精密搪孔循環，當搪孔刀搪削至孔底時，停留 P 所指定之時間後，主軸定位停止。

( ) 72. 程式 G01 X20.0 Y20.0 F250 ;M03 S1500 ;M08 ;若主軸每分鐘轉數調整鈕位於 80%處，下列敘述何者錯誤？ ①進給率 250mm/min ②冷卻液開 ③實際迴轉速 1500rpm ④主軸正轉。 (3)

解：當主軸每分鐘轉數調整鈕位於 80%處，其實際迴轉速為 1200 rpm。

( ) 73. 指令 M07 與 M08 的差別在於 ①暫停時間 ②主軸正反轉 ③床台移動速度 ④冷卻液的供給狀況。 (4)

解：M07 為切削劑開(霧狀)，M08 為切削劑開。

(　　) 74.　程式 G91 G17 G03 X20.0 Y10.0 Z8.0 R50.0 F80；，其刀具路徑爲　(2)
①圓弧　②螺旋　③直線　④正弦曲線。

(　　) 75.　程式 G85X_Y_R_Z_P_;，下列何者正確？　(4)
① P 表示在孔底暫停時間　②此單節可不須有 P
③ F 數值不沿用上一單節　④以快速提升的方式由孔底退刀至 R 點。

解：G85 為鉸孔(搪孔)循環，刀具切削加工至孔底後，仍以切削速度拉升至 R 點或起始點。

(　　) 76.　程式 G91G00G43 Z20.0 H01;若 H01 = –200.0，執行此單節的 Z 軸位移量爲　(2)
①–120.0　②–180.0　③ 120.0　④ 180.0。

解：G43 為刀具長度正向補正，執行單節其 Z 軸之位移量為–200.0＋20 = –180.0。

(　　) 77.　程式執行刀長補正指令後，下列何者可取消刀長補正值？　(2)
① H99　② H00　③ G40　④ G80。

解：欲取消刀長補正機能，可執行 G49 或 H00，(G49：刀長補正取消、H00 表示補正值為零)

(　　) 78.　程式 G91G00G44 Z20.0 H02;，若 H02 = 200.0，執行此單節 Z 軸位移量爲　(3)
① –220.0　② 220.0　③ –180.0　④ 180.0。

解：G44 為刀具長度負向補正，執行單節其 Z 軸之位移量為 20–200.0 = –180.0。

(　　) 79.　下列何種指令執行刀徑補正？　① G42　② G43　③ G44　④ G49。　(1)

解：G41 為刀徑向左補正、G42 為刀徑向右補正。

(　　) 80.　刀具偏左補正的指令是　① G40　② G41　③ G42　④ G43。　(2)

解：詳見第 79 題。

(　　) 81.　指令 G91 G02 X30.0 R15.0;可得到　(3)
① R = 15.0 反時針方向之全圓　② R = 15.0 順時針方向全圓
③ R = 15.0 順時針方向之半圓　④ R = 15.0 反時針方向之半圓。

解：G02 為順時針圓弧切削，R 為圓弧之半徑。

(　　) 82.　刀具欲移經安全之中間點再回機械原點，宜採用指令　(2)
① G27　② G28　③ G29　④ G54。

解：G28 X_ Y_ Z_，其中 X_ Y_ Z_之座標值，係以絕對或增量值所設定，介於起點與終點之中間點座標。

(　　) 83.　程式中宣告刀具半徑補正插入之單節時機，採用下列何者較佳？　(2)
①圓弧切削指令　②直線位移指令　③搪孔循環指令　④攻牙循環指令。

解：宣告刀徑補正指令時，必須在前一單節啓動，且只能與 G00、G01 一起使用。

(　　) 84.　程式執行刀徑補正指令後，下列何者亦可取消刀徑補正值？　(3)
① D99　② G49　③ D00　④ G80。

解：欲取消刀徑補正機能，可執行 G40 或 D00，(G40：刀徑補正取消、D00 表示補正值為零)

( ) 85. 程式 G76X_Y_R_I_J_P_F_;，其中 I_J_表示 ①距下一孔的增量值 ②主軸定向停止時的偏移量 ③主軸定位 ④Z 軸退返 R 點之位移量。 (2)

( ) 86. 程式 G99 G88X_Y_R_Z_P_F_;，其中 P_表示 (4)
①刀具由孔底退返至 R 點時間 ②刀具於孔底暫停旋轉時間
③刀具於起點至孔底時間 ④刀具於孔底暫停位移時間。

解：G99 與 G98 之不同為 G98 為動作完成時刀具退回原起始高度；而 G99 為動作完成時刀具退回預設 R 點參考高度，其中 P_表示刀具於孔底暫停位移時間。

( ) 87. 程式 G18G91G41X_Y_Z_D01;對何軸刀徑補正無效？ (2)
①X 軸 ②Y 軸 ③Z 軸 ④X、Z 兩軸。

解：G18 為 ZX 平面選定，故對 Y 軸刀徑補正無效。

( ) 88. 程式 G91G17G42X_Y_Z_D01;對何軸刀徑補正無效？ (3)
①X 軸 ②Y 軸 ③Z 軸 ④X、Z 兩軸。

解：G17 為 XY 平面選定，故對 Z 軸刀徑補正無效。

( ) 89. 主軸欲回機械原點而刀具周邊有安全顧慮時，宜採用指令 (2)
① G27 ② G28 ③ G29 ④ G54。

解：詳見第 82 題。

( ) 90. 下列何者爲單節有效而非連續指令？ ① G46 ② G56 ③ G76 ④ G86。 (1)

解：G46 為刀具位置減少一個補正量，屬於 00 組群，為單節有效指令，其功能不會延續到下面的章節。

( ) 91. 圓弧切削中，圓心位置同時有 I、J、K、R 指令時，何者爲有效？ (4)
①I 值 ②J 值 ③K 值 ④R 值。

解：當一單節中同時出現 I、J、K 和 R 時，以 R 為優先(即有效)，I、J、K 無效。

( ) 92. 程式設計時一般是假設 ①工件固定刀具移動 ②工件移動刀具固定 ③工件及刀具皆固定 ④工件及刀具皆移動。 (1)

解：CNC 銑床於程式設計時之作動方式為，工件固定而刀具移動。

( ) 93. 下列圓弧切削程式，何者正確？ ① G17G91G02 X20.0 R10.0 ② G17G91G02 X25.0 I10.0 ③ G17G91G02 X25.0 R-10.0 ④ G17G91G02 R-10.0。 (1)

解：小於或等於 180 度圓弧之半徑設為正值，大於 180 度時 R 則為負值。

( ) 94. 若 H01 = 200.0，補正位移量爲 Z－150.0，下列程式何者正確？ (2)
① G43 Z0 H01 ② G44 Z50.0 H01 ③ G43 Z50.0 H01 ④ G44 Z0 H01。

解：G44 為刀具長度負向補正。

( ) 95. 指令 G80 用於 ①設定攻牙模式 ②設定極座標系 ③取消刀具半徑補正 ④取消固定循環。 (4)

解：G80 為自動循環切削取消。

( ) 96. 螺旋下刀的主要目的是 ①避開無切削作用的中心 ②避開刀具太長產生撓曲 ③銑削螺旋線 ④銑削圓孔。 (1)

解：螺旋下刀的主要目的是避開無切削作用的中心，避免切削阻力太大而導致刀具毀損。

( ) 97. 如下圖所示，程式爲 (4)

N1 G91 G42 G0 X15.0 Y15.0 D1;

N2 G1 Y30.0 F100;

N3 X30.0;

N4 Y-30.0;

N5 X-30.0;

N6 G40X-15.0 Y-15.0;

若 D1 = 5.0 則執行至 N5 時刀具中心的座標爲

① X0 Y-5.0 ② X-5.0 Y0 ③ X5.0 Y0 ④ X0 Y5.0。

解：程式中 G91 為增量座標，
且 G42 為刀具半徑右補正
如右圖示

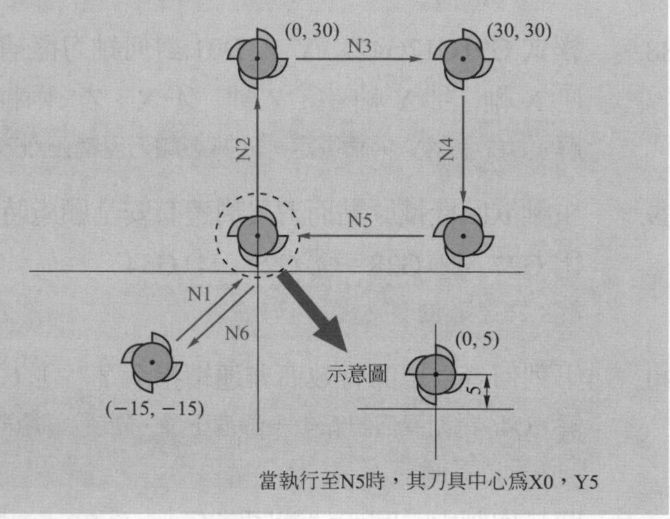

( ) 98. 下列何者不是一般 CNC 銑床開機預設狀態之指令？ (3)

① G00 ② G49 ③ G92 ④ G94。

解：G92 為定義絕對座標的原點，非開機預設狀態。

( ) 99. 程式執行 G92 指令銑削工件前，宜將刀具移至 (3)

①機械原點 ②程式原點 ③刀具起點 ④相對座標原點。

解：執行 G92(絕對圓點設定)時，宜將刀具移至刀具起點位置。

( ) 100. 以 8mm 銑刀精銑內孔尺寸 20.04mm，第一次半徑補正值設爲 4.05 時，實際銑出的內孔直徑爲 19.88mm。若欲第二次即完成精銑，則補正值需設爲 (3)

① 4.0 ② 3.99 ③ 3.97 ④ 3.95。

解：第二次之補正值設為 3.97 其加工尺寸應為 20.06mm，但第一加工誤差為小 0.02mm，故實際加工後之尺寸為 20.04mm。

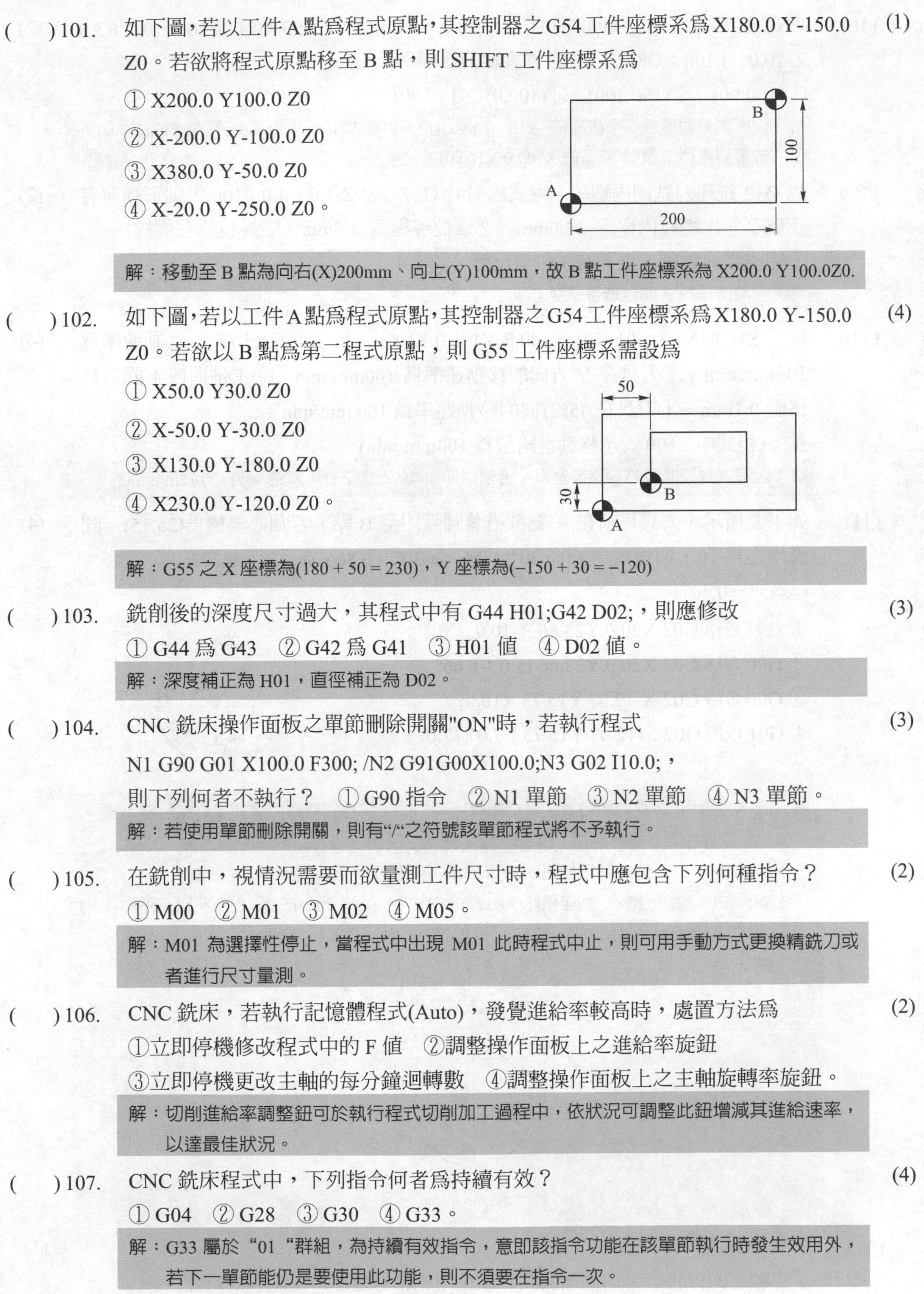

(　　) 101. 如下圖，若以工件A點為程式原點，其控制器之G54工件座標系為X180.0 Y-150.0 Z0。若欲將程式原點移至B點，則SHIFT工件座標系為 (1)

① X200.0 Y100.0 Z0
② X-200.0 Y-100.0 Z0
③ X380.0 Y-50.0 Z0
④ X-20.0 Y-250.0 Z0。

解：移動至B點為向右(X)200mm、向上(Y)100mm，故B點工件座標系為X200.0 Y100.0Z0.

(　　) 102. 如下圖，若以工件A點為程式原點，其控制器之G54工件座標系為X180.0 Y-150.0 Z0。若欲以B點為第二程式原點，則G55工件座標系需設為 (4)

① X50.0 Y30.0 Z0
② X-50.0 Y-30.0 Z0
③ X130.0 Y-180.0 Z0
④ X230.0 Y-120.0 Z0。

解：G55之X座標為(180 + 50 = 230)，Y座標為(−150 + 30 = −120)

(　　) 103. 銑削後的深度尺寸過大，其程式中有G44 H01;G42 D02;，則應修改 (3)

① G44為G43　② G42為G41　③ H01值　④ D02值。

解：深度補正為H01，直徑補正為D02。

(　　) 104. CNC銑床操作面板之單節刪除開關"ON"時，若執行程式 (3)

N1 G90 G01 X100.0 F300; /N2 G91G00X100.0;N3 G02 I10.0;，

則下列何者不執行？　① G90指令　② N1單節　③ N2單節　④ N3單節。

解：若使用單節刪除開關，則有"/"之符號該單節程式將不予執行。

(　　) 105. 在銑削中，視情況需要而欲量測工件尺寸時，程式中應包含下列何種指令？ (2)

① M00　② M01　③ M02　④ M05。

解：M01為選擇性停止，當程式中出現M01此時程式中止，則可用手動方式更換精銑刀或者進行尺寸量測。

(　　) 106. CNC銑床，若執行記憶體程式(Auto)，發覺進給率較高時，處置方法為 (2)

①立即停機修改程式中的F值　②調整操作面板上之進給率旋鈕

③立即停機更改主軸的每分鐘迴轉數　④調整操作面板上之主軸旋轉率旋鈕。

解：切削進給率調整鈕可於執行程式切削加工過程中，依狀況可調整此鈕增減其進給速率，以達最佳狀況。

(　　) 107. CNC銑床程式中，下列指令何者為持續有效？ (4)

① G04　② G28　③ G30　④ G33。

解：G33屬於"01"群組，為持續有效指令，意即該指令功能在該單節執行時發生效用外，若下一單節能仍是要使用此功能，則不須要在指令一次。

( ) 108. CNC 銑床程式 G90 G00 Z20.0；X100.0 Y90.0；G91 G99 G81 X0.0 Y10.0 R3.0 Z-20.0 F100；G80；，則其鑽孔絕對座標爲 ①(100,90) ②(100,100) ③(100,0) ④(0,90)。 (2)

解：G90 為絕對座標指令(位置為 X100.0 Y90.0)，G91 為增量座標指令(位置為 X0.0 Y10.0)，故最終座標位置為(位置為 X100.0 Y100.0)

( ) 109. 以 Ø12 銑牙刀銑削內螺紋，程式爲 G91 G17 G02 Z-1.0 I-4.0 F100;，則下列何者正確？ ①螺紋內徑爲 16.0mm ②螺紋導程爲 1.0mm ③螺紋爲左螺紋 ④完成螺紋銑削，退刀時主軸需反轉。 (2)

解：螺紋導程為 Z 軸之增量深度值。

( ) 110. 程式 S1000 M03;G01 G91 X100.0 Y100.0 F100; ①刀具在 X 方向的移動速率爲 100mm/min ②刀具在 Y 方向的移動速率爲 100mm/min ③主軸迴轉 1 圈刀具移動 0.1mm ④刀具在 45°方向的移動速率爲 100 mm/min。 (4)

註：(程式中 F100 表示移動進給量爲 100mm/min)

解：因程式為控制單方向移動速率，若是以刀具 45°方向來看，其速率為 $100\sqrt{2}$mm/min 。

( ) 111. 如下圖所示，刀具目前在 A 點欲沿著圓弧切至 B 點，若圓心座標爲(25,15)，圓弧半徑爲 10，則程式爲 (sin30° = 0.5, cos30° = 0.866, sin45° = 0.707, cos45° = 0.707) (4)

① G91 G18 G02 X20.0 Y23.66 R-10.0;

② G90 G18 G02 X20.0 Y23.66 I5.0 J-8.66;

③ G90 G17 G02 X-12.07 Y15.73 R10.0;

④ G91 G17 G02 X-12.07 Y15.73 I-7.07 J7.07。

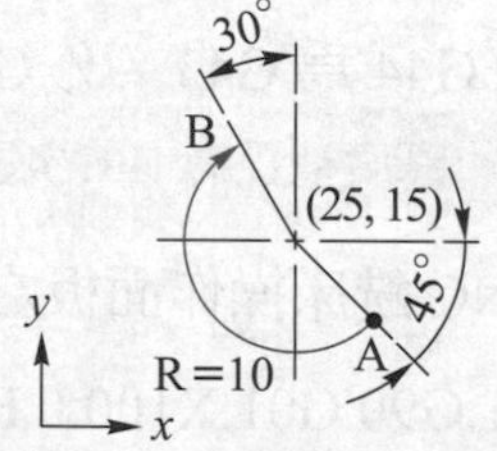

解：由 A 切削至 B 點為順時針，其切削機能為 G02，於程式單節中須知道終點座標 B 值，起點座標相對於圓心座標 I、J 點。從下圖尺寸座標可知 B 點絕對座標為 X = 25−5; Y = 15＋8.66，則 B 點座標為(X20. Y23.66));相對於 A 點座標 X = 7.07＋5; Y = 7.07＋8.66;則 A 點座標為(X−12.07.Y15.73)，圓心相對於 A 起點座標位置為 I 為 −7.07(X 方向)，J 為−7.07(Y 方向)，其程式為 G91 G02 X − 12.07 Y15.73 I − 7.07 J−7.07。

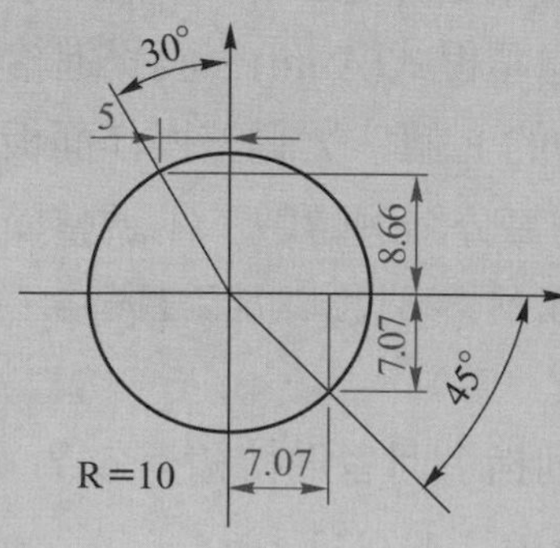

( ) 112. 指令 M19 是 ①主軸定向停止 ②切削劑關閉 ③選用主軸低速檔 ④副程式終止。 (1)

解：M19 為主軸定向停止機能。

( ) 113. 圓弧切削如下圖所示，下列選項何者正確？ (3)

① G90 G18 G3 X-15.0 Z0 I15.0;

② G90 G19 G3 X-15.0 I-15.0;

③ G91G18 G2 X-30.0 I-15.0;

④ G91 G19 G2 X-30.0 I15.0;。

解：本題採圓心法，其 I、J、K 後面的數值為圓弧起點至圓心位置，於 X、Y、Z 軸上之分向量值。

( ) 114. 執行程式 N01 G28 G91 Z0；N02 G00 G90 G43 Z10.0 H1；N03 G01 Z-5.0 F100；則 N03 的刀具移動 Z 爲 ① −5 ② −10 ③ −15 ④ −20 mm。 (3)

解：依程式敘述，則 Z 軸刀具移動為−10−5 = −15mm。

( ) 115. 程式 N0010 G92 X300.0 Y200.0；下列敘述何者錯誤？ (4)

① N0010 可以省略

② G92 爲程式原點設定

③ X300.0 Y200.0 表示程式原點至刀尖的距離

④ G92 可與 G54～G59 在程式中交替使用。

解：一般使用 G54～G59 指令後，就不再使用 G92 指令，但如果使用時，則原來 G54～G59 設定的程式原點將被移動。

( ) 116. 通常可在程式第一單節，執行消除補正或前次設定的指令爲 (2)

① G54G17G43G49G80 ② G54G17G40G49G80

③ G54G17G40G43G80 ④ G54G17G40G43G89。

解：G40 為刀徑補正取消、G49 刀具長度補正取消、G80 自動循環切削取消。

( ) 117. 以 20mm 端銑刀進行輪廓銑削，如下圖所示，在無刀徑補正狀態下，則直線切削至下一點之單節程式爲 (4)

(sin30° = 0.5, cos30° = 0.866, tan30° = 0.5774)

① G91 G01 X50.0 Y0.0 ;

② G91 G01 X55.0 Y0.0 ;

③ G91 G01 X58.66 Y0 ;

④ G91 G01 X55.774 Y0。

解：在無刀徑補正下，其 X 軸之位移為 50+10(刀具半徑)×0.5774＝55.774mm。

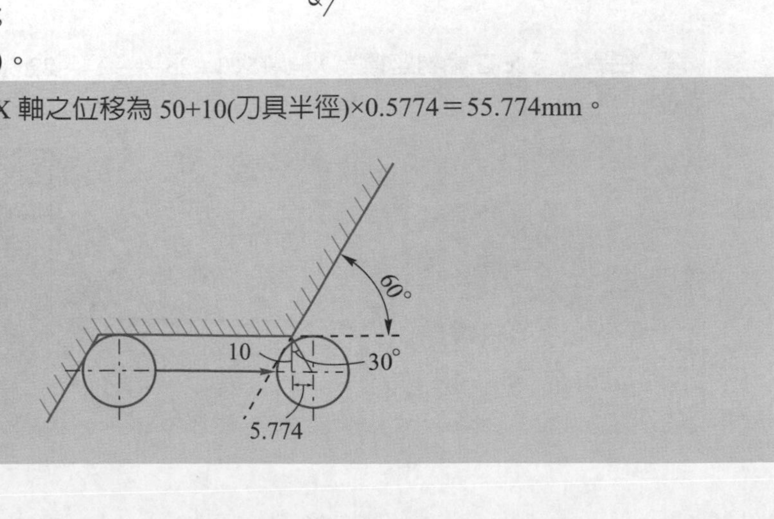

( ) 118. 如下圖在 XZ 平面上銑削圓弧，下列程式何者正確？ (2)

① G18 G02 X_ Z_ R_；
② G18 G03 X_ Z_ R_；
③ G19 G02 X_Z_ R_；
④ G19 G03 X_ Z_ R_。

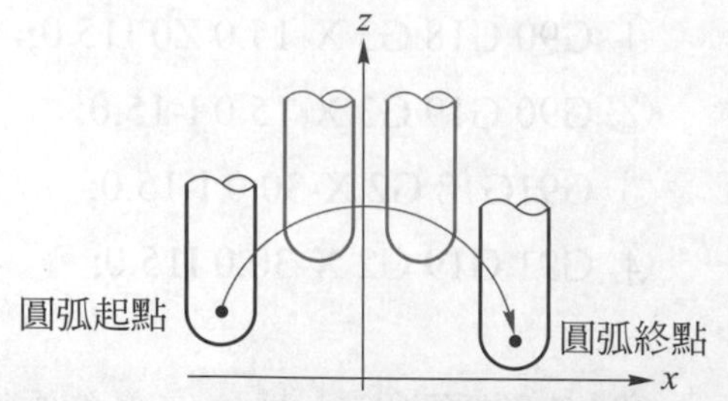

解：G18 為 XZ 平面選擇，G03 為逆時針圓弧切削，如下圖所示。(圖片取至職訓中心能力本位訓練教材)

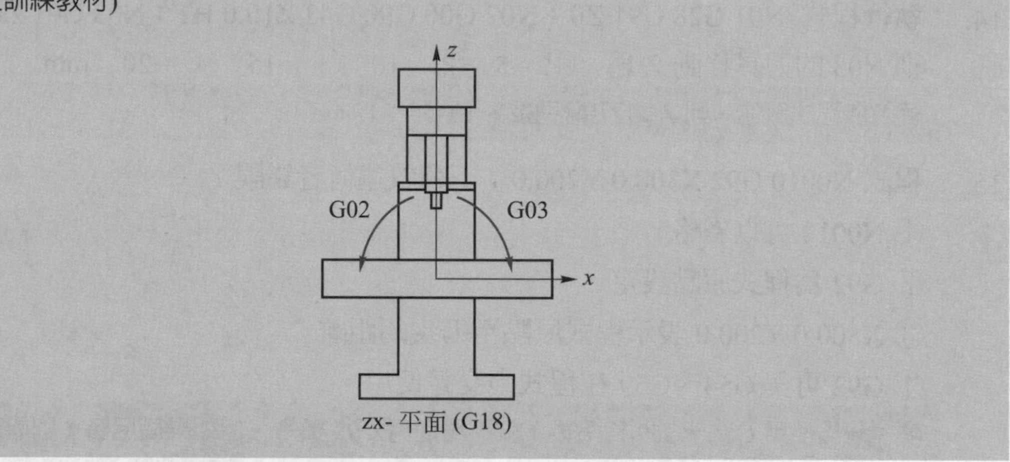

( ) 119. 指令 G43 須配合何指令一起使用 ① H_ ② I_ ③ P_ ④ Q_。 (1)

解：G43 為刀具長度正向補正，須搭配 H 為刀長補正編號，以兩位數字表示。

( ) 120. 以 20mm 端銑刀進行輪廓銑削，目前位置及絕對原點位置如下圖所示，在無刀徑補正狀態下，則直線切削至下一點之 X 絕對座標為 (2)

(sin30° = 0.5, cos30° = 0.866, tan30° = 0.57735)

① −25.0
② −27.887
③ −28.66
④ −30.0。

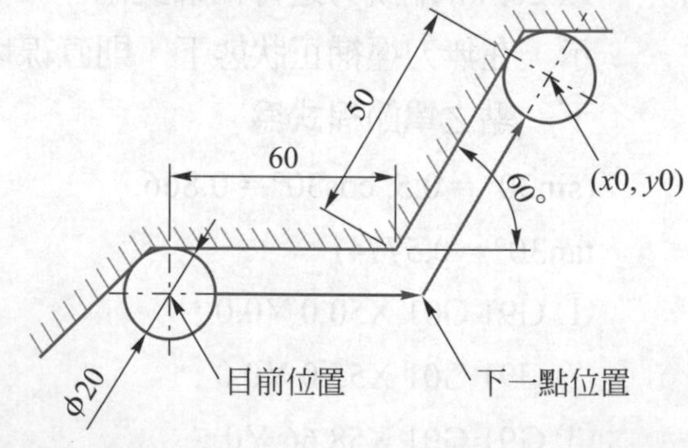

解：由圖可得 X 之絕對座標為 $X=-(5\sqrt{3}+25-\frac{10}{\sqrt{3}})=-27.887\text{mm}$

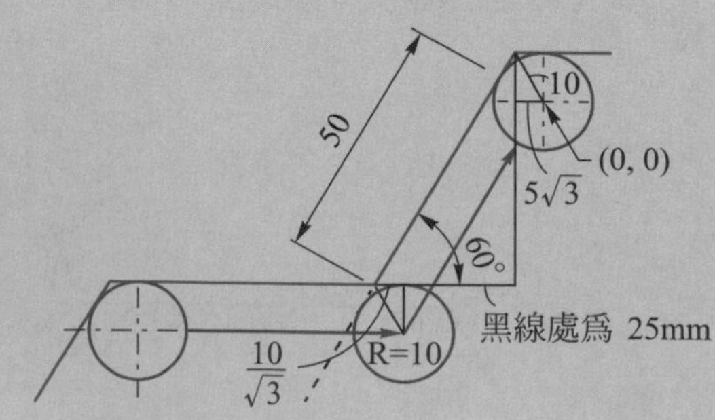

( ) 121. 在無刀徑補正狀態下，下列圓弧切削程式何者錯誤？ (3)
① G91 G02 X30.0 Y20.0 R60.0 F100； ② G90 G02 I-60.0 F100；
③ G91 G03 X-150.0 Y0 R60.0 F100； ④ G90 G03 I60.0 J-60.0 F100。

( ) 122. 程式 M98 P51002；執行多次重複呼叫副程式，意指 (2)
①呼叫 O5100 副程式 2 次 ②呼叫 O1002 副程式 5 次
③呼叫 O51002 副程式 1 次 ④呼叫 O002 副程式 51 次。

解：M98 為主程式呼叫副程式，其中 O1002 為程式號碼，5 為執行次數。

( ) 123. 啄鑽循環程式 G54 G17 G91 G99 G73 X10.0 R3. Z-15. Q5000 F100 K5.；其中表示每次啄鑽深度的指令爲 ① R3. ② Z-15. ③ Q5000 ④ K5.。 (3)

解：G73 為快速深孔啄鑽循環，其中 Q 值為每次啄鑽深度必為正值(用增量表示)。

( ) 124. 柱坑鑽孔循環程式 G54 G17 G91 G99 G82 X10.0 R3. Z-15. P500 F100 K5.；，其中表示重複鑽孔次數的指令爲 ① R3. ② Z-15. ③ P500 ④ K5.。 (4)

解：G82 為柱坑鑽孔循環程式，其先定位至 X、Y 所指定之位置，在快速定位置 R 點，接著以 F(100)所指定的進給率向下鑽削至 Z(-15.)所指定的位置，最後在孔底暫停所指定之時間(P500)，並重複鑽孔(K5.)

( ) 125. 下列刀具補正指令敘述，何者錯誤？ (2)
①執行 G41 銑削工件外側爲順銑 ②執行 G41 銑削工件內側爲逆銑
③ G41 補正爲負時，結果同 G42 ④ G41 或 G42 爲刀具半徑補正指令。

解：G41 銑削工件內側為順銑。

( ) 126. 執行程式 G91 G28 X0 Y0 Z0；下列敘述何者錯誤？ ①起點不一定是程式原點 ②終點爲機械原點 ③中途點爲起點 ④經過程式原點。 (4)

解：G28 為自動機械原點復歸指令，其指令為 G28 X_Y_Z_，其中 X_Y_Z_是指經過中途點之位置。

( ) 127. 執行程式 G90 G28 X0 Y0 Z100.；，下列敘述何者正確？ ①起點必爲程式原點 ②中途點必爲機械原點 ③中途點必爲 Z100. ④終點必爲 Z100.。 (3)

解：詳見第 126 題。

( ) 128. CNC 程式中，自副程式返回主程式的指令是 (4)
① M96 ② M97 ③ M98 ④ M99。

解：M99 指令為副程式結束，並跳回主程式。

( ) 129. 程式 G91 G46 X0 D01; 若 D01 = 10.0，其實際位移是 (2)
① X10.0 ② X–10.0 ③ X22.0 ④ X–22.0。

解：G46 為刀具位置減少一個補正量，故實際位移量為–10。

( ) 130. 程式 G99G74 X_Y_Z_R_F_；左螺旋攻牙循環，下列何者錯誤？ (4)
①加工至孔底時，主軸反轉 ②退至 R 點，主軸恢復原來轉向
③ F 值表示進給率 ④攻牙後退至起點。

解：G74 為左螺旋切削循環，執行攻牙循環至孔底時，主軸為正轉退刀至 R 點或起始點。

( ) 131. 程式 G73X_Y_R_Z_Q_F_;，其中 Q_所指為 (2)
①快速後退之距離 ②每次鑽削之距離 ③孔底暫停時間 ④重覆鑽削次數。

解：G73 為高速深孔啄鑽循環，其中 X_Y_：孔的位置座標值. Z_：孔底 Z 值. R_：R 點座標值. Q_：每次切削進給量. P_：孔底停留時間. F_：進給速率.

( ) 132. 程式 G04 P300 ;所執行的暫停時間為 ① 0.3 秒 ② 3 秒 ③ 30 秒 ④ 300 秒。 (1)

解：G04 為暫停指令，格式為 G04 X(U)_;. G04 P_;. G04 使程式執行暫停 X_、U_或 P_秒。

( ) 133. 下列何者為單節有效而非連續指令？ ① G46 ② G41 ③ G42 ④ G43。 (1)

解：G46 為“00”群組為單節有效指令。

( ) 134. 程式 N1 G91 G42 G00 X15.0 Y15.0 D1; (4)
N2 G01 Y30.0 F100; N3 X30.0; N4 Y-30.0;
N5 X-30.0; N6 G40 X-15.0 Y-15.0;
如下圖所示，若 D1 = 5.0，則執行至 N4 時，
刀具中心的座標為
① X0 Y-5.0 ② X-5.0 Y0
③ X25.0 Y0 ④ X25.0 Y5.0。

解：詳見第 97 題，注意增量座標與補正後之位置。

( ) 135. 下列圓弧程式，何者錯誤？ ①圓心角小於 180°時，R 為正值 ②圓心角等於 180°時，R 為正值 ③圓心角大於 180°時，R 為負值 ④圓心角與 R 值無關。 (4)

解：R 為圓弧半徑，此法以起點及終點和圓弧半徑來表示一圓弧。

( ) 136. 指令 G91G17G01G47 X20.0 F50 D01;，若 D01 = 5.0，其實際位移量為 (1)
① 30.0 ② 25.0 ③ 14.0 ④ 15.0。

解：G47 為刀具位置增加兩個補正量，故 X20.之位置加上兩倍補正量為 X30.。

( ) 137. 程式 G99 G74X_Y_R_Z_F_;，下列敘述何者錯誤？ (2)
①到孔底時，主軸正轉，同時 Z 軸後退
②主軸後退至 R 點時，主軸旋向不變
③指令中省略 L，切削循環次數被當作一次
④ F = 節距×主軸轉速。

解：執行指令之前主軸須處於反轉狀態(M04)，當攻牙循環至孔底時，主軸為正轉退刀至 R 點或起始點。

( ) 138. 程式 N10 G73X_Y_R_Z_Q_F_;N20 G02 X_Y_R_;N30 X_;，下列敘述何者正確？ (2)
① N20 不可無 F 指令 ②執行 N20 後固定循環指令被取消
③ N20 不能執行 G02 指令 ④ N30 可繼續執行固定循環指令。

( ) 139. 程式 G90 G28 X_ Y_ Z_;，其中 X、Y、Z 為 (3)
①機械原點 ②程式原點 ③中間點 ④參考點。

解：原點復歸機能 G28 如使用絕對模式 G90，緊跟其後之座標值為中間點;而使用增量座標 G91 緊跟其後的座標值則為機械原點。

( ) 140. 程式 G90 G03 X95.0 Y90.0 R-65.0;下圖之路徑何者為正確？ (1)

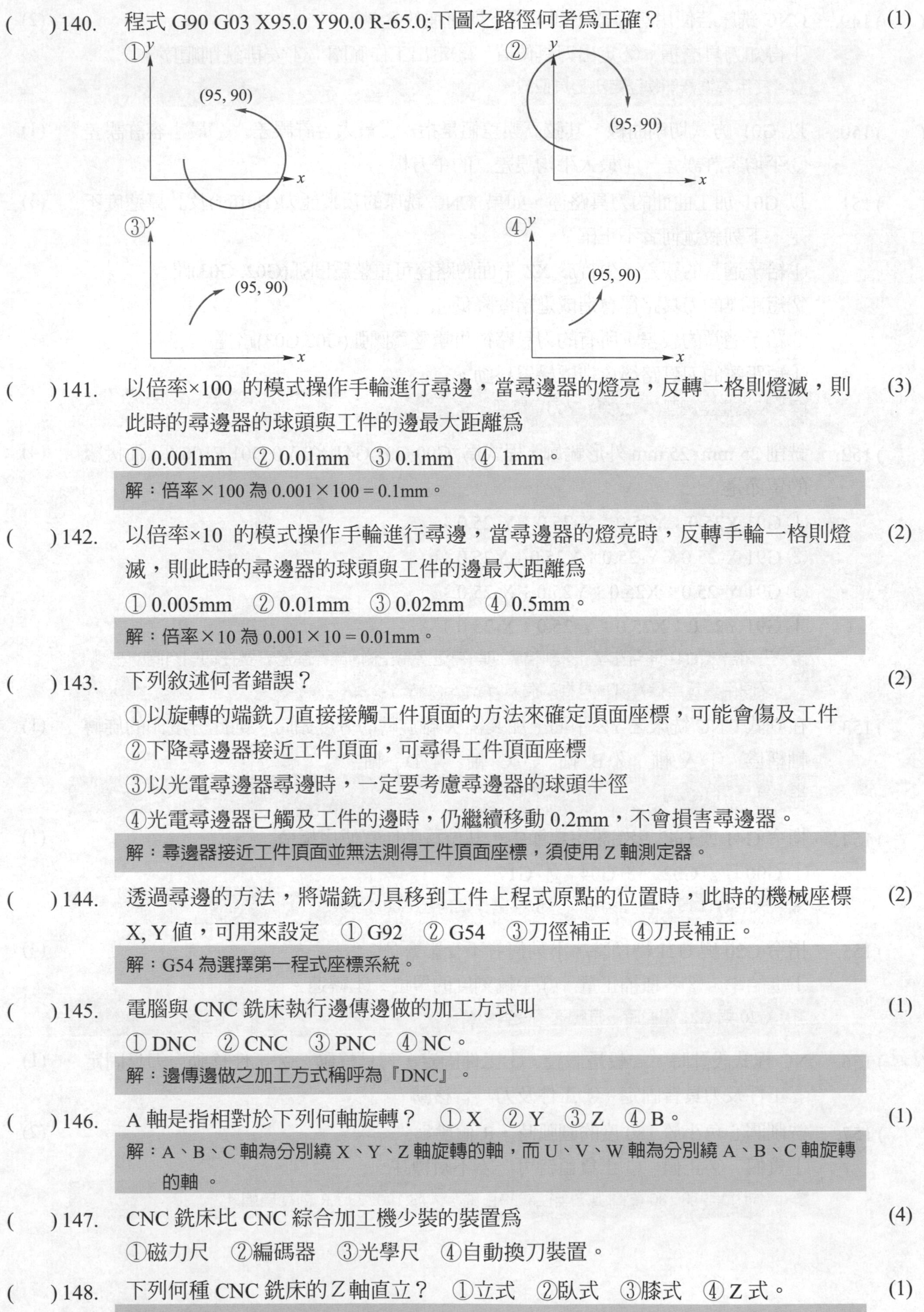

( ) 141. 以倍率×100 的模式操作手輪進行尋邊，當尋邊器的燈亮，反轉一格則燈滅，則此時的尋邊器的球頭與工件的邊最大距離為 (3)

① 0.001mm ② 0.01mm ③ 0.1mm ④ 1mm。

解：倍率×100 為 0.001×100＝0.1mm。

( ) 142. 以倍率×10 的模式操作手輪進行尋邊，當尋邊器的燈亮時，反轉手輪一格則燈滅，則此時的尋邊器的球頭與工件的邊最大距離為 (2)

① 0.005mm ② 0.01mm ③ 0.02mm ④ 0.5mm。

解：倍率×10 為 0.001×10＝0.01mm。

( ) 143. 下列敘述何者錯誤？ (2)

①以旋轉的端銑刀直接接觸工件頂面的方法來確定頂面座標，可能會傷及工件
②下降尋邊器接近工件頂面，可尋得工件頂面座標
③以光電尋邊器尋邊時，一定要考慮尋邊器的球頭半徑
④光電尋邊器已觸及工件的邊時，仍繼續移動 0.2mm，不會損害尋邊器。

解：尋邊器接近工件頂面並無法測得工件頂面座標，須使用 Z 軸測定器。

( ) 144. 透過尋邊的方法，將端銑刀具移到工件上程式原點的位置時，此時的機械座標 X, Y 值，可用來設定 ① G92 ② G54 ③刀徑補正 ④刀長補正。 (2)

解：G54 為選擇第一程式座標系統。

( ) 145. 電腦與 CNC 銑床執行邊傳邊做的加工方式叫 (1)

① DNC ② CNC ③ PNC ④ NC。

解：邊傳邊做之加工方式稱呼為『DNC』。

( ) 146. A 軸是指相對於下列何軸旋轉？ ① X ② Y ③ Z ④ B。 (1)

解：A、B、C 軸為分別繞 X、Y、Z 軸旋轉的軸，而 U、V、W 軸為分別繞 A、B、C 軸旋轉的軸。

( ) 147. CNC 銑床比 CNC 綜合加工機少裝的裝置為 (4)

①磁力尺 ②編碼器 ③光學尺 ④自動換刀裝置。

( ) 148. 下列何種 CNC 銑床的Z軸直立？ ①立式 ②臥式 ③膝式 ④ Z 式。 (1)

解：一般立式 CNC 銑床的 Z 軸為直立式。

( ) 149. CNC 銑床若使用尋邊器，則可得下列何種效益？ (2)
①得知刀具磨損 ②定出刀具位置 ③定出工作範圍 ④安排銑削順序。

解：使用尋邊器能快速定出刀具位置。

( ) 150. 以 G01 方式切削曲線，其弦高誤差值是指 ①最大容許誤差 ②最小容許誤差 ③平均容許誤差 ④最大平均誤差 的平方根。 (1)

( ) 151. 以 G01 加工曲面的刀具路徑，如果 CNC 銑床的預讀能力(Buffer)及計算速度不足，下列敘述何者不正確？ (3)
①給予適當的誤差，平行於 XZ 平面的路徑可重整爲圓弧(G02, G03)路徑
②短距離的刀具路徑會造成進給率降低
③給予適當的誤差，所有的刀具路徑可重整爲圓弧(G02,G03)路徑
④短距離的刀具路徑會造成機器抖動。

解：無法重整圓弧(G02,G03)之刀具路徑。

( ) 152. 銑削 25 mm×25 mm 外形輪廓，程式爲 G90 G01 G41 X0 Y0 D01 F100；，而接續的單節是 (4)
① G91 X25.0；Y25.0；X-25.0；Y-25.0；
② G91 X-25.0；Y-25.0；X25.0；Y25.0；
③ G91 Y-25.0；X25.0；Y25.0；X-25.0；
④ G91 Y25.0；X25.0；Y-25.0；X-25.0；。

解：已知告知 G41 開啓左補正，則輪廓切削補正邊為左側，故輪廓邊界要在切削方向的左側。又使用增量座標 G91，其程式為 G91 Y25.;X25.;Y-25.;X-25.。

( ) 153. 在立式 CNC 銑床之 YZ 平面上加裝繞 X 軸旋轉的分度頭時，則此分度頭的旋轉軸稱爲 ① A 軸 ② B 軸 ③ C 軸 ④ D 軸。 (1)

解：詳見第 147 題。

( ) 154. 指令 G41 或 G42 起始設定單節中，其位移動作宜使用指令 (1)
① G00 ② G02 ③ G04 ④ G17。

解：採用 G41 貨 G42 指令時，其位移動作須搭配 G00 指令。

( ) 155. 指令 G20 與 G21 轉換時，下列何者不受影響？ (4)
①進給率 ②各種補正量 ③手輪刻度的單位 ④轉速。

解：G20 與 G21 轉換時，其轉速不受其影響。

( ) 156. NC 程式設計時，一般是假設 ①工件固定，刀具移動 ②工件移動，刀具固定 ③工件及刀具皆固定 ④工件及刀具皆移動。 (1)

( ) 157. 銑削圓心角小於 180 度的圓弧時，R 值應爲 (2)
①負值 ②正值 ③正負值皆可 ④不須標註。

解：小於或等於 180 度圓弧之半徑設為正值，大於 180 度時 R 則為負值。

複選題 答

( ) 158. 銑削長方體後發現平行度不佳，下列何者爲主要原因？ (123)

①虎鉗安裝 ②工件夾持 ③刀具夾持 ④主軸轉速。

解：主軸轉速與銑削後造成平行度不佳無關。

( ) 159. 如下圖之銑削溝槽之示意圖，最不可能應用於何種銑床？ (13)

①立式銑床

②臥式銑床

③砲塔式銑床

④萬能銑床。

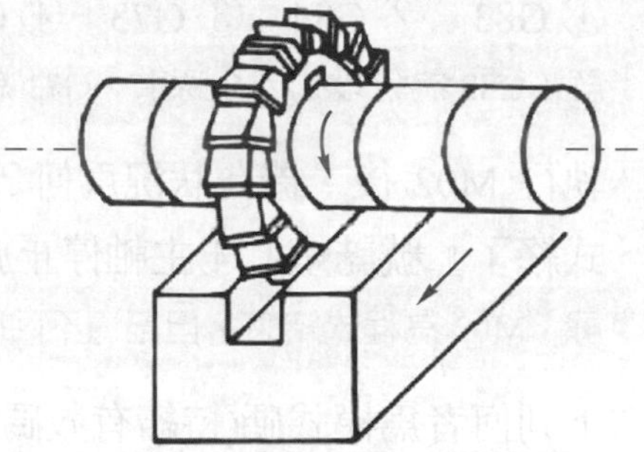

解：立式銑床與砲塔式銑床其刀軸垂直於水平面，圖中之刀軸為平行水平面。

( ) 160. 如下圖所示之工具機名稱不應爲 (124)

①立式銑床

②立式拉床

③立式搪床

④立式刨床。

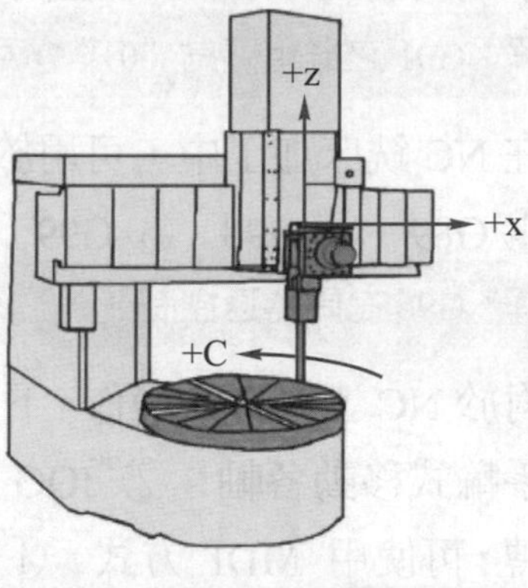

解：圖中所示之圖為立式搪床。

( ) 161. 銑削曲面時，下列敘述何者有誤？ (23)

①同樣切削條件下，小徑球刀較大徑球刀所作出的切削殘餘量(Scallop)爲大

②同樣大小的球刀，切削路徑間隔量越小，切削殘餘量越大

③同樣大小的球刀，進刀速率越高，切削殘餘量越小

④切削液有助於改善表面粗糙度。

解：切削殘餘量為第一次精加工工序後，為了第二次精加工而準備的預留量。

( ) 162. 0.01mm 定位精度之 NC 銑床，常用之滾珠導螺桿等級爲 (12)

① C5 ② C3 ③ C1 ④ C0。

解：滾珠螺桿的導程精度，以 JIS 規格為標準。精度等級為 C0～C5，常用之滾珠導螺桿等級為 C3～C5 等級。

( ) 163. 下列何指令可能令刀具進給停止？ ① M00 ② M01 ③ M02 ④ M05。 (123)

解：M05 為主軸停止，非刀具進給停止。

( ) 164. 在 NC 銑床加工中，可執行搪孔固定循環加工之 G 指令爲 (234)

① G84 ② G85 ③ G86 ④ G76。

解：G84 為攻右牙循環。

(　　) 165. 在 NC 銑床加工中，可執行深孔鑽削固定循環加工之 G 指令爲 (24)
① G81　② G83　③ G85　④ G73。

解：G81 為鑽孔循環、G85 為搪孔與鉸孔循環。

(　　) 166. 在 NC 銑床加工中，可執行螺牙固定循環加工之 G 指令爲 (24)
① G83　② G84　③ G73　④ G74。

解：G83 為分段式深孔啄鑽、G73 為高速深孔啄鑽。

(　　) 167. 執行 M02 後，機台狀況爲何？ ①各軸停止進給 ②主軸繼續旋轉 ③亮『程式終了』號誌燈 ④主軸停止旋轉。 (134)

解：M02 為程式結束，但記憶不回復。

(　　) 168. 下列何者爲模式碼(持續有效碼)？ ① G00 ② G04 ③ G28 ④ G41。 (14)

解：G04、G28 之群組碼為“00”它們僅在所指定的單節內有效，稱為一次式 G 碼。

(　　) 169. 下列何者可以與 G01 在同一單節中？ ① G90 ② G28 ③ G18 ④ G04。 (13)

解：G01 之群組碼為“01”，可於同一單節中指定數個不同族群之 G 碼。

(　　) 170. 在 NC 銑床加工中，可用於固定切削循環之指令有 (123)
① G89　② G98　③ G99　④ G96。

解：G96 為周轉速控制。

(　　) 171. 對於 NC 工具機的操作，下列敘述何者有誤？ ① JOG 與 MPG 分別爲觸壓式與手輪式移動各軸 ② JOG 速度可調、MPG 速度固定 ③剛開機後要使主軸旋轉，可使用 MDI 方式 ④手動回機械原點的速度與 G00 的速度相同且不可調。 (24)

解：MPG 為手搖輪介面，其速度為可調整。

(　　) 172. 會使刀具回歸到機械原點的單節有 ① G90 G28 X0 Y0 Z0 ② G91 G28 X0 Y0 Z0 ③ G90 G00 X0 Y0 Z0 ④ G91 G00 X0 Y0 Z0。 (12)

(　　) 173. 數值控制的 NC 碼包含下列何者？ (234)
①二進位碼　②英文字母　③數字　④符號。

解：數值控制的 NC 碼，其包含有程式傳輸%，程式號碼 O，準備機能 G，座標軸位置等。

(　　) 174. 鑽孔循環程式 G90 G99 G81 X30.0 Y20.0 Z-10.0 R12.0 F30；X50.0 Y40.0 R10.0；，下列敘述何者正確？ (24)
①第一孔的半徑爲 12.0mm　②第一孔的位置座標爲(30.0, 20.0)
③第二孔的半徑爲 10.0mm　④ Z-10.0 爲孔底位置。

解：如程式所述，其第一孔的位置座標為 (30.0, 20.0)且 Z-10.0 為孔深。

(　　) 175. 若先執行 G92 X0 Y0 F100；，下列那幾組程式執行後會得到相同外形輪廓？ (12)
① G91 G01 X10.0；G02 Y-8.0 R4.0；G01 X-10.0；G02 Y8.0 R4.0；
② G90 G03 Y-8.0 R4.0；G01 X10.0；G03 X10.0 Y0.0 R4.0；G01 X0.0
③ G91 G01X10.0；G03 Y-8.0 R4.0；G01 X-10.0；G03 Y8.0 R4.0；
④ G90 G1X10.0；G02 Y-8.0 J-4.0；G02 Y0 J4.0。

(　) 176. 下列何者爲斜向直線下刀程式 (24)

① G91 G01 Z-3.0 F150

② G91 G01 X20.0 Z-3.0 F100

③ G91 G02 X20.0 Y-15.0 Z-3.0R10.0 F120

④ G91 G01 X10.0 Y10.0 Z-2.5 F130。

(　) 177. 對於一個圓弧旋角大於 180 度，且 R12.5 的圓弧銑削程式，下列敘述何者正確？ (124)

① G02 X20. 2 Y17.8 R-12.5　② G03 X20.0 Y17.8 I8.5 J9.166

③ G02 X36.336 Y58.562 R12.5　④ G03 X36.261 Y36.261 I12.460 J1.0。

(　) 178. 刀尖貼近高度設定器頂面的操作方法，下列何者不宜採用？ (124)

①以快速移動貼近　②以寸動(JOG)貼近

③以手輪倍率 X1 貼近　④以試切削(DRY RUN)貼近。

解：若以刀尖貼近高度設定器，必須注意其下刀速度，以免破壞高度設定器。

(　) 179. 塑膠工件的尋邊操作宜使用下列哪些尋邊器？ (124)

① 連桿型　② 偏心型　③ 導電型　④ 三軸向型

解：塑膠材質無法導電，故無法使用導電型之尋邊器。

(　) 180. 下列何者爲測定工件程式原點的裝置？ (124)

①量錶　②尋邊器　③虎鉗　④ Z 軸測定器。

解：虎鉗非測定工件程式原點的裝置。

(　) 181. 對於分度頭之敘述，下列何者正確？ (13)

①蝸桿與蝸輪的轉速比常爲 40：1 及 5：1

②工件裝於蝸桿軸上

③主軸內孔爲斜孔可裝置中心頂針

④分度板不可轉動。

解：分度頭底座固定於床台，旋轉台座在底座上，旋轉台座的主軸於水平位置可再向下傾斜 5%，於垂直位置可再向右偏 5%，底座及旋轉台座側面均有刻度以顯示旋轉的角度。

(　) 182. 在傳統銑床上，分度頭可配合使用於下列何種工作？ (134)

①劃線　②銑削 3D 曲面　③銑削螺旋槽　④銑削正齒輪。

解：分度頭為銑床的一項重要附件，其目的是將工件轉動一確定角度，或繞一圓周做等分工作，如正方形、六角形、方栓槽、齒等。

(　) 183. 槓桿式量錶可檢查銑床之 (234)

①工作台之表面粗糙度　②主軸垂直度　③螺桿背隙　④工作台之眞平度。

解：槓桿式量錶無法檢查工作台之表面粗糙度。

(　) 184. 當大量數據的程式要以 DNC 的方式執行，下列敘述何者有誤？ (13)
①在電腦側作程式輸出後，接著按下控制面盤的 AUTO 鍵
②須檢查電腦及機器傳輸協定是否同步
③傳輸中出現 G91G28Z0 則須依序按下 HOME,Z,HOMESTART 鍵以執行程式
④若 Z 向上跑出極限，可能原因爲刀長補正有誤。

(　) 185. 依下圖在銑床上做虎鉗校正，當虎鉗螺栓左邊輕鎖右邊放鬆時，下列操作何者不宜？ (13)
①量錶移到右側後旋轉錶面歸零
②量錶移到左側後旋轉錶面歸零
③量錶可固定於移動床台上
④量錶應固定於銑床不動處。

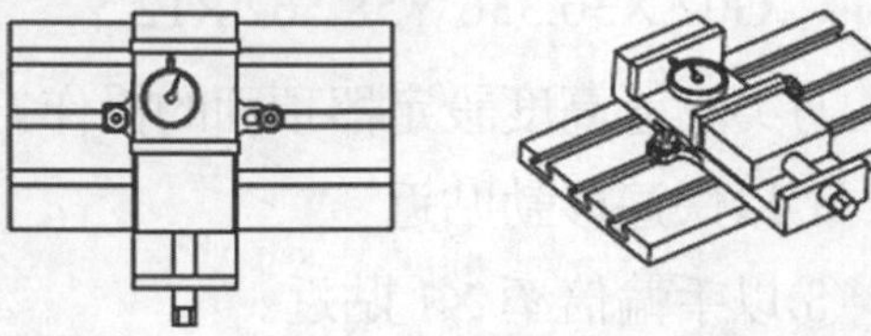

解：量錶不可固定於移動之床台上，會無法進行校正工作。

(　) 186. 應用 G76 在 NC 銑床搪孔之敘述，下列何者有誤？ (134)
①提刀時，主軸爲反轉　②搪刀桿之長度與其直徑比不宜過大
③搪孔刀之刀尖位移 1mm，孔徑加大 1mm　④屬於半手動搪孔模式。

解：當搪孔刀之長度與直徑比大，則搪刀桿須設計支撐性，比免產生撓曲，影響尺寸精度。

(　) 187. 在 NC 銑床面板上的英文縮寫原意，何者有誤？ (14)
① JOG：Jumping Operation Gage　② MDI：Manual Data Input
③ MPG：Manual Pulse Generator　④ EOB：Edit Offset Back。

解：EOB 原意為 End Of Block，而 JOG 為一個單詞，並無縮寫。

(　) 188. NC 銑床之床台移動定位可用下列何者器材控制？ (23)
①插補器　②光學尺　③編碼器(encoder)　④偏光鏡。

解：編碼器(Encoder)為量測位置的裝置，其基本原理是通過光學感測器提供電子訊號以編譯相關位置等。

(　) 189. 下列何者傳輸介面，可將電腦軟體編寫模擬完之數控程式輸入 NC 銑床控制器內？　① DNC　② CF-CARD　③ RS232　④ USB。 (234)

解：DNC 為電腦與 CNC 銑床執行邊傳邊做的加工方式。

工作項目③ 工件夾持及校正及傳統銑床、CNC 銑床－刀具選用及裝卸

一、單元專業知識

工作項目	技能種類	技能標準	相關知識
二、工件夾持及校正及傳統銑床、CNC 銑床－刀具選用及裝卸	(一) 裝卸及調整夾具 (二) 夾持及校正工件	能按正確方法裝卸及調整夾具。 能按正確方法夾持、裝卸及校正工件。	瞭解夾具之功用、規格及種類與使用安全注意事項。
	(一) 選用刀具 (二) 裝卸刀具	能依加工需要選用適當形狀及材質之刀具。 1. 能正確裝卸刀具。 2. 能正確使用刀具設定裝置。	(1) 瞭解各替工件材質與刀具材質關係。 (2) 瞭解銑刀、鑽頭及鉸刀等各種刀具之規格、種類與選用。 (3) 瞭解各種刀具之選用及裝卸方法。

單選題 答

( ) 1. 銑床虎鉗之規格，通常是以虎鉗 (3)
①鉗口最大開啓量 ②高度 ③鉗口寬度 ④重量 來稱呼。

解：虎鉗其規格以鉗口之寬度長表示，75、100、125 及 150(以 mm 為單位表示)等四種，鉗口寬度愈大，則開口距離愈大。(圖片取自機械基礎實習-王金柱)

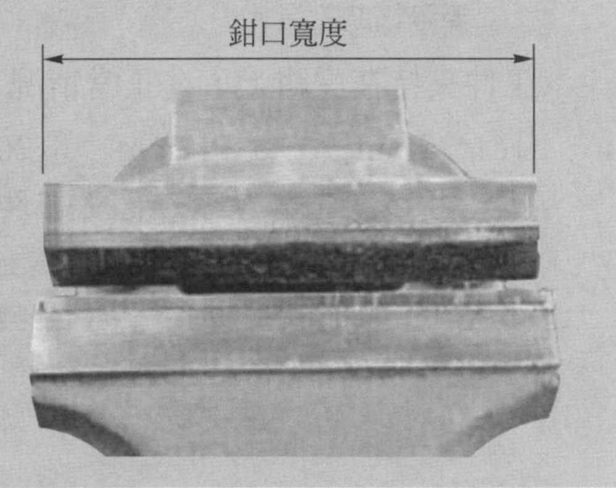

( ) 2. 以兩個 V 形枕輔助夾持長形圓桿工件時，在不妨礙加工位置的情況下，壓板應儘量壓在 ①兩個 V 形枕中間 ②兩個 V 形枕上面 ③一個壓在工件中間；一個壓在 V 形枕上面 ④只用一個壓板在其中一個 V 形枕上即可。 (2)

解：加工圓桿工件時，因無法直接夾持在虎鉗上銑削時，則需要搭配 V 形枕，為了能夠使夾持力更加穩固，故會搭配壓板使用。

( ) 3. 為求穩定性良好，因此直角板的材質通常以 (4)
①中碳鋼 ②不銹鋼 ③黃銅 ④鑄鐵 製成。

解：鑄鐵製成之直角板，使用磨損後，可以重新修刮恢復其精度，可用塗色法檢驗零件平面度，具有準確、直觀、方便的優點。

( )4. 有一圓形工件，其直徑爲 40mm，長度只有 35mm，今欲以直立方式夾持在虎鉗上，則最好的輔助夾具是 ①黃銅圓棒 ②斜楔 ③V形枕 ④C形夾。 (3)

解：V 形枕的材質為鑄鐵或鋼，使用於夾持在虎鉗上無法夾持的圓形工件，如圖所示。(圖片取自銑床能力本位訓練教材)

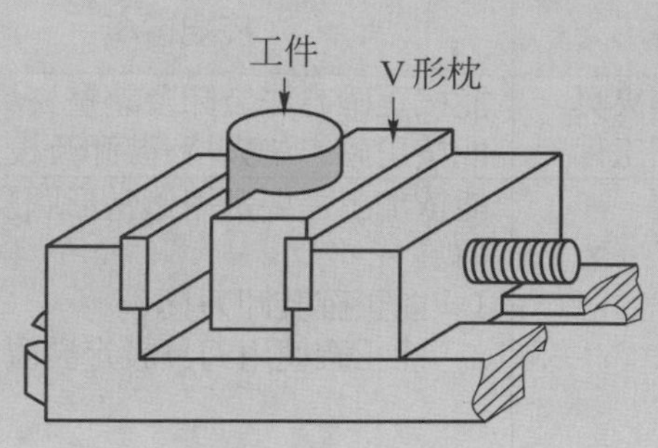

( )5. 已加工完成之六面體工件，其平行度良好，材質爲中碳鋼，今欲將該工件夾持在銑床精密虎鉗上，則下列何者爲正確？ (4)

①鉗口應加護罩 ②以圓棒輔助夾持
③以壓板輔助夾持 ④不必加任何輔助夾具。

解：若因工作表面粗糙或不平整時，如欲將工作夾持於精密虎鉗上時，必須使用鉗口罩或圓棒等輔助工具。

( )6. 工件夾持在虎鉗上，在正常情況下，工件露出鉗口的高度，最佳尺寸爲 (2)

① 1～2mm ② 6～12mm ③ 20～25mm ④ 30～35mm。

解：鉗口夾持工件的高度至少為工件高度的 2/3 以上(約 6-12mm)，且工件露出虎鉗頂面的部份應儘量減少。(圖片取自銑床能力本位訓練教材)

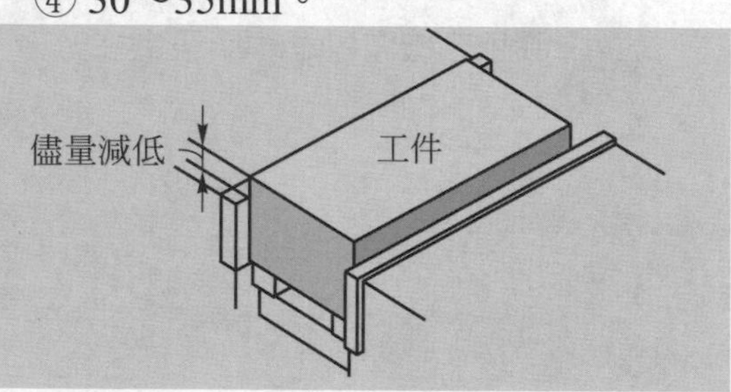

( )7. 以 90°V形枕輔助夾持細長桿工件時，若該工件斷面爲 (2)

①正方形 ②正六角形 ③正八角形 ④圓形 時則無法精確的夾持。

( )8. 分度頭之尾座頂針的錐角爲 ① 30 度 ② 45 度 ③ 60 度 ④ 75 度。 (3)

解：分度頭之尾座頂針的錐角為 60 度。

( )9. 有一V形枕開口寬度爲 40mm，則欲橫置在其上面的圓形工件直徑不得大於 (4)

① 20mm ② 36mm ③ 40mm ④ 56mm。

解：使用 V 形枕夾持時，須依照工件直徑的大小選擇合適的 V 形枕，並使工件置於 V 形枕槽面中，且工件不得大於 V 形枕開口寬度，以免夾持不易。(圖片取自銑床能力本位訓練教材)

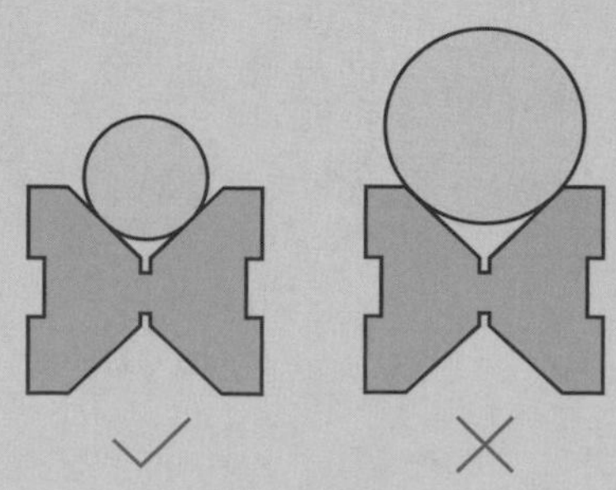

( ) 10. 直角板的兩板面皆有長條狀槽孔，其功用為 (2)
①減輕重量 ②螺栓貫穿夾緊之用 ③增加強度 ④不易變形。

解：直角板的兩板面皆有長條狀槽孔，是為了能夠使螺栓貫穿鎖緊工件之用。

( ) 11. 六面體工件夾持在虎鉗上，欲在正中間銑一貫穿孔時，則工件下方至少應墊幾塊平行墊塊 ①2 ②3 ③4 ④5 塊。 (1)

解：平行塊必須是成對使用，單獨使用會使工件產生歪斜。

( ) 12. 在銑床虎鉗上敲正工件，應於下列何種狀況下為之？ (3)
①尚未夾持到工件時 ②鉗口輕輕接觸到工件時
③工件夾持到半緊時 ④工件已完全夾緊後。

解：當工件夾持至半緊時，可用鋁或手槌敲擊工件上端，使工件緊貼於平行塊或虎鉗底面。敲擊後，須用手輕搖平行塊，檢查平行塊是否因工件浮起而有鬆動的現象。

( ) 13. 有一尺寸為 25 × 25 × 65mm 胚料，欲在臥式銑床上銑斷成兩塊，長度各至少為 30mm，鋸割銑刀寬度為 4mm，則該胚料之夾持方式為 (4)
①橫置在鉗口中間 ②直立在鉗口中間 ③橫置在鉗口側端 ④橫置在鉗口側端，另一側端也置一 25mm 寬度的鐵塊一起夾持。

解：虎鉗夾持單邊易發生歪斜與不穩固之情形，故加工時可於另外一側夾持相同大小的材料使其平衡。

( ) 14. 利用銑床虎鉗夾持薄工件，可選用何種輔助夾具？ (1)
①壓楔 ②C 形夾 ③直角板 ④V 形枕。

解：銑削夾持薄工件可使用壓楔，增加其夾持壓力，且夾持薄工件時須特別注意，不可讓工件有翹曲的現象。

( ) 15. 下列何種加工為非分度頭之工作範圍？ ①正齒輪 ②凸輪 ③齒條 ④角錐。 (3)

解：分度頭為銑床的一項重要附件，其目的是將工件轉動一確定角度，或繞一圓周做等分工作，如正方形、六角形、方栓槽、齒、螺旋槽等加工。

( ) 16. 萬能虎鉗可調整角度之軸共有 ①1 ②2 ③3 ④4 個。 (2)

解：萬能虎鉗能使工件固定在虎鉗上，不但在水平面內做 360°自由的轉動，也可以在垂直面上做 90°內的傾斜，可以做任意角度的調整，銑削複雜角度的工件。

( ) 17. 於圓轉盤上銑削圓弧，工件夾持校正中心時，須對正 (2)
①銑床 ②圓轉盤 ③虎鉗 ④直角板 中心。

( ) 18. 銑削螺旋槽時，應使用下列何者夾持？ (3)
①虎鉗 ②直角板 ③分度頭 ④跨銑夾具。

解：詳見第 15 題。

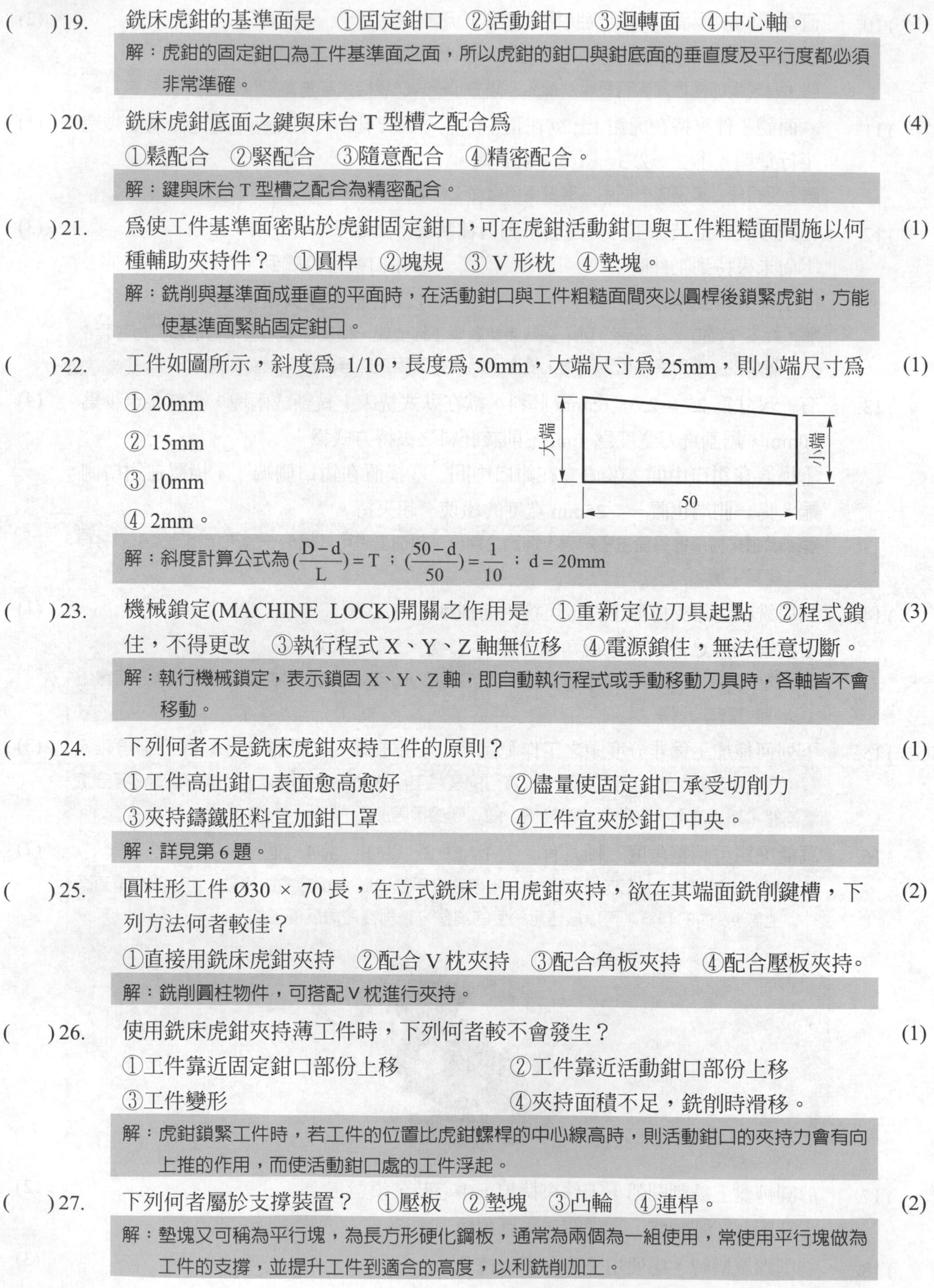

(　　) 19.　銑床虎鉗的基準面是　①固定鉗口　②活動鉗口　③迴轉面　④中心軸。 (1)

解：虎鉗的固定鉗口為工件基準面之面，所以虎鉗的鉗口與鉗底面的垂直度及平行度都必須非常準確。

(　　) 20.　銑床虎鉗底面之鍵與床台 T 型槽之配合爲 (4)

①鬆配合　②緊配合　③隨意配合　④精密配合。

解：鍵與床台 T 型槽之配合為精密配合。

(　　) 21.　爲使工件基準面密貼於虎鉗固定鉗口，可在虎鉗活動鉗口與工件粗糙面間施以何種輔助夾持件？　①圓桿　②塊規　③ V 形枕　④墊塊。 (1)

解：銑削與基準面成垂直的平面時，在活動鉗口與工件粗糙面間夾以圓桿後鎖緊虎鉗，方能使基準面緊貼固定鉗口。

(　　) 22.　工件如圖所示，斜度爲 1/10，長度爲 50mm，大端尺寸爲 25mm，則小端尺寸爲 (1)

① 20mm

② 15mm

③ 10mm

④ 2mm。

解：斜度計算公式為 $(\frac{D-d}{L})=T$；$(\frac{50-d}{50})=\frac{1}{10}$；d = 20mm

(　　) 23.　機械鎖定(MACHINE LOCK)開關之作用是　①重新定位刀具起點　②程式鎖住，不得更改　③執行程式 X、Y、Z 軸無位移　④電源鎖住，無法任意切斷。 (3)

解：執行機械鎖定，表示鎖固 X、Y、Z 軸，即自動執行程式或手動移動刀具時，各軸皆不會移動。

(　　) 24.　下列何者不是銑床虎鉗夾持工件的原則？ (1)

①工件高出鉗口表面愈高愈好　②儘量使固定鉗口承受切削力

③夾持鑄鐵胚料宜加鉗口罩　④工件宜夾於鉗口中央。

解：詳見第 6 題。

(　　) 25.　圓柱形工件 Ø30 × 70 長，在立式銑床上用虎鉗夾持，欲在其端面銑削鍵槽，下列方法何者較佳？ (2)

①直接用銑床虎鉗夾持　②配合 V 枕夾持　③配合角板夾持　④配合壓板夾持。

解：銑削圓柱物件，可搭配 V 枕進行夾持。

(　　) 26.　使用銑床虎鉗夾持薄工件時，下列何者較不會發生？ (1)

①工件靠近固定鉗口部份上移　②工件靠近活動鉗口部份上移

③工件變形　④夾持面積不足，銑削時滑移。

解：虎鉗鎖緊工件時，若工件的位置比虎鉗螺桿的中心線高時，則活動鉗口的夾持力會有向上推的作用，而使活動鉗口處的工件浮起。

(　　) 27.　下列何者屬於支撐裝置？　①壓板　②墊塊　③凸輪　④連桿。 (2)

解：墊塊又可稱為平行塊，為長方形硬化鋼板，通常為兩個為一組使用，常使用平行塊做為工件的支撐，並提升工件到適合的高度，以利銑削加工。

( ) 28. 下列何者常用於夾具上的夾緊裝置？ ①墊塊 ②擋塊 ③定位銷 ④凸輪。 (4)

解：凸輪夾緊是利用「楔面繞在基圓上配合槓桿，沿凸輪邊緣施壓，因凸輪半徑漸增，凸輪升程逐漸增高的結果，使夾緊力量增加」(謝錫湖-工模與夾具，2006)。

( ) 29. 下列何種支撐方式最平穩，尤其適用於具有粗糙表面之工件？ (4)
①五點支撐 ②二點支撐 ③一點支撐 ④三點支撐。

解：三點支撐的優點為：工件安裝平穩不會有搖晃現象、工件表面不平滑也不會產生支撐間隙。

( ) 30. 以工件夾持的觀點，若不受限制，則一個工件在空間中有幾個自由度？ (3)
① 3 個 ② 6 個 ③ 12 個 ④ 18 個。

( ) 31. 體積較大之工件，通常的夾持方式爲 ①利用虎鉗夾持 ②不必夾持 ③利用 V 形塊夾持 ④利用輔助工具夾持於床台。 (4)

解：較大型工件無法直接夾持在虎鉗上銑削時，則需要將工件基準面直接放置在床台面而利用壓板夾持於床台。

( ) 32. 圓柱工件與 90 度 V 形枕兩邊之接觸點到中心連線的夾角爲多少度時，工件支撐最穩定 ① 30 度 ② 40 度 ③ 60 度 ④ 90 度。 (4)

解：使用 V 枕夾持工件時，其接觸點到中心連線的夾角為 90 度時，工件支撐最穩固。

( ) 33. 彈簧筒夾適用於夾持 (2)
①莫氏錐柄銑刀 ②直柄銑刀 ③ B&S 錐柄銑刀 ④ 7/24 錐柄銑刀。

解：彈簧筒夾一般適用於直柄銑刀。

( ) 34. 由壓板與螺栓組合而成的夾緊構件，如下圖所示，夾緊力若要較大，則應選用下列何者？ (1)

① P 愈接近工件
② P 愈遠離工件
③ R 愈接近工件
④任何方均可。

解：途中 P(螺栓的位置)以靠近工件為佳，以便得到最佳的鎖緊力。

( ) 35. 用於墊高壓板之夾緊件爲 ① V 枕 ②角板 ③ C 形夾 ④階梯塊。 (4)

解：壓板通常為整組使用，常見的壓板組合有各種長度的 T 型螺栓、螺帽、階級塊，以配合工件使用。

( ) 36. 下列何者不是鑽模與夾具之主要功用？ (1)
①減少切削行程 ②增加工件精度 ③節省工件安裝時間 ④簡化操作方法。

( ) 37. 在不妨礙換刀的原則下，CNC 銑床之虎鉗通常置於床台面上 (2)
①偏左側 ②正中央 ③偏右側 ④不必考慮 位置。

解：CNC 銑床之虎鉗通常置於床台正中央，方便工件拆卸、尺寸量測與替換。

( ) 38. 重新磨削磁力吸盤表面之主要原因爲 ①增加美觀 ②防止磁力吸盤生銹 ③提高夾持力及精密度 ④改善磁力吸盤的磁力。 (3)

解：研磨磁力吸盤，可提高吸盤的平面度、及去除盤面生鏽處，以提高吸盤夾持力與精密度。

( ) 39. 銑床虎鉗配合軟金屬圓桿夾持工件時，圓桿應置於 (2)
①工件基準面與固定鉗口之間 ②工件未加工面與活動鉗口之間
③工件底面與虎鉗底面之間 ④工件未加工面與固定鉗口之間。

解：銑削與基準面成垂直的平面時，在活動鉗口與工件粗糙面間夾以圓桿後鎖緊虎鉗，能使基準面密貼固定鉗口，如下圖所示。(圖片取自銑床能力本位訓練教材)

( ) 40. 利用軟金屬圓桿與銑床虎鉗夾持工件時，其主要目的為 ①可防止夾傷工件表面 ②可增加夾持力 ③可使工件基準面更貼緊固定鉗口 ④可使銑削更穩固。 (3)

解：詳見第 39 題。

( ) 41. 最適用在圓棒的圓柱面上，銑削多個平行於軸線的直槽的夾具為 (3)
①正弦桿 ②萬能虎鉗 ③分度頭 ④銑床虎鉗。

解：分度頭為銑床的一項重要附件，其目的是將工件轉動一確定角度，將圓周做等分工作，如正方形、六角形、方栓槽、齒輪等。

( ) 42. 最方便調整鑄件粗胚面是否平行於床台之器具為 (4)
①量錶 ②高度規 ③粉筆 ④劃線台。

( ) 43. 於銑床床台上夾持底部不平整的工件時，必須配合使用壓板及 (4)
①圓棒 ②平行塊 ③V 形枕 ④千斤頂。

解：不平整之工件夾持時，須配合千斤頂，以增加其夾持力。

( ) 44. 以壓板夾持工件時，壓板墊塊必須考慮工件的 (1)
①高度 ②寬度 ③重量 ④面積。

解：使用壓板墊塊時，選擇適當的階級塊墊高，使壓板與工件齊高，並保持平行。

( ) 45. 砲塔式銑床銑削全圓弧時，較適合之夾具為 (3)
①銑床虎鉗 ②萬能虎鉗 ③圓轉盤 ④磁性夾盤。

解：圓轉盤銑削圓弧，一般和立式銑床配合加工，利用圓轉盤之圓周運動特性，增加工作機能。

( ) 46. CNC 銑床銑削時，省略下列何種步驟並不影響加工精度？ (3)
①主軸轉速設定 ②工件夾持 ③工件劃線 ④銑刀選用。

( ) 47. 圓柱形工件可較穩固支持的適用夾具為 (3)
①壓板 ②C 形夾及角板 ③V 形枕及虎鉗 ④平口虎鉗。

解：銑削圓柱形工件時搭配 V 形枕與虎鉗可得較穩固之夾持。

( ) 48. 設計定位構件時，下列敘述何者錯誤？ (2)
①階梯面可兼作定位面 ②兩平行階梯面可同作基準面
③階級孔不可兼作定位面 ④定位件與底板接合處須留有間隙。

( ) 49. 工件底面只放置一支定位銷，則工件的自由度減少一個，而拘束度則增加 ①1 個 ②2 個 ③3 個 ④4 個。 (1)

解：當工件之自由度減少一個，則拘束度會增加一個。

( ) 50. 下列何種定位件較適用於不規則外形且無孔工件之定位？ ①V 形定位件 ②承窩(nest)定位件 ③柱塞定位件 ④方塊定位件。 (2)

解：承窩(nest)定位件，是在工件上切削一凹槽，並裝置定位銷，較能定位於不規規則外形且無孔之定位。

( ) 51. 端銑刀最常用的材質爲 ①中碳鋼 ②高碳鋼 ③碳化鎢 ④工具鋼。 (3)

解：端銑刀常用之材質為碳化鎢，依照切削種類可分為 K、M、P 三類，適合於高速銑削加工。

( ) 52. 銑刀在銑削時，可容納切屑的部位爲 ①刃槽 ②刃面 ③刃背 ④傾角。 (1)

解：銑刀之螺旋槽(刃槽)為可容納切屑的地方，螺旋槽數目越少，容屑空間就越大。

( ) 53. 碳化物銑刀最適合於 ①重 ②輕 ③高速 ④低速 銑削。 (3)

解：詳見第 51 題。

( ) 54. 面銑刀之刀面較寬大，銑刀本體一般以 ①高速鋼 ②碳化鎢 ③工具鋼 ④低碳鋼 製成。 (3)

解：平面銑刀係一皿狀本體，圓周上側邊具有刀刃的銑刀，直徑約為 80mm 以上，本體一般以工具鋼製成，適用於銑削大平面。

( ) 55. 兩刃端銑刀用於 ①精 ②粗 ③細 ④快 銑削。 (2)

解：兩刃端銑刀用於粗加工，有較多之容屑空間。

( ) 56. 銑刀之螺旋角愈大，銑削振動愈小，其所生軸向推力 ①愈小 ②愈大 ③不變 ④逐漸減小。 (2)

解：當銑刀的螺旋角越大，工件與切刃的接觸長度就越長。使切刃所承受的振動降低延長刀具壽命。但會造成切削阻力變大，因此必須採用剛性高之刀柄。

( ) 57. 呈負傾角之銑刀，不適宜銑削下列何種材料？ ①鋁 ②黃銅 ③合金鋼 ④鑄鐵。 (1)

解：傾角可為正、負角，軟材料之傾角可較大，硬材料之傾角較小或為負角度。

( ) 58. 以碳化鎢銑刀銑削下列材料，那一種切削速度最快？ ①青銅 ②低碳鋼 ③易削鋼 ④鋁。 (4)

解：以碳化鎢銑削鋁材，其切削速度可達 600 m/min.以上。

( ) 59. 直徑較小之高速鋼端銑刀大多以 ①銲片 ②嵌片 ③整體 ④鑄造 製成。 (3)

( ) 60. 臥式銑床銑刀內徑，下列何者較常用？ ①15.8mm ②22.2mm ③25.4mm ④28.3mm。 (3)

解：臥式銑床可裝之銑刀內徑為 25.4 mm。

( ) 61. 銑床主軸轉數不變，則銑刀每一刃之進給量與進給速度成 ①正比 ②反比 ③不成比 ④相等。 (1)

解：銑床進給率計算式為，$F_m = F_t$(每刃進給量)$\times t \times N$(進給速度)。

( ) 62. 選擇適當的切削速度與進給量，可增加銑刀之 (4)
①強度 ②韌性 ③硬度 ④壽命。

( ) 63. 工件夾持方式之選定，下列何種因素不須考慮？ (4)
①進刀方向 ②加工程序 ③加工件數 ④切削速度。

( ) 64. 鋸割銑刀一般寬度之範圍在 (1)
① 0.5～6mm ② 3～8mm ③ 5～10mm ④ 8～12mm。

解：鋸割銑刀是一種較薄的平銑刀或側銑刀，厚度在 0.5～6mm；係用來鋸割、開槽縫(槽)(如螺絲釘頭開槽)。

( ) 65. 銑削 3mm 寬、60mm 深之直形溝槽，下列何種銑刀較合適？ (1)
①鋸割銑刀 ②端銑刀 ③螺旋平銑刀 ④交錯刃側銑刀。

解：詳見第 64 題。

( ) 66. 使用面銑刀銑削工件平面時，一次銑削工件之寬度約為面銑刀直徑之 (3)
① 1/3 ② 1/2 ③ 3/4 ④ 1 倍為適宜。

解：使用面銑刀時，應避免滿刀銑削，以免切削阻力過大，盡量約為 3/4 面銑刀直徑為宜。

( ) 67. 在立式銑床上作圓弧或曲面銑削宜選用 (4)
①側銑刀 ②面銑刀 ③T形銑刀 ④端銑刀。

解：端銑刀適用於槽、階級、圓弧、曲面等加工。

( ) 68. 面銑刀之切入角為 45 度時，可降低切削抵抗，亦可減少發熱量，故可作 (1)
①重 ②輕 ③高速 ④低速 銑削。

( ) 69. 研磨及銲接碳化刀片技術不正確，會使刀具 (1)
①龜裂 ②鬆脫 ③變鈍 ④移位。

( ) 70. 下列碳化鎢刀具中，耐磨性最大的是 ① P01 ② P10 ③ P20 ④ P30。 (1)

解：碳化鎢 P 類中，P01 耐磨性高、韌性差，適用高速鋼切削而進刀量小時，或要求工件的尺寸精度和表面加工成度良好之加工。

( ) 71. 銑削低碳鋼應選用 ① M ② P ③ K ④ O 類刀具。 (2)

解：碳化鎢刀具中 P 類適用於一般碳鋼加工，M 類適用於易削鋼、非鐵金屬，K 類適用於鑄鐵。

( ) 72. 下列何種刀具最適用於碳鋼工件之粗加工 ①單晶鑽石刀具 ②立方晶氮化硼(CBN)刀具 ③高碳鋼刀具 ④碳化鎢刀具。 (4)

解：詳見第 71 題。

( ) 73. 下列有關於刀具幾何與角度功用之敘述，何者正確？ (4)
①斜角不會影響切屑流動 ②讓角與刀具磨損無關 ③正斜角刀具較適用於黑皮工件之重切削 ④刀鼻半徑會影響工件精度。

解：刀鼻半徑會影響工件表面粗糙度。

( ) 74. 下列有關銑刀之敘述，何者正確？ (3)
①碳化鎢刀片中，P10 刀具的韌性優於 P50 ②鑽石刀具適用於鋼料之精加工 ③立方晶氮化硼(CBN)刀具適用於鋼料之精加工 ④銑刀是一種單刃刀具。

解：立方晶氮化硼(CBN)刀具適用高磨損力之工作材料的高速切削，適用於材料精加工。

( ) 75. 下列何種刀具材料的韌性最佳？ ①鑽石 ②高速鋼 ③陶瓷 ④碳化鎢。 (2)

解：高速工具鋼包括鎢(W)、鉬(Mo)、鉻(Cr)、釩(V)、鈷(Co)及碳(C)等主要成份。以高速工具鋼製作的刀具其韌性佳，且具有較高的紅熱硬性，良好的耐磨耗性和耐衝性。

( ) 76. 銑削大平面時，應選用 ①側銑刀 ②面銑刀 ③鳩尾銑刀 ④端銑刀。 (2)

解：詳見第 54 題。

( ) 77. 銑削鋼料工件時，刀具間隙角的較佳值為 ① 5° ② 10° ③ 15° ④ 20°。 (1)

解：間隙角是為防止與工件因摩擦而卡住，故銑削硬材料應使用較小的間隙角，而軟材料可使用較大之間隙角。

( ) 78. 下列碳化鎢刀具之特性中，何者正確？ ① P20 之韌性小於 P30 ② P20 之耐磨性小於 P40 ③ P20 之適用切削速度小於 P40 ④ P20 之硬度小於 P40。 (1)

解：P 值型號越小，切削速度越高，耐磨耗性越大，反之 P 值型號越大，韌性大、進給大。

( ) 79. 下列何種材質的刀具最不適用於模具鋼工件之高精度切削？ (4)
①高速鋼 ②碳化鎢 ③立方晶氮化硼(CBN) ④鑽石。

解：鑽石類刀具不是用於金屬材質加工，因鑽石與鐵易發生親合性。

( ) 80. 用於控制切屑流動方向的主要刀具角度為 ①斜角 ②隙角 ③刃角 ④鼻角。 (1)

解：斜角為控制切屑流動方向、隙角則為避免與工件接觸。

( ) 81. 下列有關銑削加工之敘述，何者不正確？ (3)
①端銑刀刀柄伸出過長會產生銑削異常振動 ②精銑加工宜採用多刃端銑刀
③球形端銑刀適用於重銑削 ④端銑刀之端面與柱面均有刃口。

解：球形端銑刀(ball end mill)為曲面精切削工作最常用的切削刀具。

( ) 82. 下列何種車刀材料常用於鋼材工件之超精密切削？ (3)
①碳化鎢 ②高速鋼 ③立方晶氮化硼(CBN) ④鑽石。

解：立方晶氮化硼為最硬的刀具，其切削速度可達 500m/min 以上，適用於高精密切削加工。

( ) 83. 下列有關銑削刀具之選用，何者正確？ (3)
①可使用刃口未過中心的端銑刀銑削盲孔底部 ②銑刀壽命與每刃進給量無關
③面銑刀的切除率大於端銑刀 ④螺旋銑刀無法減少切削阻力。

( ) 84. 直徑相同之一般端銑刀，下列何者較適合於重銑削？ (3)
①較多刀刃數，較大螺旋角 ②較少刀刃數，較小螺旋角
③較少刀刃數，較大螺旋角 ④較多刀刃數，較小螺旋角。

解：端銑刀選擇刃數少有較大的容屑空間，而較大之螺旋角可降低銑削震動。

( ) 85. 使用捨棄式刀片的最大優點為 ①可快速更換新的刀刃 ②適合於小量銑削 ③適合於成形銑削 ④適合於小型銑床用。 (1)

解：使用捨棄式刀片的優點是刀片尺寸精確，裝置刀片的時候，只要將本體上刀片的凹穴清拭乾淨，把刀片確實固鎖後，再予以校正，不必研磨即可在銑削加工，在使用上甚為方便。

( ) 86. 下列何者不屬於心軸銑刀？ ①端銑刀 ②平銑刀 ③側銑刀 ④鋸割銑刀。 (1)

解：端銑刀屬於有柄銑刀。

( ) 87. 下列何種刀具最適用於鋁合金工件之精密加工？ (4)
①碳化鎢刀具 ②碳化鈦刀具 ③ CBN 刀具 ④鑽石刀具。

解：鑽石刀具一般適用於切削高矽鋁合金、玻璃纖維、石墨、巴比特合金等材料，工件品質佳，表面粗度一致。

( ) 88. 大進給粗銑中碳鋼時，碳化鎢刀具宜選用 ① M01 ② M30 ③ K01 ④ K30。 (2)

解：M 類適用加工於鋼類、鑄鋼，而 M30 特性為韌性大、進給大。

( ) 89. 採用高速鋼端銑刀銑削加工，若發生刀刃崩裂，下列改善方法中何者錯誤？ (2)
①進給速度減慢 ②進給速度增加 ③確實夾緊工件 ④確實夾緊刀具。

解：進給時，若發生刀具崩裂，應降低進給速度，並更換刀具。

( ) 90. 銑削圓弧或曲面時，應選用 ①側銑刀 ②面銑刀 ③鳩尾銑刀 ④端銑刀。 (4)

解：詳見第 67 題。

( ) 91. 鉸削直孔時，爲使機械鉸刀易於導入孔內，其前端應具有 (2)
①圓弧 ②錐度 ③螺紋 ④凹槽。

解：機械鉸刀前端有倒角，故於欲鉸削的孔先行倒角，以方便鉸刀進入。

( ) 92. 銑削T槽時，因切屑不易排除，故宜選用何種T槽銑刀？ (2)
①直刃型 ②交錯刃型 ③左螺旋刃型 ④右螺旋刃型。

解：T 型槽銑刀係用來銑削機械床台上的 T 型槽，刀刃製成交錯排列，在銑削 T 型槽時易於排屑。

( ) 93. 欲獲得較好的光製表面宜選擇 (3)
①大進給 ②切速小 ③刀鼻半徑較大 ④切深較大。

解：刀鼻半徑越大其加工表面粗糙度越佳。

( ) 94. 刀具在正常狀況下切削時的溫度上升，主要來自於 (1)
①剪切作用 ②磨擦作用 ③切屑捲曲 ④表面能。

解：金屬切削時晶粒受到剪切作用，使刀具、工件溫度上升。

( ) 95. 端銑刀於銑削中發生微量磨損，宜採下列何種對策？ (1)
①降低進給率 ②增加進刀深度 ③增加刀具伸出量 ④繼續操作。

( ) 96. CNC 銑床作二又二分之一次元曲面銑削時，宜選用何種銑刀？ (4)
①槽銑刀 ②面銑刀 ③側銑刀 ④球銑刀。

解：詳見第 81 題。

( ) 97. 鉸削 Ø5 至 Ø20，鑽孔孔徑應預留多少鉸削量較適當？ (2)
① 0.05～0.1mm ② 0.2～0.3mm ③ 0.4～0.5mm ④ 0.6～0.7mm。

解：鉸削孔徑一般預留 0.2mm～0.3mm。

( ) 98. 銑切 30×30mm 平面時，使用下列何種直徑的端銑刀較節省時間？ (1)
① 35mm ② 30mm ③ 20mm ④ 16mm。

解：選擇與加工平面適當之刀具，以減少加工時間。

( ) 99. 銑切 12×12mm 平面時，使用下列何種直徑的端銑刀較佳？ (4)
① 8mm ② 10mm ③ 12mm ④ 16mm。

解：詳見第 98 題。

( ) 100. 在平面上擬銑切直徑 Ø21.6±0.1mm、深 20mm 之貫通孔，一般宜使用 (3)

① Ø21.6mm 之 4 刃端銑刀

②中心鑽、Ø21.6mm 之 2 刃端銑刀

③中心鑽、Ø18mm 鑽頭、Ø20mm 之 4 刃端銑刀

④ Ø18mm 鑽頭、Ø21.6mm 之 2 刃端銑刀。

解：銑削孔加工之順序為：中心鑽、略小於孔徑之鑽孔、符合公差之銑刀。

( ) 101. 在 CNC 銑床上銑切直徑 Ø 21.6mm、深 20mm 之盲孔，一般宜使用 (3)

① Ø21.6mm 之端銑刀

②中心鑽、Ø21.6mm 之 2 刃端銑刀

③中心鑽、Ø18mm 鑽頭、Ø20mm 之 2 刃端銑刀

④ Ø18mm 鑽頭、Ø21.6mm 之 2 刃端銑刀。

解：詳見第 100 題，CNC 銑床加工排屑能力較佳，故採用 2 刃端銑刀。

複選題 答

( ) 102. 銑削加工後之工件有歪斜現象，想要重新校正架設在銑床上之虎鉗座，下列何者不適用？ ①游標卡尺 ②槓桿式量錶 ③特殊型式之分厘卡 ④光學平鏡。 (134)

解：虎鉗校正為利用槓桿量錶固定於床柱面上，並使指針與與虎鉗上的鉗口平行。

( ) 103. 茲以公差±0.10mm 與±0.02mm 分別畫成圓 1 及圓 2，如圖所示；圓心 O 代表正確值，可接受公差爲 0.01mm。現將量測到的工件尺寸標示爲小黑點，下列何者不是該 5 個量測數據所呈現之準確度與重現性？ (134)

①高準確度與高重現性

②低準確度與高重現性

③高準確度與低重現性

④低準確度與低重現性。

1
2
O
量測點

解：重複性為單一量測人員使用同一種量具，重複量測同一物件上之數値，
重現性為不同量測人員使用同一種量具，個別量測同一物件上之數値。

( ) 104. 銑削斜面之工件，可使用下列何種夾持裝置？ (234)

①正弦桿 ②萬能虎鉗 ③平面虎鉗搭配斜度墊塊 ④正弦虎鉗。

解：正弦桿是一種角度測量用的精密量具，利用三角函數中的正弦函數之觀念，由長度測量間接求出角度。

( ) 105. 尺寸爲 200x100x0.5mm 之 S45C 工件，欲銑削其大平面時，可用下列何者夾持？ (234)

①虎鉗 ②磁力吸盤 ③眞空吸盤 ④低溫冷凍吸盤。

解：銑削大平面且厚度薄之工件，使用虎鉗夾持會使工件產生翹曲變形。

( ) 106. 重銑削時，使用虎鉗夾持工件之敘述，下列何者正確？ (234)

①夾持力方向宜與進給方向平行 ②夾緊時應避免工件翹起

③長形工件可並排使用多台虎鉗 ④工件宜置於鉗口中央。

解：重銑削時，應注意夾持力方向須與進給方向的關係，否則易使工件被切削力帶動而由使鉗口鬆脫。

( ) 107. 設定刀尖與工件高度位置之關係，可以使用 (13)
①Z 軸測定器 ②尋邊器 ③薄紙 ④塊規。

解：尋邊器為設定 X、Y 軸之位置。

( ) 108. 銑削如圖六面體，下列敘述何者正確？ (14) 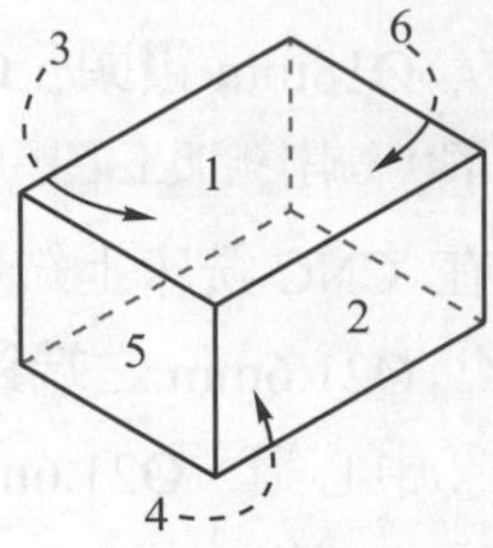
①第一面選擇較大平面銑削做爲基準面
②銑削第二面時，工件和固定鉗口間可放置銅棒輔助夾持
③銑削第三面時，第二面是靠於固定鉗口面上
④銑削第五面時，須校對工件相鄰面與虎鉗底部的垂直度。

解：銑削第二面時，工件和活動鉗口間可放置銅棒來輔助夾持;銑削第三面時，第二面是緊貼於平形塊上。

( ) 109. 面銑削工件時，下列注意事項何者不正確？ (34)
①虎鉗夾持工件的部位宜佔工件厚度 1/2 以上
②銑削寬度宜小於面銑刀直徑
③量測工件尺寸時，主軸移至工件外側不必停止轉動
④工件換面銑削不用去除毛邊。

解：虎鉗夾持工件須佔工件厚度 2/3 以上。

( ) 110. 下列有關銑刀刀把之敘述何者正確？ (14)
① BT 刀把由氣壓或油壓缸拉緊 ② BT 刀把由螺桿拉緊
③ NT 刀把常用於 NC 銑床 ④ NT 刀把常用於傳統銑床。

解：NT 刀把常用於傳統銑床，而 BT 刀把常用於 NC 銑床。

( ) 111. 下列有關銑刀刀把之敘述何者正確？ (23)
① NT 之錐度爲 7/24，而 BT 爲 5/24
② NT 刀把常用於傳統銑床，而 BT 刀把常用於 NC 銑床
③裝卸 NT 刀把前須將主軸固定
④ BT 刀把常用於傳統銑床，而 NT 刀把常用於 NC 銑床。

解：BT 刀桿是屬於單面接合(單面拘束)的 7/24 錐度。

( ) 112. 如圖所示對工件頂面作銑削時，虎鉗夾持方式何者不宜？ (12)
① 工件 ② 工件
③ 工件 ④ 工件

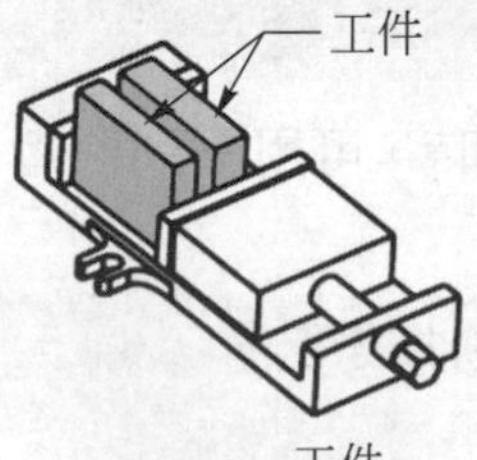

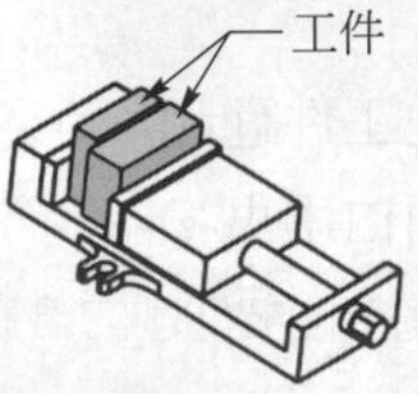

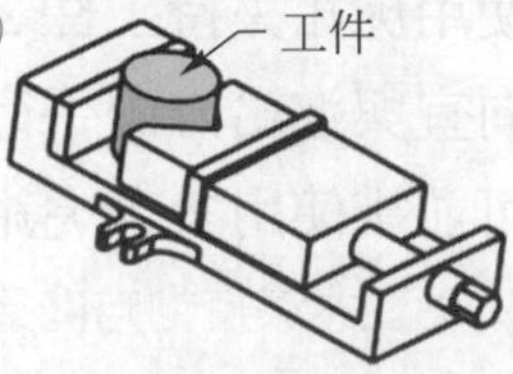

解：夾持長方體工件時，應夾持工件長方向，使夾持更加穩固，另外夾持圓柱形工件盡量輔以 V 形枕，以增加夾持穩定性。

( ) 113. 有關選用銑刀之敘述，下列何者為正確？ (14)
①材質較軟工件之徑向斜角應略大於較硬者
②端銑刀皆可直接用於鑽孔
③材質較軟工件之徑向斜角應略小於較硬者
④銑削平面可選擇平銑刀或面銑刀。

解：端銑刀無法直接用於鑽孔加工，相較於鑽頭加工易造成較大的擴孔量。

( ) 114. 若考慮進給、切削深度、切削速率、刀鼻半徑、側刃角與端刃角等不同加工條件與刀具幾何，下列組合何者較無法獲得較佳之工件表面粗糙度？ (123)
①進給大、切削深度大、切削速率慢、刀鼻半徑小、側刃角大、端刃角小者
②進給大、切削深度小、切削速率慢、刀鼻半徑大、側刃角小、端刃角小者
③進給小、切削深度大、切削速率快、刀鼻半徑小、側刃角大、端刃角大者
④進給小、切削深度小、切削速率快、刀鼻半徑大、側刃角大、端刃角小者。

解：欲獲得較佳之表面粗糙度其條件為進給小、切削深度小、切削速率快、刀鼻半徑大、側刃角大、端刃角小者。

( ) 115. 有關銑削加工之敘述，下列何者正確？ (34)
①銑刀壽命與每刃進給量無關
②面銑刀適用於銑削大工件面積之曲面
③端銑刀適用於銑削大平面工件之輪廓
④銑削顫振屬於隨機振動。

解：曲面加工可由球面端銑刀進行加工。

( ) 116. 下列何者為標註直刃平銑刀之規格？ ①柄長 ②銑刀直徑 ③刀寬 ④刃數。 (234)

( ) 117. 螺旋刃平銑刀用於重切削時，下列何者正確？ ①刀刃數宜較多 ②螺旋角度宜較大 ③較不易產生顫振 ④切削力較平直刃小。 (234)

解：採用螺旋刃平銑刀進行重切削時，可採用較少的刃數進行加工，以增加容屑空間。

( ) 118. 下列何者常使用成型銑刀銑削？ ①齒輪 ②鳩尾槽 ③ T 型槽 ④方型鍵座。 (123)

解：軸上之槽稱為鍵座可由端銑刀進行加工。

( ) 119. 圓形桿欲銑削成六角形，常使用下列何種裝置夾持？ (123)
①分度頭 ②萬能虎鉗 ③分度盤 ④角板。

解：角板適用於工件無法夾持在虎鉗上加工且須要垂直之處。

( ) 120. 若在切削進行時發生巨大尖銳的聲音，可能的原因為 (12)
①刀尖崩裂 ②刀尖磨損 ③工件溫度過高 ④為高切除率之正常聲音。

( ) 121. 臥銑用刀軸(Arbor)規格為 No.50-25.4-B-457，下列敘述何者正確？ (23)
①軸錐度為 B 型 ②可裝之銑刀內徑為 Ø 25.4mm
③桿長 457mm ④軸上圓形鍵槽之號數為 50 號。

解：No.50 是刀軸錐度為美國銑床標準錐度 NT50，B 為 B 形刀軸常用於臥式。

( ) 122. 下列關於 NT50 的描述，何者不正確？ ①表示莫氏錐度 50 號 ②錐度爲 7/24 ③錐角爲 $\tan^{-1}(7/12)$ ④大徑端小於 NT40。 (134)

解：詳見第 121 題。

( ) 123. 如圖，具斷屑功能之銑刀刀刃，下列敘述何者正確？ (23)

①可側銑出光滑面

②切削扭矩較小

③適合重切削加工

④切削速度較高。

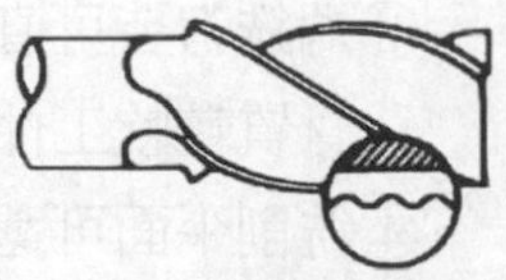

解：螺旋斷屑刀加工後的刀痕較粗糙，適用於低轉速大進給之加工。

( ) 124. 欲應用 NC 臥式銑床銑削 10mm 寬之方鍵槽，選用下列何種銑刀較適當？ (12)

①端銑刀 ②側銑刀 ③面銑刀 ④角銑刀。

解：角度銑刀是一種成型銑刀，係用來銑削工件的一定角度。

( ) 125. 下列有關 NC 銑床之敘述，何者正確？ (24)

①四面加工機必爲四軸同動者

②五軸銑床可以利用平口端銑刀銑削出半球形

③三軸銑床可以利用平口端銑刀銑削出半球形

④可以複合化地結合諸如車床類之工具機在同一機床。

( ) 126. 有關銑削延性工件之敘述，下列何者正確？ (134)

①使用切削劑可增加刀具的壽命

②減少刀具斜角可降低積屑刀口(BUE)之形成

③刀具伸出量過長較易產生異常振動

④降低進給可改善刀具磨耗。

解：減少刀具斜角會導致積屑刀口(BUE)之形成，必須增大斜角以減少 BUE 的產生。

( ) 127. 一般而言，有關鉸孔之敘述，下列何者正確？ (124)

①鉸孔可改善鑽孔之精度與表面粗糙度 ②鉸孔爲正轉進、退刀

③鉸孔裕留量多爲固定値且與鉸孔直徑無關 ④機械鉸孔速度多低於鑽孔速度。

解：鉸孔前的鑽孔預留量為 0.2～0.3mm。

( ) 128. 利用 NC 銑床銑削輪廓之刀具選用，常使用下列何者？ (14)

①球刀 ②側銑刀 ③面銑刀 ④端銑刀。

解：輪廓銑削一般採用球面端銑刀或端銑刀。

( ) 129. 若直徑相同之常用端銑刀，輕銑削較宜選用下列何者？ (14)

①較多刀刃數與較大螺旋角 ②較少刀刃數與較小螺旋角

③較少刀刃數與較大螺旋角 ④較多刀刃數與較小螺旋角。

解：輕銑削加工採多刃數，以提高表面的粗糙度。

( ) 130. 若欲銑削模數爲 3 且齒數爲 30 之正齒輪，下列敘述何者正確？ (134)

①齒輪之周節爲 3πmm

②齒輪之外徑爲 90mm

③應選用相同模數、壓力角與適當齒形曲線之齒輪銑刀

④可利用齒輪游標卡尺量測齒輪之弦線齒厚。

解：周節以 Pc 表示，$Pc = \pi \times M$。

工作項目 4 銑削條件之判斷及處理及傳統銑床、CNC 銑床-銑削實習

一、單元專業知識

工作項目	技能種類	技能標準	相關知識
二、銑削條件之判斷及處理及傳統銑床、CNC 銑床-銑削實習	(一) 切削深度、進給量及切削速度之判斷與處理	1. 能判斷切削深度、進給量及切削速度是否適宜，並作適當處理。	(1) 瞭解工件之材質、銑刀、切削深度、進給量及切削速度關係。 (2) 瞭解銑削條件
	(二) 銑刀磨損及工件刀紋刀判斷與處理	2. 能依銑刀磨損情況及工件上刀紋來判斷銑削情況，並能作調整、校正與處理。	
		3. 能查明工件發生誤差原因，並作校正。	
	(三) 判斷切屑及切削條件	1. 能依切屑形狀及顏色等狀況判斷銑削是否正常，並作適當處理	瞭解刀具切削性能。

單選題 答

( ) 1. 以直徑 16mm 之端銑刀銑削工件時，若銑削速度爲 30m/min，則主轉迴轉數宜爲每分鐘 ① 460 ② 600 ③ 660 ④ 760 轉。 (2)

解：V(切削速度) = π × D(刀具外徑) × N(刀具轉速)/1000，故得 $30 = \pi \times 16 \times N / 1000 \div 600$rpm。

( ) 2. 銑削鑄件毛胚，較不宜用 ①順銑法 ②逆銑法 ③排銑法 ④騎銑法。 (1)

解：順銑切屑由厚而薄，銑刀受力由重至輕，易生衝擊而使刀具崩裂，故不適合銑削鑄件、鍛件和銑削表面具有鱗皮之工件。

( ) 3. 在砲塔式銑床上銑削倒角時，除了可以使用各種夾具外亦可以調整 ①塔輪 ②離合器 ③主軸頭 ④馬達銑削之。 (3)

解：砲塔式銑床之主軸可做前後及左右旋轉角度，可不必使用夾具即能加工角度。

( ) 4. 在同一進給速度及迴轉數下，若每一刀刃的進給量愈少，則銑刀的刀刃數要 ①愈多 ②愈少 ③與刀刃無關 ④都一樣。 (1)

解：由 $Fm = Ft \times t \times N$，若每一刀刃的進給量愈少，則銑刀的刀刃數要愈多。

( ) 5. 擬銑削尺寸爲 29.7 ± 0.10mm 的正方形柱，則此圓桿的直徑應選用 ① 33mm ② 36mm ③ 39mm ④ 42mm。 (4)

解：圓桿預留之直徑計算，可由正方形的對角線進行求得為：$(29.7 \times \sqrt{2} \div 42\text{mm})$

( ) 6. 使用逆銑法銑削工件時，其最大的缺點爲 (2)
①刀刃容易崩裂 ②刀刃易磨損 ③易產生背齒隙 ④易產生振動。

解：逆銑法的切屑由薄而厚，銑刀受力由輕至重，易造成刀具摩擦多、刀口易鈍，減少刀具壽命。

( ) 7. 若未獲知材質軟硬之前，其銑削速度宜以 (2)
①較快 ②較慢 ③先快後慢 ④快、慢皆可試削之。

解：若未知材料硬度，應先採低切削速度加工，之後在依材料硬度進行調整。

( ) 8. 銑削薄工件宜採用 ①順銑法 ②逆銑法 ③騎銑法 ④排銑法。 (1)

解：採用順銑法加工時，銑削的切削力量是把工件朝銑床的工作台面下壓，切削的切屑是越來越薄，避免薄工件受力過大而導致飛件。

( ) 9. 四刃端銑刀，其進給率爲 80mm/min，轉數爲 560rpm 時，則每刃的進給量爲 (4)
① 0.017mm ② 0.020mm ③ 0.024mm ④ 0.035mm。

解：可由公式 Fm(每分鐘進給率) = Ft(每刃進給量) × t(刀刃數) × N(刀具轉速)，求得每刃進給量。

( ) 10. 設以 30m/min 之切削速度銑削不銹鋼材料，面銑刀每刃之進給量爲 0.1mm，外徑爲 75mm，刀刃數 10 刃，則每分鐘進給率爲 (4)
① 484mm ② 381mm ③ 254mm ④ 127mm。

解：本題之計算可由 V(切削速度) = π × D(刀具外徑) × N(刀具轉速)/1000，
搭配 Fm(每分鐘進給率) = Ft(每刃進給量) × t(刀刃數) × N(刀具轉速) 求得。

( ) 11. 用兩刃的端銑刀銑削工件時，發現加工面上有明顯刀痕，其最大的原因爲 (1)
①刃口高低不平 ②銑刀太銳利 ③迴轉數過高 ④迴轉數過低 所致。

( ) 12. 通常面銑刀之精銑削深度爲 (2)
① 0.05～0.1mm ② 0.3～0.5mm ③ 1.0～1.5mm ④ 1.5～2.0mm。

解：面銑刀精加工之銑削深度約為 0.3～0.5mm。

( ) 13. 有一中碳鋼工件加工量爲 6mm，以面銑刀銑削，則下列何者最適宜？ (4)
①一次加工 6mm ②先粗銑削 5mm，再精銑削 1mm
③每次加工 2mm，分 3 次切削 ④先粗銑削 2 次，預留 0.5mm 精銑削。

解：詳見第 12 題。

( ) 14. 用端銑刀銑削L形肩角時，發現側面上有一圓弧刀痕，其較可能原因爲 (4)
①進刀量太小 ②主軸轉速太高 ③主軸轉速太低 ④刀具剛性不足。

解：刀具剛性不足，造成銑削時刀具的擺動，使表面產生加工刀痕。

( ) 15. 下列何種車刀材料常用於鋼材工件之超精密切削？ (3)
①碳化鎢 ②高速鋼 ③立方晶氮化硼(CBN) ④鑽石。

解：立方晶氮化硼(CBN)刀具適用高磨損力之工作材料的高速加工。因鑽石與鐵易產生親合性，故不常使用。

( ) 16. 下列有關 CNC 銑床之銑削加工敘述，何者爲不正確？ (3)
①可利用NC程式銑削斜面 ②操作後應將床台歸定位 ③刀具半徑補正值不會影響工件之內徑尺寸 ④應先決定基準面再加工。

解：刀具半徑補正值會影響到工件尺寸。

( ) 17. 在 CNC 銑床上鑽削陣列孔，其中 X 方向計有 6 個孔，間距爲 120mm，Y 方向計有 4 個孔，間距爲 40mm，如下圖所示。若每鑽一孔所需時間爲 5 秒，且每一孔與每一孔間的移動速度爲 600mm/min，試估算最少的總加工時間約爲 (3)

① 2.2 min
② 3.2 min
③ 4.2 min
④ 5.2 min。

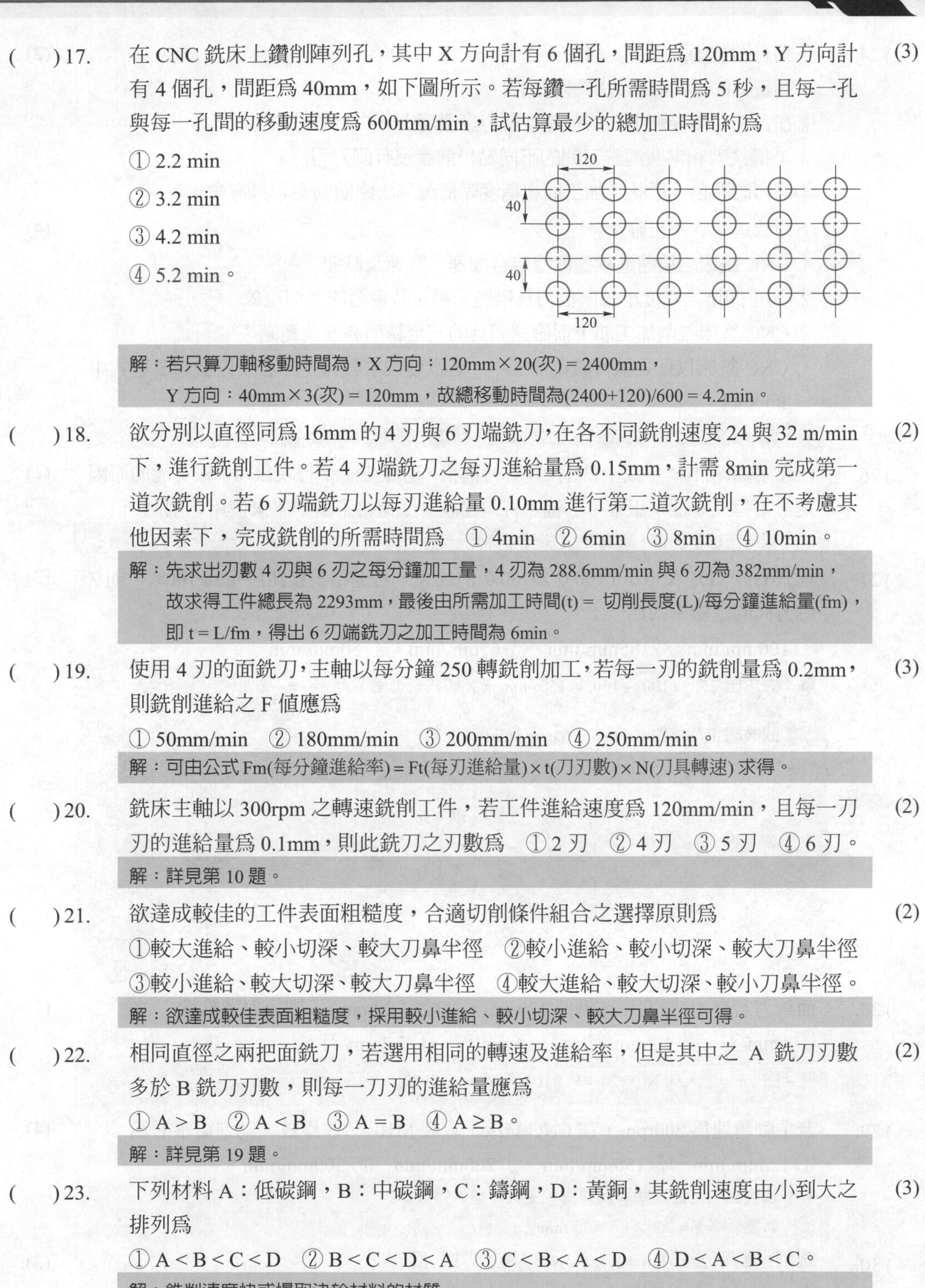

解：若只算刀軸移動時間為，X 方向：120mm × 20(次) = 2400mm，
Y 方向：40mm × 3(次) = 120mm，故總移動時間為(2400+120)/600 = 4.2min。

( ) 18. 欲分別以直徑同爲 16mm 的 4 刃與 6 刃端銑刀，在各不同銑削速度 24 與 32 m/min 下，進行銑削工件。若 4 刃端銑刀之每刃進給量爲 0.15mm，計需 8min 完成第一道次銑削。若 6 刃端銑刀以每刃進給量 0.10mm 進行第二道次銑削，在不考慮其他因素下，完成銑削的所需時間爲 ① 4min ② 6min ③ 8min ④ 10min。 (2)

解：先求出刃數 4 刃與 6 刃之每分鐘加工量，4 刃為 288.6mm/min 與 6 刃為 382mm/min，故求得工件總長為 2293mm，最後由所需加工時間(t) = 切削長度(L)/每分鐘進給量(fm)，即 t = L/fm，得出 6 刃端銑刀之加工時間為 6min。

( ) 19. 使用 4 刃的面銑刀，主軸以每分鐘 250 轉銑削加工，若每一刃的銑削量爲 0.2mm，則銑削進給之 F 值應爲 (3)

① 50mm/min ② 180mm/min ③ 200mm/min ④ 250mm/min。

解：可由公式 Fm(每分鐘進給率) = Ft(每刃進給量) × t(刀刃數) × N(刀具轉速) 求得。

( ) 20. 銑床主軸以 300rpm 之轉速銑削工件，若工件進給速度爲 120mm/min，且每一刀刃的進給量爲 0.1mm，則此銑刀之刃數爲 ① 2 刃 ② 4 刃 ③ 5 刃 ④ 6 刃。 (2)

解：詳見第 10 題。

( ) 21. 欲達成較佳的工件表面粗糙度，合適切削條件組合之選擇原則爲 (2)

①較大進給、較小切深、較大刀鼻半徑 ②較小進給、較小切深、較大刀鼻半徑 ③較小進給、較大切深、較大刀鼻半徑 ④較大進給、較大切深、較小刀鼻半徑。

解：欲達成較佳表面粗糙度，採用較小進給、較小切深、較大刀鼻半徑可得。

( ) 22. 相同直徑之兩把面銑刀，若選用相同的轉速及進給率，但是其中之 A 銑刀刃數多於 B 銑刀刃數，則每一刀刃的進給量應爲 (2)

① $A > B$ ② $A < B$ ③ $A = B$ ④ $A \geq B$。

解：詳見第 19 題。

( ) 23. 下列材料 A：低碳鋼，B：中碳鋼，C：鑄鋼，D：黃銅，其銑削速度由小到大之排列爲 (3)

① $A < B < C < D$ ② $B < C < D < A$ ③ $C < B < A < D$ ④ $D < A < B < C$。

解：銑削速度快或慢取決於材料的材質。

( ) 24. 下列有關銑削之敘述，何者正確？ (2)

①端銑刀的徑向隙角會影響切削力

②在各種切削參數中，切削速度對刀具溫度上升的影響最大

③ T 槽銑刀和半圓鍵銑刀間的不同點是前者沒有側刀刃

④切屑的顏色、形狀及加工面粗糙度等情況無法協助判定刀具壽命。

( ) 25. 下列敘述何者不正確？ (4)

① CNC 銑床之快速進給速度應包含加速、等速及減速

② 加工凹槽之寬度小於兩倍刀具半徑，補正時會造成過切現象

③ CNC 銑床銑削加工前，需確認刀具的安全銑削高度及範圍

④ CNC 銑床以程式執行銑削加工中，若欲變換主軸轉速，必須停機修改程式中的 S 值。

解：執行銑削加工中，若欲變換主軸轉速，可由主軸轉速百分比調整。

( ) 26. CNC 銑床在 XY 平面上銑削 2D 平行溝槽，若產生不平行現象時，較可能的原因是 ①程式座標不正確 ②補正方向錯誤 ③進給不當 ④未使用切削劑。 (1)

解：程式座標不正確，會導致銑削尺寸錯誤。

( ) 27. 程式 G91 G01 X50.0 Y100.0 Z-100.0 F100；，若進給調整鈕設定為 100%，則 Z 軸方向的進給率約為 (3)

① 100mm/min ② 85mm/min ③ 65mm/nim ④ 50mm/min。

解：先求出 $\sqrt{50^2+100^2+100^2}=150/\text{min}$ ，Z 軸佔總進給率為 $\frac{100}{150}=\frac{2}{3}$，

故 Z 軸進給率為 $100\times\frac{2}{3}\doteqdot 65\text{mm}/\text{min}$ 。

z
(0, 0, 0)
x
(50, 100, −100)
y

( ) 28. 面銑刀若有 10 個刀片、轉速 120rpm、進給率 20mm/s，則每刃進給為 (1)

① 1mm/刃 ② 1.2mm/刃 ③ 3.6mm/刃 ④ 7.2mm/刃。

解：由 $\text{Fm}=\text{Ft}\times\text{t}\times\text{N}$ ，$20=\text{Ft}\times 10\times(\frac{120}{60})=1\,\text{mm}$/刃。

( ) 29. 若主軸轉速為 200rpm，在 CNC 銑床上攻製 M10 × 1.5 螺紋，則進給率 F 為 (4)

① 1.5mm/min ② 150mm/min ③ 200mm/min ④ 300mm/min。

解：攻製螺紋時之進給率計算為：主軸轉速×螺紋節距

∴進給率 $\text{F}=200\times 1.5=300\text{mm}/\text{min}$ 。

( ) 30. 銑削進給率公式 $\text{Fm}=\text{F}_t\times\text{T}\times\text{N}$，中之"T"為 (3)

①銑刀每分鐘的進給量 ②銑刀每分鐘每刃的進給量

③銑刀的刃刃數 ④銑刀每一迴轉每刃的進給量。

解：詳見第 19 題。

( ) 31. 銑削時，若增加銑削深度，則其進給率宜 (2)
①增快 ②降低 ③不變 ④按比例增加。

解：若銑削深度增加，則其進給率須降低，避免增加刀具磨損。

( ) 32. 一般直徑相同之端銑刀，適合於重銑削者為 ①較多刀刃數 ②較小螺旋角 ③較少刀刃數，較大螺旋角 ④較多刀刃數，較小螺旋角。 (3)

解：刃數少、螺旋角大有較大的容屑空間，適合重銑削等粗加工。

( ) 33. 銑床主軸轉速之決定，不考慮下列何種條件？ (4)
①銑刀材質 ②工件材質 ③銑刀直徑 ④工件尺寸。

解：主軸轉速之決定與工件尺寸大小無關。

( ) 34. 工件為獲得較佳之表面粗糙度，銑削條件宜選擇 ①刃數少、進給快 ②刃數多、進給慢 ③刃數少、進給慢 ④刃數多、進給快。 (2)

解：刃數多則表示每刃進給量越少，適合精加工，且能得到較佳之加工表面。

( ) 35. 在同一進給率及迴轉速下，若銑刀的刀刃數愈多，則每一刀刃的進給量 (2)
①愈多 ②愈少 ③與迴轉數無關 ④與刀刃數無關。

解：詳見第 34 題。

( ) 36. 銑削加工在下述何者情況下，應降低銑削速度 ①精加工時 ②銑刀切刃已磨耗但尚堪用時 ③不考慮銑刀壽命時 ④工件材質較軟時。 (2)

( ) 37. 銑削脆性材料時，易造成其崩裂，下列何者為最可能之原因？ (1)
①進給太快 ②進給太慢 ③切削深度太小 ④使用切削液。

解：進給速度太快易導致脆性材料崩裂。

( ) 38. 直線銑削時，若 X 與 Y 軸之移動速率分量皆為 20mm/min，則切削進給率約為 (3)
① 14mm/min ② 20mm/min ③ 28mm/min ④ 40mm/min。

解：切削進給率為 $20\times\sqrt{2}=28.28$mm/min 。

( ) 39. 直刃側銑刀的刃寬 12mm，若每刃進給 0.08mm，刃數 20，轉速 100rpm，則其進給率為 ① 64mm/min ② 120mm/min ③ 160mm/min ④ 240mm/min。 (3)

解：由 $Fm=Ft\times t\times N$ ，$Fm=0.08\times 20\times 100=160$mm/min 。

( ) 40. 用套殼端銑刀在臥式銑床上銑削側面，其銑刀軸應使用 (3)
① A ② B ③ C ④ D 型。

解：C 形銑刀刀軸，其刀軸較短，又叫套殼銑刀刀軸，用以裝套殼端銑刀或面銑刀。

( ) 41. 面銑刀精銑削的切削深度宜為 ① 0.05mm ② 0.3mm ③ 1mm ④ 2mm。 (2)

解：詳見第 12 題。

( ) 42. 銑削大斜面通常用 ①端銑刀 ②側銑刀 ③面銑刀 ④角度銑刀。 (3)

解：銑削大平面最有效率者為面銑刀。

( ) 43. 下列何者不適合作淺切削？ (4)
①精加工 ②要求表面粗糙度較佳者 ③發生振顫 ④表面有黑皮之工件。

解：有黑皮或表面具有鱗皮之工件不適合做淺切削，避免造成刀片產生磨耗。

( ) 44. 兩刃端銑刀之軸向切削深度，一般不可超過直徑的 (4)

①1 ②1.5 ③2 ④2.5 倍。

解：銑削深度，仍依照銑刀直徑大小、銑刀材質、加工工作物材質和實際加工精細度和光度來決定。

( ) 45. 在臥式銑床上銑削階梯時，下列何種刀具效率最高？ (4)

①平銑刀 ②面銑刀 ③端銑刀 ④側銑刀。

解：側銑刀是屬於心軸式的銑刀，專屬於臥式銑床上使用，除具備了平銑刀的切削性質外，側銑刀的側面都具有切刃。故側銑刀除可銑削水平面外尚可銑削垂直面、 溝槽銑削等。

( ) 46. 下列何者可防止由於刃口積屑而產生的表面刮痕？ (3)

①減少刀刃數 ②增加進給量 ③加切削劑 ④提高轉速。

解：利用切削劑將切屑沖除，避免積屑影響工件刀痕。

( ) 47. 銑削一斜度 1/25 之工件，旋轉虎鉗以量表校正固定鉗口，若床台移動量 60mm，則量表測頭應伸縮 ① 2.4mm ② 2.8mm ③ 3.0mm ④ 3.2mm。 (1)

解：60/25 = 2.4mm。

( ) 48. 銑刀要能夠正常的切削，而且不會發生振顫，應選擇較大之 (1)

①切入角 ②直徑 ③進給量 ④切削深度。

解：選擇適當之切入角其螺旋角亦較大、刃口鋒利，切入性好。

( ) 49. 若銑床剛性不足可以考慮 ①減少銑刀刃數 ②減少進給量及切削深度 ③增加銑刀刃數 ④提高轉速，增加進給量。 (2)

( ) 50. 使用面銑刀之直徑受下列何者限制？ (1)

①銑床剛性 ②銑刀刃數 ③銑削方向 ④切削深度。

解：面銑刀之直徑愈大，則進刀受力也愈大，需要較佳之銑床剛性。

( ) 51. 銑削平面之面銑刀外徑爲 D，工作寬度爲 W，則 W/D 約爲 (3)

① $\leq 1/3$ ② $\leq 1/2$ ③ $\leq 3/4$ ④ $=1$。

解：面銑刀之工作寬度與銑刀外徑比約為≦3/4。

( ) 52. 有一斜面其斜度爲 1/20，大端尺寸爲 40mm，長度爲 100mm，其小端尺寸爲 (2)

① 34mm ② 35mm ③ 36mm ④ 37mm。

解：斜度計算 $\frac{1}{20}=40-\frac{d}{100}$，得 d = 35mm。

( ) 53. 擬自一圓桿騎銑對邊距離 12mm 的方桿，其最小圓桿直徑爲 (1)

① 17mm ② 19mm ③ 21mm ④ 23mm。

解：圓桿預留之直徑計算，可由正方形的對角線進行求得為：$(12\times\sqrt{2}\doteqdot 17\text{mm})$

( ) 54. 精銑削時，爲要求平面度的精確，則銑刀各刃口的偏擺度宜爲 (1)

① 0.01 ② 0.05 ③ 0.10 ④ 0.20 mm 以內。

解：為達尺寸精確，銑刀刃口偏擺愈小愈好。

( ) 55. 銑削與工件基準邊平行的溝槽，宜校正 (1)

①基準邊 ②虎鉗鉗口 ③工作台 ④床柱。

解：此題為銑削與工件平行的溝槽，故宜校正基準邊。

(　　) 56. 用端銑刀銑削深溝槽時，溝槽一般會出現的情況是 (3)
①槽壁垂直　②下寬、上窄　③上寬、下窄　④不一定。

解：銑削深溝槽，會因為刀具本身磨耗或銑刀偏擺，易造成上寬下窄的情況。

(　　) 57. 銑床床台極限擋塊位置，必須是考慮溝槽的 (3)
①精度　②寬度　③長度　④深度。

(　　) 58. 粗銑削溝槽後，換精銑刀精銑削應 (2)
①直接進刀精銑削　②精銑削一次後，量測尺寸，再進刀精銑削
③以主軸中心計算後進刀　④測量槽寬尺寸後，作最後一次進刀精銑削。

解：粗銑削加工完，換上精銑刀後，應精銑削一次後，量測尺寸，再進刀精銑削，以完成尺寸控制。

(　　) 59. 銑削溝槽時，端銑刀刃是否鋒利，主要將影響到 (1)
①表面粗糙度　②尺寸精度　③垂直度　④切屑之排除。

解：刀刃鋒利與否，將直接影響表面粗糙度。

(　　) 60. 作 90 度V形槽精銑削時，應採 (3)
①劃線　②墊V形枕　③使用量錶調整方式　④以 90 度成形銑刀　銑削。

解：精銑削 90 度 V 形槽時，使用量錶調整較能得到準確的角度。

(　　) 61. 銑削斜溝槽時，如溝槽斜度爲 1：2，銑床工作台移動 10mm，則以量錶測量時，最高與最低之差値爲　① 10mm　② 5mm　③ 20mm　④ 2mm。 (2)

解：斜度計算 $\frac{1}{2}=(D-d)/10$ ，得 d = 5mm。

(　　) 62. 用 8mm 端銑刀銑削一直槽，其槽中心離基準面 30mm，則銑刀邊自基準面移到槽中心之移動量爲　① 22mm　② 30mm　③ 34mm　④ 38mm。 (3)

解：銑刀移動至槽中心基準面之距離為，刀具半徑 4+30 = 34mm。

(　　) 63. 在碳鋼工件上銑削T形槽時，其冷卻方法宜 (3)
①用壓縮空氣　②用少量切削劑　③用大量切削劑　④不必使用。

(　　) 64. 有一斜度爲 1/8 之槽，其長度爲 56mm，斜面小端尺寸爲 28mm，則大端尺寸爲 (3)
① 30mm　② 32mm　③ 35mm　④ 38mm。

解：斜度計算 $\frac{1}{8}=(D-28)/56$，得 d = 35mm。

(　　) 65. 用端銑刀作最後一次溝槽精銑削時，較有效率的加工方式爲 (3)
①只精銑削側面　②只精銑削槽底面
③同時精銑削側面及槽底面　④只精銑削尺寸稍大的那一面。

(　　) 66. 欲一次銑削完成長溝槽時，宜選用 (3)
①面銑刀　②鳩尾銑刀　③側銑刀　④齒輪銑刀。

解：使用側銑刀可一次加工完長溝槽，但若較精密之槽寬想以一次銑削便完成；須考慮銑刀寬度，因主軸偏轉變大，故選減少寬度 0.03～0.05mm 為宜。

(　　) 67. 臥式銑削螺旋槽時，床台應調整螺旋角度，使銑刀和螺旋 (1)
①平行　②垂直　③成銳角　④成鈍角。

( ) 68. 有一 60 度鳩尾形槽，深度 9mm，其上、下兩尖角距離差如為 2Z，則其 Z 值應為 ① tan30°×9 ② tan30°÷9 ③ tan60°×9 ④ tan60°÷9。 (1)

( ) 69. 銑床無法銑削下列何種溝槽？ (3)
①半圓鍵座 ②斜鍵座 ③孔內鍵槽 ④環狀溝槽。

解：孔內鍵槽可由拉床或線切割機操作加工，無法使用銑床加工。

( ) 70. 有一 60 度鳩尾形槽如下圖，內肩角距 40mm，圓桿直徑 10mm，則其 A 值應為 (2)
① 11.86mm
② 12.68mm
③ 13.86mm
④ 14.68mm。

A
ϕ10
60°
40

解：$A = 40 - (1.366D \times 2) = 12.68mm$，其中 D 為銑刀直徑。

( ) 71. 下列何種銑刀較適合於特定形狀之生產？ (3)
①側銑刀 ②端銑刀 ③成形銑刀 ④鋸割銑刀。

解：成型銑刀係指銑刀刀刃之輪廓具一特定的形狀，一般常用的成形銑刀有凸圓、凹圓、圓角、齒輪等，且轉速須以成形銑刀最大值徑計算。

( ) 72. 使用下列何種銑刀來銑削倒角最為簡便？ (1)
①角度銑刀 ②端銑刀 ③側銑刀 ④鋸割銑刀。

解：角度銑刀有單側角度銑刀和雙側角度，規格說明時應註明單側或雙側、角度、銑刀直徑、孔，且角度銑刀轉速須較面銑刀為低。

( ) 73. 使用成形銑刀銑削工件時，其轉速以該銑刀 (1)
①最大 ②最小 ③平均 ④任意 直徑計算。

解：詳見第 71 題。

( ) 74. 已得到孔徑 25.90mm，欲搪孔成 26.00mm，則搪孔刀應移動 (3)
① 0.20 ② 0.10 ③ 0.05 ④ 0.025 mm。

解：搪孔刀加工為全圓，故進給量須以單邊計算之。$(26 - 25.90)/2 = 0.05mm$。

( ) 75. 使用角度銑刀或端銑刀銑削同一材質工件時，則角度銑刀銑削之迴轉速較使用端銑刀者為 ①高 ②低 ③一樣 ④無關。 (2)

解：詳見第 72 題。

( ) 76. 以傳統銑床加工孔徑間的尺寸精度要求甚高時，宜選用 (4)
①劃線 ②以刺冲打中心點 ③目視 ④劃線及尋邊。

解：欲得精確尺寸之孔，可使用銑床搭配尋邊器完成。

( ) 77. 一般麻花鑽頭的鑽頂角為 ① 108 度 ② 118 度 ③ 125 度 ④ 180 度。 (2)

( ) 78. 搪孔工作的孔中心之求法，是由 ①虎鉗活動鉗口決定 ②工件外形決定 ③工作台中心決定 ④主軸中心決定。 (2)

解：搪孔之孔中心求法，是以工件外形決定之，且於加工前須將主軸頭前後、左右、上下固定。

( ) 79. 利用主軸頭作搪孔前，應將工作台 ①前後、上下固定 ②前後、左右固定 ③上下、左右固定 ④前後、左右、上下都要固定。 (4)

解：詳見第 79 題。

( ) 80. 鉸刀種類繁多，而機械加工用鉸刀的切入部，一般標準爲 ① 30 ② 40 ③ 45 ④ 60 度。 (3)

解：鉸刀倒角之長度為切入部位。鉸削工作中，實際上有切削作用的部位為切入部，一般標準為 45 度，如同鑽頭的切邊及刀面所構成的切削。

( ) 81. 鉸削一般鋼料時，主軸轉速要慢，但爲提高切削效率而加快進給速度時，最好將進給限制在每刃 ① 0.4 ② 0.8 ③ 1.2 ④ 1.6 mm 以下。 (1)

( ) 82. 鑽頭刀刃的切削速度以何部位最快？ ①靜點 ②切刃 ③外徑 ④腹部。 (3)

解：鑽頭切削速度亦指鑽頭圓周上任一點之切線速度，且以外徑速度最快。

( ) 83. 加工 Ø33 的精密孔時，較佳的加工順序爲 ①鑽孔→端銑削 ②端銑削→搪孔 ③鑽中心孔→鑽孔→搪孔 ④鑽中心孔→端銑削→搪孔。 (3)

解：一般鑽精密圓孔時，其最佳加工順序為鑽中心孔→鑽孔→搪孔→鉸孔。

( ) 84. 銷與工件上的孔不太能組合時，宜選用何種刀具再次加工？ ①固定鉸刀 ②調整鉸刀 ③端銑刀 ④鑽頭。 (2)

解：調整鉸刀是由數枚刀片所組成，由上下兩螺帽夾緊於刀桿槽，因刀桿成斜度，當兩螺帽向下或向上旋緊時，在一定範圍內可調整其鉸刀之外徑，使用調整鉸刀時，其加工量不可太多，以避免刀片損壞，一般加工量以 0.03～0.05 mm 較佳。

( ) 85. 鉸孔工作時，主軸之迴轉情形爲 ①切削中可停止 ②切削中可變速 ③退刀時可停止 ④切削中不可停止。 (4)

解：鉸刀在鉸削時其主軸轉速不可中途停止，而鉸刀退出時主軸轉向與鉸削時同。

( ) 86. 欲在 20mm 厚的鋼板上，鑽削一直徑 10mm 之貫穿孔，設鑽削速度爲 24m/min，每轉進給量爲 0.2mm，則需時爲 ① 0.5 ② 0.3 ③ 0.15 ④ 0.07 分鐘。 (3)

解：由 $V = \frac{\pi DN}{1000}$ 得主軸轉速 $N = (24 \times 1000) \div (10 \times 3.14) = 764.33$min，

Tc (加工時間) = $(20 \times 1) \div (764.33 \times 0.2) = 0.131$ 分鐘即可鑽孔完畢。

( ) 87. 欲加工直徑 8mm 之孔，爲獲得精確尺寸，且表面粗糙度及眞圓度均佳時，常採用 ①沖孔 ②鑽孔 ③砂布磨光 ④鉸孔。 (4)

解：詳見第 83 題。

( ) 88. 鑄件上待搪孔之預留孔，爲求得其基準點，常用的方法是利用 ①尋邊 ②目測 ③劃線 ④量錶 求孔中心。 (3)

解：鑄件因表面粗糙度較差，如須鑽孔時以劃線尤佳。

( ) 89. 鉸孔工作時，直接裝設在刀軸上來使用的鉸刀是 ①錐度 ②調整 ③殼形 ④奇數刃 鉸刀。 (3)

解：殼形銑刀，又為套殼鉸刀：鉸刀部與心軸分開製造，一般鉸削大孔皆使用套殼鉸刀較為經濟，其鉸刀之型式有直刃、螺旋刃、拉式等。

( ) 90. 造成工件加工面不垂直的原因，下列何者不正確？ ①銑削速度太快 ②工件有毛邊 ③夾具不清潔 ④工件夾持不當。 (1)

解：銑削速度太快不會造成加工面不垂直。

( ) 91. 銑削工件時，表面粗糙度不佳的原因與下列何者無關？ ①銑床之額定馬力太大 ②排屑不良 ③銑刀之切刃形狀不恰當 ④進刀量過大。 (1)

解：銑床馬力太大不會造成表面粗糙度不佳。

( ) 92. 銑床虎鉗鎖緊後將手柄拿開，下列何者不是此動作之主要原因？ ①避免手柄掉下造成傷害 ②避免工件鬆脫 ③避免妨礙操作 ④避免銑床無法啓動。 (4)

( ) 93. 在銑削加工完成後，萬一刀具上有鐵屑纏繞時，以何者去除鐵屑較妥？ ①戴上棉紗手套的手 ②游標卡尺 ③長型鐵勾 ④鑽頭。 (3)

解：利用長型鐵勾去除鐵屑，可避免雙手不小心被割傷，造成危險。

( ) 94. 粗銑削 20×50×90mm 的六面體工件時，宜最先考慮的銑削面爲 ① 20×50mm ② 50×90mm ③ 20×90mm ④任意面。 (2)

解：銑削六面體時，宜先加工最大面。

( ) 95. 用 Ø10 端銑刀銑削低碳鋼工件之凹槽深 20mm，在不考慮機械強度之條件下，下列何種加工方法較佳？ (2)

①粗銑一次 18mm 深，精銑一次 2mm 深

②粗銑五次每次 3.8mm 深，精銑二次每次 0.5mm 深

③銑削八次每次 2.5mm 深

④銑削 20 次每次 1mm 深。

解：粗加工結束後，須完成 1～2 次精銑加工，以得精確尺寸與表面。

( ) 96. 銑削時，下列何者是造成切削振動的主要原因？ ①銑削深度太小 ②工件伸出太長 ③轉速太慢 ④進給太小。 (2)

( ) 97. 搪孔過程中得孔徑爲 24.95mm，欲完成 25.00mm 孔徑時，則搪孔刀應再移動 ① 0.20mm ② 0.10mm ③ 0.05mm ④ 0.025mm。 (4)

解：搪孔刀加工為全圓，故進給量須單邊計算之(25 − 24.95/2 = 0.025mm)。

( ) 98. 若要搪削成直徑 28.02mm，但實際的量測尺寸只有 27.94mm 時，其搪孔刀應單邊調整 ① 0.02mm ② 0.04mm ③ 0.08mm ④ 0.12mm。 (2)

解：搪孔刀其加工單邊量為(28.025 − 27.94)/2 = 0.04mm。

( ) 99. 在銑削工件時，若銑刀接觸工件的切線方向和工件移動方向相反時，稱爲 ①順(下)銑法 ②逆(上)銑法 ③排銑法 ④騎銑法。 (2)

解：銑削方向與進給為相反方向(milling against the feed)稱為逆銑。

( ) 100. 一面銑刀有 10 刃齒，進給率爲 500mm/min，若轉速爲 1000rpm 時，則每刃每轉的進給量爲 ① 0.02mm ② 0.05mm ③ 0.2mm ④ 0.5mm。 (2)

解：由 $Fm = Ft \times t \times N$ ，$500 = Ft \times 10 \times 1000 = 0.05mm/min$ 。

( ) 101. 銑削一工件，若其尺寸尙差 0.48 mm，而手輪之倍率選擇爲×10，則手輪刻度環應轉動多少格？ ① 24 ② 36 ③ 48 ④ 96 格。 (3)

解：手輪倍率為×10 時，表示移動一格尺寸為 0.01mm。

( ) 102. 銑削銲道表面或鑄件黑皮面時，其銑削要領爲 (4)
①切削深度小，進給速度大，低轉速 ②切削深度大，進給速度大，高轉速
③切削深度小，進給速度小，低轉速 ④切削深度大，進給速度大，低轉速。

解：銑削含砂鑄件或黑皮工件時，以深切削或可一次將其銑除為原則，減少刀具磨耗。

( ) 103. 在銑床上欲精銑得到平滑的表面，應使用 (4)
①較大的進刀與較高的轉速工作 ②較大的進刀與較低的轉速工作
③較小的進刀與較低的轉速工作 ④較小的進刀與較高的轉速工作。

解：欲得工件平滑表面時，採小進給、高轉速。

( ) 104. 有一 250×40×15mm 六面體工件，若欲銑削 40×15mm 的端面時，應以虎鉗夾持工件之 ① 250×40mm ② 40×15mm ③ 250×15mm ④任意面。 (3)

( ) 105. 在立式銑床上，銑削 45 度倒角，則應選用之角度銑刀爲 (4)
① 45 ② 60 ③ 75 ④ 90 度。

( ) 106. 銑削斜面的方法，下列何者不適宜用來擺斜度？ (4)
①銑床頭 ②工件 ③虎鉗 ④工作台。

解：萬能銑床之工作台傾斜是為了能夠銑削角度或螺旋等特殊加工。

( ) 107. 立式銑床上銑削溝槽或鍵座，宜選用 (2)
①角度銑刀 ②端銑刀 ③ T 槽銑刀 ④開縫銑刀。

解：端銑刀加工範圍廣泛，可加工階級、槽與鍵座等加工。

( ) 108. 傳統立式銑床端銑刀銑切內孔或內溝以 (2)
①順銑法 ②逆銑法 ③騎銑法 ④成型銑法 爲佳。

解：傳統銑床因無螺隙削除裝置，故採用逆銑法加工內孔或溝槽尤佳。

( ) 109. 四切刃端銑刀進行開溝槽粗銑削時，若希望每刃進給 0.15mm，已知主軸每分鐘 680 轉，則床台移送工件速率應設定爲每分鐘 (3)
① 102mm ② 204mm ③ 408mm ④ 916mm。

解：由 $Fm = Ft \times t \times N$，$Fm = 0.15 \times 4 \times 680 = 408$mm/min。

( ) 110. 通常以側銑刀銑削直形溝槽，經若干次粗銑削後，其精銑削之預留量約爲 (1)
① 0.1～0.2mm ② 0.5～0.7mm ③ 1.0～1.2mm ④ 1.5～2.0mm。

解：側銑刀之精銑削預留量約為 0.1～0.2mm。

( ) 111. 成型銑刀材質以 ①工具鋼 ②碳化鎢 ③鎳鉻鋼 ④陶瓷 居多。 (2)

( ) 112. 下列有關成型銑刀的敘述，何者正確？ (3)
①不可用於銑製不規則形狀的工件 ②主要適用於粗銑加工
③成型銑刀研磨較費時且成本較高 ④屬於有刀柄型銑刀，不是刀軸型銑刀。

( ) 113. 擬鉸削 10.0mm 之孔，則鉸孔前宜鑽削的孔直徑爲 (2)
① 10.0mm ② 9.8mm ③ 9.4mm ④ 9.0mm。

解：鑽孔後之鉸削預留量約為 0.2mm。

( ) 114. 在立式銑床上鉸孔，主軸之轉速應較鑽孔時爲 (2)
①快 ②慢 ③一樣 ④不一定。

解：鉸孔採低轉速、小進給，且轉速較鑽孔慢。

( ) 115. 作鉸孔工作時，下列何者較正確？ ①主軸轉速較高，進給較慢 ②主軸轉速較低，進給較快 ③主軸轉速較低，進給較慢 ④主軸轉速較高，進給較快。 (3)

解：詳見第 114 題。

( ) 116. 機械鉸刀之前端具有 ①圓弧 ②錐度 ③螺紋 ④凹槽。 (2)

解：一般而言機械用鉸刀其倒角角度為 45°，主要為引導鉸刀進入工件孔內，若鉸刀無此角，則鉸削時容易產生振動現象。

( ) 117. 銑削工件之精度不良，與下列何者無關？ (4)
①心軸套鬆動 ②刀刃磨損 ③進給太快 ④進給過慢。

解：銑削加工，進給較慢時，會提高工作之精度與表面粗糙度。

( ) 118. 若 V = 125m/min 及 D = ϕ80，則轉速應爲 (1)
① 500rpm ② 750rpm ③ 1000rpm ④ 1250rpm。

解：由 $V = \pi D\frac{N}{1000}$，$125 = \pi \times 80 \times \frac{N}{1000} = 497.6$rpm

( ) 119. 欲以主軸轉速 300rpm 攻 M8×1.25P 螺紋，在 G84 之 F 值應爲 (4)
① 250 mm/min ② 300 mm/min ③ 350 mm/min ④ 375 mm/min。

解：攻製螺紋時之進給率計算為：主軸轉速×螺紋節距
∴進給率 F = 300×1.25 = 375mm/min 。

( ) 120. 若主軸轉速爲 200rpm，在 CNC 銑床上攻 M10 × 1.5 螺紋，則進給率 F 爲 (4)
① 150mm/min ② 200mm/min ③ 250mm/min ④ 300mm/min。

解：詳見第 119 題。

( ) 121. 銑削鋼工件，刀具的間隙角較佳值爲 ① 5° ② 10° ③ 15° ④ 20°。 (1)

解：銑刀刀刃之各間隙角度為，第一間隙角為 3～6 度、第二間隙角為 10 度，徑向斜角約為 3～5 度。

( ) 122. 銑削加工時，下述何種情形即應減少每一刀刃進刀量？ ①工件較厚 ②要求較佳之表面粗糙度 ③使用高強度銑刀片 ④銑削較淺溝槽時。 (2)

解：當加工工件，表面粗糙度要求較高時，應減少每刃進刀量，以提高工件精度與表面粗糙度。

( ) 123. 銑削深槽時，宜選用 ①端銑刀 ②交錯刃側銑刀 ③鳩尾銑刀 ④T 槽銑刀。 (2)

解：銑削深槽時，宜選用交錯刃側銑刀，銑切時應力可相互抵銷，並減少震動，有較佳之排屑能力。

( ) 124. 銑削平行面時，應於工件底面與虎鉗鉗台之間墊以何物，較易銑得平行面 (4)
①圓桿 ② V 形枕 ③角尺 ④平行塊。

解：平行塊為長方形硬化鋼板，通常為兩個為一組使用，有許多的高度，以適合銑削各種不同高度的工件，當工件夾持於銑床虎鉗銑削時，常使用平行塊做為工件的支撐，並提升工件到適合的高度，較易銑得平行面。

( ) 125. 校正工件基準面與床台平行度時，量表的磁座宜裝在那裡最好？ (4)
①床鞍 ②支持物 ③刀軸 ④床柱。

解：校正虎鉗平行度時，將槓桿量表固定於床柱面上，並使指針與固定在虎鉗上的平行塊接觸，如下圖所示。(圖片取至銑床能力本位訓練教材)

( ) 126. 在 G17 平面進行直線切削，若 X、Y 軸之移動速率之分量皆爲 20mm/min，則切削進給率應爲 ① 15mm/min ② 20mm/min ③ 28mm/min ④ 40mm/min。 (3)

解：切削進給率為 X、Y 分量之 $\sqrt{2}$ 倍，故為 $20\times\sqrt{2}=28.28$mm/min

( ) 127. 爲使工件基準面緊貼虎鉗固定鉗口，可在虎鉗活動鉗口與工件粗糙面間夾以 (1)
①圓桿 ②塊規 ③ V 形枕 ④墊片。

解：銑削與基準面成垂直的平面時，可在活動鉗口與工件粗糙面間夾持圓棒，鎖緊虎鉗，能使基準面密貼固定。

( ) 128. 防止銑削時產生高頻率振動的方法爲 (1)
①降低主軸轉速 ②增加進給率
③增加銑削深度 ④粗加工時，用刀刃數較多之銑刀。

解：降低轉速能有效防止銑削產生的高頻振動。

( ) 129. 切削高碳鋼，較適合之碳化物刀具材質爲 ① P 類 ② M 類 ③ K 類 ④ S 類。 (2)

解：M 類碳化物刀具可加工金屬，如高碳鋼、鑄鋼、高錳鋼、球狀石墨鑄鐵、易削鋼、合金鑄鐵等。

( ) 130. 安裝搪孔刀於搪孔器中，下列何者錯誤？ (1)
①可使用端銑刀取代搪孔刀 ②宜注意刀尖安裝方向
③宜考慮徑向斜角是否適當 ④宜觀察徑向及軸向間隙角是否干涉。

解：搪孔刀無法用端銑刀取代。

( ) 131. 搪孔所得之孔徑爲 Ø24.90mm，欲搪孔成 Ø25.00mm，則搪孔刀應移動 (3)
① 0.20mm ② 0.10mm ③ 0.05mm ④ 0.025mm。

解：其搪孔刀移動量為加工之單邊量為，$(25.00-24.90)/2=0.05$mm。

( ) 132. 銑削 Ø80 之內孔，爲求圓弧光滑平順，程式中通常會 ①加入引導圓弧 (1)
②加入引導直線 ③在圓弧內側鑽孔 ④在圓弧起點處加入指令 G09。

解：為了能比較安全地切入被加工工件，並使被加工表面光滑，不留切削痕跡，故會於銑削內孔時加入引導圓弧。

( ) 133. 用一般端銑刀精銑削鋼料，銑刀刃數宜選用 (3)
①單刃 ②雙刃 ③4 刃 ④與刃數無關。

解：採用銑刀刃數多時，能減少每刃加工，可得到較佳之加工平面。且適當的選用會提高效率使刀具壽命增長。

( ) 134. 銑削二又二分之一次元圓弧，爲使表面光滑平順須 (2)
①加大進給率 ②減少間距量 ③增加銑削深度 ④增大間距量。

解：為使加工表面光滑平順，減少加工時之間距量，越能提高表面粗糙度。

( ) 135. 螺絲攻的斷屑溝槽是相當於什麼角度？ (2)
①間隙角 ②斜角 ③螺旋角 ④切入角。

解：斷屑溝槽相當於螺旋角度，螺旋部分可讓切屑沿溝槽向柄部排出。

( ) 136. 通常在鋁質工件鑽 1mm 以下小孔時，使用何種附件較佳？ (2)
①搪孔頭 ②增速器 ③工具顯微鏡 ④攻牙刀桿。

解：一般做小徑鑽孔的加工會以專用之加工機具進行，若沒有以 CNC 代替時，可以採用增速器進行加工。

( ) 137. CNC 銑床若採用固定循環指令鑽孔時，下列那一項與該單節指令內容無關係？ (3)
①孔的位置 ②提刀高度 ③主軸轉速 ④孔數。

解：固定循環鑽孔無主軸轉速單節指令，例：G81 X__ Y__ Z__ R__ F__。

( ) 138. 設 A 銑刀直徑大於 B 銑刀，若選用相同的每分鐘轉數及進給率，則銑刀每一迴轉的進給量爲 ① A 大於 B ② B 大於 A ③ A 等於 B ④ AB 不能比。 (3)

( ) 139. 面銑刀的刀刃數爲 5，若其主軸轉速爲 500rpm，進給率爲 100mm/min，則此面銑刀每一刀刃的進給量爲 ① 0.2mm ② 0.12mm ③ 0.08mm ④ 0.04mm。 (4)

解：由 $Fm = Ft \times t \times N$，$100 = Ft \times 5 \times 500 = 0.04mm$。

( ) 140. 以銑床鑽削工件時，鑽頭折斷之可能原因爲 (2)
①鑽頭直徑太大 ②鑽削進給太快 ③鑽頭夾太緊 ④鑽頭研磨太銳利。

解：鑽頭折斷之可能原因為，切削阻塞、進給太快、鑽頭剛性不足、貫穿時安定性不佳。

( ) 141. 銑削工件時發生振動之最可能原因爲 (4)
①進給太慢 ②刀具太銳利 ③主軸轉速偏高 ④工件或銑刀夾持不牢。

( ) 142. 銑削工件時，產生工件表面粗糙度不良之可能原因爲 (2)
①進給太慢 ②刀具磨損 ③主軸轉速太快 ④銑削太淺。

解：進給慢、轉速快、加工量少皆會提高表面粗糙度。

( ) 143. 欲減小銑削振動宜 ①增加每齒切削量 ②增加床台進給速度 ③增加銑削深度 ④降低床台進給速度或銑削深度。 (4)

( ) 144. 銑削一工件，若其高度尺寸尚差 0.48mm，而手輪每格 0.02mm，則手輪刻度環應轉動多少格 ① 24 ② 36 ③ 48 ④ 96 格。 (1)

解：手輪一格為 0.02mm，欲進給 0.48mm，故移動格數為 0.48/0.02 = 24 格。

( ) 145. 銑床上鉸孔若造成不良孔面，其原因是 (1)
①鉸削量太大 ②主軸轉速太慢 ③鉸削量太小 ④切削液過量。

解：造成鉸孔不良表面之原因為：
A.鉸刀變鈍。
B.刀具再研磨時未使用良好冷卻劑或切削油，儘量不要減少刃部的寬度。
C.孔直徑預留量太少，也就是預鑽孔太大。
D.切削速度太快，進刀太慢。
E.刀具前端的切入部長度不正確。

( ) 146. CNC 銑床銑削時，下列何者可以省略不須執行？ (2)
①選用銑刀 ②工件劃線 ③工件夾持 ④決定主軸轉速。

解：CNC 銑床銑削時不需要畫線即可進行加工。

( ) 147. CNC 銑床執行鉸孔循環時，Z 軸到達指令點位置後主軸會 ①自動停止 ②自動反轉退刀 ③以正轉及原進給速度退刀 ④以正轉及快速退刀。 (3)

解：鉸削工作操作時，鉸刀不得逆轉退出，應同鉸削方向迴轉退出，避免切邊破碎。

( ) 148. 依 CNS 表面粗糙度標準，若圖面上標註爲 6.3a 之表面粗糙度值應爲 (4)
① 0.25mm ② 0.025mm ③ 0.063mm ④ 0.0063mm。

解：粗糙度 6.3 單位是微米，也就是 μm，6.3 是 Ra 值，故表面粗糙度值為 0.0063mm。

( ) 149. 依 CNS 表面粗糙度標準，20S 相當於 ① 2.0a ② 2.5a ③ 5.0a ④ 6.3a。 (3)

( ) 150. 搪孔銑削時，若要搪削成直徑 28.02mm，但實際的尺寸爲 27.94mm 時，則其搪孔刀應單邊調整 ① 0.02mm ② 0.04mm ③ 0.08mm ④ 0.12mm。 (2)

解：其搪孔刀移動量為加工之單邊量為，(28.02 – 27.94) / 2 = 0.04mm。

( ) 151. 高速鋼鑽頭鑽孔加工，下列材料何者切削速度最慢？ (2)
①低碳鋼 ②高碳鋼 ③黃銅 ④鋁。

解：加工材料之硬度越高，其切削速度需越慢。

( ) 152. 銑削時，下列何種情況宜降低切削速度？ ①夾持較穩定時 ②不考慮銑刀壽命時 ③精加工時 ④刀刃已磨損，但在容許範圍內時。 (4)

( ) 153. 銑削時，發生刀刃缺損的可能原因爲 (3)
①切削液太多 ②進給量太小 ③切屑排出不良 ④切削深度較淺。

解：造成刀刃缺損之原因為未加入切削液、進給量太大、切削深度大及排屑不良。

( ) 154. 銑削時，若增加銑削深度，則其進給率應 (2)
①增快 ②降低 ③不變 ④按比例增加。

( ) 155. CNC 銑床執行攻螺紋循環，Z 軸到達指令點位置後，主軸會 ①自動停止 ②自動反轉退刀 ③以正轉及原進給速度退刀 ④以正轉及快速退刀。 (2)

解：執行螺紋循環後，到達指定位置後即反轉退刀。

( ) 156. CNC 銑床粗銑削平面時，一般選用之加工條件應爲 (3)
①較高切削速度及較大進給率 ②較高切削速度及較小進給率
③較低切削速度及較大進給率 ④較低切削速度及較小進給率。

( ) 157. 在銑床上鑽孔加工後，若發生擴孔現象，最可能原因為 (3)
①鑽孔位置不正確 ②鑽唇角太小 ③鑽頭切邊不等長 ④鑽唇間隙太大。

解：鑽頭左、右切削刃不對稱，擺差大易造成擴孔。

( ) 158. 若進給率為每分鐘 200mm，主軸每分鐘 800 轉，銑刀每一刀刃之切削量為 0.05mm，則該銑刀之刀刃數為 ①5 ②6 ③8 ④10。 (1)

解：由 $Fm = Ft \times t \times N$ ，$200 = 0.05 \times t \times 800 = 5(t)$ 。

( ) 159. 以直徑 80mm 之 10 刃面銑刀，銑削中碳鋼工件，若銑削速度為 75m/min，每刃進給為 0.2mm，則進給率為 (2)
① 562mm/min ② 600mm/min ③ 637mm/min ④ 700mm/min。

解：$V = \pi \times D \times \frac{N}{1000}$ ，故得 $75 = \pi \times 80 \times \frac{N}{1000} \doteqdot 298.6\text{rpm}$ 。

由 $Fm = Ft \times t \times N$ ，$Fm = 0.2 \times 10 \times 298.6 = 597\text{mm/min}$ 。

( ) 160. 面銑刀的切削寬度(W)與刀徑(D)之關係，下列何者較佳？ (2)
① $W < D/2$ ② $W > D/2$ ③ $W = D/2$ ④無關。

解：切削寬度(W)與刀徑(D)之關係 $W > D/2$，若切削寬度太大，切入時，切刃的滑動增大，容易顫動。反之，切削寬度太小時，刀刃所受衝擊增大，容易造成刀刃的破裂。

( ) 161. 一般直徑相同之端銑刀，適合於重銑削者為 ①較多刀刃數 ②較小螺旋角 ③較少刀刃數，較大螺旋角 ④較多刀刃數，較小螺旋角。 (3)

解：重銑削加工時，銑刀採用少刃數與較大螺旋角，可增加容屑與排屑空間。

( ) 162. CNC 銑床的座標系統一般都假設 ①工件移動，刀具不動 ②工件不動，刀具移動 ③工件移動，刀具移動 ④工件不動，刀具不動。 (2)

( ) 163. 在銑削中，視情況需要而欲量測工件尺寸時，程式中應包含下列何種指令？ (2)
① M0 ② M1 ③ M2 ④ M5。

解：M01 為選擇性停止指令，可於每一段加工後暫時停止，可進行尺寸量測或外觀檢查，以利進行後續加工。

( ) 164. 直徑 100mm 之 6 刃平銑刀，若每刃每轉進刀量為 0.02mm，且進給率為 12mm/min，則銑削速度約為 ①25 ②30 ③35 ④40 m/min。 (2)

解：$Fm = Ft \times t \times N$ ，$12 = 0.02 \times 6 \times N = 100\text{rpm}$ 。

$V = \pi \times D \times \frac{N}{1000}$ ，故得 $V = \pi \times 100 \times \frac{100}{1000} \doteqdot 31.4\text{m/min}$ 。

( ) 165. CNC 銑床上用固定循環指令鑽孔時，下列何者與程式無關？ (2)
①孔的數量 ②主軸轉速 ③提刀高度 ④孔的位置。

解：固定循環鑽孔無主軸轉速單節指令，例：G81 X__ Y__ Z__ R__ F__。

( ) 166. 欲以 CNC 銑床銑切出直徑 Ø20.8mm 深 20mm 之盲孔，較適宜之加工程序為 (3)
①直接使用 Ø20.8mm 之端銑刀
②使用中心鑽，Ø20.8mm 之 2 刃端銑刀
③中心鑽，Ø18mm 鑽頭 Ø20mm 之 2 刃端銑刀
④ Ø18mm 鑽頭，Ø20.8mm 之 2 刃端銑刀。

解：鑽大孔可先使用中心鑽，搭配 Ø18mm 鑽頭尺寸，最後在以適當之 2 刃銑刀進行銑削，採用 2 刃之目的為增加容屑空間。

( ) 167. B 軸是指相對於下列何軸旋轉？ ① X ② Y ③ Z ④ B。 (2)

解：A 軸、B 軸、C 軸來定義旋轉軸，分別圍繞 X 軸、Y 軸、Z 軸轉動。

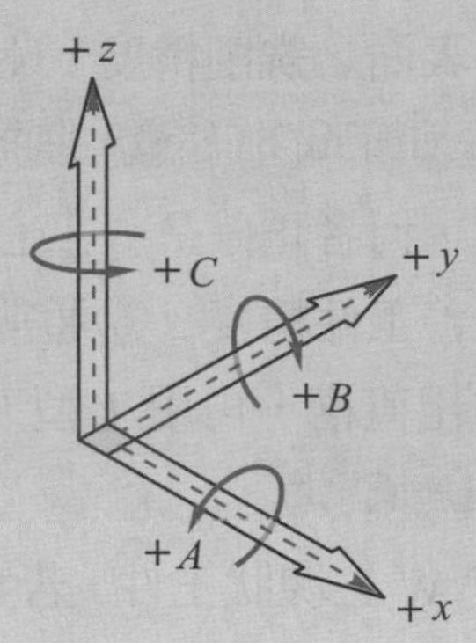

( ) 168. 如下圖所示，以平口端銑刀銑削長方形凹穴，若在轉角處不發生殘料的情況下，則最大刀具路徑間距約等於 (1)

(cos30° = 0.866，cos45° = 0.707，cos60° = 0.5)

① 0.85×刀距直徑

② 0.707×刀距直徑

③ 0.866×刀距直徑

④ 0.5×刀距直徑。

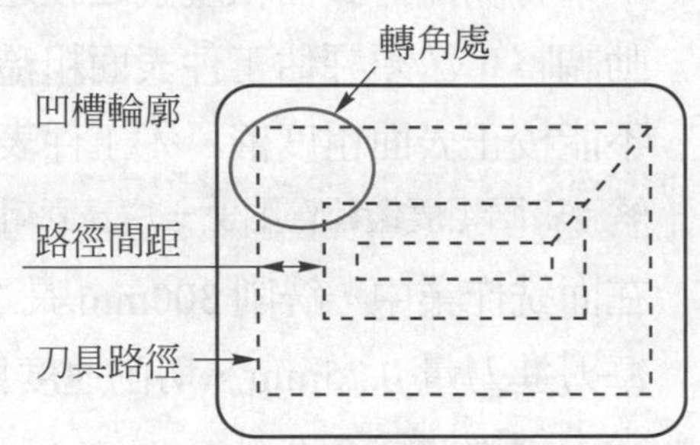

解：設刀具半徑為 r，$r + 0.707r = 1.707r$，又 $D = 2r$，故 $d = 1.707 \times (D/2) = 0.85D$

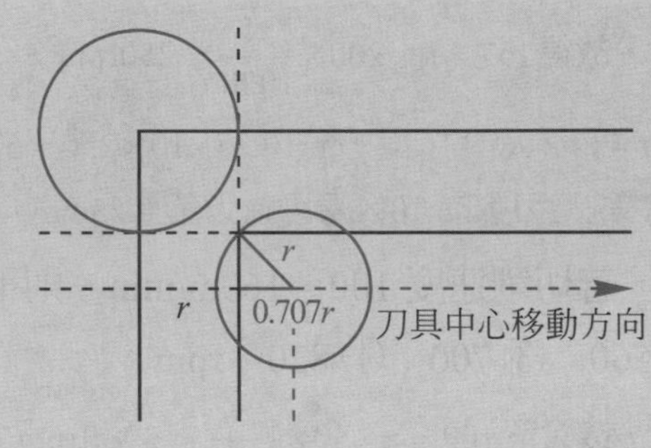

( ) 169. 在 CNC 銑床上使用尋邊器，可得下列何種效益？ ①得知刀具磨損 ②定出刀具與工件位置關係 ③定出工作範圍 ④安排銑削順序。 (2)

解：尋邊器是在數控加工中，為了精確確定被加工工件的中心位置的一種校正工具。

( ) 170. CNC 銑床以程式試削工件後，發現深度尺寸有些微誤差時，應如何處理最有效？ ①調整刀具 ②換新刀片 ③調刀徑補正值 ④調刀長補正值。 (4)

解：若加工後，發現深度產生落差，可以採用刀具長度補正(G43、G44)。

複選題 答

( ) 171. 下列有關工件表面粗糙度之敘述，何者正確？ (12)

①若 Ra 值相同，其 Rmax 值必定相同 ②若切斷值愈小，Ra 值愈大

③若 Ra 值相同，其表面輪廓必定相同 ④探針移動方向只會影響 Rmax 值。

解：舊制表面粗糙度 4Ra≒Rz≒Rmax。

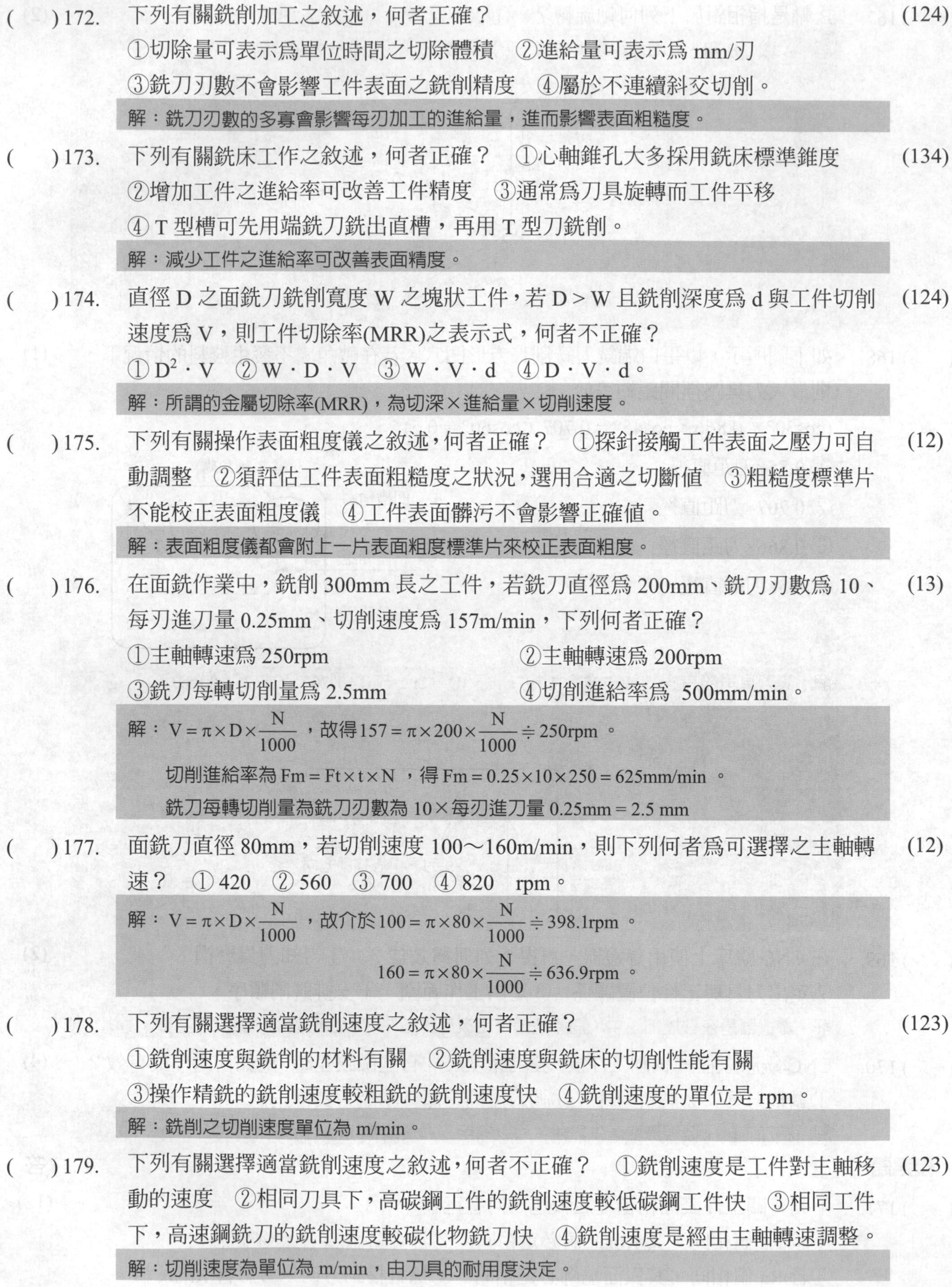

(　) 172. 下列有關銑削加工之敘述，何者正確？ (124)
①切除量可表示爲單位時間之切除體積　②進給量可表示爲 mm/刃
③銑刀刃數不會影響工件表面之銑削精度　④屬於不連續斜交切削。

解：銑刀刃數的多寡會影響每刃加工的進給量，進而影響表面粗糙度。

(　) 173. 下列有關銑床工作之敘述，何者正確？　①心軸錐孔大多採用銑床標準錐度 (134)
②增加工件之進給率可改善工件精度　③通常爲刀具旋轉而工件平移
④ T 型槽可先用端銑刀銑出直槽，再用 T 型刀銑削。

解：減少工件之進給率可改善表面精度。

(　) 174. 直徑 D 之面銑刀銑削寬度 W 之塊狀工件，若 D > W 且銑削深度爲 d 與工件切削速度爲 V，則工件切除率(MRR)之表示式，何者不正確？ (124)
① $D^2 \cdot V$　② $W \cdot D \cdot V$　③ $W \cdot V \cdot d$　④ $D \cdot V \cdot d$。

解：所謂的金屬切除率(MRR)，為切深×進給量×切削速度。

(　) 175. 下列有關操作表面粗度儀之敘述，何者正確？　①探針接觸工件表面之壓力可自動調整　②須評估工件表面粗糙度之狀況，選用合適之切斷值　③粗糙度標準片不能校正表面粗度儀　④工件表面髒污不會影響正確值。 (12)

解：表面粗度儀都會附上一片表面粗度標準片來校正表面粗度。

(　) 176. 在面銑作業中，銑削 300mm 長之工件，若銑刀直徑爲 200mm、銑刀刃數爲 10、每刃進刀量 0.25mm、切削速度爲 157m/min，下列何者正確？ (13)
①主軸轉速爲 250rpm　②主軸轉速爲 200rpm
③銑刀每轉切削量爲 2.5mm　④切削進給率爲 500mm/min。

解：$V = \pi \times D \times \frac{N}{1000}$，故得 $157 = \pi \times 200 \times \frac{N}{1000} \doteqdot 250\text{rpm}$。

切削進給率為 $Fm = Ft \times t \times N$，得 $Fm = 0.25 \times 10 \times 250 = 625\text{mm/min}$。

銑刀每轉切削量為銑刀刃數為 10×每刃進刀量 0.25mm = 2.5 mm

(　) 177. 面銑刀直徑 80mm，若切削速度 100～160m/min，則下列何者爲可選擇之主軸轉速？　① 420　② 560　③ 700　④ 820　rpm。 (12)

解：$V = \pi \times D \times \frac{N}{1000}$，故介於 $100 = \pi \times 80 \times \frac{N}{1000} \doteqdot 398.1\text{rpm}$。

$$160 = \pi \times 80 \times \frac{N}{1000} \doteqdot 636.9\text{rpm}$$

(　) 178. 下列有關選擇適當銑削速度之敘述，何者正確？ (123)
①銑削速度與銑削的材料有關　②銑削速度與銑床的切削性能有關
③操作精銑的銑削速度較粗銑的銑削速度快　④銑削速度的單位是 rpm。

解：銑削之切削速度單位為 m/min。

(　) 179. 下列有關選擇適當銑削速度之敘述，何者不正確？　①銑削速度是工件對主軸移動的速度　②相同刀具下，高碳鋼工件的銑削速度較低碳鋼工件快　③相同工件下，高速鋼銑刀的銑削速度較碳化物銑刀快　④銑削速度是經由主軸轉速調整。 (123)

解：切削速度為單位為 m/min，由刀具的耐用度決定。

( ) 180. 使用直徑 75mm 之面銑刀銑削，粗銑 150m/min，精銑 210m/min 時，則主軸轉速約為 ①粗銑 760 ②精銑 890 ③粗銑 640 ④精銑 980 rpm。 (23)

解：$V=\pi\times D\times\frac{N}{1000}$，故轉速 $150=\pi\times75\times\frac{N}{1000}\doteqdot640$rpm (粗銑)。

$210=\pi\times75\times\frac{N}{1000}\doteqdot891$rpm (精銑)。

( ) 181. 使用 2 刃、直徑 10mm 之端銑刀銑削，粗銑 45m/min，精銑 60m/min，每刀刃進給量 0.15mm 時，則進給率約 (13)

①粗銑 450 ②粗銑 500 ③精銑 600 ④精銑 650 mm/min。

解：$V=\pi\times D\times\frac{N}{1000}$，故介於 $45=\pi\times10\times\frac{N}{1000}\doteqdot1433.1$rpm。

$60=\pi\times10\times\frac{N}{1000}\doteqdot1910.8$rpm。

$Fm=Ft\times t\times N$，$Fm=0.15\times2\times1433.1=430$mm/min。(粗銑)

$Fm=0.15\times2\times1910.8=573$mm/min。(精銑)

( ) 182. 如下圖，以面銑刀銑削一道次，不考慮表面粗糙度下，得到的切削面可能是 (23)

①凸面

②凹面

③平面

④波浪面。

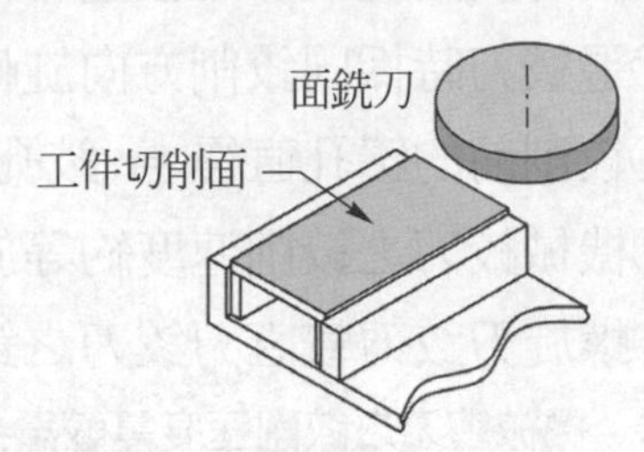

( ) 183. 如下圖，銑削長方體後，測量 6 個位置，其厚度分別為 A20.10 ,B20.10 , C20.10 , D20.02 ,E20.02 ,F20.02mm，可能原因為 (234)

①進給率與轉速搭配不當

②虎鉗底面有切屑

③夾持時活動鉗口將工件向上推

④兩個墊塊不等高。

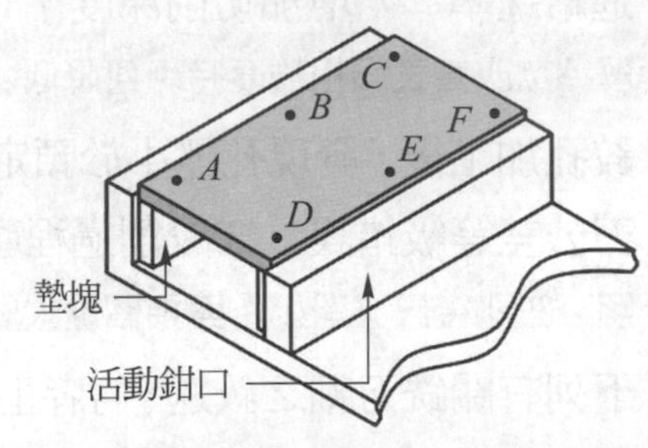

解：進給率與轉速搭配不當時，不會影加工表面高低。

( ) 184. 如下圖，使用端銑刀的側刃切削工件後，工件的側面與切削面的直角度未達要求，應改進下列的那些項目？ (124)

①重新校正虎鉗的固定鉗口平行度

②切削時進給率求平穩

③降低夾持力

④精削量不宜過大。

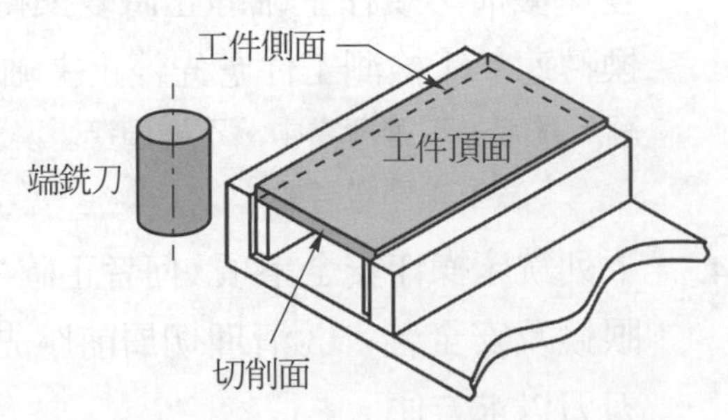

解：夾持力與否不會影響側面與切削面的直角度。

( ) 185. 鍵座銑削後發現其側壁面是傾斜的，改善策略爲 ①降低進給率 ②減少刀具伸出長度 ③增加切深 ④先粗加工再精加工。 (124)

解：增加切削深度，會使刀具受力增加，進而影響刀具排屑與加工。

( ) 186. 以端銑刀切削鋁料發現積屑現象，下列何者可改善？ ①鎖固刀具 ②使用適當切削劑 ③降低進給率 ④鎖固工件。 (23)

解：使用切削劑能有效排除積屑，避免造成刀具損壞。

( ) 187. 下列有關單鋒刀具幾何與角度之功用敘述，何者不正確？ ①斜角會影響切屑流動方向 ②刃面磨適當溝槽有助於折斷切屑 ③正斜角較適用於黑皮工件之重切削 ④刀鼻半徑不會影響工件切削表面粗糙度。 (34)

解：銑削軟材料可選用斜角較大的銑刀；銑削較硬材料可選用斜角較小或負斜角。

( ) 188. 下列有關順銑法之敘述，何者正確？ ①刀刃較逆銑法不易磨耗 ②切削力由大至小 ③切屑形成由厚至薄 ④易生振動且不易排屑。 (123)

解：順銑法加工，夾持容易、無震動且排屑優於逆銑法。

( ) 189. 下列有關鉸孔工作的敘述，何者正確？ (124)

①退鉸刀時採同鉸削方向旋轉

②鉸削前的鑽孔直徑 ＝ 鉸孔直徑 － 鉸削裕留量

③機械鉸刀之鉸削速度約等於同直徑鑽頭之鑽削速度的 2 倍

④螺旋刃鉸刀較直刃鉸刀之鉸削阻力小且不易振動。

解：機械鉸刀之鉸削速度需較鑽孔為慢。

( ) 190. 以端銑刀側邊精修工件時，主軸轉速爲一定値，若欲改善表面粗糙度時，下列何者爲可行之方法？ ①選用刃數較多之銑刀 ②選用較大直徑之刀具 ③降低進給速率 ④增加切削深度。 (123)

解：欲改善表面粗糙度時，可降低切削深度。

( ) 191. 鉸孔加工後，發現孔徑小於預定尺寸，較可能的原因爲 ①鉸刀磨損 ②選用鉸刀公差等級錯誤 ③鉸削過程產生較大熱膨脹 ④預留量太少。 (123)

解：鉸孔後尺寸過小，與預留量太少較無關係。

( ) 192. 下列有關銑刀軸之敘述，何者正確？ ①銑刀軸錐度可爲 7/24 ②銑刀軸錐度必爲莫氏錐度 ③ NT40 之公稱直徑小於 NT30 ④ NT50 公稱直徑大於 NT40。 (14)

解：銑刀之主軸孔採美國標準錐度，錐度値為 7/24。

( ) 193. 下列銑床工作，何者正確？ ①主軸迴轉中可直接切換迴轉方向開關 ②分段式變速機構必須在主軸靜止時變換轉速 ③無段式變速機構必須在主軸迴轉中變換轉速 ④檢測工件應先停止主軸迴轉再行檢測。 (234)

解：銑床主軸迴轉當中，不得直接變換轉速，會造成主軸齒輪崩裂，應在主軸馬達停止狀態下做主軸轉數變換。

( ) 194. 下列銑床操作安全事項，何者正確？ ①操作機器時不可戴手套 ②應穿戴安全眼鏡及安全鞋 ③清理切屑前應先停止主軸迴轉 ④裝卸銑刀宜以手直接握持刀刃以求方便。 (123)

解：因銑刀刃口鋒利，不得直接使用手裝卸，以免受傷。

( ) 195. 下列何種銑刀常用於立式銑床？ (14)
①面銑刀 ②齒輪銑刀 ③平銑刀 ④端銑刀。

解：齒輪銑刀與平銑刀常使用於臥式銑床。

( ) 196. 四刃面銑刀直徑 80mm，若主軸轉速爲 500rpm，每刃切削量爲 0.15～0.25mm，則下列何者爲可選擇之進給率？ ① 300 ② 400 ③ 500 ④ 600 mm/min。 (123)

解：由 $Fm = Ft \times t \times N$ ，$Fm = 0.15(0.25) \times 4 \times 500 = 300$～$500$mm/min。

( ) 197. 端銑刀銑削一溝槽時，發現槽底面爲一斜面，下列何者爲可能之原因？ (13)
①端銑刀未確實夾緊 ②主軸轉速太快
③夾持於虎鉗的工件平面不平行 ④進給率太慢。

解：主軸轉速太快與進給率太慢，皆不會於加工時產生斜面。

( ) 198. 端銑刀銑削一溝槽時，發現槽底面爲一斜面，下列何者爲可行之改善方法？ (12)
①確實夾緊端銑刀 ②減少切削深度
③增加進給率 ④選用較大螺旋角的端銑刀。

( ) 199. 工件銑削中，產生異常聲響之較可能原因爲 ①機器剛性佳 ②切削進給量太大 ③刀刃已經鈍化 ④夾持力不足。 (234)

解：使用剛性較佳之銑床，銑削加工時，較不易造成異常聲音。

( ) 200. 銑床加工完成後之工件尺寸不正確，可能之原因爲 (134)
①刀具已經磨損 ②主軸故障 ③使用不適當加工條件 ④夾持變形。

( ) 201. 量測工件的間隙可使用下列何者？ ①高度規 ②厚薄規 ③塊規 ④投影機。 (24)

解：高度規與塊規無法量測工件間隙。

( ) 202. 下列何者屬於逆銑切削特性？ ①切屑由薄而厚，銑刀受力先輕後重 ②受螺桿背隙影響較大 ③適合銑削薄件 ④適合銑削黑皮面鑄件。 (14)

解：逆銑法之切削特性為
1. 切屑由薄而厚，銑刀受力由輕而重，可避免刀具受衝擊而斷裂。
2. 適合銑削鑄件黑皮面。
3. 可用於舊式銑床，不產生螺桿無效間隙運動。
4. 摩擦多，刀口易鈍、壽命短。
5. 易震刀、加工面較粗糙、加工精度較差。
6. 不適合銑削薄件。

( ) 203. 下列何者屬於順銑切削特性？ ①加工時摩擦較少，銑刀刃口壽命較長 ②受螺桿背隙影響較大 ③進給消耗功率較大 ④適合銑削黑皮面鑄件。 (12)

解：順銑法之切削特性為
1. 切屑由厚而薄，銑刀受力由重而輕，易生衝擊而使刀刃斷裂。
2. 不適合銑削鑄件、鍛件和銑削表面具有鱗皮之工件。
3. 銑床須有間隙消除裝置，否則易產生螺桿無效間隙運動。
4. 加工時摩擦較少，銑刀刃口壽命較長。
5. 夾持容易，無震動，加工面精度較高。
6. 裝置容易，適合銑削長薄型工件。

( ) 204. 一斜度工件長 30mm，標註為 1：5 ± 0.002，量測出小端高度 10.05mm，則大端的容許高度為 ① 15.95 ② 16.00 ③ 16.05 ④ 16.10 mm。 (234)

解：斜度公式計算為 $\frac{1}{5}=\frac{(D-10.05)}{30}$，則 D 為 16.05mm

( ) 205. 對傳統銑床的操作下列敘述何者正確？ ①重切削應採用順銑法 ②搪孔可用自動向下進刀功能 ③作 X 方向銑削時，應固定 Y 方向的移動 ④面銑削時，應鎖緊主軸套筒。 (234)

解：詳見第 202 題，重銑削應採用逆銑法。

( ) 206. 若切削進給率為 140mm/min 時，每刃進給不得超過 0.25mm，下列切削條件何者適用？ ① 2 刃 300rpm ② 4 刃 120rpm ③ 5 刃 100rpm ④ 6 刃 95rpm。 (14)

解：可由 Fm = Ft × t × N 求得。

( ) 207. 在傳統銑床上以直徑 20mm 端銑刀作深度 50mm 側邊粗銑，應避免下列何種銑削方式？ (13)

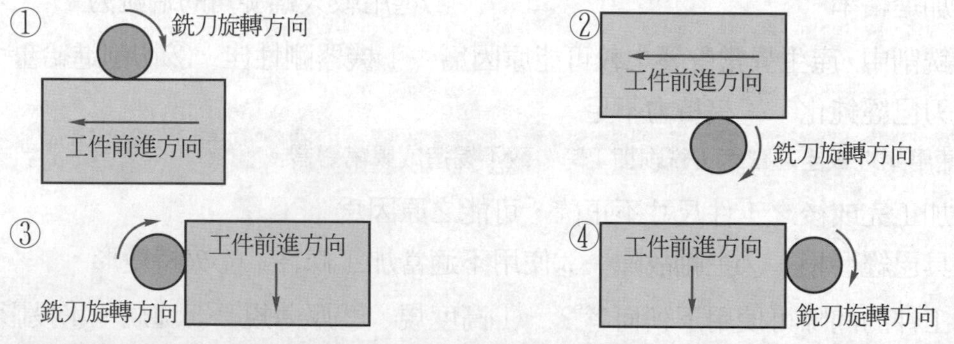

解：進行重銑削加工，盡量採用逆銑法。

( ) 208. 如下圖所示，若要在 10 度斜面處再銑一 50 度斜面，則下列 x 方向移動量與量錶數據的關係何者有誤？ (24)

① x 軸走 10mm 量錶指針轉 6.43mm
② x 軸走 8mm 量錶指針轉 7.95mm
③ x 軸走 7.78mm 量錶指針轉 5.0mm
④ x 軸走 6.58mm 量錶指針轉 6.0mm($\sin 40° = 0.64278$)。

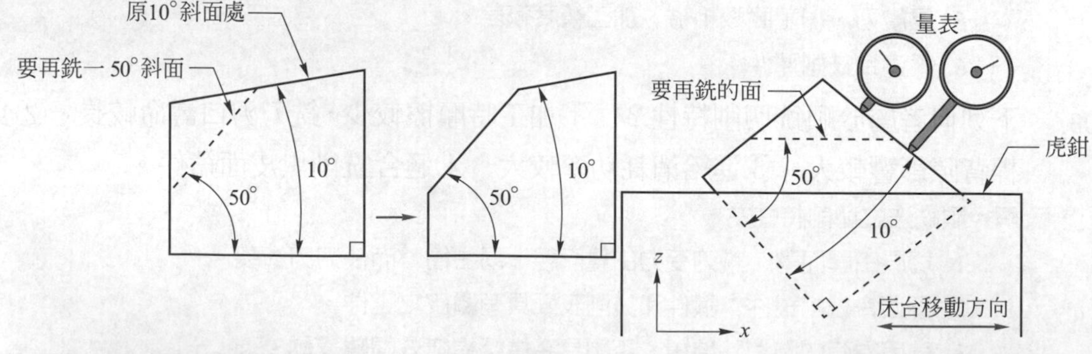

解：① x 軸走 $10.0 \times \sin 40° = 6.427$mm
② x 軸走 $7.78 \times \sin 40° = 5.0$mm
③ x 軸走 $8.00 \times \sin 40° = 5.142$mm
④ x 軸走 $6.58 \times \sin 40° = 4.230$mm

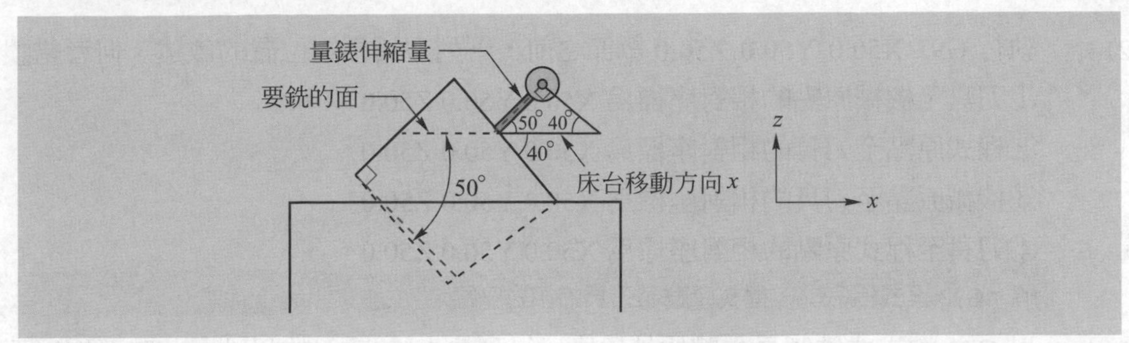

( ) 209. 若銑床 X 方向的進給手輪每格刻度 0.02mm，一轉 2.5mm，已知背隙有 5 格。要鑽三孔，如圖所示，若手輪正轉定位 A 孔，鑽完後，再鑽 BC 兩孔，下列定位過程何者有誤？ (24)

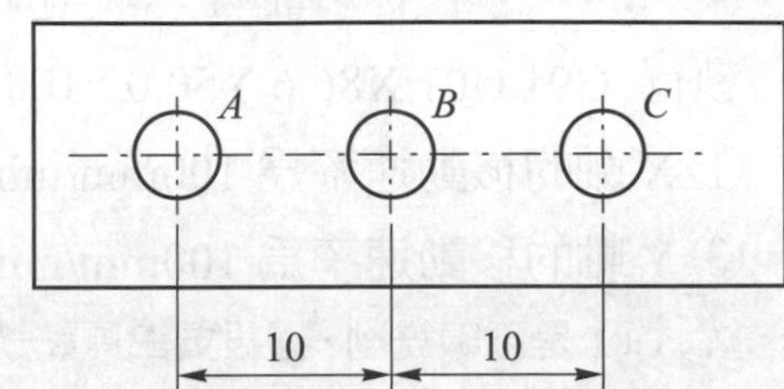

①正轉 4 圈鑽 B 孔，再正轉 4 圈鑽 C 孔
②正轉 8 圈鑽 C 孔，再反轉 4 圈鑽 B 孔
③正轉 8 圈鑽 C 孔，再反轉 5 格加 4 圈後鑽 B 孔
④正轉 8 圈加 5 格鑽 C 孔，再反轉 4 圈鑽 B 孔。

解：此題銑床 X 方向間隙為 10 條，如有反轉鑽孔的情況下，需要排除間隙，避免孔定位時，造成累積誤差。

( ) 210. 工件夾持於虎鉗作端銑與側銑的情況下，將兩端面平行的圓錐形工件，銑成具有 24 個直角的六面體，如下圖所示，應如何安排各面的銑削順序？ (24)

① 1→2→3→6→4→5
② 4→6→3→5→2→1
③ 3→1→4→5→6→2
④ 3→5→4→6→1→2。

( ) 211. 下列何指令與補正有關？ ① G44 ② G46 ③ G48 ④ G50。 (123)

解：CNC 銑床指令 G50 為比例功能取消。

( ) 212. 下列敘述何者正確？ (12)

①執行 G91 G00 X86.6 Y50.0 時，刀具移動先與 X 軸成 45°夾角
②執行 G91 G01 X86.6 Y50.0 F200 時，刀具移動與 X 軸成 30°夾角
③執行 G91 G18 G01 X86.6 Y50.0 Z20.0 F200 時，刀具無 Y 軸的移動
④執 G91 G17 G02 I-20.0 時，因缺少 X 及 Y 座標以致於刀具無法移動。

解：選項(3)程式座標移動為(86.6，50，20)，因程式 G18 為 XZ 平面，故機台座標移動為(50，20，86.6)，且刀具 Y 軸有移動。
選項(4)程式 G02 I-20.為以原點做基準走全圓。

(　　) 213. 執行 G92 X50.0 Y50.0 Z50.0 單節之前，下列刀具相對位置的敘述，何者錯誤？ (134)
①刀具至機械原點的相對座標爲 X50.0 Y50.0 Z50.0
②程式原點至刀具的相對座標爲 X50.0 Y50.0 Z50.0
③機械原點至刀具的相對座標爲 X50.0 Y50.0 Z50.0
④刀具至程式原點的相對座標爲 X50.0 Y50.0 Z50.0。

解：G92 程式指令為，程式原點到刀具的相對座標。

(　　) 214. 以 G41 的方式銑削長方體的外輪廓，得到偏大 0.1mm 的尺寸，此時可採用下列何方法修正？ ①刀徑補正值減 0.05mm ②刀徑補正值減 0.1mm ③程式路徑向內 0.05mm ④程式路徑向內縮 0.1mm。 (13)

解：銑床外輪廓尺寸控制，無論採用刀具補正值或程式路徑修改，其補正數值皆為單邊值。

(　　) 215. 執行 G91 G01 X86.6 Y50.0 F100 時，刀具的速率下列何者正確？ (24)
① X 軸的移動速率爲 100mm/min ② X 軸的移動速率爲 86.6mm/min
③ Y 軸的移動速率爲 100mm/min ④ Y 軸的移動速率爲 50mm/min。

解：G01 是直線銑削，假設要由原點銑削至 A 點，則 X 軸向的進給率必須為 Y 軸向的 $\sqrt{3}$ 倍。

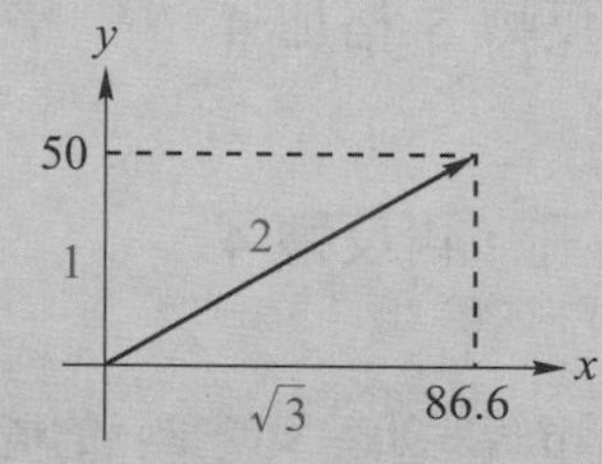

(　　) 216. 精銑削 60°鳩尾槽，如下圖，刀端中心爲刀具基準點，下列何者正確？ (123)
①銑削 A 點時刀具的 Y 座標爲 23.56mm
②銑削 B 點時刀具的 Y 座標爲 26.44mm
③銑削 C 點時刀具的 Y 座標爲 22.11mm
④銑削 D 點時刀具的 Y 座標爲 26.88mm。

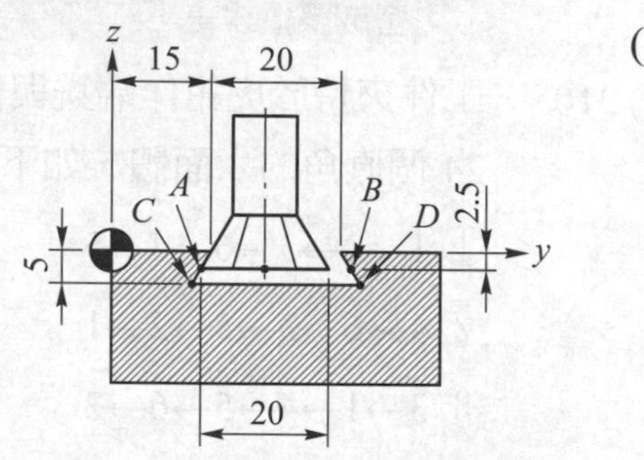

解：先求出鳩尾槽三角形關係，再計算圓點至 A、B、C、D 點之各個位置。

① 求出三角形相對關係

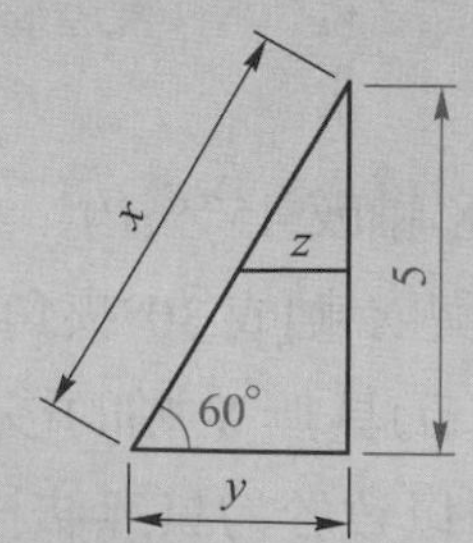

② 由右圖可求得

$$\frac{5}{\sin 60^\circ} = \frac{x}{1}$$

得 $x = 5.7735$

$y = 5.7735 \times \cos 60^\circ = 2.88675$

$z = \frac{y}{2} = 1.443375$

③ 求得 A、B、C、D 各值

$A = 10 + 15 - 1.44375 = 23.56\text{mm}$

$B = 15 + 20 - 1.44375 - 10 = 26.44\text{mm}$

$C = 10 + 15 - 2.88675 = 22.11\text{mm}$

$D = 15 + 20 - 2.88675 - 10 = 27.88\text{mm}$

( ) 217. 在 NC 銑床上銑削工件的刀具路徑爲長方形，銑削後的工件尺寸未達圖面要求，可使用下列何種方法修正？ (34)
①修改 F 值 ②修改 S 值 ③修改 D 值 ④修改程式。

解：CNC 銑床尺寸控制，可用刀具補正值或程式路徑修改，其補正數值皆為單邊值。

( ) 218. 在立式 NC 銑床上銑削斜面，若此斜面垂直於 XY 平面並與 XZ 平面成一夾角，可採用下列何種方法 (12)
①旋轉虎鉗 ②執行程式 ③墊斜度墊塊於工件底面 ④使用錐度銑刀。

解：此題斜面銑削是要斜面垂直於 XY 平面並與 XZ 平面成一夾角，故無法使用墊斜度墊塊於工件底面。

( ) 219. 程式中利用同一端銑刀銑削兩個深度後，發現兩個深度差值未達要求，不應修改 (123)
①刀長補正值 ②刀徑補正值 ③程式原點的位置 ④程式中某一個深度值。

( ) 220. 在立式 NC 銑床上以端銑刀精銑削長方形外輪廓後，得到偏大的尺寸，不須修改下列何者之設定值？ ① G92 ② G54 ③ H ④ D。 (123)

解：欲加工外輪廓至正確尺寸，可以採用修改刀具補正值或修改程式方式進行補正。

( ) 221. 在立式 NC 銑床上以端銑刀的側刃銑削長方體工件的一面之後，發現該面與相鄰面的直角度不佳，下列何者爲可能原因？ (12)
①虎鉗鉗口與運動軸不平行 ② F 值太大 ③ S 太小 ④切深不足。

( ) 222. 在立式 NC 銑床上以虎鉗夾持薄工件時，下列敘述何者不正確 (23)
①活動鉗口傾斜可能造成工件向上移 ②用大鐵鎚敲工件使工件向下貼平
③不必考慮工件變形的問題 ④以軟鎚邊敲邊鎖緊。

解：夾持薄工件須考慮工件變形等問題。

( ) 223. 如圖所示之凹槽欲利用 NC 銑床作最後一道精銑，宜選用下列何直徑之端銑刀 (12)
① 6mm
② 8mm
③ 10mm
④ 12mm。

解：圖中 R 角最大值為 5，故最後一刀精銑加工需選用直徑 R 角小於 5 之端銑刀進行加工。

( ) 224. NC 銑床在下列何種模式(Mode)下，可手動裝卸刀把？ ①自動執行程式(Auto) ②寸動操作(Jog) ③手動資料輸入(MDI) ④手動原點復歸(Home)。 (24)

( ) 225. 下列有關 NC 銑床的敘述何者正確？ ① NC 程式是以刀具中心爲基準來描寫切削路徑 ②程式加工之刀具宜設定長度補正 ③ G54 座標系用於設定刀具由「程式原點」移動到「機械原點」之位移 ④尋邊器可配合使用於設定工作座標系。 (124)

解：G54 指令為選擇第一程式座標系統。

( ) 226. NC 銑床程式執行中，按壓那些鍵可立即停止刀具移動 (134)
① RESET ② OPT STOP ③ CYCLE STOP ④ EMERGENCY STOP。

解：OPT STOP 為選擇性停止鈕(與 M01 碼共享)

(　　) 227. NC 銑床在 XY 平面上的圓弧銑削(O 爲圓心，P 爲起點，Q 爲終點)，下列敘述何者正確？ (12)

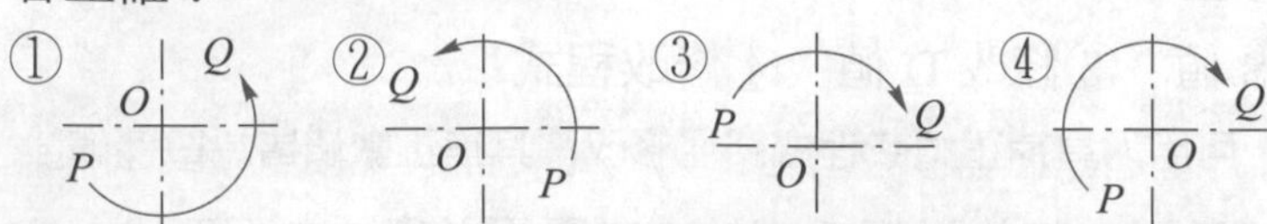

解：XY 平面為 G 指令 G17，I 碼跟 J 碼的正、負跟圓與起點(P)有關，以下為四種判斷正負的方式：

1. 圓心在起點的第一象限，故 I、J 都是正。
2. 圓心在起點的第二象限，故 I 是正、J 是負。
3. 圓心在起點的第三象限，故 I、J 都是負。
4. 圓心在起點的第四象限，故 I 是負、J 是正。

(　　) 228. 工件如圖所示，欲在 XY 平面上鑽直徑 8mm 數孔，O 爲程式原點，執行程式 G90 G81 X10.0 Y10.0 R3.0 Z-20.0 F150;G91 X12.0 Y12.0 K5;下列敘述何者正確？ (14)

① 數孔中心爲一直線排列且與 X 軸呈 45 度
② 共鑽 5 孔
③ 最終孔之位置爲(60,60)
④ 鑽孔深度爲 20mm。

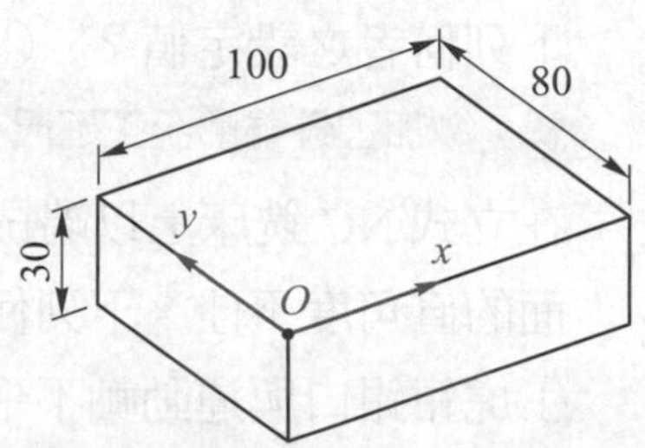

解：指令格式 G81 為鑽孔循環，鑽頭先快速定位至 X、Y 所指定的座標位置，再快速定位(G00)至參考高度 R 點，接著以所指定的進給速率 F_向下鑽削至所指定的孔底程式 Z_值深度，最後快速退刀至起始點或 R 點完成循環。並採增量座標系統在 X 方向與 Y 方向間隔 12mm 加工孔執行 5 次，共鑽 6 孔。

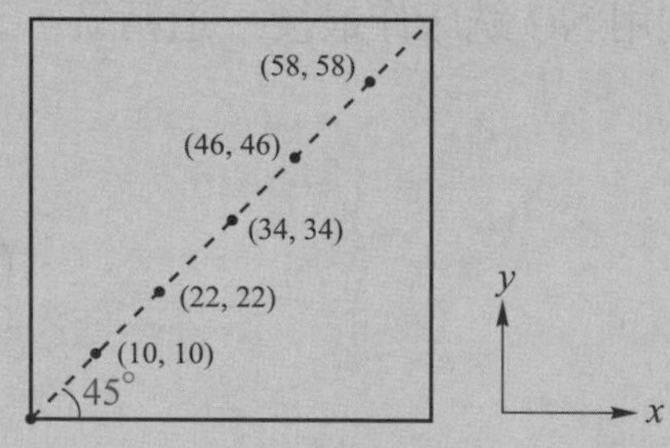

(　　) 229. 執行 G00 快速定位指令，由 A 點至 B 點路徑，下列圖形何者正確？ (24)

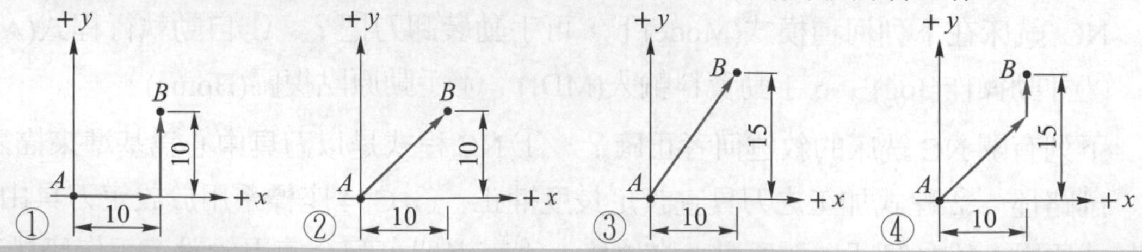

解：G00 移動方式會以相對於 X 軸或 Y 軸之 45 度方向運動，直到其中一軸到達後，在判斷是沿「垂直方向」或「水平方向」移動，直到座標點位置。

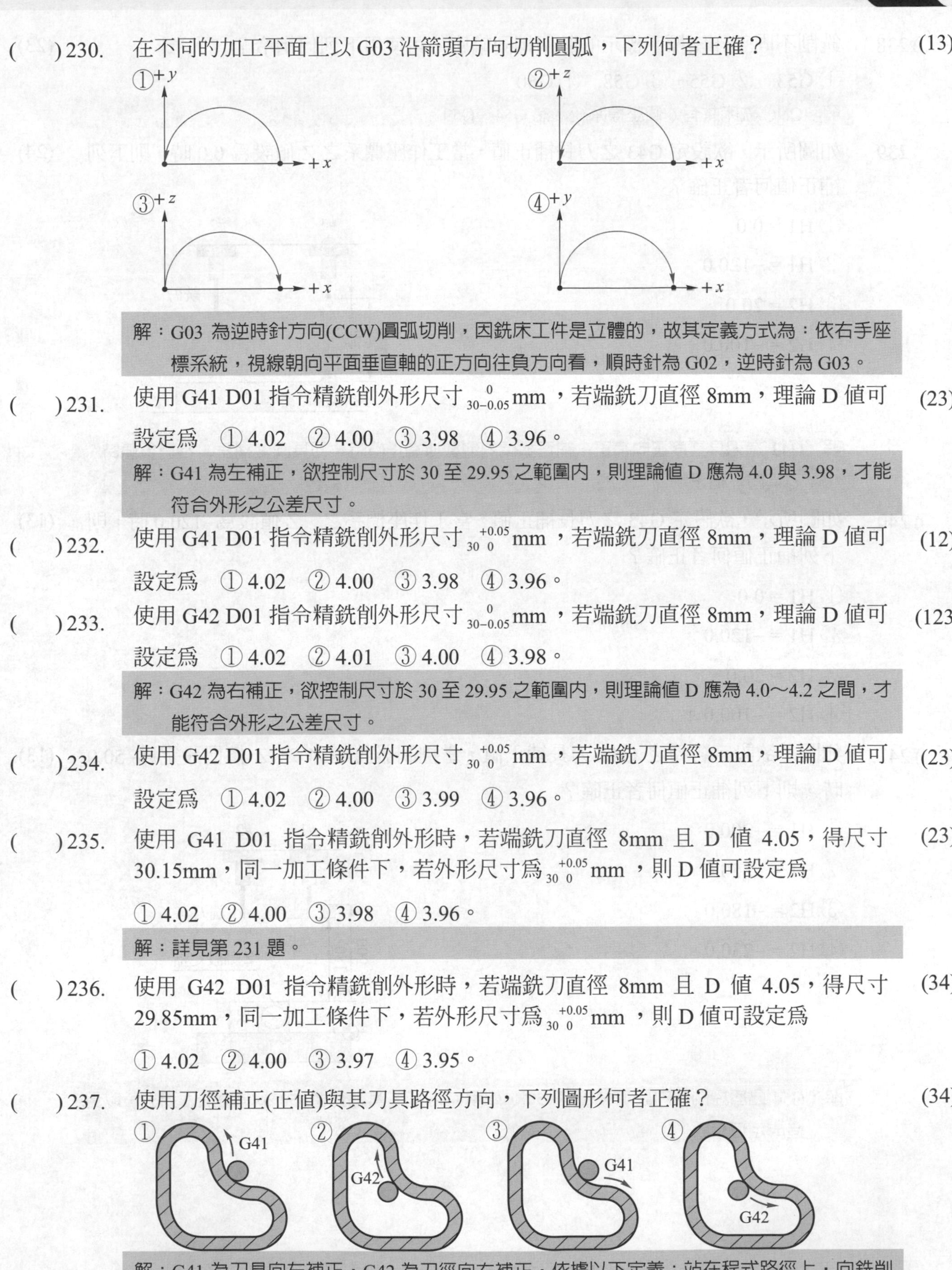

( ) 230. 在不同的加工平面上以 G03 沿箭頭方向切削圓弧，下列何者正確？ (13)

解：G03 為逆時針方向(CCW)圓弧切削，因銑床工件是立體的，故其定義方式為：依右手座標系統，視線朝向平面垂直軸的正方向往負方向看，順時針為 G02，逆時針為 G03。

( ) 231. 使用 G41 D01 指令精銑削外形尺寸 $30^{0}_{-0.05}$ mm，若端銑刀直徑 8mm，理論 D 值可設定爲 ① 4.02 ② 4.00 ③ 3.98 ④ 3.96。 (23)

解：G41 為左補正，欲控制尺寸於 30 至 29.95 之範圍內，則理論值 D 應為 4.0 與 3.98，才能符合外形之公差尺寸。

( ) 232. 使用 G41 D01 指令精銑削外形尺寸 $30^{+0.05}_{0}$ mm，若端銑刀直徑 8mm，理論 D 值可設定爲 ① 4.02 ② 4.00 ③ 3.98 ④ 3.96。 (12)

( ) 233. 使用 G42 D01 指令精銑削外形尺寸 $30^{0}_{-0.05}$ mm，若端銑刀直徑 8mm，理論 D 值可設定爲 ① 4.02 ② 4.01 ③ 4.00 ④ 3.98。 (123)

解：G42 為右補正，欲控制尺寸於 30 至 29.95 之範圍內，則理論值 D 應為 4.0～4.2 之間，才能符合外形之公差尺寸。

( ) 234. 使用 G42 D01 指令精銑削外形尺寸 $30^{+0.05}_{0}$ mm，若端銑刀直徑 8mm，理論 D 值可設定爲 ① 4.02 ② 4.00 ③ 3.99 ④ 3.96。 (23)

( ) 235. 使用 G41 D01 指令精銑削外形時，若端銑刀直徑 8mm 且 D 值 4.05，得尺寸 30.15mm，同一加工條件下，若外形尺寸爲 $30^{+0.05}_{0}$ mm，則 D 值可設定爲 (23)

① 4.02 ② 4.00 ③ 3.98 ④ 3.96。

解：詳見第 231 題。

( ) 236. 使用 G42 D01 指令精銑削外形時，若端銑刀直徑 8mm 且 D 值 4.05，得尺寸 29.85mm，同一加工條件下，若外形尺寸爲 $30^{+0.05}_{0}$ mm，則 D 值可設定爲 (34)

① 4.02 ② 4.00 ③ 3.97 ④ 3.95。

( ) 237. 使用刀徑補正(正值)與其刀具路徑方向，下列圖形何者正確？ (34)

解：G41 為刀具向左補正，G42 為刀徑向右補正，依據以下定義：站在程式路徑上，向銑削前進方向看，銑刀偏右補正者，以 G42 指令為之；反之，銑刀偏左補正者，以 G41 指令為之。

( ) 238. 銑削不同工作座標系標示的數個相同輪廓，可使用下列何指令？ (23)

① G53 ② G55 ③ G58 ④ G60。

解：CNC 銑床共有 6 個座標系統，為 G54～G59。

( ) 239. 如圖所示，欲設定 G43 之刀長補正值，當工作座標系之 Z 值設為 0.0 時，則下列補正值何者正確？ (24)

① H1 = 0.0

② H1 = –120.0

③ H2 = 20.0

④ H2 = –100.0。

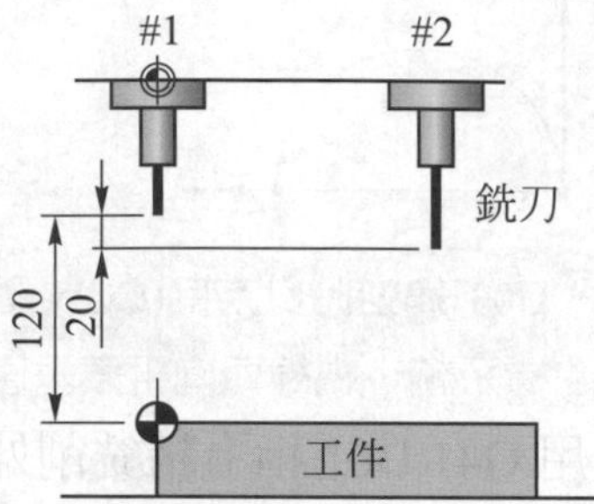

解：G43 為刀具長度正向補正，補正號碼內的數據為正值時，刀具向上補正，若為負值時，刀具向下補正。

( ) 240. 如圖所示，欲設定 G43 之刀長補正值，當工作座標系之 Z 值設為–120.0 時，則下列補正值何者正確？ (13)

① H1 = 0.0

② H1 = –120.0

③ H2 = 20.0

④ H2 = –100.0。

( ) 241. 如圖，欲設定各刀之 G43 刀長補正值，當控制器內 G54 之 Z 值已設定為–50.0 時，則下列補正值何者正確？ (13)

① H1 = –200.0

② H1 = –250.0

③ H2 = –180.0

④ H2 = –230.0。

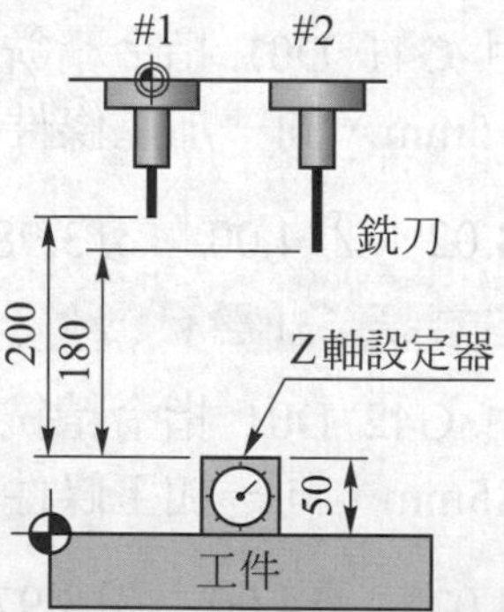

解：G54 已於控制器內設定 Z 值為–50.，如用 G43 時，其補正值–50 不得再加入進去，以免造成定位錯誤。

( ) 242. NC 銑床上定義軸向敘述何者正確？ ① XY 平面永遠是在水平方向 ②刀具主軸爲 Z 軸 ③當刀具移向工件方向定義爲正 ④繞 X 軸之旋轉軸爲 A 軸。 (24)

( ) 243. 機械原點與工件原點之相對位置如下圖，若測出右上 A 孔之機械座標如表所示，則工件原點之機械座標爲何？ (13)

① X = 277.160
② Y = −121.712
③ Y = −196.712
④ X = 427.160。

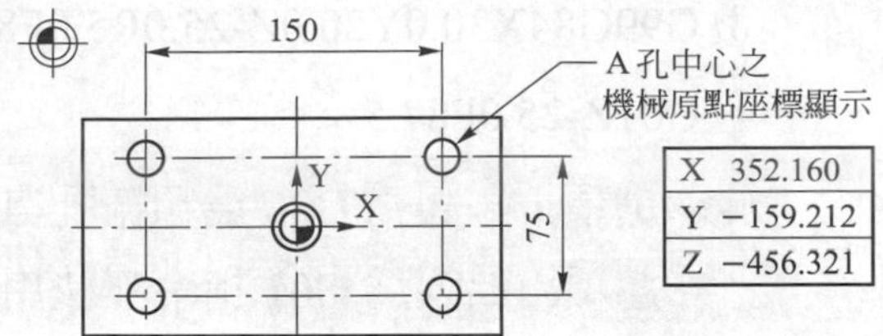

解：工件原點之機械座標為：

$X_0 = 352.16 - 75 = 277.16$

$Y_0 = -159.212 - 37.5 = -196.712$

( ) 244. 將一長方形工件夾於虎鉗，以球頭直徑 10mm 光電尋邊器尋找程式原點，碰觸時之座標如下圖所示，程式原點的機械座標爲何？ (34)

① X = 247.160
② Y = −125.10
③ X = 305.20
④ Y = −191.902。

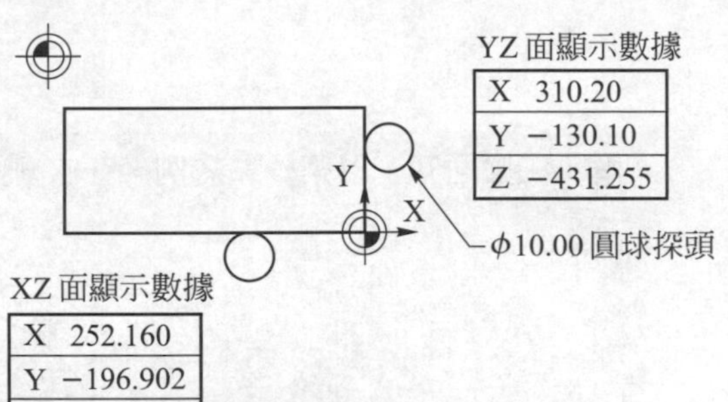

解：程式原點之機械座標為

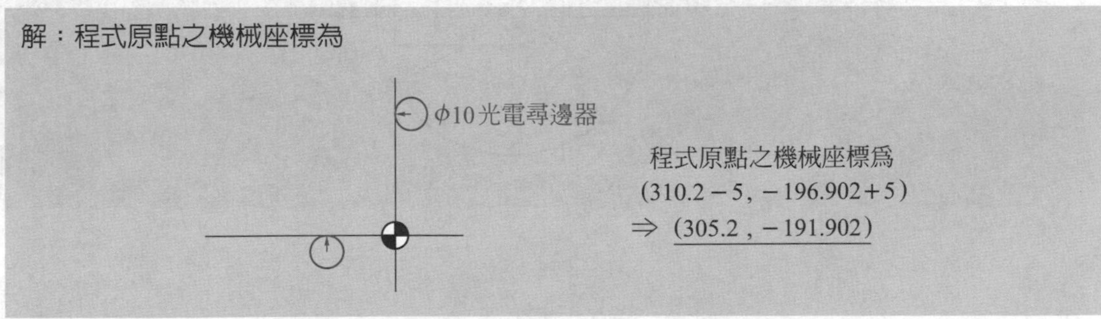

( ) 245. 如下圖所示，程式原點位於工件頂面正中央，以光電尋邊器尋找程式原點，若球頭直徑爲 10mm，則程式原點的機械座標爲何？ (14)

① X = 410.5
② Y = −185.21
③ X = 400.118
④ Y = −163.431。

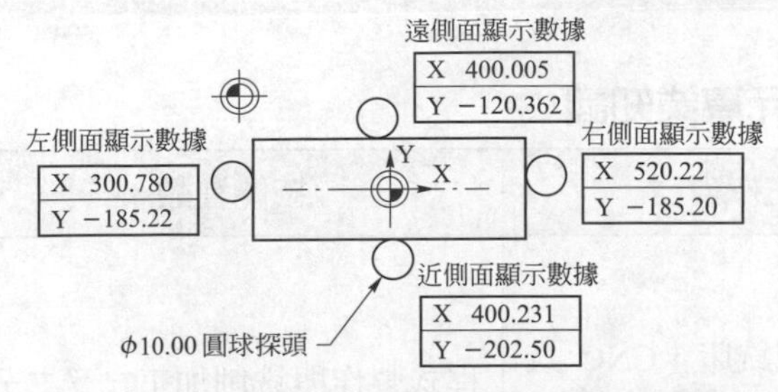

解：詳見第 244 題之解題流程。

(　) 246. 欲以 NC 銑床攻 M12×1.75 的螺紋，若牙深 25mm 且下刀開始及提刀停止均在 Z = 5.0mm 處，則可使用到下列何單節程式？ (23)

① G99G86X30.0Y20.0Z-25.0R5.0F87.5；

② M03 S50；

③ G99G84X30.0Y20.0Z-25.0R5.0F87.5；

④ G01Z-25.0F87.5；。

解：選項①錯誤為 G86 為粗搪孔自動循環指令，
選項④錯誤為 G01 指令無法用於攻螺紋。

(　) 247. 如圖所示要在銑床上鑽出六孔，則下列何者非此六孔的座標？ (13)

①(−75,129.9)

②(0,150)

③(75,129.9)

④(−129.9,75)。

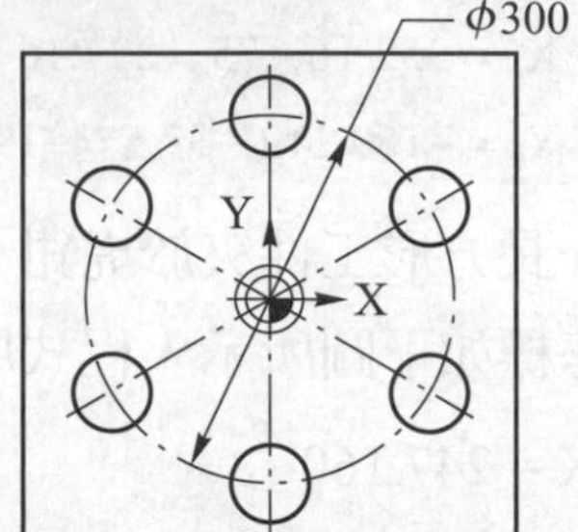

解：由圖可知，以第一點為例，在 X 軸方向為 129.9mm，Y 軸方向為 75mm

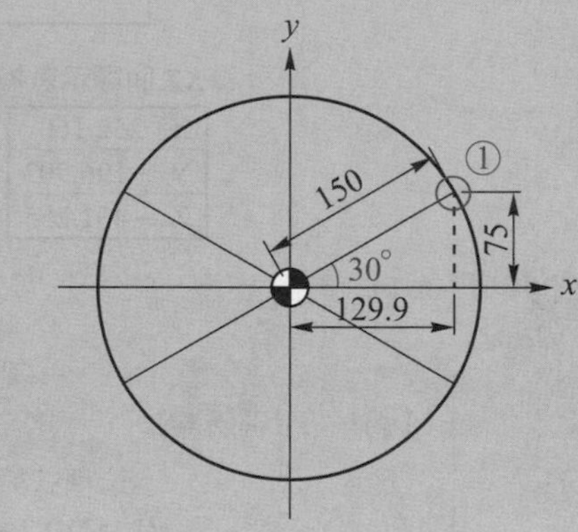

工作項目 5　傳統銑床、CNC 銑床－二又二分之一次圓弧及輪廓

一、單元專業知識

工作項目	技能種類	技能標準	相關知識
一、傳統銑床、CNC 銑床－二又二分之一次圓弧及輪廓	程式製作與銑削加工二又二分之一次元輪廓	(一) 能銑削二又二分之一次元輪廓，尺寸精度能達公差九級，表面粗糙度能達 6.3a(25S)。 (二) 能依加工需要製作二又二分之一次元(2.5D)輪廓銑削程式。	瞭解二又二分之一次元輪廓之計算方法、切削原理及度量。

選擇題 答

( ) 1. 採用座標法，在傳統銑床上以直徑 16mm 端銑刀的圓柱面銑削半徑 12mm 的外圓弧，當刀具從 0 度移至 2 度時，X 軸移動量為 (4)

① 0.060 ② 0.048 ③ 0.024 ④ 0.012 mm。

(sin2° = 0.03490, cos2° = 0.99939, tan2° = 0.03492)

解：欲求 X 軸移動量，可由(兩個半徑相加) − (兩個半徑相加×cos2°)，

得(8 + 12) − (8 + 12×cos2°) = 0.0121mm。

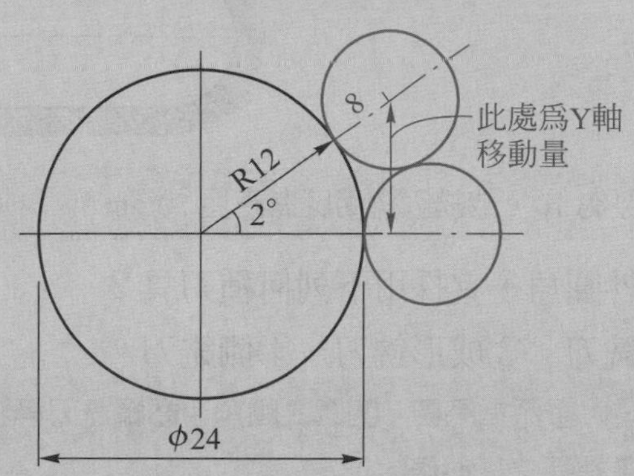

( ) 2. 分度盤可配合下列何種工具機可加工平板凸輪的輪廓？ (2)

①牛頭鉋床 ②立式銑床 ③車床 ④鑽床。

解：分度頭是安裝於立式銑床上的附件，目的是利用分度刻度環和游標、定位銷和分度盤以及交換齒輪等，將裝置在頂尖或卡盤上的工件分成任意角度，亦可將圓周分成任意等份，利用不同形狀的刀具進行各種溝槽、正齒輪、螺旋正齒輪、阿基米德螺線凸輪、平板凸輪等加工工作。

( ) 3. 分度盤的手輪與盤面迴轉速比為 ① 90：1 ② 1：90 ③ 40：1 ④ 1：40。 (1)

解：圓轉盤的迴轉比有 72：1、80：1、90：1、120：1，較大的迴轉比被用於較大的圓轉盤。通常以 90：1 的迴轉比較常使用。即手輪迴轉一圈，圓轉盤圓盤台面迴轉 $\frac{360°}{90°} = 4°$，即轉動手輪一圈，分度盤圓盤轉動 4 度。

( ) 4. 有一正三角形之板狀工件，其邊長為 112mm，擬將該工件之各頂角銑削成半徑 10mm 的外圓弧，則各圓弧頂至對應之各底邊距離約為 (4)

① 56mm ② 67mm ③ 77mm ④ 87mm。

解：由畢氏定理求出三角型高度 $112 \times \sin 60° = 96.99$mm，並扣掉半徑 10，求得圓弧頂端至對應之各底邊距離 96.99 − 10＝86.99。

( ) 5. 採用座標法以直徑 20mm 端銑刀，銑削一直徑 32mm 之外圓弧，當刀具由 0 度移至 5 度，Y 軸的移動量為 (1)

① 2.266mm ② 25.9106mm ③ 2.2747mm ④ 297.1814mm。

解：欲求 Y 軸移動量，可由(兩個半徑相加×cos5°)，得(10＋16)×cos5° = 2.266mm，圖解詳見第 1 題。

( ) 6. 採用座標法，在傳統銑床上以端銑刀的圓柱面銑削外圓弧時，分點數的多寡與加工後的輪廓粗糙度之關係為點數愈多 (2)

①愈粗糙 ②愈光滑 ③粗糙度維持定值 ④與粗糙度無相關。

解：銑削外圓弧分點數越多，進給越少，其表面輪廓粗糙度越佳。

( ) 7.　採用座標法，在傳統銑床上以端銑刀的圓柱面銑削外圓弧時，分點數的多寡與進給量之關係為點數愈多 (1)

①進給少　②進給多　③進給量不變　④與進給無相關。

解：詳見第 6 題。

( ) 8.　在傳統銑床上銑削半徑為 10mm 的內圓弧如下圖所示，則選用的刀具直徑為 (2)

① 10mm

② 20mm

③ 30mm

④ 40mm。

解：此題內圓弧半徑為 10，故銑刀選用應為直徑 20mm。

( ) 9.　在傳統銑床銑削外圓角，宜採用下列何種刀具？ (3)

①端銑刀　②面銑刀　③成形銑刀　④側銑刀。

解：一般成型銑刀，大多係指凸圓、凹圓、圓角、齒輪銑刀等特定輪廓刀刃的銑刀。圓弧銑刀規格說明時應標註圓之半徑值。

( ) 10.　欲得精確的孔徑且該孔不適合鉸孔時，宜採用下列何種刀具？ (4)

①端銑刀　②面銑刀　③鑽頭　④搪孔刀。

解：使用搪孔刀加工孔徑，可得精確之孔。

( ) 11.　在傳統銑床上銑削圓弧狀溝槽如下圖所示，宜配合使用 (2)

①正弦虎鉗

②轉盤

③ V 枕

④千斤頂。

解：使用圓轉盤可做分度工作，連續平面銑削工作，可加工車床上無法加工的複雜圓周切削，例如半圓形溝槽、凸輪等。

( ) 12.　在傳統銑床上銑削平板凸輪，下列何者宜配合使用 (1)

①分度頭　②角板　③萬能虎鉗　④雞心夾頭。

解：詳見第 2 題。

( ) 13.　在傳統銑床加工時，下列銑削工作何者不須成形銑刀？ (4)

①銑齒輪　②銑鏈輪　③倒圓角　④鑽孔。

( ) 14.　欲銑削無移位的平齒輪，若其模數為 2.0mm，齒數為 20，則胚料外徑為 (3)

① 30mm　② 40mm　③ 44mm　④ 50mm。

解：胚料外徑之計算為 $D_0 = M \times (T+2)$，得 $D_0 = 2 \times (20+2) = 44mm$

( ) 15.　傳統銑床的分度頭，其蝸桿與蝸輪的速比為 (4)

① 1：9　② 9：1　③ 1：40　④ 40：1。

解：意即分度曲柄迴轉 40 圈，主軸亦迴轉一圈，此即分度頭的分度基本原理。

( ) 16. 銑削鑽頭的螺旋溝槽可在下列何種銑床加工？ (3)

①立式銑床 ②臥式銑床 ③萬能銑床 ④龍門銑床。

解：萬能銑床之主要構造與臥式銑床相同，刀軸水平安置，其床台可做前後、上下、左右移動外，並可做水平正、負 45 度角的旋轉。其功能可銑削角度或螺旋溝槽等特殊工作。

( ) 17. 銑削模數 2.0 無移位的平齒輪時，切削深度爲 (2)

① 2.0mm ② 4.314mm ③ 5.314mm ④ 6.314mm。

解：齒輪之工作深度為 2.157M，即 $2.157 \times 2 = 4.314$mm 。

( ) 18. 使用 B&S 分度頭，欲作 13 等分工作，應選則那一片分度板？ (3)

①第 1 片 ②第 2 片 ③第 3 片 ④自製分度板。

(第 1 片：15 16 17 18 19 20，第 2 片：21 23 27 29 31 33，第 3 片：37 39 41 43 47 49)

解：等分分度公式為 $n = \frac{40}{N}$，n 為搖桿曲柄迴轉圈數，N 為擬分度的等分數，得 $n = \frac{40}{13} = 3\frac{1}{13}$，即為搖桿曲柄應在 13 孔圈上，轉動 3 圈又 1 個孔距，故應選擇 13 倍數的分度板。

( ) 19. 使用 B&S 分度頭，欲作 14 等分工作，應選則那一片分度板？ (2)

①第 1,2 片皆可 ②第 2,3 片皆可 ③第 1,3 片皆可 ④第 1,2,3 片皆可。

(第 1 片：15 16 17 18 19 20，第 2 片：21 23 27 29 31 33，第 3 片：37 39 41 43 47 49)

解：詳見第 18 題。

( ) 20. 比較模數 1mm 與 5 mm 的齒輪 ①前者齒形較小 ②後者齒形較小 ③前者節圓直徑較大 ④後者節圓直徑較大。 (1)

解：齒輪的大小是根據模數 M 來決定的，若模數愈大，則表示齒輪之外形愈大

( ) 21. 在傳統銑床上利用分度盤銑削圓弧溝槽，如右圖所示，將工件固定在分度盤的內容不包括 (2)

45°

①調整工件底邊平行 X 軸

②鎖緊分度盤的盤面

③使工件的圓弧中心對正分度盤中心

④調整工件垂直中心線平行 Y 軸。

解：銑削圓弧溝槽時，必須轉動分度盤面進行圓弧銑削。

( ) 22. 通常在傳統銑床上的倒角的方法不包括 ①將工件上在 V 枕上，以虎鉗夾持工件 ②使用倒角刀 ③虎鉗旋轉 45° ④使用座標法沿著倒角面切削。 (4)

( ) 23. 銑削通過任意兩點之圓弧程式，對於半徑 R 的敘述，下列何者不正確？ (4)

①圓心角小於 180°時，R 爲正值 ②圓心角等於 180°時，R 爲正值

③圓心角大於 180°時，R 爲負值 ④圓心角與 R 值無關。

解：以半徑法加工圓弧，是以起點、終點、圓弧半徑來表是一圓弧，其圓心角會影響 R 值之正負。

( ) 24. 下列何種切削需考慮工件圓弧半徑不得小於刀具半徑？ (2)

①切削外圓弧 ②切削內圓弧 ③切削外角隅 ④與切削型式無關。

解：切削內圓弧必須考慮刀具半徑，若加工半徑小於刀具半徑的內圓弧，進行半徑補償時將產生尺寸過切。

( ) 25. 銑削後外形尺寸偏大，其程式中有 G43 H01; G41 D02;，則應修改 (4)
① G43 爲 G44 ② G41 爲 G42 ③ H01 之資料 ④ D02 之資料。

解：刀具補正值的 D 機能，必須配合 G 指令，且 D 機能要接在 G41、G42 指令之後。

( ) 26. 程式 G91 G00 G45 X-5.0 D01;，若 D01 設定爲-5.0，則結果爲 X 軸移動 (4)
①–15.0mm ②–10.0mm ③–5.0mm ④ 0mm。

解：G45 刀具長度補正(正一倍)，與 D01(刀徑補正)機能無關，故 X 軸不會移動。

( ) 27. 若用 R 值指令銑削圓心角大於 180°的圓弧時，R 值爲 (1)
①負值 ②正值 ③正負值皆可 ④不須標註。

解：採用半徑法時，若圓心角 ≤ 180°者之弧其 R 為正值，若圓心角 > 180°者之弧其 R 為負值。

( ) 28. 銑削 YZ 平面之圓弧須使用指令 ① G17 ② G18 ③ G19 ④ G20。 (3)

解：G17 指令為 XY 平面選擇、G18 為 ZX 平面選擇、G19 為 YZ 選擇。

( ) 29. G19 G03 X_ Y_ Z_ J20.0 F_ ;的刀具路徑爲 (2)
① Ø40 圓 ②螺旋 ③一點 ④直線。

( ) 30. G17 G01 G41 X100. D01 F250;，程式中的刀具補正值須輸入在 (4)
① G17 ② G41 ③ I20.0 ④ D01。

解：詳見第 25 題。

( ) 31. 刀具路徑如下圖所示，則補正指令爲 (2)
① G40
② G41
③ G42
④ G43。

工件
y
x
平口端銑刀

解：G41 為刀具向左補正，站在程式路徑上，向銑削前進方向看，銑刀應向右補正者。

( ) 32. 下列敘述何者錯誤？ (3)
①指令 G18 爲選擇 ZX 平面 ② G41 爲左補正
③ G02 爲反時針銑削 ④圓弧切削的 R 值亦可以 I、J 代替。

解：G02 為順時針銑削。

( ) 33. 曲面上凸部份的最小曲率半徑爲 3mm，最大爲 10mm，下凹部份的最小曲率半徑爲 8mm，最大爲 20mm。若欲精加工此曲面，則可選用最大的球刀半徑爲 (2)
① 3mm ② 8mm ③ 10mm ④ 20mm。

解：最小曲率半徑與下凹部分有關聯，因此題下凹部分最小曲率半徑為 8mm，故可選用之最大球刀直徑也為 8mm。

球刀 ϕ 8

( ) 34. 以球刀中心執行下列程式 O123; G40 G49 G80; S1000 M03;G91 G00 Z-50.0; G01 Z-10.0 F100;N10 G18 G02 X100.0 I50.0; G01 X0.1 Y1.0; G03 X-100.2 I-50.1; G01 X-0.1 Y1.0;G02 X100.4 I50.2; G01 X0.1 Y1.0; G03 X-100.6 I-50.3; G01 X-0.1 Y1.0;G02 X100.8 I50.4; G01 X0.1 Y1.0; G03 X-101.0 I-50.5; G01 X-0.1 Y1.0;G02 X101.2 I50.6; G01 X0.1 Y1.0; G03 X-101.4 I-50.7; G01 X-0.1 Y1.0;G02 X101.6 I50.8; G01 X0.1 Y1.0; G03 X-101.8 I-50.9;G00 Z50.0; M30;，執行結果爲 (2)

①在 YZ 平面上銑削圓弧 ②刀具路徑形成半圓錐面
③刀具路徑形成直紋曲面 ④以球刀刀端點之路徑爲半圓錐面。

解：此程式執行結果為半圓錐面。

( ) 35. 加工掃掠曲面(Swept surface)的 NC 程式，採用何種方式製作較方便？ (3)

①人工計算刀具路徑座標，手寫方式製作 NC 程式 ②使用 2D 電腦繪圖軟體求得刀具路徑座標，手寫方式製作 NC 程式 ③使用 CAD/CAM 軟體製作 NC 程式 ④使用 CAE 軟體製作 NC 程式。

解：使用 CAD/CAM 軟體製作曲面程式，可提高撰寫程式之效率與方便性。

( ) 36. 以直線指令方式製作曲面的 NC 程式，下列何者較有效率？ (3)

①手工計算座標點，手寫 NC 程式 ②以計算器算點座標，手寫 NC 程式 ③以 CAD 軟體繪製曲面，以 CAM 軟體製作 NC 程式 ④以 CAE 軟體製作 NC 程式。

解：詳見第 35 題。

( ) 37. 一般狀況下，粗削曲面採用下列何種銑刀效率較佳？ (2)

①面銑刀 ②平口端銑刀 ③球刀 ④錐狀球刀。

解：粗加工曲面可由平口端銑刀進行粗銑加工，而精加工曲面可由球刀進行加工。

( ) 38. 通過數點能產生幾種曲線？ ①1 種 ②2 種 ③3 種 ④多種。 (4)

( ) 39. 欲在球面上刻字，先求得 2D 的刻字刀具路徑，再以 2D 路徑點的 X、Y 座標對應在球面上的 Z 座標，此操作觀念稱爲 ①直紋 ②掃掠 ③投影 ④旋轉。 (3)

( ) 40. 如下圖所示，使用圓弧指令銑削曲面，下列何種方式較佳？ (3)

①用控制器補正方式，以圓弧 A、圓弧 B 所形成的曲面爲範圍製作程式，使用球刀加工

②用控制器補正方式，以圓弧 A、圓弧 B 向 Z 方向加刀具半徑之尺寸求出補正曲面製作程式，使用球刀加工

③不使用控制器補正，以圓弧 A、圓弧 B 所形成的曲面向法線方向求出補正曲面製作程式，使用球刀加工

④以用控制器補正方式，以圓弧 A、圓弧 B 所形成的曲面範圍製作程式，使用平口端銑刀。

B A 6.3

解：球刀對刀點為正中心，故不須採用 G41/G42 補正，在程式製作上也較方便。

(　) 41. 如右圖所示，使用圓弧指令銑削曲面，下列何種刀具較適合？ (2)

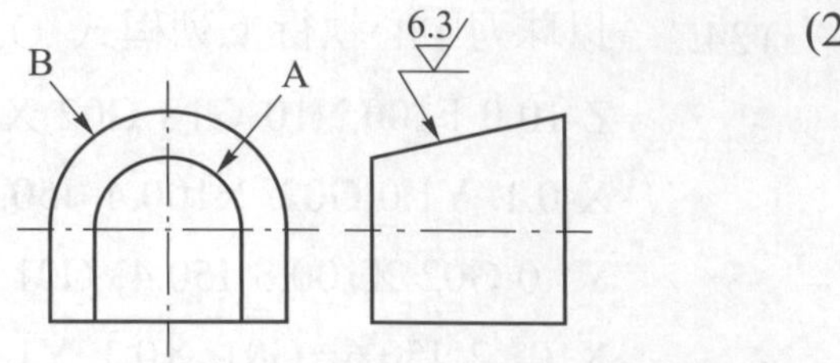

①平口端銑刀 ②球刀
③圓角端銑刀 ④錐形端銑刀。

解：銑削曲面加工，一般以球刀最適宜，若要進行粗加工可以端銑刀替代，以提高移除材料時間。

(　) 42. 如右圖，精銑削曲面部分，使用下列何種刀具較適合？ (1)

①平口端銑刀 ②球刀
③圓角端銑刀 ④錐形端銑刀。

解：詳見第 37 題。

(　) 43. 以 G01 的方式沿軸心方向精銑削橫臥之外半圓柱面時，優先採用何種銑刀？ (3)
①平銑刀 ② T 槽銑刀 ③球刀 ④錐形球刀。

解：詳見第 37 題。

(　) 44. 以 G01 方式切削曲面，其弦高誤差值是指 ①最大容許誤差 ②最小容許誤差 ③平均容許誤差 ④最大平均誤差的平方根。 (1)

(　) 45. 以 G01 加工曲面的刀具路徑，如果 CNC 銑床的預讀能力(Buffer)及計算速度不足，下列敘述何者正確？ (4)
①給予適當的誤差及 G19，平行於 XZ 平面的路徑可重整爲圓弧(G02, G03)路徑
②短距離的刀具路徑不會造成進給率降低
③給予適當的誤差，所有的刀具路徑可重整爲圓弧(G02,G03)路徑
④短距離的刀具路徑會造成機器抖動。

(　) 46. 銑削 25mm×25mm 外形輪廓，程式爲 G90 G01 G42 X0 Y0 D01 F100；而接續的單節不正確的是 (4)
① G91 X25.0；Y25.0；X-25.0；Y-25.0；
② G91 X-25.0；Y-25.0；X25.0；Y25.0；
③ G91 Y-25.0；X25.0；Y25.0；X-25.0；
④ G91 Y25.0；X25.0；Y-25.0；X-25.0；。

解：已知題目告知開啓右補正 G42，因此外型要走逆時針方向。
各選項刀具路徑如下：

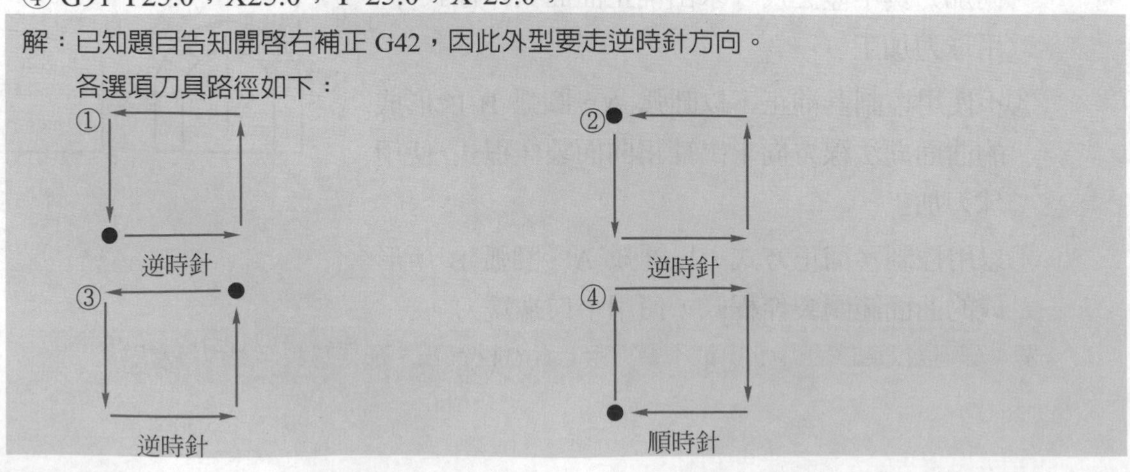

( ) 47. 如右圖所示，10mm 球刀之中心在半圓球曲面上，若半圓球的中心座標(0,0,0)，半徑 20mm，當球刀中心座標移至 X = −10.0，Y = 12.0，則其 Z 座標值為 (3)

①$\sqrt{100}$ ②$\sqrt{144}$

③$\sqrt{156}$ ④$\sqrt{381}$

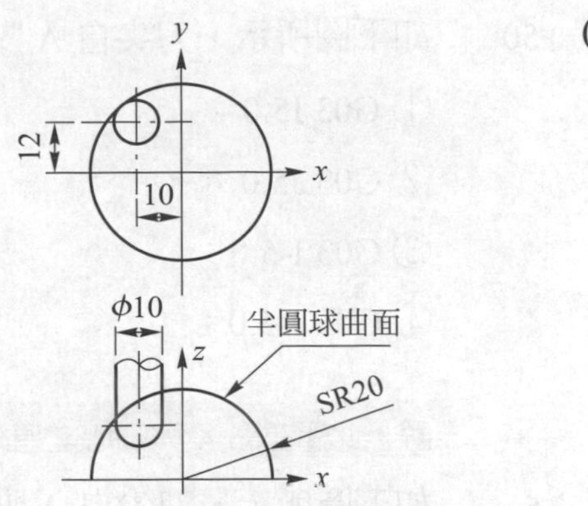

解：1. 先從 X-Y 平面求出「圓心到刀子在 X-Y 的距離」。

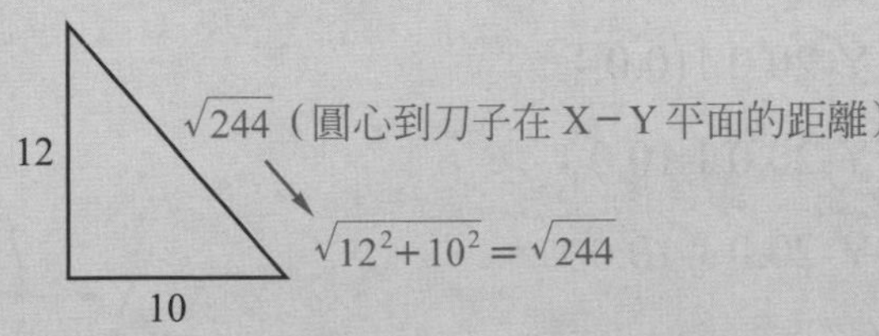

2. 再由 X-Z 平面求出 Z 之座標值。

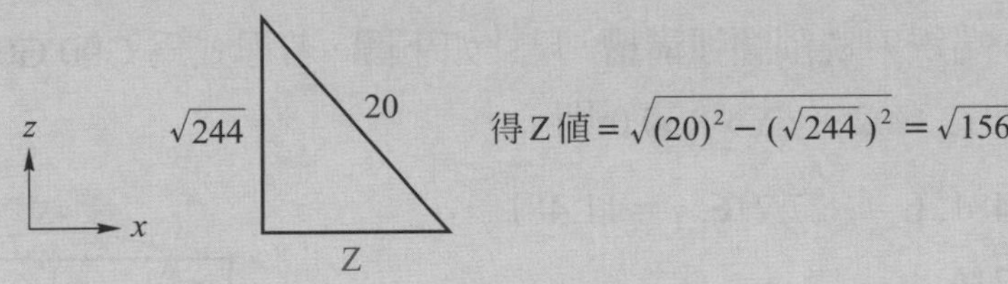

得 Z 值 $= \sqrt{(20)^2 - (\sqrt{244})^2} = \sqrt{156}$

( ) 48. 執行程式 G91 G01 X50.0 Y100.0 Z150.0 F80；刀具在 Z 方向移動 100mm 時，X 方向移動量計算式為 ①$\frac{80}{50} = \frac{X}{150}$ ②$\frac{100}{150} = \frac{X}{50}$ ③$\frac{150}{100} = \frac{X}{50}$ ④$\frac{150}{80} = \frac{X}{50}$。 (2)

解：$\frac{100(\text{Z軸目前位置})}{150(\text{Z軸最後位置})} = \frac{X(\text{移動量})}{50(\text{X軸最後位置})}$

( ) 49. 如下圖以 R2 球銑刀銑削圖示半圓槽，在不啓動刀徑補正下，由點 1→點 2 之球刀中心路徑程式為 (4)

① G91 G18G02 X-12.0 R6.0；

② G91 G18 G03 X-12.0 R6.0；

③ G91 G18 G02 X-8.0 R4.0；

④ G91 G18 G03 X-8.0 R4.0；。

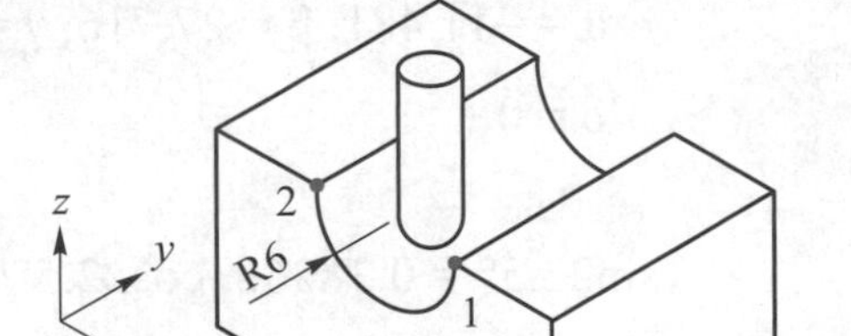

解：在不啓動刀徑補正下，必須以球刀的圓心為基準。故 X 值為半圓槽直徑扣除兩邊球刀半徑 [12 − (2 × 2) = 8]，R 值為半圓槽半徑扣除球刀半徑 R6 − R2 = R4。

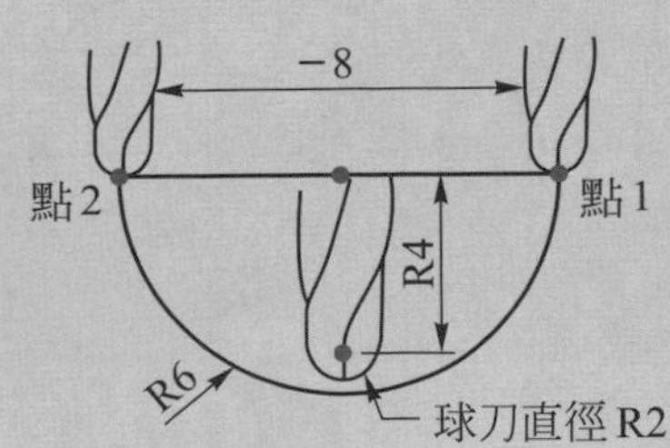

( ) 50. 如下圖所示，刀尖自 A 點逆時鐘之全圓銑削路徑程式爲 (2)

① G03 I5.0；

② G03 J5.0；

③ G03 I-5.0；

④ G03 J-5.0；。

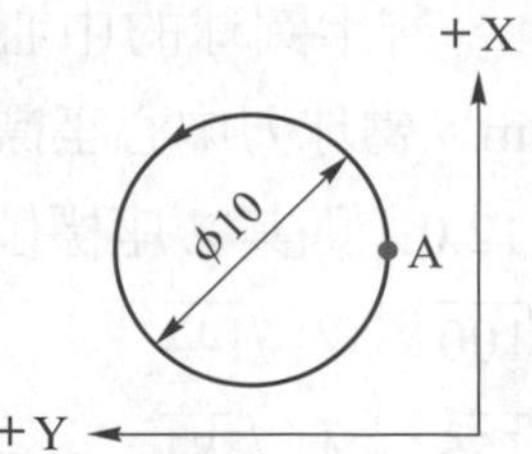

解：此題起點 A 與圓心之連線平行 Y 軸，故 Y 軸上之分向量值為 J。

( ) 51. 如下圖所示，刀尖自 A 點→B 點之圓弧銑削路徑程式爲 (4)

① G91 G19 G02 Y-20.0 J10.0；

② G91 G19 G03 Y-20.0 J10.0；

③ G91 G19 G02 Y-20.0 J-10.0；

④ G91 G19 G03 Y-20.0 J-10.0；。

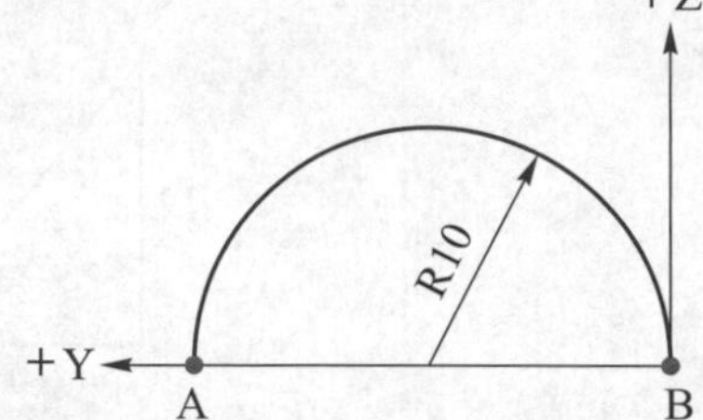

解：詳見第 50 題。

( ) 52. 以直徑 10 端銑刀銑削圓弧溝槽，尺寸如下圖，若程式爲 G90 G00 XαYβ; G01 Z-3.0 F50; G91 G17 G02 Xγ Yδ R30.0;則 (2)

① α = 11.481, β = –27.716, γ = 11.481, δ = 27.716

② α = –11.481, β = 27.716, γ = 22.962, δ = 0

③ α = 11.481, β = –27.716, γ = 22.962, δ = 27.716

④ α = –11.481, β = 27.716, γ = 11.481, δ = 0。

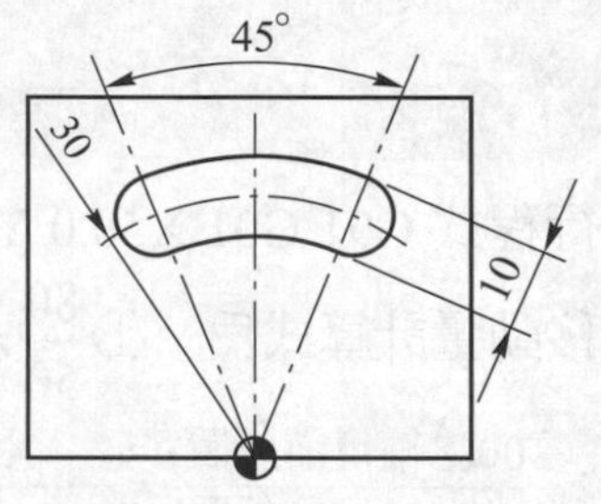

(sin22.5° = 0.38268, cos22.5° = 0.92388,tan22.5° = 0.41421)

解：程式設計中，由於直徑 10 端銑刀是走路徑中心，並使用 G02 順時針圓弧切削機能，故下刀點位置位於左側中心 A 點位置，其絕對座標位置(X –11.481、Y27.716)，由 A 點為相對基準切削至 B 點，故 B 點位置為 A 點的兩倍。

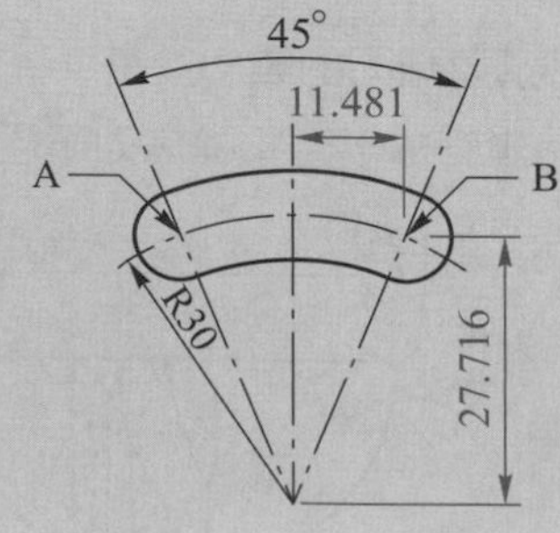

(　) 53. 如下圖所示，圓鼻刀(刀徑 10mm，圓角 2mm)與半圓柱曲面(半徑 25mm)的接觸點爲 P，則刀端中心 Q 之座標爲 (1)

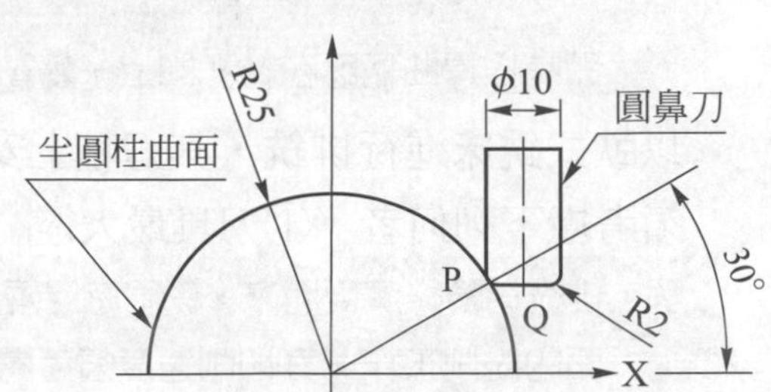

① X26.382 Z11.5

② X26.182 Z11.6

③ X26.082 Z11.7

④ X25.982 Z11.8。

(sin30° = 0.5, cos30° = 0.866, tan30° = 0.5774)

解：1. 先求出半圓柱曲面圓心至接觸點 P 之 X 值與 Z 值，得

X 值為 $25 \times \cos 30° = 21.65$mm

Y 值為 $25 \times \sin 30° = 12.5$mm

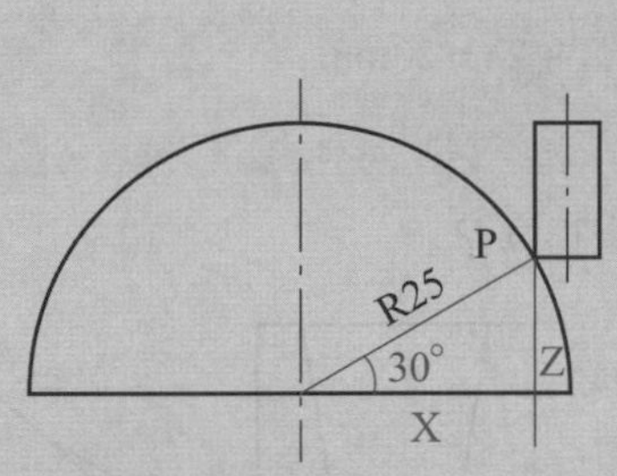

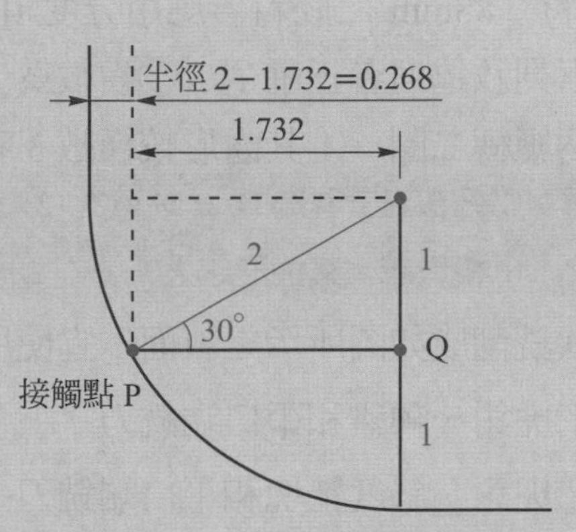

註 此圓鼻刀之圓角爲 2mm。

2. 再由觸點 P 與圓鼻刀之中心關係求得中心座標。

$\overline{X_Q} = 21.65 + 5 - 0.268 = 26.382$mm

$\overline{Z_Q} = 21.5 - 1 = 11.5$mm

故圓鼻刀之中心座標為(26.382, 11.5)

複選題 **答**

(　) 54. 採用錐角 90°的倒角刀進行倒角 1 × 45°，下列敘述何者正確？ (13)

(sin45° = 0.707，cos45° = 0.707)

①第 1 刀銑削後量得斜邊長爲 1mm，則下一刀向下進刀 0.293mm

②第 1 刀銑削後量得斜邊長爲 0.9mm，則下一刀向材料側進刀 0.1mm

③第 1 刀銑削後量得斜邊長爲 1.2mm，則下一刀向下進刀 0.152mm

④第 1 刀銑削後量得斜邊長爲 0.8mm，則下一刀向材料側進刀 0.2mm。

解：1 × 45°倒角之斜邊長為 1.414，扣除所量測之斜邊長，在乘以 sin45°即得。

選項②正確值為：$(1.414 - 0.9) \times \sin 45° = 0.363$mm

選項④正確值為：$(1.414 - 0.8) \times \sin 45° = 0.434$mm

(　) 55. 計算倒角刀的轉速時，其直徑不宜採用 (124)

①刀具柄徑　②刀刃最大徑　③刀具切削工件時的最大徑　④平均直徑。

(　) 56. 以分度頭等分 15 等份，可採用下列何孔圈 ① 18 ② 20 ③ 33 ④ 39。 (134)

解：等分分度公式為 $n=\frac{40}{N}$，n 為搖桿曲柄迴轉圈數，N 為擬分度的等分數，得 $n=\frac{40}{15}=2\frac{2}{3}$，即為搖桿曲柄應在 3 孔圈上，轉動 2 圈又 2 個孔距，故應選擇 3 倍數的孔圈。

(　) 57. 以臥式銑床進行排銑，其刀軸上安裝數個不同直徑的開槽銑刀，選擇切削速度時須考慮下列何者 ①刀具最大徑 ②刀具最小徑 ③工件材質 ④刀具材質。 (34)

解：排銑為騎銑演變而來，係同時用兩片或兩片以上的銑刀，安裝在刀軸上銑削兩個或多個表面的銑削工作，其切削速度須考慮工件材質與刀具材質。

(　) 58. 在傳統銑床上銑削外圓弧，可應用下列何種方法？ (234)
①自動進給 ②座標法 ③轉盤銑削 ④成形刀銑削。

解：自動進給法無法銑削加工外圓弧。

(　) 59. 外徑 88mm 之胚料若應用分度頭銑削成公制無移位正齒輪，已知銑刀模數 4，則下列敘述何者正確？ ①齒數爲 22 齒 ②齒頂高爲 4mm ③銑削相鄰齒間，曲柄應轉二圈 ④其齒形較模數 3 者爲小。 (23)

解：①齒數之計算為 $D_0 = M\times(T+2)$，得 $88 = 4\times(T+2) = 20\text{mm}$
②模數越大其齒形越大。

(　) 60. 欲銑削成如圖所示之斜面，宜使用下列何種工具？ (12)
①虎鉗、轉盤和平口端銑刀
②虎鉗、斜度墊塊和平口端銑刀
③虎鉗、平行墊塊和錐度銑刀
④虎鉗、轉盤和錐度銑刀。

解：錐度銑刀主要用於：有錐度的深溝與錐度孔等

(　) 61. 欲銑削成如下圖所示之 90°V 形斜面，宜使用下列何種工具？ (12)
①虎鉗、V 形枕和平口端銑刀
②虎鉗、平行墊塊和 90°成形銑刀
③虎鉗、轉盤和錐度銑刀
④虎鉗、轉盤和平口端銑刀。

(　) 62. 在長方體工件邊緣銑削 2 × 45°倒角，下列敘述何者正確？ (123)
①工件墊 90°V 枕使倒角邊傾斜 45°，以面銑刀加工
②工件放正，以 90°倒角刀加工
③工件墊 90°V 枕，以面銑刀輕觸工件邊緣，床台再上升 1.414mm
④工件放正，以 90°倒角刀輕觸工件邊緣，床台再上升 1.414mm。

解：④以 90°倒角刀輕觸工件邊緣，床台再上升 $1.414\times 2\times 0.707 = 2\text{mm}$

( ) 63. 在鋼材塊料上銑削鳩尾槽，下列敘述何者正確？ (13)

①鳩尾銑刀的角度常為 60°及 75°，屬於成型銑刀

②可直接以鳩尾銑刀銑出內鳩尾槽

③外鳩尾槽之寬度受銑削完成深度之影響

④由於鳩尾刀尖端脆弱，粗銑削宜採順銑。

解：鳩尾槽銑刀廣義而言，它是一種刀刃研磨成特定角度的端銑刀，進行鳩尾槽加工時，必須先以端銑刀進行開槽加工，再搭配鳩尾槽銑刀以逆銑方式加工，完成鳩尾槽製作。

( ) 64. 以附轉盤式虎鉗之銑床銑削如下圖之等邊三角形，下列轉盤旋轉位置何者正確？ (12)

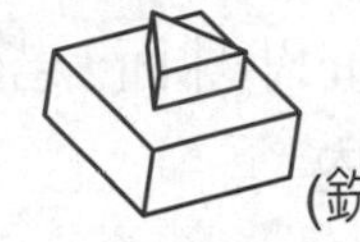

(銑削等邊三角形之示意圖)

①  ②  ③  ④ 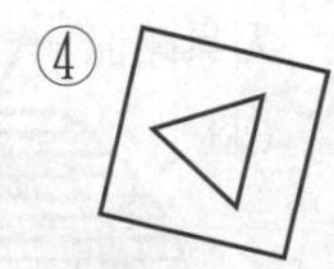

解：若欲銑削等腰三角形，必須將轉盤轉至平形 Y 軸或 X 軸之處，始能加工。

( ) 65. 採用下列那些方法可切削出斜面？ (134)

①虎鉗夾持時墊斜度板，放於工件底面 ②切削中改變轉速及進給率

③球刀以小移動量的方式等高銑削 ④虎鉗旋轉角度。

( ) 66. 如下圖所示，P 點不正確的 X 座標約為 (234)

① 30.006

② 30.056

③ 30.106

④ 30.156。

($\sin15° = 0.259, \cos15° = 0.966$)

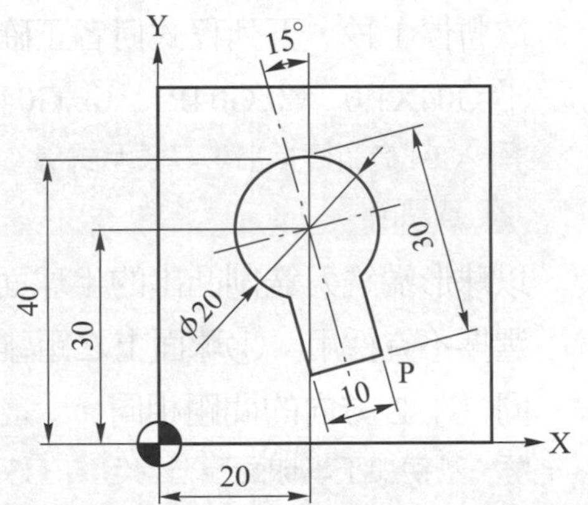

解：故 P 值 X 座標為，$P = 20 - 2.59 + 7.77 + 4.83 = 30.01$

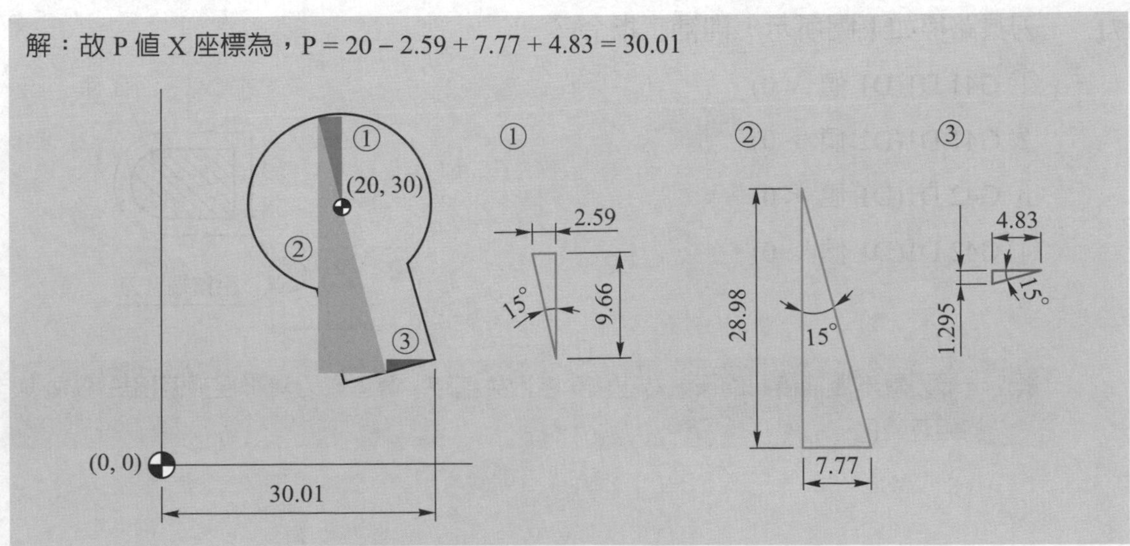

( ) 67. 程式 O1234；N1 G92 X0. Y0.；N2 G42 G0 X20.0 Y10.0 D1；N3 G1 X50.0；N4 G91 G28 X0. Y0. Z0.；N5…，D1 爲刀具半徑。當執行完 N3 時，刀具中心位置不會在右圖所示的 (134)

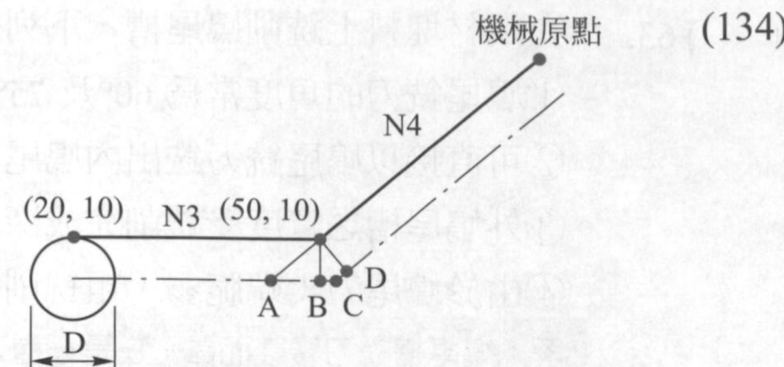

① A 點 ② B 點

③ C 點 ④ D 點。

解：G42 啓動補正指令向右補正，故當執行完 N3 時，其刀具中心將移至 B 點處。

( ) 68. 如下圖球形端刀沿 X 軸方向往復精削凸出的半球面，若球刀在 Y 軸方向的路徑間距皆相同，則殘料較多區域出現在何範圍內 (24)

① A 區

② B 區

③ C 區

④ D 區。

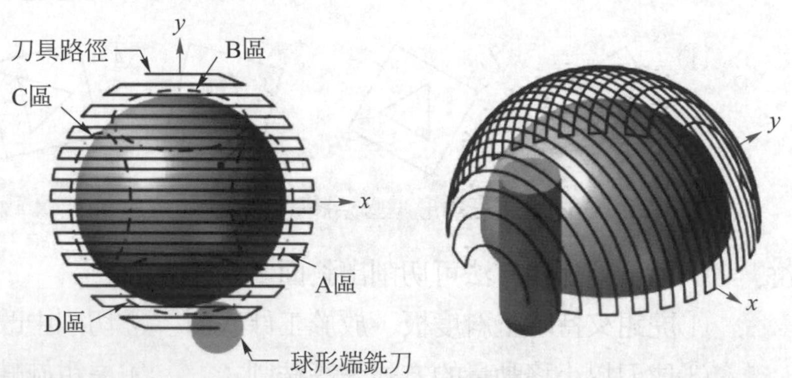

解：此題於 Y 軸(水平)方向移動相同，但於垂直距離不同，故越遠離球心其殘料量越多。

( ) 69. 欲暫停 1 秒，下列程式何者正確？ (14)

① G04X1.0 ② G04P1 ③ G04X1 ④ G04P1000。

解：G04 為暫停指令，其表示式為 G04 X (t) ;G04 U (t) ;或 G04 P (t) ;其中位址 P，不能使用小數點。

( ) 70. 以球形端銑刀銑削凸出的半球面，欲使半球面的殘料較均勻，相鄰兩路徑間距的選擇不宜採用 ①球面上之距離相同 ② X 方向的間距相同 ③ Y 方向的間距相同 ④ Z 方向的間距相同。 (234)

解：欲使加工半球面殘料均勻，在球面上之「各軸向」加工路徑的間距須相同。

( ) 71. 刀具路徑如下圖所示，則補正指令爲 (23)

① G41 D1(D1 值 < 0)

② G41 D1(D1 值 > 0)

③ G42 D1(D1 值 < 0)

④ G42 D1(D1 值 > 0)。

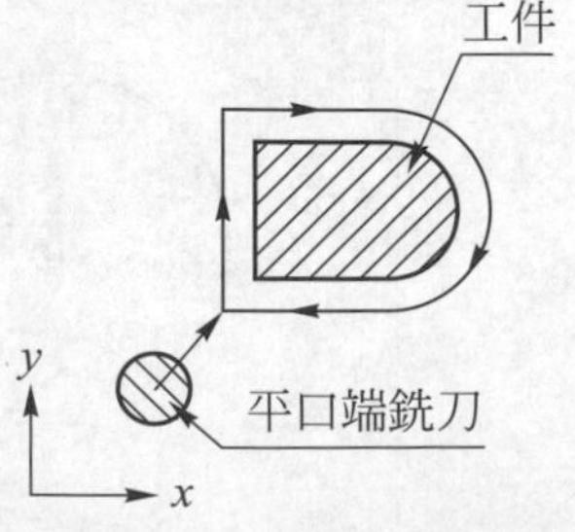

解：一般刀具半徑補償值的符號為正值，若取負值時，會造成刀具半徑補償指令 G41 與 G42 的相互轉化。

( ) 72. 程式頭為 G17 G40 G49 G80；G54 G0 X0 Y0 Z100.0；S2000 M03；G90 G00 X10.0 Y10.0;…，若機械原點至程式原點的向量設定在 G54 工作座標系，則執行此程式前宜先將刀具移至 (14)

①機械原點 ②程式原點 ③相對座標原點 ④相互不干涉的位置。

( ) 73. G91 G18 S1000 M03；N1 G03 X40.0 I20.0；N2 G01 Y0.1；N3 G02 X-40.0 I-20.0；N4 G01 Y0.1；重複 N1～N4 數次，欲銑削出半圓柱面則刀具不宜選擇 (234)

①球形端銑刀 ②圓鼻刀 ③平口端銑刀 ④圓角刀。

解：此題之程式敘述為曲面加工，故採用球形端銑刀。

( ) 74. 欲採用順銑的方式，則其刀具路徑須採用下列何者？ (13)

①外輪廓採用順時針方向 ②外輪廓採用逆時針方向

③內輪廓採用逆時針方向 ④內輪廓採用順時針方向。

解：順銑和逆銑，切削工件外輪廓時，繞工件外輪廓順時針加工即為順銑，切削工件內輪廓時，繞工件內輪廓逆時針加工即為順銑。

( ) 75. 下列指令何者是單節有效碼 ① G41 ② G90 ③ G28 ④ G10。 (34)

解：G28、G10 屬於“00”群組者，為單節有效指令。

( ) 76. 有關連續式 NC 控制系統之應用，下列何者為正確？ (124)

①銑床之輪廓切削 ②車床之輪廓切削 ③銑床之鑽孔 ④磨床之輪廓磨削。

( ) 77. NC 銑床上，加工路徑及銑刀關係如下圖所示，所須使用的指令為何？ (23)

① G02

② G03

③ G41

④ G42。

端銑刀

程式路徑

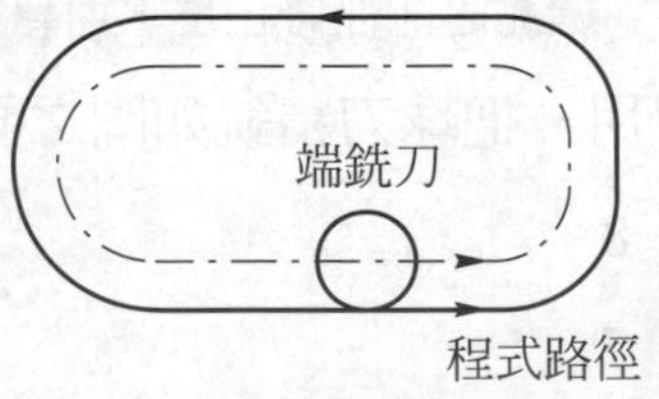

解：注意切削方向，G41 為刀徑補正向左、G03 為逆時針圓弧切。

( ) 78. NC 銑床上，加工路徑及銑刀關係如圖所示，所須使用的指令為何？ (14)

① G02

② G03

③ G41

④ G42。

端銑刀

程式路徑

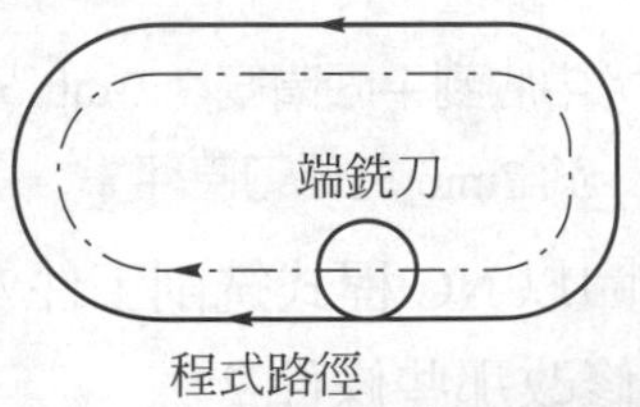

解：注意切削方向，G42 刀徑補正向右、G02 為順時針圓弧切。

( ) 79. NC 銑床上，曲面加工路徑及銑刀關係如下圖所示，所須使用的指令為何？ (13)

① G02 ② G03

③ G18 ④ G19。

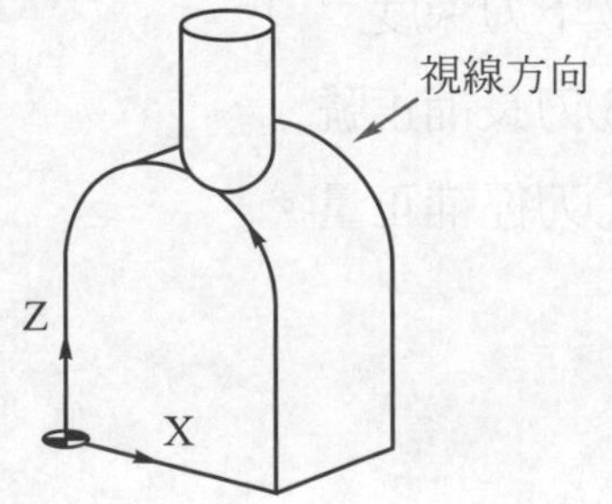

視線方向

Z

X

解：G18 為 ZX 平面選擇。

( ) 80. 使用銑牙刀銑削內螺紋，則下列敘述何者正確？ (12)
①內孔直徑需大於銑牙刀直徑 ②以 G02 指令向下銑削螺紋
③以 G84 指令銑削螺紋 ④銑完螺紋須反轉退刀。

解：使用銑牙刀須採順時針圓弧切削加工，並搭配 Z 軸進給。

( ) 81. 以 90°倒角刀對工件之頂面四周進行倒角，則下列何者可得等邊倒角(相鄰兩邊倒角距離相等)？ (23)
① ② ③ ④

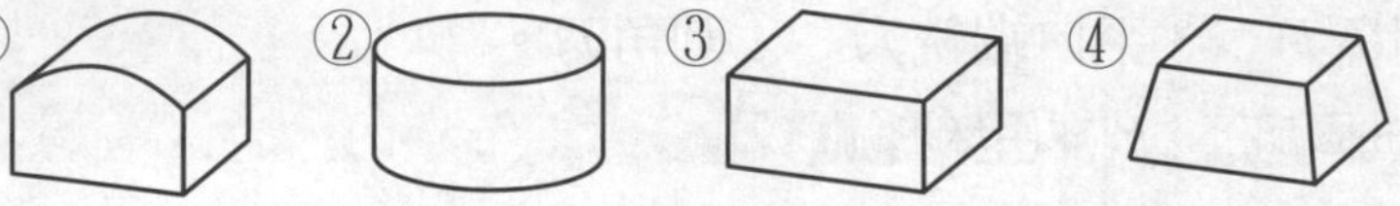

( ) 82. 對工件之頂面四周進行等邊倒角(相鄰兩邊倒角距離相等)，則下列何者之倒角斜面不為 45°？ (14)
① ② ③ ④

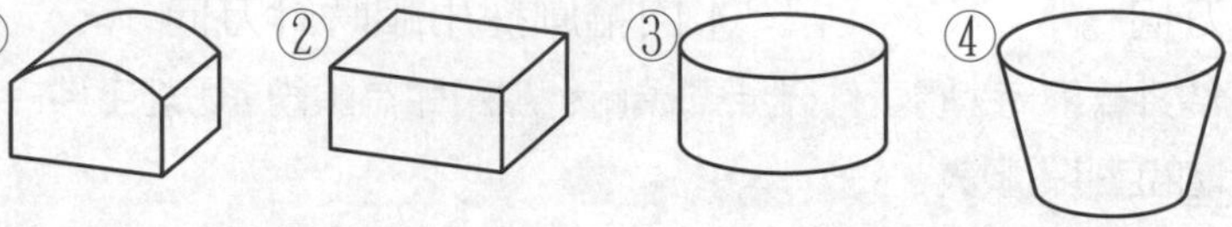

( ) 83. NC 銑床上以 G76 進行精搪孔，下列敘述何者正確？ (123)
①可改善孔徑偏差
②下刀點為孔的中心
③孔徑修正量可經由調整刀具偏置得到
④孔徑修正量可經由調整控制器上刀徑補正量得到。

解：搪孔之孔徑修正量，可藉由調整搪孔刀本身的鳩尾座來進行尺寸控制。

( ) 84. 只用一把球刀精銑如圖之全圓弧曲面，宜使用球刀直徑為 (34)
① 8
② 7
③ 5
④ 4 mm。

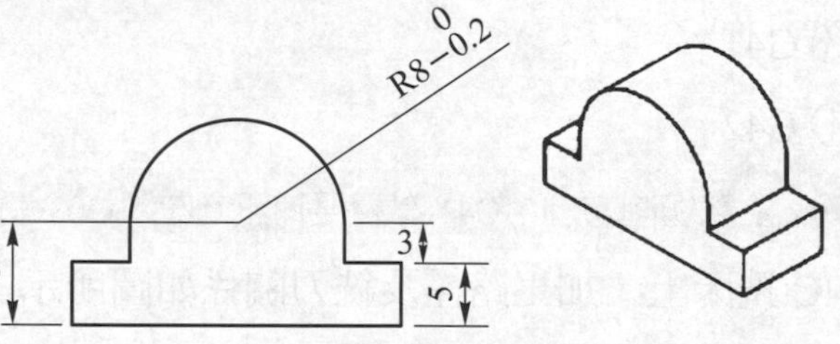

R8 0/−0.2
3
8
5

解：中心到平面高度為 3mm，如用球刀直徑 7mm(半徑 3.5mm)會造成尺寸過切，故應選擇小於 7mm 之球刀直徑。

( ) 85. 如圖以 NC 程式銑削工件外形後，欲使用相同程式銑削頂面倒角，當主軸換刀後，須修改那些條件？ (234)
①刀徑補正方向
②下刀深度
③刀長補正號
④刀徑補正量。

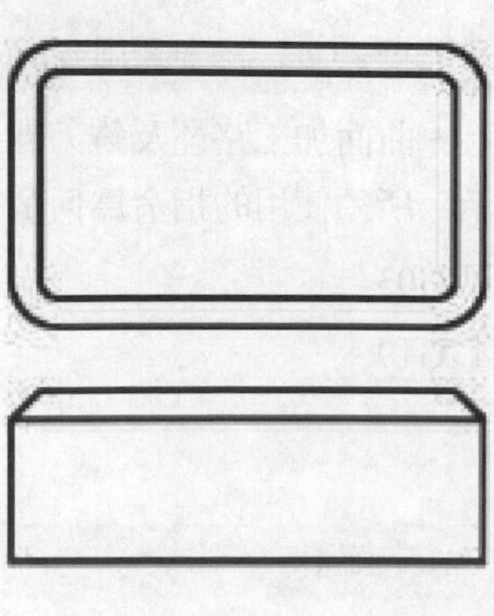

工作項目⑥ 傳統銑床、CNC 銑床－故障排除及機具維護

一、單元專業知識

工作項目	技能種類	技能標準	相關知識
二、傳統銑床、CNC 銑床－故障排除及機具維護	(一) 故障察覺 (二) 機器運轉異常之判斷及處理	1. 能依警告顯示狀，作程式及操作錯誤等一般故障排除 2. 能依警告標示，排除程式及操作錯誤，並作適當處理。	瞭解一般警告號碼意義及故障排除方法。
	(一) 保養機器 (二) 調整及維護機器	1. 能正確實施保及擦拭與清理。 2. 能對超行程作適當調整。。	(1) 瞭解CNC銑床定期保養項目。

選擇題 答

( )1. 銑床自動進給之安全銷若折斷，則新更換之安全銷，以下列何者最適宜？ (4)
①折斷之鑽頭柄 ②鐵釘 ③螺絲 ④同規格之安全銷。

( )2. 主軸無剎車裝置之銑床，若欲裝卸刀軸時，則主軸變速檔最好調在 (1)
①低速檔的最慢轉速 ②低速檔的最快轉速
③高速檔的最慢轉速 ④高速檔的最快轉速 位置。

解：最好之情況是將主軸卡死，才不會因為拆卸動作跟著主軸旋轉，或者將變速檔位調整在低速檔之位置。

( )3. 主軸爲無段變速之砲搭式銑床，其主軸於下列何種情形下，應避免停機？ (4)
①低速檔的最慢速 ②低速檔的最快轉速
③高速檔的最慢轉速 ④高速檔的最快轉速位置。

解：如於高速檔的最快位置停機，易造成皮帶磨損與過熱，故應避免。

( )4. 銑床之操作面板上，通常有一個較大的按鈕，它是作爲緊急停機之用，所以其顏色通常爲 ①黑色 ②紅色 ③黃色 ④綠色。 (2)

解：控制機械緊急停止之按鈕，其工業安全顏色為紅色。

( )5. 銑床主軸馬達通常是以數條V形皮帶驅動主軸時，若其中一條斷裂，則應如何處置？ ①該斷裂之皮帶換新即可 ②除了更換該斷裂之皮帶外，至少再更換另一條 ③應全部更換新皮帶 ④該斷裂之皮帶，可以重新接好再使用。 (3)

解：銑床之驅動皮帶，如損毀應將皮帶全部更換，避免張力不均。

( )6. 銑床之立銑主軸頭若會漏油，其最可能原因是 ①機油太稀薄 ②油封老舊磨損 ③主軸之軸承未迫緊 ④會漏油是正常且無可避免的事。 (2)

( )7. 一般銑床的工作台與床鞍滑動面之潤滑機油黏度，最適當者爲 ISO VG ① 32 ② 68 ③ 100 ④ 150 號。 (2)

解：潤滑油號數越大其粘度越高。

( )8. 捨棄式面銑刀之刀盤若未能鎖緊在 C 型刀軸上，則銑削之結果為 ①銑削時會有火花 ②銑削面不平整 ③銑削面會變成斜面 ④毛邊特別嚴重。 (2)

解：若未確實將面銑刀裝置於刀軸上，易造成刀座掉落及銑削面成斜面。

( )9. 欲清除銑床工作台與床鞍等滑動面上之切屑時，最正確的方法為 ①棕刷 ②抹布 ③壓縮空氣 ④真空吸塵器 清除。 (4)

解：使用真空吸塵器才不會殘留較小的殘留物，進而影響到床台滑動面。

( )10. 傳統銑床若操作者面向主軸頭，其主軸中心與工作台面的垂直度的調整要領應為 ①左邊之角度應略微小於 90 度 ②右邊之角度應略微小於 90 度 ③要完全垂直 ④其垂直度與工件加工之精度無關。 (1)

解：為了提高刀具壽命與表面粗糙度，應調整銑床主軸頭，使左邊之角度應略微小於 90 度。

( )11. 銑削若產生高振動時，應 ①增加主軸迴轉速 ②增加切削速度 ③降低工作台進給量 ④改變馬達轉向。 (3)

解：銑削加工過程中，若機台產生高振動時，應立即降低進給量。

( )12. 面銑刀銑削時，若發現間斷切削聲，其原因與下列何者無關？ ①刀具材質 ②刀具歪斜 ③刃口破裂 ④刀刃不同高。 (1)

解：銑削時產生異聲與刀具材質較無關係。

( )13. 銑削中產生振動現象若是因為床台有間隙所造成的，則調整的部位應是 ①螺桿之間隙 ②工作台水平 ③工作台嵌條 ④工作台與主軸之垂直度。 (3)

解：間隙過大易造成加工時產生振動，可以逆時鐘轉動工作台斜楔右邊的螺絲 1～2 轉，減少間隙。

( )14. 以主軸昇降方式鉸孔時，其真圓度不佳，較可能之原因為 (3)
①工作台導螺桿之間隙太大 ②工作台水平未校正好
③主軸之偏擺大 ④工作台與主軸之垂直度不佳。

解：主軸偏擺會產生離心力，易導致刀具在加工時，除了機台會晃動外，且只用到單邊進行銑削，容易造成刀具會磨損嚴重或使工件損壞。

( )15. 下列何種操作方式較不適用於移動床台 0.1mm？ (2)
①操作進給率開關及軸向移動開關
②操作快速移動開關及軸向移動開關
③手動單節操作方式
④操作軸向選擇開關及手輪(MGP)。

解：快速移動可以依照快速進給的速率，來執行連續快速動移動機械，一般來說是用在長距離之移動。

( )16. G41 之補正值輸入負值，則其刀具路徑 (3)
①不補正 ②向左補正 ③向右補正 ④兩倍補正。

解：G41 指令為刀徑向左補正。

( )17. 欲在銑削中途量測工件尺寸，下列何者較佳？ ①按緊急停止開關 ②按暫停開關 ③程式執行中修改程式，加入 M00 指令 ④使用 M01 指令。 (4)

解：M01 指令為選擇性停止，功能啓用後，執行至 M01 指令可停止在該單節，即可進行尺寸量測或檢查加工成品。

( ) 18. 立式 CNC 銑床之螢幕顯示機械座標位置 X、Y、Z 值皆為負值，若觀察者位於床台上且面對機械，則機械原點位於觀察者的 (1)
①右前上方 ②右後上方 ③左前上方 ④左後上方。

( ) 19. 當 DNC 邊傳邊作時，電腦控制面板出現一直在等待狀況(@LSK)時，不可能的原因為 ①傳輸埠設定錯誤 ② PC 之 RS232 接頭損壞 ③傳輸速率設定錯誤 ④傳輸線未連接。 (4)

解：進行程式傳輸時，必須在螢幕上出現閃爍 LSK 字樣，表示傳輸線已完成連接，待選擇所要傳送之程式，則 LSK 則會變成 INPUT 字樣。

( ) 20. 執行 DNC 邊傳邊作產生錯誤時，不可能的原因為 ① CNC 銑床操作模式錯誤 ② CNC 銑床參數設定錯誤 ③介面使用錯誤 ④程式號碼錯誤。 (4)

解：程式號碼屬於軟體部分，與硬體設備較無關係。

( ) 21. CNC 銑床發生主軸無法夾緊刀把，可能原因是 ①氣壓或油壓力量不足 ②碟形彈簧破裂損壞 ③主軸軸承損壞 ④主軸吹氣故障。 (2)

( ) 22. CNC 銑床發生主軸無法退出刀把，不可能的原因是 (4)
①氣壓或油壓力量不足 ②氣壓缸或油壓缸出力太小
③主軸錐面或刀桿本體有雜物卡住 ④換刀吹氣裝置故障。

解：拉桿精度不良，易造成定位不明確而造成卡刀現象。

( ) 23. CNC 銑床床台若產生顯著背隙，操作者應採行下列何種措施？ (4)
①調整滾珠螺桿組 ②改變刀具半徑補正值
③改變刀具長度補正值 ④請原製造廠商維修。

( ) 24. 通常 CNC 銑床加工工件中發生停電，當恢復供電後，下列何者與重新開機之步驟無關？ (3)
①打開電源 ②重新找刀具起點 ③重設系統參數 ④重回機械原點。

( ) 25. 有關 CNC 銑床刀把，下列敘述何者正確？ (2)
① BT30 柄徑 ＞BT40 柄徑 ② BT30 柄徑 ＜BT40 柄徑
③ BT30 錐度 ＞BT40 錐度 ④ BT30 錐度 ＜BT40 錐度。

解：BT 為實心的刀桿，其錐度都是 7/24。

( ) 26. CNC 銑床之熱交換器空氣濾網阻塞，不會造成 (4)
①熱交換器不良 ②電器箱溫升 ③電子元件老化 ④馬達故障。

( ) 27. CNC 銑床在調整斜楔時，必須同時調整垂直、水平者為 (2)
① V 型滑軌 ②方型滑軌 ③線性滑軌 ④滾珠螺桿。

( ) 28. 當 CNC 銑床的螢幕顯示異常訊息時，與下列何者無關？ (2)
①偵錯系統 ②切削劑供應系統 ③氣油壓系統 ④潤滑系統。

解：切削劑供應系統與螢幕顯示異常訊息無關。

( ) 29. CNC 銑床無法順利拆卸刀具時，最常見的原因為 ①主軸偏擺度不良 ②刀柄之拉桿精度不良 ③液壓油濃度太高 ④液壓油濃度太低。 (2)

(　　) 30. 使用 RS232 進行 DNC 連線作業時，為防止信號衰減，一般連線長度宜為 (1)
①10m 以下　②15-25m　③30-40m　④40m 以上。

解：傳輸連線長度約在 10m 以下較佳。

(　　) 31. CNC 銑床開機時，如果潤滑油不足，會產生下列何種情形？ (4)
①與三軸移動無關　②仍可自動裝卸刀具
③主軸無法動作(CW，CCW)　④出現警示訊息。

解：潤滑油不足時，其潤滑油警示燈亮。

(　　) 32. 下列何種錯誤不會影響 DNC 連線？ (2)
①傳輸埠設定錯誤　②原點設定錯誤
③傳輸速率設定錯誤　④RS232 介面設定錯誤。

(　　) 33. 執行 DNC 邊傳邊作產生錯誤時，不可能的原因為 (4)
①操作模式錯誤　②參數設定錯誤　③介面使用錯誤　④程式號碼錯誤。

解：程式號碼錯誤不會造成 DNC 錯誤。

(　　) 34. 電源接通後，冷卻機與油泵浦同時停止運轉，下列何者不是故障原因？ (1)
①電壓不穩　②保險絲熔斷　③保護裝置作動　④馬達故障。

(　　) 35. 潤滑油指示燈的功用是顯示 (1)
①油量不足　②泵浦失效　③氣壓壓力不足　④馬達失效。

解：潤滑油指示燈亮起時表示潤滑油量不足。

(　　) 36. 下列何者不是空壓三點組合的功能？ (2)
①過濾水份　②流量調整　③潤滑　④壓力調整。

解：空壓三點組合，由空氣濾清器、調壓閥、潤滑器三元件組合而成。

(　　) 37. 如果潤滑油不足，開機時會產生下列何種情形？ ①三軸無法移動 ②仍可自動裝卸刀具 ③主軸無法動作(CW，CCW) ④出現警示訊息。 (4)

解：詳見第 35 題。

(　　) 38. 下列何者不是空氣壓縮機排送空氣至機台應注意事項？ (4)
①溼氣(水蒸氣)　②油杯的破損　③漏氣　④電動機的馬力。

解：與電動機馬力無關。

(　　) 39. 探討故障狀況時，下列何者較不重要？ (4)
①故障種類　②故障發生頻率　③故障重現性　④地震效應。

解：地震為偶發的自然效應與故障之原因較無直接關係。

(　　) 40. CNC 銑床之床台進給系統常用 (3)
①油壓馬達　②步進馬達　③伺服馬達　④氣壓馬達。

解：床台之進給系統常用者為伺服馬達，精度高。

(　　) 41. 用於 CNC 銑床油壓單元的油品，依一般正常操作，宜多久更換一次？ (1)
①半年　②一年　③二年　④永久免更換。

解：油壓單元油品與齒輪油箱及刀庫減速機構油宜每半年進行更換一次。

( ) 42. CNC 銑床的主軸傳動皮帶，宜多久例行檢查一次？ (2)
①一年 ②一個月 ③六個月 ④二年。

解：傳動皮帶為傳動主軸之重要核心，必須每一個月檢查一次，看是否有龜裂及鬆脫等情形，如有發現應立即更換。

( ) 43. CNC 銑床的主軸頭部若爲齒輪驅動，齒輪箱油的例行更換時間宜爲 (2)
①一個月 ②六個月 ③兩年 ④不需更換。

解：詳見第 41 題。

( ) 44. CNC 銑削工作結束時，取下主軸中之刀把才切斷電源之目的，與下列何者無關？ ①作好工具歸位 ②減少主軸變形 ③防止刀具變形 ④安全。 (3)

( ) 45. CNC 銑床滑道表面若發現色澤異常且略有溫升，其不可能的原因是 (3)
①潤滑油孔阻塞 ②潤滑油等級錯誤 ③切削劑不足 ④潤滑油不足。

解：切削劑不足與滑道表面色則無關，色澤異常無關。

( ) 46. CNC 銑削加工中，若切削液流量忽大忽小，較不可能的原因是 (3)
①進水口阻塞 ②水量不足 ③泵浦壞掉 ④水管洩漏。

解：泵浦壞掉就無打水功能。

( ) 47. 指令 G41、G42 的補正消除單節中，其位移動作宜使用指令 (1)
① G00 或 G01 ② G02 或 G03 ③ G04 ④ G17。

解：取消補正單節中位移動作，宜使用 G00、G01、G02 等指令。

( ) 48. 程式執行中若遇停電時，宜採取下列何種步驟？ (1)
①按緊急停止開關 ②拆卸工件 ③拆除刀具 ④順其自然。

解：遇停電應按下緊急開關鈕，避免復電時突然產生作動，易造成危險。

( ) 49. 遇停電後，重新開機之步驟與下列何者無關？ (3)
①打開電源 ②回機械原點 ③重設系統參數 ④重新找刀具起點。

解：停電並不影響系統設定參數。

( ) 50. 手動回歸機械原點時，發生超行程時之排除方法爲 ①人力拉回 ②按反方向移動按鈕 ③修改程式 ④操作手動單節(MDI)開關。 (2)

解：超行程之排除方法為，按反方向移動按鈕，修正後再復歸，即可排除故障。

( ) 51. 當 CNC 銑床手動脈波發生器無法操作時，不可能的原因爲 ①機械被鎖定(MLK ON) ②伺服系統異常 ③主軸故障 ④手動脈波發生器接觸不良。 (3)

解：主軸故障與手動脈波無法操作無關。

( ) 52. 當 CNC 銑床出現主軸伺服馬達過熱警示時，不可能的原因爲 ①馬達線圈內部短路 ②馬達煞車異常 ③ PCB 異常 ④ Z 軸伺服馬達故障。 (4)

( ) 53. 當 CNC 銑床的原點復歸位置與實際停止位置出現不一致時，不可能的原因爲 (4)
①減速碰塊位置異常 ②伺服馬達及機械的曲軸連結器鬆動
③脈波檢出器異常 ④馬達負荷過重。

解：原點復歸與馬達負荷過重較無關係。

( ) 54. CNC 銑床若在輸入程式執行銑削過程中，一旦發覺進給率稍爲偏高，處置措施應爲 ①立即停機修改程式中的 F 值 ②調整操作面板上之進給率旋鈕 ③立即停機更改主軸的每分鐘迴轉數 ④調整操作面板上之主軸旋轉率旋鈕。 (2)

解：車削過程中，如欲調整進給率；可藉由調整操作面板上之進給率旋鈕。

( ) 55. 手動操作 CNC 銑床原點復歸，其面板 X、Y、Z 三軸的指示燈未亮起，可能之原因爲 ①油壓系統控制不良 ②氣壓系統壓力不足 ③擋塊位置不確實 ④潤滑系統異常。 (3)

解：檔塊位置如不確實，會導致各軸指示燈未確實亮起。

複選題 **答**

( ) 56. 銑床潤滑單元的齒輪式泵浦在正常運轉下注油壓力降低之可能原因爲 ①外部油管破裂 ②油管阻塞 ③齒輪磨損 ④馬達功率減退。 (134)

解：注油壓力降低與齒輪磨損無關。

( ) 57. 銑床產生床台自動進給失效之不可能原因爲 ①進給馬達過載 ②進給馬達逆轉 ③主軸馬達故障 ④導螺桿失效。 (23)

( ) 58. 銑削過程中之故障排除措施，下列何者正確？ ①發生刀具斷裂必須立即停機 ②發現潤滑油不足必須立即補充 ③不必理會床軌滑動面上流出黑色潤滑油 ④主軸馬達冒煙必須立即停機。 (124)

解：必須了解床軌滑動面上流出黑色潤滑油之原因。

( ) 59. 銑床操作時，床膝上昇困難之可能原因？ ①床膝固定桿爲鎖固狀態 ②工件太重 ③未調整床台水平 ④床柱和膝部潤滑不良。 (124)

解：未調整床台水平與床膝上升困難無關。

( ) 60. 面銑削時，刀刃崩裂之較可能原因？ ①主軸反轉 ②主軸轉速太高 ③切除量太大 ④主軸套管未鎖固。 (134)

( ) 61. 砲塔式分段變速銑床，銑削時主軸會停止或打滑之可能原因？ ①主軸轉速太慢 ②高低速變換把手未確實定位 ③皮帶鬆弛 ④皮帶緊繃。 (23)

解：主軸轉速太慢與皮帶緊繃並不會影響主軸停止與打滑。

( ) 62. 銑削工件時產生刀刃斷裂，則改善的方法何者正確？ ①放鬆床台固鎖螺栓 ②降低主軸轉速 ③降低進給率 ④選用刃數較多刀具。 (34)

( ) 63. 下列何者與銑削時產生異常的切削振動聲音有顯著的相關？ ①工件夾持 ②刀具夾持 ③進給率 ④工件尺寸。 (123)

解：產生異常聲音與振動與工件尺寸無關。

( ) 64. 會造成 NC 銑床產生警示(Alarm)訊號的可能原因爲何？ ①程式未設定工件原點 ②刀具未安裝 ③各運動軸只有一個極限開關 ④軌道潤滑油不足。 (34)

( ) 65. 下列敘述何者正確？ ①軸滑塊碰觸硬體極限開關會發生過行程 ②軸滑塊到達軟體極限會發生過行程 ③硬體極限有正負之分 ④軟體極限有正負之分。 (124)

解：CNC 銑床之硬體極限無正負之分。

( ) 66. NC 程式連線傳輸至控制器，下列敘述何者正確？ ①以邊傳邊作(DNC)方式，傳輸完畢程式會儲存在控制器內 ②以上傳(UPLOAD)方式，傳輸完畢程式會儲存在控制器內 ③傳輸裝置與控制器間須設定通訊協定 ④控制器出現過時(TIME OUT)，其可能原因爲通訊協定設定有誤。 (234)

解：邊傳邊作(DNC)其程式並不會儲存於控制器內。

( ) 67. 下列何者爲銑床每日使用後之檢查項目？ ①床台是否水平 ②各操作開關電源是否關閉 ③各軸固定螺栓是否已放鬆 ④機器是否擦拭乾淨。 (234)

解：床台是否水平應於每日加工前檢查校正。

( ) 68. 下列何者爲銑床的每日維護項目？ (134)
①機件潤滑 ②背隙調整 ③檢查機械轉動是否有異聲 ④床台清潔。

解：磨耗與背隙檢查等精度校驗為定期保養之項目，使用一段時間後，半年或一年進行精度或水平檢驗，並作成紀錄。

( ) 69. 下列何者爲立式銑床之日常保養項目？ (14)
①清潔床台與軌道 ②更換潤滑油 ③檢查機器精度 ④檢查潤滑油量。

解：日常保養則以潤滑、機械轉動使否有異音、切削劑量是否足夠為主。

( ) 70. 下列何者爲使用者定期維護立式銑床精度之檢驗或校正項目？ ①主軸錐孔之偏轉度 ②工作台面之水平 ③主軸之垂直度 ④工作台面之高度。 (123)

解：詳見第 68 題。

( ) 71. 下列何者爲保養 NC 銑床之每日檢查項目 (123)
①軸向潤滑油量 ②空壓裝置 ③切削劑量 ④定位精度。

解：詳見第 69 題。

( ) 72. 下列何者爲 NC 銑床之每日保養項目 ①清理切削劑的水箱 ②清潔工作床台並上油 ③清理主軸錐度面 ④清理防護罩。 (234)

( ) 73. 下列何者屬於 NC 銑床每日保養項目？ ①檢查軌道潤滑油油量 ②檢查壓縮空氣/液壓油壓力 ③調整螺桿背隙 ④檢查切削劑容量。 (124)

解：調整螺桿間隙為半年一次之定期保養項目。

( ) 74. 執行程式時，降低主軸下刀撞機的可行措施爲 ①下刀前，檢查刀長補正值是否正確 ②下刀前，檢查刀徑補正值是否正確 ③調高下刀速率 ④刀尖接近工件時，按進給暫停鍵檢查下刀餘量是否正確。 (14)

( ) 75. 要維持 NC 銑床之精度與正常運作，宜做哪些工作？ (134)
①常作螺桿背隙檢測與補正 ②冷機情況下高速加工
③定期檢測床台水平並校正 ④空壓裝置須定期排水。

解：勿於冷機狀態下進行高速加工，會因軌道潤滑不足，造成軌道容易磨損。

( ) 76. 當 NC 工具機之潤滑油警示(ALARM)燈號亮時，可添加何種型號的油？ (123)
①中油循環機油 R68 ②殼牌 TONNA T68
③中油滑道機油 68 ④齒輪油 NC658。

解：潤滑油號數越大其粘度越高，不適合 NC 工具機使用。

共同學科

題庫

工作項目 1　機械製圖
工作項目 2　行業數學
工作項目 3　精密量測
工作項目 4　金屬材料
工作項目 5　機械工作法
工作項目 6　機件原理
工作項目 7　電腦概論
工作項目 8　氣油壓概論
工作項目 9　品質管制

工作項目 1　機械製圖

精選必考試題

答

(　) 1.　依據 CNS 標準,下列何者屬於幾何公差之方向公差符號？　(1)⊥　(2)⌖　(3)◎　(4)▱。　(1)

(　) 2.　依據 CNS 中華民國國家標準，下列何者屬於幾何公差之形狀公差符號？　(1)∠　(2)//　(3)⌒　(4)⌯。　(3)

(　) 3.　一般配合選用時，屬於留隙配合爲　(1)H8/e8　(2)K7/h6　(3)H6/h6　(4)H7/s6。　(1)

(　) 4.　工件圖面尺寸 $\phi 36^{+0.050}_{+0.025}$，經加工後檢查合格者爲　(1) ϕ36　(2) ϕ36.016　(3) ϕ36.038　(4) ϕ36.052。　(3)

(　) 5.　工件俯視圖如右圖所示，其半剖面應繪製爲　(1)

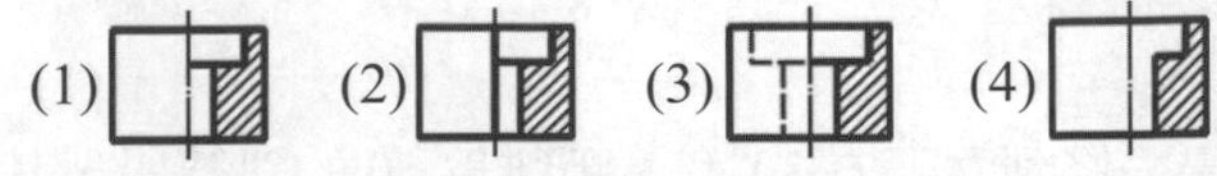

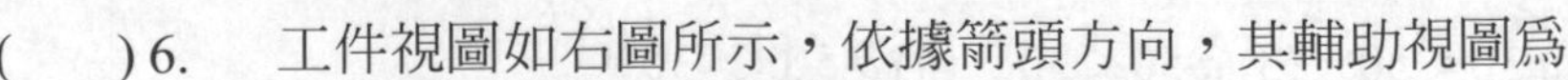

(　) 6.　工件視圖如右圖所示，依據箭頭方向，其輔助視圖爲　(3)

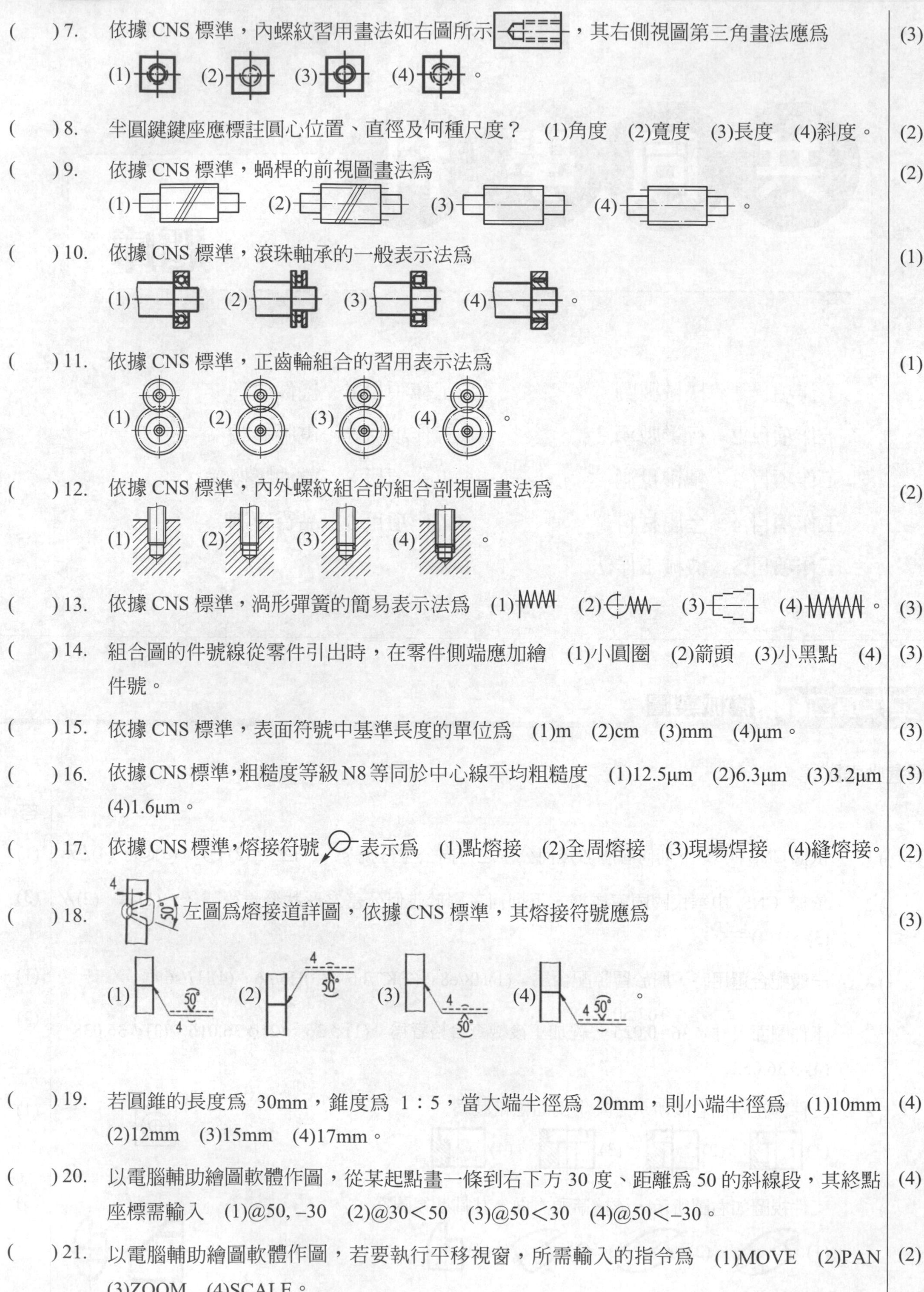

(　　) 7. 依據 CNS 標準，內螺紋習用畫法如右圖所示，其右側視圖第三角畫法應爲 (1) (2) (3) (4)。 (3)

(　　) 8. 半圓鍵鍵座應標註圓心位置、直徑及何種尺度？ (1)角度 (2)寬度 (3)長度 (4)斜度。 (2)

(　　) 9. 依據 CNS 標準，蝸桿的前視圖畫法爲 (1) (2) (3) (4)。 (2)

(　　) 10. 依據 CNS 標準，滾珠軸承的一般表示法爲 (1) (2) (3) (4)。 (1)

(　　) 11. 依據 CNS 標準，正齒輪組合的習用表示法爲 (1) (2) (3) (4)。 (1)

(　　) 12. 依據 CNS 標準，內外螺紋組合的組合剖視圖畫法爲 (1) (2) (3) (4)。 (2)

(　　) 13. 依據 CNS 標準，渦形彈簧的簡易表示法爲 (1) (2) (3) (4)。 (3)

(　　) 14. 組合圖的件號線從零件引出時，在零件側端應加繪 (1)小圓圈 (2)箭頭 (3)小黑點 (4)件號。 (3)

(　　) 15. 依據 CNS 標準，表面符號中基準長度的單位爲 (1)m (2)cm (3)mm (4)μm。 (3)

(　　) 16. 依據 CNS 標準，粗糙度等級 N8 等同於中心線平均粗糙度 (1)12.5μm (2)6.3μm (3)3.2μm (4)1.6μm。 (3)

(　　) 17. 依據 CNS 標準，熔接符號表示爲 (1)點熔接 (2)全周熔接 (3)現場焊接 (4)縫熔接。 (2)

(　　) 18. 左圖爲熔接道詳圖，依據 CNS 標準，其熔接符號應爲 (1) (2) (3) (4)。 (3)

(　　) 19. 若圓錐的長度爲 30mm，錐度爲 1：5，當大端半徑爲 20mm，則小端半徑爲 (1)10mm (2)12mm (3)15mm (4)17mm。 (4)

(　　) 20. 以電腦輔助繪圖軟體作圖，從某起點畫一條到右下方 30 度、距離爲 50 的斜線段，其終點座標需輸入 (1)@50, –30 (2)@30<50 (3)@50<30 (4)@50<–30。 (4)

(　　) 21. 以電腦輔助繪圖軟體作圖，若要執行平移視窗，所需輸入的指令爲 (1)MOVE (2)PAN (3)ZOOM (4)SCALE。 (2)

( ) 22. 以電腦輔助繪圖軟體作圖,依據 CNS 標準,用來標註尺度的顏色爲 (1)綠色 (2)紅色 (3)黃色 (4)青色。 (1)

( ) 23. 視圖之虛線太多時，常改用下列何者表示？ (1)等角圖 (2)輔助視圖 (3)剖視圖 (4)展開圖。 (3)

( ) 24. 對物體作假想剖切，以了解其內部形狀時，表示割面位置的線，稱爲 (1)剖面線 (2)割面線 (3)實線 (4)虛線。 (2)

( ) 25. 輔助視圖是用以表示物體 (1)正面 (2)頂面 (3)底面 (4)傾斜面 的形狀。 (4)

( ) 26. 組合圖中，較常須剖切的機件是 (1)齒輪 (2)螺絲 (3)螺帽 (4)軸。 (1)

( ) 27. 剖視圖中的剖面線常繪成 (1)粗實線 (2)中線 (3)虛線 (4)細實線。 (4)

( ) 28. RP 兩字在輔助視圖中是代表 (1)垂直面 (2)水平面 (3)傾斜面 (4)參考平面。 (4)

( ) 29. 半剖面圖是將物體 (1)$\frac{1}{2}$剖切 (2)$\frac{1}{4}$剖切 (3)$\frac{1}{6}$剖切 (4)$\frac{1}{8}$剖切。 (2)

( ) 30. 孔與軸間有間隙的機件配合方式，稱爲 (1)過渡配合 (2)過盈配合 (3)干涉配合 (4)留隙配合。 (4)

( ) 31. 視圖上之幾何公差符號“//”係表示 (1)眞直度 (2)眞平度 (3)平行度 (4)平面度。 (3)

( ) 32. 視圖上之幾何公差符號“◎”係表示 (1)平行度 (2)眞圓度 (3)對稱度 (4)同心度。 (4)

( ) 33. 設計尺寸時，只給予一個上偏差值或下偏差值的公差，稱爲 (1)單向公差 (2)雙向公差 (3)通用公差 (4)位置公差。 (1)

( ) 34. 壓縮彈簧在零件圖上的總長度是指 (1)安裝長度 (2)自由長度 (3)工作長度 (4)壓實長度。 (2)

( ) 35. 工程製圖國家標準之規定，眞圓度的符號是 (1)⌭ (2)◎ (3)○ (4)⌖。 (3)

( ) 36. 標註 M8×1.0 的螺釘，其中 8 是代表 (1)節徑 (2)內徑 (3)外徑 (4)螺距。 (3)

( ) 37. 螺紋上標註 M60×2,係表示 (1)節徑 60mm,螺距 2mm (2)外徑 60mm,第二級配合 (3)外徑 60mm，螺距 2mm (4)節徑 60mm，第二級配合。 (3)

( ) 38. 軸之平面圖上某部位加畫細實線之對角線,即表示該處 (1)應刻對角線 (2)裝配時需注意 (3)兩端對稱 (4)加工爲平面。 (4)

( ) 39. 等角圖中的三等角軸互成 (1)30° (2)60° (3)90° (4)120°。 (4)

( ) 40. 爲方便置於文書夾中或裝訂成冊，A1 的圖紙通常折成何種規格？ (1)A4 (2)A3 (3)A2 (4)A1。 (1)

工作項目2　行業數學

精選必考試題

題目	答
(　) 1. 有一矩形的長度爲$(5x+4)$，寬爲$(x-3)$，若其周長爲 50cm，則此矩形之面積爲 (1)$12cm^2$ (2)$18cm^2$ (3)$24cm^2$ (4)$36cm^2$。	(3)
(　) 2. 方程式 $9x+2=12x-7$ 的解爲 $x=$ (1)-3 (2)3 (3)-1 (4)1。	(2)
(　) 3. 下列何者爲一元二次方程式？ (1)x^2-2x+1 (2)$2x+y-3=0$ (3)$x(x-2)=4$ (4)$x^2+2x+3=x^2+1$。	(3)
(　) 4. 若方程式 $3x-2y=x-4y=5$，則 $2x-3y=$ (1)-1 (2)2 (3)4 (4)5。	(4)
(　) 5. 有一個三角形的高爲底長之$\frac{1}{2}$，如果高爲 x cm，則此三角形之面積爲 (1)$x\ cm^2$ (2)$2x\ cm^2$ (3)$x^2\ cm^2$ (4)$\frac{x^2}{4}cm^2$。	(3)
(　) 6. 多項式 $2x^2-5x+2$ 可經因式分解爲 (1)$(2x-1)(x-2)$ (2)$(x+2)(2x+1)$ (3)$(2x+1)(x-2)$ (4)$(2x-1)(x+2)$。	(1)
(　) 7. 有一濃度爲 80%的酒精溶液若干公升，若加入 20 公升的水後，酒精濃度變爲 60%，則原有酒精溶液爲 (1)30 公升 (2)60 公升 (3)90 公升 (4)120 公升。	(2)
(　) 8. 若方程式$(x-3)(2x+1)=0$，則 $2x+1$ 之値爲 (1)7 (2)2 (3)0 (4)7 或 0。	(4)
(　) 9. 求一元二次方程式 $2x^2+1=5x-1$ 之解爲 (1)$x=\frac{1}{2}$ 或 $x=2$ (2)$x=\pm1$ (3)$x=\pm2$ (4)$x=1$ 或$-\frac{1}{2}$。	(1)
(　) 10. 若，$\frac{3}{2}x+1=\frac{5}{4}$則 $1-2x$ 之値等於 (1)2 (2)$\frac{2}{3}$ (3)$\frac{1}{2}$ (4)$\frac{3}{4}$。	(2)
(　) 11. 一個二位數，其個位數字與十位數字的和爲 9，若將個位數字與十位數字對調，則所得到的新數比原數少 9，則原數是多少？ (1)36 (2)63 (3)45 (4)54。	(4)
(　) 12. 解下列一次方程式$\frac{1}{2}x-\frac{1}{3}x=\frac{1}{5}$，則 $x=$ (1)$\frac{1}{2}$ (2)$\frac{2}{3}$ (3)$\frac{3}{5}$ (4)$\frac{6}{5}$。	(4)
(　) 13. 有一梯形上底爲$(2x+3)$cm、下底爲$(5x-1)$cm、高爲 8cm，若此梯形的面積爲 $36cm^2$，則 $x=$ (1)1 (2)2 (3)3 (4)4。	(1)
(　) 14. 已知，$6-a=2$，$b-a=6$，$\frac{b}{2}-c=3$，$d-3c=1$，則 $d=$？ (1)5 (2)7 (3)9 (4)13。	(2)
(　) 15. 將多項式 $2xy+5x+4y+10$ 因式分解，可以得到 (1)$(2x+2)(y+5)$ (2)$(2y+2)(x+5)$ (3)$(2y+5)(x+2)$ (4)$(2x+5)(y+2)$。	(3)
(　) 16. 列何者爲銳角？ (1)$-\pi$ (2)$\frac{3\pi}{4}$ (3)$\frac{\pi}{2}$ (4)$\frac{\pi}{3}$。	(4)

( ) 17. 已知△ABC 爲一個直角三角形，其中$\angle C=90°$，$\angle A$ 爲較大的銳角，兩股長分別爲 5、12，則 $\sin A=$ (1)$\frac{5}{12}$ (2)$\frac{12}{13}$ (3)$\frac{5}{13}$ (4)$\frac{12}{5}$。 (2)

( ) 18. $\sin 30° \times \cos 30° \times \tan 30° \times \cot 30° \times \sec 30°$的值等於 (1)$\frac{1}{2}$ (2)$\frac{\sqrt{2}}{2}$ (3)$\frac{\sqrt{3}}{2}$ (4)1。 (1)

( ) 19. 直角三角形 ABC 中，$\angle C=90°$、$\angle A=30°$，求$(\sin B)^2+(\cos B)^2$的值等於 (1)$\frac{1}{2}$ (2)$\frac{\sqrt{2}}{2}$ (3)$\frac{\sqrt{3}}{2}$ (4)1。 (4)

( ) 20. 直角三角形 ABC 中，$\angle C=90°$、$\tan A=\frac{3}{4}$，求$\frac{\sin A}{1-\cot A}$的值等於 (1)$-\frac{9}{5}$ (2)$\frac{7}{3}$ (3)$-\frac{12}{5}$ (4)$\frac{9}{4}$。 (1)

( ) 21. $\sin 30° \cos 60° + \cos 30° \sin 60° =$ (1)0 (2)-1 (3)1 (4)2。 (3)

( ) 22. $\frac{2}{\sqrt{3}}\cos 30° - \sin 30° + \cos 60° - \tan 45° + \frac{\sqrt{3}}{2}\cot 60° =$ (1)0 (2)$\frac{1}{2}$ (3)$\frac{\sqrt{3}}{2}$ (4)1。 (2)

( ) 23. 直角三角形 ABC 中，$\angle A$ 爲銳角且$\sec A=\frac{2}{\sqrt{3}}$，求$\frac{\cos A}{1-\sin A}$的值等於 (1)$\frac{1}{2}$ (2)$\frac{\sqrt{2}}{2}$ (3)$\frac{4}{\sqrt{3}}$ (4)$\sqrt{3}$。 (4)

( ) 24. 直角三角形 ABC 中，$\angle C=90°$、$\angle A=45°$，求 $\sin A+\cos B=$ (1)1 (2)$\sqrt{2}$ (3)2 (4)$2\sqrt{2}$。 (2)

( ) 25. 設θ爲任一角，則下列有關三角函數的關係，何者有誤？ (1)$\sin(-\theta)=-\sin\theta$ (2)$\cos(-\theta)=\cos\theta$ (3)$\sin(\pi-\theta)=-\sin\theta$ (4)$\cos(\pi-\theta)=-\cos\theta$。 (3)

( ) 26. 利用正弦定律，若△ABC 中，$\angle C=120°$，$\angle B=30°$，$\overline{AC}=5$，求$\overline{AB}$ (1)$5\sqrt{3}$ (2)$\frac{20}{\sqrt{3}}$ (3)$10\sqrt{3}$ (4)10。 (1)

( ) 27. 利用餘弦定理，若△ABC 中，a、b、c 分別代表對邊之長，且 a = 2，b = 3，c = 4，則 $\cos A=$ (1)$\frac{11}{12}$ (2)$\frac{9}{13}$ (3)$\frac{5}{12}$ (4)$\frac{21}{24}$。 (4)

( ) 28. 有一個氣球在距離 A 同學 10m 處的距離由地面垂直等速上升，經過 10sec 後，A 同學看到氣球的角度剛好爲仰角 60 度，則此氣球上升的速度爲 (1)$\sqrt{2}$ m/sec (2)$\sqrt{3}$ m/sec (3)$2\sqrt{2}$ m/sec (4)$3\sqrt{3}$ m/sec。 (2)

( ) 29. 15×15mm 之正方形，其外接圓直徑爲 (1)18.25mm (2)21.21mm (3)25.25mm (4)31.31mm。 (2)

( ) 30. 單邊長爲 40mm 的正六角形，其外接圓半徑爲 (1)40mm (2)47mm (3)52mm (4)55mm。 (1)

( ) 31. 若$\sin\theta=\frac{3}{5}$，則$5-5\cos^2\theta=$ (1)$\frac{9}{5}$ (2)$\frac{5}{4}$ (3)$\frac{3}{5}$ (4)$\frac{12}{5}$。 (1)

( ) 32. 若$\sqrt{2}\cos\theta-\tan 45°=0$，則$\theta=$ (1)30° (2)45° (3)60° (4)90°。 (2)

(　　) 33. 已知 $\tan\theta = 2$，利用三角恆等式，則 $\dfrac{3\sin\theta - 2\cos\theta}{\cos\theta} =$ 　(1)$\dfrac{1}{2}$　(2)1　(3)2　(4)4。 (4)

(　　) 34. 若 α 代表角度，已知 $\sin 5\alpha = \cos 4\alpha$，則 $\alpha =$ 　(1)10°　(2)12°　(3)15°　(4)18°。 (1)

(　　) 35. 切削速度係指單位時間工件經過刀刃的距離，其單位通常表示為　(1)mm/rev　(2)rpm　(3)m/min　(4)m/sec^2。 (3)

(　　) 36. 車削工件時，工件旋轉一圈，刀具所前進的距離，稱為　(1)主軸轉速　(2)迴轉速度　(3)切削速度　(4)進給。 (4)

(　　) 37. 有一輛汽車以 18km/h 的等速度，沿 30 度的斜坡向上行駛 10 秒，則此一汽車所爬行的直線高度為　(1)18m　(2)25m　(3)36m　(4)50m。 (2)

(　　) 38. A、B 兩車沿一直線路徑同向行駛，A 車先以 200m/min 的速率出發，10min 後，B 車以 300m/min 的速率沿相同的路線追趕，則 B 車多久可以趕上 A 車？　(1)5min　(2)10min　(3)15min　(4)20min。 (4)

(　　) 39. 雞加兔共 55 隻，合計共有 160 隻腳，則兔有　(1)10 隻　(2)15 隻　(3)20 隻　(4)25 隻。 (4)

(　　) 40. 設 x 表任意一奇數，則下列何者必為偶數？　(1)x＋5　(2)2x＋3　(3)3x＋8　(4)x^2。 (1)

複選題

(　　) 41. 方程式 $x^2 - 2x + 6y - 5=0$ 之幾何，下列敘述何者正確？　(1)頂點座標(1, 1)　(2)焦點座標(1, − 0.5)　(3)準線方程式 y = 2.5　(4)軸線平行於 x 軸。 (123)

(　　) 42. 下列公式何者正確？　(1) $\sin 2x = 2\sin x\cos x$　(2) $\cos 2x = 1 + 2\sin x$　(3) $1 + \tan^2 x = \sec^2 x$　(4) $\sin^2 x + \cos^2 x = 1$。 (134)

(　　) 43. 一組三角板可畫出下列何種角度？　(1)15°　(2)75°　(3)105°　(4)125°。 (123)

(　　) 44. 如右圖所示有一直徑 Xmm 之圓棒，欲切削成對邊為 12mm 之正六邊形，則下列何者比較節省材料？ (14)

(1)X = 13.86

(2)X = 12.26

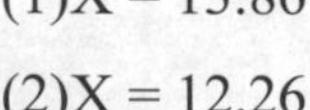

(3)h = 0.98

(4)h = 0.93。

(　　) 45. 二次函數 $y = ax^2 + bx + c$ 的圖形如圖所示，下列何者正確？ (23)

(1)a < 0

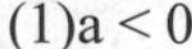

(2)b < 0

(3)c < 0

(4)$b^2 - 4ac < 0$。

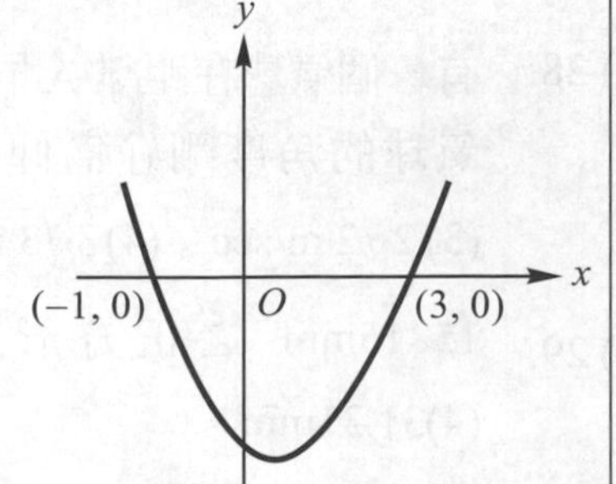

(　　) 46. 解出不等式 $1 \le |2x-1| < 5$，下列何者正確？　(1) $-2 < x \le 0$　(2) $0 < x \le 2$　(3) $1 \le x < 3$　(4) $-3 \le x < 1$。 (13)

(　　) 47. 下列敘述，何者正確？ (1)若 a, b，都是無理數，則 a + b 是無理數 (2)若 a, b 都是無理數，則 ab 是無理數 (3)若 a 是有理數，b 是無理數，則 a + b 是無理數 (4)若 a + b，a − b 都是有理數，則 a + b 都是有理數。 (134)

(　　) 48. 若 $180° < \theta < 270°$ 且 $\sin\theta = -\frac{5}{13}$，下列何者正確？ (1) $\cos\theta = -\frac{12}{13}$ (2) $\cos(180° + \theta) = \frac{12}{13}$ (3) $\tan(180° - \theta) = \frac{5}{12}$ (4) $\frac{\sin\theta}{1-\cos\theta} = -\frac{1}{5}$。 (124)

(　　) 49. 有一材料長 1m×寬 10cm×厚 10mm，下列何者正確？ (1)材料爲鋼鐵，則重量約爲 7.8kg (2)材料爲鋼鐵，則重量約爲 8.9kg (3)材料爲鋁合金，則重量約爲 2.7kg (4)材料爲鋁合金，則重量約爲 7.1 kg。(比重：鋼 7.8，鋁 2.7) (13)

(　　) 50. 在同一平面相交的兩圓弧，可用下列何種方法解得交點座標？ (1)兩個二元二次方程式求解 (2)兩個二元一次方程式求解 (3)兩個極座標方程式求解 (4)兩個一元二次方程式求解。 (13)

工作項目③ 精密量測

精選必考試題

	題目	答
(　) 1.	常用厚薄規的材質是 (1)塑膠 (2)銅 (3)鋼 (4)鋁。	(3)
(　) 2.	使用整組式厚薄規的目的之一是 (1)量測間隙用 (2)當墊片用 (3)量測長度用 (4)量測寬度用。	(1)
(　) 3.	厚薄規上的數字是表示其 (1)厚度 (2)寬度 (3)長度 (4)公差。	(1)
(　) 4.	使用厚薄規量測時，正確手感爲 (1)鬆 (2)緊 (3)適度鬆緊 (4)無關鬆緊。	(3)
(　) 5.	若取本尺 9mm 長作爲游尺的長度，並將此長度 10 等分，則此游標尺的最小讀數爲 (1)0.02mm (2)0.05mm (3)0.1mm (4)0.5mm。	(3)
(　) 6.	若取本尺 39mm 長作爲游尺的長度，並將此長度 20 等分，則此游標尺的最小讀數爲 (1)0.02mm (2)0.05mm (3)0.1mm (4)0.5mm。	(2)
(　) 7.	一般游標卡尺不適合直接量測 (1)外徑尺度 (2)內孔尺度 (3)階級尺度 (4)斜度。	(4)
(　) 8.	游標卡尺的外測爪長度約 40mm、厚度約 2.8mm，內測爪長度約 16mm，下列何者錯誤 (1)無法量測直徑大於 80mm 圓柱 (2)無法量測圓柱槽寬大於 2.8mm，槽徑大於 80mm (3)無法量測內階級孔的孔深位置大於 16mm 者 (4)用本尺與游尺端部量測工件的段差，比深度測桿量測準確。	(1)
(　) 9.	有一游標卡尺，取本尺的 9mm 長，在游尺上分 10 等分；量測時，若游尺從基準算起的第 5 條刻度線與本尺的 23mm 對齊，則尺寸讀值爲 (1)23.4mm (2)19.4mm (3)23.5mm (4)19.5mm。	(2)
(　) 10.	以游標卡尺量測時，下列情況何者不影響讀值準確度？ (1)游尺鬆動 (2)未正視游尺刻度 (3)量測力偏大 (4)使用前擦拭乾淨。	(4)
(　) 11.	游標卡尺的游尺刻度方法中，較易讀取者是以本尺 (1)12mm 等分成 25 格 (2)19mm 等分成 20 格 (3)24mm 等分成 25 格 (4)39mm 等分成 20 格。	(4)
(　) 12.	以游標卡尺量測 10±0.02 mm 之尺寸，宜選擇精度規格至少爲 (1) $\frac{1}{10}$ mm (2) $\frac{1}{20}$ mm (3) $\frac{1}{40}$ mm (4) $\frac{1}{50}$ mm。	(4)
(　) 13.	游標卡尺兩外測爪無法密合而形成一個角度時，宜先採用的補正策略爲 (1)正常現象，不用補正 (2)調整游尺的滑動間隙 (3)將游尺的外測爪扳回原位置 (4)機械加工游尺的外測爪。	(2)
(　) 14.	以游標卡尺量測內孔直徑四次，得到之尺寸分別爲 21.33、21.34、21.34、21.36mm，若內測爪完全接觸孔徑，則正確尺寸爲 (1)21.33mm (2)21.34mm (3)21.35mm (4)21.36mm。	(4)

( ) 15. 如右圖，以一般游標尺量測 A、B、C、D，並計算兩孔中心之距離，下列不適合的方法為 (4)

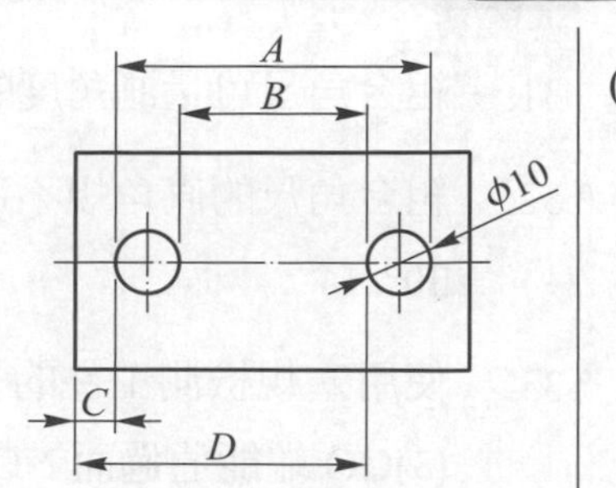

(1) 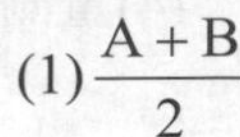 $\frac{A+B}{2}$

(2)B + 10

(3)A − 10

(4)C + D。

( ) 16. 以游標卡尺量測凹槽寬度三次，得到尺寸分別為 21.34、21.36、21.36 mm，若內測爪完全接觸溝壁，則正確尺寸為 (1)21.33mm (2)21.34mm (3)21.35mm (4)21.36mm。 (2)

( ) 17. 一般缸徑規適合量測 (1)深度 (2)外徑 (3)深孔徑 (4)內溝槽徑。 (3)

( ) 18. 無法作為缸徑規歸零基準的量具是 (1)外分厘卡 (2)環規 (3)精密高度規 (4)深度分厘卡。 (4)

( ) 19. 使用缸徑規量測時，測桿的一端當圓心，另端沿軸向微量擺動的目的是 (1)找最小讀值 (2)避開切屑 (3)測試缸徑規的穩定度 (4)找最大讀值。 (1)

( ) 20. 使用缸徑規量測時，測桿的一端當圓心，另端沿徑向微量擺動的目的是 (1)找最小讀值 (2)避開切屑 (3)測試缸徑規的穩定度 (4)找最大讀值。 (4)

( ) 21. 三點式內分厘卡與二點式內分厘卡的比較，下列何者較正確 (1)前者較穩 (2)後者較準 (3)前者較適用於量測溝槽 (4)後者較適用於量測內孔。 (1)

( ) 22. 下列何者適合量測孔壁至邊緣的距離？ (1)一般分厘卡 (2)萬能分厘卡 (3)盤式分厘卡 (4)輪轂分厘卡。 (2)

( ) 23. 使用兩點式內分厘卡量測時，前後左右的擺動，其目的是 (1)避開雜物 (2)習慣動作 (3)使測爪與工件減少接觸 (4)找正確的尺寸。 (4)

( ) 24. 清理分厘卡方法，下列何者正確？ (1)用壓縮空氣清理污物 (2)拆除襯筒清理內部 (3)用清潔的布擦拭油污，再塗防銹油 (4)使用機台的切削油噴洗。 (3)

( ) 25. 氣泡式水平儀的每一刻度讀數為 0.01 mm/m，若量測某平面得知氣泡偏一格，則表示該平面傾斜約 (1)1 秒 (2)2 秒 (3)3 秒 (4)4 秒。 (2)

( ) 26. 氣泡式水平儀每一刻度為 2mm 長，並以 1 刻度表示角度 1 秒，則水平儀玻璃管的彎曲半徑為 (1)51.566m (2)103.132m (3)206.285m (4)412.529m。 (4)

( ) 27. 使用每一刻度讀數為 0.01 mm/m 的氣泡式水平儀量測，若氣泡移動一格，則表示 1m 長的平面兩端高度差 (1)0.01 mm (2)0.02 mm (3)0.04 mm (4)0.1 mm。 (1)

( ) 28. 使用每一刻度讀數為 0.1mm/m 氣泡式水平儀量測參考平面，得知氣泡偏右兩格，旋轉 180° 量測結果為偏右 1 格，這表示水平儀 (1)無誤差 (2)誤差 0.5 格 (3)誤差 1 格 (4)誤差 2 格。 (2)

( ) 29. 下列何者不屬於組合角尺之元件 (1)直角規 (2)中心規 (3)節距規 (4)角度規。 (3)

( ) 30. 組合角尺不適用於 (1)畫 45°線 (2)求圓桿中心 (3)量測直角 (4)量測角度 30±0.1°。 (4)

( ) 31. 組合角尺可量測角度的最小讀數爲 (1)0.1° (2)0.5° (3)1° (4)2°。 (3)

( ) 32. 組合角尺的直角規不適用於 (1)量測直角 (2)量測角度 45° (3)量測水平 (4)量測角度 30°。 (4)

( ) 33. 使用塞規檢測工件的孔，如何判定合格品？ (1)GO 端能通過 (2)NO GO 端不能通過 (3)GO 端能通過而 NO GO 端不能通過 (4)GO 端不能通過而 NO GO 端能通過。 (3)

( ) 34. 在塞規上作凹槽或是塗紅色的位置是(1)GO 端 (2)NO GO 端 (3)握把處 (4)GO 端及 NO GO 端皆是。 (2)

( ) 35. 下列敘述何者正確？ (1)各種量規的 GO 端尺寸均大於 NO GO 端 (2)卡規的 GO 端尺寸大於 NO GO 端 (3)塞規的 GO 端尺寸大於 NO GO 端 (4)各種量規的 GO 端尺寸均小於 NO GO 端。 (2)

( ) 36. 內錐度量規可檢驗 (1)錐度 (2)內錐孔徑 (3)錐度和內錐孔徑 (4)錐度總長度。 (3)

( ) 37. 將錐度工件塗上紅丹後，再套入內錐度量規並旋轉 $\frac{1}{4}$ 圈，其目的是要檢驗 (1)錐度的接觸率 (2)錐度的眞圓度 (3)內錐孔徑 (4)錐度總長度。 (1)

( ) 38. 精密高度規的螺桿節距及圓周等分數 (1)0.5 mm、500 刻度 (2)0.5 mm、1000 刻度 (3)1 mm、500 刻度 (4)2 mm、1000 刻度。 (1)

( ) 39. 以 100mm 正弦桿量測右圖所示工件的斜度，則塊規累積尺寸爲 (1)58.339mm (2)60.000mm (3)60.339mm (4)65.000mm。 (2)

5
3
4

( ) 40. 以 100mm 正弦規量測角度 40 度，則塊規累積尺寸爲 (1)64.279mm (2)76.604mm (3)83.100mm (4)119.175mm。(sin40° = 0.64279，cos40° = 0.76604，tan40° = 0.83100，cot40° = 1.19175) (1)

( ) 41. 以外分厘卡量測自製正弦規的兩圓柱間最大外側尺寸得 75.00mm，圓柱直徑爲 15.00mm，則正弦規公式中的長度要代入 (1)60mm (2)67.5mm (3)75mm (4)90mm。 (1)

( ) 42. 下列何者不適合以光學比測儀量測？ (1)長度 (2)角度 (3)螺紋牙角 (4)深度。 (4)

( ) 43. 欲堆疊塊規尺寸爲 62.123mm，則優先考慮的塊規尺寸爲 (1)0.023mm (2)0.123mm (3)1.003mm (4)60mm。 (3)

( ) 44. 直讀式游標卡尺係利用下列何者之放大原理？ (1)磁帶 (2)游標 (3)螺紋 (4)齒輪系。 (1)

( ) 45. 水平儀玻璃管內裝的液體是 (1)醚 (2)水 (3)透明油 (4)酒精。 (1)

( ) 46. 組合角尺上的量角器，本尺上之刻度爲 (1)5 分 (2)10 分 (3)0.5 度 (4)1 度。 (4)

( ) 47. 下列何者不是組合角尺的構件？ (1)鋼尺 (2)分規 (3)角度規 (4)中心規。 (2)

( ) 48. 通常檢驗工件孔徑的限規是 (1)塞規 (2)環規 (3)樣圈 (4)卡規。 (1)

( ) 49. 槓桿式量錶之測桿可調擺的角度是 (1)60 (2)90 (3)180 (4)240 度。 (4)

( ) 50. 槓桿式量表裝於萬向夾具，再固定於下列何種工具機的刀架，可量測工件的內錐度 (1)立式銑床 (2)車床 (3)臥式銑床 (4)平面磨床。 (2)

(　) 51. 正弦規配合塊規係用於量測工件之 (1)深度 (2)外徑 (3)孔徑 (4)角度。 (4)

(　) 52. 利用正弦規量測工件角度時，要配合的量具是 (1)半圓形量角器 (2)萬能量角器 (3)塊規 (4)組合角尺。 (3)

(　) 53. 正弦規配合塊規用於量測工件角度時，所應用的三角函數是 (1)tan (2)sin (3)cos (4)cot。 (2)

(　) 54. 下列何者是正弦規的長度規格 (1)50 或 150 mm (2)75 或 150mm (3)100 或 200mm (4)150 或 300 mm。 (3)

(　) 55. 正弦規在小於何種角度使用較合適？ (1)90 度 (2)75 度 (3)60 度 (4)45 度。 (4)

(　) 56. 光學比測儀無法直接量測螺絲的 (1)牙角 (2)牙深 (3)節徑 (4)外徑。 (3)

(　) 57. 桌上型光學比測儀量測機件輪廓時，所採用的照明光軸是 (1)向上型 (2)向下型 (3)橫向型 (4)縱向型。 (1)

(　) 58. 光學比測儀量測工件角度所使用的部位是 (1)投影透鏡 (2)裝物台 (3)兩頂心座 (4)投影螢幕。 (4)

(　) 59. 金屬塊規長時間保存，為了防止生銹，表面最好塗上 (1)煤油 (2)凡士林 (3)乳化油 (4)汽油。 (2)

(　) 60. 通常一盒塊規中，片數最多者為 (1)202 (2)152 (3)112 (4)102 片。 (3)

(　) 61. 用於現場檢驗或組合尺寸所使用的塊規等級是 (1)00 級 (2)0 級 (3)1 級 (4)2 級。 (3)

(　) 62. 缸徑規量測工件孔徑時，與孔壁接觸的測爪數目為 (1)4 個 (2)3 個 (3)2 個 (4)1 個。 (3)

(　) 63. 設置卡板基準尺寸的量具是 (1)游標卡尺 (2)環規 (3)鋼尺 (4)塊規。 (4)

(　) 64. 一般精密高度規可達的量測精度是 (1)$\frac{1}{20}$ mm (2)$\frac{1}{50}$ mm (3)$\frac{1}{100}$ mm (4)$\frac{1}{1000}$ mm。 (4)

複選題

(　) 65. 一般分厘卡之敘述，下列何者不正確？ (1)螺桿節距為 0.5mm (2)襯筒主標線一格為 1mm (3)套筒分成 100 格 (4)每轉套筒 1 格代表心軸前進 0.01mm。 (23)

(　) 66. 大量檢驗時，卡規不可用來量測下列何者？ (1)角度 (2)外徑 (3)內徑 (4)錐度。 (134)

(　) 67. 游標卡尺的刻劃設計，下列何者正確？ (1)本尺每刻劃間隔為 0.5mm，取本尺 12mm(即 24 格)分為 25 等分，則此本尺與副尺每一刻劃值之差為 0.02mm (2)本尺的 20mm 等於為游標尺的 19 格，游標尺的解析度為 0.05mm (3)本尺的 12mm 等分為游標尺的 25 格，游標尺的解析度為 0.05mm (4)本尺最小刻度為 1mm，取本尺 39 等分作為游尺 20 等分，此游標尺之最小讀數應為 0.05mm。 (14)

(　) 68. 檢驗塊規需要用到下列何者？ (1)工具顯微鏡 (2)光學比測儀 (3)氦氣燈 (4)光學平鏡。 (34)

( ) 69. 量規量測工件之敘述，下列何者正確？ (1)塞規之通端與不通端都無法通過時，則該工件之尺寸太小 (2)錐度塞規之小端接觸到紅丹，則錐孔之錐度太小 (3)塞規之通過端比不通過端長 (4)環規用於量測孔徑。 (13)

( ) 70. 兩頂心座、槓桿量錶與平板組合可量測下列何者？ (1)垂直度 (2)偏擺度 (3)平面度 (4)同心度。 (24)

( ) 71. 一般游標卡尺可直接量測工件之 (1)深度 (2)外徑 (3)內徑 (4)偏心值。 (123)

( ) 72. 萬能量角器可應用下列何者？ (1)量測角度 (2)量測外徑 (3)劃線求圓柱中心 (4)量測深度。 (13)

( ) 73. 光學平鏡配合氦氣燈可量測下列何者？ (1)分厘卡兩砧座平面度 (2)工件垂直度 (3)塊規平面度 (4)工件平行度。 (13)

( ) 74. 下列何者可量測工件之凹槽寬度？ (1)一般游標卡尺 (2)塊規 (3)精密高度規 (4)環規。 (123)

工作項目4 金屬材料

精選必考試題

	題目	答
( ) 1.	拉伸試驗無法求得下列那一項性質？ (1)延性 (2)抗拉強度 (3)疲勞強度 (4)降伏強度。	(3)
( ) 2.	一般在下列何種材料之拉伸曲線，可觀察到明顯的降伏現象？ (1)陶瓷 (2)鋁合金 (3)低碳鋼 (4)銅合金。	(3)
( ) 3.	對角 136°之金鋼石方錐體壓痕器，以一定荷重壓入試片表面，使其產生方錐形壓痕的硬度試驗法為 (1)勃氏 (2)洛氏 (3)蕭氏 (4)維克氏。	(4)
( ) 4.	關於勃氏硬度試驗，下列敘述何者不正確？ (1)壓痕器為直徑 5mm 或 10mm 之硬鋼球 (2)適合於超硬合金之測試 (3)需使用計測顯微鏡測量，查表求其硬度值 (4)壓痕大，對試片具破壞性。	(2)
( ) 5.	衝擊試驗主要目的是測量材料之 (1)韌性 (2)延性 (3)抗拉強度 (4)硬度。	(1)
( ) 6.	汽車之車軸經常承受反覆變化之應力作用，即使應力低於材料之降伏強度，車軸也會發生破壞，此現象稱為 (1)潛變 (2)疲勞 (3)衝擊 (4)頸縮。	(2)
( ) 7.	材料在高溫時，雖然所受之荷重固定，且低於一般拉伸試驗所得的彈性限，也會使材料繼續產生變形，此現象稱為 (1)頸縮 (2)疲勞 (3)潛變 (4)軟化。	(3)
( ) 8.	亞共析鋼之何種性質會隨著碳含量增加而降低 (1)抗拉強度 (2)硬度 (3)降伏強度 (4)伸長率。	(4)
( ) 9.	灰口鑄鐵與延性鑄鐵最顯著的差別在於 (1)石墨形狀 (2)含碳量 (3)鑄件大小 (4)基地組織。	(1)
( ) 10.	車床的底座常用灰口鑄鐵來製造，係由於其何種性質優異？ (1)強度 (2)延性 (3)制震性 (4)韌性。	(3)
( ) 11.	延性鑄鐵其石墨為球狀，主要是在鑄鐵熔液中添加少量之何種合金為球化劑？ (1)鈦 (2)鋁 (3)銅 (4)鎂。	(4)
( ) 12.	下列何種元素容易使鋼在常溫加工時易龜裂，導致冷脆性發生 (1)硫 (2)磷 (3)矽 (4)錳。	(2)
( ) 13.	下列何者不是工具鋼中添加鉻、鉬等合金元素的主要作用？ (1)增加硬化能 (2)增加耐磨耗性 (3)增加回火時的軟化抵抗 (4)增加脆性。	(4)
( ) 14.	一般高強度低合金鋼之機械性質優良，可用於橋樑、車輛，係屬於 (1)構造用合金鋼 (2)合金工具鋼 (3)耐蝕鋼 (4)耐衝擊工具鋼。	(1)
( ) 15.	在鋼料中，添加何種微量元素可以改善其切削性？ (1)銅 (2)鉛 (3)鎂 (4)鋅。	(2)
( ) 16.	18-4-1 高速鋼中，代表含量 18%之元素為 (1)鉻 (2)鎳 (3)鎢 (4)釩。	(3)

( ) 17. SKD11 爲冷加工用衝模材料，係屬於 (1)構造合金鋼 (2)合金工具鋼 (3)耐蝕鋼 (4)高強度低合金鋼。 (2)

( ) 18. 下列表面硬化法中，那一種不會改變鋼料化學成分，只改變表面層組織？ (1)滲碳法 (2)氮化法 (3)硼化法 (4)高週波硬化法。 (4)

( ) 19. 把鋼料加熱至 A3 線或 Acm 線上方約 30~50℃，保持適當時間然後在空氣中冷卻的作法稱爲 (1)完全退火 (2)軟化退火 (3)正常化 (4)弛力退火。 (3)

( ) 20. 能改善鋼料表層之耐磨耗性，而內部仍具有強韌性的熱處理方法爲 (1)滲碳法 (2)正常化 (3)調質處理 (4)油淬法。 (1)

( ) 21. 七三黃銅延展性佳，主要是銅中約含 30%之 (1)錫 (2)鋁 (3)鋅 (4)鎂。 (3)

( ) 22. 下列何種材料常利用時效硬化來提昇其強度 (1)碳鋼 (2)鋅合金 (3)銅合金 (4)鋁合金。 (4)

( ) 23. 下列那一種合金之比重最小，可應用於 3C 產品之外殼？ (1)鋁 (2)銅 (3)鎂 (4)鎳。 (3)

( ) 24. 依據 CNS9612 合金編號 2014(杜拉鋁)爲常用航空材料，其化學成分主要爲 (1)Al-Si-Mg (2)Al-Cu-Mg-Mn (3)Al-Zn-Mg (4)Al-Mg-Ni。 (2)

( ) 25. 下列四種元素中，危害碳鋼之抗拉強度最大者爲 (1)矽 (2)錳 (3)鎂 (4)硫。 (4)

( ) 26. 一般用於製造鏨子的材料是 (1)高碳鋼 (2)高速鋼 (3)高錳鋼 (4)高鎳鋼。 (1)

( ) 27. 高速鋼是一種 (1)構造用 (2)建築用 (3)汽車用 (4)工具用 合金鋼。 (4)

( ) 28. 物體對抗另一物體壓入之抵抗程度，稱爲 (1)強度 (2)塑性 (3)硬度 (4)彈性。 (3)

( ) 29. 鋼料受拉力會伸長，去除拉力後又恢復至原來長度的這種性質，稱爲 (1)彈性 (2)延性 (3)展性 (4)塑性。 (1)

( ) 30. 抗拉試驗的直接目的是，得到材料的 (1)硬度 (2)撓度 (3)強度 (4)勁度。 (3)

( ) 31. 疲勞破壞最可能的原因是 (1)反覆應力 (2)反覆硬度 (3)施力不均 (4)工件尺寸過大。 (1)

( ) 32. 展性鑄鐵中的石墨形狀爲 (1)球狀 (2)片狀 (3)針狀 (4)不規則塊狀。 (4)

( ) 33. 延性鑄鐵中的石墨形狀爲 (1)球狀 (2)片狀 (3)針狀 (4)不規則塊狀。 (1)

( ) 34. 鑄造銅軸承所使用的材料是 (1)黃銅 (2)純銅 (3)青銅 (4)鈹銅。 (3)

( ) 35. 可改善黃銅切削性的元素是 (1)鋅 (2)錳 (3)鉛 (4)鐵。 (3)

( ) 36. 可降低鋁合金比重，並增加其抗衝擊性的元素爲 (1)矽 (2)銅 (3)鎂 (4)鋅。 (3)

( ) 37. 高碳鋼調質的主要目的在 (1)增加硬度 (2)減少硬度 (3)增加耐磨性 (4)增加韌性。 (4)

( ) 38. 淬火的鋼料經升溫到約 500℃後，再進行冷卻的操作方法，稱爲 (1)退火 (2)回火 (3)球化 (4)正常化。 (2)

( ) 39. 滲碳處理屬於下列何種方法 (1)回火 (2)退火 (3)表面硬化 (4)正常化。 (3)

( ) 40. 碳鋼低溫回火熱處理具有下列何種功效？ (1)增加硬度 (2)減少脆性 (3)增加含碳量 (4)減少含碳量。 (2)

( ) 41. 退火熱處理具有下列何種功效 (1)硬化鋼料 (2)增加含碳量 (3)減少含碳量 (4)軟化鋼料。 (4)

( ) 42. 一般低碳鋼最常用的表面硬化法是 (1)滲碳硬化 (2)氮化硬化 (3)高週波硬化 (4)火焰硬化。 (1)

複選題

( ) 43. 關於差排移動之敘述，下列何者正確？ (1)差排移動會造成塑性變形 (2)差排沿原子最密堆積面移動 (3)晶界有助差排移動 (4)單晶材料會有差排存在。 (12)

( ) 44. 下列有關金屬再結晶現象的敘述，何者正確？ (1)加工程度愈大，再結晶溫度愈低 (2)加工程度愈大，再結晶溫度愈高 (3)合金的熔點愈高，通常再結晶的溫度也愈高 (4)加工程度愈大，施以再結晶退火的效果愈佳。 (13)

( ) 45. 下列有關金屬材料塑性變形的敘述，何者正確？ (1)發生塑性變形的方式主要包括滑動和雙晶二種 (2)差排沿原子最密堆積面移動 (3)雙晶塑性變形後，則呈現寬的雙晶帶 (4)晶界有助差排移動。 (123)

( ) 46. 比強度定義下列何者不正確？ (1)抗拉強度/比熱 (2)抗拉強度/比重 (3)降伏強度/比例極限 (4)抗拉強度/伸長率。 (134)

( ) 47. 下列不銹鋼系，何者具有磁性？ (1)沃斯田鐵系 (2)肥粒鐵系 (3)麻田散鐵系 (4)低鎳析出硬化系。 (234)

( ) 48. 下列敘述，何者正確？ (1)鎂的抗腐蝕性和鋁相近 (2)純鎂的應變硬化效果很好 (3)鎂是六方密結構 (4)鎂的延性較鋁低。 (134)

( ) 49. 有關可增加碳鋼硬化能之敘述，下列何者不正確？ (1)晶粒變細 (2)添加 Mn 元素 (3)加快其冷卻速率 (4)降低其含碳量。 (134)

( ) 50. SCM 鋼之主要合金元素，下列何者不正確？ (1)C 與 Mn (2)C 與 Mo (3)Cr 與 Mo (4)Cr 與 Mn。 (124)

( ) 51. 有關熱膨脹係數之敘述，下列何者會對其產生影響？ (1)原子間鍵結強度 (2)材料之熔點 (3)材料之尺寸 (4)原子振動。 (124)

( ) 52. 下列有關鋼鐵組織的敘述，何者正確？ (1)肥粒鐵之組織屬於強度小且硬度低者 (2)殘留沃斯田鐵置於常溫一段時間會發生膨脹現象 (3)麻田散鐵之組織屬於強度大且韌性佳者 (4)波來鐵之層狀組織會隨冷卻速度愈快而愈粗大。 (12)

工作項目 5 機械工作法

精選必考試題

答

( ) 1. 5mm 的六角扳手，其規格是 (1)六角形的對角長度 (2)六角形的對邊長度 (3)螺絲的節徑 (4)螺絲的外徑。 (2)

( ) 2. 下列有關使用固定扳手與活動扳手的敘述，何者錯誤？ (1)儘量用固定扳手 (2)對於不同尺寸螺絲頭，使用活動扳手鎖緊施力皆一樣 (3)固定扳手只能用於單一種螺絲頭尺寸 (4)活動扳手可用於六角頭及四角頭螺絲。 (2)

( ) 3. 下列何者不是鑽床的規格之一？ (1)主軸中心至床柱的距離 (2)主軸端面到床台最低位置的距離 (3)主軸上下移動距離 (4)進刀手柄的迴轉圈數。 (4)

( ) 4. 高速鋼鑽頭鑽削低碳鋼工件，鑽頭的鑽唇角宜為 (1)90° (2)100° (3)118° (4)135°。 (3)

( ) 5. 造成往復式鋸床之鋸條折斷，下列何者較不可能？ (1)沒開動前鋸條接觸工件 (2)換新鋸條沿著已有的鋸路切入 (3)材料沒夾緊 (4)沒加切削劑。 (4)

( ) 6. 鋸條磨損過快與下列何者較無關聯？ (1)速度太快 (2)鋸切壓力偏小 (3)鋸齒反向安裝 (4)回程時，鋸條未抬起。 (2)

( ) 7. 車床一般不用於下列何種加工？ (1)鑽頭的螺旋角 (2)螺絲 (3)圓桿的階級 (4)錐度。 (1)

( ) 8. 銑床一般不用於下列何種加工？ (1)平面 (2)溝槽 (3)T 槽 (4)壓花。 (4)

( ) 9. 下列何者不適用於改善積屑刀口的產生？ (1)降低刀頂面摩擦力 (2)使用切削劑 (3)減少進給率 (4)刀具斜角減小。 (4)

( ) 10. P10 與 P30 車刀片的選用條件，下列何者正確？ (1)前者較適用於粗車 (2)後者較適用於高速車削 (3)前者較適用於有振動的車削條件 (4)後者較適用於重切削。 (4)

( ) 11. M 與 K 類車刀片的選用條件，下列何者正確？ (1)前者適用於車削低碳鋼 (2)後者適用於車削鑄鐵 (3)前者適用於車削石材 (4)後者適用於車削不銹鋼。 (2)

( ) 12. 下列何者是使用切削劑的目的？ (1)不影響刀具壽命 (2)有助於斷屑 (3)增加切削阻力 (4)降低工件及刀具溫度。 (4)

( ) 13. 以砂輪機磨碳化物刀具，一般採用的砂輪磨料代號是 (1)A (2)WA (3)C (4)GC。 (4)

( ) 14. 車床之規格以 (1)旋徑 (2)床鞍型式 (3)刀座型式 (4)尾座大小表示。 (1)

( ) 15. 下列何者屬於工件旋轉刀具移動的工具機？ (1)磨床 (2)車床 (3)鑽床 (4)銑床。 (2)

( ) 16. 下列何者適用特殊形狀研磨？ (1)圓柱磨床 (2)工具磨床 (3)成形磨床 (4)平面磨床。 (3)

( ) 17. 下列何者屬於刀具旋轉工件移動的工具機？ (1)車床 (2)拉床 (3)銑床 (4)鉋床。 (3)

( ) 18. 下列何者不屬於銑床的常用規格？ (1)床台的縱向移動距離 (2)銑床刀軸的大小 (3)可裝銑刀直徑的大小 (4)銑刀數量。 (4)

( ) 19. 下列何者不屬於車床之基本構造？ (1)車頭 (2)車刀 (3)傳動機構 (4)床台。 (2)

( ) 20. 一般車床導螺桿的牙形是 (1)方形 (2)V 形 (3)梯形 (4)鋸齒形。 (3)

( ) 21. 下列何者不屬於工具磨床的基本構造？ (1)傳動機構 (2)尾座 (3)磨輪 (4)機器頭座。 (3)

( ) 22. 傳統車床上，以手動方式促使刀具溜座縱向移動的裝置是 (1)離合器 (2)蝸桿與蝸輪 (3)導螺桿 (4)齒輪與齒條。 (4)

( ) 23. 工件長 100mm 錐度部份長 64mm，兩端直徑 20mm 及 12mm，欲車製此錐度工件，其尾座偏置量應爲 (1)6mm (2)6.25mm (3)6.5mm (4)6.75mm。 (2)

( ) 24. 車床尾座指示鑽深 20mm，而實測只有 12 mm，則不可能之原因爲 (1)尾座滑動 (2)鑽頭未夾緊 (3)工件未夾緊 (4)鑽頭磨損。 (4)

( ) 25. 車床橫向進刀桿刻度環上，每一刻度之刀具移動量爲 0.02mm，今工件從ϕ30mm 車削至ϕ25mm，則進刀桿應前進之刻度數爲 (1)125 格 (2)150 格 (3)200 格 (4)250 格。 (1)

( ) 26. 螺旋齒輪常用下列何種工具機加工？ (1)立式銑床 (2)鉋床 (3)萬能銑床 (4)車床。 (3)

( ) 27. 銑床分度頭(1：40)中，一分度板有 15、16、17、18、19、20 孔圈，若要銑削 32 齒之齒輪，每銑一齒則搖柄迴轉數爲 (1)$1\frac{7}{15}$ (2)$1\frac{4}{16}$ (3)$1\frac{4}{17}$ (4)$1\frac{10}{20}$。 (2)

( ) 28. 有一平銑刀直徑爲 100 mm，刀刃數爲 8，每刃進給爲 0.15 mm，如該主軸轉速 400 rpm，則進給率爲 (1)240 mm/min (2)480 mm/min (3)960 mm/min (4)1030 mm/min。 (2)

( ) 29. 磨床磨削鑄鐵工件，宜選用何種代號之砂輪磨料？ (1)A (2)WA (3)GC (4)C。 (4)

( ) 30. 在車床上切削外錐度，經調整複式刀座至所需錐度並予以固定，若車刀刀尖高於工件中心線，則切削後之錐度會 (1)變大 (2)變小 (3)不變 (4)皆有可能。 (2)

( ) 31. 切削 V 形螺紋，下列何者不爲中心規的用途？ (1)檢驗車刀角度 (2)檢驗車刀與工件的垂直度 (3)量測螺紋長度 (4)檢查試削導程。 (3)

( ) 32. 18-4-1 高速鋼之成分爲 (1)18%C-4%W-1%V (2)18%Cr-4%V-1%W (3)18%Cr-4%W-1%V (4)18%W-4%Cr-1%V。 (4)

( ) 33. 有一鑽石砂輪之標記符號爲 SD-120-J-100-B-N-30，其中 SD 及 120 代表 (1)磨料及粒度 (2)磨料及結合度 (3)粒度及結合度 (4)粒度及結合劑。 (1)

( ) 34. 帶鋸機鋸條使用時，通常截取適當長度銲接後須進行何種處理？ (1)淬火 (2)表面硬化 (3)退火 (4)回火。 (4)

( ) 35. 磨輪之標註 A-70-M-8-V，其中“8”代表 (1)結合材料 (2)砂粒大小 (3)組織鬆密程度 (4)磨料種類。 (3)

( ) 36. 銑刀軸規格 NO 50-25.4-B-457，其中“50”表示 (1)孔徑 (2)桿長 (3)錐度號碼 (4)硬度。 (3)

( ) 37. 下列有關車刀敘述，何者正確？ (1)右手車刀用於自左向右車削 (2)圓鼻車刀用於精車削 (3)右牙車刀僅須右側磨成側讓角 (4)切斷刀之前端較後端窄。 (2)

( ) 38. 車削圓桿時，工件表面粗糙發亮，下列何者較有可能？ (1)主軸轉速太慢 (2)刀尖高出工件中心線 (3)工件夾持偏心 (4)車刀鬆動。 (2)

( ) 39. 車削錐形工件，爲使錐度正確，車刀刀刃與工件中心應 (1)等高 (2)刀刃應略高 (3)刀刃應略低 (4)視材料而定。 (1)

( ) 40. 車床進給量單位爲 (1)mm/min (2)mm/rev (3)cm/min (4)cm/rev。 (2)

( ) 41. 在車床上進行切斷時，產生振動的較可能原因爲 (1)切斷的部分靠近夾頭 (2)車刀伸出太長 (3)工件夾得太緊 (4)車刀伸出太短。 (2)

( ) 42. 刀具作旋轉運動，而工件作平移運動的工具機是 (1)車床 (2)銑床 (3)牛頭鉋床 (4)鑽床。 (2)

( ) 43. 一般適用於粗銑削的平口端銑刀，其刀刃數爲 (1)8 刃 (2)6 刃 (3)4 刃 (4)2 刃。 (4)

( ) 44. 車削延性材料時，形成積屑刃口的主要原因是 (1)切削速度不恰當 (2)溫度太高 (3)壓力太小 (4)切削量太少。 (1)

( ) 45. 利用碳化物車刀粗車直徑 40mm 低碳鋼工件時，若主軸轉速爲 1,020rpm，則其切削速度爲 (1)8m/min (2)28m/min (3)118m/min (4)128m/min。 (4)

( ) 46. 在車床上切削直徑 45mm 之工件，切削速度 40m/min 時，主軸轉速爲 (1)1800rpm (2)358rpm (3)353rpm (4)283rpm。 (4)

( ) 47. 銑床的工作台除了可作三方向移動外，還可作旋轉者爲 (1)立式銑床 (2)臥式銑床 (3)萬能銑床 (4)靠模銑床。 (3)

( ) 48. 銑削平面時，若銑削量很大，宜選用 (1)端銑刀 (2)角銑刀 (3)面銑刀 (4)側銑刀。 (3)

( ) 49. 平銑刀重銑削平面時，宜選用的刀齒是 (1)齒數少的直齒 (2)齒數多的直齒 (3)條數少的螺旋齒 (4)條數多的螺旋齒。 (3)

( ) 50. 一般用於銑削正齒輪的銑床是 (1)立式銑床 (2)臥式銑床 (3)龍門銑床 (4)直式銑床。 (2)

( ) 51. 一般用於研磨銑刀的磨床是 (1)工具磨床 (2)外圓磨床 (3)平面磨床 (4)無心磨床。 (1)

( ) 52. 最適合於多量少樣車削工件的是 (1)機力車床 (2)工具車床 (3)六角車床 (4)專用車床。 (4)

( ) 53. 一般在水泥牆上鑽孔時，宜選用的鑽頭材質是 (1)高碳鋼 (2)高速鋼 (3)碳化物 (4)陶瓷。 (3)

( ) 54. 鑽頭柄上刻有“HS”字樣者，其材質是 (1)高碳鋼 (2)高速鋼 (3)碳化物 (4)高錳鋼。 (2)

( ) 55. 鑽削一般鋼料時，鑽頭鑽唇間隙角是 (1)3～7 度 (2)8～12 度 (3)13～17 度 (4)18～22 度。 (2)

( ) 56. 中心鑽頭的錐角是 (1)45 度 (2)60 度 (3)90 度 (4)120 度。 (2)

( ) 57. 平面磨削時，切削速度計算公式：$V=\pi DN$，其中的“N”表主軸轉速，則“D”爲 (1)工件的外徑 (2)工件的內徑 (3)砂輪的外徑 (4)砂輪的內徑。 (3)

( ) 58. 切削強度高而硬脆的鋼料，其切屑易成 (1)連續形 (2)不連續形 (3)積屑刃口連續形 (4)積屑刃口不連續形。 (2)

( ) 59. 切割不規則曲線的工件，應選用 (1)立式帶鋸機 (2)往復式鋸床 (3)金屬圓鋸機 (4)磨料圓鋸機。 (1)

( ) 60. 使用臥式帶鋸機鋸切直徑 75mm 的低碳鋼工件時，宜選用的鋸條為每 25.4mm 有 (1)6 齒 (2)8 齒 (3)10 齒 (4)12 齒。 (1)

( ) 61. 帶鋸條的接頭熔接宜採用 (1)對接 (2)搭接 (3)單蓋板式 (4)雙蓋板式。 (1)

( ) 62. 下列何者不屬於帶鋸條熔接的工作程序？ (1)剪切所需長度 (2)敲扁鋸條兩端 (3)磨平兩端 (4)熔接部位回火。 (2)

複選題

( ) 63. 下列加工方法何者不正確？ (1)刺沖打點可作為量具與圓規腳尖的支點 (2)研磨淬火鋼料時應使用碳化矽砂輪 (3)臥式銑削有鑄鐵件表面時，應使用順銑法 (4)切削延性材料時為容易形成連續切屑，車刀後斜角應加大。 (123)

( ) 64. 有關鑽削加工之敘述，下列何者正確？ (1)鑽頭直徑越大，鑽削速度應愈高 (2)沖製中心點之凹痕大小應比鑽頭的靜點大 (3)可用中心沖敲碎已斷在工件中之鑽頭 (4)工件的含碳量愈高，鑽削速度應降低。 (24)

( ) 65. 下列有關切削刀具的敘述，何者正確？ (1)鑽石刀具不適合切削鐵系材料 (2)陶瓷刀具主要成分為氧化鋁，適合重切削或斷續切削 (3)碳化鎢刀具的耐熱性高於陶瓷刀具 (4)高速鋼刀具硬度宜大於 HRc50 以上。 (14)

( ) 66. 有關切削劑之使用，下列敘述何者錯誤？ (1)車床壓花應用水溶性切削劑 (2)非水溶性切削劑主要目的為冷卻 (3)碳化鎢車刀在車削過程中已溫度升高時，不可突然對刀片噴灑大量切削劑降溫 (4)水溶性切削劑主要目的為潤滑。 (124)

( ) 67. 對於熱作加工下列何種敘述正確？ (1)工件在退火溫度以下加工 (2)工件在回火溫度以下加工 (3)工件在再結晶溫度以上加工 (4)可增加工件內部組織細微化及硬度與延展性。 (34)

( ) 68. 有關攻螺紋之敘述，下列何者正確？ (1)手攻攻盲孔牙宜使用第三攻完成最後精修 (2)對於貫穿孔的攻牙，必須使用第一攻、第二攻、第三攻的順序攻牙 (3)攻牙之前先倒角，以導引螺絲攻進入 (4)機械攻牙可沿用鑽孔轉速。 (13)

( ) 69. 機械加工基準面通常選擇 (1)未加工表面 (2)複雜表面 (3)工作圖標註尺寸的基準面 (4)已加工後的表面。 (34)

( ) 70. 鑽頭選擇需考慮 (1)工件材質 (2)鑽頭材質 (3)鑽頭尺寸 (4)鑽床床台尺寸。 (123)

( ) 71. 操作加工機械要注意 (1)機器的使用注意事項 (2)自身的安全防護 (3)機械的表面及顏色 (4)工具及量具的正確使用方法。 (124)

( ) 72. 切削產生的熱量主要是通過下列何者傳導？ (1)切屑 (2)工件 (3)切削劑 (4)機械主軸馬達。 (123)

工作項目6 機件原理

精選必考試題

	題目	答
( ) 1.	下列何者不是彈簧之主要功能？ (1)吸收震動 (2)吸收衝擊力 (3)吸收熱能 (4)儲存機械能。	(3)
( ) 2.	下列何者不是彈簧常用的線材？ (1)琴鋼線 (2)不銹鋼線 (3)磷青銅線 (4)鑄鐵線。	(4)
( ) 3.	彈簧線圈平均直徑 20 mm，線徑 2 mm，其彈簧指數爲 (1)18 (2)12 (3)10 (4)2。	(3)
( ) 4.	主要用以承受彎曲負載之彈簧爲 (1)板片彈簧 (2)壓縮彈簧 (3)扭力彈簧 (4)扭力桿式彈簧。	(1)
( ) 5.	彈簧常數 55N/mm 之壓縮彈簧，施加 22 N 之力，其撓曲量爲 (1)0.4 mm (2)0.8 mm (3)1.25mm (4)2.5 mm。	(1)
( ) 6.	壓縮彈簧之所有線圈相接觸時的長度爲 (1)壓縮長度 (2)壓實長度 (3)自由長度 (4)作用長度。	(2)
( ) 7.	兩壓縮彈簧之彈簧常數分別爲 20N/mm 及 60N/mm，串聯後之總彈簧常數爲 (1)10N/mm (2)15N/mm (3)40N/mm (4)80N/mm。	(2)
( ) 8.	兩壓縮彈簧之彈簧常數分別爲 30N/mm 及 50N/mm，並聯後之總彈簧常數爲 (1)10N/mm (2)15N/mm (3)40N/mm (4)80N/mm。	(4)
( ) 9.	相對於正齒輪，下列何者不是螺旋齒輪之主要特點？ (1)較高噪音 (2)較高接觸比 (3)較高傳遞速度 (4)較高傳遞動力。	(1)
( ) 10.	漸開線正齒輪之漸開線起始點爲齒輪之 (1)節圓 (2)基圓 (3)齒根圓 (4)滾動圓。	(2)
( ) 11.	齒數分別爲 120 與 24、模數爲 2 之兩內接齒輪嚙合，其中心距離爲 (1)80mm (2)96mm (3)120mm (4)144mm。	(2)
( ) 12.	齒數分別爲 120 與 24、模數爲 3 之兩外接齒輪嚙合，其中心距離爲 (1)80mm (2)96mm (3)144mm (4)216mm。	(4)
( ) 13.	下列何種齒輪適用於較大之減速比 (1)正齒輪 (2)螺旋齒輪 (3)斜齒輪 (4)蝸桿與蝸輪。	(4)
( ) 14.	螺旋角爲 30°、周節爲 26.594mm 之螺旋齒輪，其法向周節爲 (1)23.031mm (2)30.031mm (3)46.062mm (4)50.062mm。	(1)
( ) 15.	20°短齒制齒輪之齒冠高爲模數之 (1)0.8 (2)1 (3)1.25 (4)1.5。	(1)
( ) 16.	依 CNS 標準，20°全齒深標準齒輪之齒根高度爲模數之 (1)0.8 (2)1 (3)1.25 (4)1.5。	(3)
( ) 17.	下列何者爲不宜採用之常用齒輪模數值 (1)2.00 (2)2.25 (3)2.35 (4)2.75。	(3)
( ) 18.	齒冠圓與相嚙合齒根圓間的距離，稱爲 (1)背隙 (2)齒間隙 (3)齒間 (4)工作間隙。	(2)

( ) 19. 相鄰兩漸開線齒在節圓上的弧長，稱爲 (1)基節 (2)周節 (3)徑節 (4)節圓。 (2)

( ) 20. 傳動機構之機械效率恆爲 (1)小於 1 (2)大於 1 (3)等於 1 (4)等於 2。 (1)

( ) 21. 我國國家標準(CNS)採用公制齒輪壓力角是 (1)14.5 度 (2)15 度 (3)20 度 (4)22.5 度。 (3)

( ) 22. 兩嚙合齒輪的一對輪齒，自接觸點開始直到節點止，齒輪所旋轉的角度，稱爲 (1)作用角 (2)壓力角 (3)漸近角 (4)漸遠角。 (3)

( ) 23. 兩嚙合齒輪之作用線與節圓公切線的夾角，稱爲 (1)壓力角 (2)漸近角 (3)漸遠角 (4)作用角。 (1)

( ) 24. 下列何種齒輪嚙合時，兩軸夾角大於 90°？ (1)直齒斜齒輪 (2)冠狀齒輪 (3)斜方齒輪 (4)人字齒輪。 (2)

( ) 25. 公制齒輪節圓直徑與齒數之比，稱爲 (1)周節 (2)模數 (3)徑節 (4)工作深度。 (2)

( ) 26. 齒頂高與齒根高之和，稱爲 (1)齒深 (2)工作深度 (3)齒寬 (4)齒厚。 (1)

( ) 27. 欲使兩齒輪傳動時壓力角保持一定，齒輪輪齒的曲線應爲 (1)螺旋線 (2)拋物線 (3)雙曲線 (4)漸開線。 (4)

( ) 28. 兩內接漸開線正齒輪的特性爲 (1)兩軸心相交成 45 度 (2)兩輪轉向相同 (3)不會發生嚙合干涉 (4)速比與齒數成正比。 (2)

( ) 29. 一齒輪之齒數爲 30，外徑爲 128mm，則模數爲 (1)3mm (2)4mm (3)30mm (4)40mm。 (2)

( ) 30. 彈簧床使用的彈簧是 (1)拉伸彈簧 (2)扭轉彈簧 (3)葉片彈簧 (4)壓縮彈簧。 (4)

( ) 31. 具有儲存能量功能的機件是 (1)鍵 (2)銷 (3)彈簧 (4)軸承。 (3)

( ) 32. 一彈簧承受 150N 之負荷，壓縮量爲 15mm 時，則其彈簧常數應爲 (1)0.1N/mm (2)5N/mm (3)10N/mm (4)50N/mm。 (3)

( ) 33. 爲了防止平皮帶從帶輪脫落，其輪面常製成 (1)完全平滑 (2)凹凸不平 (3)中間凹下 (4)中間凸出。 (4)

( ) 34. 下列何種撓性傳動在負荷太大時，最容易產生滑移現象？ (1)皮帶輪 (2)鏈輪 (3)齒輪 (4)時規帶輪。 (1)

( ) 35. 距離較遠但速比需正確時，最佳的傳動方式是採用 (1)皮帶 (2)鏈條 (3)繩子 (4)鋼索。 (2)

( ) 36. 鏈條與鏈輪的傳動方式是屬於 (1)剛性直接接觸 (2)剛性間接接觸 (3)撓性直接接觸 (4)撓性間接接觸。 (4)

( ) 37. 以拉力傳遞的機件組合是 (1)齒輪組 (2)凸輪組 (3)摩擦輪組 (4)鏈條與鏈輪。 (4)

( ) 38. 一般卡車的傳動軸使用之接頭爲 (1)歐丹連接器 (2)套筒連接器 (3)萬向接頭 (4)凸緣接頭。 (3)

( ) 39. 歐丹聯軸器常用於下列何者之聯結？ (1)兩軸交角小於 5 度 (2)兩軸交角小於 30 度 (3)兩軸平行且軸心距小 (4)兩軸平行且軸心距大。 (3)

( ) 40. 省時而費力之機構，其機械利益爲 (1)大於 1 (2)等於 1 (3)小於 1 (4)大於等於 1。 (3)

( ) 41. 在同一高度之斜面向上推物時，斜面愈長則愈 (1)省時省力 (2)費力費時 (3)省力費時 (4)費力省時。 (3)

( ) 42. 省力但費時之機構，其機械利益爲 (1)大於 1 (2)等於 1 (3)小於 1 (4)等於 0。 (1)

複選題

( ) 43. 公制 V 形螺紋的敘述，下列何者正確？ (1)牙頂爲弧形 (2)牙角爲 60° (3)牙底爲弧形 (4)節徑爲公稱尺寸。 (23)

( ) 44. 下列何者爲螺絲的功用？ (1)結合機件 (2)傳達運動或輸送動力 (3)調整機件位置 (4)儲藏能量。 (123)

( ) 45. 下列何者爲帶頭斜鍵的功用？ (1)鎚擊後承受振動不致脫落 (2)防止軸上的機件沿軸向移動 (3)鈎狀頭部有利拆卸 (4)利用摩擦阻力傳達動力。 (123)

( ) 46. 下列何者爲彈簧的主要功用？ (1)可儲存能量 (2)可吸收振動 (3)可量測力量的大小 (4)減小摩擦。 (123)

( ) 47. 可用於承受軸向推力的軸承爲 (1)滾珠軸承 (2)滾針軸承 (3)斜滾柱軸承 (4)止推軸承。 (134)

( ) 48. 連接兩個軸的敘述，下列何者爲正確？ (1)永久性結合者稱爲聯結器 (2)可迅速連結或脫離者稱爲離合器 (3)歐式連結器用於兩軸心線平行且有一些偏位 (4)錐形離合器的半錐角一般爲 5°。 (123)

( ) 49. 英制三角皮帶的敘述，下列何者正確？ (1)常用規格有 A,B,C, D 及 E 五類 (2)A20 的三角皮帶是用於直徑 20 公分的皮帶輪 (3)滑動少 (4)適用於軸間距極小或極大的場合。 (13)

( ) 50. 鏈輪的敘述，下列何者正確？ (1)速比固定 (2)不易受熱及溼氣的影響 (3)兩軸不平行可使用 (4)鬆邊的張力幾近於零。 (124)

( ) 51. 齒輪系的惰輪主要功能爲 (1)改變轉向 (2)帶動被動輪 (3)增加速比 (4)減少齒輪中心距。 (12)

( ) 52. 三角皮帶傳動的優點 (1)噪音小 (2)中心距離較大 (3)速比較固定 (4)轉速比都大於 8。 (12)

工作項目 7 電腦概論

精選必考試題

答

( ) 1. 下列敘述何者錯誤？ (1)1Byte = 8bits (2)1KB = 2^{10}bytes (3)1MB = 2^{15}bytes (4)1GB = 2^{30}bytes。 (3)

( ) 2. 不屬於建構網路的專用裝置為 (1)網路卡 (2)滑鼠 (3)IP 分享器 (4)路由器(Router)。 (2)

( ) 3. 在 Outlook Express 中,「內送郵件伺服器」係指 (1)POP3 伺服器 (2)FTP 伺服器 (3)BBS 伺服器 (4)SMTP 伺服器。 (1)

( ) 4. 下列敘述何者正確？ (1)Winzip 為電子郵件軟體 (2)Microsoft Access 為資料庫管理軟體 (3)SSL 為全球資訊網頁瀏覽器軟體 (4)Microsoft FrontPage 為檔案傳輸軟體。 (2)

( ) 5. 傳輸媒體的有效傳輸距離最短，且易受地形地物之干擾者為 (1)同軸電纜 (2)紅外線 (3)光纖 (4)雙絞線。 (2)

( ) 6. 資料在網路傳輸過程中，下列何者較適合防止被竊讀？ (1)防火牆 (2)加密 (3)廣告攔截 (4)無線網路。 (2)

( ) 7. 部份永久存於唯讀記憶體中之軟體稱為 (1)韌體 (2)軟體 (3)輔助記憶體 (4)硬體。 (1)

( ) 8. 下列 URL(Uniform Resource Locator)格式，何者正確？ (1)http://abc.com/543/ (2)http:happy.edu:168 (3)ftp:\\ftp.chsen.net (4)happy@www.chsen.gov。 (1)

( ) 9. 下列何者可能增加電腦病毒侵入機會？ (1)隨時備份檔案 (2)定期更新作業系統 (3)執行來路不明的程式 (4)視需要才連接網際網路。 (3)

( ) 10. 下列網路傳輸設備中，可將網路訊號增強後再送出者為 (1)中繼器(Repeater) (2)橋接器(Bridge) (3)交換器(Switch) (4)路由器(Router)。 (1)

( ) 11. 在電腦硬體的組成單元中，下列何者與算術邏輯單元(ALU)合稱為中央處理單元(CPU)？ (1)控制單元 (2)輸出單元 (3)儲存單元 (4)輸入單元。 (1)

( ) 12. 在區域網路中，通常資料的傳輸是採用 (1)串列方式 (2)並列方式 (3)串列與並列混合方式 (4)不拘任何方式。 (1)

( ) 13. 資料通訊之傳輸速度單位為 (1)BPI (2)BPS (3)CPI (4)CPS。 (2)

( ) 14. 下列中英文專有名詞對照，何者錯誤？ (1)電子郵件：E-Mail (2)網際網路：WWW (3)廣域網路：LAN (4)電子佈告欄：BBS。 (3)

( ) 15. 下列何者不屬於電腦網路之應用？ (1)檔案管理系統 (2)視訊會議 (3)電子郵件 (4)遠距教學。 (1)

( ) 16. 下列有關使用電腦之敘述，何者正確？ (1)軟式磁片上之刮痕係電腦病毒所造成 (2)資料檔案與備份檔案不宜保存在同一電腦以策安全 (3)綠色電腦指可保護眼睛之綠色螢幕之電腦 (4)電腦實習課程可權宜使用盜版軟體，只要套數不得超過 40 份。 (2)

( ) 17. 最適合撰寫、編輯、擷取、儲存及列印各種文件資料的軟體爲 (1)會計軟體 (2)文書處理軟體 (3)繪圖軟體 (4)通訊軟體。 (2)

( ) 18. CAD 系統中所用的數位板(Digitizer)是屬於 (1)控制單元 (2)輸出單元 (3)記憶單元 (4)輸入單元。 (4)

( ) 19. 下列敘述何者錯誤？ (1)CAD 軟體若與現況需求不符而不用時，可轉贈他人 (2)首次啓用 CAD 軟體標註尺度前，應先設定符合 CNS 標準之尺度型式 (3)應依規定，每工作 2 小時至少應有 15 分鐘休息以保護繪圖員之視力 (4)CAD 軟體係用於機械設計，無法應用於電路設計。 (4)

( ) 20. CAD 軟體是屬於 (1)作業系統 (2)應用軟體 (3)編譯程式 (4)直譯程式。 (2)

( ) 21. 下列敘述何者錯誤？ (1)使用 CAD 後，對於傳統機械製圖的學習都是多餘的 (2)使用 CAD 可將圖形旋轉方向，並搬移至新的位置 (3)繪圖機與印表機是電腦的輸出裝置 (4)CAD 之座標系有多種。 (1)

( ) 22. 電腦輔助機械製圖若與傳統機械製圖相比，其應用上之最大優勢爲 (1)繪製簡單形狀之工作圖 (2)圖形較易儲存及編修 (3)較易畫草圖 (4)設備價格較低。 (2)

( ) 23. 電腦輔助製圖通常簡稱爲 (1)CAM (2)CAE (3)CAD (4)CAS。 (3)

( ) 24. 在 Windows XP 中，使用網路之公用繪圖機出圖時，應先設定 (1)服務 (2)網路印表機 (3)新增印表機 (4)網路 TCP/IP。 (4)

( ) 25. 在 Microsoft Word 2003 中，B4 大小的文件若要直接列印在 A4 紙張，應 (1)再重新排版爲 A4 大小的文件，無法直接列印 (2)選取「一般工具列」按「列印」 (3)選取「檔案」/「列印」/在「配合紙張調整大小」/選「A4」/再按「確定」 (4)選取「檔案」/「列印」/再按「確定」。 (3)

( ) 26. 在 Windows Vista 系統下，「控制台」中之「同步中心」具 (1)調整顯示器亮度、音量、電源選項及其他常用的攜帶型電腦設定功能 (2)設定 Windows Side Show 設定功能 (3)設定 Windows 資訊看板功能 (4)同步處理使用中的電腦與其他電腦、裝置及網路資料夾之間的資訊功能。 (4)

( ) 27. 在 Microsoft Power Point 2003 中，投影片方向要調整時，需 (1)選取「檔案/版面設定」 (2)選取「編輯/版面設定」 (3)選取「檔案/列印」 (4)選取「橫向」即可。 (1)

( ) 28. 下列何者較宜使用固定 IP 位址？ (1)網路競標 (2)網路訂票 (3)建立個人網站 (4)網路 ATM 轉帳。 (3)

( ) 29. 下列有關於雙核心 CPU 的敘述，何者正確？ (1)CPU 加入了 Hy per-Threading 技術 (2)利用平行運算技術以提高效能 (3)是 32 位元的 2 倍，即 64 位元 CPU (4)時脈是單核心 CPU 時脈的 2 倍。 (2)

( ) 30. 在 Microsoft Excel 2003 中，列印「活頁簿內所有工作表的內容」應選取 (1)列印「所有工作表的內容」 (2)「檔案/列印/列印範圍」之「全部」 (3)「檔案/列印/列印內容」之「整本活頁簿」 (4)「檔案/版面設定」之「工作表」。 (3)

( ) 31. 在 Windows XP 的「檔案總管」中，若將選自 D 磁碟中的資料夾拖曳至 E 磁碟中，則其執行 (1)複製 (2)搬移 (3)刪除 (4)剪下。 (1)

( ) 32. 電子郵件在傳輸時，下列何者有助於防止資料被竊取？ (1)加密 (2)副本 (3)壓縮 (4)回傳給本人。 (1)

( ) 33. Outlook Express 中，寄出郵件可保留一份在 (1)草稿 (2)寄件匣 (3)收件匣 (4)寄件備份。 (4)

( ) 34. 在 Windows XP 的「控制台/系統/硬體/裝置管理員」中，若裝置間互相發生嚴重衝突，則會在該裝置前面顯示 (1)$ (2)% (3)？ (4)！。 (4)

( ) 35. 下列的 URL 表示法，何者錯誤？ (1)bss://www.labor.gov.tw/ (2)https://nice.ntou.edu.tw (3)ftp://ftp.labor.gov.tw/ (4)mms://www.labor.gov.tw/labor.wma。 (1)

( ) 36. 在 Windows XP Professional 中，可以查詢目前系統的網路卡 IP 位址之指令為 (1)ipconfig (2)config (3)ping (4)netstat。 (1)

( ) 37. 在 Microsoft Excel 2003 中，若將 B2 儲存格內所定義之公式「=A$1+$B2*C$1」，複製至 C5 儲存格內，則在 C5 儲存格內所定義之公式可為 (1)「=A$1+$B5*C$1」 (2)「=B$1+$B5*D$1」 (3)「=B$1+$C5*D$1」 (4)「=A$2+$B2*C$5」。 (2)

( ) 38. 下列有關 Windows XP 之敘述，何者錯誤？ (1)HTTP 協定適合用於網路上的安全交易 (2)IE 能支援背景聲音為 MIDI 的音效 (3)Windows 2003 Server 作業系統預設管理者帳號為 administrator (4)可使用附屬應用程式中的「記事本」編輯網頁。 (1)

( ) 39. 下列有關電腦病毒之敘述，何者錯誤？ (1)有些電腦病毒能夠自行複製與傳播到其他程式中 (2)電腦病毒是一段附在電腦系統的程式碼，讓使用者不便 (3)所有的電腦病毒都只會破壞軟體，不會破壞硬體 (4)開機型病毒經常隱藏於磁片或磁碟的啓動磁區。 (3)

( ) 40. 下列有關 Microsoft Office 2003 之敘述，何者錯誤？ (1)「字數統計」也將全形的標點符號計算成一個字數 (2)列印講義時，每一頁最多可以列印 9 張投影片 (3)Word 製作文件之預設的副檔名.PTT (4)文件可以直接進行「簡體中文」與「繁體中文」的轉換。 (3)

( ) 41. 下列有關「電子郵件信箱」的敘述，何者正確？ (1)使用者可自訂郵件夾 (2)移轉到垃圾箱之郵件無法回復 (3)不能同時發多個郵件帳號信箱 (4)寄出的郵件不可設定同時進行寄件備份。 (1)

( ) 42. Microsoft Word 文書處理軟體，要在表格中插入定位點操作可按何快速鍵 (1)Tab (2)Ctrl+Tab (3)Shift+Tab (4)Alt+Tab。 (2)

工作項目 8 氣油壓概論

精選必考試題

答

( ) 1. 氣壓元件符號 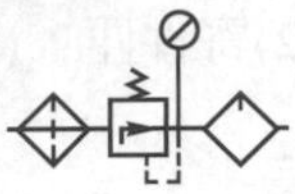 ，係指 (1)乾燥器 (2)潤滑器 (3)調理組合 (4)冷卻器。 (3)

( ) 2. 液壓油以流量 25L/min 通過內徑 11mm 的油壓管，則其流速約為 (1)4.3m/s (2)5.3m/s (3)6.3m/s (4)7.3m/s。 (1)

( ) 3. 元件符號  ，係指 (1)單向定排量油壓馬達 (2)單向定排量油壓泵 (3)單向可變排量油壓泵 (4)單向可變排量油壓馬達。 (2)

( ) 4. 管路內的流體做均勻且有規律之流動時，稱為 (1)亂流 (2)擾流 (3)順流 (4)層流。 (4)

( ) 5. 油壓元件符號 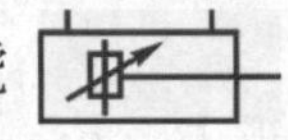 ，係指 (1)單動缸 (2)雙動缸 (3)單動雙緩衝缸 (4)雙動雙緩衝缸。 (4)

( ) 6. 元件符號 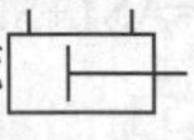 ，係 (1)指雙動雙緩衝油壓缸 (2)單動雙緩衝油壓缸 (3)雙動油壓缸 (4)單動油壓缸。 (3)

( ) 7. 流體在管路內流動，因黏度在管路內摩擦而損失的能量為 (1)動能 (2)熱能 (3)壓力能 (4)位能。 (2)

( ) 8. 如右圖所示之單動氣壓缸控制迴路，係採 (2)

(1)直接控制

(2)間接控制

(3)伺服控制

(4)閉迴路控制。

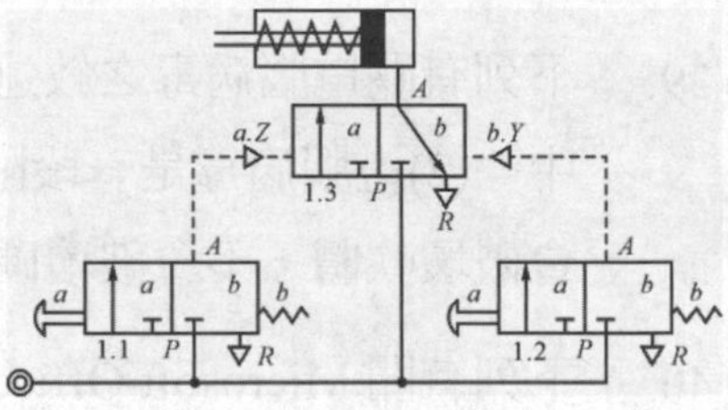

( ) 9. 油壓元件符號 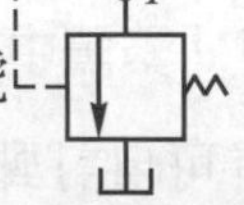 ，係指 (1)卸載閥 (2)減壓閥 (3)順序閥 (4)釋壓閥。 (4)

( ) 10. 液壓系統之一部份流體受到壓力時，將此壓力傳遞至系統內各處且壓力相同，係利用 (1)續流原理 (2)伯努力定理 (3)巴斯卡原理 (4)波義耳定理 (3)

( ) 11. 下列何者不是油壓系統內油箱之功用？ (1)儲油 (2)排水 (3)散熱 (4)沉澱雜質。 (2)

( ) 12. 氣壓控制系統由壓力源、各種閥門、檢知器、致動器及管路系統組成，其中壓力源就如同人體組成之 (1)心臟 (2)骨骼 (3)肌肉與神經 (4)大腦。 (1)

( ) 13. 如圖所示之油壓系統裝置，適用於 (2)

(1)車床刀架

(2)千斤頂

(3)火箭推進系統

(4)銑床進給機構。

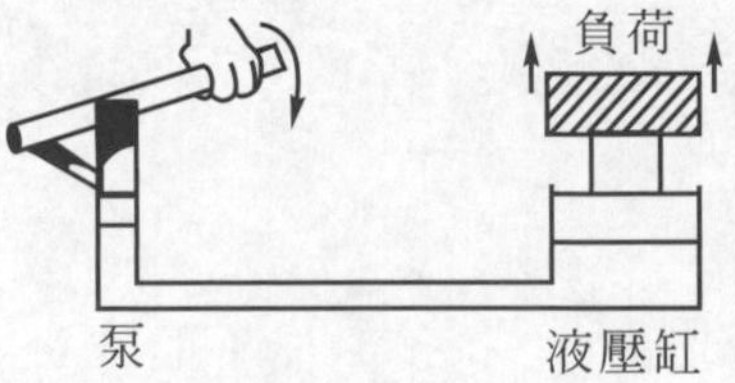

(　) 14. 如圖所示之液壓系統基本電路圖，元件 A 表示 (1)繼電器 (2)定時器 (3)油壓閥 (4)開關。 (4)

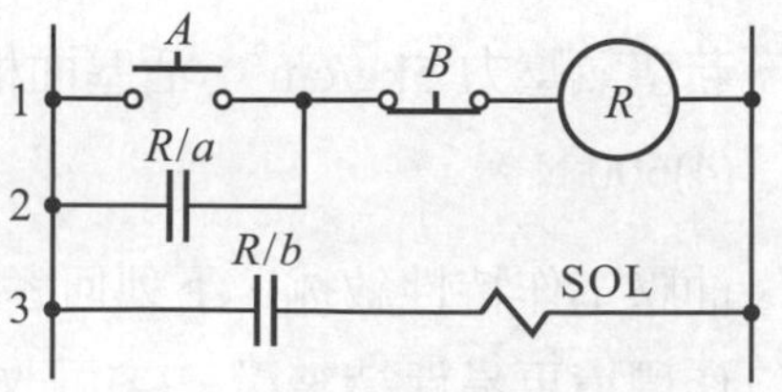

(　) 15. 一般油壓系統不包含 (1)致動器 (2)儲油箱 (3)水箱 (4)控制閥。 (3)

(　) 16. 如右圖所示之系統裝置是一種
(1)空壓系統
(2)油壓系統
(3)油氣壓系統
(4)電氣控制系統。 (2)

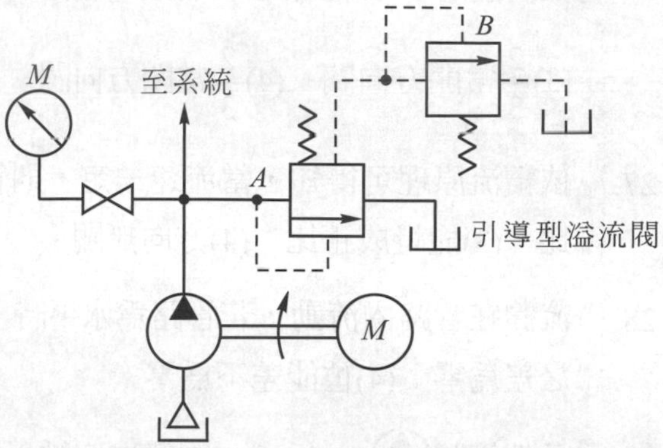

(　) 17. 油壓元件符號，係指 (1)減壓閥 (2)卸載閥 (3)流量閥 (4)安全閥。 (1)

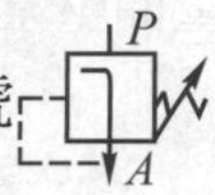

(　) 18. 如右圖所示之液壓系統裝置，元件 M 表示
(1)油壓馬達
(2)油壓泵
(3)油壓箱
(4)電動馬達。 (4)

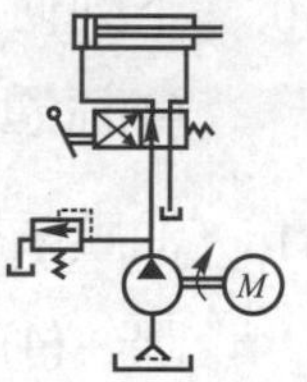

(　) 19. 如右圖所示之液壓系統基本電路圖，元件 T 表示
(1)定時器
(2)反向器
(3)轉轍器
(4)安定器。 (1)

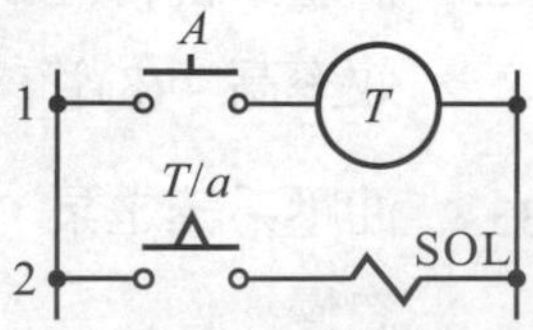

(　) 20. 有關儲氣筒之敘述，下列何者錯誤？ (1)表面積愈大愈利於散熱 (2)可防止管路發生浪壓 (3)出氣口應安裝於最下方 (4)能分離空氣和水。 (3)

(　) 21. 利用高速度而產生高動能的氣壓缸是 (1)緩衝式氣壓缸 (2)多位式氣壓缸 (3)膜片式氣壓缸 (4)衝擊式氣壓缸。 (4)

(　) 22. 如右圖所示之油壓系統裝置，其中之壓力控制閥係一種
(1)減壓閥
(2)溢流閥
(3)順序閥
(4)卸載閥。 (2)

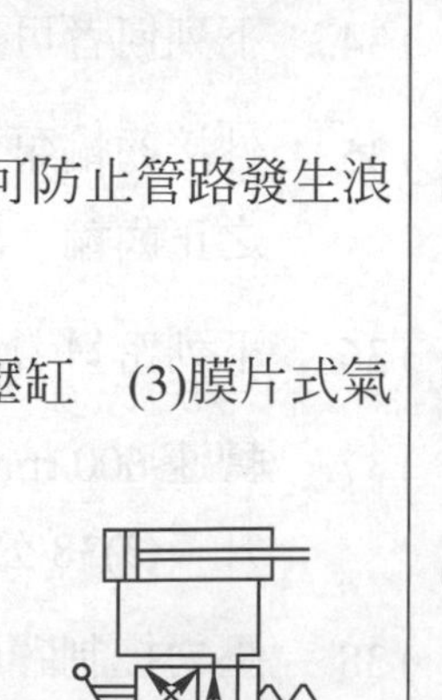

(　) 23. 一般牙醫所用高速鑽牙機的馬達為 (1)活塞馬達 (2)油壓馬達 (3)齒輪馬達 (4)空壓馬達。 (4)

(　)	24.	若空氣壓力 $5kg/cm^2$、活塞面積 $10cm^2$，則氣壓缸理論出力爲　(1)49N　(2)50N　(3)490N　(4)600 N。	(3)
(　)	25.	油壓工作特性敘述，下列何者錯誤？　(1)可改變工作力大小　(2)可改變工作方向　(3)工作環境更易保持整潔　(4)可改變工作速度。	(3)
(　)	26.	如右圖所示之氣壓元件符號，係指　(1)$\frac{3}{2}$常開方向閥　(2)$\frac{3}{2}$常閉方向閥　(3)$\frac{2}{3}$常開方向閥　(4)$\frac{2}{3}$常閉方向閥。 A P R	(2)
(　)	27.	依續流原理可得知，當流速一定，則管之斷面積與流體之　(1)流量成正比　(2)壓力成正比　(3)能量成正比　(4)方向無關。	(1)
(　)	28.	流體在管路內流動，若管路爲水平時，則　(1)位能差爲零　(2)動能之差爲零　(3)壓力能之差爲零　(4)位能差不爲零。	(1)
(　)	29.	元件符號，係指　(1)雙向定排量油壓馬達　(2)雙向定排量油壓泵　(3)雙向可變排量油壓馬達　(4)雙向可變排量油壓泵。	(2)
(　)	30.	下列何者不是爲壓力損失之主因？　(1)管路忽大忽小　(2)流體黏度太大　(3)配管不當　(4)流體流速太慢。	(4)
(　)	31.	油壓系統特性敘述，下列何者正確？　(1)體積小出力小　(2)可無段變速　(3)漏油容易修護　(4)易燃燒爆炸。	(2)
(　)	32.	油壓系統特性敘述，下列何者錯誤？　(1)液壓油黏度會受溫度影響　(2)空壓效率比液壓效率高　(3)管內流速容易調整　(4)液壓控制較電氣反應快。	(4)
(　)	33.	油壓系統之泵，其電動機的極數愈多，轉數　(1)愈快　(2)愈慢　(3)與極數無關　(4)忽快忽慢。	(2)
(　)	34.	下列何者可設計成可變排量？　(1)螺旋泵　(2)輪葉泵　(3)齒輪泵　(4)魯氏泵。	(2)
(　)	35.	外接齒輪泵會有閉鎖現象，其防止方法爲　(1)於閉鎖處開逃油槽　(2)使用兩個不同直徑之正齒輪　(3)降低系統壓力　(4)調整齒輪之中心距。	(1)
(　)	36.	下列密封環，何者不適用於高壓系統？　(1)O 形環　(2)V 形環　(3)L 形環　(4)X 形環。	(1)
(　)	37.	轉速 600 rpm 之泵者，若每弧度排量爲 10cc，則其每分鐘排量約爲　(1)58 公升　(2)48 公升　(3)38 公升　(4)28 公升。	(3)
(　)	38.	壓力控制閥屬於常開式者是　(1)順序閥　(2)卸載閥　(3)抗衡閥　(4)減壓閥。	(4)
(　)	39.	下列何者爲流量控制閥　(1)梭動閥　(2)止回閥　(3)節流閥　(4)雙壓閥。	(3)
(　)	40.	下列有關壓力的關係式，何者正確　(1)1atm＞1bar　(2)$1kg/cm^2$＞1atm　(3)1atm = $760mmH_2O$　(4)1atm = 76mmHg。	(1)
(　)	41.	公車自動門的開關，一般是利用　(1)彈簧　(2)水壓　(3)氣壓　(4)油壓。	(3)
(　)	42.	氣壓元件符號“　”爲　(1)節流閥　(2)止回閥　(3)方向控制閥　(4)壓力控制閥。	(1)

( ) 43. 液壓元件符號"—◯—"為 (1)壓力計 (2)流量計 (3)蓄壓計 (4)過濾器。 (2)

( ) 44. 下列何種空氣壓縮機，使壓縮後之空氣不產生脈衝波動？ (1)活塞往復式 (2)膜片往復式 (3)迴轉式 (4)氣流式。 (3)

( ) 45. 下列何項不屬於液壓油必須具備的條件？ (1)防火性 (2)潤滑性 (3)流動性 (4)冷卻性。 (4)

複選題

( ) 46. 氣壓系統的三點組合包括 (1)過濾 (2)調壓 (3)油霧 (4)冷卻。 (123)

( ) 47. 下列何者為油壓之止回閥的快速接頭？ (1)—>— (2)-◇-| (3)-◇-+-< (4)-◇-+-◇-。 (234)

( ) 48. 下列何者為氣、油壓之控制系統的輸入元件？ (1)極限開關 (2)電容器 (3)微動開關 (4)繼電器。 (13)

( ) 49. 下列何者屬於油壓之壓力控制元件？ (1)配衡閥 (2)計量閥 (3)溢流閥 (4)順序閥。 (134)

( ) 50. 下列何種類型是直線往復式之油壓缸？ (1)單動型 (2)復動型 (3)擺動型 (4)差動型。 (124)

( ) 51. 油壓之蓄壓器有哪些功能？ (1)補充作動油 (2)減少流量 (3)充當輔助動力 (4)減少脈衝。 (134)

( ) 52. 油壓泵只排出少許油量的可能原因為 (1)油泵破損 (2)吸入空氣 (3)轉速不足 (4)轉向相反。 (123)

( ) 53. 氣壓之過濾器元件可以過濾哪些？ (1)灰塵 (2)水滴 (3)水蒸氣 (4)顆粒較大的粒狀物。 (124)

( ) 54. 下列何者為壓力單位？ (1)bar (2)psi (3)kgf/cm^2 (4)cal。 (123)

( ) 55. 下列敘述何者為正確？ (1)只裝置過濾器不能將水份全部除去 (2)貯氣筒應遠離壓縮機 (3)壓縮機之進氣口應緊靠在牆壁上 (4)通常壓縮機 所產生之壓縮空氣可經乾燥機處理。 (14)

工作項目⑨ 品質管制

精選必考試題

答

( )1. 根據一次樣本的檢驗結果，即判定該批爲合格或不合格的方式，稱爲 (1)單次抽樣檢驗 (2)雙次抽樣檢驗 (3)多次抽樣檢驗 (4)逐次抽樣檢驗。 (1)

( )2. 下列何者不適用於抽樣檢驗？ (1)產品生產量多到無法全檢 (2)產品只適用破壞性檢驗 (3)產品中不允許有不良品者 (4)欲縮短檢驗時間與減少費用。 (3)

( )3. 在設定的抽樣計畫下，用以表示抽驗的各批樣本被允收機率之曲線稱爲 (1)作業特性曲線 (2)不良率曲線 (3)允收曲線 (4)拒收曲線。 (1)

( )4. 抽樣檢驗之作業特性曲線圖中，橫軸表示產品不良率，縱軸表示 (1)允收機率 (2)拒收機率 (3)不良數 (4)缺點數。 (1)

( )5. 批量 1000 個零件進行雙次抽樣計畫：第一次抽樣 30 個，允收數 2 個，拒收數 5 個；第二次抽樣 30 個，合併允收數 6 個，拒收數 8 個。若第一次抽樣發現不良品 4 個，則該批應 (1)允收 (2)拒收 (3)進行二次抽樣 (4)進行全檢。 (3)

( )6. 批量 800 個零件進行雙次抽樣計畫：第一次抽樣 20 個，允收數 1 個，拒收數 4 個；第二次抽樣 20 個，合併允收數 5 個，拒收數 6 個。若第一次抽樣發現不良品 2 個，第二次抽樣發現不良品 2 個，則該批應 (1)允收 (2)拒收 (3)進行三次抽樣 (4)進行全檢。 (1)

( )7. 批量 600 個零件進行雙次抽樣計畫：第一次抽樣 15 個，允收數 1 個，拒收數 3 個；第二次抽樣 15 個，合併允收數 4 個，拒收數 5 個。若第一次抽樣發現不良品 2 個，第二次抽樣發現不良品 3 個，則該批應 (1)允收 (2)拒收 (3)進行三次抽樣 (4)進行全檢。 (2)

( )8. 一般製程所生產之產品品質特性，其分佈皆成常態模式，超出 3 倍標準差之機率約爲 (1)0.17% (2)0.27% (3)0.37% (4)0.47%。 (2)

( )9. 一般品質管制之管制圖中，其管制界限是指樣本平均值加減幾倍標準差 (1)2 倍 (2)3 倍 (3)4 倍 (4)5 倍。 (2)

( )10. 品質管制之管制圖中，管制下限之英文代號爲 (1)UCL (2)UCLA (3)CL (4)LCL。 (4)

( )11. 規定繪製其上限與下限之線條爲 (1)黑色實線 (2)黑色虛線 (3)紅色虛線 (4)紅色實線。 (3)

( )12. 一般品質管制之管制圖中，規定繪製其中心線之線條爲 (1)黑色實線 (2)黑色虛線 (3)紅色虛線 (4)紅色實線。 (1)

( )13. 10 個機件之測定公差值分別爲 0.05、0.03、0.01、0.01、0.02、0.02、0.04、0.07、0.02、0.03，則其平均值爲 (1)0.01 (2)0.02 (3)0.03 (4)0.04。 (3)

( )14. 10 個機件之測定公差值分別爲 0.05、0.03、0.01、0.01、0.02、0.02、0.04、0.07、0.02 及 0.03，則其全距爲 (1)0.06 (2)0.05 (3)0.04 (4)0.03。 (1)

( ) 15. 某工廠每個小時抽取 5 個樣本之測定值分別為 29.5，30.0，30.0，31.0，30.5，則其平均值為 (1)30.0 (2)30.1 (3)30.2 (4)30.3。 (3)

( ) 16. 某工廠每個小時抽取 5 個樣本之測定值分別為 29.5，30.0，30.0，31.0，30.5，則其全距為 (1)0 (2)1 (3)1.5 (4)2。 (3)

( ) 17. 下列何者不適用於品質管制？ (1)平均值與全距管制圖 (2)標準差與全距管制圖 (3)不良率管制圖 (4)不良數管制圖。 (2)

( ) 18. 不良率管制圖之中心線為不良率之 (1)平均值 (2)最大值 (3)最小值 (4)標準差。 (1)

( ) 19. 總檢驗數 50000、不良件總數 1000，則不良率為 (1)0.001 (2)0.01 (3)0.02 (4)0.03。 (3)

( ) 20. 有關不良數管制圖之敘述，下列何者不正確？ (1)又稱 np 管制圖 (2)樣本數必須相等 (3)須以不良率表示 (4)不必計算不良率。 (3)

( ) 21. 每組樣本數同為 1000 個，檢驗 3 組之不良數分別為 35、25、30 個，則其平均不良率為 (1)0.001 (2)0.01 (3)0.02 (4)0.03。 (4)

( ) 22. 每組樣本數同為 1000 個，檢驗 4 組之不良數分別為 35、25、20、40 個，則其不良率管制圖之中心線為 (1)0.01 (2)0.02 (3)0.03 (4)0.04。 (3)

( ) 23. 下列何者不屬於常用工廠品管圈編組之原則 (1)工作性質較相同的人組成 (2)同一工作場所的人組成 (3)不同建制的人組成 (4)同一建制的人組成。 (3)

( ) 24. 品管圈最適宜之組成人數為 (1)3-15 人 (2)20-15 人 (3)51-100 人 (4)100-200 人。 (1)

( ) 25. 下列何者不是工廠品管圈活動之原則？ (1)注重自主性與自發性 (2)提高圈長之領導力與管理能力 (3)召開公司內品管圈大會 (4)不與他公司互相觀摩。 (4)

( ) 26. 下列何者不是成功辦理工廠品管圈之原則？ (1)全員參與 (2)革新觀念 (3)自我滿足 (4)自我管理。 (3)

( ) 27. 抽樣檢驗 7 件試片之材料強度，分別為 63.5MPa(1 件)、66.5MPa(2 件)、69.5MPa(3 件)、72.5MPa(1 件)，則其平均值約為 (1)64.51MPa (2)67.51MPa (3)68.21MPa (4)69.21MPa。 (3)

( ) 28. 製品會造成使用或維護人員發生危險或不安全時，應判為 (1)嚴重缺點 (2)主要缺點 (3)次要缺點 (4)輕微缺點。 (1)

( ) 29. 抽樣檢驗計畫中，常用“n”表示 (1)批量大小 (2)樣本大小 (3)不良品個數 (4)不合格品個數。 (2)

( ) 30. 平均值與全距($\overline{X}$-R)管制圖，每組樣本大小(n)最好是抽 (1)2 或 3 (2)4 或 5 (3)6 或 7 (4)8 或 10 個。 (2)

( ) 31. 在製程管制中，將平均值($\overline{X}$)管制圖與下列何種管制圖配合使用較為有效 (1)不良率(p)管制圖 (2)不良數(np)管制圖 (3)全距(R)管制圖 (4)缺點數(c)管制圖 (3)

( ) 32. 使用通過與不通過之量規檢驗產品，若以不合格之比率來表示其品質，且每次檢驗數不一定，宜選用 (1)平均值與全距 (2)不良數 (3)不良率 (4)缺點數 管制圖。 (3)

( ) 33. 一批製品中所含的不良品個數，除以該批總數再乘 100%即得 (1)退貨率(%) (2)缺點率(%) (3)故障率(%) (4)不良率(%)。 (4)

( ) 34. 下列何種爲計數值管制圖？ (1)平均值($\overline{X}$)管制圖 (2)全距(R)管制圖 (3)缺點數(c)管制圖 (4)標準差(s)管制圖。 (3)

( ) 35. 平均值與全距($\overline{X}$-R)管制圖是一種 (1)計量值 (2)缺點數 (3)計數值 (4)品質不良率管制圖。 (1)

( ) 36. 品質成本中，退貨損失是屬於 (1)內部失敗成本 (2)外部失敗成本 (3)預防成本 (4)鑑定成本。 (2)

( ) 37. 建立品質成本系統的第一步驟是 (1)品質成本的識別與歸類 (2)品質成本的蒐集 (3)品質成本的分析 (4)品質成本的分攤。 (1)

( ) 38. 品質管制之管制圖中，管制上限之英文代號爲 (1)LCL (2)CL (3)UCL (4)CUL。 (3)

共同學科

不分級題庫

- 工作項目 1 職業安全衛生
- 工作項目 2 工作倫理與職業道德
- 工作項目 3 環境保護
- 工作項目 4 節能減碳

工作項目 1 職業安全衛生

單選題

( ) 1. 對於核計勞工所得有無低於基本工資，下列敘述何者有誤？ (2)
(1)僅計入在正常工時內之報酬 (2)應計入加班費
(3)不計入休假日出勤加給之工資 (4)不計入競賽獎金。

( ) 2. 下列何者之工資日數得列入計算平均工資？ (3)
(1)請事假期間 (2)職災醫療期間
(3)發生計算事由之前 6 個月 (4)放無薪假期間。

( ) 3. 以下對於「例假」之敘述，何者有誤？ (4)
(1)每 7 日應休息 1 日 (2)工資照給
(3)出勤時，工資加倍及補休 (4)須給假，不必給工資。

( ) 4. 勞動基準法第 84 條之 1 規定之工作者，因工作性質特殊，就其工作時間，下列何者正確？ (4)
(1)完全不受限制 (2)無例假與休假
(3)不另給予延時工資 (4)勞雇間應有合理協商彈性。

( ) 5. 依勞動基準法規定，雇主應置備勞工工資清冊並應保存幾年？ (3)
(1)1 年 (2)2 年 (3)5 年 (4)10 年。

( ) 6. 事業單位僱用勞工多少人以上者，應依勞動基準法規定訂立工作規則？ (4)
(1)200 人 (2)100 人 (3)50 人 (4)30 人。

( ) 7. 依勞動基準法規定，雇主延長勞工之工作時間連同正常工作時間，每日不得超過多少小時？ (1)10 (2)11 (3)12 (4)15。 (3)

( ) 8. 依勞動基準法規定，下列何者屬不定期契約？ (4)
(1)臨時性或短期性的工作 (2)季節性的工作
(3)特定性的工作 (4)有繼續性的工作。

( ) 9. 依職業安全衛生法規定，事業單位勞動場所發生死亡職業災害時，雇主應於多少小時內通報勞動檢查機構？ (1)8 (2)12 (3)24 (4)48。 (1)

( ) 10. 事業單位之勞工代表如何產生？ (1)
(1)由企業工會推派之 (2)由產業工會推派之
(3)由勞資雙方協議推派之 (4)由勞工輪流擔任之。

( ) 11. 職業安全衛生法所稱有母性健康危害之虞之工作，不包括下列何種工作型態？ (4)
(1)長時間站立姿勢作業 (2)人力提舉、搬運及推拉重物
(3)輪班及夜間工作 (4)駕駛運輸車輛。

( ) 12. 依職業安全衛生法施行細則規定，下列何者非屬特別危害健康之作業？ (3)
(1)噪音作業 (2)游離輻射作業 (3)會計作業 (4)粉塵作業。

( ) 13. 從事於易踏穿材料構築之屋頂修繕作業時，應有何種作業主管在場執行主管業務？ (3)
(1)施工架組配 (2)擋土支撐組配 (3)屋頂 (4)模板支撐。

( ) 14. 以下對於「工讀生」之敘述，何者正確？ (4)
(1)工資不得低於基本工資之 80% (2)屬短期工作者，加班只能補休
(3)每日正常工作時間得超過 8 小時 (4)國定假日出勤，工資加倍發給。

( ) 15. 勞工工作時手部嚴重受傷，住院醫療期間公司應按下列何者給予職業災害補償？ (3)
(1)前 6 個月平均工資 (2)前 1 年平均工資 (3)原領工資 (4)基本工資。

( ) 16. 勞工在何種情況下，雇主得不經預告終止勞動契約？ (2)
(1)確定被法院判刑 6 個月以內並諭知緩刑超過 1 年以上者
(2)不服指揮對雇主暴力相向者
(3)經常遲到早退者
(4)非連續曠工但 1 個月內累計達 3 日以上者。

( ) 17. 對於吹哨者保護規定，下列敘述何者有誤？ (3)
(1)事業單位不得對勞工申訴人終止勞動契約
(2)勞動檢查機構受理勞工申訴必須保密
(3)為實施勞動檢查，必要時得告知事業單位有關勞工申訴人身分
(4)任何情況下，事業單位都不得有不利勞工申訴人之行為。

( ) 18. 職業安全衛生法所稱有母性健康危害之虞之工作，係指對於具生育能力之女性勞工從事工作，可能會導致的一些影響。下列何者除外？ (4)
(1)胚胎發育 (2)妊娠期間之母體健康
(3)哺乳期間之幼兒健康 (4)經期紊亂。

( ) 19. 下列何者非屬職業安全衛生法規定之勞工法定義務？ (3)
(1)定期接受健康檢查 (2)參加安全衛生教育訓練
(3)實施自動檢查 (4)遵守安全衛生工作守則。

( ) 20. 下列何者非屬應對在職勞工施行之健康檢查？ (2)
(1)一般健康檢查 (2)體格檢查
(3)特殊健康檢查 (4)特定對象及特定項目之檢查。

( ) 21. 下列何者非為防範有害物食入之方法？ (4)
(1)有害物與食物隔離 (2)不在工作場所進食或飲水
(3)常洗手、漱口 (4)穿工作服。

( ) 22. 有關承攬管理責任，下列敘述何者正確？ (1)
(1)原事業單位交付廠商承攬，如不幸發生承攬廠商所僱勞工墜落致死職業災害，原事業單位應與承攬廠商負連帶補償及賠償責任
(2)原事業單位交付承攬，不需負連帶補償責任
(3)承攬廠商應自負職業災害之賠償責任
(4)勞工投保單位即為職業災害之賠償單位。

( ) 23. 依勞動基準法規定，主管機關或檢查機構於接獲勞工申訴事業單位違反本法及其他勞工法令規定後，應為必要之調查，並於幾日內將處理情形，以書面通知勞工？ (4)
(1)14 (2)20 (3)30 (4)60。

( ) 24. 我國中央勞工行政主管機關為下列何者？ (3)
(1)內政部 (2)勞工保險局 (3)勞動部 (4)經濟部。

( ) 25. 對於勞動部公告列入應實施型式驗證之機械、設備或器具，下列何種情形不得免驗證？ (4)
(1)依其他法律規定實施驗證者 (2)供國防軍事用途使用者
(3)輸入僅供科技研發之專用機 (4)輸入僅供收藏使用之限量品。

( ) 26. 對於墜落危險之預防設施，下列敘述何者較為妥適？ (4)
(1)在外牆施工架等高處作業應盡量使用繫腰式安全帶
(2)安全帶應確實配掛在低於足下之堅固點
(3)高度 2m 以上之邊緣開口部分處應圍起警示帶
(4)高度 2m 以上之開口處應設護欄或安全網。

( ) 27. 下列對於感電電流流過人體的現象之敘述何者有誤？ (3)
(1)痛覺 (2)強烈痙攣
(3)血壓降低、呼吸急促、精神亢奮 (4)顏面、手腳燒傷。

( ) 28. 下列何者非屬於容易發生墜落災害的作業場所？ (2)
(1)施工架 (2)廚房 (3)屋頂 (4)梯子、合梯。

( ) 29. 下列何者非屬危險物儲存場所應採取之火災爆炸預防措施？ (1)
(1)使用工業用電風扇 (2)裝設可燃性氣體偵測裝置
(3)使用防爆電氣設備 (4)標示「嚴禁煙火」。

( )30. 雇主於臨時用電設備加裝漏電斷路器，可減少下列何種災害發生？ (3)
(1)墜落　(2)物體倒塌、崩塌　(3)感電　(4)被撞。

( )31. 雇主要求確實管制人員不得進入吊舉物下方，可避免下列何種災害發生？ (3)
(1)感電　(2)墜落　(3)物體飛落　(4)缺氧。

( )32. 職業上危害因子所引起的勞工疾病，稱為何種疾病？ (1)
(1)職業疾病　(2)法定傳染病　(3)流行性疾病　(4)遺傳性疾病。

( )33. 事業招人承攬時，其承攬人就承攬部分負雇主之責任，原事業單位就職業災害補償部分之責任為何？ (4)
(1)視職業災害原因判定是否補償　(2)依工程性質決定責任
(3)依承攬契約決定責任　(4)仍應與承攬人負連帶責任。

( )34. 預防職業病最根本的措施為何？ (2)
(1)實施特殊健康檢查　(2)實施作業環境改善
(3)實施定期健康檢查　(4)實施僱用前體格檢查。

( )35. 以下為假設性情境:「在地下室作業，當通風換氣充分時，則不易發生一氧化碳中毒或缺氧危害」，請問「通風換氣充分」係指「一氧化碳中毒或缺氧危害」之何種描述？　(1)風險控制方法　(2)發生機率　(3)危害源　(4)風險。 (1)

( )36. 勞工為節省時間，在未斷電情況下清理機臺，易發生危害為何？ (1)
(1)捲夾感電　(2)缺氧　(3)墜落　(4)崩塌。

( )37. 工作場所化學性有害物進入人體最常見路徑為下列何者？ (2)
(1)口腔　(2)呼吸道　(3)皮膚　(4)眼睛。

( )38. 活線作業勞工應佩戴何種防護手套？ (3)
(1)棉紗手套　(2)耐熱手套　(3)絕緣手套　(4)防振手套。

( )39. 下列何者非屬電氣災害類型？ (4)
(1)電弧灼傷　(2)電氣火災　(3)靜電危害　(4)雷電閃爍。

( )40. 下列何者非屬於工作場所作業會發生墜落災害的潛在危害因子？ (3)
(1)開口未設置護欄　(2)未設置安全之上下設備
(3)未確實配戴耳罩　(4)屋頂開口下方未張掛安全網。

( )41. 在噪音防治之對策中，從下列哪一方面著手最為有效？ (2)
(1)偵測儀器　(2)噪音源　(3)傳播途徑　(4)個人防護具。

( )42. 勞工於室外高氣溫作業環境工作，可能對身體產生之熱危害，以下何者非屬熱危害之症狀？　(1)熱衰竭　(2)中暑　(3)熱痙攣　(4)痛風。 (4)

( )43. 以下何者是消除職業病發生率之源頭管理對策？ (3)
(1)使用個人防護具　(2)健康檢查　(3)改善作業環境　(4)多運動。

( )44. 下列何者非為職業病預防之危害因子？ (1)
(1)遺傳性疾病　(2)物理性危害　(3)人因工程危害　(4)化學性危害。

(　) 45. 下列何者非屬使用合梯，應符合之規定？ (3)
(1)合梯應具有堅固之構造
(2)合梯材質不得有顯著之損傷、腐蝕等
(3)梯腳與地面之角度應在 80 度以上
(4)有安全之防滑梯面。

(　) 46. 下列何者非屬勞工從事電氣工作，應符合之規定？ (4)
(1)使其使用電工安全帽　(2)穿戴絕緣防護具
(3)停電作業應檢電掛接地　(4)穿戴棉質手套絕緣。

(　) 47. 為防止勞工感電，下列何者為非？ (3)
(1)使用防水插頭
(2)避免不當延長接線
(3)設備有金屬外殼保護即可免裝漏電斷路器
(4)電線架高或加以防護。

(　) 48. 不當抬舉導致肌肉骨骼傷害或肌肉疲勞之現象，可稱之為下列何者？ (2)
(1)感電事件　(2)不當動作　(3)不安全環境　(4)被撞事件。

(　) 49. 使用鑽孔機時，不應使用下列何護具？ (3)
(1)耳塞　(2)防塵口罩　(3)棉紗手套　(4)護目鏡。

(　) 50. 腕道症候群常發生於下列何種作業？ (1)
(1)電腦鍵盤作業　(2)潛水作業　(3)堆高機作業　(4)第一種壓力容器作業。

(　) 51. 對於化學燒傷傷患的一般處理原則，下列何者正確？ (1)
(1)立即用大量清水沖洗
(2)傷患必須臥下，而且頭、胸部須高於身體其他部位
(3)於燒傷處塗抹油膏、油脂或發酵粉
(4)使用酸鹼中和。

(　) 52. 下列何者非屬防止搬運事故之一般原則？ (4)
(1)以機械代替人力　(2)以機動車輛搬運
(3)採取適當之搬運方法　(4)儘量增加搬運距離。

(　) 53. 對於脊柱或頸部受傷患者，下列何者不是適當的處理原則？ (3)
(1)不輕易移動傷患　(2)速請醫師
(3)如無合用的器材，需 2 人作徒手搬運　(4)向急救中心聯絡。

(　) 54. 防止噪音危害之治本對策為下列何者？ (3)
(1)使用耳塞、耳罩　(2)實施職業安全衛生教育訓練
(3)消除發生源　(4)實施特殊健康檢查。

(　) 55. 安全帽承受巨大外力衝擊後，雖外觀良好，應採下列何種處理方式？ (1)
(1)廢棄　(2)繼續使用　(3)送修　(4)油漆保護。

( ) 56. 因舉重而扭腰係由於身體動作不自然姿勢，動作之反彈，引起扭筋、扭腰及形成類似狀態造成職業災害，其災害類型爲下列何者？ (2)
(1)不當狀態 (2)不當動作 (3)不當方針 (4)不當設備。

( ) 57. 下列有關工作場所安全衛生之敘述何者有誤？ (3)
(1)對於勞工從事其身體或衣著有被污染之虞之特殊作業時，應備置該勞工洗眼、洗澡、漱口、更衣、洗濯等設備
(2)事業單位應備置足夠急救藥品及器材
(3)事業單位應備置足夠的零食自動販賣機
(4)勞工應定期接受健康檢查。

( ) 58. 毒性物質進入人體的途徑，經由那個途徑影響人體健康最快且中毒效應最高？ (2)
(1)吸入 (2)食入 (3)皮膚接觸 (4)手指觸摸。

( ) 59. 安全門或緊急出口平時應維持何狀態？ (3)
(1)門可上鎖但不可封死
(2)保持開門狀態以保持逃生路徑暢通
(3)門應關上但不可上鎖
(4)與一般進出門相同，視各樓層規定可開可關。

( ) 60. 下列何種防護具較能消減噪音對聽力的危害？ (3)
(1)棉花球 (2)耳塞 (3)耳罩 (4)碎布球。

( ) 61. 勞工若面臨長期工作負荷壓力及工作疲勞累積，沒有獲得適當休息及充足睡眠，便可能影響體能及精神狀態，甚而較易促發下列何種疾病？ (2)
(1)皮膚癌 (2)腦心血管疾病 (3)多發性神經病變 (4)肺水腫。

( ) 62. 「勞工腦心血管疾病發病的風險與年齡、吸菸、總膽固醇數值、家族病史、生活型態、心臟方面疾病」之相關性爲何？ (1)無 (2)正 (3)負 (4)可正可負。 (2)

( ) 63. 下列何者不屬於職場暴力？ (3)
(1)肢體暴力 (2)語言暴力 (3)家庭暴力 (4)性騷擾。

( ) 64. 職場內部常見之身體或精神不法侵害不包含下列何者？ (4)
(1)脅迫、名譽損毀、侮辱、嚴重辱罵勞工
(2)強求勞工執行業務上明顯不必要或不可能之工作
(3)過度介入勞工私人事宜
(4)使勞工執行與能力、經驗相符的工作。

( ) 65. 下列何種措施較可避免工作單調重複或負荷過重？ (3)
(1)連續夜班 (2)工時過長 (3)排班保有規律性 (4)經常性加班。

( ) 66. 減輕皮膚燒傷程度之最重要步驟爲何？ (1)
(1)儘速用清水沖洗 (2)立即刺破水泡
(3)立即在燒傷處塗抹油脂 (4)在燒傷處塗抹麵粉。

( )67. 眼內噴入化學物或其他異物，應立即使用下列何者沖洗眼睛？ (3)
(1)牛奶 (2)蘇打水 (3)清水 (4)稀釋的醋。

( )68. 石綿最可能引起下列何種疾病？ (3)
(1)白指症 (2)心臟病 (3)間皮細胞瘤 (4)巴金森氏症。

( )69. 作業場所高頻率噪音較易導致下列何種症狀？ (2)
(1)失眠 (2)聽力損失 (3)肺部疾病 (4)腕道症候群。

( )70. 廚房設置之排油煙機爲下列何者？ (2)
(1)整體換氣裝置 (2)局部排氣裝置 (3)吹吸型換氣裝置 (4)排氣煙囪。

( )71. 防塵口罩選用原則，下列敘述何者有誤？ (4)
(1)捕集效率愈高愈好 (2)吸氣阻抗愈低愈好
(3)重量愈輕愈好 (4)視野愈小愈好。

( )72. 若勞工工作性質需與陌生人接觸、工作中需處理不可預期的突發事件或工作場所治安狀況較差，較容易遭遇下列何種危害？ (2)
(1)組織內部不法侵害 (2)組織外部不法侵害
(3)多發性神經病變 (4)潛涵症。

( )73. 以下何者不是發生電氣火災的主要原因？ (3)
(1)電器接點短路 (2)電氣火花 (3)電纜線置於地上 (4)漏電。

( )74. 依勞工職業災害保險及保護法規定，職業災害保險之保險效力，自何時開始起算，至離職當日停止？ (2)
(1)通知當日 (2)到職當日 (3)雇主訂定當日 (4)勞雇雙方合意之日。

( )75. 依勞工職業災害保險及保護法規定，勞工職業災害保險以下列何者爲保險人，辦理保險業務？ (4)
(1)財團法人職業災害預防及重建中心 (2)勞動部職業安全衛生署
(3)勞動部勞動基金運用局 (4)勞動部勞工保險局。

( )76. 以下關於「童工」之敘述，何者正確？ (1)
(1)每日工作時間不得超過 8 小時
(2)不得於午後 8 時至翌晨 8 時之時間內工作
(3)例假日得在監視下工作
(4)工資不得低於基本工資之 70%。

( )77. 事業單位如不服勞動檢查結果，可於檢查結果通知書送達之次日起 10 日內，以書面敘明理由向勞動檢查機構提出？ (1)訴願 (2)陳情 (3)抗議 (4)異議。 (4)

( )78. 工作者若因雇主違反職業安全衛生法規定而發生職業災害、疑似罹患職業病或身體、精神遭受不法侵害所提起之訴訟，得向勞動部委託之民間團體提出下列何者？ (1)災害理賠 (2)申請扶助 (3)精神補償 (4)國家賠償。 (2)

( ) 79. 計算平日加班費須按平日每小時工資額加給計算，下列敘述何者有誤？ (4)
(1)前 2 小時至少加給 1/3 倍
(2)超過 2 小時部分至少加給 2/3 倍
(3)經勞資協商同意後，一律加給 0.5 倍
(4)未經雇主同意給加班費者，一律補休。

( ) 80. 依職業安全衛生設施規則規定，下列何者非屬危險物？ (3)
(1)爆炸性物質 (2)易燃液體 (3)致癌物 (4)可燃性氣體。

( ) 81. 下列工作場所何者非屬法定危險性工作場所？ (2)
(1)農藥製造
(2)金屬表面處理
(3)火藥類製造
(4)從事石油裂解之石化工業之工作場所。

( ) 82. 有關電氣安全，下列敘述何者錯誤？ (1)
(1)110 伏特之電壓不致造成人員死亡
(2)電氣室應禁止非工作人員進入
(3)不可以濕手操作電氣開關，且切斷開關應迅速
(4)220 伏特爲低壓電。

( ) 83. 依職業安全衛生設施規則規定，下列何者非屬於車輛系營建機械？ (2)
(1)平土機 (2)堆高機 (3)推土機 (4)鏟土機。

( ) 84. 下列何者非爲事業單位勞動場所發生職業災害者，雇主應於 8 小時內通報勞動檢查機構？ (2)
(1)發生死亡災害
(2)勞工受傷無須住院治療
(3)發生災害之罹災人數在 3 人以上
(4)發生災害之罹災人數在 1 人以上，且需住院治療。

( ) 85. 依職業安全衛生管理辦法規定，下列何者非屬「自動檢查」之內容？ (4)
(1)機械之定期檢查 (2)機械、設備之重點檢查
(3)機械、設備之作業檢點 (4)勞工健康檢查。

( ) 86. 下列何者係針對於機械操作點的捲夾危害特性可以採用之防護裝置？ (1)
(1)設置護圍、護罩 (2)穿戴棉紗手套 (3)穿戴防護衣 (4)強化教育訓練。

( ) 87. 下列何者非屬從事起重吊掛作業導致物體飛落災害之可能原因？ (4)
(1)吊鉤未設防滑舌片致吊掛鋼索鬆脫 (2)鋼索斷裂
(3)超過額定荷重作業 (4)過捲揚警報裝置過度靈敏。

( ) 88. 勞工不遵守安全衛生工作守則規定，屬於下列何者？ (2)
(1)不安全設備 (2)不安全行爲 (3)不安全環境 (4)管理缺陷。

( ) 89. 下列何者不屬於局限空間內作業場所應採取之缺氧、中毒等危害預防措施？ (3)
(1)實施通風換氣　(2)進入作業許可程序
(3)使用柴油內燃機發電提供照明　(4)測定氧氣、危險物、有害物濃度。

( ) 90. 下列何者非通風換氣之目的？ (1)
(1)防止游離輻射　(2)防止火災爆炸　(3)稀釋空氣中有害物　(4)補充新鮮空氣。

( ) 91. 已在職之勞工，首次從事特別危害健康作業，應實施下列何種檢查？ (2)
(1)一般體格檢查　(2)特殊體格檢查
(3)一般體格檢查及特殊健康檢查　(4)特殊健康檢查。

( ) 92. 依職業安全衛生設施規則規定，噪音超過多少分貝之工作場所，應標示並公告噪音危害之預防事項，使勞工周知？ (1)75　(2)80　(3)85　(4)90。 (4)

( ) 93. 下列何者非屬工作安全分析的目的？ (3)
(1)發現並杜絕工作危害　(2)確立工作安全所需工具與設備
(3)懲罰犯錯的員工　(4)作爲員工在職訓練的參考。

( ) 94. 可能對勞工之心理或精神狀況造成負面影響的狀態，如異常工作壓力、超時工作、語言脅迫或恐嚇等，可歸屬於下列何者管理不當？ (3)
(1)職業安全　(2)職業衛生　(3)職業健康　(4)環保。

( ) 95. 有流產病史之孕婦，宜避免相關作業，下列何者爲非？ (3)
(1)避免砷或鉛的暴露　(2)避免每班站立 7 小時以上之作業
(3)避免提舉 3 公斤重物的職務　(4)避免重體力勞動的職務。

( ) 96. 熱中暑時，易發生下列何現象？ (3)
(1)體溫下降　(2)體溫正常　(3)體溫上升　(4)體溫忽高忽低。

( ) 97. 下列何者不會使電路發生過電流？ (4)
(1)電氣設備過載　(2)電路短路　(3)電路漏電　(4)電路斷路。

( ) 98. 下列何者較屬安全、尊嚴的職場組織文化？ (4)
(1)不斷責備勞工
(2)公開在眾人面前長時間責罵勞工
(3)強求勞工執行業務上明顯不必要或不可能之工作
(4)不過度介入勞工私人事宜。

( ) 99. 下列何者與職場母性健康保護較不相關？ (4)
(1)職業安全衛生法
(2)妊娠與分娩後女性及未滿十八歲勞工禁止從事危險性或有害性工作認定標準
(3)性別工作平等法
(4)動力堆高機型式驗證。

( ) 100. 油漆塗裝工程應注意防火防爆事項，以下何者爲非？ (3)
(1)確實通風　(2)注意電氣火花
(3)緊密門窗以減少溶劑擴散揮發　(4)嚴禁煙火。

工作項目② 工作倫理與職業道德

單選題

( ) 1. 下列何者「違反」個人資料保護法？ (4)
(1)公司基於人事管理之特定目的，張貼榮譽榜揭示績優員工姓名
(2)縣市政府提供村里長轄區內符合資格之老人名冊供發放敬老金
(3)網路購物公司為辦理退貨，將客戶之住家地址提供予宅配公司
(4)學校將應屆畢業生之住家地址提供補習班招生使用。

( ) 2. 非公務機關利用個人資料進行行銷時，下列敘述何者「錯誤」？ (1)
(1)若已取得當事人書面同意，當事人即不得拒絕利用其個人資料行銷
(2)於首次行銷時，應提供當事人表示拒絕行銷之方式
(3)當事人表示拒絕接受行銷時，應停止利用其個人資料
(4)倘非公務機關違反「應即停止利用其個人資料行銷」之義務，未於限期內改正者，按次處新臺幣 2 萬元以上 20 萬元以下罰鍰。

( ) 3. 個人資料保護法規定為保護當事人權益，多少位以上的當事人提出告訴，就可以進行團體訴訟？ (1)5 人 (2)10 人 (3)15 人 (4)20 人。 (4)

( ) 4. 關於個人資料保護法之敘述，下列何者「錯誤」？ (2)
(1)公務機關執行法定職務必要範圍內，可以蒐集、處理或利用一般性個人資料
(2)間接蒐集之個人資料，於處理或利用前，不必告知當事人個人資料來源
(3)非公務機關亦應維護個人資料之正確，並主動或依當事人之請求更正或補充
(4)外國學生在臺灣短期進修或留學，也受到我國個人資料保護法的保障。

( ) 5. 下列關於個人資料保護法的敘述，下列敘述何者錯誤？ (2)
(1)不管是否使用電腦處理的個人資料，都受個人資料保護法保護
(2)公務機關依法執行公權力，不受個人資料保護法規範
(3)身分證字號、婚姻、指紋都是個人資料
(4)我的病歷資料雖然是由醫生所撰寫，但也屬於是我的個人資料範圍。

( ) 6. 對於依照個人資料保護法應告知之事項，下列何者不在法定應告知的事項內？ (3)
(1)個人資料利用之期間、地區、對象及方式
(2)蒐集之目的
(3)蒐集機關的負責人姓名
(4)如拒絕提供或提供不正確個人資料將造成之影響。

( ) 7. 請問下列何者非為個人資料保護法第 3 條所規範之當事人權利？ (2)
(1)查詢或請求閱覽 (2)請求刪除他人之資料
(3)請求補充或更正 (4)請求停止蒐集、處理或利用。

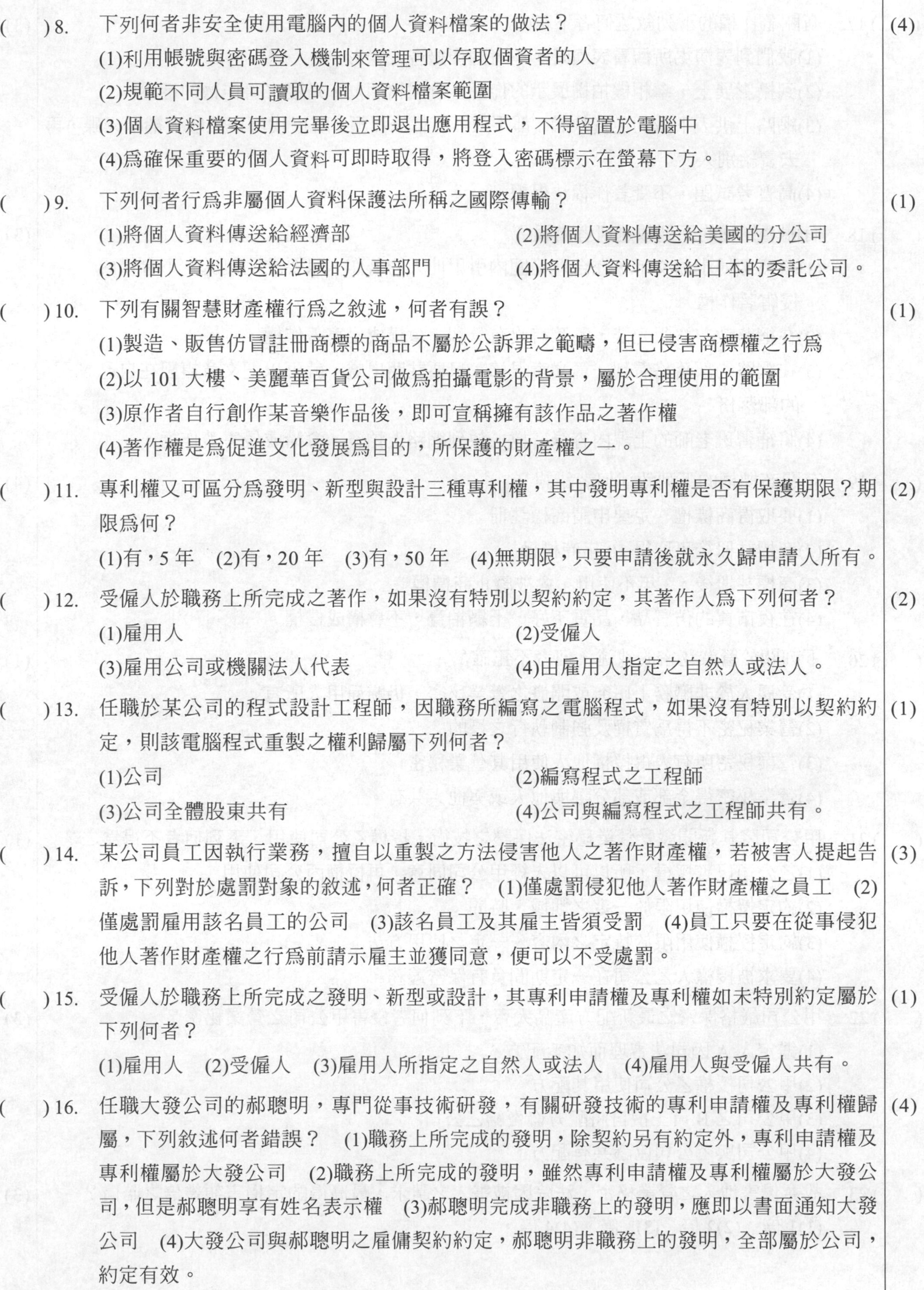

( )8. 下列何者非安全使用電腦內的個人資料檔案的做法？ (4)
(1)利用帳號與密碼登入機制來管理可以存取個資者的人
(2)規範不同人員可讀取的個人資料檔案範圍
(3)個人資料檔案使用完畢後立即退出應用程式，不得留置於電腦中
(4)為確保重要的個人資料可即時取得，將登入密碼標示在螢幕下方。

( )9. 下列何者行為非屬個人資料保護法所稱之國際傳輸？ (1)
(1)將個人資料傳送給經濟部　(2)將個人資料傳送給美國的分公司
(3)將個人資料傳送給法國的人事部門　(4)將個人資料傳送給日本的委託公司。

( )10. 下列有關智慧財產權行為之敘述，何者有誤？ (1)
(1)製造、販售仿冒註冊商標的商品不屬於公訴罪之範疇，但已侵害商標權之行為
(2)以 101 大樓、美麗華百貨公司做為拍攝電影的背景，屬於合理使用的範圍
(3)原作者自行創作某音樂作品後，即可宣稱擁有該作品之著作權
(4)著作權是為促進文化發展為目的，所保護的財產權之一。

( )11. 專利權又可區分為發明、新型與設計三種專利權，其中發明專利權是否有保護期限？期限為何？ (2)
(1)有，5 年　(2)有，20 年　(3)有，50 年　(4)無期限，只要申請後就永久歸申請人所有。

( )12. 受僱人於職務上所完成之著作，如果沒有特別以契約約定，其著作人為下列何者？ (2)
(1)雇用人　(2)受僱人
(3)雇用公司或機關法人代表　(4)由雇用人指定之自然人或法人。

( )13. 任職於某公司的程式設計工程師，因職務所編寫之電腦程式，如果沒有特別以契約約定，則該電腦程式重製之權利歸屬下列何者？ (1)
(1)公司　(2)編寫程式之工程師
(3)公司全體股東共有　(4)公司與編寫程式之工程師共有。

( )14. 某公司員工因執行業務，擅自以重製之方法侵害他人之著作財產權，若被害人提起告訴，下列對於處罰對象的敘述，何者正確？　(1)僅處罰侵犯他人著作財產權之員工　(2)僅處罰雇用該名員工的公司　(3)該名員工及其雇主皆須受罰　(4)員工只要在從事侵犯他人著作財產權之行為前請示雇主並獲同意，便可以不受處罰。 (3)

( )15. 受僱人於職務上所完成之發明、新型或設計，其專利申請權及專利權如未特別約定屬於下列何者？ (1)
(1)雇用人　(2)受僱人　(3)雇用人所指定之自然人或法人　(4)雇用人與受僱人共有。

( )16. 任職大發公司的郝聰明，專門從事技術研發，有關研發技術的專利申請權及專利權歸屬，下列敘述何者錯誤？　(1)職務上所完成的發明，除契約另有約定外，專利申請權及專利權屬於大發公司　(2)職務上所完成的發明，雖然專利申請權及專利權屬於大發公司，但是郝聰明享有姓名表示權　(3)郝聰明完成非職務上的發明，應即以書面通知大發公司　(4)大發公司與郝聰明之雇傭契約約定，郝聰明非職務上的發明，全部屬於公司，約定有效。 (4)

(　) 17. 有關著作權的下列敘述何者不正確？ (3)
(1)我們到表演場所觀看表演時，不可隨便錄音或錄影
(2)到攝影展上，拿相機拍攝展示的作品，分贈給朋友，是侵害著作權的行爲
(3)網路上供人下載的免費軟體，都不受著作權法保護，所以我可以燒成大補帖光碟，再去賣給別人
(4)高普考試題，不受著作權法保護。

(　) 18. 有關著作權的下列敘述何者錯誤？ (3)
(1)撰寫碩博士論文時，在合理範圍內引用他人的著作，只要註明出處，不會構成侵害著作權
(2)在網路散布盜版光碟，不管有沒有營利，會構成侵害著作權
(3)在網路的部落格看到一篇文章很棒，只要註明出處，就可以把文章複製在自己的部落格
(4)將補習班老師的上課內容錄音檔，放到網路上拍賣，會構成侵害著作權。

(　) 19. 有關商標權的下列敘述何者錯誤？ (4)
(1)要取得商標權一定要申請商標註冊
(2)商標註冊後可取得 10 年商標權
(3)商標註冊後，3 年不使用，會被廢止商標權
(4)在夜市買的仿冒品，品質不好，上網拍賣，不會構成侵權。

(　) 20. 下列關於營業秘密的敘述，何者不正確？ (1)
(1)受雇人於非職務上研究或開發之營業秘密，仍歸雇用人所有
(2)營業秘密不得爲質權及強制執行之標的
(3)營業秘密所有人得授權他人使用其營業秘密
(4)營業秘密得全部或部分讓與他人或與他人共有。

(　) 21. 甲公司將其新開發受營業秘密法保護之技術，授權乙公司使用，下列何者不得爲之？ (1)
(1)乙公司已獲授權，所以可以未經甲公司同意，再授權丙公司使用
(2)約定授權使用限於一定之地域、時間
(3)約定授權使用限於特定之內容、一定之使用方法
(4)要求被授權人乙公司在一定期間負有保密義務。

(　) 22. 甲公司嚴格保密之最新配方產品大賣，下列何者侵害甲公司之營業秘密？ (3)
(1)鑑定人 A 因司法審理而知悉配方
(2)甲公司授權乙公司使用其配方
(3)甲公司之 B 員工擅自將配方盜賣給乙公司
(4)甲公司與乙公司協議共有配方。

(　) 23. 故意侵害他人之營業秘密，法院因被害人之請求，最高得酌定損害額幾倍之賠償？ (3)
(1)1 倍　(2)2 倍　(3)3 倍　(4)4 倍。

(　　) 24. 受雇者因承辦業務而知悉營業秘密，在離職後對於該營業秘密的處理方式，下列敘述何者正確？ (4)
(1)聘雇關係解除後便不再負有保障營業秘密之責
(2)僅能自用而不得販售獲取利益
(3)自離職日起 3 年後便不再負有保障營業秘密之責
(4)離職後仍不得洩漏該營業秘密。

(　　) 25. 按照現行法律規定，侵害他人營業秘密，其法律責任為： (3)
(1)僅需負刑事責任
(2)僅需負民事損害賠償責任
(3)刑事責任與民事損害賠償責任皆須負擔
(4)刑事責任與民事損害賠償責任皆不須負擔。

(　　) 26. 企業內部之營業秘密，可以概分為「商業性營業秘密」及「技術性營業秘密」二大類型，請問下列何者屬於「技術性營業秘密」？ (3)
(1)人事管理　(2)經銷據點　(3)產品配方　(4)客戶名單。

(　　) 27. 某離職同事請求在職員工將離職前所製作之某份文件傳送給他，請問下列回應方式何者正確？ (3)
(1)由於該項文件係由該離職員工製作，因此可以傳送文件
(2)若其目的僅為保留檔案備份，便可以傳送文件
(3)可能構成對於營業秘密之侵害，應予拒絕並請他直接向公司提出請求
(4)視彼此交情決定是否傳送文件。

(　　) 28. 行為人以竊取等不正當方法取得營業秘密，下列敘述何者正確？ (1)
(1)已構成犯罪
(2)只要後續沒有洩漏便不構成犯罪
(3)只要後續沒有出現使用之行為便不構成犯罪
(4)只要後續沒有造成所有人之損害便不構成犯罪。

(　　) 29. 針對在我國境內竊取營業秘密後，意圖在外國、中國大陸或港澳地區使用者，營業秘密法是否可以適用？ (3)
(1)無法適用
(2)可以適用，但若屬未遂犯則不罰
(3)可以適用並加重其刑
(4)能否適用需視該國家或地區與我國是否簽訂相互保護營業秘密之條約或協定。

(　　) 30. 所謂營業秘密，係指方法、技術、製程、配方、程式、設計或其他可用於生產、銷售或經營之資訊，但其保障所需符合的要件不包括下列何者？ (4)
(1)因其秘密性而具有實際之經濟價值者　(2)所有人已採取合理之保密措施者
(3)因其秘密性而具有潛在之經濟價值者　(4)一般涉及該類資訊之人所知者。

( ) 31. 因故意或過失而不法侵害他人之營業秘密者，負損害賠償責任該損害賠償之請求權，自請求權人知有行爲及賠償義務人時起，幾年間不行使就會消滅？ (1)
(1)2 年 (2)5 年 (3)7 年 (4)10 年。

( ) 32. 公司負責人爲了要節省開銷，將員工薪資以高報低來投保全民健保及勞保，是觸犯了刑法上之何種罪刑？ (1)詐欺罪 (2)侵占罪 (3)背信罪 (4)工商秘密罪。 (1)

( ) 33. A 受僱於公司擔任會計，因自己的財務陷入危機，多次將公司帳款轉入妻兒戶頭，是觸犯了刑法上之何種罪刑？ (2)
(1)洩漏工商秘密罪 (2)侵占罪 (3)詐欺罪 (4)僞造文書罪。

( ) 34. 某甲於公司擔任業務經理時，未依規定經董事會同意，私自與自己親友之公司訂定生意合約，會觸犯下列何種罪刑？ (1)侵占罪 (2)貪污罪 (3)背信罪 (4)詐欺罪。 (3)

( ) 35. 如果你擔任公司採購的職務，親朋好友們會向你推銷自家的產品，希望你要採購時，你應該 (1)
(1)適時地婉拒，說明利益需要迴避的考量，請他們見諒
(2)既然是親朋好友，就應該互相幫忙
(3)建議親朋好友將產品折扣，折扣部分歸於自己，就會採購
(4)可以暗中地幫忙親朋好友，進行採購，不要被發現有親友關係便可。

( ) 36. 小美是公司的業務經理，有一天巧遇國中同班的死黨小林，發現他是公司的下游廠商老闆。最近小美處理一件公司的招標案件，小林的公司也在其中，私下約小美見面，請求她提供這次招標案的底標，並馬上要給予幾十萬元的前謝金，請問小美該怎麼辦？ (3)
(1)退回錢，並告訴小林都是老朋友，一定會全力幫忙
(2)收下錢，將錢拿出來給單位同事們分紅
(3)應該堅決拒絕，並避免每次見面都與小林談論相關業務問題
(4)朋友一場，給他一個比較接近底標的金額，反正又不是正確的，所以沒關係。

( ) 37. 公司發給每人一台平板電腦提供業務上使用，但是發現根本很少在使用，爲了讓它有效的利用，所以將它拿回家給親人使用，這樣的行爲是 (3)
(1)可以的，這樣就不用花錢買
(2)可以的，反正放在那裡不用它，也是浪費資源
(3)不可以的，因爲這是公司的財產，不能私用
(4)不可以的，因爲使用年限未到，如果年限到報廢了，便可以拿回家。

( ) 38. 公司的車子，假日又沒人使用，你是鑰匙保管者，請問假日可以開出去嗎？ (3)
(1)可以，只要付費加油即可
(2)可以，反正假日不影響公務
(3)不可以，因爲是公司的，並非私人擁有
(4)不可以，應該是讓公司想要使用的員工，輪流使用才可。

(　) 39. 阿哲是財經線的新聞記者，某次採訪中得知 A 公司在一個月內將有一個大的併購案，這個併購案顯示公司的財力，且能讓 A 公司股價往上飆升。請問阿哲得知此消息後，可以立刻購買該公司的股票嗎？ (4)
(1)可以，有錢大家賺
(2)可以，這是我努力獲得的消息
(3)可以，不賺白不賺
(4)不可以，屬於內線消息，必須保持記者之操守，不得洩漏。

(　) 40. 與公務機關接洽業務時，下列敘述何者「正確」？ (4)
(1)沒有要求公務員違背職務，花錢疏通而已，並不違法
(2)唆使公務機關承辦採購人員配合浮報價額，僅屬僞造文書行爲
(3)口頭允諾行賄金額但還沒送錢，尚不構成犯罪
(4)與公務員同謀之共犯，即便不具公務員身分，仍可依據貪污治罪條例處刑。

(　) 41. 與公務機關有業務往來構成職務利害關係者，下列敘述何者「正確」？ (1)
(1)將餽贈之財物請公務員父母代轉，該公務員亦已違反規定
(2)與公務機關承辦人飲宴應酬爲增進基本關係的必要方法
(3)高級茶葉低價售予有利害關係之承辦公務員，有價購行爲就不算違反法規
(4)機關公務員藉子女婚宴廣邀業務往來廠商之行爲，並無不妥。

(　) 42. 廠商某甲承攬公共工程，工程進行期間，甲與其工程人員經常招待該公共工程委辦機關之監工及驗收之公務員喝花酒或招待出國旅遊，下列敘述何者正確？ (4)
(1)公務員若沒有收現金，就沒有罪
(2)只要工程沒有問題，某甲與監工及驗收等相關公務員就沒有犯罪
(3)因爲不是送錢，所以都沒有犯罪
(4)某甲與相關公務員均已涉嫌觸犯貪污治罪條例。

(　) 43. 行（受）賄罪成立要素之一爲具有對價關係，而作爲公務員職務之對價有「賄賂」或「不正利益」，下列何者「不」屬於「賄賂」或「不正利益」？ (1)
(1)開工邀請公務員觀禮　(2)送百貨公司大額禮券
(3)免除債務　(4)招待吃米其林等級之高檔大餐。

(　) 44. 下列有關貪腐的敘述何者錯誤？ (4)
(1)貪腐會危害永續發展和法治　(2)貪腐會破壞民主體制及價值觀
(3)貪腐會破壞倫理道德與正義　(4)貪腐有助降低企業的經營成本。

(　) 45. 下列何者不是設置反貪腐專責機構須具備的必要條件？ (4)
(1)賦予該機構必要的獨立性
(2)使該機構的工作人員行使職權不會受到不當干預
(3)提供該機構必要的資源、專職工作人員及必要培訓
(4)賦予該機構的工作人員有權力可隨時逮捕貪污嫌疑人。

( ) 46. 檢舉人向有偵查權機關或政風機構檢舉貪污瀆職，必須於何時爲之始可能給與獎金？ (2)
(1)犯罪未起訴前　(2)犯罪未發覺前　(3)犯罪未遂前　(4)預備犯罪前。

( ) 47. 檢舉人應以何種方式檢舉貪污瀆職始能核給獎金？ (3)
(1)匿名　(2)委託他人檢舉　(3)以真實姓名檢舉　(4)以他人名義檢舉。

( ) 48. 我國制定何種法律以保護刑事案件之證人，使其勇於出面作證，俾利犯罪之偵查、審判？ (4)
(1)貪污治罪條例　(2)刑事訴訟法　(3)行政程序法　(4)證人保護法。

( ) 49. 下列何者「非」屬公司對於企業社會責任實踐之原則？ (1)
(1)加強個人資料揭露　(2)維護社會公益　(3)發展永續環境　(4)落實公司治理。

( ) 50. 下列何者「不」屬於職業素養的範疇？ (1)
(1)獲利能力　(2)正確的職業價值觀　(3)職業知識技能　(4)良好的職業行爲習慣。

( ) 51. 下列何者符合專業人員的職業道德？ (4)
(1)未經雇主同意，於上班時間從事私人事務　(2)利用雇主的機具設備私自接單生產
(3)未經顧客同意，任意散佈或利用顧客資料　(4)盡力維護雇主及客戶的權益。

( ) 52. 身爲公司員工必須維護公司利益，下列何者是正確的工作態度或行爲？ (4)
(1)將公司逾期的產品更改標籤
(2)施工時以省時、省料爲獲利首要考量，不顧品質
(3)服務時首先考慮公司的利益，然後再考量顧客權益
(4)工作時謹守本分，以積極態度解決問題。

( ) 53. 身爲專業技術工作人士，應以何種認知及態度服務客戶？ (3)
(1)若客戶不瞭解，就儘量減少成本支出，抬高報價
(2)遇到維修問題，儘量拖過保固期
(3)主動告知可能碰到問題及預防方法
(4)隨著個人心情來提供服務的內容及品質。

( ) 54. 因爲工作本身需要高度專業技術及知識，所以在對客戶服務時應如何？ (2)
(1)不用理會顧客的意見
(2)保持親切、真誠、客戶至上的態度
(3)若價錢較低，就敷衍了事
(4)以專業機密爲由，不用對客戶說明及解釋。

( ) 55. 從事專業性工作，在與客戶約定時間應 (2)
(1)保持彈性，任意調整　(2)儘可能準時，依約定時間完成工作
(3)能拖就拖，能改就改　(4)自己方便就好，不必理會客戶的要求。

( ) 56. 從事專業性工作，在服務顧客時應有的態度爲何？ (1)
(1)選擇最安全、經濟及有效的方法完成工作
(2)選擇工時較長、獲利較多的方法服務客戶
(3)爲了降低成本，可以降低安全標準
(4)不必顧及雇主和顧客的立場。

( ) 57. 以下那一項員工的作為符合敬業精神？ (4)
(1)利用正常工作時間從事私人事務 (2)運用雇主的資源，從事個人工作
(3)未經雇主同意擅離工作崗位 (4)謹守職場紀律及禮節，尊重客戶隱私。

( ) 58. 小張獲選為小孩學校的家長會長，這個月要召開會議，沒時間準備資料，所以，利用上班期間有空檔非休息時間來完成，請問是否可以？ (3)
(1)可以，因為不耽誤他的工作
(2)可以，因為他能力好，能夠同時完成很多事
(3)不可以，因為這是私事，不可以利用上班時間完成
(4)可以，只要不要被發現。

( ) 59. 小吳是公司的專用司機，為了能夠隨時用車，經過公司同意，每晚都將公司的車開回家，然而，他發現反正每天上班路線，都要經過女兒學校，就順便載女兒上學，請問可以嗎？ (2)
(1)可以，反正順路 (2)不可以，這是公司的車不能私用
(3)可以，只要不被公司發現即可 (4)可以，要資源須有效使用。

( ) 60. 彥江是職場上的新鮮人，剛進公司不久，他應該具備怎樣的態度 (4)
(1)上班、下班，管好自己便可
(2)仔細觀察公司生態，加入某些小團體，以做為後盾
(3)只要做好人脈關係，這樣以後就好辦事
(4)努力做好自己職掌的業務，樂於工作，與同事之間有良好的互動，相互協助。

( ) 61. 在公司內部行使商務禮儀的過程，主要以參與者在公司中的何種條件來訂定順序？ (4)
(1)年齡 (2)性別 (3)社會地位 (4)職位。

( ) 62. 一位職場新鮮人剛進公司時，良好的工作態度是 (1)
(1)多觀察、多學習，了解企業文化和價值觀
(2)多打聽哪一個部門比較輕鬆，升遷機會較多
(3)多探聽哪一個公司在找人，隨時準備跳槽走人
(4)多遊走各部門認識同事，建立自己的小圈圈。

( ) 63. 根據消除對婦女一切形式歧視公約(CEDAW)，下列何者正確？ (1)
(1)對婦女的歧視指基於性別而作的任何區別、排斥或限制
(2)只關心女性在政治方面的人權和基本自由
(3)未要求政府需消除個人或企業對女性的歧視
(4)傳統習俗應予保護及傳承，即使含有歧視女性的部分，也不可以改變。

( ) 64. 某規範明定地政機關進用女性測量助理名額，不得超過該機關測量助理名額總數二分之一，根據消除對婦女一切形式歧視公約(CEDAW)，下列何者正確？ (1)
(1)限制女性測量助理人數比例，屬於直接歧視
(2)土地測量經常在戶外工作，基於保護女性所作的限制，不屬性別歧視
(3)此項二分之一規定是為促進男女比例平衡
(4)此限制是為確保機關業務順暢推動，並未歧視女性。

(　　) 65. 根據消除對婦女一切形式歧視公約(CEDAW)之間接歧視意涵，下列何者錯誤？ (4)
(1)一項法律、政策、方案或措施表面上對男性和女性無任何歧視，但實際上卻產生歧視女性的效果
(2)察覺間接歧視的一個方法，是善加利用性別統計與性別分析
(3)如果未正視歧視之結構和歷史模式，及忽略男女權力關係之不平等，可能使現有不平等狀況更為惡化
(4)不論在任何情況下，只要以相同方式對待男性和女性，就能避免間接歧視之產生。

(　　) 66. 下列何者「不是」菸害防制法之立法目的？ (4)
(1)防制菸害　(2)保護未成年免於菸害　(3)保護孕婦免於菸害　(4)促進菸品的使用。

(　　) 67. 按菸害防制法規定，對於在禁菸場所吸菸會被罰多少錢？ (1)
(1)新臺幣 2 千元至 1 萬元罰鍰　(2)新臺幣 1 千元至 5 千元罰鍰
(3)新臺幣 1 萬元至 5 萬元罰鍰　(4)新臺幣 2 萬元至 10 萬元罰鍰。

(　　) 68. 請問下列何者「不是」個人資料保護法所定義的個人資料？ (3)
(1)身分證號碼　(2)最高學歷　(3)職稱　(4)護照號碼。

(　　) 69. 有關專利權的敘述，何者正確？ (1)
(1)專利有規定保護年限，當某商品、技術的專利保護年限屆滿，任何人皆可免費運用該項專利
(2)我發明了某項商品，卻被他人搶先申請專利權，我仍可主張擁有這項商品的專利權
(3)製造方法可以申請新型專利權
(4)在本國申請專利之商品進軍國外，不需向他國申請專利權。

(　　) 70. 下列何者行為會有侵害著作權的問題？ (4)
(1)將報導事件事實的新聞文字轉貼於自己的社群網站
(2)直接轉貼高普考考古題在 FACEBOOK
(3)以分享網址的方式轉貼資訊分享於社群網站
(4)將講師的授課內容錄音，複製多份分贈友人。

(　　) 71. 下列有關著作權之概念，何者正確？ (1)
(1)國外學者之著作，可受我國著作權法的保護
(2)公務機關所函頒之公文，受我國著作權法的保護
(3)著作權要待向智慧財產權申請通過後才可主張
(4)以傳達事實之新聞報導的語文著作，依然受著作權之保障。

(　　) 72. 某廠商之商標在我國已經獲准註冊，請問若希望將商品行銷販賣到國外，請問是否需在當地申請註冊才能主張商標權？ (1)
(1)是，因為商標權註冊採取屬地保護原則
(2)否，因為我國申請註冊之商標權在國外也會受到承認
(3)不一定，需視我國是否與商品希望行銷販賣的國家訂有相互商標承認之協定
(4)不一定，需視商品希望行銷販賣的國家是否為 WTO 會員國。

((1)) 73. 下列何者「非」屬於營業秘密？ (1)具廣告性質的不動產交易底價 (2)須授權取得之產品設計或開發流程圖示 (3)公司內部管制的各種計畫方案 (4)不是公開可查知的客戶名單分析資料。

((3)) 74. 營業秘密可分爲「技術機密」與「商業機密」，下列何者屬於「商業機密」？ (1)程式 (2)設計圖 (3)商業策略 (4)生產製程。

((3)) 75. 某甲在公務機關擔任首長，其弟弟乙是某協會的理事長，乙爲舉辦協會活動，決定向甲服務的機關申請經費補助，下列有關利益衝突迴避之敘述，何者正確？ (1)協會是舉辦慈善活動，甲認爲是好事，所以指示機關承辦人補助活動經費 (2)機關未經公開公平方式，私下直接對協會補助活動經費新臺幣 10 萬元 (3)甲應自行迴避該案審查，避免瓜田李下，防止利益衝突 (4)乙爲順利取得補助，應該隱瞞是機關首長甲之弟弟的身分。

((3)) 76. 依公職人員利益衝突迴避法規定，公職人員甲與其小舅子乙（二親等以內的關係人）間，下列何種行爲不違反該法？ (1)甲要求受其監督之機關聘用小舅子乙 (2)小舅子乙以請託關說之方式，請求甲之服務機關通過其名下農地變更使用申請案 (3)關係人乙經政府採購法公開招標程序，並主動在投標文件表明與甲的身分關係，取得甲服務機關之年度採購標案 (4)甲、乙兩人均自認爲人公正，處事坦蕩，任何往來都是清者自清，不需擔心任何問題。

((3)) 77. 大雄擔任公司部門主管，代表公司向公務機關投標，爲使公司順利取得標案，可以向公務機關的採購人員爲以下何種行爲？ (1)爲社交禮俗需要，贈送價值昂貴的名牌手錶作爲見面禮 (2)爲與公務機關間有良好互動，招待至有女陪侍場所飲宴 (3)爲了解招標文件內容，提出招標文件疑義並請說明 (4)爲避免報價錯誤，要求提供底價作爲參考。

((1)) 78. 下列關於政府採購人員之敘述，何者未違反相關規定？ (1)非主動向廠商求取，是偶發地收到廠商致贈價值在新臺幣 500 元以下之廣告物、促銷品、紀念品 (2)要求廠商提供與採購無關之額外服務 (3)利用職務關係向廠商借貸 (4)利用職務關係媒介親友至廠商處所任職。

((4)) 79. 下列何者有誤？ (1)憲法保障言論自由，但散布假新聞、假消息仍須面對法律責任 (2)在網路或 Line 社群網站收到假訊息，可以敘明案情並附加截圖檔，向法務部調查局檢舉 (3)對新聞媒體報導有意見，向國家通訊傳播委員會申訴 (4)自己或他人捏造、扭曲、竄改或虛構的訊息，只要一小部分能證明是眞的，就不會構成假訊息。

((4)) 80. 下列敘述何者正確？ (1)公務機關委託的代檢（代驗）業者，不是公務員，不會觸犯到刑法的罪責 (2)賄賂或不正利益，只限於法定貨幣，給予網路遊戲幣沒有違法的問題 (3)在靠北公務員社群網站，覺得可受公評且匿名發文，就可以謾罵公務機關對特定案件的檢查情形 (4)受公務機關委託辦理案件，除履行採購契約應辦事項外，對於蒐集到的個人資料，也要遵守相關保護及保密規定。

((1)) 81. 下列有關促進參與及預防貪腐的敘述何者錯誤？ (1)我國非聯合國會員國，無須落實聯合國反貪腐公約規定 (2)推動政府部門以外之個人及團體積極參與預防和打擊貪腐 (3)提高決策過程之透明度，並促進公眾在決策過程中發揮作用 (4)對公職人員訂定執行公務之行爲守則或標準。

((2)) 82. 爲建立良好之公司治理制度，公司內部宜納入何種檢舉人制度？
(1)告訴乃論制度　(2)吹哨者（whistleblower）保護程序及保護制度
(3)不告不理制度　(4)非告訴乃論制度。

((4)) 83. 有關公司訂定誠信經營守則時，以下何者不正確？
(1)避免與涉有不誠信行爲者進行交易　(2)防範侵害營業秘密、商標權、專利權、著作權及其他智慧財產權　(3)建立有效之會計制度及內部控制制度　(4)防範檢舉。

((1)) 84. 乘坐轎車時，如有司機駕駛，按照國際乘車禮儀，以司機的方位來看，首位應爲
(1)後排右側　(2)前座右側　(3)後排左側　(4)後排中間。

((4)) 85. 今天好友突然來電，想來個「說走就走的旅行」，因此，無法去上班，下列何者作法不適當？　(1)打電話給主管與人事部門請假　(2)用 LINE 傳訊息給主管，並確認讀取且有回覆　(3)發送 E-MAIL 給主管與人事部門，並收到回覆　(4)什麼都無需做，等公司打電話來卻認後，再告知即可。

((4)) 86. 每天下班回家後，就懶得再出門去買菜，利用上班時間瀏覽線上購物網站，發現有很多限時搶購的便宜商品，還能在下班前就可以送到公司，下班順便帶回家，省掉好多時間，請問下列何者最適當？
(1)可以，又沒離開工作崗位，且能節省時間　(2)可以，還能介紹同事一同團購，省更多的錢，增進同事情誼　(3)不可以，應該把商品寄回家，不是公司　(4)不可以，上班不能從事個人私務，應該等下班後再網路購物。

((4)) 87. 宜樺家中養了一隻貓，由於最近生病，獸醫師建議要有人一直陪牠，這樣會恢復快一點，因爲上班家裡都沒人，所以準備帶牠到辦公室一起上班，請問下列何者最適當？
(1)可以，只要我放在寵物箱，不要影響工作即可　(2)可以，同事們都答應也不反對
(3)可以，雖然貓會發出聲音，大小便有異味，只要處理好不影響工作即可　(4)不可以，建議送至專門機構照護，以免影響工作。

((4)) 88. 根據性別平等工作法，下列何者非屬職場性騷擾？
(1)公司員工執行職務時，客戶對其講黃色笑話，該員工感覺被冒犯　(2)雇主對求職者要求交往，作爲僱用與否之交換條件　(3)公司員工執行職務時，遭到同事以「女人就是沒大腦」性別歧視用語加以辱罵，該員工感覺其人格尊嚴受損　(4)公司員工下班後搭乘捷運，在捷運上遭到其他乘客偷拍。

((4)) 89. 根據性別平等工作法，下列何者非屬職場性別歧視？
(1)雇主考量男性賺錢養家之社會期待，提供男性高於女性之薪資　(2)雇主考量女性以家庭爲重之社會期待，裁員時優先資遣女性　(3)雇主事先與員工約定倘其有懷孕之情事，必須離職　(4)有未滿 2 歲子女之男性員工，也可申請每日六十分鐘的哺乳時間。

((3)) 90. 根據性別平等工作法，有關雇主防治性騷擾之責任與罰則，下列何者錯誤？
(1)僱用受僱者 30 人以上者，應訂定性騷擾防治措施、申訴及懲戒辦法　(2)雇主知悉性騷擾發生時，應採取立即有效之糾正及補救措施　(3)雇主違反應訂定性騷擾防治措施之規定時，處以罰鍰即可，不用公布其姓名　(4)雇主違反應訂定性騷擾申訴管道者，應限期令其改善，屆期未改善者，應按次處罰。

( ) 91. 根據性騷擾防治法，有關性騷擾之責任與罰則，下列何者錯誤？ (1)
(1)對他人為性騷擾者，如果沒有造成他人財產上之損失，就無需負擔金錢賠償之責任 (2)對於因教育、訓練、醫療、公務、業務、求職，受自己監督、照護之人，利用權勢或機會為性騷擾者，得加重科處罰鍰至二分之一 (3)意圖性騷擾，乘人不及抗拒而為親吻、擁抱或觸摸其臀部、胸部或其他身體隱私處之行為者，處 2 年以下有期徒刑、拘役或科或併科 10 萬元以下罰金 (4)對他人為權勢性騷擾以外之性騷擾者，由直轄市、縣（市）主管機關處 1 萬元以上 10 萬元以下罰鍰。

( ) 92. 根據性別平等工作法規範職場性騷擾範疇，下列何者為「非」？ (3)
(1)上班執行職務時，任何人以性要求、具有性意味或性別歧視之言詞或行為，造成敵意性、脅迫性或冒犯性之工作環境 (2)對僱用、求職或執行職務關係受自己指揮、監督之人，利用權勢或機會為性騷擾 (3)下班回家時被陌生人以盯梢、守候、尾隨跟蹤 (4)雇主對受僱者或求職者為明示或暗示之性要求、具有性意味或性別歧視之言詞或行為。

( ) 93. 根據消除對婦女一切形式歧視公約（CEDAW）之直接歧視及間接歧視意涵，下列何者錯誤？ (3)
(1)老闆得知小黃懷孕後，故意將小黃調任薪資待遇較差的工作，意圖使其自行離開職場，小黃老闆的行為是直接歧視 (2)某餐廳於網路上招募外場服務生，條件以未婚年輕女性優先錄取，明顯以性或性別差異為由所實施的差別待遇，為直接歧視 (3)某公司員工值班注意事項排除女性員工參與夜間輪值，是考量女性有人身安全及家庭照顧等需求，為維護女性權益之措施，非直接歧視 (4)某科技公司規定男女員工之加班時數上限及加班費或津貼不同，認為女性能力有限，且無法長時間工作，限制女性獲取薪資及升遷機會，這規定是直接歧視。

( ) 94. 目前菸害防制法規範，「不可販賣菸品」給幾歲以下的人？ (1)
(1)20 (2)19 (3)18 (4)17。

( ) 95. 按菸害防制法規定，下列敘述何者錯誤？ (1)
(1)只有老闆、店員才可以出面勸阻在禁菸場所抽菸的人 (2)任何人都可以出面勸阻在禁菸場所抽菸的人 (3)餐廳、旅館設置室內吸菸室，需經專業技師簽證核可 (4)加油站屬易燃易爆場所，任何人都可以勸阻在禁菸場所抽菸的人。

( ) 96. 關於菸品對人體危害的敘述，下列何者「正確」？ (3)
(1)只要開電風扇、或是抽風機就可以去除菸霧中的有害物質 (2)指定菸品（如：加熱菸）只要通過健康風險評估，就不會危害健康，因此工作時如果想吸菸，就可以在職場拿出來使用 (3)雖然自己不吸菸，同事在旁邊吸菸，就會增加自己得肺癌的機率 (4)只要不將菸吸入肺部，就不會對身體造成傷害。

( ) 97. 職場禁菸的好處不包括 (1)降低吸菸者的菸品使用量，有助於減少吸菸導致的健康危害 (2)避免同事因為被動吸菸而生病 (3)讓吸菸者菸癮降低，戒菸較容易成功 (4)吸菸者不能抽菸會影響工作效率。 (4)

((4)) 98. 大多數的吸菸者都嘗試過戒菸，但是很少自己戒菸成功。吸菸的同事要戒菸，怎樣建議他是無效的？　(1)鼓勵他撥打戒菸專線 0800-63-63-63，取得相關建議與協助　(2)建議他到醫療院所、社區藥局找藥物戒菸　(3)建議他參加醫院或衛生所辦理的戒菸班　(4)戒菸是自己意願的問題，想戒就可以戒了不用尋求協助。

((2)) 99. 禁菸場所負責人未於場所入口處設置明顯禁菸標示，要罰該場所負責人多少元？　(1)2 千-1 萬　(2)1 萬-5 萬　(3)1 萬-25 萬　(4)20 萬-100 萬。

((3)) 100. 目前電子煙是非法的，下列對電子煙的敘述，何者錯誤？
(1)跟吸菸一樣會成癮　(2)會有爆炸危險
(3)沒有燃燒的菸草，不會造成身體傷害　(4)可能造成嚴重肺損傷。

工作項目③　環境保護

單選題

( ) 1. 世界環境日是在每一年的那一日？ (1)
(1)6 月 5 日　(2)4 月 10 日　(3)3 月 8 日　(4)11 月 12 日。

( ) 2. 2015 年巴黎協議之目的爲何？ (3)
(1)避免臭氧層破壞　(2)減少持久性污染物排放
(3)遏阻全球暖化趨勢　(4)生物多樣性保育。

( ) 3. 下列何者爲環境保護的正確作爲？ (3)
(1)多吃肉少蔬食　(2)自己開車不共乘　(3)鐵馬步行　(4)不隨手關燈。

( ) 4. 下列何種行爲對生態環境會造成較大的衝擊？ (2)
(1)種植原生樹木　(2)引進外來物種　(3)設立國家公園　(4)設立自然保護區。

( ) 5. 下列哪一種飲食習慣能減碳抗暖化？ (2)
(1)多吃速食　(2)多吃天然蔬果　(3)多吃牛肉　(4)多選擇吃到飽的餐館。

( ) 6. 飼主遛狗時，其狗在道路或其他公共場所便溺時，下列何者應優先負清除責任？ (1)
(1)主人　(2)清潔隊　(3)警察　(4)土地所有權人。

( ) 7. 外食自備餐具是落實綠色消費的哪一項表現？ (1)
(1)重複使用　(2)回收再生　(3)環保選購　(4)降低成本。

( ) 8. 再生能源一般是指可永續利用之能源，主要包括哪些：A.化石燃料 B.風力 C.太陽能 D.水力？ (1)ACD　(2)BCD　(3)ABD　(4)ABCD。 (2)

( ) 9. 依環境基本法第 3 條規定，基於國家長期利益，經濟、科技及社會發展均應兼顧環境保護。但如果經濟、科技及社會發展對環境有嚴重不良影響或有危害時，應以何者優先？ (4)
(1)經濟　(2)科技　(3)社會　(4)環境。

( ) 10. 森林面積的減少甚至消失可能導致哪些影響：A.水資源減少 B.減緩全球暖化 C.加劇全球暖化 D.降低生物多樣性？ (1)ACD　(2)BCD　(3)ABD　(4)ABCD。 (1)

( ) 11. 塑膠爲海洋生態的殺手，所以政府推動「無塑海洋」政策，下列何項不是減少塑膠危害海洋生態的重要措施？ (3)
(1)擴大禁止免費供應塑膠袋
(2)禁止製造、進口及販售含塑膠柔珠的清潔用品
(3)定期進行海水水質監測
(4)淨灘、淨海。

( ) 12. 違反環境保護法律或自治條例之行政法上義務，經處分機關處停工、停業處分或處新臺幣五千元以上罰鍰者，應接受下列何種講習？ (2)
(1)道路交通安全講習　(2)環境講習　(3)衛生講習　(4)消防講習。

( ) 13. 下列何者爲環保標章？ (1)

(1) (2) (3) (4) 。

( ) 14. 「聖嬰現象」是指哪一區域的溫度異常升高？ (2)

(1)西太平洋表層海水 (2)東太平洋表層海水

(3)西印度洋表層海水 (4)東印度洋表層海水。

( ) 15. 「酸雨」定義爲雨水酸鹼値達多少以下時稱之？ (1)5.0 (2)6.0 (3)7.0 (4)8.0。 (1)

( ) 16. 一般而言，水中溶氧量隨水溫之上升而呈下列哪一種趨勢？ (2)

(1)增加 (2)減少 (3)不變 (4)不一定。

( ) 17. 二手菸中包含多種危害人體的化學物質，甚至多種物質有致癌性，會危害到下列何者的健康？ (4)

(1)只對 12 歲以下孩童有影響 (2)只對孕婦比較有影響

(3)只有 65 歲以上之民眾有影響 (4)全民皆有影響。

( ) 18. 二氧化碳和其他溫室氣體含量增加是造成全球暖化的主因之一，下列何種飲食方式也能降低碳排放量，對環境保護做出貢獻：A.少吃肉，多吃蔬菜；B.玉米產量減少時，購買玉米罐頭食用；C.選擇當地食材；D.使用免洗餐具，減少清洗用水與清潔劑？ (2)

(1)AB (2)AC (3)AD (4)ACD。

( ) 19. 上下班的交通方式有很多種，其中包括：A.騎腳踏車；B.搭乘大眾交通工具；C.自行開車，請將前述幾種交通方式之單位排碳量由少至多之排列方式爲何？ (1)

(1)ABC (2)ACB (3)BAC (4)CBA。

( ) 20. 下列何者「不是」室內空氣污染源？ (3)

(1)建材 (2)辦公室事務機 (3)廢紙回收箱 (4)油漆及塗料。

( ) 21. 下列何者不是自來水消毒採用的方式？ (4)

(1)加入臭氧 (2)加入氯氣 (3)紫外線消毒 (4)加入二氧化碳。

( ) 22. 下列何者不是造成全球暖化的元凶？ (4)

(1)汽機車排放的廢氣 (2)工廠所排放的廢氣

(3)火力發電廠所排放的廢氣 (4)種植樹木。

( ) 23. 下列何者不是造成臺灣水資源減少的主要因素？ (2)

(1)超抽地下水 (2)雨水酸化 (3)水庫淤積 (4)濫用水資源。

( ) 24. 下列何者是海洋受污染的現象？ (1)

(1)形成紅潮 (2)形成黑潮 (3)溫室效應 (4)臭氧層破洞。

( ) 25. 水中生化需氧量(BOD)愈高，其所代表的意義爲下列何者？ (2)

(1)水爲硬水 (2)有機污染物多 (3)水質偏酸 (4)分解污染物時不需消耗太多氧。

( ) 26. 下列何者是酸雨對環境的影響？ (1)
(1)湖泊水質酸化　(2)增加森林生長速度
(3)土壤肥沃　(4)增加水生動物種類。

( ) 27. 下列那一項水質濃度降低會導致河川魚類大量死亡？ (2)
(1)氨氮　(2)溶氧　(3)二氧化碳　(4)生化需氧量。

( ) 28. 下列何種生活小習慣的改變可減少細懸浮微粒(PM2.5)排放，共同為改善空氣品質盡一份心力？ (1)
(1)少吃燒烤食物　(2)使用吸塵器　(3)養成運動習慣　(4)每天喝 500cc 的水。

( ) 29. 下列哪種措施不能用來降低空氣污染？ (4)
(1)汽機車強制定期排氣檢測　(2)汰換老舊柴油車
(3)禁止露天燃燒稻草　(4)汽機車加裝消音器。

( ) 30. 大氣層中臭氧層有何作用？ (3)
(1)保持溫度　(2)對流最旺盛的區域
(3)吸收紫外線　(4)造成光害。

( ) 31. 小李具有乙級廢水專責人員證照，某工廠希望以高價租用證照的方式合作，請問下列何者正確？　(1)這是違法行為　(2)互蒙其利　(3)價錢合理即可　(4)經環保局同意即可。 (1)

( ) 32. 可藉由下列何者改善河川水質且兼具提供動植物良好棲地環境？ (2)
(1)運動公園　(2)人工溼地　(3)滯洪池　(4)水庫。

( ) 33. 台灣自來水之水源主要取自 (2)
(1)海洋的水　(2)河川或水庫的水　(3)綠洲的水　(4)灌溉渠道的水。

( ) 34. 目前市面清潔劑均會強調「無磷」，是因為含磷的清潔劑使用後，若廢水排至河川或湖泊等水域會造成甚麼影響？　(1)綠牡蠣　(2)優養化　(3)秘雕魚　(4)烏腳病。 (2)

( ) 35. 冰箱在廢棄回收時應特別注意哪一項物質，以避免逸散至大氣中造成臭氧層的破壞？ (1)
(1)冷媒　(2)甲醛　(3)汞　(4)苯。

( ) 36. 下列何者不是噪音的危害所造成的現象？ (1)
(1)精神很集中　(2)煩躁、失眠　(3)緊張、焦慮　(4)工作效率低落。

( ) 37. 我國移動污染源空氣污染防制費的徵收機制為何？ (2)
(1)依車輛里程數計費　(2)隨油品銷售徵收
(3)依牌照徵收　(4)依照排氣量徵收。

( ) 38. 室內裝潢時，若不謹慎選擇建材，將會逸散出氣狀污染物。其中會刺激皮膚、眼、鼻和呼吸道，也是致癌物質，可能為下列哪一種污染物？ (2)
(1)臭氧　(2)甲醛　(3)氟氯碳化合物　(4)二氧化碳。

( ) 39. 高速公路旁常見有農田違法焚燒稻草，除易產生濃煙影響行車安全外，也會產生下列何種空氣污染物對人體健康造成不良的作用？ (1)
(1)懸浮微粒　(2)二氧化碳(CO_2)　(3)臭氧(O_3)　(4)沼氣。

( ) 40. 都市中常產生的「熱島效應」會造成何種影響？ (2)
(1)增加降雨　(2)空氣污染物不易擴散　(3)空氣污染物易擴散　(4)溫度降低。

( ) 41. 下列何者不是藉由蚊蟲傳染的疾病？ (4)
(1)日本腦炎　(2)瘧疾　(3)登革熱　(4)痢疾。

( ) 42. 下列何者非屬資源回收分類項目中「廢紙類」的回收物？ (4)
(1)報紙　(2)雜誌　(3)紙袋　(4)用過的衛生紙。

( ) 43. 下列何者對飲用瓶裝水之形容是正確的：A.飲用後之寶特瓶容器為地球增加了一個廢棄物；B.運送瓶裝水時卡車會排放空氣污染物；C.瓶裝水一定比經煮沸之自來水安全衛生？　(1)AB　(2)BC　(3)AC　(4)ABC。 (1)

( ) 44. 下列哪一項是我們在家中常見的環境衛生用藥？ (2)
(1)體香劑　(2)殺蟲劑　(3)洗滌劑　(4)乾燥劑。

( ) 45. 下列哪一種是公告應回收廢棄物中的容器類：A.廢鋁箔包 B.廢紙容器 C.寶特瓶？ (1)
(1)ABC　(2)AC　(3)BC　(4)C。

( ) 46. 小明拿到「垃圾強制分類」的宣導海報，標語寫著「分 3 類，好 OK」，標語中的分 3 類是指家戶日常生活中產生的垃圾可以區分哪三類？ (4)
(1)資源垃圾、廚餘、事業廢棄物　(2)資源垃圾、一般廢棄物、事業廢棄物
(3)一般廢棄物、事業廢棄物、放射性廢棄物　(4)資源垃圾、廚餘、一般垃圾。

( ) 47. 家裡有過期的藥品，請問這些藥品要如何處理？ (2)
(1)倒入馬桶沖掉　(2)交由藥局回收　(3)繼續服用　(4)送給相同疾病的朋友。

( ) 48. 台灣西部海岸曾發生的綠牡蠣事件是與下列何種物質污染水體有關？ (2)
(1)汞　(2)銅　(3)磷　(4)鎘。

( ) 49. 在生物鏈越上端的物種其體內累積持久性有機污染物(POPs)濃度將越高，危害性也將越大，這是說明 POPs 具有下列何種特性？ (4)
(1)持久性　(2)半揮發性　(3)高毒性　(4)生物累積性。

( ) 50. 有關小黑蚊敘述下列何者為非？ (3)
(1)活動時間以中午十二點到下午三點為活動高峰期
(2)小黑蚊的幼蟲以腐植質、青苔和藻類為食
(3)無論雄性或雌性皆會吸食哺乳類動物血液
(4)多存在竹林、灌木叢、雜草叢、果園等邊緣地帶等處。

( ) 51. 利用垃圾焚化廠處理垃圾的最主要優點為何？ (1)
(1)減少處理後的垃圾體積　(2)去除垃圾中所有毒物
(3)減少空氣污染　(4)減少處理垃圾的程序。

( ) 52. 利用豬隻的排泄物當燃料發電，是屬於下列那一種能源？ (3)
(1)地熱能　(2)太陽能　(3)生質能　(4)核能。

(　　) 53. 每個人日常生活皆會產生垃圾，下列何種處理垃圾的觀念與方式是不正確的？(1)垃圾分類，使資源回收再利用　(2)所有垃圾皆掩埋處理，垃圾將會自然分解　(3)廚餘回收堆肥後製成肥料　(4)可燃性垃圾經焚化燃燒可有效減少垃圾體積。 (2)

(　　) 54. 防治蚊蟲最好的方法是 (2)
(1)使用殺蟲劑　(2)清除孳生源　(3)網子捕捉　(4)拍打。

(　　) 55. 室內裝修業者承攬裝修工程，工程中所產生的廢棄物應該如何處理？ (1)
(1)委託合法清除機構清運　(2)倒在偏遠山坡地
(3)河岸邊掩埋　(4)交給清潔隊垃圾車。

(　　) 56. 若使用後的廢電池未經回收，直接廢棄所含重金屬物質曝露於環境中可能產生那些影響？A.地下水污染、B.對人體產生中毒等不良作用、C.對生物產生重金屬累積及濃縮作用、D.造成優養化　(1)ABC　(2)ABCD　(3)ACD　(4)BCD。 (1)

(　　) 57. 那一種家庭廢棄物可用來作為製造肥皂的主要原料？ (3)
(1)食醋　(2)果皮　(3)回鍋油　(4)熟廚餘。

(　　) 58. 世紀之毒「戴奧辛」主要透過何者方式進入人體？ (3)
(1)透過觸摸　(2)透過呼吸　(3)透過飲食　(4)透過雨水。

(　　) 59. 臺灣地狹人稠，垃圾處理一直是不易解決的問題，下列何種是較佳的因應對策？ (1)
(1)垃圾分類資源回收　(2)蓋焚化廠　(3)運至國外處理　(4)向海爭地掩埋。

(　　) 60. 購買下列哪一種商品對環境比較友善？ (3)
(1)用過即丟的商品　(2)一次性的產品　(3)材質可以回收的商品　(4)過度包裝的商品。

(　　) 61. 下列何項法規的立法目的為預防及減輕開發行為對環境造成不良影響，藉以達成環境保護之目的？ (2)
(1)公害糾紛處理法　(2)環境影響評估法　(3)環境基本法　(4)環境教育法。

(　　) 62. 下列何種開發行為若對環境有不良影響之虞者，應實施環境影響評估：A.開發科學園區；B.新建捷運工程；C.採礦。　(1)AB　(2)BC　(3)AC　(4)ABC。 (4)

(　　) 63. 主管機關審查環境影響說明書或評估書，如認為已足以判斷未對環境有重大影響之虞，作成之審查結論可能為下列何者？ (1)
(1)通過環境影響評估審查　(2)應繼續進行第二階段環境影響評估
(3)認定不應開發　(4)補充修正資料再審。

(　　) 64. 依環境影響評估法規定，對環境有重大影響之虞的開發行為應繼續進行第二階段環境影響評估，下列何者不是上述對環境有重大影響之虞或應進行第二階段環境影響評估的決定方式？ (4)
(1)明訂開發行為及規模　(2)環評委員會審查認定
(3)自願進行　(4)有民眾或團體抗爭。

(　　) 65. 依環境教育法，環境教育之戶外學習應選擇何地點辦理？ (2)
(1)遊樂園　(2)環境教育設施或場所
(3)森林遊樂區　(4)海洋世界

( ) 66. 依環境影響評估法規定，環境影響評估審查委員會審查環境影響說明書，認定下列對環境有重大影響之虞者，應繼續進行第二階段環境影響評估，下列何者非屬對環境有重大影響之虞者？ (2)
(1)對保育類動植物之棲息生存有顯著不利之影響
(2)對國家經濟有顯著不利之影響
(3)對國民健康有顯著不利之影響
(4)對其他國家之環境有顯著不利之影響。

( ) 67. 依環境影響評估法規定，第二階段環境影響評估，目的事業主管機關應舉行下列何種會議？ (1)說明會 (2)聽證會 (3)辯論會 (4)公聽會 (4)

( ) 68. 開發單位申請變更環境影響說明書、評估書內容或審查結論，符合下列哪一情形，得檢附變更內容對照表辦理？ (3)
(1)既有設備提昇產能而污染總量增加在百分之十以下
(2)降低環境保護設施處理等級或效率
(3)環境監測計畫變更
(4)開發行爲規模增加未超過百分之五。

( ) 69. 開發單位變更原申請內容有下列哪一情形，無須就申請變更部分，重新辦理環境影響評估？ (1)
(1)不降低環保設施之處理等級或效率 (2)規模擴增百分之十以上 (3)對環境品質之維護有不利影響 (4)土地使用之變更涉及原規劃之保護區。

( ) 70. 工廠或交通工具排放空氣污染物之檢查，下列何者錯誤？ (2)
(1)依中央主管機關規定之方法使用儀器進行檢查
(2)檢查人員以嗅覺進行氨氣濃度之判定
(3)檢查人員以嗅覺進行異味濃度之判定
(4)檢查人員以肉眼進行粒狀污染物排放濃度之判定。

( ) 71. 下列對於空氣污染物排放標準之敘述，何者正確：A.排放標準由中央主管機關訂定；B.所有行業之排放標準皆相同？ (1)僅 A (2)僅 B (3)AB 皆正確 (4)AB 皆錯誤。 (1)

( ) 72. 下列對於細懸浮微粒($PM_{2.5}$)之敘述何者正確：A.空氣品質測站中自動監測儀所測得之數值若高於空氣品質標準，即判定爲不符合空氣品質標準；B.濃度監測之標準方法爲中央主管機關公告之手動檢測方法；C.空氣品質標準之年平均值爲 15μg/m^3？ (2)
(1)僅 AB (2)僅 BC (3)僅 AC (4)ABC 皆正確。

( ) 73. 機車爲空氣污染物之主要排放來源之一，下列何者可降低空氣污染物之排放量：A.將四行程機車全面汰換成二行程機車；B.推廣電動機車；C.降低汽油中之硫含量？ (2)
(1)僅 AB (2)僅 BC (3)僅 AC (4)ABC 皆正確。

( ) 74. 公眾聚集量大且滯留時間長之場所，經公告應設置自動監測設施，其應量測之室內空氣污染物項目爲何？ (1)二氧化碳 (2)一氧化碳 (3)臭氧 (4)甲醛。 (1)

( ) 75. 空氣污染源依排放特性分爲固定污染源及移動污染源，下列何者屬於移動污染源？ (3)
(1)焚化廠 (2)石化廠 (3)機車 (4)煉鋼廠。

( ) 76. 我國汽機車移動污染源空氣污染防制費的徵收機制為何？ (3)
(1)依牌照徵收　(2)隨水費徵收　(3)隨油品銷售徵收　(4)購車時徵收

( ) 77. 細懸浮微粒($PM_{2.5}$)除了來自於污染源直接排放外，亦可能經由下列哪一種反應產生？　(1)光合作用　(2)酸鹼中和　(3)厭氧作用　(4)光化學反應。 (4)

( ) 78. 我國固定污染源空氣污染防制費以何種方式徵收？ (4)
(1)依營業額徵收　(2)隨使用原料徵收
(3)按工廠面積徵收　(4)依排放污染物之種類及數量徵收。

( ) 79. 在不妨害水體正常用途情況下，水體所能涵容污染物之量稱為 (1)
(1)涵容能力　(2)放流能力　(3)運轉能力　(4)消化能力。

( ) 80. 水污染防治法中所稱地面水體不包括下列何者？ (4)
(1)河川　(2)海洋　(3)灌溉渠道　(4)地下水。

( ) 81. 下列何者不是主管機關設置水質監測站採樣的項目？ (4)
(1)水溫　(2)氫離子濃度指數　(3)溶氧量　(4)顏色。

( ) 82. 事業、污水下水道系統及建築物污水處理設施之廢（污）水處理，其產生之污泥，依規定應作何處理？ (1)
(1)應妥善處理，不得任意放置或棄置　(2)可作為農業肥料
(3)可作為建築土方　(4)得交由清潔隊處理。

( ) 83. 依水污染防治法，事業排放廢(污)水於地面水體者，應符合下列哪一標準之規定？ (2)
(1)下水水質標準　(2)放流水標準　(3)水體分類水質標準　(4)土壤處理標準。

( ) 84. 放流水標準，依水污染防治法應由何機關定之：A.中央主管機關；B.中央主管機關會同相關目的事業主管機關；C.中央主管機關會商相關目的事業主管機關？ (3)
(1)僅 A　(2)僅 B　(3)僅 C　(4)ABC。

( ) 85. 對於噪音之量測，下列何者錯誤？ (1)
(1)可於下雨時測量
(2)風速大於每秒 5 公尺時不可量測
(3)聲音感應器應置於離地面或樓板延伸線 1.2 至 1.5 公尺之間
(4)測量低頻噪音時，僅限於室內地點測量，非於戶外量測

( ) 86. 下列對於噪音管制法之規定何者敘述錯誤？ (4)
(1)噪音指超過管制標準之聲音
(2)環保局得視噪音狀況劃定公告噪音管制區
(3)人民得向主管機關檢舉使用中機動車輛噪音妨害安寧情形
(4)使用經校正合格之噪音計皆可執行噪音管制法規定之檢驗測定。

( ) 87. 製造非持續性但卻妨害安寧之聲音者，由下列何單位依法進行處理？ (1)
(1)警察局　(2)環保局　(3)社會局　(4)消防局

( ) 88. 廢棄物、剩餘土石方清除機具應隨車持有證明文件且應載明廢棄物、剩餘土石方之：A 產生源；B 處理地點；C 清除公司　(1)僅 AB　(2)僅 BC　(3)僅 AC　(4)ABC 皆是。 (1)

( ) 89. 從事廢棄物清除、處理業務者，應向直轄市、縣（市）主管機關或中央主管機關委託之機關取得何種文件後，始得受託清除、處理廢棄物業務？ (1)
(1)公民營廢棄物清除處理機構許可文件 (2)運輸車輛駕駛證明
(3)運輸車輛購買證明 (4)公司財務證明。

( ) 90. 在何種情形下，禁止輸入事業廢棄物：A.對國內廢棄物處理有妨礙；B.可直接固化處理、掩埋、焚化或海拋；C.於國內無法妥善清理？ (1)僅 A (2)僅 B (3)僅 C (4)ABC。 (4)

( ) 91. 毒性化學物質因洩漏、化學反應或其他突發事故而污染運作場所周界外之環境，運作人應立即採取緊急防治措施，並至遲於多久時間內，報知直轄市、縣（市）主管機關？ (4)
(1)1 小時 (2)2 小時 (3)4 小時 (4)30 分鐘。

( ) 92. 下列何種物質或物品，受毒性及關注化學物質管理法之管制？ (4)
(1)製造醫藥之靈丹 (2)製造農藥之蓋普丹
(3)含汞之日光燈 (4)使用青石綿製造石綿瓦

( ) 93. 下列何行爲不是土壤及地下水污染整治法所指污染行爲人之作爲？ (4)
(1)洩漏或棄置污染物
(2)非法排放或灌注污染物
(3)仲介或容許洩漏、棄置、非法排放或灌注污染物
(4)依法令規定清理污染物

( ) 94. 依土壤及地下水污染整治法規定，進行土壤、底泥及地下水污染調查、整治及提供、檢具土壤及地下水污染檢測資料時，其土壤、底泥及地下水污染物檢驗測定，應委託何單位辦理？ (1)經中央主管機關許可之檢測機構 (2)大專院校 (3)政府機關 (4)自行檢驗。 (1)

( ) 95. 爲解決環境保護與經濟發展的衝突與矛盾，1992 年聯合國環境發展大會（UN Conferenceon Environmentand Development, UNCED）制定通過： (3)
(1)日內瓦公約 (2)蒙特婁公約 (3)21 世紀議程 (4)京都議定書。

( ) 96. 一般而言，下列那一個防治策略是屬經濟誘因策略？ (1)
(1)可轉換排放許可交易 (2)許可證制度 (3)放流水標準 (4)環境品質標準

( ) 97. 對溫室氣體管制之「無悔政策」係指： (1)減輕溫室氣體效應之同時，仍可獲致社會效益 (2)全世界各國同時進行溫室氣體減量 (3)各類溫室氣體均有相同之減量邊際成本 (4)持續研究溫室氣體對全球氣候變遷之科學證據。 (1)

( ) 98. 一般家庭垃圾在進行衛生掩埋後，會經由細菌的分解而產生甲烷氣，請問甲烷氣對大氣危機中哪一些效應具有影響力？ (3)
(1)臭氧層破壞 (2)酸雨 (3)溫室效應 (4)煙霧（smog）效應。

( ) 99. 下列國際環保公約，何者限制各國進行野生動植物交易，以保護瀕臨絕種的野生動植物？ (1)華盛頓公約 (2)巴塞爾公約 (3)蒙特婁議定書 (4)氣候變化綱要公約。 (1)

( ) 100. 因人類活動導致「哪些營養物」過量排入海洋，造成沿海赤潮頻繁發生，破壞了紅樹林、珊瑚礁、海草，亦使魚蝦銳減，漁業損失慘重？ (2)
(1)碳及磷 (2)氮及磷 (3)氮及氯 (4)氯及鎂。

工作項目④ 節能減碳

單選題

(　) 1. 依經濟部能源署「指定能源用戶應遵行之節約能源規定」，在正常使用條件下，公眾出入之場所其室內冷氣溫度平均值不得低於攝氏幾度？ (1)26 (2)25 (3)24 (4)22。 (1)

(　) 2. 下列何者為節能標章？ (2)

(1) (2) (3) (4) 。

(　) 3. 下列產業中耗能佔比最大的產業為 (4)

(1)服務業 (2)公用事業 (3)農林漁牧業 (4)能源密集產業。

(　) 4. 下列何者「不是」節省能源的做法？ (1)

(1)電冰箱溫度長時間設定在強冷或急冷

(2)影印機當 15 分鐘無人使用時，自動進入省電模式

(3)電視機勿背著窗戶，並避免太陽直射

(4)短程不開汽車，以儘量搭乘公車、騎單車或步行為宜。

(　) 5. 經濟部能源署的能源效率標示分為幾個等級？ (1)1 (2)3 (3)5 (4)7。 (3)

(　) 6. 溫室氣體排放量：指自排放源排出之各種溫室氣體量乘以各該物質溫暖化潛勢所得之合計量，以 (2)

(1)氧化亞氮(N_2O) (2)二氧化碳(CO_2) (3)甲烷(CH_4) (4)六氟化硫(SF_6)當量表示。

(　) 7. 國家溫室氣體長期減量目標為中華民國 139 年(西元 2050 年)溫室氣體排放量降為中華民國 94 年溫室氣體排放量的百分之多少以下？ (1)20 (2)30 (3)40 (4)50。 (4)

(　) 8. 溫室氣體減量及管理法所稱主管機關，在中央為下列何單位？ (2)

(1)經濟部能源署 (2)環境部 (3)國家發展委員會 (4)衛生福利部。

(　) 9. 溫室氣體減量及管理法中所稱：一單位之排放額度相當於允許排放多少的二氧化碳當量 (3)

(1)1 公斤 (2)1 立方米 (3)1 公噸 (4)1 公升之二氧化碳當量。

(　) 10. 下列何者「不是」全球暖化帶來的影響？ (3)

(1)洪水 (2)熱浪 (3)地震 (4)旱災。

(　) 11. 下列何種方法無法減少二氧化碳？ (1)

(1)想吃多少儘量點，剩下可當廚餘回收

(2)選購當地、當季食材，減少運輸碳足跡

(3)多吃蔬菜，少吃肉

(4)自備杯筷，減少免洗用具垃圾量。

(　) 12. 下列何者不會減少溫室氣體的排放？ (3)

(1)減少使用煤、石油等化石燃料　(2)大量植樹造林，禁止亂砍亂伐

(3)增高燃煤氣體排放的煙囪　(4)開發太陽能、水能等新能源。

(　　) 13. 關於綠色採購的敘述，下列何者錯誤？ (4)
(1)採購由回收材料所製造之物品
(2)採購的產品對環境及人類健康有最小的傷害性
(3)選購對環境傷害較少、污染程度較低的產品
(4)以精美包裝爲主要首選。

(　　) 14. 一旦大氣中的二氧化碳含量增加，會引起那一種後果？ (1)
(1)溫室效應惡化　(2)臭氧層破洞　(3)冰期來臨　(4)海平面下降。

(　　) 15. 關於建築中常用的金屬玻璃帷幕牆，下列敘述何者正確？ (3)
(1)玻璃帷幕牆的使用能節省室內空調使用
(2)玻璃帷幕牆適用於臺灣，讓夏天的室內產生溫暖的感覺
(3)在溫度高的國家，建築物使用金屬玻璃帷幕會造成日照輻射熱，產生室內「溫室效應」
(4)臺灣的氣候濕熱，特別適合在大樓以金屬玻璃帷幕作爲建材。

(　　) 16. 下列何者不是能源之類型？　(1)電力　(2)壓縮空氣　(3)蒸汽　(4)熱傳。 (4)

(　　) 17. 我國已制定能源管理系統標準爲 (1)
(1)CNS 50001　(2)CNS 12681　(3)CNS 14001　(4)CNS 22000。

(　　) 18. 台灣電力股份有限公司所謂的三段式時間電價於夏月平日(非週六日)之尖峰用電時段爲何？　(1)9：00~16：00　(2)9：00~24：00　(3)6：00~11：00　(4)16：00~22：00。 (4)

(　　) 19. 基於節能減碳的目標，下列何種光源發光效率最低，不鼓勵使用？ (1)
(1)白熾燈泡　(2)LED 燈泡　(3)省電燈泡　(4)螢光燈管。

(　　) 20. 下列的能源效率分級標示，哪一項較省電？ (1)
(1)1　(2)2　(3)3　(4)4。

(　　) 21. 下列何者「不是」目前台灣主要的發電方式？ (4)
(1)燃煤　(2)燃氣　(3)水力　(4)地熱。

(　　) 22. 有關延長線及電線的使用，下列敘述何者錯誤？ (2)
(1)拔下延長線插頭時，應手握插頭取下
(2)使用中之延長線如有異味產生，屬正常現象不須理會
(3)應避開火源，以免外覆塑膠熔解，致使用時造成短路
(4)使用老舊之延長線，容易造成短路、漏電或觸電等危險情形，應立即更換。

(　　) 23. 有關觸電的處理方式，下列敘述何者錯誤？ (1)
(1)立即將觸電者拉離現場　(2)把電源開關關閉
(3)通知救護人員　(4)使用絕緣的裝備來移除電源。

(　　) 24. 目前電費單中，係以「度」爲收費依據，請問下列何者爲其單位？ (2)
(1)kW　(2)kWh　(3)kJ　(4)kJh。

(　　) 25. 依據台灣電力公司三段式時間電價(尖峰、半尖峰及離峰時段)的規定，請問哪個時段電價最便宜？　(1)尖峰時段　(2)夏月半尖峰時段　(3)非夏月半尖峰時段　(4)離峰時段。 (4)

( ) 26. 當用電設備遭遇電源不足或輸配電設備受限制時，導致用戶暫停或減少用電的情形，常以下列何者名稱出現？ (2)

(1)停電　(2)限電　(3)斷電　(4)配電。

( ) 27. 照明控制可以達到節能與省電費的好處，下列何種方法最適合一般住宅社區兼顧節能、經濟性與實際照明需求？ (2)

(1)加裝 DALI 全自動控制系統

(2)走廊與地下停車場選用紅外線感應控制電燈

(3)全面調低照明需求

(4)晚上關閉所有公共區域的照明。

( ) 28. 上班性質的商辦大樓爲了降低尖峰時段用電，下列何者是錯的？ (2)

(1)使用儲冰式空調系統減少白天空調用電需求

(2)白天有陽光照明，所以白天可以將照明設備全關掉

(3)汰換老舊電梯馬達並使用變頻控制

(4)電梯設定隔層停止控制，減少頻繁啓動。

( ) 29. 爲了節能與降低電費的需求，應該如何正確選用家電產品？ (2)

(1)選用高功率的產品效率較高

(2)優先選用取得節能標章的產品

(3)設備沒有壞，還是堪用，繼續用，不會增加支出

(4)選用能效分級數字較高的產品，效率較高，5 級的比 1 級的電器產品更省電。

( ) 30. 有效而正確的節能從選購產品開始，就一般而言，下列的因素中，何者是選購電氣設備的最優先考量項目？ (3)

(1)用電量消耗電功率是多少瓦攸關電費支出，用電量小的優先

(2)採購價格比較，便宜優先

(3)安全第一，一定要通過安規檢驗合格

(4)名人或演藝明星推薦，應該口碑較好。

( ) 31. 高效率燈具如果要降低眩光的不舒服，下列何者與降低刺眼眩光影響無關？ (3)

(1)光源下方加裝擴散板或擴散膜　(2)燈具的遮光板

(3)光源的色溫　(4)採用間接照明。

( ) 32. 用電熱爐煮火鍋，採用中溫 50%加熱，比用高溫 100%加熱，將同一鍋水煮開，下列何者是對的？ (4)

(1)中溫 50%加熱比較省電　(2)高溫 100%加熱比較省電

(3)中溫 50%加熱，電流反而比較大　(4)兩種方式用電量是一樣的。

( ) 33. 電力公司爲降低尖峰負載時段超載的停電風險，將尖峰時段電價費率(每度電單價)提高，離峰時段的費率降低，引導用戶轉移部分負載至離峰時段，這種電能管理策略稱爲 (2)

(1)需量競價　(2)時間電價　(3)可停電力　(4)表燈用戶彈性電價。

( ) 34. 集合式住宅的地下停車場需要維持通風良好的空氣品質，又要兼顧節能效益，下列的排風扇控制方式何者是不恰當的？ (2)
(1)淘汰老舊排風扇，改裝取得節能標章、適當容量的高效率風扇
(2)兩天一次運轉通風扇就好了
(3)結合一氧化碳偵測器，自動啓動/停止控制
(4)設定每天早晚二次定期啓動排風扇。

( ) 35. 大樓電梯爲了節能及生活便利需求，可設定部分控制功能，下列何者是錯誤或不正確的做法？ (2)
(1)加感應開關，無人時自動關閉電燈與通風扇
(2)縮短每次開門/關門的時間
(3)電梯設定隔樓層停靠，減少頻繁啓動
(4)電梯馬達加裝變頻控制。

( ) 36. 爲了節能及兼顧冰箱的保溫效果，下列何者是錯誤或不正確的做法？ (4)
(1)冰箱內上下層間不要塞滿，以利冷藏對流
(2)食物存放位置紀錄清楚，一次拿齊食物，減少開門次數
(3)冰箱門的密封壓條如果鬆弛，無法緊密關門，應儘速更新修復
(4)冰箱內食物擺滿塞滿，效益最高。

( ) 37. 電鍋剩飯持續保溫至隔天再食用，或剩飯先放冰箱冷藏，隔天用微波爐加熱，就加熱及節能觀點來評比，下列何者是對的？ (2)
(1)持續保溫較省電
(2)微波爐再加熱比較省電又方便
(3)兩者一樣
(4)優先選電鍋保溫方式，因爲馬上就可以吃。

( ) 38. 不斷電系統 UPS 與緊急發電機的裝置都是應付臨時性供電狀況；停電時，下列的陳述何者是對的？ (2)
(1)緊急發電機會先啓動，不斷電系統 UPS 是後備的
(2)不斷電系統 UPS 先啓動，緊急發電機是後備的
(3)兩者同時啓動
(4)不斷電系統 UPS 可以撐比較久。

( ) 39. 下列何者爲非再生能源？ (2)
(1)地熱能　(2)焦煤　(3)太陽能　(4)水力能。

( ) 40. 欲兼顧採光及降低經由玻璃部分侵入之熱負載，下列的改善方法何者錯誤？ (1)
(1)加裝深色窗簾　(2)裝設百葉窗　(3)換裝雙層玻璃　(4)貼隔熱反射膠片。

( ) 41. 一般桶裝瓦斯(液化石油氣)主要成分爲丁烷與下列何種成分所組成？ (3)
(1)甲烷　(2)乙烷　(3)丙烷　(4)辛烷。

( ) 42. 在正常操作，且提供相同暖氣之情形下，下列何種暖氣設備之能源效率最高？ (1)
(1)冷暖氣機　(2)電熱風扇　(3)電熱輻射機　(4)電暖爐。

(　) 43. 下列何種熱水器所需能源費用最少？ (4)
(1)電熱水器　(2)天然瓦斯熱水器　(3)柴油鍋爐熱水器　(4)熱泵熱水器。

(　) 44. 某公司希望能進行節能減碳，為地球盡點心力，以下何種作為並不恰當？ (4)
(1)將採購規定列入以下文字：「汰換設備時首先考慮能源效率 1 級或具有節能標章之產品」
(2)盤查所有能源使用設備
(3)實行能源管理
(4)為考慮經營成本，汰換設備時採買最便宜的機種。

(　) 45. 冷氣外洩會造成能源之浪費，下列的入門設施與管理何者最耗能？ (2)
(1)全開式有氣簾　(2)全開式無氣簾　(3)自動門有氣簾　(4)自動門無氣簾。

(　) 46. 下列何者「不是」潔淨能源？ (4)
(1)風能　(2)地熱　(3)太陽能　(4)頁岩氣。

(　) 47. 有關再生能源中的風力、太陽能的使用特性中，下列敘述中何者錯誤？ (2)
(1)間歇性能源，供應不穩定　(2)不易受天氣影響
(3)需較大的土地面積　(4)設置成本較高。

(　) 48. 有關台灣能源發展所面臨的挑戰，下列選項何者是錯誤的？ (3)
(1)進口能源依存度高，能源安全易受國際影響
(2)化石能源所占比例高，溫室氣體減量壓力大
(3)自產能源充足，不需仰賴進口
(4)能源密集度較先進國家仍有改善空間。

(　) 49. 若發生瓦斯外洩之情形，下列處理方法中錯誤的是？ (3)
(1)應先關閉瓦斯爐或熱水器等開關
(2)緩慢地打開門窗，讓瓦斯自然飄散
(3)開啓電風扇，加強空氣流動
(4)在漏氣止住前，應保持警戒，嚴禁煙火。

(　) 50. 全球暖化潛勢(Global Warming Potential, GWP) 是衡量溫室氣體對全球暖化的影響，其中是以何者為比較基準？　(1)CO_2　(2)CH_4　(3)SF_6　(4)N_2O。 (1)

(　) 51. 有關建築之外殼節能設計，下列敘述中錯誤的是？ (4)
(1)開窗區域設置遮陽設備
(2)大開窗面避免設置於東西日曬方位
(3)做好屋頂隔熱設施
(4)宜採用全面玻璃造型設計，以利自然採光。

(　) 52. 下列何者燈泡的發光效率最高？ (1)
(1)LED 燈泡　(2)省電燈泡　(3)白熾燈泡　(4)鹵素燈泡。

( ) 53. 有關吹風機使用注意事項，下列敘述中錯誤的是？ (4)
(1)請勿在潮濕的地方使用，以免觸電危險
(2)應保持吹風機進、出風口之空氣流通，以免造成過熱
(3)應避免長時間使用，使用時應保持適當的距離
(4)可用來作爲烘乾棉被及床單等用途。

( ) 54. 下列何者是造成聖嬰現象發生的主要原因？ (2)
(1)臭氧層破洞 (2)溫室效應 (3)霧霾 (4)颱風。

( ) 55. 爲了避免漏電而危害生命安全，下列「不正確」的做法是？ (4)
(1)做好用電設備金屬外殼的接地
(2)有濕氣的用電場合，線路加裝漏電斷路器
(3)加強定期的漏電檢查及維護
(4)使用保險絲來防止漏電的危險性。

( ) 56. 用電設備的線路保護用電力熔絲(保險絲)經常燒斷，造成停電的不便，下列「不正確」的作法是？ (1)
(1)換大一級或大兩級規格的保險絲或斷路器就不會燒斷了
(2)減少線路連接的電氣設備，降低用電量
(3)重新設計線路，改較粗的導線或用兩迴路並聯
(4)提高用電設備的功率因數。

( ) 57. 政府爲推廣節能設備而補助民眾汰換老舊設備，下列何者的節電效益最佳？ (2)
(1)將桌上檯燈光源由螢光燈換爲 LED 燈
(2)優先淘汰 10 年以上的老舊冷氣機爲能源效率標示分級中之一級冷氣機
(3)汰換電風扇，改裝設能源效率標示分級爲一級的冷氣機
(4)因爲經費有限，選擇便宜的產品比較重要。

( ) 58. 依據我國現行國家標準規定，冷氣機的冷氣能力標示應以何種單位表示？ (1)
(1)kW (2)BTU/h (3)kcal/h (4)RT。

( ) 59. 漏電影響節電成效，並且影響用電安全，簡易的查修方法爲 (1)
(1)電氣材料行買支驗電起子，碰觸電氣設備的外殼，就可查出漏電與否
(2)用手碰觸就可以知道有無漏電
(3)用三用電表檢查
(4)看電費單有無紀錄。

( ) 60. 使用了 10 幾年的通風換氣扇老舊又骯髒，噪音又大，維修時採取下列哪一種對策最爲正確及節能？ (2)
(1)定期拆下來清洗油垢
(2)不必再猶豫，10 年以上的電扇效率偏低，直接換爲高效率通風扇
(3)直接噴沙拉脫清潔劑就可以了，省錢又方便
(4)高效率通風扇較貴，換同機型的廠內備用品就好了。

( ) 61. 電氣設備維修時，在關掉電源後，最好停留 1 至 5 分鐘才開始檢修，其主要的理由爲下列何者？ (3)
(1)先平靜心情，做好準備才動手　(2)讓機器設備降溫下來再查修
(3)讓裡面的電容器有時間放電完畢，才安全　(4)法規沒有規定，這完全沒有必要。

( ) 62. 電氣設備裝設於有潮濕水氣的環境時，最應該優先檢查及確認的措施是？ (1)
(1)有無在線路上裝設漏電斷路器　(2)電氣設備上有無安全保險絲
(3)有無過載及過熱保護設備　(4)有無可能傾倒及生鏽。

( ) 63. 爲保持中央空調主機效率，每隔多久時間應請維護廠商或保養人員檢視中央空調主機？ (1)
(1)半年　(2)1 年　(3)1.5 年　(4)2 年。

( ) 64. 家庭用電最大宗來自於　(1)空調及照明　(2)電腦　(3)電視　(4)吹風機。 (1)

( ) 65. 冷氣房內爲減少日照高溫及降低空調負載，下列何種處理方式是錯誤的？ (2)
(1)窗戶裝設窗簾或貼隔熱紙
(2)將窗戶或門開啓，讓屋內外空氣自然對流
(3)屋頂加裝隔熱材、高反射率塗料或噴水
(4)於屋頂進行薄層綠化。

( ) 66. 有關電冰箱放置位置的處理方式，下列何者是正確的？ (2)
(1)背後緊貼牆壁節省空間
(2)背後距離牆壁應有 10 公分以上空間，以利散熱
(3)室內空間有限，側面緊貼牆壁就可以了
(4)冰箱最好貼近流理台，以便存取食材。

( ) 67. 下列何項「不是」照明節能改善需優先考量之因素？ (2)
(1)照明方式是否適當　(2)燈具之外型是否美觀
(3)照明之品質是否適當　(4)照度是否適當。

( ) 68. 醫院、飯店或宿舍之熱水系統耗能大，要設置熱水系統時，應優先選用何種熱水系統較節能？ (2)
(1)電能熱水系統　(2)熱泵熱水系統　(3)瓦斯熱水系統　(4)重油熱水系統。

( ) 69. 如下圖，你知道這是什麼標章嗎？ (4)
(1)省水標章
(2)環保標章
(3)奈米標章
(4)能源效率標示。

( ) 70. 台灣電力公司電價表所指的夏月用電月份(電價比其他月份高)是爲 (3)
(1)4/1~7/31　(2)5/1~8/31　(3)6/1~9/30　(4)7/1~10/31。

( ) 71. 屋頂隔熱可有效降低空調用電，下列何項措施較不適當？　(1)屋頂儲水隔熱　(2)屋頂綠化　(3)於適當位置設置太陽能板發電同時加以隔熱　(4)鋪設隔熱磚。 (1)

( ) 72. 電腦機房使用時間長、耗電量大，下列何項措施對電腦機房之用電管理較不適當？ (1)
(1)機房設定較低之溫度 (2)設置冷熱通道
(3)使用較高效率之空調設備 (4)使用新型高效能電腦設備。

( ) 73. 下列有關省水標章的敘述中正確的是？ (3)
(1)省水標章是環境部爲推動使用節水器材，特別研定以作爲消費者辨識省水產品的一種標誌
(2)獲得省水標章的產品並無嚴格測試，所以對消費者並無一定的保障
(3)省水標章能激勵廠商重視省水產品的研發與製造，進而達到推廣節水良性循環之目的
(4)省水標章除有用水設備外，亦可使用於冷氣或冰箱上。

( ) 74. 透過淋浴習慣的改變就可以節約用水，以下的何種方式正確？ (2)
(1)淋浴時抹肥皀，無需將蓮蓬頭暫時關上
(2)等待熱水前流出的冷水可以用水桶接起來再利用
(3)淋浴流下的水不可以刷洗浴室地板
(4)淋浴沖澡流下的水，可以儲蓄洗菜使用。

( ) 75. 家人洗澡時，一個接一個連續洗，也是一種有效的省水方式嗎？ (1)
(1)是，因爲可以節省等待熱水流出之前所先流失的冷水
(2)否，這跟省水沒什麼關係，不用這麼麻煩
(3)否，因爲等熱水時流出的水量不多
(4)有可能省水也可能不省水，無法定論。

( ) 76. 下列何種方式有助於節省洗衣機的用水量？ (2)
(1)洗衣機洗滌的衣物盡量裝滿，一次洗完
(2)購買洗衣機時選購有省水標章的洗衣機，可有效節約用水
(3)無需將衣物適當分類
(4)洗濯衣物時盡量選擇高水位才洗的乾淨。

( ) 77. 如果水龍頭流量過大，下列何種處理方式是錯誤的？ (3)
(1)加裝節水墊片或起波器 (2)加裝可自動關閉水龍頭的自動感應器
(3)直接換裝沒有省水標章的水龍頭 (4)直接調整水龍頭到適當水量。

( ) 78. 洗菜水、洗碗水、洗衣水、洗澡水等的清洗水，不可直接利用來做什麼用途？ (4)
(1)洗地板　(2)沖馬桶　(3)澆花　(4)飲用水。

( ) 79. 如果馬桶有不正常的漏水問題，下列何者處理方式是錯誤的？ (1)
(1)因爲馬桶還能正常使用，所以不用著急，等到不能用時再報修即可
(2)立刻檢查馬桶水箱零件有無鬆脫，並確認有無漏水
(3)滴幾滴食用色素到水箱裡，檢查有無有色水流進馬桶，代表可能有漏水
(4)通知水電行或檢修人員來檢修，徹底根絕漏水問題。

( ) 80. 水費的計量單位是「度」，你知道一度水的容量大約有多少？ (3)
(1)2,000 公升　(2)3000 個 600cc 的寶特瓶　(3)1 立方公尺的水量　(4)3 立方公尺的水量。

(　) 81. 臺灣在一年中什麼時期會比較缺水(即枯水期)？ (3)
(1)6 月至 9 月　(2)9 月至 12 月　(3)11 月至次年 4 月　(4)臺灣全年不缺水。

(　) 82. 下列何種現象「不是」直接造成台灣缺水的原因？ (4)
(1)降雨季節分佈不平均，有時候連續好幾個月不下雨，有時又會下起豪大雨
(2)地形山高坡陡，所以雨一下很快就會流入大海
(3)因為民生與工商業用水需求量都愈來愈大，所以缺水季節很容易無水可用
(4)台灣地區夏天過熱，致蒸發量過大。

(　) 83. 冷凍食品該如何讓它退冰，才是既「節能」又「省水」？ (3)
(1)直接用水沖食物強迫退冰　(2)使用微波爐解凍快速又方便
(3)烹煮前盡早拿出來放置退冰　(4)用熱水浸泡，每 5 分鐘更換一次。

(　) 84. 洗碗、洗菜用何種方式可以達到清洗又省水的效果？ (2)
(1)對著水龍頭直接沖洗，且要盡量將水龍頭開大才能確保洗的乾淨
(2)將適量的水放在盆槽內洗濯，以減少用水
(3)把碗盤、菜等浸在水盆裡，再開水龍頭拼命沖水
(4)用熱水及冷水大量交叉沖洗達到最佳清洗效果。

(　) 85. 解決台灣水荒(缺水)問題的無效對策是 (4)
(1)興建水庫、蓄洪(豐)濟枯　(2)全面節約用水
(3)水資源重複利用，海水淡化…等　(4)積極推動全民體育運動。

(　) 86. 如下圖，你知道這是什麼標章嗎？ (3)

(1)奈米標章　(2)環保標章　(3)省水標章　(4)節能標章。

(　) 87. 澆花的時間何時較為適當，水分不易蒸發又對植物最好？ (3)
(1)正中午　(2)下午時段
(3)清晨或傍晚　(4)半夜十二點。

(　) 88. 下列何種方式沒有辦法降低洗衣機之使用水量，所以不建議採用？ (3)
(1)使用低水位清洗　(2)選擇快洗行程
(3)兩、三件衣服也丟洗衣機洗　(4)選擇有自動調節水量的洗衣機。

(　) 89. 有關省水馬桶的使用方式與觀念認知，下列何者是錯誤的？ (3)
(1)選用衛浴設備時最好能採用省水標章馬桶
(2)如果家裡的馬桶是傳統舊式，可以加裝二段式沖水配件
(3)省水馬桶因為水量較小，會有沖不乾淨的問題，所以應該多沖幾次
(4)因為馬桶是家裡用水的大宗，所以應該儘量採用省水馬桶來節約用水。

(　) 90. 下列的洗車方式，何者「無法」節約用水？ (3)
(1)使用有開關的水管可以隨時控制出水　(2)用水桶及海綿抹布擦洗　(3)用大口徑強力水注沖洗　(4)利用機械自動洗車，洗車水處理循環使用。

( ) 91. 下列何種現象「無法」看出家裡有漏水的問題？ (1)
(1)水龍頭打開使用時，水表的指針持續在轉動
(2)牆面、地面或天花板忽然出現潮濕的現象
(3)馬桶裡的水常在晃動，或是沒辦法止水
(4)水費有大幅度增加。

( ) 92. 蓮蓬頭出水量過大時，下列對策何者「無法」達到省水？ (2)
(1)換裝有省水標章的低流量(5~10L/min)蓮蓬頭
(2)淋浴時水量開大，無需改變使用方法
(3)洗澡時間盡量縮短，塗抹肥皂時要把蓮蓬頭關起來
(4)調整熱水器水量到適中位置。

( ) 93. 自來水淨水步驟，何者是錯誤的？ (1)混凝 (2)沉澱 (3)過濾 (4)煮沸。 (4)

( ) 94. 為了取得良好的水資源，通常在河川的哪一段興建水庫？ (1)
(1)上游 (2)中游 (3)下游 (4)下游出口。

( ) 95. 台灣是屬缺水地區，每人每年實際分配到可利用水量是世界平均值的約多少？ (4)
(1)1/2 (2)1/4 (3)1/5 (4)1/6。

( ) 96. 台灣年降雨量是世界平均值的 2.6 倍，卻仍屬缺水地區，下列何者不是真正缺水的原因？ (3)
(1)台灣由於山坡陡峻，以及颱風豪雨雨勢急促，大部分的降雨量皆迅速流入海洋
(2)降雨量在地域、季節分佈極不平均
(3)水庫蓋得太少
(4)台灣自來水水價過於便宜。

( ) 97. 電源插座堆積灰塵可能引起電氣意外火災，維護保養時的正確做法是？ (3)
(1)可以先用刷子刷去積塵
(2)直接用吹風機吹開灰塵就可以了
(3)應先關閉電源總開關箱內控制該插座的分路開關，然後再清理灰塵
(4)可以用金屬接點清潔劑噴在插座中去除銹蝕。

( ) 98. 溫室氣體易造成全球氣候變遷的影響，下列何者不屬於溫室氣體？ (4)
(1)二氧化碳（CO_2） (2)氫氟碳化物（HFCs） (3)甲烷（CH_4） (4)氧氣（O_2）。

( ) 99. 就能源管理系統而言，下列何者不是能源效率的表示方式？ (4)
(1)汽車－公里/公升 (2)照明系統－瓦特/平方公尺（W/m^2）
(3)冰水主機－千瓦/冷凍噸（kW/RT） (4)冰水主機－千瓦（kW）。

( ) 100. 某工廠規劃汰換老舊低效率設備，以下何種做法並不恰當？ (3)
(1)可慮使用較高費用之高效率設備產品
(2)先針對老舊設備建立其「能源指標」或「能源基線」
(3)唯恐一直浪費能源，馬上將老舊設備汰換掉
(4)改善後需進行能源績效評估。

乙級銑床－CNC 銑床學術科題庫解析

編著者／楊振治、陳肇權、陳世斌

發行人／陳本源

執行編輯／林昱先

出版者／全華圖書股份有限公司

郵政帳號／0100836-1 號

圖書編號／0630203-202405

定價／新台幣 680 元

ISBN／978-626-328-931-4

全華圖書／www.chwa.com.tw

全華網路書店 Open Tech／www.opentech.com.tw

若您對本書有任何問題，歡迎來信指導 book@chwa.com.tw

臺北總公司(北區營業處)
地址：23671 新北市土城區忠義路 21 號
電話：(02) 2262-5666
傳真：(02) 6637-3695、6637-3696

南區營業處
地址：80769 高雄市三民區應安街 12 號
電話：(07) 381-1377
傳真：(07) 862-5562

中區營業處
地址：40256 臺中市南區樹義一巷 26 號
電話：(04) 2261-8485
傳真：(04) 3600-9806(高中職)
(04) 3601-8600(大專)

（請由此線剪下）

讀者回函卡

掃 QRcode 線上填寫 ▸▸▸

姓名：______ 生日：西元____年____月____日 性別：□男 □女

電話：（ ）______ 手機：______

e-mail：（必填）______

註：數字零，請用 Φ 表示，數字 1 與英文 L 請另註明並書寫端正，謝謝。

通訊處：□□□□□______

學歷：□高中・職 □專科 □大學 □碩士 □博士

職業：□工程師 □教師 □學生 □軍・公 □其他

學校／公司：______ 科系／部門：______

・需求書類：

□ A. 電子 □ B. 電機 □ C. 資訊 □ D. 機械 □ E. 汽車 □ F. 工管 □ G. 土木 □ H. 化工 □ I. 設計

□ J. 商管 □ K. 日文 □ L. 美容 □ M. 休閒 □ N. 餐飲 □ O. 其他

・本次購買圖書為：______ 書號：______

・您對本書的評價：

封面設計：□非常滿意 □滿意 □尚可 □需改善，請說明______

內容表達：□非常滿意 □滿意 □尚可 □需改善，請說明______

版面編排：□非常滿意 □滿意 □尚可 □需改善，請說明______

印刷品質：□非常滿意 □滿意 □尚可 □需改善，請說明______

書籍定價：□非常滿意 □滿意 □尚可 □需改善，請說明______

整體評價：請說明______

・您在何處購買本書？

□書局 □網路書店 □書展 □團購 □其他______

・您購買本書的原因？（可複選）

□個人需要 □公司採購 □親友推薦 □老師指定用書 □其他______

・您希望全華以何種方式提供出版訊息及特惠活動？

□電子報 □ DM □廣告（媒體名稱______）

・您是否上過全華網路書店？（www.opentech.com.tw）

□是 □否 您的建議______

・您希望全華出版哪方面書籍？______

・您希望全華加強哪些服務？______

感謝您提供寶貴意見，全華將秉持服務的熱忱，出版更多好書，以饗讀者。

填寫日期：　/　/

2020.09 修訂

親愛的讀者：

感謝您對全華圖書的支持與愛護，雖然我們很慎重的處理每一本書，但恐仍有疏漏之處，若您發現本書有任何錯誤，請填寫於勘誤表內寄回，我們將於再版時修正，您的批評與指教是我們進步的原動力，謝謝！

全華圖書　敬上

勘誤表

書號		書名		作者	
頁數	行數	錯誤或不當之詞句		建議修改之詞句	

我有話要說：（其它之批評與建議，如封面、編排、內容、印刷品質等・・・）